AF727162

Das Pferde-
Homöopathie-Buch

Tim Couzens
Das Pferde-Homöopathie-Buch

Ein Fachbuch für Therapeuten und Pferdebesitzer

Titel der englischen Original-Ausgabe:
Homeopathy for Horses
© Kenilworth Press, Quiller Publishing Ltd 2006

1. deutsche Auflage 2010
2. deutsche Auflage 2011
3. deutsche Auflage 2014
4. deutsche Auflage 2016
5. deutsche Auflage 2021
6. deutsche Auflage 2026

ISBN 978-3-941706-23-1

Übersetzt von Shiela Mukerjee-Guzik

Coverabbildung Haflinger © Simone Kochanek

© 2010 Narayana Verlag GmbH

Blumenplatz 2, 79400 Kandern,
Tel.: +49 7626 974970-0
E-Mail: info@narayana-verlag.de,
Internet: www.narayana-verlag.de

Alle Rechte vorbehalten. Ohne schriftliche Genehmigung des Verlags darf kein Teil dieses Buches in irgendeiner Form – mechanisch, elektronisch, fotografisch – reproduziert, vervielfältigt, übersetzt oder gespeichert werden, mit Ausnahme kurzer Passagen für Buchbesprechungen.

Hinweis:
Die in diesem Buch dargestellten Informationen und Empfehlungen stellen keinen Ersatz für eine professionelle tierärztliche Versorgung dar. Im Bedarfsfall sollte in allen Fällen ein qualifizierter Tierarzt aufgesucht werden, um eine genaue Diagnose zu stellen und sicherzugehen, dass Leiden vermieden wird. Bitte beachten Sie die Anzeige- beziehungsweise Meldepflicht der verschiedenen Erkrankungen in Ihrem Land.

Weder der Verfasser noch der Verleger sind für Schäden oder Verluste verantwortlich oder haftbar zu machen, die direkt oder indirekt mit den in diesem Buch enthaltenen Informationen in Verbindung gebracht werden könnten.

Die klinischen Informationen, Details zu den Arzneimitteln und Listen empfohlener Arzneien wurden so genau und aktuell wie möglich erstellt. Der Leser sollte sich dennoch darüber im Klaren sein, dass Fehler, Ungenauigkeiten oder Auslassungen vorkommen können.

Tim Couzens

Das Pferde-Homöopathie-Buch

Ein Fachbuch für Therapeuten und Pferdebesitzer

Narayana Verlag

Inhalt

Danksagung

Ich möchte meiner ganzen Familie und all meinen Mitarbeitern für ihre Hilfe danken, die sie mir in der Zeit gewährt haben, als ich dieses Buch plante, Nachforschungen anstellte und mit dem Schreiben beschäftigt war. Ganz besonders möchte ich Julie danken, ohne deren Unterstützung ich dieses Buch wohl nicht vor Ablauf des derzeitigen Jahrzehnts abgeschlossen hätte, sowie meinen Kindern Caroline, Sophie und Toby für ihre Geduld.

Ein großes Dankeschön geht auch an Dee, David und Lesley von Kenilworth Press für ihre beständige Unterstützung, außerordentliche Geduld und die stets mit einer guten Prise Humor gewürzte Toleranz bei der ewigen Verzögerung des Abgabezeitpunktes.

Schließlich danke ich auch Tony Pinkus von der Ainsworths Homoeopathic Pharmacy in London für seine Unterstützung, Hilfe und Ratschläge in Bezug auf den Abschnitt über die einzelnen Arzneien, die Materia medica.

Tim Couzens

Dieses Buch ist meinen Eltern
Margaret und Norman Couzens
gewidmet

Vorwort des Autors

Ein einziger Mensch kann nicht über das gesamte Wissen verfügen, das notwendig ist, um ein solches Buch zu schreiben. Die darin enthaltenen Informationen sind aus den verschiedensten Quellen zusammengetragen worden. Vieles entstammt meiner persönlichen Erfahrung aus der Behandlung von Pferden in den letzten fünfzehn oder mehr Jahren. Vieles haben Kollegen beigesteuert, durch persönlichen Kontakt, unzählige Gespräche, veröffentlichte Artikel, Beiträge im Internet und bereits existierende Homöopathiebücher aus der ganzen Welt. Es ist auch nicht möglich, dass ein einzelner Mensch Erfahrungen mit all den aufgeführten Krankheitszuständen hat, geschweige denn sie homöopathisch behandelt hat. Dort, wo Lücken bestehen, ist es mir hoffentlich gelungen, mithilfe von manueller und computergestützter Repertorisation eine Auswahl geeigneter Arzneien zusammenzustellen. Ich möchte allen danken, die wissentlich oder unwissentlich etwas zu diesem Buch beigetragen haben.

Tim Couzens, Februar 2006

„Alles ist Gift.
Es ist die Dosis, die darüber entscheidet,
ob eine Sache giftig oder ungiftig ist.“

Paracelsus 1493–1541

Vorwort von Peter Gregory

Die Veterinärhomöopathie hat eine lange Geschichte. Es ist bekannt, dass Samuel Hahnemann, der das System der Homöopathie im frühen 19. Jahrhundert formulierte, ebenfalls Tiere behandelte; auch sein Schüler Clemens von Bönninghausen setzte die Homöopathie bei den Tieren seines Landgutes ein. Der erste Tierarzt, von dem man weiß, dass er die Homöopathie anwendete, war Wilhelm Lux. Er leistete einen weiteren Beitrag, indem er den Einsatz der Nosoden entwickelte und 1837 das erste Buch über die Veterinärhomöopathie mit dem Titel *Zooiasis* schrieb.

James Moore, der „Vater der Britischen Homöopathie" des Vereinigten Königreiches, verfasste mehrere Bücher über die Behandlung von Haustieren, darunter: *The Horse Owner's Veterinary Guide* (1863) und *Horses Ill and Well: Homoeopathic Treatment of Diseases and Injuries,* das zwischen 1873 und 1885 in fünf Auflagen gedruckt wurde. Danach entstand eine lange Pause, bis schließlich 1977 George MacLeods *The Homoeopathic Treatment of Horses* (Pferdekrankheiten homöopathisch behandelt, Anm. d. Übers.) veröffentlicht wurde.

George erhielt die Veterinärhomöopathie im Vereinigten Königreich in den Nachkriegsjahren fast völlig auf sich allein gestellt aufrecht, und als Mitbegründer der British Association of Homoeopathic Veterinary Surgeons spielte er eine entscheidende Rolle bei ihrer Wiederbelebung. Allerdings bestand der homöopathische Ansatz in seinen Schriften fast ausschließlich in der Berücksichtigung pathologischer Symptome. Seither hat die homöopathische Behandlung der Pferde entscheidende Fortschritte gemacht, und das Bedürfnis nach einem geeigneteren Nachschlagewerk ist mehr als dringlich geworden. Daher erscheint das vorliegende Buch genau zum richtigen Zeitpunkt.

In diesem Zusammenhang ist die konstitutionelle Verschreibung als die vielleicht wichtigste Entwicklung in der Pferdehomöopathie der letzten Jahre zu nennen. Für das Verständnis dieses Konzeptes ist es von entscheidender Bedeutung, den Geistes- und Gemütszustand des Patienten zu erheben; dieser Punkt stellt einen wesentlichen Aspekt des vorliegenden Buches dar. In der Vergangenheit wurden Pferde lediglich als hochentwickelte Maschinen betrachtet, die ihren Besitzern zu dienen hatten; entsprechend wurde bei der medizinischen Behandlung ihrer Krankheiten, selbst in der Homöopathie, dem Geistes- und Gemütszustand keinerlei Beachtung geschenkt. Die moderne Homöopathie fordert mit Nachdruck, dass wir auch diese Aspekte berücksichtigen, wenn wir auf der innersten Ebene verschreiben; es bedarf zwar der Erfahrung und Übung, um eine Verschreibung akkurat auf diese Weise vorzunehmen, aber der Erfolg rechtfertigt die Zeit und Mühe, die sowohl im Hinblick auf die Ausbildung des Veterinärhomöopathen als auch auf die notwendigen erweiterten Konsultationen aufgebracht werden müssen. Auf dieser konstitutionellen Ebene kann die Homöopathie dem Patienten von allergrößtem Nutzen sein. Die sorgfältige Lekìre der entsprechenden Abschnitte des vorliegenden Buches gibt eine faszinierende Einführung in dieses Thema und spornt den Leser hoffentlich dazu an, sich eingehender damit zu beschäftigen.

Tim und ich haben zusammen an der Faculty of Homoeopathy studiert und gemeinsam die Prüfungen für die Veterinary Membership (VetMFHom) abgelegt. Anschließend gingen wir unsere eigenen Wege. Tim entwickelte mit Erfolg seine eigene Kunst der Homöopathie und konzentrierte sich darauf, das Holistic Veterinary Medicine Centre in East Sussex aufzubauen; er schrieb regelmäßig für verschiedene

Zeitschriften sowohl im Kleintier- als auch im Pferdebereich. Ich eröffnete 1995 eine Überweisungspraxis in der Gegend des Peak Districts, in der ich alternative tierärztliche Behandlungsmöglichkeiten anbot. Gleichzeitig begann ich im Rahmen der Homoeopathic Professionals Teaching Group die Homöopathie zu lehren, vor allem Tierärzten und Ärzten. Lehraufträge führen mich nun regelmäßig nach Übersee.

Im Jahre 2000 taten Tim und ich uns zusammen, und ich trat eine Stelle in Sussex bei ihm an. Wir tauschten unsere Ideen aus, und ich bin mir sicher, dass wir eine ganze Menge voneinander gelernt haben. Seit dieser Zeit schreiben wir beide Bücher, wobei wir unsere individuellen Erfahrungen austauschen, aber unterschiedliche Zielrichtungen verfolgen. Ich hege keinen Zweifel, dass dieses Buch auf perfekte Weise die Lücke schließen wird, die bereits seit langer Zeit in der englischsprachigen Homöopathieliteratur besteht; eine wachsende Zahl von Tierärzten auf der ganzen Welt praktiziert inzwischen homöopathisch, und der Bedarf nach einem umfassenden Nachschlagewerk zur Behandlung von Pferden wird nun schließlich befriedigt.

Obwohl ich der festen Überzeugung bin, dass die homöopathische Behandlung von Pferden unter der Kontrolle eines qualifizierten Tierarztes erfolgen sollte, gibt es eine Menge, was der informierte Besitzer tun kann, um geringfügige Beschwerden seiner Tiere zu behandeln. In solchen Fällen ist das richtige Verständnis des Krankheitsgeschehens entscheidend. Auch für die geringe Zahl von Pferdebesitzern, die keinen Zugang zu einem homöopathisch ausgebildeten Tierarzt, aber einen offenen und kooperativen Tierarzt an ihrer Seite haben, kann dieses Buch von unschätzbarem Wert sein.

Alles in allem betrachtet enthält eine umfassende Abhandlung der Pferdehomöopathie wie diese etwas für jeden. Für den Pferdebesitzer, der mit dieser Therapieform nicht vertraut ist, können die Notfall-Mittel eine große Hilfe zur Selbsthilfe sein. Bei ernsthafteren Erkrankungen stellt die Homöopathie im Anschluss an die veterinärmedizinische Diagnose eine wertvolle Ergänzung oder Alternative zur konventionellen Medizin dar. Dem angehenden Veterinärhomöopathen ermöglicht die ausführliche Einführung in das Thema den ersten Schritt; es bleibt zu hoffen, dass dadurch das Interesse an weitergehenden Studien angeregt wird.

Es ist ein Privileg, dass Tim mich gebeten hat, dieses Vorwort zu schreiben, und ich freue mich darauf, dass wir auch weiterhin unsere Erfahrungen austauschen werden.

Peter Gregory

BVSc VetFFHom CertIAVH MRCVS
Mitglied der Faculty of Homoeopathy
Ehemaliger Präsident der British Association
of Homoeopathic Veterinary Surgeons
Partner der Homoeopathic Professionals
Teaching Group (HPTG)
Co-Autor (mit John Saxton VetFFHom) des
Lehrbuchs der Veterinärhomöopathie

Einleitung

Die Homöopathie ist eine Form der Komplementärmedizin, die auf dem Prinzip beruht, dass „Ähnliches Ähnliches heilt“. Im Gegensatz zur konventionellen Medizin, bei der Medikamente aufgrund allopathischer[1] oder antipathischer[2] Prinzipien verordnet werden, um Krankheiten zu bekämpfen, werden homöopathische Arzneien auf der Grundlage ihrer „Ähnlichkeit zu dem Leiden“ verschrieben. Tatsächlich leitet sich der Begriff Homöopathie von den beiden griechischen Wörtern „homoios“, ähnlich, und „pathos“, Leiden, ab.

Der Ursprung der Homöopathie

Die Homöopathie wird schon seit 200 Jahren in der Form ausgeübt, in der wir sie auch heute kennen. Sie wurde von dem deutschen Wissenschaftler und Arzt Samuel Hahnemann am Ende des 18. Jahrhunderts entwickelt. Das dahinter stehende Konzept war allerdings bereits zu Hahnemanns Zeiten nicht neu. Er schrieb die ursprüngliche Theorie dem Griechen Hippokrates zu, einem Arzt des 5. Jahrhunderts, der auch als „Vater der Medizin“ bezeichnet wird. Dieser soll einen sterbenden Patienten im Endstadium der Cholera durch die Anwendung eines Auszuges von *Veratrum album*, der Weißen Nieswurz, geheilt haben. In toxischen Dosen führt diese hochgiftige Pflanze zu Dehydratation, Kollaps und einer u. U. tödlich endenden Gastroenteritis; all diese Symptome ähneln sehr jenen der Cholera. Hippokrates hielt fest, dass „Krankheit durch ähnliche Dinge hervorgerufen wird, die, wenn sie dem Kranken verabreicht werden, diesen von seiner Krankheit heilen können“ – gemäß demselben Prinzip, dass „Ähnliches Ähnliches heilt“, welches von Samuel Hahnemann wiederentdeckt wurde.

Das Werk Samuel Hahnemanns

Samuel Hahnemann wurde 1755 im deutschen Meißen als Sohn eines Porzellanmalers geboren. Er studierte erst in Leipzig und dann in Wien und Erlangen Medizin; 1779 machte er seinen Abschluss und ließ sich dann in Dresden nieder, um als Arzt zu praktizieren. Die Medizin begründete sich zu dieser Zeit auf zweifelhaften Methoden, beispielsweise dem Aderlass, der Verabreichung starker Abführmittel, Brechmittel u. ä. Stoffe, die oftmals mehr Schaden als Nutzen bewirkten.

1789 zog Hahnemann nach Leipzig; sein Einkommen besserte er durch medizinische Übersetzungen auf. Diese Arbeit wurde mehr und mehr zu seiner Hauptbeschäftigung, da ihn die medizinischen Praktiken seiner Zeit desillusionierten. Als er 1790 die *Materia medica* von Cullen übersetzte, stieß er auf eine Bemerkung über die Chinarinde, in der es hieß, dass diese aufgrund ihrer adstringierenden Eigenschaften „Sumpffieber“ (besser bekannt als Malaria) heilen solle. Als Wissenschaftler wusste Hahnemann, dass es weitaus stärkere Adstringenzien gab, die bei der Behandlung der Malaria überhaupt keine Wirkung zeigten. Dies weckte seine Neugier, und er beschloss, der Sache nachzugehen, indem er einen Auszug der Chinarinde (der Chinin enthält) einnahm und die in den darauf folgenden Tagen eintretenden Wirkungen genau aufzeichnete.

Zu seinem Erstaunen entwickelte er allmählich ein Malariasymptom nach dem anderen, ungeachtet der Tatsache, dass er in Wirklichkeit gar nicht an dieser Krankheit litt. Jedesmal, wenn er eine Dosis nahm, traten die Symptome von Neuem auf und hielten mehrere Stunden lang an; sobald er die Einnahme beendete, verschwanden sie schließlich wieder vollständig. Ihm kam der Gedanke, dass in dem Umstand, dass ein Auszug der Chinarinde Malariasymptome hervorrufen konnte, vielleicht die eigentliche Erklärung dafür lag, warum diese Arznei Malaria heilen konnte. Um dieser Theorie auf den Grund zu gehen, wiederholte er den Versuch mit Freunden, mit demselben Ergebnis.

Es folgten weitere Experimente mit anderen Arzneien, die unter strengen Bedingungen durchgeführt wurden; zu den Arzneien zählten solche, die in dieser Zeit ebenfalls sehr populär waren, wie z. B. Arsen und Belladonna (Tollkirsche). Aus dieser mühseligen Arbeit konnte Hahnemann für alle Arzneien sogenannte „Arzneimittelbilder" entwickeln, indem er ihre Wirkungen auf gesunde Individuen festhielt. Diese Wirkungen umfassten sowohl die von den Substanzen hervorgerufenen geistigen (psychologischen) und physischen Symptome als auch detailliertere Informationen beispielsweise über die Umstände, unter denen die Symptome auftraten, der Einfluss des Wetters und sogar eine etwaige Abhängigkeit der Symptome von der Tageszeit. Diese Versuche bezeichnete er als Prüfungen. Durch gewissenhafte Beobachtung der Symptome, die eine Arznei bei einem gesunden Individuum hervorrufen konnte, war es ihm möglich vorherzusagen, welche Krankheitssymptome dieses Mittel unter Umständen bei einem kranken Patienten zu heilen vermochte. Dies ist die Grundlage des Ähnlichkeitsgesetzes: Ähnliches werde durch Ähnliches geheilt, „*Similia similibus curentur*".

Nach sechs Versuchsjahren veröffentlichte er in einer renommierten medizinischen Zeitschrift einen Artikel, in dem er das homöopathische Prinzip ausführlich darlegte. Diesem folgte 1810 seine Abhandlung über die Homöopathie mit dem Titel *Organon der rationellen Heilkunde*. Im Laufe der folgenden Jahre veröffentlichte er die Ergebnisse seiner systematischen Prüfungen potenzieller Heilmittel in seiner *Reinen Arzneimittellehre* (1811–1821).

Der Verdünnungsfaktor

Bei der Behandlung seiner Patienten stellte Hahnemann die Arzneimittelbilder den Krankheitssymptomen gegenüber und wählte dann die passendste Arznei, die er auch als „Simillimum" bezeichnete. Grobstoffliche Dosen seiner Arzneien hatten in vielen Fällen unangenehme Nebenwirkungen zur Folge; deshalb begann er damit, die Arzneien zu verdünnen, um auf diese Weise zu versuchen, das Problem zu minimieren. Bei der Anwendung dieser Verdünnungen beobachtete Hahnemann, dass es bei manchen Patienten zu einer Verschlimmerung der Symptome zu kommen schien, bevor letztendlich eine Besserung eintrat. Diesen Effekt bezeichnete er als „Verschlimmerung". Um das Auftreten einer solchen Verschlimmerung zu verhindern, veränderte er die Art und Weise, wie er die Arzneien verdünnte. Statt einer geradlinigen Reihenverdünnung ging er dazu über, die Arznei zu verdünnen und anschließend einer heftigen Verschüttelung zu unterziehen, indem er das Fläschchen mit der Arznei bei jedem Verdünnungsschritt auf eine harte Unterlage schlug. Hahnemann wird nachgesagt, dass er zu diesem Zweck eine in Leder gebundene Bibel verwendete. Diese Methode ist in homöopathischen Kreisen als Verschüttelung bekannt und stellt einen entscheidenden Schritt bei der Herstellung homöopathischer Arzneien dar.

Hahnemann stellte zu seiner Überraschung fest, dass die solcherart verdünnten Arzneien nicht nur geringere Verschlimmerungen bei seinen Patienten hervorriefen, sondern auch noch sehr viel schneller und besser wirkten. Dies steht in direktem Gegensatz zu konventionellen Medikamenten, die mit zunehmender Verdünnung an Wirksamkeit verlieren. Hahnemann bezeichnete diese neuartigen Verdünnungen als „Potenzierungen". Der Begriff „Potenz" wird auch heutzutage noch in der Homöopathie verwendet, um die Stärke bzw. den Verdünnungsgrad einer Arznei zu beschreiben.

Die Herstellung von Arzneien

Die von Hahnemann entwickelten Prinzipien der Arzneimittelherstellung haben auch heute noch Gültigkeit. Die meisten gebräuchlichen homöopathischen Arzneien werden aus pflanzlichen, tierischen oder mineralischen Stoffen gewonnen, aber es gibt noch viele weitere unterschiedliche Quellen. Sonnenlicht, Strahlung, Magnetismus, Elektrizität und moderne Medikamente wurden schon zu wirksamen Arzneien verarbeitet.

Ihre Herstellung erfolgt auf überaus präzise und exakte Weise. Bei homöopathischen Arzneimitteln aus löslichen Stoffen wie z. B. Pflanzenextrakten oder tierischen Produkten (beispielsweise Schlangengiften) wird das Ausgangsmaterial in einer Mischung aus 90 % reinem Alkohol und 10 % destilliertem Wasser gelöst und zwei bis vier Wochen lang stehen gelassen, nur unterbrochen von gelegentlichem Schütteln. Die durch anschließende Filtration gewonnene Flüssigkeit wird als Urtinktur bezeichnet und in der Homöopathie mit dem Suffix Ø gekennzeichnet. Für die Herstellung von Arzneien aus unlöslichen Stoffen, beispielsweise Mineralien wie Kalziumphosphat oder Metallen wie Silber oder Eisen, kommt ein als Trituration (Verreibung) bekanntes Verfahren zur Anwendung. Dieses beinhaltet wiederholtes Verreiben der Ausgangssubstanz mit Mörser und Pistill und Milchzucker bis zu dem Punkt, an dem sie in Alkohol löslich ist und eine Urtinktur daraus hergestellt werden kann.

Um aus der Urtinktur homöopathische Potenzen herzustellen, wird diese seriell verdünnt und bei jedem Schritt verschüttelt. Es gibt zwei gebräuchliche Verdünnungsreihen. Die Dezimalpotenzen, die durch das Suffix D gekennzeichnet werden, entstehen durch Verdünnung im Verhältnis 1:10, wohingegen bei den Centesimalpotenzen mit dem Suffix C die Verdünnung im Verhältnis von 1:100 erfolgt.

So würde man beispielsweise, um die C6 einer Arznei herzustellen, einen Tropfen der Urtinktur zu 99 Tropfen eines Alkohol-Wasser-Gemischs geben und verschütteln. Ein Tropfen der daraus resultierenden Lösung, der C1, würde dann wiederum zu 99 Tropfen des Alkohol-Wasser-Gemischs gegeben und ebenfalls verschüttelt, um zur C2 zu gelangen. Dieser Vorgang müsste noch viermal wiederholt werden, bis man die Potenz C6 erreicht hätte. Einige Tropfen dieser Lösung (auch als Potenzierungslösung bezeichnet) würden dann zu dem unarzneilichen Trägerstoff gegeben, der zur Anwendung am Patienten vorgesehen ist. Zu diesem Zweck wird normalerweise Laktose (Milchzucker) in Tabletten-, Pulver- oder Pillenform bzw. als Kügelchen (Globuli, Granuli) verwendet. Die Arzneien können auch als flüssige Zubereitungen hergestellt werden, wobei einige Tropfen der Potenzierungslösung zu einem schwachen Alkohol-Wasser-Gemisch gegeben und gut geschüttelt werden.

Die Anerkennung der Homöopathie

Es überrascht nicht, dass der medizinische Berufsstand Hahnemann feindlich gesinnt war. Die Apotheker hatten Einwände dagegen, dass er seine eigenen Arzneien zubereitete, und seine ärztlichen Kollegen widersprachen seinen homöopathischen Theorien und Methoden und behaupteten, dass es sich dabei um blanken Unsinn handelte. Trotz seiner unermüdlichen Arbeit gelang es ihm nicht, stichhaltige Beweise für seine Methoden zu erbringen. Im Winter von 1812–13 kam es in Leipzig zu einem Ausbruch von Typhus unter den verbliebenen Resten von Napoleons geschlagenen Truppen. Hahnemann behandelte 180 Fälle, von denen lediglich zwei starben. Bei einem Ausbruch der Cholera im Jahre 1830 setzte ein Schüler Hahnemanns die Arznei Camphora ein und erzielte dramatische Resultate. Die Sterblichkeitsrate der konventionell behandelten Patienten lag zwischen 60 und 70 Prozent, wohingegen sie bei homöopathisch behandelten Fällen weniger als zehn Prozent betrug.

Die Cholera breitete sich schließlich bis nach London aus und erreichte ihren Höhepunkt im Jahre 1854; allein in der Gegend um Soho starben mehr als 10.000 Menschen. Das Royal London Homoeopathic Hospital mobilisierte all seine Ressourcen, um dem Ausbruch zu begegnen. Die Verordnungen erfolgten auf der Grundlage vernünftiger homöopathischer Verschreibungen – v. a. Camphora, Helleborus und Cuprum wurden mit großem Erfolg eingesetzt. Die Behandlungen waren in der Tat derart effektiv, dass sich die Gesundheitsbehörde gezwungen sah, die Veröffentlichung der statistischen Ergebnisse zu verhindern, mit der Begründung, dass die homöopathischen Praktiker „damit der empirischen Praxis einen nicht zu rechtfertigenden Freifahrtschein erteilen würden, der der Erhaltung der Wahrheit und dem wissenschaftlichen Fortschritt zuwiderliefe".

Trotz des zunehmenden Interesses und der erdrückenden Beweise für ihre Wirksamkeit bei der Behandlung von Krankheiten bei Mensch und Tier hat sich die Homöopathie schon seit jeher mit Kritik in dieser oder einer anderen Form auseinandersetzen müssen. Einer der Hauptgründe für die mangelnde Anerkennung der Homöopathie ist dabei sicherlich der Verdünnungsfaktor.

Mehr zur Verdünnung

Hahnemann hatte festgestellt, dass die Arzneien durch den speziellen Verdünnungsvorgang an Wirksamkeit gewannen und gleichzeitig toxische bzw. unerwünschte Nebenwirkungen eliminiert wurden. Allerdings führt wissenschaftlich betrachtet die zunehmende Verdünnung dazu, dass schon bald kein einziges Molekül der Ausgangssubstanz mehr vorhanden ist; dennoch ist die Wirkung einer korrekt verordneten Arznei umso größer, je höher der Verdünnungsgrad ist. Tatsächlich wird im Bereich der Verdünnungsstufe C12 die Avogadro'sche Zahl[3] erreicht, sodass alle höheren Potenzen rein rechnerisch keine Spur der Ausgangssubstanz mehr enthalten, aber trotzdem wirksam sind.

Der entscheidende Punkt liegt hier in der Anerkennung des Umstandes, dass das Lösungsmittel (Alkohol) einen „energetischen Abdruck" der Arznei von einer Potenz zur nächsten überträgt, sowie in der Annahme, dass dabei sehr wahrscheinlich eine Art von elektromagnetischer Wirkung eine Rolle spielt. Diese These wird durch die Beobachtung gestützt, dass für die Herstellung homöopathischer Arzneien ein polares Lösungsmittel erforderlich ist. Die derzeitige Forschung im Bereich der Kernmagnetresonanz und die Theorien zur Quantenmechanik werden vielleicht einmal den Schlüssel zur Wirkungsweise der Homöopathie liefern. Bisher wissen wir nur, dass homöopathische Arzneien über eine Art der Interaktion mit dem Körper wirken, woran die in der potenzierten Arznei enthaltene „Energie" beteiligt ist.

Die Lebenskraft

Hahnemann dachte auch darüber nach, wie seine Arzneien wohl wirken könnten. Er vermutete, dass der Körper über eine bestimmte Form von subtiler Energie verfügte, die auf die von den Arzneien ausgehenden kleinen energetischen Reize reagierte, welche die Heilung anregen sollten. Diese Energie nannte er „Lebenskraft". Ähnliche Konzepte finden sich auch in anderen natürlichen Heilverfahren. So wird eine solche Energie beispielsweise in der Chinesischen Medizin als *Chi* oder *Qi* und in der Ayurvedischen Medizin (einem uralten Heilungssystem in Indien) als *Prana* bezeichnet.

Diese Energie ist für die Aufrechterhaltung der Gesundheit und Harmonie innerhalb des Körpers verantwortlich. Eine Vielzahl von Faktoren kann sie und ihre Rolle bei der Erhaltung des Gleichgewichts beeinflussen: Ernährung, Umwelt, Stress, genetische Faktoren sowie die gleichzeitige Verabreichung von konventionellen Medikamenten. Hahnemann erkannte, dass die Gesundheit durch äußere Faktoren beeinträchtigt wird, und befürwortete entsprechend eine gesunde Ernährung und gute hygienische Bedingungen. Er war sich der Probleme bewusst, die durch eine ausschweifende Lebensweise und den übermäßigen Genuss von Kaffee und Alkohol verursacht wurden. Eine korrekt verordnete homöopathische Arznei unterstützt die Lebenskraft im Kampf gegen die Krankheit und ermöglicht dem Körper die Heilung, sodass der Zustand der Harmonie wiederhergestellt wird.

Akute und chronische Symptome und das Miasmenkonzept

Ist die Lebenskraft nicht in der Lage, das Gleichgewicht aufrechtzuerhalten, so entstehen Krankheitssymptome. Manche Probleme treten plötzlich auf (z. B. eine Infektion der Atemwege oder eine Bänderzerrung) und verursachen eine akute Krankheit von kurzer Dauer. Der Körper kann das Problem mit oder ohne Hilfe überwinden, und das Tier erholt sich. Im Gegensatz dazu kann die Lebenskraft bei einer chronischen Erkrankung wie z. B. Arthritis das Gleichgewicht nicht mehr aufrechterhalten, auch wenn es wiederholt zu kleineren Siegen bzw. Remissionen kommt; die Symptome treten immer wieder auf und entwickeln sich häufig langsam weiter.

Hahnemann war der Ansicht, dass viele chronische Gesundheitsprobleme des Menschen auf drei „Grunderkrankungen" zurückzuführen waren: diese bezeichnete er als die infektiösen Miasmen Psora (Krätze), Sykose (Gonorrhö) und Syphilis. Diese Miasmen wurden in einer Familie über mehrere Generationen hinweg vererbt; wurden ihre Symptome unterdrückt, so führte dies dazu, dass die chronische Krankheit in den Körper hineingetrieben wurde. Als Ergebnis dieses Vorgangs erhöhte sich das Risiko für die Entwicklung einer schwerwiegenderen Erkrankung (beispielsweise Krebs oder Epilepsie), sofern das schlummernde Miasma zu irgendeinem Zeitpunkt im Leben durch äußere Faktoren wie z. B. Stress angefacht wurde.

Manchmal misslingt die Behandlung von Tieren mit gut gewählten Arzneien ohne offensichtlichen Grund, oder wir stellen fest, dass die Reaktion des Tieres auf die korrekt verschriebene Arznei zu wünschen übrig lässt. Hier kann manchmal die Miasmentheorie zur Erklärung dienen. Entweder steckt ein einzelnes Miasma oder eine Kombination aus Psora, Sykose oder Syphilis dahinter. Es mag überraschen, aber es hat den Anschein, dass Hahnemanns Miasmentheorie auch auf die Krankheiten bei Tieren einschließlich Pferden übertragen werden kann und dass wir spezifische Arzneien dazu verwenden können, die Auswirkungen miasmatischer Belastungen zu behandeln.

Die homöopathische Verschreibung – ein kurzer Abriss

Dieses Buch ist in einzelne Abschnitte unterteilt, die sich vorrangig an den verschiedenen Körperteilen und Organen orientieren. In jedem Kapitel werden den häufigsten beim Pferd auftretenden Problemen die entsprechenden empfohlenen Arzneien zugeordnet. Ein Großteil dieser Arzneien wurde allein aufgrund der derzeitigen Symptome des Patienten ausgewählt, häufig auf einer rein pathologischen Grundlage; dieser Ansatz führt oft zu befriedigenden Ergebnissen. Obgleich diese Methode durchaus ihren Wert hat und von dem unerfahrenen Anwender leicht einzusetzen ist, gibt es doch eine Reihe anderer Ansätze, die bei der Behandlung eines Falles hilfreich sein können. Am wichtigsten ist dabei zweifellos die Arzneiwahl aufgrund der Konstitution des Tieres, die sich sehr oft als überaus effektiv erweist und selbst in schwierigen Fällen immer wieder zum Erfolg führt.

Nachfolgend wird in Kürze erläutert, wie auch andere Verschreibungsmethoden zum Vorteil des Patienten eingesetzt werden können.

Sollten irgendwelche Zweifel in Bezug auf den korrekten Behandlungsverlauf bestehen, suchen Sie bitte immer professionelle Hilfe auf.

Die Bedeutung der Symptome

Der Schlüssel zur erfolgreichen Anwendung homöopathischer Arzneien liegt in der Beobachtung des Patienten und seiner Symptome, um so die korrekte Arznei herauszufinden, die mit der Lebenskraft interagiert und den Heilungsprozess anregt. Die Homöopathen ordnen diese Symptome zur Vereinfachung in verschiedene Kategorien ein.

Lokalsymptome beziehen sich auf einen bestimmten Körperteil oder ein Organsystem wie z. B. den Ellbogen, den Rücken, das Auge, die Harnblase oder die Haut.

Allgemeinsymptome sind Zeichen, die den Patienten als Ganzes betreffen; zu ihnen zählen Appetit, Durst, die körperliche Erscheinung, der Gang und die Haltung, Auswirkungen von Hitze, Kälte, Feuchtigkeit und Trockenheit sowie die Veränderung der Symptome in Abhängigkeit von der Jahres- oder Tageszeit.

Gemütssymptome spiegeln den emotionalen Zustand bzw. das Verhalten des Tieres wider. Zu ihnen gehören Furcht, Unruhe, Traurigkeit, aggressives Verhalten, Erregbarkeit u. a.
Es ist weiterhin von großer Bedeutung, spezifische Charakteristika mancher Symptome zu berücksichtigen. Liegt beispielsweise ein Nasenausfluss vor, so sollte man auf die Farbe (weiß, grün, gelb), die Konsistenz (dünn, wässrig, dick, klebrig) und, soweit möglich, auf den Geruch achten.

Faktoren, die die individuellen Symptome modifizieren, müssen ebenfalls beachtet werden. Sie werden als **Modalitäten** bezeichnet und in zwei Gruppen unterteilt:

- **Verschlimmerungen**, durch die die Symptome schlimmer werden
- **Besserungen**, durch die die Symptome besser werden.

Zu den **Modalitäten** zählen die Auswirkungen von Ruhe oder Bewegung, die Tageszeit und die Folgen von Hitze bzw. Kälte und von Feuchtigkeit bzw. Trockenheit. Geht ein Pferd z. B. lahm, muss man herausfinden, ob der Zustand durch Ruhe gebessert oder verschlimmert wird, welchen Einfluss die Umgebungstemperatur auf den Grad der Lahmheit hat und ob das Tier die Berührung der betroffenen Stelle verweigert, weil diese schmerzhaft ist.

Die Wahl der richtigen Arznei

Damit der Körper heilen kann, ist die Wahl der richtigen Arznei von entscheidender Bedeutung. Zu diesem Zweck sollten alle Symptome des Tieres zusammen betrachtet werden, um sich ein Bild von dem Tier als Individuum machen zu können. Dazu gehören sowohl die derzeitigen als auch vergangene Symptome, solche, die in der konventionellen Medizin außer Acht gelassen werden, merkwürdige und eigentümliche Symptome sowie solche, die für gewöhnlich bei dem jeweiligen Zustand bzw. vorliegenden Problem auftreten. So benötigt beispielsweise ein ängstliches, unruhiges, schlankes, athletisch aussehendes Pferd, das leicht friert, einen durstigen Eindruck macht und an einer juckenden Dermatitis leidet, bei der bestimmte Bereiche der Haut schuppig und verkrustet sind und das Pferd sich so heftig scheuert, dass die Haut blutet, eine Arznei, die all diese Symptome umfasst, wenn der Fall erfolgreich behandelt werden soll.

Aus praktischer Sicht ist es am besten, bei der Erhebung der Vorgeschichte methodisch vorzugehen, sodass alle Informationen genau erfasst werden können. In Abhängigkeit von der Natur des zu behandelnden Zustandes umfasst diese Vorgehensweise folgende Aspekte:

Beobachtung des Pferdes aus der Entfernung – erster Eindruck.

Allgemeine Beurteilung der Haltung, körperlichen Erscheinung (dick, schlank, abgemagert) und des Verhaltens (aggressiv, ängstlich, unruhig).

Einzelheiten des zu behandelnden Erkrankungszustandes, z. B. Mauke, chronischer Husten, Lahmheit, Morbus Cushing; wie lange besteht er schon und welche Periodizität zeigt er – wann kommt und geht er?

Umstände oder mögliche Auslöser zu Beginn der Erkrankung, z. B. Verlust eines Kameraden, Weidewechsel oder Futterumstellung, Impfungen, Unfälle oder Verletzungen, Zugang zu unbekömmlichem Futter. Man sollte auch die zum jetzigen Zeitpunkt relevanten Umstände aufnehmen, beispielsweise Stress und Umwelteinflüsse.

Charakteristika jedes einzelnen Symptoms. Dazu gehören die Farbe eines Nasenausflusses, die Art des Hustens (trocken, giemend oder rasselnd) oder Durchfalls (wässrig, weich) und ob dieser mit Pressen verbunden ist. Ist die Haut betroffen, so sind die Art und Erscheinung der Hautveränderungen zu erfassen – Schorfe, wunde Stellen, Risse, Krusten, Schuppen, nässende, trockene, juckende oder blutende Stellen.

Modalitäten: Was bessert oder verschlimmert die Symptome?

Frühere gesundheitliche Probleme des Tieres. Symptome, die in der Vergangenheit bestanden, dienen der Vervollständigung des Bildes.

Erkrankungen bei verwandten Tieren. Diese lassen erkennen, ob es sich um ein familiäres Problem handelt.

Gemütssymptome wie z. B. das Verhalten gegenüber dem Besitzer und Fremden, Interaktionen mit anderen Pferden sowie das psychologische Profil – eifersüchtig, liebevoll, unterwürfig, scheu, intelligent, zurückhaltend, erregbar, unzuverlässig, ausgeglichen, reinlich, aristokratisch, dominant.

Allgemeinsymptome – Appetit, Durst, Verlangen und Abneigungen, der Einfluss des Zyklus, die Jahres- und Tageszeit sowie der Einfluss der Witterung auf den Patienten als Ganzes.

Die Erhebung der Vorgeschichte endet mit der **Untersuchung des Patienten**, wobei man die bisher erhobenen Befunde, falls nötig, ergänzt. Nach einer Allgemeinuntersuchung des Patienten wird jedes relevante Organsystem untersucht – Augen, Ohren, Nase, Kopf, Maul, Verdauungsapparat, Atemwege, Harnwege, Geschlechtsapparat, Herz, Kreislauf, Lymphsystem, Haut, Bewegungsapparat (Hals, Gliedmaßen, Rücken, Hufe) sowie das Nervensystem.

Ebenen der Verschreibung

Nachdem wir nun im Detail betrachtet haben, wie man die Anamnese erhebt, bleibt zu ergänzen, dass diese Vorgehensweise nicht in allen Fällen erforderlich ist. So benötigt man beispielsweise bei einer Stichverletzung der Sohle meist lediglich ein Mittel, das auf der Grundlage der vorliegenden Symptome gewählt wird; es ist in der Regel nicht nötig, das Tier in seiner Gesamtheit zu betrachten. Im Gegensatz dazu ist es bei einem Tier mit chronischem Husten oder einer juckenden Hauterkrankung in der Regel unumgänglich, eine detaillierte Vorgeschichte zu erheben, um die richtige Arznei herauszufinden. Die möglichen Verschreibungsmethoden werden nachstehend aufgeführt.

Konstitutionelle Verschreibung

Diese Art der Verschreibung berücksichtigt alle Symptome des Tieres und versucht dann, den Patienten einer bestimmten Arznei zuzuordnen, die zu der Gruppe der sogenannten Polychreste gehört. Bei diesen handelt es sich um tief wirkende Mittel, die auf den Patienten als Ganzes wirken und darauf abzielen, all seine Symptome zu heilen. Chronische Probleme profitieren fast immer von diesem Ansatz, sofern es überhaupt möglich ist, den Konstitutionstypus des Tieres herauszufinden. Diese Vorgehensweise erweist sich oft auch als sehr hilfreich, wenn eine andere Verschreibungsmethode bereits versagt und zu keiner Besserung des Zustandes geführt hat.

Verschreibung aufgrund der gegenwärtigen Symptome

Diese Methode wird häufig angewendet und erfordert eine weniger umfangreiche Fallerhebung. Die Verschreibung erfolgt auf der Grundlage der Lokalsymptome und begleitenden Modalitäten. Man kann nach diesem Ansatz vorgehen, um beispielsweise eine Zerrung eines Unterstützungsbandes, eine Quetschung der Sohle oder eine Hautverletzung zu behandeln, also Erkrankungen, die unter normalen Umständen keine konstitutionelle Vorgehensweise erfordern würden.

Verschreibung anhand der Grundursache

Manchmal ist es eine gute Idee, ein spezifisches Ereignis bzw. eine Erkrankung, die den derzeitigen Zustand ausgelöst hat, als Erstes zu behandeln, unabhängig davon, wie viel Zeit seither bereits verstrichen sein mag. Beispiele dafür sind ein Trauma nach einem Verkehrsunfall, pathologische Veränderungen aufgrund einer Wunde oder Symptome, die im Anschluss an eine spezifische Infektion aufgetreten sind. Eine Verschreibung auf dieser Grundlage wird häufig von einer weiteren Verschreibung auf der Basis der Konstitution oder derzeitigen Symptome gefolgt. Vergangene Probleme können manchmal zu einer „Blockade“ führen, die die erfolgreiche Behebung eines bestimmten Zustandes verhindert, sodass es oft eine gute Sache ist, diese zu Beginn zu behandeln.

Verschreibung aufgrund geistiger Symptome

Es ist nicht immer einfach, den Charakter eines Pferdes zu beurteilen; wo dies aber möglich ist, können allein die Gemütssymptome schon eine sehr effektive Basis für die Behandlung von Krankheiten darstellen. Jede Verbesserung des Gemütszustandes des Tieres wird die Auflösung aller anderen möglicherweise bestehenden Probleme unterstützen. Die genaue Betrachtung der Gemütssymptome liefert oft entscheidende Hinweise auf das Konstitutionsmittel.

Verschreibung für bestimmte Organe

Eine ganze Reihe von Arzneien hat eine Affinität zu bestimmten Organen und kann neben anderen Mitteln eingesetzt werden. Beispiele wären **Solidago** für die Nieren, **Nux vomica** für die Leber und **Crataegus** für das Herz.

Verschreibung von Drainagemitteln

Bei diesen handelt es sich um spezifische Arzneien, die eingesetzt werden, um verschiedene Organssysteme zu entgiften. Beispiele sind **Petroleum** für die Haut, **Berberis** für die Harnwege und **Chelidonium** für die Leber.

Vorbeugende Verschreibung

Homöopathische Arzneien können auch vorbeugend eingesetzt werden, und zwar sowohl im Hinblick auf die mögliche Prävention spezifischer Erkrankungen mittels Nosoden (siehe Seite 353) als auch im Rahmen der Vorbeugung vorhersehbarer Probleme. Beispiele für den letztgenannten Fall wären **Arnica** vor Operationen, **Caulophyllum** vor dem Abfohlen und **Calcium phosphoricum**, um ein angemessenes Knochenwachstum zu gewährleisten.

Hat man die Zeichen und Symptome des Patienten herausgearbeitet, die Informationen zusammengetragen und eine Entscheidung hinsichtlich des Verschreibungsmodus getroffen, ist nicht immer klar, welche Arznei bzw. welche Arzneien vielleicht benötigt werden. Um diese zu ermitteln bzw. die Informationen auszuwerten und die bestmögliche Verschreibung zu treffen, stellt der Einsatz einer Arzneimittellehre und eines Repertoriums den praktikabelsten Weg dar.

Die Verwendung von Repertorien und Arzneimittellehren

Die Arzneimittellehre (Materia medica)

Seit der Veröffentlichung von Hahnemanns *Reiner Arzneimittellehre*, die seine Beobachtungen zur Anwendung der Arzneien aus der Zeit zwischen 1811 und 1821 umfasst, wurde eine Vielzahl ähnlicher Bücher geschrieben, die aufgrund der Aufnahme neuer Arzneien und Prüfungen eine Erweiterung von Hahnemanns ursprünglicher Arbeit darstellen. Dieser Prozess setzt sich auch heute noch fort, beispielsweise durch die Ergänzung von Mitteln wie Aspartam, Koriander und Schiefer. Die homöopathische Materia medica wächst und entwickelt sich beständig weiter.

Als Ergänzung zu dem vorliegenden Buch und Basisausstattung wird *Das Handbuch der homöopathischen Arzneimittellehre* von William Boericke empfohlen. Dieses Buch enthält die gebräuchlichsten Arzneien einschließlich aller Mittel aus Hahnemanns *Reiner Arzneimittellehre* von A bis Z. Auch wenn sich die Symptomatik auf den Menschen bezieht, können die darin enthaltenen Informationen mit ein wenig Anstrengung und unorthodoxer Denkweise relativ leicht auf Pferde übertragen werden.

Für jede Arznei gibt es eine homöopathische Kurzbeschreibung, gefolgt von einem Abriss der Symptome in den einzelnen Körperteilen und Organen. Angaben zu den realen Wirkungen der Arznei auf die einzelnen Bereiche lassen erkennen, wie sie homöopathisch eingesetzt werden kann, um eben jene Symptome zu behandeln. Die meisten Bücher dieser Art sind entsprechend der unten aufgeführten Aufteilung aufgebaut. Wo es angebracht erschien, wurde das dem Pferd entsprechende Pendant dazugeschrieben:

• Gemüt	Psychische und Verhaltenssymptome
• Kopf	
• Augen	
• Ohren	
• Nase	
• Gesicht	
• Maul	
• Hals	Larynx und Pharynx
• Magen	
• Abdomen	Dünndarm und Dickdarm
• Stuhl	Kot
• Urin	einschließlich Blase und Nieren
• Männliche Geschlechtsorgane	Hengst und Wallach
• Weibliche Geschlechtsorgane	Stute
• Atemwege	Lunge, Brustkorb, Trachea
• Herz	
• Rücken	einschließlich äußerer Hals
• Extremitäten	Gliedmaßen einschließlich Knie-, Karpal-, Tarsal-, Fessel- und Hufgelenke
• Schlaf	
• Haut	
• Fieber	Anstieg der Körpertemperatur
• Modalitäten	Faktoren, die die Symptome bessern oder verschlimmern

Man zieht die Materia medica heran, um innerhalb kurzer Zeit zu überprüfen, ob die Arzneien, die man im Kopf hat, passend sind und mit den Symptomen des Patienten übereinstimmen.

Das Repertorium

Im Gegensatz zur Materia medica geht das Repertorium von der anderen Seite an die Arzneifindung heran, indem die Symptome des Patienten als Kollektiv herangezogen werden, um nach passenden Arzneimitteln zu suchen und aus diesen dann eine einzelne Arznei auszuwählen.

Dafür stehen uns Bücher zur Verfügung, die in ihrem ursprünglichen Aufbau den oben beschriebenen Arzneimittellehren nicht unähnlich waren. Ältere Repertorien wie z. B. Kents *Repertorium der homöopathischen Materia medica* verwenden eine Sprache und Kapitelüberschriften, die teilweise etwas archaisch anmuten und das Auffinden der Arzneien erschweren können. Modernere Ausgaben wie das *Klinische Repertorium* von Robin Murphy sind einfach alphabetisch von A bis Z geordnet; sie beginnen mit dem Abdomen und enden mit der Zunge. In jedem Kapitel werden die Zeichen und Symptome wiederum systematisch aufgesplittet, bis hin zu sehr detaillierten Ebenen, die auch die Modalitäten umfassen. Zu jedem Eintrag, der auch als Rubrik bezeichnet wird, sind Arzneien unterschiedlicher Graduierung aufgeführt, die alle einen Bezug zu dem entsprechenden Symptom haben. Ein typischer Eintrag könnte folgendermaßen aussehen:

Extremitäten (Gliedmaßen) (Kapitelüberschrift)
Knie (Kniegelenk bei Pferden) (Überschrift eines Unterkapitels)
  Reißende Schmerzen… (untergeordnete Überschrift)
  Schwellung… (untergeordnete Überschrift)
  Steifheit (untergeordnete Überschrift)
    Aufstehen vom Sitzen, beim… (Rubrik)
    Bewegung, zu Beginn der (Rubrik) *Carbo vegetabilis, Causticum, Euphrasia, Lycopodium*, Pulsatilla, **Rhus toxicodendron** (passende Arzneien)
    Gehen, beim… (Rubrik)
    Nachts… (Rubrik)
    Rheumatisch… (Rubrik)
    Schmerzhaft… (Rubrik)
    Sitzen, im… (Rubrik)
  Verstaucht … (untergeordnete Überschrift)

Die Arzneien werden mit einem bestimmten Grad versehen, um anzuzeigen, wie ausgeprägt das Symptom im Arzneimittelbild vertreten ist. **Fettgedruckte** Mittel sind im höchsten Grad aufgeführt, *kursiv* gedruckte haben einen geringeren Grad und die Arzneien in Normaldruck haben im Hinblick auf das Symptom die geringste Bedeutung. Die Auswahl bestimmter Symptome des Patienten (die möglichst eine Bandbreite verschiedener Symptome der unterschiedlichen Körperteile und Organe darstellen sollten) und entsprechender Rubriken ermöglicht es, eine Liste geeigneter Mittel zu erstellen. Ordnet man den Arzneien einen der Graduierung entsprechenden Wert zu (Fettdruck dreiwertig, Kursivdruck zweiwertig und Normaldruck einwertig), so kommen die Mittel, die die höchste Punktzahl erreichen, in die engere Wahl. Diesen Vorgang bezeichnet man als Repertorisation. Durch den Einsatz eines modernen computergestützten Repertoriums wie MacRep, Cara, Isis oder Radar kann dieser zeitaufwändige Prozess nun sehr viel schneller und zuverlässiger durchgeführt werden als mit den manuellen Methoden. Trotzdem sollte man am Schluss immer eine Arzneimittellehre hinzuziehen und sich sowohl auf frühere Erfahrungen als auch auf seine Intuition besinnen; dies ist oftmals der beste Weg, um die Arzneiwahl zu bestätigen.

Hat man schließlich eine Arznei gewählt, so stellt sich als Nächstes die Frage nach der geeigneten Potenz.

Potenz und Potenzwahl

Die Frage der Potenz kann manchmal verwirrend sein, sodass es schwierig ist, die bestmögliche Wahl für einen bestimmten Fall zu treffen. Der Begriff „Potenz" bezieht sich auf die „Stärke oder Verdünnungsstufe" der Arznei. Die zwei häufigsten Potenzreihen sind die Dezimal- und die Centesimalskala. Gebräuchliche Dezimalpotenzen sind die D1, D3, D6 und D12, und bei den Centesimalpotenzen kommen am häufigsten die C6, C12, C30 und C200 zum Einsatz. Der Buchstabe C wird in der Centesimalskala häufig weggelassen, sodass beispielsweise Arnica 30 dasselbe ist wie Arnica C30. Die 1M-Potenz wird ebenfalls von Zeit zu Zeit verwendet; 1M ist dabei dasselbe wie C1.000. Als Hochpotenzen werden alle Potenzen oberhalb der C12 bezeichnet, während Tiefpotenzen normalerweise unterhalb der C6 liegen. Alles zwischen C6 und C12 wird als mittlere Potenz bezeichnet.

Es wird allgemein davon ausgegangen, dass höhere Potenzen tiefer und länger wirken. Dies geht allerdings auf Kosten der Wirkungsbreite. Vereinfacht ausgedrückt haben höhere Potenzen ein engeres Wirkungsspektrum, wirken aber mit größerer Kraft und länger. Im Gegensatz dazu haben niedrigere Potenzen eine kürzere Wirkungsdauer und schwächere Heilungswirkung, dafür aber ein größeres bzw. leichter zu treffendes Wirkungsspektrum. Die Potenzwahl hängt vom Patienten und der Natur des zu behandelnden Zustandes ab. Leider gibt es keine festen oder einfachen Regeln, da verschiedene Homöopathen nach unterschiedlichen Methoden vorgehen; allerdings kann man einige grundlegende Richtlinien befolgen:

Bei **akuten Erkrankungen** ist oftmals die C30 oder eine noch höhere Potenz angebracht, sofern man sich sicher ist, dass die Arznei genau mit den Symptomen übereinstimmt. Ist man sich der passenden Arznei nicht vollkommen sicher, ist es weit besser, die C6 einzusetzen als überhaupt kein Mittel zu geben. Akute Zustände bedürfen im Allgemeinen häufiger Gaben; je akuter die Symptome sind, desto öfter muss die Arznei verabreicht werden. Tiefe Potenzen müssen in solchen Situationen sehr viel häufiger gegeben werden (bis zu alle 15 Minuten) als höhere Potenzen.

Chronische Probleme benötigen oft tiefe Potenzen wie die C6, wenn die Verordnung auf der Basis der Symptome erfolgt. Bei Zuständen wie z. B. degenerativen Gelenkerkrankungen müssen oft tägliche Gaben über einen längeren Zeitraum verabreicht werden, möglicherweise sogar für das restliche Leben des Tieres.

Werden Arzneien auf der **Grundlage der Konstitution** verschrieben, so werden sie meist in tief wirkenden hohen Potenzen und seltenen Gaben verabreicht. Oft werden nur einige wenige Gaben benötigt.

Hochpotenzen werden ebenfalls zur Behandlung von **psychischen Problemen** und Zuständen, deren Wurzel weit zurück in der Vergangenheit liegt, z. B. eine **frühere Erkrankung** oder ein **bestimmtes traumatisches Ereignis**, eingesetzt.

Im vorliegenden Buch werden bei jeder Erkrankung geeignete Potenzen empfohlen; diese können aber unter Berücksichtigung des individuellen Tieres und der vorliegenden Symptome variieren.

Hat man nun die Entscheidung hinsichtlich der Arznei, Potenz und Dosierung getroffen, besteht der nächste Schritt in der Beurteilung der Folgen der Behandlung.

Bewertung des Behandlungsergebnisses

Es gibt eine Reihe möglicher Auswirkungen der Arzneigabe.

Keine Reaktion. Dies könnte zurückzuführen sein auf:

- **Falsche Verschreibung**. In diesem Fall stimmt die Arznei nicht mit den Symptomen des Patienten überein, und der Fall muss noch einmal aufgerollt werden, um ein passenderes Mittel zu finden.
- **Richtige Arznei, falsche Potenz**. Wurde die richtige Arznei gewählt, kann es sein, dass die Potenz zu niedrig ist, um die Heilung anzuregen, und der Patient deshalb eine höhere Potenz benötigt. Andererseits besteht auch die Möglichkeit, dass die Potenz zu hoch ist und in ihrer Wirkung das Ziel verfehlt; in diesem Fall ist es am besten, eine niedrigere Potenz auszuprobieren.
- **Richtige Arznei, falsche Dosierung**. Wurde die richtige Arznei gewählt, ist möglicherweise die Häufigkeit der Gabe zu selten, um eine Reaktion hervorzurufen. In diesem Fall sollte man die Arznei häufiger verabreichen.
- **Die Wirkung der Arznei ist blockiert**. Dies kann auf ein vergangenes Ereignis oder eine frühere Erkrankung zurückzuführen sein, die erst aufgelöst werden müssen, bevor die Arznei wirken kann.

Schwache Reaktion. Die Gründe dafür sind:

- **Die Potenz ist zu niedrig**. Eine tiefe Potenz hat zwar ein breiteres Wirkungsspektrum, aber eine geringere Heilungskraft. Hier sollte man eine höhere Potenz einsetzen.
- **Die Dosierungsfrequenz ist zu gering**. In diesem Fall kann möglicherweise eine Steigerung der Gabenhäufigkeit das Problem lösen.
- **Ein sehr ähnliches Mittel** wurde in einem Fall eingesetzt, wo eine verwandte Arznei hätte gewählt werden müssen.

Die Symptome des Patienten verschlimmern sich. Dies wird als **Verschlimmerung** bezeichnet. In dieser Situation sollte die Behandlung unterbrochen werden, um zu sehen, ob die Symptome wieder verschwinden. Ist dies der Fall, kommt es manchmal zu einer Besserung des Patienten und der Zustand löst sich auf. Kommt es nachfolgend nicht zur Heilung, sollte die Behandlung mit einer höheren Potenz fortgesetzt werden.

Alte Symptome treten wieder auf. Dies wird als **Rekapitulation** bezeichnet und entspricht der Wiedererweckung von alten Symptomen, die im Rahmen einer früheren Behandlung unterdrückt wurden. Man sieht dies als gutes Zeichen an, daher sollte die Behandlung fortgeführt werden.

Neue Symptome erscheinen. Eine homöopathische Behandlung kann mitunter mit dem Ablösen von Zwiebelschalen verglichen werden. Das zuerst verabreichte Mittel bringt die ganz außen liegenden Symptome zum Verschwinden (die äußerste Zwiebelschale), woraufhin unmittelbar eine neue Symptomatik zum Vorschein kommt, die die darunter liegende Schicht bildet. Diese neuen Symptome sollte man nun hinzuziehen und überlegen, ob eine passendere Arznei benötigt wird.

Die Symptome des Tieres verschwinden. War die Verschreibung korrekt, wird es dem Tier mit dem Verschwinden der Symptome bessergehen. Sobald dieses Stadium erreicht ist, wird die Behandlung ausgesetzt und erst wieder fortgesetzt, wenn die Zeichen wiederkehren. Allerdings ist es in chronischen Fällen (insbesondere bei irreversiblen pathologischen Veränderungen) oftmals erforderlich, die Arznei/en über einen langen Zeitraum zu geben, da eine vollständige Heilung nicht immer möglich ist.

Homöopathie und Nebenwirkungen

Als einer der wichtigsten Vorteile der Homöopathie wird häufig das Freisein von Nebenwirkungen genannt. Tatsächlich ist es so, dass die Gabe eines falschen Mittels praktisch keine Wirkung hat. Allerdings lässt sich aus der oben beschriebenen Liste möglicher Behandlungsergebnisse ableiten, dass einige der Wirkungen als Nebenwirkungen fehlgedeutet werden könnten. Weder Verschlimmerungen noch das Wiederauftreten alter Symptome (Rekapitulation) stellen Nebenwirkungen dar. Es handelt sich um kurze Episoden auf dem Weg der Heilung einer Erkrankung unter homöopathischer Behandlung.

Es ist jedoch möglich, dass der Patient ein Mittel prüft, in ähnlicher Weise, wie Hahnemann Arzneien in der Frühzeit der Homöopathie prüfte. Reagiert ein Tier besonders empfindlich auf ein bestimmtes Mittel, kann es Prüfungssymptome entwickeln. Dies ist insbesondere dann der Fall, wenn die Arznei zu häufig verabreicht wird oder die Behandlung über einen längeren Zeitraum erfolgt. Vermutet man, dass es sich um eine Prüfung handelt, sollte man die Behandlung sofort abbrechen, worauf die Symptome rasch verschwinden sollten, genau wie sie es bei Hahnemann im Rahmen seiner ursprünglichen Prüfungen taten.

Verabreichung und Dosierung der Arzneimittel

Potenzierte Arzneien gibt es in verschiedenen Darreichungsformen:

- Tabletten, Globuli, weiche oder kleine Pillen aus Laktose (Milchzucker)
- Laktosepulver
- Zuckergranuli (Rohrzucker)
- Flüssige Potenzen
- Urtinktur, die bei Pferden nur selten verwendet und wenn überhaupt, dann in Wasser verdünnt wird

Die meisten Pferdebesitzer verwenden entweder feste Tabletten, weiche Pillen oder Pulver (die teurer sind). Pulver können einzeln in kleine gefaltete Papierstücke verpackt und von diesen direkt auf die Unterlippe des Pferdes oder auf die Schnittfläche eines Apfels oder einer Möhre gegeben werden, die dann dem Patienten verabreicht werden. Auch Pillen bzw. Globuli (kleine runde, mittelfeste Kügelchen) und Granuli (eine Dosis entspricht etwa einer Verschlusskappe des Fläschchens) können ebenso auf ein Stück Apfel oder Möhre gegeben werden. Flüssige Potenzen können auf die Lippe des Pferdes getropft werden. Normalerweise reichen ca. zehn Tropfen. Flüssigkeiten eignen sich auch am besten für eine Bestandsbehandlung, da sie in den Wassertrog gegeben werden können. Für einen normal großen Wassertrog reichen ca. 20 – 25 ml pro Tag aus.

Behandlung und Aufbewahrung der Arzneien

Da es sich bei homöopathischen Arzneien um energetische Mittel handelt, bedürfen sie besonderer Behandlung und Aufbewahrung. Bei entsprechender Pflege behalten sie ihre Wirkung über viele Jahre. Allerdings können sie von bestimmten Faktoren beeinflusst werden, die ihre Wirksamkeit beeinträchtigen oder zerstören können. Es gibt einige Grundregeln, die beachtet werden sollten:

- Man sollte die Arzneien nicht in die Hand nehmen, da sie dadurch ihre Wirksamkeit verlieren können. Dies gilt besonders für Mittel in Tabletten- oder Globuliform, im Gegensatz zu Pulvern, Granuli oder flüssigen Potenzen.
- Man bewahre die Arzneien in dunklen Glasfläschchen auf; für eine kurzzeitige Aufbewahrung genügen auch dunkle Plastikflaschen. Außer zur Entnahme der Arznei sollte man sie immer verschlossen halten.
- Man gebe niemals unbenutzte Arzneien zurück in den Behälter.
- Man schütze die Mittel vor Sonneneinstrahlung und Temperaturextremen und bewahre sie bei Zimmertemperatur auf.
- Man schütze die Mittel vor starken Gerüchen, insbesondere Kampfer, Eukalyptus, Parfüm u.Ä.
- Man schütze die Mittel vor elektromagnetischen Strahlungsquellen wie z. B. Computern, Mikrowellen, Fernsehgeräten und schnurlosen Telefonen bzw. Handys.

Wechselwirkungen mit konventionellen Medikamenten

Bei richtiger Anwendung stellen homöopathische Arzneien ein ausgezeichnetes Mittel dar, um dem Körper die Heilung zu ermöglichen. Lässt es sich einrichten, ist es im Hinblick auf das Wohlergehen des Tieres am besten, wenn man die Homöopathie nicht in Kombination mit konventionellen Medikamenten einsetzt, da einige dieser Mittel die Wirkung homöopathischer Arzneien nachteilig beeinflussen können. Insbesondere Steroide sollten vermieden werden. Auch Impfungen können zu unerwünschten Reaktionen führen (siehe Seite 351), nicht nur indem sie in manchen Fällen das Immunsystem verändern, sondern auch indem sie die Art und Weise, wie der Körper auf homöopathische Mittel reagiert, beeinflussen. Antibiotika stellen im Allgemeinen kein Problem dar; sie wirken in Verbindung mit homöopathischen Arzneien sogar oftmals besser.

Neben der Homöopathie können wo notwendig auch andere Formen der Komplementärmedizin unter fachmännischer Begleitung zum Einsatz kommen. Akupunktur, Nahrungsergänzungsmittel und Bachblüten stellen oftmals eine gute Ergänzung zur Homöopathie dar. Auch pflanzliche Arzneien können unterstützend wirken, sofern sie mit Bedacht ausgewählt werden; dagegen können manche in der Aromatherapie verwendeten Öle die Wirkung homöopathischer Arzneien zunichte machen, wenn sie unüberlegt eingesetzt werden.

Konstitutionsmittel und Konstitutionstypen

Ein homöopathisches Konstitutionsmittel ist ein Mittel, das dem Patienten als Ganzes entspricht. Es deckt sowohl die psychischen als auch die physischen Charakteristika ab sowie die Art und Weise, in der der Patient bei Krankheit reagiert. Die Wirkung der Arznei zielt auf Geist, Körper und Seele des Patienten ab. Tatsächlich deckt ein Konstitutionsmittel mehr ab, als es zuerst den Anschein hat. Es umfasst vererbte Merkmale, die Auswirkungen prägender Ereignisse und die Reaktionen auf äußere Reize, den Lebenswandel, die Ernährung, Umwelt und andere Umstände. Konstitutionsmittel werden auch als Polychreste eingestuft, also Arzneien mit einer Polychreste eingestuft, also Arzneien mit einer breiten Wirkung auf den Körper und seine Systeme.

Die konstitutionelle Verschreibung ist eine sehr tief greifende und kraftvolle Methode, Krankheiten zu behandeln, und muss daher mit Bedacht eingesetzt werden, vorzugsweise unter Anleitung eines homöopathischen Tierarztes. Samuel Hahnemann erwähnte die konstitutionelle Herangehensweise häufig in seinen Schriften und empfahl sie wärmstens für die Behandlung der Patienten. Mit ein wenig Achtsamkeit und Beobachtungsgabe kann man einen Großteil der menschlichen Konstitutionstypen auch beim Pferd wiedererkennen.

Einige wichtige Konstitutionstypen

Die Einzelheiten zu den nachfolgend beschriebenen Konstitutionsmitteln werden in verschiedene Abschnitte unterteilt:

- **Name der Arznei** – der homöopathische Mittelname und seine Abkürzung (sofern es eine gibt).
- **Herkömmlicher Name** – der Name, unter dem die Arznei üblicherweise bekannt ist.
- **Klassifikation** – die homöopathische Klassifikation der Arznei.
- **Zubereitung** – Art der homöopathischen Herstellung der Arznei.
- **Erster Eindruck** – ergibt sich aus der anfänglichen Beobachtung des Patienten.
- **Psychologischer Typ** – charakteristische Verhaltensweisen des Patienten, die mit dem Arzneityp korrespondieren.
- **Vorherrschende gesundheitliche Probleme** – dieser Abschnitt bezieht sich auf die Zustände und Krankheiten, die bei Tieren mit dem entsprechenden Konstitutionstyp häufig auftreten.
- **Schlüsselhinweise** – wichtige Charakteristika, die mit dem psychologischen Typ in Zusammenhang stehen und der Identifikation des Konstitutionsmittels des Tieres dienen.
- **Wichtige Indikationen** – Zustände, bei denen sich die Arznei als hilfreich erwiesen hat, unter Berücksichtigung der Tatsache, dass die besten Ergebnisse erzielt werden, wenn das Mittel auf konstitutioneller Grundlage eingesetzt wird.
- **Wechselwirkungen zwischen Arzneien** (verwandte, komplementäre und unverträgliche Mittel[4]) – Die Mehrzahl der Arzneien steht mit anderen homöopathischen Mitteln in Beziehung, manchmal in guter, manchmal

auch in schlechter. Einige Mittel ergänzen sich gut (d. h. sie sind komplementär zueinander), entweder bei gleichzeitiger oder bei aufeinander folgender[5] Anwendung. Wird ein verwandtes Mittel als „Akutmittel" aufgeführt, bedeutet dies, dass ein Tier mit einer bestimmten Konstitution von dieser Arznei profitieren kann, wenn es plötzliche, also akute Symptome entwickelt. Entsprechend erweist sich ein „chronisches Mittel" oft bei der Behandlung von Symptomen eines bestimmten Konstitutionstypen als nützlich, die bereits seit längerer Zeit bestehen. Natürlich gibt es auch Arzneien, die unverträglich sind und nicht gut zusammenwirken bzw. verhindern, dass ein anderes Mittel seine Wirkung richtig entfalten kann.[6]

DAS ARSENICUM-PFERD

Name der Arznei: Arsenicum album, Ars.
Herkömmlicher Name: Arsentrioxid, weißes Oxid des metallischen Arsen
Klassifikation: Mineralreich: Arsenicums: Polychrest
Zubereitung: Trituration

Erster Eindruck

Sauber, reinlich, gepflegt, kompakt, ruhelos, elegant, Vollbluttyp.

Psychologischer Typ

Das Arsenicum-Pferd macht einen außergewöhnlich intelligenten, gepflegten, sauberen und ordentlichen Eindruck und hat oft einen athletischen Körperbau. Nach außen erscheint es häufig ängstlich oder nervös. Angst ist ein klassisches Merkmal von Arsen; das Pferd ist ruhelos (es wandert in der Box herum), zappelt herum und macht einen leicht beunruhigten, ängstlichen und angespannten Eindruck. Es blickt ständig umher, ob auch alles so ist, wie es sein soll. Es besteht ein unterschwelliger Druck, der das ängstliche Verhalten bestärkt. Die Tiere reagieren empfindlich auf Störungen, Verwirrung und Veränderungen im Hinblick auf ihre Gewohnheiten. Sie werden von einer fundamentalen Unsicherheit beherrscht und mögen es lieber, in Gesellschaft anderer Tiere zu sein, die ihnen eine gewisse Sicherheit vermitteln. Größere Veränderungen, beispielsweise ein Weidewechsel, führen zu beträchtlichem Stress mit Angstsymptomen, die erst nach etlichen Wochen wieder verschwinden. Sie können sehr wählerisch und heikel sein, einen traurigen, ängstlichen und gleichgültigen Eindruck machen und zeitweise aufgebracht und reizbar sein. Im Hinblick auf Schmerzen sind sie eindeutig überempfindlich. Arsenicum-Pferde bewegen sich sauber und weich, manchmal auch ruckartig. Sie frieren leicht und müssen bei Kälte oft eingedeckt werden; sie bevorzugen den Komfort eines warmen Stalles gegenüber dem Aufenthalt im Freien, besonders wenn es kalt und nass ist.

Vorherrschende gesundheitliche Probleme

Arsenicum hat ein sehr breites Wirkungsspektrum; die Probleme betreffen allerdings sehr häufig psychologische Themen, die Haut, den Verdauungsapparat und die Atemwege, mit einer Neigung zu Beteiligung der Schleimhäute. Arsenicum ist ein Mittel für allergiebedingte Probleme wie COPD (chronisch-obstruktive Lungenerkrankung, *dt.* COLE) (Atemwege) und Sommerekzem (Haut). Die Hautsymptome umfassen Schuppenbildung und eine derart heftige Irritation, dass das Pferd sich blutig scheuert. Im Bereich der Atemwege tritt gewöhnlich trockener Husten und Giemen auf (durch Blockade der Luftwege). Auch Atemwegsinfektionen mit einer hautreizenden Absonderung sprechen oft auf das Mittel an. Zu den Symptomen im Bereich des Verdauungsapparates zählt hochgradige, erschöpfende Diarrhö mit Schwäche, die bis zum Kollaps führt.

Schlüsselhinweise

- Ängstlich und ruhelos, „nervige“ Tiere
- Furcht vor dem Alleinsein
- Frieren – spürt die Kälte
- Durst, aber immer nur auf kleine Mengen
- Symptome schlimmer zwischen 0 und 2 Uhr, v. a. um Mitternacht
- Empfindlichkeit gegenüber Störung und Durcheinander
- Trockene, abschilfernde Haut, Schuppen
- Vorgeschichte von juckender Dermatitis oder COPD

Wichtige Indikationen

- Fieber mit Unruhe oder Angst
- Septikämie und Toxämie
- Kollaps
- Als allgemeines Tonikum nach länger dauernder Krankheit
- Angst, Unruhe, stereotypes Verhalten
- Konjunktivitis mit reizender Absonderung
- Rhinitis
- COPD, RAO (rezidivierende Atemwegsobstruktion), Giemen, Husten
- Atemwegsinfektionen
- Infektionen mit Adenoviren, Rhinoviren, EHV-1, EHV-4, Pferdeinfluenza (EHV= equines Herpesvirus)
- Kopfschütteln
- Hydrothorax
- Anämie, v. a. nach Blutverlust
- Ödeme, angelaufene Beine
- Magengeschwüre
- Hochgradig wässrig-faulige Diarrhö mit Kollaps oder Schwäche
- Hochgradige Diarrhö mit Blutbeimengung
- Akute Salmonellose
- Kolitis X, Clostridienbedingte Enterotoxämie
- Chronisches Nierenversagen
- Pyelonephritis
- Endometritis, Pyometra
- Cem (kontagiöse equine Metritis)
- Sommerekzem
- Regenfäule
- Seborrhö
- Alopezie
- Wildes Fleisch, v. a. wenn eine Infektion damit verbunden ist
- Hautgeschwüre
- Gangrän
- Pemphigus
- Läuse
- Räude
- Vesikuläre Stomatitis
- Afrikanische Pferdepest (respiratorische und kardiale Formen)
- Potomac-Pferdefieber (equine monozytäre Ehrlichiose)
- Pferdepocken-Virus
- Equine virale Arteriitis (EVA)
- Borreliose

Modalitäten

Verschlimmerung zwischen Mitternacht und 2 Uhr, durch Anstrengung, kaltes, feuchtes Wetter, am Meer

Besserung durch Hitze und Wärme, Gesellschaft

Wechselwirkungen

Wirkt gut zusammen mit: Phosphorus, Carbo vegetabilis, Rhus toxicodendron (v. a. bei Hautproblemen), Thuja, Apis

Unverträglich mit: Pulsatilla, Graphites, Nux vomica

Man denke auch an: Aconitum, Hepar sulphuris, Nitricum acidum, Nux vomica, Phosphorus, Rhus toxicodendron, Sulphuricum acidum, Veratrum album

DAS CALCIUM-CARBONICUM-PFERD

Name der Arznei: Calcium carbonicum, Calc.
Herkömmlicher Name: Unreines Kalziumkarbonat
Klassifikation: Tierreich: Mollusken: Polychrest
Zubereitung: Trituration der mittleren Schicht der Austernschale

Erster Eindruck

Schwerer Pferdetyp, übergewichtig, fett, langsam, schwer von Begriff, ruhig, zeigt kaum Interesse, schwitzt übermäßig.

Psychologischer Typ

Das auffallendste Merkmal ist der Mangel an Interesse und Reaktion, der schon an Gleichgültigkeit grenzt. Das Calcium-carbonicum-Pferd ist langsam und zeigt wenig Interesse an dem, was um es herum vorgeht. Dies beruht nicht direkt auf Faulheit, sondern auf einer sehr begrenzten Eignung für alles, was Anstrengung erfordert. Dazu gesellen sich Starrsinn, Widerspenstigkeit und eine ganze Reihe von Verhaltensauffälligkeiten. Zu letzteren zählen Furcht vor bestimmten Menschen, Abneigung gegen Alleinsein, Überempfindlichkeit bei plötzlichen Geräuschen, Ängstlichkeit, Tollpatschigkeit, die Neigung zu zwicken, wenn sie gereizt oder zu einer Tätigkeit gezwungen werden sowie die Abneigung gegen dunkle Ecken; alle Probleme verbergen sich hinter ihrer „zugeknöpften", reaktionsträgen Natur. Es handelt sich um Pferde, die schwerfällig vor sich hin trotten und von denen oft gesagt wird, dass sie sich mit der Geschwindigkeit einer Schildkröte fortbewegen. Es bedarf großer Anstrengung, um sie zu einer schnelleren Gangart zu bewegen und in die gewünschte Richtung zu lenken. Sie würden lieber umgehend zum Stall zurückkehren, um sich auszuruhen. Hier zeigt sich ihre störrische Natur und ihre Unfähigkeit, geistige oder körperliche Energie jedweder Art aufzubringen. Ihnen fehlen ganz einfach Stehvermögen und Ausdauer. Zum Glück entsprechen nicht alle Calcium-carbonicum-Pferde diesem Bild, denn es gibt bei diesem Arzneimittel noch einen anderen Typ. Bei diesem handelt es sich um schwere Pferde, die stark, robust, freundlich, zuverlässig und geduldig sind. Sie arbeiten hart und auch wenn sie sich nur in einem langsamen Tempo bewegen, so verfügen sie doch über Ausdauer.

Vorherrschende gesundheitliche Probleme

Calcium spielt eine wichtige Rolle für den Stoffwechsel, das Wachstum und die Körperfunktionen. Entsprechend breit gefächert sind die Wirkungen der Arznei. Sie umfassen die Muskulatur, das Blut, die Knochen und Nerven sowie die Atemwege, Augen, Wirbelsäule und Haut. Calcium carbonicum ist ein Hauptmittel für Gelenkprobleme, die mit einer Kombination aus Steifheit, vermehrter Wärme, Schwellung und der Bildung von Exostosen (Knochenzubildungen) einhergehen und die sich bei feuchtem bzw. nassem Wetter verschlimmern. Calcium carbonicum kann auch bei Kreuzverschlag, muskulärer Steifheit und Schwäche, chronischen Zerrungen und Rückenschwäche hilfreich sein. Ist die Haut betroffen, so sehen wir verdickte oder rissige Stellen. Im Bereich der Atemwege kommt es zu Vergrößerung der Submandibularlymphknoten, Katarrh mit dicker, gelber Absonderung und Husten mit nächtlicher Verschlimmerung.

Schlüsselhinweise

- Sturheit, Eigensinn
- Reaktionsträge, schwerfällige Natur
- Mangel an Reaktion und Interesse
- Mangel an Ausdauer
- Fettleibigkeit oder aufgeschwemmter Eindruck

- Leichtes oder übermäßiges Schwitzen
- Spürt die Kälte
- Die Haut fühlt sich klamm und feucht an
- Dicker, gelber Katarrh
- Allgemeine Muskelschwäche
- Steife Gelenke mit Verschlimmerung bei feuchter Witterung

Wichtige Indikationen

- Gelenkprobleme
- Arthritis, degenerative Gelenkerkrankungen (DJD)
- Osteochondrosis, OCD
- Epiphysitis
- Zur Förderung der Knochenheilung
- Ostitis des Hufbeins
- Knochenspat
- Knochenzysten
- Hasenspat
- Verletzungen durch Überanstrengung
- Muskelatrophie (Kachexie)
- Langsames Wachstum des Hufhorns
- Schwäche des Rückens
- Kissing spines, dorsale spinale Erkrankung
- Hornhauttrübung
- Katarakt
- Luftsacktympanie
- Luftsackmykose
- Chronische Vergrößerung der Lymphknoten
- Ranula
- Unfruchtbarkeit bei der Stute
- Kryptorchismus
- Urolithiasis (Blasensteine)
- Tief liegende Abszesse
- Hautzysten
- Kavernen und Fisteln
- Sommerekzem
- Milben
- Fleischige Warzen
- Hypothyreose

Modalitäten

Verschlimmerung durch jegliche Anstrengung, kaltes Wetter, nasse Witterung, Wetterwechsel von warm zu kalt, kaltes Wasser, Zugluft, Vollmond, nach Mitternacht

Besserung durch trockenes, warmes Wetter

Wechselwirkungen

Wirkt gut zusammen mit: Belladonna (akut), Rhus toxicodendron, Lycopodium, Silicea, Pulsatilla

Unverträglich mit: Nitricum acidum, Nux vomica, Bryonia

Man denke auch an: Barium carbonicum, Capsicum, Graphites, Kalium carbonicum, Phosphorus, Pulsatilla, Rhus toxicodendron, Sanicula, Silicea

DAS GRAPHITES-PFERD

Name der Arznei: Graphites, Graph.
Herkömmlicher Name: Graphit, Reißblei
Klassifikation: Mineralreich: Karbone: Polychrest
Zubereitung: Trituration

Erster Eindruck

Übergewichtig, fettleibig, schlechte Qualität der Haut und Hufe, kann einen schlechten Ernährungszustand aufweisen, schwerfällig, unruhig.

Psychologischer Typ

Auf den ersten Blick kann das Graphites-Pferd wie Calcium carbonicum erscheinen, aber es bestehen einige wesentliche Unterschiede. Das Graphites-Pferd ist einfach rundum faul und hat nicht die Ausdauer der Calcium-Persönlichkeit. Hinzu kommt, dass das Graphites-Pferd oft als einfach nur langweilig beschrieben wird; dieser Zustand wird von manchen Homöopathen auch als Einfältigkeit bezeichnet. Diese Pferde sind schwerfällig und lethargisch, sie reagieren und verstehen nur langsam, was um sie herum vorgeht, und bewegen sich auch langsam. Sie lernen nur schwer und können keine neuen Aufgaben ausführen. Es ist so, als wären sie von der Außenwelt abgekoppelt. Ihr Erinnerungsvermögen ist schlecht, und obendrein können sie nur schwer Entscheidungen treffen. Diesem Mittel fehlt es auch an Selbstvertrauen, was zu ängstlichem Verhalten, Unruhe, Furchtsamkeit, Anspannung und Erwartungsangst führt. Dieser Zustand kann auch Ungeduld und Reizbarkeit hervorrufen, wobei das Pferd lieber allein gelassen werden möchte und sich auf der Weide abseits von den anderen Pferden aufhält. Graphites-Tiere frieren sehr leicht und brauchen deshalb mehr Decken als ein durchschnittliches Pferd, um bei kaltem Wetter warm zu bleiben.

Vorherrschende gesundheitliche Probleme

Viele Probleme des Graphites-Pferdes betreffen die Haut und Hufe. Typische Hauterkrankungen sind Dermatitiden mit rissiger, trockener, schuppiger, oft auch juckender und nässender Haut, die sich im Laufe der Zeit verdickt. Die Absonderungen werden als klar und honigartig beschrieben; sie trocknen zu gelblichen Krusten ein, die am Fell festkleben. Dadurch wird diese Arznei zu einem Hauptmittel bei der Behandlung von Mauke. Graphites kann sich auch bei anderen Formen von Dermatitis als spezifisches Mittel erweisen, die an den Beugeseiten der Gliedmaßen, im Maulbereich, um die Ohren herum und an der Innenseite der Hinterbeine auftreten. Sein Wirkungsspektrum umfasst weiterhin die Auflösung von verdicktem Narbengewebe; auch schlecht heilende Wunden können überraschend gut reagieren, sofern das Mittel zur Konstitution passt. Die Hufqualität ist oft schlecht, mit Abblättern und Rissen des Horns; häufig gibt es eine Vorgeschichte von Hufrehe.

Schlüsselhinweise

- Fettleibigkeit
- Faulheit
- Schwerfällig, langsam
- Einfältiger, langweiliger Charakter
- Gierig
- Spürt die Kälte
- Charakteristische Hautveränderungen, v. a. solche mit nässenden, honigartigen Absonderungen
- Rissige, verdickte Haut
- Schlechte Hufqualität

Wichtige Indikationen

- Mauke
- Räude
- Equine noduläre Hauterkrankung
- Sommerekzem
- Regenfäule
- Alopezie
- Hautzysten
- Hyperkeratose
- Exkoriation der Haut (Wundheit)
- Skrotale Dermatitis
- Risse oder Wundheit im Maulbereich oder an den Lippenrändern

- Rissige oder wunde Zitzen
- Hautfissuren
- Narbengewebe
- Um Verklebungen zu vermindern oder aufzulösen
- Langsam heilende Wunden, v. a. nach Verletzungen
- Hohle Wand
- Brüchige Hufe
- Chronische Laminitis (Hufrehe)
- Konjunktivitis mit Blepharitis
- Fibrotische Myopathie
- Mangelnder Geschlechtstrieb
- Cem (kontagiöse equine Metritis)
- Hypothyreose
- Postvirales Syndrom

Modalitäten

Verschlimmerung durch kaltes Wetter, jede Form von Feuchtigkeit, bei Überhitzung, vor Mitternacht, während des Östrus

Besserung durch warmes Eindecken, frische Luft, Ruhe

Wechselwirkungen

Wirkt gut zusammen mit: Pulsatilla (akut), Causticum, Hepar sulphuris, Lycopodium, Sulphur

Unverträglich mit: Nux vomica, Arsenicum album, Aconitum

Man denke auch an: Antimonium crudum, Arsenicum album, Calcium carbonicum, Calcium fluoratum, Ferrum metallicum, Kalium bichromicum, Pulsatilla, Sulphur

DAS LACHESIS-PFERD

Name der Arznei: Lachesis, Lach.
Herkömmlicher Name: Gift der Buschmeister-Schlange, Surukuku, *Lachesis muta*
Klassifikation: Tierreich: Reptilien: Schlangen: Polychrest
Zubereitung: Trituration

Erster Eindruck

Misstrauisch, wachsam, unzuverlässig, vorsichtig, ängstlich, unfähig sich zu entspannen.

Psychologischer Typ

Man erkennt die Lachesis-Stute augenblicklich, wenn man sich ihr nähert. Sie lässt einen nicht aus den Augen. Man muss allerdings ebenso aufmerksam sein und sich in Acht vor ihr nehmen. Lassen Sie Vorsicht walten und kommen Sie ihr nicht zu nahe, ansonsten könnte es sein, dass Sie einen flinken Tritt oder Biss abbekommen; dies gilt zumindest solange, bis das Tier Sie kennt. Und selbst dann kann man nicht vorsichtig genug sein! Lachesis ist von ihrer Veranlagung her selbstbewusst, emotional belastet, misstrauisch, auf der Hut und aufmerksam; ihr entgeht auch nicht das Geringste. Sie beobachtet alles sehr aufmerksam. Ihre Augen sind weit geöffnet, ihr Blick ist eindringlich (sogar starrend) und manchmal sogar durchbohrend. Sie blinzelt nur gelegentlich.

Sie ist von Natur aus besitzergreifend und entwickelt im Hinblick auf ihre Nachkommen einen großen Beschützerinstinkt, deshalb kann sie eine Verteidigungshaltung einnehmen, wenn man sich ihrem Fohlen nähert. Sie ist eifersüchtig, kann gemein und boshaft sein und staut ihre Gefühle und Emotionen solange auf, bis diese sich schließlich auf aggressive Weise entladen. Sie mag keine Berührung, v. a. am Hals und Bauch; schlechtsitzendes Sattel- und Zaumzeug ist ihr besonders unangenehm. Im Allgemeinen ist sie ein lautstarkes (mitteilsames) Tier. All diese Verhaltensweisen verstärken sich vor der Rosse und lassen nach, sobald diese eingesetzt hat. Darüber hinaus ist sie streitsüchtig, was zu Problemen führt, wenn sie mit anderen Stuten zusammen gehalten wird; diese erleiden häufig Trittverletzungen.

Vorherrschende gesundheitliche Probleme

Ein Großteil der Probleme basiert auf auffälligen Verhaltensweisen wie z. B. Eifersucht und anderen Störungen, die mit dem Sexualzyklus zusammenhängen. Lachesis ist ein Mittel für aggressives Verhalten, das 6–7 Tage vor Beginn der Rosse einsetzt und in Form von Beißen und Schlagen sowie Territorialaggression zum Ausdruck kommt. Es ist auch eine Arznei für linksseitige Ovarialzysten und Ovarialschmerzen. Ein weiterer Hauptwirkungsbereich betrifft das Blut, was mit der Wirkung des Schlangengiftes nach einem Biss in Verbindung steht. Das Gift enthält ein breites Spektrum an Enzymen und wirkt gerinnungshemmend; daneben zerstört es die roten Blutkörperchen und setzt die Widerstandkraft gegenüber Infektionen herab. Daraus erklärt sich die Anwendung dieses Mittels bei der Behandlung von Hämorrhagien und persistierenden Blutungen, Hämatomen, tiefreichenden Quetschungen, septischen Wunden (v. a. wenn sich die Haut purpurfarben bis blauviolett verfärbt), anderen Infektionen (z. B. Zellgewebsentzündung) und Gangrän. Ein Wirkungsschwerpunkt von Lachesis liegt auf dem Hals und der linken Körperhälfte.

Schlüsselhinweise

- Streitsüchtig und misstrauisch
- Gerissen
- Beisst und tritt
- Territorialaggression
- Eifersucht
- Rachsüchtig
- Hochgradig belastet, v. a. sexuell
- Abneigung gegen Berührung am Kopf, Hals und Bauch
- Vorgeschichte von ausgeprägtem Stutenverhalten, Nymphomanie
- Linksseitigkeit oder wenn die Symptome von links nach rechts wandern
- Symptome schlimmer nach Schlaf
- Besserung durch Einsetzen einer Absonderung

Wichtige Indikationen

- Linksseitige Ovarialschmerzen
- Ovarialzysten, zystische Ovarien
- Rückenschmerzen in Verbindung mit ovarieller Dysfunktion, v. a. bei Linksseitigkeit
- Sepsis mit purpurner Verfärbung der Haut oder Wunde
- Hochgradige postoperative Blutungen
- Blutende Hautverletzungen mit dunklem Blut
- Hämorrhagien mit dunklem Blut, das nicht gerinnt
- Intraokuläre Blutung
- Rezidivierende oder persistierende Hämatome
- Beckenthrombose
- Purpura haemorrhagica
- Zellulitis
- Abszesse
- Infizierte Zahnfächer
- Gangrän
- Schlangenbisse
- Septikämie oder Toxämie
- Lymphangitis
- Myositis
- Hufknorpelfistel
- Hochgradige Parotitis
- Pharyngitis
- Laryngeale Hemiplegie (Kehlkopflähmung)
- Ablehnung des Hengstes

- Varikozele
- Mangelnde mütterliche Fürsorge
- Mastitis
- Druse
- Postvirales Syndrom

Modalitäten

Verschlimmerung durch Schlaf (morgens), linksseitig, Sonnenhitze, bewölktes, drückendes Wetter, Nasswerden, vor der Rosse, engsitzendes Sattel- und Zaumzeug

Besserung durch frische Luft, Einsetzen der Rosse, Bewegung

Wechselwirkungen

Wirkt gut zusammen mit: Hepar sulphuris, Iodium, Kalium bichromicum, Lycopodium, Nitricum acidum

Unverträglich mit: Aceticum acidum, Bufo, Rhus toxicodendron

Man denke auch an: Allium cepa, Causticum, Cimicifuga, Croton tiglium, Hyoscyamus, Lac caninum, Zincum

DAS LYCOPODIUM-PFERD

Name der Arznei: Lycopodium, Lyc.
Herkömmlicher Name: Bärlapp, Schlangenmoos, *Lycopodium clavatum*
Klassifikation: Pflanzenreich: Farne: Familie der Lycopodiaceae: Polychrest
Zubereitung: Aus einer Tinktur der Sporen oder der ganzen Pflanze

Erster Eindruck

Schlank (manchmal sind die Rippen sichtbar), u. U. mangelhafte Bemuskelung von Kopf, Hals und Vorderbeinen im Vergleich zu den Hinterbeinen, athletisch, mager, gelegentlich ausgemergelt, kann körperlich schwach sein. Vorsichtige und ängstliche Natur. Kann in bestimmten Situationen aggressiv reagieren, v. a. wenn es in die Ecke gedrängt wird.

Psychologischer Typ

Das Lycopodium-Pferd ist überaus intelligent und sehr gewissenhaft in allem, was es tut; diesem liegt allerdings ein Mangel an Selbstbewusstsein zugrunde, was sich als Erwartungsangst zeigt, die ein charakteristisches Merkmal dieses Mittels ist. Dennoch machen diese Tiere ihre Sache immer gut und erzielen sogar oft herausragende Leistungen. Sie machen immer einen Eindruck von Unsicherheit und Anspannung, v. a. in neuen Situationen, sei es ein Stallwechsel, eine neue Strecke beim Ausritt oder ein neuer Besitzer. Tatsächlich verabscheuen Lycopodium-Pferde Veränderungen aller Art; sie bevorzugen eine eingefahrene Routine, und dies viel mehr als andere Pferde. In der Gruppe geht es ihnen immer besser, weil sie sich dort weniger verletzlich fühlen; sie gehen oft eine enge Bindung mit einem einzelnen Tier oder Menschen ein. Wird ihnen die menschliche oder Pferdegesellschaft entzogen, können sie ängstlich werden; sie sind nicht gern allein und möchten ein anderes Tier oder einen Menschen um sich haben, selbst wenn es nicht in unmittelbarer Nähe ist. Dennoch sind sie Fremden gegenüber eher zurückhaltend und werden erst mit jemandem warm, wenn sie ihn schon eine Zeitlang kennen. Nach außen können sie einen sehr unterwürfigen und passiven Eindruck machen; der Mangel an Selbstbewusstsein kann sich als feiges Verhalten äußern, und werden sie ohne Ausweichmöglichkeit in die Enge getrieben, können sie zu explosivem aggressivem Verhalten Zuflucht nehmen. Hier kommt die weniger freundliche Seite von Lycopodium zum Ausdruck; diese kann Groll durch schlechte Behandlung oder ein unangenehmes Erlebnis umfassen und zeigt sich oft in bösartigem und reizbarem Verhalten, das häufig durch Nichtigkeiten ausgelöst wird. Sie übernehmen nicht gern Verantwortung und versuchen zu vermeiden, dass sie zum Anführer der Herde werden, da sie sich in solchen Situationen verletzlich fühlen. Sie neigen zu Langeweile und möchten gerne beschäftigt werden; bei Stress entwickeln sie möglicherweise Untugenden.

Vorherrschende gesundheitliche Probleme

Bei Pferden konzentrieren sich die Probleme v. a. auf das Verdauungssystem oder die Leber und sehr selten auf die Harnwege. Der Appetit kann sehr unterschiedlich sein. Sie sind meist sehr verfressen, zeitweise aber auch wieder wählerisch. Sie neigen zu Verdauungsstörungen, insbesondere Durchfall (v. a. wenn sie Angst haben), Aufgasung und Flatulenz und können sogar Koliken entwickeln. Lycopodium ist ein Hauptmittel bei Erkrankungen oder Dysfunktion der Leber. Bei diesem Mittel resultieren viele gesundheitliche Probleme aus den vielfältigen psychischen Problemen bzw. Stress. Mangel an Selbstvertrauen, verborgene Ängste, schreckhaftes Verhalten und Erwartungsangst sind vorrangige Beispiele, die zu Störungen wie chronischen Koliken geringer Ausprägung, Magengeschwüren oder stereotypem Verhalten wie Krippensetzen oder Koppen führen.

Schlüsselhinweise

- Hochintelligent, aber Mangel an Selbstbewusstsein
- Furcht vor einem Ereignis, aber erfolgreicher Auftritt
- Unsicher bei Fremden
- Sehr enge Bindung zu einem anderen Tier oder einem Menschen
- Lässt sich nicht gern in die Ecke drängen oder einengen
- Vorgeschichte von Verdauungsproblemen, v. a. geringgradiger chronischer Kolik
- Schlechter Appetit
- Flattern der Nüstern
- Seborrhö (fettige Haut)
- Schwitzt schnell
- Phasen von Kopfschütteln
- Vorgeschichte von Leberbeschwerden oder Erkrankungen wie Hepatitis
- Friert schnell, aber spürt auch die Hitze, hasst stickige Orte
- Rechtsseitigkeit oder Fortschreiten der Symptome von rechts nach links
- Symptome schlimmer zwischen 16 und 20 Uhr

Wichtige Indikationen

- Erwartungsangst
- Stressbedingte Erkrankungen
- Mangel an Selbstbewusstsein
- Einige Formen von stereotypem Verhalten wie z. B. Krippensetzen
- Pferde, die schlecht zu verladen sind
- Wählerische Fresser
- Kopfschütteln
- Akute Laminitis durch Überfütterung
- Frösteln
- Blähungskolik
- Schuppiges Ohrrandekzem
- Seborrhoische Dermatitis
- Alopezie
- Schuppen
- Räude
- Kleine, glatte, knotige Warzen
- Sarkoide (glatt und pigmentiert)
- Melanom
- Sinusitis
- Verschleppte Pneumonie
- COPD, RAO

- Chronische Lebererkrankung
- Ödeme aufgrund von Lebererkrankung oder ernährungsbedingten Problemen
- Hyperlipidämie
- Hämolytische Anämie
- Magengeschwüre
- Chronische Peritonitis
- Beckenthrombose
- Aneurysma
- Urolithiasis, Harnsediment
- Unfruchtbarkeit bei Stuten
- CEM
- Varikozele
- Mangel an Geschlechtstrieb
- Diabetes mellitus

Modalitäten

Verschlimmerung zwischen 16 und 20 Uhr, durch stickige Atmosphäre (Stall, Anhänger), Überanstrengung, Sorgen, Müßiggang, rechtsseitig, von rechts nach links

Besserung durch aktive Bewegung, Abnehmen (oder Lockern) der Decken, Beschäftigung

Wechselwirkungen

Wirkt gut zusammen mit: Natrium phosphoricum, Belladonna, Bryonia, Calcium carbonicum, Graphites, Lachesis, Phosphorus, Pulsatilla, Sepia, Silicea, Iodium, Chelidonium

Unverträglich mit: Coffea

Man denke auch an: Argentum nitricum, Carbo vegetabilis, Chelidonium, Magnesium muriaticum, Medorrhinum, Sulphur, Thuja, Silicea

DAS NATRIUM-MURIATICUM-PFERD

Name der Arznei: Natrium muriaticum, Nat-m.
Herkömmlicher Name: Natriumchlorid, NaCl, Kochsalz
Klassifikation: Mineralreich: Natriums: Polychrest
Zubereitung: Trituration

Erster Eindruck

Traurig, zurückgezogen, unglücklich, steht abseits von den anderen Pferden, schlank, kann mangelernährt aussehen, knochig.

Psychologischer Typ

Das Natrium-muriaticum-Pferd sieht einfach nur traurig und depressiv aus, geradezu verstoßen; dies zeigt sich darin, dass es abseits von den anderen Tieren steht. Es möchte lieber allein gelassen werden und lehnt alle Bemühungen, es zu trösten und zu umsorgen, ab. Im Gegensatz zu vielen anderen Mitteln verabscheuen diese Tiere grundsätzlich jeglichen Wirbel, Liebkosungen und Aufmerksamkeit. Die gedrückte Stimmung kann allerdings in die entgegengesetzte Richtung mit zeitweiser Erregung umschlagen. Seltsamerweise möchten sie zwar allein sein, aber dennoch nicht vollständig ignoriert werden. Sie sind geräuschempfindlich, v. a. bei plötzlichen Geräuschen, die zu Herumspringen führen. Sie haben Furcht vor geschlossenen Bereichen und neigen dazu, Groll über vergangene Ereignisse in sich hineinzufressen. Sie werden den Reiter, der sie schlecht behandelt hat, niemals vergessen, geschweige denn, ihm verzeihen. Ihre Emotionen bleiben aber oft im Verborgenen und sind nicht leicht zu erkennen; sie werden vielmehr kontrolliert und unterdrückt. So wird beispielsweise der Kummer über den Verlust eines Gefährten nicht zum Ausdruck gebracht, was nachfolgend zu Gesundheitsstörungen führen kann. Dieser scheinbar menschliche Wesenszug stellt überraschenderweise ein ebenso großes

Problem bei Pferden dar und bedarf einer sorgfältigen Beleuchtung der Vorgeschichte.

Vorherrschende gesundheitliche Probleme

Die gesundheitlichen Probleme des Natrium-muriaticum-Pferdes stehen in enger Verbindung zu der Arznei, wie sie sich im Leben darstellt. Es überrascht nicht, dass es durstige Tiere sind, die häufig Harn absetzen. Außerdem sind sie hungrig und verfressen, nehmen aber kaum zu. Es ist beinahe so, als würde ihr Stoffwechsel übermäßig arbeiten und die Kalorien doppelt so schnell verbrennen. Im späteren Lebensalter wird dieses Merkmal noch durch allmählichen Gewichtsverlust und allgemeinen Abbau verstärkt.

Häufig treten Hautprobleme mit übermäßiger Talgproduktion auf; stellenweise kommt es zu Haarausfall (Alopezie). Auch das Gegenteil kann auftreten: trockene Hautstellen mit glanzlosem Fell und Schuppenbildung. Juckreiz besteht oft an roten, nesselsuchtartigen Stellen, die v. a. in Gelenknähe oder an der Körperunterseite auftreten. Die Hufqualität ist häufig schlecht mit Rissen und Absplitterungen. Da sie leicht frieren, müssen sie eingedeckt werden. Atemwegsinfektionen gehen mit reichlichen, wässrigen und oftmals eiweißähnlichen Absonderungen einher. Abgehusteter Schleim ist immer klar. Da Salz eine Verbindung zu Flüssigkeitsretention hat, findet man bei Pferden dieser Konstitution oft Schwellungen der Beine. Verglichen mit anderen Pferden ist ihr Kot eher trocken.

Schlüsselhinweise

- Depressive, traurige Erscheinung
- Steht allein
- Vermeidet Zuwendung
- Empfindlichkeit gegenüber plötzlichen Geräuschen
- Abneigung gegen geschlossenen Bereiche
- Durst auf große Mengen
- Guter bis übermäßiger Appetit, nimmt aber nie zu
- Tränende Augen und klare Absonderung aus der Nase
- Übermäßig fettige, ölige Haut oder trockenes, schuppiges Fell
- Schlechte Hufqualität mit Absplitterungen
- Angelaufene Beine
- Schlimmer zwischen 9 und 11 Uhr vormittags

Wichtige Indikationen

- Stiller oder chronischer Kummer und daraus resultierende Erkrankungen
- Traurigkeit
- Angst bei reizbaren Tieren
- Katarakt
- Blockade des Tränen-Nasen-Kanals
- Musca-Infektion
- Kopfschütteln
- Rhinitis mit wässriger nasaler Absonderung
- Pferdeinfluenza
- Equine virale Arteriitis
- Rhinovirus-Infektion
- Adenovirus-Infektion
- Pferdepocken
- Vesikuläre Stomatitis
- Postvirales Syndrom, equine Myeloenzephalitis
- Wundheit und Risse im Maulbereich
- Bakterielle Follikulitis
- Unfruchtbarkeit bei der Stute
- Koitalexanthem
- Cem
- Chronisches Nierenversagen
- Übermäßiges Schnaufen
- Trockene, rissige oder abschilfernde Hufe
- Alopezie, Haarausfall, kahle Stellen
- Schuppen

- Seborrhö
- Abmagerung, selbst bei gutem Appetit

Modalitäten

Verschlimmerung durch heißes Wetter, Hitze im Allgemeinen, stickige, warme Ställe, Lärm, am Meer, durch Zuwendung oder Zuspruch, Anstrengung, zwischen 9 und 11 Uhr vormittags

Besserung durch frische Luft, gemäßigte Bewegung, Schwitzen, Ruhe, Rückenmassage

Wechselwirkungen

Wirkt gut zusammen mit: Bryonia (akut), Apis, Sepia, Ignatia (Natrium muriaticum ist das chronische Ignatia)

Unverträglich mit: Arsenicum album, Phosphorus, Argentum nitricum

Man denke auch an: Aurum, Ignatia, Natrium carbonicum, Natrium sulphuricum, Pulsatilla, Sepia, Staphisagria

DAS NUX-VOMICA-PFERD

Name der Arznei: Nux vomica, Nux-v.
Herkömmlicher Name: Brechnuss, *Strychnos nux vomica*
Klassifikation: Pflanzenreich: Familie der Loganiaceae: Polychrest
Zubereitung: Aus der Tinktur und Trituration der Samen

Erster Eindruck

Schlanke oder normale Erscheinung, angespannt, wachsam, wach, überempfindlich, lebhaft, feurig.

Psychologischer Typ

Das Nux-vomica-Pferd ist immer männlich; sehr oft handelt es sich um Tiere, die unter Leistungsdruck stehen. Sie erbringen dabei aber gute Leistungen, sind präzise in ihren Ausführungen, wettbewerbsfähig, und sie arbeiten hart. Allerdings sind sie gleichzeitig angespannt, reizbar, nervös, ungeduldig und aufbrausend und gehen oft in die Luft. Kann die Energie nicht entweichen, wird die Frustration am Nächstbesten ausgelassen, sei es Reiter, Pfleger oder Tierarzt, der einen schnellen Tritt oder Biss zu spüren bekommt. Dem Nux-vomica-Pferd tut es niemals leid, und es zeigt auch keine Reue für seine Taten. Ein Schlüsselmerkmal ist die hochgradige Empfindlichkeit gegenüber Lärm, Schmerzen, Berührung, hellem Licht und anderen Tieren, durch die es sich gereizt fühlt und die es in heimtückischer Weise durch Tritte aus dem Weg schafft. Diese Pferde sind in der Regel gefräßig, nehmen aber eher häufig kleine Mengen auf als eine große Futtermenge auf einmal.

Vorherrschende gesundheitliche Probleme

Viele Probleme, die mit Nux vomica zu lösen sind, drehen sich um das Verdauungssystem, insbesondere die verschiedensten Kolikformen, Magengeschwüre und eine Vielzahl anderer Beschwerden, die durch Überfütterung, falsches Futter oder Stress hervorgerufen werden. Es ist ein Hauptmittel für die Behandlung von Leberbeschwerden aller Art,

v. a. wenn der Verdacht auf eine Vergiftung besteht. Nux vomica wird grundsätzlich als gutes Entgiftungsmittel angesehen, und es ist auch ein gutes Tonikum, wenn die Verdauung in Unordnung geraten ist. Es hat eine Wirkung bei Muskelkrämpfen, Gangstörungen und Schmerzen im unteren Rücken. Weiterhin ist es ein Mittel für die Folgen von Überarbeitung, Druck und kumulativem Stress. Wird es später am Tag verabreicht, ist seine Wirkung meist am besten.

Schlüsselhinweise

- Reizbarkeit
- Aufbrausend und ungeduldig
- Feuriges Naturell
- Folgen von Überarbeitung
- Neigung zu Unregelmäßigkeiten des Verdauungssystems einschließlich Verdauungsträgheit
- Vorgeschichte von Krampfkoliken
- Vorgeschichte von Anschoppungskoliken
- Leberprobleme
- Krämpfe (Spasmen)

Wichtige Indikationen

- Reizbare, mürrische Natur v. a. bei älteren Pferden
- Krampf- oder Anschoppungskolik
- Blähungskolik
- Magengeschwüre
- Diarrhö durch Fütterungsfehler oder Futterumstellung
- Schleimige Diarrhö mit Pressen
- Obstipation mit Pressen
- Mekoniumverhaltung beim Fohlen
- Akute Laminitis durch Fütterungsfehler oder Toxämie
- Intestinalstase, auch postoperativ
- Vergiftung (als Leberschutz)
- Lebererkrankungen einschließlich Gelbsucht
- Zur Entgiftung nach einer Anästhesie
- Kreuzverschlag, zur Azoturie-Prävention
- Verkrampfung der Lendenmuskulatur
- Rückenschmerzen, wenn das Pferd reizbar ist
- Cauda-equina-Neuritis
- Blasenlähmung
- Wobbler-Syndrom
- Schwäche oder partielle Lähmung der Hintergliedmaßen
- Fazialisparese
- EHV-1 (neurologische Zeichen)
- Equine protozoäre Myeloenzephalitis
- Tetanus
- Fieber mit Reizbarkeit
- Rhinitis
- Trockener Husten
- COPD, RAO

Modalitäten

Verschlimmerung durch kalte Luft und Zugluft, frühmorgens, bei Unterbrechung des Schlafes, nach der Fütterung

Besserung nach Schlaf, abends, in Ruhe, durch feuchtes, nasses Wetter

Wechselwirkungen

Wirkt gut zusammen mit: Sulphur, Sepia, Pulsatilla

Unverträglich mit: Zincum

Man denke auch an: Aurum, Carcinosinum, Chamomilla, Ignatia, Lilium tigrinum, Lycopodium, Medorrhinum, Sepia, Strychninum, Sulphur

DAS PHOSPHORUS-PFERD

Name der Arznei: Phosphorus, Phos.
Herkömmlicher Name: Phosphor
Klassifikation: Mineralreich: Element: Phosphor: Polychrest
Zubereitung: Trituration von gelbem Phosphor

Erster Eindruck

Schlank, athletisch, intelligent, nervig, verspielt, große, strahlende Augen, dünnhäutig.

Psychologischer Typ

Im Gegensatz zu anderen Mitteln wie z. B. Sulphur und Graphites sind Phosphorus-Pferde aktiv (bis hin zu hyperaktiv), verspielt, erregbar und fröhlich; sie lieben Spaß und sind intelligent, machen dabei aber unterschwellig oft einen ängstlichen oder nervösen Eindruck. Sie sind in vielerlei Hinsicht sehr empfindsam. Man findet Überempfindlichkeit gegenüber Geräuschen, hellem Licht, grellen Farben, Berührung, Wetterfühligkeit sowie die Neigung, bei ungewohnten Dingen zu erschrecken, in abgegrenzten Bereichen Angst zu haben und in Menschenmengen, bei größeren Ereignissen und Veranstaltungen aufgeregt oder nervös zu sein. Es besteht großes Verlangen nach Zuwendung (die sie aktiv suchen – sie lieben es, gebürstet und gestreichelt zu werden) und der Gesellschaft von Menschen und anderen Pferden; sie hassen es geradezu, allein zu sein. Dennoch hat dieses Mittel auch noch eine andere Seite, die in Form eines plötzlichen „Wutanfalls“ zum Ausdruck kommen kann, der ihnen hinterher leid zu tun scheint. Bei allem, was sie tun, legen sie großen Enthusiasmus an den Tag, der sich allerdings nach einer Weile erschöpfen kann; diesen Wesenszug hat Phosphorus mit Tuberculinum gemeinsam, aber bei Phosphorus ist es Erschöpfung, die seine Absichten zunichte macht. In diesem Zustand kommt es zu Gleichgültigkeit und Apathie, die anhalten, bis die Energiereserven wieder aufgefüllt sind. Phosphorus-Tiere sind so gut wie immer durstig; sie frieren leicht, schwitzen bei Bewegung aber auch schnell und suchen häufiger als andere Tiere Minerallecksteine auf.

Vorherrschende gesundheitliche Probleme

Phosphorus hat eine Affinität zu den Knochen, dem Nervengewebe, den Atemwegen, Schleimhäuten, Augen, der Leber und dem Blut; daher zielt die Wirkung der Arznei auf Probleme in diesen Bereichen ab. Sind die Knochen betroffen, kann das Mittel insbesondere bei solchen Zuständen hilfreich sein, die bei zu schnell wachsenden Jungtieren auftreten, sowie bei älteren Tieren mit Anzeichen für Knochenschwäche, Osteomyelitis, Exostosen und Rückenschmerzen mit Schwäche der Wirbelsäule. Die Gliedmaßen, v. a. die Hinterbeine, können Schwäche und Lähmungserscheinungen infolge einer Degeneration der Nerven zeigen. Phosphorus ist ein Hauptmittel bei Atemwegserkrankungen mit trockenem, quälendem Husten, Pneumonie, gelbgrünem Katarrh oder anstrengungsbedingten Lungenblutungen (EIPH). Blutungen können auch in anderen Bereichen ein Problem darstellen, selbst kleine Hautverletzungen bluten übermäßig. Das Blut gerinnt nur langsam und ist hellrot und wässrig. So überrascht es nicht, dass das Mittel auch bei Anämie hilfreich sein kann. Auch Leberprobleme können von dieser Arznei profitieren: Leberschäden, Hepatitis, Lebervergrößerung, Degeneration oder Gelbsucht. Verdauungsstörungen umfassen Magengeschwüre und chronische Diarrhö, die sehr erschöpfend sein kann und ohne größeres Unbehagen einfach herauszuströmen scheint. Daneben kann das Mittel auch bei Diabetes von Nutzen sein.

Schlüsselhinweise

- Physische und geistige Überempfindlichkeit
- Erregbarkeit v. a. durch nervöse Anspannung
- Nervig, sprunghaft oder ängstlich vor Ereignissen
- Intelligent, verspielt
- Fährt bei plötzlichen Geräuschen auf
- Bedürfnis nach Zuwendung, freundlich, Erregung bei Gewitter
- Zarter Knochenbau, lange Beine, schlank, athletische Erscheinung
- Durstig
- Hält gerne ein kurzes Nickerchen
- Vorgeschichte von EIPH (anstrengungsinduzierte pulmonäre Hämorrhagie)

Wichtige Indikationen

- Erregbarkeit
- Allgemeine hochgradige Empfindlichkeit, „flatterhafte oder schreckhafte Tiere“
- Erregbarkeit vor einem Ereignis
- Trockener Husten, Pneumonie, Bronchopneumonie
- Atemwegsinfektionen, wenn die Symptome passen
- Hämorrhagie mit hellrotem, wässrigem Blut
- EIPH, Epistaxis (Nasenbluten)
- Netzhautblutungen
- Purpura haemorrhagica
- Rezidivierende Hämatome
- Kleine, aber anhaltend blutende Hautwunden
- Petechiale Blutungen
- Um die Blutung nach einer Zahnextraktion zu begrenzen
- Hämaturie (Blut im Urin)
- Anämie
- Gelbsucht, akute Hepatitis, chronischer Leberschaden/Lebererkrankung
- Vergiftung (Leberschutz)
- Chronische schmerzlose Diarrhö
- Diabetes mellitus
- Magengeschwüre
- Hyperlipidämie
- Chronisches Nierenversagen
- Katarakt
- Mondblindheit (chronische Fälle)
- Vaginale Blutungen zwischen den Rossen
- Gestörtes mütterliches Verhalten – Ablehnung des Fohlens
- Hengstverhalten bei Wallachen
- Osteochondrose (OCD)
- Osteomyelitis
- Periostitis
- Nervendegeneration
- Muskelschwund/-atrophie
- Neuritis
- Paralyse oder partielle Paralyse
- Cauda-equina-Neuritis
- EHV-1 (neurologische Symptome)
- Equine protozoäre Myeloenzephalitis
- Equine infektiöse Anämie (EIA), respiratorische und kardiale Formen
- Equine virale Arteriitis (EVA)
- Babesiose
- Tyzzersche Erkrankung

Modalitäten

Verschlimmerung durch Kälte, vor und bei einem Gewitter, Wetterwechsel, Dämmerung, emotionale Belastung, geistige Anstrengung, Berührung

Besserung durch Wärme, Fütterung, nach Ruhe und Schlaf, durch Abreiben und Massage, frische Luft

Wechselwirkungen

Wirkt gut zusammen mit: Arsenicum album, Lycopodium, Silicea, Tuberculinum, Carbo vegetabilis, Rhus toxicodendron

Unverträglich mit: Causticum

DAS PULSATILLA-PFERD

Name der Arznei: Pulsatilla, Puls.
Herkömmlicher Name: Kuhschelle, Küchenschelle, *Pulsatilla pratensis*
Klassifikation: Pflanzenreich: Familie der Ranunculaceae: Polychrest
Zubereitung: Aus der Tinktur der ganzen frischen Pflanze zur Zeit der Blüte

Erster Eindruck

Sanft, freundlich, ruhig, verschmust, helle Fellfarbe, Neigung zu Fettleibigkeit.

Psychologischer Typ

Pulsatilla-Pferde sind meist freundliche, sanfte, gesellige Stuten, wobei es sich hier nicht um eine feststehende Regel handelt. Auch eine beträchtliche Zahl von Wallachen hat eine Pulsatilla-Konstitution. Pulsatilla ist oft das Reitschulpony, die beliebte leichtführige Stute, die jeder gerne reitet. Sie haben ein kuscheliges, warmes, liebevolles und verschmustes Naturell mit einem ausgeprägten Verlangen nach körperlichem Kontakt und Zuwendung; sie verabscheuen es, allein zu sein. Sie machen einen mütterlichen Eindruck und geben in der Tat auch hervorragende Mütter ab. Ihre empfindsame Natur ist leicht verletzt, und werden sie ausgeschimpft, so kommt ihr unterwürfiges Naturell zum Vorschein. Sie zeigen praktisch niemals ein aggressives Verhalten; es liegt einfach nicht in ihrer Natur. Dahinter steckt ein zurückhaltendes, sogar ein wenig schüchternes Individuum, das ein paar Augenblicke braucht, um mit Fremden warm zu werden. Es gibt aber auch noch eine andere Seite des Pulsatilla-Pferdes, die sich in der stets veränderlichen emotionalen Natur der Arznei widerspiegelt. Diese Seite kann Eifersucht (allerdings in der Regel nicht auf bösartige Weise) und Reizbarkeit zeigen; ab und zu können sie auch ein wenig empfindlich sein.
Männliche Pulsatilla-Tiere zeigen ähnliche Merkmale, insbesondere den Mangel an Aggression und das freundliche, ruhige, schüchterne, wechselhafte Naturell. Gelegentlich tendieren sie mehr zu der erregbaren Seite.

Vorherrschende gesundheitliche Probleme

Viele Probleme, die auf Pulsatilla ansprechen, hängen mit dem weiblichen Geschlechtsapparat zusammen - unregelmäßige Rosse, Absonderungen aus der Gebärmutter und Beschwerden in Verbindung mit Trächtigkeit und Geburt. Die typische Absonderung aus dem Uterus einer Pulsatilla-Patientin ist cremig, gelblich und mild. Dieselbe charakteristische Absonderung tritt im Bereich des Präputiums (beim männlichen Tier), in Fällen von Rhinitis und Sinusitis aus der Nase und bei Konjunktivitis aus dem Auge auf. Pulsatilla hat auch eine Affinität zum Verdauungstrakt (wo es bei Blähungskolik und einigen Formen von Diarrhö hilfreich sein kann) und den Gelenken, wo die Lahmheit von einem Bein zum anderen zu wandern scheint.

Schlüsselhinweise

- Freundliches, sanftes, liebevolles Naturell
- Symptome wechseln oder wandern von einer Seite oder Gliedmaße zur anderen
- Wenig Durst
- Guter Appetit
- Milde, cremige Absonderungen
- Bevorzugt den Aufenthalt an frischer Luft
- Mag keine stickigen, luftarmen Bereiche

Wichtige Indikationen

- Katarrhalische Konjunktivitis mit dicker, milder, gelber Absonderung
- Rhinitis mit cremiger Absonderung aus der Nase
- Sinusitis
- Luftsackempyem oder -tympanie
- Trockener Husten oder rasselnder Schleimhusten mit mildem, gelbem Auswurf
- Atemwegsinfektionen
- COPD, RAO
- Blähungskolik v. a. durch zu reichhaltiges Futter oder Überfressen
- Diarrhö durch Überfressen
- Parotitis
- Unregelmäßiger Zyklus und andere Störungen der Reproduktion
- Unfruchtbarkeit bei der Stute
- Endometritis
- Pyometra
- Abortprophylaxe
- Wehenschwäche
- Nachgeburtsverhaltung
- Ausgeprägtes Stutenverhalten
- Orchitis
- Spermienmangel
- Varikozele
- Hydrozele
- Akute Zystitis
- Arthritis oder DJD (degenerative Gelenkerkrankungen) v. a. mit wechselnder Lahmheit
- Druse
- CEM
- Epizootische Lymphangitis
- Kummer oder Gram

Modalitäten

Verschlimmerung durch Hitze, hohe Luftfeuchtigkeit, übermäßiges Eindecken, abends

Besserung an frischer Luft, durch sanfte Bewegung, Druck oder Liegen auf dem schmerzhaften Bereich

Wechselwirkungen

Wirkt gut zusammen mit: Graphites, Nux vomica, Silicea (chronisch), Lycopodium, Argentum nitricum

Unverträglich mit: Nux moschata

Man denke auch an: Argentum nitricum, Cimicifuga, Cyclamen, Graphites, Hamamelis, Kalium bichromicum, Kalium sulphuricum, Mercurius solubilis, Natrium sulphuricum, Nux moschata, Phosphorus, Sulphur

DAS SEPIA-PFERD

Name der Arznei: Sepia, Sep.
Herkömmlicher Name: Tinte des Tintenfisches, *Sepia officinalis*
Klassifikation: Tierreich: Mollusken: Polychrest
Zubereitung: Trituration der Tinte

Erster Eindruck

Traurig, erschöpft, übergewichtig und depressiv, unglücklich, niedergeschlagen.

Psychologischer Typ

Sepia passt meist besser zu Stuten. Das typische Sepia-Pferd hatte ein hartes Leben, das im Laufe der Jahre sowohl in physischer als auch geistiger Hinsicht seinen Tribut gefordert hat. Früher einmal war es munter, rege und aktiv, aber nun lässt es sich hängen und macht einen traurigen, schwerfälligen und deprimierten Eindruck. Dieser bemitleidenswerte Zustand ist zum einen auf die Zeit und Überarbeitung zurückzuführen, in manchen Fällen aber auch auf eine gewisse zeitweilige Vernachlässigung. Alles scheint eine Bürde zu sein und Anstrengung zu erfordern, aber überraschenderweise hellt sich die Stimmung des Sepia-Pferdes deutlich auf, sobald der Ausritt einmal begonnen hat, und es scheint ihn auch tatsächlich zu genießen. Es kann aus seinem depressiven, unglücklichen Gemütszustand aufgerüttelt werden; das Sepia-Pferd ist von Natur aus nicht faul, sondern einfach nur ausgelaugt und erschöpft. Zu den Persönlichkeitsmerkmalen zählen Gleichgültigkeit und Apathie, insbesondere gegenüber denjenigen, die ihm am nächsten stehen. Dies kann das eigene Fohlen sein, das mitunter sogar abgelehnt wird, oder auch der Besitzer, dem es vielleicht ausweicht. Es lehnt möglicherweise sogar enge Zuwendung ab und wird dann reizbar, aufbrausend und empfindlich; es möchte lieber allein gelassen werden, fern von Menschen und anderen Pferden. Seltsamerweise hassen diese Tiere es aber auch, vollkommen allein zu sein. Sie müssen oft einigen Kummer ertragen und vergessen niemals ein vergangenes Ereignis, an dem ein bestimmter Mensch oder ein bestimmtes Tier beteiligt war, die sie ebenso wenig vergessen. Sepia wird manchmal als das „weibliche" Nux vomica bezeichnet.

Die dunkle introvertierte Stimmung von Sepia spiegelt die tiefschwarze Tinte des Tintenfisches (die dieser auf der Flucht einsetzt) wider. Der weiche Körper des Tintenfisches ähnelt dem Körper der Sepia-Stute, an dem alles herunterhängt und erschlafft ist. Der Rücken hängt aufgrund einer Dehnung der Bänder durch, die Muskeln sind weich und schlaff und weisen nur einen mangelhaften Tonus auf; das Euter und die Geschlechtsorgane sind ausgeleiert, weil sie schon so viele Fohlen hatte. Trotzdem macht das Sepia-Pferd immer weiter, v. a. wenn es motiviert wird. Dies ist auf den harten knochigen Kern zurückzuführen, der dem Tintenfisch Form und Struktur gibt.

Vorherrschende gesundheitliche Probleme

Viele mit Sepia in Verbindung stehende Beschwerden haben einen Bezug zu den weiblichen Geschlechtsorganen und dem endokrinen System, v. a. im Hinblick auf die Rosse, Fruchtbarkeit, Trächtigkeit, Geburt und Nachtgeburtsperiode. Es ist auch ein Mittel für Hautprobleme einschließlich allergischer Beschwerden, Seborrhö und Ringflechte.

Schlüsselhinweise

- Ausgelaugte Erscheinung, erschlafft, eingefallen
- Schwerfällig, langsam und deprimiert
- Unregelmäßiger oder aussetzender Zyklus

Wichtige Indikationen

- Mangelhaftes mütterliches Verhalten oder Ablehnung des Fohlens
- Ausgeprägtes Stutenverhalten
- Endometritis
- Pyometra
- Abortprophylaxe
- Nachgeburtsverhaltung
- CEM
- Uterusvorfall
- Spermienmangel
- Warzen auf der Penisspitze
- Seborrhoische Dermatitis, Allergien und Urtikaria
- Alopezie
- Schuppen
- Ringflechte
- Bakterielle Follikulitis
- Hyperkeratose
- Vitiligo
- Verformte Hufe
- Hypothyreose
- Schmerzen im unteren Rücken
- Postvirales Syndrom

Modalitäten

Verschlimmerung durch feuchtes Wetter, kalte Luft, vor einem Gewitter, trübes, bewölktes Wetter, vor der Rosse

Besserung durch Bewegung und Stimulation, Wärme, nach Ruhe, Futteraufnahme

Wechselwirkungen

Wirkt gut zusammen mit: Natrium muriaticum, Phosphorus, Nux vomica, Guajacum, Sabadilla

Unverträglich mit: Lachesis, Bryonia

Man denke auch an: Carbo vegetabilis, Carcinosinum, Causticum, Gelsemium, Ignatia, Lilium tigrinum, Murex, Natrium muriaticum, Nitricum acidum, Nux vomica, Petroleum, Phosphoricum acidum, Pulsatilla, Thuja

DAS SILICEA-PFERD

Name der Arznei: Silicea, Sil.
Herkömmlicher Name: Siliciumdioxid, Kieselsäure
Klassifikation: Mineralreich: Siliceas: Polychrest
Zubereitung: Trituration der reinen ausgefällten Kieselsäure

Warnhinweis: *Silicea ist eine kraftvolle Arznei, die bewirken kann, dass der Körper Fremdmaterialien abstößt, wie z. B. Metallschrauben, Drähte, Platten oder andere orthopädische Implantate, ebenso wie Mikrochips. In unklaren Fällen sollten Sie professionelle Hilfe aufsuchen.*

Erster Eindruck

Schwächlicher Körperbau, mangelhafte Konstitution, schwach, ruhig, langweilig.

Psychologischer Typ

Das Silicea-Pferd hat viele Probleme, die zumeist seiner grundlegenden körperlichen und geistigen Schwäche entspringen. Es ist zwar intelligent, aber schüchtern und ohne Selbstbewusstsein. Dies kommt in einem offensichtlichen Mangel an Antriebskraft, Schwung, Reaktions- und Durchsetzungsvermögen zum Ausdruck. Bei plötzlichen Geräuschen fahren diese Tiere auf; sie sind empfindsam, manchmal ängstlich, und können einen ruhelosen und erregten Eindruck machen (v. a. in ungewohnten Situationen). Manchmal sind sie auch gereizt, und wenn sie zu sehr bedrängt werden, legen sie ein schlechtes Benehmen an den Tag. Sind sie überarbeitet oder überfordert, kommen ihre innerlichen Schwächen zum Vorschein. Psychologisch betrachtet erscheint das Silicea-Pferd dann ruhig, reaktionslos, zurückgezogen, desinteressiert und depressiv. Nach außen hin zeigt sich ein Mangel an Vitalität.

Vorherrschende gesundheitliche Probleme

Es treten zahlreiche körperliche Probleme auf, die auf der schwachen Grundstruktur beruhen. Silicea ist ein Bestandteil des Bindegewebes und einiger anderer Gewebe, die die Grundstrukturen des Körpers bilden – Knochen, Knorpel, Sehnen, Bänder, Haut, Haare und Hufe ebenso wie das Blut und die Blutgefäße. So überrascht es nicht, dass das Silicea-Pferd einen armseligen Eindruck macht und oft dünn ist (bis hin zu dem Punkt, an dem es mangelernährt erscheint). Es friert schnell und hat ein schwaches Immunsystem; seine Drüsen können geschwollen sein und ihm fehlt die Widerstandskraft. Die Hufe sind oft schwach und rissig mit Absplitterungen. Es besteht eine Neigung zu Hufabszessen; Wunden heilen nur langsam und können einen chronischen Verlauf nehmen, bis hin zur Ausbildung von Fisteln und Kavernen. Das Fell und die Haut können schlecht aussehen; dies spiegelt die mangelhafte Assimilation des Futters wider. Sind die Knochen oder das Knorpelgewebe betroffen, kann es zu Arthritis mit Exostosenbildung kommen. Silicea ist dafür bekannt, dass es Fremdkörper aus dem Körper treibt (z. B. Dornen), Abszesse zur Reifung bringt, die Auflösung von Narbengewebe unterstützt, Kataraktbildung verzögert, Augengeschwüre zur Abheilung bringt und bei der Behandlung von Impffolgen von Nutzen ist.

Schlüsselhinweise

- Kränklicher Eindruck mit schwacher Konstitution
- Mangel an Antriebskraft, Durchsetzungsvermögen und Selbstvertrauen
- Wenig Ausdauer, schnell erschöpft
- Friert leicht, muss eingedeckt werden
- Vorgeschichte von Problemen mit dem Bindegewebe wie z. B. Verletzungen von Bändern und Sehnen, Arthritis
- Knochendegeneration
- Schwache Gelenke
- Schlechte und schwache Hufe
- Schlechter Hautzustand
- Geschwächtes Immunsystem
- Vergrößerte Lymphknoten, Lymphadenitis

Wichtige Indikationen

- Abszesse, Fisteln, Kavernen und andere chronische Infektionen
- Langsam heilende oder infizierte Wunden (ohne oder mit nur geringen Schmerzen)
- Narbengewebe, Prävention und Auflösung
- Strikturen
- Abstoßung von Fremdkörpern, Fremdmaterial
- Beschwerden nach Impfung, Vakzinose
- Luftsackempyem oder -mykose
- Sinusitis
- Parotitis
- COPD, RAO
- Zahnabszess
- Chronische Augengeschwüre
- Narben oder Trübung der Hornhaut
- Katarakt
- Blockade des Tränen-Nasen-Kanals
- Osteomyelitis
- Periostitis
- Exostosen
- Förderung der Frakturheilung
- Chronische Verletzungen oder Zerrungen der Bänder

- Splitter
- Hasenspat (bei Vorliegen von Narbengewebe)
- Hufknorpelverknöcherung
- Ostitis des Hufbeins
- Pyramidenkrankheit („buttress foot“, Periostitis und Ostitis des Pyramidenfortsatzes des Hufbeins)
- Hufknorpelfistel
- Erkrankung der weißen Linie
- Strahlfäule
- Riss der weißen Linie
- Ablösung der Hufwand
- Hypertrophie des Hufhorns
- Chronische Laminitis
- Brüchige, schwache und trockene Hufe
- Fibrotische Myopathie
- Bakterielle Follikulitis
- Equine noduläre Hauterkrankung
- Fibroblastische Sarkoide
- Hautgeschwüre
- Alopezie
- Hämatome mit langsamer Rückbildungstendenz
- Druse
- Epizootische Lymphangitis
- Postvirales Syndrom, equine me
- Ernährungsbedingte Anämie
- Zur Förderung der Abheilung der Darmwand
- Chronische Pyelonephritis
- Endometritis
- Chronische Mastitis
- Spermienmangel
- Hydrozele

Modalitäten

Verschlimmerung durch kalte Luft, kaltes Wetter, Feuchtigkeit, Vollmond, morgens, während der Rosse

Besserung durch Wärme, im Sommer, Eindecken, Ruhe

Wechselwirkungen

Wirkt gut zusammen mit: Fluoricum acidum, Calcium carbonicum, Pulsatilla (Silicea ist das chronische Pulsatilla), Thuja, Natrium muriaticum

Unverträglich mit: Mercurius solubilis

Man denke auch an: Calcium carbonicum, Camphora, Carbo animalis, Fluoricum acidum, Hepar sulphuris, Kalium carbonicum, Mercurius solubilis, Natrium carbonicum, Nitricum acidum, Pulsatilla, Sanicula, Staphisagria, Sulphur

DAS SULPHUR-PFERD

Name der Arznei: Sulphur, Sulph.
Herkömmlicher Name: Schwefel, das Element, sublimierter Schwefel
Klassifikation: Mineralreich: Schwefel: Element: Polychrest
Zubereitung: Trituration der Schwefelblüten

Erster Eindruck

Schmutzig, schmuddelig mit schlecht und ungesund aussehender Haut und Fell, faul.

Psychologischer Typ

Das Sulphur-Pferd ist normalerweise leicht zu erkennen. Das Tier ist schmutzig und übellaunig, sein Fell und seine Haut sehen schlecht gepflegt aus und sind stellenweise verfilzt und mit Schlamm und Schmutz verklebt. Dies liegt allerdings nur teilweise an der Konstitution, sondern vielmehr oft auch an dem Besitzer, der häufig ebenfalls ein Sulphur-Typ ist. Das Grundgefühl ist Faulheit. Sulphur ist ein Faulpelz und verabscheut harte Arbeit; in allem, was er tun soll, zeigt sich ein Mangel an Ausdauer. Sulphur lehnt sich gegen die Stallwand, da es ihm zu viel wird, sich aus eigener Kraft aufrecht zu halten und er lieber ein Nickerchen halten möchte. Wäre er ein Mensch, würde er sich bei jeder Gelegenheit hinsetzen. Grundlegende Charakteristika sind Selbstsucht, die Neigung zu schmollen, Mangel an Sorge für andere, ein schlechtes Gedächtnis, ein aufbrausendes Gemüt und Reizbarkeit; manche sprechen auch von einer Neigung zu „nörgeln". Es besteht eine Abneigung gegen Hitze, Nasswerden und dagegen, gewaschen bzw. gebürstet zu werden. Gier ist ein Problem, das oft dazu führt, dass diese Pferde fett und übergewichtig sind; allerdings sind manche Sulphur-Pferde auch schlank und langbeinig. Sulphur ist eher durstig.

Vorherrschende gesundheitliche Probleme

Sulphur ist ein überaus wichtiges Mittel, dessen Hauptwirkungsbereich die Haut ist. Es deckt ein breites Spektrum von Symptomen ab, einschließlich Kratzen und Reiben (bis zum Exzess), trockenes, glanzloses Fell, Schuppen und Krusten, wunde Stellen und schmutzige, übelriechende Haut und Haare. Kommt es zu einer Absonderung von der Haut, so reizt diese die Umgebung und führt zu Wundheit. Die Haut fühlt sich bei Berührung oft heiß, beinahe brennend an, und dort, wo sie sichtbar ist, ist sie rot und entzündet, v. a. im Bereich der Augen, Lippen, Nase, Genitalien und an der Körperunterseite. Eindecken verschlimmert alle Probleme, weil sich die Hitze darunter staut. Das Klippen wird verweigert und Bürsten führt zum Verlust großer Mengen abgestorbener Haare. Die Wundheilung geht verglichen mit einem Durchschnittspferd langsamer vonstatten und in manchen Fällen entwickelt sich eine Infektion der Wunde zu einem chronischen Problem. Die Wirkung von Sulphur erstreckt sich aber noch auf andere Bereiche des Körpers. Atemwegssymptome umfassen Absonderung von faulig riechendem Schleim aus der Nase, Abhusten von grünlichem Schleim, allergiebedingte Probleme und Pneumonie. Sind die Beine und der Rücken betroffen, kann dies zu Schwäche der Rückenmuskeln und steifem, schlurfendem und mühsamem Gang führen. Hitze verschlimmert die Symptome meist, aber auch Kälte kann Probleme verursachen, da sie den Kreislauf verlangsamt.

Sulphur ist ein führendes Antipsorikum; es soll eine zentrifugale Wirkung haben, die von innen nach außen gerichtet ist. Sulphur kann Toxine, die sich tief im Inneren des Körpers befinden, an die Oberfläche bringen. Es ist oft ein gutes Mittel zu Beginn der Behandlung, bevor man zu anderen Arzneien wechselt, bzw. wenn keine klaren Anhaltspunkte für ein bestimmtes Mittel vorliegen. Weiterhin kann es auch als interkurrentes Mittel eingesetzt werden, um die Wirkung anderer Arzneien zu unterstützen.

Schlüsselhinweise

- Allgemeiner Eindruck
- Schlampige, faule Einstellung
- Schmutziges Fell und Haut
- Ungesunde Haut
- Vorgeschichte von Hautproblemen, v. a. wenn dabei Juckreiz, Reiben, Hitze und Brennen bestanden
- Übel riechendes Fell
- Abneigung gegen Nasswerden
- Unverträglichkeit von Hitze
- Gierig und durstig

Wichtige Indikationen

- Hauterkrankungen im Allgemeinen, oft ein gutes Anfangsmittel, um den Weg für andere Arzneien „freizumachen"
- Krankheiten nach Impfung
- Sommerekzem
- Wunde Haut
- Allergiebedingte Hautprobleme

- Seborrhö oder fettige Haut
- Schuppen
- Hyperkeratose
- Mauke
- Bakterielle Hautinfektionen
- Schmutzig und schmuddelig aussehende Haut und Fell, schlechte Fellqualität
- Läuse
- Räude
- Strahlfäule
- Kopfschütteln
- COPD, RAO
- Chronische Diarrhö
- Intermittierende milde Anschoppungskolik
- Smegma
- Dourine (Beschälseuche)
- Postvirales Syndrom

Modalitäten

Verschlimmerung durch Hitze, Sonne, Eindecken, Kälte, feuchtes Wetter, Wasser, Waschen, Herumstehen, in Ruhe, 11 Uhr vormittags, am frühen Nachmittag, während der Rosse

Besserung durch trockenes Wetter, sofern es nicht zu heiß ist, Bewegung, Fressen

Wechselwirkungen

Wirkt gut zusammen mit: Aconitum, Arsenicum album, Aloe, Nux vomica, Psorinum, Calcium carbonicum, Calcium phosphoricum, Pulsatilla, Belladonna

Unverträglich mit: Keine bekannt

Man denke auch an: Aloe, Antimonium crudum, Argentum nitricum, Graphites, Lycopodium, Medorrhinum, Mezereum, Nux vomica, Platinum, Psorinum, Pulsatilla, Selenium, Symphytum

DAS TUBERCULINUM-PFERD

Name der Arznei: Tuberculinum, Tub.
Herkömmlicher Name: Tuberkelbazillen aus infizierten Rinderlymphknoten – Tuberculinum bovinum[7]
Tuberkelbazillen aus Geflügelleber oder Vögeln – Tuberculinum aviare
Tuberkelbazillen aus einem tuberkulösen Abszess – Tuberculinum Koch
Klassifikation: Tierreich: Säugetiere: Human: Nosode
Zubereitung: Aus einem Glyzerinextrakt von Tuberkelbazillen

Erster Eindruck

Engbrüstig, schlank, bei Vernachlässigung manchmal abgemagert oder schwach, oft helle Fellfarbe, ungeduldig.

Psychologischer Typ

Tuberculinum-Pferde sind für ihre widerspenstige und dickköpfige Natur gut bekannt. Aufgrund ihres Starrsinns und Ungehorsams sind sie oft nur schwer zu kontrollieren, v. a. wenn sie jünger sind; sie wollen nur das tun, wonach ihnen der Sinn steht, und nicht das, was Sie möchten. Manchmal weist das Verhalten bösartige und destruktive Aspekte auf, die bis zu Beißen und Kneifen reichen können. Das grundsätzlich störrische Verhalten geht mit Reizbarkeit und Ungeduld einher, was sich in Stampfen und Auf-den-Boden-Klopfen zeigt, so als ob es ihnen nicht schnell genug ginge. Diese Tiere sind temperamentvoll und bei einem Ausritt anfangs immer die Ersten und Anführer der Truppe; ihr Enthusiasmus schwindet allerdings rasch, da ihnen langweilig wird, sodass sie an den Schluss der Gruppe zurückfallen. Langeweile ist ein typisches Merkmal von Tuberculinum. Sie langweilen sich im Alltag und wollen immer etwas Neues erleben; sie scheinen mit ihrem Leben nie richtig zufrieden zu sein. Sie sind scharf darauf, neue Dinge zu unternehmen und etwas zu erleben; trotzdem widerstrebt es ihnen oft zu reisen (d. h. sie sind schwer zu verladen), weil sie die stickige Enge des Transporters hassen. Im späteren Lebensalter neigen sie zu Dumpfheit und Depression sowie zu Faulheit mit Abneigung gegen Arbeit.

Vorherrschende gesundheitliche Probleme

Die Krankheitssymptome sind sehr veränderlich und können von Tag zu Tag unterschiedlich sein. Es überrascht nicht, dass die Schwachstellen der Brustkorb und die Atemwege im Allgemeinen sind, was sich darin zeigt, dass die Genesung nach einer Virusinfektion der Atemwege nur sehr langsam vonstatten geht und die Neigung besteht, Husten und allergiebedingte Atemwegsprobleme zu entwickeln. Auch das Immunsystem bereitet Probleme: Die Genesung von einer Krankheit dauert sehr lange, die Lymphknoten sind vergrößert (v. a. die Unterkieferlymphknoten), und es besteht eine Tendenz zu rezidivierenden oder hartnäckigen Infektionen. Die Haut kann ebenfalls betroffen sein, insbesondere von Sommerekzem. Auch die Gelenke sind problembehaftet mit einer Neigung zu wandernden oder veränderlichen Lahmheiten, die von einem Bein oder Gelenk zum anderen wechseln.

Schlüsselhinweise

- Schlank trotz überaus guten Appetits
- Vorgeschichte von COPD und anderen allergiebedingten Atemwegsproblemen
- Chronisch vergrößerte Lymphknoten
- Langsame Genesung von jedweder Krankheit, v. a. bei Atemwegsproblemen
- Unbeständige und veränderliche oder wechselnde Symptome
- Hat es gern warm, hält sich aber lieber im Freien auf
- Ermüdet schnell
- Faulheit, Abneigung gegen Arbeit

Wichtige Indikationen

- Hochgradiges Sommerekzem
- Atemwegserkrankungen, v. a. behandlungsresistente Fälle
- Hartnäckiger trockener Husten
- Bronchopneumonie mit viel Schleimbildung
- COPD, RAO
- Kopfschütteln (bei Schmerzen)
- Zähneknirschen
- Postvirales Syndrom, equine me
- Epizootische Lymphangitis
- Chronische Diarrhö mit Gewichtsverlust

Modalitäten

Verschlimmerung durch Bewegung, vor einem Sturm, durch feuchtes Wetter, frühmorgens

Besserung durch Aufenthalt in frischer Luft

Wechselwirkungen

Wirkt gut zusammen mit: Psorinum, Sulphur, Belladonna, Calcium carbonicum, Phosphorus, Hydrastis, Thuja, Pulsatilla

Unverträglich mit: Keine bekannt

Man denke auch an: Bacillinum, Calcium phosphoricum, Carcinosinum, Medorrhinum, Platinum, Rhus toxicodendron, Sanicula, Veratrum album

Grundlegende Informationen – Vitale Zeichen

Die nachfolgenden Ausführungen dienen dem schnellen Nachschlagen, damit Sie anhand der Überprüfung der vitalen Zeichen wie Temperatur, Puls und Atmung beurteilen können, ob Ihr Pferd krank ist oder nicht. Sollten Sie im Zweifel darüber sein, ob Ihr Pferd krank ist, suchen Sie professionelle Hilfe auf.

Temperatur

Die Temperatur wird normalerweise rektal mit einem quecksilbergefüllten Glasthermometer oder einem digitalen Thermometer gemessen. Wenn Sie ein Glasthermometer verwenden, müssen Sie sicherstellen, dass es vor der Messung ganz heruntergeschlagen ist. Machen Sie das Thermometer erst mit ein wenig Vaseline gleitfähig, führen Sie es dann in den Enddarm ein und überprüfen Sie, dass es nicht im Kot steckt, sondern Kontakt mit der Darmwand hat. Lesen Sie es nach ein bis zwei Minuten ab (in Abhängigkeit vom Thermometertyp) und wiederholen Sie die Messung, sofern irgendwelche Zweifel bestehen.

Die normale Durchschnittstemperatur eines ausgewachsenen Pferdes beträgt in Ruhe **38°C**, wobei der Normalbereich zwischen **37,2 und 38,3°C** liegt, in Abhängigkeit von Umweltfaktoren und anderen Einflüssen wie Bewegung, Aufregung und Stress. Liegt die Temperatur Ihres Pferdes über **38,8°C**, ist es ratsam, tierärztliche Hilfe zu suchen.

Atemfrequenz

Die Atemfrequenz kann gemessen werden, indem man die Atmung des Pferdes und die Bewegung der Rippen beobachtet. Man zählt eine Ein- und eine Ausatmung als einen Atemzug. Die Zählung erfolgt über einen Zeitraum von 30 Sekunden und das Ergebnis wird dann verdoppelt.

Die Atemfrequenz wird durch Bewegung, Umweltfaktoren (v. a. Luftfeuchtigkeit und Temperatur) ebenso wie durch Schmerzen (z. B. bei Kolik) und Krankheit (z. B. COPD oder Infektionen der Atemwege) beeinflusst. Sie sollte nie die Pulsfrequenz übersteigen. Eine schnelle oder erschwerte Atmung bedarf immer sofortigen tierärztlichen Handelns. Die normale durchschnittliche Atemfrequenz liegt bei einem gesunden ausgewachsenen Pferd in Ruhe **zwischen 8 und 15 Atemzügen pro Minute**.

Pulsfrequenz

Der Puls wird gemessen, indem man eine der Arterien des Kopfes aufsucht, die beiderseits über den Unterkieferknochen ziehen. Man drückt mit einem Zeigefinger fest auf die Arterie und zählt die Anzahl der Pulsschläge über einen Zeitraum von 15 Sekunden. Das Ergebnis wird mit 4 multipliziert und ergibt die Pulsfrequenz.

Der Puls verändert sich mit der Bewegung, sollte aber schnell zum Normalwert zurückkehren. Er wird auch durch Schmerzen, Krankheit (z. B. Fieber) und Stress beeinflusst, ebenso wie durch Angst und Erregung.

In Ruhe sollte die Pulsfrequenz eines gesunden ausgewachsenen Pferdes zwischen **30 bis 44 Schlägen pro Minute** betragen. Eine Pulsfrequenz von mehr als 50 ist besorgniserregend und ein Zeichen für eine Störung, die tierärztlicher Hilfe bedarf. Die Beurteilung der Pulsqualität kann ebenfalls dazu dienen, den Gesundheitszustand und mögliche Rhythmusstörungen zu erfassen.

Bei jungen Pferden sind die Werte unterschiedlich:

Fohlen	70–120
Jährlinge	45–60
Zweijährige	40–50

Kapilläre Füllungszeit

Bei der kapillären Füllungszeit handelt es sich um die Zeit, die benötigt wird, damit druckbedingt blutarme Schleimhäute sich wieder mit Blut füllen und die im gesunden Zustand normalerweise lachsrosa Farbe annehmen. Zur Messung hebt man die Oberlippe des Pferdes an und drückt mit dem Daumen fest gegen die Maulschleimhaut. Die dadurch bedingte Weißfärbung sollte innerhalb von maximal zwei Sekunden wieder zu rosa umschlagen.

Dauert es länger, befindet sich das Tier möglicherweise in einem Schockzustand oder es leidet an Blutverlust oder Kreislauf- bzw. Herzversagen.

Schleimhäute

Die Farbe der Schleimhäute von Maul, Nase und Augenlidern ist ein guter Indikator für den Gesundheitszustand und den Kreislaufstatus. Bei einem normalen gesunden Tier sollten die Schleimhäute feucht und lachsrosafarben sein. Jede Abweichung erfordert eine sofortige tierärztliche Untersuchung.

Sehr blasse oder weiße Schleimhäute können ein Hinweis auf Blutverlust (Hämorrhagie), Anämie oder Fieber sein.

Leuchtend rote Schleimhäute können ein Zeichen für Toxämie oder Schock sein.

Blaue oder graue Schleimhäute können ein schweres Schockgeschehen, hochgradige Atemwegs- oder Herzprobleme oder andere schwerwiegende Gesundheitsprobleme anzeigen.

Gelbe Schleimhäute sind normalerweise ein Hinweis auf Gelbsucht in Verbindung mit Lebererkrankungen.

Der digitale Puls

Hier handelt es sich um den Puls, der an den palmaren bzw. plantaren Digitalarterien gemessen wird, die für die Versorgung der Hufe zuständig sind; er kann direkt unterhalb des Fesselgelenks auf der palmaren/plantaren Seite gemessen werden (ganz in der Nähe der Sesambeine). Die digitale Pulsfrequenz entspricht der Herzfrequenz des Pferdes; die Stärke des Pulses kann ein Hinweis auf ein Problem sein. Der Vergleich des Pulses an den verschiedenen Hufen kann dabei helfen zu entscheiden, was normal ist.

Ein harter oder klopfender digitaler Puls kann eine Laminitis anzeigen, dies ist allerdings absolut nicht verlässlich, da noch eine ganze Reihe anderer Erkrankungen des Hufes zu einer Pulssteigerung führen können. Dazu gehören lokale Entzündungen, Quetschungen des Hufes, Sohlenhämatome und Abszesse. Ist der Puls an allen vier Beinen verstärkt, lässt dies am ehesten eine Laminitis vermuten. Ist der Huf vermehrt warm, so deutet dies zusätzlich auf ein mögliches Problem hin.

Darmgeräusche

Hält man ein Stethoskop oder einfach ein Ohr gegen die Bauchwand des Pferdes, kann man die Geräusche hören, die vom Magen und Darm herrühren. Man sollte immer gewisse Darmgeräusche hören können. Fehlen sie, so ist dies stets ein Anlass zur Sorge und ein Hinweis auf eine Kolik. Man sollte hier immer umgehend tierärztliche Hilfe suchen. Eine deutliche Zunahme der Anzahl oder Intensität der Geräusche ist meist weniger ein Problem, kann aber dennoch mit bestimmten Kolikformen in Zusammenhang stehen.

Austrocknung (Dehydratation) und Durst

Durch Eindrücken der Haut des Pferdes am Hals des Pferdes oder Aufziehen einer Hautfalte kann man feststellen, ob das Tier ausgetrocknet ist. Bei einem gesunden Pferd mit normalem Flüssigkeitshaushalt sollte die Haut innerhalb von weniger als einer Sekunde in ihren ursprünglichen Zustand zurückkehren. Je länger die Haut eingedrückt bleibt, desto schwerwiegender ist der Grad der Austrocknung.

Pferde können bei heißem Wetter austrocknen, wenn sie zu wenig Wasser trinken, v. a. wenn sie über einen längeren Zeitraum gearbeitet werden, wie z. B. bei Wander- oder Marathonritten. Für Pferde, die nicht gerne pures Wasser trinken, kann dieses durch Hinzufügen von Apfelsaft oder Melasse schmackhaft gemacht werden.

Ausgewachsene Pferde trinken normalerweise mindestens 20 Liter Wasser pro Tag. Eine signifikante Steigerung kann ein Hinweis auf Erkrankungen z. B. der Nieren, Morbus Cushing, Diabetes oder Fieber sein.

Das Auge

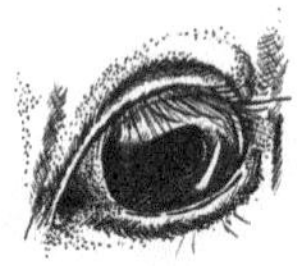

Die Augen ermöglichen es dem Pferd zu sehen, seine Bewegungen exakt zu koordinieren und eine räumliche Vorstellung von seiner Umgebung zu entwickeln. Damit das Pferd bestmögliche Leistungen erbringen kann, ist es natürlich auf eine optimale Funktion seiner Augen angewiesen. Neben dem eigentlichen Augapfel gibt es in seiner Umgebung noch eine Reihe weiterer gleichermaßen wichtiger Strukturen. Zu diesen zählen die Muskeln, welche die Bewegungen des Augapfels steuern, die Bindehäute, die Augenlider (die dem Schutz dienen) und die Tränendrüsen, die für die Befeuchtung sorgen. Der Augapfel hat einen komplexen Aufbau. Die Hornhaut ist der klare Teil des Auges, der sich nach außen vorwölbt. Die Sklera oder Lederhaut wiederum ist der weiße Teil des Auges; sie umschließt den Rest des Augapfels und gibt dem Auge Schutz und Struktur, da sie aus festem Fasergewebe besteht. Sie enthält zahlreiche Blutgefäße und Nerven sowie die Regenbogenhaut (Uvea). Diese umfasst die Chorioidschicht (einschließlich der blaugrünen reflektierenden Schicht), den Ziliarkörper und die Iris, welche die Kontrolle darüber hat, wie viel Licht in das Auge einfällt. Der Augenhintergrund besteht vorwiegend aus der Netzhaut (Retina), die wiederum an die Chorioidea grenzt und die lichtempfindlichen Rezeptorzellen sowie die Sehnervenpapille (den blinden Fleck) enthält, wo die Nervenfasern zusammenlaufen und als Sehnerv durch die Sklera ziehen. Hinter der Iris befindet sich die abgekapselte Linse; vor dieser liegen zwei Kammern (die vordere und hintere Augenkammer), die mit einer wässrigen Flüssigkeit gefüllt sind. Der Bereich hinter der Linse ist der ebenfalls flüssigkeitsgefüllte Glaskörper.

Verletzungen

Verletzungen des Auges treten recht häufig auf und müssen immer mit äußerster Sorgfalt behandelt werden. Sie sind oftmals die Folge von hervorstehenden Nägeln oder dem Zusammenstoß mit Zäunen oder Bäumen, v. a. bei schlechten Lichtverhältnissen oder wenn das Tier sich erschreckt hat. Bestehen auch nur die geringsten Zweifel hinsichtlich des Schweregrades der Verletzung, sollte umgehend professionelle Hilfe aufgesucht werden. Schnitte müssen u. U. genäht werden, um eine Verformung der Lider zu vermeiden. Die nachfolgend aufgeführten Arzneimittel bieten eine hervorragende Möglichkeit zur Erstversorgung verschiedenster Probleme. Im Anschluss auftretende Erkrankungen wie z. B. Konjunktivitis werden in den entsprechenden Abschnitten erörtert.

Stöße, Schläge und Quetschungen des Auges und seiner Umgebung Prellungen und Wunden

Aconitum

Um das Pferd zu beruhigen, wenn es sich in einem Schockzustand befindet. Aconitum hilft, weitere Veränderungen zu begrenzen, und setzt das Infektionsrisiko herab.

Dosierung: *C30, drei oder vier Gaben im Abstand von 5 Minuten*

Arnica

Arnica ist bei Verletzungen aller Art die nützlichste Arznei. Es hilft, Quetschungen, Schmerzen und Schwellungen zu begrenzen und Blutungen zum Stillstand zu bringen, wenn die Haut

verletzt oder aufgerissen ist. Arnica unterstützt auch die Wundheilung.
Dosierung: *C200, zu Beginn vier Gaben im Abstand von zwei Stunden, dann zweimal täglich bis zur Heilung*

Ledum
Ledum ist hilfreich, wenn das Auge blutunterlaufen, gequetscht oder geprellt ist. Ledum ist angezeigt, wenn die Beschwerden durch Auflegen einer kalten Kompresse gelindert werden. Auch bei Blutungen in die vordere Augenkammer erweist es sich als nützlich. Es kann im Einzelfall im Wechsel mit Arnica verabreicht werden.
Dosierung: *C30, viermal täglich, bis die Beschwerden nachlassen*

Symphytum
Ein wichtiges Augenmittel, insbesondere bei Verletzungen. Unterstützt die Heilung bei Verletzungen der knöchernen Augenhöhle. Lindert Schmerzen und Unbehagen. Verletzungen des Auges durch stumpfe Gegenstände profitieren ganz besonders von dieser Arznei.
Dosierung: *C30, viermal täglich, bis die Beschwerden nachlassen*

Staphisagria
Angezeigt bei Wunden, Schnitten oder Rissen der Haut der Augenlider oder der Umgebung des Auges. Lindert Schmerzen und Unbehagen.
Dosierung: *C30, viermal täglich, bis die Beschwerden nachlassen*

Hypericum
Das Hauptmittel zur Schmerzlinderung und von besonderem Nutzen bei Gewebezerreißungen in der Umgebung des Auges. Kann neben anderen Mitteln gegeben werden, wenn die Linderung der Schmerzen im Vordergrund steht.
Dosierung: *C6, nach Bedarf bis zu viermal täglich*

Hypericum- und Calendula-Lotion
Wird lokal angewendet, um Wunden aller Art, Schnitte, Zerreißungen und Abschürfungen zu reinigen. Hypercal-Lotion regt daneben die Wundheilung an und reduziert Schwellungen.
Anweisung: *Vor Gebrauch verdünnen: ein Teelöffel auf eine Tasse kaltes abgekochtes Wasser. Die betroffenen Stellen zwei- bis dreimal täglich baden.*

Blutungen im Auge/aus dem Auge

Sie sind die Folge eines schweren Traumas des Auges und sollten immer als Notfall behandelt werden. Man achte vor allem auf eine Blutung in die vordere Augenkammer. Diese verschleiert die Iris und behindert das Sehvermögen. Die nachfolgend aufgeführten Arzneien können die Blutung zum Stillstand bringen und die Heilung beschleunigen.

Arnica
Man gebe Arnica stets am Anfang, um die Blutung zu begrenzen. Ganz besonders bei Netzhautblutungen angezeigt.
Dosierung: *C200, zu Beginn vier Gaben im Abstand von zwei Stunden, dann zweimal täglich bis zur Heilung*

Phosphorus
Ein spezifisches Mittel bei Blutungen, v. a. wenn das Blut hellrot ist und die Blutung intermittierend auftritt. Ebenfalls bei Netzhautblutungen angezeigt.
Dosierung: *C30, alle 15 Minuten eine Gabe, bis die Blutung nachlässt*

Lachesis
Hilfreich bei intraokulären Blutungen mit dunklem Blut, das nicht gerinnt.
Dosierung: *C30, alle 15 Minuten eine Gabe, bis die Blutung nachlässt*

Crotalus horridus
Begrenzt Blutungen aus dem Auge, wenn das Blut dunkel ist und nicht gerinnt; unterstützt die Resorption des Blutgerinnsels.
Dosierung: *C30, alle 15 Minuten eine Gabe, bis die Blutung nachlässt*

Hamamelis
Von Nutzen für die Folgen von Traumata des Auges im Allgemeinen, insbesondere aber für die Resorption von Blutgerinnseln im Auge.
Dosierung: *C30, zweimal täglich, bis das Blutgerinnsel resorbiert ist*

Sulphuricum acidum
Speziell angezeigt, wenn ein Trauma zu einer massiven Blutung im Auge mit hochgradiger Schwellung der Konjunktiven geführt hat. Eine solche Schwellung wird auch als Chemosis bezeichnet.
Dosierung: *C30, zweimal täglich, bis das Blutgerinnsel resorbiert ist*

Verletzungen und Abschürfungen der Hornhaut
Verletzungen der Kornea können zu dauerhafter Vernarbung und Beeinträchtigung des Sehvermögens, aber auch zu Ulzeration der Hornhautoberfläche führen. Daher ist immer sofortiges Handeln angezeigt. Man vergesse nicht den Wert von **Arnica, Hypericum, Ledum** und **Aconitum** bei der Behandlung von Augenverletzungen im Allgemeinen und von **Euphrasia-Urtinktur** bei der Heilung von Verletzungen aller Art. Die nachfolgend aufgeführten Mittel sind besonders bei Hornhautschäden angezeigt.

Calendula
Ein gutes allgemeines Mittel bei Verletzungen des Auges, insbesondere der Hornhaut.
Dosierung: *C30, viermal täglich*

Conium
Hilfreich, wenn Schmerzen bestehen, die in keinem Verhältnis zum Ausmaß der Schädigung stehen. Das Auge reagiert empfindlich auf helles Licht und tränt schon bei der leichtesten Abschürfung übermäßig.
Dosierung: *C6, zweimal täglich*

Euphrasia-Urtinktur, Euphrasia Ø
Ein grundsätzliches Mittel, um die Augen zu baden, wenn diese wund oder entzündet sind und wenn die Hornhaut geschädigt ist. Unterstützt die Heilung von Augenverletzungen aller Art und vermindert das Risiko einer Konjunktivitis.
Anweisung: *Vor Gebrauch verdünnen: zwei Tropfen auf einen Eierbecher kaltes abgekochtes Wasser. Die betroffenen Stellen zwei- bis dreimal täglich baden.*

Cineraria-Urtinktur Ø oder Lösung
Ein gutes Mittel, um die Gesundung der Kornea insbesondere nach Hornhautschäden zu unterstützen.
Anweisung: *Verdünnen und anwenden wie oben beschrieben*

Fremdkörper
Gelegentlich können kleine Teile von Stroh, Spreu, Haferschalen oder Gerstengrannen unter ein Augenlid geraten, die Hornhaut verletzen (u. U. mit Ulzeration) und eine Konjunktivitis verursachen. Setzen Sie die passenden Mittel ein, um die Heilung zu unterstützen, nachdem Ihr Tierarzt den Fremdkörper entfernt hat. Waschen Sie das Auge mit verdünnter **Euphrasia-Urtinktur** aus; dies bringt zusätzliche Linderung und spült Fremdmaterial aus. Die folgenden Arzneien können unterstützend eingesetzt werden:

Spigelia
Wenn die Beschwerden nach der Entfernung des Fremdkörpers weiterhin anhalten, was

sich durch reichlichen Tränenfluss und häufiges Zukneifen des Auges zeigt. Die Augenlider scheinen zu schmerzen.
Dosierung: *C6, viermal täglich*

Coccus cacti
Unter ähnlichen Umständen angezeigt wie Spigelia, aber die Symptome sind weniger ausgeprägt, insbesondere besteht kaum Tränenfluss. Das Tier scheuert möglicherweise weiterhin sein Auge, obwohl das reizende Material entfernt wurde.
Dosierung: *C6, viermal täglich*

Konjunktivitis
Hier handelt es sich um eine Entzündung der Bindehaut; diese bedeckt das Auge und die Innenflächen der Augenlider. Zu den Ursachen zählen bakterielle und virale Infektionen (z. B. Influenza), Trauma, Schädigung oder Reizung durch Fremdkörper, allergisch bedingte Reaktionen und in seltenen Fällen Veränderungen der Augenlider. Eine Konjunktivitis tritt häufiger unter staubigen und trockenen Bedingungen auf oder dort, wo viele Fliegen vorkommen.

Symptome
Die Bindehäute sind blutgefüllt und entzündet, ihre im gesunden Zustand rosa Farbe verändert sich in Richtung tiefrot, und es kommt zu Schwellung oder Aufgedunsenheit der Lider unterschiedlichen Ausmaßes. Die Hornhaut verliert ihren Glanz und wird trüb. Normalerweise tritt auch eine Absonderung auf, deren Charakter von wässrig-serös bis hin zu eitrig, gefärbt oder klebrig reichen kann. Die Reizung und das Unbehagen sind meist deutlich sichtbar und werden oft durch helles Licht verschlimmert. Das Pferd reibt häufig das Auge und kneift es zu. Eine Untersuchung wird oft verweigert.

Der Schlüssel zu einer erfolgreichen Behandlung einer Konjunktivitis liegt in der möglichst genauen Übereinstimmung der Arznei mit den Symptomen. Man denke an **Arnica** oder **Calendula**, die v. a. dann hilfreich sind, wenn ein Trauma die veranlassende Ursache ist, und an **Ledum**, wenn die Konjunktivitis im Anschluss an einen Kratzer oder eine Abschürfung des Auges auftritt.

Aconitum
Im Frühstadium von allergrößtem Nutzen. Das Auge sieht trocken und rot aus. Es kann bereits eine Entzündung sichtbar sein mit begleitender Reizung. Hilfreich, wenn die Konjunktivitis im Anschluss an die Entfernung eines Fremdkörpers oder nach Verletzung des Auges auftritt. Aconitum ist auch nützlich, wenn sich die Symptome nach Aufenthalt in kaltem, trockenem Wetter entwickeln. Ist dieses Mittel angezeigt, erscheint das Pferd möglicherweise ängstlich oder erregt.
Dosierung: *C30, stündlich bis zur Besserung*

Argentum nitricum
In schwereren Fällen mit reichlicher eitriger Absonderung angezeigt. Insbesondere die inneren Augenwinkel sind entzündet, und es besteht die Neigung zu Sekretansammlung in diesem Bereich. Die Lider können geschwollen sein (was manchmal auch als Blepharitis bezeichnet wird), und klebriges Sekret bildet Krusten an den Lidrändern. In schweren Fällen kommt es zu Veränderungen der Hornhaut. Passt zu ängstlichen, angespannten Tieren.
Dosierung: *C30, dreimal täglich*

Arsenicum album
Angezeigt, wenn die Augenlider hochgradig aufgedunsen sind und das Tier vor hellem Licht zurückschreckt. Es kommt zu Augenausfluss, der die Haut reizt. Das Tier macht einen ruhelosen und erregten Eindruck.
Dosierung: *C30, dreimal täglich*

Euphrasia

Ein Hauptmittel für Konjunktivitis mit reichlichem Tränenfluss und Empfindlichkeit gegenüber hellem Licht (Photophobie). Die Augen sind oft mit zähem Schleim verklebt, der der Hornhaut anhaftet. Die Symptome sind abends und bei warmem Wetter schlimmer. Manchmal tritt begleitend eine wässrige, milde Absonderung aus der Nase auf.
Dosierung: *C30, dreimal täglich*

Pulsatilla

Pulsatilla ist bei einer Konjunktivitis mit dicker, milder und gelber Absonderung angezeigt. Die Augenlider sind entzündet und wund. Diese Form der Konjunktivitis ist häufig eine Folge von Atemwegsinfektionen. Pulsatilla passt zu liebenswerten, sanften Tieren.
Dosierung: *C30, dreimal täglich*

Mercurius solubilis

Hilfreich in schwereren Fällen mit Verdickung und Schwellung der Lider und hochgradiger Entzündung der Bindehäute. Es tritt eine grünliche Absonderung aus den Augen auf. Diese sind deutlich gerötet, und die Sklera ist stark injiziert. Helles Licht wird nicht ertragen. Die Symptome verschlimmern sich in der Zeit von Sonnenuntergang bis Sonnenaufgang. In schweren Fällen kommt es auch zu einer Beteiligung der Hornhaut.
Dosierung: *C30, dreimal täglich*

Hepar sulphuris

Ebenfalls in schweren Fällen mit eitriger Infektion und klebrig-fauliger Absonderung, die an den Lidern und der Umgebung des Auges haften kann, angezeigt. Das vorrangige Leitsymptom ist die Überempfindlichkeit gegenüber der leichtesten Berührung und Schmerzen. Angezeigt, wenn die vordere Augenkammer Eiter enthält (Hypopyon) und die Hornhaut geschädigt ist.
Dosierung: *C200, dreimal täglich*

Kalium bichromicum

Konjunktivitis mit dicker, gelber, fadenziehender Absonderung und geschwollenen, aufgedunsenen Lidern. Es bestehen keine Schmerzen oder sonstiges Unbehagen und auch keine Photophobie.
Dosierung: *C200, dreimal täglich*

Cinnabaris

Speziell angezeigt, wenn das gesamte Auge rot, wund und schmerzhaft erscheint.
Dosierung: *C30, dreimal täglich*

Graphites

Man verwende Graphites, wenn das Hauptsymptom eine Blepharitis ist (Entzündung der Lidränder), die mit einem Lidrandekzem und einer generalisierten Konjunktivitis einhergeht.
Dose: *C30, dreimal täglich*

Euphrasia-Urtinktur, Euphrasia Ø

Euphrasia kann äußerlich bei allen Formen von Konjunktivitis eingesetzt werden, um die Infektion zu beseitigen. Es vermindert die Entzündung und unterstützt die Heilung des veränderten Gewebes. Bei wunden und entzündeten Augen bringt es Linderung.
Anweisung: *Vor Gebrauch verdünnen: zwei Tropfen auf einen Eierbecher kaltes abgekochtes Wasser. Die betroffenen Stellen zwei- bis dreimal täglich baden.*

Hypericum-Calendula-Lotion (Hypercal-Lotion)

Kann als Alternative zu Euphrasia verwendet werden, wenn dieses nicht erhältlich sein sollte.
Anweisung: *Vor Gebrauch verdünnen: drei bis vier Tropfen auf einen Eierbecher kaltes abgekochtes Wasser. Die betroffenen Stellen zwei- bis dreimal täglich baden.*

Allergische Konjunktivitis

Akute allergische Reaktionen können auch die Augen betreffen und zu Schwellung, Rötung und gesteigerter Tränenproduktion führen. Eine umgehende homöopathische Behandlung kann innerhalb kurzer Zeit Linderung bringen.

Apis

Ist Apis angezeigt, so sind Schwellung oder Ödem der Augenlider die hervorstechendsten Symptome. Es bestehen Schmerzen und Unbehagen, da die Augen stechen und brennen, was zu Reiben führt. Die Bindehäute sind stark gerötet und oft hochgradig aufgedunsen, bis hin zu einer Chemosis, die das Sehvermögen deutlich beeinträchtigt.
Dosierung: *C200, stündlich, bis die Beschwerden nachlassen*

Rhus toxicodendron

Auch hier stellt die ödematöse Schwellung der Augenlider ein wesentliches Merkmal dar. Diese geht allerdings mit einer Zellgewebsentzündung der Orbita einher, die auch die Lider betrifft. Es bestehen ganz offensichtlich Schmerzen, und das Pferd verweigert die Untersuchung. Normalerweise tritt eine gelbliche Absonderung auf. In schweren Fällen kann es auch zu einer Beteiligung der Iris (Iritis) und Kornea mit Geschwürbildung kommen.
Dosierung: *C30, stündlich, bis die Beschwerden nachlassen*

Keratitis

Eine Keratitis ist eine Entzündung der Hornhaut, die als Folge einer Konjunktivitis oder einer Verletzung bzw. Infektion auftreten kann. Es bestehen Schmerzen, die in manchen Fällen dazu führen, dass das betroffene Auge vollständig geschlossen wird. In der Regel tritt eine Absonderung auf, die anfangs klar und später eitrig und verfärbt ist. Fortgeschrittene Fälle führen zu Trübung der Hornhaut mit grau-weißen Flecken oder Punkten, die erst kaum sichtbar sind, sich später aber verdichten und das Sehvermögen des Pferdes beeinträchtigen. Von der Peripherie der Hornhaut ausgehend können kleine, verzweigte Blutgefäße einsprießen, die ein Zeichen für die Heilungsbemühungen des Körpers darstellen. Liegt die veranlassende Ursache in einer Verletzung, kann sich in der Folge ein Geschwür entwickeln, mit dem Risiko der Perforation und des Verlustes des Auges.

Thuja

Hilfreich im Frühstadium, wenn die Kornea einige wenige kleine Trübungen aufweist. Es kommt nur zu einer geringen Absonderung, aber die Lidränder erscheinen verdickt und die Sklera (das Weiße des Auges) ist entzündet.
Dosierung: *C30, viermal täglich*

Argentum nitricum

Ist dort angezeigt, wo die Hornhaut fast vollständig getrübt ist und Mattglas ähnelt; gleichzeitig tritt reichlicher eitriger Ausfluss aus dem inneren Augenwinkel auf. Das Auge erscheint in diesem Bereich gerötet und geschwollen, und helles Licht wird nicht ertragen. In langwierigen Fällen kommt es zu Ulzeration der Kornea.
Dosierung: *C30, viermal täglich*

Aurum

In Fällen, in denen Aurum benötigt wird, besteht eine deutlich ausgeprägte Photophobie in Verbindung mit hochgradiger Abneigung gegen Licht und Empfindlichkeit des umgebenden Bereiches. Weiterhin kommt es zu auffallender Einsprossung von Blutgefäßen (Vaskularisation) in die Hornhaut; darin unterscheidet sich diese Arznei von anderen Mitteln dieser Gruppe. Die Symptome verschlimmern sich bei kaltem Wetter und von Sonnenuntergang bis Sonnenaufgang. Aurum ist weiterhin angezeigt, wenn Hinweise auf eine Schädigung der tiefer liegenden Strukturen des Auges bestehen, beispielsweise der Retina und Chorioidschicht. Aurum kann

auch zur Behandlung von Hornhautgeschwüren eingesetzt werden, wenn es im Bereich des Ulkus zu einer massiven Blutgefäßeinsprossung kommt.
Dosierung: *C30, zweimal täglich*

Kalium iodatum
Ein wichtiges Mittel, das angezeigt ist, wenn die Keratitis mit hochgradiger Schwellung der Augenbindehaut (Chemosis), intensiver Rötung der Konjunktiven und starkem Tränenfluss einhergeht.
Dosierung: *C30, viermal täglich*

Mercurius solubilis und Mercurius corrosivus
Angezeigt bei Keratitis in Verbindung mit reichlicher, grünlicher Absonderung, welche dort, wo sie im Gesicht hinunterläuft, die Haut reizt, sowie hochgradiger Empfindlichkeit gegenüber hellem Licht (Photophobie). Schwere Fälle gehen mit Iritis (Entzündung der Iris) und Eiterbildung im vorderen Bereich des Auges einher. Mercurius corrosivus passt zu fortgeschritteneren Fällen mit Hornhautulzera bzw. besonders heftigen Symptomen.
Dosierung: *C30, viermal täglich*

Naphthalinum
Insbesondere bei akuten Fällen angezeigt. Dieses Mittel hat eine Affinität zum Auge und erweist sich dort als hilfreich, wo die Hornhaut vollständig getrübt ist und das Auge rot und entzündet erscheint. Kann evtl. auch bei allergischen Reaktionen nützlich sein.
Dosierung: *C30, viermal täglich*

Apis
Angezeigt für die Behandlung von Keratitiden, wenn das auffallendste Symptom in einer derart hochgradigen Schwellung der Lider und Bindehäute besteht, dass das Sehen kaum noch möglich ist. Das Auge schmerzt extrem und tränt exzessiv. Berührung wird abgelehnt, bei dem bloßen Versuch wird das Pferd ganz zappelig.
Dosierung: *C30, viermal täglich*

Cineraria-Urtinktur Ø oder Lösung
Ein gutes Mittel, um die Gesundung der Kornea insbesondere nach Hornhautschäden zu unterstützen und Entzündungen zu vermindern.
Anweisung: *Verdünnen und anwenden wie oben beschrieben*

Hornhautgeschwüre
Geschwürbildung der Hornhaut ist die Folge einer Korneaverletzung oder Keratitis. Ein Geschwür ist anfangs als oberflächlicher Krater sichtbar, der wie eine Eindellung an der Hornhautoberfläche aussieht. In fortgeschritteneren Fällen wird er tiefer und führt schließlich zur Perforation des Auges mit Flüssigkeitsverlust aus der vorderen Augenkammer. Heilt das Ulkus ab, kommt es zur Einsprossung von Blutgefäßen quer über die Hornhaut bis in das Geschwür, um die Zufuhr von Material für die Reparaturvorgänge zu gewährleisten. Mittel wie **Argentum nitricum, Mercurius corrosivus** (v. a. bei tiefen Geschwüren), **Aurum, Calcium carbonicum** und **Hepar sulphuris** können eingesetzt werden, wenn die Symptome passen. **Euphrasia Ø** kann wie bereits beschrieben verdünnt werden, um das Auge damit zu baden.

Conium
Angezeigt bei extremen Schmerzen selbst bei kleinen und oberflächlichen Geschwüren. Das Pferd reagiert empfindlich auf helles Licht, und es besteht vermehrter Tränenfluss.
Dosierung: *C30, zweimal täglich*

Kalium bichromicum
Die Symptome dieser Arznei stehen im Gegensatz zu den oben beschriebenen Symptomen von Conium. Es eignet sich für tiefe Geschwüre und hochgradige Entzündungen des Auges, wenn

kaum oder keine Schmerzen bestehen. Ein Leitsymptom ist das Auftreten einer gelben, fadenziehenden Absonderung aus dem Auge.
Dosierung: *C30, zweimal täglich*

Nitricum acidum

In Fällen von Hornhautulzeration mit Perforationsneigung. Auch bei Geschwüren mit möglicherweise rezidivierender Iritis.
Dosierung: *C30, dreimal täglich*

Silicea

Eines der wertvollsten Mittel bei chronischen Augenerkrankungen. Unterstützt die Abheilung hartnäckiger Geschwüre. Angezeigt, wenn dem Ulkus abgestorbenes Hornhautgewebe anhaftet und die Perforation der Kornea droht.
Dosierung: *C30, viermal täglich bis zur Abheilung*

Cineraria-Urtinktur Ø oder Lösung

Wie oben beschrieben

Hornhauttrübungen und -narben

Calcium carbonicum

Passt zu Pferden mit schwererem Körperbau, deren Hornhaut kleine trübe Flecken aufweist und wo abgesehen von einem leichten Augenausfluss weitere Symptome fehlen. Manchmal können sich auch Geschwüre entwickeln.
Dosierung: *C30, jeden zweiten Tag über mehrere Monate*

Silicea

Unterstützt die Auflösung von Narbengewebe und Aufhellung von Trübungen im Anschluss an die Abheilung von Hornhautschäden oder Geschwüren.
Dosierung: *C200, zweimal wöchentlich über mehrere Monate*

Naphthalinum

Ein grundlegendes Mittel für Hornhauttrübungen, das aber oft am besten wirkt, wenn diesen eine Degeneration der Retina oder Kataraktbildung zugrunde liegt.
Dosierung: *C6, zweimal täglich*

Thiosinaminum

Dieses Mittel wird für die Auflösung von Narbengewebe einschließlich Hornhautnarben empfohlen.
Dosierung: *C6, zweimal täglich*

Cineraria-Urtinktur Ø oder Lösung

Die Urtinktur wird äußerlich entsprechend verdünnt angewendet. Cineraria wird für die Aufhellung von Hornhauttrübungen empfohlen, v. a. wenn diese traumatisch bedingt sind. Die Behandlung muss über einen langen Zeitraum erfolgen.
Anweisung: *Vor Gebrauch verdünnen: zwei Tropfen auf einen Eierbecher kaltes abgekochtes Wasser. Das betroffene Auge wenn möglich mindestens einmal täglich baden.*

Periodische Augenentzündung, Mondblindheit, Iridozyklitis, equine rezidivierende Uveitis

Bei dieser Krankheit handelt es sich um eine rezidivierende Erkrankung des Auges, deren Genese nicht genau bekannt ist, wahrscheinlich aber immunvermittelt ist und mit den Mikrofilarien des parasitären Wurmes *Onchocerca cervicalis* oder mit einer früheren Infektion mit Leptospiren zusammenhängt (siehe Seite 315). Selbst nach einer vollständigen Genesung besteht immer eine Rezidivneigung, manchmal in demselben, manchmal auch in dem anderen Auge. Normalerweise ist nur ein Auge betroffen, in seltenen Fällen können jedoch auch beide Augen gleichzeitig erkranken. Die periodische Augenentzündung betrifft gewöhnlich Pferde, die älter als vier Jahre sind. Man sollte unbedingt tierärztliche Hilfe aufsuchen, da diese Erkrankung schwerwiegende Folgen nach sich ziehen kann.

Symptome

Akute Schmerzen äußern sich durch Schließen des Auges, Photophobie (Lichtempfindlichkeit), Kongestion (Rötung) der Bindehaut, Augenausfluss, Blepharospasmus (Krampf der Augenlidmuskeln) und gesteigerte Tränenproduktion, wobei die Tränen das Gesicht hinunterlaufen können. Schreitet die Krankheit fort, kommt es zu einer Trübung der Hornhaut, und die vordere Augenkammer füllt sich mit weißen, manchmal auch roten Blutkörperchen, die sich in der unteren Hälfte ansammeln. Dieser Zustand wird manchmal als Hypopyon bzw. Eiter in der vorderen Augenkammer bezeichnet. Weitere Symptome sind Kontraktion der Pupille, deren Reaktion auf Lichteinfall vermindert sein kann, und die Ansammlung von entzündlichen Abfallstoffen auf der Oberfläche der Linse.

Zu den Langzeitfolgen zählen Schädigung und mögliche Verklebung der Iris mit der Linse (sichtbar durch einen gezackten Rand der Pupille), Schädigung der Linse mit Kataraktbildung, Linsenluxation, Keratopathie (Kalzifikation der Hornhaut), Glaukom (Anstieg des Augeninnendrucks) und nach wiederholten Anfällen schließlich der Verlust des Sehvermögens. Auch in den Intervallen zwischen den Anfällen können noch Symptome einer Uveitis (Schmerzen, Photophobie, Augenausfluss und Konstriktion der Pupille) bis zu einem bestimmten Grad bestehen bleiben.

Uveitis

Eine Uveitis kann sich auch unabhängig von immunbedingten Problemen infolge eines Traumas oder sonstigen Schädigung des Auges bzw. einer systemischen bakteriellen Infektion entwickeln; bei letzterer kommt es zur Produktion von zirkulierenden Toxinen, die zu einer Entzündung der Uvea führen. Die Symptome stimmen mit den oben bei der Mondblindheit beschriebenen Erscheinungen überein.

Aconitum

Nur im ganz frühen Stadium hilfreich, wenn die Symptome sehr plötzlich auftreten. Das Auge ist akut gerötet und entzündet. Es besteht eine Abneigung gegen helles Licht und gesteigerter Tränenfluss.

Dosierung: *1M, alle 30 Minuten über einen Zeitraum von vier Stunden; haben die Beschwerden dann nicht nachgelassen, ziehe man andere Mittel in Betracht*

Belladonna

Ein weiteres Mittel für das akute Stadium; es kann bei Bedarf im Wechsel mit Aconitum gegeben werden. Das Auge erscheint geschwollen, die Bindehäute sind hochgradig gerötet und trocken, die Augenlider stark aufgedunsen, und es bestehen Photophobie, Blepharospasmus und Schmerzen.

Dosierung: *1M, alle 30 Minuten bis eine Besserung sichtbar ist oder ein anderes Mittel angezeigt ist*

Mercurius corrosivus

Ein Hauptmittel bei Iritis. Das Auge ist schmerzhaft und lichtempfindlich. Es tritt grünlicher Augenausfluss auf. Die Pupille reagiert nicht auf Licht und zeigt keinerlei Bewegung. Es kann zu Eiteransammlung in der vorderen Augenkammer (Hypopyon) und Verklebungen zwischen Iris, Linse und Kornea kommen. Ist Mercurius angezeigt, sind die Symptome nachts oft schlimmer.

Dosierung: *C30, alle zwei bis drei Stunden*

Hepar sulphuris

Iritis mit Eiter im vorderen Auge ist eine Hauptindikation für Hepar sulphuris. Begleitende Symptome sind eitrige Konjunktivitis, ödematöse Schwellung der Bindehäute und aufgrund der Schmerzen Furcht vor Berührung. Das Auge und die Lider erscheinen hochgradig gerötet und entzündet. In schweren Fällen kann es zu Ulzeration der Hornhaut kommen. Der Patient

ist im Allgemeinen reizbar und widersetzt sich der Untersuchung.
Dosierung: *C200, alle vier Stunden*

Syphilinum

Das Hauptmittel in Fällen, bei denen es zu wiederholten Rückfällen kommt oder die keine Reaktion auf andere Arzneien zeigen. Syphilinum kann neben anderen Mitteln eingesetzt werden, um deren Wirkung zu verstärken.
Dosierung: *1M, einmal täglich drei Tage lang, dann einmal wöchentlich*

Kalium iodatum

Ein Hauptmittel, wenn die Bindehäute hochgradig gerötet und injiziert sind. Es besteht reichlicher Tränenfluss und die Lider sind geschwollen. Ein weiteres Leitsymptom ist Trübung der Kornea, die dadurch wie Milchglas erscheint und die Sicht beeinträchtigt.
Dosierung: *C30, alle vier Stunden*

Rhus toxicodendron

Angezeigt, wenn sich im Anschluss an den Aufenthalt in Feuchtigkeit und Kälte eine Iritis entwickelt. Das Auge ist schmerzhaft, und es kommt zu reichlichem gelbem Augenausfluss mit Lidschwellung. Im Bereich des vorderen Auges kann es zu Eiterbildung kommen. Rhus toxicodendron ist auch angezeigt, wenn eine Zellgewebsentzündung (Zellulitis) im Bereich der Augenlider und umgebenden Gewebe auftritt.
Dosierung: *C30, alle vier Stunden*

Phosphorus

Ein nützliches grundsätzliches Mittel (v. a. in chronischen Fällen), das zwischen den Anfällen gegeben werden kann, wenn es zu degenerativen Veränderungen, insbesondere Kataraktbildung, kommt.
Dosierung: *C200, zweimal wöchentlich*

Andere nützliche Mittel

Weitere Mittel, die sich bei der Behandlung der periodischen Augenentzündung als hilfreich erweisen können, sind:

Argentum nitricum C200

Hochgradige Photophobie mit eitriger Absonderung, Bindehautschwellung und Hornhauttrübung.

Euphrasia C30

Exzessiver Tränenfluss, der die Haut wund macht, Schwellung der Augenlider und klebriger Schleim auf der Hornhaut mit Trübung derselben.

Natrium muriaticum C30

Spätere chronische Stadien mit hochgradigem Tränenfluss (Lakrimation) und Kataraktbildung.

Bryonia C200

Akute Anfälle mit hochgradigen Schmerzen als hervorstechendstem Symptom sowie Photophobie und Rötung. Hochgradige Empfindlichkeit gegenüber der leisesten Berührung. Die Augen sind morgens verklebt, tränen tagsüber aber exzessiv.

Kalium bichromicum C30

Iritis mit dicker, gelber Absonderung ohne Photophobie und mit nur geringen Schmerzen, aber mit frühzeitigen Anzeichen für Veränderungen der Hornhaut, die zur Trübung derselben führen.

Nitricum acidum C30

Bei rezidivierender Iritis mit Hornhautulzeration.

Silicea C30

Unterstützt die Auflösung von Narbengewebe in chronischen Fällen und verringert die Bildung von Verklebungen.

Physostigma D6

Als grundlegendes Mittel, wenn ein Glaukom vorliegt.

Osmium C6

Bei Glaukom in Verbindung mit Konjunktivitis und Photophobie.

Dosierung Akutmittel: *Viermal täglich*

Dosierung chronische Mittel: *Ein- oder zweimal täglich*

Katarakt

Per definitionem handelt es sich bei einem Katarakt um eine Trübung der Linse oder der das Linsenmaterial enthaltenden Linsenkapsel. Bestimmte Kataraktformen bestehen bereits bei der Geburt; sie können von kleinen Linsentrübungen bis hin zu vollständiger Trübung und damit einhergehender Blindheit reichen. Diese Formen schreiten unter normalen Umständen nicht weiter fort. Eine weitere Kataraktform ist der degenerative Typus. Dieser kann infolge einer Verletzung des Auges, einer Erkrankung (z. B. periodische Augenentzündung) und im Rahmen des allgemeinen Alterungsprozesses entstehen.

Das Erscheinungsbild kann nur durch die Untersuchung mit einem Ophthalmoskop exakt beurteilt werden und ähnelt oft einem Spinnennetz mit ausstrahlenden Linien. Die zunehmende Linsentrübung führt bis zur vollständigen Erblindung. Zu den Hauptmitteln, die das Fortschreiten des Kataraktes verlangsamen können, zählen:

Phosphorus

Ein grundlegendes Mittel, wenn die Linse gleichmäßig getrübt ist, und von besonderem Nutzen, wenn gleichzeitig eine Degeneration der Netzhaut auftritt. Passend bei schlanken, liebenswerten Tieren.

Dosierung: *C200, zweimal wöchentlich*

Calcium carbonicum

Angezeigt, wenn die Linse nur etwas getrübt ist und nicht vollkommen opak erscheint. Calcium carbonicum eignet sich für Tiere mit einem schwereren, kompakteren Körperbau.

Dosierung: *C200, zweimal wöchentlich*

Calcium fluoratum

Ein weiteres Mittel für den allgemeinen Gebrauch, das zusammen mit anderen Arzneien gegeben werden kann. Wirksam bei langsamer Entwicklung des Kataraktes.

Dosierung: *C200, zweimal wöchentlich*

Natrium muriaticum

Hilfreich bei langsamer Entwicklung des Kataraktes. Es passt zu schlanken Pferden, die großen Durst haben und keine Zuwendung mögen.

Dosierung: *C200, zweimal wöchentlich*

Silicea

Ein Katarakt, der sich im Anschluss an eine periodische Augenentzündung entwickelt, kann auf dieses Mittel ansprechen. Silicea ist weiterhin angezeigt, wenn Verklebungen zwischen der Linse und anderen Strukturen des Auges wie z. B. der Iris oder Kornea bestehen oder die Hornhaut vernarbt ist.

Dosierung: *C200, zweimal wöchentlich*

Cineraria Ø

Man wendet die Urtinktur äußerlich in angemessener Verdünnung an. Cineraria ist dafür bekannt, dass es die Aufhellung von Katarakten und Hornhauttrübungen fördert. Die Behandlung muss über einen langen Zeitraum fortgesetzt werden.

Anweisung: *Vor Gebrauch verdünnen: zwei Tropfen auf einen Eierbecher kaltes abgekochtes Wasser. Das betroffene Auge wenn möglich mindestens einmal täglich baden.*

Blockade des Tränen-Nasen-Kanals

Die Tränendrüsen, eine an jedem Auge, sondern Tränen ab, die der Befeuchtung der Augen dienen. Die Tränen fließen über die Tränenpunkte in die beiden Tränen-Nasen-Gänge hinunter in die Nase.

Sind diese Gänge blockiert, können die Tränen nicht abfließen, sodass sie aus dem unteren Augenlid über das Gesicht rinnen. Dies kann in dem betroffenen Bereich zu Abschuppung und Haarausfall führen. Es gibt zahlreiche Mittel, die sich zur Öffnung der Gänge innerhalb eines bestimmten Zeitraums als wirksam erwiesen haben. Das Baden des Auges mit verdünnter **Hypercal-Lotion** ist ebenfalls hilfreich, da es die Blockade mildert und die gereizten Hautstellen beruhigt.

Silicea

Das nützlichste Mittel, v. a. wenn der Tränengang chronisch geschwollen ist. Unterstützt die allmähliche Beseitigung der zugrunde liegenden Infektion und die Auflösung von Narbengewebe.
Dosierung: *C200, dreimal wöchentlich über mehrere Monate bzw. bis der Zustand beseitigt ist*

Thiosinaminum

Löst allmählich Narbengewebe auf und eröffnet Strikturen. Kann in hartnäckigen Fällen zusammen mit Silicea eingesetzt werden.
Dosierung: *C6, einmal täglich solange wie nötig*

Natrium muriaticum

Bei übermäßiger Tränenproduktion angezeigt, wenn die Tränen das Gesicht herunterlaufen und die Haut stark reizen. Ein gutes Mittel bei Striktur (Verengung) des Tränenganges.
Dosierung: *C30, einmal täglich vier Wochen lang*

Zubildungen an den Augenlidern

Zu diesen zählen grundsätzlich die Sarkoide, auch wenn gelegentlich andere Arten von Zubildungen wie z. B. Karzinome auftreten. Fragen Sie Ihren Tierarzt nach der besten Behandlungsmöglichkeit. Ist es schwierig oder nicht gewünscht, ein Sarkoid chirurgisch zu entfernen, ziehe man die folgenden Mittel in Betracht:

Thuja

Thuja ist das Hauptmittel bei der Behandlung von Sarkoiden auf den oder nahe der Augenlider. Die Sarkoide, die am ehesten auf dieses Mittel ansprechen, haben eine raue, blumenkohlartige Oberfläche und bluten gelegentlich.
Dosierung: *C200, dreimal wöchentlich*

Staphisagria

Eignet sich am besten für kleinere, mehr knötchenartige Sarkoide.
Dosierung: *C30, dreimal wöchentlich*

Nitricum acidum

Angezeigt bei Geschwürbildung oder Blutung der Zubildung.
Dosierung: *C30, einmal täglich*

Causticum

Hilfreich, wenn die Zubildung ein zerklüftetes, raues Aussehen hat.
Dosierung: *C30, einmal täglich*

Sarkoid-Nosode

Diese wird aus potenziertem Sarkoidgewebe hergestellt und kann zusammen mit anderen Mitteln verwendet werden. Wenn möglich, sollte das Ausgangsmaterial am besten direkt von dem betroffenen Pferd gewonnen werden, da dies die wirksamste Anwendungsmethode darstellt.
Dosierung: *C30, dreimal wöchentlich*

Ptose

Bei dieser Erkrankung handelt es sich um ein Herabhängen des oberen Augenlides, das einer Art Lähmung gleicht und möglicherweise durch eine Schädigung des okulomotorischen Nerven verursacht wird. Die Behandlung mit einem der nachstehend aufgeführten Mittel kann hilfreich sein:

Gelsemium

Nützlich, wenn das Augenlid herabhängt und einen Großteil des Augapfels verdeckt. Passt zu nervösen Tieren, die Zuflucht bei ihrem Besitzer suchen.
Dosierung: *C30, dreimal täglich*

Causticum

Überaus hilfreich, wenn sich der Zustand nach Kälteeinwirkung entwickelt. Die betroffenen Tiere neigen auch zu Warzen oder Sarkoiden. Causticum hat sich v. a. bei rechtsseitiger Lähmung bewährt.
Dosierung: *C30, dreimal täglich*

Weitere nützliche Mittel sind **Spigelia, Rhus toxicodendron, Ledum** (nach Verletzungen) und **Nitricum acidum**.

Entropium

Dieser Zustand tritt gelegentlich bei neugeborenen Fohlen auf, kann sich aber in seltenen Fällen auch infolge einer chronischen Entzündung der Lider entwickeln. Ein oder beide Augenlider rollen sich einwärts, sodass die Wimpern und Haare auf den Augenlidern auf der Oberfläche der Hornhaut reiben. Dies führt zu Schmerzen und Entzündung und in der Folge zu Infektion und Ulzeration der Kornea. Tritt das Entropium bei Fohlen auf, kann das wiederholte Auswärtsrollen in Verbindung mit der Homöopathie möglicherweise die Heilung bewirken. Sollte dies nicht gelingen, kann der Zustand operativ korrigiert werden.

Borax

Dies ist das bei weitem nützlichste Mittel bei neugeborenen Tieren und kann eine Operation überflüssig machen. Es muss gewöhnlich über längere Zeit gegeben werden, damit es seine Wirkung entfalten kann.
Dosierung: *C30, einmal täglich*

Tellurium

Besonders hilfreich, wenn die Lider infolge einer chronischen Konjunktivitis verdickt sind und sich einwärts rollen.
Dosierung: *C30, zweimal täglich*

Periorbitale Dermatitis/Ekzem

Diese Hauterkrankung manifestiert sich an den Augenrändern, der Haut der Augenlider und im Bereich der Orbita. Sie kann sekundär als Folge eines Augenproblems auftreten (z. B. aufgrund einer hautreizenden Absonderung aus dem Auge), oder durch Reiben infolge einer Reizung des Auges. Geeignete Mittel sind (**Dosierung:** *Zwei- oder dreimal täglich*):
Bei Zellulitis oder Gewebeschwellung **Rhus toxicodendron C30**

Bei nässenden/klebrigen Veränderungen mit klarer Absonderung, v. a. wenn die Augenlider betroffen sind **Graphites C30**

Bei feuchtem und infiziertem Ekzem **Mercurius solubilis C30**

Wenn Pickel vorliegen **Hepar sulphuris C30**

Bei Schuppenbildung **Sepia C30**

Bei schorfiger oder rissiger Haut **Petroleum C30**

Bei Pusteln, v. a. auf den Augenlidern **Tellurium C30**

Bei wunden Augenlidern **Arsenicum album C30**

Wenn allgemeine Hautprobleme bestehen und Haut und Haare in schlechtem Zustand sind **Sulphur C30**

Das Ohr

Das Ohr ermöglicht es dem Pferd zu hören und ist unabdingbar zur Aufrechterhaltung des Gleichgewichts. Anatomisch betrachtet wird es in drei Teile aufgeteilt. Das äußere Ohr (die Ohrmuschel), das vom zweiten Teil, dem Mittelohr, durch das Trommelfell getrennt ist, und das Innenohr, das wiederum vom Mittelohr durch zwei membranbedeckte Fenster getrennt ist. Drei kleine Knochen, die sich im Mittelohr befinden, übertragen den Ton auf die spiralförmige Schnecke (Cochlea) im Innenohr und weiter über den Hörnerven zum Gehirn.

Das Mittelohr ist mit dem Rachen über die Eustachischen Röhren verbunden, die einen Druckausgleich zwischen dem Mittelohr und der Atmosphäre ermöglichen. Bei Pferd und Esel hat jede Eustachische Röhre eine große Aussackung, den sogenannten Luftsack. Das Innenohr enthält die Strukturen, die verantwortlich für das Gleichgewicht sind: drei halbkreisförmige Röhren (den Vestibularapparat), die rechtwinklig zueinander stehen.

Es gibt glücklicherweise nur wenige Erkrankungen der Ohren, die auch eher selten auftreten.

Verletzungen

Verletzungen wie Schnitte, Knicke und Risse der Ohrmuscheln treten gelegentlich bei Ausritten auf. Die Routinebehandlung umfasst den Einsatz von **Arnica** zur Begrenzung der Blutung und bei Verletzungsfolgen sowie **Staphisagria** zur Schmerzlinderung. Lokale Waschungen mit **Hypercal-Lotion** sind ebenfalls hilfreich. Schädelfrakturen können zu Blutungen aus dem Gehörgang führen und sollten mit den entsprechenden Mitteln behandelt werden, die im Kapitel zur Ersten Hilfe, Seite 355, aufgeführt sind. Selten kann es auch im Rahmen von Erkrankungen der Luftsäcke zu Blutungen aus dem Gehörgang kommen; auch hier gibt es eine Reihe von Mitteln, die helfen können.

Paralyse der Ohrmuschel, neurale Paralyse

Diese Art der Lähmung wird durch eine Schädigung des Gesichtsnerven hervorgerufen, der die Ohrmuskeln kontrolliert. Die Ohrmuschel fällt herab und kann nicht länger aufrecht gehalten werden. Weitere mögliche Symptome einer Schädigung des Gesichtsnerven sind eine Verzerrung des Maulbereiches und Herabhängen der Unterlippe. Hier ist **Causticum C30** das Hauptmittel, wie bereits im vorangegangenen Kapitel über die Augen erläutert wurde. Weitere Mittel, die unbedingt in Erwägung zu ziehen sind, sind **Curare C30** und **Gelsemium C30**.

Ekzem

Ein Ekzem kann als Teil einer grundlegenden Erkrankung auftreten; bei Ekzemen speziell im Ohrbereich können sich allerdings die nachfolgend aufgeführten Mittel als hilfreich erweisen.

Graphites

Passt insbesondere, wenn der Ausschlag hinter den Ohren bzw. im Bereich der Ohren auftritt, klebrig oder feucht ist und zu Krusten eintrocknet. Dieser Zustand kann sich vom Ohr allmählich auf andere Teile des Gesichts ausbreiten.
Dosierung: *C30, zweimal täglich*

Tellurium

Ein Ekzem, das v. a. hinter den Ohren auftritt und dicke Krusten bildet, sollte auf dieses Mittel ansprechen. Die betroffenen Bereiche sind oft kreisrund.
Dosierung: *C30, zweimal täglich*

Psorinum

Psorinum ist hilfreich, wenn das Ekzem mit Reizung und Jucken einhergeht. Die betroffenen Hautstellen sind rot und rau und sondern ein schmutziges, hautreizendes Sekret ab.
Dosierung: *1M, einmal täglich, fünf Tage lang*

Sulphur

Nützlich bei juckender, trockener und roter Haut, wenn sich die Symptome durch Wärme und Kontakt mit Wasser verschlimmern. Es können auch schuppige Stellen vorliegen. Die Haut macht im Allgemeinen einen ungesunden Eindruck.
Dosierung: *C30, zweimal täglich*

Koordinationsstörungen

Gleichgewichtsstörungen, Schwindel

Dies ist ein seltenes Problem, das auf einer Störung des im Innenohr lokalisierten und für das Gleichgewicht zuständigen Vestibularapparates beruht. Es ist nicht immer leicht zu behandeln, aber die folgenden Mittel können vielleicht helfen.
Dosierung: *Das angezeigte Mittel sollte dreimal täglich in der C30 verabreicht werden*

Conium

Symptome schlimmer bei Bewegung, beim Kopfschütteln und in Ruhe.

Agaricus

Unfähigkeit, den Kopf ruhig zu halten und deutliche Verschlimmerung der Symptome durch Bewegung.

Cocculus

Linderung der Symptome in Ruhe und Verschlimmerung bei der geringsten Bewegung.

Rhus toxicodendron

Angezeigt, wenn die Symptome nach Aufenthalt in feuchtkaltem Wetter auftreten und sich beim ersten Aufstehen verschlimmern.

Warzen und Sarkoide

Flache Warzen im Ohrbereich

Diese treten gelegentlich auf den oder im Bereich der Ohrmuscheln auf. **Thuja, Nitricum acidum, Causticum, Dulcamara** und **Antimonium crudum** sind ebenso wie die **Sarkoid-Nosode** hilfreiche Mittel.
Dosierung: *C30, einmal täglich über mehrere Wochen*

Ohrplaques

Diese werden gewöhnlich als eine bestimmte Form von Warzen klassifiziert und manchmal spezifisch als flache Papillome bezeichnet, die auf der Ohrmuschel wachsen. Sie stellen mehr ein kosmetisches Problem dar und sprechen oft gut auf eine homöopathische Behandlung an. Hilfreiche Mittel sind **Dulcamara, Causticum, Thuja** und **Sepia**. Ist die betroffene Stelle wund, so ist **Ruta** angezeigt, und ist der Warzenbereich rau oder hart, so ist **Antimonium crudum** das Mittel der Wahl.
Dosierung: *C30, einmal täglich über mehrere Wochen*

Erkrankungen der Luftsäcke

Siehe nächstes Kapitel.

Die Atemwege

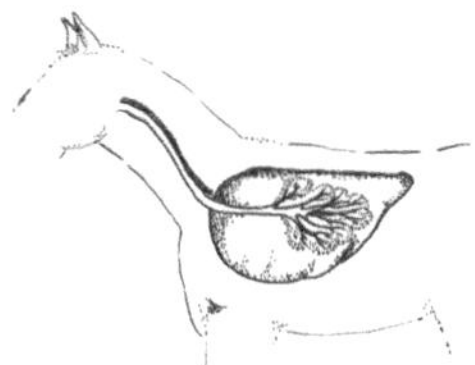

Die oberen Atemwege

In diesem Kapitel geht es um die Erkrankungen der oberen Atemwege, zu denen die Nüstern, Nasengänge, Nebenhöhlen, Luftsäcke, der Rachen, Kehlkopf sowie die Luftröhre (Trachea) zählen. Man denke daran, dass die meisten Pferde von Zeit zu Zeit kleine Mengen Schleim aus den Nüstern absondern, v. a. nach Anstrengung. Absonderungen, die unnormal erscheinen, v. a. solche, die hartnäckig oder eiterartig sind oder in Verbindung mit Husten auftreten, bedürfen der tierärztlichen Behandlung.

Die Luftsäcke

Die paarigen Luftsäcke kommen nur bei Pferden und Eseln vor und bestehen aus großen luftgefüllten Aussackungen der beiden Eustachischen Röhren, die das Mittelohr mit dem Nasopharynx bzw. dem Halsbereich verbinden. Der Eingang zu diesen Luftsäcken wird durch einen Knorpellappen verschlossen und öffnet sich, wenn das Pferd schluckt; dies führt zu einem Druckausgleich im Mittelohr und verhindert mögliche Beschwerden durch Druckunterschiede auf beiden Seiten des Trommelfells. Die anatomische Lage der Luftsäcke unterhalb des Schädelbodens und der Spitze des Nasopharynx, in großer Nähe zu wichtigen Nerven und Blutgefäßen, führt dazu, dass einige Erkrankungen der Luftsäcke ernsthafte Komplikationen nach sich ziehen können.

Empyem (Luftsackvereiterung)

Eine eher seltene Erkrankung, die v. a. dann auftreten kann, wenn ein Abszess in unmittelbarer Nachbarschaft des Luftsacks in diesen einbricht und ihn mit Eiter füllt. Seltener führen Erkrankungen des Rachens oder Druse zu Infektionen der Luftsäcke. Häufig sind Streptokokken beteiligt.

Das auffälligste Symptom ist eine beidseitige eiterähnliche Absonderung aus der Nase, die intermittierend auftreten kann und auf der Seite des betroffenen Luftsacks reichlicher fließt. Die Farbe kann variieren, ist aber meistens gelb oder weiß, der Geruch kann faulig sein. Die Halslymphknoten schwellen an und können das Schlucken und die Atmung behindern. Der Bereich hinter den Ohren und Kiefergelenken kann ebenfalls geschwollen sein. Der Abfluss aus den Luftsäcken kann beschleunigt werden, indem das Pferd nach draußen gestellt oder vom Boden gefüttert wird. Der Schluckvorgang führt zur Öffnung der Luftsäcke, zudem wird der Abfluss durch die Schwerkraft begünstigt.

Hepar sulphuris

Dies ist das Hauptmittel im Frühstadium der Erkrankung, wenn die Absonderung dick und übelriechend ist. Ist das Sekret sehr dick und geht nur schwer ab, setzt man eine tiefe Potenz ein, um es zu lösen und den Abfluss zu fördern. Höhere Potenzen sind angezeigt, wenn die Absonderung freier fließt; sie unterstützen die Resorption des Sekrets und Ausheilung der Erkrankung.

Dosierung: *Tiefpotenzen: D6, dreimal täglich, bis sich die Absonderung lockert*
Hochpotenzen: 1M, zweimal täglich, bis die Beschwerden nachlassen

Pulsatilla

Die Absonderung ist cremig und gelb oder weiß und riecht kaum. Sie ist mild und im Allgemeinen dick. Pferde, die gut auf dieses Mittel ansprechen, sind ruhig und sanft. In Kombination mit **Kalium muriaticum** lassen sich gute Ergebnisse erzielen.

Dosierung: *C200, zweimal täglich, bis die Beschwerden nachlassen*

Kalium muriaticum

Dieses Kaliumsalz hilft in den meisten chronischen Fällen, wenn die Absonderung dick ist und die Submandibularlymphknoten chronisch verdickt sind. Kalium muriaticum wirkt in Verbindung mit **Pulsatilla**.
Dosierung: *C30, dreimal täglich, bis die Beschwerden nachlassen*

Mercurius dulcis

Ein weiteres Mittel in chronischen Fällen, wenn der Eiter klebrig und von elastischer Beschaffenheit und Erscheinung ist.
Dosierung: *C30, dreimal täglich, bis die Beschwerden nachlassen*

Silicea

Silicea ist überaus hilfreich, wenn die Erkrankung chronifiziert ist und die Absonderung eine blassgelbe oder weißliche Farbe hat. Dieses Mittel unterstützt weiterhin die Abheilung der Schleimhaut der Luftsäcke; in diesem Zusammenhang kann es eingesetzt werden, nachdem andere Mittel wie z. B. Hepar sulphuris ihre Wirkung entfaltet haben.
Dosierung: *C30, dreimal täglich, bis die Beschwerden nachlassen*

Calcium sulphuricum

Angezeigt bei eher chronischen Zuständen, v. a. wenn die Absonderung dicker, eitriger und von einem tieferen Gelb ist, als wenn Silicea benötigt würde.
Dosierung: *C30, dreimal täglich*

Hippozaeninum

Ist bei hartnäckigen Fällen in Erwägung zu ziehen, wenn andere Mittel versagt haben. Es ist von größtem Wert, wenn die Absonderung aus den Nüstern übelriechend oder klebrig bleibt.
Dosierung: *C200, zweimal täglich, sieben Tage lang*

Streptokokken-Nosode

Dieses Mittel kann unterstützend zusätzlich zu jeder anderen Arznei eingesetzt werden.
Dosierung: *C30, zweimal täglich*

Luftsacktympanie / Tympanitis

Diese Erkrankung kann bei jungen Fohlen auftreten und resultiert aus einer Blockade der Eustachischen Röhren. Die Luftsäcke dehnen sich infolge der Luftansammlung aus, was zu Problemen beim Atmen und Schlucken führt. Bei manchen Tieren treten abnorme Atemgeräusche auf, die einem Schnarchen ähneln. Äußerlich ist eine schmerzlose Schwellung im Bereich der Parotisdrüse sichtbar, die sich in Richtung des Halses erstreckt. Manchmal kommt es zu einer Infektion der Luftsäcke. Bei behandlungsresistenten Fällen ist oft eine Operation angezeigt. Homöopathische Mittel stellen eine hilfreiche erste Behandlungsmöglichkeit dar.

Calcium carbonicum

Passt normalerweise eher zu Fohlen schwererer Rassen. Die Eustachischen Röhren sind mit mukopurulentem Sekret verstopft und die Submandibulardrüsen sind geschwollen.
Dosierung: *C30, viermal täglich*

Pulsatilla

Pulsatilla passt zu Fohlen mit sanftem Naturell; der Katarrh ist mild und cremig. Das äußere Ohr kann gerötet und geschwollen sein.
Dosierung: *C200, zweimal täglich*

Kalium muriaticum

Passt zu Fällen, in denen die Erkrankung im Anschluss an chronische katarrhalische Probleme auftritt, die zu einem Verschluss der Eustachischen Röhren geführt haben und bei denen Pulsatilla versagt. Die Halsdrüsen sind

geschwollen und es kommt zu merklichen Atemproblemen.
Dosierung: *C30, viermal täglich*

Mercurius dulcis
Ein grundlegendes Mittel bei Katarrh der Eustachischen Röhren, wenn das Sekret diese verstopft und es dadurch zu Tympanitis kommt.
Dosierung: *C200, viermal täglich*

Weitere mögliche Mittel sind **Kalium sulphuricum C30, Silicea C30** und **Petroleum C30**.

Mykosen
Pilzinfektionen der Luftsäcke

Hier handelt es sich um eine ernsthafte Erkrankung aufgrund einer Pilzinfektion der Luftsäcke; ein häufiger Erreger ist *Aspergillus fumigatus*. Zu den Symptomen zählen eine faulig riechende Absonderung aus der Nase, Schluckschwierigkeiten, Nackensteife, Schmerzen an der Ohrbasis, Lähmung von Rachen und Kehlkopf und seltener Kolik sowie Augenprobleme. Das bei weitem häufigste Symptom ist allerdings eine bilaterale Blutung aus der Nase, die in keinem Zusammenhang mit Anstrengung steht und durch eine Schädigung der Karotisarterien verursacht wird. Es kann zu hochgradigem Blutverlust mit möglicher Todesfolge kommen. Blutungsmittel (siehe Seite 91) können hilfreich sein, während man auf tierärztliche Hilfe wartet.

Die folgenden Mittel sind bei der Behandlung von Pilzinfektionen angezeigt und können die schulmedizinische Behandlung ergänzen:

Calcium carbonicum
Angezeigt, wenn die Absonderung übelriechend und gelb ist und die Halsdrüsen geschwollen sind. Bei schlankeren Patienten kann alternativ **Calcium silicatum** hilfreich sein.
Dosierung: *C200, zweimal täglich*

Asa foetida
Faulig riechender, dünner, eitriger Ausfluss aus der Nase weist auf Asa foetida hin. Dieses Mittel passt zu nervösen, empfindsamen Tieren.
Dosierung: *C30, dreimal täglich*

Aurum
Ebenfalls bei fauliger, eitriger, extrem übelriechender und evtl. blutstreifiger Absonderung angezeigt. Der Geruch aus der Nase durchdringt den ganzen Stall und das Tier erscheint nach außen hin depressiv.
Dosierung: *C30, dreimal täglich*

Silicea
Beseitigt die Infektion in hartnäckigen Fällen und unterstützt die Abheilung der Schleimhäute der Luftsäcke.
Dosierung: *C30, dreimal täglich*

Die Nasennebenhöhlen

Sinusitis und Empyem der Nebenhöhlen

Die Nebenhöhlen sind luftgefüllte Höhlen, die untereinander und mit der Nasenhöhle in Verbindung stehen. Die Kieferhöhlen sind überdies mit den Wurzeln einiger Backenzähne verbunden. Eine Infektion oder Verletzung eines dieser Zähne kann zu einer Entzündung der Nebenhöhlen (Sinusitis) oder zu einer Eiteransammlung in diesen führen (Empyem). Atemwegsinfektionen mit Beteiligung der Nasenschleimhaut können sich ebenfalls auf die Nebenhöhlen ausbreiten und zu einer Sinusitis führen.

Im Allgemeinen handelt es sich um bakterielle Mischinfektionen, wobei oft Streptokokken vorherrschen. Die Symptome umfassen eine intermittierende, unilaterale Absonderung aus der Nase, die normalerweise dick ist und faulig riecht, lymphatische Schwellungen auf der betroffenen Seite sowie Schwellungen und Schmerzen im Bereich der betroffenen Nebenhöhle. In besonders schweren Fällen sind die Nebenhöhlen verstopft. Dies kann zu abnormen Atemgeräuschen, Augenausfluss und Dämpfung bei Perkussion der Nebenhöhle auf der betroffenen Seite führen.

Pulsatilla

Überaus hilfreich, wenn die Absonderung aus der Nase mild, cremig und gelblich ist und v. a. morgens reichlicher fließt. Sie kommt abends häufig zum Stillstand, sodass die Nase u. U. noch verstopfter erscheint. Pulsatilla passt öfter zu Stuten und sanften, friedfertigen Tieren.
Dosierung: *C30, zweimal täglich, bis die Beschwerden nachlassen*

Hepar sulphuris

Dieses Mittel passt zu reizbaren Tieren und wenn die Absonderung faulig riecht und dick ist. Kalte Luft löst Husten aus und lässt die Absonderung verstärkt fließen. Im frühesten Stadium der Erkrankung kann eine tiefe Potenz die Infektion oftmals kupieren, bevor sie ein chronisches Stadium erreicht. Höhere Potenzen sollten für spätere Stadien vorbehalten sein, wenn sich bereits Eiter in den Nebenhöhlen angesammelt hat (Empyem).
Dosierung: *Tiefpotenzen: D6, dreimal täglich, bis der Nasenausfluss nachlässt*
Hochpotenzen: 1M, zweimal täglich, bis die Beschwerden nachlassen

Silicea

Silicea ist bei chronischen, lang dauernden Fällen angezeigt und wenn die Nasenknochen angegriffen sind. Es kann auch hilfreich sein, wenn die Zahnwurzeln beteiligt sind. Die für Silicea typische Absonderung ist dünn und weiß statt gelb. Silicea ist auch sehr nützlich, wenn die Nase durch verhärtete Absonderungen verstopft ist und um im Anschluss an andere Mittel die Nebenhöhlen von Narbengewebe zu befreien.
Dosierung: *C30, zweimal täglich, bis die Beschwerden nachlassen*

Lycopodium

Dieses Mittel ist überaus hilfreich, wenn die Absonderung grau ist und die Haut um die Nüstern wund macht. Oft fließt mehr Sekret aus dem rechten Nasenloch, v. a. im Anfangsstadium der Infektion. Nachts ist die Nase häufig verstopft, während die Sekretmenge im Allgemeinen am frühen Abend zunimmt.
Dosierung: *C30, zweimal täglich, bis die Beschwerden nachlassen*

Kalium bichromicum

Ein weiteres Mittel für chronische Fälle, wenn die Absonderung sehr dick, zäh und gelb ist. Die Nase kann völlig verstopft sein.
Dosierung: *C30, zweimal täglich, bis die Beschwerden nachlassen*

Calcium sulphuricum

Ein Mittel bei Empyem, wenn die Absonderung weißlich-gelblich und eitrig ist und Klumpen enthält.
Dosierung: *C30, zweimal täglich, bis die Beschwerden nachlassen*

Mercurius solubilis

Mercurius ist angezeigt, wenn die Absonderung dick, eitrig, grünlich und evtl. auch blutstreifig ist. Sie macht die Haut um die Nüstern wund.
Dosierung: *C30, zweimal täglich, bis die Beschwerden nachlassen*

Thuja

Man behalte sich den Einsatz dieses Mittel für hartnäckige Fälle vor bzw. wenn andere Mittel versagen. Der chronische Nasenausfluss ist sehr grün und eitrig; er zeigt an, dass Thuja hilfreich sein könnte.
Dosierung: *C30, zweimal täglich, bis die Beschwerden nachlassen*

Weitere mögliche Mittel sind **Kalium iodatum C30** (grünliche, wässrige Absonderung mit Schädigung der Nasenknochen) sowie **Fluoricum acidum C30, Aurum C30** und **Asa foetida C30**, wenn die Knochen angegriffen sind oder es in den Nebenhöhlen bzw. der Nasenhöhle zu Ulzeration kommt. In hartnäckigen Fällen oder bei mangelnder Reaktion auf ein Arzneimittel ermöglicht **Sycotic Co. C200** (*zweimal täglich über fünf Tage*) es anderen Arzneimitteln, ihre Wirkung zu entfalten.

Die Nase

Epistaxis

Epistaxis ist eine andere Bezeichnung für Nasenbluten. Es tritt bei Pferden nicht selten auf. Normalerweise betrifft die Blutung nur eine Seite; eine bilaterale Blutung weist auf eine ernsthaftere Erkrankung hin, beispielsweise der Luftsäcke oder unteren Atemwege. In manchen Fällen von Sinusitis kann der Eiter mit Blut vermengt sein.

Geringgradige einseitige Blutungen aus der Nase treten oftmals nach Anstrengung auf und sollten normalerweise kein Anlass zu ernsthafter Besorgnis sein, außer wenn sie regelmäßig auftreten. Es gibt eine ganze Reihe wirksamer Arzneimittel. Man sollte immer daran denken, bei der Mittelwahl die Beschaffenheit des Blutes und die zugrunde liegenden Umstände zu berücksichtigen.

In allen Fällen setzt man die C30 ein, alle 10–15 Minuten, bis die Blutung nachlässt.

(Siehe auch Lungenblutung Seite 85)

Aconitum

Hellrote Blutung nach Training oder Überanstrengung.

Arnica

Hellrote Blutung nach Trauma im Nasenbereich.

Phosphorus

Wässriges, hellrotes Blut, das nicht schnell gerinnt. Passt zu empfindsamen, schlanken Tieren.

Millefolium

Hellrotes Blut, das nicht gerinnt. Blutungen nach der geringsten Anstrengung sprechen oft auf dieses Mittel an. Millefolium kann ebenfalls eingesetzt werden, wenn das Nasenbluten infolge eines Traumas auftritt, sowie bei Blutungen aus den unteren Atemwegen und wenn die Temperatur des Pferdes dauerhaft erhöht ist.

Ipecacuanha

Bei reichlichen, hellen Blutungen in Verbindung mit Atembeschwerden angezeigt. Das Blut strömt schwallartig aus der Nase.

Hamamelis

Hilfreich bei passiven Blutungen, wenn das Blut sehr viel dunkler ist und nicht schnell gerinnt.

Schnupfen und Rhinitis

Eine Entzündung der Nasenschleimhaut wird als Schnupfen oder Rhinitis bezeichnet. Sie tritt oft im Frühstadium vieler Atemwegserkrankungen auf, insbesondere wenn diese viral bedingt sind. Die Symptome umfassen Temperaturanstieg und eine gewisse Lethargie. Manche Pferde schwitzen. Es tritt leichter Nasenausfluss auf, der zuerst klar und in späteren Stadien gefärbt ist. Unbehandelt entwickelt sich dieser Zustand infolge einer Beteiligung der unteren Atemwege zu Husten oder einer Bronchitis weiter. **Aconitum** und **Ferrum phosphoricum** sind die wichtigsten Mittel bei der Behandlung der anfänglichen Symptome.

Allergische Reaktionen auf Staub und Pollen führen ebenfalls zu einer Entzündung der Nasenschleimhaut. Hier kommt es nicht zu Temperaturanstieg oder Lethargie. Ein solcher Schnupfen steht oft mit COPD in Zusammenhang. Die Symptome ähneln ein wenig dem „Heuschnupfen“ des

Menschen. Die nachfolgenden Mittel eignen sich am ehesten, um diese Symptome zu behandeln.

Man wähle sorgfältig das Mittel aus, das am ehesten mit den Symptomen übereinstimmt.

Dosierung: *C30, viermal täglich, bis die Symptome verschwinden oder ein anderes Mittel angezeigt ist.*

Aconitum

Im allerersten Stadium, wenn die Symptome plötzlich auftreten und das Pferd fiebrig, lethargisch, ängstlich und unruhig ist.

Ferrum phosphoricum

Ein weiteres Mittel für das frühe akute Stadium, wenn Fieber besteht. Ist Ferrum phosphoricum angezeigt, bestehen keine Angst und Unruhe.

Allium cepa

Es besteht kein Fieber, aber reichlicher, klarer, wässriger Nasenausfluss, der die Nüstern wund macht. Die Augen sind ebenfalls betroffen und sehen entzündet aus. Evtl. laufen Tränen das Gesicht herunter. Die Symptome sind in der Box schlimmer und bessern sich, wenn das Pferd draußen an der frischen Luft steht.

Arsenicum album

Auch hier tritt ein dünner, wässriger Nasenausfluss auf, der scharf ist und die Haut wund macht. Die Augen brennen und die Lider sehen rot und entzündet aus. Helles Licht wird nicht ertragen. Das Tier ist unruhig und ängstlich. Die Symptome sind schlimmer im Freien und können auftreten, wenn es nach Hitzeeinwirkung zu Auskühlung kommt.

Natrium muriaticum

Die Symptome treten plötzlich auf. Es kommt zu heftigem Niesen und Nasenausfluss, der Eiklar ähnelt. Das Pferd ist durstig und lehnt jegliche Zuwendung ab.

Sabadilla

Reichlicher, wässriger Nasenausfluss geht mit gesteigerter Tränenproduktion und Rötung der Augen einher. Sabadilla passt zu allergisch bedingten Symptomen und wenn starkes Schnauben auftritt.

Nux vomica

Überaus hilfreich, wenn die Symptome morgens schlimmer sind und sich im Freien bessern. Oft besteht v. a. nachts kein Nasenausfluss und das Pferd schnieft stark. Die Absonderung kann allerdings tagsüber beginnen und dann auch recht reichlich sein.

Euphrasia

Euphrasia ist bei klarem Nasenausfluss angezeigt, wobei aber eine schmutzige, scharfe Absonderung aus den Augen auftreten kann. Die Symptome bessern sich im Freien und verschlimmern sich durch Wärme; sie stehen im Gegensatz zu den Symptomen von Allium cepa.

Pulsatilla

Man achte auf einen milden, dicken, gelblichen Ausfluss, dessen Menge sich von Tag zu Tag ändert. Die Symptome verschlimmern sich durch Hitze und abends und bessern sich im Freien.

Arundo

Dieses Mittel wird bei allergisch bedingtem Schnupfen eingesetzt, der durch Juckreiz in der Nase und einen anfangs wässrigen, später grünlich-schleimigen Nasenausfluss charakterisiert ist.

Sanguinaria

Man nimmt Sanguinaria, wenn die Schnupfensymptome chronischer Natur sind. Die Nasenschleimhäute sind gestaut. Alle Absonderungen sind gelb. Der Kehlkopf ist ebenfalls betroffen und möglicherweise geschwollen.

Sycotic Co.

Diese Nosode wird in solchen Fällen in Erwägung gezogen, die nicht auf eine Behandlung ansprechen.

Dosierung: *C200, zweimal täglich, fünf Tage lang*

Der Kehlkopf

Eine Kehlkopfentzündung entsteht normalerweise im Rahmen einer anderen langwierigen Atemwegserkrankung, z. B. Pferdegrippe oder Druse. Man achte auf Symptome wie rauen Husten (der durch Palpation des Larynx ausgelöst werden kann) und ein raues, schnarchendes Atemgeräusch. In späteren Stadien kann der Kehlkopf schwellungsbedingt verlegt sein. Dies führt zu Atembeschwerden.

Man gibt stündlich die C30 bis zur Besserung, mit einer maximalen Dosis von sechs Einzelgaben; dann sollte man je nach Bedarf andere Mittel in Erwägung ziehen.

Aconitum

Wird sofort verabreicht, wenn man die oben beschriebenen Symptome im frühen fieberhaften Erkrankungsstadium bemerkt.

Belladonna

Bei deutlichen Fiebersymptomen wie schnellem, pochendem Puls und Erweiterung der Pupillen angezeigt. Das Pferd fühlt sich heiß an und macht einen unruhigen Eindruck.

Ferrum phosphoricum

Dieses Mittel zielt auf den Halsbereich und wird bei Fieber eingesetzt, das weniger heftig ist als bei Aconitum oder Belladonna; der Hals ist stark entzündet und die Halsdrüsen sind vergrößert.

Argentum nitricum

Wird genommen, wenn der Kehlkopf mit dickem Schleim bedeckt ist und Atemprobleme bestehen. Weiterhin tritt Husten auf.

Rumex

Bei Rumex besteht trockener Husten, der durch den leichtesten Druck auf den Kehlkopf ausgelöst werden kann.

Apis

Apis ist das Mittel der Wahl, wenn der Kehlkopf stark geschwollen (oder ödematös) ist und dadurch die Atmung behindert wird. Es tritt kurzer, trockener Husten auf. Die Symptome verschlimmern sich bei Hitze und Berührung. Das Pferd macht u. U. einen gequälten Eindruck.

Halbseitige Kehlkopflähmung (Laryngeale Hemiplegie)

Kehlkopfpfeifen

Diese Krankheit ist die häufigste Erkrankung des Kehlkopfes. Sie wird durch Degeneration des Nerven verursacht, der die für das Öffnen und Schließen des Kehlkopfes verantwortlichen Muskeln versorgt. Die Lähmung kann teilweise oder vollständig sein und tritt überwiegend auf der linken Seite auf. Die charakteristischen Symptome werden durch partielle Obstruktion der Luftwege hervorgerufen. Passiert die Luft den verengten Kehlkopf bei der Inspiration, so entsteht ein pfeifendes oder röhrendes Geräusch. Dieser Zustand kann oftmals erfolgreich homöopathisch mit einem der nachstehend aufgeführten Mittel behandelt werden:

Causticum

Dies ist das wichtigste Mittel bei der Behandlung dieser Erkrankung. Die Symptome der Kehlkopflähmung entwickeln sich langsam; sie sind bei klarem, schönem Wetter schlimmer und unter feuchtwarmen Bedingungen besser.

Dosierung: *C30, zweimal täglich*

Lachesis

Passt besser zu Stuten mit dieser Erkrankung und linksseitigen Symptomen. Das Tier wehrt sich gegen die Untersuchung und Berührung, v. a. im Halsbereich.

Dosierung: *C30, zweimal täglich*

Gelsemium

Dieses Mittel wird oft mit allgemeiner Muskelschwäche oder Lähmungen in Verbindung gebracht. Es ist ein gutes Mittel, wenn andere Arzneien versagen.

Dosierung: *C30, zweimal täglich*

Die unteren Atemwege

Dieses Kapitel behandelt die Erkrankungen der unteren Atemwege, d. h. der Bronchien, Lunge und Pleura. Atemwegsinfektionen sind im Kapitel zu speziellen Erkrankungen zu finden.

Bronchitis, Pneumonie und Bronchopneumonie

Eine Bronchitis ist eine Entzündung der Bronchien, d. h. der größeren Luftwege, durch die die Luft zur Lunge gelangt. Sie entwickelt sich häufig zu einer Lungenentzündung (Pneumonie) weiter, die eine ernsthafte Erkrankung darstellt. Sind sowohl die Bronchien als auch die Lunge betroffen, so spricht man von einer Bronchopneumonie. Häufig sind Bakterien, v. a. Streptokokken, gelegentlich aber auch Bordetellen oder Pasteurellen, beteiligt, allerdings können auch Viren, wandernde Parasiten und Fremdkörper, die zufällig in die Lunge gelangen, ursächlich verantwortlich sein.

Bakterielle Atemwegsinfektionen sind ansteckend und werden durch Inhalation und Kontakt mit Pferden, die diese Bakterien in sich tragen, sowie durch infektiösen Nasenausfluss übertragen. Sind Fohlen betroffen, so kann die Infektion auch bei der Geburt über den Nabel in den Körper erfolgen, wobei die Bakterien über die Blutbahn in die Lunge gelangen. In solchen Fällen können sich Lungenabszesse bilden, die erhebliche Schäden hervorrufen und Monate brauchen, um abzuheilen.

Im Allgemeinen sind Fohlen häufiger betroffen als erwachsene Pferde, besonders wenn die Haltung schlecht und die Lüftung unzureichend ist. Stress wirkt sich ebenfalls aus. Zu den Symptomen zählen Atembeschwerden, beschleunigte Atmung, Fieber, Inappetenz und gedämpftes Allgemeinbefinden. Manchmal treten Husten oder Nasenausfluss auf. In schweren Fällen flattern die Nüstern, die Atmung ist mühsam und doppelschlägig (bekannt als Dämpfigkeit).

Man ziehe immer einen Tierarzt hinzu, da es sich bei einer Lungenentzündung und ähnlichen Zuständen fast immer um schwerwiegende Erkrankungen handelt. Homöopathische Arzneien können bei diesen Krankheiten in allen Entwicklungsstadien außerordentlich hilfreich sein. In den meisten Fällen wird man die gewählte Arznei anfangs recht häufig geben müssen, bis sich die Symptome deutlich bessern. Dann setze man die Behandlung in verminderter Dosierung noch mindestens 48 Stunden lang fort, um sicherzustellen, dass das Problem vollständig beseitigt ist. Sollte es sich als notwendig erweisen, noch länger zu behandeln, muss man erst sicher sein, dass sich die Symptome nicht maßgeblich geändert haben, denn sonst könnte ein anderes Mittel angezeigt sein.

Ist es Ihrem Tierarzt möglich, die beteiligten Bakterien zu spezifizieren, kann man die entsprechende Nosode in der C30 zweimal täglich neben den anderen gewählten Arzneien geben.

Mittel im Frühstadium:

Aconitum

Angezeigt, wenn die Symptome plötzlich auftreten, v. a. wenn das Wetter vorher kalt und trocken gewesen ist. Das Pferd ist unruhig und geht oft nervös auf und ab. Pulsfrequenz und Temperatur sind erhöht. Die Haut fühlt sich trocken und heiß an.

Dosierung: *1M, in halbstündigen Abständen bis zur Besserung, dann erneute Betrachtung des Falles*

Ferrum phosphoricum

Ein ausgezeichnetes Mittel im Frühstadium vieler Atemwegserkrankungen. Es unterscheidet sich von Aconitum durch das Fehlen von Angst, Nervosität und Unruhe und von Belladonna durch das Fehlen von intensiver Hitze und pochendem Puls.

Dosierung: *C30, in halbstündigen Abständen bis zur Besserung, dann erneute Betrachtung des Falles*

Belladonna

Die Symptome, bei denen sich Belladonna als hilfreich erweist, sind sehr ausgeprägt und treten plötzlich auf. Charakteristisch sind ein voller, pochender Puls mit beschleunigter Atmung, erweiterte Pupillen, ein Erregungszustand, der an Delirium grenzt, hohe Temperatur und brennend heiße, trockene Haut.
Dosierung: *1M, in halbstündigen Abständen bis zur Besserung, dann erneute Betrachtung des Falles*

Veratrum viride

Angezeigt, wenn die Symptome plötzlich auftreten und starke Kongestion der Lunge besteht. Die Atmung ist langsam und schwer, der Puls aber beschleunigt. Temperaturschwankungen in regelmäßigen Intervallen sind eine gute Indikation für dieses Mittel. Handelt es sich um ein Fohlen, geht es ihm im Stand besser als in liegender Position.
Dosierung: *C30, in halbstündigen Abständen bis zur Besserung, dann erneute Betrachtung des Falles*

Mittel für fortgeschrittene Fälle:

Kalium carbonicum

Dieses Mittel eignet sich besonders für die Behandlung von Fohlen oder anderen Jungtieren mit akuter Bronchopneumonie. Besonders betroffen ist der rechte untere Bereich des Brustkorbs. Die Atmung ist erschwert und manchmal mit Giemen verbunden. In der Regel tritt rasselnder Husten auf, der aufgrund der Schleimansammlung im Brustkorb in den frühen Morgenstunden am schlimmsten ist.
Dosierung: *C30, in halbstündigen Abständen bis zur Besserung, dann viermal täglich*

Mercurius solubilis

Die Symptome, die auf Mercurius ansprechen, sind abends und nachts immer schlimmer. Besonders ausgeprägt sind übermäßiges Schwitzen, fauliger Atem und Abneigung dagegen, auf der rechten Seite des Brustkorbs zu liegen. Manchmal wird grünlicher Schleim abgehustet. Gelegentlich ist auch Blut beigemengt.
Dosierung: *C30, in halbstündigen Abständen bis zur Besserung, dann viermal täglich*

Phosphorus

Ein überaus wertvolles Mittel bei Bronchopneumonie und Bronchitis, wenn die Atemfrequenz erhöht und die Atmung behindert ist. Phosphorus passt oft zu schlanken, schmal gebauten Tieren. Weitere Leitsymptome für dieses Mittel sind das Verlangen nach Gesellschaft, vermehrter Durst und eine gewisse Ängstlichkeit in Verbindung mit hartem, trockenem Husten. Das Tier liegt lieber auf der rechten Seite, obwohl die Symptome auf dieser Seite des Brustkorbs schlimmer sind.
Dosierung: *C30, in halbstündigen Abständen bis zur Besserung, dann viermal täglich*

Ipecacuanha

Dieses Mittel eignet sich für sehr junge Tiere und erweist sich bei den meisten Erkrankungen wie Bronchitis, Pneumonie und Bronchopneumonie als hilfreich, wenn der Zustand entweder ganz plötzlich auftritt oder die Symptome sich rasch verschlimmern. Es besteht hochgradige Atemnot bis hin zu drohendem Ersticken. Der Brustkorb ist voller Schleim, der zu vernehmlichem Rasseln in den Atemwegen führt.
Dosierung: *C30, in halbstündigen Abständen bis zur Besserung, dann viermal täglich*

Bryonia

Jeder Atemzug schmerzt, weshalb das Tier jede Bewegung meidet, da diese die Schmerzen nur noch steigern würde. Man achte auf eine flache Atmung als Indikation für Bryonia in Verbindung mit trockenem Maul und hartem, trockenem Husten. Ist Wasser in unmittelbarer Nähe, wird das Tier vermehrten Durst zeigen. Bryonia wird normalerweise bei fortgeschrittenen Fällen und insbesondere bei Pleuropneumonie eingesetzt.

Dosierung: *C30, in halbstündigen Abständen bis zur Besserung, dann viermal täglich*

Lycopodium

Angezeigt bei fortgeschrittenen oder vernachlässigten Fällen. Hilfreich, wenn die Symptome mit Fieber einhergehen, das zwischen 16 und 20 Uhr seinen Höhepunkt erreicht. Im Brustkorb sind Rasselgeräusche zu hören und die Atmung ist kurz und schnell. Ein charakteristisches Symptom ist eine fächerartige Bewegung der Nasenflügel. Die erkrankten Tiere sind oftmals reizbar.
Dosierung: *C30, in halbstündigen Abständen bis zur Besserung, dann viermal täglich*

Chelidonium

Chelidonium kann zur Behandlung einer rechtsseitigen Lungenentzündung bei sehr jungen Fohlen eingesetzt werden, wenn sich im Brustkorb viel Schleim angesammelt hat. Dieser wird nur unter großen Schwierigkeiten abgehustet, obwohl er locker erscheint.
Dosierung: *C30, in halbstündigen Abständen bis zur Besserung, dann viermal täglich*

Mittel für schwere Fälle bzw. Fälle, die nicht ansprechen:

Antimonium tartaricum

Ein wichtiges Mittel bei stark ausgeprägten Symptomen, insbesondere hochgradiger Atemnot, die sich einem Erstickungszustand nähert, sodass das Tier mit weit gespreizten Beinen dasteht, um die Atmung möglichst zu erleichtern. Im Brustkorb sammelt sich Schleim, und das Rasseln ist in den Luftwegen zu hören. Die Atemzüge sind kurz und evtl. wird weißer Schleim abgehustet, dies allerdings nur unter Schwierigkeiten. Die Symptome verschlimmern sich bei Hitze. Die Tiere machen oft einen schläfrigen Eindruck. Dieses Mittel passt zu sehr jungen und zu älteren Tieren.
Dosierung: *C200, im Abstand von 15 Minuten bis zur Besserung, dann erneute Betrachtung des Falles*

Ammonium carbonicum

Auch bei diesem Mittel ist Schläfrigkeit ein deutliches Merkmal, und es teilt viele Symptome mit Antimonium tartaricum. Im Brustkorb sind blubbernde Geräusche zu hören, und die Atmung ist langsam und mühsam. Die Symptome verschlimmern sich bei Kälte. Passt v. a. zu älteren Tieren, die eher untersetzt gebaut oder übergewichtig und faul sind.
Dosierung: *C200, im Abstand von 15 Minuten bis zur Besserung, dann erneute Betrachtung des Falles*

Carbo vegetabilis

Ein Mittel für die schlimmsten Fälle, wenn sich das Tier bereits in einem komatösen Zustand befindet oder Zeichen von Luftnot mit Schnappen nach Luft bei geöffnetem Maul zeigt. Der Körper ist kalt und die Schleimhäute weisen einen bläulichen Schimmer auf.
Dosierung: *C200, im Abstand von 5 Minuten bis zur Besserung, dann erneute Betrachtung des Falles*

Bacillinum

Ein ausgezeichnetes Mittel für alle Fälle, die nicht auf eine Behandlung ansprechen, v. a. wenn viel Schleim vorliegt.
Dosierung: *C200, zweimal täglich über drei Tage, dann Wechsel zu anderen Mitteln*

Mittel für chronische Fälle mit persistierenden Symptomen:

Man denke zuerst möglichst immer an ein Konstitutionsmittel und ziehe dies jedem anderen Mittel vor.

Arsenicum iodatum

Dies ist vielleicht das nützlichste Mittel, um die Auswirkungen einer Bronchitis oder Pneumonie zu beseitigen, v. a. wenn ein leichter, hackender Husten zurückgeblieben ist.
Dosierung: *C6, zweimal täglich, bis die Symptome verschwunden sind*

Pleuritis

Die Pleura ist die innere Auskleidung der Brusthöhle. Ist sie entzündet, wird dies als Pleuritis bezeichnet. Dabei handelt es sich um eine ernsthafte Erkrankung, die in der Regel durch Bakterien verursacht wird. Sie kann auch sekundär im Rahmen einer Lungenentzündung auftreten sowie nach Transportstress oder Temperaturextremen, aber auch infolge von Verletzungen, die die Brustwand penetrieren.

Symptome sind eine Steigerung der Atemfrequenz, flache, schmerzhafte Atmung, Lethargie, eine ängstliche Erscheinung und ein Anstieg der Körpertemperatur. In späteren Stadien kann sich Eiter in der Brusthöhle bilden, der sich im unteren Bereich ansammelt und die Ausdehnung der Lungenflügel behindert. Dies führt zu stark erschwerter Atmung. Durch Akkumulation der bakteriellen Toxine verschlimmert sich der Zustand des Pferdes drastisch. In der Genesungsphase kann es zu Verklebungen zwischen Lunge und Brustwand kommen.

Man suche immer tierärztliche Hilfe auf, da es sich bei der Pleuritis um eine schwerwiegende Erkrankung handelt. Homöopathische Mittel sind in den meisten Fällen überaus hilfreich, v. a. wenn sie frühzeitig verabreicht werden.

Aconitum

Immer das erste Mittel, das bei den allerersten Anzeichen gegeben wird.
Dosierung: *1M, im Abstand von 15 Minuten*

Bryonia

Das wichtigste Mittel bei der Behandlung der Pleuritis. Das Pferd weigert sich, sich zu bewegen, da jede Veränderung der Stellung Schmerzen verursacht. Die Rippengegend kann bei Berührung ebenfalls schmerzhaft sein, obwohl anhaltender Druck durch das Liegen wiederum lindern kann. Die Atemfrequenz ist erhöht mit deutlichen Problemen bei der Einatmung.
Dosierung: *C30, im Abstand von 15 Minuten*

Squilla maritima

Ein wichtiges Mittel für die Behandlung von Pleuritis und Bronchopneumonie, wenn die Atmung erschwert und schmerzhaft ist und mit überaus heftigem, erschöpfendem Husten einhergeht. Die Symptome entwickeln sich langsam; sie bessern sich in Ruhe und verschlimmern sich bei Bewegung.
Dosierung: *C30, im Abstand von 15 Minuten*

Kalium iodatum

Man setze dieses Mittel gemeinsam mit anderen Arzneien ein, wenn es zu einem Brusthöhlenerguss kommt und sich beständig Flüssigkeit im Brustkorb ansammelt.
Dosierung: *C30, dreimal täglich*

Carbo animalis

Dieses Mittel kommt in späteren Stadien zur Anwendung, wenn die schwersten Symptome bereits verschwunden sind, aber immer noch Anzeichen für ein gewisses Missbefinden vorliegen.
Dosierung: *C6, zweimal täglich über zehn Tage oder bis die Symptome verschwunden sind*

Die folgenden Mittel können sich bei der Behandlung einer Pleuritis ebenfalls als hilfreich erweisen: **Apis C30, Kalium carbonicum C30, Senega C30** und **Sulphur C30**.

Geht die Genesung nur langsam vonstatten, denke man an **Silicea C30**. Dieses Mittel vermindert in Verbindung mit **Calcium fluoratum C30** und **Aceticum acidum C30** das Risiko von Verklebungen.
Dosierung: *zweimal täglich über mehrere Wochen*

Hydrothorax

Dieser Begriff bezeichnet eine Ansammlung von Flüssigkeit im Brustkorb, die gewöhnlich im Rahmen einer Pleuritis auftritt. Zu den Mitteln, die sich als hilfreich erwiesen haben, zählen:

Mercurius sulphuricus

Ein spezifisches Mittel bei Hydrothorax, wenn hochgradige Atemnot mit erhöhter Atemfrequenz besteht.

Apis
Kommt zum Einsatz, wenn die Symptome so heftig sind, dass Erstickung droht.

Apocynum cannabinum
Kann gegeben werden, wenn es auch in anderen Körperteilen wie z. B. dem Abdomen zu Flüssigkeitsansammlungen kommt und wenn Anzeichen einer Zyanose bestehen.

Arsenicum album
Angezeigt bei ruhelosen Tieren, die sich nicht hinlegen können.

Kalium carbonicum
Bei hartem, trockenem Husten, Bronchitis oder Giemen. Der Patient ist im Allgemeinen reizbar.
Dosierung: *C30, viermal täglich*

Husten

Dies ist ein sehr allgemeiner Begriff und ein Symptom, das im Rahmen zahlreicher Erkrankungen auftritt. Husten kann grob in die beiden nachstehenden Kategorien unterteilt werden:

Die Ursache liegt in den oberen Atemwegen:

- Virale Infektionen wie z. B. durch das equine Influenzavirus, Rhinovirus und equine Herpesvirus (EHV-1)
- Bakterielle Infektionen wie z. B. Druse
- Weniger häufig Entzündung des Kehlkopfes (Laryngitis) und Rachens (Pharyngitis).

Die Ursache liegt in den unteren Atemwegen:

- Allergisch – chronisch obstruktive Lungenerkrankung (COPD), rezidivierende Atemwegsobstruktion (RAO) und Sommerweide-assoziierte obstruktive Lungenerkrankung (SPAOPD)
- Bronchitis, Pneumonie, Bronchopneumonie und Pleuritis
- Weniger häufig Lungenwurm- und chronische Infektionen des Brustkorbs.

Die Behandlung von Husten

Die Wahl der besten Arznei

Man schlage unter den entsprechenden Überschriften der einzelnen Krankheiten nach, um weitere Informationen und Angaben zu den Arzneien zu erhalten. Es gibt eine Vielzahl von Hustenmitteln, daher verwende man die nachstehende Liste als Richtlinie. Man versuche immer, die Arznei auszuwählen, die am besten mit den Symptomen des Pferdes übereinstimmt.
Dosierung: *Sofern nichts anderes angegeben ist, gibt man die C30 zwei- oder dreimal täglich, bis die Symptome nachgelassen haben*

Bryonia
Leitsymptom: Trockener, harter und schmerzhafter Husten, der durch Bewegung ausgelöst wird.
Husten: Trocken, hart und schmerzhaft. Weitere Leitsymptome: Reizbarkeit, erhöhter Durst, das Pferd möchte allein sein, trockene Schleimhäute.
Verschlimmerung: Wärme, im warmen Stall, Bewegung, Anstrengung, Ostwind.
Besserung: Druck im Bereich des Brustkorbs.

Arsenicum album
Leitsymptom: Husten mit giemender Atmung.
Husten: Asthmatisch und giemend, Auswurf von wässrigem Schaum in kleinen Mengen sowie dünne, wässrige und wund machende Absonderung aus der Nase.
Weitere Leitsymptome: Ruhelosigkeit, Frösteln (sucht immer die Wärme), Schuppen im Fell, Durst auf kleine Mengen Wasser.
Verschlimmerung: Nach Mitternacht, bei feuchtkaltem Wetter.
Besserung: Wärme.

Phosphorus
Leitsymptom: Trockener Husten, wenig Auswurf.

Husten: Trockener Kitzelhusten, quälend oder heftig und u. U. erschöpfend. Es werden nur kleine Mengen von weißem oder rostfarbenem Schleim abgehustet.
Weitere Leitsymptome: Empfindsame, ängstliche Tiere, die bei Geräuschen leicht aufschrecken und lichtempfindlich sind. Durst auf große Mengen Wasser.
Verschlimmerung: Im Freien, beim Wechseln von einem warmen in einen kalten Bereich oder umgekehrt.
Besserung: Im Dunkeln.

Nux vomica
Leitsymptom: Trockener Husten, reizbares Naturell
Husten: Trocken und hackend. Die Nase ist im Stall verstopft, wird draußen an der frischen Luft aber frei, worauf eine schleimige, fließende Absonderung einsetzt.
Weitere Leitsymptome: Geistig und körperlich überempfindlich, aufbrausend und angespannt, leicht erregt.
Verschlimmerung: Morgens, nach der Fütterung, bei kaltem Wetter.
Besserung: Ruhe und abends.

Pulsatilla
Leitsymptom: Wechselhafte Symptome.
Husten: Abends und nachts trocken, locker und katarrhalisch am Morgen mit mildem, dickem Nasenausfluss. Hustet morgens lockeren Schleim ab.
Weitere Leitsymptome: Sanftes Naturell, trinkt wenig. Kann beim Husten Urin verlieren.
Verschlimmerung: Wärme, im warmen Stall, abends, Hinlegen und Ruhe.
Besserung: Frische Luft und Bewegung, kühles Wetter.

Causticum
Leitsymptom: Harter Husten mit schwierigem Auswurf.
Husten: Hart und trocken, erschüttert den ganzen Brustkorb und wird durch die Ausatmung ausgelöst. Im Brustkorb sammelt sich zäher Schleim an. Dieser lässt sich nur schwer abhusten, sodass nur wenig davon im Stall zu finden ist.
Weitere Leitsymptome: Während des Hustens kann es zu Harnverlust kommen.
Verschlimmerung: Bei trockenem kaltem Wetter.
Besserung: Bei feuchtem, nassem Wetter und Wärme.

Rumex
Leitsymptom: Trockener, krampfartiger Husten.
Husten: Trocken und krampfartig, oft recht heftig, durch die geringste Anstrengung ausgelöst. Schleimige Absonderung aus der Nase.
Weitere Leitsymptome: Dicker Schleim im Kehlkopf, wird nur unter Schwierigkeiten abgehustet. Die unteren Beine können jucken.
Verschlimmerung: Atmen in kühler oder kalter Luft und nachts.
Besserung: Im warmen Stall.

Spongia
Leitsymptom: Husten mit erschwerter Atmung.
Husten: Tief sitzender, trockener Husten, der sich anhört, als würde eine Säge durch Holz getrieben. Mühsame Atmung, asthmatische Geräusche in den späteren Stadien. Wenig Schleimbildung.
Weitere Leitsymptome: Husten bei Berührung (insbesondere im Kehlkopfbereich) und manchmal im Schlaf. Trockene Schleimhäute. Passt zu angespannten, ängstlichen Tieren.
Verschlimmerung: Nachts (gegen Mitternacht) und bei Anstrengung, Einatmung und bei kaltem, windigem Wetter.
Besserung: Nach Essen oder Trinken.

Stannum
Leitsymptom: Husten mit lockerem Schleim.
Husten: Lockerer Husten, Auswurf von grünlichem Schleim. Der Husten kann recht heftig sein. Er ist nachts manchmal trockener.

Weitere Leitsymptome: Ist oft eine Folgeerscheinung der Pferdegrippe. Stannum eignet sich für eher chronische Probleme mit den Bronchien, v. a. wenn das Pferd erschöpft und abgezehrt ist.
Verschlimmerung: Frühmorgens.
Besserung: Abhusten von Schleim.

Drosera
Leitsymptom: Tiefer, wiederholter Husten.
Husten: Tiefer, krampfartiger Reizhusten, gewöhnlich heftig und anfallsweise mit rasch aufeinanderfolgenden Anfällen. Gelblicher Nasenausfluss.
Weitere Leitsymptome: Der Auswurf ist selten blutfleckig.
Verschlimmerung: Nachts, v. a. zwischen Mitternacht und dem frühen Morgen. Hinlegen.
Besserung: In Ruhe.

Kalium carbonicum
Leitsymptom: Harter, trockener, rasselnder Husten.
Husten: Rasselnder Husten, trocken und hart.
Weitere Leitsymptome: Wenig Auswurf, es wird mehr heruntergeschluckt. Man findet morgens im Stall kleine, runde, ausgehustete Schleimklumpen. In der Nase bildet sich gelbgrüner, dünner Schleim, der an den Nüstern Krusten bildet, aber versiegt, wenn die Nase bei warmem Wetter verstopft ist.
Verschlimmerung: 3 Uhr morgens und bei kaltem Wetter, Hinlegen.
Besserung: Wärme, warmes Wetter, ab 6 Uhr morgens.

Kalium bichromicum
Leitsymptom: Bellender Husten.
Husten: Hart und hohl, manchmal bellend.
Weitere Leitsymptome: Dicker, zäher, klebriger Schleim, der gewöhnlich ausgehustet wird, gelbgrün, oft fadenziehend und in recht großen Mengen. Das Pferd ist empfindlich gegenüber kaltem Wetter.
Verschlimmerung: Nachts und frühmorgens, bei heißem Wetter.
Besserung: Eindecken und Wärme.

Sticta
Leitsymptom: Postviraler Husten.
Husten: Unaufhörlich, trocken und hackend. Ausgelöst durch Kitzeln in Trachea.
Weitere Leitsymptome: Der Husten sitzt mehr in der Luftröhre als in den tieferen Atemwegen. Er ist oft die Folge von Pferdegrippe.
Verschlimmerung: Abends, nachts und nach Anstrengung.
Besserung: Im Freien.

Tuberculinum
Leitsymptom: Hartnäckige Fälle und widerspenstige Patienten.
Dieses Mittel sollte hartnäckigen Fällen vorbehalten sein, die nicht auf die üblichen Mittel ansprechen. Es ist insbesondere dann angezeigt, wenn der Husten trocken und hart ist und das Pferd dicken gelben oder grüngelben Schleim abhustet. Die Symptome verschlimmern sich im warmen, stickigen Stall. Steht das Pferd im Stall, besteht Verlangen nach frischer Luft.
Verschlimmerung: Bewegung, vor einem Sturm, feuchtes Wetter und frühmorgens.
Besserung: In frischer, sauberer Luft.
Dosierung: *Drei Gaben der 1M innerhalb von 24 Stunden*

Bacillinum
Leitsymptom: Hartnäckige Fälle mit viel Schleimrasseln.
Bacillinum wirkt am besten bei hochgradigem Katarrh der Atemwege, wodurch es zu Rasselgeräuschen im Brustkorb und Kongestion der Lungen kommt.
Verschlimmerung: Nachts und frühmorgens.
Dosierung: *Drei Gaben der 1M innerhalb von 24 Stunden*

Chronischer Husten bei älteren Pferden

Die folgenden Mittel haben sich bei der Behandlung von chronischem Husten und Bronchitis bei älteren Tieren als überaus hilfreich erwiesen.

Senega

Chronischer, lang dauernder Husten mit sehr zähem und klebrigem Schleim, der schwierig abzuhusten ist. Der Husten ist hart und das Pferd macht einen kurzatmigen Eindruck. Senega unterstützt die Schleimlösung und erleichtert den Auswurf. Dieses Mittel ist weiterhin bei Pleuritis angezeigt, wenn sich Exsudat in der Brusthöhle sammelt.
Dosierung: *C6, zweimal täglich über lange Zeit*

Barium carbonicum

Sollte versucht werden, wenn der Husten trocken ist und sich im Brustkorb Schleim angesammelt hat, das Pferd aber keine Anstrengung unternimmt, diesen abzuhusten. Der Husten wird durch Aufenthalt im Freien gelindert, aber durch Wetterwechsel verschlimmert. Wird dieses Mittel gebraucht, sind fast immer die Lymphknoten vergrößert.
Dosierung: *C6, zweimal täglich über lange Zeit*

Barium muriaticum

Die Symptome sind denen von Barium carbonicum sehr ähnlich. Allerdings führt der Schleim, der sich in großer Menge im Brustkorb ansammelt, zu Rasselgeräuschen, und er wird auch nur unter Schwierigkeiten abgehustet. Die Gabe dieser Arznei erleichtert den Auswurf und lindert den Husten. Wirkt gut, wenn gleichzeitig Herzprobleme bestehen.
Dosierung: *C6, zweimal täglich über lange Zeit*

Coccus cacti

Coccus cacti hilft bei Husten, wenn sich dicker, zäher, weißer Schleim im hinteren Bereich des Halses angesammelt hat. Der Schleim ist so dick, dass er nur unter größten Schwierigkeiten abgehustet wird und beinahe erstickend wirkt. Coccus cacti ist auch ein Mittel für chronische Bronchitis.
Dosierung: *C30, zweimal täglich über lange Zeit*

Chronisch-obstruktive Lungenerkrankung (COLE, COPD), Dämpfigkeit, Equines Asthma, Lungenemphysem, Rezidivierende Atemwegsobstruktion (RAO), Sommerweidenabhängige obstruktive Lungenerkrankung (SPAOPD)

COPD und SPAOPD (die während der Sommermonate auftritt) haben sich zu den häufigsten Ursachen von chronischem Husten bei Pferden entwickelt. Beide Erkrankungen ähneln ein wenig dem Asthma des Menschen und gehen mit Entzündung der Lunge und nachfolgender Schleimbildung einher, wodurch es zur Verlegung der Luftwege kommen kann. Gleichzeitig ziehen sich die Luftwege krampfartig zusammen mit Verminderung der Sauerstoffaufnahme und erschwerter Atmung. In jüngster Zeit wurde vorgeschlagen, COPD in RAO umzubenennen, da sie sich in ihrer Natur grundlegend von der Erkrankung des Menschen unterscheidet, welche maßgeblich für die Bezeichnung COPD war.

Das zugrunde liegende Problem besteht bei beiden Erkrankungsformen in einer Allergie, wobei empfängliche Pferde eine Überempfindlichkeitsreaktion auf die Einatmung spezifischer Allergene zeigen. Zu diesen zählen im Falle von COPD gewöhnlich Pilzsporen (*Micropolyspora-* und *Aspergillus*-Spezies) aus Heu oder Stroh. Bei SPAOPD sind eher pflanzliche Allergene, insbesondere Pollen von Raps, Leinsamen oder auch von Bäumen oder Gräsern beteiligt. Allerdings können diese Erkrankungen manchmal auch bei Pferden mit vorausgegangenen viralen oder bakteriellen Infektionen auftreten. Dies ist umso wahrscheinlicher, je schlechter die Haltung ist und je früher das Pferd wieder gearbeitet wird, da die Atemwege dann nicht genügend Zeit hatten, um sich zu erholen, und deshalb empfindlich auf potenzielle Allergene und Verunreinigungen reagieren.

Pferde, die jünger als zwei Jahre sind, sind selten betroffen. Die meisten Fälle treten bei Pferden zwischen sechs und zehn Jahren auf.

Die Symptome, die sich nach Kontakt mit den auslösenden Allergenen sehr schnell entwickeln können, variieren in Abhängigkeit vom Schweregrad der Erkrankung und können unterschiedliche Formen annehmen.

Milde Symptome. Hier handelt es sich im Grunde genommen um einen einfachen intermittierenden Stallhusten, der auftritt, wenn das Pferd im Stall mit Heu oder Stroh in Kontakt kommt. Wird es ins Freie gebracht, lässt der Husten nach.

Mittelschwere Symptome. Hier tritt ein hartnäckigerer chronischer Husten mit erschwerter Atmung, leicht erhöhter Atemfrequenz und Anstrengung bei der Exspiration auf. Gewöhnlich wird gelber Schleim abgehustet, und es besteht leichter Nasenausfluss.

Schwere Symptome. Dieser Zustand wird auch als „Dämpfigkeit" bezeichnet, und die Symptome sind sehr stark ausgeprägt. Sie umfassen chronischen Husten (mit Bildung von dickem, gelbem Schleim und Nasenausfluss), erhöhte Atemfrequenz (bis zu 15–20 Atemzüge pro Minute), Atemnot (man achte auf das Blähen der Nasenflügel), Giemen, angestrengte Ausatmung mit Entwicklung einer Dämpfigkeitsrinne und Knistergeräuschen im Brustkorb infolge der Entwicklung eines Emphysems. Die körperliche Belastbarkeit ist stark herabgesetzt.

Das Management bei COPD, RAO und SPAOPD

Soll die Erkrankung erfolgreich unter Kontrolle gebracht werden, ist das Management genauso wichtig wie jede medikamentöse Behandlung. Betroffene Pferde sollten so viel wie möglich im Freien gehalten werden. Man sollte nur striegeln und ausmisten, wenn das Pferd draußen ist. Die Bemühungen sollten darauf abzielen, den Kontakt mit Heu und Stroh durch die Verwendung anderer Materialien so gering wie möglich zu halten. Die Einstreu kann alternativ aus geschreddertem Papier oder Spänen bestehen, wobei Verschmutzungen täglich zu entfernen sind. Dies beugt der Bildung von Ammoniak vor, der die Atemwege reizen kann.

In milden Fällen wird das Heu immer befeuchtet oder besser noch eingeweicht. In schwereren Fällen erwäge man die Fütterung von vakuumverpacktem Heu oder Grassilage in Verbindung mit gewürfeltem oder pelletiertem Futter. Gemische aus gehäckselten Futterpflanzen wie Alfalfa und Haferstroh geben gute Alternativen zur Heufütterung ab.

Man versuche, den Stall so staubfrei wie möglich zu halten, indem man ihn regelmäßig ausfegt; dies gilt auch für die Stallbereiche, die denselben Luftraum teilen. Man denke daran, dass Allergene über beträchtliche Entfernungen verbreitet werden können und betroffene Pferde entsprechend so weit wie möglich von jeder Stroh- oder Heuquelle aufgestallt werden sollten.

Die Behandlung von COPD, RAO und SPAOPD

Die Wahl der am besten passenden Arznei zur Behandlung dieser Erkrankungen ist nicht immer einfach. Nach Möglichkeit wähle man ein Konstitutionsmittel, da dieses erfahrungsgemäß die besten Ergebnisse erzielt. Ansonsten sucht man anhand der vorliegenden Symptomatik mit allergrößter Sorgfalt nach einem Mittel.

Man denke daran, alle prädisponierenden oder störenden Faktoren zu berücksichtigen, die möglicherweise bei der Entwicklung der Erkrankung eine Rolle spielen. Ist der Zustand kurz nach einer Impfung aufgetreten, denke man an:

Thuja C200 *einmal täglich über fünf Tage, oder wenn dies keine Wirkung zeigt,* **Silicea C200** *einmal täglich über fünf Tage, oder* **Antimonium tartaricum C30**. *Die* **potenzierte Vakzine** in der **C200**, *einmal täglich über fünf Tage, sollte auch in Betracht gezogen werden.*

Konstitutionsmittel bei COPD, RAO und SPAOPD

Dosierung: *C200, einmal täglich, sieben Tage lang*

Arsenicum album

Passt zu dünnen, schlanken, gepflegten Vollblütern.

Die Anfälle sind krampfartig und verschlimmern sich nachts gegen Mitternacht. Das Tier zeigt Zeichen von Unruhe und Nervosität. Angst kann vorherrschen, und möglicherweise besteht eine Abneigung dagegen, sich hinzulegen, da die Symptome im Stehen weniger schlimm sind. Die Atmung ist keuchend.

Pulsatilla

Passt zu sanften, empfindsamen Tieren, bei denen es sich oft, aber nicht immer, um Stuten handelt.

Die Symptome sind ein trockener Husten mit Verschlimmerung am Abend und bei wärmerem Wetter. Es besteht reichlicher, milder, gelber Nasenausfluss, der morgens am schlimmsten ist.

Nux vomica

Entspricht dem angespannten, eifrigen und reizbaren oder berührungsempfindlichen Pferd, das bei jedem Reiz überschießend reagiert. Dieser Typus neigt zu Verdauungsproblemen und ist normalerweise schlank gebaut.

Der Husten ist bei dieser Arznei kurz und hackend. Die Symptome verschlimmern sich nach dem Essen und morgens.

Lycopodium

Passt zu angespannten Pferden mit Mangel an Selbstvertrauen, die stets die menschliche oder anderweitige Gesellschaft bevorzugen. Es bestehen fast immer Verdauungsprobleme, insbesondere Flatulenz.

Man achte auf einen tief sitzenden, hohlen Husten mit gräulichem Auswurf. Die Symptome werden zwischen 16 und 20 Uhr schlimmer und betreffen oft mehr die rechte Seite des Brustkorbs als die linke. Durch Ansammlung von Schleim tritt über der Brust häufig starkes Giemen auf. Ein charakteristisches Zeichen für Lycopodium ist das atemsynchrone Flattern der Nasenflügel.

Silicea

Silicea entspricht Tieren mit einer schwachen Konstitution, denen es sowohl an physischer als auch geistiger Robustheit mangelt. Ihre allgemeine Widerstandskraft ist schwächer als bei den meisten anderen Pferden. Sie verfügen zwar über einen gewissen Eigensinn, aber in neuen Situationen mangelt es ihnen an Selbstvertrauen.

Silicea passt zu eher chronischen Fällen und wird manchmal im Anschluss an Pulsatilla eingesetzt. Man achte auf einen dicken Nasenausfluss oder dicken, klumpigen, gelben Schleim, der abgehustet wird und auf dem Stallboden oder an den Wänden klebt. Der Schleim sammelt sich in den Luftwegen und führt zu lauten Rasselgeräuschen bei der Atmung.

Sulphur

Äußerlich erscheint der Sulphurtyp robust, aber ungepflegt mit schlechtem Fell, das schmutzig aussieht und glanzlos ist. Es besteht eine Neigung zu Hautproblemen und eine Abneigung gegen Striegeln und Waschen. Hitze wird vermieden. Sulphur-Pferde haben normalerweise einen außerordentlich guten Appetit.

Sulphur ist ein weiteres Mittel für chronische Fälle. Es kann aber auch in solchen Fällen eingesetzt werden, die nicht auf ein angezeigtes Mittel ansprechen. (In diesen Fällen gibt man Sulphur C200 einmal täglich über fünf Tage und probiert es dann wieder mit dem ursprünglichen Mittel.) Die Atmung kann mühsam oder erschwert sein und durch die Ansammlung von Schleim kommt es zu Rasselgeräuschen im Brustkorb. Es besteht Verlangen nach frischer Luft, und die Symptome können sich gegen 11 Uhr vormittags verschlimmern.

Symptomatische Arzneien

Dosierung: *C30, nach Bedarf zweimal täglich*

Antimonium tartaricum

Wird eingesetzt, wenn Atembeschwerden in Verbindung mit rauen Rasselgeräuschen im Brustkorb einhergehen. Diese entstehen durch die Ansammlung großer Mengen Schleim, die nur schwer abzuhusten sind. Das Pferd macht vielleicht einen leicht schläfrigen Eindruck und reagiert gereizt, wenn es zu sehr gestört wird. Das Mittel eignet sich für schwerere Fälle und ältere Pferde.

Allium cepa

Hilfreich bei sehr milden Symptomen, wenn lediglich ein klarer, wässriger Nasenausfluss besteht, der mit Niesen und evtl. einer hautreizenden Absonderung aus den Augen einhergeht. Es tritt leichter, hackender Husten auf, der sich durch Einatmen von kalter Luft verschlimmert.

Arsenicum iodatum

Passt, wenn ein dünner, wässriger Nasenausfluss auftritt, der die Nüstern wund macht, oder wenn ein chronischer, dicker, gelber Nasenausfluss besteht. Es kommt zu häufigem Niesen und leichtem, trockenem, hackendem Husten.

Bacillinum

In schweren Fällen mit blubbernden Geräuschen im Brustkorb, erschwerter Atmung und Husten mit Auswurf von dickem, gefärbtem Schleim. Die Symptome sind frühmorgens schlimmer.

Balsamum peruvianum

Wird in den schlimmsten chronischen Fällen eingesetzt, wenn ein überaus dicker, cremiger Nasenausfluss und lockerer Husten besteht.

Blatta orientalis

Blatta wirkt gut, wenn Arsenicum album offensichtlich nicht so hilfreich ist wie erwartet, insbesondere wenn sich infolge der COPD/RAO eine Bronchitis entwickelt hat.

Ipecacuanha

Ein Notfallmittel, das oft in schweren Fällen eingesetzt wird, wenn die Symptome des Pferdes sehr stark ausgeprägt sind und Giemen und Schnappen nach Luft einschließen. Der Brustkorb ist voller Schleim, der relativ leicht abgehustet wird und u. U. vom Maul oder den Nüstern herabhängt.

Lobelia

Ein gutes grundlegendes Mittel bei COPD/RAO, wenn die Atmung erschwert ist und sich eine Dämpfigkeitsrinne ausbildet. Es eignet sich am besten, wenn die Symptome aufgrund einer krampfartigen Zusammenziehung der Luftwege entstehen. Kann bei sehr alten Pferden eingesetzt werden, wenn sich bereits ein Emphysem entwickelt hat.

Natrium sulphuricum

Die Symptome verschlimmern sich bei feuchtem Wetter bzw. in feuchter Umgebung. Es tritt lockerer Husten mit Rasseln im Brustkorb auf. Man sollte auch darauf achten, ob man auf dem Stallboden grünlichen Schleim findet, der abgehustet wurde. Dieses Mittel eignet sich ausgezeichnet bei jüngeren Pferden, die nach einer Atemwegsinfektion oder Lungenentzündung COPD entwickeln.

Sabadilla

Sabadilla wird bei geringgradigen Symptomen eingesetzt, die Heuschnupfen ähneln. Man achte auf wässrigen (und reichlichen) Nasenausfluss mit Rötung der Augen und vermehrtem Tränenfluss.

Sambucus

Dieses Mittel sollte versucht werden, wenn die zugrunde liegende Ursache Heu- oder Strohstaub ist. Im Bereich des Kehlkopfes sammelt sich Schleim an, der erstickende Hustenanfälle auslöst, so als wäre das Tier tatsächlich kurz vor dem Ersticken.

Es gibt eine Vielzahl weiterer Mittel, die bei der Behandlung von COPD, RAO und SPAOPD hilfreich sein können. Man denke insbesondere an die im Hustenkapitel aufgeführten Mittel **Spongia, Kalium carbonicum** und **Kalium bichromicum**.

Potenzierte Allergene

Potenzierte Allergene können ebenfalls neben den empfohlenen Arzneien eingesetzt werden. Man denke an **Heustaub, Pollenmischung, Rapssamenpollen** oder **Leinsamenpollen**, die, wenn sie passend erscheinen, alle in der *C30, zweimal täglich,* verabreicht werden.

Einige Pferde zeigen nur zu ganz bestimmten Zeiten Symptome, und dies manchmal auch nur über einen kurzen Zeitraum. Dann bilden vielleicht nur ein oder zwei bestimmte Pflanzen Pollen, die für die Krankheitserscheinungen des Pferdes verantwortlich sind. In solchen Fällen ist es möglich, die spezifischen potenzierten Pollenarten zur Behandlung einzusetzen. Der nachstehende Pollenkalender kann bei der Bestimmung, welche Pflanzen oder Bäume evtl. in die Behandlung einbezogen werden können, hilfreich sein.

Pollenkalender

Februar–April	Haselnuss, Erle
Februar–Mai	Ulme
April–Mai	Birke
März–Mai	Platane
April–Juni	Eiche
Mai–September	Gräser
Mai–Juni	Beifuß
Juni–Juli	Holunder, Linde
Mai–Oktober	Brennnesseln
Juni–August	Beifußblättrige Ambrosie
August–November	Pilzsporen

Es gibt auch einige gute Kombinationen von potenzierten Allergenen, die in Betracht gezogen werden können. So haben sich beispielsweise die R84 Allergietropfen zur Inhalation von Dr. Reckeweg als hilfreich erwiesen. Siehe Nützliche Adressen, Seite 553.

Pulmonäre Hämorrhagie, anstrengungsinduzierte pulmonäre Hämorrhagie (EIPH)

Diese Erkrankung tritt auf, wenn es nach Anstrengung zu einer Blutung in das Lungengewebe kommt. EIPH kann jede Pferderasse bzw. jeden Pferdetyp betreffen. Mechanischer Stress, der auf das empfindliche Lungengewebe einwirkt, kann die Zellen so schädigen, dass sie platzen und eine Blutung ausgelöst wird. Man weiß nicht genau, warum dies passiert, aber jedes bereits bestehende Atemwegsproblem erhöht das Risiko einer Lungenblutung.

Das Ausmaß der Blutung kann sehr unterschiedlich sein. Kleine Blutungen bleiben in der Regel unentdeckt, aber bei stärkeren Blutungen tritt Blut aus beiden Nüstern aus, und die Leistung wird beeinträchtigt. Es gibt keine befriedigende konventionelle Behandlung, homöopathische Mittel können sich bei der Vorbeugung und Behandlung dieser Erkrankung jedoch als überaus hilfreich erweisen.

In allen Fällen gibt man die C30, alle 10–15 Minuten, bis die Blutung nachlässt. Zur Vorbeugung verabreicht man eine Einzelgabe der C200 unmittelbar vor der Belastung.

Aconitum

Wird bei Blutungen durch Überanstrengung und als Vorbeugungsmittel bei angespannten, nervösen Pferden eingesetzt.

Rhus toxicodendron

Bei Hämorrhagien nach Anstrengung, wenn das Pferd sich wieder im Ruhezustand befindet. Das Blut ist hellrot, und die Blutung wird stärker, wenn der Kopf gesenkt wird.

Phosphorus

Sehr oft wirksam und passend bei jungen, schlanken, athletischen Tieren mit empfindsamem Naturell. Das Blut ist meist hellrot und von wässriger Konsistenz.

Ferrum metallicum und Ferrum phosphoricum (Kombination)

Eignet sich am besten für jüngere Tiere und schwerwiegende Zustände.

Ipecacuanha

Angezeigt in hartnäckigen Fällen, wenn es selbst bei mäßiger Anstrengung zu Blutungen kommt. Ist Ipecacuanha angezeigt, bestehen meist Atembeschwerden, und das Blut kommt schwallartig aus der Nase.

Millefolium

Dieses Mittel hat ähnliche Indikationen wie Ipecacuanha und hat sich in der Praxis als überaus hilfreich erwiesen.

Melilotus

Wird vor allem nach dem Training eingesetzt, wenn die Blutung nicht rasch zum Stillstand kommt. Die Blutung aus der Nase ist normalerweise reichlich.

Ficus religiosa

Wird als Vorbeugungsmittel eingesetzt, wenn die Lungenblutung zu offensichtlichen Atembeschwerden führt.

Erechthites

Ein spezifisches Mittel für Lungenblutungen. Wird eingesetzt, wenn die Blutung reichlich ist und nur langsam sistiert. Erechthites kann von anderen Mitteln dadurch differenziert werden, dass der Herzschlag sehr schnell und der Puls stark und beschleunigt ist.

In chronischen Fällen gibt es einige Mittel, die die Blutgefäße in der Nase stärken und den Tonus aufrechterhalten können. Die nachstehend aufgeführten Mittel sind es wert, ausprobiert zu werden:

Calcium fluoratum und Ferrum phosphoricum

Geeignet für jüngere Pferde.
Dosierung: *Beide Mittel in der C30, zweimal wöchentlich über zwei bis drei Monate*

Barium carbonicum

Man setze dieses Mittel ein, um zu versuchen, die Blutgefäße bei Pferden aller Altersstufen zu kräftigen. Insbesondere ältere Pferde werden davon profitieren.
Dosierung: *C30, zweimal wöchentlich über zwei bis drei Monate*

Herz und Kreislauf

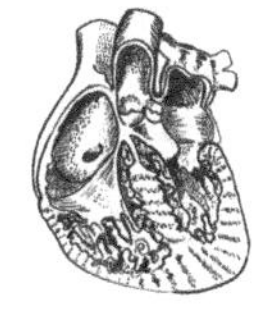

Herz- und Kreislaufprobleme bedürfen immer der gründlichen Untersuchung, um ihre genaue Natur abzuklären und eine akkurate Prognose stellen zu können. Manche Krankheitszustände sind im Frühstadium eher unauffällig, da die Leistung des Pferdes womöglich noch nicht beeinträchtigt ist. Man denke daran, dass fortgeschrittene Herzkrankheiten dazu führen können, dass das Pferd plötzlich zu Boden stürzt, was nicht nur ein Risiko für es selbst, sondern auch für den Reiter darstellt.

Homöopathische Mittel sollten immer als ergänzende Unterstützung zu jeder Behandlung, die Ihr Tierarzt vorschlägt, in Betracht gezogen werden. Die Wahl einer passenden Arznei hängt sehr stark davon ab, wie sich das Herz Ihres Pferdes bei der Auskultation anhört, ebenso wie vom Charakter und der Qualität des Pulses. Die durchschnittliche Pulsfrequenz liegt bei einem erwachsenen Pferd zwischen 30 und 44 Schlägen pro Minute. Bei sehr jungen Fohlen beträgt die durchschnittliche Pulsfrequenz ca. 80 pro Minute.

Die Erkrankungen des Herzens lassen sich grob in drei Kategorien einteilen:

- Herznebengeräusche
- Arrhythmien
- Entzündliche Erkrankungen einschließlich Endokarditis, Myokarditis und Perikarditis

Herznebengeräusche

Verformte oder fibrotische (vernarbte) Herzklappen treten normalerweise als Ergebnis einer Endokarditis auf und führen zu Turbulenzen bzw. Störungen im Blutfluss, die mit abnormen Geräuschen einhergehen; diese werden auch als Herznebengeräusche bezeichnet und entsprechend ihrer Intensität, Qualität und Höhe eingeteilt. Anhand dieser Details kann Ihnen Ihr Tierarzt vielleicht noch weitere Informationen geben, die bei der Wahl einer passenden Arznei hilfreich sein können. Die drei Hauptklappen, die betroffen sein können, sind die Mitral-, Trikuspidal- und Aortenklappe, die entweder verengt oder verformt sein können. Symptome, die mit herzklappenbedingten Nebengeräuschen einhergehen können, sind Leistungsschwäche, abnorme Pulsfrequenz und durch Kreislaufschwäche bedingte Ödeme (Schwellungen) der Beine oder Brust.

Arrhythmien

Störungen des Herzrhythmus werden als Gegenstück zu den Klappenschäden als Arrhythmien bezeichnet. Diese beeinflussen die Art des Herzschlages und führen dazu, dass das Blut nur noch unzureichend in den Körper gepumpt wird. Die geringste Ausprägung ist das Aussetzen des Herzschlages, das oft als unbedeutend angesehen wird. Schwerwiegendere Arrhythmien wie z. B. die atriale Fibrillation, können hingegen zu signifikanten und besorgniserregenden Problemen führen.

Herzgeräusche und Arrhythmien – die Arzneiwahl

Die aufgeführten Mittel erlauben einen allgemeinen Überblick über die gebräuchlichsten Arzneien in den geeigneten Potenzen und Dosierungen. Es ist durchaus üblich, Herzmittel zu kombinieren. So werden beispielsweise Cactus und Crataegus oft zusammen als allgemeines Herztonikum eingesetzt.

Cactus grandiflorus

Wirkt am besten, wenn die Mitralklappe betroffen ist und sowohl die Herz- als auch die Pulsfrequenz erhöht sind. Herz- und Pulsschlag sind kräftig, da das Herz versucht, den Zustand zu

kompensieren. Krampfartige Herzschmerzen veranlassen das Pferd mitunter zu plötzlichem Stehenbleiben.
Dosierung: *D1, dreimal täglich*

Crataegus
Dieses Mittel ist ein gutes allgemeines Herztonikum, das ausgezeichnet bei allen chronischen Herzproblemen hilft. Crataegus verbessert auch die Zirkulation und ist von Nutzen, wenn die Beine anschwellen. Im Gegensatz zu Cactus ist der Herzmuskel schwächer und der Puls zwar auch schneller, aber schwach. Crataegus soll weiterhin den Blutdruck regulieren.
Dosierung: *D1, dreimal täglich*

Digitalis
Man achte auf langsamen Puls und unregelmäßigen Herzschlag. Das Herz ist vergrößert, da es versucht, den Zustand zu kompensieren, dennoch ist die Herzmuskelkraft vermindert. Eher bei Problemen mit der Mitralklappe angezeigt. Das geringste Training bzw. die kleinste Anstrengung führt sofort zu Pulsrasen.
Dosierung: *C6, dreimal täglich*

Lycopus virginicus
Ein schneller und kraftvoller Herzschlag charakterisiert dieses Mittel, wobei der Puls schwächer und unregelmäßig ist oder auch aussetzt. Lycopus senkt die Herzfrequenz und den Blutdruck. Hilfreich, wenn gleichzeitig trockener Husten besteht, bei dem geringe Mengen Blut abgehustet werden.
Dosierung: *C6, dreimal täglich*

Convallaria
Convallaria erhöht die Energie des Herzens und reguliert den Herzschlag. Es ist hilfreich, wenn das Herz vergrößert und die Zirkulation schwerfällig ist. Man achte auf einen schnellen und unregelmäßigen Puls.
Dosierung: *D3, dreimal täglich*

Strophanthus hispidus
Wird als Herztonikum eingesetzt, besonders wenn eine Herzmuskelschwäche und infolge der Kreislaufschwäche eine Tendenz zur Flüssigkeitsansammlung besteht. Die Mitralklappe ist betroffen, und die Pulsfrequenz ist erhöht. Angezeigt, wenn die Lungen gestaut sind und Atembeschwerden bestehen.
Dosierung: *D6, dreimal täglich*

Adonis vernalis
Adonis wird vorrangig bei Kreislaufschwäche eingesetzt, um Ödemflüssigkeit aus den Gliedmaßen zu entfernen. Man achte auf einen langsamen, schwachen Puls. Geeignet für Tiere, denen es an Lebenskraft mangelt.
Dosierung: *D1, dreimal täglich*

Laurocerasus
Wird bei Mitralklappenschäden eingesetzt, wenn die Schleimhäute aufgrund der mangelhaften Durchblutung dunkel (zyanotisch) sind. Der Puls ist kaum fühlbar und schwach. Laurocerasus kann auch verwendet werden, um die Atmung bei neugeborenen Fohlen anzuregen, wenn das Tier nach Luft schnappt und die Schleimhäute zyanotisch sind.
Dosierung: *Zur regelmäßigen Anwendung nimmt man die C 3, dreimal täglich*
Um Fohlen wiederzubeleben, nimmt man die Urtinktur Ø, *zwei Tropfen alle 5 Minuten*

Kalmia
Man achte auf einen langsamen, schwachen Puls und steifen, staksigen Gang. Der Schulterbereich kann besonders steif sein, und es können Schmerzen im unteren Rücken auftreten.
Dosierung: *D6, dreimal täglich*

Spongia
Wird bei älteren Pferden mit verminderter körperlicher Belastbarkeit und gleichzeitig erhöhter Atemfrequenz bzw. leichten Atembeschwerden

eingesetzt. Die Ursache liegt in geschädigten oder missgebildeten Herzklappen und damit einhergehenden Herznebengeräuschen. Schlüsselsymptome für Spongia sind schneller Puls, erweiterte oberflächliche Blutgefäße und trockener Husten.
Dosierung: *C30, zweimal täglich*

Entzündliche Erkrankungen

Endokarditis

Eine Entzündung der inneren Auskleidung der Herzkammern wird als „Endokarditis“ bezeichnet. Sie kann durch eine bakterielle Infektion oder seltener durch Parasiten hervorgerufen werden. Die Symptome umfassen anfängliches Fieber und einen schwachen Puls. Der Zustand führt schließlich zur Schädigung der Herzklappen. Geeignete Mittel sind:

Aconitum
Im Frühstadium einzusetzen, sobald die Erkrankung diagnostiziert wurde. Der Puls ist in diesem Stadium voll und klopfend, und die Blutgefäße pulsieren. Das Pferd macht einen nervösen Eindruck.
Dosierung: *1M, alle 15 Minuten, vier Gaben, dann erneute Betrachtung des Falles*

Naja
Naja ist das wichtigste Mittel bei der Behandlung der akuten Endokarditis. Der Puls ist unregelmäßig und wird allmählich langsamer. Die Körpertemperatur fällt mit zunehmender Herzschwäche. Erholt sich das Tier, bleibt eine Schädigung der Herzklappen zurück.
Dosierung: *C30, im Abstand von 15 Minuten*

Weitere geeignete Mittel, die *im Abstand von 15 Minuten* gegeben werden können, sind **Cactus grandiflorus D1, Convallaria D3** und **Adonis vernalis D1**. Versuchen Sie das Mittel zu wählen, das den Symptomen Ihres Pferdes am meisten entspricht.

Ein weiteres nützliches Mittel, das auch neben den anderen bereits genannten Arzneien gegeben werden kann, ist **Calcium fluoratum**, das möglicherweise das Ausmaß der Schädigung der Herzklappen vermindern kann.
Dosierung: *C30, zweimal täglich*

Myokarditis

Unter Myokarditis ist eine Entzündung des Herzmuskels zu verstehen. Sie kann als sekundäre Komplikation von Erkrankungen wie Druse oder Nabelabszessen auftreten. Die Schädigung des Herzmuskels führt im Laufe der Zeit zu Herzschwäche und kompensatorischer Vergrößerung des Herzens. Betroffene Pferde sind nicht belastbar und zeigen in fortgeschrittenen Fällen Atembeschwerden und Ödeme.
Geeignete unterstützende Mittel sind **Crataegus D1, Adonis vernalis D1, Digitalis C6** und **Strophanthus hispidus D6**.
Dosierung: *Dreimal täglich*

Perikarditis

Das Perikard, der Herzbeutel, ist die äußere Umhüllung des Herzens. Eine Entzündung des Perikards, eine Perikarditis, tritt im Rahmen einer bakteriellen oder viralen Infektion auf und kann auch eine Komplikation von Erkrankungen wie Pneumonie, Pleuritis oder Druse darstellen.

Es handelt sich um eine schwerwiegende Erkrankung, die mit Fieber beginnt und wenig später zu Flüssigkeitsansammlung im Herzbeutel führt. Diese behindert die Herzaktion, und es kommt zu Symptomen wie dünnem, fadenförmigem, aber schnellem Puls, Schmerzen im Bereich der Brustwand, Abneigung gegen Bewegung, der Neigung, die Vorderbeine einwärts zu stellen und Dämpfung der Herztöne. Zu den Langzeitfolgen zählen die Entwicklung von Verklebungen und chronisches Herzversagen.

Im Frühstadium gibt man **Aconitum 1M** *alle 15 Minuten* und beurteilt den Fall nach vier oder fünf Gaben erneut. Danach sollte die Behandlung mit einer passenden Arznei fortgesetzt werden:

Spigelia

Dieses Mittel wird zur Behandlung der akuten Perikarditis am häufigsten eingesetzt. Die Symptome stimmen sehr mit den Krankheitssymptomen überein, einschließlich der Abneigung, sich zu bewegen, der Brustkorbschmerzen und des schwachen Pulses.
Dosierung: *C30, im Abstand von 15 Minuten*

Apis

Vermindert die Flüssigkeitsmenge im Herzbeutel und den Druck auf das Herz.
Dosierung: *C200, dreimal täglich*

Spongia

Nützlich nach dem akuten Stadium, wenn sich Symptome von Herzschwäche zeigen, z. B. trockener Husten.
Dosierung: *C200, dreimal täglich*

Andere Arzneien, die in Betracht gezogen werden können, sind **Colchicum C30, Cantharis C30** und **Bryonia C30** im akuten Stadium und später die bereits genannten unterstützenden Herzmittel. **Calcium fluoratum C30** und **Aceticum acidum C30** können in Kombination eingesetzt werden, um das Risiko von Verklebungen zwischen dem Herzbeutel und dem Herzmuskel zu verringern.
Dosierung: *Zweimal täglich, neben anderen Mitteln über mehrere Monate*

Blut und Blutgefäße

Das Blut wird vom Herzen durch die verschiedenen Gefäße, sprich Arterien, Venen und Kapillaren, gepumpt und im Körper verteilt. Es stellt ein lebenswichtiges Transportsystem dar und bringt wichtige Nährstoffe zu allen Bereichen und Körperteilen; gleichzeitig beseitigt es auch Abfallprodukte. Es bringt den Sauerstoff in die Gewebe und transportiert Kohlendioxid ab, bringt Hormone zu ihren Zielorganen, reguliert den Flüssigkeits- und Elektrolythaushalt, ist Teil der Hauptabwehrmechanismen des Körpers und der Temperaturregulation. Es besteht aus drei grundlegenden Komponenten: den roten Blutkörperchen (Erythrozyten), den weißen Blutkörperchen (Leukozyten) und dem Blutplasma, der Flüssigkeit, in der die Zellen schwimmen.

Erkrankungen des Blutes und der Blutgefäße

Hämorrhagien (Blutungen)

Hämorrhagien oder Blutungen können infolge einer Verletzung oder Operation auftreten. Die Art der Blutung und des Blutes spielen bei der Wahl der passenden Arznei eine wichtige Rolle; die Mittel sollten als zwischenzeitliche Maßnahme gegeben werden, während man auf Hilfe wartet. Man denke aber auch an die Bedeutung von Erste-Hilfe-Maßnahmen wie z. B. Druckverbänden, um starke Blutungen zum Stillstand zu bringen.

Die folgenden Mittel können grundsätzlich bei Blutungen zum Einsatz kommen; sie sollten in der *C30 im Abstand von 10–20 Minuten* verabreicht werden, je nachdem, wie ernst die Situation ist. Allerdings ist in einem Notfall jede Potenz der Arznei besser als überhaupt nichts zu geben. Weitere spezifische Arzneien finden sich in anderen Kapiteln dieses Buches.

Aconitum

Blutung mit hellrotem Blut und Angst, Unruhe oder Panik.

Arnica

Eignet sich am besten bei Blutungen infolge von Verletzungen. Wirkt ausgezeichnet, wenn Schleimhäute beteiligt sind oder dunkles Blut heraussickert. Wird routinemäßig vor und nach Operationen eingesetzt, um Quetschungen und Blutungen zu minimieren.

Carbo vegetabilis

Wird eingesetzt, wenn die Blutung mit Kollaps einhergeht. Dunkles Blut sickert langsam heraus. Die Gliedmaßen, der Körper und die Zunge fühlen sich bei Berührung kalt an.

China

Angezeigt, wenn das Tier kollabiert oder vollkommen erschöpft ist und über einen langen Zeitraum ständig Blut verloren hat. Es kann sichtbar dehydriert sein.

Crotalus horridus

Angezeigt bei Blutungen mit sehr dunklem Blut, das beinahe schwarz ist und flüssig bleibt, da es nur sehr langsam gerinnt. Diese Art von Blutung tritt oft bei bestimmten Infektionen und Vergiftungen auf.

Ferrum phosphoricum

Starke Blutungen mit hellrotem Blut, das schnell gerinnt.

Hamamelis

Hilfreich bei Blutungen mit dunklem Blut, das nur langsam gerinnt. Das Blut sickert beständig heraus. Zugrunde liegt oft eine passive, venöse Kongestion.

Ipecacuanha
Nützlich bei anhaltenden Blutungen mit hellrotem Blut, das im Schwall oder Strahl herauskommt. Ein weiteres Leitsymptom ist schweres Atmen.

Lachesis
Hilfreich bei passiven Blutungen mit dunklem, wässrigem Blut. Die Haut im Bereich der Blutung ist dunkel verfärbt und hat einen purpurfarbenen oder bläulichen Stich. Diese Art von Blutung steht oft mit einer Sepsis oder Infektion in Zusammenhang.

Melilotus
Wirkt am besten bei hellroten Blutungen aus Maul oder Nase.

Millefolium
Angezeigt bei traumatisch bedingten, hellroten Blutungen. Ein Anstieg der Körpertemperatur ist ein weiteres Leitsymptom, auf das man achten sollte.

Phosphorus
Phosphorus ist von größtem Wert bei der Behandlung von anhaltenden Blutungen aus den kleinen Kapillaren, wenn das Blut hellrot ist und schubweise herauskommt.

Strontium carbonicum
Wird am besten nach Operationen eingesetzt, wenn das Blut langsam aus dem Operationsbereich sickert.

Hämatome

Ein Hämatom ähnelt einer Blutblase, allerdings in größerem Ausmaß, und stellt im Wesentlichen eine passive Blutung von venösem Blut dar, das sich unter der Haut sammelt. Beim Pferd kommt es am häufigsten im Bereich des Brustbeins zur Hämatombildung, aber auch an den Flanken, dem Rumpf und gelegentlich auch am Ohr. Zugrunde liegende Ursachen sind Traumen und Toxine (z. B. aus verschimmeltem Heu), die zur Kapillarschädigung mit nachfolgendem Blutaustritt führen können.

Eine gute Mittelkombination zur prompten Auflösung eines Hämatoms ist **Arnica** mit **Hamamelis**, beide in der **C30** *zweimal täglich*. Tritt das Problem wiederholt auf, gebe man entweder **Lachesis C200, Crotalus horridus C200** oder **Phosphorus C200,** *dreimal wöchentlich, einen Monat lang*. Hilft dies nicht, denke man an **Secale C200,** *zweimal wöchentlich, einen Monat lang*.

In den seltenen Fällen, wenn sich ein Hämatom infiziert, gebe man:

Lachesis C200 bei Verfärbung der Haut

Silicea C200, wenn der Bereich schmerzlos ist

Hepar sulphuris 1M, wenn der Sitz der Infektion empfindlich auf die geringste Berührung reagiert

Dosierung: *Viermal täglich bis zur Ausheilung. Dies kann etliche Wochen dauern.*

Anämie

Hier handelt es sich um eine Verminderung der Zahl der im Blut zirkulierenden roten Blutkörperchen. Die Symptome variieren je nach zugrunde liegender Ursache, umfassen aber oft blasse Schleimhäute, Schwäche, erhöhte Atemfrequenz und schwachen Puls. Gelbsucht und Hämoglobin im Urin können Anzeichen einer hämolytischen Anämie sein.

Die folgenden Anämieformen treten am häufigsten auf:

Anämie aufgrund von Blutverlust

Diese kann im Rahmen von Verletzungen, Luftsackmykosen, Parasiten und einigen Vergiftungen, beispielsweise mit Warfarin, auftreten. Alle Blutungsmittel sind hilfreich, um die zugrunde liegende Ursache zu behandeln. **China** ist besonders gut, wenn das Tier schon sehr erschöpft ist, und **Crotalus horridus** eignet sich oft bei einer Warfarin-Vergiftung.

All diese Mittel werden in der C30 eingesetzt, zwei- oder dreimal täglich, je nach Bedarf.

Arsenicum album ist ein gutes grundsätzliches Mittel zur Behandlung einer Anämie nach Blutverlust.
Dosierung: *C30, einmal täglich, solange es benötigt wird*

Anämie aufgrund von Knochenmarksdepression

Durch bestimmte Medikamente, lang dauernde Infektionen (bei denen es zur Toxinbildung kommen kann) oder bei manchen Krebsformen kann diese Art der Anämie ausgelöst werden. Auch Eisenmangel, Mangelernährung und einige Vergiftungen können in die Liste möglicher Ursachen aufgenommen werden. **Ferrum metallicum** ist in Fällen von Eisenmangel und bei Jungtieren angezeigt. **Calcium phosphoricum** ist ebenfalls bei anämischen Jungtieren sowie in allen lang dauernden Fällen von Anämie angezeigt. **Silicea** ist angezeigt, wenn ernährungsbedingte Gründe vorliegen. **Plumbum** ist ein wertvolles Mittel, wenn der Verdacht auf eine Vergiftung besteht oder Medikamente für die Anämie verantwortlich sind, v. a. wenn es gleichzeitig zu Muskelschwund kommt. Man denke an **Mercurius solubilis**, wenn das Knochenmark durch Toxine geschädigt wurde.
Dosierung: *C30, zweimal täglich*

Hämolytische Anämie

Bei dieser Form von Anämie sind die roten Blutkörperchen geschädigt. Zugrunde liegende Ursachen können bestimmte Infektionen, Gifte und Autoimmunerkrankungen sein. Die wichtigsten Mittel sind hier **TNT, Chininum sulphuricum, Manganum aceticum** und **Lycopodium**.

Dosierung: *C30, drei- oder viermal täglich*

Hämolytische Anämie des neugeborenen Fohlens, Neonatale Isoerythrolyse

Diese Erkrankung tritt hauptsächlich bei Vollblütern auf und betrifft v. a. 12 bis 36 Stunden alte Fohlen. Diese tragen Antigene der Erythrozyten vom Hengst, welche die Mutterstute nicht hat. Gegen Ende der Trächtigkeit produziert die Stute Antikörper gegen diese Antigene, die allerdings nicht die Plazentaschranke durchdringen, sodass das Fohlen im Mutterleib nicht betroffen ist. Bei der Geburt erscheint das Fohlen noch ganz normal, aber sobald es Kolostrum aufgenommen hat, das diese Antikörper enthält (und die in den Kreislauf des Fohlens übergehen), werden die roten Blutkörperchen des Fohlens angegriffen und geschädigt, und es kommt zur Hämolyse unterschiedlichen Ausmaßes. Zu den Symptomen zählen Schwäche, Saugunlust, Gähnen und Atembeschwerden. Die Schleimhäute werden blass, und aufgrund der massiven Zerstörung der Erythrozyten kann sich Gelbsucht entwickeln.

Zur Behandlung wird normalerweise eine Bluttransfusion durchgeführt. In der akuten Phase gebe man **TNT** im Wechsel mit **Manganum aceticum**, beide in der *C30, alle 30 Minuten,* um die Schädigung der roten Blutkörperchen zu begrenzen. Die folgenden Mittel können in der Genesungsphase helfen:

China

Bei allgemeiner Schwäche.
Dosierung: *C30, dreimal täglich*

Phosphorus

Zur Unterstützung der Genesung, wenn Gelbsucht vorliegt.
Dosierung: *C30, einmal täglich, solange es benötigt wird*

Chelidonium

Wird am besten zusammen mit Phosphorus eingesetzt, um die Leber zu unterstützen, wenn hochgradige Gelbsucht besteht.

Dosierung: *C30, einmal täglich, solange es benötigt wird*

Calcium phosphoricum und Ferrum metallicum

Wirken mehr auf der nutritiven Ebene; beide Mittel unterstützen die Behebung der Anämie.
Dosierung: *Beide Mittel als C30, einmal täglich, bis das Fohlen sich erholt hat*

Ödeme

Darunter versteht man eine Ansammlung von Flüssigkeit in den Gewebezwischenräumen, die sozusagen mit Wasser vollgesogen sind. Die betroffenen Bereiche sind aufgedunsen, und die Schwellungen geben unter Druck nach. Die Ödemflüssigkeit kann sich auch im Bereich des Herzens, im Brustkorb und der Bauchhöhle sammeln. Zugrunde liegende Ursachen können Erkrankungen der Leber und Nieren, allergische Reaktionen, Kreislaufprobleme, fehlerhafte Fütterung und Schädigung der Gefäßwände durch Toxine sein. Nachfolgend sind grundlegende Mittel bei Ödemen aufgeführt, man erwäge aber auch die Arzneien, die im Kapitel zum Herzen beschrieben sind.

Apis

Das Hauptmittel bei Ödemen, unabhängig vom Ort und der Ursache der Flüssigkeitsansammlung. Es ist meist das wirksamste Mittel bei angelaufenen Beinen.
Dosierung: *C30, zwei- oder dreimal täglich, bis das Problem behoben ist*

Arsenicum album

Angezeigt, wenn es aufgrund von allergischen Problemen zur Ödembildung gekommen ist, z. B. bei Schwellungen im Augenbereich oder angelaufenen Beinen. Passt zu ängstlichen und unruhigen Tieren.
Dosierung: *C30, dreimal täglich*

Apocynum cannabinum

Eines der wirksamsten Mittel, wenn die Haut betroffen ist oder sich infolge von Kreislaufproblemen Flüssigkeit innerhalb des Brustkorbs oder Abdomens angesammelt hat.
Dosierung: *C6, dreimal täglich*

Liatris spicata

Ein allgemeines Mittel bei Ödemen aufgrund von Leber-, Nieren- oder Herzerkrankungen.
Dosierung: *D6, dreimal täglich*

Lycopodium

Hilfreich bei ernährungs- oder leberbedingten Flüssigkeitsansammlungen, v. a. im Bauchraum (Aszites).
Dosierung: *C30, zweimal täglich*

Urtica urens

Nützlich, wenn die Flüssigkeitsansammlung das Ergebnis einer allergischen Reaktion ist.
Dosierung: *C6, dreimal täglich*

Prunus spinosa

Spezifikum, wenn die Beine geschwollen sind und als Alternative zu Apis, wenn dieses nicht wirkt.
Dosierung: *C6, dreimal täglich*

Angioneurotisches Ödem

Ein angioneurotisches Ödem ist das plötzliche Erscheinen eines Unterhautödems (Flüssigkeit unter der Haut) aufgrund einer akuten allergischen Reaktion. Es tritt meist bei Pferden auf, die auf einer Weide in der Blütezeit stehen. Die am häufigsten betroffenen Bereiche sind der Kopf (v. a. das Maul und die Augenlider), aber auch Damm, Vulva und Euter. In der Regel kommt es zu einer leichten Reizung, die sich durch Kopfschütteln und Reiben äußert. Manchmal sind nur die Augen betroffen, mit starker Schwellung, vermehrtem Tränenfluss und Vorfall des dritten Augenlides.

Apis C200 und **Urtica urens C200** sind allgemeine Mittel zur Behandlung dieses Zustandes. Man sollte aber auch an die folgenden Arzneien denken, die oft genauso gut wirken, wenn die Symptome passen.

Antipyrinum

Ein spezifisches Mittel für diesen Zustand, besonders bei Beteiligung der Augenlider. Man achte auf teigige Schwellung der Lider, gerötete Bindehäute und gesteigerten Tränenfluss.
Dosierung: *C6, stündlich, bis die Symptome verschwunden sind*

Bovista

Hilfreich, wenn große Bereiche betroffen sind und die allergische Reaktion sehr stark ausgeprägt ist. Man achte darauf, ob es Stellen gibt, an denen sich auf Druck tiefe Dellen bilden.
Dosierung: *C30, stündlich, bis die Symptome verschwunden sind*

Medusa

Angezeigt, wenn v. a. das Gesicht stark aufgedunsen ist.
Dosierung: *C200, alle zwei Stunden, bis die Symptome verschwunden sind*

Vespa

Ein hilfreiches Mittel, wenn die Augen extrem geschwollen sind und juckende Hautschwellungen auftreten.
Dosierung: *C30, stündlich, bis die Symptome verschwunden sind*

Hepar sulphuris

Eignet sich am besten für chronische Fälle, bei denen der Zustand wiederholt auftritt und die betroffenen Stellen zu Infektion neigen und berührungsempfindlich sind.
Dosierung: *C200, dreimal pro Woche*

Proteus

Diese Darmnosode erweist sich bei der Behandlung dieser Erkrankung oft als wirksam und hilft insbesondere bei wiederkehrenden Fällen, wo es als interkurrentes Mittel eingesetzt werden kann, wenn diese schlecht auf eine Behandlung ansprechen.
Dosierung: *C200, zweimal täglich über fünf Tage*

Wurmaneurysma und Arteriitis Thromboembolische Kolik

Diese Erkrankung wird durch die Wanderung von Strongylidenlarven (parasitären Würmern) in die Wände der Hauptarterien (und ihrer Zweige), welche den Darm versorgen, verursacht. Sie tritt überraschenderweise recht häufig auf und führt zu Arteriitis bzw. Entzündung der Arterienwände. Die Folge ist eine Verminderung der Blutversorgung des Darmes, die bei manchen Tieren zu rezidivierenden Krampfkoliken führen kann. In seltenen Fällen kommt es zu bakteriellen Sekundärinfektionen mit Schwächung der Arterienwände (Aneurysma) und stärker ausgeprägten Koliksymptomen. Weitere mögliche Folgen sind Abszessbildung oder vollständiger Verschluss der Blutgefäße mit nachfolgender Nekrose des Darmes und thromboembolischen Koliken. Diese Zustände haben gravierende Folgen und verdeutlichen die Wichtigkeit der regelmäßigen Entwurmung.

Koliksymptome sollten entsprechend behandelt werden, allerdings können die nachfolgend genannten Mittel bei akuter thromboembolischer Kolik helfen.

Bothrops lanceolatus

Das Hauptmittel bei thromboembolischer Kolik, was sich aus seiner Wirkung auf die Blutgefäße ergibt. Es lindert die Symptome der Thrombose und unterstützt den Blutfluss durch die betroffenen Gefäße. Es kann in Verbindung mit anderen Kolikmitteln eingesetzt werden, deren Wirkungsschwerpunkt mehr auf den Schmerzen liegt.
Dosierung: *C30, alle 10–15 Minuten*

Besteht der Verdacht einer Arteriitis oder eines Aneurysmas, denke man an:

Barium carbonicum

Dieses Mittel wirkt auf die Muskulatur in den Wänden der Blutgefäße und kräftigend auf die Arterien, v. a. wenn ein Aneurysma vermutet wird. Es passt besser zu jüngeren oder sehr alten Tieren.
Dosierung: *C30, einmal täglich*

Lycopodium

Ein weiteres Mittel, das bei dem Verdacht eines Aneurysmas gegeben werden kann. Es passt zu schlanken und ängstlichen, aber sanften Tieren.
Dosierung: *C30, einmal täglich*

Calcium fluoratum und Aceticum acidum

Diese Mittelkombination unterstützt die Beseitigung der entzündlichen Ablagerungen auf den Wänden der betroffenen Gefäße.
Dosierung: *Beide als Kombination einmal täglich in der C6*

Kalium iodatum

Ein grundlegendes Mittel bei Verdacht einer Arteriitis.
Dosierung: *C30, einmal täglich*

Fluoricum acidum

Bei festgestellter Gefäßschädigung, v. a. bei älteren Pferden.
Dosierung: *C6, zweimal täglich*

Thrombose

Selten können sich in den größeren Blutgefäßen ohne erkennbare Ursache Blutgerinnsel bilden. Das einzige Symptom, das man dabei vielleicht beobachten kann, ist eine Schwellung in dem Bereich des Körpers, der von dem betroffenen Blutgefäß versorgt wird. Oft braucht es nur eine gewisse Zeit, bis sich das Problem von alleine gelöst hat, weil das Gerinnsel schrumpft und das Blut gleichzeitig einen alternativen Weg findet, der um den Ort des Verschlusses herumführt. Es gibt zahlreiche Mittel, die die Auflösung des Gerinnsels unterstützen können. Zu den besten Mitteln zählen:

Im Anfangsstadium **Bothrops lanceolatus C200**

Wenn erhebliche Schwellung vorliegt **Apis C200**

Wenn eine Schwellung besteht und um das Gerinnsel aufzulösen **Aceticum acidum C6**

Um das Gerinnsel langfristig zu beseitigen **Thiosinaminum C6**

Dosierung: *Zweimal täglich*

Beckenthrombose

Ein Thrombus ist ein Blutgerinnsel, das sich im Kreislaufsystem bildet und zu einer Thrombose bzw. Verlegung eines Blutgefäßes, in diesem Falle der Beckenarterie bzw. –arterien oder gelegentlich auch des Endabschnitts der Aorta bzw. der Femoralarterien, führt. Eine parasitär bedingte Arteriitis (durch die Larvenstadien von Strongylus vulgaris) der Aorta oder Femoralarterien stellt beim Pferd die häufigste Ursache dar. Man unterscheidet zwei Formen. Bei der milderen Form tritt nur Lahmheit während der Arbeit auf und die Symptome flauen in Ruhe rasch wieder ab. In schwereren Fällen besteht eine Hinterhandschwäche. Dreht sich das Pferd, kann es sein, dass eines der Beine nachgibt. Begleitend treten Schmerzen und Angst mit Steigerung der Puls- und Atemfrequenz auf. Das betroffene Bein bzw. die Beine fühlen sich u. U. kühler als normal an. Selbst wenn das Pferd schwitzt, tritt kein Schweiß in dem betroffenen Bereich auf.

Mittel zur Behandlung der Beckenthrombose

Bothrops lanceolatus

Das wichtigste Mittel für diese spezielle Erkrankung. Es reduziert das Risiko der Thrombusbildung und eignet sich v. a. für die Behandlung

der akuten Phase. Neben den bereits erwähnten Symptomen ist Zittern ein weiteres Merkmal, bei dem dieses Mittel hilfreich ist.
Dosierung: *C30, zweimal täglich zur Vorbeugung;*
C200, alle 10 Minuten in der akuten Phase

Lachesis
Kann als Alternative zu Bothrops lanceolatus betrachtet werden, wenn es in konstitutioneller Hinsicht besser passt oder wenn Bothrops versagt.
Dosierung: *C30, zweimal täglich zur Vorbeugung;*
C200, alle 10 Minuten in der akuten Phase

Vipera
Vipera eignet sich am besten für schwerwiegende Fälle mit hochgradiger Hinterhandschwäche und krampfartigen Schmerzen. Falls nötig, kann dieses Mittel mit Bothrops lanceolatus kombiniert werden.
Dosierung: *C30, zweimal täglich zur Vorbeugung;*
C200, alle 10 Minuten in der akuten Phase

Secale
Eignet sich am besten für die Behandlung schwerer Fälle mit hochgradigen krampfartigen Muskelschmerzen. Das betroffene Bein fühlt sich aufgrund der Kreislaufbeeinträchtigung kalt an.
Dosierung: *C200, alle 15 Minuten in der akuten Phase*

Calcium fluoratum, Aceticum acidum und Thiosinaminum
Diese Kombination kann in späteren Stadien verwendet werden, um Ablagerungen in den Beckenarterien aufzulösen und die Zirkulation zu verbessern.
Dosierung: *Alle drei als Kombination einmal täglich in der C6 über mehrere Wochen*

Purpura haemorrhagica

Diese ernste, nicht-kontagiöse Erkrankung kann als Folgeerscheinung einer Infektion der oberen Atemwege auftreten. Die genaue Ursache ist unbekannt, aber es wird vermutet, dass es sich um eine immunologische Reaktion auf Streptokokken handelt, darunter auch Streptococcus equi, den Erreger der Druse. Die ersten Symptome unterschiedlichen Schweregrades treten plötzlich zwei bis vier Wochen nach einer Infektion auf. Die Hauptmerkmale sind ausgedehnte subkutane ödematöse und hämorrhagische Schwellungen, die aufgrund der Schädigung der Blutgefäße auftreten. Die betroffenen Pferde sind gedämpft, machen einen steifen Eindruck und bewegen sich nur widerwillig. Neben gut abgegrenzten Ödemen (v. a. am Körper, im Gesicht und Maulbereich, weniger an den oberen Gliedmaßen) treten auf den sichtbaren Schleimhäuten kleine Blutungen auf. Bei ausgedehnten Flüssigkeitsansammlungen kann es zu Schwierigkeiten bei der Futteraufnahme und Atmung kommen, und an den Beinen tritt möglicherweise Serum aus. Eine bakterielle Infektion kann die ganze Angelegenheit noch komplizieren.

Die Behandlung sollte mit konventionellen Medikamenten kombiniert werden, um die Überlebenschancen zu verbessern. Die Mittelwahl muss den Symptomen entsprechend erfolgen.

Mittel zur Behandlung von Ödemen

Apis
Ein wichtiges Mittel für das früheste Stadium, um die Ödeme und Schwellung unabhängig von ihrer Lokalisation zu reduzieren.
Dosierung: *C200, stündlich bis zur Besserung, danach dreimal täglich*

Bovista
Ein weiteres Mittel zur Verminderung von ödematösen Schwellungen, wenn große Bereiche betroffen sind. Passt auch, wenn auf den Schleimhäuten immer noch Blutungen sichtbar sind.

Dosierung: *C200, stündlich bis zur Besserung, danach dreimal täglich*

Medusa

Wird spezifisch bei hochgradigen Schwellungen im Gesicht und Maulbereich eingesetzt.
Dosierung: *C200, stündlich bis zur Besserung, danach dreimal täglich*

Mittel zur Behandlung von Blutungen und ihren Folgen

Phosphorus

Angezeigt, wenn die kleinen Blutungen auf den Schleimhäuten besonders hervorstechen.
Dosierung: *C200, dreimal täglich*

Sulphuricum acidum

Eine gute Alternative, v. a. wenn sich das Tier in einem noch stärker erschöpften oder geschwächten Zustand befindet.
Dosierung: *C30, dreimal täglich*

Crotalus horridus

Das Hauptmittel für diese Erkrankung. Es sollte verabreicht werden, sobald die Diagnose gestellt wurde, da das Arzneimittelbild sehr mit den Krankheitszeichen übereinstimmt, selbst wenn sich bereits sekundäre bakterielle Komplikationen eingestellt haben.
Dosierung: *C200, stündlich bis zur Besserung, danach dreimal täglich*

Andere Schlangenmittel sind ebenfalls hilfreich. **Lachesis C30** ist eine gute zweite Wahl, wenn die Reaktion auf Crotalus nicht wie erwartet ausfällt und die Symptome auf der linken Seite stärker ausgeprägt sind. Zudem ist der Halsbereich hochgradig geschwollen. **Bothrops lanceolatus C30** ist ebenfalls in Erwägung zu ziehen.

Arzneien zur Unterstützung der Genesung

Hamamelis

Unterstützt den Abbau von hämorrhagischen Schwellungen in späteren Stadien der Erkrankung.
Dosierung: *C30, zweimal täglich*

Arnica C30 ist ebenfalls hilfreich, v. a. wenn bakterielle Komplikationen vorliegen und aufgrund der Muskelschmerzen Bewegungsstörungen auftreten. Auch **Sulphuricum acidum C30** eignet sich zur Behandlung der Blutungsfolgen. Diese Mittel können *zweimal täglich* verabreicht werden.

Das lymphatische System

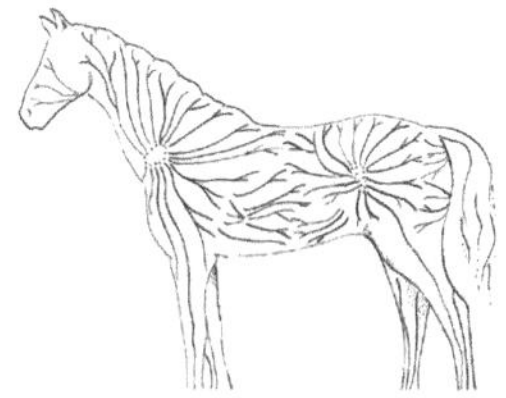

Das Lymphsystem ist ein komplexes Netzwerk aus feinen Gefäßen, die sich durch den ganzen Körper ziehen. Sie enthalten die Lymphflüssigkeit, auch Lymphe genannt, die langsam Richtung Herz zieht. Der Fluss wird durch natürliche Massage in Form von Muskel- und Sehnenkontraktionen unterstützt. Einige Gefäße enthalten Klappen, um den Rückfluss der Lymphe zu verhindern. An zahlreichen Stellen gibt es Lymphdrüsen, in denen die Flüssigkeit gefiltert wird und die einen Teil des Immunsystems bilden.

Das Lymphsystem soll dem Körper überschüssige Flüssigkeit entziehen, insbesondere den Gliedmaßen, sodass diese nicht anschwellen. Die Flüssigkeit umgibt die Körperzellen, und wenn der Fluss in das Lymphsystem blockiert ist, schwellen die Gewebe an und es kommt zur Bildung von Ödemen. Diese sind dadurch charakterisiert, dass sich auf Druck Dellen bilden.

Innerhalb des Körpers besteht ein fein austariertes Gleichgewicht zwischen der interzellulären Flüssigkeit, dem Blut und dem Lymphsystem. Jedes Ungleichgewicht führt zu Ödembildung. Faktoren, die einen Einfluss auf dieses Gleichgewicht haben, sind die Blutspiegel von Eiweiß, Natrium und Kalium sowie Toxine oder allergische Reaktionen, die die Permeabilität der Blutgefäßwände erhöhen (und zu übermäßigem Austritt von Flüssigkeit und Eiweiß führen). Weitere Einflussfaktoren sind der Grad der Arbeitsbelastung, begleitende Erkrankungen (v. a. Leber- und Herzprobleme und Erkrankungen wie Lymphangitis und Purpura haemorrhagica) sowie fehlerhafte Fütterung.

Angelaufene Beine

Diese treten sehr häufig bei Pferden auf (oft bei schweren Jagdpferden), die über Nacht aufgestallt werden. Hier handelt es sich eher um ein Haltungsproblem als eine echte Erkrankung. Prädisponierend wirken sich Überfütterung und mangelnde Bewegung aus, denn dadurch kommt es zu einer Störung des Eiweiß- und Elektrolythaushaltes im Blut. Die Beine schwellen an, da die überschüssige Flüssigkeit nicht entgegen der Schwerkraft abtransportiert wird, und normalerweise hervortretende Strukturen wie z. B. die Sehnen sind weniger deutlich abgegrenzt. Durch Bewegung verschwindet die Flüssigkeit normalerweise rasch. Bleibt der Zustand dennoch bestehen, suche man neben der Gabe von Arzneien nach der zugrunde liegenden Ursache. Bandagierung der Beine kann hilfreich sein.

Apis

Das wichtigste Mittel; es unterstützt die rasche Beseitigung von überschüssiger Flüssigkeit.
Dosierung: *C30 oder C200, zwei oder drei Gaben im Abstand von 30 Minuten, je nach Bedarf*

Arsenicum album

Kann als Konstitutionsmittel bei Vollblütern mit der Neigung zu diesem Zustand eingesetzt werden.
Dosierung: *C30 oder C200, zwei oder drei Gaben im Abstand von 30 Minuten, je nach Bedarf*

Verschwindet die Flüssigkeit nur langsam, ziehe man Herzmittel wie **Digitalis D6** oder **Strophanthus D6** in Erwägung.

Lymphangitis

Eine Entzündung der Lymphgefäße wird auch als Lymphangitis bezeichnet und entwickelt sich normalerweise als Folge einer Wundinfektion. Besonders auffällig ist die Schwellung der unteren Gliedmaßen, die oben am Bein beginnt und sich bis hinunter zum Kronsaum erstreckt. Dieser Zustand kann chronisch werden, sodass die Beine angeschwollen bleiben, im Gegensatz zu der oben beschriebenen Erscheinung. In hochgradigen Fällen kann sich die Entzündung auf das umgebende Gewebe ausbreiten; die Flüssigkeit sickert durch die Haut und es entwickeln sich wunde Stellen. Lymphangitis ist sehr schmerzhaft, sodass die Pferde es vermeiden, die betroffenen Gliedmaßen zu belasten.

Im Frühstadium ist **Aconitum** angezeigt (*4 Gaben der 1M im Abstand von 30 Minuten*), gefolgt von **Belladonna** (*1M, alle 30 Minuten*), wenn Fieber besteht und die Pulsfrequenz erhöht ist. Weitere Folgemittel sind:

Bothrops lanceolatus

Hilfreich, wenn die Symptome noch nicht zu weit fortgeschritten sind und die Schwellung nur geringgradig ist. Die Lymphgefäße des betroffenen Beines stehen deutlich hervor.
Dosierung: *C30, dreimal täglich, bis die Symptome verschwinden*

Apis

Das Mittel der Wahl, wenn es darum geht, Flüssigkeit auszuleiten; das Bein beginnt anzuschwellen und es kommt zur Ödembildung.
Dosierung: *C30, dreimal täglich, bis die Symptome verschwinden*

Bovista

Ein gutes Mittel, wenn Apis versagt oder wenn bereits Flüssigkeit durch die Haut sickert.
Dosierung: *C30, dreimal täglich, bis die Symptome verschwinden*

Bufo

Bufo ist ein Spezifikum für infektionsbedingte Lymphangitis. Die betroffenen Pferde sondern sich von der Herde ab. Es bestehen Schwierigkeiten bei der Bewegung mit stolperndem Gang. Man achte darauf, ob die Haut klebrige Flüssigkeit absondert.
Dosierung: *C200, dreimal täglich*

Crotalus horridus

Sehr schwerwiegende Fälle sollten auf Crotalus horridus ansprechen, wenn es neben hochgradiger Schwellung und massiver Störung des Allgemeinbefindens auch zu Aussickern von Flüssigkeit durch die Haut kommt. Die Haut über dem betroffenen Bereich ist verfärbt. Ein alternatives Mittel ist Lachesis, das sich ebenfalls als hilfreich erwiesen hat.
Dosierung: *C200, dreimal täglich, bis die Symptome verschwinden*

Manganum aceticum

Angezeigt, wenn auch das umgebende Gewebe betroffen ist und es zu sekundärer Zellulitis kommt. Man achte darauf, ob Flüssigkeit durch die infizierte und vereiterte Haut sickert.
Dosierung: *C30, dreimal täglich, bis die Symptome verschwinden*

Rhus toxicodendron

Eine Alternative zu Manganum aceticum bei der Behandlung der Zellulitis. Das Pferd ist steif, aber die Beschwerden werden durch Bewegung gelindert.
Dosierung: *C200, dreimal täglich, bis die Symptome verschwinden*

Sporadische Lymphangitis

Montagmorgen-Krankheit

Diese nicht-kontagiöse Form der Lymphangitis tritt normalerweise bei Pferden auf, die übermäßig gefüttert und mehrere Tage bei eingeschränkter Bewegung im Stall gehalten wurden. Sie entwickelt sich typischerweise bei Arbeitspferden, die über das Wochenende aufgestallt wurden. Die Lymphgefäße auf der Innenseite des Beines sind deutlich sichtbar, und das Bein ist heiß und geschwollen. Die Lymphknoten sind vergrößert. Das Pferd hört auf zu fressen und zeigt großen Durst; gleichzeitig bricht an einigen Stellen Schweiß aus. Verstopfung ist ebenfalls ein häufiges Zeichen. Man achte auf kleine Wunden und Geschwüre an dem betroffenen Bein, da sie mögliche Eintrittspforten für eine Infektion darstellen.

Im frühesten Stadium ziehe man **Aconitum** und **Belladonna** in Betracht, und später, wenn die akuten Symptome nachgelassen haben, **Apis** oder **Bovista**, sofern die Symptome passen. Das wichtigste Mittel für die Zwischenzeit ist:

Bryonia

Man gebe Bryonia nach Aconitum bzw. Belladonna. Symptome, die zu dieser Arznei passen, sind heiße und geschwollene Gliedmaßen, vermehrter Durst, Verstopfung und Abneigung gegen Bewegung. Reizbarkeit kann ebenfalls kennzeichnend sein.
Dosierung: *C200, dreimal täglich, bis die Symptome verschwinden*

Ulzerative Lymphangitis

Diese geringgradig ansteckende Form der Lymphangitis wird durch eine Vielzahl von Bakterien verursacht, darunter auch *Corynebacterium pseudotuberculosis*, Streptokokken und Staphylokokken. Sie tritt am häufigsten bei Pferden auf, die unter schlechten, unhygienischen Bedingungen oder bei zu hoher Besatzdichte gehalten werden. Sie entwickelt sich im Anschluss an eine Verletzung der Fessel oder Mauke. Die ersten Anzeichen sind Schwellung und Schmerzen im Bereich der Fessel- oder Krongelenke. Darauf entwickeln sich v. a. im Fesselgelenkbereich Knötchen im Gewebe, die dem Verlauf der Lymphgefäße folgen. Sie können recht groß werden und schließlich platzen und cremigen, grünen Eiter freisetzen. An den betroffenen Stellen kommt es zur Geschwürbildung. Die regionalen Lymphgefäße werden größer und dicker und ulzerieren. Die betroffenen Bereiche heilen langsam ab, aber über einen Zeitraum von mehreren Monaten können weitere Knötchen und Geschwüre auftreten.

Zusätzlich zu der von Ihnen gewählten Arznei kann auch die Nosode des entsprechenden Bakteriums verabreicht werden.
Dosierung: *C30, zweimal täglich über fünf Tage*

Arnica

Wird sofort nach der Diagnosestellung gegeben, um den Verlauf der Krankheit abzukürzen, bevor die Knötchen aufbrechen und Eiter absondern.
Dosierung: *C200, dreimal täglich*

Mercurius solubilis

Das Hauptmittel, wenn die Knötchen bereits aufgeplatzt sind und grünen Eiter absondern, oder wenn tiefe, zerklüftete Geschwüre bestehen, die bei Berührung leicht bluten.
Dosierung: *C30, dreimal täglich*

Anthracinum

Hilfreich, wenn auf Mercurius solubilis keine Reaktion erfolgt, oder wenn immer wieder Scharen von Knötchen mit der entsprechenden Absonderung auftreten.
Dosierung: *C30, zweimal täglich*

Hepar sulphuris

Ebenfalls nützlich, wenn die Knötchen aufgeplatzt und ulzeriert sind und die Absonderung faulig und stinkend ist. Die betroffenen Stellen sind äußerst schmerzhaft und berührungsempfindlich, wodurch sich dieses Mittel deutlich von anderen unterscheidet. Hepar sulphuris ist auch in den Frühstadien hilfreich, bevor die Infektion zu einer Eiterung der Drüsen führt, sofern der betroffene Bereich bereits auf die geringste Berührung empfindlich reagiert.
Dosierung: *C200, dreimal täglich*

Weitere nützliche Mittel sind **Muriaticum acidum C30** zur Unterstützung der Abheilung von Gliedmaßengeschwüren, **Kalium iodatum C30**, damit keine weiteren Knötchen erscheinen, und **Silicea C30** zur Beseitigung von Narbengewebe und Öffnung der Lymphgefäße, wenn der Zustand chronifiziert ist.

Lymphadenitis

Eine Entzündung der Lymphknoten wird als Lymphadenitis bezeichnet. Sie tritt infolge einer Infektion (z. B. Druse) oder einer Lymphangitis auf. Die vergrößerten Lymphknoten sind in der akuten Phase schmerzhaft und können leicht ertastet werden. Sind sie chronisch vergrößert, werden sie oft wieder kleiner und schmerzlos. Die geschwollenen Drüsen können den Abfluss der Lymphflüssigkeit behindern und damit lokale Schwellungen hervorrufen. Im Frühstadium der Infektion können **Aconitum** und **Belladonna** hilfreich sein; bei Schwellung und vermehrter Wärme denke man an **Apis**. In seltenen Fällen können die Lymphknoten kanzerös sein und größer als normal werden.

Hepar sulphuris

Ein weiteres Mittel bei akuten Entzündungen und Infektionen der Lymphknoten. Die Drüsen sind sehr berührungsempfindlich. Das Pferd kann reizbar sein.
Dosierung: *C200, zweimal täglich*

Mercurius solubilis

Quecksilber greift das Lymphsystem an und wird homöopathisch eingesetzt, um Probleme wie akute Lymphadenitis zu behandeln, wenn die Drüsen entzündet sind und das Pferd einen geschwächten Eindruck macht und leicht schwitzt.
Dosierung: *C200, dreimal täglich, bis die Symptome verschwinden*

Phytolacca

Ein wichtiges grundlegendes Mittel für weniger akute Fälle mit Vergrößerung, Entzündung, Berührungsempfindlichkeit und vermehrter Wärme der Drüsen. Phytolacca ist besonders nützlich, wenn die Halsdrüsen betroffen sind und die Beschwerden sich auf den gesamten Halsbereich ausbreiten, sodass es zu Steifigkeit kommt.
Dosierung: *C30, dreimal täglich*

Silicea

Eine chronische Vergrößerung der Lymphknoten spricht oft gut auf Silicea an. Es wirkt am besten, wenn die Drüsen schmerzlos und induriert oder verhärtet sind.
Dosierung: *C30, zweimal täglich*

Calcium fluoratum

Wie Silicea eignet sich dieses Mittel für die Behandlung von chronisch vergrößerten Drüsen. Es wirkt am besten, wenn diese extrem hart und unnachgiebig sind.
Dosierung: *C30, zweimal täglich*

Andere Mittel, die *zweimal täglich* verabreicht werden können, sind **Barium muriaticum** oder **Barium carbonicum C30** bei chronischer Vergrößerung der Lymphknoten im Halsbereich älterer Tiere, **Calcium carbonicum C30**, wenn der Konstitutionstyp passt (schwere, langsame Pferde) und die Halsdrüsen vergrößert sind, und **Iodium C30**, wenn die Drüsenvergrößerung mit Abmagerung einhergeht. **Scrophularia C6, Conium C6** und **Cistus canadensis C6** sind angezeigt, wenn die Drüsen verhärtet, chronisch vergrößert und möglicherweise kanzerös sind.

Das Verdauungssystem

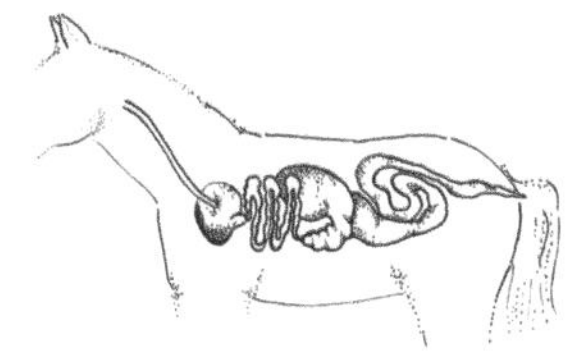

Dieses Kapitel deckt den gesamten Verdauungsapparat einschließlich Maul, Speicheldrüsen, Zähne, Magen, Dünn- und Dickdarm ab und behandelt wichtige Erkrankungen wie z. B. Koliken und Durchfall.

Die Maulhöhle

Die Zähne

Abszesse

Echte Zahnerkrankungen treten bei Pferden nur selten auf, obwohl es in seltenen Fällen passieren kann, dass sich Zahnwurzeln infizieren und abszedieren. Zeichen, auf die man achten sollte, sind Schwellungen auf einer Seite des Gesichts oder eine nässende Wunde im Bereich des Unterkiefers. Manchmal tritt auch Nasenausfluss auf. Es ist unabdingbar, dass Sie Ihren Tierarzt hinzuziehen, allerdings können Sie in der Zwischenzeit schon die nachfolgend aufgeführten Mittel einsetzen:

Hepar sulphuris C200, wenn der betroffene Bereich oder Zahn schmerzhaft und empfindlich ist.

Mercurius solubilis C200, wenn der Zahn verfault oder beschädigt ist.

Silicea C200 in chronischen Fällen, wenn kaum oder gar keine Schmerzen bestehen.

Fluoricum acidum C30, wenn sich eine hartnäckige Fistel oder ein Hohlraum entwickelt.

Dosierung: *Zweimal täglich*

Zahnextraktion

Diese ist meistens bei den Wolfszähnen angezeigt, den ersten Prämolaren mit kurzen Wurzeln. Sie können Bissprobleme verursachen und lassen sich oft leicht entfernen. Die Extraktion von Backenzähnen ist meist schwieriger und erfolgt unter Narkose. Hilfreiche Mittel sind:

Arnica
Hilft gegen die Quetschung und reduziert Gewebeschäden und Blutungen.
Dosierung: *C200, zweimal täglich, beginnend am Tag vor dem Eingriff und fünf weitere Tage lang danach*

Phosphorus
Bringt die Blutung zum Stillstand, nachdem der Zahn gezogen wurde, wenn das Blut hellrot ist.
Dosierung: *C30, dreimal täglich*

Lachesis
Hilfreich, wenn beständig dunkles Blut aussickert oder wenn es nach dem Eingriff zu einer Infektion der Zahnfächer gekommen ist.
Dosierung: *C30, dreimal täglich*

Calendula
Bei langsam heilenden Wunden nach Eingriffen an den Zähnen.
Dosierung: *C6, dreimal täglich*

Hypericum
Bei Schmerzen. Kann in allen Fällen routinemäßig eingesetzt werden.
Dosierung: *C30, dreimal täglich*

Fazialisparese

Siehe Seite 244

Stomatitis und Ulzeration der Maulhöhle Geschwüre der Maulschleimhaut

Eine Stomatitis ist eine Entzündung der Maulschleimhaut, die durch eine Infektion, ein Trauma oder die Aufnahme von Giftstoffen mit anschließender Geschwürbildung verursacht wird. Geschwüre der Maulschleimhaut weisen im Allgemeinen auf einen schlechten Gesundheitszustand und ein geschwächtes Immunsystem hin. Beim Pferd tritt eine Stomatitis nicht sehr häufig auf. In Nord- und Südamerika gibt es bei Pferden die viral bedingte Vesikuläre Stomatitis. Bei dieser Erkrankung handelt es sich um eine anzeigepflichtige Tierseuche. Siehe Seite 303.

Die folgenden Mittel können in der *C30, dreimal täglich,* gegeben werden, um Geschwüre der Maulschleimhaut zur Abheilung zu bringen:

Mercurius solubilis

Bei wunder Maulschleimhaut mit Herauströpfeln von klebrigem, dickem Speichel.

Mercurius cyanatus

Angezeigt, wenn die Maulschleimhaut geschwürig und intensiv gerötet und wund ist.

Kalium chloratum

In sehr schweren Fällen, wenn die gesamte Maulschleimhaut von starker Rötung, dunkel erscheinenden Geschwüren und Speichelfluss betroffen ist. Am besten geeignet für Stomatitis infolge von Toxinen oder Giftstoffen.

Rhus toxicodendron

Wenn die Zunge betroffen ist und die Maulwinkel ulzeriert oder rissig sind.

Nitricum acidum

Hilfreich bei wunden, geschwürigen Stellen am Gaumendach oder an den Haut-Schleimhaut-Übergängen von Maul und Lippen.

Nux vomica

Wenn viele kleine, ulzerierte Stellen vorliegen.

Borax

Für kleine, ulzerierte Stellen, wenn das Tier sehr geräuschempfindlich und schreckhaft ist.

Syphilinum

In hartnäckigen Fällen oder solchen, die nicht auf die Behandlung ansprechen.

Risse und wunde Stellen im Maulbereich

Erkrankungen der Maulhöhle können auch auf die angrenzende Haut und die Lippen übergreifen. Traumen, Infektionen oder eine schlecht sitzende Trense können ebenfalls zu Entzündungen und Beschwerden führen. Die folgenden Mittel sind oftmals hilfreich und können in der *C30, zweimal täglich, eingesetzt werden, bis die Symptome verschwinden.*

Natrium muriaticum bei kleinen Bläschen im Maulbereich oder rissigen, geschwürigen und trockenen Maulwinkeln.

Graphites bei wunden, nässenden, klebrigen Stellen oder schuppigen Krusten.

Nitricum acidum bei wunden, leicht blutenden Stellen am Übergang von der Maulschleimhaut zu den Lippen.

Rhus toxicodendron bei Geschwüren an den Maulwinkeln oder wunden Stellen im Kinnbereich.

Kreosotum bei wunden Stellen, die nässen und die Haut wund machen.

Mercurius solubilis ist hilfreich bei grünen, klebrigen, infizierten Stellen, die übel riechen.

Petroleum bei trockener, rauer und rissiger Haut. Man findet auch dicke, harte, grünliche Borken. Der Bereich um die Nüstern kann ebenfalls betroffen sein.

Die Speicheldrüsen

Auf beiden Seiten des Gesichts sind drei paarige Speicheldrüsen angeordnet. Die wichtigsten sind dabei die Parotisdrüsen, die im Bereich zwischen dem Kieferwinkel und dem Ohrgrund liegen.

Parotitis

Eine Entzündung der Parotisdrüsen tritt oft bei Tieren auf, die auf der Weide gehalten werden; man nimmt an, dass es sich um ein allergisches Geschehen handelt. Die betroffenen Tiere sehen aus, als hätten sie Mumps. Eine Parotitis verschwindet von selbst, wenn das Tier aufgestallt wird, allerdings können homöopathische Mittel die Genesungszeit verkürzen.

Pulsatilla

Im akuten Anfangsstadium, sobald die Erkrankung diagnostiziert ist.
Dosierung: *C200, zweimal täglich, bis die Beschwerden nachlassen*

Cistus canadensis

Allgemein hilfreich, wenn die Genesung nur langsam voranschreitet und die Drüsen sich hart anfühlen.
Dosierung: *C30, zweimal täglich*

Parotitis

Erkrankungen wie Druse oder auch Traumen können ebenfalls zu heftigen Entzündungen der Parotisdrüsen führen, die auch als Parotitis bezeichnet werden. Oft ist nur eine Drüse betroffen, die hart und schmerzhaft wird und anschwillt. Im Anfangsstadium ist **Belladonna** ein hilfreiches Mittel (*C30, stündlich gegeben*), wenn Fieber besteht. Darauf folgt eines der unten genannten Mittel. In späteren Stadien kann die Drüse selbst nach erfolgreicher Behandlung verhärtet bleiben. Man denke hier an Mittel wie **Bromium, Calcium fluoratum** oder **Silicea** (*C6, zweimal täglich über mehrere Wochen*).

Mercurius solubilis

Angezeigt, wenn die Drüse auf der rechten Seite betroffen ist. Der gesamte Bereich um die Drüse herum einschließlich des Halses ist berührungsempfindlich. Das Pferd schluckt häufig. Die Symptome sind nachts schlimmer.
Dosierung: *C30, dreimal täglich*

Rhus toxicodendron

Ein gutes grundlegendes Mittel, aber v. a. geeignet, wenn die Drüse auf der linken Seite erkrankt ist. Auch hier ist der betroffene Bereich berührungsempfindlich. Man achte auf Schwierigkeiten beim Öffnen des Maules und Symptome, die sich zum Auge hin erstrecken.
Dosierung: *C200, dreimal täglich*

Phytolacca

Ein gutes allgemeines Mittel der zweiten Wahl, wenn die Parotis entzündet, heiß und geschwollen ist. Man achte auf übermäßigen Tränenfluss aus dem gleichseitigen Auge als nützlichen Hinweis.
Dosierung: *C200, dreimal täglich*

Lachesis

Lachesis eignet sich am besten für schwerwiegende, septische Infektionen mit erheblichen Schmerzen im Drüsenbereich. Berührung wird abgelehnt.
Dosierung: *C200, dreimal täglich*

Ranula

Diese zystenartige Schwellung unterhalb der Zunge kann sich aufgrund einer Verlegung der Speichelgänge entwickeln. Sie spricht oft gut auf eine homöopathische Behandlung an. Man gebe die gewählte Arznei in der *C30, dreimal täglich zehn Tage lang.*

Thuja ist das Hauptmittel.

Calcium carbonicum bei schwerer gebauten Pferden.

Ambra grisea bei nervösen, scheuen Pferden, die sich bei der Untersuchung schnell aufregen.

Der Rachen oder innere Hals

Der Pharynx ist der hintere Bereich der Maulhöhle. Er wird in zwei Teile unterteilt: den Oropharynx, der hinter der Zunge in die Speiseröhre führt, und den Nasopharynx, der in die Luftröhre mündet.

Pharyngitis

Eine Entzündung des Pharynx wird als Pharyngitis bezeichnet. Die Ursache ist normalerweise eine Infektion, beispielsweise mit Druse oder viralen Erregern. Die Symptome umfassen anfängliches Fieber und Lethargie, gefolgt von Schwierigkeiten beim Fressen und Schlucken. Die Halslymphknoten schwellen an und können zu einer Verengung des Rachens führen. **Aconitum** und **Belladonna** sind hilfreiche Mittel für das frühe akute Stadium.
Dosierung: *1M, alle 30 Minuten, vier oder fünf Gaben*

Ferrum phosphoricum
Eine gute Alternative zu Belladonna oder Aconitum. Es eignet sich am besten für die frühen Stadien, bevor deutliche Symptome auftreten. Indikationen für dieses Mittel sind Fieber ohne die Angst, die für Aconitum typisch ist, und ohne die Intensität von Belladonna.
Dosierung: *C30, alle 30 Minuten, vier oder fünf Gaben*

Apis
Angezeigt, wenn der Hals so geschwollen und zusammengeschnürt ist, dass Atembeschwerden auftreten. Das Pferd weigert sich zu trinken und zeigt, wenn es aufgestallt ist, Verlangen nach frischer Luft.
Dosierung: *C200, dreimal täglich*

Phytolacca
Eignet sich am besten für spätere oder chronische Stadien. Man achte auf vergrößerte Lymphknoten im Halsbereich und Schwierigkeiten beim Schlucken und Drehen des Kopfes.
Dosierung: *C30, dreimal täglich*

Lachesis
Lachesis wirkt am besten bei schweren Infektionen, wenn die Symptome auf der linken Seite beginnen. Der Hals ist extrem schmerzhaft und die geringste Berührung ruft Abwehr hervor.
Dosierung: *C200, dreimal täglich*

Mercurius solubilis
Es gibt Symptome, in denen sich dieses Mittel von anderen unterscheidet, und zwar ständiges Schlucken, vermehrter Speichelfluss, Schwitzen und Geschwüre im Hals. Vielleicht bemerkt man auch einen üblen Geruch aus dem Maul.
Dosierung: *C200, dreimal täglich*

Lac caninum
Ein weiteres Mittel, wenn der Hals berührungsempfindlich und das Schlucken erschwert ist. Der Hals ist steif und es bestehen Schwierigkeiten beim Bewegen der Zunge. Es kann auch leichter Husten auftreten, der mit den Beschwerden im Halsbereich in Zusammenhang steht.
Dosierung: *C200, dreimal täglich*

Weitere hilfreiche Mittel sind **Nux vomica C30** bei Niesen, Verlangen nach Wärme und Reizbarkeit, **Lycopodium C30** bei Symptomen, die sich auf die rechte Halsseite beschränken, und **Dulcamara C30**, wenn die Probleme nach Aufenthalt in feuchtkaltem Wetter beginnen.
Dosierung: *Dreimal täglich*

Obstruktion und Dilatation (Erweiterung) des Ösophagus (Würgen)

Eine Verlegung der Speiseröhre mit Futter zwingt das Pferd dazu, mit ausgestrecktem Hals zu stehen, während ihm Futter und Speichel aus dem Maul rinnen. Durch wiederholte Verlegungen kann es zu einer Erweiterung des Ösophagus und der Prädisposition für weitere Episoden kommen. Die nachfolgenden Mittel können vorbeugend bei Pferden eingesetzt werden, die zu solchen Vorfällen neigen: Entweder **Cajuputum, Cundurango, Asa foetida, Barium carbonicum, Alumina** oder **Baptisia** in der *D6, zweimal täglich über einen langen Zeitraum*. Man denke daran, **Aconitum 1M** zu verabreichen, wenn die Speiseröhre verlegt ist, um das Pferd in einer solchen Situation zu beruhigen.

Der Magen

Magengeschwüre

Diese Erkrankung der Pferde hat v. a. in jüngster Zeit an Bekanntheit gewonnen. Sie spiegelt die Veränderungen wider, die im Bereich der Fütterung stattgefunden haben, und den Stress, dem die Tiere zunehmend ausgesetzt sind. Magengeschwüre treten bevorzugt bei Pferden auf, die einem hohen Trainingsstress unterliegen. Die Beseitigung der Stressfaktoren führt immer zu einer Erholung. Die meisten Pferde, die an Magengeschwüren leiden, zeigen keine Symptome. Liegen jedoch Symptome vor, so umfassen diese Verschlechterung des Allgemeinbefindens, Gewichtsverlust, Anämie, niedrige Bluteiweißspiegel, milde Koliksymptome und Schwitzen nach der Fütterung.

Besteht der Verdacht auf ein Magengeschwür, sollten die nachfolgend aufgeführten Mittel die Genesung unterstützen. Man versuche, die Arznei mit dem psychologischen Profil des Pferdes in Deckung zu bringen, da die Konstitution oft ausschlaggebend für die Erkrankung ist.

Lycopodium

Wird möglichst auf konstitutioneller Grundlage eingesetzt. Am besten sprechen Pferde darauf an, die intelligent sind und sehr empfindlich auf Stress und Veränderungen in der täglichen Routine reagieren. Sollen sie Leistung erbringen, zeigen sie vorher oft Erwartungsangst, geben aber stets ihr Bestes. Sie neigen zu Verdauungsbeschwerden und Flatulenz. Die Symptome verschlimmern sich immer zwischen 16 und 20 Uhr.
Dosierung: *C30, zweimal täglich, zwei Wochen lang; anschließend bei Bedarf höhere Potenzen*

Argentum nitricum

Dieses Mittel passt zu angespannten Pferden, die zeitweilig zu Panik neigen. Sie hassen es, eingeengt zu sein und lassen sich nur unter Schwierigkeiten verladen. Ihre Bewegungen sind oft schnell und hastig. Erwartungsangst ist ein weiteres Merkmal und kann Durchfall oder Flatulenz auslösen. Milde Kolikanfälle gehen ebenfalls oft mit Gasbildung einher.
Dosierung: *C30, zweimal täglich, zwei Wochen lang*

Dysentery Co.

Diese Darmnosode ist ein weiteres Mittel bei Erwartungsangst und steht mit der Entwicklung von Geschwüren in Zusammenhang. Es passt zu angespannten, nervösen Pferden, die eher scheu, ängstlich, wenig selbstbewusst und dennoch sehr gewissenhaft sind. Die Anspannung führt unweigerlich zu Darmproblemen wie z. B. allgemeinen Verdauungsstörungen und Durchfall vor einem Turnier.
Dosierung: *C30, einmal täglich, sieben Tage lang*

Arsenicum album

Dieses Mittel passt am besten zu dem verfeinerten Vollblüter, bei dem die latente Anspannung den Magen angreift und zu Geschwürbildung führt. Koliksymptome treten kurz nach der Fütterung auf, das Pferd wird unruhig und wandert in der Box auf und ab. Es besteht vermehrter Durst, aber es werden immer nur kleine Mengen auf einmal getrunken.
Dosierung: *C30, zweimal täglich, zwei Wochen lang*

Nux vomica

Angespannte, schlanke, reizbare und impulsive Pferde sprechen oft auf Nux vomica an. Dieser Pferdetyp ist gewöhnlich sehr präzise und akkurat und strebt nach Perfektion. Tiere mit diesem Charakter sind gewöhnlich Hengste oder Wallache und haben oft eine Vorgeschichte von rezidivierenden Verdauungsproblemen. Die Symptome des Magengeschwürs treten meist einige Zeit nach der Fütterung auf; die Bauchwände sind angespannt und es tritt plötzlicher Drang zum Kotabsatz auf.
Dosierung: *C30, zweimal täglich, zwei Wochen lang*

Anacardium

Anacardium passt zu ängstlichen, misstrauischen Pferden, die zu Faulheit neigen und gelegentlich unschöne Charakterseiten zeigen. Im Gegensatz zu anderen Mitteln lindert die Futteraufnahme alle Koliksymptome. Das Futter wird, verglichen mit anderen Pferden, in der Regel sehr schnell aufgenommen.
Dosierung: *C30, zweimal täglich, zwei Wochen lang*

Phosphorus

Empfindsame, liebevolle Pferde sprechen gut auf dieses Mittel an, v. a. diejenigen, die bei plötzlichen Geräuschen auffahren. Ein Leitsymptom von Phosphorus ist vermehrter Durst.
Dosierung: *C30, zweimal täglich, zwei Wochen lang*

Findet man keinen konstitutionellen Ansatz, erweisen sich die folgenden Mittel oftmals als hilfreich; sie sollten in der *C30, zweimal täglich, ca. zehn Tage lang*, gegeben werden:

Hydrastis als spezifisches Mittel bei Magengeschwüren, **Ornithogalum umbellatum** als allgemeines Mittel bei lang dauernden Problemen, wenn Schmerzen und Gasbildung bestehen, und **Kalium bichromicum**, wenn Durst fehlt. Das letztgenannte Mittel eignet sich auch für chronische Fälle. **Atropinum** kann ebenfalls bei Magengeschwüren eingesetzt werden, wenn die Pferde phasenweise ein erregtes oder manisches Verhalten zeigen.

Der Dünn- und Dickdarm

Kolik

Es gibt nur wenige Pferdebesitzer, die die Symptome und möglichen Komplikationen einer Kolik nicht kennen. Sobald entsprechende Symptome bemerkt werden, sollte umgehend der Tierarzt gerufen werden, selbst wenn sie noch so geringfügig erscheinen. Homöopathische Mittel können eine große Hilfe sein, sollten aber immer als Erste-Hilfe-Maßnahme angesehen werden, während man auf Hilfe wartet.

Kolik ist ein allgemeiner Ausdruck für Schmerzen im Bereich des Abdomens und stellt keine Diagnose oder spezifische Erkrankung dar. Nicht alle Koliksymptome rühren vom Verdauungsapparat her. So können beispielsweise auch Ovarialschmerzen bei Stuten kolikartige Symptome hervorrufen. Eine Zystitis kann ebenfalls mit abdominellen Schmerzen einhergehen.

Koliken mit Ursprung im Verdauungstrakt können in verschiedene Gruppen eingeteilt werden. Man versuche, alle Symptome zu erfassen und sie dann möglichst mit den nachfolgend aufgeführten Mitteln in Deckung zu bringen. Diese haben alle Leitsymptome, die das Auffinden einer passenden Arznei erleichtern.

Aconitum (*1M, alle 15 Minuten*) oder **Bachblüten Rescue Remedy** (*vier oder fünf Tropfen alle 15 Minuten*) kann sehr hilfreich sein, um ein Pferd im Frühstadium eines Kolikanfalls zu beruhigen.

Krampfkolik

Diese Kolikform tritt bei weitem am häufigsten auf; sie wird durch Hypermotilität oder Spasmen der

Darmwandmuskulatur verursacht. Der häufigste Grund dafür ist eine Schädigung der Darmwand durch wandernde Parasitenlarven. Dies betrifft v. a. Pferde, die nicht entsprechend entwurmt wurden. Seltenere Auslöser sind Verhaltensprobleme (Kolik durch Aufregung, Stress oder Angst), unzureichende körperliche Aktivität oder Umweltfaktoren (z. B. Unterkühlung) sowie ernährungsbedingte Fehler wie z. B. Füttern oder Tränken unmittelbar nach einem anstrengenden Training.

Man achte auf Symptome wie Schwitzen, erhöhte Pulsfrequenz (bis zu 70 pro Minute), Hinlegen, Wälzen und Umschauen zur Flanke, Treten gegen den Bauch und in schwereren Fällen Niederwerfen. Es wird nur wenig Kot abgesetzt. Die Darmgeräusche sind laut und blubbernd, können aber auch ganz fehlen. Die Symptome kommen und gehen rasch; sie können in einer Minute sehr heftig und in der nächsten schon wieder abgeklungen sein.

Anschoppungs- oder Verstopfungskolik

Eine Anschoppung des Darmes tritt am häufigsten in einem relativ engen Bereich des Dickdarmes auf, und zwar in der Beckenflexur. Ältere Pferde neigen eher zu dieser Kolikform, da ihre Zähne schon so abgenutzt sein können, dass sie das Futter nicht mehr ausreichend zerkleinern können. Ansonsten liegt die Ursache in den meisten Fällen in der Fütterung. Die Aufnahme von Gras in schlechter Qualität und großen Mengen bzw. von Stroheinstreu oder anderen unverdaulichen Stoffen stellt die häufigste Ursache dar. Eine Anschoppung kann in selteneren Fällen auch auf die Aufnahme von Sand zurückzuführen sein, der im Darm verklumpt und sogenannte Sandsteine bildet.

Die Symptome sind weniger dramatisch als bei einer Krampfkolik, da sie sich allmählich entwickeln und die Schmerzen weniger ausgeprägt sind; sie können über mehrere Tage anhalten. Die betroffenen Pferde machen einen kranken Eindruck und legen sich hin; Bewegung bereitet ihnen offensichtlich Unbehagen. Manche Pferde wälzen sich und schauen sich zur Flanke um. Die Darmgeräusche sind minimal oder fehlen ganz, und der Appetit ist schlecht. Die Pulsfrequenz ist mäßig erhöht und liegt zwischen 40 und 50 pro Minute. Kot wird abgesetzt, allerdings meist nur in geringen Mengen, und ist trocken oder hart.

Blähungskolik und tympanische Kolik

Mildere Ausprägungen dieser Kolikform sind auf die Fermentation von Futter im Darm und dadurch bedingte Gasentwicklung im Magen oder Darm zurückzuführen. Zu den Ursachen zählen die Aufnahme von ungeeignetem Futter wie z. B. Grasschnitt oder Äpfeln oder auch plötzliche Änderungen in der Kraftfutterzufuhr. Im Gegensatz zu der Krampfkolik sind hier die Schmerzen dauerhaft. Die Pulsfrequenz kann bis auf 80 pro Minute steigen. Die Darmgeräusche sind vermindert und die Gedärme erweitert.

Schwere Formen einer tympanischen Kolik (die oftmals operiert werden müssen) können infolge einer akuten Obstruktion des Dünn- oder Dickdarmes auftreten. Auch andere ernsthafte Probleme wie Darmverschlingung (auch als Volvulus bekannt) oder Intussuszeption (bei der sich der Darm in sich selbst einstülpt) können zu schweren Koliken führen. Es treten heftige und anhaltende abdominelle Schmerzen auf, und das Pferd wälzt sich herum und schwitzt stark. Darmgeräusche fehlen und der Darm wird allmählich durch Gas aufgetrieben. Die Pulsfrequenz ist stark erhöht (zwischen 80 und 100 pro Minute) und die Schleimhäute erscheinen dunkel, da das Pferd in einen toxämischen Zustand gerät. In späteren Stadien füllt sich der Magen mit Flüssigkeit und das Pferd regurgitiert womöglich etwas davon durch die Nase.

Thromboembolische Kolik

Diese Kolikform entsteht durch partielle oder komplette Unterbrechung der Blutzufuhr zu einem Teil des Darmes. Die zugrunde liegende Ursache liegt in der Bildung von Thromboembolie im Rahmen einer wurmbedingten Arteriitis und ist die Folge eines unzureichenden Entwurmungsregimes (siehe auch das Kapitel Blut und Blutgefäße Seite 91). Die Symptome sind in Abhängigkeit vom Ausmaß der Verlegung sehr unterschiedlich; sie reichen von milden Krampfkoliken (siehe oben) bis hin zum vollständigen Absterben des betroffenen Darmabschnittes mit nachfolgender Ruptur und Tod des Pferdes.

Die wichtigsten Kolikmittel

Nachfolgend sind die wichtigsten und am häufigsten verschriebenen Mittel aufgeführt. Die Dosierung hängt vom Schweregrad der Symptome ab:

Milde Symptome: *C30, alle 30–60 Minuten*

Schwere Symptome: *C200, alle 10 Minuten*

Man beachte, dass diese Mittel nur als Hilfsmittel dienen, um die Zeit zu überbrücken, bis fachmännische Hilfe eintrifft.

Belladonna

Leitsymptome: Schwere bis heftige Kolik, hochgradige Schmerzen

Man achte auf reichlichen Schweiß und hohe Pulsfrequenz (mehr als 80 pro Minute). Das Abdomen erscheint aufgetrieben und ist berührungsempfindlich. Die Schleimhäute sind tiefrot. Das Pferd zeigt Schmerzen und kann bei Annäherung ausschlagen.

Rhus toxicodendron oder Dulcamara

Leitsymptome: Nach Durchnässung oder Unterkühlung

Milde Koliksymptome, die sich bei Bewegung bessern und in Ruhe verschlimmern. Man achte auf laute Darmgeräusche und Gasansammlung im Darm. Diese Symptome lassen nach, wenn sich das Pferd bewegt. Wärme lindert ebenfalls.

Nux vomica

Leitsymptome: Kolik durch Überfressen, Futterwechsel, kaltes Wetter, Anschoppung, Verstopfung

Ein gutes grundsätzliches Mittel bei Krampf-, Blähungs- und Anschoppungskoliken. Passt zu gierigen Tieren. Man achte auf Reizbarkeit, einen angespannten, ängstlichen Ausdruck oder extreme Empfindlichkeit. Die Symptome treten nach der Fütterung auf und gehen oft mit einer gewissen Gasbildung einher. Der Kot ist trocken und wird nur unter Schwierigkeiten und in kleinen Mengen abgesetzt. Pressen ist ein häufiges Merkmal. Die Symptome bessern sich durch Ruhe und verschlimmern sich bei Bewegung.

Colocynthis

Leitsymptome: Krampfkolik, Kolik nach Wassertrinken

Eines der wichtigsten Kolikmittel, das die Intensität der Spasmen vermindert. Die Symptome werden durch Aufkrümmen des Rückens oder festen Druck gegen die Stallwand gelindert.

Dioscorea

Leitsymptome: Blähungskolik mit Besserung durch Strecken

Dioscorea ist angezeigt, wenn sich die Symptome durch Ausstrecken bessern. Dies steht im Gegensatz zu Colocynthis, wo die Symptome durch Zusammenkrümmen und Anziehen der Beine gelindert werden. Es treten laut vernehmliche, rumpelnde Darmgeräusche auf und es gehen große Mengen Gas ab.

Magnesium phosphoricum

Leitsymptome: Blähungskolik, tympanische Kolik

Das Pferd zeigt Unbehagen durch die Gasansammlung in den Gedärmen; die Symptome werden durch Zusammenkrümmen und Anziehen der Beine gelindert. Der Abgang von Gas scheint keine Besserung zu bewirken, aber langsames Herumgehen vermindert die Heftigkeit der Beschwerden.

Lycopodium

Leitsymptome: Blähungskolik durch Fermentation des Futters, Kolik durch Erwartungsangst bei einem bevorstehenden Ereignis.

Die Symptome treten nach der Fütterung, v. a. nach Überfressen auf, wenn das Futter zu gären beginnt. Gasbildung führt zu Unbehagen und Anspannung des Abdomens, sodass Berührung abgelehnt wird. Es wird nur wenig Kot abgesetzt. Typischerweise verschlimmern sich die Koliksymptome zwischen 16 und 20 Uhr; durch langsames Herumführen werden sie gelindert. Auch der Absatz von Gas bessert die Symptome.

Chamomilla

Leitsymptome: Kolik mit Zorn, Ungeduld oder Reizbarkeit, Blähungskolik

Pferde, die Chamomilla brauchen, sind reizbar und schwierig im Umgang. Sie sind auch sehr lautstark und wiehern unaufhörlich. Chamomilla wirkt am besten bei leichten Blähungskoliken, die mit den charakteristischen Verhaltenssymptomen einhergehen.

Colchicum

Leitsymptome: Tympanische Kolik mit hochgradiger Auftreibung

Dieses Mittel ist angezeigt, wenn das Kolon so stark durch Gas aufgetrieben ist, dass sich das Pferd nur noch unter großen Schmerzen bewegen kann. Die Darmgeräusche sind extrem laut.

Plumbum

Leitsymptome: Kolik durch Anschoppung, Verstopfung

Typisch für Plumbum sind stark verspannte Bauchmuskeln. Das Pferd ist sehr aufgekrümmt und erfährt Linderung durch Ausstrecken. Das Kolon kann mit Kot angeschoppt sein. Wird Kot abgesetzt, so ist er sehr dunkel und kleinknollig. Er geht nur nach heftigem Pressen ab.

Alumina

Leitsymptome: Anschoppungskolik mit heftigem Pressen. Kolik durch Verstopfung oder Sandsteine.

Man achte auf sehr trockenen, krümeligen Kot als Indikation für dieses Mittel. Die Symptome sind häufig linksseitig, und das Pferd schaut sich oft zu dieser Seite um. Wenn das Pferd versucht, Kot abzusetzen, ist das schmerzhafte Pressen deutlich erkennbar.

Bryonia

Leitsymptome: Anschoppungskolik mit großem Durst und Verschlimmerung der Symptome durch Bewegung

Ist Bryonia angezeigt, weigert sich das Pferd, sich zu bewegen, da sich die Beschwerden bei der geringsten Bewegung verschlimmern. Das Tier ist reizbar und durstig. Wird Kot abgesetzt, so ist er hart, trocken und im Durchmesser größer als normal.

Carbo vegetabilis

Leitsymptome: Blähungskolik mit Schwäche, Kolik durch mangelhafte oder träge Verdauung

Dieses Mittel wird in schwereren Fällen von Blähungskolik eingesetzt, wenn das Pferd bereits geschwächt ist. Der Rücken ist aufgrund der Schmerzen aufgekrümmt und das Abdomen ist hochgradig durch Gas aufgetrieben. Das Gas geht in großen Mengen zusammen mit kleinen Schleimanteilen ab, was zu einer beträchtlichen Linderung führt. Das Tier macht einen unterkühlten Eindruck, fühlt sich im Freien aber besser.

China

Leitsymptome: Durch Austrocknung bedingte tympanische oder Blähungskolik, postoperative Kolik

Angezeigt bei hochgradiger Gasbildung und Schmerzen, aufgrund derer sich das Pferd zusammenkrümmt. Berührung wird abgelehnt, aber langsames Herumgehen im Freien lindert die Symptome.

Opium

Leitsymptome: Schwere Kolik durch Anschoppung oder Obstruktion, rezidivierende obstruktive Kolik

Dieses Mittel eignet sich für schwerere Fälle, wenn das Pferd liegt, einen gedämpften Eindruck macht und wenig Anteil an seiner Umgebung nimmt. Pressen tritt normalerweise nicht auf, lässt sich bei Zunahme der Schmerzen aber u. U. doch beobachten. Der Kot ist hart und schwarz. Dieses Mittel sollte in rezidivierenden Fällen und bei Verstopfung ohne jeglichen Drang in Erwägung gezogen werden.

Bothrops lanceolatus
Leitsymptome: Thromboembolische Kolik

Das wichtigste Mittel bei dieser speziellen Erkrankung. Es vermindert das Thromboserisiko bei Pferden, die zu dieser Krankheit neigen, und eignet sich für die Behandlung der akuten Symptome. Nervöses Zittern ist ein häufiges Merkmal bei Bothrops. Lachesis wird manchmal als hilfreiche Alternative angesehen. Neben Bothrops können noch andere Kolikmittel eingesetzt werden, um die Schmerzen zu lindern.

Seltenere Kolikmittel

Sulphur
Kolik nach dem Trinken. Kolik durch intermittierende Anschoppung mit Absatz von hartem Kot in großen Mengen.

Pulsatilla
Blähungskolik nach reichhaltigem Futter, gewöhnlich abends, mit rumpelnden Geräuschen.

Staphisagria
Kolik durch Ärger, Groll oder Frustration.

Cuprum metallicum
Krampfkolik mit intermittierenden heftigen Spasmen.

Raphanus
Tympanische Kolik mit hochgradiger Auftreibung des Abdomens durch Gasbildung, die trotz Behandlung zunimmt.

Zincum
Blähungskolik durch Überfressen oder zu schnelles Fressen. Das Pferd macht einen aufgekrümmten Eindruck.

Argentum nitricum
Blähungskolik durch Erwartungsangst oder Klaustrophobie.

Podophyllum
Leichte geräuschvolle Kolik mit Durchfall.

Paraffinum
Kann bei leichter Anschoppungskolik bei Fohlen eingesetzt werden, wenn intermittierendes Pressen zu beobachten ist. Die Symptome treten alle paar Tage auf.

Graskrankheit

Die genaue Ursache der Graskrankheit ist bislang nicht bekannt, obwohl die Krankheit als solche bereits vor mehr als 100 Jahren identifiziert wurde. Die derzeitige Forschung zieht die mögliche Beteiligung bestimmter Bakterien in Betracht, darunter auch Clostridien, die möglicherweise bestimmte neurotoxische Faktoren produzieren, welche die Darmkontrolle beeinflussen. Die Erkrankung tritt selten bei Jungpferden und gehäuft im Sommer und bestimmten Regionen auf; in Großbritannien sind dies v. a. Schottland und Südengland. Es sind fast ausschließlich Pferde betroffen, die auf der Weide stehen. In Großbritannien tritt die Krankheit weltweit am häufigsten auf.

Die Graskrankheit ist eine ernsthafte und schwer zu behandelnde Erkrankung, die oft zum Tod des Pferdes führt. Je früher die Zeichen erkannt und behandelt werden, desto größer sind die Chancen, dass das Pferd überlebt. Die Symptome können anderen Erkrankungen ähneln, was die Diagnose erschwert. Die Fälle können in drei Gruppen eingeteilt werden:

Akut
Man achte auf Unruhe, Kolik und Auftreibung des Abdomens. Daneben können Schluckschwierigkeiten, Speichelfluss, Futter, das aus der Nase herauskommt (oft als grünliche Absonderung), fleckförmiges Schwitzen, Zittern und Muskeltremor (v. a. in der Vorderhand), Schwie-

rigkeiten beim Harnabsatz, Darmstase, Verstopfung und Lethargie auftreten.

Subakut

Die Symptome sind sehr ähnlich jenen im Akutfall, allerdings weniger stark ausgeprägt. Zusätzliche Hinweise sind Gewichtsverlust, v. a. im Bereich der Muskulatur der Hinterhand, Klopfen auf den Boden, Unruhe und die Neigung, sich hinzulegen. Evtl. wird weicher Kot in kleinen Mengen abgesetzt.

Chronisch

Dieser Zustand ist gekennzeichnet durch chronischen und starken Gewichtsverlust und damit einhergehende Schwäche. Das Futter wird langsam gekaut und nur unter Schwierigkeiten geschluckt. Im Bereich der Nüstern sammelt sich Schleim. Es können auch anfallsweise abdominelle Schmerzen mit Schweißausbruch auftreten.

Hingebungsvolle Pflege ist bei dem Versuch, die Graskrankheit zu behandeln, unabdingbar. Die nachfolgend aufgeführten Mittel bieten zusätzlich wertvolle Hilfe:

Gelsemium

Die bei weitem nützlichste Arznei, da sie die Mehrzahl der Symptome der Graskrankheit abdeckt.
Dosierung: *C200. In akuten Fällen alle zwei Stunden. In subakuten Fällen dreimal täglich. In chronischen Fällen zweimal täglich.*

Der beste Weg, um schwierige Fälle anzugehen, besteht darin, Gelsemium mit einem weiteren Mittel aus der unten stehenden Liste zu kombinieren, das den Lokalsymptomen entspricht.

Nux moschata

Dieses Mittel wirkt am besten, wenn die Gedärme durch Lähmung hochgradig erweitert sind. Absatz von weichem Kot in kleinen Mengen ist ein weiterer Hinweis.
Dosierung: *C200, zweimal täglich*

Plumbum

Besonders dann angezeigt, wenn gleichzeitig Muskelschwund an den Gliedmaßen besteht. Kann auch einigen Einfluss auf die Darmlähmung haben.
Dosierung: *C200, zweimal täglich*

Alumen

Alumen kann v. a. dann helfen, wenn ausgeprägte Schwierigkeiten beim Schlucken von Flüssigkeiten bestehen. Hilfreich auch bei Muskelschwäche.
Dosierung: *C200, zweimal täglich*

Cocculus

An Cocculus sollte man ebenfalls denken, wenn große Schwierigkeiten beim Schlucken des Futters bestehen. Dieses Mittel deckt in seinem Arzneimittelbild auch das Muskelzittern und die Auftreibung des Abdomens ab.
Dosierung: *C200, zweimal täglich*

Zincum

Zincum sollte als zusätzliches Mittel in Erwägung gezogen werden, wenn das Muskelzittern und -zucken besonders ausgeprägt ist. Dieses Mittel hilft auch bei Kolik, wenn diese mit lauten Darmgeräuschen, Auftreibung des Abdomens, allgemeiner Schwäche und Lethargie einhergeht.
Dosierung: *C200, zweimal täglich*

Phosphorus

Angezeigt, wenn das Regurgitieren von Futter im Vordergrund steht und allgemeine Muskelschwäche vorhanden ist.
Dosierung: *C200, zweimal täglich*

Weitere Mittel, die in Betracht zu ziehen sind, sind **Thallium C6** bei Tremor und Muskelatrophie und **Phosphoricum acidum C6** bei fortschreitender Schwäche und Abmagerung, wenn die Krankheit in das Spätstadium eintritt.
Dosierung: *Dreimal täglich*

Durchfall oder Enteritis bei erwachsenen Pferden

Es gibt eine ganze Reihe von Gründen, warum Pferde Durchfall (Diarrhö) entwickeln, der wiederum zu schweren akuten, subakuten oder chronischen Problemen führen kann. Leichte Fälle von Diarrhö gehen bei erwachsenen Pferden oftmals bereits innerhalb eines Tages wieder zurück, v. a. wenn die Ursache in der Fütterung liegt. Hier reicht es häufig aus, ausschließlich Wasser und Heu zu geben. Schwerer, akuter Durchfall hingegen, ebenso wie alle Fälle, die länger als 24 Stunden anhalten, und Diarrhö bei Fohlen bedürfen der tierärztlichen Hilfe.

Durchfall beim Fohlen

Siehe Das Fohlen, Seite 161

Schwere, akute Diarrhö und Kolitis (Rudiosa-Krankheit), Kolitis X

Diese Erkrankungen müssen umgehend tierärztlich behandelt werden. Setzen Sie die aufgeführten Mittel zur Unterstützung jeglicher konventioneller Behandlung ein. Zu den Ursachen einer akuten Diarrhö zählen Infektionen mit Salmonellen (siehe Seite 311) oder Clostridien (siehe Seite 313), der übermäßige Einsatz von Antibiotika sowie Vergiftungen. Kolitis oder Rudiosa-Krankheit tritt normalerweise nur bei adulten Pferden auf und führt zu einer Entzündung des Dickdarms mit daraus resultierendem Durchfall. Der Kot enthält Schleim und Blut und durch die Schädigung der Darmschleimhaut können Toxine und Bakterien in die Blutbahn eindringen, wodurch es zu einem toxischen Schock kommen kann. Dieser akute und potenziell tödliche Zustand ist auch als Kolitis X bekannt.

Die Symptome sind akut und schwerwiegend; zu ihnen zählen Fieber (allerdings kann die Temperatur bei Kolitis X auch subnormal sein), erhöhte Puls- und Atemfrequenz, Schwäche, Inappetenz, Bauchschmerzen und Verfärbung der Schleimhäute. Im akuten Anfangsstadium besteht nicht immer Durchfall; falls doch, ist er meist herausschießend und wässrig, manchmal auch blutig (in Abhängigkeit von der Ursache) und führt zu Austrocknung. Es kann sich eine Septikämie mit Todesfolge entwickeln. Sind Antibiotika die Ursache, treten die Symptome u. U. ganz plötzlich wenige Tage nach der Verabreichung auf; es kann sich schwerer Durchfall mit Dehydratation entwickeln.

Mittel für das Frühstadium von akuter Diarrhö/Kolitis

Die anfängliche Behandlung zielt auf die Fiebersymptome ab, bevor überhaupt irgendwelche dramatischen Symptome auftreten, um die Schwere der Erkrankung zu vermindern. Sind Bakterien beteiligt, kann auch die entsprechende Nosode eingesetzt werden.
Dosierung: *Eine Gabe, alle 15–20 Minuten.*

Die folgenden Mittel sollten in der *1M, alle 15–20 Minuten, verabreicht werden*:

Aconitum

Angezeigt im Frühstadium, wenn Angst und Nervosität mit Fieber und sehr wenigen anderen Zeichen einhergehen. Das Abdomen kann bei Berührung schmerzhaft sein, und das Pferd ist extrem unruhig.

Belladonna

Bei extrem kräftigem und pochendem Puls und gestauten, geröteten und verfärbten Schleimhäuten. Das Pferd macht einen kranken Eindruck. Flüssiger Kot wird in kleinen Mengen abgesetzt. Ein guter Hinweis auf Belladonna sind erweiterte Pupillen. Es bestehen oft Bauchschmerzen, die anfallsweise kommen und gehen.

Baptisia

Ein Mittel bei Septikämie, v. a. wenn bereits fauliger und stinkender Durchfall besteht, bei dem wenig Gas abgeht. Das Pferd macht einen verwirrten und schläfrigen Eindruck. Fiebersymptome sind weniger ausgeprägt als bei anderen Mitteln. Die Schleimhäute sind oft dunkelrot verwaschen.

Pyrogenium

Pyrogenium ist ein weiteres Mittel für Septikämie, v. a. wenn diese mit hochgradiger Ruhelosigkeit einhergeht und das Pferd nicht stillhalten kann. Tritt Durchfall auf, so ist dieser übelriechend. Auch wenn das Fieber nicht so hoch ist wie bei anderen Mitteln, so ist die Pulsfrequenz doch überproportional erhöht.

Mittel zur Behandlung von schwerer oder akuter Diarrhö/Kolitis

Dosierung: *C200, alle 20–30 Minuten.*

Die ersten drei Mittel sind die wichtigsten. Das Ausmaß der Beschwerden und Schwäche ist in ihren Arzneimittelbildern ganz besonders ausgeprägt.

Veratrum album

Leitsymptome: Hochgradiger Durchfall und Schwäche, kalte Haut

Man setzt Veratrum bei starkem Durchfall und Schmerzen mit Pressen vor jedem Absatz von durchfälligem Kot ein. Man achte auf kalten Schweiß. Die Haut fühlt sich kalt und klamm an, und das Tier macht einen geschwächten Eindruck. Der Puls ist schwach. Der Durchfall ist wässrig, tritt häufig auf und wird gewaltsam, aber mit wenig Pressen abgesetzt. Er kann Blutbeimengungen enthalten. Die eingefallenen Gesichtszüge zeugen von der Schwere des Zustandes.

Cuprum metallicum

Leitsymptome: Hochgradiger Durchfall mit Kolik und Krämpfen

Cuprum ist hilfreich bei hochgradigem Durchfall mit Blut, Pressen und Schwäche. Das Abdomen ist empfindlich und schmerzhaft bei Berührung. Es treten Koliken und krampfartige Schmerzen auf. Das Pferd steht wackelig auf den Beinen und die Kiefer können fest zusammengepresst sein.

Camphora

Leitsymptome: Hochgradiger Durchfall mit Hinfälligkeit, Erschöpfung und Kollaps

Bei Camphora steht die ausgeprägte Schwäche mit Kollapsneigung im Vordergrund. Die Haut fühlt sich kalt an. Es tritt reichlicher, dunkler Durchfall auf, der ohne große Anstrengung abgesetzt wird.

Arsenicum album

Leitsymptome: Hochgradiger Durchfall mit Abmagerung und Schwäche, Durchfall durch übermäßige Wasseraufnahme, Unruhe

Ein wichtiges Mittel bei wässrigem, übelriechendem, mitunter blutstreifigem Durchfall, wenn das Pferd geschwächt und erschöpft ist und schnell abbaut. Der durchfällige Kot macht die Hinterbeine und den Analbereich dort, wo er in Kontakt mit der Haut kommt, sehr wund. Weitere Leitsymptome sind hochgradige Unruhe und Angst sowie Durst auf kleine Mengen Wasser. Die Symptome verschlimmern sich nachts, v. a. gegen Mitternacht.

Carbo vegetabilis

Leitsymptome: Durchfall durch schlechtes Futter, faulige Diarrhö mit Schwäche und Kälte

Man denke an Carbo vegetabilis, wenn der Durchfall durch die Aufnahme von schlechtem oder verdorbenem Futter herrührt und der Kot faulig ist. Er kann Schleim und Blut enthalten. Die Symptome können schwerwiegend sein. Das Tier fühlt sich kalt an und ist geschwächt.

Neben den aufgeführten Mitteln sollte man auch an die nachfolgenden Arzneien denken, die ebenso sehr hilfreich sein können:

China

Leitsymptome: Austrocknung und Erschöpfung, hochgradiger wässriger Durchfall

China kann bei allen Folgen von Austrocknung und damit verbundener Schwäche hilfreich sein, ist aber auch ein eigenständiges Durchfallmittel. Der Kot ist reichlich und wässrig, und das Abdomen ist aufgebläht.

Ipecacuanha

Leitsymptome: Pressen mit hochgradigem, wässrigem, schaumigem Durchfall, der Teile der Darmschleimhaut und hellrotes Blut enthält.

Ipecacuanha kann bei schwerem Durchfall helfen, wenn dieser charakteristischerweise Schleim, hellrotes Blut und Darmschleimhautfetzen enthält. Der Kotabsatz wird stets von starkem Pressen begleitet, und das Pferd hat offensichtlich Schmerzen dabei, da es sich jedesmal streckt.

Aloe
Leitsymptome: Durchfall, der aus einer Mischung aus wässrigen und festen Bestandteilen mit Gas besteht, arzneimittelbedingter Durchfall, Kolitis X

Hilfreich bei gallertartigem oder klumpigem Durchfall, der Blut enthält oder eine mit Gas durchsetzte Mischung aus wässrigen und klumpigen Bestandteilen ist. Manchmal merkt das Pferd gar nicht, dass etwas abgeht. Die Darmentleerung kann mit heftigem Pressen einhergehen. In manchen Fällen treten Blutungen aus dem Rektum auf. Man achte weiterhin auf rumpelnde und gurgelnde Geräusche im Abdomen und Aufblähung. Aloe ist ein nützliches Mittel bei antibiotikainduzierter Diarrhö; hier sollte es mit der Gabe von Probiotika kombiniert werden, um den Anteil der natürlichen Darmbakterien wiederherzustellen.

Mercurius solubilis und Mercurius corrosivus
Leitsymptome: Schleimiger Durchfall mit Blut und heftigem Pressen, Kolitis X

Pressen ist bei diesen Mittel ein herausragendes Merkmal. Der Kot ist schleimig und blutstreifig. Die Beschwerden halten auch nach dem Kotabsatz noch an. Die Symptome sind schlimmer in der Dunkelheit. Das Pferd macht einen verschwitzten Eindruck. Mercurius corrosivus hat von den beiden Mitteln die heftigeren und ausgeprägteren Symptome.

Mittel für weniger akute Fälle von Diarrhö/Kolitis

Soweit nichts anderes vermerkt ist, gebe man die *C30, zwei- bis viermal täglich,* in Abhängigkeit von der Schwere des Zustandes.

Colchicum
Leitsymptome: Wässriger Durchfall mit gasbedingter Auftreibung des Abdomens, Schwäche

Colchicum ist hilfreich bei wässrigem Durchfall mit Schleim und Spuren von Blut. Pressen ist nicht sehr ausgeprägt. Das Pferd erscheint geschwächt. Gasbedingte Auftreibung des Abdomens ist ein guter Hinweis auf dieses Mittel. Herbstdiarrhö sollte ebenfalls gut auf diese Arznei ansprechen.

Croton tiglium
Leitsymptome: Reichlicher, wässriger Durchfall, der gewaltsam entleert wird

Der gewaltsame Absatz unterscheidet dieses Mittel von anderen. Die Konsistenz ist immer wässrig, und es bestehen laute, gurgelnde Darmgeräusche. Es werden jedesmal große Mengen Durchfall ausgeschieden.

Nux vomica
Leitsymptome: Diarrhö durch Futterwechsel oder Überfressen

Nux vomica ist nützlich bei Durchfall, der durch Futter- bzw. Weidewechsel oder Überfütterung verursacht ist. Der Kot ist schleimig und wird unter Pressen in kleinen Mengen abgesetzt. Die Beschwerden lassen nach dem Kotabsatz nach. Weitere Leitsymptome für dieses Mittel sind Reizbarkeit und Überempfindlichkeit.

Dulcamara
Leitsymptome: Durchfall durch Feuchtigkeit und Kälte

Das Hauptmittel für Durchfall nach Durchnässung oder wenn das Wetter feucht und kalt wird, typischerweise im Herbst. Der Durchfall ist charakteristischerweise grün und wässrig.

Bryonia
Leitsymptome: Diarrhö durch heißes Wetter

Gesteigerter Durst und ein trockenes Maul sind Leitsymptome von Bryonia. Es ist ein ideales Mittel für Durchfall bei heißem Wetter.

Aconitum

Leitsymptome: Durchfall durch Unterkühlung oder Schreck

Grüne, wässrige Diarrhö nach Unterkühlung, Schreck oder einer anderen stressreichen Situation lassen an Aconitum denken.

Dosierung: *1M, stündlich, bis die Beschwerden nachlassen*

Antimonium crudum

Leitsymptome: Diarrhö durch Überhitzung

Ein weiteres nützliches Mittel bei Durchfall im Wechsel mit hartem Kot bzw. einer Mischung aus hartem und wässrigem Kot. Passt eher zu älteren Pferden.

Gambogia

Leitsymptome: Wässrige Diarrhö, die plötzlich auftritt

Man achte auf plötzlich beginnenden Durchfall mit lauten, rumpelnden Geräuschen und gewaltsamen Entleerungen. Gambogia passt eher zu älteren Pferden.

Elaterium

Leitsymptome: Gewaltsame wässrige Diarrhö

Hilfreich bei wässrigem Durchfall, der herausschießt und gewaltsam entleert wird.

Gelsemium

Leitsymptome: Diarrhö durch emotionale Erregung oder Schreck

Man achte auf weichen Kot oder wässrigen Durchfall, der abgeht, ohne dass das Pferd es merkt. Weitere nützliche Hinweise sind Zittern oder allgemeine Schwäche.

Argentum nitricum

Leitsymptome: Diarrhö durch Erregung

Angezeigt bei wässrigem Durchfall, der wie gehackter Spinat aussieht und mit reichlicher Gasbildung einhergeht. Die Pferde machen einen erregten Eindruck.

Pulsatilla

Leitsymptome: Diarrhö durch zu viel Obst oder zu reichhaltiges Futter

Man achte auf wechselhaften und meist wässrigen Durchfall, der oft Schleim enthält. Die Beschaffenheit des Kotes ist veränderlich, und die Symptome ändern sich von einem Tag zum anderen. Ein Schlüsselsymptom ist der fehlende Durst.

Phosphoricum acidum

Leitsymptome: Diarrhö in Zusammenhang mit Kummer oder Gram; allgemein hilfreich während der Rekonvaleszenz

Man achte auf schmerzlosen, wässrigen Durchfall, der beinahe unbemerkt mit reichlich Gas abgesetzt wird. Phosphoricum acidum ist ein gutes allgemeines Mittel für die Rekonvaleszenzphase nach einem durch hartnäckige oder schwere Diarrhö bedingten Schwäche- und Erschöpfungszustand.

Chronischer Durchfall bei erwachsenen Pferden

Es gibt eine Vielzahl von Ursachen, die spezifischer Mittel bedürfen.

Durchfall durch Infektion mit Strongyliden

Die Schädigung des Darms durch Parasiten ist vermutlich die häufigste Ursache für chronischen Durchfall bei Pferden. Häufig sind Strongyliden beteiligt, wobei v. a. Pferde unter fünf Jahren während des Frühlings und Winters betroffen sind. Lang dauernde Fälle führen zu Gewichtsverlust, Abmagerung und aufgrund niedriger Albuminwerte zu Anlaufen der Beine. Im Kot können Würmer zu sehen sein.

Ergänzend zu der konventionellen Entwurmung oder der Behandlung mit homöopathischen Arzneien können die nachfolgenden Mittel hilfreich sein:

Cina

Das Hauptmittel bei wurmbedingter Diarrhö, insbesondere bei Jungtieren. Der Durchfall ist typischerweise schleimig und kann Juckreiz im Analbereich auslösen, sodass das Pferd sich in diesem Bereich scheuert. Eine klare Indikation für dieses Mittel ist eine gewisse Reizbarkeit.
Dosierung: *C200, zweimal täglich*

Aceticum acidum

Man achte auf wässrigen Kot (v. a. morgens), fortschreitende Abmagerung und Gewichtsverlust. Ein weiteres Merkmal kann Aszites, also Flüssigkeitsansammlung im Abdomen sein sowie vermehrter Durst in Verbindung mit dem häufigen Absatz großer Mengen von klarem Urin.
Dosierung: *C200, zweimal täglich*

Abrotanum

Ein weiteres Mittel für Auszehrung in Zusammenhang mit Wurmbefall und Durchfall. Der Gewichtsverlust schreitet trotz gutem Appetit fort. Dauert der Zustand lange an, kommt es im Laufe der Zeit zu Auftreibung des Abdomens.
Dosierung: *C30, zweimal täglich*

Iodium

Die Symptome von Iodium sind denen von Abrotanum sehr ähnlich. Der Appetit ist gesteigert, dennoch kommt es zu Gewichtsverlust und Abmagerung. Der Durst ist ebenfalls gesteigert. Man achte auf allgemeine Schwäche, Abneigung gegen Hitze und Erschöpfung bei der geringsten Anstrengung. Weicher Kot kann im Wechsel mit Durchfall auftreten.
Dosierung: *C30, zweimal täglich*

Durchfall durch Infektion mit Kokzidien – Kokzidiose

Siehe Infektionskrankheiten, Seite 320

Durchfall durch chronische Infektion mit Salmonellen

Siehe Infektionskrankheiten, Seite 311

Durchfall aufgrund eines Malabsorptionssyndroms

Hierzu zählt eine ganze Reihe von Erkrankungen, die alle zu Gewichtsverlust (trotz reichlicher Nahrungsaufnahme), chronischer Diarrhö, Abmagerung, Muskelschwund und bei fortgeschrittenen Fällen zu Unterhautödemen führen. Geeignete Mittel, an die man denken sollte, sind **Abrotanum C30, Aceticum acidum C30** und **Iodium C30**.

Weitere Mittel bei chronischem Durchfall:

Gaertner-Bach

Diese Darmnosode ist eines der Hauptmittel bei allgemeiner Mangelernährung mit Abmagerung und chronischem Durchfall. Das Verdauungssystem ist schwach und neigt zu schwerem Wurmbefall.
Dosierung: *C30, zweimal täglich*

Silicea

Angezeigt bei Tieren mit einer schwachen Konstitution und schlechten Absorption der Nahrung aufgrund einer Schädigung der Darmschleimhaut. Silicea kann in manchen Fällen den Wiederaufbau der Schleimhaut und die Absorption der Nährstoffe unterstützen.
Dosierung: *C30, zweimal täglich*

Natrium muriaticum

Ein Mittel für chronischen Durchfall mit Gewichtsverlust, vermehrtem Durst und gesteigertem Appetit. Wenn möglich, gebe man Natrium muriaticum auf konstitutioneller Basis. Es passt zu Pferden, die einen depressiven und zurückgezogenen Eindruck machen und Zuwendung ablehnen.
Dosierung: *C30, zweimal täglich*

Podophyllum

Ein ausgezeichnetes Mittel bei chronischem Durchfall mit wässrigem Kot, der ohne große Anstrengung in beträchtlichen Mengen abge-

setzt wird. Er kann gallertartigen Schleim enthalten. Die Symptome sind morgens und bei heißem Wetter schlimmer.
Dosierung: *C30, dreimal täglich*

Phosphorus

Angezeigt bei chronischem Durchfall bei schlanken, athletischen und empfindsamen Pferden. Der Kot ist wässrig und wird in großen Mengen oft zusammen mit Gas abgesetzt. Der Durchfall führt zu Erschöpfung und Schwäche. In der Regel besteht vermehrter Durst.
Dosierung: *C30, dreimal täglich*

Sulphur

Sulphur passt zu Pferden, die einen ungepflegten Eindruck machen und deren Fell in einem schlechten Zustand ist. Der Durchfall ist schlimmer am Morgen und führt zu Wundheit im Bereich des Rektums. Sulphur ist auch das Hauptmittel, wenn der Durchfall in Zusammenhang mit der konventionellen (unterdrückenden) Behandlung einer Hauterkrankung auftritt.
Dosierung: *C30, zweimal täglich*

Weitere Ursachen für chronischen Durchfall

Es ist nicht immer möglich, eine bestimmte Ursache ausfindig zu machen, aber man sollte immer an die Möglichkeit einer Vergiftung sowie an Durchfall durch Medikamente, Schimmelpilze oder Mykotoxine denken. Jeder Fall muss individuell betrachtet werden und die Symptome sind sorgfältig mit einer passenden Arznei in Übereinstimmung zu bringen.

Innerliche Abszesse

Abszesse können sich in der Bauchhöhle im Anschluss an chirurgische Eingriffe im Abdomen oder auch nach Kastrationen entwickeln. Weitere mögliche Ursachen sind äußerliche Verletzungen, die bis in die Bauchhöhle reichen, Einrisse des Rektums oder auch die Perforation der Darmwand durch einen Fremdkörper. Innerliche Abszesse treten vorwiegend bei Fohlen auf, können sich aber bei Pferden jeden Alters entwickeln. Zu den Symptomen zählen periodisch auftretendes Fieber und Koliken, schlechter Appetit und allmählicher Gewichtsverlust. Die Behandlung ist schwierig, die nachfolgend aufgeführten Mittel können aber hilfreich sein:

Hepar sulphuris

In hoher Potenz hilft dieses Mittel, die Abszessbildung zu unterbinden, sofern es über einen gewissen Zeitraum gegeben wird. Leitsymptome sind Bauchschmerzen, Reizbarkeit und das Verlangen nach Wärme.
Dosierung: *C200, einmal täglich über mehrere Wochen*

Silicea

Ein ausgezeichnetes Mittel bei chronischen Abszessen. Es passt besonders zu Pferden mit schwächlicher Konstitution. Es besteht Verlangen nach Wärme wie bei Hepar sulphuris, aber durch das Fehlen von Schmerzen können diese beiden Mittel differenziert werden. Silicea unterstützt die Absorption des Abszesses und setzt das Risiko von Narben und Verklebungen signifikant herab.
Dosierung: *C200, einmal täglich über mehrere Wochen*

Peritonitis

Peritonitis ist eine Entzündung des Peritoneums (Bauchfells), der Auskleidung der Bauchhöhle. Sie tritt nicht sehr häufig auf, kann sich aber als Komplikation nach einer Bauchhöhlenoperation (v. a. wegen Kolik) oder seltener spontan entwickeln. Symptome sind abdominelle Schmerzen, erhöhte Pulsfrequenz und Austrocknung. Sofortige tierärztliche Hilfe ist vonnöten, die durch die folgenden Arzneien unterstützt werden kann:

Aconitum

Dieses Mittel sollte verabreicht werden, sobald der Verdacht auf diese Erkrankung besteht. Es wirkt auch besänftigend bei allen Ängsten.
Dosierung: *1M, nach Bedarf alle 10–20 Minuten*

Belladonna

Belladonna ist hilfreich bei hohem Fieber, schnellem und kräftigem Puls und geröteten Schleimhäuten. Es kann neben anderen Mittel eingesetzt werden.

Dosierung: *1M, nach Bedarf alle 30 Minuten*

Apis

Angezeigt bei Flüssigkeitsansammlung in der Bauchhöhle. Der geringste Druck auf die Bauchwand ruft Gegenwehr hervor. Das Pferd macht einen erregten und erhitzten Eindruck.

Dosierung: *C200, nach Bedarf alle 20 Minuten*

Bryonia

Ein wichtiges Mittel bei akuter Peritonitis, wenn die geringste Bewegung Schmerzen im Abdomen hervorruft. Daraus erklärt sich auch die Abneigung des Tieres, sich zu bewegen, denn in Ruhe werden die Symptome gelindert. Weitere Hinweise sind gesteigerter Durst und erhöhte Reizbarkeit.

Dosierung: *C200, nach Bedarf alle 30 Minuten*

Lycopodium

Das Hauptmittel, wenn der Zustand chronisch geworden und die Funktion des Verdauungsapparates beeinträchtigt ist.

Dosierung: *C30, einmal täglich*

Weitere hilfreiche Mittel sind **Mercurius corrosivus C30, Mercurius dulcis C30, Lachesis C30, Cantharis C30** und **Colocynthis C30**.

Appetitmangel, Anorexie

Appetitmangel ist kein feststehender Zustand, sondern meist ein Hinweis auf eine andere Erkrankung. Er wirkt sich schließlich auf den Zustand und die Leistungsfähigkeit des Tieres aus. Zuerst sollte immer nach der zugrunde liegenden Ursache geforscht werden, wobei Punkte wie die Art des Futters, der Zugang zum Futter und die Beschaffenheit der Zähne Beachtung finden sollten. Inappetenz kann auch nach chirurgischen Eingriffen auftreten. Hat man die Ursache herausgefunden und entsprechend behandelt, kann man die folgenden Mittel einsetzen, um den Appetit anzuregen:

Sofern nichts anderes angegeben ist, gebe man die C30, zweimal täglich über sieben bis zehn Tage.

Nux vomica

Hilfreich als allgemeines Verdauungstonikum. Es eignet sich v. a. nach chirurgischen Eingriffen im Bauchraum und bei Verdauungsstörungen.

Iris versicolor

Steigert den Appetit nach schwerem Durchfall oder Blähungskoliken.

Alfalfa

Ein gutes allgemeines Verdauungstonikum; regt insbesondere den Appetit an. Hilfreich bei zugrunde liegender Mangelernährung, Man gebe die *D6, dreimal täglich.*

Chininum arsenicosum

Bei allgemeiner Schwäche mit Inappetenz. Wirkt als allgemeines Tonikum und sollte in der *D6 zweimal täglich* verabreicht werden.

Lycopodium

Nützlich bei Schwäche des Verdauungssystems und Blähungskoliken. Oft nützlich, wenn immer nur kleine Futtermengen aufgenommen werden.

Antimonium crudum

Ausgezeichnet bei Appetitverlust mit Aufblähung des Abdomens. Das Pferd ist reizbar und lehnt Zuwendung ab.

Arsenicum album

Angezeigt nach lang dauernder Krankheit, wenn sich das Pferd in einem schlechten Zustand befindet. Wirkt allgemein tonisierend und steigert gleichzeitig den Appetit.

Vitamin B12

Ein allgemeines Mittel zur Anregung des Appetits. Die ideale Potenz ist die *D12, die zweimal täglich* gegeben werden sollte.

Würmer

Die Mehrheit der Pferdebesitzer ist sich der Probleme bewusst, die durch Wurmbefall entstehen können, und daher auch der Tatsache, dass eine regelmäßige Entwurmung ein wichtiger und entscheidender Aspekt bei der Gesunderhaltung ihres Pferdes ist. Alle Pferde haben Würmer, die den Darm ernsthaft schädigen und zu Verdauungsstörungen (z. B. Kolik) oder auch zu einer Schädigung der entsprechenden Blutgefäße mit daraus resultierenden Kreislaufproblemen führen können. Weitere Symptome, die im Rahmen eines hochgradigen Wurmbefalls auftreten können, sind Verlust des Gewichts und der Kondition, Inappetenz, Anämie und angelaufene Beine. Es gibt zahlreiche Wurmarten, die das Pferd befallen können:

Kleine Strongyliden (Zwergfadenwürmer): Diese Würmer können zu einer ernsthaften Schädigung der Darmwand und in der Folge zu Gewichtsverlust und chronischem Durchfall führen.

Große Strongyliden (Palisadenwürmer): Diese Würmer wandern aus dem Darm in die Wände der Blutgefäße ein und können zu Kolik, Schwäche und Diarrhö führen.

Oxyuren (Pfriemenschwänze): Sie leben im Dickdarm und schädigen die Darmwand. Sie legen auch Eier im Bereich des Anus ab, was zu Juckreiz und Scheuern der Schweifgegend führen kann.

Bandwürmer: Sie führen zu Gewichtsverlust, chronischem Durchfall und Koliken.

Askariden (Spulwürmer): Diese wandern vom Darm aus in die Leber und Lunge. Fohlen sind besonders durch Askariden gefährdet, und es kann zur Verlegung des Darms kommen.

Magendasseln: Diese heften sich an die Magenwand, nachdem das Pferd die Eier bei der Fellpflege aufgenommen hat.

Moderne konventionelle Entwurmungsmittel sind sehr wirksam und ihr Nutzen sollte nicht unterschätzt werden. Sie sollten regelmäßig in Verbindung mit guter Weidehygiene und angemessener homöopathischer Unterstützung eingesetzt werden.

Homöopathie und Würmer

Bei richtigem Einsatz können homöopathische Mittel eine wertvolle Ergänzung zu der konventionellen Entwurmung darstellen. Sie können

- eingesetzt werden, um eine geschwächte Konstitution zu unterstützen. Manche Pferde scheinen anfälliger für eine Wurminfestation zu sein als andere. Dies könnte auf eine geschwächte Konstitution zurückzuführen sein, aufgrund derer die natürliche Widerstandskraft gegenüber Würmern nicht genügend stark ausgebildet ist. Eine konstitutionelle Verschreibung zielt daher auf eine Verbesserung des allgemeinen Gesundheitszustandes und damit eine Zunahme der Resistenz gegenüber Würmern ab. *Man lese im Kapitel zu den Konstitutionsmitteln nach.*

- spezifisch eingesetzt werden, um Würmer abzutreiben. Homöopathische Mittel, die gegen Würmer wirken, können bei Bedarf zusammen mit konventionellen Wurmkuren verwendet werden. Reagiert Ihr Pferd mit Nebenwirkungen auf die routinemäßige Entwurmung oder möchten Sie auf chemische Präparate verzichten, besteht die Möglichkeit, die Entwurmung mit einer Kombination von homöopathischen Mitteln durchzuführen und unterstützend konstitutionell zu behandeln. Eine entscheidende Bedingung dafür ist allerdings, dass der Kot regelmäßig auf Wurmeier untersucht wird, um die Effizienz der Behandlung abschätzen zu können. Steigt die Anzahl der Wurmeier auf mehr als 800, so besteht kein Zweifel, dass eine konventionelle Entwurmung durchgeführt werden sollte. Eine wirksame Behandlung sollte ca. 200 Eier pro Gramm Kot erzielen. Diese Untersuchung sollte alle sechs Wochen stattfinden, damit man auch wirklich über den Grad der Infestation Bescheid weiß. Man bedenke auch, dass richtiges Weidemanagement absolut unerlässlich ist, um überhaupt einen gewissen Erfolg erzielen zu können. Hegt man auch nur den geringsten Zweifel hinsichtlich der Gesundheit seines Pferdes, sollte man immer konventionelle Wurmkuren einsetzen.

Mittel gegen Würmer

Die folgenden Mittel können zur Wurmabtreibung eingesetzt werden:

Strongyliden – Strongylose
Cina D6
Kamala D6
Chelone D1

Bandwürmer
Filix mas D3
Granatum D3

Oxyuren
Cina D6

Askariden – Spul-, Haarwürmer
Cina D6
Santoninum C6
Chenopodium C 3
Teucrium marum C6
Chelone D1
Natrium phosphoricum D6
Abrotanum C6

Die praktische Anwendung der Arzneien

Man bestimme das Konstitutionsmittel seines Pferdes.

Dosierung: *1M, einmal wöchentlich, drei Wochen lang.* Ohne professionelle Unterstützung sollte diese Dosis nicht wiederholt werden.

Bei dem Versuch, die Würmer abzutreiben, setze man eine Mittelkombination ein. **Cina D6, Chelone D1, Granatum D3** und **Filix mas D3** scheinen sich in ihrer Wirkung gut zu ergänzen. Man füge **Natrium phosphoricum D6** hinzu, wenn man ein Tier behandelt, das jünger als ein Jahr ist.

Dosierung: *Zweimal täglich drei Wochen lang. Diese Kombination wird alle 8–12 Wochen wiederholt.*

Man verbinde dies mit einer guten Weidehygiene.

Dazu sammelt man jeden Tag den Dung auf, um Eier und Larven zu eliminieren. Bei trockenem Wetter wird die Weide mit der Egge bearbeitet, um die Pferdeäpfel zu verteilen, sodass die Wurmeier durch das Sonnenlicht zerstört werden. Man vermeide eine Überweidung – auf einen Acre (4047 qm, Anm. d. Übers.) sollte nicht mehr als ein Pferd kommen. Man sollte die Weide von Zeit zu Zeit ruhen lassen. Dabei ist ein Zeitraum von mindestens fünf Monaten erforderlich, um die Parasitenkontrolle wirksam zu unterstützen. Eine Weiderotation mit Rindern und Schafen kann ebenfalls hilfreich sein. Man denke auch daran, den Stall und seine Ausstattung so sauber wie möglich zu halten.

Andere nützliche Wurmmittel

Cina C30
Nützlich, wenn eine hochgradige Wurmbelastung zu Abmagerung und Schwäche geführt hat. Cina ist ein gutes grundlegendes Mittel bei wurmbedingten Problemen.
Dosierung: *Zweimal täglich, solange es benötigt wird*

Calcium carbonicum C200
Kann versucht werden, wenn Bandwürmer ein hartnäckiges Problem darstellen.
Dosierung: *Zweimal wöchentlich, acht Wochen lang*

Gaertner-Bach C200
Diese Darmnosode ist oft außerordentlich nützlich, wenn das Pferd dauerhaft mit Würmern belastet ist. Sie ist auch bei chronischem Durchfall und Abmagerung in Zusammenhang mit Würmern angezeigt und eignet sich besonders für Jungtiere.
Dosierung: *Dreimal wöchentlich, drei Wochen lang*

Die Leber

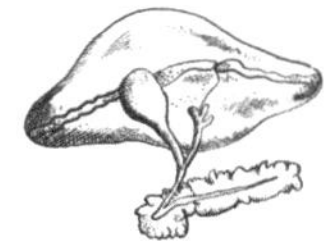

Die Leber ist eines der wichtigsten Organe, da sie eine Vielzahl von Funktionen erfüllt, die für eine gute Gesundheit lebensnotwendig sind. Ihre Bedeutung wird oftmals unterschätzt. Tatsächlich wird beim Pferd nicht häufig eine Lebererkrankung diagnostiziert, wobei sie sicherlich weitaus häufiger ein Problem darstellt als landläufig angenommen wird. Dies ist v. a. auf die Tatsache zurückzuführen, dass sich die Leber in beträchtlichem Maße regenerieren und daher vieles kompensieren kann, bis ihre Reserven endgültig aufgebraucht sind. Dann treten auch erstmals Symptome auf, die die Rolle widerspiegeln, welche die Leber innerhalb des Körpers spielt. Lebererkrankungen sprechen oft gut auf homöopathische Arzneien an. In der Östlichen Medizin wird die Leber mit den Muskeln, Sehnen und Augen sowie mit der Emotion „Ärger“ in Zusammenhang gebracht. Die unten aufgeführten Mittel haben durch ihre Wirkung auf die Leber auch Einfluss auf diese Bereiche.

Die Aufgaben der Leber

Die Aufgaben der Leber können in fünf Hauptbereiche unterteilt werden: Stoffwechsel, Speicherung, Produktion, Entgiftung und Ausscheidung. Die Leber ist in den Kohlehydratstoffwechsel und die Aufrechterhaltung des normalen Blutglukosespiegels eingebunden. Sie speichert außerdem Glykogen, das in der Leber in Glukose aufgespalten wird, wenn eine zusätzliche Energiequelle benötigt wird. Neben dem Kohlehydratstoffwechsel ist die Leber auch am Eiweißstoffwechsel beteiligt, und zwar u. a. an der Herstellung der Bluteiweiße, Trägerproteine, Lipoproteine und Gerinnungsfaktoren. Außerdem spielt sie eine Rolle beim Abbau bestimmter Proteine und der Umwandlung von Ammoniak in Harnsäure, welche dann über die Nieren ausgeschieden wird. Schließlich ist die Leber auch am Fettstoffwechsel beteiligt. Cholesterol und andere Fette werden von der Leber synthetisiert und entweder als Energiequelle oder beim Aufbau neuer Zellen verwendet.

Die Leber produziert weiterhin Gallenflüssigkeit, die für die Verdauung und Absorption von Fetten benötigt wird. Die Gallenflüssigkeit regt die Verdauungsvorgänge an und spielt eine Rolle bei der Absorption fettlöslicher Vitamine. Die Leber ist auch an der Speicherung der Vitamine A, D, K, B12 und Folsäure beteiligt.

Eine weitere wichtige Aufgabe ist die Entgiftung. Dazu zählen nicht nur der Abbau körpereigener Substanzen wie z. B. überschüssiger Hormone, sondern auch der Abbau und die Ausscheidung vieler Medikamente. Daneben entfernt die Leber aus dem Darm aufgenommene Toxine, bevor diese in den Blutkreislauf gelangen können; sie verfügt auch über Zellen, die im Blut zirkulierende Abfallprodukte wie beschädigte Zellen, Bakterien und Endotoxine beseitigen können.

Erkrankungen der Leber

Kann die Leber ihre Aufgaben nicht mehr erfüllen, werden Anzeichen einer Lebererkrankung sichtbar. Beim Pferd kann eine Lebererkrankung zwei Formen annehmen. Eine primäre Lebererkrankung tritt infolge eines eigentlichen Leberproblems auf und eine sekundäre Lebererkrankung ist das Resultat einer Leberschädigung aufgrund einer anderen Krankheit. Es gibt zwei hauptsächliche Erkrankungen, die als Folge einer Leberschädigung auftreten können.

Hepatitis oder Leberschaden

Hepatitis bedeutet nichts weiter als eine Entzündung der Leberzellen, die aufgrund einer Vielzahl von Ursachen entstehen kann.

Ikterus (Gelbsucht)

Gelbsucht wird zwar oft für eine eigenständige Krankheit gehalten, ist aber tatsächlich lediglich ein Symptom; sie beruht auf der Unfähigkeit der Leber, die Gallensekrete auszuscheiden, sodass es zu einer Anreicherung von Gallenfarbstoffen kommt, die den Schleimhäuten, Skleren (dem Augenweiß) und der Haut die charakteristische gelbe Farbe verleihen. Es gibt drei grundsätzliche Arten von Ikterus:

Hämolytischer Ikterus

Dieser wird durch eine Schädigung der roten Blutkörperchen und die damit einhergehende Freisetzung von Hämoglobin verursacht. Er tritt manchmal beim neugeborenen Fohlen auf und hat hier eine immunologische Grundlage (siehe Seite 92). Ein hämolytischer Ikterus kann sich daneben auch im Rahmen bestimmter viraler, bakterieller oder parasitärer Infektionen entwickeln, wenn die Erreger Toxine bilden, welche die Erythrozyten schädigen und damit zur Freisetzung von Hämoglobin führen.

Obstruktionsikterus

Hier ist der Abfluss der Gallenflüssigkeit von der Leber in den Dünndarm blockiert; häufig liegt die Blockade im Gallengang selbst. Die zurückgestaute Galle gelangt in die Blutbahn und führt durch Ablagerung der Gallenfarbstoffe in den Körpergeweben zu Gelbsucht.

Ikterus als Folge einer Hepatitis

Bei dieser Form sind die Leberzellen geschädigt, sodass Gallenfarbstoffe über die Lymphbahnen in das Blut gelangen. Eine Hepatitis kann vielfältige Ursachen haben.

Primäre Lebererkrankungen

Diese treten entweder als akute Erkrankung auf oder nehmen einen chronischen Verlauf.

Akute Lebererkrankung oder Hepatitis

Mögliche Ursachen einer akuten Lebererkrankung oder Hepatitis sind virale Infektionen, z. B. Equine Infektiöse Anämie (Seite 304) und Infektionen wie Leptospirose (Seite 315), Babesiose (Seite 317) und die Tyzzersche Krankheit (Seite 162), Vergiftungen durch Chemikalien oder Schwermetalle (z. B. Arsen oder Blei, Seite 344) und Schädigung durch Pflanzentoxine. Weitere Ursachen sind Obstruktion der Gallengänge (beispielsweise durch Tumoren, Dassellarven oder Askariden) wie auch des Dünn- oder Dickdarms sowie eine als Hyperlipämie bezeichnete Stoffwechselstörung.

Symptome einer akuten Lebererkrankung sind plötzlicher Appetit- und Gewichtsverlust, Diarrhö, abdominelle Schmerzen, Gelbsucht, Ödeme, merkwürdiges oder abnormes Verhalten und dunkler Urin.

Chronische Lebererkrankung

Bei chronischen Lebererkrankungen findet die Leberschädigung über einen längeren Zeitraum statt. Die Symptome treten aber oft akut auf, wenn die Funktionsfähigkeit der Leber plötzlich überschritten ist. Diese Form tritt bei Pferden am weitaus häufigsten auf und ist oftmals die Folge einer Jakobskreuzkrautvergiftung. (Seite 342).

Zu den Symptomen einer chronischen Lebererkrankung zählen typischerweise Depression, verminderter oder abnormer Appetit, Anpressen des Kopfes und andere neurologische Symptome, die mit einem merkwürdigen Gang oder einer seltsamen Haltung einhergehen. Mit Fortschreiten der Krankheit kommt es zu Gewichtsverlust, Gelbsucht und der Kot wird weich und manchmal hell. Daneben können sich Ödeme entwickeln, wobei sich die Flüssigkeit v. a. im Brustbereich ansammelt. Manche Tiere zeigen auch eine Photosensibilität, bei der weiße Hautstellen auf das Sonnenlicht mit Entzündungen und Blasenbildung reagieren.

Sekundäre Lebererkrankungen

Endotoxine (Toxine, die im Körper gebildet werden) sind oft für die Entwicklung einer sekundären Lebererkrankung verantwortlich. Krankheitszustände wie Septikämie oder akute Probleme im Bereich des Verdauungstraktes führen zur Produktion von Endotoxinen, die wiederum die Leberzellen schädigen.

Lebermittel

Die Homöopathie genießt hohes Ansehen im Hinblick auf die Unterstützung der Funktionen und Wiederherstellung der Leber, sofern diese noch nicht unwiderruflich und hoffnungslos geschädigt ist. Man versucht, die Symptome so weit wie möglich mit einer Arznei in Deckung zu bringen, wobei man immer die Ursache der Erkrankung und andere Charakteristika wie z. B. das Temperament des Tieres im Hinterkopf behält.
Dosierung: *Bei akuten Lebererkrankungen gibt man die C200 bis zu viermal täglich. Bei chronischen Lebererkrankungen verabreicht man die C30 einmal täglich.*

Nux vomica

Leitsymptome: Allgemeines Lebermittel, Vergiftungen, Verdauungsstörungen

Ein gutes allgemeines Lebermittel und besonders nützlich, wenn der Verdacht auf eine Vergiftung besteht, da es die Entgiftung der Leber unterstützt. Auch hilfreich bei Kolikerscheinungen und anderen Symptomen im Bereich des Verdauungsapparates. Tiere mit Gangauffälligkeiten sprechen oft besonders gut auf dieses Mittel an, v. a. wenn der Gang unsicher und stolpernd ist. Ein Schlüsselsymptom für den Einsatz von Nux vomica ist die ausgeprägte Reizbarkeit und Neigung zu Zornausbrüchen, ebenso wie Anspannung und gesteigerte Empfindlichkeit gegenüber Geräuschen, Wind und Licht. Nux vomica ist auch ein gutes Mittel für die späteren Stadien von Hufrehe, wenn die Leber entgiftet werden muss.

Lycopodium

Leitsymptome: Abmagerung und Flatulenz, chronische Lebererkrankung, Ödeme

Lycopodium ist ein weiteres Hauptlebermittel und hilfreich, wenn es zu Abmagerung oder Appetitlosigkeit kommt. Daher ist es v. a. in chronischen Fällen von größtem Nutzen. Tiere, die gut auf dieses Mittel ansprechen, möchten immer Gesellschaft haben, da sie nicht gerne allein und oft ängstlich und angespannt sind. Verdauungsstörungen sind auch ein Hinweis auf dieses Mittel, v. a. wenn sie mit Flatulenz einhergehen. Lycopodium wird auch eingesetzt, wenn der Flüssigkeitsansammlung im Körper (Ödeme) eine Lebererkrankung zugrunde liegt.

Phosphorus

Leitsymptome: Akute Hepatitis, Gelbsucht, Gangstörungen und Augenerkrankungen, Hyperlipämie

Pferde mit einer akuten Lebererkrankung profitieren oft von der Gabe von Phosphorus. Es ist bei Vergiftungen angezeigt, wenn die Leber akut geschädigt ist. Phosphorus erweist sich auch oft bei Gelbsucht und Lebervergrößerung als hilfreich. Daneben ist es in Erwägung zu ziehen, wenn in diesem Zusammenhang Augensymptome oder eine Hinterhandschwäche auftreten oder der Verdacht auf eine Hyperlipämie besteht. Leitsymptome für dieses Mittel sind vermehrter Durst, Hinterhandschwäche, eine schlanke, athletische Statur und Hämorrhagien aufgrund mangelnder Bildung von Gerinnungsfaktoren in der Leber. Weitere Hinweise sind das Verlangen nach Salzlecksteinen, ein großes Bedürfnis nach Zuwendung und die Abneigung gegen Alleinsein.

Chelidonium

Leitsymptome: Gelbsucht, Muskelschwäche und Steifheit

Ein überragendes Lebermittel sowohl für akute als auch chronische Fälle. Hilfreich bei Gelbsucht und Verlust der Muskelkraft mit Muskelsteifheit. Der Kot kann einen merkwürdigen lehmfarbenen oder gelben Stich haben. Ein hervorragendes Leitsymptom sind Schmerzen oberhalb oder im Bereich der rechten Schulter, die sich oft als leicht oder wiederkehrende Lahmheit zeigen. Man sehe sich die Zunge an – weist sie einen gelben Belag auf, deutet dies oft auf Chelidonium hin.

Berberis vulgaris
Leitsymptome: Lebererkrankungen und Rückenschmerzen

Ein ideales Mittel für robustere, ältere Pferde mit Lebererkrankungen, das als allgemeines Lebertonikum wirkt. Es passt zu Pferden mit verminderter Widerstandskraft, Lethargie oder Schmerzen im Lendenbereich. Man sollte es auch in Erwägung ziehen, wenn die Akkumulation von Toxinen in der Leber zu Hufrehe geführt hat.

Chionanthus
Leitsymptome: Gelbsucht

Dieses weniger bekannte, aber sehr wirkungsvolle Mittel kann bei Gelbsucht, dunklem Urin und Lebervergrößerung sehr hilfreich sein. Chionanthus kann auch bei Schmerzen im Leberbereich und Ödemen nützlich sein.

Carduus marianus
Leitsymptome: Lebervergrößerung, Gelbsucht, chronische Hepatitis

Vorrangig ein Mittel für Gelbsucht, das besonders gut wirkt, wenn der Urin eine leuchtend gelbe Farbe hat. Ein Schlüsselsymptom sind linksseitige Bauchschmerzen. Carduus ist ein hervorragendes Mittel bei chronischer Hepatitis. Dieses Mittel wirkt gut zusammen mit Taraxacum bei der Ausleitung von Lebertoxinen.

Mercurius dulcis
Leitsymptome: Chronische Hepatitis, katarrhalische Gelbsucht, Zirrhose

Ein Mittel für chronische Lebererkrankungen, v. a. wenn die Vernarbung (Zirrhose) der Leber zu Gelbsucht führt. Ein spezifisches Mittel für katarrhalische Gelbsucht, wenn die Funktion der Leber bedingt durch einen Katarrh eingeschränkt ist. Manche Pferde zeigen daneben gastrointestinale Symptome, z. B. weichen grünen Kot. Mercurius dulcis ist ein geeignetes Mittel bei Jakobskreuzkrautvergiftung.

Mercurius solubilis
Leitsymptome: Gelbsucht, schweißbedeckte Haut, schleimiger weicher Kot, Aszites

Mercurius solubilis ist ein Mittel zur Behandlung von Lebererkrankungen, wenn gleichzeitig Hautsymptome auftreten, insbesondere fettige, ölige Haut und leichtes Schwitzen. In schweren Fällen mit Gelbsucht kann es auch zu Anschwellung der unteren Gliedmaßen und weichem, schleimigem Kot kommen. Ein weiterer Hinweis ist in manchen Fällen auch die Ansammlung von Flüssigkeit im Abdomen (Aszites).

Natrium sulphuricum
Leitsymptome: Verschlimmerung der Symptome durch feuchtes Wetter, Hepatitis

Ein herausragendes Lebermittel zur Behandlung von Leberentzündungen (Hepatitis), wenn die Symptome sich durch nasses, feuchtes Wetter deutlich verschlimmern und Schmerzen im Leberbereich bestehen. In schwereren Fällen treten überdies Flatulenz und Gelbsucht auf.

Taraxacum
Leitsymptome: Lebervergrößerung mit starken Nackenschmerzen

Angezeigt bei steifem Nacken und Schmerzhaftigkeit der Gelenke oder Muskeln. Die Leber kann vergrößert sein, wobei deutliche Gelbsucht besteht. In Tiefpotenzen wirkt Taraxacum gut zusammen mit Carduus als Leberschutzmittel, und es unterstützt die Ausleitung von Toxinen. Werden die beiden genannten Mittel in dieser

Weise eingesetzt, ist die empfohlene Potenz die *D4, zweimal täglich.*

Ptelea
Leitsymptome: Ausleitung von Toxinen

Ptelea ist als Leberdrainagemittel bekannt; es unterstützt die Ausleitung von Toxinen aus der Leber. Bei schlechtem Appetit kann es auch zur Appetitanregung eingesetzt werden.

Spezielle Lebererkrankungen

Leberabszess

Leberabszesse sind eher selten, können aber durch das Eindringen von Bakterien in die Leber entstehen. Symptome einer offensichtlichen Lebererkrankung treten erst bei massiver Leberschädigung auf. Dennoch gibt es deutliche Symptome, beispielsweise Gewichtsverlust, Inappetenz und Fieberschübe. Die Aussichten sind oftmals schlecht.

Hepar sulphuris C30
Das Mittel der Wahl, um zu versuchen, die Eiterung zum Stillstand zu bringen. Es muss über einen längeren Zeitraum gegeben werden.
Dosierung: *Zweimal täglich*

Weitere passende Mittel sind **Mercurius solubilis C30, Mercurius corrosivus C30, Silicea C30** und **Lycopodium C30**.

Equine Hyperlipämie

Bei dieser Erkrankung liegt eine Störung im Fettstoffwechsel vor. Aufgrund der Anhäufung von sogenannten Triglyzeriden in der Leber kommt es zu Leberversagen. Die Nieren können in gleicher Weise betroffen sein. Ponys (v. a. Shetland-Ponys) und Esel erkranken besonders häufig, und hier bevorzugt weibliche Tiere. Es gibt eine ganze Reihe prädisponierender Faktoren, darunter Fettleibigkeit, starke Abmagerung (erzwungen oder als Folge einer Krankheit), stressbehaftete Situationen (z. B. Futterwechsel, schlechtes Wetter, Transport, andere Krankheiten wie Morbus Cushing, Laminitis, Kolik oder Diarrhö), Trächtigkeit und Laktation.

Die Hauptsymptome sind Appetitverlust, Lethargie und Dumpfheit, gefolgt von Anzeichen eines Leberversagens, insbesondere Gelbsucht. Leberschwellung, Gewichtsverlust, Diarrhö, Ödeme (an der Unterseite des Abdomens), Hautsymptome, Darmanschoppung, mangelhafte Koordination (Ataxie), Muskelzuckungen, Anpressen des Kopfes und möglicherweise noch andere Verhaltensauffälligkeiten. In sehr schweren Fällen entwickelt das Tier Krampfanfälle und fällt im Endstadium der Erkrankung schließlich ins Koma. Tiere, bei denen noch ein Nierenversagen hinzukommt, zeigen noch andere Symptome wie vermehrten Durst und Harnabsatz sowie Kongestion der Schleimhäute. Ein Großteil der Fälle erholt sich nicht mehr von diesem Zustand.

Ein fundiertes und spezielles Management in Verbindung mit homöopathischer Behandlung kann in manchen Fällen noch Hoffnung auf Heilung geben.

Homöopathische Behandlung der equinen Hyperlipämie
Dosierung: *C30, viermal täglich*

Als spezifische Lebermittel für diese Erkrankung **Phosphorus, Carduus, Lycopodium**

Mit Leberschwellung **Carduus, Lycopodium, Natrium sulphuricum, Chionanthus**

Gelbsucht **Phosphorus, Chionanthus**

Ataxie **Phosphorus**

Mit Hautsymptomen **Sepia, Sulphur**

Mit Diarrhö **Mercurius solubilis, Nux vomica, Podophyllum**

Pressen des Kopfes **Helleborus**

Muskelzuckungen **Agaricus**

Konvulsionen **Agaricus, Nux vomica**

Die Harnwege

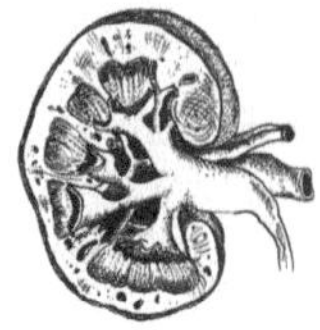

Dieser Abschnitt umfasst die Harnwege und Erkrankungen der Nieren, Blase und Harnröhre. Im Vergleich zu anderen Tierarten werden beim Pferd nur selten Harnwegserkrankungen diagnostiziert. Dies liegt möglicherweise daran, dass die Symptome weniger offensichtlich oder nicht so leicht zu erkennen sind. Eine sofortige homöopathische Behandlung kann sowohl bei akuten als auch chronischen Erkrankungen oft sehr hilfreich sein.

Idealerweise geht man an Harnwegserkrankungen heran, indem man sie in zwei Kategorien einteilt. Zu der ersten Kategorie zählen Erkrankungen der Nieren, die sich oft im Wasser- und Elektrolythaushalt des Körpers widerspiegeln. Die Symptome können weitreichende Auswirkungen auf andere Organe oder Bereiche des Körpers haben. Die zweite Kategorie umfasst die Erkrankungen der Blase und Harnröhre. Diese manifestieren sich als Veränderungen im Harnfluss oder im Aussehen des Urins.

Normaler Pferdeharn ist opak mit einer geringen Trübung (Wolkigkeit), v. a. am Ende des Harnabsatzes. Klarer Urin ist nicht normal. Rossige Stuten spritzen typischerweise kleine Mengen Urin ab, der dunkler und dicker als normal ist. Ansonsten urinieren erwachsene Pferde zwischen vier- bis sechsmal am Tag. Der Harnabsatz erfolgt normalerweise in der Ruhe, häufig wenn die Tiere zurück in den Stall gebracht werden und frische Einstreu vorfinden. Beobachtet man ein Pferd beim Urinieren, so kann man die typische Stellung sehen, in der die Hinterbeine auseinandergespreizt werden und der Körper ein wenig nach vorne gelehnt wird. Jegliche Veränderungen im normalen Ablauf, in der Häufigkeit des Harnabsatzes oder der Beschaffenheit des Urins sollten für Sie ein Hinweis auf ein mögliches Problem sein.

Die Nieren

Erkrankungen der Nieren

Nierenerkrankungen treten bei Pferden nur selten auf und sind meist nicht leicht zu entdecken. Symptome treten oft erst auf, wenn die Krankheit bereits weit fortgeschritten ist, da die Nieren eine hohe Kompensationsfähigkeit haben. Es können bis zu 75 Prozent des funktionellen Nierengewebes geschädigt sein, bevor sich irgendwelche Krankheitszeichen bemerkbar machen. Unabhängig von der Ursache führt jede Nierenerkrankung letztendlich zu einer Schädigung der Nieren und akutem oder chronischem Nierenversagen; dazu zählen auch Erkrankungen wie Nephrose (Zerstörung des Nierengewebes) und Nephritis (Entzündung der Nieren).

Akutes Nierenversagen

Es gibt zahlreiche Ursachen für akutes Nierenversagen. Zu ihnen zählen Flüssigkeitsverlust durch Blutungen und Diarrhö ebenso wie Septikämie und Endotoxämie. Auch eine toxische Schädigung der Nieren durch bestimmte Medikamente kann zu einer akuten Nierenerkrankung führen. Solche Medikamente sind beispielsweise verschiedene Antibiotika (z. B. Aminoglykoside und Sulfonamide) und nichtsteroidale Antiphlogistika wie Phenylbutazon. Pflanzengifte können ebenfalls die Nieren schädigen (z. B. Eichelvergiftung), genauso wie Schwermetalle (darunter Blei, Arsen oder Quecksilber) und Pigmente wie Myoglobin, die im Rahmen einer Azoturie (Kreuzverschlag) aus dem Muskelgewebe freigesetzt werden können. Eine Schädigung oder Verlegung der Blase oder Harnröhre kann durch den Harnrückstau ebenso zu einer Nierenschädigung führen. Bei Fohlen kann es durch eine Infektion mit *Actinobacillus (Shigella) equuli* zu einer akuten Nierenschädigung kommen, die auch als Fohlenseptikämie bekannt ist (siehe Seite 160).

Spezifische Symptome sind verminderter Absatz von konzentriertem, dunklem und evtl. blutigem Urin und bei manchen Pferden auch Pressen beim Urnieren. Die Nieren schwellen an, und im Bereich der Nieren kommt es zu einer Empfindlichkeit der Lendenwirbelsäule. Damit einhergehend können auch allgemeine Bauchschmerzen und eine merkwürdige Körperhaltung auftreten. Fieber, Anzeichen eines Schocks (erhöhte Pulsfrequenz und hellrote Schleimhäute), Lethargie und Inappetenz können sich ebenfalls entwickeln.

Allgemein stehen die deutlichsten Symptome eines akuten Nierenversagens mit der primär zugrunde liegenden Ursache wie z. B. einer Toxämie oder Diarrhö in Zusammenhang. Diese Erkrankungen bedürfen einer eigenständigen Behandlung, und sofortiges Eingreifen erhöht die Überlebenschancen des Tieres beträchtlich. Man denke an **Aconitum** (*1M, alle 15–20 Minuten*) im Frühstadium eines akuten Nierenversagens, bis die Symptome ein anderes Mittel anzeigen. Andere Fiebermittel können im Anfangsstadium ebenfalls hilfreich sein, darunter **Belladonna** und **Pyrogenium**. Die *1M-Potenz* ist ideal und sollte *alle 10–15 Minuten* verabreicht werden. Weitere nützliche Mittel, v. a. wenn Durchfall besteht, sind **China C30**, wenn das Tier dehydriert ist, **Carbo vegetabilis C30**, wenn das Tier kollabiert und kalt ist, **Phosphoricum acidum C30**, wenn hochgradige Schwäche und damit verbundene vermehrte Harnproduktion bestehen.
Dosierung: *C30, so oft wie nötig*

Mittel bei akutem Nierenversagen

Apis

Schmerzen im Nierenbereich aufgrund von Nierenschwellung sind die Hauptindikation für dieses Mittel. Ist Apis angezeigt, so wird nur wenig Harn produziert. Der Urin ist dunkel, enthält viel Eiweiß und Zelltrümmer, und der Absatz kann mit Schmerzen verbunden sein. Das Pferd kann einen erregten Eindruck machen.
Dosierung: *C200, dreimal täglich*

Cantharis

Rückenschmerzen sind ein Hinweis auf Cantharis; sie kommen und gehen, und das Pferd wechselt ständig die Stellung, um ein wenig Linderung zu erfahren. Der Nierenbereich ist berührungsempfindlich. Der Urin wird unter Schmerzen in kleinen Mengen abgesetzt und kann Blut enthalten.
Dosierung: *C200, dreimal täglich*

Terebinthina

Angezeigt, wenn die Nieren entzündet sind und der Urin große Mengen Blut und Eiweiß enthält und eine rauchige Farbe hat. Er kann außerdem süßlich riechen und wird unter Drängen und Schmerzen abgesetzt.
Dosierung: *C30, dreimal täglich*

Eucalyptus

Dieses weniger bekannte Mittel ist bei akuter Nephritis angezeigt, wenn der Urin Blut und viele weiße Blutzellen enthält. Beim Harnabsatz treten deutlich erkennbare Schmerzen auf.
Dosierung: *C30, dreimal täglich*

Mercurius corrosivus

Das Leitsymptom für den Einsatz dieses Mittels ist Urin, der Blut und Schleimfetzen enthält. Der Harnabsatz ist mit starken Schmerzen und Drängen verbunden. Eine Schwermetallvergiftung kann auch auf dieses Mittel ansprechen.
Dosierung: *C30, dreimal täglich*

Colchicum

Ein ideales Mittel für akute Situationen, wenn der Harnabsatz vermindert ist, der Urin dunkel ist und Blut sowie sehr viel Eiweiß enthält. Der Lendenbereich ist schmerzhaft, und das Pferd will sich nicht bewegen.

Dosierung: *C30, viermal täglich*

Serum anguillae

Dieses Mittel ist bei vermindertem Harnabsatz und gleichzeitig stark erhöhten Harnstoffwerten (ein Abfallprodukt, das über die Nieren ausgeschieden wird) im Blut angezeigt. Der Urin enthält viel Albumin (ein Eiweiß) und rote Blutkörperchen. Gleichzeitig kann eine Herzerkrankung vorliegen.

Dosierung: *C30, dreimal täglich*

Mercurius solubilis

Mercurius solubilis ist in akuten Situationen hilfreich, wenn Toxine zu einer akuten Nierenschädigung geführt haben. Der Urin enthält Eiweiß und Blut und wird nur in kleinen Mengen ausgeschieden. Schwitzen ist ein herausragendes Merkmal, das dieses Mittel von anderen unterscheidet.

Dosierung: *C30, dreimal täglich*

Weitere nützliche Mittel

Dosierung: *C30, dreimal täglich*

Kalium chloratum, wenn die Maulschleimhaut ulzeriert ist.

Nux vomica ist nützlich als grundlegendes Mittel bei Vergiftungen.

Chronisches Nierenversagen

Diese Erkrankung tritt nur selten auf; betroffen sind meist ältere Pferde, bei denen sich im Rahmen des Alterungsprozesses ein chronisches Nierenversagen entwickeln kann. Eine akute Nierenerkrankung kann in eine chronische Form übergehen, es gibt allerdings auch eine Reihe anderer spezifischer Ursachen. Zu diesen zählen Erkrankungen der Glomerula, der Anteile der Nieren, die den Harn filtern. Tumoren und Nierensteine können ebenfalls zu einer chronischen Nierenerkrankung führen.

Die Hauptsymptome sind schlechter Appetit und Gewichtsverlust. Der Urin ist weniger konzentriert und wird aufgrund der eingeschränkten Nierenfunktion in größeren Mengen abgesetzt. Auch der Durst nimmt zu (obwohl dies bei Pferden oft schwer zu bestimmen ist), und es stellen sich eine gewisse Lethargie und Depression ein. Daneben kommt es zu Maulgeruch und evtl. auch zu Geschwürbildung im Maulbereich. In schweren Fällen sammelt sich aufgrund des Eiweißverlustes über die Nieren Flüssigkeit im Brustbereich an. Der Urin kann Eiweiß und Zelltrümmer enthalten. Weiterhin kann sich eine Anämie entwickeln.

Mittel bei chronischem Nierenversagen

Arsenicum album

Man achte auf Durst auf kleine Mengen Wasser, eine allgemein kränkliche Erscheinung und trockenes, schuppiges Fell. Die meisten Tiere, die auf dieses Mittel ansprechen, zeigen Unruhe und Angst und in späteren Stadien Hinfälligkeit. Sie sind sehr schnell erschöpft.

Dosierung: *C30, ein- oder zweimal täglich*

Phosphorus

Phosphorus passt zu schlanken, athletisch aussehenden Tieren. Symptome, die deutlich auf dieses Mittel hinweisen, sind Geräuschempfindlichkeit, Durst auf große Mengen Wasser, Albumin und Zelltrümmer im Urin, weicher Kot und evtl. die Ansammlung von Flüssigkeit im Brustbereich. Die meisten Pferde, die gut auf Phosphorus ansprechen, sind freundlich und flatterhaft bzw. nervös.

Dosierung: *C30, ein- oder zweimal täglich*

Natrium muriaticum

Passt zu weniger freundlichen Tieren, die Zuwendung ausweichen und eher einzelgängerisch veranlagt sind. Sie sind zwar gierig und futterneidisch, aber dennoch schlank gebaut. Man achte auf Durst auf große Mengen Wasser und gesteigerten Harnabsatz, wobei der Fluss manchmal verzögert einsetzt. Daneben können Hautprobleme bestehen. Man suche nach Stellen, an denen das Haar dünner wird und die Haut fettig ist. Es kann starker wässriger Augenausfluss auftreten. Pferde, die auf Natrium muriaticum ansprechen, zeigen oft starkes Verlangen nach Salzlecksteinen.
Dosierung: *C30, einmal täglich*

Berberis vulgaris

Die meisten chronischen Fälle profitieren von diesem Mittel. Das ausgeprägteste Symptom sind Schmerzen im Lendenbereich in Verbindung mit Lethargie oder herabgesetzter Ausdauer. Beim Harnabsatz treten Schmerzen auf, und der Urin enthält Sediment. Wechselhafter Durst ist ebenfalls ein Hinweis auf dieses Mittel. Berberis ist hilfreich, wenn Kreuzverschlag (Azoturie) die zugrunde liegende Ursache ist.
Dosierung: *C30, einmal täglich*

Lespedeza

Dieses weniger bekannte Mittel eignet sich gut bei chronischen Nierenerkrankungen. Es kann in Kombination mit anderen Arzneien eingesetzt werden.
Dosierung: *D6, ein- oder zweimal täglich*

Weitere nützliche Mittel

Dosierung: *C30, zweimal täglich*

Apis ist nützlich bei Flüssigkeitsansammlung im Brustbereich.

Benzoicum acidum, wenn der Urin einen stechenden und widerwärtigen Geruch aufweist.

Solidago als allgemeines Nierenmittel, wenn der Urin klar ist, aber Schmerzen im Nierenbereich bestehen.

Alfalfa, um die Nierenfunktion grundsätzlich zu unterstützen und die Harnstoffwerte zu senken. Bei gesteigertem Harnabsatz angezeigt.

Plumbum, wenn auffälliger Muskelschwund in Verbindung mit Anämie und unsicheren Bewegungen auftritt.

Pyelonephritis

Hier handelt es sich um eine Infektion des Nierenbeckens; sie tritt v. a. bei Stuten nach dem Abfohlen auf. Die Infektion steigt meist über die Harnwege auf, wobei die Bakterien auch von einer anderen Infektionsstelle oder im Rahmen einer Septikämie über das Blut zu den Nieren gelangen können. Fohlen mit einem infizierten Nabel können durch Eintritt der Erreger in die Blutbahn eine Pyelonephritis entwickeln. Die Symptome können akut oder chronisch sein.

Die akuten Zeichen ähneln einer Zystitis; der Urin enthält Blut und Eiter, es kommt zu Temperaturschwankungen, Bauchschmerzen und Verminderung des Harnabsatzes. In chronischen Fällen entwickeln sich die Symptome langsamer; sie umfassen Gewichtsverlust, Lethargie und Ödeme an den unteren Gliedmaßen und im Magenbereich. Daneben kann eine Anämie bestehen, und es können sich alle Symptome entwickeln, die grundsätzlich mit einer chronischen Nierenerkrankung in Verbindung stehen. Sehr häufig ist die daraus entstehende Schädigung der Nieren nicht reversibel. Daher kann die Prognose sehr schlecht sein. Homöopathische Mittel können helfen, sofern sehr früh mit der Behandlung begonnen wird.

Pyrogenium

Ein ideales Mittel für akute, fiebrige Fälle, wenn die Infektion über das Blut erfolgt ist. Hier hat man meist auch deutliche Hinweise auf die Ein-

trittspforte. Weitere charakteristische Merkmale sind Drängen beim Harnabsatz, hohes Fieber (das nach oben und unten fluktuieren kann) und allgemeine Abgeschlagenheit.
Dosierung: *1M, stündlich, bis die Symptome nachlassen*

Cantharis

Eines der bestbekannten Harnwegsmittel, das v. a. in akuten Fällen von Nutzen ist, wenn die Symptome plötzlich mit großer Heftigkeit auftreten. Der Urin enthält große Mengen Blut und wird nur unter Schmerzen in kleinen Mengen abgesetzt. Der sofortige Einsatz dieses Mittels kann die Nierenschädigung vermindern, indem es verhindert, dass eine Infektion zu den Nieren aufsteigt.
Dosierung: *C200, stündlich, bis die Symptome nachlassen*

Hepar sulphuris

Hepar sulphuris ist bei niedrigem Fieber angezeigt und wenn der Urin Blut und v. a. Eiter enthält. Meist bestehen Schmerzen mit Drängen beim Harnabsatz. Die betroffenen Tiere sind sehr kälteempfindlich und dulden keine Berührung im Nierenbereich. Daneben kann es zu Gewichtsverlust und vermehrtem Durst kommen.
Dosierung: *C200, dreimal täglich*

Arsenicum album

Arsenicum album ist angezeigt, wenn der Urin sehr viel Eiweiß, Eiter, Blut und Zelltrümmer enthält, nur wenig Harn abgesetzt wird und das Pferd sehr unruhig ist. In späteren Stadien eignet sich Arsenicum, wenn der Zustand chronisch wird und mit Anämie, vermehrtem Durst und allgemeinem Verfall einhergeht. Es ist auch hilfreich, wenn trotz antibiotischer Behandlung eine latente Infektion zurückbleibt.
Dosierung: *C30, zweimal täglich*

Mercurius corrosivus

Hinweise auf dieses Mittel sind überaus schmerzhafter Harnabsatz und das Vorkommen von reichlich Blut und grünlichem Eiter im Urin. Ganz typisch ist das Nachträufeln des Harns am Ende des Urinierens. Schwitzen ist ein weiterer guter Indikator für Mercurius.
Dosierung: *C200, dreimal täglich*

Terebinthina

Kennzeichnend für dieses Mittel sind Ödeme in Verbindung mit anderen Symptomen einer Pyelonephritis. Der Urin sieht schleimig aus, enthält Blut und wird nur unter Pressen abgesetzt. Die Tiere machen einen steifen und kranken Eindruck.
Dosierung: *C200, dreimal täglich*

Silicea

Silicea passt für chronische Fälle. Auch hier findet man Blut und Eiter im Urin, allerdings weniger als bei Hepar sulphuris. Durst und Harnmenge sind gewöhnlich gesteigert. Der Harnabsatz bereitet Schmerzen.
Dosierung: *C30, zweimal täglich über mehrere Wochen*

Ocimum canum

Dieses weniger bekannte Mittel ist hilfreich, wenn der Urin sehr stark riecht, viel Eiter enthält und dickflüssig erscheint. Ein nützlicher Hinweis sind Schmerzen im Bereich der rechten Niere.
Dosierung: *C30, dreimal täglich*

Methylenblau

Dieses Mittel kann helfen, wenn der Urin sehr viel Eiter enthält und dadurch eine grünliche Farbe annimmt.
Dosierung: *D3, dreimal täglich*

Blase und Harnröhre

Die Blase speichert den von den Nieren gebildeten Harn; mit zunehmendem Füllungszustand dehnt sie sich aus. Ist sie voll, entleert sie sich nach außen, indem der Urin durch die Harnröhre abfließt. Erkrankungen in diesem Bereich der Harnwege treten nur selten auf und zeigen sich hauptsächlich als Veränderungen in der Art und Weise des Harnabsatzes.

Zystitis

Eine Zystitis oder auch Blasenentzündung tritt eher bei Stuten auf, da die Harnröhre relativ kurz ist und sich in die Vagina öffnet, die selbst eine Infektionsquelle sein kann. Bei männlichen Tieren ist die Urethra viel länger und enger, sodass das Infektionsrisiko wesentlich geringer ist. Die Hauptursache ist eine bakterielle Infektion infolge von Veränderungen der Harnpassage oder einer traumatischen Schädigung der Blasenschleimhaut. Dazu zählen Blasensteine, Blasenkrebs, Blasenlähmung und begleitende Erkrankungen (z. B. Metritis bei Stuten). Eine Zystitis kann auch nach tierärztlichen Maßnahmen auftreten, wie z. B. Katheterisierung der Blase oder endoskopische Untersuchung der Geschlechtorgane. Die Symptome einer Zystitis können akut und chronisch sein.

Symptome einer akuten Blasenentzündung sind häufiger Harnabsatz (wobei jedesmal nur kleine Mengen abgesetzt werden) unter offensichtlichen Schmerzen mit fortwährendem Harndrang (auch wenn vielleicht gerade erst uriniert wurde) und Blut im Urin. Chronische Fälle weisen meist weniger schwerwiegende Symptome auf, wobei sich noch Harntröpfeln, Wundheit der Haut an den Stellen, die mit dem Urin in Berührung kommen, und trockene Krusten im Vulvabereich dazugesellen.

Es gibt etliche nützliche Mittel, die zur Behandlung einer Zystitis eingesetzt werden können. Allerdings ist es immer entscheidend, die zugrunde liegende Ursache festzustellen und entsprechende Arzneien zu geben. Nur wenige Tiere mit einer Blasenentzündung entwickeln Fieber. Hier ist **Aconitum 1M** im Anfangsstadium hilfreich.

Cantharis

Dieses Mittel ist von allen homöopathischen Arzneien zur Behandlung einer Zystitis am besten bekannt und sicherlich auch eines der wirksamsten. Schmerzen sind ein Schlüsselelement, um Cantharis auszuwählen; diese können so heftig sein, dass sie eher an eine Kolik denken lassen als an eine Zystitis. Der Urin wird nur unter großen Schmerzen abgesetzt, und selbst danach besteht starker und häufiger Harndrang. Daneben enthält der Urin oft Blut.
Dosierung: *C30, stündlich, bis die Symptome nachlassen*

Terebinthina

Die Symptome von Terebinthina ähneln sehr jenen von Cantharis, abgesehen von dem Umstand, dass der Urin sehr stechend riecht, viel Blut enthält und sehr wolkig ist.
Dosierung: *C30, stündlich, bis die Symptome nachlassen*

Staphisagria

Die Hauptindikation für dieses Mittel ist eine Zystitis nach einem physischen Trauma, v. a. wenn eine Untersuchung der Harnwege oder der Geschlechtsorgane bzw. eine Blasenoperation stattgefunden hat. Auch hier kommt es zu Harndrang und Schmerzen, aber nicht so ausgeprägt wie bei Cantharis. Die Tiere können reizbar sein.

Dosierung: *C30, viermal täglich, bis die Symptome nachlassen*

Pulsatilla

Pulsatilla eignet sich besonders dann für die Behandlung einer Zystitis bei Stuten, wenn das Schlüsselsymptom „Harntröpfeln zwischen Episoden von anfallsweisem Harndrang“ ist, insbesondere wenn es in der Bewegung auftritt. Auch hier sind die typischen Symptome einer Zystitis zu finden: Schmerzen, häufiger Absatz von geringen Mengen Harn und Blut im Urin. Die Symptome sind weniger heftig als bei Cantharis, weshalb diese Arznei v. a. bei der Behandlung chronischer Fälle hilfreich sein kann.
Dosierung: *C30, zweimal täglich, bis die Symptome nachlassen*

Sepia

Sepia ist ein weiteres Mittel, das sich mehr für chronische Fälle und auch besonders für Stuten eignet. Ein wesentlicher Punkt, der für die Wahl dieser Arznei spricht, ist das mürrische, abweisende Naturell des Patienten. Der Harnabsatz erfolgt oft langsam, und der Urin kann grießähnliches Material oder Sediment enthalten.
Dosierung: *C30, zweimal täglich, bis die Symptome nachlassen*

Copaiva und Solidago

Diese weniger bekannten Arzneien eignen sich als Folgemittel nach anderen Mitteln, wenn die heftigsten und offensichtlichsten Symptome bereits abgeklungen sind. Copaiva wirkt v. a. auf die Schleimhäute und unterstützt die Abheilung der Blasenschleimhaut, während Solidago die Reinigung der Harnwege fördert.
Dosierung: *C6, zweimal täglich*

Sarsaparilla

Hilfreich, wenn die Schmerzen nach dem Harnabsatz am größten sind und der Urin im Stand herauströpfelt. Ein ideales Mittel für chronische Fälle.
Dosierung: *C30, zweimal täglich*

Equisetum

Ein weiteres Mittel für eher chronische Fälle, wenn jedes Mal große Mengen Harn abgesetzt werden, im Gegensatz zu den kleineren Mengen, die für die anderen Mittel charakteristisch sind.
Dosierung: *C30, zweimal täglich*

Weitere nützliche Mittel

Dulcamara C30 bei Zystitis nach Wetterwechsel, v. a. bei feuchter Kälte.

Arnica C30 bei Zystitis nach einem direkten Trauma des Abdomens, z. B. einem Sturz.

Causticum C30, wenn sich eine Zystitis aufgrund der Retention von Harn in der Blase entwickelt, insbesondere nach chirurgischen Eingriffen.

Chimaphila C30, wenn der Urin große Mengen mit Blut vermengten Schleim enthält.

Urethritis

Eine Entzündung der Harnröhre wird als Urethritis bezeichnet. Sie tritt am häufigsten bei Hengsten infolge einer Penisverletzung auf, aber auch bei anderen männlichen Tieren durch eine aufsteigende bakterielle Infektion. Die Symptome ähneln oftmals denen einer Harnröhrenverlegung; es treten Schmerzen auf, und Hengste verweigern den Deckakt. Empfohlene Mittel sind **Arnica**, das zu Beginn gegeben wird, um die Auswirkungen eines Traumas zu behandeln, und anschließend eine der unten aufgeführten Arzneien. Sie werden in der *C200 dreimal täglich* verabreicht, bis die Symptome verschwinden.

Argentum nitricum

Dies ist das wichtigste Mittel für die Behandlung einer Urethritis, v. a. wenn es zu Harntröpfeln kommt und die Harnröhre entzündet und schmerzhaft ist.

Apis
Ein gutes Mittel für Urethritis, wenn die Harnpassage zu Beschwerden führt und das Tier unruhig, zappelig und reizbar ist.

Cantharis
Bei einer aufsteigenden Infektion, wenn die Symptome einer Zystitis ähneln.

Staphisagria
Wenn ein Trauma bestanden und zu Symptomen ähnlich einer Zystitis geführt hat.

Hartnäckige Fälle sprechen mitunter auf **Sycotic Co. C30 oder C200, Medorrhinum C200, Thlaspi bursa pastoris C30** oder **Thuja C200** an.

Dosierung: *Zweimal täglich, über fünf Tage*

Urolithiasis (Harnsteine)

Hier kommt es zur Steinbildung in den Harnwegen. Beim Pferd entstehen diese am häufigsten in der Blase, können aber auch in der Harnröhre vorkommen. An der Konkrementbildung sind zahlreiche Faktoren beteiligt, darunter der Harn-pH, die Fütterung sowie die Wasseraufnahme. Sie führen zur Ausfällung der im Urin gelösten Stoffe und in der Folge zu Steinbildung. Diese Steine bzw. der Harngrieß bestehen in den meisten Fällen aus Kalziumkarbonat, es können aber auch Anteile von Phosphat, Magnesium und Ammonium enthalten sein.

Blasensteine, Harngrieß

Die Symptome von Blasensteinen ähneln sehr denen einer Zystitis; letztere tritt oftmals als sekundäres Problem auf. Kolikartige Zeichen führen zu steifem Gang; daneben tritt häufig Harntröpfeln auf, wobei der Urin blutig sein kann. Die Behandlung erfolgt in der Regel chirurgisch, um die Steine zu entfernen. Die folgenden Mittel können hilfreich sein, um einem Rezidiv vorzubeugen.

Spezifische Mittel je nach Zusammensetzung der Steine

Dosierung: *Einmal täglich, über einen langen Zeitraum*

Calcium carbonicum D6, wenn die Steine aus Kalziumkarbonat bestehen

Phosphoricum acidum D6, wenn die Steine Phosphat enthalten

Magnesium phosphoricum D6, wenn die Steine Magnesium enthalten

Ammonium carbonicum D6, wenn die Steine Ammonium enthalten

Unspezifische Mittel bei Urolithiasis

Hydrangea D3 ist ein gutes allgemeines Mittel und v. a. hilfreich, wenn es zu gehäuftem Harnabsatz kommt oder der Beginn des Urinierens verzögert ist.

Urtica urens C6 unterstützt die Ausscheidung der Stoffe, aus denen sich die Kristalle und Steine bilden.

Lycopodium C6 ist ebenfalls nützlich, wenn der Urin Sediment enthält.

Berberis vulgaris C30 unterstützt die Reinigung des Harntraktes, v. a. wenn gleichzeitig Rückenschmerzen im Lendenbereich bestehen.

Harnröhrensteine

Blasensteine können in die Harnröhre wandern und zu deren teilweisen oder vollständigen Verlegung führen, sodass der Harn nicht mehr abfließen kann. Betroffen sind v. a. männliche Tiere, weil ihre Harnröhre enger ist. Klinische Zeichen sind Kolik, häufige Harnabsatzversuche, Unruhe und Erregung. Wird dieser Zustand nicht behandelt, dehnt sich die Blase allmählich aus und kann schließlich rupturieren. Der einzige Behandlungsweg besteht in der chirurgischen Entfernung des Steines. Die folgenden

Mittel können kurzfristig Linderung bringen, während man auf Hilfe wartet:

Pareira brava
Angezeigt bei anhaltendem Harndrang, wobei immer nur kleine Mengen abgesetzt werden und anschließend Harntröpfeln auftritt. Die Urethra ist entzündet und die Blase erweitert.
Dosierung: *C30, alle 15 Minuten*

Thlaspi bursa pastoris
Hilfreich, wenn die Symptome dem vorgenannten Mittel ähneln, der Urin aber Blut enthält. Auch nützlich bei chronischer Zystitis, wenn die Steine phosphathaltig sind.
Dosierung: *C30, alle 15 Minuten bei Obstruktion der Harnröhre, einmal täglich bei chronischer Zystitis*

Sarsaparilla
Hinweise auf dieses Mittel sind Harndrang mit schwachem Strahl, Harntröpfeln, Blut im Urin und Erweiterung der Blase. Nützlich in subakuten Fällen.
Dosierung: *C30, dreimal täglich*

Striktur der Blase oder Harnröhre

Diese kann postoperativ auftreten und mit der folgenden Mittelkombination auf ein Minimum reduziert oder beseitigt werden. Alle Mittel werden in der *C6 zweimal täglich über mehrere Wochen* gegeben: **Silicea, Thiosinaminum** und **Calcium fluoratum**.

Blasenlähmung

Es gibt eine ganze Reihe von Erkrankungen, bei denen es zu einer Schädigung der die Blase versorgenden Nerven mit anschließender Lähmung kommen kann. Der Behandlungserfolg hängt unmittelbar von der zugrunde liegenden Ursache ab. Die Liste möglicher Ursachen umfasst u. a. Schädigung der unteren Lendenwirbel, des Beckens oder der Steißbeinregion, Rückenmarkstumoren, Infektionen mit dem Equinen Herpesvirus 1 (EHV-1) und Cauda-equina-Neuritis.

Aufgrund der Lähmung kann sich die Blase nicht mehr entleeren, sodass sie sich allmählich immer mehr mit Urin füllt und ausdehnt. Mögliche Symptome sind konstantes oder intermittierendes Harntröpfeln, Harnverlust bei Bewegung oder Husten, Wundheit, sekundäre Zystitis und Hinterhandschwäche. Liegt eine Verletzung vor, denke man an **Arnica C30** und **Hypericum C30** (als spezifisches Mittel bei Nervenschädigungen) als Erste-Hilfe-Mittel. **Bellis perennis C30** ist ein weiteres hilfreiches Mittel, wenn eine Verletzung des Beckens besteht. Hat sich eine Zystitis entwickelt, muss man auch diese Symptome behandeln.

Die folgenden Mittel, die sich bei Lähmungszuständen bewährt haben, sollten in der *C30, zweimal täglich* gegeben werden:

Causticum
Eines der Hauptmittel bei Blasenlähmung, wenn sich die Symptome allmählich über einen längeren Zeitraum entwickeln. Insbesondere in der Bewegung oder beim Husten tritt Harntröpfeln auf. Auch bei Lähmungen nach Blasenoperationen angezeigt.

Gelsemium
Gelsemium ist ein weiteres ausgezeichnetes Mittel bei Blasenschwäche, v. a. wenn gleichzeitig eine allgemeine Muskelschwäche besteht.

Opium
Bei Verlust der Kontraktionskraft der Blase, v. a. nach einem Unfall oder Schock.

Nux vomica
Angezeigt, wenn gleichzeitig eine Hinterhandschwäche besteht, die dazu führt, dass eine oder zwei Gliedmaßen nachgezogen werden. Liegen daneben auch Anzeichen einer Zystitis vor, die

allerdings nicht sehr ausgeprägt sind, so kann Nux vomica hier ebenfalls hilfreich sein.

Conium
Bei Lähmungserscheinungen, die mit anderen neurologischen Symptomen einhergehen, insbesondere wenn die Hinterhand betroffen und der Gang ungleichmäßig ist.

Inkontinenz

Diese tritt bei Pferden nur sehr selten auf und wenn, dann meist im Rahmen der oben beschriebenen Erkrankungen. Kann keine unmittelbare Ursache ermittelt werden, so ist **Causticum C30** eines der Hauptmittel, an die man denken sollte. Weitere Mittel, die in die engere Wahl kommen, sind **Lycopodium C30, Sepia C30, Arsenicum album C30** und **Pulsatilla C30**.

Hämaturie

Das Vorkommen von Blut im Urin wird als Hämaturie bezeichnet und ist im Grunde eher ein klinisches Symptom als eine Diagnose. Die möglichen Ursachen sind vielfältig; zu ihnen zählen auch einige der vorgenannten Erkrankungen wie z. B. Zystitis oder Harnsteine. Daneben gibt es aber noch zahlreiche andere Ursachen, beispielsweise Blasentrauma, Nebenwirkungen einiger Medikamente (einschließlich nichtsteroidaler Antiphlogistika), die Aufnahme von Giftpflanzen, Blasentumoren, gleichzeitig bestehende Lebererkrankungen oder anstrengungsinduzierte Blutungen.

Eine unspezifische homöopathische Behandlung der Hämaturie kann die unmittelbaren Symptome zum Verschwinden bringen, dennoch sollte die zugrunde liegende Ursache gesucht und entsprechend behandelt werden.

Dosierung: Das Mittel, das den Symptomen und der Ursache am ehesten entspricht, wird ein- bis viermal täglich in Abhängigkeit vom Schwerezustand verabreicht.

Arnica C200, wenn die Ursache eine Verletzung und das Blut dunkel ist

Hamamelis C30, wenn es nach einer Verletzung zu einer anhaltenden Blutung mit dunklem Blut kommt

Millefolium C30, wenn die Ursache unbekannt und das Blut hellrot ist

Erigeron C30 bei anhaltender chronischer Hämaturie

Phosphorus C30, wenn der Urin wässriges Blut enthält

Ipecacuanha C30, wenn der Urin sehr große Mengen Blut enthält

Thlaspi bursa pastoris C6 bei Blutungen durch Harnsteine

Anilinum C30 bei Tumoren im Harntrakt

Die Geschlechtsorgane ♀♂

In diesem Kapitel werden sowohl die weiblichen als auch die männlichen Geschlechtsorgane abgehandelt und Arzneimittel empfohlen, um häufige Probleme zu behandeln. Im Rahmen der Paarung, Trächtigkeit und Geburt auftretende Störungen werden ebenfalls beschrieben.

Die Stute

Die weiblichen Geschlechtsorgane und der normale Zyklus (die Rosse)

Die Geschlechtsorgane der Stute bestehen aus zwei Ovarien (Eierstöcken), den Eileitern, die die Eierstöcke mit der Gebärmutter (Uterus) verbinden, der Zervix und der Vagina, die in die Vulva, die äußere Geschlechtsöffnung, führt. Die meisten Menschen, die sich mit Stuten auskennen, wissen über den Zyklus und die damit normalerweise einhergehenden physischen und Verhaltensänderungen Bescheid. Die Stute ist von Natur aus saisonal polyöstrisch, was bedeutet, dass sie zu bestimmten Zeiten im Jahr wiederholt rossig wird. Entscheidende Einflussfaktoren sind hier das Klima, der allgemeine Gesundheits- und Ernährungszustand und v. a. die Tageslichtlänge, die normalerweise von der Jahreszeit abhängt. In der nördlichen Hemisphäre liegen die Zeiten der Zyklusaktivität in den Frühlings- und Sommermonaten. Manche Stuten zeigen allerdings auch außerhalb dieser Zeiten eine sexuelle Aktivität, was aber i. d. R. nicht normal, sondern krankhaft ist. Die Zeit im Jahr, in der keine sexuelle Aktivität stattfindet, wird auch als Anöstrus bezeichnet.

Mit Zunahme der Tageslichtlänge im Frühjahr werden die Ovarien aktiv und es findet eine Reihe von hormonell gesteuerten Vorgängen statt. In den Eierstöcken entwickeln sich Follikel, von denen jeder eine Eizelle enthält. Mit Freisetzung der ersten Eizelle aus einem Follikel wird der Anöstrus beendet und es stellt sich ein regelmäßiger Zyklus ein. Der normale Zyklus der Stute dauert durchschnittlich 21 Tage und kann in zwei Hauptphasen unterteilt werden. Die erste Phase ist der **Östrus** bzw. die Follikelphase und dauert fünf bis sieben Tage. Die zweite Phase ist der **Diöstrus** bzw. die Lutealphase, die normalerweise 14 oder 15 Tage dauert.

Im Östrus setzen die Ovarialfollikel das Hormon Östrogen frei, das eine Reihe von Veränderungen auslöst. Die Stute zeigt eine gesteigerte Empfängnisbereitschaft und ausgeprägte Verhaltensänderungen, darunter das Blinken (Ausstülpen der Schamlippen mit Sichtbarwerden der Klitoris), Anheben des Schweifes, exzessives Urinieren, Einnehmen der Position zum Harnabsatz, Treten oder Schlagen und Quietschen mit zurückgelegten Ohren. Gleichzeitig erschlaffen die Zervix und Vagina und es kommt zu vermehrter Sekretbildung und Flüssigkeitsansammlung in Uterus, Zervix und Vagina. In den letzten 24–48 Stunden des Östrus findet die Ovulation statt und eine Eizelle wird aus einem Follikel freigesetzt.

Im Diöstrus wandelt sich der rupturierte Follikel zum Corpus luteum (Gelbkörper) um, der das Hormon Progesteron produziert. Dieses bewirkt den Verschluss der Zervix, die Vorbereitung der Geschlechtsorgane für eine Trächtigkeit und das Ende des sexuellen Verhaltens, sodass weitere Annäherungsversuche des Hengstes zurückgewiesen werden. Wird die Stute nicht gedeckt oder findet keine Konzeption statt, erfolgt nach 14–15 Tagen erneut der Übergang in den Östrus. Dieser tritt bei den meisten Stuten in der gesamten Paarungszeit regelmäßig auf. Nimmt die Tageslichtlänge im Herbst wieder ab, kommt das Zyklusgeschehen normalerweise zum Erliegen, und es beginnt der Anöstrus, der bis zum folgenden Frühjahr dauert.

Zyklusstörungen und Unfruchtbarkeit

Einige Stuten zeigen Zyklusstörungen, d. h., das Muster weicht von einem normalen, regelmäßigen Zyklus ab. Es gibt dafür eine ganze Reihe von Gründen, die zu Unfruchtbarkeit und damit bei einem saisonal polyöstrischen Tier wie der Stute zu einem ernsthaften Problem führen können. Nachfolgend sind die häufigsten Zyklusstörungen mit den entsprechenden in Frage kommenden Mitteln aufgeführt. Man suche aber stets professionelle Hilfe auf, um eine genaue Diagnose zu erhalten.

Verlängerter Östrus

Normalerweise dauert der Östrus fünf bis sieben Tage; nur im Frühling kann er erheblich länger sein und sogar mehrere Wochen anhalten. Dies kann zu Problemen zu Beginn der Decksaison führen und betrifft v. a. junge Stuten und solche, deren Allgemeinzustand schlecht ist. Das Problem erledigt sich oft nach einer gewissen Zeit von selbst.

Verlängerter Diöstrus

Hier dauert der Diöstrus länger als die üblichen 14–15 Tage, in manchen Fällen sogar mehrere Wochen oder gar Monate. Die Ursache ist normalerweise ein persistierender Gelbkörper, der weiterhin Progesteron produziert, weil der Uterus keine Prostaglandine freisetzt. Daneben kann ein verlängerter Diöstrus auftreten, wenn es bei der tragenden Stute zum embryonalen Fruchttod gekommen ist.

Verlängerter Anöstrus

Anöstrus bedeutet, dass keine Brunstzyklen und keine Rosse auftreten; dieser Zustand ist im Winter normal. Zieht er sich aber bis in den Frühling und die Paarungssaison hinein, kann die Stute nicht belegt werden. Stress ist ein Hauptfaktor bei Tieren mit einem verlängerten Anöstrus. Weitere Faktoren, die diesen Zustand begünstigen, sind mangelhafte Haltung, schlechtes Wetter, unzureichende Ernährung, hochgradige Wurmbelastung und ein schlechter körperlicher Zustand. Daher ist es unabdingbar, dass diese Dinge vor der Decksaison abgestellt und mit anderen Behandlungen verbunden werden.

Suböstrus oder Ovulation im Diöstrus (stille Rosse)

Dieser Begriff bezieht sich auf einen Mangel an sichtbaren Verhaltensweisen bei rossigen Stuten. Die zugrunde liegenden Ursachen gleichen den beim verlängerten Anöstrus genannten.

Hauptmittel bei unregelmäßigem Zyklus und Unfruchtbarkeit

Man versuche, das Problem möglichst auf konstitutioneller Grundlage anzugehen. Die folgenden Mittel sind dabei am wichtigsten.

Dosierung: *C200, einmal täglich, fünf Tage lang, dann einmal wöchentlich über vier Wochen*

Pulsatilla

Pulsatilla passt zu sanften, freundlichen Stuten mit guten Mutterinstinkten und einem empfindsamen Naturell. Ein ideales Mittel zur Behandlung von Problemen im Anöstrus.

Sepia

Für mürrische, reizbare Stuten, die Gesellschaft ablehnen.

Platinum

Für hochmütige, halsstarrige Stuten, die gerne ausschlagen oder beißen.

Lilium tigrinum
Für Stuten mit einem ängstlichen, reizbaren, unruhigen Naturell, die auch Anzeichen von Nymphomanie entwickeln können.

Lachesis
Für Stuten, die sich nicht gerne berühren lassen oder Eifersucht zeigen. Sie neigen dazu, zu beißen oder zu treten.

Calcium carbonicum
Besonders passend für dickköpfige oder schwere Rassen. Bei verlängertem Östrus kann es helfen, den Zyklus zu regulieren.

Lycopodium
Die typische Lycopodium-Stute ist schlank und wenig selbstbewusst; sie ist nicht gerne allein und hängt oft besonders stark an einem bestimmten anderen Pferd. Lycopodium ist hilfreich bei verlängertem Östrus. Schmerzen im Bereich des rechten Eierstocks sind ein guter Hinweis auf dieses Mittel.

Natrium muriaticum
Dieses Mittel passt am besten zu Tieren, die mürrisch sind und sich von den anderen fernhalten. Stuten mit verlängertem Anöstrus oder unregelmäßigem Zyklus profitieren oft von diesem Mittel.

Andere homöopathische Mittel bei unregelmäßigem Zyklus und Unfruchtbarkeit

Dosierung: *C30, zweimal täglich in den ersten fünf Tagen, dann C200, einmal wöchentlich über vier Wochen*

Kalium carbonicum
Passt am besten zu sehr reizbaren oder launischen und empfindlichen Stuten. Bei verlängertem An- und Diöstrus und stiller Rosse sollte man an dieses Mittel denken. Schmerzen im Lendenbereich oder in der Hinterhand sind ein wichtiger Indikator für dieses Mittel.

Luna
Ein grundsätzliches Mittel bei Unfruchtbarkeit und eine gute Wahl, wenn keine andere Arznei klar angezeigt ist.

Folliculinum
Dieses Mittel kann bei Verdacht auf stille Rosse eingesetzt werden, wenn die Stute entweder einen Zyklus hat, aber keine äußerlich erkennbaren Anzeichen zeigt, oder wenn der Anöstrus andauert.

Sabina
Dieses Mittel ist bei begleitenden Rückenschmerzen angezeigt, v. a. wenn diese im Bereich des Beckens auftreten.

Senecio aureus
Dieses grundlegende Mittel wirkt unterstützend bei verlängertem Anöstrus, insbesondere bei reizbaren und nervösen Stuten.

Gossypium
Ein gutes Mittel bei verlängertem Anöstrus, wenn andere angezeigte Mittel keine Wirkung zeigen.

Unfruchtbarkeit bei normalem Zyklus

Bei Stuten, die trotz normaler Rosse nicht tragend werden, ziehe man folgende Mittel in Betracht: **Progesteron C12** zusammen mit **LHRH C12** (Luteinisierendes Hormon-Releasing Hormon)

Dosierung: *Zweimal täglich, über fünf bis sieben Tage vor dem Deckakt*

Verhaltensprobleme und Trächtigkeit

Wird der Hengst abgelehnt und die Stute verhält sich aggressiv, gebe man **Platinum C200** *zweimal täglich, sieben Tage lang,* bevor man sie mit dem Hengst zusammenbringt.

Befindet sich die Stute in einem Erregungszustand und ist sie schwierig zu kontrollieren oder aggressiv, setze man **Lachesis C200** *zweimal täglich, sieben Tage lang* ein, bevor man sie dem Hengst zuführt.

Ist die Stute überaus nervös oder ängstlich, denke man an **Ignatia C200** *zweimal täglich, sieben Tage lang,* bevor man sie mit dem Hengst zusammenbringt.

Zystische Ovarien, Ovarialzysten

Echte zystische Ovarien als solche gibt es bei der Stute nicht, aber man nimmt an, dass es manchmal zu follikulärer Überentwicklung kommen kann. Diese kann Unregelmäßigkeiten im Zyklus oder Verhaltensänderungen auslösen. Dieser Zustand reguliert sich häufig von selbst. Zysten können auch im Rahmen von Eierstockstumoren auftreten, die wiederum zu kolikähnlichen Symptomen, Gewichtsverlust und Flüssigkeitsansammlung im Abdomen führen können.

Diese Probleme lassen sich am besten durch den Abgleich der Symptome mit der am besten passenden Arznei angehen.

Dosierung: *C30, zweimal täglich, bis die Symptome nachlassen*

Apis

Dieses ist das Hauptmittel, v. a. wenn keine Anzeichen für eine Rosse bestehen, dafür aber Symptome wie Rückenschmerzen im Bereich der Ovarien und allgemeine Unruhe auftreten. Abdominelle Schmerzen können ein weiterer Hinweis sein. Diese Arznei sollte in allen Fällen in Erwägung gezogen werden, in denen sich infolge eines Tumors Flüssigkeit im Bauchraum ansammelt.

Lachesis

Indikationen für diese Arznei sind u. a. linksseitige Ovarialschmerzen. Lachesis passt zu unzuverlässigen, misstrauischen Stuten, die dazu neigen, auszutreten oder zu beißen.

Lilium tigrinum

Dieses Mittel ist besonders hilfreich, wenn Anzeichen für Ovarialschmerzen bestehen, die sich bis hinunter in die Beine zu erstrecken scheinen. Die Stute ist unruhig, nervös und wirkt oft gehetzt.

Colocynthis

Hilfreich bei extremen Ovarialschmerzen mit Unruhe. Der Rücken ist aufgrund der starken Schmerzen aufgekrümmt, was eine gewisse Linderung bewirkt.

Palladium

Ein wichtiges Eierstocksmittel, v. a. bei mehr rechtsseitigen Symptomen. Meist bestehen auch Schmerzen im unteren Rücken.

Thuja

Bei heftigen linksseitigen Ovarialschmerzen angezeigt. Tiere mit einer Vorgeschichte von Warzen oder Sarkoiden sprechen oft gut auf dieses Mittel an.

Medorrhinum

Dieses Mittel ist in Betracht zu ziehen, wenn andere Arzneien versagt haben. Die Ovarialschmerzen sind eher linksseitig.

Ebenfalls in Erwägung zu ziehen:

Platinum wenn gleichzeitig Zeichen von Nymphomanie bestehen

Bovista bei Unverträglichkeit von engsitzendem Sattelzeug und Geschirr

Iodium bei dünnen, ängstlichen und ruhelosen Tieren

Lycopodium wird am besten konstitutionell eingesetzt, wenn die Ovarialschmerzen eindeutig rechtsseitig sind

Ovarielle Hämatome

Im Anschluss an die Ovulation kann es zu einer übermäßigen Blutung in das Ovar kommen. Diese fühlt sich bei der Untersuchung wie eine Zyste an. Solche Blutungen treten relativ häufig auf und können mehrere Wochen bestehen, bewirken aber keinerlei Veränderungen im normalen Zyklus. Ideale Mittel für die Auflösung der Hämatome sind **Arnica** und **Hamamelis**. Sie werden beide *zweimal täglich in der C30* verabreicht, bis die Symptome verschwunden sind.

Vaginalblutungen zwischen den Rossen

Diese treten nicht sehr häufig auf und führen normalerweise bei der Stute auch nicht zu irgendwelchen Beschwerden. Es gibt diverse Mittel, die die Blutung zum Stillstand bringen können.

Dosierung: *C30, zweimal täglich, fünf Tage lang*

Sabina

Wenn die Blutung hellrot und bei Bewegung schlimmer ist. Gleichzeitig können Symptome von Nymphomanie auftreten.

Phosphorus

Angezeigt, wenn nur geringe Mengen von wässrigem Blut abgehen.

Ipecacuanha

Wenn viel hellrotes Blut in plötzlichem Schwall abgeht.

Secale

Bei beständigem Heraussickern von wässrigem Blut.

Nitricum acidum

Dieses Mittel eignet sich am besten für hartnäckige Fälle mit hellrotem Blut.

Endometritis und Unfruchtbarkeit

Der Begriff Endometritis bezeichnet eine Entzündung des Endometriums, der Gebärmutterschleimhaut. Die Ursache ist eine Infektion mit Bakterien und Hefepilzen. Der Zustand kann akut oder chronisch sein und stellt eine Hauptursache für Unfruchtbarkeit dar. Die Infektion kann vielfältige Ursachen haben, darunter Abfohlen, Deckakt, mangelhafter Körperbau und tierärztliche Untersuchungen. Bei den meisten Stuten sind die Abwehrmechanismen des Körpers in der Lage, die Verunreinigungen zu beseitigen, ohne dass sich eine Infektion festsetzen kann. Ist das Immunsystem jedoch geschwächt oder die Anatomie in diesem Bereich verändert, besteht ein erhöhtes Risiko für eine Kontamination.

Zu den häufigsten Symptomen zählen eine gefärbte vaginale Absonderung, die allerdings nicht in allen Fällen vorliegen muss. Die tierärztliche Untersuchung wird noch weitere Symptome an den Tag bringen, beispielsweise Flüssigkeitsansammlung im Uterus, Verdickung des Uterus und Schwellungen im Bereich der Zervix. Die Behandlung sollte alle zugrunde liegenden Defekte korrigieren und alle weiteren notwendigen Maßnahmen umfassen. Homöopathische Arzneien können sowohl in akuten als auch chronischen Fällen hilfreich sein.

In akuten Fällen kann die sofortige Behandlung mit **Aconitum** und **Belladonna** die Symptome zum Stillstand bringen, bevor sie sich weiterentwickeln. **Pyrogenium** ist bei Fieber angezeigt.

Dosierung: *1M, stündlich, bis die Symptome nachlassen oder ein anderes Mittel angezeigt ist*

Mittel bei Endometritis

Dosierung: *C30, zweimal täglich, bis die Symptome nachlassen*

Pulsatilla

Pulsatilla ist bei einer milden, dicken und gelben oder cremefarbenen Absonderung aus der

Vagina angezeigt. Es wirkt am besten bei sanftmütigen Stuten. Das Fell dieser Tiere ist oft hell.

Sepia

Gelb-grüner, reizender Ausfluss lässt an Sepia denken. Dieses Mittel wirkt am besten bei mürrischen, irgendwie traurigen und reizbaren Stuten. Ihr Fell ist oft dunkler gefärbt.

Caulophyllum

Angezeigt, wenn ein gewisser Erschöpfungszustand besteht und die Absonderung dunkel, beinahe schokoladenfarben ist.

Arsenicum album

Eine dünne, wässrige vaginale Absonderung, die die Haut reizt, charakterisiert Arsenicum. Die betroffenen Tiere sind unruhig und haben Durst auf kleine Mengen Wasser.

Hydrastis

Ein allgemeines Mittel, das hilfreich ist, wenn der Ausfluss klebrig ist und die Haut so reizt, dass Beschwerden auftreten.

Sabina

Dieses weniger bekannte Mittel hat eine Affinität zum Uterus und wirkt bei übelriechendem vaginalen Ausfluss.

Medorrhinum

Diese überaus wirksame Arznei ist angezeigt, wenn die Absonderung reichlich, chronisch, dunkel und von fauligem Geruch ist. Mögliche Begleitsymptome sind vermehrter Durst und Ovarialschmerzen, die auf der linken Seite schlimmer sind. Die Stute ist unruhig und zappelig.

Silicea

Silicea passt zu Stuten mit einer geschwächten Konstitution und empfindsamen, nachgiebigen Natur. Sie sind überempfindlich und können nervös und erregbar sein. Die typische Absonderung, die auf Silicea anspricht, ist milchig.

Secale

Secale ist oftmals wirksam, wenn die vaginale Absonderung braun und übelriechend und das Tier insgesamt in einem schlechten Zustand ist.

Nosoden

Neben der Gabe der oben erwähnten Mittel ist es auch möglich, diese mit der entsprechenden Nosode zu kombinieren, je nachdem welche Mikroorganismen beteiligt sind. Nosoden, die sich als hilfreich erweisen können, sind solche von *Streptococcus zooepidemicus*, *Escherichia coli*, *Klebsiella aerogenes*, *Staphylococcus aureus* und *Pseudomonas aeruginosa*.

Dosierung: *C30, zweimal täglich*

Pyometra

Eine Pyometra unterscheidet sich von einer Endometritis dahingehend, dass sich Eiter in der Gebärmutter sammelt, die sich in der Folge vergrößert und erweitert. Die Ursache dieser Erkrankung ist nicht genau bekannt, aber man geht davon aus, dass Verklebungen in der Zervix eine Rolle spielen, die den Abfluss der Flüssigkeit behindern. Die Symptome sind manchmal schwer auszumachen, umfassen aber manchmal eine schmutzige Absonderung aus dem Uterus. Selten kommt es zu Septikämie und Lethargie. Die Behandlung besteht darin, eine Abflussmöglichkeit durch die Zervix zu schaffen.

Zu den geeigneten Mitteln zählen die unter Endometritis aufgeführten Arzneien. Zusätzliche Mittel, um die Verklebungen zu lösen, sind **Graphites, Silicea, Calcium fluoratum** und **Thiosinaminum**.

Dosierung: *C30, einmal täglich*

Weitere nützliche Mittel:

Calcium sulphuricum

Dieses Mittel sollte in Erwägung gezogen werden, sobald der Abfluss gewährleistet ist; die Absonderung ist gelb und dick.
Dosierung: *C200, dreimal täglich, bis die Symptome nachlassen*

Hepar sulphuris

Hepar sulphuris erweist sich oft als nützlich, wenn die Absonderung eitrig und übelriechend ist.
Dosierung: *1M, dreimal täglich, bis die Symptome nachlassen*

Fraxinus americana

Ein ideales Mittel für die Behandlung einer Pyometra, wenn keine andere Arznei passend erscheint.
Dosierung: *C200, dreimal täglich, bis die Symptome nachlassen*

Pyrogenium

Bei Fieber, Depression und eitrigem, fauligem Ausfluss.
Dosierung: *1M, alle zwei Stunden, bis die Symptome nachlassen*

Abort

Die Trächtigkeit dauert bei der Stute durchschnittlich 340 Tage. Der Verlust des Fohlens vor dem 300. Tag wird als Abort bezeichnet. Zu den vielfältigen Ursachen zählen:

Infektionen

Viral: EHV-1 Virus (Equines Herpesvirus 1), Equine virale Arteriitis (EVA)

Bakteriell: *Streptococcus zooepidemicus*, *Escherichia coli*, *Klebsiella* und selten *Salmonella abortus equi*

Pilze: Aspergillus- und Mucor-Spezies

Andere Mikroorganismen: Leptospiren, Protozoen

Nicht-infektiös: Verdrehen, Abschnüren der Nabelschnur, Trauma, Schock

Die Behandlung eines Aborts aus homöopathischer Sicht erfolgt entweder vorbeugend oder symptomatisch.

Eine vorbeugende Maßnahme ist die Gabe der entsprechenden Nosode in Erwartung eines bekannten Problems. Das Mittel wird in der *C30, zweimal täglich über fünf Tage,* zu Beginn der Trächtigkeit und nach drei resp. sechs Trächtigkeitsmonaten gegeben.

Die symptomatische Behandlung besteht in der Gabe der am passendsten erscheinenden Arznei.

Die folgenden Mittel sollten in der C200 alle zwei Stunden verabreicht werden:

Arnica, wenn ein Trauma vorliegt

Baptisia bei Schock

Bellis perennis, wenn ein Trauma im Beckenbereich stattgefunden hat

Aconitum bei Schock und im Frühstadium aller Infektionen

China bei Blutverlust und Schwäche

Die folgenden Mittel sollten in der 1M stündlich verabreicht werden:

Pyrogenium bei Fieber infolge einer Infektion oder Sepsis

Baptisia bei Fieber infolge einer Infektion, wenn die Stute verwirrt und gedämpft erscheint

Die folgenden Mittel sollten in der C6 einmal täglich von Beginn der Trächtigkeit an verabreicht werden:

Viburnum opulus als grundlegendes Mittel zur Abortvorbeugung

Sepia, wenn der Charakter der Stute traurig und schwerfällig ist

Pulsatilla bei sanften, freundlichen Stuten

Kalium carbonicum bei Schwäche und Reizbarkeit

Helonias bei Rückenschmerzen

Sabina wenn es in den ersten vier Trächtigkeitsmonaten zum Abort kommt

Caulophyllum bei wiederholtem Abort und wenn Erschöpfung eine Rolle spielt

Die Geburt und Probleme im Rahmen der Geburt

Die Geburt bzw. das Abfohlen wird in drei Phasen eingeteilt. Das erste Stadium ist oft nur schwer zu erkennen und beginnt einige Stunden vor der Austreibung des Fohlens. Es umfasst eine Reihe von Anzeichen, die die zweite Phase einleiten, z. B. kolikähnliche Symptome mit Unruhe, Auf- und Abgehen, Umschauen zur Flanke und Peitschen des Schweifes. Vielleicht schwitzt die Stute auch (v. a. hinter den Ohren, an den Ellbogen, Flanken und am Hals) und klopft auf den Boden. Das Hormon Oxytocin, das aus der Hypophyse freigesetzt wird, ist für die Entstehung der Wehen und die Anregung der Milchbildung im Euter verantwortlich. In manchen Fällen tropft bereits Milch aus den Zitzen.

In diesem Stadium sollte man jegliche Störung vermeiden. Erscheint die Stute sehr erregt, gibt man **Aconitum 1M**, *alle 15 Minuten, bis sich die Lage beruhigt hat.*

Zum Ende des ersten Stadiums hin öffnet sich die Zervix. Die zweite Phase beginnt mit dem Platzen der Fruchtblase. Durch die Kontraktionen der Gebärmuttermuskeln wird das Fohlen in den Geburtskanal geschoben; dabei liegt die Stute möglicherweise auf der Seite. Die Wehen sind zu diesem Zeitpunkt sehr kräftig, und nach einer Weile wird die weiße Amnionmembran, die das Fohlen einhüllt, zwischen den Schamlippen sichtbar. Befindet sich das Fohlen in der richtigen Lage, erscheinen darauf erst die Vorderbeine und dann die Nase. Die Amnionhaut reißt und nach weiteren, noch heftigeren Wehen folgen der Körper und die Hüften. Nachdem das Fohlen vollständig ausgetrieben ist, ruht sich die Stute vielleicht ein wenig aus. Stadium zwei sollte nicht länger als eine Stunde dauern; meist ist es bereits nach 20–30 Minuten beendet. Hat man den Verdacht, dass Probleme bestehen oder das Fohlen nicht richtig liegt, muss man in jedem Fall sofort Hilfe holen.

Es gibt zahlreiche Mittel, die routinemäßig eingesetzt werden können, um Problemen vorzubeugen und die Erholung zu beschleunigen.

Dosierung: *C30, zweimal täglich, beginnend zwei bis drei Tage vor dem Geburtstermin. Während der Geburt können diese Mittel bei Bedarf alle fünf bis 10 Minuten gegeben werden.*

Arnica minimiert das Trauma und die Quetschungen sowie das Blutungsrisiko.

Bellis perennis kann in ähnlicher Weise wie Arnica eingesetzt werden und ist v. a. dann angezeigt, wenn die Bauch- und Uteruswände stark gequetscht wurden.

Caulophyllum ist eines der wichtigsten Mittel, um schwache oder unregelmäßige Wehen anzuregen.

Causticum regt die Wehentätigkeit an, wenn diese vollständig zum Stillstand kommt (dies wird auch als „Wehenschwäche" bezeichnet).

Calcium phosphoricum kann die Gebärmuttermuskeln tonisieren und sollte in der Zeitspanne vor dem eigentlichen Abfohlen verabreicht werden.

Secale ist eine weitere Alternative bei Wehenschwäche.

Pulsatilla ist ebenfalls bekannt für seine Wirkung bei mangelhaftem Muskeltonus der Gebärmutter. Es wird am besten auf konstitutioneller Grundlage eingesetzt.

Das dritte Stadium beginnt nach der Geburt des Fohlens und umfasst den Abgang der Nachgeburt und die Involution (das Zusammenziehen) der Gebärmutter. Die Plazenta löst sich allmählich von der Uteruswand und kommt, sobald die Stute steht, langsam aus der Vulva heraus. Der Uterus zieht sich weiter zusammen, und ca. 30 Minuten nach dem Abfohlen löst sich die Nachgeburt vollständig ab und fällt zu Boden.

Komplikationen nach der Geburt

Quetschungen

Diese treten recht häufig auf und können die Vagina und den Bereich der Vulva und des Anus, den sogenannten Damm (Perineum), betreffen. **Arnica C200** oder **Bellis perennis C200** können *zweimal täglich über fünf Tage* gegeben werden, um das Problem zu beheben.

Risse

Während der Geburt kann es zu Dammrissen kommen, wenn die Füße des Fohlens das Gewebe beschädigen oder überdehnen. Man kontrolliere immer, ob die Risse genäht werden müssen. Eine Kombination aus **Arnica C30** und **Hypericum C30** sollte *dreimal täglich, zehn Tage lang,* gegeben werden, um die Heilung zu unterstützen. Heilen die Risse nur langsam ab, verabreicht man **Calendula C30**, *zweimal täglich,* bis die Stellen vollständig abgeheilt sind. Liegt eine Infektion vor, gibt man stattdessen **Hepar sulphuris C200**.

Hämatome

Ein Hämatom ist ein Bluterguss. Der häufigste Sitz ist die Scheidenwand. Eine Ruptur führt zu erheblichen Blutungen und kann tödlich enden. Zu den besten Mitteln zählen hier **Arnica C30** und **Hamamelis C30**, die *zweimal täglich, zehn Tage lang,* gegeben werden sollten. Bei persistierenden Hämatomen gibt man **Secale C30** *dreimal täglich, bis das Problem behoben ist.*

Nachgeburtsverhaltung

Auch wenn es sich nicht um ein häufiges Problem handelt, sollte umgehend Hilfe geholt werden, wenn sich die Nachgeburt nicht innerhalb von zwei bis drei Stunden nach der Geburt abgelöst hat, um das Infektionsrisiko zu senken. Es besteht ein erhebliches Risiko für die Entwicklung einer toxischen Metritis und daraus resultierender Probleme wie Laminitis. Die nachfolgenden Mittel können gegeben werden, um die Ablösung der Nachgeburt zu unterstützen:

Sabina hat eine spezielle Wirkung auf den Uterus und ist v. a. bei Nachgeburtsverhaltung angezeigt. Ein wichtiger Hinweis ist das Auftreten von Blutungen mit Blutklumpen.

Caulophyllum ist ein wichtiges Mittel, wenn die Stute erschöpft ist und die Wehen allgemein schwach waren.

Sepia kann auf konstitutioneller Grundlage eingesetzt werden.

Pulsatilla kann in gleicher Weise gegeben werden.

Empfohlene Dosierung: *C200, alle 10 Minuten, bis zu sechs Gaben*

Toxische Metritis

Dieser Zustand entwickelt sich in der Folge einer Nachgeburtsverhaltung und stellt eine Notfallsituation dar. Die folgenden Mittel kann man versuchen, während man auf Hilfe wartet:

Secale

Ein wichtiges Mittel bei übelriechendem, dunkelbraunem Ausfluss.
Dosierung: *C200, alle 10–15 Minuten*

Pyrogenium

Bei einer heftigen Infektion mit fauligem Ausfluss. Die Stute ist unruhig und erregt und hat hohes Fieber, wobei der Puls, verglichen mit Belladonna, langsam sein kann.
Dosierung: *1M, alle 10–15 Minuten*

Belladonna

Angezeigt bei hohem Fieber mit klopfendem Puls und drohender Peritonitis.
Dosierung: *1M, alle 10–15 Minuten*

Echinacea D30, Crotalus horridus C200, Veratrum viride C200 und **Baptisia 1M** sind ebenfalls in Erwägung zu ziehen.

Postpartale Blutungen

Blutungen können von der Gebärmutterschleimhaut, einem rupturierten Hämatom oder einer zerrissenen Arterie ausgehen. Der letztgenannte Fall ist der bei weitem schwerwiegendste; meist ist eine utero-ovarielle Arterie betroffen, die durch das breite Mutterband, eines der Aufhängebänder des Uterus, zieht. Daneben kann es auch im Rahmen von Gebärmuttervorfällen oder –torsionen zu Blutungen kommen.

Eine Uterusblutung tritt bei Stuten nur selten auf und ist meist harmlos. Natürlich enthält der Uterus nach dem Abfohlen noch eine gewisse Menge blutiger Flüssigkeit. Eine Blutung aus einem rupturierten Hämatom oder einer zerrissenen Arterie ist schwerwiegend und kann letztendlich zum Tod durch Verbluten führen. Mögliche Anzeichen sind kolikähnliche Symptome, erhöhte Puls- und Atemfrequenz, Schwitzen, Wälzen und Zittern. Manche Stuten wirken lediglich ein wenig niedergedrückt, daher ist es ratsam, die Schleimhäute zu kontrollieren. Blasse oder weiße Schleimhäute erhärten einen entsprechenden Verdacht.

Die Behandlung einer postpartalen Blutung ist oft schwierig, es gibt aber eine Reihe hilfreicher homöopathischer Mittel. Man denke vor allem an die vorbeugende Gabe von **Arnica C30**.

Erigeron ist das Hauptmittel bei stärkeren Blutungen aus einem rupturierten Blutgefäß.

Ipecacuanha ist angezeigt, wenn die Blutung reichlich und hellrot ist und schwallweise auftritt.

Phosphorus ist hilfreich, wenn das Blut hellrot, aber wässrig ist.

Nitricum acidum hilft bei hellrotem Blut, das permanent fließt.

Sabina ist nützlich bei flüssigem Blut mit Klumpen.

Millefolium kann bei hellrotem, flüssigem Blut helfen, das aus der Uteruswand kommt.

Ustilago maydis ist hilfreich, wenn vorab eine Wehenschwäche bestanden hat oder wenn die geringste Bewegung die Blutung verstärkt.

Secale bei unaufhörlicher Blutung mit dunklem Blut.

Platinum bei persistierenden Blutungen mit großen Klumpen.

Trillium, wenn das Blut bei der kleinsten Bewegung herausschießt.

Dosierung: *C200, alle 10–20 Minuten, in Abhängigkeit von der Schwere des Problems*

Ist das Tier bereits kollabiert, versuche man **Carbo vegetabilis C200** und **Veratrum album C200** *im Wechsel alle 10 Minuten.*

Für die Erholungsphase eignen sich mehrere Mittel. **China C30** ist angezeigt bei Blutverlust und Schwäche, **Aceticum acidum C30** bei Anämie durch Blutverlust im Rahmen der Geburt. **Strontium carbonicum C30** eignet sich für Blutungsfolgen im Allgemeinen, **Phosphoricum acidum C6** bei Schwäche und **Arsenicum album C6, Ferrum metallicum C6, Ferrum arsenicosum C6, Silicea C6** und **Phosphorus C6** bei Anämie im Allgemeinen.

Dosierung: *C30, zweimal täglich, bis die Symptome nachlassen*

Uterusvorfall

Dieser tritt meist unmittelbar nach dem Abfohlen auf, kann aber auch noch einige Tage später eintreten. Der Uterusvorfall stellt einen Notfall dar und bedarf der sofortigen tierärztlichen Hilfe. Man denke an **Aconitum 1M** bei Schock, **Arnica C200** für die Verletzung bzw. das Trauma und **Opium 1M**, wenn die Stute sehr ängstlich erscheint und fortwährend presst. Bei anhaltendem Pressen und starker Schwellung der Gebärmutter ziehe man **Lilium tigrinum C200** in Erwägung, das man *alle 5 bis 10 Minuten* gibt, um die Rückkehr des Uterus in seine ursprüngliche Lage zu unterstützen. Nach der Reposition der Gebärmutter ist **Sepia C30** das beste Mittel, um die Heilung zu fördern.

Dosierung: *C30, dreimal täglich, zehn Tage lang*

Schwäche

Der Geburtsvorgang kann für manche Stuten sehr erschöpfend sein. Hilfreiche Mittel sind:

Arnica als grundlegendes Mittel

Gelsemium, wenn die Stute gedämpft erscheint oder zittert

Kalium carbonicum ist ebenfalls ein hervorragendes grundlegendes Mittel, v. a. wenn gleichzeitig Rückenschmerzen oder eine Hinterhandschwäche bestehen

Dosierung: *C30, dreimal täglich, zehn Tage lang*

Blutung aus dem Nabelstumpf bei neugeborenen Fohlen

Reißt die Nabelschnur auf natürlichem Wege (im Abstand von ca. 3 cm zur Bauchwand des Fohlens), ziehen sich ihre Blutgefäße i. d. R. so stark zusammen, dass eine Blutung verhindert wird. Manchmal geschieht dies allerdings nicht und es tritt eine Blutung auf, die recht massiv sein kann. Um sie zum Stillstand zu bringen, kann **Erigeron C30** versucht werden.
Dosierung: *Alle 2–3 Minuten, bis die Blutung zum Stillstand kommt*

Mangelhaftes mütterliches Verhalten

Der natürliche Mutterinstinkt sorgt dafür, dass die Stute eine Bindung zu ihrem Fohlen aufbaut und es saugen lässt. Manchmal sucht die Stute allerdings nicht die Nähe zu ihrem Fohlen oder verweigert ihm sogar den Zugang zum Euter. In diesen Fällen können die folgenden Mittel helfen:

Pulsatilla bei furchtsamen, sanften Tieren, die anfangs eine gewisse Scheu vor ihrem Fohlen zeigen

Platinum bei hochmütigen, arroganten Stuten, die vielleicht sogar versuchen, ihr Fohlen zu verletzen

Sepia bei Stuten, die einen traurigen oder mürrischen Eindruck machen und versuchen, den Annäherungsversuchen ihres Fohlens auszuweichen

Lachesis, wenn die Stute ihrem Fohlen gegenüber misstrauisch ist und vielleicht sogar versucht, es zu verletzen

Lilium tigrinum, wenn die Stute erregt oder ängstlich ist

Luna bei einer Vorgeschichte von Unfruchtbarkeit oder Nymphomanie

Dosierung: *C200, zweimal täglich, bis das Fohlen angenommen wird*

Krämpfe

Diese werden durch Uteruskontraktionen nach dem Abfohlen ausgelöst und haben das Erscheinungsbild einer leichten Kolik. Der Zweck dieser Kontraktionen besteht darin, die Ablösung der Nachgeburt und das Zusammenziehen der Gebärmutter sicherzustellen. Hat man den Eindruck, dass die Stute starke Beschwerden hat, versuche man **Chamomilla C30** *alle zwei Stunden, bis die Stute sich beruhigt.* Sind die Krämpfe übermäßig schmerzhaft, gibt man **Cuprum metallicum C30**, *stündlich, bis die Krämpfe nachlassen.*

Kolik

Krampfartige Schmerzen, die länger als 12 Stunden anhalten, lassen an eine Kolik denken. Man schlage im Kapitel zu Kolik nach, um das geeignete Mittel zu finden.

Eklampsie (Hypokalzämie)

Diese Erkrankung wird auch als „Hypokalzämie" bezeichnet und tritt nur sehr selten bei Stuten auf, entweder in der späten Trächtigkeit oder in der frühen Laktation. Schwere Rassen scheinen anfälliger zu sein, ebenso wie laktierende Stuten, die auf fetten Weiden stehen. Stress und Überarbeitung können manchmal ebenfalls eine Rolle spielen. Die zugrunde liegende Ursache ist eine fehlerhafte Fütterung insbesondere in Bezug auf die ausreichende Zufuhr von Kalzium, Magnesium und Phosphor während der Trächtigkeit und Laktation. Die Symptome können jenen ähneln, die bei einer Kolik, der Ruptur einer Eierstocksarterie oder gar bei Tetanus auftreten, daher bedarf es einer exakten Diagnose. Anzeichen sind ungleichmäßige Bewegungen oder schwankender Gang, Zuckungen der Glieder und Muskeln, Steifigkeit der Hinterhand, erhöhte Atemfrequenz und Schwitzen.

Der Verdacht auf eine Eklampsie stellt einen Notfall dar, denn die Stute kann dadurch ins Koma fallen und sterben.

Vorbeugung ist der beste Weg, um dieses Problem zu vermeiden. Dazu gibt man der Stute **Calcium phosphoricum C30**, und zwar *dreimal wöchentlich während der Trächtigkeit und einmal wöchentlich während der Laktation.*

Liegen bereits offensichtliche Symptome vor, gibt man:

Calcium phosphoricum C30 und **Magnesium phosphoricum C30** *alle 5 Minuten* und zusätzlich:
Bei unsicherem Gang **Agaricus C200** *alle 5 Minuten*

Bei heftigem Umsichschlagen **Belladonna C200** *alle 5 Minuten*

Wenn die Gliedmaßen oder der Körper in einen verdrehten Krampfzustand geraten, **Cicuta C30** *alle 5 Minuten*

Bei Muskelzuckungen **Cuprum metallicum C200** *jede Stunde*

Mastitis

Eine Mastitis tritt bei der Stute nicht sehr häufig auf, kann aber während der Laktation oder auch in der anschließenden Phase entstehen, wenn die Milchbildung versiegt ist. Diese Phase wird auch als „Trockenstehphase" bezeichnet. Das Euter schwillt an und ist berührungsempfindlich. Oft ist es auch heiß und in schweren Fällen erstreckt sich die Schwellung auf den Bereich hinter dem Euter und die Unterseite des Abdomens. Dies kann dazu führen, dass die Stute eigenartig geht und einen steifen Eindruck macht. Der Appetit kann beeinträchtigt sein, und meist kommt es zu einer Veränderung im Aussehen und der Konsistenz der Milch. Eine Mastitis spricht oft gut auf eine homöopathische Behandlung an, daneben ist es aber auch ratsam, das Euter, sofern möglich, auszumelken. Im Frühstadium verabreiche man *zwei oder drei Gaben* **Aconitum 1M** *im Abstand von 30 Minuten.* Liegt ein Trauma vor, denke man stattdessen an **Arnica C200**.

Apis
Leitsymptom: Schwellung
Dieses Mittel ist bei vermehrter Wärme und erheblicher Schwellung der Milchdrüsen und ihrer Umgebung angezeigt. Berührung wird nicht geduldet, da der Bereich überaus schmerzhaft ist.
Dosierung: *C200, dreimal täglich*

Belladonna
Leitsymptom: Hitze
Belladonna wirkt gut in perakuten Fällen mit akuter Schwellung und großer Hitze der Milchdrüsen. Die Haut in diesem Bereich nimmt einen rötlichen Stich an. Sowohl die Puls- als auch die Atemfrequenz und die Temperatur sind erhöht.
Dosierung: *1M, viermal täglich*

Bryonia
Leitsymptom: Besser durch Druck
Ein weiteres Mittel in akuten Fällen, v. a. wenn sich das Euter hart und induriert anfühlt. Druck auf den betroffenen Bereich lindert die Beschwerden. Aufgrund der Schmerzen legt sich die Stute häufig hin.
Dosierung: *C200, dreimal täglich*

Hepar sulphuris
Leitsymptom: Eiterung
Die Milchdrüsen schmerzen bei der geringsten Berührung und die Milch erscheint dicker und hat eine eiterähnliche Konsistenz. Die Stute ist sehr reizbar.
Dosierung: *C200, dreimal täglich*

Phytolacca

Leitsymptom: Drüsenschwellungen

Ein gutes allgemeines Mittel in akuten und chronischen Fällen. In akuten Fällen weist die Milch Klumpen auf und die Drüsen sind hart und knotig. In chronischen Fällen sind die Drüsen verhärtet und induriert mit harten Knoten im Gewebe, die palpierbar und geringgradig berührungsempfindlich sind.

Dosierung: *Akute Fälle – C200, dreimal täglich*
Chronische Fälle – C30, zweimal täglich

Lac caninum

Leitsymptom: Schmerzen bei der geringsten Bewegung

Bei diesem Mittel bestehen derart hochgradige Schmerzen, dass die Stute jede Bewegung verweigert und einen sehr gedämpften Eindruck macht. Das Euter ist geschwollen. Lac caninum hilft auch beim Trockenstellen. Es ist ein Hauptmittel bei Mastitis traumatischen Ursprungs.

Dosierung: *C200, dreimal täglich*

Lachesis

Leitsymptom: Aggression

Ein Schlüsselsymptom dieser Arznei ist die bläuliche Verfärbung der Euterhaut. Meist ist die linke Hälfte stärker betroffen als die rechte. Die Stute ist im Allgemeinen misstrauisch und aggressiv veranlagt und kann bei der Untersuchung ausschlagen.

Dosierung: *C200, dreimal täglich*

Silicea

Leitsymptom: Harte Knoten

Silicea eignet sich am besten für chronische Fälle, in denen Vernarbungen zu harten Knoten im Drüsengewebe geführt haben.

Dosierung: *C30, einmal täglich über mehrere Wochen*

Conium

Kann bei zahlreichen kleinen, harten Knötchen in der Drüse eingesetzt werden.

Dosierung: *C6, einmal täglich über mehrere Wochen*

Probleme mit der Milchproduktion (Laktation), Milchmangel

Die folgenden Mittel können eine ungenügende Milchproduktion anregen:

Dosierung: *Dreimal täglich*

Urtica urens C200 als gutes allgemeines Mittel zu Beginn der Behandlung

Alfalfa D6 eignet sich am besten, wenn die Stute in einem schlechten Zustand ist. Es verbessert auch die Milchqualität.

Medusa C30 als Alternative zu Urtica urens

Agnus castus C6, wenn die Stute einen gedämpften Eindruck macht

Zincum metallicum C30 bei schmerzhaftem Euter

Calcium carbonicum C200 zum konstitutionellen Gebrauch

Calcium phosphoricum C200 zum konstitutionellen Gebrauch

Pulsatilla C200 zum konstitutionellen Gebrauch

Ist das Euter unterentwickelt, können die nachfolgenden Mittel helfen:

Iodium C30, Conium C30, Sabal serrulata C30, Kalium iodatum C30

Dosierung: *Zweimal täglich*

Überschießende Milchproduktion

Trockenstellen

Diese Mittel können zum Trockenstellen eingesetzt werden, wenn die Milchbildung nach dem Absetzen des Fohlens nicht aufhört oder wenn bei nicht-trächtigen Stuten aufgrund hormoneller Probleme Milch produziert wird:

Dosierung: *Dreimal täglich*

Urtica urens D3 als Hauptmittel

Lac caninum C30 bei stark vergrößertem und schmerzhaftem Euter

Cyclamen D6, wenn hormonelle Probleme zugrunde liegen oder die Milchbildung nach der Rosse auftritt

Bryonia C30 bei reizbaren, durstigen Stuten

Pulsatilla C30 zum konstitutionellen Gebrauch

Calcium carbonicum C30 zum konstitutionellen Gebrauch

Wunde oder rissige Zitzen

Diese stellen manchmal ein Problem dar. Die Stute hat Schmerzen, wenn das Fohlen saugt. Man trage wenn möglich *zweimal täglich* **Calendula-Creme** auf und kombiniere dies mit einem der folgenden Mittel:

Graphites als gutes grundlegendes Mittel bei wunden, rissigen Zitzen oder Bläschenbildung

Castor equi bei ulzerierten oder rissigen Zitzen

Petroleum, wenn die Zitzen sehr rissig und wund sind und jucken

Phytolacca, wenn die Zitzen extrem schmerzhaft sind und evtl. kleine Geschwüre vorliegen

Helonias, wenn das Euter sehr voll und äußerst berührungsempfindlich ist

Dosierung: *C30, ein- oder zweimal täglich, bis sich der Zustand bessert*

Ausgeprägtes Stutenverhalten

Manche Stuten zeigen in der Zeit vor der Rosse extreme Verhaltensänderungen, die den Umgang bzw. das Reiten sehr schwierig machen können, beispielsweise Aggressionen oder Steigen. Die Symptome ähneln in gewisser Weise dem PMS (prämenstruelles Syndrom) des Menschen und verschwinden meist mit Beginn der Rosse. Allerdings müssen diese Verhaltensänderungen von solchen differenziert werden, die im Rahmen einer normalen Rosse auftreten. Hier weigert sich die Stute oft, sich frei zu bewegen, sie zeigt ausgeprägtes Peitschen des Schweifes und setzt wiederholt kleine Mengen Harn ab.

Die Zeichen des typischen Stutenverhaltens treten in der Phase vor der eigentlichen Rosse auf und werden durch Hormonschwankungen hervorgerufen. In dieser Zeit vor der Ovulation fällt der Progesteronspiegel ab und der Östrogenspiegel steigt. Gleichzeitig mit den beschriebenen Verhaltensänderungen kommt es oft auch zu körperlichen Veränderungen.

Einige Stuten werden sowohl hinsichtlich ihres Verhaltens als auch ihrer Leistung unberechenbar. Manche haben offenbar Rückenschmerzen und lassen sich nicht satteln, einige wenige zeigen kolikähnliche Symptome. Bei den meisten liegt der Schwerpunkt aber auf den Verhaltensänderungen. Zu diesen zählen Ungeduld, Reizbarkeit, Berührungsempfindlichkeit, Aggression, Steigen, mangelnde Kooperativität und destruktive Tendenzen wie Benagen der Box oder Ausschlagen.

Dieser Zustand spricht oft gut auf das passende homöopathische Mittel an.

Dosierung: *C200, einmal täglich, bis die Symptome nachlassen*

Lachesis

Leitsymptom: Misstrauen

Dieses Mittel passt zu Stuten, die dazu neigen auszutreten und die v. a. bei Berührung oder Untersuchung der Hinterhand oder des Abdomens Aggressionen zeigen. Lachesis-Stuten sind oft misstrauisch und eifersüchtig. Sie kneifen gerne und treten gegen die Stallwände.

Pulsatilla

Leitsymptom: Wechselhaftigkeit

Pulsatilla passt zu sanften und liebevollen Stuten. Schlüsselhinweise für dieses Mittel sind Abneigung gegen Hitze und, verglichen mit anderen Pferden, nur wenig Durst. In der Zeit vor der Rosse werden sie oft sensibel und reagieren empfindlich auf jede Änderung der Routine. Häufig treten Rückenschmerzen auf, die sich als Schwierigkeiten beim Reiten des Tieres äußern.

Platinum

Leitsymptom: Hochmut

Arroganz ist ein Schlüsselmerkmal von Platinum, ebenso wie die Tendenz zu Starrsinn und schlechter Kontrollierbarkeit. Manchmal werden Stuten, die dieses Mittel brauchen, geradezu hysterisch und es kann gefährlich sein, sich ihnen zu nähern. Es kommt oft zu gewalttätigem Verhalten wie Ausschlagen mit der vollen Absicht, jemanden zu verletzen.

Sepia

Leitsymptom: Mürrisch und schlaff

Dieses Mittel passt zu mürrischen Tieren, die sich vor der Rosse noch mehr zurückziehen. Sie haben auch keine Lust mehr zu arbeiten und erbringen nur unter Druck eine gute Leistung. Daneben können Rückenschmerzen und Steifheit der Hinterhand auftreten. Sie legen jenen gegenüber, die ihnen am nächsten stehen, eine gewisse Gleichgültigkeit an den Tag. Sie haben oft ein schlaffes, abgezehrtes Aussehen.

Hyoscyamus

Leitsymptom: Aggression

Dies ist ein weiteres misstrauisches Mittel, bei dem die Tiere vor der Rosse aber zusätzlich noch eindeutig aggressive Tendenzen und ein zeitweise geradezu hysterisches Verhalten zeigen. Dadurch wird der Umgang mit ihnen sehr schwierig. Viele Tiere, die gut auf Hyoscyamus ansprechen, sind überdies sehr lautstark.

Cimicifuga racemosa

Leitsymptom: Unverträglichkeit von Schmerzen

Stuten, die vor der Rosse Schmerzen im Bereich der Ovarien, des Beckens und der Hinterhand zeigen, sprechen oft gut auf dieses Mittel an. Gleichzeitig treten häufig auch Steifheit im Halsbereich und unteren Rücken auf. Die Tiere machen einen erregten, manchmal aber auch gedämpften Eindruck.

Ebenfalls in Erwägung zu ziehen:

Lilium tigrinum bei Stuten, die die ganze Zeit einen gehetzten Eindruck machen

Luna, wenn andere Mittel versagen

Nymphomanie

Es gibt unterschiedliche Meinungen zu dieser Form von exzessivem sexuellem Verhalten bei Stuten, allerdings besteht recht eindeutig ein Zusammenhang mit Ovarialzysten. Die Stute rosst regelmäßig, wird aber in der eigentlichen Rosse schwierig im Umgang und zeigt einige der oben beschriebenen Symptome ausgeprägten Stutenverhaltens. Das passende Mittel sollte einige Tage vor Einsetzen der Rosse und währenddessen verabreicht werden.

Dosierung: *C200, zweimal täglich*

Platinum, wenn die Stute hochmütig, starrköpfig und eigensinnig ist

Lachesis bei Berührungsempfindlichkeit, Misstrauen und Aggression

Lilium tigrinum passt oft am besten bei jüngeren Stuten, die erstmalig ein solches Verhalten zeigen

Murex bei hochgradiger sexueller Erregung und evtl. Aggression

Origanum als Alternative zu Murex

Hyoscyamus bei starker Aggression

Ustilago maydis, wenn das Verhalten sehr ausgeprägt ist oder andere Mittel versagen

Koitalexanthem

Equines Herpesvirus 3 (EHV-3)

Diese sexuell übertragbare Krankheit wird durch das Equine Herpesvirus 3 (EHV-3), verursacht und greift beim männlichen Tier den Penis und das Präputium und bei der Stute die Vulva, Vaginalschleimhaut und Perinealgegend an. Die ersten Zeichen sind wassergefüllte Bläschen oder Papeln, die sich zu pustulären Läsionen und schließlich zu kleinen, tiefen, kreisförmigen Geschwüren von 0,5 bis 2 cm Durchmesser mit rotem Hof weiterentwickeln. Später können sich auf diesen gelbliche Krusten bilden. Präputium und Vulva schwellen manchmal einige Tage, nachdem die Infektion stattgefunden hat, an. Die Infektion bleibt oft unbemerkt und heilt innerhalb von zwei Wochen ab, sofern es nicht zu bakteriellen Sekundärinfektionen kommt, die die ganze Angelegenheit verkomplizieren. In seltenen Fällen kann EHV-3 Läsionen an den Lippen, Nüstern und Bindehäuten hervorrufen.

Diese Erkrankung ist selbstlimitierend, allerdings sollte kein Deckakt stattfinden, bevor nicht alle Läsionen vollständig abgeheilt sind. Mittel zur Beschleunigung der Heilung sind:

Natrium muriaticum C30
Natrium muriaticum sollte im allerersten Stadium der Bläschen- oder Papelbildung gegeben werden.
Dosierung: *Dreimal täglich*

Arsenicum hydrogenisatum C30
Dieses wenig bekannte Mittel ist ein Spezifikum, wenn das Präputium über und über mit Pusteln und Geschwüren bedeckt ist.
Dosierung: *Dreimal täglich*

Mercurius solubilis C30
Dieses Mittel sollte bei Stuten und Hengsten in dem Stadium eingesetzt werden, wenn Geschwüre vorliegen und die Krustenbildung beginnt.
Dosierung: *Dreimal täglich*

Nitricum acidum C30
Als Alternative zu Mercurius solubilis, v. a. bei der Stute, aber auch wenn die Geschwüre nur langsam abheilen, schmerzhaft und mit einer geringgradigen Absonderung verbunden sind.
Dosierung: *Dreimal täglich*

Rhus toxicodendron C30
Nützlich bei Schwellungen von Präputium und Vulva.
Dosierung: *Dreimal täglich*

Hepar sulphuris C200
Hepar ist ein weiteres Mittel für das Geschwürstadium. Die Läsionen sind berührungsempfindlich und können etwas bluten. Dieses Mittel ist auch bei bakteriellen Sekundärinfektionen angezeigt.
Dosierung: *Zweimal täglich*

Calcium sulphuricum C30
Unterstützt die Abheilung im letzten Stadium, wenn die Geschwüre mit gelben Krusten bedeckt sind. Calcium sulphuricum ist auch in Erwägung zu ziehen, wenn beim Hengst aufgrund einer bakteriellen Sekundärinfektion eine dicke Absonderung aus dem Präputium auftritt oder wenn sich bei der Stute ein ähnlicher vaginaler Ausfluss entwickelt.
Dosierung: *Dreimal täglich*

Borax C30
Das Mittel der Wahl in den seltenen Fällen, wenn auf den Lippen und Nüstern entsprechende Läsionen auftreten.
Dosierung: *Dreimal täglich*

Der Hengst

Die Geschlechtsorgane des Hengstes umfassen den Penis in der Penisscheide, die Hoden im Skrotum, die Nebenhoden, Samenstränge (mit dem Vas deferens, Blut- und Lymphgefäßen, Nerven- und Muskelfasern) und eine Reihe akzessorischer Geschlechtsdrüsen. Die Kontrolle der Geschlechtsorgane und des Sexualverhaltens unterliegt dem Einfluss des Nervensystems und diverser Hormone.

Die Hoden

Während des größten Teils der Trächtigkeit liegen die Hoden in der Nähe der Nieren; erst in den letzten Wochen steigen sie in den Hodensack ab. Nach der Geburt nehmen die Hoden an Größe zu, wobei sie ihr Maximum im Alter von ungefähr drei Jahren erreichen. Die Funktion der Hoden besteht darin, die Spermien zu bilden und zu speichern; ihre Reifung erfolgt im Nebenhoden. Während der Ejakulation gelangen die Spermien aus dem Nebenhoden in das Vas deferens (Ausführungsgang). Dieses führt in den Beckenanteil der Harnröhre, die als Ausführungsgang sowohl für das Sperma als auch den Urin dient. Es gibt eine Reihe von Erkrankungen der Hoden, die Probleme bereiten können.

Hodentrauma und Orchitis

Ein Trauma der Hodengegend ist normalerweise Folge eines direkten Schlages oder einer Risswunde. Häufig kommt es dabei zu Blutungen in das Hodengewebe, was zu einem Verlust der Fruchtbarkeit führen kann. Erste-Hilfe-Maßnahmen sollten so schnell wie möglich eingeleitet werden. Man gebe **Arnica C200** und **Hamamelis C200** *alle 15 Minuten,* während man auf den Tierarzt wartet.

Eine Orchitis ist eine ein- oder beidseitige Entzündung der Hoden, die zu Sterilität führen kann. Häufigste Ursache ist eine Verletzung, aber auch Infektionen kommen in Frage. Mögliche Symptome sind Schmerzen und Schwellung des Hodensacks. Man beginnt die Behandlung mit **Arnica C200,** gefolgt von:

Spongia

Dies ist das wichtigste Mittel und v. a. dann angezeigt, wenn das Pferd einen ängstlichen Eindruck macht und im Bereich der Hoden und Samenstränge eine erhebliche schmerzhafte Schwellung besteht.
Dosierung: *C30, alle 30 Minuten*

Pulsatilla

Passt zu sanftmütigen Tieren und sollte eingesetzt werden, wenn sich die Schmerzen bis auf das Abdomen erstrecken. Das Vorhandensein einer gelblichen Harnröhrenabsonderung bestätigt dieses Mittel.
Dosierung: *C200, viermal täglich*

Rhododendron

Angezeigt bei Entzündung des linken Hodens mit erheblicher Schwellung. Ein ideales Mittel für chronische Zustände.
Dosierung: *C200, viermal täglich*

Hodendegeneration

Hodenatrophie

Für diesen Zustand gibt es eine ganze Reihe von Gründen, darunter Trauma, Infektion, Unterbrechung der Blutzufuhr zu den Hoden und bestimmte Medikamente. Er kann auch im Rahmen des Alterungsprozesses auftreten. Das Endergebnis ist Unfruchtbarkeit. In Abhängigkeit von der Ursache kann der Zustand reversibel sein.

Empfohlene Mittel sind **Kalium iodatum, Iodium, Sabal serrulata** (wenn gleichzeitig ein Libidoverlust besteht), **Argentum nitricum** (wenn das Tier außerordentlich nervös ist), **Aurum** (bei Schmerzen), **Thuja** (in hartnäckigen chronischen Fällen) und **Capsicum**.
Dosierung: *C30, einmal täglich über mehrere Wochen*

Kryptorchismus, Klopp-, Spitzhengst

Fehlender Hodenabstieg

Ein Pferd, bei dem ein oder beide Hoden nicht in den Hodensack abgestiegen sind, wird als Kryptorchide, Klopp- oder Spitzhengst bezeichnet. Eine Operation ist normalerweise die Methode der Wahl. Mittel, die zur Unterstützung des Hodenabstiegs empfohlen werden, sind **Clematis**, das in diesem Zusammenhang als das wichtigste Mittel angesehen wird, sowie **Calcium carbonicum, Tuberculinum** und **Aurum**.
Dosierung: *C200, einmal täglich über sieben Tage*

Hengstverhalten bei Wallachen

Dieser Begriff bezieht sich auf Wallache, also kastrierte männliche Tiere, die immer noch Hengstverhalten zeigen. Dies umfasst Umkreisen der Stuten, Reaktion auf rossige Stuten, Erektionen und in seltenen Fällen auch Ejakulation. Mittel, die dieses Verhalten möglicherweise dämpfen können, sind **Murex, Ustilago, Staphisagria, Phosphorus** und **Cantharis**.
Dosierung: *1M, nach Bedarf zu wiederholen*

Spermienmangel

Dieser Begriff bezieht sich auf Hengste mit einer niedrigen Spermienzahl. Empfohlene Arzneien sind:

Pulsatilla bei sanftmütigen Hengsten

Platinum bei aggressiven Tieren

Cantharis bei hypersexuellen Tieren

Sepia bei reizbaren Tieren

Silicea bei Tieren mit mangelhaftem Körperbau

Dosierung: *C30, zweimal täglich, zwei Wochen lang, bevor der Hengst der Stute zugeführt wird*

Das Skrotum

Das Skrotum schützt die Hoden und angrenzenden Strukturen einschließlich eines Teils des Samenstranges. Es ist auch an der Thermoregulation der Hoden beteiligt, die entscheidend für die Spermienbildung ist, welche bei einer niedrigeren Temperatur als der Körperinnentemperatur stattfindet.

Das Skrotum ist anfällig für Traumata wie Zerreißungen oder Quetschungen und Sekundärinfektionen, die beim Deckakt entstehen können. Erste-Hilfe-Maßnahmen umfassen die Gabe von **Arnica** für das allgemeine Trauma, **Hypericum** bei Rissen oder Stichwunden (Hypericum schützt auch vor Tetanus), **Apis** bei ödematösen Schwellungen und **Hamamelis** bei Blutungen und Schmerzen.
Dosierung: *C200, dreimal täglich, nach Bedarf*

Skrotaldermatitis

Die häufigste Form einer Dermatitis ist die Kontaktdermatitis, die das Skrotum lokal angreift und zu Entzündung und Schmerzen führt. Ursachen sind der Kontakt mit reizenden Chemikalien (z. B. Insektenabwehrmittel, Shampoos und Desinfektionsmittel) und Dung, Reaktionen auf Insektenstiche und die Infektion mit Mikrofilarien wie *Onchocerca cervicalis*. Ideale Mittel sind:

Rhus toxicodendron

Ideal, wenn die Haut des Hodensacks geschwollen und ödematös ist und eine hochgradige Reizung besteht.

Graphites

Bei nässender und klebriger Haut.

Croton tiglium

Hilfreich bei heftigem Juckreiz mit Nässen und Hautbläschen.

Cantharis

Wenn das Tier aufgrund der hochgradigen Entzündung sehr erregt ist. Die Haut ist aufgedunsen und gerötet.

Dosierung: *C30, viermal täglich, bis die Symptome nachlassen*

Varikozele

Eine Varikozele stellt eine Erweiterung der Blutgefäße des Plexus pampiniformis dar (einer verschlungenen Ansammlung von Blutgefäßen, die die Hoden versorgen). Die Diagnose erfolgt durch die Palpation des Hodensackhalses, bei der eine mögliche Verdickung des Gewebes festgestellt wird. In Abhängigkeit von der Schwere des Zustandes können offensichtliche Symptome fehlen und die Deckfähigkeit ist nicht beeinträchtigt. In schweren Fällen kann es zu einer Thrombose der Blutgefäße kommen, die zu Schmerzen und einer Verminderung der Deckleistung führen kann. Hilfreiche Mittel sind **Hamamelis, Pulsatilla, Aesculus hippocastanum, Lachesis** und **Lycopodium**. **Bothrops lanceolatus** ist bei dem Verdacht auf eine Thrombose besonders angezeigt.
Dosierung: *C30, dreimal täglich, sieben Tage lang*

Hydrozele

Die Akkumulation von Flüssigkeit zwischen den Gewebeschichten des Hodensacks wird als „Hydrozele" bezeichnet. Diese kann im Rahmen einer lokalen Entzündung oder auch durch

Ableitung von Flüssigkeit aus dem Bauchraum in das Skrotum entstehen. Das Mittel der Wahl ist hier **Apis**. Weitere hilfreiche Mittel sind **Graphites** (bei schwer gebauten Pferden), **Iodium** (bei schlankeren Tieren), **Pulsatilla** (bei sanftmütigen Tieren), **Rhododendron** (spezifisch bei diesem Zustand angezeigt) und **Silicea** (bei mangelhaftem Körperbau).
Dosierung: *C200, dreimal täglich, sieben Tage lang*

Die Harnröhre

Die Harnröhre (Urethra) erstreckt sich von der Blase zum Penis und transportiert sowohl den Urin als auch das Sperma. Beim Hengst sezerniert die Urethra Schleim in den Urin und die Samenflüssigkeit. Es gibt relativ wenige Erkrankungen, die diesen Teil des Pferdekörpers betreffen.

Trauma

Die Urethra kann beim Deckakt oder durch eine Verletzung wie z. B. einen Tritt traumatisiert werden. Daneben kann sie auch im Rahmen von Untersuchungen und Maßnahmen wie Katheterisierung und Endoskopie Schaden nehmen. Steine, die aus der Harnblase abgehen, können sich in der Harnröhre festsetzen und die Wände verletzen. Sie müssen chirurgisch entfernt werden.

Arnica C200 sollte bei den ersten Anzeichen einer Schädigung *dreimal täglich* gegeben werden, gefolgt von **Calendula C30** *zweimal täglich*, das die Abheilung jeglicher Verletzungen fördert. Ein Harnröhrentrauma zieht oft die Bildung von Narbengewebe und in der Folge eine Striktur nach sich. Die operative Entfernung von Steinen führt ebenfalls oft zur Bildung von Narbengewebe oder überschießendem Granulationsgewebe.

Harnröhrenstrikturen

Die Bildung von Narben- oder Granulationsgewebe kann zu einer Verengung des Durchmessers der Harnröhre führen. Da Narbengewebe von Natur aus unelastisch ist, besteht die Tendenz, dass es während des Deckaktes reißt; dies führt zu einer Blutung, und das Blut vermischt sich mit dem Sperma. Derartige Harnröhrenprobleme werden meist chirurgisch angegangen. Um die Bildung von Narbengewebe zu minimieren, können die folgenden drei Mittel eingesetzt werden:

Silicea C30 *einmal alle drei Tage*

Graphites C30 *einmal alle drei Tage*

Thiosinaminum C6 *einmal alle drei Tage*

Führt unelastisches Narbengewebe zu einer Blutung oder liegt überschießendes Granulationsgewebe vor, denke man an:

Nitricum acidum C30 *zweimal täglich* bei hellrotem Blut

Sabina C30 *zweimal täglich* bei klumpigem Blut

Urethritis

Dieser Begriff bezeichnet eine Entzündung der Urethra; diese tritt eher selten auf und ist die Folge einer Zystitis, lokalen Verletzung oder direkten bakteriellen Infektion. Geeignete Mittel sind im Abschnitt Urethritis im Kapitel zu den Harnwegen zu finden (siehe Seite 134).

Der Penis

Der Penis ist eine komplexe Struktur, die der Kopulation dient. Normalerweise ist der Penis nicht sichtbar, da er im Präputium liegt. Dies kann eine Untersuchung außerordentlich schwierig machen, es sei denn, sie wird unter Sedation durchgeführt. Die meisten Pferde lassen den Penis beim Harnabsatz heraushängen, was einen flüchtigen Blick erlaubt. Kann der Penis nicht aus dem Präputium ausgeschachtet werden, wird dies als Phimose bezeichnet.

Phimose

Dieser Zustand kann kongenital (zum Zeitpunkt der Geburt) oder infolge einer Entzündung des

Präputiums auftreten. Letztere kann durch eine Verletzung oder Infektion entstehen. Eine Phimose kann auch auf Veränderungen am Penis zurückzuführen sein, beispielsweise Zubildungen oder andere Läsionen.

Eine kongenitale Phimose bildet sich normalerweise innerhalb weniger Wochen nach der Geburt von selbst zurück. Liegt eine Verletzung oder Infektion vor, schwillt das Präputium an, sodass der Penis nicht vorgelagert werden kann. Man denke bei Verletzungen zuerst an **Arnica C200**, *drei oder vier Gaben innerhalb einer Stunde,* in Verbindung mit der lokalen Applikation von Eisbeuteln. **Apis C200** reduziert das Auftreten eines Präputialödems; man verabreicht *stündlich eine Gabe*, bis die Schwellung zurückgeht. Zeigt Apis keine Wirkung, stellt **Vespa C30** eine gute Alternative dar. Weitere Mittel, die sich als hilfreich erweisen können, v. a. wenn eine Infektion vorliegt, sind **Cinnabaris, Cannabis sativa, Mercurius solubilis, Sabina** und **Nitricum acidum**.

Dosierung: *C200, stündlich eine Gabe*

Paraphimose

Die Unfähigkeit des Penis, in das Präputium zurückzukehren, wird als Paraphimose bezeichnet und stellt das genaue Gegenteil der Phimose dar. Ein Trauma im Bereich des Präputiums mit nachfolgender Schwellung ist die wahrscheinlichste Ursache für diesen Zustand; die Schwellung verhindert das Zurückgleiten des Penis. Eine Paraphimose kann allerdings auch nach einem Vorfall (Prolaps, Paralyse) des Penis und nach der Kastration auftreten; bei letzterer kann das Präputium anschwellen.

Erste-Hilfe-Mittel wie **Arnica** und **Apis** oder **Vespa** sollten sofort gegeben werden, während man auf tierärztliche Hilfe wartet.

Dosierung: *C30, alle 15 Minuten*

Paralyse/Prolaps des Penis

Die meisten Pferde lassen den Penis zumindest beim Harnabsatz heraushängen; anschließend ziehen sie ihn wieder in das Präputium zurück. In manchen Fällen kann das Pferd den Penis nicht mehr zurückziehen, und er hängt aus der Penisscheide heraus. Dies tritt v. a. bei erschöpften und geschwächten Pferden auf (infolge einer anderen zugrunde liegenden Erkrankung), im Rahmen von Rückenmarks- oder Nervenschädigungen oder auch nach der Gabe bestimmter Beruhigungsmittel. Eine Lähmung kann auch als Folge eines Traumas, z. B. eines Trittes oder einer versehentlichen Verletzung mit der Peitsche auftreten.

Der Zustand verschwindet oft von alleine wieder, sofern die zugrunde liegenden Probleme behandelt werden. Allerdings ist der Penis, solange er draußen hängt, sehr verletzungsgefährdet, und es kann zu Schwellungen des Penis kommen. Bestimmte Gewebe trocknen auch schnell aus und werden rissig. Dies wiederum kann ebenfalls zu Schwellungen und in der Folge zu einer Paraphimose führen.

Die anfängliche Behandlung sollte in Kaltwasseranwendungen und, was noch viel wichtiger ist, in der Unterstützung des vorgefallenen Penis bestehen. Liegt ein Trauma vor, sollte **Arnica C200** gegeben werden sowie **Apis C200** oder **Vespa C30**, um Schwellungen vorzubeugen. Diese Mittel werden *alle 10–15 Minuten* gegeben. Wird der Zustand nicht sofort behandelt oder bildet er sich nicht schnell zurück, schwillt der Penis erheblich an (was auch als Priapismus bezeichnet wird) und es kann sich eine Gangrän des Penis und Präputiums entwickeln. Es kommt zu lokaler Gewebeschädigung und zur Schädigung der dieses Gebiet versorgenden Nerven und Muskeln, sodass der Zustand irreversibel werden kann.

Die nachfolgenden Mittel können gegeben werden, um eine solche Entwicklung zu verhindern. Sie können in der *C30, drei- oder viermal täglich,* verabreicht werden.

Secale, wenn die Wahrscheinlichkeit besteht, dass sich eine Gangrän entwickelt

Hypericum bei dem Verdacht auf eine Nervenschädigung

Bellis perennis als zusätzliches Mittel bei Trauma und Schwellung

Phosphoricum acidum bei Erschöpfung

Um die eigentliche Lähmung zu behandeln, denke man an **Causticum, Conium** oder **Gelsemium**.

Priapismus

Dieser Zustand ist eine Sonderform der Penislähmung, bei der sich dieser trotz fehlender sexueller Stimulation in einer Dauererektion befindet. Die zugrunde liegende Ursache ist nicht bekannt, aber ein bekannter auslösender Faktor ist die Verabreichung von Sedativa aus der Gruppe der Phenothiazine wie z. B. ACP. Geht der Zustand nicht wieder zurück, schwellen der Penis und das Präputium an. Die Mittel, die hier am ehesten infrage kommen, sind **Lyssinum C200** und **Cantharis C200**.
Dosierung: *Alle 30 Minuten, während man auf den Tierarzt wartet*

Smegma

Die faulig riechende, grauschwarze Substanz, die sich v. a. am Ende von Penis und Präputium (in den Hautfalten) sammelt, wird als „Smegma" bezeichnet. Sie besteht aus einer Mischung aus Talgdrüsensekret, abgestorbenen Zellen und Schmutz. Sind die hygienischen Zustände mangelhaft, kann die Ansammlung von Smegma zu einer geringgradigen Infektion führen, die auch als Balanoposthitis bezeichnet wird. Die Behandlung besteht in der regelmäßigen Reinigung von Penis und Präputium mit warmem Wasser unter Zusatz von **Calendula-Urtinktur** (1 Teelöffel auf ½ Liter Wasser), in Kombination mit einem der nachfolgenden Mittel:

Cinnabaris, wenn das Präputium geschwollen ist

Mercurius solubilis, wenn eine grünliche Absonderung aus dem Präputium auftritt und Anzeichen einer Reizung bestehen

Nitricum acidum, wenn das Smegma besonders übelriechend ist

Rhus toxicodendron, wenn eine starke Reizung von Penis und Präputium besteht

Thuja in chronischen hartnäckigen Fällen

Medorrhinum, wenn gleichzeitig eine niedrige Spermienzahl vorliegt

Sabina, wenn gleichzeitig Warzen oder Papillome bestehen

Syphilinum, wenn der Penis oder das Präputium Geschwüre aufweisen

Dosierung: *C30, dreimal täglich über mehrere Tage*

Warzen, Papillome und andere Gewächse an Penis und Präputium

Warzen oder Papillome treten nur sehr selten auf dem Penis oder Präputium auf und sind gutartiger Natur. Eine homöopathische Behandlung kann das Problem oftmals beseitigen.
Thuja ist stets das Hauptmittel und besonders hilfreich, wenn die Gewächse nahe der Penisspitze auftreten

Sabina ist ein weiteres gutes grundsätzliches Mittel, v. a. wenn gleichzeitig eine leichte lokale Reizung besteht

Cinnabaris, wenn die Läsionen leicht bluten oder das Präputium betreffen

Nitricum acidum, wenn die Zubildungen ein blumenkohlähnliches Aussehen haben oder heftig bluten

Psorinum, wenn gleichzeitig viel Smegma vorliegt

Sepia bei reizbaren Pferden, wenn die Läsionen nahe der Penisspitze auftreten

Natrium sulphuricum als Alternative, wenn eine allgemeine Neigung zu Warzen besteht

Dosierung: *C200, dreimal wöchentlich*

Es können sich noch weitere Arten von Gewächsen auf dem Penis oder Präputium bilden. Zu diesen zählen Melanome und Sarkoide, die im Kapitel zur Haut abgehandelt werden (siehe Seite 283).

Mangelnder Geschlechtstrieb

Die folgenden Mittel können helfen, wenn der Hengst nur einen schwachen Geschlechtstrieb hat oder sich weigert, die Stute zu besteigen:

Agnus castus ist ein gutes allgemeines Mittel für die meisten Situationen dieser Art

Ginseng ist ein weiteres gutes allgemeines Mittel

Kalium bromatum, wenn gleichzeitig allgemeine Schwäche besteht

Graphites bei Tieren mit einem schweren Körperbau

Lycopodium bei Hengsten mit einem angespannten Naturell

Dosierung: *C200, zweimal täglich, fünf Tage lang, bevor der Hengst der Stute zugeführt wird*

Das Fohlen

Dieses Kapitel behandelt die Krankheiten, die beim Fohlen in der Zeit von der Geburt bis zum Absetzen im Alter von vier bis fünf Monaten auftreten. Diese Erkrankungen können grob in drei Kategorien eingeteilt werden: infektiöse, entwicklungsbedingte und immunologische Krankheiten. Einige Erkrankungen sind an anderer Stelle in diesem Buch beschrieben und werden daher in diesem Kapitel nicht aufgeführt.

Ein Fohlen sollte innerhalb einer Stunde nach der Geburt aufstehen und innerhalb von drei Stunden das erste Mal saugen; allerdings kann es bei Vollblutfohlen manchmal erheblich länger dauern. Dieser Zeitraum ist kritisch, da es von entscheidender Bedeutung ist, dass das Fohlen so früh wie möglich das Kolostrum der Mutter aufnimmt. Kolostrum enthält die Antikörper, die das Fohlen vor Infektionen schützen, und kann nur innerhalb der ersten 12 Stunden nach der Geburt über den Dünndarm absorbiert werden. Je früher das Fohlen trinkt, umso effektiver scheint die Übertragung zu sein. Die auf diese Weise erworbene Immunität hält ungefähr sechs Wochen an und wird dann durch die aktive Immunität ersetzt, die sich durch die Auseinandersetzung des fohleneigenen Immunsystems mit drohenden Infektionen entwickelt. In dieser Übergangsphase, also im Alter von sechs Wochen, ist das Fohlen besonders krankheitsgefährdet.

Infektionskrankheiten

Septikämie

Fohlenseptikämie, Frühlähme der Fohlen, Shigellose, *Actinobacillus (Shigella)-equi*-Infektion

Diese Erkrankung ist eine akute Form der Septikämie und wird durch den Mikroorganismus *Actinobacillus equi* verursacht, der bei vielen erwachsenen Pferden vorkommt. *Actinobacillus equi* greift das Gehirn, die Nebennieren und Nieren an (und führt zu Nephritis und Urämie). Nach der Infektion erkranken die Fohlen sehr schnell und schwer und können trotz sofortiger Behandlung sterben. Diejenigen, die überleben, können Mikroabszesse in den Nieren und Erkrankungen der Gelenke entwickeln.

Anfangs treten Fiebersymptome auf, die von Lethargie und Saugschwäche gefolgt werden. Es kann sich Durchfall mit Koliksymptomen entwickeln. In vielen Fällen treten Konvulsionen auf. Die Nierenschädigung führt mit beginnendem Nierenversagen zu einem Anstieg des Bluthamstoffs und Urämie. Im Endstadium fällt das Fohlen in einen komatösen Zustand, aus dem es nur kurzzeitig geweckt werden kann – das „schläfrige Fohlen". In der Regel führt die Septikämie innerhalb von 24 Stunden nach der Infektion zum Tod.

Behandlung der Fohlenseptikämie

Dosierung: *Soweit nicht anders angegeben alle 30 Minuten*

Im frühesten Stadium gibt man **Aconitum 1M** *alle 15 Minuten*, gefolgt von anderen Mitteln, wenn der Zustand fortschreitet:

Für die Septikämie **Pyrogenium 1M, Echinacea D30, Arsenicum album C200**

Bei Konvulsionen **Belladonna C200** (mit heftigen Anfällen und hoher Temperatur), **Kalium bromatum C200** (v. a. bei Urämie), **Stramonium C200, Arsenicum album C200, Bufo C200** (bei Eintritt ins Komastadium)

Bei Urämie **Urtica urens C200, Terebinthinum C200**

Bei Diarrhö mit Kolik **Colocynthis C200, Nux vomica C200**

Im Komastadium **Opium 1M** (Hauptmittel), **Bufo C200, Arsenicum album C200** (wenn das Tier kalt ist)

Fohlenseptikämie anderer Genese

Eine Septikämie kann auch im Rahmen anderer bakterieller Infektionen auftreten, v. a. solchen mit *E. coli, Streptococcus, Klebsiella* und *Salmonella*. Das größte Risiko besteht zwischen dem zweiten und vierten Lebenstag. Die verschiedenen Bakterien können alle Organe und Gewebe wie Lunge, Gelenke, Nabel, Pleura, Peritoneum, Gehirn und Leber angreifen.

Die am deutlichsten sichtbaren, anfänglichen Zeichen sind erhöhte Temperatur, Lethargie und Saugunlust. Schreitet die Erkrankung fort, kann die Körpertemperatur bis auf 41 °C ansteigen, wobei gleichzeitig auch die Puls- und Atemfrequenz steigen. In späteren Stadien folgen Dehydratation, Untertemperatur und Kollaps sowie Konvulsionen. Daneben kann es zu Pneumonie und Gelenkschwellungen kommen.

Mittel bei Septikämie

Dosierung: *Soweit nicht anders angegeben, C30, alle 30 Minuten*

Spezifisch bei Septikämie, Ruhelosigkeit, fauligem Atem und übel riechendem Durchfall **Pyrogenium 1M**

Als allgemeines Mittel **Echinacea D30**

Bei Blutungen, Gewebeschwellung, Hautabszessen **Anthracinum**

Bei Erschöpfung, Unruhe, sehr hoher Temperatur **Arsenicum album**

Bei übel riechenden Absonderungen und Schwäche **Baptisia 1M**

Bei Zellgewebsentzündung mit purpurfarbener oder schwarzer Haut **Lachesis**

Bei Pneumonie oder Hepatitis **Phosphorus**

Bei Lymphangitis **Crotalus horridus**

Mit vermehrtem Durst **Sulphur**

Mit Toxämie **Tarentula cubensis**

Mit Konvulsionen **Belladonna 1M**

Botulismus

Diese Erkrankung wird durch eine bakterielle Infektion mit dem sporenbildenden, anaeroben Organismus *Clostridium botulinum* verursacht, der sich unter geeigneten Bedingungen hinsichtlich Feuchtigkeit und Temperatur in verfaulendem tierischen oder pflanzlichen Material vermehrt. Die eigentlichen Symptome von Botulismus werden durch das Toxin verursacht, das gebildet wird, wenn sich die Sporen vermehren. Pferde sind sehr empfänglich für Botulismus; zur Infektion kommt es durch die Aufnahme von kontaminiertem vakuumverpacktem Heu oder Silage.

Bei Fohlen (die gerade einmal zwei Monate alt sein können) entwickeln sich die Symptome sehr schnell; die Heftigkeit hängt direkt von der Menge des aufgenommenen Toxins ab. Das Toxin stört die Übertragung der Nervenimpulse, sodass es zu entsprechenden Symptomen kommt. Die betroffenen Tiere zeigen Schluckstörungen, Verlust des Muskeltonus in Schweif und Augenlidern, erweiterte Pupillen und Muskelschwäche mit Tremor; in der Folge entwickelt sich ein Kollapszustand, aus dem das Fohlen nicht mehr herauskommt.

Aconitum 1M
Nur im allerersten Stadium angezeigt.
Dosierung: *Drei Gaben im Abstand von 15–20 Minuten, anschließend mit der am besten passenden Arznei fortfahren*

Gelsemium C200
Hauptmittel, das alle Symptome abdeckt.
Dosierung: *Alle 20–30 Minuten*

Causticum C200
Wenn Gelsemium versagt.
Dosierung: *Alle 20–30 Minuten*

Stramonium C200
Stramonium wirkt am besten bei heftigem Muskeltremor und stark erweiterten Pupillen.
Dosierung: *Alle 20–30 Minuten*

Opium 1M
In späteren Stadien, wenn das Fohlen schwach ist, kurz vor dem Kollaps steht und seine Umgebung nicht mehr wahrnimmt.
Dosierung: *Alle 20–30 Minuten*

China C30
In späteren Stadien, wenn das Fohlen kollabiert ist und die Gliedmaßen starken Tremor zeigen.
Dosierung: *Alle 20–30 Minuten*

Botulinum C30
Die Nosode kann neben allen anderen Mitteln eingesetzt werden.
Dosierung: *Alle 20–30 Minuten*

Gelenkerkrankungen/Septische Polyarthritis

Siehe Seite 191

Nabelerkrankungen, Abszesse

Eine nach der Geburt erfolgte Infektion des Nabels tritt klinisch oft im Alter von ungefähr einer Woche zutage. Der betroffene Bereich ist geschwollen und schmerzhaft und der Nabel ist sichtbar vergrößert. Wenn möglich, sollte der Abszess eröffnet und entsprechend behandelt werden. In etlichen Fällen kann es zu einer systemischen Infektion mit nachfolgender Septikämie kommen. Das Fohlen macht einen gedämpften Eindruck, trinkt nicht mehr und hat eine erhöhte Körpertemperatur. In solchen Fällen breitet sich die Infektion über die Blutbahn aus und setzt sich insbesondere in den Gelenken oder Knochen fest, wo sie zu einer septischen Polyarthritis oder septischen Arthritis führen kann.

Homöopathische Mittel

Liegt noch keine Septikämie vor: **Hepar sulphuris C200** und **Abrotanum C30**
Dosierung: *Alle zwei Stunden bis zur Besserung*

Geht die Infektion nur langsam zurück und bestehen nur geringe Schmerzen: **Silicea C200**
Dosierung: *Täglich, zehn Tage lang*

Bleiben Schmerzen im Nabelbereich zurück, auch wenn die Infektion abgeklungen ist: **Calcium phosphoricum C30**
Dosierung: *Zweimal täglich, zehn Tage lang*

Bei Septikämie: **Pyrogenium 1M**
Dosierung: *Alle 30 Minuten, bis sich eine Besserung zeigt*

Siehe auch Septische Polyarthritis, Seite 191

Tyzzersche Erkrankung

Die Tyzzersche Erkrankung tritt sporadisch bei Fohlen im Alter von zwei bis sechs Wochen auf. Sie wird durch den sporenbildenden *Bacillus piliformis* verursacht. Man kennt nur wenige Faktoren, die eine Infektion begünstigen; man nimmt aber an, dass die Aufnahme von Sporen aus der Einstreu oder dem Kot eine Rolle spielt. Die Symptome entwickeln sich rasch. Es kann eine akute Hepatitis auftreten. Im Extremfall wird das Fohlen einfach tot aufgefunden. Ist der Verlauf weniger akut, zeigt das Fohlen Fieber und ein gedämpftes Verhalten; es kann auch kollabieren und Gelbsucht entwickeln. Darauf folgen Konvulsionen, die ins Koma und zum Tod führen.

Homöopathische Mittel

Hauptmittel **Aconitum 1M**
Dosierung: *Alle 10 Minuten*

Bei Fortschreiten der Erkrankung **Phosphorus C30** und **Hepar sulphuris C30**
Dosierung: *Alle 10 Minuten*

Bei hohem Fieber oder Konvulsionen gebe man zusätzlich **Belladonna 1M**
Dosierung: *Alle 15 Minuten*

Atemwegsinfektionen beim Fohlen

Fohlen und Jährlinge, die im Stall und auf dem Hof gehalten werden, sind besonders anfällig für Atemwegsinfektionen, v. a. wenn auf dem Areal reger Tierverkehr herrscht. Es gibt eine Vielzahl zugrunde liegender Ursachen, darunter Viren (Influenzaviren, Equines Herpesvirus, Rhinoviren und Adenoviren) und Bakterien (*C. equi*, *E. coli*, Staphylokokken). In manchen Fällen kommt es auch zu bakteriellen Sekundärinfektionen mit Streptokokken. Gelegentlich sind auch Parasiten beteiligt. Die Atemwegsprobleme der Fohlen werden in Erkrankungen der oberen und solche der unteren Atemwege unterteilt.

Erkrankungen der oberen Atemwege

Die anfänglichen Symptome sind Nasenausfluss, der erst wässrig und später reichlich und schmutzig sein kann, Fieber mit trockenem Husten und Atembeschwerden. Daraus kann sich eine Pneumonie mit der Gefahr einer Bronchopneumonie entwickeln. Werden die Fohlen schnell behandelt, erholen sie sich meistens. Dennoch besteht das Risiko eines bleibenden Lungenschadens und der Abszessbildung in der Lunge.

Erkrankungen der unteren Atemwege

Diese können infolge von Problemen im Bereich der oberen Atemwege entstehen, aber auch durch Stress und schlechte Haltungsbedingungen verursacht werden. Die Symptome einer Pneumonie sind Temperaturerhöhung, Lethargie und Saugunlust. Der typische Husten ist rau und feucht, evtl. mit Rasseln und Giemen im Brustkorb und bläulicher Verfärbung der Zunge und Maulschleimhäute.

Homöopathische Behandlung von Atemwegsinfektionen beim Fohlen

Mittel im Frühstadium

Aconitum 1M

Man setze Aconitum im allerersten Stadium der Infektion ein bzw. dort, wo die Symptome ganz plötzlich auftreten und mit Fieber einhergehen. Die betroffenen Fohlen sind unruhig oder ängstlich. Die Brustsymptome sind links meist schlimmer.
Dosierung: *Alle 15 Minuten*

Bryonia C30

Bryonia eignet sich, wenn sich die Symptome langsamer entwickeln und die Atmung zunehmend schwieriger wird. Es besteht Fieber, wobei die Temperatur mit Fortschreiten der Infektion innerhalb weniger Tage stetig ansteigt. Daneben tritt trockener Husten auf, der bei Störung des Fohlens schlimmer oder ausgelöst wird. Die erkrankten Tiere versuchen sich zu verstecken, zeigen vermehrten Durst und wollen nicht angefasst werden. Die Symptome sind auf der rechten Seite des Brustkorbs schlimmer.
Dosierung: *Stündlich*

Ferrum phosphoricum C30

Ferrum phosphoricum ist ein weiteres Mittel, wenn sich die Symptome innerhalb weniger Tage entwickeln und mit hohem Fieber einhergehen. Das Schlüsselsymptom für dieses Mittel

ist das Fehlen von Symptomen, abgesehen von einem reizenden, schmerzhaften Husten, der nachts besser zu sein scheint.
Dosierung: *Alle 15 Minuten*

Phosphorus C30
Wird Phosphorus benötigt, entwickeln sich die Symptome rasch, aber nicht so schnell wie bei Aconitum. Es tritt ein trockener Husten mit offensichtlichen Atembeschwerden auf, die so stark sein können, dass der Hals ausgestreckt wird, um den Zustand ein wenig zu lindern. Die Symptome sind auf der rechten Seite des Brustkorbs schlimmer.
Dosierung: *Stündlich*

Tuberculinum C200
Ein ausgezeichnetes Mittel, das man jedem Fohlen mit einer Atemwegsinfektion geben sollte, v. a. wenn die Erkrankung nicht auf andere Arzneien anspricht.
Dosierung: *Drei Gaben innerhalb von 24 Stunden*

Mittel im fortgeschritteneren Stadium:

Hepar sulphuris C30
Das wichtigste Leitsymptom ist eine dicke, schmutzige Absonderung aus der Nase, die sich innerhalb von ein oder zwei Tagen aus einem wässrigen Ausfluss entwickelt. Es folgt trockener Husten, der bei Bewegung schlimmer ist und sich schließlich zu einem rasselnden Husten mit Giemen und erschwerter Atmung entwickelt.
Dosierung: *Stündlich*

Kalium bichromicum C30
Angezeigt bei dickem, gelblichem Nasenausfluss, der faulig riecht und die Nasengänge blockiert. Begleitend tritt hackender Husten auf, bei dem sich dicker, gelber Schleim bilden kann.
Dosierung: *Stündlich*

Lycopodium C30
Lycopodium passt zu weiter fortgeschrittenen Fällen mit trockenem Husten, der zwischen 16 und 20 Uhr schlimmer ist. Das Fohlen macht einen schwachen Eindruck, und es atmet laut und mühsam mit Fächerbewegung der Nüstern. Die Luftwege sind mit gelbem Schleim verstopft, der sich durch Husten nicht löst. Die Symptome sind auf der rechten Seite des Brustkorbs schlimmer.
Dosierung: *Stündlich*

Pulsatilla C30
Wird Pulsatilla benötigt, so ist der Husten locker und es wird gelber, feuchter, cremiger Schleim gebildet. Es besteht Verlangen nach Gesellschaft und menschlicher Zuwendung. Aufenthalt im Freien lindert die Symptome im Gegensatz zum Stall.
Dosierung: *Stündlich*

Antimonium tartaricum C30
Dieses Mittel eignet sich am besten, wenn die Symptome Schwäche (evtl. Kollaps), Blaufärbung der Schleimhäute und Zunge, hochgradige Atemnot, kraftlosen, feuchten Husten und lautes Schleimrasseln im Brustkorb umfassen. Befindet sich das Fohlen in Seitenlage, so werden seine Symptome gelindert, wenn es in Brustlage gebracht wird.
Dosierung: *Alle 30 Minuten*

Ipecacuanha C30
Ipecacuanha ist angezeigt, wenn das Fohlen beinahe zu ersticken scheint, weil seine Atemwege derartig mit Schleim verstopft sind. Begleitsymptome sind Giemen und hochgradige Atemnot.
Dosierung: *Alle 30 Minuten*

Carbo vegetabilis C30
Carbo vegetabilis ist fortgeschrittenen Fällen vorbehalten, in denen das Fohlen sehr schwach und kollabiert ist und kurz vor dem Koma steht. Der Körper fühlt sich kalt an und die Schleimhäute sind blau. Die Luftwege sind voller Schleim und aus dem Brustkorb dringen Rasselgeräusche.
Dosierung: *Alle 15 Minuten*

Laurocerasus D1

Sollte in Erwägung gezogen werden, wenn das Fohlen keinerlei Fortschritte macht und sich in einem jämmerlichen Zustand befindet, aber noch nicht kollabiert ist. Die Atmung kann unterbrochen sein und zwischendurch schnappt das Tier nach Luft. Die Schleimhäute sind zyanotisch (mehr bläulich-purpurn als rosa).
Dosierung: *Alle 15 Minuten*

Mittel in der Genesungsphase

Sobald die Pneumonie abgeklungen ist, setzt man die folgenden Mittel ein, um alle verbliebenen Symptome zu beseitigen:

Stannum C30

Bei lang dauernder Schwäche nach einer Atemwegsinfektion. Die betroffenen Fohlen sind gedämpft und lethargisch, auch wenn der Brustkorb und die oberen Atemwege wieder frei sind.
Dosierung: *Dreimal täglich*

Senega C30

Bei hartnäckigem Husten, wenn die Luftwege mit dickem, schwer löslichem Schleim verstopft sind.
Dosierung: *Dreimal täglich*

Liegen Lungenabszesse vor, ziehe man **Calcium carbonicum C30, Hepar sulphuris C30, Calcium sulphuricum C30** oder **Phosphorus C30,** *zweimal täglich,* in Betracht.

Rhodococcus-equi-Infektion *Corynebacterium-equi*-Infektion

Diese Erkrankung tritt nur selten bei Fohlen auf und kommt in Großbritannien nur sporadisch vor; sie betrifft mehr trockene, heiße Länder. Fohlen im Alter zwischen einem und vier Monaten entwickeln Lungenveränderungen, die bereits recht weit fortgeschritten sind, bevor irgendwelche klinischen Zeichen sichtbar werden. Der Organismus findet sich im Kot gesund erscheinender Pferde und in einigen Lymphknoten des Abdomens. Er soll auch im Erdboden überleben können. Der Infektionsweg ist nicht genau bekannt, man geht aber von einer Infektion durch Inhalation oder orale Aufnahme aus.

Die ersten Anzeichen sind milder, chronischer Husten, der sich zu einer Bronchopneumonie weiterentwickelt, und allgemeine Krankheitserscheinungen. Später entwickeln sich anhaltendes Fieber, Atembeschwerden, schmutziger Nasenausfluss, Bauchschmerzen und Lungenabszesse. Gelegentlich tritt aufgrund von Abszessen in den Darmlymphknoten Diarrhö auf. Die Prognose ist meist ungünstig; der Tod tritt innerhalb von sieben bis zehn Tagen auf. Eine konventionelle und homöopathische Behandlung kann gleichzeitig erfolgen und kann nur von Nutzen sein, sofern die Erkrankung früh genug diagnostiziert wird.

Homöopathische Behandlung

Beim ersten Verdacht auf eine Infektion, wenn noch keine Symptome bestehen, **Aconitum 1M**
Dosierung: *Stündlich, bis sich ein anderes Mittel zeigt oder die Symptome nachlassen*

Danach eine Einzelgabe von **Tuberculinum C200**, *anschließend:*

Bei Bronchopneumonie **Antimonium tartaricum C30, Kalium bichromicum C30** und **Kalium sulphuricum C30** in Kombination
Dosierung: *Stündlich*

Bei schmutzigem Nasenausfluss **Hepar sulphuris C30, Kalium bichromicum C30**
Dosierung: *Stündlich*

Zur Behandlung von Lungen- oder Darmabszessen **Hepar sulphuris C30, Calcium sulphuricum C30**
Dosierung: *Viermal täglich*

Durchfall

Durchfall tritt bei Fohlen recht häufig auf, v. a. bis zu einem Alter von fünf Monaten. So gut wie jedes Fohlen hat vor dem Absetzen zumindest einmal Durchfall. Es gibt eine Vielzahl von

Ursachen – ernährungsbedingte, virale, bakterielle und parasitäre.

Ernährungsbedingter Durchfall

Änderungen in der Zusammensetzung der Milch können zu leichtem Durchfall, der sogenannten „Fohlenruhr" führen.

Übermäßige Milchaufnahme ist oft die Ursache für anhaltenden oder rezidivierenden Durchfall.

Behandlung

In Verbindung mit Restriktion der Milchaufnahme und oraler Rehydratation:

Aethusa cynapium C30, Natrium carbonicum C30 und **China C30** in Kombination.
Dosierung: *Viermal täglich*

Koprophagie

Die **Aufnahme von Kot** tritt häufig bei Fohlen im Alter zwischen zwei und fünf Wochen auf und führt zu Durchfall, wenn die Fäzes mit pathogenen Bakterien kontaminiert sind.

Auch die **Aufnahme von Einstreu** oder Fremdkörpern kann Durchfall auslösen.

Behandlung

Veratrum album C30 oder **Mercurius solubilis C30** bei Koprophagie als Ursache

Nux vomica C30, Podophyllum C30 bei anderen diätetischen Ursachen

Dosierung: *Viermal täglich*

Virale Ursachen

Diese scheinen inzwischen auf dem Vormarsch zu sein.

Eine **Rotavirus-Infektion** führt zu wässriger Diarrhö mit Bauchschmerzen, Fieber und Zähneknirschen.

Infektionen mit Adeno- und Coronaviren können ebenfalls Durchfall auslösen.

Behandlung

Podophyllum C30 bei Zähneknirschen

Elaterium C30 bei gewaltsamer, herausspritzender Diarrhö mit Bauchschmerzen

Croton tiglium C30 bei gewaltsamer, wässriger Diarrhö mit Drängen und evtl. Schleimbeimengungen

Dosierung: *Viermal täglich*

Bakterielle Ursachen

Die nachfolgenden Bakterien können eine Rolle spielen:

E. coli, das erst nur leichten Durchfall verursacht, der sich aber zu einem ernsthaften Problem mit Austrocknung entwickeln kann.

Salmonellen, die schwerwiegendere Erkrankungen verursachen, mit Fieber, Steigerung der Puls- und Atemfrequenz, Bauchschmerzen, Dehydratation und hochgradigem, fauligem, wässrigem Durchfall, der Blut und Schleim enthält. Siehe Infektionskrankheiten, Seite 311.

Campylobacter ruft leichten Durchfall mit Kolikerscheinungen hervor.

Rhodococcus equi kann neben den Atemwegssymptomen auch eine Darmform verursachen, die mit Durchfall, Bauchschmerzen und Gewichtsverlust einhergeht.

Clostridium perfringens Typ B oder C kann ebenfalls Durchfall auslösen. Dabei handelt es sich um eine schwerwiegende Erkrankung, die rasch zum Tod des Fohlens führen kann. In weniger akuten Fällen tritt blutiger Durchfall mit stark erhöhter Herzfrequenz auf.

Behandlung

Man bringe die Symptome möglichst genau mit der entsprechenden Arznei in Deckung.

Dosierung: *Soweit nicht anders angegeben, alle ein bis zwei Stunden, in Abhängigkeit von der Schwere des Zustandes*

Podophyllum C30 bei reichlichem, wässrigem, gelbem Durchfall, der explosionsartig abgeht

Arsenicum album C30 bei akuter, faulig riechender, wässriger Diarrhö mit Blutbeimengungen; das Fohlen macht einen schwachen und ängstlichen Eindruck

Mercurius solubilis C30 bei blutigem Durchfall mit Schleim und starkem Drängen

Rhus toxicodendron C30 bei gelber, schleimiger und blutstreifiger Diarrhö

Veratrum album C30 bei reichlichem, wässrigem, blutigem, faulig riechendem und gewaltsam entleertem Durchfall, der zu Erschöpfung, Frieren und Kollaps führt

Gambogia C30 bei plötzlichen Anfällen von wässrigem Durchfall mit vorherigem Pressen

Elaterium C30 bei Diarrhö, die gewaltsam herausspritzt (ohne Blut oder Schleim) und schaumig aussehen kann

Colocynthis C30 bei Diarrhö mit Kolik

Colchicum C30 bei Durchfall, der fast nur aus Schleim besteht, und aufgegastem Abdomen

Phosphorus C30 bei überaus wässriger Diarrhö, die Schleimklumpen enthält, und großem Durst

Aloe C30 bei akutem, herausspritzendem Durchfall mit Gasbildung

Nux vomica C30 bei schleimigem Durchfall mit Blut und vergeblichem Pressen. Ein Schlüsselsymptom sind abdominelle Schmerzen.

Phosphoricum acidum C30 bei reichlichem, wässrigem Durchfall, der zu Austrocknung und Schwäche führt

China C30 sollte in jedem Fall ergänzend gegeben werden, wenn Austrocknung besteht; auch bei schmerzlosem, gelbem Durchfall angezeigt

Carbo vegetabilis C200 bei hochgradiger übel riechender Diarrhö mit Kollaps, kurz vor dem Tod

Dosierung: *Alle 15–20 Minuten*

Nosoden können zusätzlich verabreicht werden, z. B. **E. coli C30, Salmonella C30**.

Parasitäre Ursachen

Die Infektion mit Strongyliden oder Kokzidien kann ebenfalls zu Durchfall führen. Geeignete Mittel finden sich in den obenstehenden Listen.

Gastroduodenale Ulzeration

Eine Geschwürbildung im Magen und Duodenum wird oft durch Stress oder den Einsatz von nicht-steroidalen Antiphlogistika wie z. B. Phenylbutazon verursacht, wobei auch infektiöse Ursachen beteiligt sein können.

Fohlen zwischen dem 1. und 120. Lebenstag können ebenfalls Symptome unterschiedlicher Schweregrade entwickeln. Einige zeigen so gut wie keine Symptome. In den schlimmsten Fällen kommt es hingegen zu Bauchschmerzen, Verweigerung der Nahrungsaufnahme und Depression sowie Peritonitis aufgrund einer Perforation des Magens oder Duodenums.

Homöopathische Behandlung

Dosierung: *Dreimal täglich*

Als allgemeines Mittel **Uranium nitricum C30** oder **Ornithogalum D6**

Wenn Stress der Auslöser ist **Argentrum nitricum C30**

Bei Bauchschmerzen mit Verschlimmerung nach der Fütterung **Kalium bichromicum C30**

Bei hochgradigen Schmerzen **Colocynthis C30**

Zur Unterstützung der Abheilung der Schleimhaut **Symphytum C6, Calendula C6**

Bei Peritonitis **Pyrogenium C200, Belladonna C200**

Entwicklungsstörungen

Mekoniumverhaltung oder -anschoppung

Das Mekonium ist der erste Kot, der normalerweise innerhalb der ersten vier Stunden nach der Geburt abgesetzt wird und ungefähr am vierten Lebenstag vollständig ausgeschieden ist. Bei einer Mekoniumverhaltung zeigt das Fohlen meist zwischen dem ersten und dritten Lebenstag Koliksymptome. Die Ursache ist unbekannt, aber die Symptome sind leicht erkennbar. Sie umfassen Pressen, Liegen in merkwürdigen Stellungen und Bauchschmerzen. Die betroffenen Fohlen machen keinen sonderlich kranken Eindruck und trinken auch weiter.

Passende Mittel

Dosierung: *Alle ein bis zwei Stunden, bis das Mekonium abgegangen ist*

Mit Pressen: **Nux vomica C30**

Mit Schwäche: **Gelsemium C30**

Verschleppte Fälle ohne Pressen: **Opium C200**

Zur Schmerzlinderung: **Colocynthis C30**

Neonatales Fehlanpassungssyndrom (NMS)

Dieser Zustand tritt am häufigsten bei Vollblutfohlen auf und entwickelt sich innerhalb der ersten 24 Stunden nach der Geburt, wobei die Fohlen anfangs einen völlig normalen Eindruck machen. In manchen Fällen beginnt das NMS bereits eine Stunde nach der Geburt. Die genaue Ursache ist nicht bekannt, aber man vermutet, dass der Erkrankung entweder eine Blutung oder ein Ödem im Gehirn zugrunde liegt. Daneben sollen auch Blutdruckschwankungen und Sauerstoffmangel im Blut (Hypoxie) mitverantwortlich sein, die im Rahmen einer schwierigen Geburt oder durch Schädigung des Brustbereichs und entsprechenden Auswirkungen auf Herz und Kreislauf auftreten können.

Die Anzeichen sind vielfältig und umfassen alle oder mehrere der folgenden Symptome:

- Verlust des Sauggreflexes und der Fähigkeit zu trinken
- Unvermögen zu stehen
- Konvulsionen mit Anstieg der Körpertemperatur und Schwitzen
- Komaphasen mit Abfall der Körpertemperatur
- Heftige galoppierende Bewegungen der Gliedmaßen
- Strecken von Kopf, Hals und Gliedmaßen mit aufgestelltem Schweif (Opisthotonus); erhöhter Tonus der Extensoren
- Überempfindlichkeit gegenüber Berührung, übersteigerte Reaktionen auf Anfassen
- Zielloses Herumwandern
- Zähneknirschen
- Niesen
- Vokalisation, „Bellen" oder Grunzen
- Blutungen in die Retina und Sklera
- Blindheit mit Pressen gegen die Wände
- Ungleiche Pupillengröße

Bei guter Pflege und Unterstützung genesen viele Fohlen vollständig, v. a. wenn besondere Vorsichtsmaßnahmen hinsichtlich möglicher Verletzungen sowie in Bezug auf die Fütterung und Aufrechterhaltung der Körpertemperatur getroffen werden. Die Symptome von NMS können nur wenige Stunden dauern, aber auch bis zu einen Monat lang anhalten, bevor sie vollständig abgeklungen sind. Die Genesung nimmt einen bestimmten Verlauf, der vom Komastadium über das Stehen und die Rückkehr der auditiven und visuellen Sinne bis hin zum Wiedererlangen der Saugfähigkeit führt.

Die Behandlung von NMS

Die verschiedenartigen Zeichen dieser Erkrankung eignen sich gut für eine homöopathische Behandlung, die nach Bedarf neben einer konventionellen Medikation erfolgen sollte. Ausgehend von den oben beschriebenen Symptomen sind die nachfolgend genannten Mittel oftmals hilfreich:

Dosierung: *C200, drei- oder viermal täglich, Wechsel des Mittels bei Änderung der Symptome*

Besteht der Verdacht auf NMS, sollte man sofort nach der Geburt eine Einzelgabe **Arnica C200** und **Opium C200** geben und anschließend:

Schwäche und Unvermögen zu saugen: **Phosphoricum acidum** oder **Gelsemium** (bei Schwäche), **Carbo vegetabilis** (bei Kälte)

Konvulsionen: **Belladonna** (heftig, mit Anstieg der Körpertemperatur), **Stramonium** (mit Strampeln/galoppierenden Gliedmaßenbewegungen), **Bufo** (im Wechsel mit Komaphasen), **Hyoscyamus** (mit „Bellen“), **Zincum** (wenn kein anderes Mittel zu passen scheint)

Komaphasen: **Aconitum** (um die Genesung grundsätzlich zu unterstützen), **Opium** (wenn vorher phasenweise ein „Delirium“ auftritt), **Carbo vegetabilis** (bei Abfall der Körpertemperatur)

Opisthotonus: **Cicuta** (Hauptmittel), **Belladonna, Hyoscyamus, Nux vomica, Strychninum**

Überempfindlichkeit: **Strychninum** (extrem), **Ignatia** (mit Muskelkrämpfen/-zuckungen), **Coffea** (mit milden Symptomen), **Zincum**

Zielloses Herumwandern: **Thuja, Stramonium** (mit „Bellen“)

Vokalisation oder „Bellen“: **Stramonium, Hyoscyamus**

Zähneknirschen: **Belladonna, Hyoscyamus, Bufo**

Retinablutungen: **Phosphorus**

Blindheit mit Pressen gegen die Wände: **Helleborus**

Ungleiche Pupillengröße: **Opium, Laburnum** (mit Konvulsionen)

Immunologische Störungen

Hämolytische Anämie des neugeborenen Fohlens Neonatale Isoerythrolyse

Siehe Seite 93 (Abschnitt Blut)

Der Bewegungsapparat – Teil 1

In diesem Kapitel werden die Teile des Körpers abgehandelt, die für die Bewegung und den Gang verantwortlich sind. Zu ihnen zählen sowohl das Skelett als auch die Muskeln sowie andere wichtige Strukturen, beispielsweise die peripheren Nerven, Bänder, Sehnen, Schleimbeutel und Gelenke.

Die Erkrankungen des Bewegungsapparates können grob in zwei Kategorien unterteilt werden. Im ersten Teil werden die allgemeine Struktur und Funktion der wesentlichen anatomischen Bestandteile und damit in Zusammenhang stehende grundlegende Erkrankungen beschrieben. Die meisten der hier aufgeführten Mittel kommen bei vielen der beschriebenen Erkrankungen in Frage. Um unnötige Wiederholungen zu vermeiden, wird auf diese Hauptmittel im zweiten Teil daher immer nur kurz eingegangen. Im zweiten Teil werden spezifischere Erkrankungen der Vorder- und Hinterhand sowie der Wirbelsäule (des Rückens) beschrieben. Dem Huf ist ein eigenes Kapitel gewidmet

Wesentliche Strukturen und deren Erkrankungen

Knochen

Knochengewebe ist eine Form von starrem Bindegewebe, aus dem der größte Teil des Skeletts besteht. Seine Grundstruktur besteht aus Zellen, die in einer Matrix aus Kollagenfasern liegen, die für die Widerstandskraft des Knochens verantwortlich sind, und einer anorganischen Komponente, die ungefähr 2/3 des Knochengewichts ausmacht. Sie gibt dem Knochen seine Stärke und Festigkeit und besteht zu rund 85 Prozent aus Kalziumphosphat, zu zehn Prozent aus Kalziumkarbonat und in geringen Anteilen aus Kalzium- und Magnesiumfluorit.

Es gibt zwei Arten von Knochengewebe: den Schwamm- oder Spongiosaknochen, der mit Knochenmark gefüllte Hohlräume enthält, und den sehr dichten und kompakten Knochen, der einen festen Eindruck macht. Abgesehen von einigen wenigen Ausnahmen enthält jeder Knochen Anteile beider Gewebe in veränderlichen Anteilen. In einem typischen langen Röhrenknochen wie dem Femur besteht der Schaft (die Diaphyse) hauptsächlich aus kompaktem Knochengewebe mit einem zentralen Hohlraum (der Knochenmark enthält), und die Enden (Epiphysen) aus Schwammknochen, der von einer dünnen Schicht aus kompaktem Knochengewebe bedeckt ist.

Während des Knochenwachstums bildet ein bestimmter Bereich der Epiphyse neuen Knorpel, der dann abgesehen von zwei Stellen zu Knochen umgebaut wird. Die erste Stelle befindet sich an den Knochenenden, wo der Knorpel zu Gelenkknorpel wird. Die zweite Stelle befindet sich am Übergang von der Epiphyse zur Diaphyse, wo er die Wachstumsfuge bildet. In diesem Bereich kann sich eine als Epiphysitis bezeichnete Erkrankung entwickeln. Der Bereich zwischen der Wachstumsfuge und der Diaphyse (dem Schaft) wird auch als Metaphyse bezeichnet und ist zusammen mit der Epiphyse der anatomische Bereich, in dem sich einige der bei Fohlen auftretenden Wachstumsstörungen abspielen. Abgesehen von den Gelenkoberflächen wird jeder Knochen von einer besonders festen Bindegewebsschicht bedeckt, dem Periost.

Es ist wahrscheinlich, dass die mineralische Zusammensetzung und die Stärke des Knochens während des Wachstums günstig durch homöopathische Arzneien beeinflusst werden können.

Um das Wachstum und die Stärke der Knochen zu unterstützen, sollten Fohlen von schlanker Statur *dreimal wöchentlich* **Calcium phosphoricum C30** erhalten. Bei schwerer gebauten Tieren ist eher **Calcium carbonicum C30** angezeigt.

Erkrankungen der Knochen

Osteomyelitis

Dieser Begriff bezieht sich auf eine bakterielle Infektion und Entzündung des Knochens. Der betroffene Bereich kann relativ umgrenzt sein, in schwereren Fällen können aber auch das Knochenmark und das Periost beteiligt sein. Die häufigste veranlassende Ursache ist eine perforierende Verletzung, über die die Infektion eindringen kann. Am meisten gefährdet sind wenig bemuskelte Körperstellen wie z. B. die Metakarpalknochen.

Mögliche Symptome sind eine Schwellung im Bereich der Verletzung und die Entstehung eines kleinen Hohlraums, aus dem sich Eiter in unterschiedlicher Menge entleert. In der Regel bestehen Schmerzen, aber in vielen Fällen zeigt das Pferd keine Lahmheit. Empfohlene Mittel sind:

Aconitum 1M

Aconitum wird am besten im allerersten Stadium eingesetzt, wenn der Verdacht auf eine Osteomyelitis besteht, die Krankheit sich aber noch nicht entwickeln konnte.

Dosierung: *In den ersten zwei Stunden alle 30 Minuten, dann stündlich eine Gabe, bis die Symptome nachlassen oder ein anderes Mittel angezeigt ist*

Gunpowder D3

Das Mittel der Wahl, wenn Aconitum die Erkrankung nicht aufhalten konnte. Es ist bei aktiver septischer Osteomyelitis und in Fällen, die trotz der Gabe von Antibiotika nur schlecht abheilen, angezeigt.

Dosierung: *Viermal täglich, bis die Symptome nachlassen*

Silicea C200

Dieses Mittel ist in späteren Stadien von allergrößtem Wert, wenn Eiter aus einem Hohlraum an die Oberfläche dringt; auch für sehr hartnäckige Fälle geeignet.

Dosierung: *Dreimal täglich, bis die Symptome nachlassen*

Phosphorus C200

Ein gutes grundsätzliches Mittel, das die Gesundheit des Knochens fördert und damit die Abheilung unterstützt. Am besten wird es zusätzlich in Fällen gegeben, die Silicea benötigen.

Dosierung: *Einmal täglich*

Hypercal-Lotion

Liegt ein Hohlraum vor, aus dem sich Eiter entleert, sollte man die betreffende Stelle täglich mit verdünnter Hypercal-Lotion reinigen.

Periostitis

Dieser Begriff bezieht sich auf eine Entzündung der dünnen Knochenhaut, des Periosts. Es gibt zwei Hauptursachen. Die erste ist ein direktes stumpfes Trauma durch einen Schlag oder Tritt, v. a. an ungeschützten Stellen. Am meisten gefährdet sind die Metakarpal- und Metatarsalknochen. Eine Periostitis kann aber auch durch Ablösung des Periosts vom darunter liegenden Knochen entstehen. Dies geschieht gewöhnlich durch den Zug einer am Periost befestigten Sehne oder eines Bandes und kann durch ein akutes Trauma entstehen oder durch eine wiederholte subtile Schädigung, wodurch sich das Periost allmählich mehr und mehr abhebt. Das bekannte und häufige Problem von Überbeinen (siehe Seite 204) ist ein klassisches Beispiel für den letztgenannten Fall.

Das Ablösen bzw. die Schädigung des Periosts führt zu einer Entzündung und Schmerzen und damit in Abhängigkeit von der Ursache, Schwere und Lokalisation zu Lahmheit unterschiedlicher Schweregrade. In der akuten Phase kommt es zu einer Weichteilschwellung über der betroffenen Stelle, die berührungsempfindlich ist, auch wenn das Pferd vielleicht noch nicht lahm geht. Diese Schwellung ist im Bereich der Metakarpal- und Metatarsalknochen am ehesten sichtbar. Als Reaktion auf die Periostschädigung beginnt das darunter liegende Gewebe mit der Bildung neuen Knochens, der eine unregelmäßige oder raue Struktur hat. Lässt die Entzündung nach, bildet sich der neue periostale Knochen um und formt knöcherne Knoten mit einer viel glatteren Kontur, die auch als Exostosen bezeichnet werden.

Die anfängliche Behandlung sollte, insbesondere wenn ein direktes Trauma vorliegt, in der Gabe von **Arnica C200** bestehen, *in den ersten drei oder vier Stunden stündlich eine Gabe*, gefolgt von:

Asa foetida C6
Angezeigt, wenn der betroffene Bereich bei Berührung sehr schmerzhaft ist und eine deutliche Schwellung besteht.
Dosierung: *Dreimal täglich*

Ruta C30
Dieses Mittel wirkt spezifisch auf das Periost und ist immer dann angezeigt, wenn dieses gequetscht oder anderweitig traumatisiert wurde. Ruta minimiert das Risiko von Exostosen und ist auch in chronischen Fällen von Nutzen.
Dosierung: *Einmal täglich, bis sich eine Reaktion einstellt*

Phytolacca C30
Dieses Mittel ist speziell dann angezeigt, wenn das Periost durch den Zug einer Sehne abgelöst wurde. Es ist grundsätzlich ein gutes Mittel bei Erkrankungen des Periosts.
Dosierung: *Dreimal täglich, bis die Schmerzen nachlassen*

Mezereum C30
Ein spezifisches Mittel bei Periostitis und Exostosen, wenn Schmerzen und Lahmheit bestehen. Ein weiterer Hinweis auf dieses Mittel ist eine Vorgeschichte von Hauterkrankungen.
Dosierung: *Einmal täglich*

Silicea C30
Ein gutes Mittel bei allen Knochenerkrankungen. In lang dauernden Fällen und bei Exostosen ist es von größtem Nutzen. Silicea passt am besten zu Tieren, die einen mangelhaft entwickelten Körperbau und ein schüchternes, ruhiges und unterwürfiges Naturell haben. Abschilfernde oder brüchige Hufe sind ein zusätzlicher Hinweis auf dieses Mittel.
Dosierung: *Einmal täglich*

Calcium fluoratum C30
Ein sehr wertvolles Mittel, das spezifisch eingesetzt wird, um die Entwicklung von Exostosen zu minimieren. Haben diese sich bereits gebildet, kann es evtl. ihre Größe vermindern, wenn es über einen Zeitraum von mehreren Monaten gegeben wird.
Dosierung: *Einmal täglich*

Phosphorus C30
Phosphorus hilft eher konstitutionell in lang dauernden Fällen bei Tieren, die lang und schlank gebaut sind und einen ängstlichen und überempfindlichen Eindruck machen. Das Vorliegen von Exostosen ist ein weiterer Hinweis auf dieses Mittel.
Dosierung: *Einmal täglich*

Manganum aceticum C30
Dieses weniger bekannte Mittel hilft in langwierigen Fällen, in denen das Periost chronisch entzündet ist und immer noch Schmerzen bestehen.
Dosierung: *Einmal täglich*

Ruta-Salbe
Bei jeder periostalen Reaktion sollte man *zweimal täglich* Ruta-Salbe auftragen, um das Problem zu beheben.

Exostosen und Osteophyten

Knochensporn

Hier handelt es sich um harte knöcherne Zubildungen, die sich infolge einer Störung oder Schädigung des Periosts bzw. einer Schädigung oder Degeneration des Gelenkknorpels entwickeln. In der unter dem Periost bzw. Knorpel gelegenen Schicht kommt es zur reaktiven Bildung von neuem Knochengewebe. Sobald die Entzündung abgeklungen ist, wird dieses neue periostale Knochengewebe zu glatten knöchernen Knoten umgeformt, die auch als Exostosen und Osteophyten bezeichnet werden.

Vorbeugung

Es gibt eine ganze Reihe von Mitteln, die eingesetzt werden können, um einer periostalen Reaktion vorzubeugen oder sie zu minimieren.

Ruta C30

Dieses Mittel sollte zum frühestmöglichen Zeitpunkt gegeben werden, um einer periostalen Reaktion vorzubeugen.
Dosierung: *Zweimal täglich in den ersten sieben bis zehn Tagen nach dem vermuteten Trauma bzw. bis sich eine Reaktion einstellt, dann einmal täglich über weitere drei Wochen.*

In lang dauernden Fällen gibt man dreimal wöchentlich die C200, um eine weitere Reaktion des Knochens zu verlangsamen.

Symphytum C6

Symphytum kann routinemäßig eingesetzt werden, wenn das Periost geschädigt ist. Es ist besonders hilfreich, wenn periostale Schmerzen bestehen.
Dosierung: *Zweimal täglich über vier Wochen*

Kalium bichromicum C30

Angezeigt, wenn der Metakarpal- oder Metatarsalknochen betroffen, die darüber liegende Haut offensichtlich beschädigt und das darunter liegende Weichteilgewebe entzündet ist.
Dosierung: *Zweimal täglich in den ersten sieben bis zehn Tagen nach dem Trauma, dann einmal täglich über weitere drei Wochen*

Lacticum acidum C30

Dieses weniger bekannte Mittel sollte in den Fällen in Erwägung gezogen werden, in denen eine lang dauernde Periostitis vorliegt, die nicht auf andere Mittel anspricht.
Dosierung: *Einmal täglich*

Ruta-Salbe

Diese sollte routinemäßig *zweimal täglich* auf den betroffenen Bereich aufgetragen werden, um der Entstehung weiterer Probleme vorzubeugen.

Behandlung

Diese Mittel eignen sich, wenn bereits Exostosen vorhanden sind, um einer Weiterentwicklung, Entzündung und Schmerzen vorzubeugen. Hier steht an erster Stelle **Ruta C200** in Verbindung mit:

Calcium fluoratum C30

Das ideale Mittel bei Problemen im Bereich des Karpal- oder Tarsalgelenks.
Dosierung: *Einmal täglich jeden zweiten Tag über einen langen Zeitraum*

Hecla lava C6

Hecla ist ein gutes Routinemittel, wenn Exostosen vorliegen, insbesondere wenn diese bereits eine gewisse Größe haben.
Dosierung: *Einmal täglich*

Silicea C30

Silicea ist ein weiteres wertvolles Mittel, wenn Exostosen vorliegen. Es eignet sich am besten für jüngere Tiere oder solche mit einer generell schwachen Konstitution.
Dosierung: *Einmal täglich*

Mercurius solubilis C30

Die Hauptindikation für dieses Mittel sind Periostitis und daraus entstehende Exostosen in Verbindung mit lokaler Knochennekrose. Diese gehen immer mit lokaler Schwellung und Schmerzen einher.
Dosierung: *Zweimal täglich über zehn Tage, dann einmal täglich*

Frakturen

Eine Fraktur ist ein Knochenbruch. Dieser kann einfach sein mit nur zwei Bruchteilen, im Gegensatz zu einer Trümmerfraktur, bei der mehrere Fragmente vorliegen und die weitaus schwerwiegender ist. Die Natur und Lokalisation der Fraktur entscheiden gemeinsam mit möglichen sekundären Komplikationen über den weiteren Verlauf und das letztendliche Ergebnis. Frakturen, die früher als unheilbar galten, können heutzutage erfolgreich behandelt werden.

Sofortiges tierärztliches Eingreifen und angemessene Erste Hilfe sind von entscheidender Bedeutung. Man denke daran, **Aconitum 1M** für den Schock zu geben und **Arnica C200** wegen der Verletzung. Ist an der Fraktur ein Gelenk beteiligt, das stark anschwillt, gebe man **Bovista C200**, *dreimal täglich*, um die Schwellung zu reduzieren.

Es gibt eine Reihe von Mitteln, die die Frakturheilung unterstützen. Die Behandlung sollte fortgesetzt werden, bis der Bruch vollständig abgeheilt ist.

Calcium phosphoricum C30

Als Bestandteil des Knochens unterstützt Kalziumphosphat in homöopathischer Potenz den Knochenstoffwechsel und sorgt dafür, dass die Fraktur gut abheilt. Dieses Mittel passt allgemein gut zu schlank gebauten Patienten.
Dosierung: *Eine Tablette jeden zweiten Tag*

Calcium carbonicum C30

Kalziumkarbonat ist ein weiterer Knochenbestandteil und kann statt Calcium phosphoricum bei Pferden mit einem schwereren Körperbau eingesetzt werden.
Dosierung: *Eine Tablette jeden zweiten Tag*

Ruta C30

Die Gabe von Ruta beugt einem mangelhaften Zusammenwachsen der Knochenenden vor.
Dosierung: *Eine Tablette jeden zweiten Tag*

Symphytum C6

Symphytum ist die Pflanze Beinwell in homöopathischer Potenz. Sie wird im Volksmund auch als „Knochenrichter" bezeichnet und hat in ihrer homöopathischen Form eine ähnliche Wirkung hinsichtlich der Unterstützung der Frakturheilung. Sie ist spezifisch angezeigt bei Frakturen, die nicht zusammenwachsen wollen.
Dosierung: *Einmal täglich*

Eupatorium perfoliatum C30

Ein ideales Mittel, wenn von der Bruchstelle Schmerzen ausgehen. Es kann immer verwendet werden, um dem Tier ein wenig Linderung zu verschaffen.
Dosierung: *Ein- oder zweimal täglich, in Abhängigkeit von der Stärke der Schmerzen*

Silicea C30

Silicea unterstützt ebenfalls den Knochenstoffwechsel und sollte bei Tieren mit unterentwickeltem Körperbau und mangelhafter Knochenstruktur in Erwägung gezogen werden.
Dosierung: *Eine Tablette jeden zweiten Tag*

Calendula C30

Die Aufnahme von Calendula in das Behandlungsregime unterstützt die Heilung sowohl der Fraktur als auch der umgebenden Gewebe.
Dosierung: *Ein- oder zweimal täglich*

Bänder

Die Bänder verbinden die Knochen miteinander und bestehen aus sehr festem und unelastischem Bindegewebe. Es gibt zwei Arten von Bändern: solche, die außerhalb des Gelenks oder in der fibrösen Gelenkkapsel liegen, und diejenigen, die sich im eigentlichen Gelenk befinden. Beide halten die Gelenke zusammen und ermöglichen deren Bewegung.

Erkrankungen der Bänder

Zerrungen oder Zerreißungen

Desmitis (Entzündung eines Bandes)

Verletzungen und Zerrungen der Bänder treten recht häufig auf und gehen mit Entzündung und Schmerzen einher. Die Schädigung kann unterschiedliche Ausmaße annehmen; sie reicht von der

Zerreißung nur einzelner Fasern bis hin zur vollständigen Ruptur. Entsprechend unterschiedlich sind auch die klinischen Zeichen und die Prognose. Die Anfangsbehandlung nach einer vermuteten Verletzung sollte in der Gabe von **Arnica C200** und **Ruta C200** bestehen, die beide *dreimal täglich über fünf Tage* verabreicht werden, gefolgt von:

Ruta C30

Diese niedrigere Potenz sollte über einen längeren Zeitraum gegeben werden, bis das Band vollständig abgeheilt ist. Dies dauert oft mehrere Wochen. Ruta ist das Hauptmittel bei Entzündungen der Bänder.
Dosierung: *Einmal täglich*

Rhus toxicodendron C30

In Verbindung mit Ruta angezeigt, wenn es nach Ruhe zu Steifheit oder Lahmheit kommt, die sich durch Bewegung bessert.
Dosierung: *Einmal täglich*

Bryonia C30

Bei sehr akuten Zerrungen, wenn anhaltende starke Schmerzen bestehen, die sich durch die geringste Bewegung verschlimmern; das Tier vermeidet jede Bewegung, um die Schmerzen so gering wie möglich zu halten.
Dosierung: *Dreimal täglich*

Silicea C30

Silicea sollte für chronische Fälle vorbehalten werden, wenn das betroffene Band verdickt ist oder die Heilung nur sehr langsam erfolgt.
Dosierung: *Einmal täglich über mehrere Wochen*

Natrium carbonicum C6

Dieses Mittel eignet sich für anhaltende Probleme, wenn das Band wiederholt geschwächt wird und dadurch zu rezidivierender Lahmheit führt. Besonders angezeigt, wenn das Sprunggelenk betroffen ist.
Dosierung: *Einmal täglich über einen langen Zeitraum*

Ledum C6

Ledum kann in ähnlichen Situationen wie Natrium carbonicum eingesetzt werden und eignet sich für wiederkehrende Zerrungen. Besonders angezeigt, wenn das Sprunggelenk betroffen ist.
Dosierung: *Einmal täglich über einen langen Zeitraum*

Symphytum C6

Ein gutes allgemeines Mittel, das die Abheilung geschädigter Bänder unterstützt.
Dosierung: *Einmal täglich über einen langen Zeitraum*

Weitere hilfreiche Mittel

Natrium muriaticum C6

Bei wiederholten Zerrungen im Bereich der Fessel-, Kron- oder Hufgelenke.

Calcium carbonicum C6

Chronische Zerrungen durch Überanstrengung.

Strontium carbonicum C6

Bei schwachen Gelenken aufgrund wiederholter Zerrungen, v. a. der Fessel- und Sprunggelenke.
Dosierung: *Zweimal täglich*

Sehnen

Das Gewebe, das jedes Bündel von Muskelfasern umhüllt, vereinigt sich zu einem starken Fasergewebe, den sogenannten Sehnen. Diese sorgen für die Anheftung der Muskeln an den Knochen; am Ansatzpunkt verbinden sich ihre Fasern mit dem Periost. Sie sind für ihre außerordentliche Stärke bekannt, verfügen aber auch über eine gewisse Elastizität und können bei Dehnung Energie speichern. Um effizient funktionieren zu können, müssen sie sich frei über die angrenzenden Strukturen bewegen können. Dies wird durch eine Reihe weiterer Strukturen gewährleistet. Zu ihnen zählen die Schleimbeutel, kleine flüssigkeitsgefüllte Säckchen, die eine Sehne an den Stellen abpolstern, wo sie über knöcherne Strukturen zieht, sowie Sehnenscheiden, die eine

Sehne dort umhüllen, wo sie über einem Gelenk die Richtung ändert. Es gibt einige recht häufig auftretende Erkrankungen der Sehnen.

Erkrankungen der Sehnen

Tendinitis, Tendosynovitis und Sehnenzerrungen

Die oberflächlichen und tiefen Beugesehnen der Vorderhand sind am häufigsten betroffen. Die oberflächliche Beugesehne wird leichter verletzt, v. a. im mittleren Bereich, wo der Querschnitt am geringsten ist. Die Sehnen der Hinterhand sind sehr viel seltener betroffen.

„Tendinitis" bezeichnet eine Sehnenentzündung ohne Beteiligung der Sehnenscheide. Im Gegensatz dazu ist eine Tendosynovitis eine Entzündung einer Sehne und ihrer Sehnenscheide. Die häufigste Ursache ist in beiden Fällen ein Trauma, das zu einer Überbeanspruchung des betroffenen Bereichs führt. Die Symptome sind je nach Ausmaß der Schädigung unterschiedlich. Geringgradige Zerrungen gehen mit einer leichten Schwellung und Erwärmung einher, führen aber nicht zu einer Lahmheit, sofern die korrekte Behandlung durchgeführt und das Tier ruhiggestellt wird. Bei einer stärkeren Zerrung oder wenn eine ursprünglich (geringgradige) Verletzung nicht richtig abheilen konnte, treten deutlichere Symptome auf. Es kommt zu stärkerer Schwellung und vermehrter Wärme sowie Lahmheit.

Die sichtbare Schwellung wird auch als „Einschuss" bezeichnet. In Abhängigkeit von der Lokalisation der Schwellung wird diese folgendermaßen klassifiziert:

Im oberen Bereich, wenn die betroffene Stelle direkt unterhalb des Karpalgelenks liegt.

Im mittleren Bereich, wenn das mittlere Drittel des Metakarpalknochens betroffen ist.

Im unteren Bereich, wenn das untere Drittel des Metakarpalknochens betroffen ist.

Die anfängliche Verletzung führt zur Zerreißung und Aufspaltung der Sehnenfasern und in der Folge zu Schwellung und Einblutung sowohl in das betroffene als auch in das umgebende unverletzte Gewebe. Dadurch wird die geschädigte Sehne weiter geschwächt, denn es kommt zur Freisetzung von Enzymen, die das Sehnengewebe aufspalten. Weitere Komplikationen können auftreten, wenn die Blutversorgung des betroffenen Bereichs unterbrochen ist, was zusätzliche Schäden nach sich zieht.

Nach der ersten Phase setzt die Heilung ein und es bilden sich neue Kollagenfasern, die die beschädigten Fasern ersetzen sollen. Im Verlauf des Heilungsprozesses bildet sich auch Narbengewebe, das zu Verklebungen und fibrotischen Bereichen führt, sodass die Elastizität und der Bewegungsspielraum der Sehne beeinträchtigt werden. Die Heilung nimmt erhebliche Zeit in Anspruch.

Behandlung von Sehnenverletzungen

Akute (schwere) Zerrungen

Das Behandlungsziel ist anfangs v. a. darauf ausgerichtet, innerhalb der ersten 48 Stunden entsprechend der tierärztlichen Anweisungen die Schwellung so schnell wie möglich zu reduzieren. Man gibt:

Arnica C200, Ledum C200 und **Hamamelis C200** *alle zwei bis drei Stunden innerhalb der ersten 48 Stunden* (um die Verletzungsfolgen zu begrenzen), und dann:

Apis C200 *dreimal täglich*, wenn immer noch Schwellung und vermehrte Wärme bestehen. Man massiert den Bereich, um die Schwellung zu reduzieren und die Flexibilität zu unterstützen.

Sobald die Schwellung verschwunden ist, setzt man die Behandlung fort mit:

Rhus toxicodendron 1M *einmal täglich über sieben Tage,* um die verletzungsbedingten Schmerzen zu lindern, und

Ruta C200 *zweimal täglich über sieben Tage,* um die Heilung anzuregen, sowie

Phytolacca C30 *einmal täglich*, wenn auch ein Sehnenansatz betroffen ist.

Äußerliche Anwendung:

Eine Lotion aus einer Kombination aus **Arnica** und **Ruta** *dreimal täglich*

Weniger schwere oder subakute Sehnenverletzungen

Man befolge die Anweisungen des Tierarztes und gebe:

Arnica C30 kombiniert mit **Ruta C30** *dreimal täglich, 10–14 Tage lang.*

Äußerliche Anwendung:

Eine Lotion aus einer Kombination aus **Arnica** und **Ruta** *zweimal täglich*

Heilungsphase

Es dauert meist mehrere Wochen, bis die verletzte Sehne abgeheilt und wieder eine gewisse Form angenommen hat. Äußerliche Wärmeanwendungen fördern die Blutzufuhr, während kalte Anwendungen bei Entzündungen eingesetzt werden sollten. Die Bewegung sollte eingeschränkt werden, um die überschießende Bildung von Narbengewebe und weitere Schädigung des geschwächten Gewebes zu verhindern. Man gebe:

Ruta C30, *eine Gabe jeden zweiten Tag*, um die Heilung zu unterstützen und Schwellungen zu minimieren.

Calcium fluoratum C30, um die Bildung von Verklebungen zu reduzieren.
Dosierung: *Einmal täglich*

Silicea C30, ebenfalls, um Verklebungen vorzubeugen bzw. bereits vorhandene Verklebungen abzubauen.

Bei Verklebungen oder Verdickung der Sehne:

Graphites C30, um bereits vorhandene Verklebungen abzubauen.
Dosierung: *Einmal täglich*

Proteus C30, eine Darmnosode, die sich hervorragend eignet, um verdicktes, fibrotisches Narbengewebe abzubauen, bzw. wenn die Sehne chronisch verdickt ist.

Äußerliche Anwendung:

Ruta-Lotion oder **Ruta-Salbe,** *einmal täglich.*

Geht die Heilung nur langsam vonstatten, kann die Blutzufuhr durch die folgenden Mittel gefördert werden, welche eine allgemeine kreislaufunterstützende Wirkung haben:

Crataegus D6 als allgemeines Kreislauftonikum.

Secale C30 ist angezeigt, wenn die lokale Blutversorgung im Bereich der Verletzung unterbrochen oder eingeschränkt ist.

Xanthoxylum C6 kann eingesetzt werden, um die Zirkulation im unteren Bereich der Gliedmaßen zu verbessern.

Weitere hilfreiche Mittel

Dosierung: *Zweimal täglich*

Calcium phosphoricum D6 kann zusätzlich gegeben werden, um den allgemeinen Heilungsprozess zu beschleunigen.

Causticum C30 bei Sehnenkontrakturen

Calcium carbonicum C30 bei chronischen Sehnenverletzungen

Strontium carbonicum C6 bei chronischen Zerrungen mit nachfolgender Gelenkschwäche

Sehnenriss

Dies ist die schwerwiegendste aller Sehnenverletzungen und die Folge einer vollständigen Zerreißung der Sehne. Erste-Hilfe-Maßnahmen bestehen in der Gabe von **Arnica C200, Ledum C200, Hamamelis C200** und **Apis C200**. *Diese Mittel sollten immer abwechselnd verabreicht werden, mit einem Abstand von 20 Minuten zwischen den einzelnen Gaben.* Gleichzeitig sollten Eisbeutel auf die Stelle gegeben werden, um Blutungen, Entzündungsprozesse und Schmerzen zu reduzieren. Eine Heilung der beschädigten Sehne ist möglich. In der Heilungsphase eignen sich die oben beschriebenen Mittel.

Sehneneinriss

Einrisse oder Schnitte der Beugesehnen stellen ernsthafte Verletzungen dar und bedürfen oft einer chirurgischen Versorgung, um den Bereich zu säubern und beschädigtes Gewebe zu entfernen. Oft ist eine operative Wiederherstellung möglich. Erste-Hilfe-Maßnahmen und die Behandlung während der Heilungsphase können wie oben beschrieben mit homöopathischen Mitteln unterstützt werden. Bestehen starke Schmerzen, werden **Hypericum C30** und **Rhus toxicodendron C30** *dreimal täglich* gegeben.

Sehnenscheiden und Tendosynovitis

In Abhängigkeit von der Lokalisation kann eine Sehnenscheide die ganze oder nur einen Teil der Sehne umhüllen. Diese sackähnlichen Strukturen sind mit einer Synovialmembran ausgekleidet, die dafür sorgt, dass die Sehne befeuchtet wird und damit durch die Sehnenscheide gleiten kann. Eine Entzündung der Sehnenscheide wird als „Tendosynovitis" bezeichnet und führt zu einer Ansammlung von Synovialflüssigkeit in der Sehnenscheide, die äußerlich als Schwellung sichtbar ist. Fessel- und Sprunggelenkgallen sind die häufigsten Beispiele dafür. Selten tritt eine Lahmheit auf.

Arzneien, die sich für die Behandlung einer Tendosynovitis eignen:

Apis C200 ist das Hauptmittel.
Dosierung: *Zweimal täglich, bis die Schwellung abklingt, dann einmal wöchentlich, um ein Wiederauftreten zu verhindern*

Bryonia C30 ist eine nützliche Alternative, v. a. wenn gleichzeitig eine Lahmheit besteht.
Dosierung: *Zweimal täglich, wie oben*

Schleimbeutel und Bursitis

Schleimbeutel sind ebenfalls sackartige Gebilde, die mit einer Synovialmembran ausgekleidet und mit Synovialflüssigkeit gefüllt sind. Sie dienen als Polsterung von Muskeln und Sehnen im Bereich von knöchernen Vorsprüngen. Eine Schleimbeutelentzündung wird auch als Bursitis bezeichnet und tritt an speziellen, anatomisch definierten Stellen auf. Bei diesen Schleimbeuteln handelt es sich um echte Schleimbeutel, wie sie bei allen Pferden vorkommen. Eine Entzündung führt zu Schwellung des Schleimbeutels mit oder ohne Lahmheit. Beispiele sind die Bizeps-, Spatsehnen- und Trochanterbursitis.

Im Gegensatz dazu entstehen falsche oder erworbene Schleimbeutel durch ein wiederholtes geringgradiges Trauma; es kann zu Fibrosierung (Verdickung) und Verfestigung kommen. Diese Schleimbeutelform bleibt meist bestehen. Stollbeulen, Piephacken und Hygrome (eine Schleimbeutelschwellung über dem Knie) sind häufig auftretende Beispiele. Sie führen selten zu einer Lahmheit und stellen mehr ein kosmetisches Problem dar.

Mittel bei Bursitis

Arnica C30 ist das Hauptmittel bei erst kürzlich erworbenen Schleimbeuteln, wenn ein Trauma die veranlassende Ursache ist.
Dosierung: *Zweimal täglich über zehn Tage, dann das nächste passend erscheinende Mittel*

Bellis perennis C30 kann als Alternative zu Arnica dienen und ist ebenfalls angezeigt, wenn ein wiederholtes Trauma die Ursache für das Auftreten eines falschen Schleimbeutels ist.
Dosierung: *Zweimal täglich bis zur Besserung, dann einmal täglich, um ein Wiederauftreten zu verhindern*

Apis C30 ist das Hauptmittel für die Behandlung der Entzündung eines echten Schleimbeutels (Bursitis). Daneben vermindert Apis auch die Flüssigkeitsmenge, die sich in falschen oder erworbenen Schleimbeuteln angesammelt hat.
Dosierung: *Zweimal täglich bis zur Besserung*

Bryonia C30 ist bei der Behandlung einer echten Bursitis angezeigt, wenn diese mit Lahmheit einhergeht. Der entzündete Bereich fühlt sich heiß an. Die Symptome bessern sich durch Ruhe und verschlimmern sich bei Bewegung. Selbst die kleinste Bewegung löst Schmerzen aus.
Dosierung: *Zweimal täglich bis zur Besserung*

Ruta C30 kann sich bei der Behandlung einer echten Bursitis als hilfreich erweisen, wenn eine Sehne beteiligt ist. Ein gutes Beispiel ist die Bizepssehnenbursitis.
Dosierung: *Zweimal täglich bis zur Besserung*

Rhus toxicodendron C30 bei akuten Symptomen (Schmerzen und Steifheit), die zwar durch Überlastung verursacht, aber durch fortgesetzte Bewegung oder Strecken gebessert werden.
Dosierung: *Dreimal täglich, bis die Symptome nachlassen*

Sanguinaria C30 ist ein spezifisches Mittel für eine Bursitis im Bereich des Schultergelenks. Die Schmerzen sind gewöhnlich nachts schlimmer und werden durch sanfte Bewegung der Gliedmaße gebessert.
Dosierung: *Zweimal täglich, bis die Symptome nachlassen*

Silicea C200 unterstützt die Auflösung erworbener Schleimbeutel, wenn das Problem bereits eine gewisse Zeit besteht. Es reduziert die Fibrose und löst zumindest einen Teil des Narbengewebes auf. Die Behandlung muss über eine längere Zeit erfolgen.
Dosierung: *Dreimal wöchentlich über mehrere Monate*

Muskeln

Das Muskelgewebe ist ein hoch spezialisiertes Gewebe, das es dem Körper ermöglicht, sich gesamthaft bzw. im Zusammenspiel der einzelnen Teile zu bewegen. Die Muskelzellen bzw. –fasern sind gebündelt und werden umfassend mit Blut versorgt, um die Zufuhr von Sauerstoff und Nährstoffen zu gewährleisten, die sie brauchen, um effizient zu funktionieren, aber auch, um die Abfallprodukte des Muskelstoffwechsels abzutransportieren. Es gibt verschiedene Muskeltypen, wobei die für die Bewegung verantwortlichen Muskeln aus quergestreifter bzw. Skelettmuskulatur bestehen und durch Sehnen an den Knochen befestigt sind. Daneben können die Muskeln auch an Bändern, Knorpel, Faszien (einer Scheide aus fibrösem Gewebe) und der Haut befestigt sein.

Muskeln stehen in enger Verbindung mit Synovialmembranen. Diese formen sackartige Gebilde ähnlich den Synovialmembranen im Bereich der Gelenke und reduzieren die Reibung zwischen den Muskeln oder Sehnen und den darunter liegenden knöchernen Strukturen. Daneben bilden sie auch die Synovialscheiden der Sehnen.

Muskelzerrungen

Eine Muskelzerrung entsteht durch Überdehnung des Muskels. Anfangs kommt es zu einer Entzündung mit lokaler, vermehrter Wärme, Schwellung und Schmerzen, die sich als Lahmheit manifestiert. Durch sorgfältige Untersuchung oder Anwendung von Druck kann der betroffene Muskel bzw. die Muskeln lokalisiert werden. Nach der entzündlichen Reaktion setzt die Heilung ein und die Schäden werden repariert.

Ruhe gefolgt von kontrollierter Bewegung ist von entscheidender Bedeutung, damit der verletzte Muskel vollständig abheilen kann. Neben Ultraschall und anderen Maßnahmen können die folgenden Mittel helfen:

Arnica C200 sollte sobald wie möglich nach der Verletzung gegeben werden. Sind Muskeln im Bereich des Beckens oder in tiefer liegenden Bereichen des Körpers beteiligt, kann man alternativ **Bellis perennis C200** einsetzen.
Dosierung: *Zweimal täglich über fünf Tage, in Kombination mit:*

Hamamelis C200 unterstützt die Verminderung der Schwellung und die Absorption evtl. Blutungen in den Muskel.

Darauf folgt

Rhus toxicodendron C6, das routinemäßig in der Heilungsphase eingesetzt werden sollte, um Steifheit und Schmerzen zu lindern.

Geht die Heilung nur langsam vonstatten, denke man zusätzlich an die folgenden Mittel:

Conium C30, wenn die Gliedmaßen schwer erscheinen.

Calendula C6 zur Unterstützung der Heilung im Allgemeinen.

Sulphuricum acidum C6 zur Behandlung der Folgen der ursprünglichen Verletzung.

Dosierung: *Zweimal täglich*

Myositis

Eine Entzündung des Muskels wird als „Myositis“ bezeichnet, Sie entwickelt sich unmittelbar nach einem Trauma, kann aber auch durch eine bakterielle oder virale Infektion und nach der intramuskulären Injektion reizender Substanzen verursacht werden.

Arnica C200 und **Rhus toxicodendron C6** sind die Hauptmittel, wenn ein Trauma die zugrunde liegende Ursache ist. *Dosierung siehe oben.*

Liegt eine Infektion vor, so sind meist Streptokokken oder Clostridien beteiligt, die normalerweise nach einer Muskelverletzung Zutritt in das Gewebe finden. Man gebe anfangs **Aconitum 1M** *drei Gaben innerhalb einer Stunde,* gefolgt von:

Hepar sulphuris C200, wenn eine Eiterung vorliegt und die Wunde extrem berührungsempfindlich ist.

Anthracinum C200, wenn der Muskel beginnt sich aufzulösen und das Gewebe hochgradig geschwollen ist.

Pyrogenium 1M, wenn Fieber besteht und eine faulige Absonderung aus der Wunde auftritt.

Lachesis C200, wenn die darüber liegende Haut blau oder schwarz ist und eine Zellgewebsentzündung vorliegt.

Carbo vegetabilis C200, wenn der Muskel Anzeichen einer Gangrän entwickelt.
Dosierung: *Viermal täglich*

In Fällen, in denen die Myositis durch die Injektion reizender Medikamente entstanden ist, verabreicht man anfangs **Ledum C30,** *vier Gaben innerhalb einer Stunde,* gefolgt von **Silicea C200,** *dreimal täglich,* bis die Reaktion abklingt.

Muskelschwäche

Eine Muskelschwäche kann eine ganze Reihe von Ursachen haben. Die häufigsten Gründe sind Nervenschädigung oder –lähmung, Mangelernährung, Überanstrengung, Erschöpfung, lang dauernde Krankheit und der Alterungsprozess. Die Symptome sind die einer Vorder- und/oder Hinterhandschwäche. Hilfreiche Mittel sind:

Arnica nach Überanstrengung gesunder Tiere.

Barium carbonicum bei altersbedingter Schwäche.

Conium bei fortschreitender Schwäche mit Zittern, evtl. altersbedingt.

Gelsemium bei Schwäche nach der geringsten Anstrengung, Verlust der Kraft, Zittern.

Arsenicum album bei Schwäche nach der geringsten Anstrengung.

Carbo vegetabilis bei Muskelschwäche mit Kollapsneigung.

Kalium carbonicum bei Hinterhandschwäche nach dem Abfohlen.

Picricum acidum bei generalisierter Lethargie oder Degeneration des Rückenmarks.

Plumbum bei gleichzeitigem Muskelschwund (Atrophie).

Phosphorus aufgrund von Nervendegeneration.

Dosierung: *C30, ein- oder zweimal täglich, in Abhängigkeit von der Schwere der Symptome*

Muskelatrophie

„Atrophie“ bedeutet Schwund, Degeneration oder Größenabnahme eines Körperteils. Ist die Muskulatur betroffen, können verschiedene Gründe dafür vorliegen. Eine häufige Ursache ist mangelnde Bewegung. Diese kann durch eine Lahmheit bedingt sein, wenn die Gliedmaße eine gewisse Zeit lang nicht entsprechend bewegt wird. Eine Muskelatrophie kann daneben auch durch Schädigung eines Nerven, Verminderung der Blutversorgung des Muskels, Mangelernährung, Alterung und schließlich auch durch eine direkte traumatische Schädigung des Muskelgewebes entstehen.

Die zugrunde liegende Ursache muss festgestellt und behandelt werden, bevor man entscheidet, was weiter zu unternehmen ist. Die folgenden Arzneimittel können bei der Behandlung einer Muskelatrophie in Frage kommen:

Plumbum C30 ist das Hauptmittel, v. a. wenn in der betroffenen Region ein Nerv geschädigt wurde.

Calcium carbonicum C30 sollte bei schwereren Rassen in Erwägung gezogen werden.

Phosphorus C30 eignet sich ideal für schlankere, aber athletische Tiere.
Dosierung: *Zweimal täglich*

Ältere Tiere, die altersbedingt allgemeinen Muskelschwund zeigen, behandelt man mit:

Hydrastis C6 und **Abrotanum C30,** *jeweils einmal täglich* als gute grundsätzliche Kombination oder

Aceticum acidum C30, wenn der Muskelschwund mit Gewebeschwellung (Ödem) einhergeht.
Dosierung: *Zweimal täglich*

Muskelkrämpfe

Hier handelt es sich um eine anhaltende Muskelkontraktion, die zu erheblichen Schmerzen führen kann. Muskelkrämpfe können im Rahmen von Stoffwechselproblemen, Verletzungen (v. a. der Wirbelsäule), Epilepsie, bei manchen Vergiftungen und Infektionskrankheiten wie z. B. Tetanus auftreten.

Empfehlenswerte Mittel finden sich in den entsprechenden Abschnitten. Die wichtigsten sind:

Strychninum bei heftigen Krämpfen und Zuckungen, die oft mit starken Schmerzen verbunden sind.

Nux vomica bei Krämpfen der Muskulatur der Lendenwirbelsäule.

Berberis bei Krämpfen der Rückenmuskeln im Allgemeinen.

Magnesium phosphoricum bei Krämpfen und Spasmen der Gliedmaßenmuskeln mit allgemeiner Muskelschwäche und stoffwechselbedingten Krämpfen.

Belladonna bei heftigen Spasmen in Verbindung mit Epilepsie.

Hyoscyamus bei Muskelkrämpfen, wenn das Tier reizbar oder zornig ist oder sich im Delirium befindet. Kann bei manchen Formen von Vergiftungen und Epilepsie hilfreich sein.

Stramonium bei partiellen Krämpfen mit Zittern und Zucken.

Cuprum metallicum bei Muskelzuckungen und Krämpfen bzw. Spasmen der Hinterhand.

Cicuta bei Spasmen und Krämpfen der Halsmuskeln. Der Hals kann zu einer Seite gebeugt sein.

Dosierung: *C30 oder C200, zwei- oder dreimal täglich, in Abhängigkeit von der Natur und Schwere der Symptome*

Spezielle Erkrankungen des Muskelgewebes

Fibrotische Myopathie

Bei Anstrengung kommt es zu kleinen Verletzungen des Muskelgewebes, die einen Anreiz für die Regeneration und Stärkung des Muskels bilden. Auf diese Weise kann er weiteren Verletzungen besser widerstehen. Schwerwiegendere Verletzungen verursachen allerdings Schäden, die eher zur Bildung von Narbengewebe als zur Heilung führen. Da eine Narbe aus fibrösem Gewebe besteht und damit unelastisch ist, wird die Aktion des Muskels eingeschränkt, was sich wiederum auf den Gang des Pferdes auswirken kann.

Am häufigsten betroffen sind Pferde, die sich übermäßig anstrengen müssen, oder solche, die schnell ausrutschen und sich dadurch ein Muskeltrauma zuziehen. Die Muskeln der Hinterhand, die die Muskelmasse auf der Hinterseite des Femur bilden, sind dabei am häufigsten betroffen. Hier sind mehrere Muskeln beteiligt, sodass sich im Laufe der Zeit Adhäsionen zwischen ihnen bilden, die die Bewegung einschränken. In manchen Fällen verknöchert das Narbengewebe (Ossifikation) und bildet im Muskelgewebe eine harte, umgrenzte Masse. Obwohl übermäßige Anstrengung die Hauptursache für die fibrotische Myopathie ist, können auch verschiedene Medikamente bei intramuskulärer Injektion zu Vernarbung des Muskels führen.

Die betroffenen Muskeln fühlen sich fest oder hart an, scheinen aber keine Schmerzen oder Beschwerden zu verursachen. Ist der Gang des Pferdes betroffen, zeigt sich dies in einer verkürzten Schrittlänge mit eingeschränkter Beugung des Knie- und Sprunggelenks. Dies führt dazu, dass der Huf auf den Boden „klatscht", da der Schritt nach vorne verkürzt und die Bewegung nach hinten verlängert ist. Die Auswirkungen der Schädigung auf den Schritt des Pferdes können am besten beurteilt werden, wenn es geführt wird.

Mittel bei fibrotischer Myopathie

Proteus C200 *einmal wöchentlich*

Graphites C30 *eine Gabe alle drei Tage*

Silicea C30 *eine Gabe alle drei Tage*

Thiosinaminum C30 *eine Gabe alle drei Tage*

Werden diese Mittel über einen langen Zeitraum gegeben, können sie die Auflösung des im Rahmen dieser Erkrankung entstandenen Narbengewebes unterstützen. Man denke auch an **Calcium fluoratum C30**. Dieses Mittel kann zusätzlich gegeben werden, wenn es zu einer Ossifikation des Muskelgewebes kommt. **Aceticum acidum C30** ist ebenfalls in Betracht zu ziehen.
Dosierung: *Eine Gabe alle drei Tage*

Azoturie, Montagmorgen-Krankheit, Kreuzverschlag, Lumbago, Anstrengungs-bedingte Rhabdomyolyse, Atypische/paralytische Myoglobinurie

Hier handelt es sich um eine Muskelerkrankung, die zu Muskelschäden, Schmerzen und Steifheit in unterschiedlichem Ausmaß führt. Die genaue Ursache ist nicht bekannt, allerdings weiß man, dass falsches Training, Management und Fütterung vor dem Training zu einer Prädisposition für diese Erkrankung führen können. Ursprünglich trat Kreuzverschlag überwiegend bei schweren Pferden auf, die sehr kohlenhydratreich gefüttert und nach mehreren Ruhetagen, i. d. R. nach einem Wochenende wieder zur Arbeit eingesetzt wurden. Er kann sich aber auch unter anderen Umständen entwickeln, v. a. bei eigentlich gesunden Pferden, nachdem sie einige Ruhetage eingelegt haben, und bei Pferden im Ausdauersport bzw. auf Wanderritten während der Ruhepausen. Stuten und sehr nervöse Pferde scheinen empfänglicher zu sein, und manche Tiere neigen auch zu wiederholten Anfällen.

Die Zeichen und Symptome reichen von leichter Steifheit mit Unwillen sich zu drehen und Verkürzung des Gangbildes bis hin zu völliger Bewegungsverweigerung mit Schwitzen, erhöhter Körpertemperatur und Atemfrequenz, hochgradigen Muskelschmerzen und der Bildung von dunklem, kaffeeähnlichem Urin; dies wird auch als Myoglobinurie (anstrengungsbedingte Rhabdomyolyse / paralytische Myoglobinurie) bezeichnet.

Im Allgemeinen sind die Muskeln des Rückens und der Hinterhand betroffen; es können aber auch die Halsmuskeln beteiligt sein. Die Muskulatur wird hart, schmerzhaft und fest. Manche Pferde zeigen Beben und Zittern der Hinterhand. In schweren Fällen setzen die geschädigten Muskelzellen ein Pigment namens Myoglobin frei, das über die Nieren ausgeschieden wird und dazu führt, dass der Urin sehr dunkel, beinahe bierähnlich wird. In manchen Fällen schädigt das Myoglobin die Nieren, was weitere Komplikationen nach sich zieht. Auch bei sehr milden Symptomen der Azoturie sollte die Arbeit sofort eingestellt werden, da fortgesetzte Anstrengung zu weiteren Muskelschäden führt.

Empfohlene Mittel

Akutmittel

Im Anfangsstadium einzusetzen:

Aconitum 1M

Im Anfangsstadium, wenn Fieber und Schwitzen mit Angst und einer Neigung zu Panik einhergehen.

Dosierung: *Alle 15 Minuten, bis die Symptome abklingen*

Belladonna 1M

Ebenfalls hilfreich im Anfangsstadium, wenn der Fall akut ist und eine gewisse Erregung besteht. Das Tier macht einen ängstlichen und angespannten Eindruck. Begleitsymptome sind erweiterte Pupillen, voller, klopfender Puls, starkes Schwitzen und allgemeine Hitze, die der Körper ausstrahlt.

Dosierung: *Alle 15 Minuten. Bei Bedarf im Wechsel mit Aconitum*

Spezifische Mittel

Wenn die akuten Symptome nachgelassen haben oder in weniger schweren Fällen:

Aesculus hippocastanum C30

Eines der wichtigsten Mittel in weniger schweren Fällen oder wenn die heftigen Zeichen nachgelassen haben. Aesculus weist viele Symptome auf, die in milden Fällen von Azoturie auftreten. Der Urin ist heiß und dunkel. Die Hinterhand erscheint schwer und bereitet offensichtlich Schmerzen. Auch der Lendenbereich ist schmerzhaft. Abkühlung des betroffenen Bereichs lindert die Symptome.

Dosierung: *Alle zwei oder drei Stunden, bis die Symptome abklingen*

Berberis vulgaris C30

Berberis ist auch eines der Hauptmittel, v. a. wenn die Symptome recht schwerwiegend sind. Es ist angezeigt, wenn die Schmerzen im Nierenbereich am schlimmsten sind und in die Hüften und Oberschenkel ausstrahlen. Bewegung ist schwierig und das Pferd erscheint beinahe gelähmt.

Dosierung: *Alle zwei oder drei Stunden, bis die Symptome abklingen*

Actaearacemosa oder Cimicifuga racemosa C30

Dieses Mittel (das die beiden obigen Namen hat), hat Muskelschmerzen als Leitsymptom und eignet sich am besten für Fälle, in denen die Genesung nur langsam vonstatten geht. Es sind überwiegend die großen Muskeln des Körpers betroffen, v. a. die der Hinterhand, des Halses und Rückens. Bewegung ist schwierig, da die Gliedmaßen wie mit Gewichten beschwert erscheinen und schmerzen. Kälte scheint die Symptome zu verschlimmern, während Wärme lindert.

Dosierung: *C30, dreimal täglich, bis die Symptome abklingen*

Bryonia 1M

Angezeigt, wenn alle Symptome durch die geringste Bewegung und Wärme verschlimmert und durch Ruhe und Abkühlung gelindert werden. Weitere Merkmale sind Durst und Reizbarkeit. Der Urin ist dunkel und ähnelt Bier.

Dosierung: *Alle zwei oder drei Stunden, bis die Symptome abklingen*

Rhus toxicodendron 1M

Die Symptome sind das genaue Gegenteil von Bryonia: sie bessern sich durch Bewegung und verschlimmern sich durch Ruhe. Der Rücken schmerzt und die Hinterhand erscheint extrem steif, beinahe gelähmt. Zittern ist auch ein ausgeprägtes Merkmal, v. a. nach Überarbeitung.
Dosierung: *Zwei oder drei Gaben im Abstand von einer Stunde sollten ausreichen, um die Symptome zu lindern*

Weitere hilfreiche Mittel

Die folgenden Mittel können eingesetzt werden, um der Erkrankung vorzubeugen sowie ergänzend zu ihrer Behandlung.

Arnica C200

Hilfreich, wenn die Erkrankung nach übermäßiger Beanspruchung bzw. Überarbeitung auftritt. Es bestehen offensichtliche Schmerzen im Rücken und in der Hinterhand. Die geringste Bewegung wird verweigert, genauso wie Berührung oder die Untersuchung. Tiere, die zu Kreuzverschlag neigen, sollten das Mittel vor einem entsprechenden potenziell auslösenden Ereignis bekommen.
Dosierung: *Zur Vorbeugung dreimal täglich bei empfänglichen Tieren oder eine Einzelgabe vor dem Reiten*

Bellis perennis C200

Ähnlich Arnica und nützlich nach Überanstrengung. Bellis wirkt spezifischer auf die Muskeln des Rückens und Beckenbereichs und v. a. dort, wo die tieferen Muskeln betroffen sind. Zusätzliche Hinweise auf Bellis sind dunkler Urin und Schmerzen insbesondere im Beckenbereich.
Dosierung: *Zur Vorbeugung dreimal täglich bei empfänglichen Tieren oder eine Einzelgabe vor dem Reiten*

Nux vomica 1M

Wird am besten auf konstitutioneller Basis eingesetzt und kann zur Vorbeugung dienen. Passt zu angespannten, reizbaren Pferden. Schmerzen treten typischerweise im Lendenbereich auf und werden durch Berührung verschlimmert. Man sollte besonders auf weitere Hinweise wie ungleichmäßigen Gang, Steifheit, Zittern und Schwäche nach Überarbeitung achten.
Dosierung: *Einmal täglich über drei Tage vor dem entsprechenden Ereignis*

Chelidonium C30

Chelidonium ist ein herausragendes Lebermittel und spielt bei der Behandlung der Azoturie eine vorbeugende Rolle. Es wirkt auf die Muskeln der Hinterhand und des Beckenbereichs. Wird am besten in Kombination mit Berberis C30 eingesetzt.
Dosierung: *Einmal täglich über zehn Tage vor dem entsprechenden Ereignis*

Cuprum metallicum 1M

Cuprum ist ein gutes allgemeines Vorbeugungsmittel bei Azoturie, wenn insbesondere die Muskeln der Hinterhand betroffen sind und der Zustand periodisch auftritt.
Dosierung: *Einmal wöchentlich*

Benzoicum acidum C30

Angezeigt in den späteren Stadien, wenn der Urin eine dunkle Farbe und einen stechenden Geruch behält. Kann bei Verdacht auf eine Nierenschädigung diese begrenzen.
Dosierung: *Zweimal täglich bis zur Besserung*

Calcium carbonicum C30

Dieses Mittel wird am besten konstitutionell eingesetzt und wenn die Symptome bei feuchtem, nassen Wetter auftreten.
Dosierung: *Zur Vorbeugung nach Bedarf zwei- oder dreimal täglich*

Gelenke

Die Gelenke ermöglichen die Bewegung, indem sie die Knochen miteinander verbinden und dadurch deren Bewegung im Verhältnis zueinander erlauben. Die grundlegende Struktur aller

Gelenke, die etwas mit der Bewegung zu tun haben, sprich der Gliedmaßengelenke, ist immer gleich. Sogenannter Gelenkknorpel bedeckt die Enden der Knochen und das ganze Gelenk wird von einer festen fibrösen Kapsel umschlossen, der sog. Gelenkkapsel. Die Innenseite dieser Kapsel wird von einer Synovialmembran ausgekleidet, die lediglich den Gelenkknorpel ausspart. Sie dient der Gleitfähigkeit und produziert dazu Synovialflüssigkeit als Gleitmittel. Die Gelenkkapsel und verschiedene mit dieser verbundene Bänder sorgen für die Stabilität des Gelenks und begrenzen seinen Bewegungsspielraum.

Gelenkerkrankungen

Chronische Arthritis
Degenerative Gelenkerkrankung (DJD)
Degenerative Arthritis, Osteoarthritis

Diese stellen die häufigsten chronischen, lang dauernden Gelenkerkrankungen dar. Sie entwickeln sich, wenn die Knorpeloberfläche der Knochenenden beschädigt wird. Manchmal sind sie die Folge einer Entzündung anderer Gelenkanteile, beispielsweise der Gelenkkapsel oder der Synovialmembran. Schreitet die Erkrankung fort, kann sich neues Knochengewebe bilden, das die Gelenkkonturen verändert und zu weiteren Entzündungen und Schmerzen führt.

Entsprechende Symptome können auch im Rahmen des natürlichen Alterungsprozesses auftreten. Häufig führen allerdings Traumata (z. B. hochgradige Verrenkungen), Infektionen (siehe Septische Arthritis 191) oder mangelhafter Körperbau zu Gelenkschäden und nachfolgender Arthritis.

Die Symptome sind allgemein bekannt. Häufig kommt es zu Lahmheit unterschiedlicher Schweregrade und einer Vielzahl anderer Symptome wie z. B. Steifheit, Gelenkschwellung und -vergrößerung, vermehrter Wärme, Schmerzen, Einschränkung des Bewegungsradius und gelegentlich auch knackenden Geräuschen. Das Wetter hat meist einen Einfluss auf die Symptome. Nasskaltes Wetter führt in der Regel zu einer erheblichen Verschlechterung, während warmes, trockenes Wetter meist eine Linderung bewirkt; dies ist allerdings nicht immer der Fall.

Am häufigsten sind die unteren Gliedmaßengelenke betroffen, sprich die Fessel-, Kron- und Hufgelenke, aber auch die Karpal- und Sprunggelenke. Die oberen Gliedmaßengelenke wie Ellbogen-, Schulter-, Knie- und Hüftgelenke entwickeln wesentlich seltener eine Arthritis.

Mittel bei Arthritis oder DJD

Die Symptome einer Arthritis sprechen oft gut auf eine homöopathische Behandlung an; allerdings müssen die Mittel sehr sorgfältig ausgewählt werden, will man gute Ergebnisse erzielen. Es gibt eine ganze Reihe geeigneter Arzneien. Der Übersichtlichkeit halber wurden diese in drei Gruppen unterteilt. In der ersten Gruppe stehen die am häufigsten verwendeten Mittel, in der zweiten solche, die auch oft nützlich sind, aber weniger oft verordnet werden. Für jedes dieser Mittel werden die entsprechenden Leitsymptome und die Gelenke, die am besten darauf ansprechen, angegeben. In der dritten und letzten Gruppe werden einige andere Arzneien aufgeführt, die sich manchmal als hilfreich erweisen können.

Hauptmittel bei Gelenkerkrankungen

Rhus toxicodendron

Leitsymptome: Schlimmer bei feuchtkaltem Wetter, in Ruhe, bei der ersten Bewegung, nachts, durch Überarbeitung

Besser durch fortgesetzte Bewegung, Änderung der Position, trockene Wärme, Strecken

Angriffspunkte: Alle Gelenke, auch das Schultergelenk

Dieses Mittel wird bei weitem am häufigsten zur Behandlung einer Arthritis eingesetzt und auch als solches angegeben. Es wirkt jedoch nur, wenn die Symptome wirklich sehr eng mit dem Arzneimittelbild übereinstimmen. Charakteristischerweise hilft dieses Mittel, wenn die Symptome in feuchtkaltem Wetter schlimmer und durch trockene Wärme gebessert werden. Durch

Ruhe und bei der ersten Bewegung kommt es ebenfalls zu einer Verschlimmerung, während fortgesetzte Bewegung in gewissem Maße bessert. Allerdings kann längere Bewegung wiederum zu Problemen und verstärkter Steifheit nach einer Ruhephase führen. Strecken oder Beugen der Gliedmaßen nach einer Ruhephase und vor Beginn der Bewegung kann ebenfalls ein Symptom sein. In manchen Fällen ist v. a. am Abend Unruhe zu beobachten, weil die Gelenkschmerzen dazu führen, dass das Tier herumwandert, um eine bequeme Stellung zu finden. Nachts kann es zu einer Verschlimmerung kommen.
Dosierung: *C6, zweimal täglich, oder C30, einmal täglich, oder 1M, dreimal pro Woche*

Bryonia
Leitsymptome: Schlimmer durch die geringste Bewegung und Anstrengung, Berührung, warmes Wetter, Erschütterung der Gelenke

Besser durch Ruhe, Druck auf den betroffenen Körperteil, Kälte

Hochgradige Abneigung gegen die Untersuchung
Angriffspunkte: Alle Gelenke

Die Symptome von Bryonia sind größtenteils das genaue Gegenteil von Rhus toxicodendron. Die Gelenkschmerzen werden durch kaltes Wetter gelindert und warmes Wetter verschlimmert. Bewegung ist schwierig, da das Tier sich weigert, das erkrankte Gelenk einzusetzen, und Bewegung die Symptome verschlimmert. Ruhe hingegen bessert die Beschwerden. Druck auf die betroffenen Gelenke bewirkt ebenfalls eine Linderung. Dies zeigt sich darin, dass das Tier sich hinlegt und dabei das betroffene Gelenk unter den Körper zieht oder mit dem betroffenen Bein gegen die Stallwand lehnt, sodass das Körpergewicht Druck auf das Gelenk ausübt. Bryonia hilft auch bei geschwollenen, heißen und berührungsempfindlichen Gelenken. Pferde, die besonders gut auf dieses Mittel ansprechen, schwitzen leicht, haben oft großen Durst und können reizbar sein. Dies erschwert häufig eine gründliche Untersuchung eines Pferdes, das Bryonia braucht.

Dosierung: *C6, zweimal täglich, oder C30, einmal täglich, oder 1M, dreimal pro Woche*

Ruta
Leitsymptome: Schlimmer durch Hinlegen, kaltes und feuchtes Wetter, nachts

Besser durch Bewegung, Wärme

Exostosen, periostale Reaktion
Angriffspunkte: Fessel-, Kron-, Huf-, Karpal-, Sprunggelenke

Ruta wird oft zusammen mit Rhus toxicodendron eingesetzt, mit dem es einige Symptome gemeinsam hat, wie z. B. unruhiges Hin-und-her-Bewegen der Beine, um eine bequeme Lage zu finden. Dieses Mittel ist besonders hilfreich, wenn es aufgrund degenerativer Veränderungen zu knöchernen Zubildungen (Exostosen) im Bereich der Gelenke kommt.

Ruta ist v. a. dann angezeigt, wenn die Fessel-, Kron-, Huf- und Karpalgelenke betroffen sind. Die Steifheit wird bei diesem Mittel weniger durch Wärme gebessert als bei Rhus toxicodendron.
Dosierung: *C30, einmal täglich, oder C200, dreimal pro Woche*

Calcium carbonicum
Leitsymptome: Schlimmer bei feuchtem, kaltem Wetter, Anstrengung, Vollmond

Besser bei trockenem Wetter, durch Wärme
Angriffspunkte: Fessel-, Kron-, Huf-, Karpal-, Sprunggelenke

Ein Hauptmerkmal dieses Mittels besteht darin, dass die Gelenkschmerzen und Steifheit sich bei feuchtkaltem Wetter massiv verschlimmern; hier ähnelt das Mittel sehr Rhus toxicodendron. Genauso lindert warmes, trockenes Wetter die Symptome. Allerdings schwitzt das Tier, das gut auf Calcium carbonicum anspricht, bereits bei der geringsten Anstrengung, und es ist meist übergewichtig und von Natur aus schwerfällig. Die Symptome verschlimmern sich oft in der Zeit des Vollmonds. Calcium carbonicum ist besonders hilfreich, wenn das Kniegelenk bzw. schwere Rassen betroffen sind.

Dosierung: *C6, zweimal täglich, oder C30, einmal täglich, oder 1M, dreimal pro Woche*

Causticum
Leitsymptome: Schlimmer bei klarem, schönem Wetter, bei trockenem, kaltem Wind.

Besser durch Wärme und bei feuchtem, nassem Wetter

Passt zu älteren oder vorzeitig gealterten Tieren

Fortgeschrittene Stadien von Gelenkdegeneration

Angriffspunkte: Alle Gelenke

Causticum ist eines der Mittel, die bei chronischer Arthritis angezeigt sind, wenn diese mit Kräfteverlust und fortschreitenden knöchernen Veränderungen einhergehen. Ältere Tiere reagieren oft gut darauf, v. a. solche, die unsicher auf den Beinen erscheinen, einen stolpernden Gang haben und älter aussehen, als sie in Wirklichkeit sind. Gelenkschmerzen können zu nächtlicher Unruhe führen. Die Symptome verschlimmern sich bei gutem Wetter und bessern sich bei feuchtem oder nassem Wetter.

Dosierung: *C30, ein- oder zweimal täglich*

Pulsatilla
Leitsymptome: Schlimmer durch Hitze, beginnende Bewegung, abends

Besser durch sanfte Bewegung, im Freien, durch Druck

Wechselnde Lahmheit, die von einem Gelenk zum anderen wandert

Angriffspunkte: Knie-, Hüft-, Karpalgelenke

Pulsatilla wirkt auf die Knie- und Hüftgelenke bzw. dort, wo eine von Gelenk zu Gelenk oder von Bein zu Bein wandernde Lahmheit zu Unruhe des Tieres führt. Die Symptome werden durch sanfte Bewegung gemildert, aber durch Wärme verschlechtert. Druck auf den betroffenen Bereich lindert etwas; dieses Symptom teilt Pulsatilla mit Bryonia. Im Gegensatz zu Pulsatilla sind Pferde, die gut auf Bryonia ansprechen, aber reizbar und durstig; Pulsatilla-Pferde trinken hingegen sehr wenig und haben einen sehr viel sanfteren Charakter.

Dosierung: *C30, einmal täglich, oder C200, dreimal pro Woche*

Calcium fluoratum
Leitsymptome: Schlimmer durch Wetterwechsel Besser durch Wärme

Exostosen, knöcherne Veränderungen

Angriffspunkte: Fessel-, Kron-, Huf-, Schulter-, Hüftgelenke

Calcium fluoratum ist eines der Hauptmittel, wenn es infolge fortschreitender arthritischer Veränderungen zu Gelenkdeformationen kommt. Calcium fluoratum ist spezifisch angezeigt bei Synovitis des Kniegelenks und Beteiligung der Fessel-, Kron- und Hufgelenke. Die Symptome sind schlimmer bei Wetterwechsel und besser durch Wärme.

Dosierung: *C30, einmal täglich, oder C200, dreimal pro Woche*

Ledum
Leitsymptome: Schlimmer durch Hitze und nachts

Besser bei kaltem Wetter

Knacken der Gelenke

Angriffspunkte: Fessel-, Kron-, Huf-, Sprunggelenke

Arthritische Gelenke, die gut auf Ledum reagieren, scheinen bei kaltem Wetter weniger schmerzhaft zu sein. Die Beschwerden werden auch durch kalte lokale Kompressen und kaltes Abduschen gelindert und im Gegenzug durch heißes Wetter oder warme Anwendungen verschlimmert. Die betroffenen Gliedmaßen sind so schmerzhaft, dass der Huf nur mit sehr wenig Gewicht belastet werden kann. Dies liegt daran, dass die Gelenkschmerzen das Bein hinaufschießen, wenn das Pferd versucht, es zu belasten. Ist das betroffene Gelenk geschwollen, so fehlt aber jegliche vermehrte Wärme. Ledum ist ein nützliches Mittel, wenn nach einer Verletzung anhaltende Gelenkschmerzen auftreten, oder wenn eine wiederholte geringgradige Traumatisierung oder Erschütterung des Gelenks zu Lahmheit führt.

Dosierung: *C30, täglich*

Weitere Mittel bei Gelenkerkrankungen

Actaea spicata

Leitsymptome: Schlimmer durch geringe Anstrengung, Temperaturwechsel, Kälte

Gelenkschwellung, vermehrte Wärme

Angriffspunkte: Tarsalgelenke (insbesondere), Sprung-, Fessel-, Kron-, Hufgelenke

Dieses weniger bekannte Mittel wirkt spezifisch auf die kleineren Gelenke (die Fessel-, Kron- und Hufgelenke) und komplexere Gelenke wie die Karpal- und Metakarpal- und die Sprung- und Metatarsalgelenke. Die betroffenen Gelenke sind geschwollen und heiß. Die Schwellung wird durch Bewegung verschlimmert. Dieses Mittel eignet sich vor allem für eher akute Fälle und weniger für lang dauernde Erkrankungen.

Dosierung: *C30, dreimal täglich bis zur Besserung, dann C6, einmal täglich, sofern es zur Langzeitbehandlung angezeigt ist*

Caulophyllum

Leitsymptome: Schlimmer durch Bewegung

Steifheit

Angriffspunkte: Spezifisch die Fessel-, Kron- und Hufgelenke, auch die Karpalgelenke

Caulophyllum eignet sich für die Behandlung degenerativer Gelenkveränderungen der Fessel-, Kron- und Hufgelenke, wenn Steifheit ein hervorstechendes Merkmal ist. Die Symptome verschlimmern sich bei Bewegung, die nur zu weiteren Beschwerden führt.

Dosierung: *C6, ein- oder zweimal täglich*

Kalium carbonicum

Leitsymptome: Schlimmer nachts und bei feuchtkaltem Wetter

Besser durch Wärme und Herumgehen

Exostosen, Hinterhandschwäche

Angriffspunkte: Spezifisch das Kniegelenk, aber auch die Hüft-, Fessel-, Kron- und Hufgelenke

Ein Schlüsselsymptom für den Einsatz dieses Mittels ist die allgemein schwächliche Natur des Patienten sowie die Unverträglichkeit von kaltem Wetter und eine gewisse Reizbarkeit. Tiere, die gut auf dieses Mittel reagieren, zeigen daneben Rückenschmerzen und schwerfällige, manchmal auch ruckartige Bewegungen. Knöcherne Zubildungen (Exostosen) können auch vorliegen.

Dosierung: *C30, einmal täglich*

Chelidonium

Leitsymptome: Schlimmer durch Bewegung und Berührung, Wetterwechsel

Besser durch lokalen Druck

Lethargie und allgemeine Steifheit

Angriffspunkte: Spezifisch das rechte Schultergelenk, aber auch hilfreich bei generalisierter Gelenksteife

Chelidonium ist ein bekanntes Lebermittel, aber auch überaus hilfreich als unterstützendes Mittel bei der Behandlung degenerativer Gelenkerkrankungen. Pferde, die besonders gut auf dieses Mittel ansprechen, legen eine gewisse Lethargie an den Tag und erbringen nicht die ihren Fähigkeiten entsprechende Leistung.

Dosierung: *C30, einmal täglich*

Berberis vulgaris

Leitsymptome: Schlimmer durch Bewegung und Wetterwechsel

Schmerzen, die von einem Gelenk zum anderen wandern, plötzliche Schmerzanfälle, wechselnde Lahmheit

Angriffspunkte: Hauptsächlich die Fessel-, Kron-, Huf-, Hüft- und Kniegelenke

Berberis ist ebenfalls ein Mittel, das zur Behandlung der Leber eingesetzt wird. Die Gelenkschmerzen treten bei diesem Mittel schubweise auf und sind krampfartiger Natur; sie führen zu intermittierender Lahmheit und wandern von einem Gelenk zum anderen. Eine Vorgeschichte von Problemen im Bereich der Harnwege oder des unteren Rückens (Lendenbereich) würde Berberis bestätigen. Die betroffenen Pferde ermüden schnell und haben nur wenig Ausdauer.

Dosierung: *C30, einmal täglich*

Manganum aceticum

Leitsymptome: Schlimmer bei kaltem Wetter

Besser durch Ruhe

Chronische degenerative Gelenkerkrankungen mit Steifheit und Stolperneigung

Muskeln und Gelenke schmerzen bei Berührung

Die Schmerzen wandern von einem Gelenk zum anderen

Entzündung des Periosts

Angriffspunkte: V. a. Knie- und Sprunggelenke

Manganum eignet sich für die Behandlung chronischer Arthritiden, wenn die Lahmheit von einem Gelenk zum anderen wandert oder wenn die Muskeln und Gelenke berührungsempfindlich sind. Ein herausragendes Merkmal dieses Mittels ist die Neigung, beim Vorwärts- oder Rückwärtsgehen zu stolpern. Der Gang des Pferdes kann ebenfalls verändert sein, wobei die Hinterhufe auf merkwürdige Weise auf den Boden klatschen. Manganum-Symptome verschlimmern sich durch nasskaltes Wetter und bessern sich durch Ruhe.

Dosierung: *C6, ein- oder zweimal täglich*

Angustura vera

Leitsymptome: Gelenkknacken mit allgemeiner Steifheit

Angriffspunkte: Alle Gelenke, v. a. aber die Kniegelenke

Allein aufgrund des einfachen Schlüsselsymptoms „Gelenkknacken" hat sich dieses Mittel in vielen Arthritisfällen als überaus hilfreich erwiesen, v. a. wenn das einzige andere Symptom allgemeine Steifheit war.

Dosierung: *C6, zweimal täglich*

Colchicum

Leitsymptome: Gelenkschwellung mit vermehrter Wärme

Extreme Empfindlichkeit gegenüber der geringsten Berührung oder Bewegung

Angriffspunkte: Alle Gelenke

Colchicum wirkt spezifisch auf das Periost und die Synovialmembranen und ist in chronischen Fällen angezeigt, wenn die betroffenen Gelenke anhaltende Schwellung, vermehrte Wärme und Empfindlichkeit bei der Untersuchung und geringsten Bewegung zeigen.

Dosierung: *C30, einmal täglich*

Benzoicum acidum

Leitsymptome: Gelenkknacken und –deformationen

Angriffspunkte: Alle knackenden Gelenke, v. a. die Kniegelenke

Dieses Mittel hilft bei hörbarem Gelenkknacken und in Fällen von Gelenkvergrößerung und -deformation. Benzoicum acidum ist besonders nützlich bei der Behandlung von chronisch geschwollenen Knien, wenn die Gelenke vergrößert sind und eine gewisse Bewegungseinschränkung besteht.

Dosierung: *C30, einmal täglich*

Hecla lava

Leitsymptome: Exostosen, Knochensporne, arthritische Knötchen, Periostitis

Angriffspunkte: Alle Gelenke

Hecla ist eines der Hauptmittel, an die man bei der Behandlung von arthritischen Gelenken denken sollte, wenn Knochensporne, knöcherne Knötchen oder Exostosen vorliegen. Diese bilden sich infolge der arthritischen und degenerativen Veränderungen bzw. der Stressoren, die auf das betroffene Gelenk einwirken, und bestehen aus neuem Knochengewebe. Hecla wird dort, wo es passend erscheint, oft in Kombination mit anderen Mitteln eingesetzt.

Dosierung: *C30, einmal täglich*

Harpagophytum

Leitsymptome: Arthritis mit knöcherner Degeneration bei älteren Pferden

Angriffspunkte: Alle Gelenke, v. a. aber die Knie- und Hüftgelenke

Harpagophytum ist besser in Form seiner pflanzlichen Zubereitung, der Teufelskralle, bekannt, und stellt ein gutes allgemeines Mittel bei älteren Pferden mit degenerativen Gelenk-

veränderungen dar, wenn diese mit knöcherner Degeneration und Exostosen einhergehen.
Dosierung: *C6, zweimal täglich*

Weitere hilfreiche Mittel

Die folgenden Mittel werden seltener zur Behandlung von Gelenkproblemen eingesetzt, können nichtsdestotrotz aber gleichermaßen wirksam sein, wenn sie akkurat verordnet werden.
Dosierung: *Wo angezeigt: C6, zweimal täglich, oder C30, einmal täglich, oder 1M, einmal pro Woche*

Rhododendron C6 bei allgemeiner Steifheit v. a. der Schulter-, Ellbogen– und Fesselgelenke mit Verschlimmerung vor einem Sturm. Rhododendron hat ähnliche Modalitäten wie Rhus toxicodendron.

Salicylicum acidum C30 bei Arthritis der Knie- und Ellbogengelenke, wenn diese geschwollen und schmerzhaft sind.

Tylophora indica 1M bei Lahmheit aufgrund von arthritischen Veränderungen der Fessel-, Kron- und Hufegelenke, wenn sich die Symptome durch kaltes Wetter und Anstrengung verschlimmern.

Symphytum C6 ist angezeigt als zusätzliches Mittel bei der Behandlung arthritischer Gelenke, wenn das Periost entzündet und schmerzhaft ist. Symphytum kann allgemein eingesetzt werden, um die Heilung geschädigter Gelenke anzuregen.

Argentum metallicum C30 verbessert die Blutzufuhr zum Knorpel geschädigter Gelenke. Wird am besten als zusätzliches Mittel eingesetzt, wenn entweder der Knorpel oder das umgebende Bindegewebe entzündet ist.

Haiknorpel C6 ist ein allgemeines Mittel für Arthritis und kann insbesondere die Gesundheit des Gelenkknorpels durch eine verbesserte Blutversorgung unterstützen.

Bambusharz D6 wirkt auf ähnliche Weise wie Haiknorpel und fördert die Gesundheit des Knorpels.

Abrotanum C30 bei Lahmheit und Steifheit bei älteren und abgemagerten Pferden. Insbesondere die Karpal- und Sprunggelenke sprechen gut auf dieses Mittel an.

Aesculus hippocastanum C30, wenn der Becken- und Hüftbereich steif sind und Beschwerden bereiten.

Formica rufa C6 wirkt am besten bei chronischer Steifheit v. a. der Hinterhand. Weitere Zeichen sind Hinterhandschwäche und Unruhe, die dazu führt, dass das Pferd das Gewicht von einem Bein auf das andere verlagert. Formica kann auch bei arthritischen Symptomen hilfreich sein, die von einem Gelenk zum anderen wandern, sowie bei plötzlichen Gelenkschwellungen mit deutlicher vermehrter Wärme und Schmerzen.

Radium bromatum C30 ist bei chronischen Gelenkschmerzen angezeigt, die mit Unruhe einhergehen. Die Symptome werden durch Bewegung gelindert, obwohl die anfängliche Bewegung erst verschlimmert. Dieses Mittel eignet sich v. a. für Probleme im Bereich der Knie- und Sprunggelenke.

Homarus 1M Dieses wenig bekannte Mittel ist ein Spezifikum bei Knochenspat.

Lithium carbonicum C30 Lithium ist von größtem Nutzen bei der Behandlung von Arthritiden, die mit knöchernen Knötchen einhergehen, insbesondere im Bereich des Sprunggelenks, aber auch des Fessel-, Kron- und Hufgelenks. Lithium ist weiterhin ein gutes Mittel bei Knochenspat.

Guajacum C30 Die Hauptindikation für dieses Mittel sind sehr steife, beinahe unbewegliche Gelenke mit einem hochgradig eingeschränkten Bewegungsradius. Weitere Hinweise sind knöcherne Knötchen und Muskel- bzw. Sehnenkontrakturen.

Kalium iodatum C6 ist bei Arthritis angezeigt, wenn die Gelenke erheblich geschwollen sind oder das Periost verdickt ist. Die betroffenen

Gelenke sind hochgradig schmerzhaft und das Pferd zeigt eine deutliche Lahmheit. Eignet sich v. a. für die Karpalgelenke.

Dulcamara C6 Man denke an dieses Mittel, wenn die Symptome spezifisch im Herbst auftreten, wenn die Tage warm und die Nächte kalt sind. Alle Gelenke können betroffen sein. Zu den Symptomen zählen allgemeine Steifheit mit Verschlimmerung durch feuchtes Wetter und Besserung durch Wärme.

Silicea C30 Silicea ist ein hilfreiches unterstützendes Mittel, wenn die Grundstruktur des Gelenks erheblich durch arthritische Veränderungen geschädigt ist und bereits eine Kalzifikation oder Exostosen vorliegen.

Mineral D6 ist ein unspezifisches Mittel, das manchmal bei Arthritiden hilfreich sein kann.

Akute Gelenkschmerzen und -schwellungen

Im Gegensatz zur Behandlung von chronischen Gelenkschmerzen und –steifheit erfordert die homöopathische Behandlung akuter Gelenkschwellungen den kurzfristigen Einsatz mehrerer Mittel, um das unmittelbare Problem zu behandeln, und dann dort, wo es angemessen erscheint, mit einer längerfristigen Verschreibung nachzusetzen. Akute Symptome treten gewöhnlich infolge eines Traumas auf, können aber auch durch eine Infektion bedingt sein, die eine septische Arthritis auslöst; beides führt zu akuter Lahmheit und Gelenkschwellung.

Mittel bei akuten Symptomen mit traumatischer Ursache

Arnica

Leitsymptome: Trauma

Dies ist das erste Mittel der Wahl, wenn ein Trauma vorliegt. Berührung und selbst die leichteste Berührung des betroffenen Gelenks wird verweigert.

Dosierung: *C200, dreimal täglich, bei Bedarf gefolgt von der nächsten passenden Arznei*

Apis

Leitsymptome: Schlimmer durch Hitze, Bewegung

Rote, heiße, geschwollene Gelenke

Dieses Mittel passt am besten zu akuten Symptomen mit plötzlicher sichtbarer Gelenkschwellung und fühlbarer Hitze. Das betroffene Gelenk kann sogar rosa glänzen, und das Pferd hat solche Schmerzen, dass es sich nicht bewegen will. Kaltes Abduschen scheint die Symptome jedoch zu lindern.

Dosierung: *C200, dreimal täglich, bis die Symptome abklingen, bei Bedarf gefolgt von der nächsten passenden Arznei*

Kalmia

Leitsymptome: Akute Lahmheit mit knackenden Geräuschen

Kalmia ist ein kaum bekanntes Mittel, eignet sich aber gut für die Behandlung akuter Gelenkschwellungen, die mit knackenden Geräuschen bei Bewegung des Gelenks einhergehen. Die betroffenen Gelenke sind rot, heiß und geschwollen, und das Tier verweigert die geringste Bewegung des Gelenks. Dieses Mittel wirkt am besten auf die Schultergelenke und die der Hinterhand.

Dosierung: *C30, alle zwei Stunden, bis die Symptome abklingen*

Rhus toxicodendron, Bryonia oder **Ledum** können ebenfalls als Akutmittel gebraucht werden, wenn die Symptome übereinstimmen.

Dosierung: *C200, dreimal täglich, bis die Symptome abklingen oder eine andere Arznei angezeigt ist*

Septische Arthritis

Septische Polyarthritis (Gelenkinfektion)

Eine Gelenkinfektion tritt sehr häufig bei Fohlen auf (i. d. R. solche, die jünger als einen Monat sind, wobei die Tiere am meisten gefährdet sind, die kein Kolostrum bekommen haben). Meist sind mehrere Gelenke betroffen. Die Erkrankung kann ihren Ursprung in einer Infektion haben, die irgendwo im Körper stattgefunden hat und über die Blutbahn verbreitet wurde. Häufige Ursachen sind Atemwegs- oder Darminfektionen oder eine Sepsis (Infektion) mit Beteiligung des Nabels.

Erwachsene Pferde können an septischen Arthritiden einzelner Gelenke leiden. Die Ursache liegt meist in einer penetrierenden Gelenkverletzung. Man denke daran, dass Ledum hier ein nützliches Mittel ist.

Die Erkrankung führt zu hochgradiger Lahmheit mit Vergrößerung der Gelenkkapsel, vermehrter Wärme und Schmerzen. Weitere Zeichen sind Anstieg der Körpertemperatur und Lethargie. Eine umgehende Behandlung ist erforderlich, um eine Gelenkschädigung zu vermeiden. In einer solchen Situation ist es nicht ratsam, sich allein auf homöopathische Mittel zu verlassen. Allerdings kann die Verabreichung geeigneter Mittel überaus hilfreich sein, während man auf professionelle Hilfe wartet. Besteht die Infektion bereits mehrere Tage, so ist immer mit langfristigen degenerativen Veränderungen zu rechnen.

Mittel bei septischer Arthritis und Gelenkinfektionen

Aconitum

Leitsymptom: Infektion

Aconitum eignet sich am besten bei einem bestehenden Infektionsrisiko. Um seinen größten Nutzen entfalten zu können, muss es schon sehr zeitig gegeben werden, bevor sich eindeutige Symptome entwickeln. Die Symptome, die auf Aconitum ansprechen, entwickeln sich schnell und plötzlich.

Dosierung: *1M, alle 30 Minuten, bis die Symptome abklingen oder eine andere Arznei angezeigt ist*

Belladonna

Leitsymptom: Geschwollene Gelenke mit Fieber

Angezeigt bei hochgradiger Schwellung der betroffenen Gelenke. Die Haut über dem Gelenk glänzt rot und schmerzt bei der geringsten Berührung. Jegliche Bewegung wird verweigert. Meist ist auch die Körpertemperatur erhöht, und die Tiere sind lethargisch.

Dosierung: *1M, alle ein bis zwei Stunden, bis die Symptome abklingen*

Pyrogenium

Leitsymptom: Sepsis

Pyrogen findet Verwendung, wenn sich eine septische Gelenkentzündung aus einer Darm- oder Atemwegsinfektion entwickelt. Es besteht Fieber, bei dem das Tier schwitzt und eine hohe Pulsfrequenz hat. Ein Leitsymptom ist hochgradige Unruhe, wobei das Tier ständig seine Lage oder Stellung ändert.

Dosierung: *1M, alle ein bis zwei Stunden, bis die Symptome abklingen*

Hepar sulphuris

Leitsymptom: Berührungsempfindlichkeit

Dieses Mittel eignet sich am besten für die späteren Stadien einer Sepsis, wenn die Infektion in den Gelenken bestehen bleibt und diese geschwollen und schmerzhaft sind. Die geringste Berührung führt zu Schmerzen.

Dosierung: *C200, dreimal täglich nach Bedarf*

Andere Mittel wie **Silicea C30** oder **Calcium sulphuricum C30** können sich als notwendig erweisen, wenn die Gelenkinfektion bei erwachsenen Tieren zu einem chronischen Abszess mit Absonderung und Fistel- oder Hohlraumbildung führt (siehe Seite 262).

Ist der Nabel die Infektionsquelle, so kann **Abrotanum C30** (*dreimal täglich*) als zusätzliches Mittel gegeben werden.

Luxation und Subluxation eines Gelenks

Dislokation

Eine Luxation ist die Verschiebung von gelenkbildenden Knochen im Verhältnis zueinander. Verletzungen dieser Art sind schwerwiegend und führen zu hochgradiger Lahmheit. Zum Glück treten sie nur recht selten auf, meist nach einem schweren Trauma, bei dem es i. d. R. zu hochgradiger Schädigung des umgebenden Gewebes kommt. Es sollte eine sofortige Behandlung eingeleitet werden, um das Trauma zu minimieren. Die Reposition der verschobenen Knochen erfordert meist eine Anästhesie. Die langfristigen Folgen einer solchen Verletzung können ebenfalls auf eine homöopathische Behandlung ansprechen.

Eine Subluxation ist eine teilweise Verschiebung von gelenkbildenden Knochen. Auch sie tritt nur selten auf und betrifft dann das Fesselgelenk jüngerer Tiere.

Empfohlene Mittel

Akute Verletzungen – *C200, dreimal täglich über sieben bis zehn Tage*

Arnica wird so früh wie möglich in allen Fällen eingesetzt, um das Trauma zu minimieren.

Bryonia ist angezeigt, wenn das Pferd die Gliedmaße nicht auf den Boden setzen kann und jede Bewegung Schmerzen bereitet.

Ruta wirkt sich mindernd auf die Schädigung der umgebenden Bänder und Sehnen aus.

Rhus toxicodendron für die Genesungsphase, wenn die Gliedmaße nach Ruhe steif ist und die Lahmheit durch Bewegung gebessert wird.

Bei langfristigen Problemen – *C30, einmal täglich*

Petroleum bei chronischen Problemen mit Gelenkknacken.

Calcium carbonicum allgemein bei alten Verletzungen, wenn eine Restschwäche in den Gliedmaßen besteht.

Ruta, wenn eine restliche Lahmheit der Knie- und Karpalgelenke zurückgeblieben ist.

Natrium carbonicum bei einer Restschwäche der Sprunggelenke.

Strontium carbonicum ebenfalls bei Schwäche des Sprunggelenks, wenn dieses dauerhaft geschwollen ist.

Entwicklungsstörungen

Entwicklungsbedingte orthopädische Erkrankung (Developmental orthopaedic disease, DOD)

DOD umfasst eine Gruppe von Wachstums- oder Entwicklungsstörungen des Muskel- und Skelettsystems junger wachsender Pferde. Zu diesen zählen fünf verschiedene Erkrankungen: Osteochondrose und damit verbundene Probleme, Wachstumszonenprobleme, Stellungsfehler, Sehnenkontrakturen und Wobbler-Syndrom.

Osteochondrose
Osteochondritis dissecans (OCD)
Subchondrale Knochenzysten

Die Osteochondritis dissecans (OCD) und subchondrale Knochenzysten sind Folgen einer Osteochrondrose, einer Erkrankung junger Pferde, die mit intermittierender Lahmheit einhergeht.

Es gibt zahlreiche Faktoren, die entweder allein oder im Zusammenspiel zur Entwicklung einer Osteochondrose führen. Sie lösen Veränderungen im aktiv wachsenden Knorpel oder Knochen aus, die solange unentdeckt bleiben, bis der betroffene Bereich physikalischem Stress unterliegt. Solche biomechanischen Stressoren können die normale Umwandlung von Knorpel in Knochen stören oder verhindern, indem sie entweder die Blutversorgung stören oder den Knochen schwächen, der unter dem Gelenkknorpel liegt und diesen eigentlich unterstützt. Schwachstellen im Knorpel führen zu Mängeln in der Knorpeloberfläche und schließlich zu Schäden, die typisch für die Osteochondrose sind. Wirken Druckkräfte auf diese Bereiche ein, bilden sich subchondrale Knochenzysten, wohingegen sich dort, wo Zugkräfte dominieren, der Knorpel ganz oder teilweise vom darunter liegenden Knochen löst und entweder Lappen bildet oder als freies Knorpelteil im Gelenk sitzt; letzteres ist typisch für OCD.

Einer der wichtigsten Faktoren bei der Entstehung der Osteochondrose ist die Ernährung. Eine fehlerhafte Ernährung führt zu einem Ungleichgewicht der Kalzium-, Phosphor-, Zink- und

Kupferanteile; übermäßige Zufuhr von Kohlehydraten bedingt ein beschleunigtes Wachstum und eine energiereiche Fütterung führt wiederum zu Fettleibigkeit. Genetische Faktoren spielen ebenfalls eine Rolle. Bei manchen Fohlen ist ein zu schnelles Wachstum bereits genetisch vorprogrammiert, sodass ihr wachsendes Skelett das Gewicht nicht mehr tragen kann. Daneben gibt es Phasen, in denen bestimmte Gelenke besonders anfällig für Schädigungen sind. Traumatische Faktoren spielen schließlich auch eine Rolle. Dazu gehören biomechanische Stressoren durch mangelhaften Körperbau (was zu ungleichmäßiger oder abnormer Kräfteeinwirkung auf das Gelenk führt), Bewegungsmangel (der zur Ausbildung schwacher Gelenke führt) sowie plötzliche Änderungen in der Haltung, die mit einer Steigerung des Trainings einhergehen.

OCD tritt v. a. in bestimmten Gelenken auf, und zwar besonders dem Knie-, Sprung-, Fessel- und Schultergelenk. Eine wechselnde Lahmheit tritt klinisch i. d. R. innerhalb der ersten zwei Lebensjahre auf. In manchen Fällen kommt es auch zu Gelenkschwellungen mit offensichtlichen Schmerzen.

Subchondrale Knochenzysten sind buchstäblich Löcher im Knochen nahe der Oberfläche eines Gelenks, die manchmal über einen engen Kanal mit dieser verbunden sind. Sie können sich in jedem Gelenk bilden, treten aber vorwiegend im Kniegelenk auf, wo das Femurende betroffen ist, und im dritten Metakarpalknochen. In Abhängigkeit von der genauen Lokalisation ruft die Zyste eine Lahmheit hervor oder auch nicht; eine Lahmheit verschwindet nach geraumer Zeit oft wieder von selbst. Sie wird oft erst sichtbar, wenn das Pferd einem härteren Training unterworfen wird.

Mittel bei OCD und subchondralen Knochenzysten.

Die Homöopathie kann sowohl eine vorbeugende Rolle bei der Behandlung von Tieren spielen, bei denen das Risiko von OCD und Knochenzysten besteht, als auch dort eingesetzt werden, wo bereits Schäden diagnostiziert werden können. Die Behandlung muss mit einer genauen Berechnung der Futterration kombiniert werden. Diese muss ausgewogen sein, damit sie die Mineralien in idealer Menge und im optimalen Verhältnis zueinander enthält; so kann sich der Knorpel richtig bilden und die ideale Wachstumsrate wird nicht überschritten. Das Management ist gleichermaßen entscheidend: Zeit und Ruhe sind hier die wichtigsten Aspekte, damit die Veränderungen abheilen können. In manchen Fällen ist auch eine Operation angezeigt.

Calcium phosphoricum D6

Calcium phosphoricum reguliert das Knochen- und Knorpelwachstum und ermöglicht es dem Körper, die im Futter enthaltenen Mineralstoffe effektiv zu verwerten.

Dosierung: *Zweimal täglich*

Calcium carbonicum D6

Dieses Mittel ist eine Alternative zu Calcium phosphoricum und sollte bevorzugt bei den Tieren eingesetzt werden, die schwereren Rassen angehören oder übergewichtig sind.

Dosierung: *Zweimal täglich*

Phosphorus D6

Phosphorus passt zu dünnen, schlanken Tieren mit lebhaftem Temperament. Es sorgt für die richtige Ausnutzung von Phosphor, indem es einen relativen Kalziummangel aufgrund eines Phosphorüberschusses im Futter verhindert. Dadurch kann sich der unter dem Gelenkknorpel liegende Knochen korrekt ausbilden und ist ausreichend stark, um den Knorpel zu unterstützen. So wird das Risiko von Knochenzysten herabgesetzt.

Dosierung: *Zweimal täglich*

Zincum C6

Ein übermäßiger Zinkgehalt im Futter kann zu einem relativen Kupfermangel führen; Kupfer ist ein essentieller Nahrungsbestandteil, der für die korrekte Knochenbildung benötigt wird. Zink als homöopathische Potenz sorgt durch Regulation des Zinkspiegels dafür, dass das im Futter enthaltene Kupfer ausreichend verwertet werden kann.

Dosierung: *Einmal täglich*

Cuprum metallicum D6

Auf ähnliche Weise sorgt auch die Gabe von Kupfer in niedriger Potenz für die entsprechende Verwertung des Kupfers, das von einem an der Knochenbildung beteiligten Enzym benötigt wird.

Dosierung: *Zweimal täglich*

Argentum metallicum C6

Silber ist ein Mittel, dessen Wirkung sich auf die gelenkbildenden Strukturen richtet, wobei der Schwerpunkt auf dem Knochen und Knorpel liegt. Als homöopathische Potenz verbessert es die Blutzufuhr zu diesen Strukturen, sodass genügend Nährstoffe zur Verfügung gestellt werden, um ein korrektes Wachstum zu ermöglichen. Es ist ein ausgezeichnetes Mittel zur Vorbeugung und Behandlung von OCD und Knochenzysten.

Dosierung: *Zweimal täglich*

Haiknorpel C30

Eine Eigenschaft von Haiknorpel besteht darin, das Wachstum von Blutgefäßen in aktiv wachsendem Gewebe zu hemmen. Als homöopathische Potenz kann es anscheinend Knorpelschäden reparieren (möglicherweise durch Verstärkung der Blutversorgung) und die im Rahmen von OCD auftretenden Schmerzen und Beschwerden lindern.

Dosierung: *Einmal täglich*

Ruta C6

Ruta ist ein gutes allgemeines Mittel bei Gelenkknorpelschäden. Es beugt arthritischen Veränderungen vor und kann neben anderen Mitteln gegeben werden.

Dosierung: *Zweimal täglich*

Störungen der Wachstumszonen

Epiphysitis (Physitis) oder Physeale Dysplasie

Hier handelt es sich um eine Störung der Wachstumszonen der langen Knochen; am häufigsten tritt sie im Radius am Übergang zum Karpalgelenk oder kurz über dem Fesselgelenk mit Beteiligung der Wachstumszone des 3. Metakarpalknochens auf. Es gibt eine ganze Reihe von prädisponierenden Faktoren wie z. B. mangelhafte Ernährung, Trauma und schnelles Wachstum. Tiere, bei denen ein erhöhtes Risiko für diese Erkrankung besteht, können **Calcium phosphoricum C30,** *dreimal wöchentlich,* erhalten, aber es sollte auch darauf geachtet werden, etwaige Unstimmigkeiten in der Fütterung zu beheben. **Calcium carbonicum C30** kann alternativ bei schwereren Tieren eingesetzt werden. Eine Lahmheit tritt selten im Rahmen einer Epiphysitis auf, es können aber Schmerzen im Bereich der betroffenen Wachstumszone oder eine leichte Schwellung oberhalb des Kniegelenks mit geringer Wärme bestehen. Der Gang wird bei den betroffenen Tieren manchmal als „abgehackt" beschrieben. Die Gabe von **Eupatorium perfoliatum C30,** *zweimal täglich,* lindert alle Beschwerden.

Anguläre Deformierungen (Stellungsfehler)

Carpus valgus, Carpus varus

Stellungsfehler der Gliedmaßen können bei neugeborenen oder wachsenden Fohlen durch Mängel im Körperbau oder der Entwicklung auftreten. Bedingt durch eine Wachstumsstörung entweder der Metaphyse oder der Epiphyse entwickelt sich eine Seite der Wachstumszone schneller als die andere. Dadurch weicht die Gliedmaße zu einer Seite ab, und zwar weg von der Seite, die am schnellsten wächst. Scheinen die Gelenke nach innen und der darunter liegende Abschnitt der Gliedmaße nach außen zu stehen, wird die als Valgus (X-Bein) bezeichnet. Bei Varus (O-Bein) geschieht das genaue Gegenteil, indem die Gelenke nach außen und der darunter liegende Abschnitt der Gliedmaße nach innen abzuweichen scheinen. Am häufigsten betroffen sind der Karpus (wo sich eher ein Valgus entwickelt), die Fessel (wo meist ein Varus auftritt) und das untere Ende der Tibia (das wiederum mehr zu Valgus neigt).

Es gibt eine ganze Reihe von Ursachen für diese Fehlentwicklungen, wobei traumatische Einwirkungen zu den wichtigsten zählen. Verletzungen können dazu führen, dass ein ungleichmäßiger Druck auf die Wachstumszone ausgeübt wird, wodurch einige der Knorpelzellen absterben. Infolgedessen kommt im Bereich der größten Schädigung das Knochenwachstum zum Stillstand, sodass die Gliedmaße auf der einen Seite schneller länger wird als auf der anderen und sich eine Abweichung entwickelt. Weitere bekannte Faktoren sind in manchen Fällen Entwicklungsstörungen der Karpalknochen, teilweises und unvollständiges Wachstum der Griffelbeine und die Ernährung. Über die Rolle der letztgenannten hat man bislang nur wenig Erkenntnisse, aber maßgeblichen Anteil hat das komplexe Verhältnis zwischen Kalzium, Phosphor, den Vitaminen A und D, Zink und Kupfer.

Behandlung

Ruhe steht an erster Stelle, da jegliche Aktivität das Trauma der betroffenen Gelenke nur verstärkt. Die beste Möglichkeit ist die Beschränkung auf eine Laufbox. Beschneiden der Hufe wird auch empfohlen, da dadurch die Belastung der Gelenke vermindert werden kann. Oft bedarf es nur dieser beiden Maßnahmen, um die Fehlstellung in unkomplizierten Fällen zu korrigieren. Die Homöopathie kann sich hier als ungemein hilfreich erweisen. Sehr schwere Fälle müssen jedoch operiert werden.

Empfohlene Mittel

Calcium phosphoricum D6

Dieses Mittel sollte routinemäßig in allen Fällen gegeben werden, um das Problem von der nutritiven und strukturellen Seite her anzugehen.

Dosierung: *Zweimal täglich*

Symphytum C6

Der routinemäßige Einsatz von Symphytum begrenzt die Auswirkungen eines Traumas auf die Wachstumszone.

Dosierung: *Zweimal täglich*

Argentum metallicum C6

Dies ist ein weiteres Mittel, das regelmäßig eingesetzt werden kann, um die Blutzufuhr zu den Wachstumszonen und dem traumatisierten Knorpel zu verbessern.

Dosierung: *Zweimal täglich*

Sehnenkontrakturen Missbildungen der Flexoren

Diese Erkrankung tritt beim neugeborenen und wachsenden Fohlen auf. Bei neugeborenen Fohlen bildet sich der Zustand oft innerhalb weniger Tage zurück. Bei älteren Tieren entsteht er infolge einer ungleichmäßigen Entwicklung der Muskeln und Sehnen im Verhältnis zum Knochenwachstum der betroffenen Gliedmaße. Die Fohlen sehen aus, als stünden sie aufrecht auf den Spitzen der Hufe, wobei das Fesselgelenk über dem Huf steht. In sehr schweren Fällen ist das Karpalgelenk gebeugt und steht über dem Fesselgelenk.

Empfohlene Mittel

Calcium phosphoricum D6

Dieses Mittel sollte routinemäßig in allen Fällen gegeben werden, um das Problem von der nutritiven und strukturellen Seite der Knochenentwicklung her anzugehen.

Dosierung: *Zweimal täglich*

Causticum C30

Dies ist das Hauptmittel bei Sehnenkontrakturen, um die Kontraktur zu vermindern und die Gliedmaße gerade zu stellen.

Dosierung: *Zwei- oder dreimal täglich*

Colchicum C30

Colchicum stellt eine Alternative zu Causticum dar, v. a. wenn die betroffenen Gliedmaßen schmerzhaft oder geschwollen sind.

Dosierung: *Zwei- oder dreimal täglich*

Wobbler-Syndrom

Siehe Seite 242

Der Bewegungsapparat – Teil 2

Dieses zweite Kapitel zum Bewegungsapparat behandelt spezielle Erkrankungen; um eine ständige Wiederholung zu vermeiden, schlage man hinsichtlich genauerer Details zu den Arzneimitteln im vorangegangenen Kapitel nach. Wo es notwendig erschien, wurden noch weitere Angaben zu geeigneten Mitteln gemacht. Der Inhalt ist entsprechend der Anatomie aufgebaut, beginnend mit dem Hals, über die Vorderhand (von der Schulter abwärts), den Rücken und das Becken bis zur Hinterhand (von der Hüfte abwärts). Ein eigenständiges Kapitel befasst sich mit dem Fuß und den Hufen. Zu jeder Erkrankung werden nur die wichtigsten Mittel aufgeführt. Da auch andere Arzneien geeignet sein können, empfiehlt es sich, in den entsprechenden Abschnitten des vorherigen Kapitels nachzuschlagen. Es bedarf keiner weiteren Erwähnung, dass es außer der Gabe homöopathischer Arzneien auch auf das richtige Management der jeweiligen Erkrankung ankommt. Dazu zählen u. a. Ruhe, Rehabilitation, Physiotherapie, Chiropraktik, Osteopathie, Akupunktur, Hydrotherapie, Bewegung, Ultraschall, Lasertherapie und der richtige Beschlag.

Der Hals

Der Hals setzt sich anatomisch aus den sieben Halswirbeln (den ersten der fünf verschiedenen Wirbelarten, aus denen die Wirbelsäule besteht), dem Nackenband (das das Gewicht des Kopfes trägt) und seinen Blättern, die die einzelnen Wirbel mit der entsprechenden Muskulatur verbinden, den Nerven und Blutgefäßen zusammen. Probleme mit dem Hals treten nur selten auf und sind meist auf eine Verletzung, ungeeignetes Zaumzeug oder die falsche Reittechnik zurückzuführen. Hilfreiche Mittel sind:

Bei Verletzung **Arnica C30, Ruta C30** (v. a. wenn Bänder beteiligt sind)

Bei Steifheit **Rhus toxicodendron C30, Chelidonium C30, Bryonia C30, Causticum C30, Rhododendron C6, Lachnantes C30**

Bei Spasmen/Starre **Cicuta C30, Cimicifuga C6, Strychninum C30**

Bei vom Hals ausgehender Lahmheit **Aesculus C30, Hypericum C30**

Spezielle Erkrankungen

Wobbler-Syndrom

Siehe das Nervensystem, Seite 238

Die Vorderhand

Probleme der Vorderhand treten häufiger auf als solche der Hinterhand, wobei der Huf von allen Teilen der Gliedmaße am häufigsten betroffen ist. Anatomisch unterteilt sich dieser Bereich in die Schulter, den Oberarm (Humerus), den Unterarm (Radius, Ulna und Ellbogengelenk), den Karpus (Vorderfußwurzelgelenk), den Metakarpus (3. Metakarpalknochen), das Fessel-, Kron- und Hufgelenk. Der Fuß und Huf wird in einem separaten Kapitel abgehandelt.

Die Schulter und das Schultergelenk, Schulterblatt, Skapulohumeralgelenk

Dieser Bereich umfasst das Schulterblatt und das Schultergelenk. Dieses Gelenk ist ein Kugelgelenk, das vom Schulterblatt (Skapula) und dem Humerus gebildet wird und einen großen Bewegungsspielraum hat, v. a. in Bezug auf die Beugung und Streckung. Seitwärtsbewegungen (Adduktion und Abduktion) sind nur begrenzt möglich.

Spezielle Erkrankungen der Schulter und Schultergelenks

Frakturen

Der wahrscheinlichste Grund für eine Fraktur in diesem Bereich ist ein Trauma, v. a. nach einem Sturz oder einer unglücklichen Landung nach einem Sprung. Der Grad der Lahmheit und die Prognose hängen von dem genauen Ort der Fraktur ab. Frakturen des Schulterblattes sind selten, da es gut vom Muskelgewebe geschützt wird. Ist die Schulterblattgräte betroffen, sind die Aussichten bei entsprechender Ruhigstellung und mit den geeigneten Arzneien gut. Es ist davon auszugehen, dass die Fraktur ausheilt und das Pferd wieder normal gehen kann. Sind an der Fraktur andere Anteile des Schulterblattes beteiligt, sind die Aussichten weniger günstig, und es muss die Notwendigkeit einer Operation in Betracht gezogen werden, v. a. wenn der sogenannte Schulterhöcker betroffen ist. Einige Frakturen des Schultergelenks sind mit dem Risiko einer Nervenschädigung verbunden.

Empfohlene Mittel

Arnica C30, Ruta C30, Calcium phosphoricum C6, Calcium carbonicum C6, Symphytum C6, Hypericum C30 (bei Verdacht auf eine Nervenschädigung).

Siehe Frakturen, Seite 173

Muskelzerreißungen oder –risse

Die Vordergliedmaße hat keine knöcherne Verbindung zum Rest des Skeletts (im Gegensatz zur Hinterhand), sondern wird nur von Muskeln und Bändern gehalten. Dies erlaubt eine große Flexibilität und Geschwindigkeit in der Bewegung. Einige der Muskeln sind verletzungsgefährdet (i. d. R. beim Springen); ein Trauma kann zu erheblichen Schmerzen führen und ist meist mit einer vorsichtigen Prognose verbunden.

Empfohlene Mittel

Arnica C200, Rhus toxicodendron C200, Bellis perennis C200, Calendula C30

Lacticum acidum C30 ist ein hilfreiches Mittel in späteren Stadien, wenn ein Restschmerz übrig bleibt.

Dosierung: *Zweimal täglich*

Supraskapularislähmung

Siehe das Nervensystem, Seite 245

Bizepsbursitis, intertuberkuläre Bursitis

Der Bizepsschleimbeutel ist ein kleiner Sack zwischen der Bizepssehne und einer Rinne im oberen Ende des Humerus; er ist mit einer Synovialmembran ausgekleidet und enthält Synovialflüssigkeit. Seine Aufgabe besteht darin, die Sehne dort, wo sie über den Knochen zieht, zu unterpolstern. Eine Entzündung (Bursitis) kann traumatisch, gelegentlich aber auch infektiös bedingt sein und führt zu lokalen Schmerzen. Sie kann mit einer hochgradigen Lahmheit einhergehen, die aber meist durch die Behandlung und Ruhe wieder verschwindet. Allerdings zeigen manche Pferde langfristige Probleme.

Empfohlene Mittel

Akute Fälle

Arnica C30, Bryonia C30, Apis C30, Ruta C30, Rhus toxicodendron C30

Chronische Fälle

Sanguinaria C6, Calcium fluoratum C30, Silicea C30, Ruta C30

Siehe Bursitis, Seite 178

Luxation des Schultergelenks
Skapulohumerale Luxation

Dieses Problem tritt nur nach einem erheblichen Trauma in diesem Bereich auf, bei dem der Humerus entweder nach innen (medial) oder außen (lateral) disloziert wird. Es kommt zu einer hochgradigen Lahmheit mit extremer Schmerzhaftigkeit des betroffenen Bereichs. Ist die Gelenkschädigung nur minimal, kann die Dislokation unter Narkose reponiert werden.

Akutmittel **Arnica C200, Bryonia C200, Ruta C200, Rhus toxicodendron C200**

Bei akuten Schmerzen **Hypericum C30, Chamomilla C30** (mit Zorn oder Reizbarkeit)

Für Langzeitfolgen **Ruta C30, Calcium carbonicum C30, Natrium carbonicum C30, Strontium carbonicum C6, Petroleum C6**

Arthritis des Schultergelenks

Diese kann im Rahmen eines lokalen Traumas (z. B. eines direkten Schlages, einer Dislokation oder Fraktur), einer Infektion (v. a. einer Nabelinfektion bei Fohlen), als Komplikation einer intraartikulären Injektion oder als Folge von Osteochrondrosis dissecans (OCD) auftreten.

Die Symptome einer Arthritis des Schultergelenks sind recht vielfältig. Das Pferd kann eine ausgeprägte Lahmheit zeigen, wobei der Kopf zur betroffenen Seite gehalten wird, weil das Tier versucht, die Gliedmaße nach vorne zu führen, ohne das Gelenk zu beugen. Auf lange Sicht kann das Pferd eine chronische Lahmheit entwickeln.

Empfohlene Mittel

Anfangs **Arnica C200, Bryonia C200, Rhus toxicodendron C200**

Langfristig v. a. **Rhus toxicodendron C30, Ruta C30, Bryonia C30, Calcium carbonicum C30, Causticum C30, Chelidonium C30, Phytolacca C30**

Auch **Ferrum phosphoricum C6, Ferrum metallicum C6, Sanguinaria C6, Dulcamara C30, Ledum C30, Colchicum C30**

Bei knöchernen Veränderungen **Calcium fluoratum C30, Hecla lava C30, Silicea C30**

OCD

Siehe Seite 193

Der Oberarm/Humerus

Dieser Bereich setzt sich aus dem Humerus, dem großen Oberarmknochen, und den umgebenden bauchigen Muskeln zusammen. Ein Großteil dieser Muskeln wird von einem der wichtigsten Nerven des Körpers versorgt, dem Radialisnerv.

Spezielle Erkrankungen des Oberarms

Humerusfraktur

Frakturen des Humerus treten nur selten auf, da er gut von den umgebenden Muskeln geschützt wird; nichtsdestotrotz kann ein Tritt oder unglücklicher Sturz zu einer Fraktur führen. Hilfreiche Mittel wurden bereits erläutert (siehe Frakturen, Seite 173), man denke aber v. a. an die Bedeutung von **Hypericum C30**, wenn gleichzeitig der Radialisnerv geschädigt ist. Humerusfrakturen sind eine ernste Angelegenheit und die Prognose ist ungünstig.

Radialislähmung

Siehe Seite 245

Der Unterarm
Radius und Ulna
Ellbogen (Humeroradialgelenk)

Die zwei Hauptknochen dieses Bereichs sind der Radius und die Ulna, die gemeinsam mit dem Humerus das Ellbogen- oder Humeroradialgelenk bilden. Dieses ist ein einfaches Scharniergelenk, das Streckung und Beugung erlaubt.

Spezielle Erkrankungen des Unterarms

Frakturen von Radius und Ulna

Frakturen dieser Knochen treten nur selten auf und sind meist die Folge eines schweren Traumas, insbesondere im Rahmen von Verkehrsunfällen. Die Ulna bricht meist in dem als Olekranonfortsatz bezeichneten Bereich, der anatomisch am Ellbogenhöcker sitzt. Die betroffenen Pferde (meistens Fohlen) können den Ellbogen nicht mehr beugen oder die Gliedmaße nicht mehr belasten. Das Ellbogengelenk scheint sichtbar abgesenkt zu sein. So gut wie immer ist auch der Radialisnerv mehr oder weniger geschädigt. Diese Frakturart hat verglichen mit anderen Frakturen in diesem Bereich eine recht günstige Prognose; andere Frakturen sind nur schwierig zur Abheilung zu bringen und das Ergebnis ist ungewiss.

Hilfreiche Mittel wurden bereits beschrieben (siehe Frakturen, Seite 173), man denke aber an die Bedeutung von **Hypericum C30**, wenn gleichzeitig der Radialisnerv geschädigt ist.

Stollbeule, Ellbogenbeule, Hygrom des Ellbogens, Olekranon-Bursitis

Diese Erkrankung entsteht durch ein Trauma im Bereich des Ellbogenhöckers und führt zur Bildung eines erworbenen (falschen) Schleimbeutels über dem Olekranonfortsatz. Die wahrscheinlichste Ursache ist das Hufeisen der betroffenen Gliedmaße, das in der Bewegung oder noch häufiger, wenn sich das Pferd hinlegt, gegen das Olekranon schlägt.

Es entsteht eine charakteristische Schwellung über dem Ellbogenhöcker, die Flüssigkeit enthalten kann. In chronischen Fällen besteht die Schwellung überwiegend aus fibrösem Gewebe. Eine Lahmheit tritt nur selten auf, und falls doch, ist sie meist nur leicht.

Empfohlene Mittel

Siehe Bursitis, Seite 178

Akute Fälle

Anfangs bei einem Trauma oder einer erst vor kurzem entstandenen Läsion **Arnica C200**

Bei Flüssigkeitsansammlung **Apis C200, Bovista C200**

Wenn Schmerzen, vermehrte Wärme oder Lahmheit bestehen **Bryonia C200**

Wenn der Knochen angeschlagen ist **Ruta C30**

Chronische Fälle

(Um das Narbengewebe zu reduzieren) **Silicea C30, Calcium fluoratum C30, Thiosinaminum C6, Proteus C30**

Olekranonfraktur

Eine Fraktur des Olekranonfortsatzes der Ulna kann spontan auftreten, ist aber meist die Folge eines lokalen Traumas, oft eines Trittes oder Sturzes, manchmal auch des Zusammenstoßes mit einem Fahrzeug. Typischerweise steht das Pferd mit abgesenktem Ellbogen, wobei das Gelenk teilweise gebeugt ist und die Gliedmaße nicht belastet werden kann. Bewegung des betroffenen Beines ist äußerst schwierig und schmerzhaft. Es können knirschende Geräusche (Krepitation) auftreten. Sind die Knochenfragmente nicht verschoben, ist Boxenruhe (ca. sechs Wochen) manchmal alles, was nötig ist, damit die Fraktur ausheilen kann. Sind die Fragmente hingegen verschoben, ist eine operative

Behandlung die einzige Möglichkeit. In beiden Fällen kann die Homöopathie die Frakturheilung enorm unterstützen.

Siehe Frakturen, Seite 173

Arthritis des Ellbogengelenks

Dies ist ein seltenes Problem, das normalerweise durch altersbedingten Verschleiß und seltener aufgrund eines Traumas auftritt. Man findet die passenden Arzneien durch genauen Abgleich der Symptome des Patienten mit den Arzneimittelbildern der am häufigsten gebrauchten Mittel.

Siehe Arthritis, Seite 185

Zerrung des oberen Unterstützungsbandes
Zerrung des radialen Unterstützungsbandes

Dieses Band wird auch manchmal als Radialzweig der oberflächlichen Beugesehne bezeichnet und ist Teil des Unterstützungsapparates, der aus mehreren Anteilen besteht. Diese unterstützen gesamthaft die Vordergliedmaße und sind Teil des allgemeinen Halteapparates, der das gesamte Bein und das Fesselgelenk unterstützt und eine Überstreckung der Fessel-, Kron- und Hufgelenke verhindert.

Die Symptome variieren in Abhängigkeit vom Ausmaß der Bänderschädigung; sie umfassen Gangveränderungen und Lahmheit, die u. U. nur dann auftreten, wenn das Pferd eine Weile geritten wird. Die das Band umgebende Synovialscheide kann geschwollen sein.

Empfohlene Mittel

Akute Fälle

Arnica C200, Ruta C200

Chronische Fälle

Rhus toxicodendron C6, Ruta C30, Silicea C30, Calcium carbonicum C30, Symphytum C6

Siehe Zerrungen, Seite 174

Der Karpus, das Karpalgelenk Das Vorderfußwurzelgelenk

Das Karpalgelenk ist ein komplexes Gelenk, das aus drei einzelnen Gelenken und zwei Knochenreihen besteht. Die erste Reihe umfasst (von der Innenseite des Gelenks ausgehend) den radialen, intermediären, ulnaren und akzessorischen Karpalknochen. Diese bilden zusammen mit dem Radius ein Gelenk (das Radiokarpalgelenk). Die zweite darunter liegende Knochenreihe besteht aus dem ersten, zweiten, dritten und vierten Karpalknochen und bildet mit der ersten Reihe das Interkarpalgelenk. Die zweite Reihe bildet schließlich ein weiteres Gelenk mit dem zweiten, dritten und vierten Metakarpalknochen. Der zweite und vierte Metakarpalknochen sind nur unvollständig entwickelt und werden auch als Griffelbeine bezeichnet.

Spezielle Erkrankungen des Karpus
Fraktur der Karpalknochen

Am häufigsten sind der dritte und der radiale, seltener der intermediäre Karpalknochen betroffen. Die Ursache ist immer ein Trauma mit Überstreckung des Beines, da diese eine hochgradige Belastung für die einzelnen Knochen bedeutet. Die Symptome sind vermehrte Wärme, Schmerzen und Lahmheit. Der akzessorische Karpalknochen kann auch brechen (da er hervorsteht), meist infolge eines lokalen äußerlichen Traumas.

Empfohlene Mittel

Siehe Frakturen, Seite 173

Hygrom des Karpus

Bei diesem handelt es sich um die Entzündung eines erworbenen Schleimbeutels bzw. eine Schwellung an der Vorderseite des Karpalgelenks, an der auch die Sehnenscheide eines Streckermuskels beteiligt sein kann. Die Ursache ist traumatisch (da sich an dieser Stelle normalerweise kein subkutaner Schleimbeutel befindet), oft infolge eines Sturzes auf harten Boden oder durch wiederholtes Stoßen gegen die Stallwand, wenn das Pferd dauernd mit dem Huf auf den Boden klopft. Das Hygrom erscheint als gleichmäßig verteilte Schwellung an der Vorderseite des Gelenks, wodurch es sich von der Hernienbildung der Synovialmembran des Radiokarpal- und Interkarpalgelenks unterscheidet. Letztere führt i. d. R. zu unregelmäßigen Schwellungen, die die Vorderseite des Gelenks nicht gleichmäßig bedecken.

Die betroffenen Pferde gehen selten lahm und die Schwellung selbst ist bei Berührung schmerzlos. Die Beugung des Gelenks kann je nach Größe der Schwellung leicht eingeschränkt sein. In lang dauernden Fällen kann das Gewebe fibrosieren oder vernarben und es können sich Verwachsungen mit dem umgebenden Gewebe bilden.

Empfohlene Mittel

Siehe Bursitis, Seite 178

Akute Fälle

Anfangs bei einem Trauma oder einer erst vor kurzem entstandenen Läsion **Arnica C200**

Bei Flüssigkeitsansammlung **Apis C200, Bovista C200**

Schädigung durch wiederholte geringgradige Traumata **Bellis perennis C30**

Chronische Fälle

In chronischen Fällen bleibt das Karpalgelenk dauerhaft geschwollen, und die Schwellung besteht teilweise aus fibrösem Narbengewebe. Hier gibt man **Silicea C30** und **Calcium fluoratum C30**, jeweils eine Gabe an abwechselnden Tagen über einen Zeitraum von mehreren Monaten, um das Narbengewebe einzuschmelzen. **Thiosinaminum C30** oder **Graphites C30** können ergänzend *einmal täglich* gegeben werden.

Karpitis

Dieser Begriff bezieht sich auf akute und chronische Entzündungen des Karpalgelenks mit Beteiligung eines oder mehrerer gelenkbildender Knochen. Die veranlassende Ursache ist ein Trauma, entweder eine Erschütterung oder häufiger die Überstreckung des Gelenks. In akuten Fällen ist das Gelenk bei Berührung oder Beugung schmerzhaft und das Pferd geht lahm. Daneben besteht eine Gelenkschwellung, die in chronischen Fällen auch oftmals das einzige Symptom darstellt. Arthritis kann eine Folge der Karpitis sein.

Empfohlene Mittel

Akute Fälle

Anfangs **Arnica C200, Ruta C200**

Bei vermehrter Wärme, Schwellung und Lahmheit **Apis C200, Bryonia C200**

Chronische Fälle

Caulophyllum C6, Rhus toxicodendron C6, Chelidonium C30

Arthritis des Karpus
DJD des Karpalgelenks
DJD des Vorderfußwurzelgelenks

Arthritische Veränderungen (oder DJD, degenerative joint disease) des Karpalgelenks wirken sich auf alle damit verbundenen Strukturen aus: den Gelenkknorpel und die angrenzenden Knochen, Bänder sowie die Synovialmembran und Gelenkkapsel. Im Laufe der Zeit wiederholt auftretende Traumata stellen meist die veranlassende Ursache dar, denn die dabei auf den Karpus einwirkenden Kräfte können gewaltig sein. Die Zeichen und Symptome umfassen Lahmheit unterschiedlicher Schwere, Einschränkung der Gelenkbeugung, Verminderung der Produktion von Gelenkflüssigkeit, Degeneration des Gelenkknorpels, Gelenkschwellung und Schmerzen. Schreitet die Erkrankung fort, kommt es zur Verdickung der Gelenkkapsel und Degeneration des Knorpels, die wiederum knöcherne Zubildungen in Form von Exostosen oder Osteophyten nach sich ziehen. Dadurch wird die Beweglichkeit des Gelenks weiter eingeschränkt und es treten Schmerzen auf.

Neben der homöopathischen Behandlung sollte ein korrekter Beschlag in Verbindung mit schockabsorbierenden Einlagen vorgenommen werden.

Empfohlene Mittel

Anfangs nach einer Verletzung, in akuten Fällen oder bei Rezidiven **Arnica C200, Ledum C200, Bryonia C30** (die geringste Bewegung ist schmerzhaft), **Ruta C200, Rhus toxicodendron C200**

In chronischen Fällen **Actaea spicata C6** (mit Schwellung), **Caulophyllum C6, Chelidonium C30, Rhus toxicodendron C6, Ledum C30, Calcium carbonicum C30, Bryonia C30**

Weniger bekannte Mittel sind **Viola odorata C6** (nur das rechte Bein), **Stannum C6** (bei Schwäche mit Stolpern), **Kalium iodatum C30** (bei hochgradigen Schmerzen mit Verdickung des Gelenks), **Guajacum C6** (extreme Steifheit)

Bei chronischen, eher geringgradigen Schmerzen **Eupatorium perfoliatum C30**

Wenn sich Exostosen oder Osteophyten entwickelt haben **Calcium fluoratum C30, Hecla lava C6, Ruta C30, Silicea C6** (bei ausgeprägter Knochendegeneration), **Benzoicum acidum C6** (mit Gelenkknacken), **Calcium carbonicum C30**

Um die Knorpeldegeneration zu verlangsamen **Argentum metallicum C30, Haiknorpel C6, Bambusharz C6**

Karpaltunnelsyndrom

Diese Erkrankung ähnelt dem gleichnamigen Syndrom beim Menschen und geht mit Druck oder Schwellung im Karpaltunnel oder –kanal einher. Entzündung der Beugesehnen oder des Unterstützungsbandes oder Fraktur des akzessorischen Karpalknochens sind bekannte Faktoren, die einer Schwellung oder vermehrtem Druck auf die Blut- und Nervenversorgung der unteren Gliedmaße oftmals vorausgehen. Das Hauptsymptom ist eine intermittierende Lahmheit mit Schwellung der Sehnenscheiden und des Karpalkanals.

Bei Tendinitis **Ruta C30**

Mit Beteiligung der Bänder (Desmitis) **Ruta C30**

Wenn die Schwellung die Nerven betrifft **Hypericum C30**

Mit Schwellung der Sehnenscheiden **Apis C30**

Mit eingeschränkter Zirkulation in der unteren Gliedmaße **Secale C30, Xanthoxylum C6**

Mit Lahmheit oder Steifheit **Causticum C30, Calcium phosphoricum C6**

Bei Schmerzen **Viola odorata C6, Caulophyllum C6**

Der Metakarpus

Die Metakarpalknochen

Es gibt drei Metakarpalknochen, von denen der dritte der größte ist und oft als Kanonenbein bezeichnet wird. Strukturell betrachtet ist er ein starker Knochen, der zusammen mit der dritten Reihe der Karpalknochen eines der Karpalgelenke und mit der ersten Phalanx und den beiden kleinen rückwärtig gelegenen Sesambeinen das Fesselgelenk bildet. Die nur schwach entwickelten zweiten (medial/innen gelegenen) und vierten (lateral/außen gelegenen) Metakarpalknochen flankieren den dritten und stehen mit den Karpalknochen ebenfalls in gelenkiger Verbindung. Sie sind besser als Griffelbeine bekannt und führen bei jungen Pferden oftmals zu Problemen.

Jedes Griffelbein ist mit dem dritten Metakarpalknochen durch ein Zwischenknochenband verbunden, das mit zunehmendem Alter verknöchert. Das mediale Griffelbein unterstützt das Karpalgelenk, während das laterale Griffelbein eine weniger wichtige Rolle spielt. Beide Griffelbeine sind im oberen Bereich stärker und fester mit dem dritten Metakarpalknochen verbunden, da sie hier das Gewicht vom Karpalgelenk mit auffangen müssen. Die unteren Enden der Griffelbeine sind dünner und insofern flexibel, als dass sie in ihrer Verbindung mit dem Aufhängeband eine gewisse Beweglichkeit aufweisen.

Überbeine und Griffelbeinfrakturen

Überbeine treten häufig auf; ihr Erscheinungsbild reicht von einem leichten Makel am Pferdebein bis hin zu schweren und problematischen Lahmheiten. Streng genommen bezeichnet der Begriff Überbein knöcherne Zubildungen (Exostosen) als Reaktion auf eine Entzündung des Periosts, der dünnen Außenschicht der Knochen. Das Periost jüngerer Pferde, bei denen die meisten Griffelbeinerkrankungen auftreten, ist dicker und anfälliger für Verletzungen und Stress. In jüngster Zeit nimmt man an, dass Überbeine auch durch mikroskopisch kleine Frakturen der Griffelbeine entstehen, die wohl recht häufig auftreten. Dies wiederum führt zu einer Störung des Periosts und ähnlich wie bei einer normalen Fraktur zu Kallusbildung. Die Bildung von Überbeinen kann vielfältige Ursachen haben.

Trauma

Griffelbeinverletzungen treten infolge eines direkten Traumas der Griffelbeine auf, die kaum von schützendem Gewebe umgeben sind. Überbeine dieser Art betreffen meist junge Pferde und hier eher das mediale als das laterale Griffelbein. Die Bewegungen junger Pferde sind manchmal unkoordiniert, sodass sie sich schnell selbst treten. Tritte von anderen Pferden führen in ähnlicher Weise zu einer Schädigung des lateralen (äußeren) Griffelbeins, d. h. entweder zu einer Fraktur des Griffelbeins oder zu einer Entzündung des Periosts (Periostitis). Liegt ein Trauma vor, achte man immer auf Wunden, denn eine Infektion kann die Heilung verzögern und lang dauernde Probleme verursachen.

Verletzung des Zwischenknochenbandes

Erschütterung oder auch Mängel im Körperbau können zu Reizung und nachfolgender Entzündung des Zwischenknochenbandes führen. Bei ausreichender Gewalteinwirkung kann das Band auch reißen. Die nachfolgende Periostitis führt zur Bildung neuen Knochengewebes und damit zu Exostosen.

Verletzung des Aufhängebandes des Fesselträgers

Das Aufhängeband steht über festes Bindegewebe in enger Verbindung mit den unteren Anteilen der Griffelbeine. Wirken Stressoren auf das Aufhängeband ein oder kommt es zu einer Verletzung in diesem Bereich, kann dies zu einer Beschädigung des Bandes oder zu einer Griffelbeinfraktur führen.

Zeichen und Symptome

Diese sind in Abhängigkeit von der Art des Problems unterschiedlich und können von einer geringgradigen bis zu einer schweren Lahmheit reichen. Es können Schwellungen und Schmerzen auftreten, wobei diese nach und nach abklingen, wenn das Überbein schon länger besteht. Häufig kommt es im Rahmen einer Periostitis oder infolge einer Griffelbeinfraktur (mit Kallusbildung) zur Bildung von neuem Knochengewebe und damit zu knöchernen Zubildungen oder Exostosen, die bei der Untersuchung des Beines leicht zu erkennen sind.

Die Behandlung von Absplitterungen mit homöopathischen Arzneien

Zu Beginn bei einem Trauma **Arnica C200**
Dosierung: *Drei Gaben innerhalb von 24 Stunden*

Um die periostale Reaktion zu minimieren **Ruta C200, Phytolacca C30**
Dosierung: *In den ersten fünf Tagen dreimal täglich, dann dreimal wöchentlich über einen langen Zeitraum, bis das Überbein zur Ruhe kommt*

Bei Schwellungen und Schmerzen im Bereich eines neu gebildeten Überbeins **Asa foetida C6**
Dosierung: *Dreimal wöchentlich, bis die Beschwerden nachlassen*

Um die Gefahr der Bildung von Exostosen zu reduzieren **Calcium fluoratum C200**
Dosierung: *Dreimal wöchentlich über einen langen Zeitraum*

Bei lang dauernden Fällen mit Exostosen **Silicea C200**
Dosierung: *Dreimal wöchentlich*

Um der Bildung von Exostosen vorzubeugen **Ruta C30** in Verbindung mit **Calcium fluoratum** oder **Silicea, Hecla lava C30**
Dosierung: *Einmal täglich*

Zur Unterstützung der Heilung bei einer Griffelbeinfraktur **Symphytum C6**
Dosierung: *Einmal täglich*

Liegt eine Infektion vor **Silicea C30, Asa foetida C6, Gunpowder D3**
Dosierung: *Viermal täglich*

Äußerliche Behandlung

Ist die Haut über dem Überbein nicht verletzt, trage man anfangs *dreimal täglich* **Arnica-Salbe** auf, gefolgt von **Ruta-Salbe**, zweimal täglich über einen längeren Zeitraum.

Periostitis des Röhrbeins
Metakarpale/(metatarsale) Periostitis

Diese Erkrankung betrifft die obere oder dorsale Fläche des dritten Metakarpalknochens. Am häufigsten tritt sie bei jungen Vollblütern in den ersten Trainingswochen auf. Die Vorderbeine sind sehr viel öfter betroffen als die Hinterbeine. In der Regel sind beide Beine betroffen. Die häufigste Ursache ist eine Erschütterung, die zu einer periostalen Reaktion (Periostitis) und Umformung des Knochens führt; kleine Stressfrakturen und Blutungen unter das Periost spielen ebenfalls eine Rolle. Bei älteren Tieren ist meist ein direktes Trauma die Ursache einer metakarpalen Periostitis.

Die am deutlichsten sichtbaren Symptome sind Schwellung, Schmerzen und vermehrte Wärme des betroffenen Bereichs mit leichter Schwellung der umgebenden Weichteile. Es besteht eine Lahmheit, die durch Anstrengung verschlimmert wird. Bei Ruhigstellung und gutem Management ist die Prognose günstig. Homöopathische Arzneien können den Schweregrad der Symptome erheblich mindern und zu einer schnelleren Abheilung führen.

Empfohlene Mittel

Zur Vorbeugung bei gefährdeten Tieren **Arnica C6, Ruta C6** und **Symphytum C6** in Kombination
Dosierung: *Eine Gabe vor und nach dem Training*

Bei intermittierenden periostalen Schmerzen und zeitweiliger Lahmheit junger Pferde, wenn keine anderen Symptome vorliegen **Phosphoricum acidum C30** und **Phytolacca C30**
Dosierung: *Eine Gabe vor und nach dem Training*

Bei vermehrter Wärme, Schwellung und Lahmheit **Ruta C30, Eupatorium perfoliatum C30** und **Bryonia C30** in Kombination
Dosierung: *Zwei- oder dreimal täglich, bis die Beschwerden nachlassen*

Bei anhaltender vermehrter Wärme, Schwellung und Schmerzen **Asa foetida C30** oder **Kalium iodatum C30**
Dosierung: *Dreimal täglich*

Bei starker Schwellung **Apis C30**
Dosierung: *Dreimal täglich*

Wenn die akuten Symptome verschwunden oder nur noch geringgradig ausgeprägt sind **Ruta C30, Hecla lava C30, Phytolacca C30** und **Symphytum C6**
Dosierung: *Einmal täglich, bis alle Beschwerden verschwunden sind*

Fraktur des dritten Metakarpalknochens

Diese Fraktur tritt recht häufig auf. Je nach Art und Ort der Fraktur kann das Ergebnis sehr unterschiedlich sein. Bei manchen Tieren bleibt nur die Euthanasie. Einige Frakturen können wiederum chirurgisch gerichtet werden und haben eine günstigere Prognose.

Siehe Frakturen, Seite 173

Desmitis des Aufhängebandes
Zerrung des Aufhängebandes

Das Aufhängeband ist die größte Struktur innerhalb des Aufhängeapparates des Fesselgelenks (Fesselträgers). Bei Rennpferden kommt es hier sehr oft zu Verletzungen, wobei die Vorderbeine häufiger betroffen sind als die Hinterbeine. Die zugrunde liegende Ursache ist eine Überstreckung des Fesselgelenks; allerdings können auch Griffelbeinfrakturen und eine Sesamoiditis eine Rolle spielen. Die Verletzung sitzt meistens dort, wo sich das Band im unteren Drittel des dritten Metakarpalknochens zweiteilt.

Akute Verletzungen führen zu Schwellung und leichter Lahmheit; das Pferd hält das Karpalgelenk etwas nach vorne, wobei der Ballen leicht auf dem Boden ruht. In chronischen Fällen kommt es zur Vernarbung und Verdickung des Aufhängebandes. Recht häufig verkalkt das Band in sehr lang dauernden Fällen an seiner Ansatzstelle an den Sesambeinen.

Behandlung

Akute Fälle **Arnica C200, Ruta C200, Rhus toxicodendron C200, Apis C200**

Chronische Fälle **Ruta C30, Calcium fluoratum C30, Symphytum C6**

Bei Narbenbildung **Silicea C30, Thiosinaminum C6**

Bei Verkalkungen **Silicea C30, Calcium fluoratum C30**

Desmitis des unteren Unterstützungsbandes, Zerrung des (karpalen) Unterstützungsbandes, Zerrung des Unterstützungsbandes der tiefen Beugesehne

Dieses Band stellt eine Fortsetzung des volaren (palmaren) Karpalbandes an der Rückseite des Karpalgelenks dar und vereint sich mit der tiefen Beugesehne im mittleren Drittel des dritten Metakarpalknochens; es liegt zwischen dem Aufhängeband und der tiefen digitalen Beugesehne.

Ist das Band selbst oder die tiefe digitale Beugesehne einer starken Belastung ausgesetzt, kann es zu einer Verletzung kommen. Mögliche Ursachen sind mangelhafter Beschlag oder der Verlust eines Hufeisens auf rutschigem Untergrund. Es tritt eine Lahmheit unterschiedlicher Schwere auf, die durch Arbeit auf hartem, unebenem Boden verschlimmert wird. Die Palpation des betroffenen Bereichs löst Schmerzen aus.

Behandlung

Akute Verletzungen **Arnica C200, Ruta C200**

Chronische Fälle **Ruta C30, Symphytum C6, Rhus toxicodendron C6**

Sehnenverletzungen
Tendinitis, Tendosynovitis und Sehnenzerrungen

Siehe Seite 176

Das Fesselgelenk (Metakarpophalangealgelenk)

Dieses Gelenk liegt zwischen dem dritten Metakarpalknochen und der ersten (proximalen) Phalanx und umfasst auch die beiden proximalen Sesambeine. Es ist ein sehr flexibles Gelenk mit einem großen Bewegungsspielraum.

Arthritis des Fesselgelenks
DJD des Fesselgelenks
Osteoarthritis des Fesselgelenks

Dieses Gelenk ist beim Pferd am häufigsten von Verletzungen betroffen, die in der Folge zu Arthritis oder DJD führen. Degenerative Veränderungen entstehen durch wiederholte traumatische Einwirkungen, Verschleiß, akute Verletzungen, Chip-Frakturen u. a. und können alle gelenkbildenden Strukturen betreffen. Akute Symptome sind meist Lahmheit, Schwellung, vermehrte Wärme und Schmerzen. In lang dauernden Fällen vergrößert sich das betroffene Gelenk aufgrund der Bildung von fibrösem Gewebe und verliert an Flexibilität.

Homöopathische Behandlung

Akute Verletzungen **Arnica C200, Ruta C200** (mit Beteiligung der Bänder), **Apis C200** (bei erheblicher Schwellung/vermehrter Wärme), **Bryonia C200** (bei hochgradigen Schmerzen/vermehrter Wärme), **Rhus toxicodendron C200** (Steifheit), **Colchicum C30** (hochgradige Berührungsempfindlichkeit)

Chronische Fälle – spezifische Mittel **Ledum C30, Actaea spicata C6, Caulophyllum C30, Rhus toxicodendron C6, Ruta C6, Berberis vulgaris C30, Tylophora indica 1M**

Bei fibröser Vergrößerung **Calcium fluoratum C30, Silicea C30**

Unterstützende Mittel **Haiknorpel C6, Bambusharz C6, Argentum metallicum C6**

Osslets, traumatische Arthritis des Fesselgelenks (Periostitis der Fessel)

Der Begriff „Osslet" bezieht sich speziell auf eine traumatische Arthritis des Fesselgelenks, die mit einer ganzen Bandbreite degenerativer Veränderungen einhergeht, welche sich sekundär nach einem initialen Trauma entwickeln. Oft besteht eine assoziierte Periostitis am unteren (distalen) Ende des dritten Metakarpalknochens und der gegenüberliegenden Oberfläche der ersten Phalanx, da es aufgrund der Belastung der Gelenkkapsel (die sich verdicken kann) zu einer Störung des Periosts kommt. Es erkranken überwiegend junge Pferde während des frühen Trainings im Alter bis zu zwei Jahren. Die Ursache ist ein Erschütterungstrauma, das zusammen mit einer mangelhaften körperlichen Entwicklung zu einer Prädisposition für diese Erkrankung führen kann.

Das deutlichste Zeichen ist eine rezidivierende Lahmheit mit einem Gang, der als abgehackt beschrieben wird. Im Frühstadium schwillt das Gelenk an, da sich die Gelenkkapsel nach dorsal erweitert. Es treten auch vermehrte Wärme und Schmerzen auf. Dieses Stadium wird oft auch als „grünes Osslet" bezeichnet. Schreitet die Erkrankung fort und entwickeln sich spezifischere degenerative arthritische Veränderungen, kommt es zu einer Periostitis und der Bildung neuen Knochengewebes. Davon betroffen ist die Gelenkoberfläche oder auch die Gelenkkapsel (wo es zur Ossifikation oder Kalzifikation kommt). Der Ansatzpunkt des lateralen digitalen Streckers kann ebenfalls beteiligt sein.

Die Aussichten sind bei frühzeitiger Behandlung vor der Bildung neuen Knochengewebes gut. Selbst wenn sich bereits neuer Knochen gebildet hat, ist die Prognose oft noch günstig, sofern nicht die Gelenkoberfläche betroffen ist.

Homöopathische Behandlung

Akute Fälle **Arnica C200, Apis C200, Ruta C200, Bryonia C200**

Um der Bildung neuen Knochengewebes vorzubeugen **Calcium fluoratum C30, Hecla lava C30, Symphytum C6**

Chronische Fälle (mit verdickter Gelenkkapsel) **Ruta C30, Silicea C30, Phytolacca C30**

Sesamoiditis

Die Entzündung der proximalen Sesambeine wird als Sesamoiditis bezeichnet. Zerrungen des Fesselgelenks oder Erschütterungen können zu einer Periostitis und Ostitis der Sesambeine mit möglicher Demineralisation und Behinderung der Blutversorgung führen. Das Aufhängeband und die distalen Sesambeinbänder können ebenfalls betroffen sein und Kalzifikationsherde entwickeln.

Eine Sesamoiditis führt gewöhnlich nur zu einer leichten Lahmheit; in akuten Fällen kommt es allerdings zu Schmerzen und Schwellung des Fesselgelenks. In chronischen Fällen bildet sich neues periostales Knochengewebe auf den Sesambeinen, wodurch diese ein aufgerautes Aussehen erhalten. Die Behandlung umfasst Ruhigstellung in Verbindung mit korrektem Beschlag, um die auslösenden Erschütterungskräfte zu absorbieren.

Homöopathische Behandlung

Akute Fälle **Arnica C30, Ruta C30, Asa foetida C6** (mit Schwellung und Schmerzen im Fesselgelenk)

Chronische Fälle **Ruta C30, Calcium fluoratum C30, Hecla lava C30, Silicea C30**

Dosierung: *Ein- oder zweimal täglich*

Zerrung der distalen Sesambeinbänder Desmitis der distalen Sesambeinbänder

Die beiden distalen Sesambeinbänder, das oberflächliche und das mittlere, verlaufen zwischen der Basis der Sesambeine zur zweiten (distalen) bzw. ersten (proximalen) Phalanx. Eine Entzündung dieser Bänder kann infolge einer Belastung des Aufhängebandes oder der digitalen Beugesehnen oder einer Fraktur der Sesambeine entstehen. Während des Heilungsprozesses kann sich Narbengewebe bilden oder das geschädigte Gewebe verkalken.

Homöopathische Behandlung

Akute Fälle **Arnica C30, Ruta C30, Phytolacca C30**

Chronische Fälle **Ruta C30**

Bei Verkalkungen **Calcium fluoratum C30**

Bei Narbengewebe **Silicea C30**

Dosierung: *Ein- oder zweimal täglich*

Chronische (proliferative) Synovitis

Diese Erkrankung wird durch ein chronisches Trauma infolge fortgesetzter Erschütterung hervorgerufen; dadurch kommt es zu einer Entzündung der Gelenkkapsel des Fesselgelenks. Die Synovialmembran innerhalb des Gelenks entzündet sich ebenfalls, sodass fibröses Gewebe gebildet wird und sich nachfolgend eine Umfangsvermehrung an der Vorderseite des Gelenks entwickelt. Nach einer gewissen Zeit kann dieser Bereich verkalken und den darunter liegenden Knochen schädigen. Meist tritt nur eine geringgradige Lahmheit auf. Oft stellt eine Operation die beste Behandlungsmöglichkeit dar. Die Prognose ist günstig, sofern Maßnahmen ergriffen werden, um das auslösende Trauma zu minimieren.

Homöopathische Behandlung

Vorbeugung und Behandlung **Bryonia C30, Ruta C30, Calcium fluoratum C30, Ledum C30**

Bei fibrösem Gewebe **Silicea C30, Thiosinaminum C6**

Bei Verkalkungen **Calcium fluoratum C30**

Dosierung: *Ein- oder zweimal täglich*

Verkürzung des palmaren Fesselringbandes

Bei dem Fesselringband handelt es sich um eine feste fibröse Scheide, die mit einer Synovialmembran ausgekleidet ist und die Sehnen auf Höhe des Fesselgelenks umschließt und damit deren Verschiebung entgegenwirkt. Eine Schädigung, Infektion oder Verletzung des Bandes, oder noch wichtiger, der darin liegenden Sehnen, führt zu einer Entzündung und Einschränkung der Blutversorgung der Sehnen mit nachfolgender Bildung von verdicktem, fibrösem Narbengewebe und Verwachsungen. Dadurch kommt es zu einer Verengung mit Bewegungseinschränkung der durch das Ringband ziehenden Strukturen mit Lahmheit und Schwellung der Sehnenscheiden. Die Behandlung erfolgt i. d. R. chirurgisch; die Homöopathie spielt hier mehr eine vorbeugende Rolle.

Empfohlene Mittel

Anfangs **Arnica C200, Secale C200** und **Ruta C200** *dreimal täglich, drei Tage lang,* dann **Silicea C30, Calcium fluoratum C30** und **Thiosinaminum C30** *zweimal täglich,* um der Bildung von Narbengewebe und Adhäsionen vorzubeugen.
Bei schwierigen Fällen kann **Proteus C200** *zweimal wöchentlich über mehrere Monate* hilfreich sein.

Frakturen

Fraktur der ersten Phalanx (des Fesselbeins)

Dieser Knochen kann auf verschiedenartigste Weise brechen; die Art der Frakturen reicht von kleinen Chip-Frakturen bis hin zu unvollständigen oder vollständigen Quer- oder Längsbrüchen. In Abhängigkeit von der genauen Art der Fraktur reicht entweder die Ruhigstellung zur Heilung aus oder es bedarf einer Operation. Die Prognose ist weniger günstig, wenn auch das Fessel- oder Krongelenk betroffen ist oder die Fraktur aus vielen Bruchstücken besteht.

Fraktur der zweiten (mittleren) Phalanx

Eine solche Fraktur tritt nur selten auf; meist betrifft sie sehr sportliche Pferde, bei denen die Einwirkung extremer Kräfte zu einem Bruch des Knochens führen kann.

Sesambeinfrakturen

Frakturen dieser Art treten gewöhnlich bei Rennpferden auf und können zu hochgradiger Lahmheit führen, die sich verschlimmert, wenn die Gliedmaße gebeugt wird. Bei Druck besteht lokale Schmerzhaftigkeit. Die Prognose hängt von dem genauen Sitz der Fraktur ab.

Empfohlene Mittel

Siehe Frakturen, Seite 173

Luxation und Subluxation der Fessel- und Krongelenke

Die veranlassende Ursache beider Erkrankungen ist ein akutes Trauma mit Ruptur eines oder beider Bänder, die die Gelenke an Ort und Stelle halten. Das offensichtlichste Symptom ist eine akute Lahmheit mit Schmerzen und Schwellung in dem verletzten Bereich. I. d. R. wird ein Gipsverband angelegt oder eine Operation durchgeführt. Es ist sehr unwahrscheinlich, dass das Pferd wieder so weit gesunden wird, dass es wieder richtig gearbeitet werden kann.

Siehe Luxation und Subluxation, Seite 192

Das Krongelenk (Zehenmittelgelenk)

Dieses Gelenk ist ein Scharniergelenk zwischen der ersten und zweiten Phalanx.

Arthritis des Krongelenks und Schale
DJD des Krongelenks
Osteoarthritis des Krongelenks

Die Bildung von neuem Knochengewebe im Bereich der ersten, zweiten und dritten Phalanx, also der Knochen, die das Kron- und Hufgelenk bilden, wird als „Schale“ bezeichnet. Es gibt vier verschiedene Arten von Schale, die mit leicht unterschiedlichen Symptomen einhergehen. Krongelenkschale entsteht auf Höhe des Krongelenks zwischen der ersten und zweiten Phalanx, Hufgelenkschale auf Höhe des Hufgelenks zwischen der zweiten Phalanx und dem Hufbein. Die dritte Form ist die periartikuläre Schale an den Rändern der Gelenkkapsel, und vom vierten Typ, der artikulären Schale, spricht man, wenn das neue Knochenwachstum mit einer degenerativen Gelenkerkrankung einhergeht.

Schale wird primär durch ein Trauma verursacht, oft durch eine Zerrung der Kollateralbänder, die die Gelenke zusammenhalten. Weitere mögliche Ursachen sind Belastungen der Gelenkkapseln oder Zugkräfte, die auf den Ansatz der gemeinsamen Strecksehne an der ersten, zweiten oder dritten Phalanx einwirken. Ein direktes Trauma in diesem Bereich kann ebenfalls zur Entstehung von Schale führen. Dabei kommt es zur Schädigung und entzündlichen Reaktion (Periostitis) des Periosts (der Außenhaut der Knochen), was schließlich zur unerwünschten Neubildung von Knochengewebe führt. Dies wirkt sich auch auf das umgebende Gewebe aus und ruft Schmerzen und Lahmheit hervor. Manche Pferde sind aufgrund ihrer mangelhaften körperlichen Entwicklung prädestiniert für diese Erkrankung.

Die Symptomatik ist in Abhängigkeit von der Art der Schale individuell unterschiedlich und nicht immer spezifisch. Bei geringgradigen Veränderungen kann das Pferd immer noch einen gesunden Eindruck machen. Krongelenkschale führt zu intermittierender Lahmheit mit Schwellung, die gewöhnlich bei Ruhigstellung verschwindet, aber zurückkehrt, wenn das Pferd wieder gearbeitet wird. Der Bewegungsspielraum des Krongelenks ist insbesondere bei der Beugung oftmals eingeschränkt. Hufgelenkschale kann zu vermehrter Wärme und Schmerzen auf Höhe des Kronsaumes an der Vorderseite des Hufes führen; in chronischen Fällen kommt es zu Formänderungen der Hufwand im Zehenbereich. Periartikuläre Schale geht selten mit einer Lahmheit einher, und es treten nur geringe Schmerzen und Schwellung auf. Die Symptome klingen im Gegensatz zur artikulären Schale häufig bei Ruhigstellung ab. Letztere führt zu chronischer Lahmheit und eindeutigen Symptomen, v. a. wenn sich das Pferd mit einem engen Radius dreht. Begleitsymptome sind vermehrte Wärme unterschiedlicher Ausprägung, Schwellung und Schmerzen; der weitere Verlauf führt zu degenerativen Gelenkveränderungen.

Homöopathische Behandlung

Prävention **Ruta C30, Calcium fluoratum C30, Symphytum C6, Lacticum acidum C30, Ledum C30, Phytolacca C30**

Behandlung **Ruta C30, Calcium fluoratum C30, Hecla lava C30, Silicea C30, Mercurius solubilis C30** (mit degenerativen Gelenkveränderungen), **Rhus toxicodendron C6, Bryonia C30, Mineral D6**

Dosierung: *Einmal täglich*

Die Hinterhand

Die Hinterhand wird in verschiedene anatomische Bereiche unterteilt: Becken und Hüftgelenk, Oberschenkel und Femur, Kniegelenk (einschließlich der Patella), Tibia, Fibula und untere Gliedmaße, Sprung- oder Tarsalgelenk, Metatarsus, Fessel-, Kron- und Hufgelenk. Der Huf wird im nächsten Kapitel abgehandelt.

Das Becken

Das Becken besteht aus drei Knochen, dem Darmbein, dem Sitzbein und dem Schambein. Der Kopf des Oberschenkelknochens (Femur) bildet mit der als Azetabulum bezeichneten Vertiefung in den Beckenknochen eine gelenkige Verbindung, das Hüftgelenk, bei dem es sich um ein Kugelgelenk handelt. Das Becken ist mit der Wirbelsäule auf Höhe des Kreuzbeines durch das Sakroiliakalgelenk verbunden.

Beckenfrakturen

Diese Fraktur tritt recht häufig auf und ist immer die Folge eines schweren Sturzes. Die Symptome hängen von der genauen Lokalisation der Fraktur ab. Die Prognose ist ungünstig.

Das Hüftgelenk

Frakturen

Frakturen der drei Beckenknochen treten bei älteren Tieren eher selten auf und sind dann die Folge eines Traumas, häufig eines Sturzes. Auch bei Fohlen ist die Ursache oft ein Sturz, aber manchmal entstehen bei jungen Vollblütern im Alter von zwei oder drei Jahren Spontanfrakturen. Ist das Hüftgelenk an der Fraktur beteiligt, ist die Prognose schlecht. Andere Brucharten heilen unter Boxenruhe ab. Die Heilung kann durch geeignete Arzneien beschleunigt werden. **Arnica C200, Hypericum C200** und besonders **Bellis perennis C200** sind in allen Fällen überaus nützlich, wenn sie zum Zeitpunkt des Traumas und an den darauffolgenden Tagen gegeben werden.

Siehe Frakturen, Seite 173

Luxation des Hüftgelenks

Eine Luxation dieses Gelenks tritt äußerst selten auf, da es erheblicher Kräfte bedarf, um die Hüfte aus ihrem Gelenk zu ziehen; sie ist manchmal die Folge, wenn das Pferd festhängt oder unglücklich fällt und versucht, sich freizukämpfen.

Eine Dislokation kann auch in Verbindung mit einer Azetabulumfraktur auftreten.

Siehe Dislokation, Seite 192

Bursitis des Trochanterbeutels

Die Entzündung des kleinen Schleimbeutels, der auf dem größeren Trochanter des Femur (einem knöchernen Vorsprung nahe dem Hüftgelenk) und unter der Sehne eines Glutealmuskels liegt, wird als Trochanterbursitis bezeichnet. Es handelt sich dabei um eine echte Bursitis; die Ursache liegt meist in einer wiederholten Zerrung der Sehne, wobei auch eine direkte Verletzung das Problem auslösen kann. Die betroffenen Pferde gehen lahm, und in sehr schweren Fällen kommt es zu Muskelschwund.

Empfohlene Mittel

Bei kürzlich stattgefundener Verletzung **Arnica C200**

Bei Verletzungen durch wiederholte geringgradige Traumata **Ruta C30, Bellis perennis C30**

Wenn der Bereich sehr geschwollen und heiß ist oder erhebliche Beschwerden bestehen **Bryonia C200**

In chronischen Fällen **Ruta C30, Apis C30, Bovista C30**

Siehe Bursitis, Seite 178

Das Kniegelenk

Das Kniegelenk besteht eigentlich aus zwei Gelenken, und zwar dem zwischen dem Femur und der Patella und dem zwischen dem Femur und der Tibia. Es ist das größte Gelenk beim Pferd und gleichzeitig das schwächste.

Kniegelenkslahmheit, Gonitis

Eine Kniegelenkslahmheit, manchmal auch etwas ungenau als Gonitis bezeichnet, kann als Folge einer ganzen Reihe von Erkrankungen auftreten. Die häufigste von allen ist die Chondromalazie der Patella (durch teilweise oder vollständige Fixation der Patella nach oben). Weitere Ursachen sind Schäden des Meniskusknorpels, Kreuzbandriss, Zerrungen der Medial- oder Kollateralbänder, Gelenkkapselverletzungen, Gelenktraumata, Osteochondritis dissecans und infektiöse Arthritis.

Teilweise oder vollständige Blockade der Patella

Durch einen mangelhaft entwickelten Körperbau oder fehlerhaften Beschlag blockiert die Hinterhand in der Streckung, sodass das Knie- und das Sprunggelenk nicht mehr gebeugt werden können. Das Fesselgelenk behält dabei seine Beweglichkeit. Löst sich die Blockade, kann es aber sein, dass es bereits nach wenigen Sekunden wieder zu einer Fixation kommt. In anderen Fällen bleibt das Bein über einen wesentlich längeren Zeitraum blockiert. Häufig bedarf es einer Operation, um den Zustand zu korrigieren. Kurzfristig können geeignete symptomatische Mittel wie **Arnica C30** und **Ruta C30** gegeben werden. Viele chronische Fälle profitieren von **Gelsemium C30**.
Dosierung: *Zweimal täglich.*

Chondromalazie der Patella

Diese Erkrankung tritt infolge einer Fixation der Patella nach oben auf und geht mit einer Degeneration des Gelenkknorpels der Patella einher. In fast allen Fällen führt der zwischen der Patella und der medialen Trochlea des Femur herrschende Druck zur Erosion der Knorpeloberfläche. Weitere Ursachen sind Verletzungen der Bänder und Traumatisierung des Kniegelenks. Die Symptome umfassen Lahmheit, lokale Schmerzen und Schwellung sowie knirschende Geräusche, wenn sich die Kniescheibe in ihrer Führungsrinne des Femur bewegt.

Empfohlene Mittel

Die Erkrankung wird am besten mit einer Kombination aus **Calcium fluoratum C30, Argentum metallicum C30, Ruta C30** und **Symphytum C6** behandelt.
Dosierung: *Jedes Mittel einmal alle vier Tage*

Osteochondrose/Osteochrondritis (OCD) des Kniegelenks, Subchondrale Knochenzysten des Knies

Das Kniegelenk ist oft von OCD betroffen; die Veränderungen treten meistens am lateralen Trochleakamm des Femur auf, wohingegen sich subchondrale Knochenzysten eher im medialen Kondylus des Femur entwickeln, wo das größte Gewicht getragen wird. Die Erkrankung tritt am häufigsten bei jungen Pferden auf, selten bei älteren Tieren.

Im Anfangsstadium ist oft noch keine Lahmheit zu erkennen, sondern erst, wenn sich entsprechende Veränderungen entwickelt haben. Es können beide Kniegelenke betroffen sein, und es kommt zu vermehrter Wärme und Schwellung der Gelenkkapsel unterschiedlichen Ausmaßes. Bei Knochenzysten ist manchmal Ruhigstellung angezeigt, ansonsten ist eine Operation in beiden Fällen die beste Behandlungsoption.

Empfohlene Mittel

Akute Fälle mit Lahmheit, vermehrter Wärme und Schwellung **Bryonia C30, Apis C30**

Chronische Fälle, zur Vorbeugung und postoperativ **Calcium phosphoricum D6, Calcium carbonicum D6, Ruta C30, Argentum metallicum C30, Haiknorpel C30, Bambusharz C30**

Siehe Osteochrondrose, Seite 193

Patellaluxation

Hier handelt es sich um eine kongenitale Erkrankung des Kniegelenks, die gewöhnlich kurz nach der Geburt auftritt. Die Patella rutscht seitlich aus ihrer Führungsrinne, meist nach außen, sodass das Fohlen nicht richtig stehen kann. Manchmal bedarf es einer Operation, um das Problem zu beheben. **Gelsemium C30**, *zweimal täglich gegeben,* kann in manchen Fällen hilfreich sein.

Meniskusrisse

Die beiden Meniskusknorpel liegen zwischen dem Femur und der Tibia; Verletzungen können zu Knorpelrissen führen. Die Erkrankung tritt nur selten auf und ist schwierig zu diagnostizieren, kann aber infolge eines schweren Gelenktraumas entstehen. Die Symptome umfassen chronische Lahmheit und Gelenkschwellung. Die Behandlung erfordert eine langfristige Ruhigstellung. Mittel wie **Symphytum C6, Argentum metallicum C6, Haiknorpel D6** und **Ruta C30** helfen, die Heilung zu beschleunigen. Sie werden *einmal täglich über mehrere Wochen* gegeben. Andere Mittel wie **Rhus toxicodendron C30, Bryonia C30** und **Apis C30** sollten auf symptomatischer Grundlage für die Lahmheit gegeben werden.

Verletzungen der Bänder

Sowohl die Kreuzbänder als auch die Kollateralbänder können infolge eines Traumas oder einer Fraktur gezerrt werden oder reißen. Dadurch kann es zur Instabilität des Kniegelenks kommen und nachfolgend zur Entwicklung arthritischer Veränderungen. Die Behandlung erfolgt anfangs mit **Arnica C200** und **Ruta C200,** *dreimal täglich über drei Tage,* gefolgt von den passenden symptomatischen Arzneien.

Siehe Bänder, Seite 174

Arthritis des Kniegelenks
DJD des Knies

Sie tritt nicht sehr häufig auf, kann aber zu chronischer Lahmheit führen. Geeignete Mittel sollten auf Grundlage der vorliegenden Symptome verordnet werden.

Siehe Gelenke, Seite 185

Tibia und Fibula

Die Tibia und Fibula (die beim Pferd nur rudimentär angelegt ist) bilden mit dem Femur das Kniegelenk und mit dem Metatarsus das Sprunggelenk. Die Tibia trägt im Großen und Ganzen das gesamte Gewicht der Hinterhand und kann durch einen Tritt oder unglücklichen Sturz brechen. Hilfreiche Mittel finden sich unter Frakturen auf Seite.

Kurbengalle

Bei dieser Erkrankung handelt es sich um eine Tendosynovitis der Sehnenscheide der tiefen digitalen Beugesehne. Die Ursache ist unbekannt. Die Erkrankung führt nur selten zu einer Lahmheit und ist meist nicht mehr als ein unansehnlicher Makel. Die Schwellung kann ganz unterschiedliche Ausmaße annehmen und liegt auf der Hinterseite der Gelenkkapsel, an einer höheren Stelle als die Schwellung bei einer Sprunggelenksgalle.

Empfohlene Mittel

In der Mehrzahl der Fälle **Apis C200**

Bei hartnäckigen Fällen **Bovista C30, Thuja C30, Ledum C30**

Bei Lahmheit zusätzlich **Bryonia C30**

Dosierung: *Anfangs zweimal täglich, später einmal täglich, um ein Wiederauftreten zu verhindern*

Ruptur des Peroneus tertius

Der Peroneus tertius besteht aus starkem Sehnengewebe und zieht am Femur und Kniegelenk entlang bis zu seinem Ansatz an den Knochen des Sprunggelenks. Seine Aufgabe ist die mechanische Beugung des Sprunggelenks, wenn auch das Kniegelenk gebeugt ist. Bei Überstreckung des Sprunggelenks kann es zu einer Ruptur kommen, z. B. wenn das Bein irgendwo hängen bleibt und das Pferd versucht, sich zu befreien. Die Diagnose ist eindeutig: Wird das Kniegelenk in der Vorwärtsbewegung gebeugt, erfolgt keine Beugung des Sprunggelenks, sodass der untere Teil des Beines locker herunterhängt, beinahe so, als wäre er gebrochen. Mit langfristiger Ruhigstellung und geeigneten Arzneien kann es zur Genesung kommen.

Empfohlene Mittel

Anfangs **Arnica C200, Hamamelis C200, Apis C200**

Anschließend **Ruta C30, Rhus toxicodendron 1M, Calcium fluoratum C30**

Siehe Sehnenriss, Seite 177

Das Sprung- oder Tarsalgelenk und der Metatarsus

Das Sprunggelenk ist ein komplexes Gelenk aus drei Reihen von Knochen (den Tarsalknochen), die mit der Tibia und den Metakarpalknochen in gelenkiger Verbindung stehen. Die Tarsalknochen sind in der Bewegung erheblichen Kräften unterworfen und können bei übermäßiger Belastung brechen. Die Prognose hängt von der Art der Fraktur ab. Eine Sagittalfraktur hat eine ungünstige Prognose, während eine Absprengungsfraktur (Chip-Fraktur) chirurgisch behandelt werden kann und eine günstigere Prognose hat.

Siehe Frakturen, Seite 173

Erkrankungen des Sprunggelenks

Piephacke

Bursitis des Sprunggelenks

Diese Erkrankung bezeichnet eine subkutane Schwellung auf Höhe des Sprunggelenkhöckers. Der Knochen wird an dieser Stelle, dem Kalkaneus, leicht traumatisiert, da er hervorsteht und nur wenig durch Weichteilgewebe abgepolstert ist. Ein Trauma, das oft in Form eines Trittes gegen eine Wand oder Verladerampe erfolgt, führt zur Entwicklung eines flüssigkeitsgefüllten Sacks über dem Ende des Knochens. Dabei handelt es sich um einen erworbenen oder falschen Schleimbeutel, der manchmal auch als Hygrom oder traumatische Bursitis des Sprunggelenks bezeichnet wird. Obwohl die Zubildung eine beträchtliche Flüssigkeitsmenge enthalten und empfindlich sein kann, wenn das Trauma erst kurze Zeit zurückliegt, kommt es selten zu einer Lahmheit. Sie stellt mehr ein kosmetisches Problem dar, da sie das Aussehen des Pferdes beeinträchtigt.

Empfohlene Mittel

Akute Fälle

Wenn die Schwellung erst kürzlich aufgetreten ist oder Schmerzen bestehen **Arnica C30**

Wenn der Knochen des Fersenbeins gequetscht wurde **Ruta C30**

Bei Schädigung durch wiederholte geringgradige Traumata **Bellis perennis C30**

Wenn der Bereich sehr geschwollen und heiß ist oder Beschwerden bestehen **Bryonia C30**

Bei Schwellung und Flüssigkeitsansammlung **Apis C30, Bovista C30**

Dosierung: *Ein- oder zweimal täglich*

Chronische Fälle

In manchen Fällen wird der Zustand chronisch und die Schwellung bleibt bestehen. Sie enthält nur noch wenig Flüssigkeit und besteht größtenteils aus fibrösem Narbengewebe. Hier gibt man **Silicea C30** und **Calcium fluoratum C30**, *jeweils eine Gabe an abwechselnden Tagen über einen Zeitraum von mehreren Monaten.* **Thiosinaminum C30** oder **Graphites C30** sollten ebenfalls in Betracht gezogen werden. *Man verabreicht täglich eine Gabe.*

Siehe Bursitis, Seite 178

Sprunggelenksgalle
Tarsokrurale Synovitis

Eine Sprunggelenksgalle stellt im Wesentlichen eine chronische Erweiterung der Gelenkkapsel dar und ist die Folge von einem oder mehreren Faktoren. Zu diesen zählen ein mangelhaft entwickelter Körperbau, Verletzungen des Sprunggelenks und der angrenzenden Strukturen, ein Ungleichgewicht im Vitamin- und Mineralstoffhaushalt und Osteochondrose. Die betroffenen Pferde gehen in der Regel nicht lahm, sondern entwickeln eine Reihe fluktuierender Schwellungen um das Gelenk herum, von denen die größten oft an der Vorder- und Innenseite des Gelenks liegen.

Kleinere Schwellungen treten oft auf beiden Seiten im hinteren Bereich des Gelenks auf. Eine Behandlung wird oft aus kosmetischen Gründen vorgenommen. Zugrunde liegende Probleme bedürfen ebenfalls der Beachtung.

Empfohlene Mittel

Liegt ein Trauma vor, gibt man anfangs *stündlich* **Arnica C200**

Anschließend **Apis C30**

Hartnäckige Fälle **Bovista C30**

Bei Lahmheit **Bryonia C30, Ledum C30**

Dosierung: *Ein- oder zweimal täglich*

Luxation des Sprunggelenks

Ein Trauma oder eine Verletzung des Sprunggelenks, insbesondere eine plötzliche Verdrehung des Gelenks, kann zu einer Gelenkluxation führen. Die betroffenen Pferde sind höchstgradig lahm und das Gelenk sieht verschoben aus. Man kann einen Gipsverband anlegen, um das Gelenk während der Heilung zu immobilisieren. Hilfreiche Akutmittel sind **Arnica C30, Ruta C30** und **Symphytum C6**.

Siehe Gelenkluxation, Seite 192

Knochenspat

Knochenspat ist eine Form von Osteoarthritis als Kombination aus Periostitis, Ostitis und ankylosierender Arthritis. Er tritt recht häufig auf und betrifft alle Pferderassen, v. a. aber Pferde mit einem mangelhaft entwickelten Körperbau. Er ist die Folge von übermäßigen Belastungen, die auf das Gelenk einwirken. Ein Trauma kann die Erkrankung ebenso auslösen wie ein Ungleichgewicht im Mineralstoffhaushalt.

Bei den betroffenen Tieren entwickelt sich eine knöcherne Zubildung an der Innenseite des Sprunggelenks. Diese kann in der Größe variieren und betrifft den dritten Metatarsalknochen sowie den dritten und den zentralen Tarsalknochen. Schreitet die Osteoarthritis fort, geht das Pferd zunehmend lahm. In noch weiter fortgeschrittenen Fällen verschmelzen die betroffenen Knochen allerdings (Ankylosierung) und das Pferd geht wieder normal. Das Hauptsymptom ist eine Lahmheit, die in der ersten Bewegung oft schlimmer ist, mit fortgesetzter Bewegung aber nachlässt. Die Gelenkschmerzen führen zu einer Verkürzung der Schrittlänge, wobei der Huf auf der Zehe auffußt, wodurch sich diese abnützt. In weiter fortgeschrittenen Fälle kommt es durch fortgesetzte Bewegung eher zu einer Verschlimmerung der Symptome als zu einer Besserung.

Empfohlene Mittel

Bei einem Trauma gibt man anfangs **Arnica C200** und **Ruta C200,** *drei- oder viermal täglich über wenige Tage.*

Bei knöchernen Veränderungen, knöcherner Vergrößerung **Calcium fluoratum C30, Hecla lava C30, Ruta C30, Silicea C30, Mineral D6**

Bei Osteoarthritis **Rhus toxicodendron C6** (die Symptome werden durch Bewegung gelindert), **Bryonia C30** (die Symptome werden durch Bewegung verschlimmert), **Homarus 1M** (spezifisch für das Sprunggelenk), **Benzoicum acidum C6** (mit knackenden Geräuschen), **Lithium carbonicum C6** (schlimmer durch Bewegung), **Ledum C30**

Bei fortgeschrittener Osteoarthritis **Causticum C30, Aurum C30, Kalium iodatum C30, Osteoarthritis-Nosode C30, Mineral D6**

Liegt ein Ungleichgewicht im Mineralstoffhaushalt vor, **Calcium phosphoricum D6, Calcium carbonicum D6**

Dosierung: *Ein- oder zweimal täglich, in Abhängigkeit von der Schwere der Symptome*

Osteochondrose des Sprunggelenks OCD des Sprunggelenks

Die OCD des Sprunggelenks tritt bei schnell wachsenden Tieren auf und steht in ihrer Häufigkeit hinter der OCD des Kniegelenks an zweiter Stelle. Die durch OCD bedingte Lahmheit variiert und kann schwierig zu diagnostizieren sein. Fälle, in denen keine offensichtliche Lahmheit vorliegt, können gut auf eine Ruhigstellung in Verbindung mit einer homöopathischer Behandlung ansprechen. Besteht bereits eine Lahmheit, bietet eine Operation eine mögliche Lösung.

Siehe OCD, Seite 193

Kurbe, Hasenspat, tarsale plantare Desmitis

Eine Kurbe entsteht durch die Verletzung einer kleinen Sehne, des sogenannten Plantarbandes, das von der Unterseite des Kalkaneus (des Knochens, der die Spitze des Sprunggelenks bildet) nach vorne zieht. Mangelhafte körperliche Entwicklung begünstigt die Entstehung dieser Erkrankung, bei der eine übermäßige Belastung des Bandes zu Entzündung, Vergrößerung und Verdickung führt. In der Regel kommt es zu einer leichten Lahmheit mit lokaler Schwellung und vermehrter Wärme im Bereich des Bandes.

Empfohlene Mittel

In akuten Fällen mit vermehrter Wärme und Schmerzen **Arnica C200, Rhus toxicodendron C200, Ruta C200**

In schon länger bestehenden Fällen **Ruta C30, Strontium carbonicum C30**

Rezidive mit wiederholten Verletzungen **Calcium carbonicum C30, Causticum C30, Ledum C30**

Bei Narbengewebe **Silicea C30, Proteus C30**

Dosierung: *Ein- oder zweimal täglich, in Abhängigkeit von der Schwere der Symptome*

Bursitis der Spatsehne
Tendinitis der Spatsehne

Eine Entzündung der Spatsehne und ihres Schleimbeutels tritt als Folge von mangelhafter körperlicher Entwicklung, falschem Beschlag oder fehlerhaftem Trainingsregime auf. Die Pferde gehen lahm und manchmal kommt es zu einer deutlichen Schwellung im medialen Bereich des Sprunggelenks.

Empfohlene Mittel

Akute Fälle **Arnica C200, Ruta C200, Rhus toxicodendron C200**

Mit Schwellung des Schleimbeutels **Apis C30**

Chronische Fälle mit Lahmheit **Ruta C30, Rhus toxicodendron C30**

Dosierung: *Zweimal täglich*

Siehe Bursitis, Seite 178, Tendinitis, Seite 176

Der Rücken

Die Wirbelsäule setzt sich von den sieben Halswirbeln ausgehend (siehe Seite 197) mit vier weiteren anatomischen Bereichen fort, und zwar den achtzehn Brustwirbeln, sechs Lendenwirbeln, dem aus fünf miteinander verschmolzenen Wirbeln bestehenden Kreuzbein und einer Reihe von Schwanzwirbeln, deren Anzahl normalerweise zwischen 15 und 21 liegt. Das Kreuzbein steht mit dem Becken über das Sakroiliakalgelenk in gelenkiger Verbindung, wobei nur eine minimale Beweglichkeit gegeben ist. Verletzungen des Rückens und Beckens treten relativ häufig auf und bedürfen oft der zusätzlichen Behandlung durch einen Osteopathen oder Chiropraktiker.

Rückenprobleme

Rückenschmerzen

In den meisten Fällen von Rückenschmerzen stellt ein Trauma in Form einer Verdrehung oder eines unglücklichen Sturzes die Ursache dar. Schlecht sitzendes Sattelzeug und Eierstocksschmerzen können ebenfalls zu Rückenschmerzen führen. Das Ausmaß der Schmerzen kann ganz unterschiedlich sein. Weitere mögliche Symptome sind Lahmheit, Arbeits- oder Sprungverweigerung, ungleichmäßiger Gang, schlechtes Einhalten der Laufspur, Schwierigkeiten beim Satteln oder Reiten, Steigen, Schwund der Rückenmuskulatur und Verhaltensänderungen.

Kissing spines
Dorsale Spinalerkrankung (DSD)

Diese Erkrankung kann schwere Rückenschmerzen hervorrufen und dazu führen, dass die betroffenen Pferde unreitbar werden. Sie wird durch eine Vergrößerung der Dornfortsätze der Brust- und Lendenwirbel verursacht. Beim Pferd stehen diese Dornfortsätze in der Mitte des Rückens eng zusammen und können gegeneinander stoßen, wodurch es zu Entzündungsreaktionen und Schmerzen kommt. Die Symptome sind variabel; einige Fälle zeigen überhaupt keine Symptome. Typische Zeichen sind Anspannung der Rückenmuskeln mit Weigerung, den Rücken zu senken. Die Symptome können in Ruhe verschwinden, kehren aber wieder, sobald das Pferd gearbeitet wird. Diese Erkrankung ist oft schwierig zu behandeln und hat häufig eine ungünstige Prognose.

Verletzung und Subluxation des Kreuzdarmbeingelenks

Das Sakroiliakalgelenk ist nur wenig beweglich und dient anatomisch betrachtet eher der Stabilität als der Bewegung. Ein schweres Trauma oder wiederholte geringgradige Traumata können zu einer Schädigung des Gelenks mit nachfolgender Entzündung und Zerreißung der das Gelenk stabilisierenden Bänder führen. Die umgebenden Muskeln geraten dadurch in einen Krampfzustand, und es treten Beschwerden und Schmerzen in der Hinterhand auf.

Zerrung des Rückenbandes

Ein Sturz oder Sprung bei hoher Geschwindigkeit kann zu einer Verletzung dieses langen Bandes führen, das entlang der dorsalen Wirbelfortsätze verläuft. Das Hauptsymptom ist eine Einschränkung der Bewegung in Verbindung mit Muskelschwund.

Empfohlene Mittel bei Rückenproblemen

Arnica bei Rückenschmerzen aufgrund einer Verletzung. Die Symptome werden durch Berührung, Kälte und Feuchtigkeit verschlimmert.

Bellis perennis ist ein allgemeines Mittel bei Verletzungen des Rückens, v. a. im Beckenbereich. Die Symptome werden durch Bewegung gebessert.

Ruta bei Schmerzen im Lendenbereich durch Verletzungen oder Zerrungen mit Steifheit oder Lahmheit. Hauptmittel für Zerrungen des Rückenbandes. Die Symptome werden durch Kälte, Feuchtigkeit und bei der ersten Bewegung verschlimmert.

Rhus toxicodendron bei verletzungsbedingten Schmerzen im Lendenbereich mit Besserung durch Bewegung. Die Schmerzen führen zu Unruhe des Pferdes; es bewegt sich, um die Beschwerden zu lindern. Die Symptome werden durch Kälte, Feuchtigkeit, Nasswerden und zu Beginn des Tages verschlimmert.

Aesculus hippocastanum ist spezifisch für Schmerzen im Sakroiliakalbereich, in den Hüften und dem Becken. Die Symptome sind morgens und bei Bewegung schlimmer.

Calcium phosphoricum ist spezifisch für Schmerzen im Bereich des Kreuzdarmbeingelenks. Die Symptome werden durch Kälte verschlimmert und durch Wärme gebessert.

Bryonia passt zu Fällen mit hochgradigen Rückenschmerzen. Das Pferd weigert sich, sich zu bewegen und bleibt lieber ganz ruhig stehen. Die Symptome werden durch jegliche Bewegung, Berührung und Wärme verschlimmert.

Berberis vulgaris bei Schmerzen im Bereich der Lendenwirbelsäule, v. a. über der Nierengegend. Die Schmerzen führen zu Problemen beim Harnabsatz. Die Symptome werden durch Bewegung verschlimmert.

Nux vomica bei Rückenschmerzen, die mit Reizbarkeit des Pferdes einhergehen. Das Gangbild kann gestört sein, weil die Beine nicht richtig nach vorne gebracht werden. Die Symptome werden durch Wärme und Druck gebessert, durch Bewegung verschlimmert.

Calcium carbonicum bei Rückenschmerzen durch die geringste Bewegung. Passt zu Pferden mit einem „schwachen Rücken". Wichtiges Mittel bei Kissing spines. Die Symptome werden durch Feuchtigkeit und Kälte verschlimmert, durch Wärme gebessert.

Kalium carbonicum bei Rückenschmerzen oder Steifheit reizbarer Pferde. Nützlich, wenn auch der Gang betroffen ist und das Pferd unsicher auf den Beinen erscheint. Die Symptome werden durch kaltes Wetter verschlimmert, durch warmes Wetter gebessert.

Lachesis bei Rückenschmerzen, die in Zusammenhang mit der Eierstocksfunktion auftreten. Geeignet für misstrauische und argwöhnische Stuten. Die Symptome sind frühmorgens und in der Zeit unmittelbar vor der Rosse schlimmer und treten meist auf der linken Seite auf; sie werden durch die geringste Berührung verschlimmert.

Palladium bei rechtsseitigen Rückenschmerzen, die vom rechten Ovar ausgehen.

Sepia bei Schmerzen im unteren Rücken älterer Stuten, die einen „ausgezehrten, schlaffen" Eindruck machen. Die Symptome sind vor der Rosse schlimmer.

Chamomilla kann bei starken Rückenschmerzen und solchen, die bei Kissing spines auftreten, Linderung bewirken. Der Hals kann ebenfalls steif sein. Die betroffenen Pferde sind oft reizbar und empfindlich.

Belladonna bei plötzlich einsetzenden Rückenschmerzen mit großer Hitze des betroffenen Bereichs. Die Symptome werden durch jede Bewegung verschlimmert.

Strychninum bei hochgradiger Steifheit oder Verhärtung der Halsmuskeln. Durch den steifen Rücken kommt es zu ruckartigen Bewegungen.

Dosierung: *C30, zweimal täglich nach Bedarf*

Der Huf

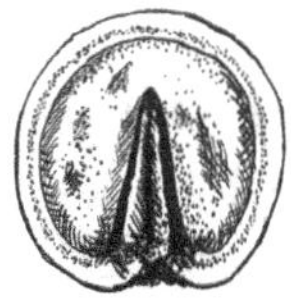

Der Pferdehuf ist das einzigartige Ergebnis eines Evolutionsprozesses, der im Laufe von Tausenden von Jahren stattgefunden hat. Er ist flexibel und leicht, kann aber dennoch die extremen mechanischen Belastungen, die mit der Bewegung verbunden sind, aushalten. Er stellt ein komplexes Gebilde dar, das nicht nur aus dem Huf an sich, sondern auch aus einer dermalen Schicht, einem digitalen Kissen, den Knochen des Hufgelenks, dem Strahlbein und dazugehörigen Schleimbeutel, dem lateralen Knorpel, der Blättchenschicht, der Sohle sowie etlichen Bändern, Sehnen, Nerven und Blutgefäßen besteht.

Die Hufwand ist im Bereich der Zehe am dicksten und wird in Richtung der Trachten allmählich dünner. Die Trachten schlagen nach innen um, bilden die Eckstreben und werden durch tiefe Furchen vom Strahl getrennt. Das hufwandbildende Horn befindet sich in fortwährendem Wachstum und ersetzt die Unterseite des Hufes, die durch die Reibung abgenutzt wird. Es dauert acht bis zwölf Monate, bis das neue am Kronsaum gebildete Horn ganz bis nach unten gewachsen ist. Die Qualität und das Aussehen des Horns geben einen gewissen Aufschluss über den allgemeinen Gesundheits- und Ernährungszustand des Pferdes. Die Hufwand und der ganze Huf bedürfen der regelmäßigen Pflege, und auch die Ernährung und Umweltbedingungen müssen beachtet werden, damit keine Probleme auftreten.

Das Hufgelenk, das dritte Zehengelenk

Dieses Gelenk besteht aus der mittleren und distalen Phalanx (dem Hufbein) und dem Strahlbein (oder distalem Sesambein) auf der Rückseite des Gelenks. Als einfaches Scharniergelenk beschränken sich seine Bewegungsmöglichkeiten fast vollständig auf Beugung und Streckung.

Frakturen des Hufbeins/Strahlbeins

Das Hufbein kann an verschiedenen Stellen brechen. Die Prognose hängt v. a. vom Sitz der Fraktur ab und davon, ob ein Gelenk beteiligt ist oder nicht. Die Ursache ist oft eine starke Krafteinwirkung, wobei Pferde, die nicht ganz im Gleichgewicht sind, ein erhöhtes Risiko tragen. Eine Fraktur des Strahlbeins führt zu plötzlicher, hochgradiger Lahmheit und resultiert oft aus dem Tritt auf eine harte Oberfläche oder einen harten Gegenstand bzw. aus der Landung auf einem Stein oder ähnlichem. Bei Verletzungen dieser Art kann auch das Hufbein brechen. Pferde mit Podotrochlose neigen zu Absprengungsfrakturen des Strahlbeins.

Empfohlene Mittel

Anfangs **Arnica C200,** *dreimal täglich,* in Kombination mit **Hypericum C200**.

Zur Unterstützung der Heilung siehe Frakturen, Seite 173

Arthritis des Hufgelenks

DJD des Hufgelenks

Ursachen sind häufig Verschleiß oder Trauma. Eine Arthritis des Hufgelenks kann auch als Folge von Podotrochlose auftreten. Die damit verbundene Lahmheit ist relativ unspezifisch.

Empfohlene Mittel

Spezifische Mittel **Caulophyllum C6, Actaea spicata C6, Antimonium crudum C6, Guajacum C6, Sarsaparilla C6, Silicea C6, Kalium carbonicum C6**

Allgemeine Mittel **Rhus toxicodendron C6, Colchicum C30** (mit Schwellung genau über dem Kronsaum), **Calcium carbonicum C30, Causticum C30, Rhododendron C6, Bryonia C30**

Bei hochgradiger Steifheit **Ledum C30, Lycopodium C30, Rhus toxicodendron C30, Graphites C30**

Bei knöchernen Veränderungen **Calcium fluoratum C30, Ruta C30, Benzoicum acidum C6, Graphites C6, Ledum C30, Lithium carbonicum C6, Silicea C6**

Hufrollenentzündung
Podotrochlose

Hufrollenentzündung oder auch Podotrochlose ist ein Sammelbegriff für eine Reihe von Erkrankungen des Strahlbeins und der dieses umgebenden Strukturen, v. a. des Strahlbeinschleimbeutels und der Beugesehnen. Die Hufrollenentzündung stellt eine häufige Ursache für Vorderhandlahmheiten dar, wobei v. a. Pferde zwischen vier und zwölf Jahren betroffen sind. Männliche Tiere erkranken am häufigsten, insbesondere Wallache. Auch bei Pferden, die nur unregelmäßig gearbeitet werden, besteht ein höheres Risiko für diese Erkrankung. Sehr selten ist die Hinterhand betroffen.

Das Strahlbein oder auch distale Sesambein ist ein kleiner, annähernd viertelmondförmiger, in Knorpel eingebetteter Knochen, der hinter der mittleren Phalanx und dem Hufbein liegt. Es ist funktioneller Bestandteil des Hufgelenks und unterstützt die Biomechanik der tiefen digitalen Beugesehne. Ein kleines, aber ungemein wichtiges, flüssigkeitsgefülltes Kissen, der Strahlbeinschleimbeutel, liegt zwischen der Sehne und dem Strahlbein und soll die Sehne durch Verminderung der Reibung und Verbesserung der Gleitfähigkeit vor Schaden bewahren. In diesem Bereich liegen noch einige andere Strukturen. Die wichtigste ist ein komplexes Gefüge aus Bändern, die das Strahlbein an Ort und Stelle halten und das Hufgelenk stabilisieren.

Früher hielt man die Hufrollenentzündung für eine Form von Arthritis des Strahlbeins mit entsprechenden Auswirkungen auf das umgebende Gewebe. Heute weiß man, dass bei der Entstehung der Hufrollenentzündung ein genetischer Faktor eine Rolle spielt, und dass die Erkrankung durch mangelhafte Hufpflege und fehlerhaften Beschlag, die Arbeit auf ungeeignetem Boden und mangelhafte Fütterung begünstigt werden kann.

Es gibt eine ganze Reihe von Theorien über die Ursachen dieser Erkrankung. Die einen meinen, dass die Kräfte, die von der tiefen digitalen Beugesehne ausgehen, zu knöchernen Veränderungen des Strahlbeins führen. Andere sind der Ansicht, dass Erschütterungen eine Entzündung des Hufrollenschleimbeutels und nachfolgende Veränderungen des Strahlbeins auslösen. Tiere mit mangelhaft entwickelter Hufform, tiefen Trachten, kleinen Hufen oder langer Zehe und übergewichtige Tiere leiden eher unter den Auswirkungen von Erschütterungen. Eine weitere Theorie sieht eine Verbindung zur Blutversorgung des Hufes und v. a. des Strahlbeins. Eine Verlegung kleiner Blutgefäße führt zur Unterbrechung der Blutversorgung des Knochens und damit zu Knochennekrose und Umstrukturierung der Knochenumrisse. Folgen der Hufrollenentzündung sind die Entwicklung von Knochenspornen auf dem Strahlbein und Verwachsungen mit den Beugesehnen sowie das Risiko von Frakturen.

Das wichtigste und oftmals erste Symptom ist eine intermittierende Lahmheit auf einem oder beiden Vorderbeinen. Sind beide Beine betroffen, zeigt in der Regel eine Gliedmaße eine stärkere Lahmheit als die andere. Die Lahmheit ist fortschreitend und bessert sich in Ruhe. Harte Arbeit, v. a. auf hartem Boden, verschlimmert die Symptome meist.

Weitere Zeichen sind eine Verkürzung der Schrittlänge, Stolpern mit Sohlenquetschungen und übermäßige Abnutzung der Zehe. In lang dauernden Fällen verändert sich die Hufform, da sich die Trachten zusammenziehen, um den Druck auf den Strahl zu vermindern; dadurch wird die Sohle konkav und die Trachten stehen enger zusammen. Diese Veränderungen verkomplizieren den Fall zusätzlich, da sie die Art und Weise beeinflussen, wie das Pferd auffußt.

Die Behandlung der Hufrollenentzündung umfasst die Korrektur des Hufes mit dem Ziel, die normale Form und Stellung des Hufes im Verhältnis zum Krongelenk wiederherzustellen. Im Idealfall muss die Zehe gekürzt und die Trachten erhöht werden. Ein orthopädischer Hufbeschlag ist ebenfalls zu empfehlen, entweder mit herz- oder eiförmigen, geschlossenen Hufeisen. Polster oder Kissen sollen zusätzlich die Schock-Absorption auf der Unterseite des Hufes unterstützen. All diese Maßnahmen sollen die auf die tiefe digitale Beugesehne einwirkenden Kräfte vermindern und den Einfluss von Erschütterungen auf den Huf minimieren.

Empfohlene Mittel

Homöopathische Mittel haben in Kombination mit den oben genannten Maßnahmen eine gute Wirkung gezeigt.

Vorbeugung und Behandlung

Arnica C30 und Ledum C30

Die kombinierte Anwendung dieser beiden Mittel minimiert die Wirkung von Erschütterungen auf die Hufe von Tieren, die eine Prädisposition für Podotrochlose haben. Ist die Erkrankung kürzlich diagnostiziert worden, können sie weiteren Veränderungen Einhalt gebieten.
Dosierung: *Ein- oder zweimal täglich über einen langen Zeitraum*

Argentum metallicum C30

Dieses Mittel unterstützt die Regeneration des Hufknorpels. Es spielt eine wichtige Rolle bei der Aufrechterhaltung der Blutversorgung des Hufbeins und stellt eines der Hauptmittel bei dieser Erkrankung dar.
Dosierung: *Einmal täglich*

Calcium fluoratum C30

Calcium fluoratum kann bei knöchernen Veränderungen des Hufbeins hilfreich sein und vermindert das Risiko von Verwachsungen mit der tiefen digitalen Beugesehne. Es ist ein gutes Mittel für lang dauernde Fälle.
Dosierung: *Einmal täglich über einen langen Zeitraum*

Ruta C30

Ruta kann das Auftreten von knöchernen Veränderungen und Entzündungen des Hufrollenschleimbeutels vermindern. Es eignet sich gewöhnlich besser für erst kürzlich diagnostizierte Fälle.
Dosierung: *Einmal täglich über einen langen Zeitraum*

Secale C30 und Crataegus C30

Diese Mittel in Kombination verbessern den Blutkreislauf des Hufes und Strahlbeins.
Dosierung: *Zweimal täglich über einen langen Zeitraum*

Hecla lava C6

Hecla kann bei fortgeschrittenen knöchernen Veränderungen (Osteophyten) des Hufbeins zusätzlich gegeben werden.
Dosierung: *Zweimal täglich*

Bryonia C200 und Apis C30

Diese beiden Mittel sind hilfreich bei akuter Bursitis des Hufbeins, indem sie die Entzündung vermindern.
Dosierung: *Dreimal täglich über fünf Tage, dann Wechsel zu anderen Mitteln*

Aurum C6

Aurum kann sich in weit fortgeschrittenen Fällen als hilfreich erweisen, wenn die knöchernen Veränderungen des Hufbeins sehr ausgedehnt sind und das Pferd hochgradig lahm geht.
Dosierung: *Zweimal täglich*

Ostitis des Hufbeins

Eine Demineralisation des Hufbeins infolge einer lang dauernden Entzündung wird als Ostitis des Hufbeins bezeichnet. Diese Erkrankung tritt meist bei Pferden auf, die auf hartem Boden gearbeitet werden. Die wichtigste zugrunde liegende Ursache ist wiederholte Erschütterung des Hufes; allerdings kann die Hufbeinostitis auch im Rahmen zahlreicher anderer Erkrankungen auftreten, wie z. B. bei Laminitis, Hufrollenentzündung, Sohlenquetschung, hartnäckigen Sohlenhämatomen, Stichwunden, Abszessen oder schwelenden Infektionen. Die Ernährung soll in manchen Fällen ein weiterer Faktor sein.

Normalerweise sind beide Hufe betroffen und es kommt zu Lahmheit, die mit einer charakteristischen Schrittverkürzung einhergeht. Die Bestätigung liefert meist eine Röntgenaufnahme; ein Teil der Pferde zeigt knöcherne Veränderungen infolge einer Periostitis. Die Behandlung sollte mit einem entsprechenden Beschlag und weiteren Mitteln für die zugrunde liegenden Probleme einhergehen.

Empfohlene Mittel

Allgemeine Mittel **Calcium phosphoricum D6, Calcium carbonicum D6, Calcium fluoratum C30, Symphytum C6, Fluoricum acidum C6**

Bei Infektionen **Silicea C200, Asa foetida C30, Hepar sulphuris C200, Calcium sulphuricum C30**

Bei knöchernen Veränderungen **Calcium fluoratum C30, Ruta C30, Hecla lava C6**

Bei fortgeschrittenen Veränderungen **Aurum C6**

Hufknorpelverknöcherung

Die Ossifikation der lateralen Knorpel (Verknöcherung der Knorpel) ist eine Erkrankung, die häufiger die Vorderhufe betrifft und v. a. bei solchen Pferden auftritt, die eine mangelhafte Hufform aufweisen oder deren Hufe unzureichend gepflegt bzw. beschlagen wurden. Erschütterung soll ein auslösender Faktor sein, Knorpelschäden kommen jedoch ebenfalls als veranlassende Ursache in Frage. Im Rahmen der Alterung kommt es meist zu einer gewissen Verknöcherung der lateralen Knorpel, diese stellt aber in den seltensten Fällen ein Problem dar. Bei der Hufknorpelverknöcherung findet dieser Vorgang jedoch sehr viel früher als normal statt und führt selten zu Lahmheit. Dann kommt es auch zu vermehrter Wärme und Schmerzhaftigkeit im Bereich der Knorpel und manchmal wölbt sich der Kronsaum über dem entsprechenden Bereich vor.

Empfohlene Mittel

Dosierung: *C30, täglich*

Calcium fluoratum ist das Hauptmittel, um der Verknöcherung vorzubeugen oder sie zu verlangsamen.

Silicea sollte zusammen mit Calcium fluoratum gegeben werden.

Ruta wird zusätzlich gegeben, wenn Erschütterung eine große Rolle spielt.

Hecla lava in fortgeschrittenen Fällen mit hochgradigen knöchernen Veränderungen des Knorpels.

Thiosinaminum in Kombination mit Hecla in schwerwiegenden Fällen.

Subchondrale Knochenzysten

Diese Erkrankung des Hufbeins führt zur Bildung von Zysten innerhalb der Knochenstruktur. Es werden verschiedene Ursachen diskutiert. Zum einen soll ein Trauma zur avaskulären Nekrose des Knochens führen, zum anderen soll die Erkrankung durch eine Osteomyelitis oder aber Osteochrondrose bedingt sein. Das Hauptsymptom ist eine intermittierende Lahmheit über einen längeren Zeitraum, die dann in einer akuten Lahmheit gipfelt. Die veranlassende Ursache der Lahmheit ist ein Trauma durch Erschütterung in dem betroffenen Bereich.

Empfohlene Mittel

Siehe Seite 193

Man denke an **Arnica C200** in akuten Fällen, wenn das Pferd lahmt, und an den Einsatz konstitutioneller Mittel, v. a. von **Calcium phosphoricum C30** und **Calcium carbonicum C30**. **Argentum metallicum C6** kann als vorbeugendes Mittel gegeben werden.

Pyramidenkrankheit
Hufgelenkschale

Diese Erkrankung des Hufbeins wird durch übermäßige Belastung der gemeinsamen digitalen Strecksehne an ihrem Ansatzpunkt am Strecksehnenfortsatz des Knochens mit anschließender periostaler Reaktion hervorgerufen. Dadurch kommt es zur Bildung von neuem Knochengewebe, die manchmal auch als „Hufgelenksschale" bezeichnet wird; sie kann auch im Rahmen einer Fraktur des Strecksehnenfortsatzes auftreten. Das neue Knochengewebe beeinflusst wiederum die Hufwand, und es kann sich eine Furche bilden, die vom Kronband hinunter zur Sohle verläuft.

Die daraus resultierende Lahmheit ist eher unspezifisch; die betroffenen Tiere zeigen eine Schrittverkürzung mit der Tendenz, den betroffenen Huf nur punktuell aufzusetzen und dann schwer auf den Ballen zu landen. Frühe akute Symptome sind Schmerzen, vermehrte Wärme und Schwellung auf Höhe des Kronsaums in der Mitte der Hufwand.

Empfohlene Mittel

Akute Fälle **Ruta C200, Fluoricum acidum C30, Apis C30, Phosphoricum acidum C30**

Lang dauernde chronische Fälle **Phytolacca C30, Hecla lava C6, Ruta C6, Calcium fluoratum C6, Silicea C6**

Der Huf und Huferkrankungen

Verletzungen

Einfache Verletzungen wie z. B. Hautrisse oder -schnitte sollten mit **Arnica C200, Hypericum C200** und **Ledum C200** behandelt werden.
Dosierung: *Dreimal täglich über vier bis fünf Tage*

Eiternde Wunden können mit **Hepar sulphuris C200** in Kombination mit **Calendula C30** zur Unterstützung der Heilung behandelt werden.
Dosierung: *Dreimal täglich bis zur Abheilung*

Bei langsam heilenden Wunden setzt man grundsätzlich **Silicea C200** *zwei- oder dreimal täglich* ein, bis die Stelle abgeheilt ist.

Calendula C30 kann ebenfalls bei verzögerter Heilung gegeben werden.

Sehr kleine Wunden, die sich sehr schnell schwer entzünden und infizieren, sollten mit **Pyrogenium 1M** behandelt werden.

Dosierung: *Dreimal täglich*

Verletzungen durch Greifen

Diese Art von Verletzung wird dadurch verursacht, dass die Zehe der Hintergliedmaße gegen den Kronsaum oder die Ballen des Vorderbeines tritt. In dem betroffenen Bereich kann es dabei zu erheblichen Quetschungen und Aufschürfungen kommen. Je nachdem, welche Stelle betroffen ist und wie tief die Verletzung reicht, kann das Pferd dadurch lahm gehen oder auch nicht.

Man säubert die Wunde mit verdünnter **Hypercal-Lotion** und entfernt allen Schmutz und totes Gewebe. **Arnica C200, Hypericum C200** und **Ledum C200** werden wie oben verabreicht. Manche durch Greifen verursachten Wunden heilen nur schlecht ab. Die Gabe von **Calendula C30** und **Silicea C200** *dreimal täglich* beschleunigt den Prozess. **Hepar sulphuris C200** wird bei starker Eiterung eingesetzt.

Nageltritt

Dazu kommt es, wenn ein Nagel versehentlich in das empfindsame Gewebe des Hufes eingetrieben wird und zu Lahmheit führt. Der Nagel sollte umgehend entfernt und das Loch mit verdünnter **Hypercal-Lotion** gespült werden.
Dosierung: Ledum C200, Hypericum C200 und **Hepar sulphuris C200**, *dreimal täglich über drei Tage*

Hämatome und Quetschungen der Sohle

Sohlenhämatome treten überwiegend am Vorderhuf auf. Sie sind meist die Folge eines ungeeigneten Beschlages, der zu Druck auf die Sohle führt. Sie entstehen am inneren Winkel des Hufes, der von der Wand und der Eckstrebe gebildet wird, und gehen mit Blutergüssen im Bereich der sensiblen und unsensiblen Gewebe der Sohle einher. Dabei kann es zu einer Lahmheit kommen oder auch nicht.

Quetschungen der Sohle hingegen sind meist mit einer Lahmheit verbunden und werden durch Erschütterung der Sohle oder des Strahls hervorgerufen. Das Reiten auf unebenem Boden ist dabei eine häufige Ursache. Ein schlechter Beschlag und mangelhafte Ausbildung des Hufes sind zusätzliche Faktoren. Das Pferd zeigt möglicherweise nur eine geringgradige Lahmheit, aber bei einem schweren Trauma geht es hochgradig lahm. Manchmal kann man die Quetschung (die zwischen der Sohle und dem Hufbein liegt) der Sohle im Bereich der Zehe oder der lateralen Seitenwand sehen.

Beide Erkrankungen müssen auch vom Hufschmied behandelt werden, der durch entsprechende Maßnahmen wie Hufpflege und Beschlag die zugrunde liegenden Probleme korrigiert. Die Prognose ist in beiden Fällen gut. Die betroffenen Pferde sollten insbesondere mithilfe homöopathischer Arzneien vollständig genesen.

Empfohlene Mittel

Dosierung: *Dreimal täglich*

Arnica C200 und **Ledum C200** in Kombination sollten routinemäßig in allen Fällen gegeben werden.

Bellis perennis C30 ist in schweren Fällen eine gute Alternative zu Arnica.

Hamamelis C30 in Kombination mit Arnica zur Vorbeugung.

Hypericum C30, wenn das Pferd lahmt.

Sulphuricum acidum C30, um die Abheilung einer Verletzung zu beschleunigen, wenn diese nur langsam vonstatten geht.

Brüchige, schwache und trockene Hufe Hornspalte und Hornkluft

Diese Hufprobleme spiegeln oft den allgemeinen Gesundheits- und Pflegezustand und die Kondition des Pferdes wider. Es gilt zu bedenken, dass die Hornqualität durch die Ernährung, Art der Arbeit, Umweltbedingungen, Fähigkeiten des Hufschmieds und begleitende Erkrankungen wie z. B. Laminitis beeinflusst wird. Da es acht bis zwölf Monate dauert, bis das am Kronsaum gebildete Horn bis nach unten gewachsen ist, sind die Probleme, die zu einer Veränderung der Hornqualität führen, nicht immer offensichtlich.

Brüchige, schwache, abschilfernde, langsam wachsende oder trockene Hufe sind oft die Folge mehrerer Faktoren, die alle berücksichtigt werden müssen, soll das Problem vollständig behoben werden. Horn von schlechter Qualität neigt zu Rissen und kann andere Erkrankungen wie z. B. Infektionen bei unbeschlagenen Pferden oder das Lockern und Abfallen von Hufeisen begünstigen. Brüchige Hufe treten eher in den Sommermonaten auf, da es in dieser Zeit zu einem Feuchtigkeitsverlust der Hufwand kommt; der Grund dafür ist allerdings noch nicht ganz klar.

Unzureichendes Beschneiden oder zu lang gewachsene Hufe können zur Entstehung von Rissen führen, die vom unteren Rand des Hufes nach oben verlaufen. Diese werden auch als Hornkluft bezeichnet, im Gegensatz zur Hornspalte, die am Kronsaum beginnt und sich nach unten zieht. Eine Hornspalte entsteht durch Schädigung der hornbildenden Zellen im Bereich des Kronsaumes; die Länge des Risses zeigt die Schwere der Schädigung an. Ursache kann ein Trauma, aber auch eine Infektion sein, die im Huf von unten nach oben aufgestiegen ist.

Je nach Lage des Risses kann das Pferd lahm gehen oder auch nicht. Risse entstehen auch oft, wenn eine Rotation des Hufbeines vorliegt (durch eine Laminitis bedingt) oder wenn ein Ungleichgewicht dazu führt, dass der Huf auf dem Boden mit einer übermäßigen Erschütterung aufkommt.

Die Homöopathie kann bei Mängeln in der Hornqualität ungemein helfen und ist neben der Gabe von Ergänzungsmitteln und korrigierenden Maßnahmen wie Fütterung und regelmäßiger Behandlung durch den Schmied unbedingt zu empfehlen.

Homöopathische Mittel

Man versuche, wenn möglich ein konstitutionelles Mittel zu finden. Der Behandlungserfolg kann erst nach einer gewissen Zeit sichtbar werden, wenn neues Horn vom Kronsaum heruntergewachsen ist und das geschädigte oder schwache Horn ersetzt hat.
Dosierung: *C6 oder C30, einmal täglich bis zu sechs Monate lang*

Silicea

Leitsymptome: Allgemein schwaches Horn und Hufe, Hornspalte, Hornkluft, Infektionen des Hufhorns
Silicea ist das am häufigsten gebrauchte Mittel bei Erkrankungen der Hufe. Zu seinen Anwendungsgebieten zählen trockene, rissige oder gespaltene Hufe, schwaches oder brüchiges Hufhorn, Hornspalte, Hornkluft und Hufe mit tiefen Rillen. Es ist weiterhin angezeigt, wenn die Hufe entweder aufgrund von Vernachlässigung oder Krankheit stark verkrüppelt und verformt sind. Silicea ist das Mittel der Wahl, wenn eine Infektion des Hufes besteht und die Ernährung des Hufes mangelhaft ist oder war. Auch bei hufrehebedingten Veränderungen sollte man an dieses Mittel denken, v. a. wenn die Sohlen empfindlich sind und die Bewegung Beschwerden bereitet.

Antimonium crudum

Leitsymptome: Verdickte, verformte Hufe
Dieses Mittel eignet sich auch bei brüchigem oder rissigem Hufhorn und wenn die Hufwand gespalten ist, z. B. bei Hornspalte oder Hornkluft. Wird Antimonium crudum gebraucht, wächst das Horn entweder nur langsam oder die Hufe sind verdickt und stark verformt. Auch bei anderen Erkrankungen wie DJD des Hufgelenks ist dieses Mittel häufiger als andere angezeigt.

Fluoricum acidum

Leitsymptome: Verformte, brüchige Hufe mit Rillen
Es bestehen einige Ähnlichkeiten zwischen diesem Mittel und Silicea, aber während Silicea ein „frostiges“ Mittel ist, frieren Pferde, die Fluoricum acidum benötigen, nicht so schnell. Fluoricum acidum ist angezeigt, wenn die Hufe nicht nur verformt sind, sondern auch tiefe Rillen aufweisen (z. B. infolge einer Laminitis). Es ist das Mittel der Wahl, wenn das Horn bzw. der Huf buchstäblich zerfällt. Ein weiteres Merkmal sind Schmerzen im Huf aufgrund von chronischer Laminitis oder arthritischen Veränderungen der Gelenke.

Graphites

Leitsymptome: Brüchige, aufgeraute Hufe, Hornkluft
Dieses Mittel wirkt am besten konstitutionell. Graphites eignet sich bei aufgerauten, brüchigen Hufen, die von unten hoch zum Kronsaum reißen, sowie bei deformierten oder abbröckelnden Hufen. Es gibt viele Anzeichen, die auf Graphites hinweisen. In den meisten Fällen, in denen dieses Mittel benötigt wird, ist der Huf groß und die Hufwand von Natur aus dick, aber am Rand schwach. In vielen Graphites-Fällen findet man eine Vorgeschichte von Mauke.

Alumina

Leitsymptome: Trockenheit, abschilferndes oder brüchiges Horn
Trockenes, abschilferndes Horn mit einem Mangel an Feuchtigkeit ist das Leitsymptom von Alumina und steht im Gegensatz zu ande-

ren Mitteln. Alumina eignet sich besonders gut für ältere Pferde, insbesondere wenn allgemeine Schwäche besteht oder die Haut trocken, rissig oder wund ist. Es ist eines der Mittel, die man in Erwägung ziehen sollte, wenn das Hufhorn infolge einer Laminitis von schlechter Qualität ist und das Pferd aufgrund einer Hufbeinrotation lahmt.

Thuja

Leitsymptome: Brüchige Hufe mit chronischer Laminitis

Thuja ist spezifisch angezeigt, wenn die Hufe infolge einer chronischen Laminitis von schlechter Qualität sind.

Weitere hilfreiche Mittel

Dosierung: *C6, zweimal täglich über einen langen Zeitraum*

Castor equi als allgemeines Mittel bei brüchigen Hufen zur Verbesserung der Hornqualität.

Calcium carbonicum bei langsam wachsendem Horn.

Calcium fluoratum zusammen mit Silicea zur Kräftigung des Horns und Verbesserung der Hornqualität.

Natrium muriaticum bei trockenen und rissigen Hufen; es wird am besten konstitutionell verschrieben.

Sepia zum konstitutionellen Einsatz bei verformten Hufen.

Hufknorpelfistel

Diese Erkrankung betrifft häufiger das Vorderbein und wird durch Entzündung, Infektion und Nekrose der lateralen Knorpel des Hufbeins hervorgerufen. Die Infektion entsteht oft durch eine Verletzung (z. B. Risswunden) des Kronsaumes im Knorpelbereich. Eine Hufknorpelfistel kann auch durch eine penetrierende Wunde im Sohlenbereich oder infolge einer Verletzung des Knorpels durch Draht oder Quetschung entstehen, wobei es aufgrund der damit verbundenen Durchblutungsstörungen noch zu weiteren Problemen kommen kann.

Die Knorpelschädigung tritt als vermehrte Wärme, Schmerzen und Schwellung im Bereich des Kronsaumes in Erscheinung. Bricht die Schwellung auf, kommt es zu einer eitrigen Absonderung, worauf die Stelle erst abheilt, nur um dann erneut und wiederholt aufzubrechen. Es können mehrere dieser Fisteln vorliegen. Sie sind schwer zu behandeln, und manchmal bedarf es einer Operation, um das Problem zu beseitigen. Häufig tritt eine intermittierende Lahmheit auf, insbesondere in den akuten Phasen.

Empfohlene Mittel

Vorbeugende Maßnahmen

Verletzungen im Bereich des Kronsaumes sollten mit **Arnica C200, Hepar sulphuris C200** und **Ledum C200**, *jeweils dreimal täglich über zwei bis drei Tage,* behandelt und mit verdünnter **Hypercal-Lotion** gereinigt werden, um einer Infektion vorzubeugen.

Behandlung der Hufknorpelfistel

Hepar sulphuris 1M

Dies ist das Hauptmittel für das akute Stadium sowie auch in chronischen Fällen, wenn der Fistelbereich hochgradig empfindlich ist.

Dosierung: *Zweimal täglich bis zur Ausheilung*

Myristica sebifera C200

Dieses weniger häufig eingesetzte Mittel ist das Mittel der Wahl bei Hufknorpelfisteln in allen Fällen außer perakuten. Es ist ein Spezifikum für Infektionen der Hufgewebe, v. a. bei Fisteln mit Absonderung.

Dosierung: *Viermal täglich bis zur Ausheilung*

Silicea 1M

Silicea eignet sich v. a. für eher chronische Fälle, wenn die Fisteln bereits eine gewisse Zeit vorliegen und kaum oder gar keine Schmerzen bestehen.

Dosierung: *Dreimal täglich bis zur Ausheilung*

Pyrogenium 1M
Dieses Mittel ist im frühen akuten Stadium der Erkrankung angezeigt, wenn der Bereich sehr schmerzhaft und entzündet ist. Das Pferd geht hochgradig lahm. Pyrogenium sollte auch in den meisten chronischen Fällen in Erwägung gezogen werden, die auf alle anderen Mittel nicht ansprechen.
Dosierung: *In akuten Fällen viermal täglich; in chronischen Fällen zweimal täglich*

Ebenfalls in Erwägung zu ziehen

Anthracinum C200 bei hochgradiger Nekrose und Auflösung des Hufknorpels in extremen Fällen, in denen die Absonderung ausgesprochen faulig ist.

Asa foetida C200 wie Anthracinum, aber mit dünner und wässriger Absonderung.

Lachesis C200, wenn das Problem teilweise auf eine schlechte Blutversorgung des geschädigten Knorpels zurückzuführen ist.

Kreosotum C30, wenn die Absonderung die Haut wund macht.

Secale C30, um die Blutversorgung des geschädigten Knorpels zu verbessern.

Calendula C30 nach Operationen, um die Heilung zu unterstützen.
Dosierung: *Zwei- oder dreimal täglich*

Erkrankungen der weißen Linie

Die weiße Linie ist die Verbindungslinie zwischen der Sohle und der Hufwand. Steht das Pferd lange Zeit in einer feuchten oder nassen Umgebung, können Bakterien in die weiße Linie eindringen. Mangelhafte Hufpflege ist ein weiterer Faktor. Die Diagnose wird durch die berühmt-berüchtigte schwarze, faulig riechende Substanz untermauert, die in einer Linie entlang der Verbindung zwischen Sohle und Hufwand entlang auftritt. Die meisten Pferde mit dieser Erkrankung gehen nicht lahm, außer wenn die Infektion sich weiter auf die Hufwand ausbreitet.

Empfohlene Mittel

Dosierung: *Zweimal täglich*

Hepar sulphuris C200 anfangs in einfachen Fällen.

Kreosotum C200 in schwereren oder fortgeschrittenen Fällen.

Myristica sebifera C200 als weitere Alternative in schweren Fällen.

Carbo vegetabilis C30 kann routinemäßig in allen Fällen gegeben werden.

Calcium fluoratum C30 zusätzlich, wenn die Hufwand beteiligt ist, um das Gewebe zu kräftigen.

Silicea C200 in chronischen oder vernachlässigten Fällen mit Beteiligung der Hufwand.

Sohlenabszess, Infektion oder Eiterung, Unterminierte Sohle

Diese Erkrankungen stellen mit die häufigste Ursache für Lahmheiten bei Pferden dar. Sie werden entweder durch eine Stichwunde im Bereich der Sohle oder einen Riss in der weißen Linie verursacht. Die Mehrzahl der betroffenen Pferde geht lahm, wobei die Lahmheit im Frühstadium u. U. noch nicht offensichtlich ist. Sobald sich die Infektion festgesetzt hat, wird der Huf extrem schmerzhaft, da er sich nicht ausdehnen kann, während sich immer mehr Eiter ansammelt. In diesem Stadium geht das Pferd meistens lahm und es kann den Huf nicht lange belasten. Der Huf ist vermehrt warm, der digitale Puls gesteigert, und manchmal sind die Schmerzen so groß, dass das Pferd schwitzt.

Die Sohle ist druckempfindlich, v. a. dort, wo sich die Eiterung hindurchzieht. Normalerweise geht der Eiter den Weg des geringsten Widerstandes, d. h. er unterminiert die Sohle, wandert in der Blättchenschicht nach oben und bricht am Kronsaum nach außen durch.

Bei Sohlenabszessen muss ein Abfluss geschaffen werden, damit die Infektion ausgeräumt werden kann und die Schmerzen gelindert werden. Sobald eine Abflussstelle in der Sohle besteht, kann ein Umschlag oder eine Packung auf den Bereich aufgebracht werden, um das infizierte Material herauszuziehen, das normalerweise als dünne, graue Flüssigkeit zutage tritt. Stichwunden im Strahlbereich sind eine sehr viel ernstere Angelegenheit, da sich die Infektion auf den Hufrollenschleimbeutel oder das Hufbein ausbreiten kann. In diesen Fällen ist chirurgisches Eingreifen erforderlich.

Empfohlene Mittel

Zu Beginn vor der Drainage

Dosierung: *Alle drei bis vier Stunden*

Belladonna 1M, wenn das Pferd hochgradig lahm geht, einen verstärkten digitalen Puls hat und der Huf vermehrt warm ist. Schwitzen ist ebenfalls oft zu beobachten.

Pyrogenium 1M, wenn das Pferd unruhig ist und die Infektion sich schnell manifestiert. Auch hier ist der Huf vermehrt warm und der digitale Puls gesteigert.

Hepar sulphuris 1M, um den Abszess zur Einschmelzung zu bringen, bevor es zu einer Lahmheit kommt.

In manchen Fällen

Hepar sulphuris D3, um die Eiterung zu beschleunigen und den Abszess zur Reifung zu bringen, sodass ein Abfluss geschaffen werden kann.

Nach dem Einbringen der Drainage

Dosierung: *Zwei- oder dreimal täglich*

Hepar sulphuris 1M, wenn der Huf immer noch schmerzhaft ist, obwohl der Abszess sich entleert.

Silicea 1M, wenn ein Abfluss geschaffen wurde und keine Schmerzen mehr bestehen. Silicea wird auch für lang dauernde Fälle empfohlen.

Calcium sulphuricum C200 als Alternative zu Silicea, wenn der Zustand nur langsam abheilt. Der Eiter ist bei diesem Mittel typischerweise dicker.

Kreosotum C200, wenn der Eiter schwarz ist und faulig riecht.

Asa foetida C200 bei äußerst wässrigem Eiter.

Anthracinum C200, wenn der Abszess immer wiederkehrt und fauligen schwarzen Eiter absondert.

Myristica sebifera C200 als Alternative zu Hepar sulphuris, wenn dieses versagt. Auch in chronischen, hartnäckigen Fällen angezeigt.

Strahlfäule

Strahlfäule ist eine Erkrankung der lateralen und zentralen Strahlfurche, die mit dem Auftreten von schwarzem, nekrotischem Material einhergeht. Mangelhafte Hygiene (schmutzige Hufe, die nicht ordentlich gesäubert werden) und schlechte Umweltbedingungen (feuchte und schmutzige Einstreu) sind die wichtigsten Faktoren, obwohl fehlerhaftes Beschneiden oder Beschlagen der Hufe in einem Teil der Fälle ebenfalls eine Rolle spielt.

Die daraus resultierende Infektion des Strahlgewebes führt zur Ansammlung von schwarzem, übel riechendem, feuchtem und eitrigem Material in den Strahlfurchen. Manchmal breitet sich die Infektion auch noch auf andere Gewebe wie das Hufhorn oder empfindliche Bereiche aus. Dann zuckt das Pferd möglicherweise zusammen, wenn der Bereich gesäubert wird, und es kann auch eine Lahmheit auftreten. Ansonsten gehen nur sehr wenige Pferde bei Strahlfäule lahm.

Die Behandlung muss auf die zugrunde liegenden Ursachen eingehen und umfasst weiterhin die Entfernung des gesamten geschädigten, nekrotischen Gewebes sowie die Gabe der entsprechenden Arzneimittel.

Kreosotum C200

Dieses Mittel wird am weitaus häufigsten verschrieben, sofern die charakteristischen Symptome vorliegen, insbesondere der üble Geruch des erkrankten Gewebes.

Dosierung: *Zweimal täglich bis zur Besserung*

Myristica sebifera C200

Dies ist das zweite Mittel der Wahl; es soll eine ausgezeichnete antiseptische Wirkung haben und die Infektion zum Stillstand bringen. Es wirkt gut neben anderen Mitteln.
Dosierung: *Zweimal täglich bis zur Besserung*

Silicea C200

Silicea eignet sich besonders in Fällen, in denen die Heilung nur langsam voranschreitet oder wenn die Infektion sich auf die empfindsamen Gewebe wie die Blättchenschicht oder das Hufhorn ausgebreitet hat. Charakteristischerweise bestehen nur geringe Schmerzen, sodass das Pferd nicht besonders lahm geht.
Dosierung: *Zweimal täglich bis zur Besserung*

Hepar sulphuris C200

Angezeigt, wenn die Erkrankung zu deutlicher Lahmheit führt und eine hochgradige Eiterung vorliegt.
Dosierung: *Zweimal täglich bis zur Besserung*

Mercurius solubilis C200

Mercurius solubilis sollte eingesetzt werden, wenn der Geruch weniger übel riechend ist, aber das Gewebe in den Furchen sehr nass oder feucht erscheint.
Dosierung: *Zweimal täglich bis zur Besserung*

Anthracinum C200

Als hilfreiche Alternative zu Kreosotum, wenn dieses versagt. Besonders wirksam in sehr schweren Fällen.
Dosierung: *Dreimal täglich bis zur Besserung*

Squilla maritima C30

Zusätzlich bei leichten Beschwerden, die von Tag zu Tag kommen und gehen.
Dosierung: *Dreimal täglich bis zur Besserung*

Sulphur C30

Dieses Mittel kann unterstützend auf konstitutioneller Basis eingesetzt werden.
Dosierung: *Dreimal täglich bis zur Besserung*

Hypertrophie des Hufhorns, Pododermatitis

Bei der Hypertrophie des Hufhorns handelt es sich um eine chronische Erkrankung, die mit Überproduktion oder Hypertrophie der hornbildenden Gewebe des Hufes einhergeht. Sie tritt nur selten auf und betrifft meist die Hufe der Hinterhand. Die Hauptursache ist unhygienische Haltung, bei der das Pferd auf schlammigem Boden oder verschmutzter Einstreu steht und die Pflege zu wünschen übrig lässt. Dadurch können Bakterien eindringen.

Es kommt selten zu Lahmheit, außer wenn die Erkrankung ein Stadium erreicht hat, in dem auch die Sohle oder die Hufwand betroffen ist. Der Strahl sieht bei der Untersuchung zerklüftet aus, und das Horngewebe, aus dem er besteht, lässt sich leicht ablösen, wobei ein fauliger Geruch und eine käsige, cremefarbene Absonderung freigesetzt wird. Die Hypertrophie des Hufhorns ist schwierig zu behandeln; das ganze erkrankte Gewebe muss entfernt werden, die zugrunde liegenden Faktoren müssen abgestellt und die nachfolgenden Arzneimittel verabreicht werden.

Empfohlene Mittel

Dosierung: *C30, dreimal täglich über mehrere Wochen*

Calcium sulphuricum ist das Hauptmittel, wenn keine Schmerzen oder Lahmheit bestehen.

Hepar sulphuris ist das Hauptmittel in allen Fällen mit Lahmheit.

Silicea in fortgeschrittenen Fällen, wenn sich die Erkrankung weiter in die Tiefe ausgebreitet hat.

Thuja in schweren oder nicht zu beeinflussenden Fällen.

Antimonium crudum zusätzlich, wenn sich nur langsam neues Gewebe bildet.

Secale unterstützt die Heilung in fortgeschrittenen Fällen durch Verbesserung der Blutzufuhr zu dem erkrankten Gewebe.

Keratom Hornblättchengeschwulst

Diese Erkrankung tritt nur sehr selten auf und ist eine Form von Krebs der hornbildenden Zellen des Hufes. Schreitet sie fort, kommt es zur Verformung des Hufes mit Lahmheit. Eine chirurgische Behandlung ist möglich, aber die Rezidivgefahr ist hoch. Eine konstitutionelle homöopathische Behandlung mit **Thuja C30, Conium C30, Silicea C30** oder **Antimonium crudum C30** kann hilfreich sein. **Sarsaparilla C30** ist bei offensichtlichen Schmerzen in Betracht zu ziehen.

Dosierung: *Zweimal täglich*

Laminitis, Hufrehe

Hufrehe ist eine der häufigsten Erkrankungen des Pferdes und jeder Pferdebesitzer und Reiter sollte darüber Bescheid wissen. Trotz fortwährender Forschung geben bestimmte Aspekte dieser Krankheit nach wie vor Rätsel auf. Allerdings weiß man, dass ca. 80 Prozent der Fälle durch korrekte Fütterung und Haltung vermieden werden können. Der Begriff „Laminitis" bezieht sich auf die Entzündung der Blättchenschicht und deren Folgen. Es können Pferde, Ponys und sogar Esel aller Altersstufen erkranken. Hufrehe betrifft häufiger die Vorderbeine, kann aber auf allen vier Hufen auftreten.

Die Blättchenschicht ist eine überaus wichtige Struktur, die den Huf und das Hufbein verbindet und einen komplizierten Aufhängeapparat bildet, der den Huf abpuffert und damit ihn und das Bein vor Erschütterungen schützt, die zwangsläufig auftreten, wenn der Huf auf dem Boden aufkommt. Sie spielt daneben eine wichtige Rolle für die Erhaltung und allgemeine Gesundheit des Hufes. Bei einer Entzündung der Blättchenschicht ist die Blutversorgung des Hufes gestört. Das Zusammenspiel zwischen dem Hufbein und dem Huf (die interlaminare Verbindung) bricht zusammen und die Aufhängung funktioniert nicht mehr. Die Verbindung zwischen dem Hufbein und dem Huf lockert sich und das Hufbein rotiert mit der Spitze nach unten; dadurch wird Druck auf die Sohle des Hufes ausgeübt und es treten Schmerzen auf. Schreitet die Rotation unaufhaltsam fort, dringt das Hufbein zwischen der Strahlspitze und der Zehe durch die Sohle. Dies wird auch als Hufbeinabsenkung bezeichnet. In diesen Fällen ist die Verbindung zwischen dem Hufbein und dem Huf vollkommen zerstört.

Die Rotation des Hufbeins führt noch zu weiteren Problemen. Die Blutzufuhr zur Blättchenschicht ist in Mitleidenschaft gezogen, sodass die Blättchen und der ganze Huf nicht mehr mit lebenswichtigen Nährstoffen versorgt werden und damit die Hufgesundheit nachhaltig gestört wird. In solchen Fällen besteht ein zusätzliches Risiko für eine bakterielle Sekundärinfektion. In chronischen bzw. langfristigen Fällen werden die charakteristischen Folgen der Hufrehe deutlich sichtbar, beispielsweise die typischen Reheringe am Huf, chronische Schmerzen und die damit verbundene Lahmheit sowie das erhöhte Risiko einer Hufwandablösung, von Hufabszessen und zu langen Trachten.

Ursachen der Laminitis

Die Ursachen für Hufrehe sind gut bekannt.

Kohlenhydratüberschuss – Fettleibigkeit und übermäßige Futteraufnahme

Dieser stellt die bei weitem häufigste Ursache dar, v. a. bei Ponys, die relativ wenig Futter brauchen und zu wenig gearbeitet werden. Fettleibigkeit ist ein prädisponierender Faktor. Im Frühling ist die Zeit des größten Risikos, wenn das junge Gras einen sehr hohen Anteil an Kohlenhydraten enthält; allerdings ist das Risiko im Herbst ebenfalls erhöht. Lösliche Kohlenhydrate wie z. B. Fruktane oder Stärke werden allgemein als die wichtigsten Auslöser angesehen, aber Kohlenhydrate aus Futtermitteln auf Getreidebasis tragen ebenfalls zur Gesamtaufnahme bei.

Die übermäßige Aufnahme von Kohlenhydraten durch das übermäßige Weiden auf einer zu fetten Weide führt zu einer Störung der Darmflora im Enddarm des Pferdes. Bei manchen Pferden lösen bereits kleine Mengen eine solche Störung aus, während andere Tiere erhebliche Mengen aufnehmen können, bevor es zu Problemen kommt. Normalerweise gelangen nur sehr kleine Mengen löslicher Kohlenhydrate in diesen Teil des Darmes. Bei größeren Mengen können sich für den Organismus ungünstige Bakterien rasch vermehren und Milchsäure bilden, wodurch der Darminhalt sauer wird und die darmfreundlichen Bakterien absterben. Die Milchsäure schädigt weiterhin die Darmschleimhaut, sodass Toxine in die Blutbahn eindringen können. Gleichzeitig setzen die Bakterien Toxine frei, die wiederum Enzyme aktivieren, die zur Ablösung des Hufes und Schädigung der Kapillaren durch Abtrennung der Blutgefäße führen. Daneben kommt es aufgrund eines erhöhten Strömungswiderstandes zu dem charakteristischen klopfenden digitalen Puls; allerdings sind die Zusammenhänge hier noch nicht eindeutig geklärt. Wahrscheinlich ist dieses Geschehen auf den Verlust der die Blättchenschicht versorgenden Kapillaren zurückzuführen.

Kohlenhydratüberschuss – Getreideüberschuss

Die versehentliche Aufnahme großer Mengen Getreide stellt ebenfalls eine entscheidende Ursache für Hufrehe dar. Dies kann passieren, wenn Pferde in Getreidelager einbrechen oder sich Zugang zu den Futtersäcken verschaffen. Die übermäßige Fütterung von Getreide oder hochenergetischen Futtermitteln auf Getreidebasis hat denselben Effekt und löst die oben beschriebene Kette von Ereignissen aus.

Erschütterung oder Trauma, mechanische Verletzungen des Hufes

Wiederholte Erschütterungen durch das Arbeiten auf hartem Boden oder plötzliche akute Traumata im Bereich des Hufes können die Blättchenschicht schädigen und einen Reheanfall auslösen. Trauma ist ein Hauptfaktor bei Kutsch- und Zugpferden. Ein unpassender Beschlag und schlechte Hufpflege können ebenfalls dazu beitragen. Wiederholte Überlastung, bei der das Gewicht auf ein Bein verlagert wird, weil auf einem anderen eine Lahmheit besteht, kann ebenfalls zu Laminitis führen. Hufrehe kann weiterhin nach der Versorgung einer Fraktur auftreten.

Toxämie

Virale und bakterielle Infektionen können zur Bildung von Toxinen führen, die die Blättchenschicht angreifen. Häufige Auslöser sind septische Metritis (durch Nachgeburtsverhaltung), Kolik, Peritonitis, Diarrhö und Abszesse.

Arzneimittelbedingt

Bestimmte Arzneimittel, insbesondere Steroide, können die Blättchenschicht schädigen und damit eine Laminitis auslösen. Diese Wirkung soll auf die Konstriktion der Arterien zurückzuführen sein, wodurch es zur Verminderung der Blutversorgung der Blättchenschicht kommt. Einige Entwurmungsmittel können ebenfalls Hufrehe auslösen.

Morbus Cushing – Hypohysenabhängiger Morbus Cushing

Dies ist eine häufige Ursache für Laminitis bei älteren Pferden und wird durch einen hohen Cortisolspiegel (ein natürliches Steroid) im Blut hervorgerufen. Diese Überproduktion von Cortisol tritt infolge eines Hypohysentumors auf.

Peripherer Morbus Cushing – durch Übergewicht bedingte Laminitis

Diese Reheform wird durch eine Stoffwechselstörung ausgelöst und kann bei Pferden jeden Alters auftreten. Diese Fälle weisen nicht die Symptome eines klassischen Morbus Cushing auf. Die betroffenen Tiere sind aber fettleibig und haben ebenfalls hohe Cortisolspiegel.

Stress

Stress ist eine bekannte Ursache für Laminitis, wenn bestimmte Umstände damit zusammenhängen. Mögliche Auslöser sind Reisen über lange Entfernungen, Weidewechsel, Erschöpfung, Überarbeitung und Impfung.

Hormonelle Erkrankungen

Tiere, die an Hypothyreose leiden (Unterfunktion der Schilddrüse), „gute Fresser" und dauerrossige Stuten haben ein erhöhtes Risiko, an Hufrehe zu erkranken.

Zeichen und Symptome der Laminitis

Bei der Entwicklung der Hufrehe unterscheidet man drei Phasen. In der ersten, der **Entwicklungsphase**, kommt es zur Ablösung der Blättchenschicht, aber es treten noch keine Lahmheit oder Schmerzen auf. Es können weitere Symptome in anderen Körperbereichen auftreten, (z. B. Kolik), die ebenfalls behandlungsbedürftig sind. Diese Phase dauert 10 bis 40 Stunden.

Daran schließt sich die **akute Phase** an, in der sich die Auswirkungen der ersten Phase bemerkbar machen, die einige Stunden vor dem Auftreten der ersten klinischen Zeichen begonnen hat. Die Symptome des zweiten Stadiums sind recht charakteristisch und zeigen an, dass die Schädigung der Blättchenschicht bereits erfolgt ist. Sehr leichte Fälle werden manchmal als subakut bezeichnet. Hier kann es sein, dass die Blättchenschicht nur minimal geschädigt ist. Symptome der akuten Phase sind:

- Schmerzen, v. a. in den Vorderhufen, wobei alle vier Füße, aber auch nur ein einzelner betroffen sein können.
- Weigerung, das betroffene Bein voll zu belasten.
- Stellungswechsel mit Verlagerung des Gewichts auf die Ballen oder Hinterhand. Dies führt zur charakteristischen Stellung akut rehekranker Pferde, die hinten auf den Ballen stehen.
- Gangveränderungen in milderen Fällen, in schwereren Fällen die Weigerung, sich zu bewegen.
- Erhöhter (pochender) digitaler Puls, manchmal als einziges Symptom.
- Vermehrte Wärme der Hufwand oder des Kronsaumes.
- Erhöhte Körpertemperatur, Puls- und Atemfrequenz in schweren Fällen.

Die akute Phase kann bei sofortiger Behandlung sehr kurz sein; unbehandelt führt sie, unterstützt durch den Zug der tiefen digitalen Beugesehne, zur Rotation und Absenkung des Hufbeins. Die sich daran anschließende **chronische Phase** ist durch eine völlig unterschiedliche Symptomatik und Problematik gekennzeichnet. Jeder Fall, der länger als 48 Stunden andauert, wird als chronisch bezeichnet:

- Rezidivierende Reheschübe mit dazwischen liegenden Phasen, in denen keine aktive Entzündung der Blättchenschicht vorliegt.
- Chronische Lahmheit
- Abnormes Hufwachstum und das Auftreten von Ringen an der Hufwand. Die Zehe und die Trachten neigen dazu, zu lang zu werden
- Schlechte Hufqualität aufgrund mangelhafter Nährstoffversorgung des Hufhorns
- Mögliche Verbreiterung der weißen Linie
- Gewichtsverlagerung auf die Ballen
- Absenkung der Sohle. Die Sohle erscheint abgeflacht und mit zunehmender Absenkung des Hufbeins gequetscht.
- Penetration der Hufbeinspitze durch die Sohle
- Neigung zu Hufabszessen, Ablösung der Hufwand und Quetschungen

Chronische Hufrehe ist manchmal schwer zu diagnostizieren und kann mit Podotrochlose, Schale, Hufbeinostitis, Arthritis und Frakturen des Hufbeins verwechselt werden.

Behandlung der Laminitis

Die Homöopathie hat eine hohe Erfolgsquote bei der Behandlung aller Stadien von Hufrehe vorzuweisen, insbesondere aber bei chronischen Fällen. Allerdings sollte man sich in akuten Fällen nicht allein auf die Homöopathie verlassen. Akute Laminitis ist ein Notfall und sollte auch als solcher behandelt werden, indem unverzüglich tierärztliche Hilfe aufgesucht wird. In der Zwischenzeit kann man bereits homöopathisch tätig werden. Vorbeugung ist immer besser als Heilung. Eine gute Haltung ist entscheidend, um das Auftreten von Hufrehe bei prädisponierten Tieren zu verhindern und die Heilung bei erkrankten Tieren zu unterstützen.

Homöopathische Behandlung

Beginnende und akute Laminitis

In erster Linie gilt es, die Auslöser zu beseitigen. Sind die Fütterung bzw. die Weide das Problem, stallt man das Pferd auf. Bei starken Schmerzen stellt man das Pferd auf tiefe Einstreu, sodass die Sohlen unterstützt werden und verordnet absolute Boxenruhe. Das Pferd sollte nicht mit kaltem Wasser abgeduscht oder in einen Bachlauf o. ä. gestellt werden, da es nicht erwiesen ist, dass diese Maßnahmen irgendeinen Nutzen haben. Sie können im Gegenteil sogar schädlich sein. Die Hufeisen werden nur entfernt, wenn die Sohlen konkav sind, ansonsten werden die Schmerzen dadurch eher verstärkt. Kann die zugrunde liegende Ursache ermittelt werden, ist diese immer mitzubehandeln. So kann manchmal die Weiterentwicklung der Laminitis noch aufgehalten werden.

In allen akuten Fällen

Aconitum 1M

Aconitum sollte unabhängig von der Ursache routinemäßig in allen Fällen von akuter Laminitis eingesetzt werden Dieses Mittel ist auch hilfreich, wenn Stress eine Rolle spielt.

Dosierung: *Alle 20–30 Minuten, bis die kritische Zeitspanne vorüber ist*

Belladonna 1M

Belladonna ist in allen Fällen zu geben, in denen eine Steigerung der Stärke und Frequenz des digitalen Pulses zu verzeichnen ist, sei sie auch noch so gering. Klare Indikationen sind Steigerung der Puls- und Atemfrequenz (klopfender Puls), Schwitzen, Schmerzen (das Pferd lehnt sich zurück, damit das Gewicht auf den Trachten lastet), vermehrte Wärme des Hufes und Kronsaumes und in manchen Fällen injizierte (intensiv gerötete) Schleimhäute. Belladonna kann gemeinsam oder im Wechsel mit Aconitum gegeben werden.

Dosierung: *Alle 20–30 Minuten, bis die kritische Zeitspanne vorüber ist*

Secale C200

Secale ist ein wichtiges Mittel, weil es die Blutzufuhr zur geschädigten Blättchenschicht steigert. Es sollte in allen akuten Fällen gegeben werden, um die Ablösung der Blättchenschicht und die Hufbeinrotation zum Stillstand zu bringen. Je früher es verabreicht werden kann, desto besser.

Dosierung: *Alle zwei bis drei Stunden; mit zunehmender Besserung Verlängerung der Abstände auf dreimal täglich*

Ebenfalls in Erwägung zu ziehen:

Hypericum 1M

Hypericum sollte zusätzlich gegeben werden, wenn starke Schmerzen bestehen und es dem Pferd so schlecht geht, dass es sich kaum bewegen kann und sehr weit zurücklehnt, damit das Gewicht auf den Trachten ruht; dabei sind die Vorderbeine weit nach vorne gestellt.

Dosierung: *Alle zwei bis drei Stunden; mit zunehmender Besserung Verlängerung der Abstände auf dreimal täglich*

Kalium carbonicum C200

Das Schlüsselsymptom dieses Mittels ist Schwäche. Es eignet sich am besten für Fälle, in denen nicht nur dieses Symptom vorliegt, sondern bei denen auch extreme Schmerzen bestehen, die es unmöglich machen, mehr als nur ein kurzes Stück zu gehen. Es ist weiterhin angezeigt, wenn es zu einer raschen Hufbeinrotation kommt. Besteht eine Toxämie oder Sepsis, soll dieses Mittel allerdings nicht gegeben werden.

Dosierung: *Alle zwei bis drei Stunden; mit zunehmender Besserung Verlängerung der Abstände auf dreimal täglich*

Bei traumatischer Beteiligung

Arnica C200

In allen Fällen von traumatischer Laminitis, unabhängig von der Ursache.
Dosierung: *Alle zwei bis drei Stunden, bis die kritische Zeitspanne vorüber ist*

Wenn eine Toxämie vorliegt

Pyrogenium 1M

Dies ist das Hauptmittel, wenn eine Toxämie oder Sepsis vorliegt. Besondere Indikationen sind Metritis, septische Wunden und Abszesse.
Dosierung: *Alle zwei Stunden, bis die kritische Zeitspanne vorüber ist oder die Symptome nachgelassen haben*

Baptisia C200

Dieses Mittel hat ähnliche Indikationen wie Pyrogenium, ist aber v. a. dann angezeigt, wenn hochgradige Erschöpfung besteht und jede Bewegung schwierig ist, weil die Muskeln schmerzen.
Dosierung: *Jede Stunde, bis die kritische Zeitspanne vorüber ist oder die Symptome nachgelassen haben*

Bei diätetischen Ursachen

Nux vomica C200

Nux vomica zieht Gifte aus dem Körper und unterstützt die Wiederherstellung des Gleichgewichts im Verdauungssystem. Es ist auch ein allgemeines Lebertonikum.
Dosierung: *Alle zwei Stunden, bis die kritische Zeitspanne vorüber ist*

Lycopodium 1M

Lycopodium wird ähnlich wie Nux vomica eingesetzt, passt aber vor allem für Pferde, bei denen Überfressen zu gasbedingter Auftreibung oder Blähungskolik geführt hat. Lycopodium unterstützt auch die Wiederherstellung der Leberfunktion, wenn diese durch die Anhäufung von Toxinen beeinträchtigt ist. In akuten Laminitisfällen mit einer Vorgeschichte von Lebererkrankungen sollte Lycopodium routinemäßig gegeben werden.
Dosierung: *Alle zwei Stunden, bis die kritische Zeitspanne vorüber ist*

Arzneimittelbedingte Laminitis

Die Gabe des Arzneimittels in potenzierter Form kann helfen. Ist **Cortison** oder **Prednisolon** die veranlassende Ursache, kann es *dreimal täglich* verabreicht werden (**Cortison C200** oder **Prednisolon C200**).

Chronische Laminitis

Chronische Fälle sprechen oft gut auf eine Kombination aus homöopathischer Behandlung und richtiger Haltung an. Fütterung und Hufpflege sind zwei Bereiche, die besonderer Erwähnung bedürfen. Das Ziel besteht darin, die Symptome der chronischen Laminitis so weit wie möglich zu beheben, Rezidiven vorzubeugen und eine weitere Absenkung des Hufbeins zu verhindern.

Man vermeide unbedingt Übergewicht, Überfütterung und ein Übermaß an Kohlenhydraten; im Idealfall werden gefährdete Tiere ganz vom Gras ferngehalten. In vielen Fällen ist dies nicht möglich; dann muss man sicherstellen, dass die Tiere nur grasen, wenn der Fruktanspiegel im Gras am niedrigsten ist: Dies ist spätabends und frühmorgens der Fall. Das Weidemanagement ist ebenfalls wichtig. Die Halmlänge soll niedrig gehalten werden, sodass anteilig mehr Blätter als Halme vorhanden sind, denn es werden mehr Fruktane im Halm als im Blatt gespeichert. Dies erreicht man durch Mähen oder Schafhaltung.

Stellt das Gewicht ein Problem dar, versuche man, dieses langsam durch sorgfältige Überwachung der Futterration und Longieren, Reiten oder Aufenthalt im Freien zu verringern, umso überschüssige Kalorien zu verbrennen. Die Rohfaseraufnahme sollte erhalten bleiben. Dies geschieht unter Verwendung von Haferstroh, Heu vom Vorjahr oder nachweislich rohfaserreichen und stärkearmen Futtermitteln. Eine Hungerkur ist keine Lösung, da diese zu weiteren Problemen führen kann.

Regelmäßige Besuche des Hufschmieds sind gleichermaßen wichtig. Ein guter Schmied sorgt dafür, dass das Gewicht gleichmäßig auf den Füßen verteilt ist, er beugt einer weiteren Gewebeschädigung und Hufbeinabsenkung vor, entfernt geschädigtes oder erkranktes Horn und unterstützt die Sohle und Hufwand, sodass Heilung erfolgen kann. Es werden oft spezielle Hufschuhe oder Einlagen verwendet, z. B. herz- oder eiförmige, geschlossene Eisen und Silikoneinlagen.

Homöopathische Mittel

Eine chronische Laminitis wird oft am besten mit einer Kombination aus Mitteln in niedriger Potenz behandelt (meistens C6), die über einen langen Zeitraum gegeben werden. Die Erfahrung hat gezeigt, dass einige Kombinationen gut zusammenwirken, aber die genaue Zusammenstellung muss im Einzelfall durch das Ausprobieren verschiedener Kombinationen angepasst werden. Die konstitutionelle Verschreibung ist ebenfalls von größtem Nutzen.

Hauptmittel

Die wichtigsten Kombinationen

Dosierung: *Ein- oder zweimal täglich, in Abhängigkeit von der Schwere der Symptome*

Kombination 1 (ALC): ideal für chronische Fälle von Laminitis, bei denen ein Trauma eine Rolle spielt

Arnica C6 für die Folgen von Erschütterungen oder Quetschungen des Hufes; es vermindert die Schädigung der Blättchenschicht.

Ledum C6 um die Auswirkungen einer Erschütterung und die Beschwerden zu mindern.

Crataegus C6 oder C30 verbessert die Zirkulation und die Blutzufuhr zu den Hufen.

Caulophyllum C6 als Alternative zu Arnica oder Ledum, um die Lahmheit zu lindern.

Kombination 2 (CSS): für chronische Laminitis mit Schmerzen oder Lahmheit als Hauptmerkmal

Crataegus C6 oder C30 verbessert die Zirkulation und die Blutzufuhr zu den Hufen.

Secale C6 steigert die Durchblutung der Blättchenschicht.

Sarsaparilla C6 hilft bei Schmerzen und Entzündung in chronischen Fällen.

Hypericum C6 als Alternative zur Schmerzlinderung.

Berberis C6 ist ein ausgezeichnetes zusätzliches Mittel bei Leberbeteiligung oder Schmerzen im unteren Rücken. Lindert chronische Schmerzen bei Laminitis.

Kombination 3 (SSA) für chronische Entzündungen der Lamina mit schlechter Hufqualität und daraus resultierenden Problemen

Sabadilla C6 bei Entzündung der Blättchenschicht.

Silicea C6 zur Senkung des Infektionsrisikos und Verbesserung der Hornqualität. Findet bei rissigen Hufen Anwendung.

Antimonium crudum C6 hilft bei ausgeprägten Reheringen oder deformierten Hufen. Lindert die Beschwerden und Schmerzen.

Alumina C6 bei empfindlichen Sohlen und brüchigen, abschilfernden Hufen. Nützlich bei Ablösung der Hufwand.

Kombination 4 (SHS) für chronische Laminitis mit Rotation des Hufbeins und Penetration der Sohle

Silicea C30 zur Vorbeugung von Infektionen und Erkrankungen wie Ablösung der Hufwand.

Hypericum C30 zusätzlich zur Schmerzlinderung.

Sarsaparilla C30 zur Schmerzlinderung.

Zusätzliche Mittel

Dosierung: *Ein- oder zweimal täglich, in Abhängigkeit von der Schwere der Symptome*

Allgemein

Xanthoxylum D3 als Alternative zu Crataegus zur Verbesserung der Blutzufuhr zu den Hufen.

Carbo vegetabilis C6 in schweren Fällen mit hochgradiger Schädigung der Blättchenschicht; verbessert die Durchblutung der Gewebe. Auch hilfreich bei einer Vorgeschichte von wiederholten Infektionen, wenn die Hornqualität schlecht ist.

Hufpflege

Fluoricum acidum C6 bei extrem schlechter Hornqualität oder einer Vorgeschichte von Huf- oder Sohlenabszessen oder Ablösung der Hufwand.

Calcium fluoratum C6 in Verbindung mit Silicea zur Verbesserung des Hufwachstums.

Graphites C30 auf konstitutioneller Grundlage in chronischen Fällen mit schlechter Hornqualität.

Knochenveränderungen

Ruta C6 zusätzlich bei degenerativen Knochenveränderungen des Hufbeins.

Hecla lava C6 ergänzend, wenn die knöchernen Veränderungen fortgeschritten sind.

Fälle mit Leberdysfunktion

Lycopodium C30, Phosphorus C30, Nux vomica C30 oder **Berberis C6**.

Schwierige Fälle oder wenn der Laminitis ein spezielles Problem zugrunde liegt

Thuja 1M kann grundsätzlich hilfreich sein.
Dosierung: *Einmal wöchentlich über vier Wochen*

Bei Hypothyreose

Calcium carbonicum C30 oder **Thyreoidinum D3**

Wenn eine Dauerrosse vorliegt

Spezifisch sind **Secale C30, Sepia C30** oder **Pulsatilla C30**

Bei Morbus Cushing

Häufig gebrauchte Mittel sind **ACTH C30, Quercus robur C30, Natrium muriaticum C30** und **Abrotanum C30**

Hohle Wand

Diese Erkrankung tritt als Folge von chronischer Hufrehe auf und führt im Zehenbereich zur Ablösung der empfindlichen Blättchenschicht von der Hufwand. Durch die Auflösung des Gewebes wird der Huf anfällig für Infektionen, und in dem Bereich kann sich trockenes, käseartiges Material ansammeln. Es kann die Ablösung der weißen Linie folgen, wodurch Infektionen eindringen und Hufabszesse sich entwickeln können. Geht das Pferd nicht lahm, wächst der Defekt langsam heraus, gute Hufpflege vorausgesetzt.

Empfohlene Mittel

Dosierung: *Einmal täglich*

Silicea C30 stärkt das geschädigte Horn und beugt einer Infektion vor.

Hepar sulphuris C200 bei Schmerzen, Lahmheit und eitriger Absonderung.

Fluoricum acidum C6 bei extrem schlechter Qualität des Hufhorns.

Myristica sebifera C200 bei schwerer Infektion des Gewebes und zweifelhafter Hornqualität.

Calcium fluoratum C6 fördert zusammen mit Silicea das Hufwachstum.

Graphites C30 auf konstitutioneller Grundlage in chronischen Fällen mit schlechter Hornqualität.

Riss der weißen Linie Hufabszess (Gravel)

Durch einen Riss in der weißen Linie (der Verbindungslinie zwischen der Blättchenschicht der Wand und der Sohle) können Infektionen in die empfindlichen Strukturen des Hufes eindringen. Da es an dieser Stelle keine Abflussmöglichkeit gibt, geht die Infektion den Weg des geringsten Widerstandes und sucht sich im Bereich der Ballen einen Weg nach außen.

Sind die Hufe zu trocken oder aufgrund von Hufrehe oder Ablösung der Hufwand rissig, kann die weiße Linie reißen. Die betroffenen Pferde gehen lahm, v. a. wenn noch kein Abfluss besteht. Die Behandlung umfasst die Schaffung einer solchen Abflussmöglichkeit in Verbindung mit dem Einsatz homöopathischer Arzneien.

Empfohlene Mittel

Dosierung: *Zweimal täglich*

Hepar sulphuris C200 in akuten Fällen mit Schmerzen und Lahmheit, bevor eine Abflussmöglichkeit geschaffen wurde.

Silicea C200 in Fällen, in denen eine Abflussmöglichkeit besteht.

Calcium sulphuricum C200 in hartnäckigen Fällen, die trotz Drainage nur langsam abheilen.

Myristica sebifera C200 als Alternative zu Calcium sulphuricum oder Silicea, v. a. wenn eine Sepsis vorliegt.

Das Nervensystem

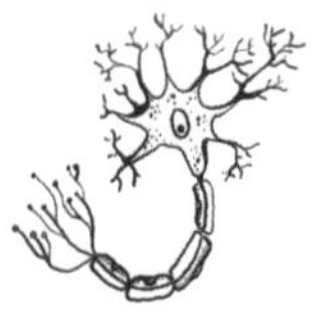

In diesem Kapitel werden die Erkrankungen des Nervensystems abgehandelt. Es teilt sich in zwei Abschnitte: Im ersten Abschnitt geht es um das Nervensystem im Allgemeinen, während der zweite sich mit speziellen Erkrankungen des Nervensystems befasst.

Das Nervensystem hat zwei Hauptanteile: Das zentrale Nervensystem (ZNS) besteht aus dem Gehirn und dem Rückenmark (die beide für höhere Funktionen wie Verhalten, Empfindungen, Koordination der Bewegung und Atmung zuständig sind), während das periphere Nervensystem die Nerven umfasst, die das ZNS mit allen anderen Körpersystemen und -geweben verbinden. Diese peripheren Nervenfasern ermöglichen erst die Bewegung durch Kontrolle der Muskeln und Verbindungen zu den Gelenken, Bändern und Sehnen. Die Kenntnisse vom Verlauf der Hauptnerven in den unteren Gliedmaßen werden häufig im Rahmen der Lahmheitsdiagnostik genutzt, indem die Nerven an bestimmten Stellen betäubt werden.

Verletzungen oder Erkrankungen, die sich auf die Funktion der Nerven auswirken, können die Übertragung von Nervenimpulsen und ihre Weiterleitung entlang der Nervenbahnen auf unterschiedliche Weise stören. Sie können die Impulse verlangsamen oder vollständig blockieren. Dies führt zu einer teilweisen oder vollständigen Lähmung des entsprechenden Bereichs, wenn der Nerv Muskeln versorgt, bzw. zum partiellen oder kompletten Verlust der Empfindung, sofern sensorische Nerven betroffen sind. Bei manchen Erkrankungen wird die Reizleitungsgeschwindigkeit erhöht, was wie z. B. bei Tetanus zu Konvulsionen oder Muskelkrämpfen führt.

Allgemeine Erkrankungen der Nerven/des Nervensystems

Allgemeine Nervenverletzungen

Periphere Nerven

Nervenverletzungen können infolge eines direkten Traumas, z. B. im Rahmen eines Unfalls bzw. Schlages auftreten. Allerdings kann auch ein chirurgisches Trauma versehentlich zu einer derartigen Schädigung führen. Die Nerven können sich wieder erholen, sofern sie nicht irreversibel geschädigt sind. Die Symptome hängen davon ab, welche Region bzw. Nerven betroffen sind. Sie reichen von zuckenden und unkoordinierten Muskelbewegungen über teilweise oder vollständige Lähmung eines Bereichs bis hin zum Verlust der Sensibilität. Beispiele für Nervenverletzungen sind die Fazialislähmung, Schädigung der Obturatornerven und die Radialislähmung.

Zentrales Nervensystem (ZNS)

Gehirnerschütterungen oder Schädelfrakturen können die Hirnnerven schädigen. Eine Wirbelsäulenverletzung kann zu Blutungen im Rückenmarkskanal oder Schädigung bzw. Zerstörung des Rückenmarks führen. Der Schaden kann in allen Fällen vorübergehend oder dauerhaft sein.

Grundlagen der Behandlung von Nervenverletzungen aller Art

Arnica C200 oder 1M

Wie bei allen Verletzungen verabreicht man anfangs einige Gaben Arnica.

Dosierung: *Drei oder vier Gaben innerhalb einer Stunde, je nach Schwere und Art der Verletzung*

Hypericum 1M

Dieses Hauptmittel bei allen Arten von Nervenverletzungen sollte neben Arnica gegeben werden. **Dosierung:** *Drei oder vier Gaben innerhalb der ersten Stunde, gefolgt von zwei oder drei Gaben täglich, bis die Verletzung abgeheilt ist*

Bellis perennis C200

Ein spezifisches Mittel bei Verletzungen im Beckenbereich und der Beckennerven.
Dosierung: *Dreimal täglich*

Calendula C30

Ein weiteres Mittel mit spezifischer Wirkung bei Nervenverletzungen, v. a. solchen, die nur langsam heilen. Calendula kann zusammen mit Hypericum angewendet werden.
Dosierung: *Dreimal täglich*

Nervenverletzungen – Erschütterung

Homöopathische Mittel können eine bemerkenswerte Wirkung bei der Behandlung von augenscheinlich langfristigen Problemen zeigen, die im Rahmen einer Schädelverletzung auftreten, selbst wenn diese schon länger zurückliegt. Man denke stets als Erstes an **Arnica** und **Hypericum**, bevor man eines der unten stehenden Mittel einsetzt.

Aconitum 1M sofort, wenn Symptome von Furcht oder Panik auftreten.

Cicuta C200 bei Verlust des Gleichgewichts.

Helleborus C200, wenn eine geistige Dämpfung die Folge ist.

Opium 1M, wenn das Tier in einen komaähnlichen Zustand zu fallen scheint.

Natrium sulphuricum C200 bei chronischen geistigen Veränderungen, die sich nachfolgend entwickeln.

Zincum C200 für die Folgen wie z. B. Unruhe oder Muskelzuckungen.

Dosierung: *Unmittelbar nach der Verletzung mehrere Gaben in kurzen Abständen. Mit einsetzender Besserung wiederholte Einzelgaben nach Bedarf.*

Nervenverletzungen – Wirbelsäulenverletzungen

Auch hier denke man als Erstes an **Arnica** und **Hypericum**, bevor man spezifische Mittel einsetzt, um die eigentliche Schädigung der Wirbelsäule zu behandeln. Mögliche Folgen einer Wirbelsäulenverletzung sind Muskelschwäche, unkoordinierte Bewegungen (Ataxie), Paralyse oder Muskelkrämpfe. Hilfreiche Mittel sind in den entsprechenden Kapiteln dieses Buches zu finden. Siehe auch unter Wirbelsäule.

Nervenentzündung oder Neuritis

Neuritis ist eine Bezeichnung für die Entzündung eines peripheren Nerven im Gegensatz zu einer Beteiligung des ZNS, wo es zu Enzephalitis bei Entzündung des Gehirns, Myelitis bei Entzündung des Rückenmarks und Meningitis bei Entzündung der Hirn- und Rückenmarkshäute kommt. Meningitis und Enzephalitis liegen meist Infektionen zugrunde, die u. U. auch zu einer Entzündung peripherer Nerven führen können. Eine Neuritis kann weiterhin durch ein Trauma oder eine Verletzung ausgelöst werden. Das Cauda-Equina-Syndrom ist die einzige signifikante und spezifische Erkrankung, die unter die Überschrift „Neuritis“ fällt.

Grundlegende Mittel bei Neuritis

Zu Beginn:

Dosierung: *Stündlich bis zur Besserung*

Aconitum 1M bei den ersten Anzeichen, v. a. wenn eine Infektion vorliegt.

Belladonna 1M in Fällen mit heftigen Muskelspasmen oder Bewegungen, die durch eine akute Nervenentzündung verursacht werden.

Hypericum 1M als gutes grundlegendes Mittel in allen Fällen von Neuritis einschließlich solcher, in denen es zu einem Verlust der Hautsensibilität kommt und ein Trauma vorliegt.

Danach:

Allium cepa C30 ist das Hauptmittel bei chronischer traumatischer Neuritis.

Coffea C200, wenn grundsätzlich eine gesteigerte nervale Aktivität besteht, z. B. in Form von Überempfindlichkeit der Haut und Muskelzittern.

Phosphorus C30, wenn eine Neuritis zu Muskelschwäche oder –lähmung führt oder es zu Nervendegeneration kommt.

Stannum C30, wenn eine Neuritis zu Schwäche der Gliedmaßen mit Stolpern führt.

Thallium C6 bei Neuritis mit Hinterhandschwäche.

Enzephalitis und Enzephalomyelitis

Diese beiden Erkrankungen stellen Entzündungen des Gehirns dar und sind in der Regel viralen Ursprungs. Die häufigsten Erreger sind die Viren der östlichen, westlichen und venezuelischen Equinen Enzephalomyelitis und der Equinen Rhinopneumonitis (EHV-1). Diese werden im Kapitel Infektionskrankheiten abgehandelt (Seite 293).

Meningitis einschließlich neonataler Meningitis

Meningitis ist die Bezeichnung für die Entzündung der Häute des Gehirns und Rückenmarks, der sogenannten Meningen. Sie endet meist tödlich und tritt selten bei erwachsenen Pferden und häufiger bei neugeborenen Fohlen auf. Meist spielen Bakterien eine Rolle, v. a. *Streptococcus equi* (Druse), *Escherichia coli* und *Actinobacillus equuli.*

Die ersten Anzeichen sind allgemeine Dämpfung, Schwäche und Inappetenz, je nachdem, welcher Bereich des Gehirns betroffen ist; sie können auch völlig unspezifisch sein. Neugeborene Fohlen verlieren den Saugreflex und zeigen wenig oder gar kein Interesse an der Mutterstute. Schreitet die Erkrankung fort, treten weitere Symptome auf, wie z. B. Herabhängen der Ohren, Augenlider und Lippen, abnorme Augenbewegungen (Nystagmus), Verdrehen des Kopfes und Strabismus (Schielen). Daneben kann es zu Blindheit mit Verlust der Koordination und abnormen Gliedmaßenbewegungen kommen. Der weitere Verlauf führt zu Tremor, Kollaps, Konvulsionen, konkavem Durchbiegen des Rückens (Opisthotonus) und schließlich zu Koma.

Die Behandlung ist meist schwierig und muss so schnell wie möglich erfolgen. Die Homöopathie kann begleitend zur konventionellen Medikation eingesetzt werden.

Aconitum 1M

Leitsymptom: Frühstadium

Dieses Mittel sollte im frühestmöglichen Stadium verabreicht werden, bevor irgendwelche eindeutigen Symptome auftreten. Schlüsselmerkmale sind Unruhe und Erregung.

Dosierung: *Alle 15–20 Minuten, bis die Symptome nachlassen oder ein anderes Mittel angezeigt ist*

Apis C30

Leitsymptom: Meningeale Schwellung

Apis sollte zusätzlich gegeben werden, wenn eine Schwellung der Meningen zu einer Druckerhöhung im Schädel führt. Praktisch gesehen ist dies nur schwer zu diagnostizieren oder zu bestätigen, daher sollte Apis am besten routinemäßig in allen Fällen neben Aconitum eingesetzt werden, bei denen Anzeichen von Depression oder Schwäche bestehen.

Dosierung: *Alle 15–20 Minuten*

Helleborus C200
Leitsymptom: Strabismus und Depression
Angezeigt bei tief greifender Depression und Schwäche, verdrehtem Kopf oder Strabismus.
Dosierung: *Viermal täglich*

Zincum C30
Leitsymptom: Herabhängende Augenlider, Strabismus und Zittern
Neigen oder Rollen des Kopfes von einer Seite zur anderen spricht oft gut auf Zincum an, wenn es mit herabhängenden Lidern einhergeht. Zittern und Zuckungen der Gliedmaßen sind ein weiterer Bestandteil des Arzneimittelbildes von Zincum.
Dosierung: *Viermal täglich*

Laburnum C30
Leitsymptom: Zucken der Gesichtsmuskeln, schwankender Gang
Symptome, die oft gut ansprechen, sind Depression mit ungleichmäßigem Gang und Zucken der Kopfmuskeln. Die Pupillen können ungleich groß sein.
Dosierung: *Viermal täglich*

Agaricus C30
Leitsymptom: Nystagmus
Hilft spezifisch bei Nystagmus in Verbindung mit abnormen Kopfbewegungen, Hinterhandschwäche, Zittern und Muskelzuckungen.
Dosierung: *Viermal täglich*

Stramonium C200
Leitsymptom: Tremor oder leichte Konvulsionen
Hilfreich bei Zittern oder Zuckungen der Gliedmaßen und abnormem, unkoordiniertem Gang. Konvulsive Symptome sprechen auch auf dieses Mittel an, wenn die Gliedmaßen langsame, nicht sonderlich heftige, paddelnde Bewegungen zeigen.
Dosierung: *Viermal täglich*

Belladonna C200
Leitsymptom: Heftige Konvulsionen
Schwere konvulsive oder epileptische Symptome sprechen eher auf Belladonna an. Man achte auf schnelles, heftiges Strampeln mit den Beinen, hohes Fieber, heiße, schweißnasse Haut und erweiterte Pupillen mit starrendem Blick.
Dosierung: *Viermal täglich*

Cicuta C200
Leitsymptom: Opisthotonus
Dieses Mittel ist ein Spezifikum für Fälle, die mit Opisthotonus und durchgedrücktem Rücken einhergehen, wobei der Kopf und der Schweif zueinander gezogen werden. Auch hilfreich, wenn der Kopf zu einer Seite gezogen wird. Cicuta ist ebenfalls eines der Hauptmittel für Meningitis, wenn die Symptome übereinstimmen.
Dosierung: *Alle zwei bis drei Stunden*

Myelitis

Dieser Begriff bezeichnet eine Entzündung des Rückenmarks und die entsprechenden Folgen. Die Ursache ist meist eine Virusinfektion. Die Symptome umfassen Paralyse eines oder mehrerer Muskeln, Muskelzuckungen oder -krämpfe, Lähmung des Penis (sodass dieser herunterhängt) sowie Lähmung der Blase und des Enddarms. Ist die Hinterhand betroffen, können sich weitere Symptome in Form von Paralyse und Koordinationsstörungen entwickeln. Die Hautsensibilität kann lokal verloren gehen, erst im Bereich der Hinterhand, dann am Rücken. In schweren Fällen, wenn sich die Erkrankung weiter nach oben entlang des Rückenmarks ausbreitet, können auch die Vorderbeine betroffen sein. Viele Arzneien finden sich unter anderen Erkrankungen, aber spezifische Arzneien sind beispielsweise **Oxalicum acidum C30** und **Thallium C30** sowie viele andere, die sich zur Behandlung der resultierenden Symptome eignen.
Dosierung: *Dreimal täglich*

Nervenlähmung
Paralyse

Eine Nervenlähmung kann vorübergehend auftreten, sofern ein Nerv zwar gequetscht, traumatisiert oder auf sonst eine Weise im Rahmen einer Infektion geschädigt wurde, nichtsdestotrotz aber intakt ist, sodass er sich wieder regenerieren kann. Solche Fälle können gut homöopathisch behandelt werden. Bei einer lange bestehenden Lähmung ist der zu erwartende Erfolg fragwürdig. Es gibt eine Vielzahl von Mitteln, die für die Behandlung der Ursachen und Symptome einer Lähmung in Betracht kommen. Nachfolgend sind die am häufigsten gebrauchten Arzneien aufgeführt.

Dosierung: *C30, zweimal täglich*

Hypericum bei Paralyse durch ein Trauma gleich welcher Art.

Causticum bei Paralyse nach Infektionskrankheiten, Blasenlähmung.

Conium bei progressiver, langsamer Paralyse der Hinterhand.

Curare bei vollständiger Paralyse.

Oxalicum acidum bei Paralyse durch Myelitis.

Gelsemium bei partieller Paralyse oder Schwäche der betroffenen Gliedmaße. Paralyse nach einer Erkrankung.

Phosphorus bei Paralyse durch Nervendegeneration oder Neuritis.

Plumbum mit Muskelschwund.

Lathyrus bei spastischer Paralyse.

Thallium bei Paralyse mit Zittern der Gliedmaßen, chronischer Myelitis.

Oxytropis mit Verlust der Koordination und Stolpern infolge einer Nervenlähmung.

Picricum acidum bei akuten Lähmungserscheinungen mit allgemeiner Erschöpfung und Schwäche.

Nux vomica bei Nachziehen der Hinterhand und Rückenschmerzen.

Zincum bei Paralyse mit Muskeltremor, Zittern oder unwillkürlichen Gliedmaßenbewegungen.

Spezielle Erkrankungen des Nervensystems

Wobbler-Syndrom

Zervikale vertebrale stenotische Myopathie

Zervikale vertebrale Missbildung

Diese Erkrankung stellt eine Entwicklungs- oder Wachstumsstörung der Halswirbel dar. Das Wobbler-Syndrom kann auch infolge eines direkten Traumas auftreten.

Schnell wachsende Vollblüter sind am häufigsten betroffen, und zwar wesentlich häufiger Hengst- als Stutfohlen; allerdings kann die Erkrankung auch bei älteren Pferden aller Rassen auftreten. Die dem Wobbler-Syndrom zugrunde liegenden Faktoren sind komplex, umfassen aber so gut wie immer genetische Faktoren, die Ernährung (v. a. hohe Kalorienaufnahme und ein Ungleichgewicht in Bezug auf die Spurenelemente) und traumatische Verletzungen.

Diese Faktoren führen dazu, dass sich die Halswirbel nicht korrekt ausbilden und sich in der Folge der Rückenmarkskanal verengt oder eine Instabilität der Wirbel entwickelt. In beiden Fällen kommt es zu Kompression des Rückenmarks und Koordinationsstörungen (Ataxie). Die Hinterbeine sind häufiger betroffen als die Vorderbeine. Da das Pferd nicht genau weiß, wohin es seine Füße setzen soll (wobei die Beine oft einen schwachen Eindruck machen), erscheint der Gang unsicher und „wackelig".

Die Symptome entwickeln sich oft langsam, können gelegentlich ganz plötzlich auftreten und dann entweder weiter fortschreiten oder stabil bleiben. Eines der ersten Anzeichen ist eine Veränderung des Gangbildes oder eine Lahmheit, die von der Vorder- zur Hinterhand wandert und dann von Tag zu Tag wechselt, mitunter sogar für eine Weile verschwindet. Manchmal werden die Zehen nachgeschleift oder die Hinterbeine werden merkwürdig gestellt bzw. geschwungen, wenn sich das Pferd im engen Kreis drehen muss. Im Schritt oder Trab kann das Pferd sogar einen ungewöhnlich ausladenden Gang zeigen. Obwohl die Vorderbeine meist erheblich weniger stark betroffen sind, kann ihr Gang steif, beinahe spastisch sein.

Die Behandlung zielt darauf ab, die Schädigung des Rückenmarks zu begrenzen und die klinischen Symptome so weit wie möglich zu vermindern oder aufzuheben. Die Homöopathie kann in akuten und chronischen Fällen eine Rolle spielen, allerdings ist in manchen Fällen eine Operation die einzige Behandlungsoption. Der Ausgang ist in jedem Fall fragwürdig. Handelt es sich um ein entwicklungsbedingtes Problem, gibt man **Calcium phosphoricum D6** *zweimal täglich* zusätzlich zu den anderen empfohlenen Mitteln.

Empfohlene Mittel

Hypericum 1M und Arnica 1M sollten sofort gegeben werden, wenn der Verdacht besteht, dass ein Trauma die auslösende Ursache ist.
Dosierung: *Dreimal täglich über fünf Tage*

Conium C30 ist das Hauptmittel bei fortschreitender Schwäche und wenn das Pferd den Eindruck macht, als wüsste es nicht, wohin es seine Hinterbeine setzen soll.

Oxytropis C30 wirkt ganz besonders auf das Nervensystem und kann in allen Fällen gegeben werden, die die charakteristischen stolpernden Bewegungen bzw. einen stolpernden Gang zeigen.

Gelsemium C30 ist ideal in noch nicht so weit fortgeschrittenen Fällen, wenn die Hauptsymptome mit Schwäche einhergehen.

Nux vomica C30 ist angezeigt, wenn die Zehen über den Boden schleifen und die Symptome morgens schlimmer sind.

Lathyrus C30 ist hilfreich bei Beteiligung der Vorderhand mit spastischem Gang und Muskelschwund der Hinterhand.

Cauda-equina-Neuritis
Cauda-Equina-Syndrom
Polyneuritis equi

Der Begriff Cauda equina (der wörtlich „Stutenschweif" bedeutet) bezieht sich auf eine Gruppe von Nervenfasern, die aus dem letzten Abschnitt des Rückenmarks austreten und nach unten ziehen. Eine Entzündung dieser Nervenfasern (Neuritis) geht manchmal mit einer Entzündung anderer Nerven einher, die dem Rückenmark entspringen. Auch manche Nerven, die direkt aus dem Gehirn kommen (die kranialen Nerven) können betroffen sein.

Die Erkrankung schreitet langsam und progressiv fort und ist mit einem Verlust der isolierenden Myelinscheiden der betroffenen Nerven verbunden. Die Ursache ist unbekannt, möglicherweise spielen Viren oder Impfstoffe eine Rolle. Die häufigsten Symptome sind Schwäche, herabgesetzter Muskeltonus und Verlust der Sensibilität (Analgesie) im Bereich von Anus, Schweif und Becken. Der Gang kann ebenfalls leicht beeinträchtigt sein, aber schwerwiegendere Symptome sind Harn- und Kotinkontinenz (mit urinbedingter Reizung der Haut), Verstopfung und Schlaffheit des Schweifes. Bei männlichen Tieren kann der Penis herabhängen, da er nicht in das Präputium zurückgezogen werden kann.

Sind die kranialen Nerven betroffen, kann es zu Fazialislähmung, Verdrehung des Kopfes und rascher Bewegung der Augen von einer Seite zur anderen (Nystagmus) kommen.

Die langfristigen Aussichten sind schlecht, die nachfolgenden Arzneien können aber hilfreich sein.

Phosphorus C200

Phosphorus eignet sich am besten für das Frühstadium, wenn die Symptome gerade erst aufgetreten sind.
Dosierung: *Zweimal täglich*

Hypericum C200

Dieses Mittel ist ebenfalls bei der Behandlung einer Neuritis angezeigt und sollte unbedingt

neben Phosphorus in Erwägung gezogen werden. Eine weitere Indikation für dieses Mittel ist Analgesie (Empfindungslosigkeit) der Haut in bestimmten Bereichen am Schweif und Perineum.
Dosierung: *Zweimal täglich*

Thuja 1M
Angezeigt, wenn die Symptome nach einer Impfung auftreten.
Dosierung: *Einmal täglich, zehn Tage lang, dann Wahl eines spezifischeren Mittels*

Die folgenden Mittel eignen sich mehr für Lähmungszustände, die im Rahmen dieser Erkrankung auftreten können.

Picricum acidum C30 eignet sich am besten für Fälle, in denen Lähmungserscheinungen mit allgemeiner Schwäche und Harntröpfeln einhergehen.

Causticum C30, wenn die Blase gelähmt und die Hautsensibilität herabgesetzt ist.

Plumbum C30 bei Muskelschwund und Lähmung von Blase und Rektum.

Oxytropis C30 wird am besten eingesetzt, wenn der Gang betroffen ist und Kotinkontinenz besteht.

Nux vomica C30 ist angezeigt bei Blasenschwäche und Gangauffälligkeiten aufgrund einer Hinterhandschwäche. Die Zehen schleifen evtl. auf dem Boden nach.

Alumina C30 eignet sich für ältere Tiere mit Hinterhandschwäche, die den Kot erst nach einer gewissen Anstrengung absetzen. Die Hufe sind rissig und brüchig und der Kot ist trocken.

Gelsemium C30 bei allgemeiner Schwäche mit Zittern und Schwäche der Hinterhand. Die Blase ist gelähmt und füllt sich so stark mit Urin, dass dieser herauströpfelt. Das Rektum ist teilweise gelähmt.

Conium C30 bei fortschreitender Hinterhandschwäche, wenn der Urin intermittierend unter Schwierigkeiten abgesetzt wird und der Gang stark beeinträchtigt ist.

Agaricus C30 kann neben anderen Mitteln eingesetzt werden, wenn Nystagmus besteht und der Kopf verdreht ist.

Cocculus C30 zusätzlich bei Fazialislähmung.

Dosierung: *Dreimal täglich*

Fazialislähmung

Der Fazialisnerv versorgt einige Strukturen des Gesichts, v. a. die Muskeln der Lippen, Wangen, Nüstern, Ohren und Augenlider. An der Stelle, wo der Nerv über die Rückseite des Unterkiefers zieht, ist er anfällig für Verletzungen, die zu einer Lähmung der betroffenen Gesichtshälfte führen können. Die typischen Symptome sind Herabhängen der Ober- und Unterlippe, des Auges und Ohres und Einfallen der Nüster. Der Maulbereich sieht oft verzerrt aus, da die Muskeln der gesunden Seite die Lippen herüberziehen. Die Genesung nimmt meist einige Zeit in Anspruch, wobei die Futteraufnahme erschwert sein kann.

Die Behandlung erfolgt anfangs mit **Arnica 1M** und **Hypericum 1M**, wobei man *fünf oder sechs Gaben im Verlauf des ersten Tages* verabreicht. Danach gibt man **Hypericum 1M,** *zweimal täglich an den darauffolgenden zehn Tagen* in Verbindung mit der am besten passenden Arznei:

Causticum C30
Dies ist das am häufigsten verordnete und absolut wirksamste Mittel, insbesondere wenn die rechte Seite betroffen ist. Ein spezifischer Hinweis ist das Auftreten der Krankheit nach kaltem oder nassem Wetter.
Dosierung: *Zweimal täglich, solange wie nötig*

Cocculus C30
Sollte als Alternative in Betracht gezogen werden, wenn das Öffnen des Maules dem Pferd Beschwerden bereitet.
Dosierung: *Zweimal täglich, solange wie nötig*

Weitere nützliche Mittel sind:

Nux vomica C30, wenn das Problem linksseitig und das Pferd reizbar ist.

Ammonium phosphoricum C30 kann sich als hilfreich erweisen, wenn begleitend eine Atemwegsinfektion besteht oder knöcherne Gelenkveränderungen vorliegen.

Gelsemium C30 ist angezeigt, wenn der Patient einen gedämpften, ruhigen oder desinteressierten Eindruck macht.

Senega C30 hilft, wenn die Symptome linksseitig sind und mit einem chronischen, rasselnden Husten einhergehen.

Daneben sollte man noch in Erwägung ziehen: **Plumbum C30** (bei Muskelschwund), **Cadmium sulphuricum C30** (wenn die linke Seite betroffen ist) sowie **Curare C30** in behandlungsresistenten Fällen.

Dosierung: *Zweimal täglich*

Supraskapularislähmung

Bei der Supraskapularislähmung kommt es zur Atrophie der beiden Muskeln, die das Schulterblatt bedecken – des Musculus supraspinatus und infraspinatus. Die Ursache ist ein Trauma, bei dem der Nervus suprascapularis, der diese Muskeln versorgt, geschädigt wird. Da er über die Vorderseite des Schulterblattes zieht, kann er leicht einen Schaden davontragen, wenn das Pferd mit einem harten Gegenstand kollidiert, auf die Schulter fällt oder die Gliedmaße plötzlich mit erheblicher Kraft zurückzieht.

Aus der anfänglichen Verletzung kann sich eine Lahmheit entwickeln, die nach ein paar Tagen wieder verschwindet. In den folgenden Wochen kommt es zu schleichendem und langsamem Muskelschwund. In Abhängigkeit von der Art und Schwere der Verletzung kann die Lähmung von Dauer sein. Handelt es sich um eine Verletzung geringeren Ausmaßes, erholt sich der Nerv langsam wieder; dies kann mehrere Monate in Anspruch nehmen. Eine sofortige homöopathische Behandlung steigert die Chancen auf Genesung. Andere Therapien wie Akupunktur, Stimulation mit Ultraschall, Physiotherapie und Massage können den Heilungsprozess in Verbindung mit Ruhe unterstützen.

Man beginnt die Behandlung mit **Arnica 1M** und **Hypericum 1M**, *die am ersten Tag abwechselnd alle 30–60 Minuten und an den folgenden zehn Tagen jeweils zweimal täglich verabreicht werden.* Dann fährt man mit **Hypericum C30** fort, das *jeden zweiten Tag falls nötig über mehrere Monate* gegeben wird, und verabreicht zusätzlich je nach Indikation eines oder mehrere der folgenden Mittel:

Dosierung: *Zweimal täglich*

Curare C30 bei vollständiger Paralyse.

Causticum C30 als Alternative zu Curare, v. a. bei älteren Pferden.

Gelsemium C30 bei partieller Paralyse.

Plumbum C30 zur Verlangsamung des Muskelschwundes.

Silicea C6 zur Verlangsamung der Bildung von Narbengewebe um den sich erholenden Nerven.

Radialislähmung

Der Radialisnerv versorgt die Muskeln der Vorderhand, die den Ellbogen, Tarsus und Huf strecken. Er entspringt dem Plexus brachialis, einer komplexen Gruppe von Nerven, und verläuft dann abwärts über den Humerus, bevor er sich verzweigt und zu den einzelnen Muskeln zieht. An dieser Stelle ist er am anfälligsten für eine Verletzung, sei es durch ein Trauma (z. B. durch einen Tritt, Schlag oder Sturz) oder Druck (durch das Liegen während einer Operation oder bei Krankheit).

Die Symptome einer Radialislähmung können variieren und hängen von dem Sitz der Nervenschädigung und der Art der Verletzung ab. Besteht eine vollständige Lähmung, hängt der Ellbogen mit gebeugtem Karpal- und Fesselgelenk nach unten und die Zehe wird nachgeschleift. Das Pferd kann das Bein nicht nach vorne bringen, kompensiert dies aber teilweise dadurch, dass es das Bein nach außen schwingt. Bei einer schweren Nervenschädigung sind die Aussichten auf Regeneration äußerst gering und es kommt zu allmählichem Muskelschwund der betroffenen Gliedmaße.

Die Genesung geht oft nur sehr langsam vonstatten und kann sich über mehrere Monate hinziehen. Neben der Homöopathie können auch andere Therapien wie Akupunktur und Massage äußerst hilfreich sein.

Arnica 1M und **Hypericum 1M** sollten in jedem Fall zum Einsatz kommen, wobei die Gabe *am ersten Tag abwechselnd alle 30–60 Minuten und an den folgenden zehn Tagen jeweils zweimal täglich erfolgt.* **Ruta C200** kann zusätzlich verabreicht werden, wenn der unter dem Nerv liegende Knochen ebenfalls traumatisiert ist, und **Secale C200**, wenn die Schädigung durch Druck entstanden ist. *Beide Mittel sollten zweimal täglich gegeben werden.*

Die Behandlung sollte mit dem am besten passenden Nervenmittel aus der unten stehenden Liste fortgesetzt werden; dieses wird *zweimal täglich* verabreicht:

Curare C30 bei vollständiger Paralyse, wenn überhaupt keine Streckung mehr möglich ist.

Causticum C30 bei fast vollständiger Paralyse.

Hippomanes C30 bei partieller Paralyse, die zu Gelenkschwäche unterhalb des Ellbogens führt.

Gelsemium C30 bei partieller Paralyse, wenn die Gliedmaße schwach und der Gang beeinträchtigt ist, sodass es zu Stolpern kommt.

Plumbum C30 hat als Hauptindikation Muskelschwund.

Lathyrus C30 ist angezeigt, wenn die Zehe über den Boden geschleift wird, aber geringe Anzeichen einer Besserung zu erkennen sind.

Obturatorlähmung

Der Obturatornerv versorgt einige Muskeln der Hinterhand und kann im Rahmen des Abfohlens geschädigt werden. Durch Druck auf den Nerven während des Geburtsvorganges wird der Nerv gequetscht und es kommt zu partieller Paralyse der betroffenen Hintergliedmaße.

Die sofortige Behandlung beginnt mit **Arnica 1M** und **Hypericum 1M** wie oben beschrieben. **Bellis perennis C200** (*alle zwei Stunden*) ist eine gute Alternative zu Arnica, wenn das Becken während des Abfohlens erheblich traumatisiert wurde. Die *zweimalige tägliche* Gabe von **Gelsemium C200** während der Heilungsphase beschleunigt den Heilungsprozess.

Femoralislähmung

Der Femoralisnerv versorgt die Quadrizeps-Muskeln, die den vorderen Bereich und die Seiten des Oberschenkelknochens bedecken. Eine Verletzung dieses Nerven erfolgt durch ein Trauma (Überstrecken des Beines), durch Festliegen oder im Rahmen von Kreuzverschlag. Die Lähmung führt dazu, dass das Pferd das Bein nicht mehr belasten kann. Die betroffene Gliedmaße ist gebeugt und das Pferde hat Probleme, das Bein nach vorne zu bringen, was es durch seinen Gang kompensiert.

Empfohlene Mittel:

Anfangs **Arnica 1M, Hypericum 1M**

Anschließend **Conium C30, Curare C30** oder **Plumbum C30**

Hahnentritt

Hahnentritt ist eine seltene Erkrankung der Hinterhand, deren genaue Ursache unbekannt ist. Eine Theorie besagt, dass pflanzliche Toxine eine Rolle spielen und zu einer Schädigung oder Störung der Nerven führen. Zu den fraglichen Pflanzen zählen der Falsche Löwenzahn (*Hypochaeris radicata*) in Australien und möglicherweise der Gemeine Löwenzahn (*Taraxacum officinale*). Potenzierte Zubereitungen dieser Pflanzen könnten möglicherweise für die Behandlung hilfreich sein, wurden bisher aber noch nicht ausprobiert. Eine weitere Theorie vermutet, dass Hahnentritt die Manifestation einer Ischialgie ist, die durch lokale Nervenreizung oder Entzündung der Hüfte hervorgerufen wird. Eine unumstrittene Tatsache ist der Umstand, dass entweder der laterale digitale Strecker oder seine Sehne beteiligt ist, denn die chirurgische Entfernung derselben lindert die Symptome, die bei Hahnentritt auftreten.

Die Symptome sind normalerweise charakteristisch (können aber mit der Fixation der Patella nach oben verwechselt werden) und umfassen eine übersteigerte Beugung der Hinterhand, wodurch ein merkwürdiger stechschrittartiger Gang entsteht. Das Ausmaß dieser Gangveränderung kann variieren. Oft sieht man zuerst nicht mehr als eine leichte Beugung. In weiter fortgeschrittenen Fällen kann die Flexion jedoch ganz extrem sein, wobei der Huf in der Vorwärtsbewegung mit erheblicher Kraft auf dem Boden aufstampft. Es kann sogar sein, dass das Fesselgelenk gegen die Magengegend tritt. Ist das Pferd aufgewärmt oder wird es in schnellerem Tempo gearbeitet, verschwinden die Symptome oft und das Pferd macht einen normalen Eindruck. Sind beide Hinterbeine betroffen, kann das Pferd einen hoppelnden Gang zeigen. In schweren oder fortgeschrittenen Fällen treten noch weitere neurologische Zeichen auf wie z. B. Muskelschwund oder Lähmung der linken Kehlkopfseite, sodass es zum „Kehlkopfpfeifen“ kommt.

Hahnentritt ist alles andere als leicht zu behandeln, eine Genesung ist aber möglich. Die folgenden Mittel können hilfreich sein:

Magnesium phosphoricum C30

Leitsymptom: Milde Fälle

Magnesium phosphoricum ist weithin als krampflösendes Mittel bekannt und eines der Hauptmittel bei Hahnentritt, wenn die Symptome nicht schwerwiegend sind. Das Arzneimittelbild deckt die für Hahnentritt typischen Muskelspasmen ebenso ab wie Nervenschmerzen, die bei einer Ischialgie auftreten können.

Dosierung: *Ein- oder zweimal täglich in Abhängigkeit von der Schwere des Zustandes*

Strychninum 1M

Leitsymptom: Hauptmittel in schweren Fällen

Schwerere Fälle sprechen eher auf Strychninum an, wenn die Beugung sehr heftig ist und der Fuß mit erheblicher Kraft auf dem Boden aufsetzt.

Dosierung: *Einmal täglich*

Cuprum C200

Leitsymptom: Spastische Beugung

Cuprum ist eine Alternative zu Magnesium phosphoricum und passt besser in solchen Fällen, wo die spastische Flexion der Gliedmaße über eine gewisse Zeit aufrechterhalten wird, bevor sich das Bein wieder entspannt. Ein weiterer Hinweis sind Zuckungen der Beinmuskeln.

Dosierung: *Ein- oder zweimal täglich in Abhängigkeit von der Schwere des Zustandes*

Weitere hilfreiche Mittel

Lathyrus C30

Die Nerven des Rückenmarks fallen in den Einflussbereich dieser wenig bekannten Arznei. Ihr Arzneimittelbild umfasst spastische Paralyse der Hinterhand. Lathyrus sollte in Betracht gezogen werden, wenn die Erkrankung mit Muskelschwund einhergeht oder beide Hinterbeine betroffen sind.

Dosierung: *Zweimal täglich*

Cina C30

Cina passt zu Pferden mit reizbarem Temperament und kann bei dieser Erkrankung infrage kommen, wenn es zu den charakteristischen plötzlichen und heftigen ruckenden Bewegungen kommt und nur die linke Seite betroffen ist.

Dosierung: *Zweimal täglich*

Colocynthis C30

Dies ist ein weiteres Mittel, das mit Zorn und Reizbarkeit verbunden ist und Krämpfe und Spasmen in seinem Symptomenbild hat. Colocynthis sollte bei schwereren Fällen in Erwägung gezogen werden, wenn die Symptome

ausgeprägt sind und das betroffene Bein stark angezogen wird.
Dosierung: *Zweimal täglich*

Causticum C30
Causticum kann ergänzend gegeben werden, wenn eine Kehlkopflähmung besteht.
Dosierung: *Zweimal täglich*

Zitterer

Diese Erkrankung wird oft mit Hahnentritt verwechselt, da sie ebenfalls die Hinterbeine betrifft, die periodisch für mehrere Sekunden gebeugt oder angezogen werden. Dies kann im Stand auftreten, geschieht aber meistens beim Gehen, Zurückweichen und Umdrehen. Das betroffene Bein kann zudem zittern, und auch der Schweif zeigt Tremor oder wird in einer angehobenen Stellung gehalten. In seltenen Fällen kommt es zu leichtem Muskelschwund im Oberschenkelbereich.

Einige der bei Hahnentritt angezeigten Mittel kommen auch hier in Frage, insbesondere **Magnesium phosphoricum, Strychninum, Cuprum, Colocynthis, Zincum** und **Lathyrus**. Die folgenden Mittel können ebenfalls hilfreich sein:

Lycopodium C30 bei Tieren mit der typischen Lycopodium-Konstitution.
Secale C30, wenn die betroffene Gliedmaße schlecht durchblutet ist.

Strontium carbonicum C30 bei gleichzeitiger Schwellung des Sprunggelenks.

Dosierung: *Zweimal täglich*

Tetanus, Kiefersperre

Tetanus ist eine der ältesten bekannten Krankheiten weltweit. Pferde sind im Vergleich zu anderen Haustieren besonders empfänglich dafür. Heutzutage tritt die Krankheit aufgrund der flächendeckenden Impfung nur noch selten auf. Nichtsdestotrotz handelt es sich um eine schwerwiegende Erkrankung, die ernsthafte Komplikationen wie Pneumonie und Laminitis nach sich ziehen kann. Tetanus endet fast immer tödlich; nur wenige Fälle überleben.

Die Symptome von Tetanus werden durch Toxine hervorgerufen (um genau zu sein, durch Neurotoxine, die die Nerven angreifen), die von dem Bakterium Clostridium tetani gebildet werden. Dieses Bakterium kann in seiner Sporenform im Erdboden viele Jahre überleben. Die Sporen stellen kein Problem dar, bis sie in den Körper gelangen, was meist durch eine Wunde geschieht. Tiefe penetrierende Wunden sind am schlimmsten, da die Sporen hier tief in anaerobes (sauerstoffarmes) Gewebe gelangen, wo sie sich optimal weiterentwickeln können. Allerdings können die Sporen auch auf verschiedenen anderen Wegen in den Körper eindringen, u. a. bei Routineoperationen wie Wundnähten oder Kastrationen, im Rahmen der Geburt, durch scheinbar geringfügige Risse oder Wunden und bei Fohlen sogar über den Nabel.

An den Eintritt in den Körper schließt sich eine Inkubationszeit von 7–21 Tagen an, worauf sich der Organismus vermehrt und die Toxine bildet, die für die charakteristischen Tetanus-Symptome verantwortlich sind. Das wichtigste Toxin führt zu abnormen Muskelkontraktionen oder Spasmen, die durch den kleinsten Reiz ausgelöst werden; dieser Zustand wird auch als Hyperästhesie bezeichnet.

Die klinischen Zeichen, die mit Tetanus in Verbindung gebracht werden, variieren von Tier zu Tier und hängen vom Alter, dem Impfstatus, der Größe des Tieres und der von den Bakterien produzierten Toxinmenge ab. Das erste Symptom ist gewöhnlich eine fortschreitende Steifheit mit Abneigung gegen Bewegung und Ganganomalie. Weitere Symptome sind eine verminderte Beweglichkeit des Kiefers, ein ängstlicher und angespannter Gesichtsausdruck, Flattern oder Erweiterung der Nüstern, Vorfall des dritten Augenlides, Schwitzen sowie Anheben und steifes Abhalten des Schweifes.

Schreitet die Krankheit fort, treten die klassischen Tetanus-Symptome auf; alle vier Gliedmaßen sind verkrampft und überstreckt (Sägebockhaltung), und es kommt zu Krämpfen des Halses und der Kiefermuskeln. Im Frühstadium kann das Pferd noch fressen und trinken, aber mit zunehmender Intensität der Spasmen werden die Futter- und Wasseraufnahme immer schwieriger. Es kommt zu Speichelfluss und das Futter wird möglicherweise regurgitiert.

Zusätzliche Probleme treten auf, wenn das Pferd vornüber fällt und nicht mehr aufstehen kann. Der Tod tritt schließlich wenige Tage nach Eintritt der Symptome infolge einer Kombination aus Erschöpfung, Atemversagen, Aspirationspneumonie und Herzstillstand ein.

Die Behandlung von Tetanus

Die Behandlung von Tetanus ist schwierig und oft erfolglos, trotz intensiver Bemühungen, die auf die Neutralisation des Toxins, Elimination der ursächlichen Bakterien und Linderung der Spasmen ausgerichtet sind. Die Homöopathie stellt eine Ergänzung zu den konventionellen Maßnahmen und Möglichkeit zur ersten Hilfe dar, während man auf konventionelle Hilfe wartet. Die angezeigten Mittel sollten idealerweise als flüssige Verdünnung verabreicht werden, die auf die Schleimhäute getropft wird, um eine Stimulation des Patienten auf ein Minimum zu beschränken.

Mittel bei Tetanus

Aconitum 1M

Um überhaupt Einfluss auf den Verlauf der Krankheit nehmen zu können, muss dieses Mittel sehr frühzeitig gegeben werden, im Idealfall sofort nach einer Verletzung, bei der möglicherweise ein Tetanus-Risiko besteht. Aufgrund der variablen Inkubationszeit sollte Aconitum auch noch verabreicht werden, sobald die ersten Symptome auftreten.
Dosierung: *Stündlich, über einen Zeitraum von sechs Stunden oder bei Bedarf länger; absetzen, wenn ein anderes Mittel angezeigt ist*

Belladonna 1M

Indikationen für Belladonna sind schneller, klopfender Puls, starkes Schwitzen, heiße Haut und v. a. Hyperästhesie, die bei Belladonna besonders ausgeprägt ist.
Dosierung: *Stündlich nach Bedarf*

Cicuta C200

Dies ist eines der Hauptmittel bei Muskelspasmen, das auch eine besondere Wirkung auf das Nervensystem hat. Ein Leitsymptom sind heftige Muskelspasmen, wie sie auch bei Tetanus auftreten, und die zur Beugung von Hals, Kopf und Wirbelsäule nach hinten führen. Cicuta ist weiterhin angezeigt, wenn es aufgrund von Krämpfen im Halsbereich zu Schwierigkeiten bei der Futteraufnahme und dem Schlucken kommt.
Dosierung: *Stündlich nach Bedarf*

Strych,ninum C200

Die späteren spastischen Stadien von Tetanus können gut auf dieses Mittel ansprechen, dessen Arzneimittelbild Starre der Gesichts- und Halsmuskeln, spasmodisches Nachhintenbiegen von Kopf und Hals sowie Krämpfe der Rücken- und Schweifmuskeln beinhaltet. Die Muskelspasmen lassen zwischen den einzelnen Anfällen nach, werden aber durch die geringste Berührung und sogar Geräusche ausgelöst.
Dosierung: *Alle 20–30 Minuten*

Nux vomica 1M

Muskelspasmen, v. a. der Gliedmaßen und des Rückens, charakterisieren dieses Mittel, das auch eine hochgradige Überempfindlichkeit in seinem Arzneimittelbild aufweist. Die Spasmen sind nicht so heftig wie bei Strychninum.
Dosierung: *Stündlich nach Bedarf*

Hypericum 1M

Hypericum verlangsamt das Fortschreiten der Krankheit entlang der Nervenendigungen und ist ein spezifisches Mittel zur Behandlung und Vorbeugung von Tetanus.
Dosierung: *Stündlich nach Bedarf*

Ledum C200

Genau wie Hypericum ist auch Ledum bei der Behandlung und Vorbeugung von Tetanus angezeigt. Eine spezifische Indikation für Ledum sind spastische Muskelzuckungen an der Eintrittstelle der Tetanusbakterien.
Dosierung: *Stündlich nach Bedarf*

Opium C30

Angezeigt im Frühstadium, wenn Zuckungen im Gesicht und in den Gliedmaßen auftreten, bevor sich die heftigen Spasmen späterer Stadien entwickeln. Opium ist auch bei Vorfall des dritten Augenlides hilfreich.
Dosierung: *Alle 15 Minuten*

Passiflora D1

Passiflora ist ein allgemeines Beruhigungsmittel und wird bei der Behandlung von Tetanus als krampflösende Arznei eingesetzt.
Dosierung: *Alle 15 Minuten*

Upas tieuté C30

Dieses weniger bekannte Mittel ist ein weiteres Spezifikum für die Behandlung von Tetanus; es lindert die in den späteren Stadien der Erkrankung auftretenden Spasmen. Upas ist daneben auch ein Mittel für Asphyxie und kann daher in den letzten Stadien von Tetanus eingesetzt werden, wenn die Atemmuskulatur betroffen ist.
Dosierung: *Alle 10–15 Minuten*

Oenanthe crocata C30

Ein spezifisches Mittel für den Gesichtsbereich und insbesondere Trismus; es kann die Spasmen der Kiefermuskulatur soweit lindern, dass das Maul ein wenig geöffnet werden kann, um dem Tier etwas Nahrung einzuflößen.
Dosierung: *Alle 20–30 Minuten*

Tetanus-Nosode C30

Diese Nosode ist auch als Tetanotoxinum bekannt und kann begleitend neben allen anderen Mitteln gegeben werden.
Dosierung: *Einmal täglich*

Vorbeugung von Tetanus

Jede verdächtige Wunde sollte gut gesäubert und mit **Hypercal-Urtinktur** (**Hypercal Ø**) gebadet werden. *Dazu wird ein Teelöffel der Tinktur mit einem halben Liter kaltem, abgekochtem Wasser verdünnt und die Wunde zweimal täglich oder so oft wie nötig gebadet.* Liegt ein Gewebetrauma vor, gibt man dazu **Arnica C200** routinemäßig *zweimal täglich über fünf Tage.*

Ledum C30 und **Hypericum C30** sollten routinemäßig vorbeugend verabreicht werden, und zwar *jeweils eine Gabe zweimal täglich über drei Wochen.* Besteht ein hohes Tetanus-Risiko, gibt man dazu die **Tetanus-Nosode C30** (**Tetanotoxinum C30**).

Weitere Mittel, die eine präventive Rolle spielen und in Betracht gezogen werden können, sind **Physostigma C30** und **Thuja C30**.

Equines Rhinopneumonitis-Virus (EHV-1) Equines Herpesvirus Typ 1, Subtyp 1

Eine Infektion mit diesem Virus kann neurologische Symptome hervorrufen. Siehe Infektionskrankheiten, Seite 293.

Epilepsie Krampfanfälle, Konvulsionen

Epilepsie tritt bei Pferden nur selten auf und wurde bisher auch noch nicht gründlich erforscht. Daher ist das Wissen über diese Erkrankung auch nur sehr dürftig. Die Anfälle werden durch eine abnorme elektrische Aktivität im Gehirn hervorgerufen. Es gibt eine Reihe bekannter Auslöser für Epilepsie. Es gibt zwei Formen – die idiopathische mit Ursprung innerhalb des Gehirns, und die sekundäre, bei der die Anfälle im Rahmen anderer Erkrankungen auftreten.

Pferde, die vergiftet wurden oder Toxine aufgenommen haben, können epileptische Anfälle entwickeln, ebenso wie Tiere mit Leber- oder Nierenerkrankungen, Herz- und Kreislaufproblemen oder entzündlichen Erkrankungen des Gehirns, die auch viralen Ursprungs sein können. Einige Ernährungs- und Stoffwechselprobleme, Gehirntumoren und Schädeltraumata können ebenfalls zum Auftreten von epileptischen Anfällen führen. Bekannte Auslöser sind helles Licht, plötzliche Geräusche, Hormonschwankungen (z. B. beim Zyklus der Stute), Satteln und Aufhalftern sowie Stress.

Die Symptome können viele verschiedene Formen und Muster annehmen. Bei manchen Pferden treten die Symptome nur in großen Abständen auf; sie dauern nur ein oder zwei Minuten und bis zum nächsten Anfall vergehen mehrere Monate oder sogar Jahre. Einige Tiere zeigen eine Phase abnormer Aktivität vor einem Anfall (in der Prodromalphase), z. B. einen gedämpften Zustand oder zielloses Herumwandern, In-die-Luft-Starren oder grundloses Auf-den-Boden-Klopfen. Andere Pferde wiederum sind nach dem Anfall gedämpft oder schläfrig. Bei einigen Tieren treten keine Frühwarnsymptome auf und sie erholen sich auch schnell wieder.

Während eines Anfalls kann eine ganze Reihe von Symptomen rasch aufeinanderfolgen; ihre Schwere oder Heftigkeit variiert sehr von Tier zu Tier. Einige wenige Pferde kollabieren plötzlich ohne Vorwarnung. Die Gliedmaßen zucken ungefähr eine Minute lang heftig, wobei das Tier wiehert oder andere Geräusche von sich gibt, dann endet dieser Zustand und das Tier bleibt noch eine Weile liegen, bevor es wieder aufsteht. Bei dieser Anfallsform dauert die Erholung lange.

Bei anderen Pferden verlaufen die Anfälle unterschiedlich. Die Muskeln versteifen sich und zwingen den Körper dazu, sich abnorm zu verbiegen, wobei der Kopf und Hals nach hinten zum Brustkorb gezogen werden. Das Pferd bleibt die ganze Zeit bei Bewusstsein und erholt sich auch schnell wieder, lehnt sich aber gegen eine Wand oder einen Zaun, um sich abzustützen.

Ein Pferd mit Epilepsie stellt eine Bedrohung für den Reiter (im Sinne seiner Sicherheit) und eine Herausforderung für den Tierarzt dar, der die Sicherheit von Pferd und Reiter im Auge hat. Ein Pferd zu reiten, das epileptische Anfälle hat, ist extrem gefährlich und waghalsig. Einige Tierärzte behandeln heutzutage mit Antikonvulsiva. Die Homöopathie kann in manchen Fällen unter Aufsicht eines homöopathischen Tierarztes versucht werden und sollte als komplementäre oder unterstützende Maßnahme neben anderen betrachtet werden.

Empfohlene Mittel

Dosierung: *Diese ist abhängig von der Häufigkeit und Schwere der Anfälle und reicht von einmal wöchentlichen bis zu täglichen Gaben. Es wird geraten, professionelle Hilfe aufzusuchen.*

Belladonna 1M

Leitsymptom: Heftige Anfälle mit Umsichschlagen

Heftige Anfälle mit erweiterten Pupillen, klopfendem Puls, großer Hitze, Schwitzen und Umsichschlagen.

Stramonium 1M

Leitsymptom: Ausgelöst durch helles Licht, Starren ins Leere

Anfälle mit Wiehern, erweiterten Pupillen, langsameren Paddelbewegungen der Gliedmaßen, oft ausgelöst durch helles Licht oder glänzende Gegenstände. Starrt in der Prodromalphase u. U. ins Leere.

Hyoscyamus 1M

Leitsymptom: Gewalttätigkeit, Aggression, Misstrauen

Eignet sich bei Pferden mit aggressivem Naturell, die bei Annäherung ausschlagen und meist sehr lautstark sind. Es kommt zu Muskelzuckungen und Pupillenerweiterung. Die Symptome sind während der Rosse schlimmer.

Cicuta C200

Leitsymptom: Verdrehter oder starrer Körper

Der Körper und Hals sind verdreht, weil sich die Muskeln in einem hochgradigen Krampfzustand befinden. Der Kopf wird unter zuckenden Muskelbewegungen nach hinten zum Brustkorb gezogen. Die Pupillen sind erweitert.

Oenanthe crocata C30

Leitsymptom: Verschlimmerung während der Rosse

Die Anfälle treten während der Rosse auf; sie beginnen in der Regel mit Zuckungen der Gesichtsmuskeln und entwickeln sich weiter bis zu heftigem Umsichschlagen. Die Kiefer sind fest zusammengepresst und die Pupillen erweitert. Der Rücken ist aufgekrümmt, wobei die konkave Seite nach oben gerichtet ist und die Beine nach außen gestellt sind (Opisthotonus).

Silicea C200

Leitsymptom: Schlimmer bei Vollmond, nach Impfung

Epileptische Anfälle, die im Anschluss an eine Impfung oder speziell bei Vollmond auftreten.

Cuprum metallicum C200

Leitsymptom: Spasmen oder Zuckungen der Beine

Konvulsionen mit Ursprung in den unteren Gliedmaßen lassen an Cuprum denken, besonders wenn die Gesichtsmuskeln spastisch nach hinten gezogen werden. Auch die Beine verfallen in ruckartige Krämpfe oder zucken in kurzen Abständen.

Strychninum C200

Leitsymptom: Tetanische Spasmen, die durch den geringsten Reiz ausgelöst werden

Es treten heftige tetanische Spasmen mit Opisthotonus auf, wobei sich die Muskeln zwischenzeitlich entspannen. Auslöser ist die leichteste Stimulation, sei es Berührung, Bewegung oder ein Geräusch. Die Hals- und Rückenmuskeln sind bei Berührung sehr fest und hart.

Plumbum C30

Leitsymptom: Erschöpfung

Konvulsionen bei erschöpften Pferden mit Muskelschwäche oder bei nierenkranken Pferden.

Ignatia 1M

Leitsymptom: Emotionale Auslöser, Hysterie

Epilepsie bei launischen, empfindsamen Pferden, die schnell aufschrecken oder nervös werden. Epilepsie durch Kummer oder emotionalen Schock. Muskelzuckungen.

Weitere hilfreiche Mittel

Lachesis C200 Leitsymptom: Misstrauisches Naturell, schlimmer vor der Rosse.

Passiflora D3 Leitsymptom: Durch Angst.

Phosphorus C30 Leitsymptom: Bei gleichzeitiger Lebererkrankung.

Bufo C30 Leitsymptom: Anfälle im Tiefschlaf.

Agaricus C30 Leitsymptom: Mit anhaltender Ataxie.

Die Haut

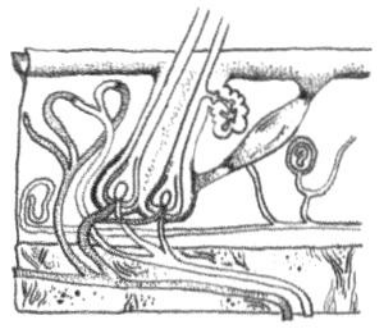

Die Haut ist mit Abstand das größte sichtbare Organ des Körpers und hat eine Vielzahl lebenswichtiger Funktionen. Sie wirkt als Barriere und schützt den Körper vor Traumata und Verletzungen, vor Infektionen durch Mikroorganismen und vor den schädlichen Auswirkungen des Sinnenlichts; sie verhindert überdies das Eindringen von toxischen oder giftigen Substanzen. Sie wirkt der Austrocknung entgegen, unterstützt aber gleichzeitig die Temperaturregulation des Körpers durch Schwitzen, Zittern und Kontrolle der Position der Haarschäfte. Sie ermöglicht es dem Körper, sich seiner Umwelt durch die Empfindung von Berührung, Schmerz, Druck und Einschätzung der Temperatur bewusst zu werden. Die zahllosen Drüsen der Haut scheiden zum Teil die Abfallprodukte des Körpers aus, während andere Drüsen wichtige Hormone produzieren, die sogenannten Pheromone, die an der Stimulation des Geschlechtstriebes beteiligt sind. Die Haut synthetisiert weiterhin Vitamin D und ist ein integraler Teil des Immunsystems.

Die Haut besteht aus zwei sehr unterschiedlichen Schichten. Die Epidermis ist die äußere Schutzschicht; sie hat keine eigene Blutversorgung und besteht aus weichem Keratin. Diese Schicht unterteilt sich in etliche weitere Schichten, von denen die äußerste die harte, trockene Hornschicht der Epidermis ist. Die Epidermis weist in Abhängigkeit von der Körperstelle eine unterschiedliche Dicke auf; am Rücken ist sie am dicksten, im Gesicht, am unteren Abdomen und am Hals jedoch deutlich dünner. In gemäßigtem oder kaltem Klima wächst in den Wintermonaten zusätzliches Fell zur Isolation. Abgesehen vom Mähnen- und Schweifhaar wächst jedes Jahr neues Haar nach; dies wird durch die Zunahme der Tageslichtlänge im Frühling stimuliert. Das neue Haar ersetzt allmählich das alte, das ausfällt.

Die unter der Epidermis liegende Schicht wird als Dermis bezeichnet. Sie besteht aus Kollagen und anderen verwobenen Fasern, die die Epidermis mit dem darunter liegenden Unterhautgewebe verbinden. Die Dermis enthält Blut- und Lymphgefäße, Nerven, Haarfollikel, Schweiß- und Talgdrüsen. Sie sorgt für die Ernährung, Unterstützung und Stärkung der Epidermis. Sie enthält weiterhin kleine Muskeln (M. arrector pili), die am Haarschaft ansetzen und die Position der Haare kontrollieren. Sie spielen eine wichtige Rolle bei der Temperaturregulation des Körpers. Die unter der Dermis liegende Unterhautschicht besteht aus lockerem fettreichem Bindegewebe und ist für die Beweglichkeit der Haut über den tieferen Schichten zuständig. In dieser Schicht liegt auch der Panniculus-Muskel, ein großes Muskelblatt, das sich zusammenzieht, um durch Zittern Körperwärme zu erzeugen.

Da die Haut ein solch lebenswichtiger Körperteil ist, spiegelt ihr Zustand den allgemeinen Gesundheitszustand des Tieres und seinen Lebensraum wider. Schlechte Umweltbedingungen und mangelhafte Ernährung sind am Zustand der Haut zu erkennen. Krankheitszustände wie z. B. Lebererkrankungen, Krebs, Durchfall, Austrocknung, parasitäre Infektionen (einschließlich hochgradiger Verwurmung), Darmschäden und die Aufnahme bestimmter giftiger Pflanzen wirken sich auf das Erscheinungsbild und Reaktionsvermögen der Haut aus. Die Folgen können Haarausfall, Juckreiz, Entzündungen, Abschuppung, Krustenbildung, Verlust der Elastizität, Verdickung und eine Vielzahl anderer Veränderungen sein.

Grundlegende Hauterkrankungen

Dieser Abschnitt behandelt die wichtigsten und grundlegenden Hauterkrankungen, die bei Pferden auftreten, im Gegensatz zu spezifischen Hautkrankheiten, die später erläutert werden. Für jede Erkrankung werden die gebräuchlichsten Arzneimittel aufgeführt.

Alopezie

Alopezie ist die Bezeichnung für Haarausfall; sie kann teilweise oder vollständig und vorübergehend oder dauerhaft sein. Letzteres ist der Fall, wenn die Haarfollikel zerstört und durch Fasergewebe ersetzt wurden, beispielsweise bei Verbrennungen dritten Grades, schweren Infektionen, Schädigung durch Chemikalien oder schwerwiegenden Hautverletzungen. Es gibt keine spezifische Behandlung für diese Art von Haarausfall, abgesehen von der Gabe geeigneter Mittel, die eine Narbenbildung in der Heilungsphase so weit wie möglich minimieren sollen, in der Hoffnung, einige Haarfollikel zu retten. Angezeigte Mittel sind u. a. **Graphites, Silicea, Calcium fluoratum** und **Thiosinaminum**.
Dosierung: *C30, dreimal täglich in der Abheilungsphase*

Vorübergehender Haarausfall tritt weitaus häufiger auf und ist die Folge eines selbst zugefügten sekundären Traumas aufgrund einer primären Ursache, die es zu ermitteln gilt. Die folgenden Mittel unterstützen im Allgemeinen das Haarwachstum, sofern sie mit den begleitenden Symptomen übereinstimmen.

Dosierung: *Zweimal täglich in der angegebenen Potenz*

Arsenicum album C30
Haarausfall mit Juckreiz und Schuppenbildung.

Fluoricum acidum C6
Allgemeiner Haarausfall im Alter, reizende Geschwüre und Narben.

Natrium muriaticum C30
Angezeigt, wenn der Zustand in Verbindung mit Kummer oder Gram auftritt und das Pferd einen gedämpften und antriebslosen Eindruck macht. Haarausfall im Rahmen bestimmter Ekzemformen spricht auch oft auf dieses Mittel an.

Carbo vegetabilis C30
Bei alten Tieren mit allgemeinem Vitalitätsverlust und Abbau.

Abrotanum C30
Ein ausgezeichnetes Mittel für ältere Tiere, bei denen der Haarausfall mit Gewichtsverlust trotz guten Appetits einhergeht. Der Haarausfall tritt oft fleckförmig auf und das verbleibende Haar ist trocken und glanzlos.

Pix liquida C6
Alopezie mit heftiger Reizung und rissiger, wunder Haut spricht oft auf dieses Mittel an.

Phosphoricum acidum C30
Angezeigt bei Haarausfall in Verbindung mit allgemeiner Erschöpfung aufgrund einer anderen Erkrankung.

Selenium C30
Hilfreich bei Haarausfall im Bereich des Kopfes und der oberen Gliedmaßen mit Abschuppung und leichtem Juckreiz.

Sepia C6
Bei Haarausfall mit fettiger oder verdickter Haut. Alopezie im Rahmen bestimmter Ekzemformen spricht auch oft auf dieses Mittel an.

Lycopodium C6
Bei Haarausfall aufgrund einer Lebererkrankung.

Thallium C6
Thallium ist ein allgemeines Mittel, das das Haarwachstum anregt, gleich welche Ursache hinter dem Haarausfall steht.

Thyreoidinum D6

Ein weiteres Mittel zur allgemeinen Anregung des Haarwachstums. Auch hilfreich bei Haarausfall in Verbindung mit Mangelernährung und wenn die Haut sehr trocken bzw. in einem schlechten Zustand ist.

Hautabschürfungen

Eine Hautabschürfung ist ein oberflächlicher stellenweiser Verlust der Epidermis, der oft mit einer leichten kapillären Blutung und Schmerzen einhergeht. Diese Art von Hautverletzung tritt oft bei Pferden auf, die beim Verladen oder auf rauem Untergrund wie z. B. Beton ausrutschen. Der betroffene Bereich sollte mit verdünnter **Hypercal-Lotion** gereinigt werden, um Schmutz und Gewebetrümmer zu entfernen. Nach dem Abtrocknen wird **Calendula-Creme** aufgetragen, um die Heilung zu stimulieren. Dies sollte *zweimal täglich* erfolgen.

Dosierung:
Arnica C30 *dreimal täglich,* bis die Stelle abgeheilt ist. Regt die Heilung an und reduziert die Quetschung und das Infektionsrisiko.

Hypericum C30, *dreimal täglich* bei Schmerzen. Dieses Mittel senkt auch das Tetanusrisiko.

Abszesse

Die Definition eines Abszesses ist eine Ansammlung von Eiter oder infektiösem Material innerhalb eines geschlossenen Bereichs bzw. einer Höhle. Unterhautabszesse bilden sich aus einer Vielzahl von Gründen; häufig liegt ihnen eine Infektion zugrunde, die durch eine geringfügige Wunde eindringen konnte. Die Penetration der Haut durch einen Fremdkörper kann ebenfalls zur Bildung eines Abszesses führen; dieser entwickelt sich, wenn der Körper versucht, das fremde oder infektiöse Material abzustoßen. Die Förderung der Abszessreifung mithilfe von Breiumschlägen ist oftmals hilfreich, da der Abszess dann aufplatzt und sich entleeren kann. Empfehlenswerte Mittel sind:

Dosierung: *Drei- oder viermal täglich*

Hepar sulphuris D6

Leitsymptom: Abszessreifung
Diese niedrige Potenz fördert die Reifung von Abszessen, damit diese schließlich aufgehen und ihren Inhalt entleeren. Ist dies geschehen, wechselt man zu einem der anderen Mittel.

Hepar sulphuris C200

Leitsymptom: Eiterung mit Schmerzen
In einer höheren Potenz unterstützt dieses Mittel die Absorption von akuten Abszessen, bei denen die geringste Berührung Schmerzen verursacht. Hilft auch bei akuten und chronischen Abszessen mit Absonderung, wenn ausgeprägte Schmerzen bestehen und die Absonderung einen faulig-eitrigen Charakter hat.

Silicea C30

Leitsymptom: Chronische schmerzlose Eiterung
Silicea ist das Hauptmittel, wenn ein Fremdkörper vorliegt, da es diesen an die Oberfläche bringt, wo er nach außen ausgetrieben werden kann. Es ist auch bei chronischen Zuständen angezeigt, wenn der Abszess Eiter absondert und noch nicht abgeheilt ist. Im Gegensatz zu Hepar sulphuris bestehen wenig oder gar keine Schmerzen. Dieses Mittel bringt chronisch verhärtete Abszesse zur Einschmelzung und kleine kalte Abszesse zur Absorption, bevor diese die Möglichkeit haben, sich weiterzuentwickeln.

Calcium sulphuricum C30

Leitsymptom: Hartnäckige Abszesse mit Absonderung
Dieses Mittel ist nützlich, wenn ein Abszess bereits eröffnet ist und sich entleert, v. a. wenn der Eiter gelblich und dick ist. Schon lange bestehende Abszesse mit Absonderung sprechen oftmals gut auf dieses Mittel an, wenn andere Arzneien bereits versagt haben.

Arnica C200

Leitsymptom: Nach einer lokalen Verletzung
Hilfreich, wenn es nach einer Verletzung zur Gewebedegeneration kommt und sich an dieser

Stelle ein Abszess entwickelt. Arnica unterstützt auch die Reifung von Abszessen.

Lachesis C200

Leitsymptom: Hautverfärbung

Bei Abszessen, über denen die Haut deutlich purpurfarben oder bläulich verfärbt ist und in deren Umgebung sich eine Zellgewebsentzündung entwickelt. Der betroffene Bereich fühlt sich heiß an. Lachesis ist auch hilfreich, wenn die beteiligten Hautstellen gangränös werden.

Pyrogenium 1M

Leitsymptom: Mit Fieber und Sepsis

Bei Abszessen, die mit Sepsis, Fieber und fauligem Eiter einhergehen. Pyrogenium ist ebenfalls hilfreich, wenn die kleinste Verletzung zu einer schwerwiegenden Sepsis führt.

Mercurius solubilis C200

Leitsymptom: Grüner Eiter

Hilfreich bei grünem Eiter, der Spuren von Blut enthalten kann.

Asa foetida C30

Leitsymptom: Wässriger Eiter und lokale Schwellung

Überaus nützlich, wenn der Eiter eher wässrig und die Umgebung geschwollen und aufgedunsen ist.

Tarentula cubensis C30

Leitsymptom: Akute Schmerzen und Hautverfärbung

Bei Abszessen angezeigt, die mit hochgradigen Schmerzen einhergehen und bei denen die Hautoberfläche verfärbt ist.

Myristica sebifera C30

Leitsymptom: Schwierige Fälle

Dieses wenig bekannte Mittel hat eine starke antiseptische Wirkung und hilft oft bei akuten und chronischen Abszessen, wenn andere angezeigte Mittel versagt haben. Besonders nützlich, wenn ein Trauma an dem Zustand beteiligt ist.

Calcium carbonicum C30

Leitsymptom: Tiefe Abszesse

Dieses Mittel unterstützt die Resorption von Eiter in tief im Körper liegenden Abszessen.

Bisse und Stiche

Hypercal-Lotion sollte als erste Maßnahme verwendet werden, um die Stelle zu reinigen und dann zu inspizieren, damit das Ausmaß des Schadens festgestellt werden kann. Sobald wie möglich gibt man dann **Ledum C30** *alle 15 Minuten, vier Gaben*. Dieses Mittel ist bei allen Arten von Stichverletzungen gleich welcher Ursache angezeigt und sollte begleitend zu den meisten anderen passenden Mitteln verabreicht werden. Die Gabe von Ledum senkt auch ganz entscheidend das Tetanusrisiko.

Tierbisse

Arnica C200

Dosierung: *Dreimal täglich,* bis die Wunde abgeheilt ist.

Hepar sulphuris C200

Dosierung: *Dreimal täglich, um das Risiko einer Infektion zu vermindern.*

Calendula C30

Dosierung: *Zweimal täglich,* wenn die Heilung nur langsam erfolgt.

Die Stelle wird *zweimal täglich* mit verdünnter **Hypercal-Lotion** gereinigt, bis sie vollständig abgeheilt ist.

Insektenstiche

Apis C200, wenn große aufgedunsene, geschwollene Flecken ähnlich Nesseln auf der Haut erscheinen.
Dosierung: *Dreimal täglich*

Vespa C30, wenn die ödematösen Stellen klein sind und stark jucken.
Dosierung: *Dreimal täglich*

Urtica urens C30 bei hochgradiger Hautreizung.

Dosierung: *Dreimal täglich*

Antipyrinum C6 bei heftigem Juckreiz am ganzen Körper mit plötzlichem Auftreten von kleinen geschwollenen Flecken.
Dosierung: *Viermal täglich*

Bovista C30, wenn große Hautbereiche nach einem Biss anschwellen oder anfangen, zu nässen und dann Krusten zu bilden.
Dosierung: *Dreimal täglich*

Rhus toxicodendron C30, wenn sich eine Zellulitis entwickelt.
Dosierung: *Viermal täglich*

Schlangenbisse

Schlangenbisse bedürfen der sofortigen tierärztlichen Hilfe. Der Bereich wird bei Bedarf mit verdünnter **Hypercal-Lotion** gereinigt.

Während man auf Hilfe wartet, gibt man:

Lachesis C200, wenn die Haut an der Bissstelle bläulich oder purpurn verfärbt ist. Der betroffene Bereich ist geschwollen und sondert eine dunkle Flüssigkeit ab. Es kann sich eine Zellgewebsentzündung entwickeln.
Dosierung: *Stündlich*

Crotalus horridus C30 wirkt am besten, wenn erhebliche Schmerzen und Schwellung bestehen. Dieses Mittel ist weiterhin hilfreich, wenn sich infolge eines Bisses eine Lymphangitis entwickelt hat oder der Bereich von umfangreicher Sepsis betroffen ist.
Dosierung: *Stündlich*

Echinacea D6 kann ergänzend bei Sepsis, Lymphangitis oder drohender Gangrän gegeben werden.

Verbrennungen und Verbrühungen

Man gießt so schnell wie möglich kaltes Wasser über den betroffenen Bereich, um die Hitze herauszuziehen. Bei kleineren Stellen kann man eine kalte Kompresse auflegen. Man verabreicht sofort:

Arnica C200 *drei Gaben im Abstand von 10 Minuten*, um die Gewebeschädigung zu minimieren, dann:

Cantharis C30 *bis zu zehn Gaben im Abstand von 10-15 Minuten, dann dreimal täglich bis zur Abheilung*. Cantharis lindert die Schmerzen und reduziert die Blasenbildung bei schwerwiegenden Verbrennungen.

Urtica urens C30 kann gegeben werden, wenn die Stelle erhebliche Beschwerden bereitet.
Dosierung: *Dreimal täglich*

Apis C30 bei leichteren Verbrennungen mit Schmerzen, Schwellung und Entzündung.
Dosierung: *Dreimal täglich. Apis ist das Mittel der Wahl bei Verbrennungen durch Chemikalien.*

Carbolicum acidum C6 kann eingesetzt werden, wenn die verbrannte Stelle ulzeriert und eine übel riechende Flüssigkeit absondert.
Dosierung: *Viermal täglich*

Causticum C30 ist angezeigt, wenn die Heilung nur langsam vonstatten geht oder wenn der Bereich vernarbt und Schmerzen zurückbleiben. Causticum ist auch hilfreich bei älteren Verbrennungen, die weiterhin Schmerzen oder Beschwerden bereiten.
Dosierung: *Dreimal täglich*

Verbrennungen sollten *zweimal täglich* mit **Calendula-Lotion** gereinigt werden, um die Stelle zu beruhigen und die Heilung anzuregen. Alternativ kann man eine Kombination aus **Cantharis Ø** und **Urtica urens Ø** (Urtinkturen) anwenden, wobei man 1 Teelöffel (5 ml) mit 500 ml Wasser verdünnt. Das Auftragen von **Urtica urens-Salbe** nach der Reinigung wirkt ebenfalls beruhigend auf die betroffenen Stellen.

Quetschungen und Prellungen

Eine Prellung ist die Folge eines stumpfen Traumas der Haut und darunter liegenden Gewebe ohne Beschädigung der Haut. Das Unterhautgewebe ist in Abhängigkeit von dem Ausmaß der Verletzung in unterschiedlichem Maße gequetscht, schmerzhaft und geschwollen. Die infolge der Quetschung und Unterhautblutung entstandene purpurne bis schwarze Verfärbung der Haut ist bei vielen Pferden nicht leicht zu erkennen.

Das Hauptmittel ist hier **Arnica**. Bei leichten bis mittelschweren Prellungen nimmt man **Arnica C30**, das man dreimal täglich verabreicht, bis die Heilung abgeschlossen ist. Bei schwerwiegenderen Prellungen gibt man **Arnica C200** *dreimal täglich über fünf Tage und anschließend zweimal täglich*, bis die Prellung verschwunden ist. Zahlreiche andere Mittel kommen ebenfalls in Frage.

Dosierung: *Zwei- oder dreimal täglich in Abhängigkeit von der Schwere der Symptome*

Bellis perennis C30 ist ein spezifisches Mittel bei tiefen Quetschungen und nach chirurgischen Eingriffen im Abdomen. Es wirkt besonders gut bei Quetschungen und Prellungen im Beckenbereich.

Ledum C30 kann bei Quetschungen im Bereich einer Stichwunde eingesetzt werden, besonders wenn der Bereich trotz der Gabe anderer Mittel über lange Zeit geschwollen bleibt.

Hamamelis C30 mindert die Kongestion im Bereich der Quetschung, v. a. wenn dieser geschwollen ist.

Sulphuricum acidum C30 ist hilfreich, wenn eine schwere Prellung dazu führt, dass das darunter liegende Gewebe geschädigt wird; die darüber liegende Haut ist violett oder blau verfärbt. Dieses Mittel eignet sich auch, wenn die Haut über dem geschädigten Bereich gangränös wird oder nur langsam abheilt.

Hämatome

Ein Hämatom ist eine sichtbare Ansammlung von Blut unter der Haut infolge eines lokalen Traumas, bei dem das Blut gerinnt. Der Bereich ist anfangs schmerzhaft, und die Umgebung weist oft Anzeichen einer Prellung auf. Typische Ursachen sind Stürze, Tritte oder Schläge mit stumpfen Gegenständen. Im Brustbereich treten nach einem Sturz sehr häufig Hämatome auf.

Die Behandlung erfolgt mit **Arnica C30** oder **Arnica C200** (in Abhängigkeit vom Schweregrad) *zweimal täglich*, in Verbindung mit **Hamamelis C30** *zweimal täglich*, bis das Hämatom verschwunden ist. Schreitet die Heilung nur langsam fort, sollte man evtl. die Mittel wechseln und mit **Silicea C30** und **Calcium fluoratum C30** weitermachen, die *einmal täglich über mehrere Wochen* gegeben werden. **Lachesis C30** *zweimal täglich* ist hilfreich, wenn sich die Haut purpurn verfärbt und das Blut nur langsam gerinnt. **Phosphorus C30, Secale C30** oder **Crotalus horridus C30** können sich ebenfalls bei der Auflösung von Hämatomen, bei denen das Blut nur langsam gerinnt und die nicht vollständig reabsorbiert werden, als wirksam erweisen.

Dosierung: *Dreimal täglich*

Zellulitis

Eine Zellulitis ist eine meist bakterielle Infektion, die sich im Unterhautgewebe ausbreitet. Die betroffenen Bereiche sind geschwollen oder ödematös und bei Berührung schmerzhaft. Ideale Mittel sind:

Arnica C200, *zwei oder drei Gaben im Abstand von 15–20 Minuten, gefolgt von:*

Rhus toxicodendron C30 ist das nützlichste Mittel zur Behandlung dieser Erkrankung.

Apis C30, wenn hochgradige Schwellung, Schmerzen und Hitze bestehen.

Hepar sulphuris C200 bei eiterähnlicher Absonderung oder wenn der betroffene Bereich bei der kleinsten Berührung schmerzt.

Manganum aceticum C30 ist bei Zellulitis im Bereich der Gelenke angezeigt.

Lachesis C200, wenn die Haut großflächig verfärbt (blau, schwarz oder purpurn) und bei Berührung heiß ist.

Myristica sebifera C6 ist ein gutes allgemeines antiseptisches Mittel, das in Frage kommt, wenn auch die Haut entzündet ist.

Dosierung: *Zwei- oder dreimal täglich in Abhängigkeit von der Schwere der Symptome*

Zysten

Eine Zyste ist eine flüssigkeitsgefüllte Höhle, ohne dass Entzündungszeichen vorliegen. Nützliche Arzneien zur Behandlung von Hautzysten sind:

Graphites C30, wenn die Zyste eine klare, klebrige Flüssigkeit absondert.

Barium carbonicum C30 als grundlegendes Mittel bei Zysten älterer Pferde.

Calcium carbonicum C30 bei Zysten, die bei Pferden schwerer Rassen auftreten.

Sabina C30, wenn gleichzeitig Warzen vorliegen.

Silicea C30 bei Zysten, die härter oder innen fibrosiert oder vernarbt sind.

Dosierung: *Einmal täglich über einen Zeitraum von sechs oder sieben Wochen*

Gangrän

Gangrän ist eine Bezeichnung für Gewebeuntergang oder Nekrose aufgrund fehlender Blutversorgung. Mögliche Ursachen sind Schwellung und Entzündung des betroffenen Hautareals oder auch Verletzungen bzw. Schnitte, durch die die Blutzufuhr unterbrochen wird. Angezeigte Mittel sind:

Secale C30 bei trockener Gangrän mit verschrumpelter Haut.

Carbo vegetabilis C30, wenn das Pferd allgemein abgebaut hat und tiefe Geschwüre mit gangränöser Haut an den äußeren Rändern entwickelt oder wenn abgestorbene Haut eine übel riechende und eitrige Infektion abdeckt.

Lachesis C30 bei einer verletzungsbedingten Gangrän mit septischer Infektion und blauschwarzen Rändern.

Arsenicum album C30 bei einer verletzungsbedingten Gangrän mit Entzündung, wenn sich die betroffenen Körperteile kalt anfühlen.

Causticum C30 wird empfohlen, wenn sich die Gangrän aus einer alten Verbrennung oder einem schlecht heilenden tiefen Geschwür entwickelt.

Anthracinum C30 bei einer Gangrän, die aufgrund einer Verbrennung oder großflächigen Sepsis entsteht und mit Schwellung einhergeht.

China C30 in Fällen von Gangrän, wenn das betroffene Gewebe eher feucht als trocken ist.

Dosierung: Die am besten passende Arznei wird *viermal täglich* gegeben.

Exkoriation oder Intertrigo

Dazu kommt es, wenn die oberflächliche Schicht der Haut, die Epidermis, abgerieben oder abgeschürft wird und das darunter liegende Gewebe wund ist und sich entzündet. Die betroffenen Stellen sollten *zweimal täglich* mit **Hypercal-Lotion** gebadet werden, um sie zu beruhigen und zu reinigen. Anfangs verabreicht man eine Einzelgabe **Arnica C200**, sobald man das Problem festgestellt hat, und lässt dann eines oder mehrere der folgenden Mittel folgen:

Hypericum C30, wenn die Stelle besonders empfindlich und schmerzhaft ist.
Dosierung: *Zweimal täglich bis zur Abheilung*

Calendula C30 zur Anregung der Heilung.
Dosierung: *Zweimal täglich bis zur Abheilung*

Graphites C30, wenn die Stelle rau ist und eine klare Flüssigkeit absondert.
Dosierung: *Zweimal täglich bis zur Abheilung*

Causticum C30, wenn die Veränderungen in Hautfalten liegen und ausgeprägte Rauigkeit und Wundheit bestehen.
Dosierung: *Zweimal täglich bis zur Abheilung*

Sulphur C6 bei älteren infizierten Bereichen, die nur langsam abheilen.
Dosierung: *Dreimal täglich bis zur Abheilung*

Fissuren und Hautrisse

Eine Fissur ist ein Riss in der Haut, der meist auf Trockenheit oder Verlust der Elastizität zurückzuführen ist. Eine Sekundärinfektion kann zu weiteren Problemen führen. Hilfreiche Mittel sind:

Graphites C30 ist das beste Mittel, wenn die Haut ein klebriges, honigartiges Sekret absondert. Es ist hilfreich, wenn die rissigen Hautstellen Schmerzen bereiten.

Petroleum C30, wenn die Haut sehr trocken, verdickt und lederartig ist. Die Hautrisse bluten leicht und der betroffene Bereich ist berührungsempfindlich.

Pix liquida C6 sollte bei Rissen mit hochgradiger Reizung in Betracht gezogen werden. Es kann auch zu Hautblutungen kommen.

Kalium arsenicosum C30 ist bei Fissuren in den Gelenkbeugen angezeigt. Weitere Merkmale sind Juckreiz und Verschlimmerung bei warmem Wetter.

Sarsaparilla C6 bei älteren Pferden, die stark abgebaut haben und aufgrund dessen abgemagert sind. Man achte auf rissige und verhärtete Stellen, v. a. in den Hautfalten.

Dosierung: *Ein- oder zweimal täglich über einen Zeitraum von mehreren Wochen, in Abhängigkeit von der Schwere der Symptome*

Hyperkeratose oder Hautverdickung

Dies bedeutet im Wesentlichen eine Dickenzunahme der Hornschicht der Epidermis. Dadurch wird die Haut lederartig, hart und weniger geschmeidig. Schwielen fallen ebenfalls in diese Kategorie. An manchen Stellen reißt die verdickte Haut und es kommt zu Infektionen mit Nässen und Wundheit. Tritt die Erkrankung an der Rückseite der Karpal- oder Krongelenke auf, wird sie im Englischen als „Flakey feathers" bezeichnet und steht oft in Zusammenhang mit Chorioptesräude (siehe Seite 278).

Dosierung: *Zweimal täglich*

Antimonium crudum C6 ist hilfreich, wenn gleichzeitig dicke Krusten oder andere Hautveränderungen wie Pusteln, Warzen und trockene Hautstellen vorliegen.

Hydrocotyle C6 bei übermäßiger Hautverdickung und starker Schuppenbildung.

Graphites C30, wenn die betroffenen Stellen nässen und ein klebriges, honigartiges Sekret absondern.

Petroleum C30 bei sehr trockener, dicker, lederartiger und rissiger Haut. Die Risse bluten leicht und die betroffenen Stellen sind berührungsempfindlich.

Rhus toxicodendron C6, wenn die verdickten Stellen wund und entzündet sind und stark jucken.

Sepia C30 bei verdickter, juckender und übel riechender Haut. Sepia wirkt am besten, wenn sich die betroffenen Stellen in der Nähe der Gelenkbeugen befinden.

Sulphur C30, wenn die Haut insgesamt einen ungesunden Eindruck macht.

Ekzem und Dermatitis

Diese Begriffe sind allgemein und unspezifisch und beschreiben Hautprobleme, die nicht als spezifische Hauterkrankungen identifiziert werden können. Es gibt vielfältige Auslöser wie z. B. Stress, Fütterung und Umwelt. Die zugrunde liegende Ursache kann bakteriell, viral, fungal oder auch allergisch sein. Sichtbare Hautveränderungen und Symptome sind Haarausfall, Schuppen- und Krustenbildung, Nässen, Entzündung und Rötung der Haut, Schwellungen, Pusteln, Bläschen, Knötchen, Juckreiz, Scheuern, Veränderung der Hauttextur und –pigmentierung, Seborrhö und Ulzeration.

Man versuche, das Problem zu identifizieren und schlage dann in dem entsprechenden Kapitel nach. Ist dies nicht möglich, gehe man zur Liste am Ende dieses Kapitels und versuche, die Mittel herauszufinden, die der Symptomatik am besten entsprechen.

Schuppen oder Pityriasis

Schuppenbildung ist i. d. R. keine eigenständige Erkrankung, sondern meist ein Symptom eines anderen zugrunde liegenden Problems. Leichte Schuppenbildung kann auf mangelhafte Ernährung, hochgradige Verwurmung, schlechte Stallverhältnisse und mangelhafte Pflege zurückzuführen sein. Schwerwiegendere Fälle treten im Rahmen anderer Erkrankungen, z. B. der Leber, auf, aber auch bei parasitären (z. B. Läusebefall und Räude) oder anderen Hautkrankheiten.

Die Schuppen haben typischerweise das Aussehen von Kleie oder weißen Flocken, die entweder auf der Hautoberfläche liegen oder im Fell verteilt sind. Mittel, die auf symptomatischer Grundlage eingesetzt werden können, sind:

Arsenicum album C200

Arsenicum passt zu ängstlichen oder unruhigen Tieren mit feinem Fell. Die Schuppen sind klein und finden sich v. a. in der Mähne, am Widerrist und Schweifansatz.
Dosierung: *Dreimal wöchentlich*

Arsenicum iodatum C200

Dieses Mittel ist hilfreich bei trockener und schuppiger Haut, wenn die Schuppen größer sind. Die Haut unter den schuppigen Veränderungen ist wund und nässt. In chronischen Fällen sind manche Hautbereiche verdickt.
Dosierung: *Dreimal wöchentlich*

Kalium sulphuricum C30

Die Abschuppung, die auf diese Arznei anspricht, ist eher gelblich und kann in Zusammenhang mit Ringflechte, unspezifischem Ekzem, fettiger, seborrhoischer Haut oder einem Ausschlag stehen.
Dosierung: *Einmal täglich*

Sepia C200

Dieses Mittel ist bei Verdickung der Haut, Ringflechte oder fettiger, öliger Haut angezeigt. Stuten sprechen eher darauf an, v. a. solche mit einem mürrischen, langsamen Charakter.
Dosierung: *Dreimal wöchentlich*

Lycopodium 1M

Lycopodium passt zu schlanken Pferden, die ein ängstliches und angespanntes Naturell haben. Es eignet sich am besten für schuppige Hautstellen, wenn die Haut dort verdickt ist und es zu trockenem, fleckförmigem Haarausfall oder Faltenbildung kommt bzw. wenn Seborrhö auftritt.
Dosierung: *Dreimal wöchentlich*

Sulphur C30

Sulphur ist angezeigt, wenn die Haut insgesamt einen ungesunden und ungepflegten Eindruck macht. Manche Tiere haben auch einen muffigen Hautgeruch, und es treten leichte Hautreizungen und andere Veränderungen wie Pusteln, Schuppen oder wunde Stellen auf.
Dosierung: *Einmal täglich*

Natrium muriaticum C30

Natrium muriaticum ist hilfreich, wenn Haut und Fell besonders trocken sind oder fettige Stellen aufweisen. Die Schuppenbildung tritt besonders deutlich in den Gelenkbeugen, an der Mähne sowie am Widerrist und Schweifansatz auf. Pferde, die gut auf dieses Mittel ansprechen, sind durstig, manchmal mürrisch und gehen nicht gerne Sozialkontakte mit anderen Tieren ein.
Dosierung: *Einmal täglich*

Badiaga C30

Dieses Mittel ist angezeigt, wenn sich die Schuppenbildung auf den Kopfbereich beschränkt.
Dosierung: *Einmal täglich*

Seborrhö, fettige Haut

Dieser Begriff bezeichnet eine übermäßige Talgproduktion der Haut, sodass diese fettig bzw. ölig aussieht und manchmal auch muffig riecht. Seborrhö tritt bei Pferden selten als eigenständige Erkrankung auf, wie es beim Menschen der Fall ist, sondern steht meist in Zusammenhang mit einer anderen Hautkrankheit z. B. einem Ekzem, einer Dermatitis oder Hautallergie. Manchmal nimmt sie die Form einer exsudativen Dermatitis an, die auch als Mauke bekannt und auf die unteren Gliedmaßen beschränkt ist (siehe Seite 275). Es sei auf die dort aufgeführten Arzneien verwiesen.

Eine generalisierte Seborrhö tritt seltener auf, allerdings weisen manche Pferde eine großflächige seborrhoische Dermatitis auf. Empfehlenswerte Mittel, die nach Möglichkeit konstitutionell eingesetzt werden sollten, sind: **Lycopodium** (das eine spezielle regulatorische Wirkung auf die Talgabsonderung der Haut hat), **Sepia, Sulphur, Kalium sulphuricum, Natrium muriaticum, Psorinum, Selenium, Arsenicum album, Iodium** und **Vinca minor**.
Dosierung: *C30, zweimal täglich, bis zur Besserung*

Narben

Eine Narbe bildet sich, wenn nach der Abheilung einer Wunde oder Läsion fibröses (Narben-) Gewebe zurückbleibt. Sie ist oft als sichtbare Veränderung auf der Haut zu erkennen. Aufgrund der Natur des fibrösen Gewebes und in Abhängigkeit von der Lokalisation der Narbe kommt es zu einem gewissen Verlust der Elastizität. Die folgenden Mittel können die Narbenbildung vermindern:

Silicea

Silicea ist eines der Hauptmittel, um Narbenbildung vorzubeugen bzw. alte Narben zu verkleinern. Es ist angezeigt, wenn altes Narbengewebe empfindlich oder schmerzhaft wird oder eine lang dauernde Infektion vorliegt. Silicea hat einen guten Ruf bei der Auflösung von altem Narbengewebe und harten fibrösen Knoten.
Dosierung: *C30, einmal täglich, bis zur Abheilung*

Graphites

Das Leitsymptom für Graphites ist akute Eiterung oder Infektion. Bei infizierten Wunden unterstützt es die Heilung und beugt der Narbenbildung am Ort der Verletzung vor. Graphites ist auch hilfreich bei sehr harten Narben und solchen, die durch Verbrennungen entstanden sind.
Dosierung: *C30, einmal täglich, bis zur Abheilung*

Calcium fluoratum

Hilfreich bei Narbengewebe im Allgemeinen, aber besonders wirksam, wenn sich das Narbengewebe sehr hart und knotig anfühlt.
Dosierung: *C30, einmal täglich*

Fluoricum acidum

Fluoricum acidum hilft bei Narbenbildung mit Reizung.
Dosierung: *C6, einmal täglich über viele Wochen*

Thiosinaminum

Dieses Mittel hat einen guten Ruf hinsichtlich der Auflösung von Narbengewebe und Verwachsungen und kann eingesetzt werden, um alte Narben zu verkleinern oder aufzulösen.
Dosierung: *C6, einmal täglich über viele Wochen*

Aceticum acidum

Wird dieses Mittel über mehrere Monate gegeben, kann es die im Narbengewebe befindlichen fibrösen Knötchen zumindest teilweise auflösen.
Dosierung: *C6, einmal täglich über viele Wochen*

Calendula

Calendula ist angezeigt, wenn eine Wunde nicht richtig abheilt und das Risiko der Narbenbildung besteht. Die Hauptwirkung dieses Mittels zielt auf eine saubere Wundheilung mit einem Minimum an Narbenbildung ab.
Dosierung: *C6, dreimal täglich bis zur Abheilung*

Fisteln und Kavernen

Eine Fistel ist ein Kanal, der sich nach außen über die Haut öffnet und die Entleerung von infektiösem Material (meist Eiter) aus tiefer liegenden Geweben erlaubt. Wo möglich, sollte der Ursprung der Infektion festgestellt und chirurgisch behandelt werden. Hilfreiche Mittel sind:

Silicea

Dieses ist das wichtigste Mittel zur Behandlung von Fisteln, insbesondere in lang dauernden Fällen mit Absonderung von eiterähnlichem Material. Ein wichtiger Hinweis ist das Fehlen von Schmerzen im Bereich der Fistel. Stellt ein Fremdkörper die eigentliche Ursache dar, so unterstützt Silicea seine Abstoßung. Vorsicht ist geboten, wenn chirurgische Implantate (z. B. Schrauben) vorhanden sind, da das Mittel hier zu ungeahnten Problemen führen kann, sofern die Implantate nicht zuerst entfernt werden. Silicea ist daneben das erste Mittel der Wahl, wenn eine Beteiligung der Lymphdrüsen vorliegt.
Dosierung: *C30, ein- oder zweimal täglich, mit zunehmender Besserung Steigerung auf C200 einmal täglich*

Fluoricum acidum

Spezielle Wirkungsbereiche dieses Mittels sind das Gesicht und die Zähne; so hilft es bei Zahnfisteln und Kavernen im Bereich des Oberkiefers.
Dosierung: *C30, zweimal täglich bis zur Abheilung*

Calcium carbonicum

Hilfreich bei Pferden schwerer Rassen mit tief liegenden Kavernen. Es kann zusammen mit Silicea angewendet werden.
Dosierung: *C200, dreimal wöchentlich*

Calcium sulphuricum

Dieses Mittel ist in hartnäckigen Fällen angezeigt, wenn die Absonderung dick, klumpig oder gelb ist.
Dosierung: *C30, zweimal täglich*

Weitere weniger wichtige Mittel sind:

Hepar sulphuris C30 bei hochgradigen Schmerzen im Fistelbereich.

Phosphorus C30 als Alternative, wenn die Lymphdrüsen beteiligt sind.

Dosierung: *Zweimal täglich*

Wildes Fleisch oder überschießende Granulation

Wildes Fleisch bildet sich im Bereich einer Wunde, wenn der Körper überreagiert und zu viel Granulationsgewebe produziert. Dieses wird normalerweise während des Heilungsprozesses gebildet und fördert die Zusammenziehung der Wunde, während es diese gleichzeitig schützt. Bei übermäßiger Produktion steht das Gewebe über und es müssen entsprechende Maßnahmen ergriffen werden, wenn der Bereich ordentlich abheilen soll. Dieses Problem tritt recht häufig auf, v. a. an den Gliedmaßen nach einem Schnitt oder einer anderen Verletzung. Geeignete Mittel sind unten aufgeführt. In den meisten Fällen ist es ratsam, zusätzlich professionelle Hilfe aufzusuchen.

Nitricum acidum C200

Nitricum acidum ist das Hauptmittel zur Behandlung dieser Erkrankung.
Dosierung: *Zweimal täglich bis zur Abheilung*

Thuja C30

Thuja sollte in hartnäckigen Fällen eingesetzt werden bzw. wenn Nitricum acidum versagt.
Dosierung: *Zweimal täglich*

Calendula C30

Dieses Mittel wird ebenfalls zur Behandlung von wildem Fleisch empfohlen und beschleunigt den Heilungsprozess.
Dosierung: *Zweimal täglich*

Arsenicum album C30

Hilfreich, wenn gleichzeitig die allgemeine Vitalität herabgesetzt ist und in dem betroffenen Bereich eine langwierige Sepsis auftritt.
Dosierung: *Zweimal täglich*

Weitere hilfreiche Mittel sind **Fluoricum acidum, Graphites** und **Silicea**.

Dosierung: *C30, zweimal täglich*

Dekubitus oder Druckstellen

Satteldruck fällt ebenfalls in diese Kategorie. Anhaltender Druck auf eine bestimmte Stelle (z. B. bei festliegenden Tieren) führt zum Absterben der Haut an der Stelle des größten Druckes mit nachfolgender Ulzeration. In ähnlicher Weise kann auch schlecht sitzendes Sattel- und Zaumzeug bzw. Geschirr, das auf der darunter liegenden Haut reibt und diese aufschürft, zu Haarausfall, Entzündung, Hautverdickung und letztendlich Geschwürbildung führen. Es versteht sich von selbst, dass das ganze Sattel- und Zaumzeug regelmäßig kontrolliert und entsprechend angepasst werden sollte. Festliegende Tiere müssen regelmäßig gedreht werden, um Druckstellen zu verhindern; dabei ist auf entsprechende Lagerung und Einstreu zu achten.

Ulzerierte Hautstellen sollten regelmäßig mit **Hypercal-Lotion** gereinigt und dann mit **Calendula-Creme** eingecremt werden. Hilfreiche Mittel sind **Secale C6, Muriaticum acidum C6** und **Calendula C30**.
Dosierung: *Zweimal täglich.* Einige der Mittel, die unten für die Behandlung von Geschwüren aufgeführt sind, können möglicherweise ebenfalls nützlich sein.

Geschwüre

Ein Geschwür entsteht, wenn es zu einem vollständigen Verlust und Freilegung der darunter liegenden Dermis kommt. Die häufigste Ursache ist der Abrieb der Haut an Druckpunkten. Hilfreiche Mittel sind:

Nitricum acidum C30 bei Geschwüren, die stark bluten, oder solchen, die im Rahmen von kanzerösen Hautveränderungen auftreten.

Mezereum C30 bei Geschwüren mit einer darüber liegenden Kruste oder gelber Absonderung. Geschwüre dieser Art jucken meist.

Kalium bichromicum C30 bei sehr tiefen Geschwüren.

Mercurius solubilis C30 bei schmutzig aussehenden Geschwüren mit aufgerautem Rand.

Silicea C30 ist hilfreich bei Geschwüren, die im Zusammenhang mit einer Fistel oder Kaverne auftreten, sowie bei hartnäckigen oder nur langsam abheilenden Geschwüren.

Muriaticum acidum C6 eignet sich für Geschwüre, die im unteren Bereich der Gliedmaßen auftreten und mit einer fauligen Absonderung einhergehen.

Arsenicum album C30 bei übel riechender Absonderung oder eiternden kanzerösen Geschwüren. Dieses Mittel ist auch hilfreich bei Geschwüren, die in Verbindung mit einer Gangrän entstehen.
Dosierung: *Zweimal täglich bis zur Abheilung*

Vitiligo oder Hypopigmentation

Dieser Verlust der Hautpigmentation tritt nur äußerst selten auf. Am häufigsten sind Shire-Pferde oder Araber betroffen, hier v. a. das Gesicht und die Augenlider. Die betroffenen Stellen sehen rosa aus, und es kommt auch zu Haarausfall. Die Ursache ist unbekannt, die Erkrankung kann aber nach chirurgischen oder kryochirurgischen Eingriffen auftreten, da hier die pigmentbildenden Zellen in der Haut zerstört werden. **Thuja C30** und **Sepia C30** sind die zwei Mittel, die am besten helfen können.
Dosierung: *Zweimal täglich*

Wunden

Allgemein

Die Behandlung hängt von der Ursache und Art der Verletzung ab. Man beginnt stets mit der Verabreichung von *drei oder vier Gaben* **Arnica C200** *am ersten Tag, gefolgt von zwei Gaben am Tag, bis die Wunde abgeheilt ist.* Alle Verletzungen sollten *zweimal täglich* mit verdünnter **Hypercal-Lotion** gereinigt werden.

Entwickelt sich nach einer Verletzung Fieber, setzt man **Pyrogenium 1M** ein, das *stündlich* gegeben wird, bis sich eine Besserung einstellt. Bei eiternden, infizierten Wunden nimmt man **Hepar sulphuris C200**, *dreimal täglich*, und bei langsam heilenden, chronischen Verletzungen sind **Silicea C200** oder **Graphites C200** angezeigt.

Weitere Mittel für langsam heilende Wunden sind **Calendula C30** und **Carcinosinum C30**. Blutende Wunden sollten mit **Lachesis C30** behandelt werden, wenn dunkles Blut heraussickert, mit **Phosphorus C30** bei anhaltenden Blutungen selbst aus den kleinsten Verletzungen und **Millefolium C30** bei stark blutenden Wunden.
Dosierung: *Stündlich, bis die Blutung zum Stillstand kommt*

Stichwunden

Dies Art von Verletzung wird durch einen scharfen Gegenstand wie z. B. einen Pflock oder einen Biss hervorgerufen. Injektionsstellen können auch als Stichwunden angesehen werden.

Man gibt **Ledum C30** (*dreimal täglich*), um das Tetanusrisiko zu senken und einer Infektion vorzubeugen. **Hepar sulphuris C200** sollte bei hohem Infektionsrisiko oder sehr berührungsempfindlichen Wunden eingesetzt werden oder wenn bereits eine Infektion oder Eiterung eingetreten ist. Es wird *dreimal täglich* verabreicht. Bei starken Schmerzen gibt man zusätzlich **Hypericum C30** *dreimal täglich*.

Risswunden, Zerreißungen

Verletzungen dieser Art sind häufig die Folge von Stacheldraht. Man gibt **Hypericum C30** *dreimal täglich*, um die Schmerzen zu lindern und das Tetanusrisiko zu senken. Bei anhaltenden Blutungen verabreicht man **Phosphorus C30** *alle 30 Minuten*, bis die Blutung zum Stillstand kommt. **Calendula C30** unterstützt spezifisch die Abheilung solcher Verletzungen.
Dosierung: *Dreimal täglich*

Schnittwunden

Diese Art von Wunden kann böswillig und vorsätzlich mit einem Messer oder einer Klinge verursacht werden und hat glatte Ränder. Auch Operationswunden fallen in diese Kategorie. Die Gabe von **Hypericum C30** oder **Staphisagria C30** (v. a. wenn das Pferd einen gereizten Eindruck macht) *dreimal täglich* kann die Schmerzen lindern. Kommt es nach einer Wundnaht zu Sickerblutungen, verabreicht man *alle 30 Minuten* **Millefolium C30** oder **Strontium carbonicum C30**, wenn gleichzeitig Anzeichen eines Schocks bestehen.

Spezielle Hauterkrankungen

Photosensibilisierung und Sonnenbrand

Bei dieser recht seltenen Erkrankung reagiert die Haut an pigmentarmen Stellen auf ultraviolettes Licht. Das bedeutet, dass sich die Krankheit normalerweise auf die weißen, von Natur aus pigmentarmen Stellen des Körpers beschränkt und gewissermaßen eine Form von Sonnenbrand ist. Exponierte, haarlose Stellen sind besonders prädisponiert, z. B. die Ohrspitzen, Nase und das Maul.

Es gibt zwei Formen. Bei der direkten oder primären Photosensibilisierung reagiert die Haut durch Aufnahme von Pflanzen mit photosensibilisierenden Inhaltsstoffen empfindlich auf UV-Strahlung. Solche Inhaltsstoffe finden sich in Pflanzen wie Johanniskraut (*Hypericum perforatum*) und getrockneten Buchweizenpflanzen und -samen (*Polygonum fagopyrum*). Anfangs kommt es zu zunehmender Hautreizung mit Scheuern und vermehrtem Ohrenspiel. Schreitet die Erkrankung fort, wird die Haut entzündet, rot und geschwollen; schließlich beginnt sie sich abzuschälen und es kommt zum Austritt von Serum aus den freiliegenden roten, geröteten Stellen. Klingt die Entzündung ab, bilden sich Krusten und die Heilung setzt langsam ein. Bei manchen Pferden, z. B. Schecken, können große Hautareale betroffen sein.

Eine zugrunde liegende Lebererkrankung bzw. ein Leberschaden kann eine sekundäre oder indirekte hepatogene Photosensibilisierung auslösen. Hier führt die Leberschädigung (die meist durch die Aufnahme giftiger Pflanzen bedingt ist), zur verminderten Ausscheidung eines Stoffes namens Phylloerythrin. Dieser ist ein normales Abbauprodukt des grünen Pflanzenfarbstoffes Chlorophyll. Kommt es zur Akkumulation von

Phylloerythrin, wird die Haut für UV-Licht sensibilisiert und reagiert wie oben beschrieben.

Die erste und wichtigste Maßnahme besteht darin, das Pferd aus der Sonne zu holen. Daneben sollte man die weitere Aufnahme toxischer Stoffe verhindern. Die Arzneiwahl hängt zum einen von der veranlassenden Ursache, zum anderen vom Krankheitsbild ab.

Frühstadium – Reiben und Juckreiz

Dosierung: *Viermal täglich*

Urtica urens C30 im ersten Stadium, wenn die einzigen Symptome Juckreiz und Reiben sind.

Fagopyrum C6, wenn die Aufnahme von Buchweizen eine Rolle spielt. Es ist auch bei starkem Juckreiz angezeigt und wenn einige wenige rote und wunde Flecken auftreten.

Sol C6 als allgemeines Mittel im Frühstadium.

Hypericum C30 ist angezeigt, wenn Johanniskraut die veranlassende Ursache und Juckreiz das einzige Symptom ist.

Proteus C30 kann bei schweren Verbrennungen eingesetzt werden. Es ist weiterhin ein ausgezeichnetes Mittel bei wiederkehrenden Fällen von Photosensibilität. Hier sollte Proteus *C200 einmal in vier Wochen* gegeben werden.

Mittleres Stadium – Entzündung, Rötung und Schwellung

Dosierung: *Dreimal täglich*

Apis C200 ist hilfreich, wenn die Haut geschwollen ist und ein rotes oder purpurnes Aussehen hat, oder wenn ein paar nässende wunde Stellen vorhanden sind. Die betroffenen Tiere sind sehr unruhig.

Belladonna 1M bei hochgradiger Entzündung; der betroffene Bereich ist rot, heiß, schmerzhaft und stark geschwollen.

Spätstadium – Blasenbildung und Nässen

Dosierung: *Viermal täglich*

Rhus venenata C30, wenn die hervorstechendsten Symptome Juckreiz und Reizung sind und es zu Blasenbildung sowie begleitend zu Dermatitis kommt.

Rhus toxicodendron C30 ist ebenfalls hilfreich, wenn eine starke Reizung besteht. Die betroffenen Hautstellen sind geschwollen, nässend und feucht. Das darunter liegende Gewebe kann Anzeichen einer Zellulitis zeigen.

Cantharis C30, wenn die Haut hochgradig entzündet ist und Blasen auftreten. Die Haut ist sehr rau und wund.

Spätstadium – Abschuppung und Heilung

Dosierung: *Dreimal täglich*

Antimonium crudum C6 eignet sich am besten für die späteren Stadien, wenn sich über den betroffenen Bereichen bereits Krusten gebildet haben und die Heilung begonnen hat. Dieses Mittel ist besonders hilfreich, wenn die Nase betroffen ist.

Calendula C6 beschleunigt die Heilung im Endstadium.

Mit Leberbeteiligung

Dosierung: *Einmal täglich*

Chelidonium C30 als gutes allgemeines Mittel zur Anregung der Leber und Unterstützung der Heilung.

Nux vomica C30 eignet sich am besten, wenn Vergiftungssymptome in Verbindung mit Lebersymptomen vorliegen.

Hauterkrankungen auf allergischer Grundlage

Urtikaria Nesselsucht Allergische Reaktionen, Anaphylaxie

Das plötzliche Auftreten unterschiedlich großer Flecken oder Quaddeln auf der Haut ist gewöhnlich die Folge einer allergischen Reaktion und stellt ein relativ häufiges Problem dar.

Es gibt viele verschiedene Ursachen. Meistens sind Insekten beteiligt (z. B. die Stechfliege), die Liste der Allergene umfasst aber auch Futtermittel (z. B. konzentrierte Proteine oder die Eiweiße in frischem Gras), Arzneimittel, Impfstoffe, Pflanzen und Bäume (z. B. die Weide) sowie eine ganze Reihe spezifischer, oft nicht zu ermittelnder Allergene. Reaktionen ähnlich einer Urtikaria können ebenfalls im Rahmen der Erkrankung Purpura haemorrhagica auftreten (siehe Seite 97). Diese kann eine Begleiterscheinung bestimmter Infektionen wie z. B. Druse oder einiger Virusinfektionen sein.

Die Größe der Flecken bzw. Quaddeln reicht von kleinen runden und erhabenen Veränderungen bis hin zu großflächigen Schwellungen. Das Ausmaß der Reaktion hängt von der Art des Allergens und der individuellen Empfindlichkeit des Tieres ab. Unabhängig davon, um welches Allergen es sich handelt, muss das Pferd bereits vorher Kontakt gehabt haben; zu diesem Zeitpunkt hat dann die Sensibilisierung stattgefunden.

Kleinere Schwellungen verschwinden oft rasch wieder und bereiten nur geringfügige Beschwerden. Sind größere Bereiche betroffen, zeigt das Pferd oft noch andere Symptome wie z. B. hochgradigen Juckreiz, Inappetenz und allgemeines Krankheitsgefühl. Schwere Reaktionen können zu einem als „Anaphylaxie" bezeichneten Zustand führen, der mit großflächigen Schwellungen am ganzen Körper einschließlich der Augenlider einhergeht und durch die Freisetzung von Flüssigkeit in den Atemwegen Atembeschwerden verursacht. Solche Fälle stellen einen Notfall dar, der sofortiger tierärztlicher Hilfe bedarf.

Mittel zur Behandlung der Urtikaria

Dosierung: *C200, alle zwei bis drei Stunden bis die Symptome verschwunden sind*

Apis ist das Hauptmittel, v. a. bei ausgedehnten Schwellungen oder stark ödematisierten Stellen. **Urtica urens** bei kleineren Schwellungen (1–2 cm im Durchmesser) mit oder ohne Reizung.

Bovista in schwereren Fällen mit großen Flecken (4–5 cm im Durchmesser), die auf Druck eingedellt sind und jucken. Bovista ist eines der Mittel für chronische Fälle.

Rhus toxicodendron eignet sich ganz besonders für Urtikaria, die bei nassem Wetter auftritt und mit Steifheit einhergeht. Man ziehe Rhus toxicodendron in Betracht, wenn gleichzeitig Fieber auftritt.

Histaminum ist ein gutes allgemeines Mittel, das neben anderen Arzneien eingesetzt werden kann.

Astacus ist ein weiteres hilfreiches allgemeines Mittel, wenn die Symptome Nesselsucht ähneln und mit Juckreiz verbunden sind. Geschwollene Drüsen sind ein Leitsymptom von Astacus.

Arsenicum album, Calcium carbonicum, Hepar sulphuris, Graphites, Sulphur, Psorinum und **Natrium muriaticum** sind in chronischen Fällen in Betracht zu ziehen und werden auf konstitutioneller Basis eingesetzt.

Anaphylaxie

Camphora

Bei akuter Anaphylaxie mit Kollaps; das Pferd fühlt sich kalt an. Je nachdem, welche Hautsymptome bestehen, gibt man gleichzeitig **Apis C200** oder **Urtica urens C200**.

Dosierung: *C200, im Wechsel alle 5 Minuten, in Verbindung mit anderen passenden Mitteln*

Vorbeugung

Man versuche, das auslösende Allergen zu bestimmen und dieses soweit möglich zu meiden.

Durch Insektenstiche

Ledum C6, Apis C6 und Urtica urens C6

Führen Insektenstiche zu immer wiederkehrenden Problemen, kann man täglich eine Kombination dieser Mittel geben.

Dosierung: *Ein- oder zweimal täglich, in Abhängigkeit von der Schwere der Symptome*

Durch andere Ursachen

Urtica urens C6, Apis C6, Histaminum C6 oder **Bovista C6** in Abhängigkeit von den Symptomen.

Dosierung: *Ein- oder zweimal täglich, in Abhängigkeit von der Schwere der Symptome*

Culicoides-Überempfindlichkeit

Sommerekzem, Sommerdermatitis
Saisonal rezidivierende Sommerdermatitis
Sweet Itch, Queensland Itch, Dermite estivale

Diese häufige Erkrankung ist weltweit verbreitet und tritt auch in Großbritannien, Japan, Frankreich, Nordamerika und Australien auf; je nach der geographischen Lokalisation wird sie unter verschiedenen Bezeichnungen geführt.

Die Ursache ist eine allergische Reaktion auf die weibliche Kleinmücke der Spezies *Culicoides pulcaris* (in Großbritannien). Diese Kleinmücken, die manchmal auch als Sandmücken oder Gnitzen bezeichnet werden, sind gierige Blutsauger, wobei sie bestimmte Körperbereiche befallen, v. a. die Mähne und den Schweif. Bei jedem Stich injizieren sie etwas Speichel in die Haut des Pferdes, was zu einer allergischen oder Überempfindlichkeitsreaktion mit Juckreiz, Scheuern und Reizung führt – den bekannten Symptomen des Sommerekzems.

Die einzelnen Pferde reagieren ganz unterschiedlich auf die Gnitzenstiche. Ponys scheinen ganz besonders heftig zu reagieren, die Erkrankung tritt aber bei allen Rassen auf. Einige Tiere entwickeln nur geringgradige Symptome mit leichtem Juckreiz und geringfügigen Hautveränderungen. Andere wiederum zeigen heftigen Juckreiz und scheuern sich an Stallwänden und Zäunen, womit sie sich und ihrer Umgebung oft erheblichen Schaden zufügen. Die Zeichen sind gewöhnlich schnell auszumachen, können aber eine gewisse Ähnlichkeit zu anderen Hautproblemen wie z. B. Regenfäule, Läuse- und Pfriemenschwanzbefall aufweisen. Ist man sich hinsichtlich der Diagnose unsicher, ist es am besten, einen Tierarzt zu Rate zu ziehen.

Die typischen Symptome des Sommerekzems sind Scheuern mit dadurch bedingtem Haarausfall am Rücken, Rumpf und Schweifansatz, manchmal auch am Widerrist, Hinterkopf und im Bereich der Ohren. Schwer betroffene Pferde weisen auch Hautveränderungen an den Körperseiten, dem Hals, den Beinen, im Gesicht und am Schweif auf. Nach einer gewissen Zeit wird die Haut infolge des fortwährenden Scheuerns verdickt, rissig, schuppig oder krustig. Die Hautschäden sind größtenteils selbst zugefügt.

Es gibt eine ganze Reihe von Faktoren, die das Auftreten eines Sommerekzems begünstigen. Einer der wichtigsten Faktoren ist die Umgebung, in der die Pferde weiden oder aufgestallt sind. Culicoides-Mücken gedeihen in Wassernähe, Feuchtgebieten und dort, wo Pflanzen verrotten. In der Nähe von Bächen, Seen und Flüssen, in Sumpfgebieten und Wäldern können sie sich am besten entwickeln. Das Wetter spielt ebenfalls eine Rolle. Die Gnitzen sind an feuchten Tagen und wenn die Luft ruhig ist am aktivsten, vor allem am frühen Morgen und in der Abenddämmerung. Das Sommerekzem ist eine saisonale Erkrankung, die nur dann auftritt, wenn auch die Gnitzen vorhanden sind. Dies ist normalerweise in der Zeit von April bis Oktober der Fall, durch Klimaveränderungen kann sich dieser Zeitraum aber auch um einen Monat nach vorne oder hinten verschieben.

Die erfolgreiche Kontrolle und Behandlung des Sommerekzems hängt von zwei Faktoren ab. Der erste betrifft die Haltung und soll den Kontakt mit den Gnitzen auf ein Minimum reduzieren. Die betroffenen Pferde sollten soweit entfernt wie möglich von feuchten, sumpfigen oder bewaldeten Gebieten auf die Weide gestellt werden. Da die Gnitzen vor 10 Uhr und nach 16 Uhr am aktivsten sind, empfiehlt es sich, die Pferde wenn möglich zu diesen Zeiten aufzustallen. Ist dies nicht möglich, sollte man für eine Unterstellmöglichkeit auf der Weide sorgen oder das Pferd u. U. sogar mit einer leichten Decke eindecken, damit die Gnitzen nicht zur Haut vordringen können. Ist v. a. das Gesicht betroffen, kann man einen Kopfschutz aufsetzen. Heutzutage gibt es Spezialdecken für Pferde, die sehr empfindlich auf die Mücken reagieren. Man denke auch daran, in den Ställen Fliegenfänger anzubringen oder Aromaöle (z. B. Lavendel) einzusetzen, um das Eindringen der Mücken zu verhindern.

Behandlung des Sommerekzems

Die Optimierung der Haltungsbedingungen muss mit einer erfolgreichen Behandlung der Erkrankung kombiniert werden. Die Homöopathie ist bei der Behandlung des Sommerekzems oft außerordentlich wirksam. Geeignete Mittel sind unten aufgeführt.
Dosierung: Sofern nichts anderes angegeben ist, gibt man die *C30, zwei- oder dreimal täglich* in Abhängigkeit von der Schwere des Problems; mit zunehmender Besserung reduziert man je nach Bedarf auf *ein- oder zweimal täglich.*

Sulphur
Leitsymptom: Schmutziges Fell und Haut
Sulphur passt zu ungepflegt aussehenden, manchmal übergewichtigen Tieren, deren Fell insgesamt in einem schlechten Zustand ist und einen schmutzigen Eindruck macht. Einige Pferde, die gut auf Sulphur ansprechen, sind aber auch von schlanker Statur. Die Symptome verschlimmern sich durch Hitze; grundsätzlich bevorzugen Sulphur-Pferde den Aufenthalt im Schatten. Man achte auf wunde und schuppige Hautstellen und Haarausfall.

Psorinum
Leitsymptom: Ungesunder Zustand von Haut und Fell
Grundsätzlich machen das Fell und die Haut von Tieren, die dieses Mittel brauchen, einen ungesunden Eindruck; sie sind fettig und weisen einen seborrhoischen Geruch auf. Pferde, die auf Psorinum ansprechen, frieren leicht und müssen oft selbst an milden Tagen noch eingedeckt werden. Psorinum sollte maximal fünf Tage lang gegeben werden, bevor man zu einem anderen Mittel wechselt.

Tuberculinum
Leitsymptom: Schwierige Fälle, starrsinniges Naturell
Lässt die Reaktion auf angezeigte Mittel zu wünschen übrig, kann man einige Gaben Tuberculinum verabreichen, bevor man mit einer passenden Arznei weitermacht. Dieses Mittel kann auch konstitutionell eingesetzt werden. In der Regel gibt man die *C200 oder 1M, einmal täglich über fünf Tage.*

Arsenicum album
Leitsymptom: Schuppenbildung, dünnhäutige Tiere
Arsenicum album kann eines der wirksamsten Mittel bei Sommerräude sein. Es passt zu gepflegt und sauber erscheinenden Pferden mit dünner oder fein strukturierter Haut. Die betroffenen Hautstellen fühlen sich brennend heiß an. Ein klassisches Merkmal sind kleine, feine Schuppen, v. a. an der Mähne und am Schweif. Die Symptome sind nachts oft schlimmer, und die Tiere sind aufgrund der Hauterkrankung unruhig oder erregt. Umhergehen scheint die Symptome zu lindern.

Arsenicum iodatum
Leitsymptom: Schuppenbildung mit großen Flocken
Dieses Mittel ist besonders hilfreich bei sehr großen Schuppen und stellenweiser Verdickung oder Rauheit der Haut.

Petroleum
Leitsymptom: Rissige und verdickte Haut
Rissige, trockene und verdickte Haut ist eine Indikation für dieses Mittel, v. a. wenn die Haut lederartig erscheint und Haarausfall auftritt. Bei Krustenbildung und Abschuppung kann Petroleum ebenfalls hilfreich sein, besonders wenn der Schweif, die Mähne und der Widerrist betroffen sind.

Graphites

Leitsymptom: Nässende, klebrige Hautveränderungen

Graphites passt zu faulen Tieren mit untersetzter Statur und rauen, nässenden und klebrigen Hautveränderungen (im Gegensatz zu trockenen und schuppigen Läsionen). Nässende Stellen sondern eine klare, honigartige Flüssigkeit ab. Dieses Mittel ist auch hilfreich, wenn bestimmte Hautstellen hart und rau erscheinen.

Calcium carbonicum

Leitsymptom: Größere, schwer gebaute Tiere

Schwer gebaute, stämmige und langsame Tiere wie z. B. die Shire-Pferde profitieren am meisten von diesem Mittel; die Haut ist wund und heilt nur langsam ab.

Kalium arsenicosum

Leitsymptom: Hochgradiger Juckreiz mit Verschlimmerung durch Hitze

Kalium arsenicosum ist bei extremem Juckreiz und sehr trockener und schuppiger Haut angezeigt. Durch Eindecken oder bereits eine geringe Temperaturerhöhung werden die Symptome erheblich verschlimmert. Auf der Haut entwickeln sich an verschiedenen Stellen zahlreiche kleine Knötchen.

Sulphur iodatum

Leitsymptom: Hartnäckige Fälle

Dieses Mittel sollte in Betracht gezogen werden, wenn andere Mittel versagt haben.

Caladium

Leitsymptom: Starke Anziehungskraft auf Insekten

Dieses Mittel eignet sich bei heftiger Reizung und Rauheit der Haut. Starkes Schwitzen und eine ausgesprochene Anziehungskraft auf Insekten sind Schlüsselhinweise auf Caladium.

Rhus toxicodendron

Leitsymptom: Kleine Krusten, Verschlimmerung im Herbst

Auch dieses Mittel ist bei starker Reizung und wunden Stellen mit Abschuppung und kleinen Krusten angezeigt. Rhus toxicodendron eignet sich besonders für Fälle, die sich bis weit in den Herbst ziehen.

Formica rufa

Leitsymptom: Brennende, rote, juckende Haut

Dieses Mittel ist eine gute Wahl, wenn die Haut rot und bei Berührung heiß ist, juckt und leichte Abschuppung zeigt.

Culicoides-Nosode

Leitsymptom: Allgemein als zusätzliches Mittel

Dieses Mittel wird aus der Gnitze hergestellt und kann neben anderen Mitteln eingesetzt werden.

Histaminum

Leitsymptom: Zusätzliches Mittel

Dieses Mittel ist in hartnäckigen Fällen in Betracht zu ziehen.

Topische (äußerliche) und vorbeugende Behandlung des Sommerekzems

Aus konventioneller Sicht ist die Applikation äußerlich aufzutragender Fliegenmittel normalerweise der erste Behandlungsschritt, um die Gnitzen vom Stechen abzuhalten. Benzylbenzoat ist ein gebräuchliches Mittel, manche Tierärzte setzen allerdings eine Kombination aus Benzylbenzoat und flüssigem Paraffin ein. Modernere Zubereitungen enthalten Permethrin oder ähnliche Stoffe und werden meist als Pour-on-Produkte vertrieben, wobei es auch Konzentrate oder Cremes gibt.

Calendula-Creme kann eingesetzt werden, um die Hautveränderungen zu beruhigen und die Abheilung zu fördern, wobei die weiteren Inhaltsstoffe ebenfalls unterstützend wirken. Zu 100 g Creme fügt man jeweils 5 ml der Urtinkturen von **Urtica urens** und **Ledum** sowie 5 ml (100 Tropfen) **Arsenicum album C6** hinzu. Diese Zubereitung sollte gut vermischt und *zweimal täglich* auf schuppige und wunde Stellen aufgetragen werden.

Ledum C30

Dieses Mittel kann häufig vorbeugend eingesetzt werden, um die Reaktion auf die Gnitzenstiche zu minimieren.

Dosierung: *Einmal täglich während der ganzen Saison*

Petroleum C30 und Berberis vulgaris C30

Diese beiden Mittel können zusammen gegeben werden und sollen die Haut „entgiften". Dieses Prinzip bewährt sich oft in behandlungsresistenten Fällen und ermöglicht bzw. unterstützt die Wirkung anderer Mittel.

Dosierung: *Einmal täglich im Wechsel*; ideal ist die Anwendung ca. einen Monat, bevor man andere Mittel einsetzt, oder in schwierigen Fällen die ganze Saison hindurch.

Thuja 1M

Kann gegeben werden, wenn andere Mittel versagen. Thuja ist das Mittel der Wahl, wenn der Verdacht besteht, dass eine Impfung an der Entstehung der Erkrankung beteiligt ist oder ein Heilungshindernis in Bezug auf die Wirkung anderer Mittel darstellt.

Dosierung: *Einmal täglich, fünf Tage lang*

Weitere allergisch bedingte Hauterkrankungen

Eine ansehnliche Zahl von Pferden zeigt Hautsymptome, die einen allergischen Hintergrund haben, bei denen es sich aber weder um Som-merdermatitis noch um Nesseln oder Urtikaria handelt. Viele dieser Tiere scheuern sich nur zu einer ganz bestimmten Zeit, was vermuten lässt, dass sie auf spezifische Allergene reagieren, die nur in dieser Jahreszeit auftreten. Dies können Baum- oder Pflanzenpollen, Gräser, Schimmelpilze oder auch chemische Sprays sein. Andere Pferde wiederum scheuern sich das ganze Jahr lang, was nahelegt, dass sie die ganze Zeit über einem oder mehreren Allergenen ausgesetzt sind. In diesen Fällen lohnt es sich oft, einen Blick auf die Fütterung zu werfen. Häufig kann bereits das Weglassen von Melasse schon zu einer leichten Linderung der Symptome führen.

Kann das Allergen ermittelt werden, besteht die Möglichkeit, es als homöopathische Potenz zusammen mit anderen Mitteln bei der Behandlung einzusetzen.

Dosierung: *C30, ein- oder zweimal täglich, in Abhängigkeit von der Schwere der Symptome*

Im Allgemeinen zeigen diese Tiere neben dem Juckreiz auch irgendeine Form von unspezifischem Ekzem oder Dermatitis. Die Mittelwahl erfolgt durch Abgleich der Hautsymptome mit den Arzneisymptomen. Wenn möglich sollte ein Konstitutionsmittel eingesetzt werden. Viele der bereits erwähnten Mittel können hier Anwendung finden, allerdings empfiehlt es sich auch, einen Blick auf den Leitfaden am Ende dieses Kapitels zu werfen.

Hauterkrankungen aufgrund von Infektionen mit Pilzen, Bakterien und Viren

Ringflechte, Dermatophytose

Diese häufige und ansteckende Hauterkrankung der Pferde wird durch eine Pilzinfektion der oberflächlichen Hautschichten hervorgerufen. Die Verbreitung erfolgt in der Regel durch direkten Kontakt mit infizierten Tieren oder indirekt durch kontaminiertes Sattel- und Zaumzeug, Pflegeutensilien (z. B. Bürsten) oder durch gemeinsame Decken. Ringflechte hat eine gewisse Bedeutung, da sie auf den Menschen übertragbar ist.

Die Infektion tritt nur sehr langsam in Erscheinung; es kann bis zu vier Wochen dauern, bevor die ersten Anzeichen sichtbar werden. Selbst dann ist es möglich, die Ringflechte mit anderen Erkrankungen wie z. B. Regenfäule zu verwechseln. Oft müssen Hautgeschabsel genommen und evtl. kultiviert werden, um die Diagnose zu sichern. Die Untersuchung der Proben auf Fluoreszenz unter UV-Licht ist ebenfalls ein wertvolles diagnostisches Hilfsmittel. Von den beiden beteiligten Pilzarten zeigt nur Microsporum dieses Phänomen, während Trichophyton als der häufigere Erreger nicht auf UV-Licht reagiert.

Das Erscheinungsbild der Hautveränderungen hängt von der beteiligten Pilzspezies ab.

Trichophyton equinum verursacht kleine runde Stellen, die langsam größer werden. An haarlosen Stellen können sich Bläschen entwickeln. Diese können aufplatzen und Krusten bilden, wobei es nur zu einer leichten Reizung kommt.

Trichophyton mentagrophytes führt zu runden oder unregelmäßigen Hautveränderungen mit grauen Krusten am Kopf, Hals und Schweifansatz.

Trichophyton verrucosum findet man oft bei Pferden, die Kontakt mit infizierten Rindern hatten. Die Symptome ähneln jenen bei Trichophyton mentagrophytes.

Microsporum führt zu sehr viel kleineren runden und schuppigen Hautveränderungen. Einige Arten verursachen größere und entzündete Läsionen mit Krusten und darunter liegenden roten, klebrigen Geschwüren.

Ringflechte spricht oft gut auf eine homöopathische Behandlung an. Es ist allerdings sehr wichtig, das kontaminierte Sattel- und Zaumzeug zu reinigen, um eine Reinfektion zu verhindern. Geeignete Mittel sind:

Bacillinum C200
Ein gutes grundlegendes Mittel, das auch spezifisch bei Ringflechte angezeigt ist.
Dosierung: *Einmal täglich, drei Tage lang, dann einmal wöchentlich bis zur Abheilung*

Tellurium C30
Angezeigt, wenn die Hautveränderungen klassisch kreisrund sind. Dieses Mittel wirkt auch gut, wenn v. a. der Kopf und die Ohren betroffen sind.
Dosierung: *Einmal täglich bis zur Abheilung*

Sepia C30
Hilfreich, wenn die Ringflechte mit einer leichten Hautirritation einhergeht oder im Frühling auftritt. Sepia passt v. a. zu Stuten.
Dosierung: *Einmal täglich bis zur Abheilung*

Chrysarobinum C6
Bei dicken Krusten und starkem Juckreiz. Bläschenbildung ist eine Bestätigung für dieses Mittel.
Dosierung: *Zweimal täglich, bis alle Stellen abgeheilt sind*

Bakterielle Follikulitis Furunkulose, Akne

Follikulitis ist eine Entzündung der Haarfollikel, die durch Bakterien (meist *Staphylokokken*) oder Pilze verursacht wird und v. a. bei mildem und nassem Wetter auftritt. Breitet sich die Infektion auf die umgebenden Gewebe aus, wird sie als Furunkulose oder Akne bezeichnet. Man achte auf kleine erhabene Pickel oder Beulen, die schmerzhaft sind und in Gruppen auftreten. Selten findet man auch Pusteln. In schweren Fällen kann es zu Schwellungen und mit Ausbreitung der Infektion auch zu Abszessbildung kommen. Am häufigsten tritt die Erkrankung im Sattelbereich oder an Stellen, die Kontakt mit dem Zaumzeug oder Geschirr haben, auf. Verschmutztes Sattel- und Zaumzeug, mangelhafte Fellpflege und Haltung sind zugrunde liegende Faktoren, denen bei der Behandlung dieser Krankheit ebenfalls Aufmerksamkeit geschenkt werden muss.
Dosierung: Die aufgeführten Mittel sollten *dreimal täglich, zehn Tage lang,* gegeben werden.

Hepar sulphuris C30 ist das wichtigste Mittel, wenn Pickel oder Beulen auftreten und die betroffenen Stellen schmerzhaft oder berührungsempfindlich sind.

Calcium sulphuricum C30 ist ideal bei schmerzlosen Pickeln und Pusteln.

Sepia C30 bei Stuten mit Veränderungen am Kopf.

Silicea C200 in chronischen Fällen oder bei Abszessbildung.

Sulphur C30, wenn sich die Haut allgemein in einem schlechten Zustand befindet.

Natrium muriaticum C6 bei Follikulitis mit Haarausfall oder wenn allgemeine Abmagerung besteht.

Viola tricolor C30 bei Hautveränderungen im Gesicht mit Eiterbildung.

Kalium bromatum C6, wenn am ganzen Körper juckende Pusteln auftreten.

Staphylokokken-Nosode C30 kann neben anderen Mitteln eingesetzt werden.

Dermatophilose
Hautstreptotrichose Regenfäule

Regenfäule ist eine relativ häufige Hauterkrankung der Pferde, die meist im Winter auftritt, wenn über längere Zeit feuchtes und nasses Wetter herrscht. Geht die Erkrankung in einen chronischen Zustand über, können die Symptome bis in wärmere Wetterperioden andauern. Eine weitere, weniger gebräuchliche Bezeichnung für diese Krankheit ist Dermatophilose, die sich von dem beteiligten Bakterium *Dermatophilus congolensis* ableitet. Gelegentlich spielen auch andere Bakterien eine Rolle, z. B. *Staphylokokken*, diese werden aber normalerweise als Sekundärkeime angesehen.

Die charakteristischen Hautsymptome der Regenfäule erwecken den Eindruck, als ob große Wassertropfen die Haut verbrüht hätten. Man achte auf entsprechende Hautstellen am Rumpf, im Lenden- und Sattelbereich, an den unteren Gliedmaßen und entlang der natürlichen Wasserablauflinien der Haut. Die ersten Symptome sind die Absonderung eines klebrigen Sekrets, das das Fell verklebt und Büschel bildet, wodurch ein „pinselartiger“ Eindruck entsteht. Schließlich bilden sich Krusten, unter denen rosafarbene, feuchte Haut zum Vorschein kommt, die u. U. ein wenig blutet. Diese wunden Stellen sind bei Berührung schmerzhaft, jucken überraschenderweise aber meist nicht. Bei Pferden mit kurzem Fell sind die Krusten eher klein, wobei die Haare mit ihnen verkleben, bei längerem Fell können sie allerdings einen Durchmesser von rund 2 cm erreichen. An den unteren Gliedmaßen spielt sich die gleiche Abfolge von Ereignissen ab; die Haut schwillt an, wird rissig, nässt und bereitet Schmerzen, wodurch es zu Lahmheit kommen kann. Solche Hautveränderungen treten im Wesentlichen auch bei Mauke auf (siehe Seite 275).

Regenfäule ist meist leicht zu diagnostizieren, man sollte sein Pferd aber immer untersuchen lassen, wenn man sich unsicher ist. Die Symptome können mit Ringflechte (v. a. im Frühstadium) und Seborrhö (übermäßige Talgproduktion) verwechselt werden. Hautproben können mikroskopisch auf die Bakterien untersucht werden, um die Diagnose zu bestätigen.

Die betroffenen Pferde sollten trocken gehalten und der Aufenthalt bei nassem Wetter und unter schlammigen Bedingungen auf ein Minimum reduziert werden. Man versuche, soweit dies möglich ist, das Hochspritzen von Schlamm auf die Haut des Körpers und der unteren Gliedmaßen zu verhindern, da dies definitiv zur Entstehung der Krankheit beiträgt. Die Tiere sollten während der Behandlung in einer trockenen Box aufgestallt und sämtlich feuchte Einstreu sollte entfernt werden. Eine gute Fellpflege ist ebenso wichtig. Es ist besonders darauf zu achten, dass alle Pflegeutensilien gereinigt werden, um ein Ausbreiten der Infektion durch Kontamination mit infizierten Krusten und Haarbüscheln zu verhindern.

Die Behandlung der Regenfäule erfolgt oft durch Reinigung der betroffenen Stellen mit einer antiseptischen Bürste (in der Art einer chirurgischen Bürste) und Auftragen einer einprozentigen Pottasche-Alaun-Lösung. In schwereren Fällen müssen evtl. Antibiotika eingesetzt werden. Alternativ können die Stellen mit verdünnter **Hypercal-Lotion** gereinigt werden; um die Infektion zu behandeln, verabreicht man die am besten passende homöopathische Arznei.

Dosierung: *Zwei- oder dreimal täglich (in Abhängigkeit von der Schwere des Zustandes), bis die Symptome verschwunden sind*

Dulcamara C30

Leitsymptom: Wunde Stellen, die mit Schuppen und Krusten bedeckt sind
Dulcamara ist eines der wirksamsten Mittel bei dieser Erkrankung und führt zur raschen Abheilung der Haut, v. a. wenn sich diese im Stadium der Krustenbildung befindet.

Graphites C30

Leitsymptom: Absonderung eines klaren, klebrigen Sekrets von der Haut
Dieses Mittel eignet sich am besten für das Anfangsstadium, wenn die betroffenen Stellen klebrig sind (eine klare honigfarbene Flüssigkeit absondern) und sich noch keine Krusten gebildet haben. Graphites wirkt am besten bei schwereren Rassen und faulen Show-Ponys.

Antimonium crudum C30

Leitsymptom: Verschlimmerung durch Berührung, verdickte und harte Haut
Die Hautveränderungen, die auf dieses Mittel ansprechen, ähneln ein wenig Graphites, aber die nässenden Stellen sind abgetrocknet und haben extrem harte Krusten gebildet. Es besteht eine deutliche Abneigung gegen Berührung der betroffenen Bereiche.

Hepar sulphuris C30

Leitsymptom: Reizbarkeit und Eiterung
Dieses Mittel wird eher auf konstitutioneller Basis eingesetzt, wenn das Pferd reizbar, zornig und extrem empfindlich gegenüber Berührung und Lärm ist und die Hautveränderungen hochgradig infiziert sind.

Rhus toxicodendron C30

Leitsymptom: Kleine schuppige oder feuchte und wunde Stellen
Rhus toxicodendron eignet sich bei kleinen, schuppigen Hautveränderungen oder klebrigen, wunden Stellen. Es wirkt am besten, wenn die betroffenen Stellen sehr berührungsempfindlich sind oder eine leichte Reizung besteht.

Mancinella C30

Leitsymptom: Große klebrige und verkrustete, wunde Stellen
Diese Mittel ist wenig bekannt und wird auch nicht häufig gebraucht, erweist sich aber bei klebrigen, nässenden Hautveränderungen, die mit der Bildung von besonders großen und dicken Krusten einhergehen, als wirksam.

Mezereum C30

Leitsymptom: Eiterung und tiefe Geschwüre, die mit dicken Krusten bedeckt sind
Mezereum ist überaus nützlich, wenn die Haut mit außerordentlich dicken Krusten bedeckt ist und die Erkrankung durch eine bakterielle Sekundärinfektion kompliziert wird. An den betroffenen Stellen liegt Eiter unter den Krusten und der Haut, die im Vergleich zu anderen Mitteln erheblich tiefere Geschwüre aufweist.

Vinca minor C6

Leitsymptom: Hochgradige Empfindlichkeit der betroffenen Bereiche
Dieses Mittel ist hilfreich, wenn unter den Krusten fauliges Material liegt, das die Haut so stark reizt, dass die Stellen äußerst berührungsempfindlich sind.

Thuja C30

Leitsymptom: Sehr akute Fälle
Thuja sollte in Erwägung gezogen werden, wenn die Symptome der Regenfäule sehr plötzlich und in akuter Form auftreten. Es ist auch das Mittel der Wahl in Fällen, die sich kurz nach einer Impfung entwickeln.

Arsenicum album C30

Leitsymptom: Trockene, raue, schuppige Stellen
An Arsenicum denkt man, wenn die Hautveränderungen trocken sind und das Haarkleid mit Schuppen durchsetzt ist. Dieses Mittel folgt gut auf Thuja in akuten Fällen, bei denen es immer wieder zu einem Rückfall kommt.

Dermatophilus-Nosode C200

Dieses Mittel kann begleitend neben anderen Arzneien zur Behandlung oder vorbeugend vor dem Auftreten eines möglichen Problems eingesetzt werden.

Behandlung: Eine Gabe täglich über fünf Tage zu Beginn der Behandlung.

Prävention: Eine Gabe wöchentlich über den ganzen Risikozeitraum.

Mauke
Fesseldermatitis
Mud fever
Gale de boue

Mauke ist eine häufige Hauterkrankung bei Pferden, die je nach geographischer Region eine Vielzahl von Namen hat. Sie tritt bevorzugt in den feuchten und nassen Wintermonaten auf. Es können Pferde aller Rassen betroffen sein, besonders oft erkranken aber Pferde mit langem Fell im Fesselbereich und solche, bei denen die Haltungsbedingungen mangelhaft oder unhygienisch sind. In der Regel sind der Ballen-, Fessel- und Krongelenkbereich betroffen, wobei häufiger die Hinterbeine erkranken als die Vorderbeine.

Die Erkrankung beginnt meist mit einer lokalen Schädigung der Haut durch Schmutz oder Sand. Dieser bleibt unter feuchten und nassen Bedingungen an der Haut haften, wodurch es zu Reizung und Entzündung der Haut und Unterhaut insbesondere im Fessel- und Ballenbereich kommt. Sehr häufig ist der Mikroorganismus *Dermatophilus congolensis* beteiligt, der auch für die Regenfäule verantwortlich ist. Daneben können auch andere Bakterien wie z. B. *Staphylokokken, Streptokokken* oder *Corynebakterien* eine Rolle spielen.

Sobald die Infektion erfolgt ist, schwillt der betroffene Bereich allmählich an, die Haut dehnt sich und beginnt zu nässen. Nach einer gewissen Zeit treten Risse in der Haut auf und die Haare in der Umgebung fallen aus. Das Sekret trocknet zu Krusten ein und verklebt die Haarbüschel, sodass sich harte, schorfige Klumpen bilden. Werden die Krusten entfernt, werden feuchte, rosafarbene Hautstellen sichtbar, die oft erhaben und rund sind. Schreitet die Infektion fort, wandert sie allmählich vom Ballenbereich aus weiter zur Vorderseite des Fessel- und Krongelenks.

Bei Bewegung können die Hautrisse weiter aufplatzen, was zu Schmerzen und Beschwerden führt. In extremen Fällen geht das Pferd lahm und die Beine schwellen an. Weitere bakterielle Komplikationen können eine schwere Hautreizung auslösen. Die betroffenen Hautstellen weisen in schweren Fällen einen faulig-eitrigen Geruch auf.

Die Behandlung dieser Erkrankung erfordert nicht nur die Gabe homöopathischer Mittel, sondern auch die Korrektur schlechter Haltungsbedingungen. Soweit es möglich ist, vermeide man den Kontakt mit nassen und schlammigen Bereichen und halte anfällige Pferde auch von Regen fern. Bei aufgestallten Tieren achte man auf saubere und trockene Einstreu. Sind die Beine des Pferdes nass, versuche man, sie abzutrocknen, bevor man das Tier in den Stall bringt. Schlamm und Sand, die das Haar verkleben, werden ausgebürstet; das Abschneiden von übermäßig dichtem Behang erleichtert das Ganze sehr. Allerdings sollte man die Beine nicht komplett freischeren. Schuppen und Krusten sollten sanft durch Waschungen mit Teebaumshampoo entfernt werden. Sehr stark nässende oder wunde Stellen können mit Hamamelis betupft werden.

Ideale Mittel, die als *C30* in Abhängigkeit von der Schwere des Problems *zwei- oder dreimal täglich* verabreicht werden, sind:

Graphites

Leitsymptom: Klare, klebrige Absonderungen

Dieses Mittel ist sehr wichtig und liefert oft gute Resultate. Es passt ideal zu Fällen, in denen die Haut rissig, rau und wund ist und ein honigfarbenes, klebriges Sekret absondert. Graphites wirkt am besten, bevor es zu extremer Schuppen- oder Krustenbildung kommt.

Malandrinum
Leitsymptom: Krusten und Risse
Dieses Mittel ist in schwereren Fällen von allergrößtem Nutzen und kann mit Graphites kombiniert werden. Auch dieses Mittel sollte in Betracht gezogen werden, wenn die Erkrankung nach einer Impfung auftritt.

Petroleum
Leitsymptom: Risse und Fissuren
Dieses Mittel passt v. a. bei tiefen Hautrissen und wunden Stellen, die mit dicken Krusten bedeckt sind.

Thuja
Leitsymptom: Hartnäckige Fälle
Eines der wichtigsten Mittel in hartnäckigen Fällen und wenn die Erkrankung innerhalb weniger Wochen nach einer Impfung auftritt.

Rhus toxicodendron
Leitsymptom: Entzündung, Schwellung und Reizung, Zellulitis
Man setzt dieses Mittel ein, wenn das umgebende und darunter liegende Gewebe entzündet und die Haut gereizt ist. Rhus toxicodendron erweist sich als hilfreich, wenn eine Zellulitis vorliegt und die Infektion sich auf die tieferen Schichten der Haut ausgebreitet hat.

Hepar sulphuris
Leitsymptom: Hochgradige oder faulige Infektionen mit Berührungsempfindlichkeit an den betroffenen Stellen
Tiere mit schwerer Mauke, die lahm gehen, sprechen oft gut auf Hepar sulphuris an. Die betroffenen Hautstellen sind extrem berührungsempfindlich und sondern ein faulig riechendes Sekret ab. Risse und Fissuren sind tief und ausgedehnt.

Mezereum
Leitsymptom: Dicke Krusten mit Juckreiz
Die Hautveränderungen, die auf Mezereum ansprechen, jucken charakteristischerweise und sind meist von sehr dicken Krusten bedeckt, unter denen sich infiziertes, eitriges Material befindet.

Sanicula
Leitsymptom: Fettige, schmutzige Haut mit Fissuren
Sanicula ist ein weniger bekanntes und gebrauchtes Mittel, das bei Mauke helfen kann, wenn die Haut schmutzig und fettig ist und Fissuren auftreten.

Weitere in Betracht zu ziehende Mittel sind:

Selenium C30
Bei fettigen Stellen an den unteren Gliedmaßen.

Vinca minor C6
Wenn die Haut sehr berührungsempfindlich und rau ist.

Dosierung: *Ein- oder zweimal täglich*

In sehr schwierigen Fällen denke man an den Einsatz eines Konstitutionsmittels zu Beginn der Behandlung. Anschließend kann dann ein eher lokal wirkendes Mittel gegeben werden. Konstitutionsmittel sind beispielsweise:

Sulphur, Natrium muriaticum, Lycopodium, Sepia, Arsenicum album, Phosphorus und **Calcium carbonicum**.

Dosierung: *1M, einmal täglich, drei Tage lang zu Beginn der Behandlung*

Parasitäre Hauterkrankungen

Läuse Pedikulose

Das Pferd wird von zwei verschiedenen Läusearten befallen, der beißenden Laus *Haematopinus asini* und der blutsaugenden Laus *Damalinia equi*. Ein Läusebefall tritt meist im Winter auf, wobei v. a. jüngere Tiere und solche mit schlechtem Allgemeinzustand betroffen sind. Läuse sind mit dem bloßen Auge zu erkennen; sie bewegen sich langsam und verbringen ihr ganzes Leben auf dem Tier. Ihre ebenfalls mit bloßem Auge sichtbaren Eier (Nissen) kleben an den Haarschäften und lassen sich nur äußerst schwierig auskämmen.

Am häufigsten findet man Läuse im Hals- und Schulterbereich sowie unterhalb des Schweifansatzes. Die Symptome umfassen stumpfes und schuppiges Fell mit Juckreiz und Scheuern. Dadurch kommt es zu Haarbruch und Haarausfall, sodass das Fell ein mottenfraßähnliches Aussehen annimmt. Sehr schwere Fälle von Läusebefall können zu Anämie und Verschlechterung des Allgemeinzustandes führen. In lang dauernden Fällen kann es auch zu Verdickung der Haut mit chronischer Reizung und Schwäche kommen.

Die Behandlung kann unterstützt werden durch:

Psorinum 1M

Angezeigt, wenn die Haut ein mottenfraßähnliches Aussehen hat und juckt. Der Zustand der Haut ist grundsätzlich schlecht und das Fell ist trocken und glanzlos. Pferde, die gut auf dieses Mittel ansprechen, frieren schnell.
Dosierung: *Einmal täglich, fünf Tage lang*

Sulphur 1M

Sulphur ist in ähnlichen Fällen wie Psorinum angezeigt. Es passt zu Tieren mit schmutziger, schuppiger und insgesamt ungesund erscheinender Haut. Besteht Juckreiz, so ist dieser abends und an wärmeren Tagen schlimmer. Tiere, die eher auf Sulphur ansprechen, vertragen Kälte in der Regel besser.
Dosierung: *Einmal täglich, fünf Tage lang*

Arsenicum album C200

Dieses Mittel ist bei übermäßiger Schuppenbildung angezeigt, wenn sich das Pferd ständig so stark scheuert, dass die Haut aufgeschürft ist und blutet. Arsenicum passt am besten zu Tieren mit dünner, feiner Haut.
Dosierung: *Einmal täglich, bis die Symptome verschwunden sind*

Oleander C30

Kann eingesetzt werden, wenn die Haut durch Scheuern so stark geschädigt ist, dass sie anfängt zu nässen oder bluten; die betroffenen Stellen sind berührungsempfindlich und jucken.
Dosierung: *Dreimal täglich, bis die Symptome verschwunden sind*

Ichthyolum C6

Dieses Mittel hilft in schwierigen Fällen, wenn die Läuse jeder Behandlung trotzen und die Haut weiterhin juckt und schuppig bleibt.
Dosierung: *Dreimal täglich, bis die Symptome verschwunden sind*

Petroleum C30

Petroleum eignet sich in chronischen Fällen mit verdickter und rissiger Haut.
Dosierung: *Zweimal täglich, bis die Symptome verschwunden sind*

Herbstgrasmilben, Neotrombikulose, Trombikulose, Trombidiose

Die Milbe *Neotrombicula autumnalis* verbringt den größten Teil ihres Lebenszyklus im Erdboden; nur ihre Larvenstadien sind parasitär. Bei wärmerem Wetter, meist in der Zeit von Mai bis Oktober, kommen die Larven aus dem Erdreich und klettern an den Grashalmen hoch, von wo aus sie sich an den Beinen oder dem Maul des Pferdes anheften. Die Milben sind mit dem bloßen Auge als kleine orangefarbene Flecken sichtbar, die zu lokaler Reizung (Juckreiz an den Füßen oder im Fesselbereich) und manchmal auch zu Papeln führen. Bei erheblicher Reizung denke man an:

Sulphur C6 als grundsätzliches Mittel, um den Körper zu entgiften und die Reizung zu lindern.

Psorinum C30, wenn sich das Tier in einem schlechten Zustand befindet.

Rhus toxicodendron C6 bei Papeln.

Calcium carbonicum C6 passt zu größeren, schwereren Rassen und vermindert die Reizung.

Dosierung: *Zweimal täglich, zehn Tage lang*

Räude, Milbenbefall, Akarienbefall

Räude wird durch kleine Milben hervorgerufen, die die Haut befallen. Sie tritt häufiger bei Pferden auf, die unter mangelhaften, unhygienischen Bedingungen gehalten werden. Die Beseitigung der Milben erfordert die gründliche Reinigung des Sattel- und Zaumzeugs bzw. Geschirrs und die Behandlung des Pferdes mit einem geeigneten Mittel zur äußerlichen Behandlung.

Es gibt verschiedene Räudeformen. Früher war die häufigste Form in Großbritannien die **Sarkoptes-Räude**, auch als Skabies (Krätze) bekannt; diese Form wurde allerdings ausgemerzt und tritt nicht mehr auf. In anderen Ländern, in denen sie immer noch prävalent ist, umfassen die Symptome hochgradige Reizung im Kopf-, Schulter- und Halsbereich mit kleinen haarlosen Hautstellen. In sehr schweren Fällen kann der ganze Körper betroffen sein. Die Veränderungen werden klebrig, da Serum austritt, das dann zu Krusten eintrocknet. Die folgenden Mittel können sich bei der Behandlung als hilfreich erweisen:

Psorinum 1M wird am besten im Frühstadium gegeben.
Dosierung: *Einmal täglich, fünf Tage lang, gefolgt von:*

Sulphur C30, wenn der Juckreiz immer noch sehr heftig ist, aber keine klebrigen Stellen oder Krusten vorhanden sind.

Graphites C30, wenn die Hautveränderungen klebrig oder nässend sind, sich aber noch keine Krusten gebildet haben.

Staphisagria C30, wenn viele trockene Krusten bestehen und der Juckreiz immer noch sehr intensiv ist.

Dosierung: *Dreimal täglich, bis die Symptome sich ändern oder verschwunden sind*

Chorioptes-Räude ist heutzutage die häufigste Räudeform bei Pferden in Großbritannien und wird durch die Milbe *Chorioptes equi* verursacht. Dieser Parasit ist gerade noch so mit dem bloßen Auge zu erkennen und lebt auf der Hautoberfläche, von wo aus er sich in die Haut bohrt und zu hochgradiger Reizung führt, sodass das Pferd sich selber Schaden zufügt. Haarausfall führt zu kleinen kahlen und wunden Stellen mit Nässen und Krustenbildung. Die Haut ist an manchen Stellen verdickt; dies wird als Hyperkeratose bezeichnet. Normalerweise sind die unteren Gliedmaßen betroffen; die Reizung lässt das Pferd unruhig mit den Beinen aufstampfen. In schwerwiegenderen Fällen kann sich die Erkrankung auf die Innenseite der Vorder- und Hinterbeine und auf die Unterseite von Brustkorb und Abdomen ausbreiten. Die genaue Diagnose erfolgt anhand der Schorfe oder Krusten von den betroffenen Stellen.
Anfangs behandelt man mit:

Sulphur 1M als grundsätzliches Mittel, um den Organismus zu reinigen und die Reizung zu mildern.
Dosierung: *Einmal täglich, drei Tage lang*

oder

Psorinum 1M, wenn sich das Tier in einem schlechten Allgemeinzustand befindet.
Dosierung: *Einmal täglich, drei Tage lang*

gefolgt von

Selenium C30, wenn lediglich die Haut im Bereich der Hufe betroffen ist und die Veränderungen klebrig sind.

Graphites C30, wenn größere Bereiche des Körpers betroffen sind und die Haut wund und nässend ist.

Lycopodium C30 passt zu schlanken Tieren mit angespanntem und ängstlichem Naturell, bei denen die Haut hochgradig gereizt und wund ist. Besteht die Erkrankung bereits einige Zeit, verdickt sich die Haut.

Dulcamara C30 lindert die intensive Reizung in dem Stadium, wenn die Hautveränderungen krustig und trocken sind.

Arsenicum album C30 kann verordnet werden, wenn die Hautreizung dazu führt, dass das Tier sich selbst Schaden zufügt und wenn die betroffenen Bereiche anfangen, trocken und rau auszusehen.

Dosierung: *Dreimal täglich*

Die dritte Form von Räude bei Pferden ist die **Psoroptes-Räude**, die durch die Milbe *Psoroptes equi* hervorgerufen wird. Normalerweise sind als Erstes der Mähnen- und Schweifansatz betroffen, allerdings kann die Erkrankung überall auftreten, wo das Fell dick ist. Diese Milbe kann auch die Ohren befallen und lebt in den Gehörgängen, wo sie zu einer extremen Ohrenschmalzproduktion führt. Die dadurch bedingte Reizung kann das Pferd veranlassen, den Kopf zu schütteln, sodass es wie ein sog. Headshaker (Kopfschüttler) aussieht.

Man untersuche die Haut auf Haarausfall, Papeln und krustige schuppige Veränderungen, die eher feucht als trocken sind. Hilfreiche Mittel sind:

Anfangs **Psorinum** oder **Sulphur** wie oben beschrieben, gefolgt von:

Elaps C30 ist hilfreich, wenn nur die Ohren betroffen sind und übermäßig viel Ohrenschmalz gebildet wird. Juckreiz mit Schütteln des Kopfes ist ein deutlicher Hinweis.

Graphites C30 bei schuppigen und klebrigen Hautveränderungen fauler oder untersetzter Pferde.

Rhus toxicodendron C30 bei feuchten, klebrigen Krusten und hochgradiger Reizung.

Mercurius solubilis C30 wenn die Hautveränderungen sehr feucht und die Krusten bräunlich und mit dem Haar vermischt sind. Pferde, die gut auf dieses Mittel ansprechen, schwitzen leicht.

Staphisagria C30 eignet sich bei reizbaren Tieren, bei denen die Mähne und der Schweifansatz mit einer Unmenge kleiner Schuppen und Krusten durchsetzt sind.

Dosierung: *Dreimal täglich*

Zecken

Pferde haben nicht oft Zecken, aber manchmal findet man die Schafszecke, *Ixodes ricinus*, an den dünneren Hautstellen an der Unterseite des Abdomens. Sie können durch Auflegen eines in Alkohol getränkten Wattebausches über mehrere Minuten und anschließendes sanftes Herausziehen entfernt werden. Manchmal entwickelt sich an der Stelle, wo die Zecke gesessen hat, eine Sepsis. Dann verabreicht man **Ledum C30** und **Silicea C30,** *dreimal täglich*, bis die Reaktion abklingt.

Durch Fliegen bedingte Hauterkrankungen

Myiasis

Wunden und offen liegende Stellen, an denen die Haut beschädigt ist, können Fliegen anziehen, die dort ihre Eier ablegen. Haben sich die Larven entwickelt, dringen sie in das Gewebe ein, schädigen dieses und ziehen möglicherweise bakterielle Sekundärinfektionen nach sich. Der ganze Bereich muss gründlich von Haaren befreit und nach der Entfernung der Larven mit verdünnter **Hypercal-Lotion** gereinigt werden.

Infizierte oder eitrige Stellen können mit den nachfolgenden Mitteln behandelt werden:

Hepar sulphuris C200

Wenn die betroffenen Stellen Eiter absondern und sehr berührungsempfindlich sind.

Dosierung: *Dreimal täglich*

Anthracinum C6

Wenn die betroffenen Stellen hochgradige Zersetzung und Schwellung aufweisen. Die Haut sondert ein dickes, teerähnliches Sekret ab. Abgestorbene Haut, die abgestreift wird, ist ein weiterer Hinweis auf dieses Mittel.

Dosierung: *Viermal täglich*

Tarentula cubensis C30

Wenn die Haut eine purpurne Farbe annimmt und aufgrund einer fliegenbedingten Sepsis hochgradig entzündet ist.

Dosierung: *Dreimal täglich*

Gunpowder D6
Dieses Mittel ist angezeigt, wenn die Haut in kleinen Flecken betroffen und dort, wo die Larven sich in die tieferen, unter der Haut gelegenen Schichten gebohrt haben, eingedellt ist.
Dosierung: *Viermal täglich*

Musca-Infektion
Hier handelt es sich um eine Form von ulzerativer Dermatitis der inneren Augenwinkel (mit gesteigertem Tränenfluss und Reizung), die durch Fliegen verursacht wird. Gelegentlich können auch andere Stellen betroffen sein, z. B. die Augenlider, Lippen, Nase und der Vulvabereich. Hilfreiche Mittel sind:

Argentum nitricum C30
Wenn die inneren Augenwinkel stark entzündet und rot sind, und die Absonderung aus dem Auge dick und verfärbt ist und die Haut reizt. Die Augenlider können ebenfalls betroffen sein.

Arsenicum album C30
Hilfreich, wenn die Absonderung aus dem Auge eher wässrig ist und die Haut, über die sie fließt, wund macht und entzündet. Die Pferde sind aufgrund der Belästigung durch die Fliegen ausgesprochen unruhig. In schwereren Fällen wirkt oftmals **Arsenicum iodatum C30** besser.

Euphrasia C30
Kann helfen, wenn die Augen extrem tränen und die Absonderung dicker und hautreizend ist. Die Augenlider können geschwollen sein.

Rhus toxicodendron C30
Wenn die Haut um die Augen stark entzündet, geschwollen, ödematös und ulzeriert ist.

Natrium muriaticum C30
Bei derart exzessiver Tränenproduktion, dass diese das Gesicht herunterlaufen. Dieses Mittel hilft auch, wenn die Lippen ebenfalls betroffen sind.

Nitricum acidum C30
Bei Geschwürbildung und Reizung der Augenwinkel, Lider, Lippen und Vulva.
Dosierung: *Dreimal täglich zur Behandlung, einmal täglich zur Vorbeugung*

Stechfliegen

Die Stechfliege, *Stomoxys calcitrans*, kann schmerzhafte und behandlungsbedürftige Stiche verursachen. Ideale Mittel zur Linderung der Beschwerden sind **Ledum C30**, das routinemäßig gegeben werden sollte (vier Gaben innerhalb von zwei Stunden), und zusätzlich **Hypericum C30**, wenn Schmerzhaftigkeit vorhanden ist bzw. **Apis C200** bei starker Schwellung. (Siehe den obigen Abschnitt zu Stichen.)

Nicht-infektiöse Hauterkrankungen

Equine noduläre Hauterkrankung
Nekrobiose
Schweißpickel
Allergische Kollagennekrose
Eosinophiles Granulom

Diese Erkrankung hat viele Bezeichnungen; die einfachste davon ist Schweißpickel, allerdings wird häufiger der Begriff Equine noduläre Hauterkrankung oder auch Nekrobiose, seltener die Bezeichnung Allergische Kollagennekrose gebraucht. Die genaue Ursache ist nicht bekannt, es kursieren aber diverse Theorien wie z. B., dass es sich um eine allergische Reaktion oder auch die Reaktion auf Mikrofilarien in der Haut handelt. Fibröse Knoten unterschiedlicher Größe erscheinen in der Unterhaut, v. a. im Sattel-, aber auch im Schulterbereich, an den Flanken, am Hals und am Präputium. Die Knötchen sind nicht schmerzhaft und können einen Durchmesser von bis zu 2 cm haben.

Diese fibrösen Knötchen sind krankheitsanzeigend, werden aber gelegentlich mit Druckstellen durch einen schlecht sitzenden Sattel verwechselt. Bestehen Zweifel, kann eine Biopsie die Diagnose sichern. In seltenen Fällen kommt es zur spontanen Regression der Knötchen, bei den meisten Tieren bleiben sie aber bestehen. Dies verursacht in der Regel keine Probleme, außer dass sie einen unschönen Anblick bieten. Allerdings können sie manchmal an einer ungünstigen Stelle sitzen, beispielsweise unter dem Sattel, wo sie Beschwerden bereiten können, sodass das Pferd sich dort scheuert.

Diese Erkrankung ist konventionell schwierig zu behandeln, spricht aber oft gut auf eine homöopathische Behandlung an, die einerseits eine vorbeugende Rolle spielt und andererseits durch Auflösung des fibrösen Gewebes zur Verkleinerung der Knötchen beiträgt.

Behandlung
Die besten Ergebnisse können mit dem nachstehenden Arzneimitteltrio erzielt werden:

Silicea C30
Graphites C30
Thiosinaminum C30
Alle drei Mittel unterstützen die Auflösung des Narbengewebes und sollten über mehrere Wochen gegeben werden, bis sich die Knötchen so weit wie möglich verkleinert haben. Die ideale Vorgehensweise besteht darin, Silicea am ersten, Graphites am zweiten und Thiosinaminum am dritten Tag zu geben, bevor man das Trio wiederholt.

Kalium arsenicosum C30 oder **Kalium iodatum C30** (bei allgemeiner Neigung, auf Insektenstiche mit Schwellungen zu reagieren) kommen in Betracht, wenn die obigen Mittel versagen. **Aceticum acidum C6** kann ebenfalls die Auflösung der Knötchen unterstützen, wenn diese nur langsam vonstatten geht.
Dosierung: *Einmal täglich*

Cenchris contortrix C200 sollte in Erwägung gezogen werden, wenn die Knötchen wie aufgereiht dem Verlauf eines Blut- oder Lymphgefäßes folgen. Dieses Mittel ist in solchen Fällen ein Spezifikum. Liegen noch weitere Symptome vor wie Unruhe, Angst oder die Neigung zu Eifersucht, so bestätigen sie das Mittel.
Dosierung: *Einmal täglich, zehn Tage lang*

Vorbeugung
Bei Pferden, die zu dieser Erkrankung neigen, können die folgenden Mittel langfristig eingesetzt werden:
Dosierung: *Einmal täglich*

Ledum C30 sollte in allen Fällen gegeben werden.

Urtica urens C6, wenn die Hautreaktionen klein sind.

Apis C6, wenn die Hautreaktionen größer sind.

Histaminum C6 in schwierigen Fällen.

Kalium iodatum C30 wie oben.

Pemphigus
Diese Hauterkrankung tritt selten auf, wenn das körpereigene Immunsystem die Haut und Schleimhäute angreift. Der zugrunde liegende Auslöser für diese Autoimmunerkrankung ist nicht genau bekannt, aber Atemwegsinfektionen oder Krebserkrankungen können manchmal eine Rolle spielen. Das Endresultat ist, dass der Körper nicht länger in der Lage ist, die Haut oder Schleimhäute als zu ihm gehörig zu erkennen, und daher seine Abwehrmechanismen in Bewegung setzt, um diese Bereiche als vermeintliches fremdes Gewebe anzugreifen.

Pemphigus ist konventionell und homöopathisch schwierig zu behandeln. Es gibt zwei Grundformen, die einander ähnlich sind, aber leicht unterschiedliche Symptome haben:

Pemphigus foliaceus tritt bei Pferden am häufigsten auf; hier greift das Immunsystem den Bereich zwischen den oberen und unteren Hautschichten an. Die ersten Symptome sind kleine Blasen, worauf sich die Haut in kreisförmigen oder großen, unregelmäßigen Bereichen abzuschälen beginnt. Weiterhin treten graue, schuppige

Hautstellen und in schweren Fällen auch massiver Haarausfall auf, bei dem das Haar bei der leichtesten Berührung ausfällt. Die geschädigten Hautstellen beginnen zu nässen und es bilden sich Krusten.

Am häufigsten betroffen sind der Kopf, Hals und Rumpf. An den Beinen tritt die Erkrankung weniger oft in Erscheinung, allerdings ist es gar nicht so selten, dass der Kronsaum schwere Krankheitserscheinungen aufweist. Die Ränder der Sporne und Kastanien können ebenfalls betroffen sein. In diesen Fällen ist das Hornwachstum beeinträchtigt, sodass die Hufwand abblättert und das Horn von schlechter Qualität ist. Recht oft treten noch weitere Zeichen auf. Das Pferd kann einen gedämpften Eindruck machen und Inappetenz und Gewichtsverlust zeigen. Je nachdem, welche Stellen betroffen sind, besteht Juckreiz.

Die sehr viel seltenere Form, **Pemphigus vulgaris**, führt zu ausgedehnter Gewebezerstörung im Bereich des Maules, Anus, der Vulva, Nasenhöhle oder Augenlider. Dabei treten erhebliche Schmerzen auf, sodass die Futter- und Wasseraufnahme dem Tier Probleme bereiten kann.

Hilfreiche Mittel:

Cantharis C200

Besonders hilfreich, wenn die Haut starke Blasenbildung zeigt und nässt. Das Tier macht einen erregten Eindruck.

Rhus toxicodendron C30

Ein wichtiges Mittel, das die Symptome lindert, wenn die Haut hochgradig entzündet, rot und erheblich geschwollen ist und sowohl nässende Hautstellen als auch Krusten aufweist.
Dosierung: *Anfangs dreimal täglich, mit zunehmender Besserung auf zweimal täglich reduzieren*

Bufo C30

Ein Mittel für das Blasenstadium, wenn sich die Haut abschält und unregelmäßige, raue Stellen freigelegt werden.
Dosierung: *Dreimal täglich*

Mancinella C30

In Fällen von Pemphigus foliaceus, in denen große Bereiche der Haut betroffen sind und es zu Blasenbildung mit Krusten oder Schuppen kommt.
Dosierung: *Anfangs dreinmal täglich, mit zunehmender Besserung zweimal täglich*

Caltha palustris C3

Angezeigt, wenn Juckreiz besteht oder spezifisch die Augen betroffen sind.
Dosierung: Anfangs *dreinmal täglich, mit zunehmender Besserung zweimal täglich*

Ranunculus scleratus C3

Leitsymptome sind hochgradiger Juckreiz und großflächige Hautbereiche, die ein klebriges, hautreizendes Sekret absondern.
Dosierung: Anfangs *dreinmal täglich, mit zunehmender Besserung zweimal täglich*

Arsenicum album C30

Bei dünnhäutigen, ängstlichen Tieren, eher fleckförmiger Abschuppung als Ulzeration und sichtbarem Haarausfall.
Dosierung: *Zweimal täglich*

Nitricum acidum C200

Das Hauptmittel für Pemphigus vulgaris, wenn die Schleimhäute von Maul, Augen (Lidbereich), Anus, Vulva und Nase betroffen sind. Diese Bereiche sind hochgradig entzündet, geschwürig und schmerzhaft.
Dosierung: *Zweimal täglich bis zur Besserung, dann eine Gabe jeden zweiten Tag*

Ebenfalls in Betracht zu ziehen sind: **Lachesis, Mercurius solubilis, Mercurius corrosivus, Phosphorus, Sepia** und **Thuja**.
Dosierung: *C30, zwei- oder dreimal täglich*
Ist schlechte Hornqualität eine Folge, denke man an: **Thuja, Antimonium crudum** und **Graphites**.

Allerdings ist die nützlichste Arznei von allen, die die Hornqualität evtl. verbessern kann, **Silicea**.
Dosierung: *C30, einmal täglich über mehrere Monate*

Warzen, Sarkoide und Melanome

Alle drei Erkrankungen können zumindest teilweise mit homöopathischen Arzneimitteln behandelt werden. Neben der oralen Verabreichung spielt hier die äußerliche Anwendung ebenfalls eine große Rolle:

Thuja-Urtinktur, Thuja Ø

Diese kann *einmal täglich* mithilfe angefeuchteter Baumwollwatte aufgetragen werden, um so das Ausmaß dieser Hautzubildungen zu reduzieren. Thuja-Urtinktur auf alkoholischer Basis kann etwas brennen; in diesem Fall sollte man sie 1:1Mit Wasser verdünnen.

Thuja-Creme

Diese eignet sich als Alternative, v. a. bei empfindlichen oder größeren Hautveränderungen, da sie weniger reizend ist. Die Creme sollte ebenfalls *einmal täglich* aufgetragen werden.

Thuja-Zaubernuss-Creme

Diese stellt eine noch bessere Alternative dar und ist besonders wirksam bei ulzerierten, blutenden, infizierten, klebrigen oder wunden Hautveränderungen, da die adstringierende Wirkung der **Zaubernuss (Hamamelis)** sehr vorteilhaft ist, um Hautgewächse auszutrocknen und zum Einschrumpfen zu bringen. Diese Creme kann sehr einfach aus den Grundzutaten hergestellt werden. Zu 100 g **Calendula**-Grundcreme fügt man 5 ml **Thuja**-Tinktur und 5 ml destillierte **Zaubernuss** hinzu und vermischt alles gut; diese Mischung wird *einmal täglich* aufgetragen. Stellen Blutungen ein besonderes Problem dar, kann man noch 5 ml **Nitricum acidum C6** als flüssige Verdünnung hinzufügen.

Warzen

Virale Papillomatose

Warzen sind von allen Hauterkrankungen des Pferdes mit am leichtesten zu identifizieren; sie treten v. a. bei Pferden auf, die jünger als drei oder vier Jahre sind. Die zugrunde liegende Ursache ist ein Virus, das durch direkten Kontakt leicht von Tier zu Tier übertragen wird, sodass eine ganze Gruppe gleichzeitig betroffen sein kann.

Die Inkubationszeit nach Viruskontakt beträgt ein bis zwei Monate. Anfangs treten die Warzen auf der Haut als glatte erhabene Beulen in Erscheinung, die allmählich größer werden, bis sie ca. 2 cm im Durchmesser sind. Die häufigsten Stellen, an denen Warzen auftreten, sind der Maul- und Nasenbereich, die Seiten des Gesichts und die Augenlider. Manchmal findet man sie auch am Hals und an den Vorderbeinen. Nach mehreren Monaten bilden sie sich spontan wieder zurück. Allerdings kann die Behandlung mit einer passenden homöopathischen Arznei diesen Prozess oft dramatisch beschleunigen.

Der Erfolg hängt von der Wahl der entsprechenden Arznei ab, die sich nach den Charakteristika der Warzen und einigen anderen wegweisenden Faktoren richtet.

Auswahl eines Warzenmittels

Thuja C200 bei großen, blutenden oder feuchten Warzen, die nach einer Impfung auftreten können; ein häufig gebrauchtes Mittel.

Antimonium crudum C30 für raue, harte oder verhornte Warzen.

Calcium carbonicum C200 bei fleischigen Warzen; wirkt am besten bei größeren Pferderassen.

Dulcamara C30 für große, flache, glatte Warzen, v. a. im Gesicht.

Lycopodium C30 bei kleineren Warzen, die eher knotig und glatt sind.

Sabina C30 ist hilfreich bei blutenden und juckenden Warzen.

Causticum C200 bei gestielten, blutenden, zerklüfteten, wunden oder entzündeten Warzen.

Nitricum acidum C200 bei gestielten, sehr leicht blutenden, klebrigen oder feuchten Warzen.

Natrium sulphuricum C30 bei Warzen, die im Analbereich oder auf den Nasenflügeln auftreten.

Staphisagria C200 für sehr berührungsempfindliche und trockene Warzen reizbarer Tiere.
Dosierung: *C200, zweimal wöchentlich, oder C30, jeden zweiten Tag*

Sarkoide

Sarkoide treten häufig auf und können Pferde aller Rassen, Alters- und Geschlechtsgruppen und Farben betreffen. Die genaue Ursache für diesen als nicht-bösartig eingestuften Hauttumor ist unbekannt, soll aber viraler Art sein.

Es gibt verschiedene Formen von Sarkoiden. Die erste Form tritt recht plötzlich auf, wächst schnell und teilweise aggressiv und ähnelt rotem, rohem, chronischem Granulationsgewebe. Diese Form blutet leicht. Diese **fibroblastischen Sarkoide** sind anfangs harte fibröse Knötchen, die durch die Haut dringen und in der Folge Schaden erleiden und das Aussehen von wildem Fleisch annehmen. Sie treten v. a. an den Beinen, der Unterseite des Abdomens und am Kopf auf. Die **warzenartige** oder **verruköse** Sarkoidform wächst langsamer, ist gewöhnlich kleiner als 6 cm im Durchmesser und besteht aus verdickten schuppigen, grauen Hautstellen. Diese Form kann auch gestielt sein und ist typischerweise trocken und verhornt mit blumenkohlähnlichem Aussehen.

Eine dritte Sarkoidform ist die **benigne noduläre Form** mit kleinen Knötchen, die von einem Areal umgeben sind, in dem es zu Haarausfall und leichter Abschuppung kommt. Diese Form (manchmal auf den Ohren und Augenlidern) kann über viele Jahre inaktiv bleiben und kann sich sogar vollkommen zurückbilden und verschwinden. Sie können zu Hunderten auftreten und werden oft chirurgisch entfernt. Leider kommt es bei dieser Form in manchen Fällen bei Störung (z. B. durch eine Operation oder ein Trauma) zu signifikantem Wachstum.

Eine weitere Form von ähnlichem Aussehen sind die sogenannten *okkulten Sarkoide,* die durch Kreisform, Haarausfall und ein schuppiges graues Erscheinungsbild charakterisiert sind.

Gemischte Sarkoide mit verrukösen, nodulären und fibroblastischen Anteilen sind ebenfalls bekannt und können aggressiv sein. Die schlimmste Form ist allerdings die bösartige Form, die zwar selten auftritt, aber äußerst aggressiv ist. Sie tritt am häufigsten im Gesicht und an den Ellbogen auf.

Sarkoide sprechen oft gut auf homöopathische Mittel an, vorausgesetzt, diese werden mit Bedacht ausgewählt.

Thuja C200

Thuja ist das Hauptmittel, das auch in den meisten Fällen helfen wird, v. a. wenn die Sarkoide wie Granulationsgewebe oder wildes Fleisch aussehen bzw. wenn sie blumenkohlähnlich oder relativ groß sind. Sarkoide, die ganz plötzlich oder nach einer Impfung auftreten, sollten ebenfalls mit diesem Mittel behandelt werden.
Dosierung: *Zweimal wöchentlich*

Nitricum acidum C200

Diese Arznei eignet sich für Sarkoide, die im Bereich der Körperöffnungen auftreten (Maul, Augen, Rektum, Vulva etc.), sowie für solche, die leicht ulzerieren und bluten. Der Hauptwirkungsbereich zielt allerdings auf Sarkoide, die wie Granulationsgewebe aussehen und ein aggressives Wachstum zeigen.
Dosierung: *Zweimal wöchentlich*

Antimonium crudum C200

Blumenkohlähnliche Sarkoide, die hart und verhornt sind, sprechen am besten auf dieses Mittel an.
Dosierung: *Zweimal wöchentlich*

Silicea C30

Dieses Mittel eignet sich für Sarkoide vom fibroblastischen Typ, die sich im frühen nodulären

Stadium befinden, bevor es zu Hauterosionen kommt. Silicea hilft am ehesten bei solchen Tieren, die allgemein eine schwächere Konstitution haben oder deren Probleme offenbar nach einer Impfung aufgetreten sind.
Dosierung: *Einmal täglich*

Ranunculus bulbosus C30
Ranunculus ist hilfreich bei harten und trockenen Sarkoiden.
Dosierung: *Einmal täglich*

Conium 1M
Kleine, inaktive noduläre Sarkoide sprechen am besten auf dieses Mittel an. Conium ist auch im frühen nodulären Stadium fibroblastischer Sarkoide in Betracht zu ziehen.
Dosierung: *Zweimal wöchentlich*

Sabina C200
Sabina kann bei solchen Sarkoiden helfen, die überschießendem Granulationsgewebe ähneln. Das Leitsymptom dieser Arznei ist, dass die Sarkoide eine Reizung hervorrufen, sodass das Tier sich an den betroffenen Stellen scheuert.
Dosierung: *Zweimal wöchentlich*

Medorrhinum 1M
Die Verabreichung von einigen Gaben Medorrhinum und anschließende Wiederholung einer spezifischeren Arznei kann in schwierigen und behandlungsresistenten Fällen hilfreich sein.
Dosierung: *Einmal täglich, fünf Tage lang*

Carcinosinum 1M
Dieses Mittel kann helfen, wenn es auf konstitutioneller Basis gegeben wird.
Dosierung: *Einmal täglich, fünf Tage lang*

Beryllium metallicum C200
Diese Arznei eignet sich, wenn noch andere Hautzubildungen wie Zysten oder Knötchen vorliegen.
Dosierung: *Zweimal wöchentlich*

Sarkoid-Nosode C30
Es gibt eine entsprechende allgemeine Nosode, die neben anderen Mitteln eingesetzt werden kann. Allerdings ist es oftmals besser, eine individuelle Nosode aus dem Sarkoidmaterial des zu behandelnden Tieres anzufertigen. Diese Behandlungsform wird auch als Isopathie bezeichnet und bringt oft bessere Ergebnisse als die Gabe der Standard-Nosode.
Dosierung: *Einmal täglich*

Melanome

Ein Melanom ist eine Tumorform, die gewöhnlich in der Haut entsteht, aber auch an anderen Stellen auftreten kann. Es besteht aus derselben Art von Zellen, die das Pigment Melanin bilden, welches für die bei vielen Pferden sichtbare Dunkelfärbung der Haut (z. B. im Maulbereich) verantwortlich ist. Eine unkontrollierte Vermehrung dieser Zellen führt zur Bildung von Melanomen.

Die meisten, wenn auch nicht alle Melanome bei Pferden sind gutartig und breiten sich nicht im Körper aus. Sie treten entweder als einzelne, feste, dunkel pigmentierte Knötchen in Erscheinung oder als Ansammlungen von mehreren Knötchen, die nah beieinanderstehen. Sie können zwar an jeder Stelle des Körpers auftreten, erscheinen aber meist an bestimmten Stellen. Melanome der Haut finden sich am häufigsten in der Nähe von Anus, Vulva, Penis, Schweif und Ohren. Sie können auch auf den Augenlidern auftreten und sogar im Auge, wo sie die Sehfähigkeit schwer beeinträchtigen. Selten entstehen sie im Abdomen, wo sie die Verdauung stören können.

Graue Pferde, v. a. solche, die älter als sechs Jahre sind, tragen das größte Risiko, Melanome zu entwickeln, obwohl sie bei jedem Tier auftreten können. Farbige Pferde haben eher einzelne Tumoren an den Beinen oder der Körperwand, wohingegen multiple Tumoren bei diesen Tieren im Vergleich zu einzelnen isolierten Zubildungen eher bösartig sind. Unabhängig vom Sitz können Melanome mit unterschiedlicher Geschwindigkeit wachsen. Einige wachsen sehr langsam und verursachen wenig Probleme. Andere wiederum wachsen sehr viel schneller und ulzerieren, bluten oder sondern eine faulige schwarze Flüssigkeit ab.

Es gibt ein paar Zubildungen, die Melanomen ähneln, beispielsweise Sarkoide, Zysten und andere Knotenformen. Gewebeproben oder Exzision des gesamten Tumors mit anschließender mikroskopischer Untersuchung kann die Diagnose bestätigen. Bei gesicherter Diagnose können isolierte Hautmelanome und kleine Tumoren auf den Augenlidern oftmals sich selbst überlassen werden. Andere Möglichkeiten bestehen in der chirurgischen Entfernung, Einfrieren der Zubildungen mittels Kryochirurgie oder Einsatz von Humanarzneimitteln zur Behandlung von Magengeschwüren. Die Homöopathie stellt eine weitere wertvolle Alternative dar.

Empfohlene Mittel

Thuja C200

Dieses Mittel kann in den meisten Fällen routinemäßig gegeben werden, ist aber gleichzeitig auch eines der Hauptmittel, wenn die Erkrankung im Anschluss an eine Impfung auftritt oder wenn bereits bestehende Hautzubildungen nach einer Impfung an Größe zunehmen. Thuja sollte auf jeden Fall bei Melanomen eingesetzt werden, die eine dunkle Flüssigkeit absondern, und solchen, die im Bereich der Augenlider oder des Penis auftreten.
Dosierung: *Zweimal wöchentlich*

Lycopodium C30

Die Melanome, die am besten auf Lycopodium ansprechen, sind glatte, einzeln stehende oder auch in Gruppen auftretende pigmentierte Hautzubildungen. Lycopodium passt gut zu Tieren, die typische Lycopodium-Züge wie Anspannung, schlanke Statur und Neigung zu Verdauungsproblemen aufweisen.
Dosierung: *Dreimal wöchentlich*

Sabina C30

Sabina wirkt gut neben Thuja, deshalb können beide Mittel in Kombination eingesetzt werden. Dieses Mittel passt eher zu Stuten, kann aber bei allen Melanomen verwendet werden, die dunkel pigmentiert, aber klein sind. Sabina ist auch hilfreich, wenn die Melanome leicht bluten.
Dosierung: *Dreimal wöchentlich*

Fluoricum acidum C30

Pferde, die gut auf Fluoricum acidum ansprechen, sind meist schon älter und zeigen erste Anzeichen von Gewichtsverlust oder Abbau der Kondition. Die Melanome, die am besten auf dieses Mittel ansprechen, weisen Entzündungszeichen am Ansatz auf oder jucken bzw. bluten leicht.
Dosierung: *Dreimal wöchentlich*

Nitricum acidum C200

Nitricum acidum wird am besten bei solchen Melanomen eingesetzt, die geschwürig aussehen und ab und zu recht stark bluten; das Blut ist dabei hellrot. Dieses Mittel eignet sich auch für alle Melanome, die im Bereich der Körperöffnungen auftreten, z. B. des Anus, der Penisspitze (v. a. wenn sie bluten), Vulva und Augenlider.
Dosierung: *Dreimal wöchentlich*

In Fällen, in denen ein Melanom akut und stark blutet, gibt man Nitricum acidum C200 *alle 30 Minuten*, bis die Blutung nachlässt.

Carcinosinum C30

Carcinosinum ist ein überaus wertvolles Mittel in Fällen, in denen die große Wahrscheinlichkeit besteht, dass die Melanome bösartig sind, oder wo sich innerhalb kurzer Zeit multiple Knoten entwickeln.
Dosierung: *Einmal täglich*

Cundurango C30

Am besten sprechen ulzerierte Melanome, die bluten und im Bereich der Körperöffnungen sitzen (v. a. des Anus und der Vulva) auf dieses Mittel an.
Dosierung: *Einmal täglich*

Melanom-Nosode C30

Die Standard-Melanom-Nosode kann gleichzeitig mit anderen Mitteln verabreicht werden. Allerdings ist eine spezifische Nosode, die aus

dem Gewebe des zu behandelnden Tieres hergestellt wird, oftmals von größerem Nutzen.
Dosierung: *Dreimal wöchentlich*

Kurze Hinweise zu gebräuchlichen Hautmitteln

Zu den wichtigsten Hautmitteln sind kurze Hinweise aufgeführt, die die Wahl der passendsten Arznei erleichtern sollen.

Um die Probleme entsprechend identifizieren zu können, werden vorab einige gebräuchliche Begriffe etwas genauer erläutert.

Kruste: eine Art Schorf oder getrocknetes Sekret, das eine Hautveränderung bedeckt.

Fissur: ein Hautriss.

Läsion: eine Veränderung bzw. Abweichung vom Normalzustand.

Knötchen: erhabene Hautbereiche, bei Berührung meist fest, größer als 1 cm im Durchmesser mit Ausdehnung in die tieferen Hautschichten.

Papel: kleine, harte, erhabene Hautstellen mit weniger als 1 cm Durchmesser.

Plaque: eine feste, erhabene Hautstelle, die größer als 1 cm im Durchmesser, aber oben abgeflacht ist.

Pustel: eine kleine, nur leicht erhabene Hautstelle, die Eiter enthält.

Abschälen/Abschuppung: das gleiche wie Schuppen oder Schorfteilchen auf der Haut oder im Fell.

Vesikel: erhabene Hautstellen, die wie eine Blase mit Flüssigkeit gefüllt ist.

Hautmittel

Arsenicum album Tiere mit dünner Haut und feinem Fell, die unter Juckreiz mit schuppenähnlichen Flocken im Fell leiden und oft einen ängstlichen Eindruck machen.

Arsenicum iodatum Juckreiz mit größeren schuppenähnlichen Flocken.

Anacardium Juckende geschwollene Hautstellen, hochgradige Reizbarkeit, misstrauisches Naturell.

Antimonium crudum Urtikaria, trockene Hautstellen, Schuppen und Pusteln, Bläschen mit honigfarbenen Krusten.

Apis Rote entzündete Haut mit geschwollenen, ödematösen Bereichen, Berührungsempfindlichkeit, Unruhe, schwierig zu untersuchen, Verbrennungen.

Bacillinum Ringflechte.

Bovista Juckreiz mit feuchtem Ekzem und dicken Krusten.

Calcium carbonicum Untersetzte, schwere Statur, ungesunde Haut, Juckreiz, die Haut fühlt sich feucht an.

Calcium sulphuricum Juckreiz mit vielen kleinen Krusten auf der Haut.

Cantharis Juckreiz mit brennend heißer, geröteter Haut, rohe Hautstellen, u. U. Bläschen, Verbrennungen.

Dolichos pruriens Heftiger Juckreiz ohne sichtbare Hautveränderungen, schlimmer am Widerrist und an den Ellbogen und Knien.

Dulcamara Juckreiz mit roten Flecken, kleinen Schorfen oder dicken Krusten, die bluten, wenn sie abgelöst werden, und das Haar verkleben.

Fagopyrum Juckreiz mit kleinen roten Hautflecken, schlimmer im Sonnenlicht.

Formica rufa Rote, brennende, juckende Haut.

Graphites Juckende, feuchte Hautstellen, die eine klare, honigfarbene Flüssigkeit absondern, faules Naturell, oft übergewichtig.

Hepar sulphuris Papeln, bakterielle Infektionen, eitrige Hautveränderungen, ungesunde Haut, die sich leicht infiziert, Juckreiz, Reizbarkeit.

Hippozaeninum Ekzem oder Dermatitis mit Pusteln.

Kalium arsenicosum Juckreiz mit trockener, schuppiger Haut, chronische Probleme, schlimmer bei warmem Wetter.

Kalium sulphuricum Juckreiz mit seborrhoischer, fettiger Haut, Papeln.

Lycopodium Juckreiz mit verdickter Haut, trockene Stellen, die bluten können, Risse und Fissuren, unangenehmer Hautgeruch, schlanker Körperbau, Anspannung.

Malandrinum Hautprobleme durch ständigen Kontakt mit Wasser, Fissuren oder Risse, Schwellungen, wunde Stellen.

Mancinella Dicke, braune Krusten, rote, entzündete Stellen mit Juckreiz, Absonderung einer klebrigen Flüssigkeit, die zu Krusten eintrocknet.

Manganum aceticum Juckreiz im Bereich der Gelenke, Hautrisse und Fissuren, Zellulitis.

Mercurius solubilis Feuchtes, klebriges Ekzem mit eitriger Absonderung, u. U. Vesikel und Pusteln, eiternde Stellen.

Mezereum Manischer Juckreiz, Bläschen, ulzerierte Hautstellen, die mit dickem Schorf bedeckt sind.

Natrium muriaticum Fettige, juckende Haut, krustige Veränderungen in den Hautfalten v. a. im Bereich der Gliedmaßen, rote, rohe Hautstellen, Haarausfall, zurückgezogenes, mürrisches Naturell.

Nux vomica Die Haut fühlt sich sehr heiß an, rote Flecken, Juckreiz, Reizbarkeit und Ungeduld.

Petroleum Raue und rissige Haut, Eiterung, dicke Krusten, rohe, verdickte Haut, blutende Hautrisse oder Fissuren.

Psorinum Schmutzige Haut mit üblem Geruch, allgemein schlechter Zustand der Haut, raues, glanzloses und stumpfes Fell, Seborrhö, krustige Ausschläge, sehr kälteempfindlich, muss immer eingedeckt werden.

Pulsatilla Sanfte Natur, oft Stuten, Juckreiz v. a. an der Unterseite des Körpers.

Radium bromatum Generalisiertes Ekzem oder Dermatitis mit Juckreiz, Hautentzündung.

Rhus toxicodendron Heftiger Juckreiz, Urtikaria, Schuppenbildung, viele kleine Krusten oder wunde Stellen, Verschlimmerung bei nassem Wetter, Zellulitis.

Rhus venenata Juckreiz, hochgradige Hautentzündung mit dunkler Verfärbung, Bläschenbildung.

Rumex Juckreiz an den Beinen, schlimmer bei kaltem Wetter.

Selenium Vesikel und fettige Haut mit Juckreiz an den Beinen.

Sepia Juckreiz v. a. an den Ellbogen und Knien, Verdickung und Zunahme der Hautpigmentation, fettige Haut, Ringflechte.

Silicea Ungesunde Haut, Urtikaria und Juckreiz, allgemein mangelhaft entwickelter Körperbau, schüchterne Natur.

Staphisagria Juckreiz mit dicken, trockenen Krusten, reizbares und aggressives Naturell.

Sulphur Ungesunde Haut, schlechter Zustand von Fell und Haut, trocken, schuppige, raue Haut, unangenehmer Geruch, Wundheit, v. a. in den Hautfalten, Juckreiz mit Verschlimmerung in warmem Wetter und unter feuchten Bedingungen.

Tellurium Ekzem in kreisförmigen Flecken, Ringflechte.

Thuja Warzen, Melanome, wildes Fleisch, Sarkoide, verdickte Haut, chronische Ekzeme oder Dermatitis.

Urtica urens Urtikaria, juckende Hautflecken, Verbrennungen.

Vespa Quaddeln mit heftigem Juckreiz, Hautrötung.

Vinca minor Rote und wunde Hautstellen durch Reiben, u. U. Pusteln, verklebtes Fell.

Viola tricolor Ekzem im Kopfbereich, dicke Krusten mit Rissen und gelbem Eiter.

Das endokrine System

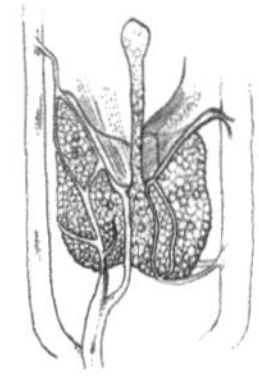

Das endokrine oder hormonelle System kontrolliert mithilfe einer Reihe von chemischen Transmittern oder Botenstoffen, die auch als Hormone bezeichnet werden, einige der wichtigsten Körperfunktionen. Diese Stoffe werden von verschiedenen Drüsen gebildet und ausgeschüttet und gelangen mit dem Blut zu ihren Zielorganen. So kontrollieren Hormone beispielsweise den Sexualzyklus, sie beeinflussen das Fellwachstum, halten den Blutzuckerspiegel konstant und regulieren den Stoffwechsel. Endokrine Probleme treten beim Pferd relativ selten auf. Die häufigste Erkrankung ist Morbus Cushing, gelegentlich sieht man aber auch Fälle von Diabetes mellitus, Diabetes insipidus und Hypothyreose.

Morbus Cushing Hyperadrenokortizismus

Morbus Cushing wurde nach dem amerikanischen Chirurgen Harvey Cushing benannt, der diese Erkrankung als Erster 1932 beim Menschen beschrieb, während er das Gehirn und die Funktion der Hypophyse erforschte. Die Krankheit tritt v. a. bei älteren Pferden auf, wurde aber auch schon bei Pferden diagnostiziert, die erst sieben Jahre alt waren.

Die Symptome werden durch hohe Spiegel des Hormons Cortisol verursacht, das von den in der Nähe der Niere liegenden Nebennieren gebildet wird und dann im Blut zirkuliert. Die Cortisolausschüttung wird von dem adrenokortikotropen Hormon (ACTH) gesteuert, das von der winzigen Hypophyse, die in der Nähe der Hirnbasis liegt, gebildet wird. Morbus Cushing kann sich entwickeln, wenn die Hypophyse kanzerös entartet. Dieser langsam wachsende, gutartige Tumor wird als Hypophysenadenom eingestuft (und manchmal auch als Hypophysenhyperplasie oder adenomatöse Hypertrophie der Pars intermedia der Hypophyse bezeichnet); er sezerniert erhebliche Mengen ACTH, die wiederum zu einer übermäßigen Produktion von Cortisol in den Nebennieren führen. Das normalerweise stabile Gleichgewicht zwischen der Hypophyse und den Nebennieren (in enger Verbindung mit einem weiteren Bereich des Gehirns, dem Hypothalamus), das über einen negativen Rückkopplungsmechanismus aufrechterhalten wird, ist nicht länger stabil. Die Auswirkungen des Cortisolüberschusses auf den Körper sind vielfältiger Art und umfassen eine Anti-Insulinwirkung, Anstieg des Blutglukosespiegels (indem die Leber angeregt wird, gespeichertes Eiweiß abzubauen) und Konstriktion der Blutgefäße (Vasokonstriktion).

Eines der frühesten Symptome ist vermehrter Durst (Polydipsie) und entsprechend auch vermehrter Harnabsatz (Polyurie); beides ist bei Tieren, die im Freien gehalten werden, oft nur schwer zu erkennen. Andere Zeichen sind offensichtlicher. Mit am häufigsten ist der Umstand, dass das lange, zottelige Winterfell im Frühjahr oder Sommer nicht wie gewöhnlich abgestoßen wird; außerdem wächst das Fell schneller als sonst (Hirsutismus) und es sieht ungewöhnlich lockig aus. Diese Symptome werden oft als Erstes festgestellt. Sie können mit einer Neigung zu verstärktem Schwitzen einhergehen (Hyperhidrose).

Weitere Symptome sind gesteigerter Appetit ohne Gewichtszunahme, sehr oft ein leichter Abbau der körperlichen Kondition, v. a. im Bereich der Rückenlinie, und das Auftreten von Hufrehe, die sich zu einem wiederkehrenden Problem entwickeln kann. Das Immunsystem der betroffenen Pferde ist geschwächt, wodurch es zu einer Vielfalt von Problemen kommen kann, beispielsweise Abszessen, Haut- und Atemwegsinfektionen, Geschwüren der Maulschleimhaut und langsame Wundheilung. Weniger häufige Symptome sind Anomalitäten des Sexualzyklus und der Milchbildung bei der Stute, allgemeine Lethargie, Depression, hochgradiger Wurmbefall sowie das Auftreten von supraorbitalen Fettablagerungen und Fettdepots in anderen Körperteilen.

Die Krankheit verläuft langsam, aber wenn der Tumor größer wird, kann er auf andere Teile des Gehirns, die für die Temperaturregulation zuständig sind, und den Sehnerv drücken; letzteres kann zu Erblindung führen. In weit fortgeschrittenen Fällen kann es zu Demenz und Verdrehen des Kopfes kommen.

Behandlung von Morbus Cushing

Probleme wie Laminitis, Diabetes und Abszesse werden entsprechend behandelt, wenn sie auftreten. Die unten stehenden Mittel sind spezifisch bei Morbus Cushing angezeigt.

ACTH und Quercus robur

Diese Kombination aus zwei Mitteln stellt den erfolgreichsten homöopathischen Ansatz bei der Behandlung von Morbus Cushing dar.
Dosierung: *C30, zweimal täglich*

Carduus marianus

Dieses Mittel wird in niedriger Potenz routinemäßig in allen Cushing-Fällen eingesetzt, um die Leber zu unterstützen. Daneben reguliert es den Zuckerstoffwechsel und verbessert den Blutfluss in die Körperperipherie, womit es der vasokonstriktorischen Wirkung des Cortisol entgegenwirkt.
Dosierung: *D6, zweimal täglich*

Abrotanum

Abrotanum hat sich bei Muskelschwund als wirksam erwiesen.
Dosierung: *C30, zweimal täglich*

Thuja

Thuja kann zusätzlich als grundlegendes Mittel gegeben werden, um das Wachstum des Hypophysenadenoms zu verlangsamen.
Dosierung: *C30, zweimal täglich*

Natrium muriaticum

Auch dieses Mittel kommt bei Gewichtsverlust, Depression oder Rückzug in Frage, wenn gleichzeitig großer Durst auftritt.
Dosierung: *C30, zweimal täglich*

Echinacea

Echinacea kann neben anderen Mitteln eingesetzt werden, um das Immunsystem zu unterstützen.
Dosierung: *D30, zwei- oder dreimal täglich*

Hypothyreose

Eine ungenügende Aktivität der Schilddrüse wird als Hypothyreose bezeichnet; es ist allerdings die Frage, ob diese Erkrankung bei Pferden tatsächlich existiert. Tiere, bei denen diese Diagnose gestellt wird, sind übergewichtig, schwerfällig und werden manchmal als „gute Futterverwerter“ bezeichnet. Daneben können zwei weitere klinische Zeichen auftreten. Das eine ist chronische Laminitis und das andere sind abnorme Fettablagerungen am Hals und Schweifansatz. Gelegentlich wurden auch das Leistungsschwäche-Syndrom und Kreuzverschlag mit Hypothyreose in Verbindung gebracht. Die Behandlung mit konventionellen synthetischen Schilddrüsenmedikamenten zeigt oft gute Erfolge.

Untersuchungen zur Feststellung dieser Erkrankung, bei denen die Schilddrüsenhormonspiegel im Blut gemessen werden, ergeben oft widersprüchliche Resultate und können die Schilddrüsenfunktion nicht immer richtig messen, sodass Zweifel bestehen, inwieweit diese Krankheit tatsächlich existiert. Aus homöopathischer Sicht können Verdachtsfälle dennoch entsprechend der vorliegenden Symptomatik behandelt werden, unabhängig davon, ob eine akkurate Diagnose vorliegt oder nicht.

Behandlung der Hypothyreose

Thyreoidinum D3

Schilddrüsengewebe in tiefer Potenz kann in allen Fällen neben anderen Mitteln eingesetzt werden.
Dosierung: *Zweimal täglich*

Calcium carbonicum C30

Dieses Mittel passt zu übergewichtigen, langsamen und schwerfälligen Tieren, die einen gedämpften Eindruck machen. Weitere Hinweise sind steife Gelenke, eine grundsätzliche Abneigung gegen Arbeit sowie ungesund aussehende Haut und Fell.
Dosierung: *Zweimal täglich*

Graphites C30

Graphites hat in vieler Hinsicht Ähnlichkeit mit Calcium carbonicum. Pferde, die gut auf dieses Mittel ansprechen, neigen ebenfalls zu Übergewicht und sind langsam und schnell müde. Der Hauptunterschied betrifft die Haut, die bei Graphites stellenweise verdickt und rissig und anfällig für Mauke ist. Das Fell ist ungepflegt und in schlechtem Zustand und neigt dazu zu verfilzen.
Dosierung: *Zweimal täglich*

Kalium carbonicum C30

Pferde, die Kalium carbonicum brauchen, sind reizbar und dickköpfig; sie zeigen einen allgemeinen Mangel an Energie und ermüden schnell. Sie haben oft eine Vorgeschichte von Rückenschmerzen und zeigen nicht die Hautsymptome wie Calcium carbonicum oder Graphites.

Sepia C30

Das Naturell von Sepia unterscheidet sich von allen anderen Mitteln und wird von Gleichgültigkeit und Schwerfälligkeit beherrscht; das Tier macht einen vollkommen ausgelaugten Eindruck. Sepia passt häufiger zu Stuten. Pferde, die gut auf dieses Mittel ansprechen, haben oft fettige Haut, die stellenweise verdickt ist oder Haarausfall zeigt.
Dosierung: *Zweimal täglich*

Alumina C30

Alumina ist bei trockenem und schuppigem Fell angezeigt; die Hufe sind gleichermaßen trocken und rissig. In geistiger Hinsicht sind Pferde, die dieses Mittel brauchen, sowohl körperlich als auch geistig schwerfällig.
Dosierung: *Zweimal täglich*

Diabetes mellitus

Diabetes tritt bei Pferden nur selten auf und wird durch das Unvermögen der Bauchspeicheldrüse, genügend Insulin zu produzieren, verursacht. Dadurch können die Körperzellen keine Glukose aufnehmen, sodass es zu einem starken Anstieg des Blutglukosespiegels kommt und dieser abnorm hohe Werte erreicht. Dieser Zustand wird auch als Hyperglykämie bezeichnet. Die Glukose erscheint im Urin, was dazu führt, dass das Tier mehr Harn absetzt als normal (Polyurie); der Urin nimmt einen süßlichen Geruch an. Die betroffenen Pferde zeigen großen Durst und Gewichtsverlust; letzterer ist darauf zurückzuführen, dass die Körpergewebe abgebaut werden, um die Glukose, die nicht in den Zellen verstoffwechselt werden kann, zu ersetzen und so die Energieversorgung sicherzustellen.

Hyperglykämie ist auch ein Merkmal von Morbus Cushing, genau wie Glukosurie (das Vorhandensein von Glukose im Urin) und Ketonurie (das Vorkommen von Ketonen im Urin, die im Rahmen des übermäßigen Fettabbaus gebildet werden). Urinuntersuchungen zur Bestimmung von Glukose und Keton und Blutuntersuchungen auf Hyperglykämie werden oft durchgeführt, wenn der Verdacht auf Morbus Cushing besteht, bevor spezifischere Tests stattfinden.

Hilfreiche Mittel bei Diabetes

Dosierung: *Zwei- oder dreimal täglich*

Allgemeine Mittel **Syzygium D6, Insulinum D6**

Allgemeines Mittel für die Bauchspeicheldrüse **Iris versicolor C30**

Großer Durst und nervöses Temperament **Phosphorus C30**

Liebevolle, freundliche Tiere **Carcinosinum C30**

Leberbeteiligung **Lycopodium C30, Phosphorus C30**

Reizbares Naturell, muss beschäftigt sein **Helonias C6**

Erschöpfung **Phosphoricum acidum C6**

Abmagerung **Uranium nitricum C30**

Hoher Zuckerspiegel im Urin **Uranium nitricum C30**

Diabetes insipidus

Diese Diabetesform tritt nur sehr selten auf und betrifft die hormonelle Steuerung des Wasserhaushalts des Körpers; sie wird meist durch einen Hypophysentumor verursacht. Die Symptome umfassen exzessiven Durst, eine Steigerung der Häufigkeit des Harnabsatzes und der ausgeschiedenen Harnmenge, Gewichtsverlust, Arbeitsunfähigkeit und allgemeine Schwäche. Der Urin ist stark verdünnt, blass und enthält keine Glukose. Die Hauptmittel sind **Uranium nitricum C30, ADH C6** (antidiuretisches Hormon) und **Apocynum cannabinum C30**. **Dosierung:** *Zweimal täglich.*

Equines metabolisches Syndrom (EMS)

Diese Krankheit tritt bei genetisch prädisponierten älteren Pferden auf. Das Hauptsymptom ist Fettleibigkeit aufgrund der Ablagerung von Fettgewebe im Körper in Verbindung mit der Entwicklung einer Insulinresistenz und dadurch bedingtem Risiko, an Hufrehe zu erkranken. Die betroffenen Pferde bauen in Zeiten, in denen ein üppiges Nahrungsangebot herrscht, Fettdepots auf; dies geschieht oft genug durch einfache Überfütterung oder unausgewogenes Futter, wobei Mangel an Bewegung das Ganze begünstigt. Das Ziel besteht darin, das Risiko für die Entstehung von EMS zu senken, indem die Aufnahme löslicher Kohlenhydrate eingeschränkt wird, während der Raufaseranteil der Ration erhalten bleibt und die Bewegung gesteigert wird. Man versucht, bereits im jüngeren Alter Fettleibigkeit zu vermeiden. Die nachfolgenden Mittel können sich als hilfreich erweisen, wobei man daran denken sollte, dass auch die Mittel zur Behandlung von Diabetes und Hufrehe in Betracht gezogen werden sollten.

Dosierung: *Zweimal täglich*

Allgemeines Mittel **Capsicum C30**

Konstitutionell **Calcium carbonicum C30, Graphites C30, Phosphorus C30, Arsenicum album C30**

Depression **Aurum C30**

Infektionskrankheiten

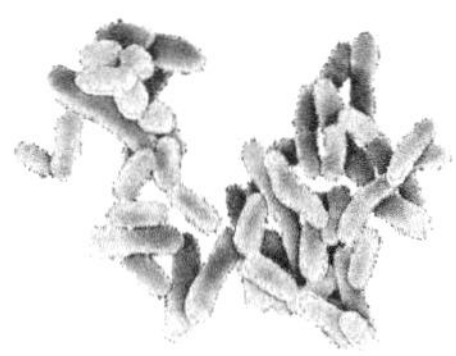

Dieses Kapitel umfasst Erkrankungen, die durch Infektionen mit Bakterien, Viren, Einzellern (Protozoen), Pilzen und einer Reihe anderer Erreger hervorgerufen werden. Einige dieser Krankheiten werden in anderen Kapiteln dieses Buches beschrieben. Nicht alle Krankheiten treten in Großbritannien (und Deutschland, Anm. d. Übers.) auf.

Einige Erkrankungen unterliegen in Großbritannien (und Deutschland, Anm. d. Übers.) den gesetzlichen (tierseuchenrechtlichen) Bestimmungen[8].

Virusinfektionen

Virusinfektionen mit respiratorischen Symptomen

Equines Rhinopneumonitis Virus (EHV-1)
Equines Herpes Virus Typ 1, Subtyp 1
Equine Herpes Virus Typ 1, Subtyp 2, EHV-4
Stallhusten
Rhinopneumonitis
Virusabort

Es gibt zwei verschiedene Subtypen oder Serotypen von EHV-1. Der erste, Subtyp 1, verursacht neurologische und respiratorische Symptome (Rhinopneumonitis – Entzündung der oberen Atemwege und der Lunge) und kann zu Abort führen. Subtyp 2, auch bekannt als EHV-4, führt ebenfalls zu respiratorischen Symptomen, die von den durch Subtyp 1 verursachten nicht zu unterscheiden sind. Infektionen treten v. a. bei Pferden bis zum Alter von einem Jahr auf und bei Pferden, die mit dem Training beginnen. Die Mehrzahl der Pferde kommt irgendwann einmal in ihrem Leben mit diesem hoch ansteckenden Virus in Kontakt; die Infektion erfolgt via Tröpfcheninfektion durch Inhalation infektiöser Partikel des Nasensekrets. Bei einem Teil der Pferde verfällt das Virus in eine Art Schlummerzustand und wird erst reaktiviert, wenn das Immunsystem stark belastet wird.

EHV-1 Subtyp 1 ist der gefährlichere Typ. Die Erkrankung beginnt als Atemwegsinfektion und wandert dann zu dem ungeborenen Fohlen oder zum Rückenmark und Gehirn. Das Virus kann in die weißen Blutzellen eindringen und dort eine ganze Zeit verweilen, wodurch die Leistungsfähigkeit des Pferdes und seine Fähigkeit, andere Infektionen abzuwehren, Schaden nimmt.

Die ersten Symptome treten zwei bis zwölf Tage nach der Infektion auf und beginnen mit Fieber (mit Anstieg der Temperatur bis auf 41°C) und Husten oder leichtem, weißlichem Nasenausfluss sowie evtl. Vergrößerung der Halslymphknoten. Eine Konjunktivitis tritt ebenfalls häufig auf. In seltenen Fällen kommt es bei erwachsenen Pferden über die respiratorische Phase hinaus noch zu einer Beteiligung des Nervensystems, wobei die Symptome sechs bis zehn Tage nach der Infektion auftreten.

Die neurologischen Zeichen (Myeloenzephalopathie) können in Form einer undefinierbaren Lahmheit oder Steifheit erscheinen, die sich dann zu einer deutlichen Hinterhandschwäche mit Ataxie und Koordinationsstörungen weiterentwickelt und schließlich auch die Vorderbeine in Mitleidenschaft ziehen kann. Andere Symptome folgen: Harninkontinenz, Erschlaffung der Schamlippen, Penisvorfall, Kotverhaltung, Schwellungen der Beine, Kolik und Festliegen, wobei das Pferd eine hundesitzige Stellung einnimmt.

Bei tragenden Stuten besteht ein hohes Abortrisiko, v. a. ab dem siebten Trächtigkeitsmonat bis zum Geburtstermin, ohne dass vorher irgendwelche klinischen Zeichen auftreten. Eine große Zahl von Stuten kann gleichzeitig abortieren, allerdings kann es auch sein, dass nur eine oder zwei Stuten betroffen sind. Fohlen, die sich im Mutterleib mit EHV-1 infizieren, werden oft tot geboren oder sterben kurz nach der Geburt. Einige Fohlen machen nach der Geburt einen ganz normalen Eindruck, haben aber ein schwaches Immunsystem und erliegen bald einer viralen oder bakteriellen Infektion.

Homöopathische Behandlung von EHV-1

Respiratorische Symptome – Rhinopneumonitis (EHV-1, EHV-4)

Wird das Fieber nicht behandelt, kann es bis zu fünf Tagen anhalten. Der Nasenausfluss und Husten können ein bis drei Wochen dauern. Die nachfolgenden Mittel eignen sich für das Anfangsstadium. Dauert der Husten länger an, schlage man im Kapitel Atemwege, Seite, nach, um das am besten passende Mittel zu finden.

Aconitum 1M

Aconitum muss so früh wie möglich gegeben werden, d. h., sobald die ersten Fieber- oder Atemwegssymptome auftreten.

Dosierung: *Alle 15 Minuten, bis die Symptome nachlassen oder ein anderes Mittel angezeigt ist*

Ferrum phosphoricum C200

Ferrum phosphoricum wird eingesetzt, wenn es bereits zu spät für Aconitum ist und die Halslymphknoten vergrößert sind, oder wenn Fieber in Verbindung mit leichtem Nasenausfluss oder Husten auftritt.

Dosierung: *Alle 30 Minuten, bis die Symptome nachlassen oder ein anderes Mittel angezeigt ist*

Arsenicum album C200

Dieses Mittel ist hilfreich, wenn die Atemwegssymptome vorherrschen, aber auch neurologische Zeichen auftreten. Indikationen sind wässriger Nasenausfluss und Husten mit leichtem Giemen. Die Hinterhand wird schwer oder schwach und es treten Lähmungserscheinungen auf. Unruhe und Angst sind weitere Merkmale, die auf dieses Mittel hinweisen.

Dosierung: *Viermal täglich*

Rhus toxicodendron C200

Dies ist ein weiteres Mittel für das Frühstadium, wenn die einzigen Symptome eine unbestimmte Steifheit mit leichten Anzeichen von Schwäche, trockener Husten und wässriger Nasenausfluss sind.

Dosierung: *Viermal täglich*

Kalium iodatum C200

Kalium iodatum ist angezeigt, wenn eine Konjunktivitis das vorherrschende Symptom ist oder wenn die respiratorischen Symptome ausgeprägter sind und mit heftigem Husten einhergehen.

Dosierung: *Viermal täglich*

Neurologische Symptome (EHV-1)

Die Symptome einer Myeloenzephalopathie schreiten oft 48 Stunden fort, bevor sie zum Stillstand kommen und sich dann langsam bessern. Die vollständige Genesung kann viele Monate in Anspruch nehmen. Dies kann mithilfe einer korrekten homöopathischen Verschreibung oft abgekürzt werden. Bei einigen Pferden entwickeln sich die Symptome immer weiter; diese Tiere erholen sich meist nicht mehr.

Agaricus C30

Dies ist das Hauptmittel für die Ataxie im Frühstadium, wenn der Gang erst ungleichmäßig ist und schließlich offensichtliche Anzeichen von Lähmung oder Schwäche auftreten.

Dosierung: *Viermal täglich*

Gelsemium C200

Gelsemium deckt viele Symptome dieser Krankheit ab: allgemeine Ataxie, Mangel an Koordination, Hinterhandschwäche, Harninkontinenz und Kotverhaltung. Daher ist es eines

der wichtigsten Mittel für die Behandlung der EHV-1-Infektion. Als Fiebermittel stellt es im Anfangsstadium eine Alternative zu Aconitum dar, wenn sich die Symptome langsam entwickeln und mit Zittern oder Schaudern einhergehen. Am besten sprechen Pferde auf dieses Mittel an, die zusätzlich Apathie, Lustlosigkeit oder Trägheit zeigen.
Dosierung: *Alle ein bis zwei Stunden*

Conium C30
Das Leitsymptom von Conium ist eine progressive Hinterhandschwäche mit Schwere, Müdigkeit und Unsicherheit. Es eignet sich am besten, bevor das Lähmungsstadium erreicht ist, in dem das Pferd nicht mehr auf die Beine kommt.
Dosierung: *Viermal täglich*

Causticum C30
Ein Leitsymptom von Causticum ist Paralyse, daher eignet es sich für die Behandlung der Symptome in den späteren Stadien, die u. a. Hinterhandschwäche und Lähmungserscheinungen umfassen. Causticum sollte immer eingesetzt werden, wenn Harninkontinenz besteht.
Dosierung: *Viermal täglich*

Nux vomica C30
Dieses Mittel ist angezeigt, wenn die Hinterhand betroffen ist, und das Pferd ein oder beide Beine nachschleift, sodass sich die Zehenspitze abnutzt. In diesen Fällen entwickelt sich ein langsam zunehmender Schwächezustand. Eine Entzündung der Nasenschleimhaut führt zu Verstopfung der Nase, sodass das Pferd „schnieft".
Dosierung: *Dreimal täglich*

Plumbum C30
Plumbum eignet sich am besten für das Stadium der Paralyse und Ataxie, das mit Kotverhaltung einhergeht.
Dosierung: *Viermal täglich*

Phosphorus C30
Phosphorus deckt viele neurologische Symptome dieser Erkrankung ab und kann verwendet werden, um die fortschreitende Schwäche und Paralyse aufzuhalten, die schließlich dazu führen, dass das Pferd eine hundesitzige Stellung einnimmt. Tiere, die gut auf dieses Mittel ansprechen, haben vermehrten Durst und sind unruhig.

Zusätzliche Mittel für die homöopathische Behandlung von EHV-1

Echinacea D30
Dieses Mittel ist angezeigt, wenn das Virus in die weißen Blutzellen eingedrungen ist und das Immunsystem unterdrückt und damit die Fähigkeit zur Abwehr anderer Infektionen herabsetzt.
Dosierung: *Dreimal täglich*

Selenium C30
Zusätzlich, wenn das Immunsystem unterdrückt ist, was sich in der erniedrigten Zahl weißer Blutkörperchen zeigt (Leukopenie).
Dosierung: *Zweimal täglich*

Vanadium C6
Vanadium kann neben Echinacea gegeben werden, um das Immunsystem zu unterstützen, da es die Aktivität der weißen Blutkörperchen bei der Abwehr von Infektionen steigert.
Dosierung: *Dreimal täglich*

Caulophyllum C200
Gefährdete tragende Stuten sollten Caulophyllum erhalten, umso zu versuchen, einem Abort vorzubeugen.
Dosierung: *In den ersten sieben Monaten der Trächtigkeit einmal wöchentlich, dann dreimal wöchentlich*

Equine Influenza Virus - Pferdegrippe Infektiöse Bronchitis des Pferdes Infektiöser Husten des Pferdes Newmarket-Husten

Die Infektion mit diesem Virus (die durch Kontakt mit infizierten Pferden stattfindet) ist sehr häufig. Das Virus greift die Zellen an, die die Atemwege von der Nase abwärts bis zur Lunge auskleiden, und führt dadurch zu grippeähnlichen Symptomen. Die Atemwege können nicht von Fremdstoffen wie Schmutz, Staub oder Bakterien befreit werden, ohne dass das Risiko einer Bronchitis oder Pneumonie besteht. In diesen Fällen können auch Ödeme oder Schwellungen der Beine auftreten.

Die ersten Symptome treten innerhalb von drei Tagen nach der Infektion auf; es kommt zu Fieber (bis zu 41°C) und Inappetenz. Darauf entwickelt sich ein tiefer, hackender Husten (der erst trocken und dann feucht ist) und wässriger Nasenausfluss (der auch ganz fehlen oder nur minimal sein kann), der rasch die Farbe wechselt, wenn es zu einer bakteriellen Sekundärinfektion kommt. Die Unterkieferlymphknoten sind oft vergrößert.

Homöopathische Behandlung der Pferdegrippe

Unbehandelte und unkomplizierte Fälle sollten sich innerhalb von ca. zehn Tagen erholen; allerdings kann der Husten noch mehrere Wochen anhalten. Die betroffenen Pferde sollten von allen anderen Pferden ferngehalten werden; man sollte ihnen lange Ruhe gönnen und erst langsam wieder anfangen, mit ihnen zu arbeiten. Die Rekonvaleszenz kann durch geeignete homöopathische Mittel verkürzt werden.

Kompliziertere Fälle mit bakteriellen Sekundärinfektionen können aufgrund einer Pneumonie (siehe die Atemwege, Seite 74), Pleuritis (siehe die Atemwege, Seite 77) oder Purpura haemorrhagica (siehe das Blut und die Blutgefäße, Seite 97) zum Tod führen.

Weitere Komplikationen sind die Gefahr der Entwicklung von allergischen Problemen (z. B. COPD), Luftsackinfektionen und Sinusitis. (Siehe Seiten 67-69.)

Die aufgeführten Mittel sind im Anfangsstadium angezeigt. Bei persistierendem Husten siehe das Kapitel Atemwege, Seite 67.

Aconitum 1M

Aconitum wird zu Beginn der Erkrankung eingesetzt, wenn außer Fieber keine weiteren Symptome vorliegen.
Dosierung: *Alle 15 Minuten, bis die Symptome nachlassen oder ein anderes Mittel angezeigt ist*

Gelsemium C200

Gelsemium ist angezeigt, wenn das Pferd einen extrem teilnahmslosen Eindruck macht und jede Bewegung eine immense Anstrengung bedeutet.
Dosierung: *Alle 15 Minuten, bis die Symptome nachlassen oder ein anderes Mittel angezeigt ist*

Baptisia 1M

Pferde, die Baptisia brauchen, sind schwer krank; die Symptome treten ganz plötzlich auf und entwickeln sich schnell weiter. Es bestehen hohes Fieber, die Gefahr einer Lungenentzündung und hochgradige Lethargie.
Dosierung: *Alle 15 Minuten, bis die Symptome nachlassen oder ein anderes Mittel angezeigt ist*

Pyrogenium 1M

Ist spezifisch angezeigt, wenn das Pferd hohes Fieber, aber eine niedrige Pulsfrequenz hat. Ein Leitsymptom ist hochgradige Unruhe; das Pferd muss sich ständig bewegen, um die Symptome zu lindern.
Dosierung: *Alle 15 Minuten, bis die Symptome nachlassen oder ein anderes Mittel angezeigt ist*

Bryonia C200

Bryonia sollte frühzeitig eingesetzt werden, wenn der Verdacht besteht, dass sich eine Pleuritis entwickeln könnte. Die betroffenen Pferde sind durstig, reizbar und haben trockenen Husten.

Dosierung: *Alle 15 Minuten, bis die Symptome nachlassen oder ein anderes Mittel angezeigt ist*

Natrium muriaticum C200

Ein Leitsymptom von Natrium muriaticum ist reichlicher, klarer Nasenausfluss, der die Konsistenz und Farbe von Eiklar haben kann. Die betroffenen Pferde vermeiden jegliche Hektik, sind schwerfällig, zurückgezogen und depressiv. Sie entwickeln einen anfangs leichten, später tief sitzenden Husten.

Dosierung: *Alle 15 Minuten, bis die Symptome nachlassen oder ein anderes Mittel angezeigt ist*

Equine virale Arteriitis (EVA) Pferdestaupe, Rotlaufseuche Infektiöse equine Zellulitis Equines Typhoid

Achtung – Anzeige- / Meldepflicht beachten!

Der virale Erreger der EVA verursacht eine akute und ernsthafte Infektion der oberen Atemwege (schwerwiegender als bei einer EHV-1-Infektion oder der Pferdegrippe) und kann bei tragenden Stuten zu Abort führen. EVA hat auch einen spezifischen Einfluss auf die kleinen Arterien; hier kommt es zu Entzündungserscheinungen, die mit dem medizinischen Fachbegriff „Arteriitis" bezeichnet werden.

Das Virus findet sich im Nasenausfluss infizierter Tiere sowie im Urin, Kot und Vaginalsekret; es wird durch Tröpfcheninfektion übertragen. Infizierte Hengste können einen vollkommen gesunden Eindruck machen, aber das Virus beim Deckakt auf die Stute übertragen. Die Inkubationszeit nach Viruskontakt dauert bis zu sechs Tage, dann treten die ersten klinischen Erscheinungen auf: Fieber zwischen 39–41 °C, wässriger Nasenausfluss, Husten und Inappetenz. Die Augenlider schwellen an, sodass das ganze Auge aufgedunsen aussieht, und es kommt zu Hornhauttrübung (Keratitis) und starkem Tränenfluss, wobei die Tränen das Gesicht herunterlaufen. Daneben kann noch eine Vielzahl weiterer Symptome auftreten, darunter Durchfall und Bauchschmerzen, Gelbsucht, Schwellungen der Gliedmaßen, des Euters, Präputiums oder Skrotums, Kongestion der Schleimhäute mit kleinen Blutungen (Petechien), Austrocknung und Muskelschwäche. Abort ist ebenfalls ein Merkmal dieser Krankheit und ereignet sich in einem viel früheren Trächtigkeitsstadium als bei Infektionen mit EHV-1. Werden die Fohlen nicht abortiert, sondern mit der Infektion geboren, sterben sie gewöhnlich in den ersten Lebenstagen.

Die Erkrankungsdauer liegt zwischen drei und acht Tagen. Kommt es zu bakteriellen Sekundärinfektionen, wird der Nasenausfluss gefärbt und dick, und es besteht das Risiko, dass sich ein starker Husten entwickelt, der mit Atemnot und Kongestion der Lunge einhergeht (Lungenödem).

Homöopathische Behandlung der EVA Anfangsstadien

Aconitum 1M

Aconitum wird im Frühstadium mit Inappetenz und leichtem, klarem Nasenausfluss eingesetzt, bevor sich hohes Fieber entwickelt.

Dosierung: *Ale 20 Minuten, bis die Symptome nachlassen oder ein anderes Mittel angezeigt ist*

Belladonna 1M

Dieses Mittel ist im darauffolgenden Stadium angezeigt, mit hohem Fieber, reichlichem Nasenausfluss und leichtem Husten.

Dosierung: *Alle 30 Minuten, bis die Symptome nachlassen oder ein anderes Mittel angezeigt ist*

Natrium muriaticum C200

Natrium muriaticum eignet sich auch für das Frühstadium, wenn das Tier einen depressiven Eindruck macht und sich zurückzieht. Es kommt zu starkem Tränenfluss aus beiden Augen, Schwellung der Augenlider und reichlichem, klarem Nasenausfluss.

Dosierung: *Alle 30 Minuten, bis die Symptome nachlassen oder ein anderes Mittel angezeigt ist*

Hauptmittel

Arsenicum album 1M

Arsenicum album ist das Hauptmittel für EVA, da es alle wichtigen Symptome der Krankheit abdeckt: Fieber, Schwellung um die Augen, wässrige Absonderung aus Augen und Nase, petechiale Blutungen und Durchfall.
Dosierung: *Stündlich*

Apis C200

Apis sollte bei solchen Pferden in Betracht gezogen werden, die nicht nur eine hochgradige Konjunktivitis mit stark geschwollenen Augenlidern, akut entzündeten Bindehäuten, reichlichem Ausfluss und Keratitis haben, sondern auch ein Lungenödem und Schwellungen der Gliedmaßen, der Milchdrüsen und des Skrotums.
Dosierung: *Stündlich*

Rhus toxicodendron C200

Dieses Mittel deckt ebenfalls die Augensymptome ab, zu denen Zellulitis in der Umgebung der Augen, hochgradige Schwellung der Augenlider, reichlicher, gelber Augenausfluss und Hornhautentzündung gehören. Daneben passt es auch für die Schwellung des Skrotums und petechiale Hautblutungen.
Dosierung: *Stündlich*

Kalium iodatum C200

Kalium iodatum eignet sich bei hochgradiger Keratitis, roter und entzündeter Bindehaut, Lidschwellung und wässrigem Nasenausfluss. Es ist ein Hauptmittel für die Behandlung von Lungenödemen. Daneben sollte es auch eingesetzt werden, wenn heftiger Husten auftritt und die Gefahr einer Lungenentzündung besteht.
Dosierung: *Stündlich*

Weitere hilfreiche Mittel

Dosierung: *Viermal täglich*

Argentum nitricum C30

Zusätzlich, wenn die Augensymptome nicht auf andere Mittel ansprechen, v. a. bei hochgradiger Keratitis.

Phosphorus C30

Bei schweren petechialen Blutungen und Gelbsucht.

Crotalus horridus C30

Um die Folgen der Arteriitis und die petechialen Hautblutungen zu begrenzen.

Millefolium C30

Ist in ähnlichen Situationen wie Crotalus horridus angezeigt, aber ganz besonders, wenn das Fieber nur langsam abklingt.

Antimonium tartaricum C30

Kann bei drohender Pneumonie und lautem, feuchtem Husten ergänzend gegeben werden.

Equines Rhinovirus

Das Rhinovirus ähnelt dem Erkältungsvirus des Menschen und verursacht akute, aber meist nur leichte respiratorische Symptome. Junge Pferde sind am meisten gefährdet.

Die Ausbreitung und Infektion erfolgt durch Tröpfcheninfektion, wobei der Erreger mit infektiösem Nasenausfluss, Kot oder Urin ausgeschieden wird. Die Inkubationszeit beträgt bis zu acht Tage. Das erste Symptom ist normalerweise Fieber in Verbindung mit einer Rachenentzündung (Pharyngitis) und Vergrößerung der Lymphknoten. Darauf kommt es zu Nasenausfluss und Husten, die bis zu drei Wochen anhalten können. Die meisten Pferde genesen, eine Behandlung kann aber trotzdem sinnvoll sein, um den Verlauf abzukürzen und eine bakterielle Sekundärinfektion zu verhindern oder zu behandeln.

Equines Adenovirus

Infektionen mit dem Equinen Adenovirus treten sehr häufig auf, v. a. bei jungen Pferden nach dem Absetzen. Sie führen zu klinisch manifesten Infektionen der oberen Atemwege, deren Intensität von gemäßigt (bei erwachsenen Tieren) bis zu hochgradig (bei Fohlen) reichen kann. Bei manchen Fohlen kommt es zu schwerer Pneumonie, die tödlich enden kann. Die meisten Pferde erholen sich wieder, gute Pflege und Unterstützung vorausgesetzt.

Nach der Infektion mit dem Virus, das von einem anderen Tier ausgeschieden wurde (über Nasenausfluss, Urin oder Kot), entwickelt sich Fieber mit Nüsternausfluss, Konjunktivitis und Husten. Diese Symptome sind weniger ausgeprägt als bei einer Infektion mit dem Rhinovirus. Zeitweiliger Durchfall ist ebenfalls ein häufiges Symptom.

Homöopathische Behandlung von Infektionen mit dem Equinen Rhinovirus/ Adenovirus

Aconitum 1M

Aconitum wird am besten eingesetzt, bevor die Symptome zu weit fortgeschritten sind. Die betroffenen Tiere haben hohes Fieber, das mit Unruhe und Angst verbunden ist. Liegt eine Pharyngitis vor, kann es zu Schluckbeschwerden kommen.

Dosierung: *Alle 20 Minuten, bis die Symptome nachlassen oder ein anderes Mittel angezeigt ist*

Belladonna 1M

Belladonna hat heftigere Symptome. Das Fieber ist sehr hoch, und die Tiere fühlen sich heiß an. Die Untersuchung des Halses ruft heftige Abwehr hervor. Die Pulsfrequenz ist erhöht und der Puls ist pochend.

Dosierung: *Alle 15 Minuten, bis die Symptome nachlassen oder ein anderes Mittel angezeigt ist*

Ferrum phosphoricum C200

Die Symptome von Ferrum phosphoricum liegen zwischen Aconitum und Belladonna und konzentrieren sich v. a. auf den Rachen. Dieses Mittel eignet sich für das Frühstadium einer Rhinovirus-Infektion, bevor die Symptome zu heftig werden und Nasenausfluss in größerer Menge auftritt.

Dosierung: *Alle 15 Minuten, bis die Symptome nachlassen oder ein anderes Mittel angezeigt ist*

Eucalyptus C30

Eucalyptus wird am besten eingesetzt, wenn das Anfangsstadium vorüber ist und ein wässrigklarer Nasenausfluss auftritt, der infolge einer bakteriellen Sekundärinfektion langsam Farbe annimmt. Die Nase hört sich verstopft an, und ein lästiger Husten setzt ein.

Dosierung: *Viermal täglich*

Phytolacca C30

Dieses Mittel wird spezifisch bei Rhinovirus-Infektionen gegeben, wenn die Lymphknoten im Halsbereich vergrößert bleiben und weiterhin wässriger Nasenausfluss besteht.

Dosierung: *Viermal täglich*

Natrium muriaticum C30

Diese Arznei ist bei wässrigem Nasenausfluss mit anfallsweisem Husten angezeigt, wenn das Pferd einen depressiven und zurückgezogenen Eindruck macht. Konjunktivitis kann ein weiteres Merkmal sein; die Augen tränen oder sehen sehr „nass" aus.

Dosierung: *Viermal täglich*

Arsenicum album C30

Arsenicum album ist ein ideales Mittel, wenn Durchfall auftritt oder die respiratorischen Symptome im Frühstadium der Erkrankung mit wässrigem Augen- und Nasenausfluss sowie trockenem Husten und hohem Fieber einhergehen.

Dosierung: *Viermal täglich*

Virusinfektionen mit neurologischen Symptomen

Diese Erkrankungen haben alle eine sehr ähnliche Symptomatik und können oft nur durch Laboruntersuchungen differenziert werden. Die Behandlung erfolgt auf symptomatischer Grundlage.

Tollwut wird hier nicht aufgeführt, da sie unweigerlich tödlich endet und die Behandlung von infizierten oder tollwutkranken Pferden für den Menschen ein ernstzunehmendes Gesundheitsrisiko darstellt.

Pferdeenzephalomyelitis
-Venezuelische (ve)
-Ostamerikanische (ee)
-Westliche (we)
Equine Arbovirus-Enzephalomyelitis

Achtung – Anzeige- / Meldepflicht beachten!

In den USA ist die häufigste Ursache für die virale Pferdeenzephalomyelitis die Infektion mit den Erregern der Ostamerikanischen, Westlichen und Venezuelischen Pferdeenzephalomyelitis. Alle drei gehören zu den Arboviren. Diese Virusinfektionen treten in Großbritannien nur selten auf. Sie zählen zu den anzeigepflichtigen Tierseuchen und werden entsprechend verfolgt.

Alle drei Viren sind individuelle Stämme, die sich hinsichtlich ihrer Virulenz unterscheiden, aber sehr ähnliche Symptome hervorrufen. Alle drei werden durch Insekten übertragen, meist Mücken. Anfangs kommt es zu Dämpfung, obwohl manche Pferde auch erst ein aggressives Verhalten oder Übererregbarkeit zeigen können, worauf sich die Depression anschließt. Die meisten Tiere stellen mit Fortschreiten der Krankheit die Futter- und Wasseraufnahme ein. Aufgrund von Schluckproblemen kann es sein, dass das Futter aus dem Maul hängt. Es tritt Fieber auf, das erst abklingt, bevor eine zweite Fieberphase einsetzt, die mit den Hauptsymptomen einhergeht. Diese betreffen das ZNS und umfassen Schläfrigkeit, Erregbarkeit, Anpressen des Kopfes, Blindheit, Kreisbewegungen, epileptische Anfälle, Erschöpfung, Koma und schließlich Tod. Der Ausgang hängt vom jeweiligen Virusstamm und dem Ausmaß des möglichen Pflegeaufwandes ab. Es gibt keine spezifische Behandlungsmöglichkeit, aber homöopathische Mittel können unterstützend wirken, in der Hoffnung auf Genesung.

West-Nil-Virus oder -Fieber

Achtung – Anzeige- / Meldepflicht beachten!

Das West-Nil-Virus war ursprünglich auf Afrika, Asien und Südeuropa beschränkt, wurde aber 1999 über Vögel nach Nordamerika eingeschleppt. Das Virus lebt in Mücken und wird auf Vögel übertragen, wenn diese von infizierten Mücken gestochen werden. Auf diese Weise kann sich der Erreger vermehren. Pferde können sich ebenfalls anstecken, wenn sie von einer infizierten Mücke gestochen werden, sie können das Virus aber nicht auf andere Tiere übertragen.

Die Inkubationszeit nach erfolgter Infektion liegt zwischen fünf und 22 Tagen, dann treten die ersten Symptome von Meningitis und Enzephalitis auf. Anfangs kommt es zu Fieber mit Lethargie, Schwitzen und Inappetenz, dann entwickelt sich Schwäche oder Lähmung der Hinterhand mit Muskelzuckungen u. a. im Maulbereich. Die Bewegung ist beeinträchtigt und unkoordiniert, und es treten zielloses Umherwandern, Kreisbewegungen oder Anpressen des Kopfes auf. Das Schlucken kann erschwert sein, und bei manchen Pferde kann Zähneknirschen beobachtet werden. Es folgen Konvulsionen, Erregbarkeit, Kollaps, Koma und Tod. Ungefähr 30 Prozent aller infizierten Pferde sterben oder werden getötet.

Bornasche Krankheit

Achtung – Anzeige- / Meldepflicht beachten!

Diese Enzephalitisform wurde zuerst in Deutschland beobachtet; sie wird durch ein Virus verursacht, das im Vergleich zu anderen viralen Enzephalitiserregern relativ resistent gegenüber Umwelteinflüssen ist. Es soll durch Inhalation oder orale Aufnahme verbreitet werden. Die ersten Symptome treten nach einer Inkubationszeit von vier Wochen auf, mit Fieber, Lähmung des Halses, Muskelzittern und Hyperästhesie (übermäßige Empfindlichkeit gegenüber äußeren Reizen wie z. B. Berührung oder Geräusche). In den späteren Stadien werden die betroffenen Pferde lethargisch und verlieren an Muskeltonus, sodass es zu schlaffen Lähmungen kommt. Leider sterben viele dieser Tiere.

Japanische Enzephalitis

Diese Erkrankung betrifft in erster Linie den Menschen und wird dann weiter auf Pferde übertragen. Die Schwere der Symptome variiert stark; manche Tiere zeigen ein paar Tage lang Fieber, Inappetenz, Gelbsucht und langsame, schwerfällige Bewegungen, dann setzt die Genesung ein. In schweren Fällen besteht extreme Lethargie, Fieber und Schläfrigkeit. Gelbsucht ist ein weiteres Merkmal, ebenso wie Schluck- und Koordinationsstörungen und Ataxie (Stolpern). Weitere kurzzeitig auftretende Symptome sind Steifheit der Halsmuskeln, Radialislähmung, Lähmung der Lippen und schließlich Blindheit. In den schlimmsten Fällen kommt es zu hohem Fieber mit Übererregbarkeit, Schwitzen, Muskelzittern und heftigen, unkontrollierbaren Bewegungen. Außer in den letztgenannten Fällen ist es sehr wahrscheinlich, dass die Tiere wieder genesen.

Homöopathische Behandlung von Virusinfektionen mit neurologischen Symptomen

Frühstadium

Aconitum 1M

Aconitum ist von größten Nutzen, wenn die Diagnose gestellt wurde und Fieber mit nur wenig anderen Symptomen auftritt.
Dosierung: *Alle 20 Minuten, bis die Symptome nachlassen oder ein anderes Mittel angezeigt ist*

Belladonna 1M

Dieses Mittel ist ungemein wichtig. Es wird bei Fieber eingesetzt (v. a. mit Schwitzen) und wenn das Tier aggressiv reagiert oder heftige epileptische Anfälle entwickelt, bei denen es wild um sich schlägt.
Dosierung: *Halbstündlich, bis die Symptome nachlassen oder ein anderes Mittel angezeigt ist*

Baptisia C200

Baptisia wird bei Fieber empfohlen, das nicht auf Belladonna anspricht. Schmerzen im Halsbereich führen zu Schluckproblemen. Das Pferd macht einen verwirrten, berauschten, betäubten Eindruck.
Dosierung: *Halbstündlich, bis die Symptome nachlassen oder ein anderes Mittel angezeigt ist*

Gelsemium 1M

Gelsemium wird in den Frühstadien eingesetzt, wenn Schläfrigkeit oder Lethargie hervorstechende Symptome sind und noch keine ZNS-Beteiligung festzustellen ist. Es ist weiterhin ein wichtiges Mittel für die späteren Stadien, wenn es zu Schwäche und Lähmungserscheinungen der Beine kommt, v. a. der Hinterhand, aber auch, wenn aufgrund der Beteiligung der Halsmuskulatur Schluckschwierigkeiten auftreten.
Dosierung: *Alle 15 Minuten, bis die Symptome nachlassen oder ein anderes Mittel angezeigt ist*

Spätere Stadien

Agaricus C200

Agaricus deckt die Symptome der Übererregbarkeit, Muskelzuckungen und Schwäche ab, die zu unkoordinierten (ataktischen) Bewegungen führen. Der Hals wird sehr trocken und verursacht Schluckprobleme. Dieses Mittel eignet sich auch für die späteren Stadien dieser Viruserkrankungen, in denen geistige Depression, Schläfrigkeit oder Gleichgültigkeit auftreten, wenn das Stadium der Muskelzuckungen vorüber ist.
Dosierung: *Ale 15 Minuten*

Helleborus C200

Dieses ist ein spezifisches Mittel für Anpressen des Kopfes. Helleborus kann auch in den späteren Stadien eingesetzt werden, wenn eine Trübung der Sinne dem Komastadium vorausgeht.
Dosierung: *Alle 15 Minuten*

Zincum C200

Auch diese Arznei ist bei Anpressen des Kopfes angezeigt, sollte aber nur dann eingesetzt werden, wenn auch andere Symptome wie Muskelzuckungen, Rollen des Kopfes von einer Seite

zur anderen oder ruhelose Bewegungen der Beine vorliegen.
Dosierung: *Alle 15 Minuten*

Hyoscyamus 1M
Dieses Mittel ist im epileptischen Stadium in Erwägung zu ziehen, wenn auch Anzeichen von Gewalttätigkeit oder Aggression vorliegen. Delirium und lautstarkes Gebaren unterscheiden Hyoscyamus von Belladonna.
Dosierung: *Alle 15 Minuten*

Conium C200
Conium wird grundsätzlich eingesetzt, wenn eine fortschreitende Hinterhandschwäche auftritt, die bis hin zu Lähmung führt.
Dosierung: *Zweimal täglich*

Strychninum C200
Dieses Mittel eignet sich für heftige Muskelzuckungen, unfreiwillige Gliedmaßenbewegungen und Hyperästhesie. Strychninum deckt auch die Steifheit des Halses und die Kontraktion/Starre der Halsmuskeln ab, die vor allem bei der Japanischen Enzephalitis auftreten.
Dosierung: *Zweimal täglich*

Plumbum C200
Plumbum ist ein spezifisches Mittel für die Bornasche Krankheit, wenn es zu schlaffer Lähmung und Hyperästhesie kommt.
Dosierung: *Zweimal täglich*

Endstadium

Camphora C30
Dieses Mittel ist in den späteren Krankheitsstadien im Anschluss an das epileptische Stadium in Betracht zu ziehen, wenn das Tier kollabiert ist und kurz vor dem Koma steht oder dem Tod nahe ist. Eine klare Indikation für Camphora liegt vor, wenn sich das Pferd kalt anfühlt.
Dosierung: *Alle 10 Minuten*

Opium C200
Dieses Mittel ist eine Alternative zu Camphora. Die Indikationen sind sehr ähnlich, aber bei Opium fühlt sich das Tier nicht so kalt an.
Dosierung: *Alle 10 Minuten*

Während der Genesung

Causticum C30
Causticum ist hilfreich bei Pferden, die sich in der Rekonvaleszenz befinden und bei denen immer noch Anzeichen von Schwäche oder Lähmung bestehen.
Dosierung: *Zweimal täglich*

Phosphoricum acidum C30
Dieses Mittel wird in ähnlicher Weise während der Genesung eingesetzt, wenn das Tier erschöpft oder geschwächt ist.
Dosierung: *Zweimal täglich*

Virale Erkrankungen mit Hautveränderungen

Equines Herpesvirus 3 (EHV-3)

Koitalexanthem

Siehe die Geschlechtsorgane, Seite 153

Equines Papillomavirus

Siehe die Haut (Warzen), Seit 283

Pferdepockenvirus

Diese Erkrankung tritt in Europa nur selten auf. Es besteht ein geringes Risiko, dass jüngere Pferde die Krankheit bei schwerem Verlauf nicht überleben. Bei anderen schwer erkrankten Pferden kommt es zu Erschöpfung. Die Ursache ist ein mit dem Erreger der Kuhpocken verwandtes Pockenvirus, das bei der Fellpflege und durch kontaminiertes Sattel- und Zaumzeug übertragen werden kann.

Die Pocken entwickeln sich im Maul (die bukkale Form der Erkrankung), erst auf der Innenseite der Lippen, dann auf der gesamten Maulschleimhaut und manchmal auch im Rachen,

Kehlkopf und in den Nüstern. Es entsteht eine schmerzhafte Stomatitis (Entzündung der Maulschleimhaut), die zu Speichelfluss und Inappetenz führt. In schweren Fällen können auch Pocken auf der Vulva und dem restlichen Körper auftreten. Die Symptome können sich auch auf der Rückseite des Fesselgelenks entwickeln (Beinform) und dann mit Mauke verwechselt werden; auch hier treten die typischen Pockenveränderungen auf: zuerst kleine Papeln, dann Bläschen und schließlich Pusteln und Krusten.

Homöopathische Behandlung des Pferdepockenvirus

Arsenicum album C30

Dieses Mittel eignet sich für das Frühstadium, wenn das Maul betroffen ist und v. a. an der Oberlippe Bläschen auftreten. Die betroffenen Pferde sind unruhig. Arsenicum album ist auch angezeigt, wenn die Veränderungen an den Beinen auftreten.
Dosierung: *Viermal täglich*

Natrium muriaticum C30

Natrium muriaticum hilft bei den anfänglichen Vesikeln auf den Lippen, bevor sich andere Läsionen entwickeln. Pferde, die gut auf Natrium muriaticum ansprechen, sind durstig und depressiv und ziehen sich zurück.
Dosierung: *Viermal täglich*

Cantharis C200

Cantharis ist angezeigt, wenn Symptome einer Stomatitis vorliegen und sehr viele Bläschen auftreten. Das ganze Maul kann betroffen sein, wie auch der Rachen und Kehlkopf. Die Schmerzen führen zur Produktion von klebrigem, dickem Schleim, der aus dem Maul tropft.
Dosierung: *Dreimal täglich*

Borax C30

Borax ist eine Alternative zu Cantharis, die Symptome sind allerdings weniger stark ausgeprägt. Auch hier tritt Speichelfluss auf, dieser ist aber im Vergleich weniger stark und nicht so dick.
Dosierung: *Viermal täglich*

Kalium chloratum C30

Dies ist ein weiteres alternatives Mittel bei hochgradiger und ausgedehnter Stomatitis, wenn das ganze Maulinnere rot, geschwollen und entzündet ist.
Dosierung: *Viermal täglich*

Antimonium crudum C30

Antimonium crudum ist bei ausgedehnten Läsionen angezeigt, die den ganzen Körper bedecken, sowie auch bei Bläschen, Pusteln und honigfarbenen Krusten.
Dosierung: *Viermal täglich*

Kalium iodatum C30

Dieses Mittel deckt beide Krankheitsformen ab und kann daher eingesetzt werden, wenn beide gleichzeitig vorliegen.
Dosierung: *Viermal täglich*

Vesikuläre Stomatitis

Achtung – Anzeige- / Meldepflicht beachten!

Die Vesikuläre Stomatitis tritt nicht nur bei Pferden auf, sondern auch bei Rindern und Schweinen. Sie wird durch Insekten und Kontakt zwischen einzelnen Pferden verbreitet, sodass es zu sporadischen Ausbrüchen in Nord- und Südamerika kommt. Nach einer Inkubationszeit von durchschnittlich neun Tagen entwickelt sich Fieber, dann treten Bläschen an der Zunge (die oft schwer betroffen ist) und den Lippen auf, selten auch am Euter und Präputium. Platzen diese Vesikel (die bis zu 2 cm groß sein können), lassen sie rohe, geschwürige Stellen zurück, die rasch abheilen (innerhalb von drei bis vier Tagen), aber zur Bildung von dickem, fadenziehendem Speichel führen. Einige Pferde haben Schwierigkeiten beim Fressen, bis die Geschwüre abgeheilt sind.

Homöopathische Behandlung

Aconitum 1M

Aconitum wird in der Inkubationszeit gegeben, bevor sich Bläschen entwickeln.
Dosierung: *Stündlich*

Baptisia C200

Baptisia ist angezeigt bei Fieber und den ersten Läsionen auf der Zunge, die offensichtlich Schmerzen bereiten, da das Pferd Probleme beim Fressen hat.

Dosierung: *Stündlich*

Arsenicum album C30

Dieses Mittel sollte bei Fieber und Bläschenbildung auf den Lippen und der Zunge eingesetzt werden.

Dosierung: *Viermal täglich*

Natrium muriaticum C30

Natrium muriaticum wird ähnlich angewendet wie Arsenicum album, aber die betroffenen Pferde machen einen mürrischen und depressiven Eindruck. Die Zunge ist wund und bereitet Beschwerden.

Dosierung: *Viermal täglich*

Nitricum acidum C200

Dieses Mittel wird im fortgeschrittenen Stadium eingesetzt, wenn auf der Zunge schmerzhafte Vesikel erscheinen, v. a. an den Zungenrändern, und wenn auch auf den Lippen Bläschen auftreten, die Beschwerden verursachen.

Dosierung: *Dreimal täglich*

Capsicum C30

Capsicum ist angezeigt, wenn die Vesikel ulzeriert sind und rohe, schmerzhafte Stellen zurückgelassen haben; eine bakterielle Sekundärinfektion führt zu üblem Maulgeruch.

Dosierung: *Viermal täglich*

Mercurius solubilis C30

Mercurius solubilis eignet sich am besten, wenn die Ulzeration der Vesikel zur Bildung von fadenziehendem, dickem Speichel geführt hat.

Dosierung: *Viermal täglich*

Equine virale papuläre Dermatitis

Diese Erkrankung wird durch Pockenviren verursacht und durch Insekten verbreitet. Die Infektion führt zum Auftreten von runden Pickeln oder Papeln, auf denen sich nach ca. einer Woche Krusten bilden. Fallen diese ab, bleiben haarlose Stellen zurück. Die Erkrankung ist selbstlimitierend, die folgenden Mittel können aber unterstützend wirken: **Calcium sulphuricum C30** (anfängliche Läsionen), **Kalium iodatum C30** (bei Juckreiz), **Tellurium C30** (Haarausfall), **Thallium C6** (starker Haarausfall).

Dosierung: *Zweimal täglich*

Molluscum contagiosum des Pferdes

Diese Hauterkrankung wird ebenfalls durch Pockenviren hervorgerufen und führt zur Entwicklung von grauweißen, wachsartigen Pickeln an den Vorderbeinen, Oberschenkeln, dem Euter, Penis und Präputium. Die Hauptmittel sind **Arsenicum album C30** (schlanke Pferde), **Calcium carbonicum C30** (schwerere Pferde) und die **Molluscum contagiosum-Nosode C9**.

Dosierung: *Zweimal täglich*

Weitere Virusinfektionen

Equine infektiöse Anämie (EIA)

Achtung – Anzeige- / Meldepflicht beachten!

Diese ansteckende Viruserkrankung der Pferde wird durch stechende Insekten übertragen und tritt weltweit in tief gelegenen sumpfigen Regionen auf. Die Übertragung kann auch durch mit Blut kontaminierte Nadeln, chirurgische Instrumente sowie Sattel- und Zaumzeug stattfinden. Im Anschluss an die akute Krankheit treten bei manchen Pferden rezidivierende Symptome auf, sodass die Erkrankung zu einem chronischen, lang dauernden Problem wird. Nur bei wenigen Pferden verläuft die Krankheit subklinisch ohne offensichtliche Symptome. Diese Tiere werden als Träger eingestuft und können die Erkrankung auf andere Pferde übertragen.

Die Inkubationszeit beträgt nach erfolgter Infektion durchschnittlich bis zu vier Wochen, sie kann allerdings auch mehrere Monate dauern. Zuerst macht das Pferd einen gedämpften Eindruck und es zeigt Koordinationsstörungen und Schwäche mit Verschlechterung des Allgemeinzustandes. Es entwickelt sich wechselndes Fieber (bis zu 40–42,2°C) mit raschen Temperaturschwankungen. Weitere Symptome sind hochgradige Anämie, Gelbsucht, petechiale Blutungen (auf den Schleimhäuten am Zungengrund und im Auge), Ödeme (Schwellungen) an den Beinen, dem Präputium und der Unterseite des Abdomens sowie Steigerung der Herzfrequenz. Myokarditis (Herzmuskelentzündung) und Milzvergrößerung sind ebenfalls häufige Befunde.

Die Pferde erholen sich relativ oft von diesem akuten Stadium; einige werden im Laufe der Zeit aber immer schwächer und sterben schließlich. Die Erholung ist in vielen Fällen nur vorübergehend und es kommt nach wenigen Wochen zu einem Rezidiv, wenn auch in weniger schwerer (subakuter) Form. Auch in diesem Stadium überleben einige Tiere die Krankheit nicht. Dieses Muster von wiederholter Rekonvaleszenz und erneuten Rückfällen kann einen chronischen Charakter annehmen, wobei Stress dazu beiträgt und zwischen den einzelnen Episoden mehrere Monate liegen können. Die Rückfälle sind durch Fieberschübe, Gewichtsverlust, Schwäche, Herzprobleme, Blässe der Schleimhäute und Anämie gekennzeichnet.

Homöopathische Behandlung der EIA

Tiere, die die Krankheit überleben, stellen ein Risiko dar, weil sie als Träger fungieren; daher werden sie in manchen Regionen im Rahmen eines Tierseuchenbekämpfungsprogramms getötet. Es gibt keine spezifische konventionelle Behandlung.

Akute Fälle

Aconitum 1M

Aconitum wird am besten ganz früh eingesetzt, wenn die ersten Symptome auftreten.
Dosierung: *Alle 20–30 Minuten*

Belladonna 1M

Belladonna ist bei hohem Fieber mit schnellem Puls angezeigt.
Dosierung: *Alle 20–30 Minuten*

TNT C30

TNT kann in akuten Fällen eingesetzt werden, um die Anämie und Gelbsucht zu behandeln.
Dosierung: *Viermal täglich*

Phosphorus C30

Phosphorus eignet sich bei Anämie, Gelbsucht, Koordinationsstörungen, Schwäche und v. a. petechialen Blutungen.
Dosierung: *Viermal täglich*

Chronische Fälle

China C30

China wird am besten verwendet, wenn die Erkrankung chronisch geworden ist und die Rückfälle mit Fieber, Schwäche, Anämie und Erschöpfung einhergehen. Es ist ein gutes Mittel für die Rekonvaleszenz und kann täglich über lange Zeit gegeben werden.
Dosierung: Rückfälle: *viermal täglich*
Rekonvaleszenz und unterstützend: *einmal täglich*

Ferrum metallicum C30

Ferrum metallicum unterstützt die Genesung bei hochgradiger Anämie und ausgeprägter Blässe der Schleimhäute; dieses Symptom tritt oft in den späteren Stadien der Krankheit auf. Dieses Mittel kann auch eingesetzt werden, wenn die Rückfälle nur leicht sind und das Fieber nicht sehr hoch ansteigt.
Dosierung: *Dreimal täglich*

Chininum arsenicosum C30

Eine Indikation für dieses Mittel ist lang dauernde Schwäche mit Herzproblemen; es unterstützt die Genesung zwischen den Krankheitsschüben.
Dosierung: *Zweimal täglich*

Abrotanum C30

Abrotanum wirkt ebenfalls unterstützend, wenn das Tier sehr erschöpft ist, obwohl es gut frisst.
Dosierung: *Zweimal täglich*

Ergänzende Mittel

Apis C30 bei Ödemen

Ceanothus C30 bei Milzvergrößerung

Crataegus C6, Adonis C6, Digitalis C6, Strophanthus C6 zur Unterstützung des Herzens bei Myokarditis

Chelidonium C30 zur allgemeinen Unterstützung der Leber bei Gelbsucht

Dosierung: *Zwei- oder dreimal täglich*

Afrikanische Pferdepest
Afrikanische Pferdesterbe

Achtung – Anzeige- / Meldepflicht beachten!

Diese schwerwiegende Viruserkrankung der Pferde wird von Insekten übertragen und tritt in bestimmten Regionen Afrikas auf, wobei vereinzelt auch von Ausbrüchen im Mittleren Osten und in Südeuropa berichtet wird. Es gibt drei unterschiedliche Verlaufsformen: eine akute pulmonäre Form, eine subakute kardiale Form und eine fieberhafte Form. Selten sind auch Mischformen zu beobachten. Die Inkubationszeit nach erfolgter Infektion beträgt fünf bis sieben Tage; bei allen drei Formen kommt es zu hohem Fieber zwischen 40–41 °C.

Akute pulmonäre (respiratorische) Form

Diese Verlaufsform tritt am häufigsten auf. Nach dem Fieberstadium kommt es zu Atemnot und Hustenanfällen mit einer schleimigen, gelben, flüssigen Absonderung aus der Nase. Weitere Symptome sind starkes Schwitzen, Schwäche, Koordinationsstörungen und Kollaps. Vier bis fünf Tage nach dem Auftreten der ersten Symptome tritt schließlich der Tod ein. Nur wenige Pferde überleben und leiden noch wochenlang an Atembeschwerden.

Subakute kardiale Form

Nach einer längeren Inkubationszeit von bis zu drei Wochen entwickelt sich langsam Fieber. Dieses geht mit Ödemen (Schwellungen) am Kopf einher (einschließlich des Schläfenbereichs, der Augenlider und Lippen), die sich weiter zum Hals und Brustbereich ausdehnen. Die Maulschleimhaut nimmt eine bläuliche Färbung an (Zyanose), und auf der Zunge treten kleine petechiale Blutungen auf. Im Bereich des Herzens und der Lunge kommt es zu Flüssigkeitsansammlung (Hydroperikard und Lungenödem) und Endokarditis. Die betroffenen Pferde sind oft unruhig und zeigen leichte Koliksymptome. Daneben kann auch Lähmung der Speiseröhre mit Regurgitieren von Futter und Wasser und Schluckschwierigkeiten auftreten. An dieser Verlaufsform sterben weniger Pferde, aber die Genesung nimmt lange Zeit in Anspruch.

Fieberhafte Form

Die Symptome dieser Verlaufsform können unbemerkt bleiben, da es oft keine klaren diagnostischen Anzeichen gibt. Innerhalb von drei Tagen entwickelt sich Fieber bis zu 40,5 °C, das nach weiteren drei Tagen wieder abklingt. Daneben kommt es häufig zu Inappetenz mit leichter Konjunktivitis und Atemproblemen.

Homöopathische Behandlung der Afrikanischen Pferdepest

Fieberstadium

Aconitum 1M

Aconitum ist nur im frühesten Stadium der Krankheit angezeigt, wenn sich noch keine anderen Symptome entwickelt haben.
Dosierung: *Stündlich*

Akute pulmonäre (respiratorische) Form

Arsenicum album C200

Arsenicum album ist das Hauptmittel bei dieser Verlaufsform, wenn es zu Atemnot, Husten und schleimigem Nasenausfluss kommt.

Dosierung: *Alle zwei bis drei Stunden*

Antimonium tartaricum C200

Dieses Mittel ist hilfreich bei Atemnot mit Rasselgeräuschen im Brustkorb und wiederholtem Husten.
Dosierung: *Alle zwei bis drei Stunden*

Stannum C30

Stannum eignet sich am besten in Fällen, in denen anfallsweiser Husten in Verbindung mit Atemnot das auffälligste Symptom darstellt. Die Gliedmaßen sind schwach und die Bewegungen unkoordiniert. Stannum ist ein gutes Mittel für Pferde in der Rekonvaleszenz, die das bedrohliche Stadium überlebt haben.
Dosierung: *Viermal täglich*

Alumina C200

Alumina wird bei schwerer Atemnot mit hochgradiger Ataxie eingesetzt.
Dosierung: *Dreimal täglich*

Conium C200

Conium ist bei ausgeprägter Schwäche der Hinterhand mit Koordinationsstörungen und Atemnot angezeigt.

Opium C200

Opium eignet sich für das spätere Stadium mit Atemnot, Schwäche und drohendem Kollaps.
Dosierung: *Alle 30 Minuten*

Subakute kardiale Form

Arsenicum album C200

Dies ist eines der wichtigsten Mittel für das Stadium, in dem petechiale Blutungen auf der Zunge, Endokarditis, Hydroperikard oder Lähmung des Ösophagus auftreten. Es besteht so große Atemnot, dass das Pferd schier zu ersticken droht. Die Schleimhäute sind aufgrund von Sauerstoffmangel und Kreislaufinsuffizienz bläulich verfärbt (zyanotisch).
Dosierung: *Alle zwei Stunden*

Apis C200

Apis wird zusätzlich gegeben, wenn Schwellungen (Ödeme) am Kopf, Hals, an den Augenlidern und Lippen auftreten oder sich ein Lungenödem entwickelt. Es besteht erhebliche Atemnot. Jede Zunahme der Umgebungstemperatur führt zu einer Verschlimmerung der Symptome.
Dosierung: *Alle zwei Stunden*

Antimonium tartaricum C200

Durch ein Lungenödem bedingte Atemnot mit kurzen, schnellen Atemzügen und Rasseln im Brustkorb lässt an Antimonium denken. Auch hier hat es den Anschein, als würde das Pferd beinahe ersticken.
Dosierung: *Alle zwei Stunden*

Phosphorus C200

Phosphorus kann zusätzlich bei starken petechialen Blutungen auf der Zunge gegeben werden.
Dosierung: *Dreimal täglich*

Gelsemium C200

Gelsemium ist in Betracht zu ziehen, wenn es zu einer Lähmung der Speiseröhre und Schluckschwierigkeiten kommt. Fälle, bei denen Arsenicum album versagt, sprechen möglicherweise auf dieses Mittel an.
Dosierung: *Dreimal täglich*

Cactus grandiflorus D6

Cactus kann neben anderen Mitteln eingesetzt werden, um das Herz grundsätzlich zu unterstützen. Es ist insbesondere hilfreich, wenn eine Endokarditis und Ödeme bestehen.
Dosierung: *Dreimal täglich*

Weitere angezeigte Mittel sind **Lachesis C30** (Lungenödem), **Cuprum C30** (Zyanose), **Opium C200** (Zyanose und Lähmung des Ösophagus), **Kalmia C6** (Endokarditis).
Dosierung: *Dreimal täglich*

Fieberhafte Form

Belladonna C30

Belladonna kann bei dieser Verlaufsform eingesetzt werden, wenn entsprechende Symptome auftreten.
Dosierung: *Viermal täglich*

Equines Rotavirus

Rotaviren kommen normalerweise auch bei gesunden Tieren vor, können aber bei sehr jungen Fohlen zu akutem Durchfall führen, der reichlich und wässrig ist und faulig riecht. Die Infektion erfolgt durch Kontakt mit kontaminiertem Futter oder Oberflächen. Da die Infektion selbstlimitierend ist, erholen sich die meisten Tiere innerhalb von einer Woche, es sei denn, es treten Komplikationen auf. Das Virus greift die Zellen der Darmschleimhaut an und führt nicht nur zu Durchfall, sondern auch zu Austrocknung, Dämpfung, Bauchschmerzen, Zähneknirschen, Lethargie und Schwäche, da das Fohlen aufhört zu saugen; das Euter der Mutterstute ist dann prall gefüllt.

Behandlung der Rotavirus-Infektion

Podophyllum C30

Podophyllum ist das Mittel der Wahl, wenn Bauchschmerzen mit Zähneknirschen einhergehen. Wässriger und manchmal grünlicher Durchfall wird ohne Schmerzen abgesetzt.
Dosierung: *Viermal täglich*

Elaterium C30

Grüner und schleimiger Durchfall, der mit einiger Gewalt herausschießt, passt zu Elaterium. Es können auch leichte Bauchschmerzen auftreten.
Dosierung: *Viermal täglich*

Gratiola C30

Gratiola kann bei wässrigem, grünem, schleimigem und schmerzlosem Durchfall helfen, der ohne Anstrengung abgesetzt wird.
Dosierung: *Viermal täglich*

Croton tiglium C30

Croton tiglium eignet sich, wenn der Kotabsatz mit Pressen und Schmerzen verbunden ist. Wässriger Durchfall schießt (in großen Mengen) mit einiger Gewalt heraus und wird von weiterem Drängen gefolgt. Gurgelnde Darmgeräusche können zu hören sein. Die Symptome verschlimmern sich durch Saugen oder Fressen.
Dosierung: *Viermal täglich*

Gambogia C30

Gambogia passt zu reichlichem und wässrigem Durchfall, der mit Pressen, Auftreibung des Abdomens, rumpelnden Geräuschen und Schmerzen einhergeht. Die Symptome verschlimmern sich abends und nachts.
Dosierung: *Viermal täglich*

Jatropha C30

Dieses Mittel ist angezeigt, wenn der Durchfall nicht nur wässrig ist, sondern wie Reiswasser aussieht und gewaltsam entleert wird.
Dosierung: *Viermal täglich*

In schweren Fällen kann der zusätzliche Einsatz der folgenden Mittel angebracht sein, die *viermal täglich* gegeben werden sollten:

Gewaltsame, wässrige Diarrhö mit Erschöpfung oder Kollaps, das Tier fühlt sich kalt an **Veratrum album C200**

Vollständiger Kollaps, eiskalter Körper **Carbo vegetabilis C200**

Kollaps mit schwachem Puls, kaltem Körper, Atemnot **Camphora C200**

Austrocknung **China C200**

Bakterielle Infektionskrankheiten

Druse

Druse ist eine akute Erkrankung, die weltweit verbreitet ist und durch eine Infektion mit *Streptococcus equi* verursacht wird. Die wichtigsten Symptome betreffen die oberen Atemwege und die angrenzenden Lymphknoten, wobei v. a. jüngere Pferde bis zu einem Alter von fünf Jahren erkranken, insbesondere wenn sie in großen Gruppen gehalten werden.

Die Infektion erfolgt durch direkten Kontakt mit dem Nasenausfluss infizierter Tiere sowie über kontaminierte Weiden, Wasser- und Futtertröge, Decken und Gerätschaften. Die Infektion kann sich bis zu vier Wochen nach dem Auftreten der ersten klinischen Zeichen verbreiten. Die Bakterien sind relativ resistent gegenüber Umwelteinflüssen und können bis zu vier Wochen, nachdem die Infektionsquelle entfernt wurde, ansteckend bleiben.

Die Inkubationszeit nach erfolgter Infektion dauert vier bis acht Tage, dann treten plötzliche Symptome auf. Es kommt zu Inappetenz, Fieber (39,5–40,5°C), wässrigem Nasenausfluss, der später gefärbt und eitrig wird, Rachen- (Pharyngitis) und Kehlkopfentzündung (Laryngitis) sowie feuchtem Husten, der Beschwerden bereitet, und manchmal auch Konjunktivitis. Im Halsbereich können Schmerzen auftreten, sodass der Kopf gestreckt wird, um die Beschwerden zu lindern; das Schlucken kann solche Schwierigkeiten bereiten, dass Futter oder Wasser durch die Nase regurgitiert wird. Das Fieber klingt nach zwei bis drei Tagen ab, kehrt aber zurück, wenn sich die charakteristischen Abszesse der Lymphknoten im Halsbereich entwickeln. Die betroffenen Lymphknoten schwellen an, werden heiß und schmerzhaft und sondern, wenn sie nicht behandelt werden, erst Serum und dann dicken, cremigen, gelben Eiter ab.

In schweren Fällen sind auch andere Lymphknoten beteiligt und es können überall am Körper oberflächlich gelegene Abszesse auftreten, v. a. im Gesicht und an den Gliedmaßen. Eine Verlegung der regionalen Lymphgefäße kann zu Flüssigkeitsansammlung führen (Ödemen). Die Infektion kann sich auch auf die Nebenhöhlen und Luftsäcke ausbreiten (siehe die Atemwege, Seite 67). Pferde sterben nur selten an dieser Erkrankung, es sei denn, die Infektion breitet sich auf innere Organe aus. Die Krankheit kann bis zu drei Wochen dauern. Eine Folge der Infektion mit *Streptococcus equi* ist eine Sensibilisierung gegenüber den Proteinen der Streptokokken, die zu einer Erkrankung namens Purpura haemorrhagica führen kann (siehe Blut und Blutgefäße, Seite 91).

Homöopathische Behandlung der Druse

Anfangsstadium

Aconitum 1M

Aconitum wird im sehr frühen Stadium gegeben, bevor sich irgendwelche anderen Symptome entwickeln.

Dosierung: *Alle 15–20 Minuten, bis zur Besserung oder bis ein anderes Mittel angezeigt ist*

Belladonna 1M

Belladonna ist bei hohem Fieber angezeigt und wenn aufgrund der Vergrößerung der regionalen Halslymphknoten das Schlucken bereits ein wenig erschwert ist. Der Appetit ist ebenfalls vermindert. Weitere Anzeichen sind ein voller, klopfender Puls und Reizbarkeit.

Dosierung: *Halbstündlich, bis die Symptome nachlassen*

Ferrum phosphoricum C30

Ferrum phosphoricum wird eingesetzt, wenn das Stadium von Aconitum bereits vorüber ist, die Symptome aber nicht die Heftigkeit wie bei Belladonna aufweisen. Es treten Halssymptome wie z. B. Laryngitis auf, aber auch harter und trockener Husten.

Dosierung: *Halbstündlich, bis die Symptome nachlassen*

Lachesis C200

Die Halssymptome sind wegweisend für den Gebrauch von Lachesis. Der Halsbereich ist hochgradig empfindlich und das Pferd schlägt bei der geringsten Berührung aus. Die Symptome sind linksseitig schlimmer. Die Halsschmerzen führen zu Schluckproblemen, sodass der Kopf vorgestreckt wird. Begleitend tritt trockener Husten auf.

Dosierung: *Stündlich, bis die Symptome nachlassen*

Wenn Nasenausfluss besteht

Mercurius solubilis C30

Der Nasenausfluss ist überwiegend grün oder gelbgrün, dick und eitrig und macht die Nüstern wund.
Dosierung: *Dreimal täglich*

Kalium bichromicum C30

Hier ist der Nasenausfluss sehr dick, fadenziehend und grüngelb. Die Halslymphknoten sind geschwollen.
Dosierung: *Dreimal täglich*

Hydrastis C30

Hydrastis passt bei anfangs wässrigem und dann dickem, gelbem und fadenziehendem Nasenausfluss, der mit heftigem Niesen einhergeht.
Dosierung: *Dreimal täglich*

Pulsatilla C30

Hier ist der Nasenausfluss cremig, mild und hellgrün im Gegensatz zu dickem und gelbem Ausfluss. Eine Halsentzündung lässt das Pferd milden Schleim abhusten.
Dosierung: *Dreimal täglich*

Stadium der Abszessbildung

Hepar sulphuris D6

Dieses Mittel fördert in tiefer Potenz die Eiterung und Abszessreifung, sodass dieser sich entleeren kann.
Dosierung: *Viermal täglich*

Hepar sulphuris C200

In höherer Potenz eignet sich Hepar sulphuris für die Auflösung von eröffneten Abszessen, wenn die betroffenen Lymphknoten bei Berührung schmerzen.
Dosierung: *Dreimal täglich*

Silicea C200

Wird in ähnlicher Weise wie das höher potenzierte Hepar sulphuris eingesetzt, allerdings sind die betroffenen Lymphknoten relativ schmerzunempfindlich.
Dosierung: *Dreimal täglich*

Calcium sulphuricum C200

Calcium sulphuricum deckt viele Symptome der Druse ab und passt zu schwerer gebauten Pferden. Es wirkt am besten bei gelbem, eitrigem Nasenausfluss und vereiterten Lymphknoten, die gelben, dicken und evtl. klumpigen Eiter absondern.
Dosierung: *Dreimal täglich*

Phytolacca C30

Phytolacca ist ein ideales Mittel bei harten, heißen und schmerzhaften Halslymphknoten; diese Symptome treten v. a. in der zweiten Fieberphase auf. Lokale Lymphknotenschwellungen können zu einer Verengung des Halses führen und das Schlucken erschweren. Weitere Symptome sind Pharyngitis und trockener, hackender Husten.
Dosierung: *Viermal täglich*

Wenn ein Ödem vorliegt

Apis C200

Dies ist das Hauptmittel, wenn eine Verlegung der Lymphgefäße zu lokalen Ödemen geführt hat.
Dosierung: *Dreimal täglich*

Zur Unterstützung der Genesung

Sulphur iodatum C6

Dieses Mittel ist angezeigt, wenn die Infektion beseitigt ist, aber noch Halsschmerzen bestehen.
Dosierung: *Dreimal täglich*

Vorbeugung

Druse-Nosode C30

Der routinemäßige Einsatz der Nosode kann evtl. den Ausbruch verhindern. Dieses Mittel kann auch zur Behandlung der Erkrankung in Verbindung mit anderen Mitteln verwendet werden.
Dosierung: Prävention: *Zweimal täglich über fünf Tage vor einer zu erwartenden Risikophase*
Behandlung: *Zweimal täglich*

Kontagiöse equine Metritis (CEM)

Achtung – Anzeige- / Meldepflicht beachten!

Diese bakterielle venerische Krankheit der Pferde wird durch verschiedene Erreger hervorgerufen: *Taylorella equigenitalis* (der eigentliche Erreger der CEM), *Klebsiella pneumoniae* und *Pseudomonas aeruginosa*. Die Verbreitung erfolgt entweder durch direkte Übertragung beim Deckakt oder indirekt durch Sperma infizierter Hengste (im Rahmen der künstlichen Befruchtung), kontaminiertes Wasser, Gerätschaften oder versehentlich über den Menschen.

Die Krankheit tritt bei Stuten in unterschiedlicher Ausprägung auf und führt im Akutfall ein bis sechs Tage nach der Infektion zu Vaginalausfluss (aufgrund der Entzündung des Uterus). Es gibt auch eine chronische Verlaufsform mit weniger deutlichen Symptomen, bei der es nach der Infektion bis zu 80 Tage dauern kann, bevor ein Vaginalausfluss auftritt. Der chronische Zustand ist oft nur schwer auszuheilen.

Die Stute kann zum Träger werden, wenn zwar keine Anzeichen einer Infektion vorliegen, das Tier aber den Erreger ausscheidet. Hengste sind normalerweise nur Träger und entwickeln selten Symptome, können die Infektion aber während des Deckaktes auf die Stute übertragen.

Homöopathische Behandlung von Stuten mit CEM

Homöopathische Mittel können die Infektion aus den Geschlechtsorganen der Stute tilgen. Die Mittelwahl hängt v. a. von der Art der Absonderung ab. Folgende Mittel sind in Erwägung zu ziehen:

Milchige Absonderung **Pulsatilla, Calcium carbonicum**

Wundheit der Haut am Perineum **Nitricum acidum, Sepia, Silicea**

Mild, cremig **Pulsatilla**

Dunkel **Kreosotum**

Sehr reichlich **Graphites, Sepia, Lycopodium, Thuja**

Mit Klumpen **Sepia**

Übel riechend **Kreosotum, Sepia**

Fadenziehend, dick **Sabina, Nitrium acidum, Kalium bichromicum, Hydrastis**

Wässrig, dünn **Graphites, Nitricum acidum, Pulsatilla**

Klar, transparent **Natrium muriaticum, Sepia**

Weiß **Borax, Graphites, Natrium muriaticum, Sepia**

Gelb **Arsenicum album, Calcium carbonicum, Hydrastis, Kreosotum, Sepia**

Dosierung: C30*, zwei- oder dreimal täglich, bis die Symptome verschwunden sind*

In schwierigen, v. a. chronischen Fällen, gibt man entweder **Medorrhinum C200** *einmal täglich über fünf Tage* oder **Syphilinum C200** *einmal täglich über fünf Tage.*

Salmonellose

Salmonellen können bei Pferden zu schweren Erkrankungen führen. Es können verschiedene Salmonellenarten beteiligt sein; 75 Prozent aller Infektionen sind auf *Salmonella typhimurium* zurückzuführen. Weitere Arten sind *S. newport, S. enteritidis* und *S. dublin.* In der Mehrzahl der Fälle sind die betroffenen Tiere erschöpft oder stark gestresst; ein geringerer Anteil wird durch kontaminiertes Futter oder Wasser infiziert. Viele Pferde sind Träger der Bakterien; sie entwickeln zwar selber keine Symptome, können den Erreger aber kontinuierlich oder intermittierend mit dem Kot ausscheiden. Die Erkrankung kann vier verschiedene Verlaufsformen annehmen: die perakute (septikämische), akute, chronische und atypische Form. Eine homöopathische Behandlung kann ergänzend zur konventionellen Medizin eingeleitet werden.

Perakute Salmonelleninfektion

Diese Verlaufsform tritt v. a. bei Fohlen auf mit plötzlichem Fieber von 40–41 °C, Anzeichen einer Septikämie, Dämpfung, Inappetenz, Durchfall mit Blut und Schleimhautfetzen, Bauchschmerzen, Austrocknung, Anstieg der Atem- und Herzfrequenz (mit schwachem Puls), bläulichen Schleimhäuten mit kleinen Blutungen auf der Oberfläche und schließlich Kreislaufkollaps. Viele der betroffenen Tiere sterben – aber in Verbindung mit der konventionellen Behandlung können sich die folgenden Mittel als hilfreich erweisen:
Dosierung: *C200, alle 20 Minuten*

Baptisia Septikämie mit mäßigem Fieber und dünnem, wässrigem, faulig riechendem Durchfall mit dunklem Blut.

Pyrogenium Septikämie mit schnell steigendem hohen Fieber und braunem oder schwarzem, faulig riechendem Durchfall, der ohne Schmerzen abgesetzt wird. Das Pferd ist sehr ruhelos.

Cantharis Blutiger Durchfall mit Schleim und Schleimhautfetzen, Pressen und Zittern. Das Tier fühlt sich kalt an.

Capsicum Blutiger Durchfall mit Schleim, starkem Pressen, Zittern und großem Durst.

Colchicum Schmerzhafter Durchfall mit Pressen, Schleim, Blut und Fetzen, Schwäche und Kollapsneigung.

Mercurius corrosivus Bauchschmerzen mit schleimigem und blutigem Durchfall und häufigem, vergeblichem Pressen. Schwitzen kann ein Merkmal sein.

Veratrum album Gewaltsame Entleerung von wässrigem Durchfall mit zunehmender Schwäche und Erschöpfung. Das Tier hat großen Durst und fühlt sich sehr kalt an; die Schleimhäute sind bläulich, und schließlich kommt es zum Kollaps.

Arsenicum album Durchfall mit dunklem Blut, fauligem Geruch, Pressen und Bauchschmerzen. Ruhelosigkeit und Durst auf kleine Mengen Wasser. Das Tier fühlt sich eiskalt an.

Carbo vegetabilis Endstadium mit Kollaps, Austrocknung und extremer Kälte.

China Zusätzlich bei Austrocknung.

Phosphoricum acidum Hilfreich in der Rekonvaleszenz bei abgezehrten Pferden.

Akute Salmonellose

Diese Form tritt überwiegend bei erwachsenen Pferden auf. Die Symptome erscheinen plötzlich; das erste Zeichen ist Fieber zwischen 40–41 °C mit erhöhter Herz- und Atemfrequenz. Es kommt zu Dämpfung mit Inappetenz und Schwäche. Oft entwickelt sich erst nach etlichen Tagen Durchfall mit leichten Bauchschmerzen. In vielen Fällen kommt es zu Septikämie mit Austrocknung und Kreislaufkollaps. Diese Symptome ähneln der perakuten Form, der Verlauf ist aber länger und viele Tiere überleben bis zu drei Wochen. Einige Tiere können bei guter Pflege und mit dem Einsatz geeigneter homöopathischer Mittel überleben. Manche werden allerdings zu Salmonellenträgern.

Die oben aufgeführten Mittel eignen sich auch für die Behandlung dieser Verlaufsform.

Chronische Salmonellose

Diese Form kann sich an die akute Erkrankung anschließen oder auch eigenständig auftreten; man nimmt an, dass sie auf eine Schädigung der Darmschleimhaut zurückzuführen ist. Die Prognose ist eher ungünstig. Die betroffenen Pferde können sterben oder müssen letztendlich getötet werden. Die Symptomatik umfasst Gewichtsverlust, weichen Kot mit Phasen von akutem Durchfall, Fieber und Inappetenz. Die betroffenen Pferde stellen ein Gesundheitsrisiko dar.

Man gibt die **Salmonella-Nosode** (*als C30 einmal täglich über zehn Tage*) zusammen mit einem geeigneten Mittel aus der Liste allgemeiner Arzneien für die Behandlung von chronischem Durchfall (siehe das Verdauungssystem, Seite 114) wie z. B. **Gaertner-Bach, Silicea, Natrium muriaticum, Aceticum acidum, Abrotanum, Iodium, Podophyllum, Phosphorus** und **Sulp-**

hur und ergänzend **Aconitum, Belladonna** oder **Baptisia** bei rezidivierendem Fieber.

Atypische (asymptomatische) Salmonellose

Diese Verlaufsform wird durch Stress ausgelöst, beispielsweise bei Turnieren und Auftritten, Transport oder tierärztlichen Maßnahmen einschließlich Operationen. Dämpfung, Inappetenz, Fieber, leichte Bauchschmerzen und weicher Kot sind die hauptsächlichen Anzeichen. Die Tiere erholen sich normalerweise innerhalb einer Woche. Die Homöopathie kann eingesetzt werden, um den Stress zu minimieren und die Rückfallgefahr zu senken.

Hilfreiche Mittel sind unten aufgeführt.
Dosierung: *Eine Gabe 30 Minuten vor der Stresssituation, bei Bedarf wiederholt*

Bei Vorliegen von

Angst **Aconitum 1M**

Unruhe oder Erregung **Arsenicum album C200**

Erregung **Argentum nitricum C200**

Erwartungsangst **Lycopodium C200, Argentum nitricum C200** oder **Dysentery Co. C200**

Änderung der Fütterungsroutine **Nux vomica C200**

Überhitzungsgefahr **Antimonium crudum C200**

Erkrankungen durch Clostridien

Clostridium perfringens Typ A - Enterotoxämie

Kolitis X

Equine intestinale Klostridieninfektion

Bei erwachsenen Pferden kann *Clostridium perfringens* eine akute Form von Kolitis (Entzündung des Kolon) verursachen, die manchmal auch als Kolitis X bezeichnet wird. Diese besondere Bakterienart besiedelt normalerweise den Darm in geringer Anzahl und kann unter bestimmten Umständen ein sogenanntes Enterotoxin bilden. Die Krankheitssymptome entwickeln sich extrem schnell in Form einer akuten Toxämie mit Fieber, schnellem und schwachem Puls und verwaschenen (schmutzigen, roten) Schleimhäuten. Die meisten Pferde zeigen akute Schmerzen und können sterben, bevor Durchfall (Enteritis) auftritt, wobei bei manchen Pferden Anzeichen einer Aufgasung des Darmes bestehen. Die Körpertemperatur sinkt rasch bis auf Untertemperatur ab; im Anfangsstadium fühlt sich die Haut kalt und klamm an. Die meisten Pferd überleben nicht länger als 24 Stunden, viele erheblich weniger. Es bedarf der sofortigen intensiven konventionellen Behandlung und Pflege, damit das Pferd überhaupt eine Chance hat zu überleben.

Homöopathische Behandlung

Dosierung: *C200 oder 1M alle 5 bis 10 Minuten*

Anfangsstadium einer akuten Enterotoxämie **Pyrogenium**

Schmerzen **Belladonna, Mercurius corrosivus**

Enteritis/Diarrhö **Veratrum album** (gewaltsamer Durchfall), **Carbo vegetabilis** (Herauströpfeln des Durchfalls), **Mercurius corrosivus** (mit Pressen)

Aufgasung der Därme **Colchicum** (mit Schmerzen)

Kalte, klamme Haut **Carbo vegetabilis**

Endstadium – Kollaps **Arsenicum album, Carbo vegetabilis**

Tetanus

Siehe Das Nervensystem, Seite 248

Botulismus

Siehe Das Fohlen, Seite 161

Shigellose

Siehe Das Fohlen, Seite 160

Tyzzersche Krankheit

Siehe Das Fohlen, Seite 162

Ulzerative Lymphangitis

Siehe Das lymphatische System, Seite 99

Rotz

Achtung – Anzeige- / Meldepflicht beachten!

Rotz ist eine alte Pferdekrankheit, die ansteckend, oft tödlich und in bestimmten Regionen immer noch verbreitet ist. Sie wird durch einen Erreger namens *Pseudomonas* (*Actinobacillus*) *mallei* hervorgerufen. Die Krankheit hat akute und chronische Verlaufsformen; anfangs treten klassisch hohes Fieber, trockener Husten, faulig riechender Nasenausfluss und akute Pneumonie auf; in den späteren Stadien entwickeln sich Geschwüre oder Knötchen in den Atemwegen oder auf der Haut. Tiere, die genesen, können zu Trägern werden und stellen eine wichtige Infektionsquelle dar. Klinisch erkrankte Fälle sollten am besten getötet und nicht behandelt werden, da die Krankheit auf den Menschen übertragbar ist und tödlich enden kann.

Der beste homöopathische Ansatz besteht darin, gefährdete Tiere zu behandeln, um einer Infektion vorzubeugen; dazu gibt man **Hippozaenium C30** (auch **Ozeana C30**) *einmal täglich*. Ironischerweise ist Rotz eine der Krankheiten, die in vielen älteren Veterinärhomöopathiebüchern erwähnt werden und bei denen von erfolgreichen Heilungen berichtet wird; dabei kamen **Arsenicum album, Crotalus horridus, Kalium bichromicum, Lachesis, Mercurius solubilis, Belladonna, Hepar sulphuris** und **Hippozaenium** zum Einsatz.

Borreliose

Borreliose tritt weltweit auf (auch in Großbritannien) und wird durch eine Spirochäte, ein schraubenzieherförmiges Bakterium namens *Borrelia burgdorferi* verursacht. Der Erreger wird durch Zecken der Gattung Ixodes auf das Pferd übertragen (ebenso wie auf andere Tiere und den Menschen). Die unreifen Zeckenlarven nehmen den Erreger mit dem Blut infizierter Nagetiere auf. Die Infektionsrate innerhalb der Zeckenpopulationen variiert in Abhängigkeit von der geographischen Region und Zeckenart. So ist die Borreliose beispielsweise in den USA v. a. im Staat New York, in Connecticut, Massachusetts, Rhode Island, New Jersey, Minnesota, Wisconsin und Nordkalifornien verbreitet. In diesen Regionen ist ein größerer Prozentsatz der Zecken infiziert.

Infizierte Zecken übertragen den Erreger auf einen neuen Wirt, wenn sie sich an diesen anheften und Blut saugen. Zecken durchlaufen drei verschiedene Entwicklungsstadien, und zwar erst das Larven-, dann das Nymphen- und schließlich das adulte Stadium. In jeder Entwicklungsstufe müssen sie Blut saugen, bevor sie in die nächste Phase eintreten und auch, bevor sie den Erreger auf den neuen Wirt übertragen können. Zecken im mittleren Lebenszyklus (Nymphen) können eine Vielzahl wilder und domestizierter Tiere befallen, darunter Pferde, Rinder, Ziegen, Hunde und Katzen. Hirsche sind die Hauptwirte für adulte Zecken, aber auch Pferde werden von dieser Entwicklungsform befallen. Zecken kommen hauptsächlich in bewaldeten Gebieten und Parks vor, wobei sie im Allgemeinen feuchte Gebiete bevorzugen.

Bei vielen Tieren, einschließlich Pferden, kann die Infektion subklinisch ohne sichtbare Symptome verlaufen. Bei Pferden ist dies eher die Regel, da nur ca. zehn Prozent klinische Anzeichen entwickeln, was die Diagnose recht schwierig macht. Die eindeutige Feststellung von Zecken (v. a. adulter Zecken) ist ein wichtiger Hinweis. Zecken kommen auch im Winter und Frühjahr vor und können bei der Fellpflege gefunden werden, v. a. im Kopfbereich, am Hals, Bauch und in Schweifnähe.

Infizierte Pferde können eine Vielzahl von Symptomen in verschiedenen Körperbereichen zeigen, einschließlich der Gelenke, Muskeln und Knochen sowie des Nervensystems. Oft tritt eine wechselnde Lahmheit der größeren Gelenke auf, die durch eine progressive, chronische Arthritis hervorgerufen wird und bei der die Tiere steif sind und Schmerzen haben. Laminitis kann eine weitere Folge der Infektion sein. Fieber tritt in manchen Fällen auf und geht mit Inappetenz und Drüsenschwellungen einher. Verhaltensauffälligkeiten wie Reizbarkeit oder Wesensänderungen sind ebenfalls zu beobachten.

Homöopathische Behandlung der Borreliose

Ledum 1M

Ledum ist das Hauptmittel zur Behandlung der Borreliose und ihrer Folgeerscheinungen bei Pferden und anderen Tierarten. Es deckt die in vielen Fällen auftretenden wechselnden Gelenksymptome ebenso ab wie andere Symptome, z. B. Laminitis. Weitere Mittel für Hufrehe finden sich auf Seite 357.

Dosierung: *Einmal täglich über fünf Tage*

Rhododendron C200

Dieses Mittel ist eine gute zweite Wahl, falls Ledum versagt. Leitsymptome sind Gelenkschwellungen (schlimmer auf der rechten Körperseite) und Gelenkschmerzen mit Verschlimmerung in Ruhe und bei nassem, stürmischem Wetter. Die Symptome werden durch Wärme gelindert.

Dosierung: *Einmal täglich über fünf Tage*

Kalmia C200

Kalmia ist ein weiteres Mittel mit Gelenkwirkung, das zur Behandlung der Borreliose eingesetzt werden kann. Auch hier kommt es zu schmerzhaften Gelenkschwellungen und dadurch bedingter Lahmheit, die periodisch auftritt und dann rasch abklingt, nur um später wiederzukehren. Die Symptome werden durch Bewegung verschlimmert.

Dosierung: *Einmal täglich über fünf Tage*

Bryonia C200

Bryonia ist angezeigt, wenn Fieber mit heißen, geschwollenen und schmerzhaften Gelenken auftritt und das Pferd reizbar und durstig ist und jede Bewegung ablehnt. Die Symptome werden durch heißes Wetter verschlimmert und wenn es sich abkühlt, gelindert.

Dosierung: *Einmal täglich über fünf Tage*

Borrelia burgdorferi-Nosode C30

Die Nosode kann neben den anderen Mitteln verabreicht werden.

Dosierung: *Zweimal täglich über fünf Tage*

Weitere hilfreiche Mittel

Die folgenden Mittel sollen sich bei der Behandlung der Borreliose ebenfalls als hilfreich erwiesen haben: **Lac caninum, Carcinosinum, Thuja, Syphilinum, Arsenicum album**.

Vorbeugung der Borreliose

Es gibt eine Reihe von Maßnahmen, die man in gefährdeten Gebieten ergreifen kann, um eine Infektion zu verhindern. Tägliche Fellpflege ist unabdingbar, wobei man nach Zecken sucht und diese entfernt. Diese Methode ist sehr effektiv, da die Zecken erst 12-24 Stunden Blut saugen müssen, bevor sie den Erreger übertragen. Zeckenabwehrmittel können ebenfalls eingesetzt werden, am besten im zeitigen Frühjahr und im Herbst, wenn die adulten Zecken aktiv sind. Auch das Mähen und Kurzhalten der Weide ist hilfreich, da sie so zu einem lebensfeindlichen Habitat für die Zecken wird. Auch die Bekämpfung von Schadnagern trägt zur Vorbeugung bei.

Homöopathisch verabreicht man gefährdeten Pferden **Ledum 1M**, *eine Gabe pro Woche,* und **Borrelia burgdorferi-Nosode C30**, *eine Gabe pro Woche*.

Leptospirose

Leptospirose wird durch eine Infektion mit beweglichen, spiralförmigen Bakterien aus der Klasse der Spirochäten verursacht. Andere Vertreter der Spirochäten sind für die Borreliose verantwortlich. Diese Mikroorganismen werden weiter in eine Reihe sogenannter Serovare und Serogruppen unterteilt. Leptospirose ist unter wilden und domestizierten Tieren weit verbreitet, die klinische Erkrankung soll bei Pferden aber nicht sehr häufig auftreten. Der Mensch kann ebenfalls an Leptospirose erkranken, daher stellt die Krankheit grundsätzlich ein Gesundheitsrisiko dar.

Die Infektion ist oftmals auf die Ausscheidung des Erregers durch ein infiziertes Tier zurückzuführen, wobei einige wilde Wildtiere (z. B. Nagetiere) als Reservoir dienen. Gelangt der Erreger in die Umwelt, kann er über geschädigte Schleimhäute oder Hautläsionen in den Körper eindringen. In Abhängigkeit vom Sitz der Infektion kann bei Pferden eine Vielzahl von Symptomen auftreten. Bei tragenden Stuten kann es zu Abort kommen, wenn der Erreger in den Uterus, die Plazenta oder den Fötus eindringt. Eine Infektion der Stute kann auch zu Totgeburten oder der Geburt eines lebensschwachen Fohlens führen. Sind die Nieren beteiligt (was sehr selten der Fall ist), kann eine Nierenerkrankung entstehen. Das weitaus häufigste Problem betrifft die Augen, wo es zu Mondblindheit (periodischer Augenentzündung oder rezidivierender Uveitis) kommt. In diesem Fall handelt es sich allerdings nicht um eine direkte Infektion des Auges mit den Leptospiren, sondern um eine immunvermittelte Reaktion als Folge einer früheren Leptospiren-Infektion.

Behandlung der Leptospirose

Die Mittelwahl hängt von der Lokalisation der Infektion ab. Die Behandlung kann in jedem Fall mit der Gabe der Nosode, **Leptospira C30**, kombiniert werden, die *einmal täglich* verabreicht wird.

Besteht die Gefahr eines Aborts oder einer Totgeburt, können die folgenden Arzneien möglicherweise vorbeugend wirken: **Viburnum opulus C6** oder **Caulophyllum C6,** *einmal täglich für die Dauer der Trächtigkeit.*

Bei akuten Nierenproblemen denkt man an **Apis C200, Cantharis C200** oder **Terebinthina C200** (siehe Seite 128).

Ist Mondblindheit das Problem, ziehe man anfangs **Aconitum 1M, Mercurius corrosivus C30** oder **Rhus toxicodendron C30** in Betracht. Siehe auch Seite 60.

Durch Rickettsien verursachte Infektionen

Equine monozytäre Ehrlichiose

Potomac Horse Fever (PHF)

Diese Erkrankung tritt vornehmlich im Nordosten der Vereinigten Staaten und in Kanada auf; sie wird hauptsächlich durch ein Insekt über das Blut weiterverbreitet, weniger durch direkte Infektion. Der verantwortliche Erreger, *Ehrlichia risticii*, kann Tiere jeder Altersstufe infizieren; die Infektionen treten allerdings meist nur sporadisch auf und betreffen meist nur kleine Pferdepopulationen zu einer Zeit. Sobald sich in einem bestimmten Gebiet oder auf einem Hof infizierte Tiere befinden, besteht ein hohes Risiko, dass die Krankheit erneut ausbricht.

Die ersten Symptome treten nach ca. 10–15 Tagen in sehr variabler Intensität auf. Häufige Zeichen sind Fieber, Dämpfung, Inappetenz, Durchfall, verminderte oder gesteigerte Darmmotilität, Kolik, kleine Schleimhautblutungen (Petechien) und Laminitis. Bei manchen Pferden können die Symptome so schwerwiegend sein, dass das Tier in einen Schockzustand gerät. Es bedarf der sofortigen konventionellen Behandlung, damit das Pferd eine Chance hat zu überleben. Die Homöopathie kann zusätzlich unterstützend wirken.

Homöopathische Behandlung von Potomac Horse Fever

Belladonna 1M

Belladonna ist das Hauptmittel im frühen Fieberstadium mit weiteren Symptomen wie Inappetenz, Kolik, Dämpfung, dünner, wässriger Diarrhö und evtl. Laminitis.

Dosierung: *Alle 20–30 Minuten*

Baptisia C200

Baptisia ist ebenfalls ein Mittel für das Fieberstadium, allerdings ist das Fieber weniger heftig

als bei Belladonna und der Durchfall ist charakteristisch dunkel, faulig riechend und wässrig. Es sind verstärkte Darmgeräusche zu hören und der Darm ist aufgetrieben.
Dosierung: *Alle 20–30 Minuten*

Colocynthis C200
Dieses Mittel ist angezeigt, wenn Koliksymptome auftreten und das Pferd erregt und reizbar ist, sich immer wieder zur Flanke hin umschaut und allein gelassen werden möchte. Der Durchfall ist schleimig.
Dosierung: *Alle 20–30 Minuten*

Arsenicum album C200
Ruhelosigkeit ist das Leitsymptom dieser Arznei; zusätzlich tritt wässriger, faulig riechender Durchfall auf, der die Hinterbeine hinunterläuft und die Haut wund macht. Petechiale Schleimhautblutungen sind ein weiterer Hinweis.
Dosierung: *Alle 20–30 Minuten*

Mercurius solubilis C200
Der Kot ist dünn und schleimig und wird unter Schmerzen und Pressen abgesetzt; selbst wenn nichts mehr da ist, was ausgeschieden werden könnte, halten die Beschwerden weiter an. Kolik ist ein weiteres Merkmal.
Dosierung: *Alle 20–30 Minuten*

China C30
China wird grundsätzlich immer dann ergänzend eingesetzt, wenn Austrocknung besteht und die Flüssigkeitssubstitution eingeleitet wurde. Kann auch hilfreich sein, wenn wässriger Durchfall auftritt, der ohne Anstrengung abgesetzt wird und das Pferd sehr schwächt.
Dosierung: *Alle 20 Minuten*

Camphora C30
Camphora ist perakuten Fällen vorbehalten, in denen sich sehr schnell Schocksymptome entwickeln; das Pferd fühlt sich kalt an und ist so schwach, dass es kurz vor dem Kollaps steht. Der Durchfall ist dunkel und wässrig und geht mit Koliksymptomen einher.
Dosierung: *Alle 20 Minuten*

Potomac Horse Fever-Nosode C30
Diese Nosode kann (neben anderen Mitteln) zur Behandlung und vorbeugend bei gefährdeten Pferden eingesetzt werden.
Dosierung: Behandlung: *Zweimal täglich*
Prävention: *Zweimal täglich über fünf Tage in jeder Risikophase*

Durch Protozoen (Einzeller) verursachte Infektionen

Babesiose

Piroplasmose

Diese Krankheit wird von blutsaugenden Zecken übertragen und ist weltweit verbreitet. Die Erreger sind in Abhängigkeit von der Lokalisation verschiedene Spezies von *Babesia.* Die Inkubationszeit beträgt nach der Infektion bis zu zehn Tage. Die Einzeller vermehren sich in den Blutgefäßen, was zu Zerstörung der Blutzellen (Hämolyse) und den damit verbundenen Symptomen wie Anämie, Gelbsucht und Blut im Urin führt. Letzteres tritt bei Pferden allerdings nur selten auf. Einige Pferde können sich nicht mehr bewegen und werden in Seitenlage gefunden; sie machen keine Anstalten aufzustehen, selbst wenn man versucht, sie aufzutreiben. Fieber tritt häufig auf, dauert manchmal aber nur kurz an. Weitere mögliche Symptome sind Schwellungen an den Sprunggelenken, am Kopf und an der Unterseite des Abdomens sowie Koliken. Die betroffenen Pferde können innerhalb von 24 Stunden nach dem Auftreten der ersten Symptome sterben. Manche Pferde werden zu Trägern.

Die Erkrankung führt bei jüngeren Tieren zu sehr viel heftigeren Krankheitserscheinungen mit schwerer Gelbsucht, Schwäche und kleinen Schleimhautblutungen.

Homöopathische Behandlung der Babesiose

Belladonna C200
Im Anfangsstadium mit Fieber, bevor andere Symptome auftreten.

Dosierung: *Stündlich bis zur Besserung*

TNT C30

TNT ist eines der besten Mittel, das eingesetzt wird, bevor es zur Hämolyse kommt (vorbeugend), aber auch danach, wenn die ersten Anzeichen für Gelbsucht und Anämie auftreten.
Dosierung: *Alle 30 Minuten*

Manganum aceticum C30

Kann ähnlich wie TNT eingesetzt werden, ist zudem aber ein Spezifikum, wenn das Pferd sich nicht bewegen kann oder festliegt.
Dosierung: *Alle 30 Minuten*

Phosphorus C30

Wird in Verbindung mit TNT angewendet, um die Hämolyse zu vermindern und die Gelbsucht zu behandeln. Eignet sich auch für schwerere Fälle mit petechialen Schleimhautblutungen und Anämie.
Dosierung: *Alle 30 Minuten im Akutfall; zweimal täglich zur Behandlung der Anämie*

Millefolium C30

Zusätzlich bei Blut im Urin (Hämaturie).
Dosierung: *Stündlich*

Apis C200

Zusätzlich bei Ödemen.
Dosierung: *Dreimal täglich*

Während der Genesung

Phosphorus C30

Wie oben.

Ferrum metallicum C6

Als grundlegendes Mittel bei Anämie.
Dosierung: *Zweimal täglich*

China C30

Unterstützt die Genesung schwacher, anämischer und abgezehrter Tiere.
Dosierung: *Zweimal täglich über mehrere Wochen*

Beschälseuche Dourine

Achtung – Anzeige- / Meldepflicht beachten!

Ein Einzeller namens *Trypanosoma equiperdum* ist die Ursache dieser ansteckenden Geschlechtskrankheit, die auch unter dem Namen Dourine bekannt ist. Der Erreger wird während des Deckaktes übertragen und greift die äußeren Geschlechtsorgane und die Haut an; er kann auch zu Lähmungserscheinungen führen. Er kommt in Afrika, Asien, Südamerika, Südosteuropa und Osteuropa vor. Die Inkubationszeit nach der Infektion beträgt in der Regel zwei bis vier Wochen, kann bei manchen Tieren aber auch bis zu zwölf Wochen dauern; danach treten die ersten Symptome in Form von Fieber und Inappetenz auf.

Klinische Zeichen sind beim Hengst Ödeme des Präputiums, Penis und Skrotums, die sich bis zum Brustkorb erstrecken können. Daneben kommt es oft zu einer infektiösen, schleimigen Harnröhrenabsonderung; die regionalen Lymphknoten können geschwollen sein. Bei manchen Hengsten entwickelt sich eine Paraphimose (siehe Seite 157). Bei Stuten tritt reichlicher, flüssiger Vaginalausfluss auf, und es kommt zu Vulvaödemen, die sich bis zum Euter und Unterbauch erstrecken können.

Nach der Manifestation an den Genitalorganen kommt es zur Beteiligung des Nervensystems mit Steifheit, fortschreitender Schwäche und Koordinationsstörungen der Beine. Die Muskeln der Hinterhand schwinden langsam dahin und das Allgemeinbefinden verschlechtert sich zunehmend bis hin zu derart hochgradiger Abmagerung, dass das Tier getötet werden muss. Mögliche Hautsymptome sind Schwellungen (Quaddeln) bis zu 5 cm im Durchmesser am Hals und Körper. Diese können innerhalb weniger Tage wieder verschwinden, allerdings treten im Laufe der folgenden Wochen sukzessive immer wieder neue auf.

Der Krankheitsverlauf ist in Europa oft so schwer, dass viele Pferde die Krankheit nicht überleben. Eine konventionelle Behandlung führt zu unterschiedlichen Ergebnissen; manche Fälle brauchen bis zu zwölf Monate, um sich zu erholen. Einige Pferde fungieren nach der Infektion und entsprechenden Behandlung als Träger, ohne selbst Symptome zu entwickeln. Die Homöopathie kann die Genesung solcher Tiere unterstützen, die sich noch nicht in einem fortgeschrittenen Krankheitsstadium befinden.

Homöopathische symptomatische Behandlung der Dourine

Aconitum 1M

Aconitum kann im Frühstadium eingesetzt werden, wenn Fieber und Inappetenz die einzigen sichtbaren Symptome sind.
Dosierung: *Alle 15 Minuten bis zur Besserung oder bis ein anderes Mittel angezeigt ist*

Sulphur C30

Im Anschluss an Aconitum ist Sulphur das Hauptmittel zur Behandlung dieser Erkrankung, da es die Mehrzahl der Symptome abdeckt, wie z. B. Muskelschwund, Abmagerung, neurologische Symptome, Harnröhren- oder Vaginalausfluss sowie die Hautsymptome.
Dosierung: *Dreimal täglich*

Apis C30

Apis ist das Hauptmittel bei Ödemen am Präputium, Penis oder Skrotum beim Hengst bzw. an der Vulva bei der Stute. Apis hilft auch bei den nesselsuchtartigen Schwellungen auf der Haut.
Dosierung: *Viermal täglich*

Urtica urens C200

Dieses Mittel kann ebenfalls bei nesselsuchtartigen Schwellungen auf der Haut eingesetzt werden. Daneben vermindert es Schwellungen des Skrotums und der Vulva.
Dosierung: *Viermal täglich*

Plumbum C30

Plumbum ist das Hauptmittel bei Muskelschwund der Hinterhand und der damit einhergehenden Abmagerung, sowie bei Koordinationsstörungen und Schwäche, die bei einer Beteiligung des Nervensystems auftreten.
Dosierung: *Dreimal täglich*

Conium C30

Zusätzlich bei hochgradigen Koordinationsstörungen der Hinterhand und Muskelschwäche.
Dosierung: *Dreimal täglich*

Abrotanum C30

Als ergänzendes Mittel bei ausgeprägter Abmagerung der Hinterhand in lang dauernden Fällen.
Dosierung: *Dreimal täglich*

Equine protozoäre Myeloenzephalitis (EPM)

Diese überaus zehrende Krankheit ist oft schwierig zu diagnostizieren, da sie anderen Erkrankungen häufig sehr ähnelt. In den USA ist sie weit verbreitet; dort haben 50 Prozent der Pferde Kontakt zu dem Mikroorganismus, einem einzelligen Parasiten namens *Sarcocystis neurona*. Die Übertragung erfolgt nicht direkt von Pferd zu Pferd, sondern durch einen anderen Wirt, und zwar das Opossum. Die Sporozysten, die das infektiöse Stadium des Organismus darstellen, werden mit dem Kot des Opossums ausgeschieden und vom Pferd beim Weiden oder Trinken aufgenommen. Einmal im Darm angekommen, wandern die Sporozysten in die Blutbahn ein und von dort aus zum Gehirn. Hier greifen sie das zentrale Nervensystem an und verursachen eine Vielzahl von Symptomen, die plötzlich auftreten oder sich über einen längeren Zeitraum entwickeln können. Manche Tiere sind schon monatelang mit dem Erreger infiziert, bevor irgendwelche Symptome auftreten. In nicht diagnostizierten und unbehandelten Fällen kann das Nervensystem dauerhaften Schaden erleiden.

Es sind zahllose Symptome bekannt, die mehr oder weniger alle das Nervensystem betreffen. Zu ihnen gehören Koordinationsstörungen (Ataxie), abnormer Gang oder Lahmheit, steife, stelzende Bewegungen, Spastizität, Schwäche, Muskelschwund (v. a. der Muskeln der Hinterhand), Schluckschwierigkeiten, Epilepsie, Paralyse der Muskeln des Gesichts, Maules und der Augen (oft in Form herabhängender Augenlider), heftiges Schwitzen, Verlust der Hautsensibilität und des Gleichgewichtssinnes (manche Pferde lehnen sich gegen die Stallwand) und Verdrehen des Kopfes.

Die Behandlung erfolgt auf symptomatischer Grundlage. Die genauen Symptome hängen vom Sitz der Infektion innerhalb des zentralen Nervensystems ab, treten aber so gut wie immer symmetrisch, d. h. auf beiden Seiten des Körpers auf.

Homöopathische symptomatische Behandlung der EPM

Dosierung: Akute Fälle: *C200, dreimal täglich*
Chronische Fälle: *C30, zweimal täglich*

Koordinationsstörungen **Agaricus, Oxytropis, Conium, Alumina, Zincum, Phosphorus, Onosmodium** (mit Schwäche)

Stelzender Gang **Lathyrus**

Spastizität **Strychninum, Nux vomica**

Gliedmaßenschwäche **Gelsemium, Picricum acidum** (nur akute Fälle), **Onosmodium, Cocculus**

Muskelschwund **Plumbum**

Schluckschwierigkeiten **Hyocyamus, Lachesis, Nux vomica, Plumbum, Stramonium, Strychninum**

Epilepsie **Belladonna, Stramonium, Hyoscyamus, Cuprum, Zincum**

Paralyse:
Gesicht **Causticum, Cocculus**
Maul **Gelsemium, Plumbum**
Augen **Causticum, Gelsemium**

Starkes Schwitzen **Eupionum, Belladonna, Nux vomica, Phosphorus, Zincum**

Verlust der Hautsensibilität **Causticum, Hyoscyamus, Nux vomica, Phosphorus, Plumbum, Stramonium**

Gleichgewichtsstörungen **Agaricus, Belladonna, Gelsemium, Phosphorus**

Verdrehter Kopf **Agaricus**

Durch Kokzidien verursachte Infektionen

Kokzidiose

Diese Erkrankung tritt nur selten auf und betrifft v. a. jüngere Pferde unter einem Jahr. Der verantwortliche Mikroorganismus ist *Eimeria leuckarti*, der oft ein natürlicher Bewohner des Dünndarmes ist. Charakteristische Symptome sind Durchfall mit Darmbluten, wobei das Blut entweder dunkel oder hellrot ist. Die Krankheit ist zwar selbstlimitierend, aber die folgenden Mittel unterstützen die Genesung.

Mercurius solubilis C30
Dies ist das Hauptmittel und angezeigt, wenn der Durchfall blutig und schleimig ist und mit heftigem Pressen einhergeht, selbst wenn überhaupt nichts abgesetzt wird.
Dosierung: *Viermal täglich*

Capsicum C30
Eignet sich am besten, wenn der Kot blutigen Schleim enthält und Pressen beim Kotabsatz auftritt.
Dosierung: *Viermal täglich*

Crotalus horridus C30
Angezeigt, wenn das Blut dunkel und der Kot wässrig ist und faulig riecht.
Dosierung: *Viermal täglich*

Ipecacuanha C30
Ipecacuanha ist angezeigt, wenn der Kot dunkelgrün ist und schaumigen Schleim mit Schleimfetzen und hellrotem Blut enthält.
Dosierung: *Viermal täglich*

Pilzinfektionen

Ringflechte

Siehe die Haut, Seite 271

Epizootische Lymphangitis
Pseudorotz
Equine Blastomykose
Equine Histoplasmose

Achtung – Anzeige- / Meldepflicht beachten!

Diese Erkrankung wird durch einen Pilz, *Histoplasma farciminosum*, verursacht und betrifft in der Regel Pferde unter sechs Jahren. Sie kommt in Teilen Afrikas, Asiens und in den Mittelmeerländern vor. Die Übertragung der Pilzsporen erfolgt sehr rasch durch direkten Kontakt von Pferd zu Pferd; die Inkubationszeit kann bis zu drei Monate dauern.

Der Pilz dringt in das Unterhautgewebe ein und führt zu granulomatösen Reaktionen oder Geschwürbildung; er breitet sich entlang der Lymphgefäße weiter aus. Knötchen und Abszesse erscheinen v. a. am Hals, Kopf, an den Schultern und Gliedmaßen (v. a. im Bereich der Sprunggelenke), die anschwellen können. In seltenen Fällen sind auch die Vulva, das Skrotum, die Augen (Keratitis und Konjunktivitis) und die Nebenhöhlen betroffen. Die Abszesse brechen auf und sondern öligen, cremigen, dicken Eiter ab. Die regionalen Lymphknoten sind ebenfalls vergrößert. Alle Hautveränderungen sind schmerzlos.

Die Genesung geht nur sehr langsam vonstatten, da sich die Krankheit bis zu zwölf Monate hinziehen kann; viele Tiere werden dadurch sehr geschwächt und arbeitsunfähig. Homöopathische Arzneien können die Zeit der Rekonvaleszenz verkürzen.

Homöopathische Behandlung der epizootischen Lymphangitis

Calcium sulphuricum C30

Dieses Mittel verkürzt die Rekonvaleszenzzeit, wenn der Eiter charakteristisch gelb, dick und klumpig ist. Es wird am besten im Frühstadium der Erkrankung eingesetzt.

Dosierung: *Zweimal täglich über einen langen Zeitraum*

Calcium silicatum C30

Diese Arznei ist angezeigt, wenn der Eiter dick, gelb und cremig und das Tier in den späteren Krankheitsstadien abgemagert und schwach ist.

Dosierung: *Zweimal täglich über einen langen Zeitraum*

Silicea C30

Silicea eignet sich am besten für chronische Fälle, wenn andere Mittel versagt oder nicht ausreichend gewirkt haben.

Dosierung: *Zweimal täglich über einen langen Zeitraum*

Kalium iodatum D6

Wird bei jeder Pilzerkrankung empfohlen und kann gemeinsam mit anderen Mitteln verschrieben werden. Hilfreich, wenn eine große Zahl von Knötchen entlang der Lymphgefäße auftritt.

Dosierung: *Zweimal täglich über einen langen Zeitraum*

Pulsatilla 1M

Milder, cremiger Eiter kann auf Pulsatilla hinweisen; dieses sollte bei Pferden mit der entsprechenden Konstitution neben anderen angezeigten Mitteln zum Einsatz kommen.

Dosierung: *Einmal wöchentlich*

Calendula C6

Calendula kann in den späteren Stadien der Erkrankung gegeben werden, um die Abheilung der betroffenen Stellen zu unterstützen.

Dosierung: *Zweimal täglich, solange wie nötig*

Tuberculinum C200

Ebenfalls hilfreich in den späteren Stadien, um die Genesung zu unterstützen, v. a. bei geschwächten und abgezehrten Pferden.

Dosierung: *Zweimal wöchentlich*

Verhaltensprobleme

Dieses Kapitel handelt von den Verhaltensproblemen des Pferdes und ist in zwei Abschnitte unterteilt. Im ersten Abschnitt geht es um spezifische Erkrankungen, während der zweite einen Leitfaden für alltägliche Probleme darstellt. Man denke daran, dass manche Verhaltensänderungen ihren Ursprung in körperlichen Problemen haben; v. a. Schmerzen können das normale Verhalten erheblich beeinflussen.

Spezielle Probleme

Stereotypes Verhalten oder Stalluntugenden

Krippenbeißen, -setzen Koppen/Aerophagie

Weben

Boxenlaufen

Kreisbewegungen

Kopfschütteln

Automutilation

Zerreißen von Decken

Zähneknirschen

Zungenrollen

Stereotypes Verhalten tritt in allen Altersstufen, Pferderassen und Arbeitsdisziplinen auf. Es können zwar schon Fohlen ab einem Alter von zwei Monaten betroffen sein, in der Regel treten Verhaltensstörungen aber eher bei älteren Tieren auf. Die häufigsten Formen stereotypen Verhaltens sind Krippensetzen in Verbindung mit Koppen sowie Weben und Boxenlaufen; die anderen Probleme treten sehr viel seltener auf, sind aber dennoch charakteristische Stereotypien.

Einige andere ungewöhnliche Verhaltensweisen können als Stereotypien erscheinen, sind aber tatsächlich die Folge anderer Probleme. So entstehen beispielsweise Koprophagie (Kotfressen) und Holzfressen aufgrund alimentärer Defizite, und Treten gegen Türen sowie Eintauchen des Heus sind beides erlernte Verhaltensweisen. Erkrankungen des Gehirns, der Nerven und Haut können ebenfalls mit Symptomen einhergehen, die Stereotypien ähneln; sie müssen entsprechend untersucht und behandelt werden. Pferde mit Stereotypien zeigen typischerweise Variationen ihres Verhaltensmusters (z. B. Richtungswechsel bei Kreisbewegungen), während sie gleichzeitig normal auf Routineverrichtungen und Umweltreize reagieren, was bei Verhaltensstörungen aufgrund anderer Ursachen oder im Rahmen sonstiger Erkrankungen nicht der Fall ist.

Stereotypes Verhalten hat keine offensichtliche Funktion und wird von Natur aus ständig wiederholt (ohne Veränderungen in der Abfolge, Zahl und Länge der Anfälle), im Gegensatz zu erlerntem Verhalten, bei dem es Variationen gibt und das einem bestimmten Ziel dient. Der Wiederholungsaspekt von Stereotypien führt zur Freisetzung von Stresshormonen und Neurotransmittern, die eine beruhigende Wirkung auf das Pferd haben; darin liegt das eigentliche Ziel dieses Verhaltens. Belastende Situationen bedingen also nur noch eine Verstärkung des Verhaltens, während sie bei erlerntem Verhalten zu einer zumindest zeitweiligen Unterbrechung führen. Bestrafung stoppt ebenfalls erlernte Verhaltensweisen, während Stereotypien fortgesetzt werden, unabhängig davon, womit das Pferd bedroht wird oder welche Schmerzen ihm auch in der Absicht, dieses Verhalten zu beenden, zugefügt werden.

Stressige Situationen (die innerhalb kurzer Zeit vermehrt eintreten können), die sehr oft Stereotypien auslösen, sind:

- Veränderungen in der normalen täglichen Routine
- Wechsel des Besitzers, Pflegers, Reiters
- Stall- oder Weidewechsel
- Ein neuer Paddock
- Änderungen in der Fütterung (größere Schmackhaftigkeit oder erhöhter Proteingehalt)
- Trennung von vertrauten Tieren
- Isolation oder Mangel an Sozialkontakt
- Reisen
- Vermehrte Arbeitsbelastung
- Verminderung der körperlichen Fitness
- Frustration, v. a. zur Fütterungszeit
- Absetzen des Fohlens

Andere Situationen wie z. B. die Fütterung oder das Warten auf die Fütterung können ebenfalls Stereotypien stimulieren (z. B. Boxenlaufen und Krippensetzen), ebenso wie eine Reihe klinischer Erkrankungen. So können beispielsweise Schmerzen zu Krippensetzen oder Im-Kreis-Laufen führen, Zahnabszesse zu Koppen und Krippensetzen und manche Tumoren zu Automutilation. Stereotypien werden nicht durch Langeweile hervorgerufen und auch nicht durch die Beobachtung anderer Pferde erlernt. In jeder Gruppe von Pferden, die wiederholtem (chronischem) Stress ausgesetzt sind, entwickeln nur einige wenige Tiere stereotype Verhaltensweisen; die Anfälligkeit dafür ist genetisch festgelegt.

Management von Stereotypien oder Stalluntugenden

Die Verbesserung der Haltungsbedingungen in Verbindung mit einer homöopathischen Behandlung kann in vielen Fällen Erfolg zeigen. Zuerst muss man sichergehen, dass der Verhaltensstörung kein physisches Problem (z. B. ein Abszess) zugrunde liegt. Grundlegende Maßnahmen sind:

- Verbesserung der Sozialkontakte und Verminderung der Isolation (bei Pferden empfohlen, die weben)
- Vermeiden von strenger Routine
- Steigerung der körperlichen Fitness
- Änderung der Fütterungsgewohnheiten (v. a. bei Krippensetzern)
- Verlängerung der Fütterungszeit
- Mischen von Kraft- und Raufutter, um den Grad der Erregung zu senken
- Bevorzugung von Eiweißquellen wie Gras-Cobs oder –pellets statt Hafer, Mais oder Soja
- Verminderung des Eiweißgehalts des Futters

Homöopathische Hilfe

Eine der erfolgreichsten Behandlungsmethoden bei Stereotypien besteht in der Anwendung von Konstitutionsmitteln, die oftmals in ansteigenden Potenzen über mehrere Wochen bis Monate gegeben werden müssen. In vielen Fällen kommt man nur mit Hochpotenzen zum Erfolg, da Probleme dieser Art tief verwurzelt sind. Hier ist oft professionelle Hilfe erforderlich.

Dosierung: *Man beginnt mit der C30, zweimal täglich über zehn Tage,* und beobachtet, ob sich eine Wirkung zeigt. Wirkt das Mittel nicht oder stellt sich nur eine kurzzeitige Besserung ein, wiederholt man das Mittel in der *C200 einmal täglich über fünf Tage.* In Abhängigkeit von der Reaktion wechselt man dann zur *1M, drei Gaben innerhalb von 24 Stunden.* Dies kann wiederholt werden, wenn die Besserung zum Stillstand kommt.

Hinweise auf nützliche Arzneien

Ursachen

Aufregung durch Änderungen in der Routine **Arsenicum album, Lycopodium**

Wechsel des Besitzers, Pflegers, Reiters **Ignatia, Natrium muriaticum, Pulsatilla**

Stall- oder Weidewechsel **Bryonia, Ignatia, Capsicum, Phosphoricum acidum, Mercurius solubilis, Carbo animalis**

Verlust des Gefährten **Ignatia, Natrium muriaticum, Carcinosinum, Staphisagria, Graphites, Pulsatilla, Causticum, Aurum**

Absetzen des Fohlens (für die Mutterstute) **Ignatia, Natrium muriaticum**

Isolation **Aurum, Psorinum, Pulsatilla, Argentum nitricum, Arsenicum album, Lycopodium, Phosphorus, Lac caninum, Hyoscyamus**

Reisen **Petroleum, Sepia, Cocculus, Gelsemium, Tabacum, Iris, Nux vomica**

Gesteigerte Arbeitsbelastung **Nux vomica, Bryonia**

Folgen

Krippensetzen **Stramonium, Anacardium, Hyoscyamus, Cuprum, Nux vomica, Staphisagria, Tarentula hispanica, Veratrum album, Cina, Natrium muriaticum, Arsenicum album, Arum triphyllum, Medorrhinum, Sulphur**

Koppen **Platinum** (spezifisch), **Lycopodium, Phosphorus, Pulsatilla**

Weben **Hyoscyamus, Agaricus, Tarentula hispanica, Arsenicum album, Argentum nitricum, Lycopodium, Kalium carbonicum, Phosphorus, Pulsatilla**

Zähneknirschen **Belladonna, Apis, Cina, Hyoscyamus, Tuberculinum**

Kreisbewegungen **Stramonium, Thuja**

Auf-und-ab-Gehen **Argentum nitricum, Sepia, Arsenicum album, Chamomillla, Stramonium, Tuberculinum, Lyssinum**

Automutilation **Anacardium, Staphisagria, Lilium tigrinum, Arsenicum album, Tuberculinum, Natrium sulphuricum, Lyssinum, Tarentula hispanica**

Zerreißen der Decken **Tarentula hispanica, Stramonium, Sulphur, Veratrum album, Hyoscyamus**

Verdrehen des Kopfes **Hyoscyamus, Natrium muriaticum, Lycopodium, Belladonna, Tuberculinum, Medorrhinum**

Zungenspiel **Lachesis, Helleborus, Lycopodium**

Erwartungsangst

Diese Art von Angst tritt vor einem aufregenden Ereignis auf, beim Menschen beispielsweise vor einer Prüfung oder der Führerscheinprüfung. Viele Pferde erleben dasselbe Gefühl vor einem Rennen, Springturnier oder einer Dressurprüfung. Homöopathische Mittel können enorm helfen, ohne dass man Angst haben muss, die FEI-Regeln im Hinblick auf verbotene Substanzen zu brechen, oder eine Sedation zu bewirken*.

Dosierung: *Sofern nichts anderes angegeben ist, C200, jeweils eine Gabe 30 Minuten vor dem Ereignis und kurz vor dem Auftritt mit Wiederholung nach Bedarf.*

Lycopodium

Leitsymptom: Erwartungsangst, erbringt aber immer gute Leistungen

Das Pferd, das Lycopodium braucht, ist vor einem Auftritt immer sehr ängstlich und unruhig, es setzt häufig Winde oder Kot ab und leidet in der Regel an einem Mangel an Selbstvertrauen. Sobald es aber mit der Arbeit beginnt, beruhigt es sich und liefert eine ausgezeichnete Leistung ab. Beim Menschen kennt man ein ähnliches Problem in Bezug auf Auftritte in der Öffentlichkeit.

Argentum nitricum

Leitsymptom: Angstbedingter Durchfall, möchte fliehen

Das Pferd, das dieses Mittel benötigt, ist vor einem Ereignis nervös und setzt häufig durchfälligen Kot ab; es versucht vielleicht sogar, jeder Stresssituation zu entfliehen. Argentum nitricum-Pferde sind nur selten ausgeglichen und machen oft einen gehetzten Eindruck.

---

* Cave – in Frankreich z. B. ist auch die Anwendung von Homöopathika im Turniersport stark reglementiert.

Dysentery Co.

Leitsymptom: Erwartungsangst mit Unsicherheit und Anspannung, schnell nervös

Diese Darmnosode passt zu Tieren, die vor einem Ereignis nervöse Anspannung zeigen. Ganz typisch ist, dass sie sowohl unsicher als auch angespannt sind und es nur wenig braucht, um ihre Konzentration zu stören, sodass sie keine gute Leistung zeigen. Sie lassen sich oft nur schwer verladen oder weigern sich, den Turnierplatz zu betreten. Sie werden manchmal als sehr „nervig" beschrieben, und es fehlt ihnen auch an Selbstvertrauen. Sie können Phobien und irrationale Ängste entwickeln.

Gelsemium 1M

Leitsymptom: Die Angst lässt das Pferd erstarren

Das Leitsymptom dieses Mittels ist Erwartungsangst, bei der das Pferd buchstäblich wie gelähmt ist, sodass es sich kaum von der Stelle rühren kann. Bei ganz extremer Angst fängt das Tier sogar an zu zittern. Ein weiterer Hinweis ist häufiger (nervöser) Harnabsatz.

Aconitum 1M

Leitsymptom: Akute Angst und Furcht

Aconitum ist oft kurzfristig gut wirksam, wenn kein anderes Mittel zur Verfügung steht oder den Symptomen entspricht. Es hilft, wenn das Tier einen ängstlichen Eindruck macht. Die Gabe muss oft wiederholt werden, um die Wirkung aufrechtzuerhalten.

Arsenicum album

Leitsymptom: Angst mit Unruhe und Auf-und-ab-Gehen

Die Angst des Arsenicum-Pferdes führt zu Unruhe und Auf-und-ab-Gehen, sodass das Tier überhaupt nicht zur Ruhe kommt. Starkes Schwitzen ist ein weiterer Hinweis auf dieses Mittel.

Natrium muriaticum

Leitsymptom: Angst mit Reizbarkeit

Pferde, die Natrium muriaticum brauchen, schätzen keine Hektik und regen sich schon bei den Vorbereitungen auf ein Ereignis schnell auf. Dann ziehen sie sich zurück und erweisen sich bei der Ankunft auf dem Gelände oft als wenig kooperativ.

Silicea

Leitsymptom: Mangel an Selbstvertrauen und Willenskraft

Pferden, die Silicea brauchen, fehlt es an Selbstvertrauen. Sie können auch einen Mangel an Ausdauer haben und werden durch Stress schnell krank.

Phosphorus

Leitsymptom: Angst mit Erregung und Schreckhaftigkeit

Die Angst von Phosphorus drückt sich als Erregung und Überempfindlichkeit gegenüber allen äußerlichen Reizen aus, v. a. gegenüber Lärm. Pferde, die gut auf dieses Mittel ansprechen, sind sehr schreckhaft und reagieren auf das kleinste Geräusch oder jede ungewohnte Bewegung in ihrer Nähe. Sind sie aufgeregt, können sie sich überhaupt nicht mehr konzentrieren, ehe sie sich nicht wieder beruhigt haben.

Kummer und Gram

Pferde sind von Natur aus extrem sensibel. Sie binden sich oft eng an ein anderes Pferd oder eine bestimmte Person, manchmal stärker, als es auf den ersten Blick scheint. Es kann sein, dass diese Bindung erst mit dem Verlust eines Gefährten durch Tod oder bei Weide- bzw. Besitzerwechsel in Form von Verhaltensänderungen oder Stimmungsschwankungen zutage tritt. Die Tiere ziehen sich zurück und sondern sich ab, werden launisch, teilnahmslos oder gleichgültig; in extremen Fällen kann es sogar zu körperlichem Abbau und Gewichtsverlust kommen. Manche Pferde leiden allerdings still und lassen anfangs keine Anzeichen für ihren Kummer oder Gram erkennen. Anhaltender unbewältigter Kummer kann zu körperlicher Krankheit führen, daher ist es sehr wichtig, bei jeder Krankheit darauf zu achten, ob diese in enger zeitlicher Nähe zu dem Verlust eines Gefährten oder der Veränderung der Haltungsbedingungen aufgetreten ist. Die Homöopathie hat viele Erfolge bei der Auflösung von Kummer- und Gramthemen vorzuweisen.

Dosierung: *Anfangs die C200 täglich über sieben Tage, dann falls nötig Wiederholung mit der 1M, um das Problem zu beseitigen bzw. falls die Symptome zurückkehren.*

Ignatia

Dies ist das Hauptmittel für stillen Kummer und Gram und deren Folgen. Ignatia ist auch dann angezeigt, wenn der Auslöser schon längere Zeit zurückliegt. Es ist eines der wichtigsten Mittel bei emotionalem Schock.

Natrium muriaticum

Bei lang dauerndem, unbewältigtem Kummer ist Natrium muriaticum das Mittel der Wahl, v. a. wenn das Pferd einen depressiven Eindruck macht, sich zurückzieht oder ungewöhnlich reizbar ist. Man sollte es auch in Erwägung ziehen, wenn Ignatia nur zum Teil geholfen hat. Ein Schlüsselsymptom dieses Mittels ist der Umstand, dass Hektik und übermäßige Zuwendung nicht gut ertragen werden.

Phosphoricum acidum

Dieses Mittel ist angezeigt, wenn Kummer und Gram zu geistiger Erschöpfung und körperlicher Schwäche geführt haben.

Carcinosinum

Auch diese Arznei eignet sich für die Behandlung der langfristigen, schwächenden Folgen von Kummer. Neben Ignatia, Natrium muriaticum und Causticum ist es eines der wichtigsten Mittel für die Behandlung von Kummer, der durch den Tod eines sehr nahe stehenden Gefährten bedingt ist.

Pulsatilla

Das mütterliche, unterwürfige und sanfte Pulsatilla-Pferd kann seinen Kummer gut verbergen und macht deshalb u. U. den Eindruck, als nähme es an dem Verlust eines tierischen oder menschlichen Gefährten überhaupt keinen Anteil. Dies wird als stiller Kummer bezeichnet, die unterdrückten Gefühle können in der Folge zu körperlicher Krankheit führen.

Causticum

Causticum-Pferde sind emotional sensibel und machen sich Sorgen um das Wohlergehen anderer. Daher eignet es sich für die Behandlung von lang dauerndem Kummer und seinen Folgen.

Staphisagria

Kummer in Verbindung mit Groll oder Entrüstung sind Schlüsselmerkmale für den Einsatz von Staphisagria. Das wichtigste Symptom sind Verhaltensänderungen bei normalerweise ausgeglichenen Tieren, die aus keinem offensichtlichen physischen Grund reizbar, ärgerlich oder aggressiv werden.

Physische Erkrankungen als Folge von Kummer

Die folgenden Mittel haben sich bei einer Vielzahl von körperlichen Erkrankungen als hilfreich erwiesen, wenn diese durch eine Veränderung der Haltungsbedingungen oder den Verlust eines Gefährten ausgelöst wurden. Bei jedem Mittel sind der Hauptwirkungsbereich (obwohl das zugrunde liegende Problem natürlich in jedem Teil des Körpers zum Ausdruck kommen kann) sowie einige der wichtigsten Gemütssymptome aufgeführt. In jedem Fall sollte man versuchen, konstitutionell zu behandeln.

Dosierung: *Anfangs die C200 täglich über sieben Tage, dann falls nötig Wiederholung mit der 1M, um das Problem zu beseitigen bzw. falls die Symptome zurückkehren.*

MITTEL	WIRKUNGSBEREICH	EMOTIONALER ZUSTAND/ GEISTIGE SYMPTOME
Aurum	Knochen	Depressiv, empfindsam
Carcinosinum	Hautgewächse, Krebs	Traurig, emotional sensibel, fürsorglich besorgt
Causticum	Gelenke, Muskeln	Liebevoll
Cocculus	Nervensystem	Langsam, schwerfällig
Crataegus	Herz	Anspannung
Gelsemium	Nerven, Muskel	Schwäche, Apathie
Ignatia	Sinnesorgane	Nervös, erregbar, unkontrollierbare Launen
Lachesis	Immunsystem	Empfindlich, reizbar, laut (gesprächig)
Natrium muriaticum	Endokrines System	Zurückgezogen, traurig
Nux vomica	Verdauung	Überempfindlich, reizbar
Phosphoricum acidum	Körperliche Schwäche	Lustlosigkeit, Apathie
Phosphorus	Atemwege	Erregbar, sensibel, sprunghaft
Pulsatilla	Geschlechtsorgane	Schüchtern, sanft
Staphisagria	Haut	Groll, Reizbarkeit, Zorn

Transportprobleme

In diesem Abschnitt geht es um Probleme beim Verladen und auf Reisen.

Dosierung: *C200 mit Wiederholung nach Bedarf*

Verladen

Furcht vor dem Verladen im Allgemeinen **Aconitum**

Spezifische Furcht vor dem Inneren des Anhängers **Succinum**

Große Erregung beim Verladen **Stramonium**

Lässt sich nur in Begleitung eines anderen Pferdes verladen **Lycopodium**

Anspannung vor dem Verladen **Dysentery Co.**

Unterwegs

Erregung **Arsenicum album, Chamomilla**

Zorn oder Reizbarkeit **Bryonia, Nux vomica** (durch die Geräusche des Fahrzeugs), **Chamomilla**

Gewalttätigkeit **Hyoscyamus, Lachesis**

Unkontrollierbarkeit **Lyssinum**

Starker Durchfall **Argentum nitricum**

Blähungskolik **Lycopodium**

Krampfkolik **Colocynthis**

Zurückgezogenheit oder Traurigkeit **Natrium muriaticum**

Starkes Schwitzen **Arsenicum album**

Austrocknung **China**

Auf der Straße

Aufregung durch die Bewegung des Fahrzeugs **Bryonia** (wird reizbar) **Cocculus, Petroleum, Tabacum, Sepia, Pulsatilla**

Auf See

Aufregung durch die Bewegung des Schiffes **Borax** (mit Angst, mag keine Auf-und-ab-Bewegung); **Sanicula** (Erregung durch Auf-und-ab-Bewegung)

Per Flugzeug

Aufregung durch die Bewegung des Flugzeugs **Cocculus**

„Jet lag“ im Allgemeinen **Melatonin**

Nachfolgende Schwäche **Gelsemium**

Muskelsteifheit **Arnica**

Langsame Erholung **Cocculus**

Weitere Verhaltensprobleme und Merkmale

Die nachstehende Tabelle gibt zu dem jeweiligen Verhaltensproblem die Mittel an, die sich am hilfreichsten erwiesen haben oder als Schlüssel zum Auffinden geeigneter Mittel für die Behandlung anderer Erkankungen dienen. Gemütssymptome liefern oft ausgezeichnete Hinweise auf die passenden Mittel.

Die Hauptmittel sind in **Fettdruck** dargestellt. Mittel mit einem weniger starken Bezug zu dem Verhaltensproblem sind *kursiv* gedruckt.

Liebevoll	**Pulsatilla**, *Carcinosinum, Ignatia, Phosphorus, Causticum*
Aggression	*Belladonna, Nux vomica, Lyssinum, Stramonium*
Zorn	**Aconitum** (durch Schreck), **Anacardium** (schnell aufgebracht – reizbar), **Bryonia** (mit Reizbarkeit), **Chamomilla** (bei Schmerzen), **Cina** (jüngere Pferde), **Hepar sulphuris, Ignatia** (mit Angst), **Kalium carbonicum, Lycopodium, Natrium muriaticum** (auch zurückgezogen), **Nux vomica** (leicht aufgebracht), **Sepia** (mit Gleichgültigkeit), **Staphisagria** (mit plötzlichem Ausschlagen), **Sulphur, Tarentula hispanica** (bei Berührung)
Angst	**Aconitum** (allgemein, aber auch in Menschenmengen und nachts), **Arsenicum album** (wenn allein oder bei Schmerzen), **Phosphorus** (wenn allein oder bei Aufregung, Gewitter), **Lycopodium** (bei nicht vertrauten Tieren oder Menschen, wenn der Kamerad nicht sichtbar ist), **Theridion** (kann sich nicht beruhigen), **Argentum nitricum** (erscheint in Eile und impulsiv, mit irrationalem Verhalten), **Carcinosinum, Causticum, Kalium phosphoricum, Nitricum acidum, Pulsatilla, Rhus toxicodendron, Secale, Sulphur**, *Gelsemium*
Anspannung	siehe Angst
Langeweile	**Lycopodium** (auch Mangel an Selbstvertrauen), **Medorrhinum, Mercurius solubilis, Sulphur** (sieht schmutzig aus), **Tuberculinum**, *Alumina, Nux vomica* (mit reizbarer Natur)
Selbstvertrauen, Mangel an	**Lycopodium, Dysentery Co., Silicea, Barium carbonicum** (jüngere Tiere), **Kalium phosphoricum, Carcinosinum, Graphites**
Koprophagie	**Veratrum album, Mercurius solubilis, Viscum album, Sulphur, Silicea, Calcium carbonicum, Calcium phosphoricum**
Zerstörungswut	**Stramonium**, *Anacardium, Belladonna, Cantharis, Cuprum metallicum, Nux vomica, Staphisagria, Tarentula hispanica*

Erregbarkeit	**Belladonna, Carcinosinum, Chamomilla, Coffea, Hyoscyamus, Lachesis, Nux vomica, Phosphorus, Staphisagria**
Angst (allgemein)	**Aconitum** (akuter plötzlicher Beginn), **Argentum nitricum** (in Eile), **Phosphorus** (überempfindlich), **Arsenicum album** (nervös), **Calcium carbonicum** (schwerfällig), **Carcinosinum** (empfindsam), **Graphites** (faul), **Ignatia** (launenhaft), **Lycopodium** (angespannt), **Lyssinum** (überempfindlich), **Platinum** (hochmütig), **Sepia** (gleichgültig), **Stramonium** (mit Vokalisation)
Furcht (spezifisch)	*Vor Fremden:* **Lycopodium, Barium carbonicum** (v. a. jüngere Tiere), **Causticum** (ältere Pferde), **Cuprum metallicum, Thuja**, *Natrium carbonicum* (vor bestimmten Menschen) *Vor Menschenmengen:* **Lyssinum, Aconitum, Ambra grisea** (überempfindliche, schlanke, nervöse Pferde), *Argentum nitricum, Natrium muriaticum, Pulsatilla, Nux vomica, Kalium arsenicosum* *Vor Wasser:* **Lyssinum, Belladonna, Hyoscyamus, Stramonium**, *Phosphorus* *Vor Höhen:* **Argentum nitricum** *Vor sich nähernden Fahrzeugen:* **Phosphorus, Lyssinum** *Vor dem Clipping:* **Chamomilla, Antimonium crudum**, *Aconitum, Hepar sulphuris, Lachesis, Arnica, Tarentula hispanica* *Vor ungewohnten Objekten:* **Lycopodium, Arsenicum album** *Vor geschlossenen Räumen:* **Argentum nitricum, Aconitum, Stramonium, Pulsatilla, Natrium muriaticum, Lycopodium**
Schreck, Folgen von	**Aconitum** (mit Angst), **Argentum nitricum, Carcinosinum** (schwere Fälle), **Gelsemium** (mit nachfolgender Schwäche), **Ignatia, Lycopodium, Natrium muriaticum** (zurückgezogen), **Opium** (die Angst bleibt lange nach dem Ereignis bestehen), **Pulsatilla, Silicea**
Leicht zu erschrecken	**Argentum nitricum, Arsenicum album** (bei ängstlichen Pferden), **Borax** (bei plötzlichen scharfen Geräuschen), **Graphites, Natrium carbonicum** (geräuschempfindlich), **Nux vomica** (mit Reizbarkeit), **Phosphorus** (bei überempfindlichen Tieren), **Sepia, Stramonium** (verängstigt), **Kalium carbonicum** (durch die geringste Kleinigkeit)
Sanftmut	**Arsenicum album, Pulsatilla, Phosphorus, Silicea**, *Lycopodium*
Gier, Gefräßigkeit	**Lycopodium, Iodium, Cina**, *Ferrum metallicum, Sepia*
Hochmut	**Platinum** (v. a. Stuten), **Lycopodium, Veratrum album, Stramonium**
Heimweh, Sehnsucht	**Bryonia, Capsicum, Carbo animalis, Ignatia, Magnesium muriaticum, Mercurius solubilis, Phosphoricum acidum**

Gleichgültigkeit, Apathie	**Alumina, Anacardium, Calcium carbonicum, Gelsemium, Helleborus, Natrium muriaticum, Nux vomica, Opium, Pulsatilla, Sepia, Sulphur**, *Silicea, Arsenicum album*
Unsicherheit	**Arsenicum album**, *Lycopodium, Bryonia*
Reizbarkeit	*Allgemein:* **Apis, Bryonia, Chamomilla, Hepar sulphuris, Kalium carbonicum, Lycopodium, Lilium tigrinum, Lycopodium, Natrium muriaticum, Nux vomica, Sepia, Silicea, Staphisagria** (Groll), **Sulphur** *Bei Zuwendung:* **Ignatia, Natrium muriaticum, Silicea, Sepia** *Bei Berührung:* **Antimonium crudum**, *Lachesis, Tarentula hispanica*
Eifersucht	**Lachesis** (mag keine Berührung und ist misstrauisch), **Nux vomica** (mit Reizbarkeit), **Hyoscyamus** (auch misstrauisch), *Apis* (ruhelos), *Lycopodium, Cenchris, Platinum, Staphisagria, Stramonium*
Schlagen, Austreten	**Hyoscyamus, Hepar sulphuris**, *Nux vomica, Lachesis, Phosphorus, Platinum* (nach ihrem eigenen Fohlen), *Staphisagria*
Faulheit	**Graphites, Lachesis, Lycopodium, Natrium muriaticum, Nux vomica, Sepia, Sulphur, Tuberculinum**, *Calcium carbonicum*
Stutenhaftes Verhalten	siehe Seite 151
Bösartigkeit	**Anacardium, Cannabis indica, Nux vomica, Stannum, Tarentula hispanica**, *Stramonium, Lachesis, Hyoscyamus, Mercurius solubilis*
Launenhaftigkeit	**Carcinosinum, Ignatia, Iodium, Zincum, Nux moschata, Pulsatilla, Graphites** (morgens besser), **Sarsaparilla**, *Platinum* (mit Hochmut)
Nymphomanie	siehe Seite 152
Widerspenstigkeit, Starrsinn	**Anacardium, Argentum nitricum, Calcium carbonicum, Chamomilla, Cina, Nux vomica, Tarentula hispanica, Tuberculinum**
Panik	**Aconitum** (akut), **Argentum nitricum, Kalium arsenicosum, Phosphorus** (erregbar), *Cannabis indica, Chamomilla (zornig), Cocculus* (auf Reisen), *Hyoscyamus* (hysterisch), **Lycopodium** (Mangel an Selbstvertrauen)
Streitsüchtige Natur	**Bryonia**
Groll	*Staphisagria, Lachesis*
Unruhe	**Arsenicum album, Aconitum, Carcinosinum, Kalium arsenicosum, Lycopodium, Natrium carbonicum, Natrium arsenicosum, Tarentula hispanica**

Empfindsamkeit	**Carcinosinum, Gelsemium, Phosphorus, Pulsatilla, Stramonium, Staphisagria** (mit Zorn oder Groll)
Geräuschempfindlichkeit	**Phosphorus, Borax, Theridion, Asarum, Coffea, Nux vomica, Opium, Silicea**
Lichtempfindlichkeit	**Belladonna, Nux vomica, Stramonium, Lyssinum, Phosphorus**
Empfindlichkeit gegenüber Tadel	**Staphisagria, Natrium muriaticum**, *Ignatia, Medorrhinum, Carcinosinum*
Schüchternheit, Scheu	**Pulsatilla, Coca, Arsenicum album, Dysentery Co.**, *Barium carbonicum, Ignatia, Calcium carbonicum, Graphites*
Scheuen	**Phosphorus, Borax, Theridion, Arsenicum album, Lycopodium** (bei allem Neuen), **Ignatia** (wenn es oft auftritt), **Hyoscyamus, Natrium muriaticum, Natrium carbonicum, Natrium phosphoricum, Silicea**
Schreckhaftigkeit	**Borax, Kalium carbonicum, Kalium phosphoricum, Natrium carbonicum, Natrium phosphoricum, Natrium muriaticum, Phosphorus**, *Nux vomica, Stramonium, Theridion*
Misstrauen	**Anacardium, Arsenicum album, Causticum, Cenchris, Lachesis, Lycopodium, Pulsatilla, Stramonium**
Trauma/Verletzung	*Folgen eines früheren Traumas:* **Opium, Stramonium, Carcinosinum, Natrium sulphuricum** (geistige Folgen), *Helleborus* (geistige Folgen)
Kauen von Holz	**Alumina, Calcium carbonicum, Calcium phosphoricum, Silicea, Nitricum acidum, Lachesis**

Verschiedenes

Das Immunsystem

Die Hauptaufgabe des Immunsystems besteht darin, den Körper vor potenziellen Eindringlingen wie z. B. Bakterien, Viren und Parasiten zu schützen. Um dies leisten zu können, verfügt es über drei Mechanismen. Der erste ist die Fähigkeit, fremde Stoffe zu erkennen. Der zweite ist für die spezifische Reaktion auf jedes eindringende pathogene Agens zuständig, und der dritte sorgt dafür, dass eine Art Gedächtnis den Vorfall in Erinnerung behält und bei einer erneuten Konfrontation mit diesem spezifischen Pathogen eine schnelle Reaktion in Gang gesetzt wird. Um dies alles zu ermöglichen, hat das Immunsystem zwei Abwehrsysteme.

Das erste ist für die Bildung von Antikörpern oder Immunglobulinen zuständig und wird als humorale Immunität bezeichnet. Es richtet sich gegen Mikroorganismen wie Viren und Bakterien. Der zweite Reaktionsmodus ist zellvermittelt und führt zur Freisetzung einer ganzen Armee von Zellen (Lymphozyten oder weiße Blutkörperchen), die Fremdstoffe, geschädigte oder kanzeröse Zellen u. ä. aufnehmen und vernichten sollen.

Die effiziente und korrekte Funktion des Immunsystems ist lebensnotwendig für die Aufrechterhaltung der Gesundheit und Abwehr von Eindringlingen. Durch ein geschwächtes Immunsystem wird der Körper anfällig für Infektionen, Krankheiten und eine Flut anderer Probleme. Die Homöopathie kann viel dazu beitragen, das Immunsystem gesund zu erhalten und zu unterstützen, wenn es nicht richtig arbeitet oder wenn die Immunantwort auf die eine oder andere Weise verändert ist. Letzteres äußert sich durch unangemessene oder übersteigerte Reaktionen. Diese können auf eine Vielzahl von Allergenen stattfinden, beispielsweise auf Pollen oder Staub, und zu COPD führen, oder auf Mückenspeichel, wie es beim Sommerekzem der Fall ist. Daneben kann es auch zu Problemen kommen, wenn das Immunsystem körpereigene Gewebe angreift und damit Autoimmunerkrankungen wie z. B. die hämolytische Anämie des neugeborenen Fohlens verursacht.

Postvirales Syndrom (PVS) Postvirale Erschöpfung Equine ME

Mangel an Ausdauer, Lethargie und Depression charakterisieren diese Erkrankung, die in gewisser Weise der myalgischen Enzephalomyelitis oder ME des Menschen ähnelt. Die Symptome treten nach einer Virusinfektion auf, wobei auch andere Faktoren wie Besitzer- oder Stallwechsel oder Impfungen diskutiert werden.

Die klinischen Krankheitszeichen (z. B. Husten) scheinen zu verschwinden, aber das Tier erholt sich nicht vollständig. Manche Pferde entwickeln hartnäckigen Nasenausfluss mit vergrößerten Lymphknoten im Halsbereich. Die Mehrzahl ermüdet zudem schnell und schon bei der geringsten Anstrengung. Andere haben ein stumpfes Fell, verminderten Appetit und verlieren an Gewicht. Blutproben ergeben häufig eine zu niedrige Anzahl weißer Blutkörperchen.

Behandlung

Man versucht, wenn möglich konstitutionell zu behandeln, ansonsten legt man die wichtigsten aktuellen Symptome zugrunde. Die folgenden Mittel (die kurz beschrieben werden) passen zu den wichtigsten Schlüsselsymptomen, aber auch zu jenen, die in fast allen Fällen auftreten, wie z. B. Schwäche, Lethargie, Mangel an Ausdauer, Trägheit und Erschöpfung.

Dosierung: *C30, dreimal täglich, sofern nichts anderes angezeigt ist*

Carcinosinum

Carcinosinum ist ein Hauptmittel für die Behandlung des PVS und passt zu Tieren mit einer Vorgeschichte von rezidivierenden Erkrankungen, beispielsweise Fieberschüben, Erschöpfung, vermindertem Appetit und Verschlechterung des Allgemeinzustandes. Carcinosinum-Patienten sind typischerweise sehr liebe, empfindsame und hart arbeitende Tiere.

Gelsemium

Gelsemium kann bei generalisierter Schwäche nach einer viralen Erkrankung eingesetzt werden, wenn die Symptome Trägheit, Lustlosigkeit, Energiemangel und das Verlangen, allein zu sein, umfassen.

Graphites

Dieses Mittel passt zu übergewichtigen, furchtsamen Tieren, die einen extrem schwerfälligen Eindruck machen.

Lachesis

Leitsymptome für Lachesis sind Misstrauen und Abneigung gegen Berührung und die Untersuchung.

Phosphoricum acidum

Diese Arznei ist eines der Hauptmittel für PVS und kann gemeinsam mit anderen Mitteln eingesetzt werden. Ein Leitsymptom ist geistige und körperliche Erschöpfung mit Schwäche, Lustlosigkeit und Apathie. Es passt am besten zu jüngeren Tieren.

Silicea

Silicea ist angezeigt, wenn die Konstitution des Pferdes von Natur aus schwach und die Widerstandskraft gegenüber Krankheiten gering ist. Silicea-Tiere frieren schnell. Ein Schlüsselsymptom ist chronische Vergrößerung der Halslymphknoten.

Calcium carbonicum

Calcium carbonicum passt zu schwer gebauten Pferden, die von Natur aus langsam und schwerfällig sind. Diese Merkmale sind in PVS-Fällen besonders ausgeprägt.

Calcium phosphoricum

Dieses Mittel eignet sich besonders für jüngere Tiere mit schlankem und athletischem Körperbau.

Ferrum phosphoricum

Ferrum phosphoricum ist bei einer klaren Vorgeschichte einer viralen Atemwegsinfektion angezeigt, wenn diese der derzeitigen Symptomatik vorausging. Dieses Mittel kann eingesetzt werden, wenn Hinweise auf weitere Probleme bestehen, z. B. rezidivierende Infektionen mit leichtem Anstieg der Körpertemperatur.

Natrium muriaticum

Ausgeprägte Depression ist das Leitsymptom von Natrium muriaticum. Pferde, die dieses Mittel brauchen, machen einen sehr zurückgezogenen Eindruck und zeigen Gewichtsverlust, Müdigkeit und Schwäche. Sie frieren auch schnell und müssen eingedeckt werden.

Phosphorus

Dies ist ein weiteres Mittel, das gut zu schlanken Pferden passt, die normalerweise athletisch gebaut und sehr freundlich und lieb sind. Sie reagieren empfindlich auf Geräusche und erschrecken leicht. In manchen Fällen, die Phosphorus benötigen, gibt es Hinweise auf eine Leberfunktionsstörung.

Sepia

Sepia-Pferde sind oft Stuten, die von Natur aus langsam, schwerfällig und gleichgültig sind und einen abgezehrten Eindruck machen. Diese Zeichen sind bei PVS sehr ausgeprägt.

Zincum

Zincum wirkt am besten bei Tieren, bei denen sich die Krankheitssymptome langsam entwickelt haben und mit einem allmählichen Verlust der Vitalität einhergegangen sind. Weitere mögliche Symptome sind Anämie, stolpernder Gang, Unruhe und Rückenschmerzen.

Sulphur
An Sulphur ist zu denken, wenn keine klare Indikation für irgendein anderes Mittel vorliegt, da es die Selbstheilungskräfte des Patienten anregt. Wird es konstitutionell eingesetzt, passt es zu faulen, ungepflegt aussehenden Tieren.

Psorinum
Psorinum hat ähnliche Indikationen wie Sulphur und kann das Immunsystem ebenfalls anregen. Es wirkt am besten bei Pferden mit PVS, die leicht frieren, weil ihr Immunsystem nicht richtig funktioniert.

Die folgenden Mittel haben sich ebenfalls als hilfreich erwiesen:

Tuberculinum
Man ziehe Tuberculinum in Betracht, wenn alle anderen Mittel versagt haben. Sein Arzneimittelbild umfasst geringe Widerstandskraft gegenüber Krankheiten, allgemeine Krankheitsanfälligkeit, Erschöpfung, Gewichtsverlust und Depression.
Dosierung: *C200, zweimal täglich über drei Tage, dann Wechsel zu anderen Mitteln*

Arsenicum iodatum
Dieses Mittel ist bei Tieren angezeigt, die seit einer viralen Atemwegsinfektion niemals wieder richtig gesund waren. Schlüsselsymptome sind ein chronischer, dünner, wässriger Nasenausfluss und geschwollene Halslymphknoten.
Dosierung: *C6, dreimal täglich*

Vanadium
Dies ist ein grundlegendes Mittel, das eingesetzt werden kann, um die Zahl der weißen Blutkörperchen anzuheben und ihre Aktivität im Kampf gegen eine Infektion anzuregen. Es wirkt am besten in Fällen, in denen Gewichtsverlust und Inappetenz Hand in Hand gehen.
Dosierung: *C6, dreimal täglich*

Echinacea
Echinacea ist ein weiteres allgemeines Mittel, das das Immunsystem unterstützt und gemeinsam mit anderen Mitteln eingesetzt werden kann.
Dosierung: *D30, dreimal täglich*

Die Reaktion des Körpers auf eine Infektion

Fieber

Fieber ist ein häufiges Krankheitssymptom und wird als Anstieg der Körpertemperatur als Reaktion auf eine Infektion definiert. Daneben kann die Körpertemperatur aber auch im Rahmen von schmerzhaften Erkrankungen, beispielsweise Kolik, oder in einer Reihe anderer Situationen wie z. B. bei Hitzschlag ansteigen. Die Homöopathie kann begleitend eingesetzt werden, um den Körper in seinem Kampf gegen die Infektion zu unterstützen, die Krankheit zu stoppen, sofern die Symptome frühzeitig erkannt werden, oder zumindest den Krankheitsverlauf abzukürzen und die Genesung zu beschleunigen. Die Mittelwahl hängt von der genauen Beobachtung der Symptome ab.

Hauptmittel und Indikationen

Aconitum
Plötzliches Fieber, v. a. nach Aufenthalt in kaltem Wetter oder kaltem Wind. Der Patient ist ängstlich und ruhelos.
Dosierung: *1M, alle 20–30 Minuten*

Arsenicum album
Fieber mit Angst und hochgradiger Unruhe. Der Patient sucht die Wärme und hat Durst auf kleine Mengen Wasser.
Dosierung: *C200, alle 20–30 Minuten*

Baptisia
Fieber mit Dämpfung und Verwirrung, Muskelschmerzen. Es kann ein abnormer Körpergeruch auftreten.
Dosierung: *C200, alle 20–30 Minuten*

Belladonna
Plötzliches hohes Fieber mit Entzündung. Das Pferd fühlt sich heiß an und schwitzt, die Puls- und Atemfrequenz sind erhöht, der Puls voll und pochend, die Pupillen erweitert. In schweren Fällen kann das Pferd in ein leichtes Delirium fallen und ist sich dann seiner Umgebung nicht

mehr bewusst. Absonderungen (z. B. aus der Nase) sind klar und nicht-eitrig.
Dosierung: *1M, alle 20–30 Minuten*

Bryonia
Langsam einsetzendes Fieber mit Entzündung und Schmerzen. Das Pferd will sich nicht bewegen, ist durstig und reizbar.
Dosierung: *C200, alle 20–30 Minuten*

Ferrum phosphoricum
Fieber ohne den plötzlichen Beginn von Aconitum, die Intensität von Belladonna und die Trägheit von Gelsemium charakterisiert Ferrum phosphoricum. Dieses Mittel muss frühzeitig eingesetzt werden, wenn die Symptome passen oder wenn Halssymptome vorliegen.
Dosierung: *C30, alle 20–30 Minuten*

Gelsemium
Langsam beginnendes Fieber mit Schwäche. Das Pferd friert, zittert und ist sehr träge, beinahe schläfrig. Die Gliedmaßen können zittern. Durst fehlt völlig.
Dosierung: *C200, alle 20–30 Minuten*

Nux vomica
Hohes Fieber mit einem Höhepunkt um 18 Uhr bei reizbaren und kalten Pferden mit Muskelsteifheit.
Dosierung: *C200, alle 20–30 Minuten*

Pyrogenium
Hohes Fieber infolge Sepsis. Dieses Mittel ist angezeigt, wenn der Puls selbst bei hohem Fieber charakteristisch langsam ist. Das Gegenteil kann ebenfalls auftreten, also schneller Puls bei niedrigem Fieber. Muskelschmerzen führen manchmal zu Unruhe.
Dosierung: *1M, alle 20–30 Minuten*

Septikämie "Blutvergiftung"

Es handelt sich um eine schwerwiegende Erkrankung, bei der Bakterien und deren Toxine in die Blutbahn eindringen und im Körper bzw. in den Geweben zirkulieren. Ein Infektion kann im Rahmen der Geburt, über Wunden, Nageltritt, Verbrennungen, Darmrisse, durch spezifische bakterielle Infektionen und selten durch Operationen in den Körper gelangen.

Symptome sind hohes Fieber, Schwitzen, erhöhte Puls- und Atemfrequenz, kleine petechiale Blutungen auf den Schleimhäuten, Inappetenz, Schwäche und Depression. Schwere Fälle können zum Tode führen.

Toxämie

Dieser Begriff bezeichnet die Anwesenheit von Toxinen im Blut, entweder als Folge einer Septikämie oder durch Absorption aus dem Darm wie z. B. in einigen Fällen von Hufrehe.

Mittel bei Septikämie und Toxämie

Dosierung: *C200, alle 30 Minuten, sofern nichts anderes angegeben ist*

Arsenicum album, Aconitum (1M) und **Pyrogenium (1M)** Siehe oben

Echinacea (D30) ist ein gutes grundlegendes Mittel. Kann neben anderen Arzneien gegeben werden.

Carbo vegetabilis fühlt sich kalt an oder ist kollabiert, leblos, schwach.

Crotalus horridus bei Gelbsucht oder Hämorrhagie mit dunklem Blut.

Lachesis bei septischen Wunden mit stark verfärbter Haut.

Anthracinum, wenn eine Sepsis (Infektion) (v. a. im Bereich der Haut) oder ein Abszess vorliegt.

Tarentula cubensis hat bei einer Sepsis den Wirkungsschwerpunkt Toxämie. Schmerzhafte Abszesse mit verfärbter Haut.

Kopfschütteln / Kopfschüttel-Syndrom

Kopfschütteln ist eine relativ häufige und zeitweise sehr unangenehme Erkrankung, die oft eine echte Herausforderung darstellt, sowohl im

Hinblick auf die exakte Ermittlung der Ursache als auch in Bezug auf ihre erfolgreiche Behandlung. Bisher weiß man nur wenig darüber, aber vielleicht geben zukünftige Forschungen näheren Aufschluss über diese Krankheit, deren Behandlung oftmals frustrierend ist. Sie tritt weltweit und bei allen Arten von Pferden auf, jungen wie alten. Sie soll mehr ein Problem von Dressurpferden und Vollblütern sein.

Die Symptome sind den meisten Pferdebesitzern bekannt und variieren in ihrer Art und Schwere. Am auffälligsten ist die Auf-und-ab-Bewegung des Kopfes, die von einem leichtem Ärgernis bzw. Unbehagen bis hin zu derart heftigen Bewegungen reicht, dass es eine Gefahr darstellt, das Pferd zu reiten. Die meisten Pferde schütteln irgendwann einmal den Kopf. Dies ist normales Verhalten, das oftmals auf die Belästigung durch Fliegen bzw. auf Angst oder Ungeduld vor einem Ritt zurückzuführen und nicht mit dem unfreiwilligen und unkontrollierbaren genuinen Kopfschütteln zu verwechseln ist. Hier kommt es noch zu weiteren signifikanten Zeichen wie z. B.: Reizung der Nase, die dazu führt, dass das Pferd seine Nase an einem Vorderbein oder der Stallwand reibt, Niesen, Schnorcheln, Husten, plötzliche ruckartige Bewegungen, Ausschlagen mit den Vorderbeinen nach vorne und Photophobie – Zusammenkneifen der Augen in hellem Licht. Einige Tiere zeigen extreme und sehr belastende Symptome. Das Kopfschütteln kann so heftig sein, dass das Pferd Angst bekommt, panisch reagiert und steigt. Andere Tiere scheinen heftige Schmerzen zu haben und schlagen den Kopf gegen die Stallwand, Bäume oder sogar Zäune. Die Symptome sind zu Beginn eines Rittes oft nur leicht, nehmen aber zu, wenn das Pferd aufgewärmt ist.

Es gibt eine Reihe möglicher Ursachen. Die häufigste ist eine allergische Rhinitis durch Baum- oder Rapspollen und eine Vielzahl anderer Heckenpflanzen. Solche Fälle treten saisonal auf, wobei die ersten Symptome im zeitigen Frühjahr erscheinen und bis September oder Oktober anhalten. Die Pferde zeigen das Kopfschütteln oft nur bei einem Ausritt und sind symptomfrei, wenn sie im Stall stehen oder in einer Halle geritten werden. An heißen, sonnigen Tagen mit wenig Wind und beim Reiten in der Nähe von Bäumen der Hecken kommt es oft zur Verschlimmerung.

Die Tatsache, dass manche Pferde auch zu anderen Zeiten oder im Winter Kopfschütteln zeigen, deutet darauf hin, dass nicht alle Fälle auf eine Allergie zurückzuführen sind. Weitere mögliche Ursachen sind Ohrmilbenbefall, Luftsackinfektionen, Neuritis des Nervus trigeminus, lichtbedingtes Kopfschütteln (durch helles Licht, das den Trigeminus stimuliert), Kopfverletzungen, mechanische Probleme im Bereich der Kopfgelenke und oberen Wirbelsäule, schlecht sitzendes Zaumzeug, Verhaltensstörungen in Verbindung mit Stress und Zahnerkrankungen.

Behandlung

Die konventionelle Behandlung wird oft als unbefriedigend beschrieben. In ca. 90 Prozent der Fälle kann die Ursache nicht eindeutig geklärt werden. Ein Ohrmilbenbefall kann natürlich erfolgreich behandelt werden. Probleme mit den Zähnen, Luftsäcken, der Wirbelsäule und dem Kopf können ebenfalls korrigiert werden. Bei den verbleibenden Fällen lohnt sich ein homöopathischer Behandlungsversuch auf symptomatischer Basis.

Wichtige unspezifische Mittel

Lycopodium

Dies ist eines der Hauptmittel, das sich oft als wirksam erweist, wenn keine andere Arznei klar angezeigt ist. Es wird verschrieben, wenn das Kopfschütteln ohne erkennbare Ursache auftritt; mögliche Begleitsymptome sind verzerrtes Gesicht und Lippen, schnüffelnde Geräusche aus der Nase und Flattern der Nüstern. Kitzelhusten kann ebenfalls auftreten.

Dosierung: *C30, dreimal täglich*

Agaricus

Agaricus ist ebenfalls oft wirksam und kann bei Bedarf mit Lycopodium kombiniert werden. Die Pferde zeigen konstantes Kopfschütteln, das in hellem Sonnenlicht schlimmer wird und bei Anstren-

gung zunimmt. Agaricus deckt eine Vielfalt von Symptomen ab, die im Zusammenhang mit Kopfschütteln auftreten, wie z. B. ruckartige Kopfbewegungen, neuralgische Schmerzen im Kopf, Jucken der Nase, Muskelzuckungen und Husten.
Dosierung: *C30, dreimal täglich*

Allergiebedingte Fälle

Gemischte Pollen und Rapspollen

Liegt eine saisonale Ursache vor, kann eine Kombination aus Pollen, die sich schon oft als wirksam erwiesen hat, in Verbindung mit anderen Mitteln eingesetzt werden.
Dosierung: *C30, zwei- oder dreimal täglich*

Arundo

Arundo ist ein spezifisches Mittel für Fälle, in denen Juckreiz und Reiben der Nase hervorstechende Symptome sind. Daneben kann es auch zu Juckreiz an den Ohren und Beschwerden im Maulbereich kommen.
Dosierung: *C30, zwei- oder dreimal täglich*

Arum triphyllum

Pferde, die diese Arznei brauchen, haben heftige Symptome im Bereich von Kopf und Nase. Diese veranlassen das Pferd, seinen Kopf und die Nase fest gegen eine Wand oder einen Baum zu pressen. Ein weiterer Hinweis ist Nasenausfluss, der die Nüstern wund macht.
Dosierung: *C30, zwei- oder dreimal täglich*

Wyethia

Dieses wenig bekannte Mittel passt zu Tieren mit leichtem Juckreiz in der Nase und hackendem, trockenem Husten.
Dosierung: *C30, zwei- oder dreimal täglich*

Cina

Auch bei diesem Mittel kommt es zu starkem Juckreiz in der Nase, sodass das Pferd seine Nase in das vor ihm gehende Pferd oder in die Hecke bohrt. Leitsymptom für Cina ist ein reizbares, mürrisches und aufbrausendes Naturell.
Dosierung: *C200, zweimal täglich*

Arsenicum album

Gehen die Symptome des Kopfschüttelns mit großer Angst und Unruhe einher, lässt dies an Arsenicum album denken. Die betroffenen Pferde kneifen die Augen in hellem Licht zusammen und haben dünnen, wässrigen Nasenausfluss.
Dosierung: *C30, zwei- oder dreimal täglich*

Arsenicum iodatum

Die Symptome ähneln jenen von Arsenicum album, wobei zwei weitere auffallende Zeichen die Unterscheidung dieser beiden Mittel erlauben: Niesen und ein sehr trockener, irritierender Husten.
Dosierung: *C6, zwei- oder dreimal täglich*

Natrium muriaticum

Sehr heftiges Niesen in Verbindung mit Depression und Rückzug lassen an dieses Mittel denken. Die betroffenen Pferde sind berührungsempfindlich, was darauf schließen lassen könnte, dass im Kopfbereich Schmerzen bestehen.
Dosierung: *C30, zwei- oder dreimal täglich*

Nux vomica

Nux vomica passt zu Tieren mit hochgradigem Kopfschütteln, die wiederholt und heftig niesen. Es tritt leichter, klarer Nasenausfluss auf, und die Augen schwellen zeitweise so stark an, dass das Sehvermögen beeinträchtigt ist. Die Ohren können ebenfalls jucken.
Dosierung: *C30, zwei- oder dreimal täglich*

Gelsemium

Auch bei diesem Mittel schwellen die Augen an und es tritt Niesen auf, aber das Leitsymptom für Gelsemium ist allgemeine Schwäche, sodass die betroffenen Pferde lethargisch erscheinen und keine Ausdauer haben.
Dosierung: *C30, zwei- oder dreimal täglich*

Sabadilla

Sabadilla ist durch heftige Niesanfälle charakterisiert, die mit reichlichem wässrigem Nasen-

ausfluss einhergehen. Die Augen tränen auch stark und sehen sehr entzündet und rot aus.
Dosierung: *C30, zwei- oder dreimal täglich*

Solidago
Auch hier kommt es zu anfallsweisem Niesen und Tränenfluss. Im Unterschied zu Sabadilla führt die Reizung der Nase zur Bildung von großen Mengen Schleim, sodass das Pferd heftig den Kopf schüttelt. Meist tritt begleitend eine Bronchitis mit Husten und giemender Atmung auf.
Dosierung: *C30, zwei- oder dreimal täglich*

Sulphur
Sulphur ist angezeigt, wenn das Pferd einen ungepflegten Eindruck macht und das Kopfschütteln in Verbindung mit Hautsymptomen auftritt. Ein Leitsymptom für Sulphur ist der Umstand, dass sich der Kopf oben ungewöhnlich heiß anfühlt.
Dosierung: *C30, zwei- oder dreimal täglich*

Histaminum
Dieses Mittel ist ebenfalls in Betracht zu ziehen, wenn andere Allergiemittel versagt haben.
Dosierung: *C6, zwei- oder dreimal täglich*

Bei Verdacht auf eine Trigeminusneuralgie

Spigelia
Das Arzneimittelbild von Spigelia umfasst Kopfschmerzen, die sich zu den Augen erstrecken und sich wie ein festes Band um den Schädel anfühlen. Geht man davon aus, dass manche Pferde vielleicht eine solche Empfindung haben, ist es durchaus einen Versuch wert, dieses Mittel auszuprobieren. Die Symptome verschlimmern sich bei Bewegung.
Dosierung: *C30, dreimal täglich*

Belladonna
Belladonna ist eines der Mittel für sehr heftiges Kopfschütteln, bei dem die Symptome so extrem sind, dass das Pferd nicht geritten werden kann. Pferde, die dieses Mittel brauchen, sind aggressiv (Ausschlagen) und schwierig im Umgang.
Dosierung: *C200, zweimal täglich*

Bryonia
Pferde, die Bryonia benötigen, zeigen neben dem Kopfschütteln trockenen, hackenden Husten sowie Schmerzen im Bereich der Nebenhöhlen; sie haben ein reizbares, aufbrausendes Temperament. Die Symptome verschlimmern sich bei Bewegung und heißem Wetter.
Dosierung: *C30, dreimal täglich*

Tuberculinum
Dieses Mittel sollte ausprobiert werden, wenn man den Verdacht hegt, dass das Pferd unter heftigen Schmerzen im Kopfbereich leidet und wenn das Tier einen gedämpften Eindruck macht. Es passt zu schlanken und krankheitsanfälligen Pferden. Daneben ist es einen Versuch wert, wenn kein anderes Mittel zu wirken scheint.
Dosierung: *C200, zweimal täglich über drei Tage, dann Wechsel zu anderen Mitteln*

Lichtbedingtes Kopfschütteln

Sol
Sol ist potenziertes Sonnenlicht und kann immer dann eingesetzt werden, wenn helles Sonnenlicht eine Rolle zu spielen scheint.
Dosierung: *C30, zwei- oder dreimal täglich*

Allium cepa
Allium cepa ist angezeigt, wenn das Pferd empfindlich auf helles Sonnenlicht reagiert und gleichzeitig wässriger Augenausfluss auftritt. Niesen ist ebenfalls ein hervorstechendes Symptom, mit Verschlimmerung an warmen Tagen und wässrigem Nasenausfluss.
Dosierung: *C30, zwei- oder dreimal täglich*

Stramonium
Bei diesem Mittel führt helles Sonnenlicht zu so heftigem Kopfschütteln, dass es schwierig ist, das Pferd zu reiten. Das Tier ist erregt und beunruhigt, schwierig im Umgang und versucht evtl. zu fliehen.
Dosierung: *C30, zwei- oder dreimal täglich*

Nux vomica

Nux vomica passt zu reizbaren und geräuschempfindlichen Pferden, die sich von Fremden nicht gerne anfassen lassen. Das Kopfschütteln wird durch Kopfschmerzen ausgelöst, die durch helles Licht verursacht werden. Es bestehen Anzeichen von Lichtscheu (Photophobie), die Augenlider können geschwollen sein und die Haut im Bereich der Ohren juckt.
Dosierung: *C30, zwei- oder dreimal täglich*

Verhaltensbedingte Fälle

Siehe Verhaltensprobleme, Seite 322

Bei Zahnschmerzen

Man ziehe **Belladonna, Chamomilla, Hepar sulphuris, Mercurius solubilis, Hypericum** und **Staphisagria** in Betracht.
Dosierung: *C30, zwei- oder dreimal täglich*

Leistungsschwäche-Syndrom

Dieses Syndrom umfasst eine Reihe von Erkrankungen, die einzeln oder in Kombination eine Vielzahl von Symptomen verursachen können, die zusammen zu Leistungsschwäche führen. Die Art und Schwere der Symptome kann sehr stark variieren und hängt teilweise von der Arbeit ab, die das Pferd verrichtet.

Eines der häufigsten Zeichen ist Mangel an Ausdauer, Energiemangel oder Verlust der Form. Pferde, die normalerweise eine Sache mit Leichtigkeit zum Abschluss bringen, fallen zurück, wirken schwerfällig, brechen ganz ab oder erholen sich anschließend nicht wie sonst. Ihre Atem- und Pulsfrequenz oder die Körpertemperatur bleiben länger erhöht als normal. Andere Pferde wiederum sind reizbar, bewegen sich nur unter Schwierigkeiten, stolpern oder stürzen sogar, zeigen verminderten Appetit und schlecht fassbare Symptome.

Forscht man nach, können viele Fälle des Leistungsschwäche-Syndroms auf bekannte Erkrankungen zurückgeführt werden, die auch in diesem Buch beschrieben sind. Zu ihnen zählen:

- Arthritis oder degenerative Gelenkerkrankungen (DJD), Seite 185
- Azoturie & verwandte Erkrankungen, Seite 182
- Podotrochlose u. a. Erkrankungen des Hufes, Seite 220
- Herz- und Kreislaufprobleme, Seite 87
- COPD, Seite 81
- Anstrengungsinduzierte Lungenblutung, Seite 85
- Kehlkopflähmung, Seite 73
- Magengeschwüre, Seite 107
- Zervikale vertebrale Myelopathie oder Wobbler-Syndrom, Seite 242

Diese Liste häufiger Erkrankungen kann durch zwei weitere Ursachen ergänzt werden:

- Postvirales Syndrom oder postvirale Erschöpfung, Seite 332
- Impfreaktionen, Seite 351

Anhydrose Fehlende Schweißsekretion

Anhydrose ist die Unfähigkeit zu schwitzen oder Schweiß in normalen Mengen zu bilden. Pferde regulieren ihre Körpertemperatur auf verschiedene Weise. Die Thermoregulation umfasst nicht nur die Verschiebung von Blut aus tiefer liegenden Geweben in Richtung Haut und verstärkte Atmung, sondern auch das Schwitzen, das der wichtigste Weg ist, um die während des Trainings erzeugte überschüssige Hitze abzuleiten.

Der Schweiß verdunstet von der Hautoberfläche und senkt so die Körpertemperatur. Dieser Abkühlungseffekt ist ganz entscheidend, denn selbst kurzzeitige Anstrengung kann zu einem Anstieg der Körpertemperatur auf 40°C führen. Steigt die Körpertemperatur bis auf 40,5°C oder gar 41°C an, sind entsprechende Schäden unausweichlich. Das Gehirn ist besonders gefährdet, sodass es zu einem Hitzschlag kommen kann.

Die Symptome der Anhydrose treten am häufigsten bei Sportpferden auf; sie können sich langsam über einen gewissen Zeitraum oder auch ganz plötzlich entwickeln. Sie umfassen Unfähigkeit zur Arbeit, gesteigerte Herz- und Atemfrequenz, Keuchen, Anstieg der Körpertemperatur, Haarausfall (v. a. im Gesicht), stumpfes, raues Fell, schuppige, juckende Haut und was am auffälligsten ist, entweder trockene Haut oder unerwartet geringes Schwitzen.

Manche Pferde zeigen Anzeichen von Störungen des Elektrolythaushalts. Ein niedriger Natrium-, Kalium- und Chloridgehalt im Futter kann zu erniedrigten Natrium- und Chloridspiegeln im Blut führen. In diesem Fall muss zusätzlich das Futter supplementiert werden.

Behandlung der Anhydrose

Dosierung: *C30, zwei- oder dreimal täglich, sofern nichts anderes angezeigt ist*

- Hauptmittel, v. a. aber, wenn die Haut trocken und schuppig ist **Alumina**
- Zorn **Chamomilla**
- Muskelsteifheit **Rhus toxicodendron, Dulcamara**
- Schuppige Haut und glanzloses Fell **Sulphur**
- Hitzschlag (tatsächlich oder drohend) **Belladonna, Stramonium**
- Ablehnung von Berührung **Lachesis**
- Mangelhafter Körperbau **Silicea**
- Fette, übergewichtige Pferde **Graphites**
- Reizbarkeit mit Haarausfall **Kalium carbonicum**
- Zorn und Groll **Staphisagria**
- Störungen im Elektrolythaushalt **Natrium muriaticum D6, China**
- Ebenfalls in Betracht zu ziehen **Thyreoidinum D6, Thallium**

Exzessives Keuchen
Polypnoe

Dieses Problem tritt bei Ausdauer- und Rennpferden auf und äußert sich als Schnaufen, das länger als 20 Minuten nach Beendigung der Arbeit anhält. Diese Tiere sind normalerweise sehr fit und man würde nicht erwarten, dass sie so lange keuchen.

Keuchen ist neben dem Schwitzen eine Methode, um überschüssige Körperwärme loszuwerden. Hat das Pferd ein dickes Fell, kann es nicht richtig schwitzen oder ist es ausgetrocknet, kann es nicht genügend Hitze abgeben, um abzukühlen. Hier muss man sich um das Fell kümmern, etwaige Schweißbildungsprobleme behandeln und für ausreichende Flüssigkeitszufuhr sorgen.

Um das Problem zu minimieren, gibt man vor dem Reiten eine *Einzelgabe* **Arnica C30** zusammen mit **China C30** und **Belladonna C200**. Ist das Pferd nach einem Ausritt sehr überhitzt, verabreicht man *alle 10 Minuten* **Belladonna C200** und **Glonoinum C30**.

Dieser Zustand kann auch auftreten, wenn ein Pferd stark schwitzt und dabei viel Kalium und Chlorsalze verliert. Dies führt zu einer Akkumulation von alkalischen Salzen im Blut, wodurch es zu einer Zunahme der Atemfrequenz und -tiefe kommt.

Damit sich dieses Problem gar nicht so weit entwickeln kann, gibt man **China C30** sowie die Gewebesalze **Natrium chloratum D6** und **Kalium chloratum D6**.

Hitzschlag
Equiner Hitzestress

Diese Erkrankung muss frühzeitig festgestellt und erfolgreich behandelt werden, da sie sich sonst zu einer lebensbedrohlichen Angelegenheit auswachsen kann. Das größte Risiko besteht im Sommer, ein Hitzschlag kann aber auch in anderen Situationen auftreten, v. a. während des Transports. Es ist wichtig, die Zeichen so früh wie möglich zu erkennen und zu handeln, bevor die Situation kritisch wird.

Anstrengung führt zur Bildung vermehrter Körperwärme. Bei heftiger Anstrengung wird bis zu 50 Prozent mehr Wärme produziert. Um diese wieder loszuwerden, schwitzt das Pferd, es atmet schneller und leitet den Blutfluss verstärkt zu den Hautkapillaren. Übersteigt die Wärmeproduktion die Abgabe, kommt es zu Hitzestress oder Hitzschlag. Pferde, die an Anhydrose leiden, tragen ein sehr viel höheres Risiko, Symptome zu entwickeln, als normale Tiere.

Die häufigsten Anzeichen sind anfangs starkes Schwitzen, schneller Puls und beschleunigte Atmung – Zeichen von Hitzestress. Entwickelt sich der Zustand weiter, steigt das Risiko eines Hitzschlags. Die Haut wird trocken und heiß, Puls- und Atemfrequenz liegen weit über den Normalwerten, und die Rektaltemperatur steigt von normal (38,8°C) auf 40°C. Liegt die Körpertemperatur längere Zeit in diesem Bereich, wird der Zustand kritisch und lebensbedrohlich.

Bei den ersten Anzeichen sollte man die Arbeit beenden und das Pferd, wenn möglich, in den Schatten stellen. Der Einsatz von Ventilatoren oder Fächern, um die Luftbewegung zu verbessern, steigert die Verdunstung von Schweiß ebenso wie Wind oder jeder Luftzug. Ist dies alles nicht möglich, führt man das Pferd langsam in den Schatten, damit wenigstens etwas Schweiß verdunsten kann. In jedem Fall ist es ratsam, kühles Wasser auf die Beine zu sprühen oder dort, wo große Blutgefäße entlang laufen, Eisbeutel aufzulegen. Mit kaltem Wasser getränkte Handtücher können ebenfalls verwendet werden, müssen aber häufig gewechselt werden, da sich das Wasser in den Handtüchern schnell erwärmt. Es muss sichergestellt werden, dass das Pferd nicht ausgetrocknet ist, denn Schwitzen ist mit großem Flüssigkeitsverlust verbunden. Dies kann durch Eindrücken der Haut oder Aufziehen einer Hautfalte überprüft werden. Ist das Tier dehydriert, kehrt die Haut nur langsam in den Ausgangszustand zurück, was sie im Normalfall sofort tut. Bei Hitzestress oder Hitzschlag lässt man das Tier häufig kleine Mengen Flüssigkeit aufnehmen; es sollte nie eine zu große Menge auf einmal getrunken werden, da sonst das Risiko einer Kolik besteht.

Behandlung

Glonoinum C200

Dies ist das Hauptmittel. Der Puls ist schnell und klopfend, und das Pferd kann sich nicht bewegen, es ist schwach und verwirrt.
Dosierung: *Alle 15 Minuten*

Belladonna 1M

Leitsymptome sind das plötzliche Auftreten und die rasche Entwicklung der Symptome, Beschleunigung von Puls und Atmung, erweiterte Pupillen, stierer Blick, trockene, heiße Haut, Durst auf große Mengen Wasser und Zeichen von körperlichem und geistigem Leiden. Belladonna ist das Mittel der Wahl zur Vorbeugung (und Behandlung) von risikobehafteten Tieren, die mit dem Flugzeug reisen.
Dosierung: *Vorbeugung: Stündlich*
Behandlung: Alle 15 Minuten

China C30

Das Hauptmittel bei offensichtlicher Austrocknung.
Dosierung: *Alle 15 Minuten*

Phosphoricum acidum C30

Zusätzlich bei Austrocknung, Schwäche und Apathie.
Dosierung: *Alle 15 Minuten*

Gelsemium C30

Wenn die akuten Symptome abgeklungen sind, die Zeit der größten Gefährdung vorüber ist, die Körpertemperatur und die Puls- und Atemfrequenz wieder normal sind, das Pferd aber immer noch verwirrt und schwach ist.
Dosierung: *Alle 30-60 Minuten*

Vergiftungen

Vergiftungen treten bei Pferden glücklicherweise nur selten auf. Hat man allerdings den Verdacht, dass das Pferd eine Vergiftung haben könnte, sollte man sofort den Tierarzt rufen. Die Diagnose ist oftmals schwierig, da die Symptomatik der verschiedenen Vergiftungen sehr ähnlich sein kann, was die genaue Bestimmung des Giftes erschwert. Die sorgfältige Überprüfung der Umgebung, der Futter- und Wasserversorgung kann allerdings möglicherweise Hinweise auf die Ursache geben. Das Notieren der genauen Symptome liefert die Informationen, die für eine erfolgreiche homöopathische Verschreibung nötig sind; allerdings tauchen bestimmte Mittel unabhängig von der Ursache der Vergiftung immer wieder auf. Man kann die Homöopathie als zwischenzeitliche Maßnahme einsetzen, während man auf tierärztliche Hilfe wartet, und sie dann in Verbindung mit der vom Tierarzt angeordneten Behandlung fortsetzen. Daneben gilt es immer, die Vergiftungsursache so schnell wie möglich zu isolieren und zu beseitigen.

Gifte können über das Maul aufgenommen, eingeatmet oder über die Haut absorbiert werden. Bei Pferden ist der häufigste Weg die orale Aufnahme. Gifte können grob in folgende Kategorien unterteilt werden: pflanzliche Gifte, Schwermetalle und andere Elemente, chemische Gifte, Antikoagulanzien und Mykotoxine (Vergiftungen durch Pilze). Diese Liste kann noch durch Schlangenbisse und Bienen- bzw. Wespenstiche ergänzt werden.

Man gibt in allen Fällen die C30 oder C200, sofern diese verfügbar ist. Im Notfall ist jede Potenz besser als den Patienten überhaupt nicht zu behandeln. Die Dosierung sollte an die Schwere der Symptome angepasst werden. In akuten Fällen verabreicht man ca. alle zehn Minuten eine Gabe. Bei weniger akuten Symptomen gibt man alle ein bis zwei Stunden eine Dosis.

Pflanzengifte

Jakobskreuzkraut *(Senecio jacobaea)*

Pferde fressen kein frisches Jakobskreuzkraut, weil sie es ungenießbar finden, nehmen aber die getrocknete Pflanze auf, wenn diese in Heu, Silage oder Heulage enthalten ist. Die Pflanze muss normalerweise über mehrere Wochen oder Monate aufgenommen werden, bevor irgendwelche klinischen Zeichen auftreten, es sei denn, es wird eine große Menge auf einmal konsumiert. Die Toxizität ist auf sogenannte Pyrrolizidin-Alkaloide zurückzuführen, die Leberschäden verursachen.

Symptome sind Muskelschwäche und –zittern, Gelbsucht, Photosensibilisierung, Schluckschwierigkeiten, Gähnen, Regurgitieren von Futter und Wasser, Blindheit, zwanghaftes Umhergehen, Anpressen des Kopfes, Gewichtsverlust, Durchfall und subkutane Ödeme (Flüssigkeit unter der Haut).

Empfohlene Mittel

Auf symptomatischer Grundlage

Leberschutz **Chelidonium, Phosphorus, Nux vomica**

Muskelzittern **Zincum**

Anpressen des Kopfes **Helleborus**

Schluckschwierigkeiten und Regurgitieren **Barium carbonicum**

Photosensibilisierung **Hypericum, Apis, Cantharis**

Ödeme **Apis, Arsenicum album**

Durchfall **Arsenicum album**

Gähnen **Chelidonium**

Adlerfarn *(Pteridium aquilinum)* u. Schachtelhalm *(Equisetum spp.)*

Die Vergiftung ist auf Thiaminasen zurückzuführen, die in beiden Pflanzenarten enthalten sind. Normalerweise fressen Pferde keinen Farn, aber bei karger Weide kann dies doch einmal der Fall sein. Es muss eine große Menge über mehrere Wochen aufgenommen werden, bevor Symptome auftreten. Diese umfassen Koordinationsstörungen und Stolpern, heftiges Muskelzittern, Gewichtsverlust (Abmagerung) und Muskelkrämpfe (Opisthotonus); schließlich kommt es zum Tod.

Empfohlene Mittel

Auf symptomatischer Grundlage

Koordinationsstörungen und Stolpern **Agaricus, Nux vomica**

Muskelzittern **Agaricus, Strychninum, Zincum**

Muskelkrämpfe **Magnesium phosphoricum, Strychninum, Cicuta**

Abmagerung **Phosphoricum acidum**

Johanniskraut *(Hypericum perforatum)*

Diese Pflanze enthält Bestandteile, die eine Photosensibilisierung pigmentarmer Hautbereiche gegenüber ultraviolettem Licht hervorrufen. Diese führt zu Blasenbildung, Schwellung und exsudativer (feuchter), juckender Dermatitis. Das Maul und der Bereich um die Augen sind am stärksten betroffen. Diese Form der Photosensibilisierung muss von der Form unterschieden werden, die durch eine Leberfunktionsstörung hervorgerufen wird.

Empfohlene Mittel

Auf symptomatischer Grundlage

Blasenbildung oder Schwellung der Haut **Cantharis, Apis, Urtica urens, Bovista**

Eibe *(Taxus baccata)*

Eibe ist extrem toxisch und kann innerhalb weniger Minuten nach der Aufnahme zum Tod führen. Meist besteht kaum eine Gelegenheit, mit einer Behandlung zu beginnen. Die Symptome sind Atemnot, Taumeln, Hypothermie (Untertemperatur) und Schwäche, auf die Kollaps und Tod folgen.

Empfohlene Mittel

Auf symptomatischer Grundlage

Im Notfall **Nux vomica, Carbo vegetabilis**
Dosierung: *alle 5 Minuten*

Eichelvergiftung

Pferde nehmen manchmal versehentlich Eicheln oder Eichelblätter auf, die beide Tannine enthalten; diese schädigen den Darm, die Leber und Nieren. Unreife Eicheln sind noch giftiger und stellen damit ein noch größeres Problem dar. Häufig zu beobachtende Symptome, die sich allmählich entwickeln, sind Lustlosigkeit, Appetitverlust und Durchfall. Die Behandlung mit flüssigem Paraffin ist in der Regel erfolgreich.

Empfohlene Mittel

Auf symptomatischer Grundlage

Man gebe **Nux vomica**

Gefleckter Schierling *(Conium maculatum)*

Eine Vergiftung mit dem Gefleckten Schierling führt zu Bauchschmerzen, Durchfall und neurologischen Symptomen. Das in dieser Pflanze enthaltene toxische Alkaloid hat eine nikotinähnliche Wirkung; zuerst regt es Teile des autonomen Nervensystems an, dann hemmt es sie. Man achte auf Pupillenerweiterung, erst langsamen, dann schnellen, aber schwachen Puls und langsame, erschwerte Atmung. Schierling lähmt weiterhin die Nerven, die die Muskeln versorgen, und führt dadurch zu Muskelschwäche und Lähmungserscheinungen.

Empfohlene Mittel

Auf symptomatischer Grundlage

Hauptmittel **Aethusa cynapium**

Bei Muskelparalyse **Conium, Curare**

Schwermetalle und andere Elemente

Blei

Eine Bleivergiftung führt bei Pferden zu Neuritis (Nervenentzündung) mit allgemeiner Schwäche, Pneumonie, Lähmung der Schlundmuskeln, Anämie und Blindheit sowie der Neigung, den Kopf anzupressen.

Empfohlene Mittel

Auf symptomatischer Grundlage

Hauptmittel **Arsenicum album, Alumen, Opium, Sulphuricum acidum**

Muskelschwäche **Plumbum**

Kehlkopflähmung **Causticum**

Anpressen des Kopfes **Helleborus**

Anämie **Plumbum, Ferrum metallicum, Arsenicum album**

Arsen

Pferde können versehentlich arsenhaltige Produkte aufnehmen. Anorganische Arsenverbindungen finden sich in Industrieabfall sowie älteren Holzschutzmitteln und Unkrautvernichtungsmitteln. Organisches Arsen ist in manchen Futtermitteln für Schweine enthalten. Arsen reizt die Darmschleimhaut und führt zu Speichelfluss, Bauchschmerzen, vermehrtem Durst, stolperndem Gang, Schwäche, Zittern und Lähmungserscheinungen.

Empfohlene Mittel

Auf symptomatischer Grundlage

Hauptmittel **Hepar sulphuris, Nux vomica, Phosphorus, Arsenicum album**

Speichelfluss **Ipecacuanha, Mercurius solubilis**

Lähmungserscheinungen **Nux vomica, China**

Cadmium

Cadmium ist ein Schwermetall, das in der Nähe von Abbaugruben und Abfallhaufen alter Minen durch Luft- oder Wasserverschmutzung die Weide kontaminieren kann. Es wird von den Pflanzen, v. a. von Gänseblümchen, absorbiert und sammelt sich durch das Grasen im Körper an. Vergiftungssymptome sind Durchfall, Gelbsucht, fettige Leberveränderungen, Inappetenz und Koordinationsstörungen.

Empfohlene Mittel

Auf symptomatischer Grundlage

Hauptmittel **Phosphorus, Conium, Agaricus**

Gelbsucht **Phosphorus, Chelidonium, Chionanthus**

Fettige Leberveränderungen **Phosphorus**

Koordinationsstörungen **Alumina, Phosphorus, Plumbum, Conium, Gelsemium**

Quecksilber

Eine Quecksilbervergiftung tritt bei Pferden nur selten auf. Sie kann durch die Aufnahme von Saatmitteln, die anorganische Verbindungen enthalten, verursacht werden. Das auffälligste Symptom ist eine schwere Gastroenteritis in Verbindung mit Entzündung der Maulschleimhaut, Koordinationsstörungen, Inappetenz, Nierenschädigung (Nephritis) und Angst. Eine Magenspülung muss schnell erfolgen, wenn man das Pferd retten will.

Empfohlene Mittel

Auf symptomatischer Grundlage

Hauptmittel **Aurum, Mercurius solubilis**

Gastroenteritis **Veratrum album, Carbo vegetabilis**

Koordinationsstörungen **Alumina, Phosphorus, Plumbum, Conium, Gelsemium, Hepar sulphuris**

Nephritis **Kalium iodatum**

Selen (Alkalivergiftung)

Selen wird in Gegenden, wo es in hoher Konzentration im Erdboden vorkommt, beispielsweise in bestimmten Teilen Amerikas, von den Pflanzen absorbiert. In chronischen Fällen von Selenvergiftung, die oft auch als Alkalivergiftung bezeichnet wird, kommt es zu Haarausfall im Bereich von Mähne und Schweif, Hufringen unterhalb des Kronsaumes und Lahmheit, die durch Veränderungen an der Oberfläche der Gliedmaßengelenke hervorgerufen wird. Akute Fälle zeigen abstehendes Fell, Speichelfluss, Lähmungserscheinungen und bedingt durch Beeinträchtigung des Sehvermögens zielloses Umherwandern.

Empfohlene Mittel

Auf symptomatischer Grundlage

Hauptmittel in chronischen Fällen **Fluoricum acidum, Arsenicum album**

Hauptmittel in akuten Fällen **Agaricus, Argentum nitricum, Zincum, Nux vomica**

Haarausfall **Thallium**

Chemische Gifte

Organophosphate

Landwirtschaftliche Chemikalien sind die Hauptquelle für Vergiftungen dieser Art, auch wenn ihre Toxizität nicht mehr so hoch ist wie früher. Die wichtigsten Symptome sind starker Speichel- und Tränenfluss, Muskelzuckungen, Kolik, Schwitzen und im Endstadium Konvulsionen.

Empfohlene Mittel

Auf symptomatischer Grundlage

Hauptmittel **Belladonna, Zincum**

Außerdem **Chelidonium, Agaricus, Alumina, Calcium carbonicum**

Ionophoren (Futtermittelantibiotika)

Pferde sind anfällig für eine Vergiftung durch bestimmte antibakterielle Medikamente, die manchen Mischfuttermitteln für Rinder, Schafe und Geflügel zugesetzt werden. Symptome sind Inappetenz, Koordinationsstörungen und anfallsweises Schwitzen.

Empfohlene Mittel

Auf symptomatischer Grundlage

Hauptmittel **Alumina, Gelsemium, Nux vomica, Phosphorus**

Nitrat und Nitrit

Starker Regen nach dem Aufbringen von stickstoffhaltigen Düngemitteln auf der Weide kann durch Kontamination des Erdbodens zu hohen Nitratkonzentrationen im Gras sowie in Wasserstellen oder Teichen führen. Nitrat wird in Nitrit umgewandelt, das potenziell noch toxischer ist. Nitrit sammelt sich außerdem nach der Behandlung mit Herbiziden in den Pflanzen sowie in den oberen Teilen von Zuckerrüben an. Eine Vergiftung führt zu Leberschäden; die Symptome sind Bauchschmerzen, Atemprobleme, dunkle Schleimhäute und schwacher Puls.

Empfohlene Mittel

Auf symptomatischer Grundlage

In allen Fällen **Nux vomica, Carbo vegetabilis, Colocynthis**

Außerdem **Kalium nitricum, Arsenicum album**

Antikoagulanzien

Warfarin

Warfarin ist das am häufigsten verwendete Antikoagulans (blutgerinnungshemmendes Medikament). Es ist eines der Hauptgifte zur Bekämpfung von Schadnagern; daher ist eine versehentliche Aufnahme möglich. Mögliche Symptome sind verlängerte Blutungszeit bei Verletzungen, innere Blutungen, die zu Kolik und Unterhautschwellungen, v. a. in Gelenknähe führen können, sowie blasse Schleimhäute. Es sollte umgehend tierärztliche Hilfe aufgesucht werden.

Empfohlene Mittel

Auf symptomatischer Grundlage

In allen Fällen **Millefolium**

Außerdem **Erigeron, Ficus religiosa**

Dosierung: *Alle 5 Minuten*

Mykotoxikose

Dieser Begriff bezieht sich auf Symptome, die durch eine Vergiftung mit Mykotoxinen hervorgerufen werden; diese werden durch Pilze oder Schimmelpilze auf Futtermitteln, insbesondere solchen mit einem hohen Feuchtigkeitsgehalt, gebildet. Die Symptome variieren und umfassen Depression, Inappetenz, Anämie, Nasenbluten, Blut im Kot, abnormen Gang (Ataxie) und Konvulsionen. In weniger akuten Fällen kann es auch zu Gelbsucht kommen.

Empfohlene Mittel

Auf symptomatischer Grundlage

Hauptmittel **Phosphorus, Conium**

Nasenbluten **Millefolium**

Ataxie **Conium**

Konvulsionen **Aconitum, Belladonna**

Gelbsucht **Chelidonium**

Schlangenbisse

Pferde sind anfällig für Schlangenbisse, aber glücklicherweise hat ein Biss, der einen kleinen Hund töten würde, beim Pferd erheblich weniger schwerwiegende Folgen. Ein Biss kann durch die Abdrücke der Fangzähne identifiziert werden, die sich normalerweise an einem Bein finden. Das die Wunde umgebende Gewebe ist geschwollen, und aus der Wunde kann dunkles Blut sickern. Wo es notwendig erscheint, sollte Antiserum gegeben werden; das Pferd sollte ruhiggestellt werden, um die Ausbreitung des Giftes zu vermindern.

Behandlung

Anfangs **Ledum, Arnica**
Dosierung: *Alle 5 bis 10 Minuten, insgesamt fünf Gaben*

Gefolgt von **Lachesis**
Dosierung: *Stündlich, bis die Symptome nachlassen*
Auch **Vipera** (Nattern-, Vipernbisse), **Crotalus horridus** (Klapperschlangenbisse)

Insektenstiche

Insektenstiche sind weitaus weniger gefährlich als Schlangenbisse, können aber auch erhebliche lokale Reizungen und Schwellungen verursachen.

Behandlung

Anfangs **Hypericum, Ledum**

Gefolgt von **Apis** (bei lokaler Schwellung).

Prä- und postoperative Homöopathie

In diesem Kapitel sind die Mittel aufgeführt, die prä- und postoperativ zum Vorteil des Tieres eingesetzt werden können, weil sie die Heilung beschleunigen und mögliche Komplikationen minimieren können. Dosierung: C30, sofern nichts anderes angegeben ist.

Präoperative Mittel

Um die Tiere vor der Operation zu beruhigen.

Angst allgemein **Aconitum 1M**

Mit Unruhe **Arsenicum album**

Mit dem Verlangen zu fliehen **Argentum nitricum**

Vor Angst wie gelähmt **Gelsemium C200**

Furcht allgemein **Aconitum 1M**

Annäherung von Fremden **Arnica, Lycopodium** (Anspannung)

Berührung **Arnica, Lachesis** (schlägt aus)

Geschlossene Plätze **Argentum nitricum, Lycopodium, Succinum**

Spezifische Furcht vor Operationen **Phosphorus**

Panik allgemein **Phosphorus**

Auch **Aconitum 1M, Argentum nitricum**

Erregbarkeit allgemein **Stramonium C200**

Mit Gewalttätigkeit **Hyoscyamus C200**

Mit Schwitzen **Belladonna C200**

Auch **Phosphorus C200** (heftige Reaktionen auf Lärm)

Zorn/Reizbarkeit allgemein **Staphisagria 1M**

Auch **Chamomilla**

Mit reizbarem Naturell **Nux vomica**

Trennungsangst allgemein **Ignatia 1M**

Mit Depression/Traurigkeit **Natrium muriaticum C200**

Postoperative Mittel

Zur Unterstützung der Heilungsphase

Dosierung: *Zwei- oder dreimal täglich, zehn Tage lang, beginnend am Tag der Operation*

Grundsätzlich bei allen chirurgischen Eingriffen **Arnica C30**

Zusätzlich folgende Mittel:

Mit Beteiligung der Beckenorgane oder tief liegender Gewebe, Trauma weicher Organe – Milz, Leber, Uterus etc. **Bellis perennis C30**

Beschleunigung der Wundheilung **Calendula C30**

Nicht heilende Wunden **Causticum C30, Carcinosinum C30, Hepar sulphuris C30, Silicea C30**

Septische Wunden **Pyrogenium 1M, Calendula C200, Anthracinum C30, Ledum C30** (mit Weichteilschwellung)

Eiterung der Wunde **Calcium sulphuricum C30, Silicea C30, Hepar sulphuris C30** (schmerzhaft bei Berührung), **Calendula C30**

Wildes Fleisch **Calendula C30, Graphites C30, Fluoricum acidum C6, Nitricum acidum C30**

Tiefe, langsam heilende Quetschungen **Sulphuricum acidum C30**

Schwere Quetschungen, purpurne Haut **Lachesis C30**

Bei anhaltender Schwellung **Kalium muriaticum C6**

Zur Schmerzlinderung

Schnittwunden **Hypericum C30**

Mit Zorn/Gewalttätigkeit **Chamomilla C200**

Die Wunde darf nicht berührt werden **Chamomilla C200**

Mit Groll **Staphisagria C200**

Abdominale Schmerzen **Colocynthis C30** (aufgekrümmter Rücken), **Dioscorea C30** (besser durch Strecken und Herumgehen)

Allgemeine Schmerzen

Unfähig, sich zu bewegen **Bryonia C30**

Knochenschmerzen **Eupatorium perfoliatum C30, Stillingia C30**

Periostschmerzen **Ruta C30, Phosphoricum acidum C30, Asa foetida C30, Mezereum C30**

Augenschmerzen **Symphytum C6**

Nierenschmerzen **Berberis C30**

Schmerzen im Kreuz-Darmbeinbereich **Aesculus C30**

Schmerzhafte Wunden **Rhus toxicodendron C6, Staphisagria C30**

Außer sich vor Schmerzen **Aconitum 1M, Coffea C200** (sehr erregt), **Chamomilla C200**

Bei allgemeiner Beteiligung der Augen **Ledum C30, Senega C30**

Mit Gelenkbeteiligung **Ruta C30, Symphytum C30**

Nach dem Einrichten einer Fraktur **Ruta C30, Symphytum C30, Calcium phosphoricum C6**

Operationen der Wirbelsäule mit Nervenbeteiligung **Hypericum C30, Natrium sulphuricum C6, Bryonia C30, Conium C6**

Operation mit Beteiligung der Blutgefäße **Millefolium C30**

Bei Darmoperationen mit Gasbildung **Raphanus C30**

Darmstase **Nux vomica C30** (der Patient ist außerdem sehr reizbar)

Auch **Opium 1M**

Zahnextraktion **Hypericum C30**

Operationen an den Schließmuskeln oder der Blase **Staphisagria C30**

Blasenlähmung **Causticum C30, Nux vomica C30**

Blutungen

Allgemein zusätzlich zu **Arnica Millefolium C30**

Aktive Blutung, hellrotes Blut **Nitricum acidum C30**

Aktive Blutung, wässriges Blut **Phosphorus C30**

Langsame Blutung, dunkles Blut **Hamamelis C30, Elaps C6**

Hämatom **Hamamelis C30, Lachesis C30, Crotalus horridus C30**

Postoperative Sickerblutungen aus Wunden **Strontium carbonicum C30**

Passive Sickerblutungen **China C30**

Blutungen aus dem Zahnfach **Phosphorus C30**

Blutungen aus der Blase **Erigeron C30**

Postoperative Flüssigkeitsansammlung (Ödem) **Apis C30**

Üble Nachwirkungen der Anästhesie/Narkose

Allgemein **Nux vomica C30**

Auch **Aceticum acidum C30, Phosphorus C30**

Oder **Potenziertes Anästhetikum C30**

Vorbeugung von Verwachsungen **Calcium fluoratum C30, Thiosinaminum C6, Graphites C30, Carcinosinum C30**

Reizende, juckende Narben **Fluoricum acidum C6**

Allgemein langsame Heilung **Kalium silicatum C30, Kalium phosphoricum C30** (mit Schwäche),
Opium C200 (sehr schläfrig)

Unruhe nach Operationen, kommt nicht zur Ruhe **Arsenicum album C30, Rhus toxicodendron C30**

Reizbarkeit nach Operationen **Nux vomica C30, Chamomilla C30, China C30**

Postoperative Sepsis

Septikämie **Pyrogenium 1M, Echinacea D30, Arsenicum album, Crotalus horridus C30**

Akute Infektionen mit Schmerzen **Hepar sulphuris 1M, Myristica sebifera C30**

Chronische Infektionen **Silicea C200**

Postoperative Notfälle

Chirurgischer Schock
Allgemein **Aconitum 1M, Arnica C200**

Kälte und Kollaps **Carbo vegetabilis C200, Veratrum album C30**

Schwacher Puls, Kälte und Kollaps **Camphora C30**
Mit Flüssigkeitsverlust **Strontium carbonicum C30**
Mit Atemdepression **Carbolicum acidum C30**

Dehydratation
Allgemein bei Flüssigkeitsverlust **China C30, Phosphoricum acidum C30**
Mit Hinterhandschwäche **Phosphorus C30**
Mit allgemeiner Schwäche **Phosphoricum acidum C30, Secale C30** (mit kalten Gliedmaßen)
Nachfolgende Anämie **Arsenicum album C6, Ferrum phosphoricum C6, Phosphorus C6**

Impfungen, Impfreaktionen, Vakzinose und Nosoden

Konventionelle Impfungen

In Großbritannien werden Pferde routinemäßig mit einer inaktivierten Vakzine gegen Pferdeinfluenza und einem Tetanustoxoidimpfstoff gegen Tetanus geimpft; die Impfstoffe enthalten zudem Adjuvantien wie z. B. Aluminiumphosphat zur Wirkungsverstärkung.[9] Nur gesunde, immunkompetente Pferde sollten geimpft werden, um sicherzugehen, dass die Immunreaktion auf die Vakzine ausreichend stark ausfällt. Es ist allerdings eine anerkannte Tatsache, dass die Impfung bei einer kleinen Zahl von Tieren nicht anschlägt (aus den verschiedensten Gründen) und deshalb kein (oder nur ein sehr schwacher) Schutz aufgebaut wird. Niemand würde die Vorteile von Impfungen im Hinblick auf den Schutz der Pferde vor Krankheiten in Frage stellen, aber es gibt Pferde, die auf manche Impfungen nachteilig reagieren.

Impfreaktionen

Die Reaktionen fallen im Wesentlichen in drei Kategorien:

1. Physische Reaktionen

Diese treten selten auf und manifestieren sich als Schwellung und Schmerzen an der Injektionsstelle. Die Palpation des betroffenen Bereichs wird oft nicht geduldet und das Pferd weicht vielleicht aus, wenn ein großflächiges Areal betroffen ist. Eine lokale Muskelentzündung führt zu Schwierigkeiten beim Bewegen von Kopf und Hals. Die Reaktion klingt in der Regel innerhalb weniger Tage ab.

Behandlung

Anfangs **Arnica C200** und **Ledum C200,** *alle zwei bis drei Stunden,* bis zur Besserung. Dauern die Symptome an, setzt man die Behandlung fort mit:

Hitze, Schwellung und starke Schmerzen **Belladonna 1M**

Schwierigkeiten, den Hals zu bewegen **Bryonia C200**

Hartnäckige Steifheit des Halses **Rhus toxicodendron C30, Ruta C30**

Drohende Abszessbildung **Hepar sulphuris C200**

Chronische Abszesse **Silicea C200**

Dosierung: *Zwei- oder dreimal täglich*

2. Allergische Reaktionen

In leichten Fällen kommt es meist nur zu einer geringfügigen Schwellung an der Injektionsstelle. Es können aber auch ernsthafte allergische oder anaphylaktische Reaktionen auftreten, die sofortiges tierärztliches Eingreifen erfordern. In sehr schweren Fällen führt ein anaphylaktischer Schock durch plötzlichen Blutdruckabfall zum Kollaps des Pferdes mit Verengung der Atemwege und ödematösen Hautschwellungen.

Behandlung

Milde Fälle – nur Hautsymptome

Ödematöse Schwellung an der Injektionsstelle **Apis C200**

Eher generalisierte Hautschwellungen (Quaddeln) **Apis C200, Urtica urens C30, Histaminum C30**

Anschwellung großflächiger Bereiche **Medusa C30**

Dosierung: *Alle 5 bis 10 Minuten*

Schwere Fälle – Anaphylaxie/Kollaps

Im Allgemeinen **Apis 1M, Urtica urens C200**

Kollaps und schwacher Puls **Carbolicum acidum C200**

Atemnot **Arsenicum album C200**

Dosierung: *Alle 5 Minuten*

3. Reaktionen mit Beeinträchtigung des allgemeinen Gesundheitszustandes

Leichte Reaktionen gehen nur mit einer geringfügigen Unpässlichkeit einher, die innerhalb von einem oder zwei Tagen wieder vergeht und im Falle der Influenzaimpfung möglicherweise leichte respiratorische Symptome nach sich zieht. Die Behandlung mit der potenzierten Vakzine in der Potenz C30 oder die entsprechende Nosode ebenfalls als C30, *zweimal täglich über fünf Tage,* kann helfen, diese Phase abzukürzen.

Die Nosode kann auch vorbeugend *zweimal täglich über fünf Tage* gegeben werden, wobei man am Tag vor der Impfung beginnt.

Heftigere Impfreaktionen können einen tief greifenden Einfluss auf die Gesundheit des Tieres haben und möglicherweise eine chronische Krankheit auslösen. Im Anschluss an eine Impfung wurden folgende Symptome bzw. Krankheitszustände beobachtet: chronisches Erschöpfungs- und Leistungsschwächesyndrom, Sommerekzem, chronisch obstruktive Lungenerkrankung (COPD), Verhaltensänderungen und Mauke. Man kann davon ausgehen, dass auch noch andere Erkrankungen durch Impfungen ausgelöst werden können.

Vakzinose

Krankheiten, die durch eine Impfung verursacht oder ausgelöst werden, werden von den Homöopathen als „Vakzinose" bezeichnet; ihnen liegen oft Anteile des Impfstoffes zugrunde (nicht nur die Antigene, sondern auch chemische Zusatzstoffe wie z. B. Aluminium oder Quecksilberverbindungen), die das Immunsystem nachteilig beeinflussen. Die Vakzinose ist ein umstrittenes Thema in der medizinischen und tierärztlichen Welt, wurde aber viele Male von den Homöopathen als ein Faktor herausgestellt, der einen negativen Einfluss auf die Gesundheit hat.

Vorbeugung der Vakzinose

Man verabreicht grundsätzlich **Thuja C200** *zweimal täglich über fünf Tage*, wobei man am Tag vor der Impfung damit beginnt. Diese Behandlung kann, falls nötig, durch die Gabe von **Hypericum C30** und **Ledum C30** *zweimal täglich* als zusätzliche vorbeugende Maßnahme ergänzt werden.

Behandlung der Vakzinose

Liegen Hinweise auf eine Vakzinose in der medizinischen Vorgeschichte vor, muss man darüber nachdenken, ob es nicht erforderlich ist, dieses Problem zuerst anzugehen (um den Weg für die weitere Behandlung freizumachen), bevor man mit anderen Mitteln behandelt.

Das meistverwendete Mittel ist **Thuja**, aber die Liste passender Arzneien umfasst auch **Carcinosinum**, **Malandrinum, Mezereum, Sarsaparilla, Silicea, Sulphur** und **Tuberculinum**.

Dosierung: *C200, zweimal täglich über fünf Tage mit dem passendsten Mittel*

Bei spezifischen Erkrankungen, die im Anschluss an eine Impfung auftreten, kommen die folgenden Mittel in Frage:

COPD oder andere Atemwegssymptome **Antimonium tartaricum, Silicea, Thuja**

Rückenschmerzen **Silicea**

Epilepsie **Silicea**

Hautsymptome **Mezereum, Thuja, Sulphur**

Mauke **Malandrinum**

Dosierung: *Anfangs C200, zweimal täglich über fünf Tage*, und falls nötig, höhere Potenzen. Sind die vakzinosebedingten Aspekte bereinigt, kann man alternativ andere Mittel in Erwägung ziehen.

Nosoden

Eine Nosode ist eine homöopathische Zubereitung aus Krankheitsmaterial. Der Begriff „Nosode“ leitet sich aus dem Griechischen ab und bedeutet „Krankheit“. Der Ausgangsstoff kann bakteriellen oder viralen Ursprungs, krankes Gewebe, Eiter, Schleim oder eine andere Absonderung sein, die bei der jeweiligen spezifischen Erkrankung auftritt. Nosoden werden oft zur Krankheitsvorbeugung eingesetzt und manchmal als „homöopathische Impfstoffe“ bezeichnet, da sie von den Homöopathen als Alternative zu den konventionellen Vakzinen verwendet werden. Daneben stellen Nosoden aber auch eigenständige Arzneimittel dar, die zur Behandlung eines Patienten genommen werden können.

Die vorbeugende Behandlung mit Nosoden

Als energetische homöopathische Arzneien sollen Nosoden Schutz vor den Krankheiten, aus denen sie hergestellt werden, bieten; allerdings ist der Mechanismus dieses Schutzes zur Zeit noch gänzlich unbekannt. Im Gegensatz zu konventionellen Impfstoffen kommt es nicht zu einer Antikörperbildung (d. h. dass bei tragenden Stuten auch keine Antikörper auf das Fohlen übertragen werden), sodass es keinen messbaren Beweis gibt, der diese Behauptung belegen könnte. Allerdings kann man aus Beobachtungen aus der Praxis den Schluss ziehen, dass Nosoden tatsächlich eine Wirkung auf den Körper haben und irgendeine Art von Schutz vor Krankheit bieten. Sie haben auch den großen Vorteil, dass sie frei von Nebenwirkungen sind. Die letztendliche Entscheidung darüber, ob nun Nosoden statt konventioneller Impfstoffe genommen werden sollen, liegt allerdings beim Leser, der die Vor- und Nachteile der jeweiligen Methode selber abwägen muss.

Richtlinien zum Gebrauch von Nosoden anstelle von Impfungen

Sollen Nosoden prophylaktisch statt der normalen Impfungen zum Einsatz kommen, hat sich ein bestimmtes Dosierungsschema bewährt, das von homöopathischen Tierärzten und Pharmazeuten im Rahmen der Anwendung von Nosoden in der Praxis entwickelt wurde. Wie alle homöopathischen Arzneien sollten auch Nosoden sorgfältig aufbewahrt und nicht gleichzeitig mit Knoblauch oder Pfefferminz verabreicht werden. Das empfohlene Dosierungsschema ist unten stehend angegeben. Da verschiedene Praktiker abweichende Erfahrungen gemacht haben, wurden alternative Vorschläge in Klammern gesetzt.

Eine Gabe zweimal täglich über drei (fünf) Tage, dann

eine Gabe wöchentlich über vier Wochen, dann

eine Gabe monatlich über vier (sechs) Monate.

Danach sollte man alle halbe Jahre eine Auffrischung vornehmen, indem man zweimal täglich eine Gabe über drei (fünf) Tage verabreicht.

Der Gebrauch von Nosoden bei der Behandlung von Krankheiten

Nosoden können auch als eigenständige Arzneien zur Behandlung von Krankheiten eingesetzt werden. Daneben können sie auch bei Bedarf in Verbindung mit anderen Mitteln gegeben werden. So kann beispielsweise die Borreliose-Nosode (**Borrelia burgdorferi C30**) gemeinsam mit anderen Arzneien zur Behandlung dieser Krankheit verwendet werden.

Daneben gibt es noch weitere Möglichkeiten für den Einsatz von Nosoden bei der Behandlung von Pferden. Dafür ist es aber erforderlich, im Hinblick auf den Einsatz homöopathischer Arzneien schon fortgeschritten zu sein, deshalb werden hier nur kurze Hinweise gegeben.

Konstitutionell

Der konstitutionelle Einsatz einer Nosode ist möglich, wenn ihre geistigen, körperlichen und lokalen Charakteristika mit den Symptomen des Patienten übereinstimmen. So passt beispielsweise **Tuberculinum** (eine Nosode, die aus einem tuberkulösen Abszess hergestellt wird) zu schlanken, ungeduldigen Pferden, die zu Beginn eines Ausritts großen Enthusiasmus zeigen, der aber schnell dahinschwindet; sie neigen weiterhin zu Atemwegsproblemen und haben nur geringe regenerative Kräfte.

Wenn andere Mittel versagen

In diesem Fall führt eine passende (und sorgfältig ausgewählte) Arznei nicht zu der gewünschten Reaktion. Die Nosode wird entweder im Hinblick auf eine frühere Infektion oder entsprechend der derzeitigen Symptome des Patienten ausgewählt. Es gibt auch Verbindungen zu miasmatischen Krankheiten (siehe Seite 14), die die Patientensymptome verschleiern, maskieren oder verändern können.

Wenn keine deutlichen Symptome vorliegen

Hier zeigt der Patient keine klaren Symptome; der Einsatz einer Nosode kann u. U. neue Symptome hervorbringen, die dann für eine Verschreibung herangezogen werden können. **Tuberculinum** oder **Psorinum** sind in solchen Fällen bei Pferden oft gute Mittel. Auch hier gibt es miasmatische Verbindungen.

Wenn die Symptomatik verschleiert ist und auf mehr als ein Konstitutionsmittel hinweist

Der Einsatz einer sorgfältig gewählten Nosode kann die Symptomatik klären, wodurch dann oft das wahre Konstitutionsmittel sichtbar wird.

Wenn ein Tier nach einer bestimmten Infektion nie mehr richtig gesund gewesen ist

Die Gabe der entsprechenden Nosode kann die Gesundheit des Tieres verbessern oder durch Beseitigung einer maskierenden Krankheitsschicht die wahre Konstitution zum Vorschein bringen.

Erste Hilfe und Notfallversorgung

Dieses Kapitel ist ein Leitfaden zum schnellen Nachschlagen der am häufigsten in Notfällen gebrauchten Mittel. Es enthält auch einige Arzneien zur Behandlung der Folgeerscheinungen solcher Notfallsituationen. In manchen Fällen muss man die Liste in Verbindung mit einer Arzneimittellehre (oder den entsprechenden Kapiteln dieses Buches) benutzen, um das am besten geeignete Mittel herauszufinden. Die fettgedruckten Mittel sind am wichtigsten. Die kursivgedruckten Arzneien sind etwas weniger bedeutungsvoll, aber nichtsdestotrotz ebenfalls in Betracht zu ziehen.

Potenzwahl

In den meisten Fällen empfiehlt es sich, die C30 oder C200 jede Stunde zu verabreichen, bis die Symptome abklingen. In sehr akuten Fällen sollten die Zeitabstände kürzer sein. Entsprechend können die Intervalle zwischen den einzelnen Gaben in weniger akuten Fällen bis zu mehrere Stunden betragen. Stehen die empfohlenen Potenzen nicht zur Verfügung, ist es immer noch besser, irgendeine verfügbare Potenz zu geben als gar keine. Mittel zur Behandlung von Verletzungsfolgen sollten als C30 ein- oder zweimal täglich gegeben werden, bis die Beschwerden behoben sind.

Ist die Haut betroffen oder liegen Wunden vor, können die Stellen mit verdünnter **Hypercal-Lotion** gereinigt oder gebadet werden. Um die Heilung zu unterstützen und wunde Stellen zu beruhigen, kann außerdem **Calendula-Creme** aufgetragen werden.

Abszesse

Hepar sulphuris, Silicea, Mercurius sol., Calcium sulph., *Anthracinum, Tarentula cubensis*

Akute Angst – Panik

Aconitum, Argentum nitricum, Phosphorus

Allergische Reaktionen – akut

Apis, Urtica urens, Histaminum

Azoturie

Perakut **Aconitum, Belladonna**

Akut **Aesculus, Berberis, Bryonia, Cimicifuga, Rhus toxicodendron**

Bisse

Tierbisse **Hypericum, Ledum**, *Lachesis, Apis, Belladonna, Arsenicum album*

Insektenstiche **Hypericum, Ledum**, *Cedron, Apis, Arsenicum album*

Schlangenbisse **Belladonna, Lachesis**, *Ledum, Cedron, Hypericum, Crotalus horridus, Vipera*

Blitzschlag

Phosphorus

Blutungen – mangelhafte Blutgerinnung

Crotalus horridus, Ferrum phosphoricum, Ipecacuanha, Lachesis, Nitricum acidum, Phosphorus, *Millefolium*

Dehydratation, Exsikkose

China, Chininum sulphuricum, Phosphoricum acidum, Calcium carbonicum

Elektrischer Schock

Phosphorus, Helleborus

Erschöpfung
siehe Kollaps

Erstickungsanfall – akut
Lycopodium, Pulsatilla, Hyoscyamus, Aconitum

Fieber traumatischer Genese
Arnica, *Aconitum, Arsenicum album, Lachesis, Pyrogenium*

Fieber (Pyrexie) durch Infektion
Aconitum, Belladonna, Baptisia, Pyrogenium, Echinacea, Arsenicum album, Gelsemium, Eupatorium perfoliatum

Frakturen (zur Heilung)
Symphytum, Calcium phosphoricum, *Ruta, Silicea, Calendula,* **Bovista** (zur Verminderung der Schwellung, wenn ein Gelenk beteiligt ist)

Gangrän
Secale, Anthracinum, Arsenicum album, Cantharis, Causticum, Lachesis

Geburt
Arnica, Caulophyllum, Causticum, *Bellis perennis, Calcium phosphoricum, Secale, Pulsatilla, Kalium carbonicum, China*

Gehirnerschütterung
Arnica, Cicuta, Hypericum, Helleborus, *Natrium sulphuricum*

Hämatom
Arnica, Hamamelis, *Phosphorus, Secale, Calcium fluoratum, Silicea, Crotalus horridus* (rezidivierend)

Hämorrhagie, Blutung
Hellrot **Aconitum, Ipecacuanha, Millefolium**
Hellrot, hartnäckig **Sabina, Nitricum acidum, Millefolium**
Hell und wässrig **Phosphorus**, *Ferrum*
Dunkel, schwarz und wässrig **Crocus**
Dunkel und zersetzend **Crotalus horridus, Lachesis, Vipera**
Dunkel und langsam gerinnend **Hamamelis**
Dunkel, hartnäckig **Secale**
Dünn **Ferrum, Secale**
Mit Klumpen **Sabina, Rhus toxicodendron, Platinum, Chamomilla**
Mit dunklen Klumpen **Crocus, Elaps**
Durch Ruptur von Blutgefäßen **Erigeron**
Nach der Geburt, ergießt sich schubweise, hellrot **Ipecacuanha, Trillium**
Postoperativ **Strontium carbonicum, Calendula**
Posttraumatisch **Arnica, Millefolium**
Mit Angst **Aconitum**

Haut
Abschürfungen **Arnica, Hypericum, Calendula**
Risse **Calendula, Hypericum**
Schnitte **Arnica, Calendula, Staphisagria**
Stumpfes Trauma **Arnica, Bellis perennis, Bryonia, Ledum**
Zellgewebsentzündung **Manganum aceticum, Rhus toxicodendron, Apis**

Hitzschlag
Belladonna, Glonoinum, *Gelsemium, China, Phosphoricum acidum*

Impfreaktionen – lokal
Belladonna, Apis, Rhus toxicodendron, Ruta, Hepar sulphuris

Impfschäden (Vakzinose)
Thuja, Sulphur, Silicea, Carcinosinum, Malandrinum, Mezereum, Tuberculinum

Infektion, Sepsis, Septikämie
Hepar sulphuris, Pyrogenium, Baptisia, Anthracinum, Arnica, Arsenicum album, Echinacea, Lachesis, Crotalus horridus, Tarentula cubensis

Kolik
Krampfkolik **Colocynthis, Nux vomica**

Blähungskolik **Dioscorea, Magnesium phosphoricum, Lycopodium, Chamomilla, Carbo vegetabilis**
Anschoppungskolik **Nux vomica, Plumbum, Alumina, Opium, Bryonia**
Thromboembolische Kolik **Bothrops**

Kollaps

Allgemein **Carbo vegetabilis, China, Arsenicum album, Camphora**
Durchfallbedingt **Arsenicum album, Camphora, Carbo vegetabilis, Veratrum album**

Laminitis, Hufrehe

Frühstadium **Aconitum, Belladonna, Secale**
Bei offensichtlichen Symptomen zusätzlich **Hypericum, Pyrogenium** und, sofern passend, **Kalium carbonicum, Arnica, Nux vomica, Lycopodium**

Luxation, Dislokation

Rhus toxicodendron, Ruta, Lycopodium, Calcium carbonicum, Natrium carbonicum, *Bryonia*

Lymphangitis

Frühstadium **Aconitum, Belladonna**
Bei offensichtlichen Symptomen **Bothrops, Apis, Manganum aceticum, Rhus toxicodendron, Bufo, Bovista**
Hochgradig **Crotalus horridus**

Nesselsucht (Urtikaria)

Apis, Arsenicum album, Histaminum, Ledum, Natrium muriaticum, Rhus toxicodendron, Sulphur, Urtica urens

Ödem

Apis

Paralyse, Lähmung, allgemein

Hypericum, Causticum, Conium, Curare, Gelsemium, Zincum

Postoperativer Zustand

siehe prä- and postoperative Mittel, Seite 348

Quetschungen (Kontusionen)

Arnica, Bellis perennis, Hamamelis, Ledum, Phosphorus, Ruta, Sulphuricum acidum

Schmerzen

Allgemein **Hypericum, Chamomilla, Coffea, Staphisagria, Bryonia, Arnica, Magnesium phosphoricum, Colocynthis, Spigelia**
Abdomen – siehe Kolik
Hochgradig **Chamomilla, Coffea, Aconitum, Hepar sulphuris**
Mit Angst oder Unruhe **Aconitum, Arsenicum album, Phosphorus**
Mit Zorn oder gewalttätigem Verhalten **Chamomilla, Hepar sulphuris, Aurum, Staphisagria**

Schock

Traumatischer Schock **Aconitum, Carbo vegetabilis, Arnica, Camphora, Lachesis, Opium, Veratrum album**
Geistiger Schock **Opium, Aconitum, Arnica,** *Gelsemium, Ignatia*

Schreck

Aconitum, Gelsemium, Ignatia, Opium

Sonnenbrand (Photosensibilität)

Apis, Rhus toxicodendron, Rhus venenata, Cantharis, Sol, Proteus

Stürze

Arnica, Calendula, Hypericum, Natrium sulphuricum, Ruta

Tetanus (Vorbeugung)

Ledum, Hypericum, Tetanus-Nosode

Überanstrengung

Arnica, Rhus toxicodendron, *Hamamelis, Millefolium, Arsenicum album*

Verbrennungen

Cantharis, Urtica urens, Arsenicum album, Sol, *Apis*

Vergiftungen

Siehe Seite 342

Verletzungen, allgemein

Arnica, Calendula, Hypericum, Ruta, Natrium sulphuricum, Bryonia, Hamamelis, Ledum, Rhus toxicodendron, Silicea, Staphisagria, Symphytum

Auge **Aconitum, Arnica, Calendula, Hypericum, Ledum, Silicea, Symphytum**

Becken **Bellis perennis, Arnica**, *Aesculus, Hypericum, Carbolicum acidum, Silicea, Mezereum*

Blutgefäße **Millefolium**

Euter **Conium, Arnica**

Gehirn (Erschütterung) **Arnica, Cicuta, Helleborus, Hypericum, Natrium sulphuricum, Opium**, *Cocculus, Ledum, Kalium phosphoricum*

Gelenke **Bryonia, Ruta, Rhus toxicodendron**, *Arnica, Bellis perennis*

Hals **Bryonia, Hypericum, Rhus toxicodendron**, *Ruta, Calcium carbonicum, Symphytum*

Knochen – Frakturen **Arnica, Bryonia, Calcium phosphoricum, Carbolicum acidum, Ruta**, *Symphytum, Calendula, Calcium carbonicum, Eupatorium perfoliatum, Silicea, Hypericum*

Knochen – zerschmettert oder gesplittert **Carbolicum acidum**

Milz **Ceanothus**

Muskeln **Arnica, Conium**, *Calendula, Pulsatilla, Rhus toxicodendron, Sulphuricum acidum, Symphytum, Bellis perennis*

Nerven **Arnica, Hypericum, Bellis perennis, Calendula**, *Phosphorus, Curare, Magnesium phosphoricum*

Periost **Fluoricum acidum, Ruta, Mezereum, Phosphoricum acidum**, *Asa foetida, Symphytum, Aurum, Phosphorus*

Rücken **Arnica, Bellis perennis, Hypericum, Rhus toxicodendron, Ruta**, *Kalium carbonicum*

Sehnen **Arnica, Ruta, Rhus toxicodendron**, *Ledum, Hamamelis, Calendula, Argentum metallicum*

Sphinkter **Staphisagria**

Wirbelsäule **Hypericum**, *Helleborus*

Verstauchung

Arnica, Bryonia, Rhus toxicodendron, Ruta, *Causticum, Calcium carbonicum, Strontium carbonicum*

Wildes Fleisch

Nitricum acidum, Thuja, *Calendula, Arsenicum album, Silicea*

Wunden

Allgemein **Arnica, Calendula, Hypericum, Ledum, Pyrogenium, Staphisagria**

Bestehende Infektion **Hepar sulphuris, Anthracinum, Pyrogenium, Gunpowder, Apis, Lachesis, Crotalus horridus, Calcium sulphuricum, Silicea, Myristica sebifera**

Chirurgisch **Arnica, Hypericum, Staphisagria**

Drohende Infektion **Ledum, Hepar sulphuris**

Messerstich **Hypericum, Staphisagria, Apis**

Schmerzhaft **Staphisagria, Hypericum**

Schusswunde **Arnica, Hypericum, Ledum, Apis**

Stark blutend **Millefolium, Phosphorus, Lachesis, Nitricum acidum**

Stichwunde **Ledum, Hepar sulphuris, Hypericum**

Zerrung

siehe Überanstrengung

Zyanose (Sauerstoffmangel)

Carbo vegetabilis, Camphora, Cuprum metallicum, Digitalis, Lachesis, Laurocerasus, Opium, Veratrum album, *Antimonium tartaricum, Ammonium carbonicum*

Mittel für die Notfallapotheke

Nachfolgend sind die Mittel aufgeführt, die Sie in Ihrer Notfallapotheke haben sollten. Fangen Sie mit einigen wenigen an und lernen Sie, diese korrekt anzuwenden, bevor Sie Ihre Sammlung erweitern. Die Mittel sind ihrer Wichtigkeit nach sortiert. Die Mittel, ohne die man nicht auskommt, sollte man ausnahmslos immer haben. Die wichtigen Mittel sind diejenigen, die die erstgenannten Mittel zu einer praktischen homöopathischen Notfallapotheke für Pferde als Grundausstattung ergänzen. Die zusätzlichen Mittel sind für den erfahreneren Anwender gedacht, mit speziellen Ergänzungen für Stall und Weide sowie Distanzpferde. Bei jedem Mittel sind die geeignetsten Potenzen angegeben; am besten legt man sich diese in Tablettenform in Braunglasfläschchen für die langfristige Aufbewahrung zu. Am Schluss werden noch Mittel für die äußerliche Anwendung aufgeführt.

Mittel, ohne die man nicht auskommt

Aconitum 1M
Apis C30
Arnica C30
Belladonna 1M
Bryonia C30
Colocynthis C30
Echinacea D30
Hepar sulphuris C200
Ledum C30
Nux vomica C30
Rhus toxicodendron C30
Ruta C30
Silicea C30

Bach Recovery oder Rescue Remedy – zum routinemäßigen Einsatz bei Panik, Angst, Nervosität und Schreck. Ideal für Pferd und Reiter vor jedem Ereignis.
„Bach Recovery“ ist eine Kombination aus Bach-Blütenessenzen: Clematis, Cherry Plum, Impatiens, Rock Rose und Star of Bethlehem.

Wichtige Mittel

Agaricus C30
Argentum nitricum C30
Arnica C200
Arsenicum album C30
Bellis perennis C30
Calcium fluoratum C30
Calendula C30
Cantharis C30
Euphrasia C30
Ferrum phosphoricum C30
Gelsemium C30
Graphites C30
Hypericum C30
Lycopodium C30
Phosphorus C30
Pulsatilla C30
Secale C200
Staphisagria C200
Symphytum C6
Urtica urens C30

Recovery Plus Notfall-Spray – bei extremer Angst und Panik; für ernsthafte Krisensituationen. Eine Kombination aus Bach-Blütenessenzen: Aspen, Cherry Plum, Clematis, Impatiens, Mimulus, Rock Rose, Star of Bethlehem und White Chestnut auf nicht-alkoholischer Basis.

Zusätzliche Mittel

Antimonium tartaricum C30
Arsenicum album C200
Calcium carbonicum C30
Chamomilla C30
Chelidonium C30
Hecla lava C6
Hamamelis C30
Kreosotum C30
Kalium bichromicum C30
Lachesis C30
Mercurius solubilis C30

Millefolium C30
Natrium muriaticum C30
Petroleum C30
Senega C30
Sepia C30
Silicea C200
Sulphur C30
Thuja C30
Tuberculinum C30

Zusätzliche Mittel für die Weide

Bacillinum C200
Colocynthis C200
Dioscorea C200
Ferrum phosphoricum C30
Gelsemium C200
Hepar sulphuris 1M
Rhus toxicodendron C200
Ruta C200
Sarsaparilla C30

Zusätzliche Mittel für den Stall

Calcium phosphoricum C30
Carbo vegetabilis C30
Caulophyllum C30
Causticum C30
China C30
Cimicifuga C30
Ignatia 1M
Kalium phosphoricum C30
Magnesium phosphoricum C30
Opium C200
Pyrogenium 1M
Sabina C200
Strontium carbonicum C30

Zusätzliche Mittel für das Distanzpferd

Aesculus hippocastanum C30
Arnica 1M
Berberis vulgaris C30
China C30
Cuprum metallicum 1M
Phosphoricum acidum C30

Notfallmittel zur äußerlichen oder topischen Anwendung

Arnica-Salbe – Zur Anwendung bei gequetschtem oder traumatisiertem Gewebe, sofern die Haut nicht beschädigt ist.

Calendula- (Ringelblumen) Salbe – Zur Beruhigung und Heilung von wunder Haut und Verletzungen.

Calendula- (Ringelblumen) Lotion oder Cicatrin*-Lotion – Zum Baden und Reinigen von Wunden aller Art.

Hypercal-Tinktur (eine Mischung aus Hypericum- und Calendula-Tinktur) – Zum Baden, zur Beruhigung und Unterstützung der Heilung von Abschürfungen, Wunden, Schnitten und Geschwüren. Wird vor Gebrauch im Verhältnis 1:25 mit Wasser verdünnt.

Euphrasia Ø, Euphrasia-Urtinktur – Zur Behandlung von Augenproblemen werden zwei bis drei Tropfen in einem Eierbecher mit kaltem, abgekochtem Wasser oder kaltem Kamillentee aufgelöst.

Ruta-Salbe – Zur topischen Anwendung bei Bänder- oder Sehnenzerrungen.

Hamamelis (destillierter Auszug) als Adstringens – Mit einem Baumwolltupfer auftragen, um lokale Blutungen zu stoppen.

Bach Recovery Plus Emergency Cream – Kann lokal auf jede Wunde oder aufgeschürfte Hautstelle aufgetragen werden, um die Heilung zu unterstützen.

---

* Von Dr. Reckeweg – siehe Hersteller unter Nützliche Adressen im Anhang

Materia medica für Pferde

In diesem Teil des Buches werden die individuellen homöopathischen Arzneimittel detaillierter beschrieben. Dabei wurde eine Unterteilung in vier Abschnitte vorgenommen:

- Eine umfassende Materia medica der meisten wichtigen Arzneimittel
- Informationen zu kleineren und weniger gebräuchlichen Arzneien in geringerer Ausführlichkeit
- Informationen zu den Darmnosoden, einer speziellen Gruppe von Arzneimitteln
- Informationen zu den Gewebesalzen, einer weiteren besonderen Gruppe von Mitteln in niedriger Potenz

Inhalt der Materia medica

Leitsymptome und Hauptindikationen der Arzneien

In der Materia medica der Hauptmittel, aber auch in geringerem Umfang in den anderen Abschnitten, werden die wichtigsten bzw. Leitsymptome, die für die jeweilige Arznei charakteristisch sind, aufgelistet. Darüber hinaus finden sich weitere hilfreiche Details, wie z. B.:

- Die homöopathische Bezeichnung bzw. die Namen des Mittels sowie die homöopathische Abkürzung, sofern diese im normalen Gebrauch existiert.
- Der herkömmliche, sprich der volkstümliche bzw. im Alltag gebräuchliche Name des Mittels.
- Die Arzneimittelklassifikation. Dabei handelt es sich um die Klassifikation des Ausgangsmaterials, beispielsweise ob dieses tierischen, pflanzlichen oder mineralischen Ursprungs ist, mit weiteren Hinweisen, wo dies angemessen erschien.
- Methode und Material der Arzneimittelherstellung. Hier wird die Art und Weise benannt, wie die Arznei homöopathisch hergestellt wird, ebenso wie die Art des verwendeten Ausgangsmaterials.
- Leitsymptome. Hier werden die allgemeinen Schlüsselmerkmale und Charakteristika der Arznei aufgeführt, die von allgemeinem tiermedizinischen Interesse sind; sie beziehen sich also nicht ausschließlich auf Pferde.
- Modalitäten. Diese umfassen die Faktoren, die den Patienten als Ganzes oder seine Symptome beeinflussen, indem sie diese entweder verschlimmern oder verbessern.
- Wechselwirkungen. Hier werden die Arzneien aufgeführt, die unverträglich sind (ihre Wirkungen heben einander auf), die gut zusammen wirken, und zwar entweder vor, gleichzeitig oder im Anschluss an die entsprechende Arznei, sowie die Mittel, die bei bestimmten Erkrankungen als Alternativen in Betracht gezogen werden sollten.[10]
- Die wichtigsten therapeutischen (klinischen) Indikationen bei Pferden. Hier werden die wichtigsten Anwendungsgebiete bei der Behandlung von Erkrankungen der Pferde aufgeführt.

Aalserum, Serum anguillae *Ser-ang.*

HERKÖMMLICHER NAME: Aalserum
KLASSIFIKATION: Tierreich: Fische
ZUBEREITUNG: Lösung in Wasser/Alkohol und nachfolgende Verschüttelung

Leitsymptome

- Toxische Wirkung auf das Blut
- Urin enthält Eiweiß
- Hämaturie, Blut im Urin
- Geringer Harnabsatz

Modalitäten

Keine bekannt

Wechselwirkungen

Keine bekannt

Hauptindikationen beim Pferd

- Akutes Nierenversagen, akute Nephritis
- Proteinurie (Protein im Urin)

Abrotanum *Abrot.*

HERKÖMMLICHER NAME: Eberraute, *Artemisia abrotanum*
KLASSIFIKATION: Pflanzenreich: Asteraceae (Compositae)
ZUBEREITUNG: Urtinktur aus den Stängeln und Blättern

Leitsymptome

- Allmähliche Abmagerung oder Verlust der Muskelmasse (v. a. der Hinterbeine), begleitet von gutem Appetit
- Krankheiten aufgrund von schlechter Ernährung oder schwacher Verdauung
- Absonderung von Blut oder Feuchtigkeit aus dem Nabel
- Schwäche nach Infektionen der Atemwege
- Haarausfall mit Verschlechterung des Allgemeinzustandes
- Schwammig erscheinendes Gewebe und lockere Haut
- Harte Knoten im Abdomen

Modalitäten

SCHLIMMER/VERSCHLIMMERT DURCH: Kalte Luft, Nasswerden
BESSER/GEBESSERT DURCH: Umhergehen

Wechselwirkungen

WIRKT GUT ZUSAMMEN MIT: Aconitum, Bryonia, Hepar sulphuris, Lycopodium, Kalium bichromicum

Hauptindikationen beim Pferd

- Morbus Cushing
- Alopezie mit Schwäche
- Langsame Erholung nach viralen Atemwegsinfektionen
- Schwäche
- Chronische Diarrhö mit Abmagerung oder Gewichtsverlust
- Malabsorptionssyndrom
- Generalisierter Muskelschwund
- Equine infektiöse Anämie
- Dourine
- Nabelerkrankungen bei Fohlen

Aceticum acidum *Acet-ac.*

HERKÖMMLICHER NAME: Eisessig, Essigsäure
KLASSIFIKATION: Mineralreich: Azetate
ZUBEREITUNG: Lösung in Spiritus rectificatus für höhere Potenzen

Leitsymptome

- Abmagerung und Schwäche
- Blutungsneigung
- Anämie
- Flüssigkeitsretention
- Durst
- Häufiger Absatz von blassem Urin
- fähigkeit zur Auflösung von Narbengewebe
- Verminderung der Narbenbildung
- Anästhesiefolgen

Modalitäten

SCHLIMMER/VERSCHLIMMERT DURCH: Kaltes Wetter, nachts
BESSER/GEBESSERT DURCH: Ruhe

Wechselwirkungen

MAN DENKE AUCH AN: Apis, Arsenicum album, Uranium nitricum, China, Digitalis

Hauptindikationen beim Pferd

- Abmagerung mit Anämie
- Chronische Diarrhö mit Abmagerung
- Malabsorptionssyndrom
- Aszites
- Angelaufene Beine
- Lymphangitis
- Diabetes in Verbindung mit Morbus Cushing, wenn häufiger Harnabsatz besteht
- Beschwerden, die nach einer Anästhesie auftreten, einschließlich langsamer Genesung
- Equine knötchenartige Hauterkrankung
- Auflösung von fibrösen Knötchen
- Auflösung von Narbengewebe, v. a. wenn die Probleme nach einem Trauma oder einer Operation auftreten
- Perikarditis; stoppt die Bildung von Adhäsionen
- Auflösung von Blutgerinnseln

Aconitum *Acon.*

HERKÖMMLICHER NAME: Eisenhut, Sturmhut, *Aconitum napellus*
KLASSIFIKATION: Pflanzenreich: Ranunculaceae: Polychrest
ZUBEREITUNG: Urtinktur aus der ganzen Pflanze und der Wurzel zur Zeit der Blüte. Der aktive Bestandteil ist das Alkaloid Aconitin.

Leitsymptome

- Symptome erscheinen akut oder plötzlich
- Schock
- Hämorrhagie mit hellrotem Blut
- Fieber
- Verletzung
- Ruhelosigkeit
- Große Angst
- Beschwerden durch Aufenthalt in trockener kalter Luft oder Zugluft
- Empfindlichkeit gegenüber Berührung und Lärm
- Allgemeine Affinität zu den serösen Häuten und Muskeln
- Akut entzündete, rote Augen
- Rote, heiße, geschwollene Gelenke

Modalitäten

SCHLIMMER/VERSCHLIMMERT DURCH: Trockener, kalter Wind, abends und nachts, in warmen Bereichen
BESSER/GEBESSERT DURCH: Im Freien

Wechselwirkungen

WIRKT GUT ZUSAMMEN MIT: Arnica, Belladonna, Bryonia, Phosphorus, Sulphur (das chronische Aconitum), Coffea
UNVERTRÄGLICH MIT: Aceticum acidum
MAN DENKE AUCH AN: Ferrum phosphoricum, Rhus toxicodendron, Sulphur

Hauptindikationen beim Pferd

- Angst und Unruhe
- Nervöse Anspannung, Erwartungsangst
- Schwierigkeiten beim Verladen
- Schock
- Ängste, v. a. vor Berührung und Menschenmengen
- Leichtes Erschrecken
- Überempfindlichkeit gegenüber Geräuschen
- Schreck und Schreckfolgen, Durchfall durch Schreck
- In frühen Fieberstadien, v. a. wenn das Pferd ruhelos und durstig ist
- Frühstadium vieler Infektionskrankheiten
- Akute Infektionen, Septikämie, Toxämie
- Peritonitis

- Equine Influenza, Rhinitis
- Tyzzersche Krankheit
- Druse (Frühstadium)
- Uveitis
- Periodische Ophthalmie
- Akute Konjunktivitis mit Photophobie, Rötung, Lidschwellung und exzessivem Tränenfluss
- Trockener, abgehackter Husten mit erschwerter Atmung, Bronchitis, Pneumonie (Frühstadium)
- Tympanische Kolik mit extremer Unruhe und Angst
- Akute Synovitis mit hochgradiger Hitze, akute Gelenkentzündung
- Akute Laminitis
- Septische Arthritis
- Meningitis, Neuritis
- Tetanus (Frühstadium)
- Hämorrhagie mit hellrotem Blut
- Anstrengungsbedingte Lungenblutung (EIPH)
- Nasenbluten

Actaea racemosa

Siehe Cimicifuga racemosa

Actaea spicata *Act-sp.*

HERKÖMMLICHER NAME: Christophskraut
KLASSIFIKATION: Pflanzenreich: Ranunculaceae
ZUBEREITUNG: Urtinktur aus der Wurzel

Leitsymptome

- Die Wirkung zielt auf die Muskeln und kleineren Gelenke
- Spezielle Wirkung auf das Karpalgelenk
- Schwellung der kleineren Gelenke mit vermehrter Wärme
- Symptome schlimmer rechts

Modalitäten

SCHLIMMER/VERSCHLIMMERT DURCH: Bewegung, auch die leichteste, Berührung, kaltes Wetter
BESSER/GEBESSERT DURCH: Keine bekannt

Wechselwirkungen

MAN DENKE AUCH AN: Caulophyllum, Cimicifuga, Causticum, Ledum, Guajacum

Hauptindikationen beim Pferd

- Arthritis (DJD) der Karpal-, Tarsal-, Fessel- oder Hufgelenke
- Gelenkschwellung nach Anstrengung

Adonis vernalis *Adon.*

HERKÖMMLICHER NAME: Frühlings-Adonisröschen
KLASSIFIKATION: Pflanzenreich: Ranunculaceae
ZUBEREITUNG: Tinktur der frischen Pflanze

Leitsymptome

- Wirkung auf Herz und Kreislauf
- Nierenerkrankung
- Ödem, Aszites
- Herzklappenschäden, Endokarditis
- Myokarditis
- Schneller, unregelmäßiger Puls
- Hydrothorax, Flüssigkeit im Brustkorb

Modalitäten

SCHLIMMER/VERSCHLIMMERT DURCH: Kaltes Wetter
BESSER/GEBESSERT DURCH: Im Freien

Wechselwirkungen

MAN DENKE AUCH AN: Digitalis, Crataegus, Convallaria, Strophanthus

Hauptindikationen beim Pferd

- Equine infektiöse Anämie (EIA)
- Herztonikum
- Schwellung der Gliedmaßen durch Kreislaufschwäche, Aszites

- Kreislaufschwäche
- Myokarditis
- Endokarditis
- Hydrothorax
- Pneumothorax

Adrenocorticotropes Hormon

ACTH

HERKÖMMLICHER NAME: Kortikotropin
KLASSIFIKATION: Tierreich: Sarkoden
ZUBEREITUNG: Aus der Hypophyse

Leitsymptome

- Fettablagerungen unter der Haut
- Glukose im Urin (Glukosurie)
- Exzessives Haarwachstum
- Übermäßiges Schwitzen
- Fettige Haut
- Depressives Naturell
- Verlangen, abseits von den anderen Tieren zu stehen
- Konstriktion der peripheren Blutgefäße

Modalitäten

SCHLIMMER/VERSCHLIMMERT DURCH: Reiten
BESSER/GEBESSERT DURCH: Nachmittags

Wechselwirkungen

MAN DENKE AUCH AN: Quercus robur

Hauptindikationen beim Pferd

- Morbus Cushing
- Diabetes insipidus

Aesculus hippocastanum *Aesc.*

HERKÖMMLICHER NAME: Gemeine Rosskastanie
KLASSIFIKATION: Pflanzenreich: Hippocastanaceae
ZUBEREITUNG: Urtinktur aus der ganzen Frucht und ihrer Kapsel

Leitsymptome

- Die Hauptwirkung zielt auf die unteren Darmabschnitte und die Beckenorgane
- Trägheit der Verdauung, der Leber, des Herzens und des Kreislaufs
- Venöse Kongestion
- Schwellung der Rektumschleimhaut
- Schwäche im Kreuzbeinbereich und unteren Rücken
- Schwellung und Synovitis des Tarsalgelenks

Modalitäten

SCHLIMMER/VERSCHLIMMERT DURCH: Morgens, Reiten, nach der Fütterung
BESSER/GEBESSERT DURCH: Kühle Luft, im Freien

Wechselwirkungen

WIRKT GUT ZUSAMMEN MIT: Carbo vegetabilis, Lachesis
MAN DENKE AUCH AN: Aloe, Hamamelis, Nux vomica, Paeonia, Sulphur

Hauptindikationen beim Pferd

- Schmerzen im unteren Rücken
- Schmerzen im Bereich des Kreuzbeins, des Iliosakralgelenks und der Hüfte
- Schwäche der Hinterbeine mit gelegentlichem Stolpern
- Azoturie
- Sprunggelenkgalle
- Langsame Blutung mit dunklem, venösem Blut
- Rektumvorfall
- Varikozele

Aethusa cynapium *Aeth.*

HERKÖMMLICHER NAME: Hundspetersilie
KLASSIFIKATION: Pflanzenreich: Apiaceae (Umbelliferae)
ZUBEREITUNG: Urtinktur aus der ganzen blühenden Pflanze

Leitsymptome

- Die Wirkung zielt v. a. auf das Gehirn und Nervensystem
- Gastrointestinale Störungen
- Schlechte Verdauung von Milch
- Geschwollenes Euter

Modalitäten

SCHLIMMER/VERSCHLIMMERT DURCH: Abends, Milch, 3–4 Uhr
BESSER/GEBESSERT DURCH: Im Freien

Wechselwirkungen

WIRKT GUT ZUSAMMEN MIT: Calcium carbonicum
UNVERTRÄGLICH MIT: Antimonium crudum, Cicuta, Opium
MAN DENKE AUCH AN: Antimonium crudum, Arsenicum album, Calcium carbonicum, Magnesium carbonicum, Natrium carbonicum, Natrium muriaticum, Opium

Hauptindikationen beim Pferd

- Diarrhö durch Stutenmilch
- Geschwollenes Euter, Milchstau
- Schierlingsvergiftung

Agaricus muscarius *Agar.*

HERKÖMMLICHER NAME: Fliegenpilz, *Amanita muscaria*
KLASSIFIKATION: Pflanzenreich: Fungi: Amanitaceae
ZUBEREITUNG: Urtinktur aus dem frischen Pilz

Leitsymptome

- Zuckungen, Zittern und andere unfreiwillige Bewegungen
- Spasmen und Muskelkrämpfe
- Stolpernder Gang, wie betrunken
- Delirium mit Wiehern
- Vorübergehende Lähmung der Hinterbeine
- Kleine, heftig juckende Hautveränderungen

Modalitäten

SCHLIMMER/VERSCHLIMMERT DURCH: Im Freien, kalte Luft, vor einem Gewitter, nach der Fütterung
BESSER/GEBESSERT DURCH: Leichte Bewegung

Wechselwirkungen

MAN DENKE AUCH AN: Cuprum, Rhus toxicodendron, Zincum, Nitricum acidum, Argentum nitricum

Hauptindikationen beim Pferd

- Kopfschütteln
- Vergiftungen – symptomatische Behandlung
- Blepharospasmus
- Epilepsie/Konvulsionen
- Meningitis
- Verlust des Gleichgewichts
- Kreuzverschlag (Rhabdomyolyse)
- Hahnentritt
- Cauda equina -Neuritis
- EHV-1 - neurologische Symptome
- Virale Infektionen mit neurologischen Zeichen, Enzephalitis
- Equine protozoäre Myeloenzephalitis
- Eklampsie, Hypokalzämie
- Dermatitis mit hochgradiger Reizung und multiplen kleinen Krusten
- Temporäre Paralyse der Gliedmaßen nach Überanstrengung

Agnus castus *Agn.*

HERKÖMMLICHER NAME: Keuschlamm, Mönchspfeffer, *Vitex agnus castus*
KLASSIFIKATION: Pflanzenreich: Verbenaceae
ZUBEREITUNG: Urtinktur aus den reifen Beeren

Leitsymptome

- Hauptwirkungsrichtung: Geschlechtsorgane
- Impotenz
- Agalaktie

Modalitäten

Keine bekannt

Wechselwirkungen

WIRKT GUT ZUSAMMEN MIT: Arsenicum album, Bryonia, Caladium, Ignatia, Lycopodium, Pulsatilla, Selenium, Sulphur
MAN DENKE AUCH AN: Selenium, Lycopodium

Hauptindikationen beim Pferd

- Mangelnder Geschlechtstrieb beim Hengst
- Mangelndes Interesse bei der Stute
- Kompletter Milchmangel oder mangelhafte Milchbildung
- Nachgeburtsverhaltung
- Absonderungen aus der Harnröhre bei Wallachen und Hengsten

Alfalfa *Alf.*

HERKÖMMLICHER NAME: Kalifornische Luzerne, *Medicago sativa*
KLASSIFIKATION: Pflanzenreich: Fabiaceae (Leguminosae)
ZUBEREITUNG: Urtinktur aus den Blättern und Stängeln

Leitsymptome

- Hauptwirkungsrichtung: Beeinflussung der Ernährung
- Verbessert den Appetit und die Verdauung
- Flatulenz
- Verbessert die geistigen und körperlichen Fähigkeiten
- Gesteigerter Durst
- Mangelnde Nierenfunktion
- Unterstützt die Ausscheidung von Harnstoff
- Verbessert die Milchbildung und –qualität

Modalitäten - Keine bekannt

Wechselwirkungen - Keine bekannt

Hauptindikationen beim Pferd

- Mangelernährung und Schwäche
- Tonikum für den Verdauungsapparat
- Schlechter Appetit
- Schwache Verdauung
- Chronische Flatulenz in Verbindung mit beeinträchtigter Nahrungsaufnahme oder Verdauung
- Nierenerkrankung
- Milchmangel, Agalaktie
- Verbesserung der Milchqualität

Allium cepa *All-c.*

HERKÖMMLICHER NAME: Rote Zwiebel
KLASSIFIKATION: Pflanzenreich: Alliaceae
ZUBEREITUNG: Tinktur aus der ganzen frischen Pflanze im Juli und August

Leitsymptome

- Reichliche wässrige und reizende Absonderung aus der Nase mit Niesen
- Wunde Nüstern
- Wässrige Absonderung aus den Augen
- Gerötete Skleren
- Photophobie
- Trockener, abgehackter Husten

Modalitäten

SCHLIMMER/VERSCHLIMMERT DURCH: Abends, im Stall, Frühling
BESSER/GEBESSERT DURCH: Im Freien

Wechselwirkungen

WIRKT GUT ZUSAMMEN MIT: Phosphorus, Thuja, Pulsatilla
MAN DENKE AUCH AN: Arundo, Euphrasia, Sabadilla, Wyethia

Hauptindikationen beim Pferd

- Konjunktivitis mit Rötung, wässrigem Ausfluss und Photophobie
- Trockener, abgehackter Husten, schlimmer in kalter Luft
- Virusinfektionen der oberen Atemwege
- Rhinitis mit reichlicher wässriger Absonderung
- COPD, RAO
- Lichtbedingtes Kopfschütteln
- Chronische traumatische Neuritis

Aloe socotrina *Aloe*

HERKÖMMLICHER NAME: *Aloe socotrina*
KLASSIFIKATION: Pflanzenreich: Liliaceae
ZUBEREITUNG: Trituration oder Lösung des Milchsaftes in Alkohol

Leitsymptome

- Unterstützt die Wiederherstellung des physiologischen Gleichgewichts, wenn die Symptomatik durch die Anwendung von Medikamenten durcheinander geraten ist
- Kongestion des Pfortadersystems
- Erkrankungen durch mangelnde Betätigung
- Erkrankungen im späteren Lebensalter
- Neigung zu Faulheit
- Probleme durch mangelnden Kotabsatz
- Auftreibung des Abdomens durch Aufgasung
- Wässriger Kot mit Schleim und Gas
- Unkontrollierter Absatz von Kot und Schleim
- Abdominelle Schmerzen nach Kotabsatz

Modalitäten

SCHLIMMER/VERSCHLIMMERT DURCH: Frühmorgens, Sommer, Hitze, heißes, feuchtes Wetter, Futteraufnahme

BESSER/GEBESSERT DURCH: Kaltes Wetter, im Freien, Abgang von Gas

Wechselwirkungen

WIRKT GUT ZUSAMMEN MIT: Sulphur, Kalium bichromicum, Sepia

MAN DENKE AUCH AN: Aesculus, Natrium sulphuricum, Sulphur, Podophyllum

Hauptindikationen beim Pferd

- Durcheinander geratene Symptomatik
- Tympanische Kolik
- Kolitis X
- Diarrhö mit einer Mischung aus festem und weichem Kot
- Akute „herausspritzende" Diarrhö mit Gas und Schleim
- Arzneimittelbedingte Diarrhö
- Schwäche des Afterschließmuskels

Alumen *Alumn.*

HERKÖMMLICHER NAME: Alaun

KLASSIFIKATION: Mineralreich: Aluminiumgruppe

ZUBEREITUNG: Trituration der reinen Kristalle

Leitsymptome

- Hartnäckige Verstopfung
- Unfähigkeit Kot abzusetzen
- Verhärtung (Induration) von Geweben einschließlich der Lymphknoten
- Muskelschwäche
- Ungleichmäßiger, stolpernder Gang
- Paralyse
- Schluckprobleme
- Ösophagusspasmus

Modalitäten

SCHLIMMER/VERSCHLIMMERT DURCH: Kaltes Wetter

BESSER/GEBESSERT DURCH: Keine bekannt

Wechselwirkungen

UNVERTRÄGLICH MIT: Chamomilla, Nux vomica, Ipecacuanha, Aloe

MAN DENKE AUCH AN: Alumina, Aloe, Mercurius solubilis, Nux vomica, Opium, Plumbum

Hauptindikationen beim Pferd

- Anschoppung des Kolons
- Graskrankheit (equine Dysautonomie)
- Muskelschwäche
- Hinterhandlähmung und –schwäche
- Chronisch vergrößerte oder verhärtete Lymphknoten
- Würgen

Alumina *Alum.*

HERKÖMMLICHER NAME: Ausgeglühte Tonerde, Aluminium oxydatum

KLASSIFIKATION: Mineralreich: Aluminiumgruppe

ZUBEREITUNG: Trituration

Leitsymptome

- Trockene Schleimhäute
- Trockene Haut
- Muskelschwäche
- Ptose

- Chronische Konjunktivitis
- Kontraktion des Ösophagus
- Harter, trockener Kot
- Große Schwierigkeiten beim Kotabsatz, Pressen
- Schwäche der Blasenmuskeln
- Ungleichmäßiger Gang
- Empfindlichkeit der Sohlen
- Schwäche und Paralyse der Hinterhand

Modalitäten

SCHLIMMER/VERSCHLIMMERT DURCH: Morgens, Stallwärme

BESSER/GEBESSERT DURCH: Im Freien, abends, feuchtes Wetter

Wechselwirkungen

WIRKT GUT ZUSAMMEN MIT: Bryonia, Lachesis, Sulphur, Ferrum metallicum

MAN DENKE AUCH AN: Alumen, Bryonia, Graphites, Nux moschata, Opium, Plumbum

Hauptindikationen beim Pferd

- Chronische Konjunktivitis mit Verdickung der Lider und klebriger Absonderung
- Ptose (Herabhängen) der Augenlider
- Aufgesprungene oder rissige Haut mit rauen, trockenen Schuppen
- Chronische Laminitis, v. a. bei schlechter Qualität des Hufhorns
- Rissige, brüchige oder abschilfernde Hufe bzw. Hufhorn
- Schwäche der Hinterhand
- Blasenlähmung
- Anschoppungskolik
- Cauda-equina-Neuritis
- Afrikanische Pferdepest (respiratorische Form)
- Equine protozoäre Myeloenzephalitis
- Anhydrosis
- Hypothyreose
- Würgen

Ambra grisea *Ambr.*

HERKÖMMLICHER NAME: Ambergris, Darmsekret des Pottwals

KLASSIFIKATION: Tierreich: Säugetiere

ZUBEREITUNG: Trituration oder Tinktur

Leitsymptome

- Passt zu dünnen, nervösen oder älteren Tieren
- Allgemeine Funktionsstörung
- Hypersensitivität
- Hysterie, Erregbarkeit
- Verlangen allein zu sein, lehnt Gesellschaft ab
- Scheu
- Erkrankungen nach emotionalem Schock
- Nymphomanie
- Einseitige Erkrankungen
- Haarausfall im Kopfbereich
- Juckreiz im Bereich der weiblichen Genitalien
- Krampfartiger, bellender Husten
- Gesteigerte Reflexe

Modalitäten

SCHLIMMER/VERSCHLIMMERT DURCH: Musik, Fremde, alles Ungewöhnliche, morgens, warmer Raum

BESSER/GEBESSERT DURCH: Leichte Bewegung, kalte Luft, nach der Fütterung

Wechselwirkungen

WIRKT GUT ZUSAMMEN MIT: Lycopodium, Pulsatilla, Sepia, Sulphur

MAN DENKE AUCH AN: Pulsatilla, Phosphorus, Ignatia, Natrium muriaticum, Ignatia, Barium carbonicum

Hauptindikationen beim Pferd

- Nymphomanie
- Erregbarkeit
- Scheuen
- Furcht vor Fremden oder Menschenmengen
- Scheu
- Schlechtes Gedächtnis
- Ranula

- Juckreiz an der Vulva
- Symptome, die plötzlich den Ort wechseln
- Als allgemeines Mittel für ältere Tiere

Ammonium carbonicum *Am-c.*

HERKÖMMLICHER NAME: Hirschhornsalz, flüchtiges Laugensalz, Ammoniumkarbonat
KLASSIFIKATION: Mineralreich: Ammoniumgruppe
ZUBEREITUNG: Lösung in destilliertem Wasser

Leitsymptome

- Passt zu faulen, langsamen, schwerfälligen, übergewichtigen Tieren
- Mangel an Stärke und Ausdauer
- Geringe Vitalität
- Schlaffe Muskeln
- Mürrische, träge und wenig ansprechende Tiere
- Abneigung gegen Wasser und Nasswerden
- Wirkt auf die Schleimhäute der Atemwege
- Husten mit mühsamer geräuschvoller Atmung
- Blubbernde Geräusche im Brustkorb durch Ansammlung von Schleim
- Flüssigkeit im Brustkorb
- Keuchende, schwierige Atmung
- Emphysem
- Pneumonie
- Vergrößerte Halslymphknoten
- Nierenerkrankung
- Abdominelle Schmerzen durch Ansammlung von Gas

Modalitäten

SCHLIMMER/VERSCHLIMMERT DURCH: Abends, in kaltem oder stürmischem Wetter, 3–4 Uhr
BESSER/GEBESSERT DURCH: Trockenes Wetter

Wechselwirkungen

WIRKT GUT ZUSAMMEN MIT: Belladonna, Bryonia, Phosphorus, Pulsatilla, Rhus toxicodendron, Sepia, Sulphur
UNVERTRÄGLICH MIT: Arnica, Hepar sulphuris, Lachesis
MAN DENKE AUCH AN: Antimonium tartaricum, Arsenicum album, Phosphorus

Hauptindikationen beim Pferd

- Chronische Bronchitis
- Respiratorischer Katarrh
- Pneumonie bei älteren Pferden
- Lungenödem
- COPD
- Langsame Genesung nach Atemwegsinfektionen
- Schwache Konstitution, wenn die Symptome passen
- Nierenversagen (Urämie)
- Urolithiasis
- Blähungskolik

Anacardium *Anac.*

HERKÖMMLICHER NAME: Malakkanuss, *Anacardium orientale, Semecarpus anacardium*
KLASSIFIKATION: Pflanzenreich: Anacardiaceae
ZUBEREITUNG: Trituration der Schicht zwischen Schale und Kern

Leitsymptome

- Schlechtes Gedächtnis
- Vergesslich
- Mangel an Selbstvertrauen
- Misstrauisch
- Reizbar oder schlecht gelaunt
- Angst beim Reiten, „als würde es verfolgt"
- Darmträgheit
- Heftiger Juckreiz der Haut
- Urtikaria

Modalitäten

SCHLIMMER/VERSCHLIMMERT DURCH: Erste Bewegung, geistige Beschäftigung
BESSER/GEBESSERT DURCH: Futteraufnahme, Massage

Wechselwirkungen

WIRKT GUT ZUSAMMEN MIT: Lycopodium, Pulsatilla, Platinum

MAN DENKE AUCH AN: Rhus toxicodendron

Hauptindikationen beim Pferd

- Verhaltensprobleme in Verbindung mit Senilität, Demenz
- Mangel an Selbstvertrauen
- Angst einschließlich Erwartungsangst
- Verstopfung durch Darmträgheit
- Dermatitis mit starkem Juckreiz, begleitet von Reizbarkeit oder aufbrausendem Verhalten
- Magengeschwüre

Angustura vera *Ang.*

HERKÖMMLICHER NAME: Rinde von *Galipea cusparia*

KLASSIFIKATION: Pflanzenreich: Rutaceae

ZUBEREITUNG: Trituration der Rinde

Leitsymptome

- Hauptwirkungsschwerpunkt: Muskel- und Skelettsystem
- Quetschungen
- Steifheit, Schwierigkeiten bei der Bewegung
- Knacken der Gelenke
- Knochenschmerzen
- Knochendegeneration

Modalitäten

SCHLIMMER/VERSCHLIMMERT DURCH: Anstrengung

BESSER/GEBESSERT DURCH: Keine bekannt

Wechselwirkungen

WIRKT GUT ZUSAMMEN MIT: Lycopodium, Ignatia, Sepia

MAN DENKE AUCH AN: Ruta

Hauptindikationen beim Pferd

- Arthritis, DJD, v. a. chronische Fälle mit deutlicher Steifheit
- Steife schmerzhafte Gelenke
- Knochenspat (insbesondere)
- Knacken der Gelenke
- Steifheit des Halses
- Periostitis

Anthracinum *Anthr.*

HERKÖMMLICHER NAME: Milzbrandnosode, Bacillus anthracis

KLASSIFIKATION: Tierreich: Säugetiere: Nosoden

ZUBEREITUNG: Alkoholischer Auszug der Milz eines erkrankten Schafes

Leitsymptome

- Wirkungsschwerpunkt: Sepsis
- Faulig riechende Absonderungen
- Septische Hautgeschwüre
- Beulenartige Hautausschläge
- Pusteln
- Dunkle Blutungen

Modalitäten – Keine bekannt

Wechselwirkungen

WIRKT GUT ZUSAMMEN MIT: Arsenicum album

MAN DENKE AUCH AN: Pyrogenium, Lachesis, Crotalus horridus, Hippozaenium, Echinacea, Silicea, Tarentula cubensis

Hauptindikationen beim Pferd

- Septische Hautinfektionen
- Abszesse
- Zellulitis
- Myositis mit Auflösung des Muskelgewebes
- Gangrän mit ausgedehnter Sepsis
- Septikämie mit Blutungen, Toxämie
- Myiasis
- Hautgeschwüre mit fauligen Absonderungen
- Aussickern von dunklem, schwärzlichem Blut aus einer Wunde oder Verletzung
- Schlangenbisse
- Ulzerative Lymphangitis

- Hufknorpelfistel
- Strahlfäule
- Sohlenabszess, unterminierte Sohle

Antimonium crudum *Ant-c.*

HERKÖMMLICHER NAME: Grauspießglanz, Antimontrisulfid, Stibium sulfuratum nigrum
KLASSIFIKATION: Mineralreich: Antimongruppe
ZUBEREITUNG: Trituration

Leitsymptome

- Reizbarkeit
- Ärgerlich
- Abneigung gegen Berührung
- Abneigung gegen heißes Wetter
- Rote, juckende Augen mit klebriger Absonderung
- Schwellung der Augenlider
- Ekzem mit gelben Krusten im Gesicht
- Dermatitis mit dicken, blassen, harten Krusten
- Ekzem im Maulbereich
- Wechsel von hartem und weichem Kot
- Juckreiz im Rektalbereich
- Warzen
- Kot mit Schleimauflagerungen
- Brüchige Hufe
- Verformte Hufe

Modalitäten

SCHLIMMER/VERSCHLIMMERT DURCH: Abends, heißes Wetter, Hitze, Waschen in kaltem Wasser
BESSER/GEBESSERT DURCH: Im Freien, feuchtwarmes Wetter, Ruhe

Wechselwirkungen

WIRKT GUT ZUSAMMEN MIT: Pulsatilla, Mercurius solubilis, Sulphur
MAN DENKE AUCH AN: Antimonium tartaricum

Hauptindikationen beim Pferd

- Konjunktivitis mit dicker, fadenziehender Absonderung, Wundheit der inneren Augenwinkel und verklebten Lidern
- Blepharitis
- Chronische Laminitis mit ausgeprägten Reheringen
- Schwache, deformierte und brüchige Hufe, verdickte und verformte Hufe
- Hypertrophie des Hufhorns
- Keratom, Hornblättchengeschwulst
- Hyperkeratose
- Dermatitis mit dicken, honigfarbigen Krusten
- Mauke
- Verhärtete, verdickte, schwielenähnliche Hautstellen
- Photosensibilität
- Sarkoide
- Pferdepockenvirus
- Harte, verhornte Hautzubildungen und Warzen
- Diarrhö durch übermäßige Aufregung
- Schlechter Appetit mit Aufblähung des Abdomens

Antimonium tartaricum *Ant-t.*

HERKÖMMLICHER NAME: Brechweinstein, Tartarus emeticus, Tartarus stibiatus, Antimon-Kaliumtartrat
KLASSIFIKATION: Mineralreich: Antimongruppe
ZUBEREITUNG: Trituration

Leitsymptome

- Hauptwirkungsbereiche: Atemwege und Schleimhäute im Allgemeinen
- Übermäßige Schleimbildung
- Schleimrasseln in Luftröhre und Brustkorb
- Schwieriges Abhusten von Schleim
- Erschwerte, mühsame Atmung, Dyspnoe
- Strecken des Halses, um die Atmung zu erleichtern
- Verlegung der Atemwege mit katarrhbedingtem Schleim
- Husten mit schwieriger Expektoration
- Krampfkolik mit viel Gas
- Schläfrigkeit und Schwäche

Modalitäten

SCHLIMMER/VERSCHLIMMERT DURCH: Abends, Hinlegen, Wärme, feuchtes, kaltes Wetter
BESSER/GEBESSERT DURCH: Strecken des Halses, Auswurf von Schleim

Wechselwirkungen

WIRKT GUT ZUSAMMEN MIT: Silicea, Pulsatilla, Barium carbonicum, Ipecacuanha, Sulphur
MAN DENKE AUCH AN: Ipecacuanha, Kalium carbonicum, Ammonium carbonicum, Stannum, Laurocerasus

Hauptindikationen beim Pferd

- Atemwegsinfektionen
- Pneumonie, v. a. schwere Fälle
- Bronchopneumonie
- Emphysem
- Lungenödem
- Rasselnder Husten mit zähem Schleim
- COPD
- Equine virale Arteriitis
- Afrikanische Pferdepest, respiratorische und kardiale Formen

Apis mellifica *Apis*

HERKÖMMLICHER NAME: Honigbiene
KLASSIFIKATION: Tierreich: Insekten
ZUBEREITUNG: Tinktur der ganzen Biene oder Lösung des Giftes in Alkohol

Leitsymptome

- Hauptwirkungsbereich: Zellgewebe, Ödeme v. a. der Haut, Schleimhäute und serösen Häute
- Schwellungen und Aufgedunsenheit
- Flüssigkeitsansammlung
- Entzündung mit Flüssigkeitsproduktion (Effusion)
- Hochgradige Berührungsempfindlichkeit
- Ruhelosigkeit (durch Unbehagen)
- Nervös und zappelig, Wiehern, Summen
- Eifersucht
- Zorn, hitziges Temperament
- Schwer zufriedenzustellen
- Schreck
- Wut und Ärger
- Durstlos
- Geschwollene Augenlider (können nach außen gedreht sein)
- Photophobie
- Aufgedunsene Konjunktiven
- Ödematöse Konjunktiven
- Keratitis
- Schwellung von Hals und Kehlkopf
- Atemprobleme, Dyspnoe
- Schwellung der Genitalien
- Ovarialschmerzen
- Nephritis mit verminderter Harnausscheidung
- Harnverhaltung
- Schwellung der Gliedmaßen
- Geschwollene, heiße Gelenke
- Nesselsucht, Urtikaria
- Brennend rote, entzündete Haut
- Heftiger Juckreiz

Modalitäten

SCHLIMMER/VERSCHLIMMERT DURCH: Hitze aller Art, Berührung, Druck, Zudecken, später Nachmittag (16-17 Uhr), nach dem Schlaf
BESSER/GEBESSERT DURCH: Im Freien, Abdecken, Kälte in jeglicher Form, Waschen mit kaltem Wasser, Bewegung

Wechselwirkungen

WIRKT GUT ZUSAMMEN MIT: Natrium muriaticum (chronisch), Barium carbonicum, Arnica, Arsenicum album, Sarsaparilla, Sulphur, Pulsatilla
UNVERTRÄGLICH MIT: Rhus toxicodendron, Phosphorus
MAN DENKE AUCH AN: Vespa, Lachesis, Cantharis, Urtica urens, Rhus toxicodendron, Arsenicum album

Hauptindikationen beim Pferd

- Peritonitis
- Hydrothorax
- Ödeme, Lungenödem, Kehlkopfödem
- Pharyngitis mit geschwollenem Hals
- Aszites
- Perikarditis (um das Ödem zu vermindern)
- Meningitis
- Allergische Reaktionen, Quaddeln, urtikarielle Schwellungen, Anaphylaxie
- Allergische Reaktionen auf Impfungen
- Reaktionen auf Insektenstiche
- Angioneurotisches Ödem
- Insektenbisse und -stiche
- Blasige Haut
- Photosensibilität
- Zellulitis
- Lymphangitis
- Equine noduläre Hauterkrankung
- Sommerekzem
- Frühstadien von Purpura haemorrhagica
- Akute, hochgradige Konjunktivitis mit starker Schwellung der Konjunktiven und Augenlider
- Allergische Konjunktivitis
- Keratitis mit ausgeprägter Schwellung der Konjunktiven und Augenlider
- Verbrennungen
- Angelaufene Beine
- Synovitis
- Akute Gelenkschmerzen mit Schwellung und vermehrter Wärme
- Sprunggelenkgalle
- Bursitis, Piephacke, Ellbogenbeule, Bursitis der Spatsehne
- Hygrom des Karpus
- Karpitis (akute)
- Tendosynovitis
- Akute Sehnenverletzungen (zur Verminderung der Schwellung)
- Hufgelenkschale
- Podotrochlose
- Akute Nephritis (akutes Nierenversagen)
- Urethritis
- Eifersucht
- Stutenhaftes Verhalten
- Ovarialschmerzen
- Zystische Ovarien
- Akute Mastitis
- Phimose, Paraphimose, Penisvorfall
- Hydrozele
- Akute Leptospirose
- Afrikanische Pferdepest (kardiale Form)
- Equine virale Arteriitis
- Dourine
- Symptomatische Behandlung von Vergiftungen

Apocynum cannabinum *Apoc.*

HERKÖMMLICHER NAME: Indischer Hanf
KLASSIFIKATION: Pflanzenreich: Apocynaceae
ZUBEREITUNG: Aus der ganzen frischen Pflanze einschließlich der Wurzel

Leitsymptome

- Wirkt auf das Zellgewebe durch Steigerung der Flüssigkeitsproduktion von Schleimhäuten und serösen Häuten
- Ödeme
- Herzgeräusche
- Zyanose
- Schneller und schwacher Puls
- Durst
- Harnverhaltung
- Blasenschwäche
- Sphinkterschwäche

Modalitäten

SCHLIMMER/VERSCHLIMMERT DURCH: Kaltes Wetter
BESSER/GEBESSERT DURCH: Wärme

Wechselwirkungen

MAN DENKE AUCH AN: Apis, Arsenicum album, Phosphorus

Hauptindikationen beim Pferd

- Aszites
- Ödeme
- Hydrothorax
- Herzerkrankungen
- Harninkontinenz (durch Sphinkterschwäche)
- Erweiterung der Harnblase durch verminderten Muskeltonus
- Zur Förderung des Harnabsatzes
- Diabetes insipidus

Argentum metallicum *Arg-met.*

HERKÖMMLICHER NAME: Silber
KLASSIFIKATION: Mineralreich: Metalle: Silbergruppe
ZUBEREITUNG: Trituration

Leitsymptome

- Wirkt auf die Gelenke, Knochen, den Knorpel (insbesondere), die Bänder und Sehnen
- Ziehende Schmerzen in den Gelenken, Empfindlichkeit
- Exostosen
- Atrophie (Austrocknung) der kleinen Blutgefäße mit entsprechenden Folgen

Modalitäten

SCHLIMMER/VERSCHLIMMERT DURCH: Berührung
BESSER/GEBESSERT DURCH: Im Freien

Wechselwirkungen:

WIRKT GUT ZUSAMMEN MIT: Alumina, Platinum, Calcium carbonicum, Pulsatilla
MAN DENKE AUCH AN: Zincum, Palladium, Stannum, Selenium

Hauptindikationen beim Pferd

- Arthritis (DJD), v. a. der Hüft-, Ellbogen- und Kniegelenke
- Regeneration von geschädigtem Knorpel
- Chronische Verletzungen von Bändern und Sehnen; Verletzungen des Bindegewebes
- Podotrochlose
- Missbildungen der Gliedmaßenwinkel
- Osteochondrose, OCD
- Chondromalazie der Patella
- Meniskusrisse

Argentum nitricum *Arg-n.*

HERKÖMMLICHER NAME: Höllenstein, Silbernitrat
KLASSIFIKATION: Mineralreich: Metalle: Silbergruppe
ZUBEREITUNG: Trituration

Leitsymptome

- Wirkt auf das Nervensystem, sowohl das Gehirn als auch das Rückenmark
- Mangelnde Koordination
- Zittern
- Reizung der Schleimhäute
- Mukopurulente Absonderungen
- Flatulenz und Gasbildung, Aufblähung
- Kolik
- Magengeschwüre
- Wässriger Kot mit Gas und Schleim
- Schädigung der roten Blutkörperchen
- Impulsives Verhalten
- Abneigung gegen Ungewissheit
- Angst
- Neigung, alles schnell zu machen
- Schwellung des inneren Augenwinkels
- Photophobie
- Reichliche purulente Absonderung aus den Augen
- Ausgeprägte Schwellung der Konjunktiven
- Verdickung und Schwellung der Augenlider
- Trübung der Kornea
- Korneaulzeration
- Halsentzündung

- Dicker Schleim im Hals (Katarrh)
- Schwankender, ungleichmäßiger Gang
- Schwäche der Hinterhand

Modalitäten

SCHLIMMER/VERSCHLIMMERT DURCH: Wärme in jeder Form, nachts, nach der Fütterung, während der Rosse, Stress
BESSER/GEBESSERT DURCH: Frische Luft, kaltes Wetter

Wechselwirkungen

WIRKT GUT ZUSAMMEN MIT: Bryonia, Causticum, Lycopodium, Calcium carbonicum, Gelsemium, Natrium muriaticum, Pulsatilla, Sepia
UNVERTRÄGLICH MIT: Vespa
MAN DENKE AUCH AN: Argentum metallicum, Agaricus, Phosphorus, Zincum, Lycopodium

Hauptindikationen beim Pferd

- Erwartungsangst, v. a. mit Symptomen im Bereich des Verdauungstraktes
- Diarrhö durch Reisen, Aufregung
- Irrationale Ängste
- Klaustrophobie (lässt sich nicht gern einfangen)
- Impulsives, unberechenbares Verhalten
- Abneigung gegen Alleinsein
- Geistige Belastung
- Magen-, Zwölffingerdarmgeschwüre
- Kolitis oder Diarrhö, v. a. stressinduzierte
- Blähungskolik, v. a. durch Stress, Angst, Klaustrophobie
- Schwäche und mangelnde Koordination der Hinterhand
- Hochgradige Konjunktivitis mit fauliger, gelblicher, dicker, reizender, eitriger Absonderung und Photophobie
- Schwellung und Wundheit der inneren Augenwinkel
- Blepharitis
- Hornhautgeschwüre
- Einsprossung von Blutgefäßen in die Kornea
- Keratitis
- Hornhauttrübung
- Musca-Infektion
- Equine virale Arteriitis (Augensymptome)
- Anämie
- Laryngitis
- Urethritis
- Hodendegeneration

Aristolochia cymbifera (milhomens) *Arist-m.*

HERKÖMMLICHER NAME: Jarinhawurzel
KLASSIFIKATION: Pflanzenreich: Angiospermae
ZUBEREITUNG: Tinktur aus den Blüten

Leitsymptome

- Rückenschmerzen
- Steife Beine
- Schmerzen in der Achillessehne

Modalitäten – Keine bekannt

Wechselwirkungen – Keine bekannt

Hauptindikationen beim Pferd

- Lang dauernde Sehnenentzündungen

Arnica *Arn.*

HERKÖMMLICHER NAME: Bergwohlverleih, *Arnica montana*
KLASSIFIKATION: Pflanzenreich: Asteraceae (Compositae)
ZUBEREITUNG: Aus der ganzen frischen Pflanze oder der Wurzel

Leitsymptome

- Verletzungen aller Art, geistig und physisch
- Folgen von übermäßiger Beanspruchung oder Überanstrengung
- Spezieller Fokus auf den Weichteilen des Körpers, v. a. den Muskeln
- Affinität zu den Blutgefäßen
- Hämorrhagien in allen Bereichen
- Stase (venöse) der Blutgefäße

- Thrombose
- Sepsis und Abszesse
- Furcht vor Berührung
- Kann auf hartem Untergrund nicht bequem liegen
- Liegt lieber auf der rechten als auf der linken Seite
- Niedrige Schmerzgrenze
- Herzschwäche, Vergrößerung des Herzens (Hypertrophie)

Modalitäten

SCHLIMMER/VERSCHLIMMERT DURCH: Berührung, in Ruhe, große Anstrengung, feuchtkaltes Wetter
BESSER/GEBESSERT DURCH: Hinlegen, leichte Bewegung

Wechselwirkungen

WIRKT GUT ZUSAMMEN MIT: Aconitum, Hypericum, Rhus toxicodendron, Ipecacuanha, Calcium carbonicum, Natrium sulphuricum
MAN DENKE AUCH AN: Bellis perennis, Hamamelis, Spigelia (chronisch), Baptisia, Echinaea, Pyrogenium, Ruta, Rhus toxicodendron

Hauptindikationen beim Pferd

- Als grundsätzliches Erste-Hilfe-Mittel
- Wunden aller Art
- Schock, sowohl physisch als auch geistig
- Folgen von früheren Verletzungen, unabhängig davon, wie lange sie bereits zurückliegen
- Verletzungen der Muskeln oder Bänder
- Zerrungen, Verrenkungen, Steifheit
- Folgen von Überanstrengung, v. a. der Muskeln
- Augenverletzungen
- Während und nach dem Abfohlen
- Routinemäßiger Einsatz vor und nach Operationen, um das Trauma zu minimieren und die Heilung zu beschleunigen
- Hämorrhagien, auch postoperative Blutungen, blutende Verletzungen
- Epistaxis (Nasenbluten)
- Quetschungen und Schwellungen
- Hämatome
- Prellungen
- Erschütterungen
- Abszesse, v. a. solche, die nicht reifen oder nach einer Verletzung entstehen
- Sepsis oder Infektion mit blauschwarzer Verfärbung der Haut
- Unterstützung des Herzmuskels bei älteren Tieren
- Splitter
- Periostitis des Röhrbeins
- Ulzerative Lymphangitis
- Podotrochlose
- Verletzungen durch Greifen
- Quetschungen der Sohle
- Sohlenhämatom
- Traumatische Laminitis
- Verbrennungen und Verbrühungen
- Übermäßiges Keuchen
- Lokalisierte Impfreaktionen

Arsenicum album *Ars.*

(siehe Konstitutionsmittel)

Arsenicum iodatum *Ars-i.*

HERKÖMMLICHER NAME: Arsentrijodid
KLASSIFIKATION: Mineralreich: Arsengruppe
ZUBEREITUNG: Trituration

Leitsymptome

- Absonderungen, die die Haut und Schleimhäute reizen
- Rote, geschwollene, stark gereizt aussehende Schleimhäute
- Rhinitis mit dünner, wässriger Absonderung
- Reizung der Nasenspitze mit Niesen
- Chronischer dicker, gelber Katarrh
- Milder abgehackter Husten

- Trockene, schuppige Haut
- Juckreiz

Modalitäten

SCHLIMMER/VERSCHLIMMERT DURCH: Kalter Wind, Anstrengung

BESSER/GEBESSERT DURCH: Wärme

Wechselwirkungen

WIRKT GUT ZUSAMMEN MIT: Phosphorus, Kalium iodatum

MAN DENKE AUCH AN: Arsenicum album, Kalium bichromicum, Kalium iodatum, Lachesis, Sulphur

Hauptindikationen beim Pferd

- Pferdegrippe
- Zur Unterstützung der Genesung nach Grippe, Pneumonie oder anderen Atemwegsinfektionen
- Bronchopneumonie
- Chronische Bronchitis
- Chronische Pneumonie
- Rhinitis
- COPD, RAO
- Kopfschütteln
- Sommerekzem
- Schuppen
- Postvirales Syndrom (Equine ME)

Arundo *Arund.*

HERKÖMMLICHER NAME: Wasserrohr, *Arundo mauritanica*

KLASSIFIKATION: Pflanzenreich: Poaceae (Gramineae)

ZUBEREITUNG: Tinktur aus den Wurzelsprossen

Leitsymptome

- Katarrh
- Jucken der Nüstern und des Gaumendaches
- Jucken der Konjunktiven

Modalitäten – Keine bekannt

Wechselwirkungen

MAN DENKE AUCH AN: Arsenicum album, Allium cepa, Sabadilla, Wyethia

Hauptindikationen beim Pferd

- Kopfschütteln
- Allergische Rhinitis
- Jucken der Augen

Asa foetida *Asaf.*

HERKÖMMLICHER NAME: Stinkasant, Teufelsdreck

KLASSIFIKATION: Pflanzenreich: Apiaceae (Umbelliferae)

ZUBEREITUNG: Tinktur aus dem Milchsaft

Leitsymptome

- Symptome stehen in enger Beziehung zum Verdauungstrakt
- Flatulenz
- Auftreibung des Abdomens
- Gurgelnde Geräusche im Abdomen
- Regurgitieren von Flüssigkeit
- Spastische Kontraktion des Ösophagus
- Degeneration der Knochen
- Periostale Schmerzen
- Entzündung im Auge, Iritis
- Korneaulzeration
- Zerstörung der Nasenknochen
- Hochgradige Schwellung des Euters durch Milch
- Milchmangel bei Stuten mit Fohlen

Modalitäten

SCHLIMMER/VERSCHLIMMERT DURCH: Nach der Fütterung

BESSER/GEBESSERT DURCH: Im Freien

Wechselwirkungen

WIRKT GUT ZUSAMMEN MIT: Causticum, Pulsatilla

MAN DENKE AUCH AN: Ipecacuanha, Aurum, Argentum nitricum

Hauptindikationen beim Pferd

- Luftsackmykose
- Würgen
- Blähungskolik oder tympanische Kolik
- Iritis
- Periodische Augenentzündung
- Periostitis, periostale Reaktionen
- Periostale Schmerzen
- Splitter
- Periostitis des Röhrbeins
- Sesamoiditis
- Hufknorpelfistel
- Sohlenabszess (mit wässrigem Eiter)
- Abszesse mit wässrigem Eiter
- Zum Trockenstellen bei Stuten ohne Fohlen, wenn das Euter stark geschwollen ist
- Milchmangel bei Stuten mit Fohlen

Aurum metallicum *Aur.*

HERKÖMMLICHER NAME: Gold, Blattgold
KLASSIFIKATION: Mineralreich: Metalle: Goldgruppe: Polychrest
ZUBEREITUNG: Trituration

Leitsymptome

- Greift das Blut, die Drüsen und Knochen an
- Geistige Depression, Verzagtheit
- Arbeitet hart, wie getrieben
- Unterdrückt Ärger
- Überempfindlich gegenüber Geräuschen
- Zerstörung von Geweben
- Exostosen
- Knochenschmerzen
- Ziehende Gelenkschmerzen
- Schwächung oder Zerstörung von Knochen
- Photophobie
- Schmerzen in den Knochen im Bereich der Augen
- Hornhautentzündung mit Einsprossung von Gefäßen
- Entzündung der Nase
- Zerstörung der Nasenknochen
- Faulig riechende Absonderung aus den Nase
- Schmerzen und Schwellung der Hoden
- Hodenatrophie

Modalitäten

SCHLIMMER/VERSCHLIMMERT DURCH: Kaltes Wetter, Kaltwerden, nachts
BESSER/GEBESSERT DURCH: Bewegung, Reiten, im Freien, Sommer, warme Luft

Wechselwirkungen

WIRKT GUT ZUSAMMEN MIT: Sulphur, Symphytum
MAN DENKE AUCH AN: Asa foetida, Kalium iodatum, Mercurius solubilis, Mezereum, Nitricum acidum, Phosphorus, Syphilinum

Hauptindikationen beim Pferd

- Arthritis/DJD in Verbindung mit fortgeschrittener Knochendegeneration
- Exostosen mit Vergrößerung des Gelenks
- Knochenspat
- Ostitis des Hufbeins
- Fortgeschrittene Podotrochlose
- Wundheit im Bereich der Augen und Orbita
- Keratitis mit Photophobie
- Pannus, korneale Vaskularisation
- Chronische Rhinitis mit Zerstörung der Nasenknochen und fauliger Absonderung
- Orchitis
- Hodenatrophie/unterentwickelte Hoden
- Kryptorchiden
- Depression/Dumpfheit, Traurigkeit
- Luftsackmykose
- Quecksilbervergiftung

Bacillinum *Bac.*

HERKÖMMLICHER NAME: Tuberkulöse Lunge
KLASSIFIKATION: Tierreich: Mensch: Nosoden
ZUBEREITUNG: Mazeration einer tuberkulösen Lunge

Leitsymptome

- Hauptwirkungsschwerpunkt: Atemwege
- Ältere Tiere mit Erkrankungen der Atemwege
- Chronischer Katarrh
- Dicker Katarrh mit Atemproblemen
- Fauliger Auswurf
- Schlechte Zirkulation zur Lunge
- Husten
- Rezidivierende Atemwegsinfektionen
- Ringflechte
- Ekzem der Augenlider

Modalitäten

SCHLIMMER/VERSCHLIMMERT DURCH: Nachts, frühmorgens, kalte Luft
BESSER/GEBESSERT DURCH: Wärme

Wechselwirkungen

WIRKT GUT ZUSAMMEN MIT: Calcium phosphoricum, Kalium carbonicum, Kalium iodatum, Hydrastis, Lachesis, Psorinum

Hauptindikationen beim Pferd

- Ringflechte
- Pneumonie, v. a. schwere Fälle oder solche, die nicht ansprechen
- Bronchopneumonie
- Chronischer abgehackter Husten
- COPD, RAO
- Mangelnde Reaktion auf andere angezeigte Mittel für die Atemwege
- Rezidivierende Atemwegsinfektionen
- Ekzem der Augenlider

Badiaga *Bad.*

HERKÖMMLICHER NAME: Süßwasserschwamm, Flussschwamm, Spongilla lacustris
KLASSIFIKATION: Tierreich
ZUBEREITUNG: Trituration des getrockneten Schwammes

Leitsymptome

- Schmerzende Muskeln
- Geschwollene Drüsen
- Schuppen
- Husten mit Auswurf von reichlichem Schleim
- Asthmatische Atmung
- Nackenschmerzen

Modalitäten

SCHLIMMER/VERSCHLIMMERT DURCH: Kälte, Bewegung
BESSER/GEBESSERT DURCH: Wärme

Wechselwirkungen

MAN DENKE AUCH AN: Mercurius solubilis, Spongia

Hauptindikationen beim Pferd

- Seborrhoische Dermatitis im Kopfbereich mit Schuppen
- COPD mit reichlicher wässriger Absonderung aus der Nase
- Wundheit der Muskeln, v. a. der Rücken- und Halsmuskeln
- Steifer Nacken

Balsamum peruvianum *Bals-p.*

HERKÖMMLICHER NAME: Perubalsam, *Myroxylon pereirae*
KLASSIFIKATION: Pflanzenreich: Fabiaceae (Leguminosae)
ZUBEREITUNG: Tinktur aus dem Balsam, der aus den Stängeln gewonnen wird

Leitsymptome

- Wirkt auf die Atemwege
- Bronchialkatarrh
- Auswurf von fauligem Schleim

- Geräuschvolle Atmung
- COPD, RAO

Modalitäten - Keine bekannt

Wechselwirkungen - Keine bekannt

Hauptindikationen beim Pferd
- Lockerer bronchialer Husten
- Nasaler und bronchialer cremig-gelblicher Katarrh

Baptisia *Bapt.*

HERKÖMMLICHER NAME: Wilder Indigo, *Baptisia tinctoria*

KLASSIFIKATION: Pflanzenreich: Fabiaceae (Leguminosa)

ZUBEREITUNG: Aus der frischen Wurzel und ihrer Rinde

Leitsymptome
- Fieber (niedriges)
- Die Symptome erscheinen im Vergleich zu Aconitum oder Belladonna weniger schnell
- Septische Erkrankungen des Blutes
- Septikämische Erkrankungen
- Hinfälligkeit, Stupor
- Übel riechende Sekrete einschließlich Atemluft, Kot, Urin
- Geistige Verwirrung oder Delirium während des Fiebers
- Wie berauscht, langsam
- Konstriktion des Ösophagus
- Halsentzündung mit dunkelroten Membranen, Ulzeration
- Kann nur Flüssigkeiten schlucken
- Wässrige, dunkle, blutstreifige, faulig riechende Diarrhö

Modalitäten
SCHLIMMER/VERSCHLIMMERT DURCH: Wärme, Feuchtigkeit, kalter Wind

BESSER/GEBESSERT DURCH: Keine bekannt

Wechselwirkungen
WIRKT GUT ZUSAMMEN MIT: Arsenicum album

MAN DENKE AUCH AN: Echinacea, Gelsemium, Bryonia, Rhus toxicodendron, Arnica, Pyrogenium, Crotalus horridus

Hauptindikationen beim Pferd
- Fieber mit Hinfälligkeit, Schläfrigkeit oder Stupor
- Septikämie
- Virusinfektionen einschließlich Pferdegrippe
- Endometritis
- Akute stinkende oder faulige Diarrhö
- Enteritis mit Fieber
- Salmonelleninfektion (Salmonellose)
- Abort
- Laminitis mit toxischem Schwerpunkt
- Vesikuläre Stomatitis
- Potomac Pferdefieber
- Würgen

Barium carbonicum *Bar-c.*

HERKÖMMLICHER NAME: Bariumkarbonat

KLASSIFIKATION: Mineralreich: Bariumgruppe: Polychrest

ZUBEREITUNG: Trituration

Leitsymptome
- Schwerpunkt sind die gegensätzlichen Lebensalter: junge Fohlen und alte Pferde
- Langsame, verzögerte Entwicklung
- Schüchternheit
- Gedächtnisverlust, Senilität
- Mangel an Selbstvertrauen
- Degeneration und Schwäche der Blutgefäße
- Ruptur von Blutgefäßen
- Geschwollene Lymphknoten
- Rezidivierende Atemwegsinfektionen
- Schwacher, trockener Husten mit Schleim
- Schwache Wirbelsäule

- Steifheit des Rückens
- Schmerzen in den Sohlen

Modalitäten

SCHLIMMER/VERSCHLIMMERT DURCH: Kalte Luft, feuchtes Wetter, Fütterung

BESSER/GEBESSERT DURCH: Im Freien, Wärme, Bewegung

Wechselwirkungen

WIRKT GUT ZUSAMMEN MIT: Dulcamara, Silicea, Psorinum

UNVERTRÄGLICH MIT: Calcium carbonicum

Hauptindikationen beim Pferd

- Fohlen, die sich langsam entwickeln
- Langsames Lernen
- Furcht vor Fremden
- Kryptorchiden (fehlender Hodenabstieg)
- Beschwerden in Verbindung mit dem Alter, Muskelschwäche
- Verlust der geistigen Beweglichkeit
- Allgemeine Muskelschwäche und Zittern infolge des Älterwerdens
- Häufiges Verlangen sich hinzulegen
- Chronische Vergrößerung der Lymphknoten im Halsbereich (kann zu Atembeschwerden führen)
- Zystische Hautmassen, fettige Knoten, v. a. im Halsbereich
- Chronische geringgradige Laminitis bei alten Pferden
- Beschwerden nach der Anwendung von Steroiden
- Chronischer Husten bei älteren Pferden
- Aneurysmen
- Prävention von thromboembolischer Kolik
- Würgen

Barium muriaticum *Bar-m.*

HERKÖMMLICHER NAME: Bariumchlorid

KLASSIFIKATION: Mineralreich: Bariumgruppe

ZUBEREITUNG: Trituration

Leitsymptome

- Erkrankungen älterer Pferde, geistig und körperlich
- Steife Gelenke und Muskeln durch Überanstrengung
- Nymphomanie
- Hypersexualität beim Hengst
- Schwäche infolge von Atemwegsinfektionen
- Bronchialkatarrh bei älteren Pferden
- Schleimrasseln
- Konvulsionen

Modalitäten

SCHLIMMER/VERSCHLIMMERT DURCH: Nasses Wetter

BESSER/GEBESSERT DURCH: Keine bekannt

Wechselwirkungen

MAN DENKE AUCH AN: Senega, Barium carbonicum

Hauptindikationen beim Pferd

- Chronischer Husten mit Vergrößerung der Lymphknoten
- Bronchialkatarrh bei älteren Tieren
- Nymphomanie
- Aneurysmen
- Allgemein unterstützend bei älteren Pferden

Belladonna *Bell.*

HERKÖMMLICHER NAME: Tollkirsche, *Atropa belladonna*

KLASSIFIKATION: Pflanzenreich: Solanaceae: Polychrest

ZUBEREITUNG: Aus der ganzen Pflanze unmittelbar vor der Blüte

Leitsymptome

- Erkrankungen, die plötzlich beginnen
- Wichtiges Mittel v. a. bei Fieber und Kongestion
- Rot glühende, brennende Haut, strahlt Hitze aus, Rötung

- Erweiterte Pupillen
- Klopfen, Pulsation
- Pochender, schneller Puls
- Wirkt auf das Nervensystem, verursacht hochgradige Erregung, Halluzinationen, Delirium
- Wirkung auf die Drüsen einschließlich der Milchdrüsen
- Wut, Zorn, Gewalttätigkeit
- Erregung
- Verlangen zu entfliehen oder wegzurennen
- Geschärfte, überempfindliche Sinne, Überempfindlichkeit gegenüber Licht, Lärm und Bewegung
- Konvulsionen, Zuckungen
- Leuchtend rote Konjunktiven, Photophobie
- Zähneknirschen
- Trockener Hals, erschwertes Schlucken
- Roter, geschwollener Hals
- Häufiges Schlucken
- Empfindliches, aufgetriebenes Abdomen
- Trockener Husten mit Schmerzen im Kehlkopf
- Schneller Herzschlag
- Geschwollene, entzündete, glänzende Gelenke
- Abszesse mit Schmerzen und Rötung
- Fieber ohne Durst

Modalitäten

SCHLIMMER/VERSCHLIMMERT DURCH: 15 Uhr, Berührung, Zugluft, Liegen auf der schmerzhaften Seite

BESSER/GEBESSERT DURCH: Ruhe

Wechselwirkungen

WIRKT GUT ZUSAMMEN MIT: Calcium carbonicum (chronisch), Chamomilla, Hepar sulphuris, Natrium muriaticum

MAN DENKE AUCH AN: Stramonium, Hyoscyamus, Capsicum, Dulcamara

Hauptindikationen beim Pferd

- Plötzlich einsetzendes Fieber ohne Durst, mit erweiterten Pupillen, klopfendem, schnellem Puls, Hitze
- Frühstadium vieler Infektionskrankheiten
- Sepsis mit Fieber
- Virusinfektionen mit hoher Temperatur
- Bronchitis oder Pneumonie mit hohem Fieber
- Akute Mastitis
- Peritonitis
- Toxische Metritis
- Abszesse einschließlich Sohlenabszesse mit hochgradiger Hitze im Huf
- Akute Gelenkschmerzen, Gelenksepsis, septische Arthritis
- Rote, geschwollene, glänzende, entzündete Gelenke
- Akute Laminitis (in Verbindung mit Aconitum)
- Schwere Kolik mit hochgradigen Schmerzen
- Akute Diarrhö oder Kolitis bei Übereinstimmung der Symptome
- Erschöpfung durch Hitze/Hitzschlag
- Übermäßiges Keuchen
- Meningitis, Neuritis
- Epilepsie/Konvulsionen mit heftigen konvulsiven Bewegungen der Gliedmaßen
- Frühe Stadien von Tetanus
- Verhaltensprobleme – schlecht gelaunte Tiere, Delirium
- Zorn, Reizbarkeit mit der Neigung zu beißen oder zu treten
- Akute Uveitis, periodische Augenentzündung
- Tyzzersche Krankheit
- Druse (mit hohem Fieber)
- Akute Azoturie
- Akute und hochgradige Rückenschmerzen mit starker lokaler Hitze
- Photosensibilisierung
- Kopfschütteln

Bellis perennis *Bell-p.*

HERKÖMMLICHER NAME: Gänseblümchen, Tausendschönchen
KLASSIFIKATION: Pflanzenreich: Asteraceae (Compositae)
ZUBEREITUNG: Tinktur aus der ganzen frischen Pflanze

Leitsymptome

- Wirkt besonders auf die Muskeln und die Muskelfasern der Blutgefäße
- Wund schmerzende Muskeln
- Wund schmerzende Gelenke
- Venöse Kongestion nach Verletzung
- Kleine Beulen oder Pusteln auf der Haut

Modalitäten

SCHLIMMER/VERSCHLIMMERT DURCH: Linke Seite, Stallwärme, vor Sturm, kaltes Baden
BESSER/GEBESSERT DURCH: Fortgesetzte Bewegung, lokale Anwendung von kalten Kompressen

Wechselwirkungen

MAN DENKE AUCH AN: Arnica, Calendula, Hypericum, Arsenicum album, Hamamelis, Ledum

Hauptindikationen beim Pferd

- Muskelverletzungen
- Verletzungen tiefer liegender Gewebe
- Folgen von Überanstrengung und daraus resultierende Lahmheit
- Trauma v. a. im Bereich des Beckens und unteren Rückens
- Quetschungen, v. a. tiefer liegender Gewebe
- Quetschungen der Sohle
- Zerrungen
- Nach Operationen zur Unterstützung der Heilung
- Wundheit oder Quetschungen der Bauchwände v. a. nach Operationen oder Verletzungen
- Nervenverletzungen
- Obturatorlähmung
- Während der Geburt
- Bursitis durch wiederholtes Trauma
- Hygrom des Karpus (Knies)
- Trochanterbursitis
- Piephacke
- Azoturie, Kreuzverschlag

Benzoicum acidum *Benz-ac.*

HERKÖMMLICHER NAME: Benzoesäure
KLASSIFIKATION: Mineralreich: Karbongruppe
ZUBEREITUNG: Aus Benzoin oder aromatischen Kohlenwasserstoffen durch Sublimation, Tinktur oder Trituration

Leitsymptome

- Hauptwirkungsbereich: Harnwege
- Dunkler, stechend riechender Urin, ammoniakalischer Geruch
- Harntröpfeln
- Schmerzen in der Nierengegend
- Knacken der Gelenke
- Rote, geschwollene Gelenke
- Steifheit der Hinterbeine

Modalitäten

SCHLIMMER/VERSCHLIMMERT DURCH: Bewegung
BESSER/GEBESSERT DURCH: Reichlicher Harnabsatz

Wechselwirkungen

WIRKT GUT ZUSAMMEN MIT: Berberis, Solidago

Hauptindikationen beim Pferd

- Zystitis mit oder ohne Harninkontinenz
- Chronisches Nierenversagen mit stechend riechendem Urin
- Arthritis, DJD
- Knackende Gelenke mit oder ohne Deformation
- Knochenspat
- Schmerzen im Knie
- Schmerzen mit Ursprung in der Achillessehne
- Azoturie, Kreuzverschlag

Berberis vulgaris *Berb.*

HERKÖMMLICHER NAME: Berberitze, Sauerdorn
KLASSIFIKATION: Pflanzenreich: Berberidaceae
ZUBEREITUNG: Tinktur aus der Wurzelrinde

Leitsymptome

- Sehr wechselhafte Symptome, die von einer Stelle zur anderen wandern oder den Charakter ändern
- Wichtiges Mittel bei Problemen der Leber und Harnwege
- Schmerzen in der Nierengegend
- Entzündung der Nieren
- Blut im Urin
- Urin mit Sediment und Schleim
- Brennende Schmerzen in der Urethra
- Verstopfung aufgrund von Leberproblemen
- Wirkt auf das venöse System mit Stauung im Beckenbereich
- Rückenschmerzen
- Arthritische Symptome
- Schmerzen in den Vorderbeinen, unteren Hinterbeinen, der Schulter und den kleineren Gelenken (Metakarpus, Metatarsus)
- Schmerzen in den Hufen
- Dermatitis im unteren Bereich der Beine

Modalitäten

SCHLIMMER/VERSCHLIMMERT DURCH: Bewegung
BESSER/GEBESSERT DURCH: Keine bekannt

Wechselwirkungen

WIRKT GUT ZUSAMMEN MIT: Lycopodium, Bryonia, Kalium bichromicum, Rhus toxicodendron, Sulphur

Hauptindikationen beim Pferd

- Rückenschmerzen im Lenden- und Kreuzbeinbereich, Krämpfe der Rückenmuskeln
- Verlangsamte Nierenfunktion
- Schmerzen in der Nierengegend
- Chronische Nierenerkrankungen
- Als Drainagemittel für die Harnwege (um Toxine zu entfernen)
- Als Drainagemittel für die Haut (in Verbindung mit Petroleum)
- Chronische Zystitis
- Hämaturie (Blut im Urin)
- Urolithiasis (Harngrieß, Blasensteine)
- Lebererkrankungen, Gelbsucht
- Verstopfung aufgrund von Leberproblemen
- Azoturie, Kreuzverschlag
- Chronische Laminitis
- Arthritis/DJD/Steifheit v. a. im Bereich des Knie-, Sprung-, Fessel-, Kronbein- und Hufgelenks

Beryllium metallicum *Beryl.*

HERKÖMMLICHER NAME: Beryll
KLASSIFIKATION: Mineralreich: Metalle
ZUBEREITUNG: Trituration

Leitsymptome

- Allmählicher Gewichtsverlust (Abmagerung) mit Fieber
- Häufiges Bedürfnis zu schlucken
- Schmerzen im unteren Rücken
- Knötchen auf den Knochen im unteren Bereich der Beine
- Erschwerte Atmung mit tiefem, schmerzhaftem Husten
- Nässende Hautausschläge
- Knötchen in der Haut
- Hautgewächse

Modalitäten

SCHLIMMER/VERSCHLIMMERT DURCH: Hitze, Anstrengung, Bewegung
BESSER/GEBESSERT DURCH: Kalte Luft

Wechselwirkungen

MAN DENKE AUCH AN: Bryonia

Hauptindikationen beim Pferd

- Sarkoide
- Hautknötchen
- Zysten
- Knöcherne Veränderungen im Bereich des unteren Rückens (Lendengegend)
- Schale

Blatta orientalis *Blatta-o.*

HERKÖMMLICHER NAME: Orientalische Küchenschabe, Kakerlake
KLASSIFIKATION: Tierreich: Insekten
ZUBEREITUNG: Trituration des lebenden Insekts

Leitsymptome

- Hauptmittel bei asthmatischen Symptomen
- Bronchitis
- Husten mit erschwerter Atmung
- Produktion von eiterähnlichem Schleim

Modalitäten

SCHLIMMER/VERSCHLIMMERT DURCH: Nasses, regnerisches Wetter
BESSER/GEBESSERT DURCH: Keine bekannt

Wechselwirkungen - Keine bekannt

Hauptindikationen beim Pferd

- COPD mit Giemen, bronchialer Beteiligung und Husten, v. a. wenn Arsenicum album versagt
- In niedriger Potenz bei chronischen Fällen
- Hohe Potenzen in akuten Fällen

Borax *Borx.*

HERKÖMMLICHER NAME: Natriumborat
KLASSIFIKATION: Mineralreich: Karbongruppe
ZUBEREITUNG: Trituration und nachfolgende Lösung in destilliertem Wasser

Leitsymptome

- Reizt das gastrointestinale System
- Verursacht Speichelfluss und Diarrhö
- Ulzeration der Schleimhäute
- Furcht vor Abwärtsbewegung
- Ängstlich, nervös, leicht erschreckt
- Schrickt bei plötzlichen Geräuschen, selbst beim leisesten Geräusch zusammen
- Entzündung der Augenlider
- Lider stülpen sich einwärts
- Geschwüre im Maul mit Speichelfluss
- Diarrhö mit Schleim
- Weißliche Absonderung aus der Gebärmutter mit Reizung oder Ekzem der Vulva
- Krusten und wunde Stellen im Bereich der Nüstern
- Dermatitis im unteren Bereich der Beine mit krank aussehender Haut und verfilztem Fell

Modalitäten

SCHLIMMER/VERSCHLIMMERT DURCH: Abwärtsbewegung, warmes Wetter, nach der Rosse
BESSER/GEBESSERT DURCH: Abends, kaltes Wetter

Wechselwirkungen

MAN DENKE AUCH AN: Calcium carbonicum, Bryonia, Nux vomica, Kalium bichromicum, Pulsatilla, Phosphorus, Graphites

Hauptindikationen beim Pferd

- Angst, Furcht und allgemeine Nervosität mit Überempfindlichkeit gegenüber Geräuschen
- Furcht vor plötzlichen Geräuschen
- Abneigung gegen Menschenmengen und übervölkerte Orte
- Furcht vor Abwärtsbewegung
- See-, Luftkrankheit
- Können schlecht reisen (werden durch die Bewegung des Transporters in Unruhe versetzt)
- Geringgradiges Entropion (Einrollen der Augenlider)
- Mauke
- Pferdepocken
- Kontagiöse equine Metritis (CEM)
- Koitalexanthem
- Maulgeschwüre

Bothrops lanceolatus *Both.*

HERKÖMMLICHER NAME: Gelbe Buschmeisterschlange, Martinique-Lanzenotter
KLASSIFIKATION: Tierreich: Reptilien: Schlangen: Crotalidae
ZUBEREITUNG: Lösung des Giftes in Glyzerin

Leitsymptome
- Blutthemen
- Thrombose
- Hämorrhagie
- Geschwollene Lymphgefäße
- Sepsis
- Lungenkongestion
- Dunkle Verfärbung der Haut
- Paralyse einzelner Gliedmaßen

Modalitäten
SCHLIMMER/VERSCHLIMMERT DURCH: Rechte Seite
BESSER/GEBESSERT DURCH: Keine bekannt

Wechselwirkungen
MAN DENKE AUCH AN: Lachesis, Crotalus horridus

Hauptindikationen beim Pferd
- Netzhautblutungen und dadurch verursachte Blindheit
- Hämorrhagien mit dunklem, flüssigem Blut
- Blutgerinnsel
- Purpura haemorrhagica
- Erschwerte Atmung durch Lungenkongestion
- Septische Zustände
- Lymphangitis
- Schlangenbisse
- Gangrän (v. a. bei Beteiligung tiefer liegender Gewebe)
- Beckenthrombose
- Wurmaneurysma
- Thromboembolische Kolik
- Paralyse einer einzelnen Gliedmaße
- Varikozele

Botulinum *Botul.*
HERKÖMMLICHER NAME: Botulinumtoxin, Toxin von *Clostridium botulinum*
KLASSIFIKATION: Tierreich: Bakterien: Nosoden
ZUBEREITUNG: Aus dem Gift

Leitsymptome
- Herabhängen der Augenlider (Ptose)
- Erschwerte Atmung
- Schluckschwierigkeiten
- Inkoordination (Ataxie)
- Verstopfung

Modalitäten - Keine bekannt

Wechselwirkungen - Keine bekannt

Hauptindikationen beim Pferd
- Botulismus beim Fohlen
- Futtervergiftung
- Botulismus
- Ptose

Bovista *Bov.*
HERKÖMMLICHER NAME: Riesenbovist, *Lycoperdon bovista*
KLASSIFIKATION: Pflanzenreich: Fungi: Lycoperdaceae
ZUBEREITUNG: Trituration

Leitsymptome
- Hat eine besondere Wirkung auf die Haut und den Kreislauf
- Ekzem oder Dermatitis mit Reizung
- Urtikaria (betroffene Stellen geben unter Druck nach)
- Feuchtes Ekzem
- Krustenbildung
- Hämorrhagie
- Uterusblutungen
- Zystische Ovarien

Modalitäten
SCHLIMMER/VERSCHLIMMERT DURCH: Frühmorgens, heißes Wetter, Warmwerden
BESSER/GEBESSERT DURCH: Kalte Anwendungen

Wechselwirkungen
WIRKT GUT ZUSAMMEN MIT: Calcium carbonicum, Rhus toxicodendron, Sepia
MAN DENKE AUCH AN: Cicuta

Hauptindikationen beim Pferd

- Ekzem im Nasen- und Maulbereich
- Ekzem/Dermatitis im Kopfbereich
- Urtikaria mit Dellenbildung
- Chronische Urtikaria
- Angioneurotisches Ödem
- Feuchtes Ekzem/Dermatitis, das sich zu dicken Krusten entwickelt
- Allergiebedingter Juckreiz der Haut (Selbsttraumatisierung führt zu Blutungen)
- Insektenbisse und –stiche
- Sommerekzem
- Mauke
- Zystische Ovarien
- Gelenkschwellung (bei Vorliegen einer Fraktur)
- Purpura haemorrhagica
- Lymphangitis
- Ellbogenbeule, Piephacke
- Sprunggelenkgalle
- Hygrom des Karpus (Knies)
- Trochanterbursitis

Bromium *Brom.*

HERKÖMMLICHER NAME: Brom
KLASSIFIKATION: Mineralreich: Element
ZUBEREITUNG: Lösung in destilliertem Wasser

Leitsymptome

- Wirkt auf die Atemwege, v. a. den Kehlkopf und die Trachea
- Trockener, krampfartiger Husten mit Schleimrasseln in der Trachea
- Erschwerte Atmung
- Asthma
- Vergrößerte, bei Berührung harte Lymphknoten
- Erkrankungen durch Überhitzung
- Schwellung der Hoden
- Schwellung der Ovarien

Modalitäten

SCHLIMMER/VERSCHLIMMERT DURCH: Abends bis Mitternacht, Betreten eines warmen Stalles, feuchtwarmes Wetter, kalte Luft, in Ruhe
BESSER/GEBESSERT DURCH: Bewegung, Anstrengung

Wechselwirkungen

WIRKT GUT ZUSAMMEN MIT: Argentum nitricum, Kalium carbonicum
MAN DENKE AUCH AN: Conium, Spongia, Iodium, Silicea, Calcium fluoratum

Hauptindikationen beim Pferd

- Parotitis, vergrößerte Lymphknoten
- Entzündung der Ovarien
- Trockener, krampfartiger Husten, erschwerte Atmung
- COPD
- Erkrankungen durch Überhitzung

Bryonia *Bry.*

HERKÖMMLICHER NAME: Weiße Zaunrübe, *Bryonia alba*
KLASSIFIKATION: Pflanzenreich: Cucurbitaceae: Polychrest
ZUBEREITUNG: Tinktur aus der Wurzel vor der Blüte

Leitsymptome

- Wirkt auf die serösen und synovialen Häute
- Geschwollene Gelenke
- Muskelschmerzen, Rheuma-ähnliche Schmerzen
- Stechende tund ziehende Schmerzen
- Trockene Schleimhäute
- Reizbarkeit, leicht erzürnt
- Durst
- Trockenheit
- Harter, trockener Kot
- Geschwollenes, schmerzhaftes Euter
- Wichtiger Schwerpunkt sind die Atemwege
- Trockener, abgehackter Husten

- Reizung der Trachea
- Erschwerte, mühsame Atmung
- Flache Atmung
- Periodische tiefe Atemzüge
- Rückenschmerzen
- Fettige Haut und Haare
- Möchte Bewegung vermeiden

Modalitäten

SCHLIMMER/VERSCHLIMMERT DURCH: Wärme und v. a. Bewegung, morgens, heißes Wetter, Anstrengung, Berührung, kalter Wind

BESSER/GEBESSERT DURCH: Liegen auf der schmerzhaften Seite oder Stelle (Druck auf den betroffenen Bereich lindert durch Ruhigstellung), Kälte, Ruhe, nasses Wetter

Wechselwirkungen

WIRKT GUT ZUSAMMEN MIT: Alumina (chronisch), Rhus toxicodendron, Kalium carbonicum, Natrium muriaticum (chronisch, aber weniger als Alumina)

UNVERTRÄGLICH MIT: Calcium carbonicum

MAN DENKE AUCH AN: Drosera, Phosphorus, Spigelia, Stannum, Sticta, Rumex

Hauptindikationen beim Pferd

- Pneumonie, Pleuropneumonie und andere Atemwegsinfektionen einschließlich Pferdegrippe
- Pleuritis
- Abgehackter, trockener, schmerzhafter Husten
- Tracheitis
- Perikarditis
- Konstipation (Obstipation)
- Anschoppungskolik mit großem Durst
- Diarrhö durch heißes Wetter
- Peritonitis
- Synovitis, v. a. chronische Fälle
- Arthritis/DJD, wenn die Symptome mit dem Arzneimittelbild übereinstimmen
- Geschwollene, schmerzhafte Gelenke
- Sporadische Lymphangitis
- Akute Bänderzerrungen
- Tendosynovitis
- Karpitis
- Periostitis des Röhrbeins
- Sprunggelenkgalle mit Lahmheit
- Knochenspat
- Podotrochlose
- Rückenschmerzen mit Verschlimmerung durch Bewegung, Nackenschmerzen
- Akute Laminitis
- Azoturie, Kreuzverschlag
- Mastitis
- Zum Trockenstellen bei exzessiver Milchbildung
- Borreliose
- Fieber, das sich langsam entwickelt, das Pferd möchte sich nicht bewegen

Bufo rana *Bufo*

HERKÖMMLICHER NAME: Sekret der Hautdrüsen der Erdkröte, *Bufo rana*

KLASSIFIKATION: Tierreich: Amphibien

ZUBEREITUNG: Lösung des Hautdrüsengiftes in Spiritus rectificatus

Leitsymptome

- Wirkt vorrangig auf die Haut, das Nerven- und lymphatische System
- Epilepsie
- Impotenz
- Pemphigus
- Muskelkrämpfe
- Ataxie
- Harte Knötchen im Euter
- Pusteln auf der Haut, die sich zu Blasen entwickeln
- Trockene, raue Haut
- Neigung, plötzlich zu kneifen
- Stumpfsinnige, schwerfällige Erscheinung und Haltung

- Furcht vor Menschenmengen
- Wird durch helles Licht in Aufregung versetzt

Modalitäten – Keine bekannt

Wechselwirkungen

WIRKT GUT ZUSAMMEN MIT: Calcium carbonicum
UNVERTRÄGLICH MIT: Lachesis, Senega
MAN DENKE AUCH AN: Barium carbonicum, Barium muriaticum, Graphites, Tuberculinum, Zincum

Hauptindikationen beim Pferd

- Lymphangitis
- Harte Knötchen im Eutergewebe
- Epilepsie
- Impotenz beim Hengst
- Pemphigus
- Rissige, trockene Haut
- Kneifen (auf kindische Art)
- Neonatales Fehlanpassungssyndrom

Cactus grandiflorus *Cact.*

HERKÖMMLICHER NAME: Königin der Nacht
KLASSIFIKATION: Pflanzenreich: Cactaceae
ZUBEREITUNG: Tinktur aus den jungen, zarten Stängeln und Blüten, die im Sommer gesammelt werden

Leitsymptome

- Hauptwirkungsschwerpunkt: Herz und Blutgefäße
- Zusammenschnürung wie von einem Eisenband
- Krampfartige Schmerzen
- Blutungen aus Nase und Lunge
- Zusammenschnürung des Halses, die zu Erstickungsanfällen führt
- Erschwerte Atmung
- Harnverhaltung
- Herzgeräusche durch Klappeninsuffizienz
- Unregelmäßiger, aussetzender und schwacher Puls

Modalitäten

SCHLIMMER/VERSCHLIMMERT DURCH: Nachts, 11 und 23 Uhr
BESSER/GEBESSERT DURCH: Im Freien

Wechselwirkungen

WIRKT GUT ZUSAMMEN MIT: Arsenicum album
MAN DENKE AUCH AN: Digitalis, Spigelia, Convallaria, Kalmia, Latrodectus, Naja

Hauptindikationen beim Pferd

- Als allgemeines Herztonikum
- Endokarditis
- Herzgeräusche, v. a. bei Beteiligung der Mitralklappe
- Afrikanische Pferdepest

Caladium *Calad.*

HERKÖMMLICHER NAME: Schierlings-Caladium, Schweigrohr, Caladium seguinum
KLASSIFIKATION: Pflanzenreich: Araceae
ZUBEREITUNG: Tinktur aus der ganzen frischen Pflanze

Leitsymptome

- Juckreiz der Haut
- Leichtes Schwitzen
- Zieht Fliegen an
- Insektenstiche jucken stark
- Juckreiz im Genitalbereich; Skrotum und Vulva
- Impotenz
- Abneigung gegen Bewegung
- Asthma mit Katarrh

Modalitäten

SCHLIMMER/VERSCHLIMMERT DURCH: Bewegung
BESSER/GEBESSERT DURCH: Tagsüber

Wechselwirkungen

WIRKT GUT ZUSAMMEN MIT: Nitricum acidum, Cantharis, Causticum, Sepia

Hauptindikationen beim Pferd

- Sommerekzem
- Um die Anziehung von Fliegen zu vermindern

Calcium carbonicum *Calc.*

(siehe Konstitutionsmittel)

Calcium fluoratum *Calc-f.*

HERKÖMMLICHER NAME: Flussspat, Kalziumfluorid
KLASSIFIKATION: Mineralreich: Kalziumgruppe
ZUBEREITUNG: Trituration

Leitsymptome

- Hauptwirkungsschwerpunkt: Knochen und ihre Ernährung
- Verhärtete Drüsen
- Katarakt
- Reduziert die Bildung von Verklebungen, Narbengewebe und Fibrinablagerungen
- Harte Schwellungen im Gesicht und an den Kieferknochen
- Tumoren der Gefäße und Knochen
- Chronische Rückenschmerzen
- Vergrößerung der unteren Gliedmaßengelenke
- Exostosen
- Harte Massen in Sehnen und Bändern
- Synovitis
- Fissuren und Risse der Haut
- Hautschwielen
- Geschwüre, die dicken, gelben Eiter absondern

Modalitäten

SCHLIMMER/VERSCHLIMMERT DURCH: Ruhe, Wetterwechsel
BESSER/GEBESSERT DURCH: Hitze, Wärme, Eindecken, Bewegung

Wechselwirkungen

MAN DENKE AUCH AN: Conium, Lapis albus, Hekla lava, Ruta

Hauptindikationen beim Pferd

- Harte (steinartige, indurierte) Drüsen einschließlich verhärteter, vergrößerter Lymphknoten sowie harte Massen im Euter
- Lymphadenitis
- Parotitis
- Periostitis
- Knöcherne Tumoren oder Massen
- Exostosen, Knochensporn
- Knochendegeneration
- Arthritis/DJD, v. a. des Fessel-, Kron-, Huf- und Kniegelenks
- Knochenspat
- Ostitis des Hufbeins
- Podotrochlose
- Hufknorpelverknöcherung
- Hufgelenkschale
- Schlechte Hufqualität
- Erkrankung der weißen Linie
- Chronische Laminitis
- Hohle Wand
- Splitter
- Schale
- Sesamoiditis
- Chondromalazie der Patella
- Knackende Gelenke
- Zerrungen
- Synovitis, v. a. chronische Fälle
- Kalkablagerungen in Sehnen und Bändern
- Chronische Rückenschmerzen im Lendenbereich
- Zur Verminderung der Gefahr von Verklebungen nach Operationen
- Zur Verminderung von Narbengewebe oder Strikturen
- Auflösung von Blutgerinnseln
- Zur Verminderung von Fibrinablagerungen
- Hämatome, wenn der Abbau nur langsam verläuft
- Fibrotische Myopathie (zur Vermeidung der Ossifikation)
- Katarakt
- Alopezie

Calcium iodatum *Calc-i.*

HERKÖMMLICHER NAME: Kalziumjodid
KLASSIFIKATION: Mineralreich: Kalziumgruppe
ZUBEREITUNG: Trituration

Leitsymptome

- Vergrößerte Drüsen
- Chronischer Husten
- Pneumonie
- Ringflechte

Modalitäten - Keine bekannt

Wechselwirkungen - Keine bekannt

Hauptindikationen beim Pferd

- Vergrößerte Lymphknoten
- Ringflechte
- Knötchenartige Zubildungen

Calcium phosphoricum *Calc-p.*

HERKÖMMLICHER NAME: Kalziumphosphat
KLASSIFIKATION: Mineralreich: Kalziumgruppe
ZUBEREITUNG: Trituration

Leitsymptome

- Wichtiges Gewebemittel
- Besondere Affinität zu den Knochen
- Erkrankungen der Knochen
- Knochenentwicklung
- Unheilsamkeit von Frakturen
- Anämie
- Leichtes Schwitzen
- Drüsenvergrößerungen
- Flatulenz
- Bauchschmerzen nach dem Essen
- Schmerzhaftigkeit des Sakroiliakalgelenks
- Steifheit mit Schmerzen in den Gelenken und Knochen

Modalitäten

SCHLIMMER/VERSCHLIMMERT DURCH: Bewegung, Wetterwechsel, feuchtes, nasses Wetter
BESSER/GEBESSERT DURCH: Ruhe

Wechselwirkungen

WIRKT GUT ZUSAMMEN MIT: Ruta, Arsenicum album, Iodium, Mercurius solubilis, Sulphur, Hepar sulphuris
MAN DENKE AUCH AN: Calcium carbonicum

Hauptindikationen beim Pferd

- Zur Unterstützung der Knochenentwicklung bei Jungtieren
- Bei zu raschem Knochenwachstum
- Schwäche der Knochen
- Zur Unterstützung der Frakturheilung, bei langsam heilenden Frakturen
- Epiphysitis (Epiphysendysplasie)
- Carpus valgus und Carpus varus (X- und O-Beine, Stellungsfehler)
- Schmerzen oder Unbehagen im Sakroiliakalbereich
- Ostitis des Hufbeins
- Knochenspat
- Karpaltunnelsyndrom
- Osteochondrosis, OCD
- Knochenzysten
- Anämie durch lang dauernde Krankheit
- Anämie bei jungen Fohlen
- Untätigkeit der Gebärmutter
- Eklampsie, Hypokalzämie

Calcium sulphuricum *Calc-s.*

HERKÖMMLICHER NAME: Gips
KLASSIFIKATION: Mineralreich: Kalziumgruppe
ZUBEREITUNG: Trituration

Leitsymptome

- Eiterung (Infektion), wo Eiter vorliegt
- Klumpiger, gelber, dicker Eiter
- Dicke, gelbe Absonderung aus den Augen
- Hornhauttrübung
- Pusteln auf der Haut mit kleinen Krusten
- Zystische Tumoren
- Eiter in der Lunge

- Dicker, gelber Katarrh
- Schnitte und Wunden, die Eiter absondern

Modalitäten

SCHLIMMER/VERSCHLIMMERT DURCH: Wetterwechsel

BESSER/GEBESSERT DURCH: Im Freien

Wechselwirkungen

MAN DENKE AUCH AN: Calendula, Hepar sulphuris, Silicea, Kalium muriaticum, Natrium sulphuricum

Hauptindikationen beim Pferd

- Abszesse mit dickem, gelbem Eiter, auch chronische Fälle
- Sohlenabszess, unterminierte Sohle
- Hypertrophie des Hufhorns
- Riss der weißen Linie, Hufabszess
- Fistel-, Kavernenbildung
- Absonderung aus den Nebenhöhlen
- Konjunktivitis mit dicker, gelber Absonderung
- Empyem, Sinusempyem, Luftsackempyem
- Husten mit dickem, gelbem Katarrh
- Hautinfektionen, bakterielle Follikulitis
- Druse, wenn Absonderung vorliegt
- Koitalexanthem
- Epizootische Lymphangitis
- Equine virale papuläre Dermatitis
- Pyometra

Calendula *Calen.*

HERKÖMMLICHER NAME: Ringelblume, Calendula officinalis

KLASSIFIKATION: Pflanzenreich: Asteraceae (Compositae)

ZUBEREITUNG: Tinktur aus den Blättern und Blüten

Leitsymptome

- Hauptmittel zur Unterstützung der Heilung
- Die Schmerzen stehen in keinem Verhältnis zum Ausmaß der Verletzung
- Augenverletzungen mit nachfolgender Infektion
- Blutstillend bei lokaler Anwendung

Modalitäten

SCHLIMMER/VERSCHLIMMERT DURCH: Feuchtes Wetter

BESSER/GEBESSERT DURCH: Keine bekannt

Wechselwirkungen

WIRKT GUT ZUSAMMEN MIT: Hepar sulphuris, Arnica

Hauptindikationen beim Pferd

- Zur Unterstützung der Heilung in allen Fällen, einschließlich der Schleimhäute
- Offene Wunden, Zerreißungen, Hautabschürfungen
- Eiternde Wunden
- Geschwüre, Druckstellen
- Zur Förderung der Granulation
- Wildes Fleisch
- Verbrühungen und Verbrennungen
- Hufknorpelfistel
- Hornhautverletzungen

Camphora *Camph.*

HERKÖMMLICHER NAME: Kampferbaum

KLASSIFIKATION: Pflanzenreich: Lauraeae

ZUBEREITUNG: Lösung des Milchsaftes in Spiritus rectificatus

Leitsymptome

- Wichtiges Mittel bei Kollaps
- Körper eiskalt, Temperatur subnormal
- Wenig Kraft
- Puls schwach
- Starrender Blick
- Pupillen erweitert
- Möchte nicht zugedeckt werden
- Schock
- Heftige epileptische Konvulsionen

- Hochgradige Diarrhö mit Kollaps und Kälte
- Erschwerte Atmung, beinahe als würde man ersticken
- Knackende Gelenke

Modalitäten

SCHLIMMER/VERSCHLIMMERT DURCH: Bewegung, nachts, kalte Luft
BESSER/GEBESSERT DURCH: Wärme

Wechselwirkungen

WIRKT GUT ZUSAMMEN MIT: Cantharis
MAN DENKE AUCH AN: Arsenicum album, Carbo vegetabilis, Veratrum album

Hauptindikationen beim Pferd

- Schock
- Postoperativer Schock
- Anaphylaxie
- Hochgradige Diarrhö mit Kollaps, Schwäche und Erschöpfung
- Virusinfektionen, die zu Kollaps oder einem Erschöpfungszustand führen
- Salmonellose
- Potomac Pferdefieber

Cannabis sativa *Cann-s.*

HERKÖMMLICHER NAME: Hanf
KLASSIFIKATION: Pflanzenreich: Cannabinaceae
ZUBEREITUNG: Tinktur aus den männlichen und weiblichen Samenkapseln

Leitsymptome

- Hauptwirkungsschwerpunkte: Harnwege, Geschlechtsapparat und Atemwege
- Hochgradige Müdigkeit wie durch Überanstrengung
- Hornhauttrübung
- Zystitis mit Harnverhaltung, Harndrang
- Phimose
- Sexuelle Übererregung
- Entzündung von Penis und Präputium
- Giemende, rasselnde Atmung
- Husten mit grünem Schleim
- Schleim in der Trachea
- Dislokation der Patella beim Berghochgehen

Modalitäten

SCHLIMMER/VERSCHLIMMERT DURCH: Berghochgehen
BESSER/GEBESSERT DURCH: Ruhig liegen

Wechselwirkungen

WIRKT GUT ZUSAMMEN MIT: Belladonna, Hyoscyamus, Lycopodium, Nux vomica, Opium, Pulsatilla, Rhus toxicodendron
MAN DENKE AUCH AN: Cannabis indica, Cantharis, Nux moschata, Opium, Veratrum album

Hauptindikationen beim Pferd

- Hornhauttrübung, wolkige Kornea
- Absonderungen aus der Harnröhre beim Hengst
- Phimose
- Patellaluxation beim Bergaufreiten

Cantharis *Canth.*

HERKÖMMLICHER NAME: Spanische Fliege, *Cantharis vesicatoria*
KLASSIFIKATION: Tierreich: Insekten
ZUBEREITUNG: Trituration des ganzen Insekts

Leitsymptome

- Wirkt auf die Harnwege und Geschlechtsorgane
- Akute, hochgradige Entzündung der Harnwege
- Blut und Schleim im Urin
- Hochgradiger Harndrang
- Häufiges Urinieren
- Nephritis
- Reizung des Gastrointestinaltraktes
- Peritonitis
- Delirium
- Sexuelle Manie
- Wiehern

- Halsentzündung
- Zunge mit Bläschen bedeckt
- Brennen im Maul, Pharynx, Hals und Ösophagus
- Dicker, klebriger Schleim im Hals
- Schwierigkeiten beim Trinken
- Schleimbedeckter Kot mit Blut und Pressen
- Hypersexualität bei beiden Geschlechtern
- Nachgeburtsverhaltung
- Metritis
- Pleuritis
- Perikarditis
- Dermatitis und Ekzem mit Bläschen, rauen Stellen oder Pusteln
- Gangrän
- Verbrennungen und Verbrühungen

Modalitäten

SCHLIMMER/VERSCHLIMMERT DURCH: Berührung, Urinieren, Wassertrinken
BESSER/GEBESSERT DURCH: Reiben

Wechselwirkungen

WIRKT GUT ZUSAMMEN MIT: Apis, Camphora, Argentum nitricum, Kalium bichromicum, Mercurius corrosivus, Sepia, Terebinthina, Pulsatilla
MAN DENKE AUCH AN: Apis, Arsenicum album, Mercurius corrosivus, Nux vomica, Sarsaparilla

Hauptindikationen beim Pferd

- Akute Zystitis
- Nephritis, akutes Nierenversagen
- Pyelonephritis
- Urethritis
- Akute Hautentzündung
- Blasen auf der Haut
- Pemphigus
- Photosensibilisierung
- Verbrennungen und Verbrühungen
- Folgen von Insektenstichen
- Pferdepocken
- Johanniskrautvergiftung
- Hypersexualität, Nymphomanie, Satyriasis
- Peritonitis
- Perikarditis
- Pleuritis
- Nachgeburtsverhaltung
- Hengstverhalten bei Wallachen
- Spermienmangel
- Priapismus
- Skrotale Dermatitis
- Hochgradige Entzündung von Maul und Zunge
- Akute Salmonellose
- Akute Leptospirose

Capsicum *Caps.*

HERKÖMMLICHER NAME: Cayennepfeffer, *Capsicum annuum*
KLASSIFIKATION: Pflanzenreich: Solanaceae
ZUBEREITUNG: Tinktur aus den getrockneten Schalen

Leitsymptome

- Wirkt auf die Schleimhäute und führt zu Entzündung und Eiterung
- Allgemeiner Zustand von Schwäche, Energiemangel, Erschöpfung und Abzehrung
- Reaktionsmangel, Faulheit
- Heimweh
- Kälteempfindlich, muss eingedeckt werden
- Entzündung im hinteren Bereich des Halses
- Stomatitis
- Kot mit Schleim oder Blut
- Pressen beim Kotabsatz
- Zystitis mit Pressen
- Hodenatrophie

Modalitäten

SCHLIMMER/VERSCHLIMMERT DURCH: Im Freien, nicht eingedeckt sein
BESSER/GEBESSERT DURCH: Wärme, Eindecken

Wechselwirkungen

WIRKT GUT ZUSAMMEN MIT: Belladonna, Lycopodium, Pulsatilla, Silicea, Natrium muriaticum

Hauptindikationen beim Pferd

- Stallwechsel, „Heimweh“
- Bei (im Alter) abgezehrten Tieren als Tonikum
- Pharyngitis
- Hodenatrophie
- Kokzidiose
- Akute Salmonellose
- Vesikuläre Stomatitis

Carbo animalis *Carb-an.*

HERKÖMMLICHER NAME: Tierkohle
KLASSIFIKATION: Mineralreich: Karbongruppe
ZUBEREITUNG: Trituration von verkohlter Rinderhaut und anschließende Lösung in destilliertem Wasser

Leitsymptome

- Passend für ältere Pferde
- Unterstützt die Genesung nach langer Krankheit
- Depression
- Träger Kreislauf
- Verdauungsschwäche
- Flatulenz
- Harte, geschwollene Lymphknoten im Nacken
- Schwäche der Sprunggelenke

Modalitäten

SCHLIMMER/VERSCHLIMMERT DURCH: Kalte Luft
BESSER/GEBESSERT DURCH: Wärme

Wechselwirkungen

WIRKT GUT ZUSAMMEN MIT: Calcium phosphoricum

Hauptindikationen beim Pferd

- Allgemeine Schwäche bei älteren Pferden, v. a. wenn die Verdauung schwach und der Kreislauf verlangsamt ist
- Unterstützt die Genesung nach langer Krankheit
- Pleuritis, in späteren Stadien

Carbo vegetabilis *Carb-v.*

HERKÖMMLICHER NAME: Holzkohle
KLASSIFIKATION: Mineralreich: Karbongruppe: Polychrest
ZUBEREITUNG: Trituration

Leitsymptome

- Passt zu langsamen, faulen, schwerfälligen Tieren
- Übergewicht
- Symptome neigen zu Chronizität
- Frieren, fühlt sich bei Berührung kalt an
- Verlangsamter Kreislauf, schwacher Puls, venöse Stase
- Sauerstoffmangel
- Symptome entstehen durch Flüssigkeitsverlust
- Kollaps
- Leblosigkeit
- Luftnot
- Schwäche
- Flatulenz
- Auftreibung des Abdomens
- Langsame Verdauung
- Kolik
- Husten mit Schleim im Brustkorb, Giemen
- Pneumonie (lang dauernde)
- Lungenblutung
- Kälte der Haut
- Haarausfall
- Gangrän
- Hämorrhagie mit dunklem Blut, das nicht gerinnt

Modalitäten

SCHLIMMER/VERSCHLIMMERT DURCH: Abends, nachts, Kälte, feuchtwarmes Wetter, im Freien

BESSER/GEBESSERT DURCH: Abgang von Gas, frische Luft (v. a. Zufächeln)

Wechselwirkungen

WIRKT GUT ZUSAMMEN MIT: Kalium carbonicum, Drosera, Arsenicum album, Lachesis, Phosphorus
MAN DENKE AUCH AN: China, Veratrum album, Lycopodium, Ammonium carbonicum, Graphites, Lycopodium, Sepia

Hauptindikationen beim Pferd

- Der „Leichenerwecker“
- Kollaps
- Fälle, die kurz vor dem Tod stehen
- Hochgradiger Schock, Zittern
- Septikämie, Toxämie
- Kreislaufkollaps, Zyanose
- Flüssigkeitsverlust (Hypovolämie)
- Pneumonie mit hochgradiger Atemnot
- Vernachlässigte Fälle von Pneumonie
- Lufthunger
- Blähungskolik
- Gangrän
- Geringe Widerstandskraft gegenüber Infektionen
- Erniedrigte Vitalität
- Verdauungsschwäche
- Hochgradige übel riechende Diarrhö mit Kollaps
- Akute Salmonellose
- Haarausfall bei älteren, ausgemergelten Pferden
- Hämorrhagie mit dunklem, heraussickerndem Blut und Kollaps des Patienten
- Myositis mit Muskelgangrän
- Erkrankung der weißen Linie
- Hochgradige Fälle von Laminitis
- Alopezie (Haarausfall) bei geschwächten Tieren

Carbolicum acidum *Carb-ac.*

HERKÖMMLICHER NAME: Phenol, Karbolsäure
KLASSIFIKATION: Mineralreich: Karbongruppe
ZUBEREITUNG: Lösung in Spiritus rectificatus

Leitsymptome

- Ein destruktives Mittel
- Stupor, Abneigung gegen Arbeit
- Wirkt auf das zentrale Nervensystem (ZNS)
- Paralyse
- Faulige Absonderungen
- Geschwüre im Maul
- Rückseite des Halses gerötet
- Flatulenz
- Postpartales Fieber
- Gebärmutterentzündung
- Ulzerierte Verbrennungen

Modalitäten

SCHLIMMER/VERSCHLIMMERT DURCH: Erschütterung
BESSER/GEBESSERT DURCH: Keine bekannt

Wechselwirkungen

MAN DENKE AUCH AN: Colchicum, Kreosotum, Sepia, Tabacum

Hauptindikationen beim Pferd

- Schwäche der Hinterhand mit allgemeiner Depression und Erschöpfung
- Hochgradig ulzerierte Verbrennungen, Verbrühungen
- Ulzeration des inneren Maules

Carcinosinum *Carc.*

HERKÖMMLICHER NAME: Krebszellen (i. d. R.) der weiblichen Brust
KLASSIFIKATION: Tierreich: Säugetiere: Mensch: Nosoden
ZUBEREITUNG: Aus erkranktem Epithelgewebe

Leitsymptome

- Wichtiges Mittel mit einem breiten Wirkungsspektrum, v. a. in psychologischer Hinsicht
- Wie Phosphorus, aber ohne die ganzen Ängste
- Verantwortungsbewusstsein
- Ausdauernd, macht weiter, bis er umfällt
- Aufopferung

- Perfektionist
- Rebellisches Naturell
- Überempfindlich gegenüber Geräuschen, der allgemeinen Atmosphäre, der Umgebung
- Obsessives Verhalten
- Unterdrückte Emotionen einschließlich Kummer und Zorn
- Mitfühlend, empfindsam gegenüber anderen Menschen und Tieren
- Empfindlich gegenüber Tadel
- Liebevoll, Verlangen nach Zuneigung
- Erwartungsangst
- Chronische Müdigkeit
- Krebs im Allgemeinen

Modalitäten – Keine bekannt

Wechselwirkungen

MAN DENKE AUCH AN: Sepia (akut), Natrium muriaticum, Thuja, Silicea, Tuberculinum, Phosphorus, Staphisagria

Hauptindikationen beim Pferd

- Vorgeschichte von wiederholten Erkrankungen, v. a. im jüngeren Alter
- Vakzinose
- Equine ME
- Borreliose
- Chronische Erschöpfung
- Verhaltensprobleme
- Erwartungsangst
- Krankheiten infolge von Kummer, Traurigkeit, Gram
- Sarkoide
- Melanom
- Hautzysten
- Langsam heilende Hautwunden
- Diabetes mellitus
- Unterstützend bei Krebs
- Hochgradige Wurmbelastung bei jungen Fohlen

Carduus marianus *Card-m.*

HERKÖMMLICHER NAME: Mariendistel, Silberdistel

KLASSIFIKATION: Pflanzenreich: Asteraceae (Compositae)

ZUBEREITUNG: Tinktur oder Trituration der Samen

Leitsymptome

- Hauptlebermittel
- Gelbsucht
- Zirrhose
- Leberschmerzen
- Stauung im Pfortadersystem
- Aszites durch Lebererkrankung
- Blutungen im Zusammenhang mit Lebererkrankungen
- Harter Kot
- Schmerzen in den Hüftgelenken

Modalitäten – Keine bekannt

Wechselwirkungen

MAN DENKE AUCH AN: Chelidonium, Taraxacum, Nux vomica, Lycopodium, Phosphorus

Hauptindikationen beim Pferd

- Als Lebertonikum
- Lebererkrankungen im Allgemeinen, v. a. chronische Fälle
- Lebervergrößerung
- Zirrhose, Gelbsucht
- Drainage von Lebertoxinen
- Hyperlipämie
- Morbus Cushing (Unterstützung der Leber)
- Unterstützende Behandlung bei Vergiftungen
- Jakobskreuzkrautvergiftung
- Aszites
- Steifheit der Hüften

Castor equi *Cast-eq.*

HERKÖMMLICHER NAME: Rudimentärer Daumennagel des Pferdes

KLASSIFIKATION: Tierreich: Säugetiere
ZUBEREITUNG: Trituration der Schuppen

Leitsymptome

- Wirkt auf die Nägel, Zitzen und Knochen
- Hautverdickung
- Rissige und ulzerierte Zitzen
- Schmerzhafte Zitzen
- Warzen

Modalitäten – Keine bekannt

Wechselwirkungen

MAN DENKE AUCH AN: Graphites, Silicea, Nitricum acidum

Hauptindikationen beim Pferd

- Wunde oder rissige Zitzen
- Brüchige Hufe
- Zur Verbesserung der Qualität des Hufhorns
- Verdickte Hautstellen
- Warzen im Kopfbereich und am Euter

Caulophyllum *Caul.*

HERKÖMMLICHER NAME: Frauenwurzel, Blauer Hahnenfuß, Caulophyllum thalictroides
KLASSIFIKATION: Pflanzenreich: Berberidaceae
ZUBEREITUNG: Tinktur oder Trituration der Wurzel

Leitsymptome

- Hauptwirkungsschwerpunkte: weibliche Geschlechtsorgane und kleinere Gelenke
- Tonusmangel im Uterus
- Abort und drohender Abort
- Uterine Absonderungen
- Schmerzen und Steifheit der kleineren Gelenke
- Arthritis der kleineren Gelenke

Modalitäten

SCHLIMMER/VERSCHLIMMERT DURCH: Im Freien, während der Trächtigkeit
BESSER/GEBESSERT DURCH: Keine bekannt

Wechselwirkungen

MAN DENKE AUCH AN: Gelsemium, Pulsatilla, Cimicifuga, Causticum, Sabina, Sepia, Viburnum opulus

Hauptindikationen beim Pferd

- In den späteren Trächtigkeitsstadien zur Vorbereitung einer leichten Geburt
- Zur Unterstützung während des Abfohlens und zur Förderung der Wehen
- Uterine Atonie
- Regulierend während der Trächtigkeit
- Zur Verminderung des Abortrisikos, auch bei EHV-1
- Nachgeburtsverhaltung
- Pyometra mit dunkelbrauner Absonderung, Endometritis
- Arthritis und Steifheit der kleineren Gelenke; Knie-, Sprung-, Fessel-, Kronbein- und Hufgelenk
- Karpitis
- Karpaltunnelsyndrom
- Chronische Laminitis

Causticum *Caust.*

HERKÖMMLICHER NAME: Hahnemanns Ätzstoff, Tinctura acris sine Kali, *Causticum Hahnemanni*
KLASSIFIKATION: Mineralreich: Causticumgruppe: Polychrest
ZUBEREITUNG: Destillation einer Mischung aus Löschkalk und Kaliumsulfat

Leitsymptome

- Wichtiges Mittel bei Arthritis, Lähmungen und Rheuma-ähnlichen Symptomen
- Schmerzen in den Muskeln und dem Bindegewebe
- Nächtliche Ruhelosigkeit durch Schmerzen in den Knochen und Gelenken
- Gelenkdeformationen
- Allmählicher Verlust der Muskelkraft, der zu Lähmung führt
- Sehnenkontraktur

- Lähmung der Stimmbänder, Zunge, des Gesichts, der Blase und Gliedmaßen
- Erkrankungen nach lang dauerndem Kummer
- Warzen
- Wundheit in Hautfalten
- Trockener Husten
- Katarakt
- Hornhautgeschwüre

Modalitäten

SCHLIMMER/VERSCHLIMMERT DURCH: Schönes, klares Wetter, kalter Wind, trockenes Wetter
BESSER/GEBESSERT DURCH: Feuchtes, nasses Wetter, Wärme

Wechselwirkungen

WIRKT GUT ZUSAMMEN MIT: Calcium carbonicum, Carbo vegetabilis, Arsenicum album, Cuprum, Ignatia, Pulsatilla, Rhus toxicodendron, Sepia
UNVERTRÄGLICH MIT: Phosphorus
MAN DENKE AUCH AN: Calcium phosphoricum, Gelsemium, Kalium bichromicum, Phosphorus, Rhus toxicodendron, Sepia, Tuberculinum

Hauptindikationen beim Pferd

- Ptose (Herabhängen der Augenlider)
- Kehlkopflähmung, Kehlkopfpfeifen
- Paralyse der Ohrmuschel (neurale Paralyse)
- Fazialislähmung
- Partielle Paralyse des Enddarms
- Schwäche oder Paralyse der Blase, Inkontinenz
- Zystitis durch Harnverhaltung
- Schwäche oder Paralyse der Gliedmaßen
- Ataxie
- Nervenlähmung nach Infektionskrankheiten
- Cauda-equina-Neuritis
- Femoralislähmung
- Radialislähmung
- Hahnentritt mit Kehlkopflähmung
- EHV-1-neurologische Symptome
- Genesung nach viraler Enzephalitis
- Equine protozoäre Myeloenzephalitis
- Uterusatonie beim Abfohlen
- Arthritis und DJD, wenn die Modalitäten übereinstimmen
- Allgemeine Steifheit auch des Halses/Nackens
- Knöcherne Deformation der Gelenke
- Knochenspat
- Kontraktion (Verkürzung) von Sehnen
- Schwankender oder ungleichmäßiger Gang der Vorderbeine
- Schwache Sprunggelenke
- Karpaltunnelsyndrom
- Hasenspat
- Große, wunde, blutende Warzen, gestielt oder zerklüftet
- Raue oder zerklüftete Zubildungen auf den Augenlidern
- Langsam heilende Verbrennungen
- Gangrän alter Verbrennungen oder tiefer Geschwüre
- Exkoriation der Haut
- Plaquebildung an den Ohren
- Wunden oder Narben, die immer wieder aufbrechen
- Chronische Bronchitis mit Husten (bei älteren Tieren)
- Harter, trockender Husten mit schwierigem Auswurf
- Katarakt
- Botulismus beim Fohlen
- Kummer und Gram

Ceanothus *Cean.*

HERKÖMMLICHER NAME: Wilder Schneeball, *Ceanothus americanus*
KLASSIFIKATION: Pflanzenreich: Rhamnaceae
ZUBEREITUNG: Tinktur aus den frischen Blättern

Leitsymptome

- Wirkt auf die Milz
- Anämie durch Lebererkrankung
- Chronische Bronchitis
- Hämostatikum

Modalitäten

SCHLIMMER/VERSCHLIMMERT DURCH: Bewegung, kaltes Wetter
BESSER/GEBESSERT DURCH: Warmes Wetter

Wechselwirkungen

WIRKT GUT ZUSAMMEN MIT: Berberis, Conium, Natrium muriaticum

Hauptindikationen beim Pferd

- Vergrößerung der Milz
- Anämie mit Leberbeteiligung
- Equine infektiöse Anämie (unterstützendes Mittel)

Cenchris contortrix *Cench.*

HERKÖMMLICHER NAME: Mokassinschlange, *Ancistrodon contortrix*
KLASSIFIKATION: Tierreich: Schlangen
ZUBEREITUNG: Lösung des Giftes

Leitsymptome

- Ein tief wirkendes Mittel
- Symptome sind eher rechtsseitig
- Stimmungsschwankungen
- Leicht gereizt
- Neigung zu treten oder zu beißen
- Misstrauen
- Eifersucht
- Nymphomanie
- Ovarialschmerzen
- Abneigung gegen eng sitzendes Sattel- und Zaumzeug
- Schwellung um die Augen
- Ketten von kleinen Knötchen in der Haut, die dem Verlauf der Lymphgefäße folgen

Modalitäten

SCHLIMMER/VERSCHLIMMERT DURCH: Rechte Seite, nach Ruhe, beim Erwachen
BESSER/GEBESSERT DURCH: Keine bekannt

Wechselwirkungen

MAN DENKE AUCH AN: Lachesis

Hauptindikationen beim Pferd

- Eifersucht
- Nymphomanie
- Rechtsseitige Ovarialschmerzen
- Equine knötchenartige Hauterkrankung

Chamomilla *Cham.*

HERKÖMMLICHER NAME: Echte Kamille, Matricaria chamomilla
KLASSIFIKATION: Pflanzenreich: Asteraceae (Compositae)
ZUBEREITUNG: Tinktur aus der ganzen frischen Pflanze

Leitsymptome

- Hauptwirkungsschwerpunkt ist das Nervensystem
- Geistige und emotionale Probleme
- Empfindlich und reizbar
- Übererregbarkeit
- Ruhelosigkeit mit Wiehern
- Ungeduld
- Intoleranz
- Boshaftigkeit
- Zorn
- Durst
- Hitze und Schweiß
- Extreme (unerträgliche) Schmerzen
- Schwellung der Speicheldrüsen
- Erkrankungen in Verbindung mit der Zahnung
- Auftreibung des Abdomens
- Blähungskolik mit starkem Schwitzen
- Grüner, wässriger Kot
- Steife Halsmuskeln
- Schmerzen im unteren Rücken
- Starke Gelenkschmerzen

Modalitäten

SCHLIMMER/VERSCHLIMMERT DURCH: Hitze, Ärger, im Freien, Wind, nachts, Berührung, Angesehenwerden
BESSER/GEBESSERT DURCH: Warmes nasses Wetter, Schwitzen

Wechselwirkungen

WIRKT GUT ZUSAMMEN MIT: Belladonna, Calcium carbonicum, Magnesium carbonicum, Pulsatilla

MAN DENKE AUCH AN: Nux vomica, Staphisagria, Colocynthis, Calcium phosphoricum

Hauptindikationen beim Pferd

- Schmerzen und Unverträglichkeit von Schmerzen
- Postoperative Schmerzen
- Zahnschmerzen
- Hochgradige Gelenkschmerzen mit Reizbarkeit und Unruhe
- Nackenschmerzen oder Steifheit
- Rückenschmerzen v. a. durch Kissing spines
- Zorn (und dadurch bedingte Erkrankungen) und Reizbarkeit
- Ruhelosigkeit, schwierig zu beruhigen
- Erregbarkeit
- Parotitis
- Blähungskolik
- Wässrige, grüne Diarrhö

Chelidonium majus *Chel.*

HERKÖMMLICHER NAME: Schöllkraut

KLASSIFIKATION: Pflanzenreich: Papaveraceae

ZUBEREITUNG: Tinktur aus der ganzen frischen Pflanze zur Zeit der Blüte

Leitsymptome

- Ein wichtiges Lebermittel
- Gelbsucht
- Lebervergrößerung
- Gelbe Skleren
- Konjunktivitis mit übermäßiger Tränenproduktion
- Schmerzen im Bereich der Augen
- Träge Verdauung
- Verstopfung
- Wechsel von Diarrhö und hartem Kot
- Schmerzen unter dem Schulterblatt (dem kaudalen Winkel)
- Steifheit des Nackens
- Schmerzen in den Gliedmaßen
- Schmerzen in den Knien/Metakarpalknochen
- Schmerzen rheumatischer Art in den Hüften
- Parese (Schwäche) der Hinterhand, Muskelschwäche
- Flattern der Nasenflügel (unabhängig von der Atmung)
- Rechtsseitige Pneumonie
- Lethargie, Schläfrigkeit
- Neigung zu tyrannischem Verhalten
- Dominanter Charakter
- Erkrankungen durch Wetterwechsel

Modalitäten

SCHLIMMER/VERSCHLIMMERT DURCH: Bewegung, Wetterwechsel, 4 und 16 Uhr, rechte Seite, Berührung

BESSER/GEBESSERT DURCH: Warmes Futter, Fressen, Druck

Wechselwirkungen

WIRKT GUT ZUSAMMEN MIT: Lycopodium, Bryonia, Arsenicum album, Ledum, Sulphur

MAN DENKE AUCH AN: Bryonia, Lycopodium, Mercurius solubilis, Opium, Sanguinaria

Hauptindikationen beim Pferd

- Lebererkrankungen
- Hepatitis
- Gelbsucht
- Jakobskreuzkrautvergiftung
- Zur allgemeinen Unterstützung der Leber
- Lethargie
- Allgemeine Muskelsteifheit einschließlich des Nackens
- Schmerzen und Unbehagen in den Kniegelenken
- Wundschmerzende Hüftgelenke
- DJD, Arthritis, v. a. des rechten Schultergelenks

- Karpitis
- Kreuzverschlag (Vorbeugung)
- Photosensibilisierung (bei Lebererkrankungen)
- Vergiftungen – zur Unterstützung der Leber

Chenopodium anthelminticum *Chen-a.*

HERKÖMMLICHER NAME: Amerikanisches Wurmkraut
KLASSIFIKATION: Pflanzenreich: Chenopodiaceae
ZUBEREITUNG: Tinktur aus der frischen Pflanze

Leitsymptome

- Schmerzen im Schulterblatt
- Gelber, schäumender Urin
- Wirkt gegen Würmer

Modalitäten - Keine bekannt

Wechselwirkungen - Keine bekannt

Hauptindikationen beim Pferd

Zur Wurmbehandlung

Chimaphila umbellata *Chim.*

HERKÖMMLICHER NAME: Dolden-Winterlieb
KLASSIFIKATION: Pflanzenreich: Ericaceae
ZUBEREITUNG: Tinktur aus der Wurzel und den Blättern oder der frischen blühenden Pflanze

Leitsymptome

- Wirkt auf die Nieren, den Genital- und Harntrakt, die Lymphdrüsen und das Euter
- Katarakt
- Chronische Zystitis mit Schleim, Blut und Sediment im Urin
- Pressen vor dem Harnabsatz
- Zucker im Urin
- Atrophie des Euters
- Tumoren im Euter mit Milchbildung

Modalitäten

SCHLIMMER/VERSCHLIMMERT DURCH: Feuchtes Wetter, linke Seite
BESSER/GEBESSERT DURCH: Keine bekannt

Wechselwirkungen

MAN DENKE AUCH AN: Conium, Copaiva, Medorrhinum, Pareira brava, Sulphur, Thuja

Hauptindikationen beim Pferd

- Nephritis
- Chronische Zystitis
- Sediment im Urin
- Diabetes
- Atrophie (Schrumpfen) des Euters

China

(siehe Cinchona officinalis)

Chininum arsenicosum *Chin-ar.*

HERKÖMMLICHER NAME: Chininarsenit
KLASSIFIKATION: Mineralreich
ZUBEREITUNG: Trituration

Leitsymptome

- Müdigkeit und Schwäche
- Asthma-ähnliche Symptome
- Schlechter Appetit

Modalitäten - Keine bekannt

Wechselwirkungen - Keine bekannt

Hauptindikationen beim Pferd

- Als allgemeines Tonikum nach Krankheit
- Schlechter Appetit mit Schwäche
- Equine infektiöse Anämie

Chininum sulphuricum *Chin-s.*

HERKÖMMLICHER NAME: Chininsulfat
KLASSIFIKATION: Mineralreich
ZUBEREITUNG: Trituration

Leitsymptome

- Akute Gelenkschmerzen
- Nephritis
- Abfall der roten Blutkörperchen und des Hämoglobins

- Blut und Albumin im Urin
- Schmerzen und Empfindlichkeit der Spitzen der Wirbelkörper
- Juckreiz, Rötung und Pusteln auf der Haut

Modalitäten – Keine bekannt

Wechselwirkungen

MAN DENKE AUCH AN: China, Phosphorus, Cedron, Salicylicum acidum und TNT

Hauptindikationen beim Pferd

- Unterstützende Behandlung bei Anämie
- Urolithiasis (Harngrieß)
- Schmerzen im Bereich der Wirbelsäule
- Hämolytische Anämie

Chionanthus *Chion.*

HERKÖMMLICHER NAME: Giftesche, Virginischer Schneeflockenstrauch, *Chionanthus virginica*
KLASSIFIKATION: Pflanzenreich: Oleaceae
ZUBEREITUNG: Tinktur aus der Rinde

Leitsymptome

- Wirkt vorrangig auf die Leber
- Gelbsucht
- Lebervergrößerung
- Milzvergrößerung
- Diabetes
- Lustlosigkeit
- Gelbe Konjunktiven
- Verstopfung
- Schlechter Appetit
- Erkrankungen der Bauchspeicheldrüse
- Dunkler, zuckerhaltiger Urin

Modalitäten - Keine bekannt

Wechselwirkungen

MAN DENKE AUCH AN: China, Chelidonium, Carduus, Podophyllum, Iris

Hauptindikationen beim Pferd

- Lebererkrankungen
- Gelbsucht
- Pankreaserkrankungen
- Diabetes mellitus

Cicuta virosa *Cic.*

HERKÖMMLICHER NAME: Wasserschierling
KLASSIFIKATION: Pflanzenreich: Apiaceae (Umbelliferae)
ZUBEREITUNG: Tinktur aus der Wurzel zur Zeit der Blüte

Leitsymptome

- Wirkt auf das Nervensystem
- Spasmen, Krämpfe
- Tetanische Bewegungen
- Konvulsionen, Epilepsie
- Kopf, Hals und Wirbelsäule sind spastisch nach hinten gebeugt, gekrümmt
- Kopf zu einer Seite gedreht
- Schwindel
- Delirium, Wiehern
- Meningitis
- Pupillenerweiterung
- Augen scheinen zu starren
- Strabismus
- Dicke, gelbe Krusten im Gesicht und den Maulwinkeln
- Aufnahme unverdaulicher Dinge

Modalitäten

SCHLIMMER/VERSCHLIMMERT DURCH: Berührung, Erschütterung oder plötzliche Bewegung, Rauch
BESSER/GEBESSERT DURCH: Wärme

Wechselwirkungen

MAN DENKE AUCH AN: Hypericum, Hyoscyamus, Belladonna, Nux vomica

Hauptindikationen beim Pferd

- Epilepsie, Konvulsionen
- Folgen von Erschütterung
- Tetanus
- Opisthotonus, Spasmen oder Krämpfe der Halsmuskeln
- Meningitis

- Myelitis
- Neonatales Fehlanpassungssyndrom (NMS)
- Vergiftungen, wenn die Symptome übereinstimmen
- Ekzem im Gesicht und Maulbereich

Cimicifuga racemosa *Cimic.*

HERKÖMMLICHER NAME: Wanzenkraut, Actaea-racemosa
KLASSIFIKATION: Pflanzenreich: Ranunculaceae
ZUBEREITUNG: Aus der Wurzel

Leitsymptome

- Hauptwirkungsschwerpunkte: Nervensystem, Muskeln und weiblicher Geschlechtsapparat
- Steifheit der Muskeln mit Ruhelosigkeit
- Muskelschmerzen
- Chorea
- Zucken der Gliedmaßen
- Steifheit mit Ursprung in der Achillessehne
- Furcht vor Reisen in einem geschlossenen Raum, versucht zu fliehen
- Ovarialschmerzen
- Unregelmäßiger Zyklus
- Schmerzen im Beckenbereich
- Lumbosakralschmerzen
- Steifheit des Rückens und Nackens
- Muskelkontraktionen im Rücken
- Nervös und ängstlich, leicht erregbar
- Gut gebaut

Modalitäten

SCHLIMMER/VERSCHLIMMERT DURCH: Berührung, nachts, abends, während der Rosse, Bewegung, Kälte
BESSER/GEBESSERT DURCH: Ruhe, Wärme, Futteraufnahme

Wechselwirkungen

WIRKT GUT ZUSAMMEN MIT: Cuprum
MAN DENKE AUCH AN: Bryonia, Pulsatilla, Caulophyllum, Lilium tigrinum, Actaea spicata

Hauptindikationen beim Pferd

- Rückenschmerzen
- Krämpfe der Nacken- oder Rückenmuskeln
- Steifheit mit Ursprung im Nacken
- Muskelschmerzen und Steifheit, v. a. mit Ruhelosigkeit
- Kreuzverschlag, Azoturie
- Lumbosakralschmerzen
- Stutenhaftes Verhalten
- Abort (zur Vorbeugung in der Potenz D1)
- Gestörter Zyklus
- Verspätete Ovulation
- Ovarialschmerzen
- Entzündung der Ovarien
- Beim Abfohlen, um die Zervix zu weiten
- Mangelhafte oder schwache Wehen
- Klaustrophobie im Anhänger/Transporter

Cina maritima *Cina*

HERKÖMMLICHER NAME: Wurmsamen, *Cina maritima, Artemisia maritima*
KLASSIFIKATION: Pflanzenreich: Asteraceae (Compositae)
ZUBEREITUNG: Aus den noch nicht geöffneten Blütenköpfen

Leitsymptome

- Passt oft bei jüngeren Tieren
- Hauptwirkungsbereich ist der Verdauungsapparat
- Intestinale Reizung
- Würmer
- Reizbarkeit
- Aufbrausend, schlecht gelaunt
- Abneigung gegen Berührung
- Wechselhafter Appetit
- Zähneknirschen
- Erweiterte Pupillen
- Juckreiz und Reiben der Ohren
- Juckreiz in der Nase führt zu Reiben

- Krampfartiger Husten
- Hungrig
- Aufgeblähtes Abdomen
- Juckreiz im Bereich des Anus
- Zuckungen der Gliedmaßen
- Konvulsionen in der Nacht

Modalitäten

SCHLIMMER/VERSCHLIMMERT DURCH: Nachts, in der Sonne, Sommer
BESSER/GEBESSERT DURCH: Herumgehen

Wechselwirkungen

MAN DENKE AUCH AN: Chenopodium, Teucrium marum, Kamala, Chamomilla, Natrium phosphoricum

Hauptindikationen beim Pferd

- Würmer und dadurch bedingte Erkrankungen, Diarrhö durch Würmer
- Reizung des Anus
- Epilepsie
- Kolik mit Auftreibung des Abdomens
- Hahnentritt
- Kopfschütteln

Cinchona officinalis, China *Chin.*

HERKÖMMLICHER NAME: Chinarindenbaum
KLASSIFIKATION: Pflanzenreich: Rubiaceae: Polychrest
ZUBEREITUNG: Tinktur aus der getrockneten Rinde

Leitsymptome

- Krankheiten durch Flüssigkeitsverlust – übermäßiges Schwitzen, Diarrhö, Hämorrhagien
- Passive, langsame Blutungen
- Schwäche
- Anämie
- Augen erscheinen eingesunken
- Postoperative Schmerzen durch Aufgasung
- Apathie
- Heftiges Niesen ohne Absonderung
- Erstickender Katarrh
- Rasseln im Brustkorb
- Lungenblutung
- Unregelmäßiger Herzschlag
- Träge Verdauung
- Flatulenz
- Kolik
- Lebervergrößerung, Gelbsucht
- Schmerzen in den Gliedmaßen und Gelenken
- Sehr berührungsempfindliche Haut
- Heftiges Schwitzen

Modalitäten

SCHLIMMER/VERSCHLIMMERT DURCH: Leichteste Berührung, Zugluft, Flüssigkeitsverlust, nachts, nach der Fütterung
BESSER/GEBESSERT DURCH: Harter Druck, frische Luft, Wärme

Wechselwirkungen

WIRKT GUT ZUSAMMEN MIT: Calcium phosphoricum, Ferrum metallicum, Arsenicum album, Carbo vegetabilis
MAN DENKE AUCH AN: Ignatia, Natrium muriaticum, Lycopodium, Nux vomica

Hauptindikationen beim Pferd

- Austrocknung
- Blutungsfolgen
- Anhaltende Hämorrhagie über einen längeren Zeitraum
- Schwäche jeglicher Genese, auch nach Virusinfektionen, insbesondere aber durch Flüssigkeitsverlust
- Wässrige Diarrhö, die zu Kollaps führt
- Fohlendurchfall (durch Milch)
- Blähungskolik
- Tympanische Kolik
- Postoperative Gasansammlung in den Gedärmen
- Katarrh im Brustkorb
- EIPH (anstrengungsbedingte Lungenblutung)

- Anämie, v. a. durch Blutverlust
- Zur Reinigung der Leber
- Feuchte Gangrän
- Equine infektiöse Anämie
- Potomac Pferdefieber
- Hitzschlag
- Übermäßiges Keuchen
- Erkrankungen mit zyklischem, rezidivierendem Verlauf

Cineraria *Cine.*

HERKÖMMLICHER NAME: Silbereiche, Cineraria maritima
KLASSIFIKATION: Pflanzenreich: Asteraceae (Compositae)
ZUBEREITUNG: Tinktur aus der frischen wilden Pflanze, kurz bevor sich die Blütenknospen öffnen

Leitsymptome

- Zur äußerlichen Anwendung
- Wirkt auf die Augen
- Katarakt – altersbedingt
- Katarakt durch Trauma am Auge
- Trübung, Geschwüre der Hornhaut

Modalitäten – Keine bekannt

Wechselwirkungen

MAN DENKE AUCH AN: Phosphorus, Causticum, Silicea, Calcium fluoratum

Hauptindikationen beim Pferd

- Katarakt, v. a. nach Augenverletzungen
- Hornhauttrübung
- Augenverletzungen

Cinnabaris *Cinnb.*

HERKÖMMLICHER NAME: Zinnober, Rotes Quecksilbersulfid
KLASSIFIKATION: Mineralreich: Quecksilbergruppe
ZUBEREITUNG: Trituration

Leitsymptome

- Schmerzen im Bereich des Auges und der Orbita
- Konjunktivitis, wenn das gesamte Auge gerötet und schmerzhaft ist
- Geschwüre in Maul und Hals
- Geschwollenes Präputium
- Blutende Warzen auf dem Präputium

Modalitäten

SCHLIMMER/VERSCHLIMMERT DURCH: Sommer, nachts
BESSER/GEBESSERT DURCH: Im Freien, Ruhe

Wechselwirkungen

MAN DENKE AUCH AN: Thuja, Nitricum acidum, Natrium sulphuricum, Mercurius solubilis

Hauptindikationen beim Pferd

- Intensive Rötung des ganzen Auges, hochgradige Konjunktivitis
- Sarkoide, v. a. auf dem Präputium
- Blutende Sarkoide
- Melanom, v. a. mit Ulzeration
- Phimose
- Smegma

Cistus canadensis *Cist.*

HERKÖMMLICHER NAME: Kanadische Zistrose
KLASSIFIKATION: Pflanzenreich: Cistaceae
ZUBEREITUNG: Tinktur aus der ganzen Pflanze

Leitsymptome

- Hat eine Affinität zu den Drüsen und dem Halsbereich
- Vergrößerte Lymphknoten
- Harte Knoten im Euter
- Mastitis
- Infizierte Wunden und Bisse
- Lupus
- Hautulzera

Modalitäten

SCHLIMMER/VERSCHLIMMERT DURCH: Aufenthalt in kalter Luft, Aufregung
BESSER/GEBESSERT DURCH: Fütterung

Wechselwirkungen

MAN DENKE AUCH AN: Conium, Calcium fluoratum, Bufo, Calcium carbonicum, Silicea

Hauptindikationen beim Pferd

- Parotitis
- Vergrößerte, verhärtete Lymphknoten, v. a. im Hals-/Nackenbereich
- Im Nackenbereich erscheinen Zubildungen in der Haut
- Mastitis mit harten Gebilden im Euter

Clematis erecta *Clem.*

HERKÖMMLICHER NAME: Aufrechte Waldrebe
KLASSIFIKATION: Pflanzenreich: Ranunculaceae
ZUBEREITUNG: Tinktur aus den Blättern und Stängeln

Leitsymptome

- Wirkt auf die Haut, Drüsen, Harnwege und Geschlechtsorgane
- Abmagerung
- Chronische Blepharitis
- Iritis
- Verhärtung der Hoden
- Schwellung des Skrotums
- Hodenentzündung
- Heftige Erektionen
- Unfähigkeit, Harn abzusetzen
- Tropfenweiser Urinabsatz
- Rote, brennende Haut, Juckreiz

Modalitäten

SCHLIMMER/VERSCHLIMMERT DURCH: Nachts, Stallwärme, Waschung mit kaltem Wasser, Neumond
BESSER/GEBESSERT DURCH: Im Freien

Wechselwirkungen

WIRKT GUT ZUSAMMEN MIT: Silicea
MAN DENKE AUCH AN: Argentum metallicum, Cantharis, Medorrhinum, Pulsatilla, Rhododendron, Rhus toxicodendron

Hauptindikationen beim Pferd

- Harnröhrenstrikturen
- Juckreiz und Reizung im Genitalbereich
- Orchitis
- Verlängerte Erektionen
- Kryptorchiden
- Chronische Blepharitis

Cobaltum metallicum *Cob.*

HERKÖMMLICHER NAME: Kobalt
KLASSIFIKATION: Mineralreich: Metalle
ZUBEREITUNG: Trituration

Leitsymptome

- Knochenschmerzen
- Rückenschmerzen
- Schmerzen in den Kniegelenken
- Schwache Kniegelenke

Modalitäten – Keine bekannt

Wechselwirkungen – Keine bekannt

Hauptindikationen beim Pferd

- Schmerzen im unteren Rücken, v. a. im Kreuzbeinbereich
- Knieschmerzen
- Schwache Kniegelenke

Cocculus *Cocc.*

HERKÖMMLICHER NAME: Kokkelskörner, *Cocculus indicus*
KLASSIFIKATION: Pflanzenreich: Menispermaceae
ZUBEREITUNG: Tinktur aus den pulverisierten Samen, die das Gift Picrotoxin enthalten

Leitsymptome

- Spasmen und Schwäche (Parese) mit Ursprung im Kleinhirn
- Kontraktionen der Gliedmaßen und des Körpers
- Krämpfe der Kiefermuskulatur

- Fazialislähmung
- Lähmung der Halsmuskeln mit Unvermögen zu schlucken
- Kontraktion der Pupillen
- Verschlimmerung durch Reisen
- Auftreibung des Abdomens
- Würgereiz im oberen Ösophagus
- Schmerzen im mittleren Bereich des Rückens
- Schmerzen im Bereich der Schultern und Ellbogen
- Einseitige Lähmung
- Knacken der Kniegelenke
- Schwäche der unteren Gliedmaßen

Modalitäten

SCHLIMMER/VERSCHLIMMERT DURCH: Reisen (in einem Fahrzeug), Schlafmangel, Berührung, Lärm, emotionale Erregung, Erschütterung, Sonnenhitze

BESSER/GEBESSERT DURCH: Keine bekannt

Wechselwirkungen

WIRKT GUT ZUSAMMEN MIT: Petroleum

UNVERTRÄGLICH MIT: Causticum, Nux vomica

MAN DENKE AUCH AN: Petroleum, Tabacum, Picricum acidum, Ignatia, Natrium muriaticum, Gelsemium

Hauptindikationen beim Pferd

- „Reisekrankheit“, Seekrankheit
- Epilepsie und Konvulsionen
- Verlust des Gleichgewichts
- Meningitis
- Fazialislähmung
- Myositis der Kiefermuskeln
- Schwache, knackende Kniegelenke
- Schwäche der Hinterhand
- Cauda-equina-Neuritis
- Equine protozoäre Myeloenzephalitis
- Graskrankheit (Polygangliomyopathie)

Coccus cacti *Coc-c.*

HERKÖMMLICHER NAME: Kochenillelaus

KLASSIFIKATION: Tierreich: Insekten: Hemiptera

ZUBEREITUNG: Tinktur oder Trituration der Körper der getrockneten weiblichen Insekten

Leitsymptome

- Empfindung von einem Fremdkörper im Auge
- Dicker Schleim im Hals
- Erstickender, krampfartiger Husten mit dickem, weißem Schleim
- Chronische Bronchitis
- Steine oder Grieß im Urin
- Blut im Urin
- Dunkler Urin

Modalitäten

SCHLIMMER/VERSCHLIMMERT DURCH: Linke Seite, nach dem Schlaf, Berührung, Anstrengung

BESSER/GEBESSERT DURCH: Reiten

Wechselwirkungen

MAN DENKE AUCH AN: Cantharis, Sarsaparilla, Kalium bichromicum, Apis, Phosphorus

Hauptindikationen beim Pferd

- Harngrieß
- Chronische Bronchitis
- Ansammlung von dickem Schleim im Hals
- Missempfindung im Auge, das sich durch wiederholtes Reiben zeigt

Coffea cruda *Coff.*

HERKÖMMLICHER NAME: Ungeröstete Kaffeebohnen

KLASSIFIKATION: Pflanzenreich: Rubiaceae

ZUBEREITUNG: Tinktur aus den rohen Beeren

Leitsymptome

- Zur allgemeinen Anregung
- Nervöse Erregung, Unruhe
- Geistig aktiv
- Gesteigerte Empfindsamkeit
- Erkrankungen infolge von Erschöpfung, Angst und Schreck

- Neuralgie
- Schenkelneuralgie, Neuralgie des Femoralis
- Unverträglichkeit von Schmerzen
- Schlaflosigkeit

Modalitäten

SCHLIMMER/VERSCHLIMMERT DURCH: Emotionale Stimulation, Schlafmittel, starke Gerüche, Lärm, Kälte, nachts

BESSER/GEBESSERT DURCH: Wärme, Ruhe, Schlaf

Wechselwirkungen

UNVERTRÄGLICH MIT: Cantharis, Causticum, Cocculus, Ignatia, Natrium muriaticum, Sepia, Theridion

Hauptindikationen beim Pferd

- Neuritis
- Unverträglichkeit von Schmerzen
- Neuralgische Schmerzen
- Postoperative Schmerzen
- Erregung und Unruhe, Erregbarkeit
- Überempfindlichkeit gegenüber Lärm
- Nymphomanie
- Folgen von langen Reisen

Colchicum *Colch.*

HERKÖMMLICHER NAME: Herbstzeitlose, *Colchicum autumnale*

KLASSIFIKATION: Pflanzenreich: Lilliaceae

ZUBEREITUNG: Tinktur aus der Knolle, die im Frühling ausgegraben wird

Leitsymptome

- Hauptwirkungsbereiche: Muskeln, Periost und Synovialmembranen
- Die betroffenen Bereiche sind rot, heiß und geschwollen
- Reißende Schmerzen
- Kollaps und Hinfälligkeit
- Akute und schwere Symptome
- Gesteigerter Durst
- Flatulenz
- Verstärkter Speichelfluss
- Auftreibung des Abdomens
- Verstärkte Darmgeräusche
- Auftreibung des Kolons
- Auftreibung des rechten unteren Bauches
- Aszites
- Geleeartiger Schleim im Kot
- Dysenterie-ähnliche Symptome
- Wässrige Diarrhö mit Auftreibung des Abdomens
- Pressen beim Kotabsatz
- Dunkler Urin
- Schmerzen in den Gliedmaßen, v. a. den Kniegelenken
- Steife Gelenke, Rheuma-ähnliche Symptome
- Schwellung der Gliedmaßen
- Schmerzen im Lumbosakralbereich

Modalitäten

SCHLIMMER/VERSCHLIMMERT DURCH: Sonnenuntergang bis Sonnenaufgang, Bewegung

BESSER/GEBESSERT DURCH: Wärme, ruhiges Liegen

Wechselwirkungen

WIRKT GUT ZUSAMMEN MIT: Lycopodium, Arsenicum album, Spigelia

MAN DENKE AUCH AN: Carbo vegetabilis, Arsenicum album, Veratrum album, Bryonia, Berberis, Lycopodium

Hauptindikationen beim Pferd

- Wichtiges Mittel bei tympanischer Kolik mit Kollern und Auftreibung des Abdomens
- Dysenterie-ähnliche Diarrhö
- Schleimige Diarrhö
- Kolitis X, Clostridien-Enterotoxämie
- Akute Salmonellose
- Schwellung und Steifheit der Gelenke
- Synovitis

- Schmerzhafte Gelenke, Empfindlichkeit gegenüber der geringsten Berührung oder Bewegung
- Akutes Nierenversagen

Colocynthis *Coloc.*

HERKÖMMLICHER NAME: Koloquinte, *Citrullus colocynthis*

KLASSIFIKATION: Pflanzenreich: Cucurbitaceae

ZUBEREITUNG: Tinktur aus dem Fruchtmark

Leitsymptome

- Die Wirkung konzentriert sich auf das Abdomen und den Kopf (Neuralgie)
- Plötzlich einsetzende, heftige Bauchschmerzen, gebessert durch Aufkrümmen des Rückens
- Wellenartig einsetzende Schmerzen
- Reizbar, zornig, aufgebracht
- Muskelkrämpfe und -zuckungen
- Abführmittel
- Dysenterie-ähnlicher, gelblicher Kot mit Schleim
- Ovarialschmerzen
- Zystische Ovarien
- Muskelkontraktionen
- Hochziehen der Gliedmaßen
- Krampfartige Schmerzen in den Hüftgelenken
- Luxation der Hüftgelenke
- Sehnenverkürzung

Modalitäten

SCHLIMMER/VERSCHLIMMERT DURCH: Ärger, Fütterung

BESSER/GEBESSERT DURCH: Aufkrümmen des Rückens (Zusammenkrümmen), harten Druck, Wärme, Bewegung

Wechselwirkungen

WIRKT GUT ZUSAMMEN MIT: Staphisagria, Chamomilla, Mercurius solubilis, Causticum, Kalium carbonicum

MAN DENKE AUCH AN: Bryonia, Elaterium, Causticum, Magnesium phosphoricum

Hauptindikationen beim Pferd

- Krampfkolik
- Kolik nach Trinken von kaltem Wasser
- Hüftschmerzen
- Hahnentritt
- Schaudern, Zittern
- Zystische Ovarien
- Ovarialschmerzen (die zu Aufkrümmen des Rückens führen)
- Schwere Diarrhö mit Bauchkrämpfen oder Kolik
- Potomac Pferdefieber

Conium *Con.*

HERKÖMMLICHER NAME: Gefleckter Schierling, *Conium maculatum*

KLASSIFIKATION: Pflanzenreich: Apiaceae (Umbelliferae)

ZUBEREITUNG: Tinktur aus der frischen blühenden Pflanze

Leitsymptome

- Hat eine Affinität zu den Endigungen der motorischen Nerven und den Nervenganglien
- Aufsteigende Lähmung und Steifheit
- Unbeholfener Gang
- Zittern
- Altersbedingte Veränderungen, Schwäche
- Tumoren und vergrößerte Drüsen
- Deprimiert, Mangel an Interesse
- Schwindel
- Photophobie (ausgelöst durch die geringste Hornhautschädigung)
- Übermäßiger Tränenfluss
- Schwäche der Augenmuskeln
- Keratitis (Entzündung der Kornea)
- Lebervergrößerung

- Chronische Gelbsucht
- Drang, Kot abzusetzen
- Schwierigkeiten beim Harnabsatz (hört auf und beginnt wieder)
- Gesteigertes sexuelles Verlangen beim Hengst
- Folgen von Unterdrückung des Sexualtriebes
- Hartes, geschrumpftes Euter
- Entzündung der Ovarien
- Trockener Husten
- Paralyse der Atemmuskulatur
- Erschwerte Atmung bei der geringsten Anstrengung
- Schmerzen im Lumbosakralbereich oder zwischen den Schultern
- Schmerzen im Bereich der Schweifrübe (Kokzygodynie)
- Schwere, müde Hinterhand
- Paralyse oder Schwäche der Hinterhand
- Muskelschwäche

Modalitäten

SCHLIMMER/VERSCHLIMMERT DURCH: Vor oder während der Rosse, Anstrengung

BESSER/GEBESSERT DURCH: Bewegung, Druck

Wechselwirkungen

WIRKT GUT ZUSAMMEN MIT: Arnica, Arsenicum album, Calcium carbonicum, Lycopodium, Nux vomica, Phosphorus, Pulsatilla

Hauptindikationen beim Pferd

- Progressive und langsame Paralyse
- Schwäche der Hinterhand
- Wobbler-Syndrom
- Cauda-equina-Neuritis
- Crurale Paralyse
- Muskelschwäche
- Verlust des Gleichgewichts
- Paralyse und Schwäche der Hinterhand
- Paralyse oder Schwäche der Blase
- Harnträufeln
- Keratitis mit hochgradiger Photophobie
- Korneaulzeration mit Photophobie
- Vergrößerte, verhärtete Lymphknoten
- Kleine, verhärtete Tumoren kanzeröser Lymphknoten
- Noduläre Sarkoide
- Als grundsätzliches Mittel für ältere Pferde
- Mastitis (wenn die Drüse harte Knötchen aufweist)
- Virusinfektionen mit neurologischen Symptomen
- EHV-1, Afrikanische Pferdepest, Dourine, Equine protozoäre Myeloenzephalitis
- Symptomatische Behandlung von Vergiftungen

Convallaria *Conv.*

HERKÖMMLICHER NAME: Maiglöckchen, *Convallaria majalis*

KLASSIFIKATION: Pflanzenreich: Liliaceae

ZUBEREITUNG: Aus der ganzen Pflanze

Leitsymptome

- Ein wichtiges Herzmittel
- Steigert die Energie des Herzschlages
- Schneller und unregelmäßiger Puls
- Herzvergrößerung
- Venöse Stase
- Lungenkongestion
- Erschwerte Atmung (Dyspnoe) beim Reiten
- Aszites
- Endokarditis

Modalitäten

SCHLIMMER/VERSCHLIMMERT DURCH: Im warmen Stall

BESSER/GEBESSERT DURCH: Im Freien

Wechselwirkungen

MAN DENKE AUCH AN: Digitalis, Crataegus, Cactus

Hauptindikationen beim Pferd

- Herzschwäche mit trägem Kreislauf und/oder schnellem, unregelmäßigem Puls
- Herzvergrößerung
- Herzklappenschäden
- Endokarditis
- Aszites
- Lungenkongestion

Copaiva *Cop.*

HERKÖMMLICHER NAME: Kopaivabalsam, *Copaiva officinalis*

KLASSIFIKATION: Pflanzenreich: Fabiaceae (Leguminosae)

ZUBEREITUNG: Tinktur aus dem Balsam

Leitsymptome

- Wirkt auf die Schleimhäute v. a. der Harn- und Atemwege
- Nasaler Katarrh mit wunden Nüstern
- Bronchialkatarrh
- Schmerzhafter Harnabsatz
- Häufiger Harndrang
- Kolitis mit Schleim
- Allergische Hautreaktionen, Quaddeln

Modalitäten – Keine bekannt

Wechselwirkungen

MAN DENKE AUCH AN: Cantharis, Apis, Vespa, Sepia

Hauptindikationen beim Pferd

- Zystitis
- Urtikaria, Quaddeln
- Bronchialkatarrh

Crataegus *Crat.*

HERKÖMMLICHER NAME: Weißdorn, *Crataegus oxyacantha*

KLASSIFIKATION: Pflanzenreich: Rosaceae

ZUBEREITUNG: Tinktur aus den reifen Beeren

Leitsymptome

- Ein Herztonikum mit Wirkung auf den Herzmuskel
- Steigert die Anzahl und Stärke der Herzschläge
- Chronische Herzkrankheit mit Schwäche
- Herzversagen
- Herzvergrößerung
- Klappenbedingte Herzgeräusche
- Myokarditis
- Flüssigkeitsretention
- Erschwerte Atmung bei der geringsten Anstrengung
- Kalte Extremitäten (Gliedmaßen)
- Diabetes
- Anämie

Modalitäten

SCHLIMMER/VERSCHLIMMERT DURCH: Stallwärme

BESSER/GEBESSERT DURCH: Frische Luft, Ruhe

Wechselwirkungen

MAN DENKE AUCH AN: Strophanthus, Digitalis, Cactus, Convallaria, Prunus

Hauptindikationen beim Pferd

- Podotrochlose
- Chronische Laminitis
- Herzerkrankung (als allgemeines Tonikum)
- Herzversagen und damit verbundene Symptome
- Herzgeräusche bei schwachem Puls
- Myokarditis
- Als allgemeines Herztonikum bei alten Pferden
- Equine infektiöse Anämie (Unterstützung des Herzens)

Crocus sativus *Croc.*

HERKÖMMLICHER NAME: Safran

KLASSIFIKATION: Pflanzenreich: Iridaceae

ZUBEREITUNG: Tinktur aus den getrockneten Blüten oder den jungen frischen Schösslingen

Leitsymptome

- Bei Blutungen mit schwarzem, dickem Blut, das in langen Fäden gerinnt
- Erweiterung der Pupillen
- Langsame Pupillenreaktion auf Lichtreize
- Verstopfung der Arterien der Netzhaut durch Blutgerinnsel
- Glaukom
- Nasenbluten
- Giemender Husten
- Verstopfung
- Drohender Abort
- Uterine Blutungen mit dunklem, fadenziehendem Blut
- Spastische Muskelkontraktionen
- Zuckungen einzelner Muskelpartien
- Schwäche der Hinterhand

Modalitäten

SCHLIMMER/VERSCHLIMMERT DURCH: Hinlegen, heißes Wetter, Stallwärme, morgens
BESSER/GEBESSERT DURCH: Im Freien

Wechselwirkungen

WIRKT GUT ZUSAMMEN MIT: China, Nux vomica, Pulsatilla, Sulphur
MAN DENKE AUCH AN: Platinum, Sabina, Ipecacuanha, Lachesis, Zincum

Hauptindikationen beim Pferd

- Blutungen mit dunklem, schwarzem, fadenziehendem Blut
- Uterine Blutung
- Abort
- Glaukom

Crotalus horridus *Crot-h.*

HERKÖMMLICHER NAME: Nordamerikanische Klapperschlange
KLASSIFIKATION: Tierreich: Reptilien: Schlangen: Crotalidae
ZUBEREITUNG: Lösung des Giftes in Glyzerin

Leitsymptome

- Wirkt auf das Blut
- Hämorrhagie mit dunklem, flüssigem Blut, das nicht gerinnt
- Zersetzung des Blutes
- Gelbsucht und Leberzirrhose
- Septische Zustände
- Geschwätzig
- Misstrauisches Naturell
- Diktatorisch
- Verlangen zu entfliehen
- Intraokuläre Hämorrhagie
- Netzhautblutung
- Nasenbluten
- Dunkelroter, geschwollener Hals
- Ösophagusspasmen
- Unverträglichkeit von engsitzendem Geschirr
- Darmblutungen mit dunklem Blut
- Verlängerter Östrus
- Uterine Hämorrhagie
- Postpartales Fieber
- Fieber mit Hämorrhagie
- Septikämie
- Lymphangitis
- Verfärbung und Schwellung der Haut
- Purpura haemorrhagica
- Abszesse
- Sepsis der Haut

Modalitäten

SCHLIMMER/VERSCHLIMMERT DURCH: Rechte Seite, frische Luft, abends und morgens, Frühling, feuchtes und nasses Wetter
BESSER/GEBESSERT DURCH: Ruhe, Bewegung

Wechselwirkungen

WIRKT GUT ZUSAMMEN MIT: Arnica, Belladonna, Lycopodium, Nux vomica, Pulsatilla, Rhus toxicodendron, Stramonium
UNVERTRÄGLICH MIT: Lachesis, Psorinum
MAN DENKE AUCH AN: Lachesis, Bothrops, Naja, Elaps

Hauptindikationen beim Pferd

- Hämorrhagie von dunklem, fast schwarzem, flüssigem Blut, das nicht schnell gerinnt
- Absorption einer intraokulären Blutung
- Uterine Hämorrhagie
- Anämie durch Blutverlust
- Sepsis und septische Zustände
- Septikämie, Toxämie
- Postpartales Fieber
- Abszesse und andere Hautinfektionen mit Verfärbung der Haut
- Septische Hautwunden
- Purpura haemorrhagica
- Lymphangitis
- Warfarin-Vergiftung
- Hämatome, v. a. rezidivierende
- Schlangen- und Insektenbisse oder –stiche
- Equine virale Arteriitis
- Kokzidiose
- Nachteilige Folgen von Impfungen

Croton tiglium *Crot-t.*

HERKÖMMLICHER NAME: Krotonölbaum
KLASSIFIKATION: Pflanzenreich: Euphorbiaceae
ZUBEREITUNG: Tinktur aus dem Öl der Samen

Leitsymptome

- Wirkt abführend und hautreizend
- Diarrhö mit plötzlicher Entleerung
- Wässriger Kot
- Pressen und Drängen
- Gurgelnde Darmgeräusche
- Heftiger Juckreiz der Haut
- Pustuläre Ausschläge v. a. im Gesicht und Genitalbereich
- Nässende Bläschen

Modalitäten

SCHLIMMER/VERSCHLIMMERT DURCH: Essen oder Trinken, Sommer, Berührung, nachts, morgens
BESSER/GEBESSERT DURCH: Schlaf

Wechselwirkungen

WIRKT GUT ZUSAMMEN MIT: Rhus toxicodendron
MAN DENKE AUCH AN: Elaterium, Veratrum album, Colchicum, Gambogia, Rhus toxicodendron

Hauptindikationen beim Pferd

- Wässrige Diarrhö mit gewaltsamer Entleerung, Drängen und Schleim
- Ekzem oder Dermatitis mit heftigem Juckreiz, v. a. im Gesicht und Genitalbereich, insbesondere am Skrotum
- Equine Rotavirus-Infektion

Cuprum metallicum *Cupr.*

HERKÖMMLICHER NAME: Kupfer
KLASSIFIKATION: Mineralreich: Metalle
ZUBEREITUNG: Trituration

Leitsymptome

- Hauptwirkungsbereich: Spasmen, Krämpfe, Konvulsionen und Epilepsie
- Die Symptome scheinen zuerst in den Gliedmaßenenden aufzutreten
- Die Symptome erscheinen periodisch und in Gruppen
- Tonische und klonische Krämpfe
- Chorea (unfreiwillige Bewegungen der Gliedmaßen)
- Spasmen und Konstriktion des Brustkorbes
- Muskelzuckungen in den Gliedmaßen
- Muskelkrämpfe
- Nach oben verdrehte Augäpfel
- Kieferkontraktion
- Schaum im Maulbereich
- Hochgradige Kolik
- Abdomen berührungsempfindlich
- Schwarzer Kot
- Groll
- Intuitiv
- Plötzliche Episoden von explosiven Verhaltensauffälligkeiten
- Erkrankungen durch unterdrückte Emotionen oder Zustände

Modalitäten

SCHLIMMER/VERSCHLIMMERT DURCH: Vor der Rosse, abends, nachts, Neumond
BESSER/GEBESSERT DURCH: Trinken von kaltem Wasser, Schwitzen

Wechselwirkungen

WIRKT GUT ZUSAMMEN MIT: Calcium carbonicum, Iodium, Arsenicum album
MAN DENKE AUCH AN: Belladonna, Stramonium, Cicuta, Strychninum, Colocynthis, Dioscorea

Hauptindikationen beim Pferd

- Muskelspasmen, Zuckungen und Krämpfe
- Epilepsie und Konvulsionen
- Azoturie
- Hahnentritt
- Schaudern
- Krampfkolik mit heftigen intermittierenden Spasmen
- Intussuszeption
- Diarrhö mit Kolik oder Krämpfen
- Eklampsie, Hypokalzämie
- Equine protozoäre Myeloenzephalitis
- Kreuzverschlag (Vorbeugung)
- Osteochondrose, OCD (in niedriger Potenz)
- Tief sitzender Kummer

Curare *Cur.*

HERKÖMMLICHER NAME: Curare-Pfeilgift
KLASSIFIKATION: Pflanzenreich: Loganiaceae
ZUBEREITUNG: Verdünnung des Giftes in Alkohol

Leitsymptome

- Greift die Muskeln und das Gehirn an
- Verursacht Muskellähmung
- Kein Verlust der Empfindung oder des Bewusstseins
- Lähmung der Atemmuskulatur
- Verminderte Reflexe
- Diabetes
- Kann hinterhältig oder gemein sein
- Neigung, Leute zu jagen

Modalitäten

SCHLIMMER/VERSCHLIMMERT DURCH: Feuchtes Wetter, kaltes Wetter oder kalter Wind, 2 Uhr, rechte Körperseite
BESSER/GEBESSERT DURCH: Keine bekannt

Wechselwirkungen

WIRKT GUT ZUSAMMEN MIT: Arnica, Belladonna
MAN DENKE AUCH AN: Barium carbonicum, Nux vomica, Conium, Plumbum

Hauptindikationen beim Pferd

- Vollständige Lähmung eines Bereiches
- Muskellähmung
- Fazialislähmung
- Femoralis-, Radialis-, Cruralislähmung
- Schwache Gliedmaßen
- Zittern der Gliedmaßen
- Die Beine geben nach
- Schwäche bei älteren Pferden
- Tetanus
- Equine ME, postvirales Syndrom

Cyclamen *Cycl.*

HERKÖMMLICHER NAME: Alpenveilchen, *Cyclamen europaeum*
KLASSIFIKATION: Pflanzenreich: Primulaceae
ZUBEREITUNG: Tinktur aus der im Frühling gesammelten Wurzel

Leitsymptome

- Greift den Gastrointestinaltrakt und den Urogenitaltrakt an
- Postpartale Hämorrhagie
- Schwellung des Euters mit Milchbildung im Anschluss an die Rosse
- Wirkt abführend auf den Darm
- Periostale Schmerzen

Modalitäten

SCHLIMMER/VERSCHLIMMERT DURCH: Im Freien, abends

BESSER/GEBESSERT DURCH: Nach der Rosse, Herumgehen, Stallwärme

Wechselwirkungen

WIRKT GUT ZUSAMMEN MIT: Phosphorus, Pulsatilla, Rhus toxicodendron, Sepia, Sulphur
MAN DENKE AUCH AN: Pulsatilla, Sepia, Natrium muriaticum

Hauptindikationen beim Pferd

- Zum Trockenstellen bei nicht-trächtigen Stuten

Digitalis *Dig.*

HERKÖMMLICHER NAME: Fingerhut, *Digitalis purpurea*
KLASSIFIKATION: Pflanzenreich: Scrophulariaceae
ZUBEREITUNG: Tinktur aus dem Blättern im zweiten Jahr des Wachstums

Leitsymptome

- Wichtiges Herzmittel
- Unregelmäßiger und schwacher Puls
- Unregelmäßiger Herzschlag
- Klappeninsuffizienz
- Langsamer Puls
- Herzmuskelschwäche
- Herzvergrößerung
- Zyanose
- Kollaps
- Lebervergrößerung
- Gelbsucht bei Herzerkrankung
- Ödem und Aszites

Modalitäten

SCHLIMMER/VERSCHLIMMERT DURCH: Bewegung, selbst die geringste, nachts
BESSER/GEBESSERT DURCH: Im Freien

Wechselwirkungen

UNVERTRÄGLICH MIT: China, Strophanthus
MAN DENKE AUCH AN: Crataegus, Apocynum cannabinum, Convallaria, Cactus, Lachesis, Spigelia

Hauptindikationen beim Pferd

- Herzschwäche
- Unregelmäßiger und langsamer Puls
- Herzarrhythmien, unregelmäßiger Herzschlag
- Atriale Fibrillation
- Mitralklappenschäden
- Ödem und Aszites
- Angelaufene Beine, wenn ein Kreislaufproblem zugrunde liegt
- Lungenkongestion
- Zyanose
- Myokarditis
- Zur Unterstützung des Herzens während einer Krankheit

Dioscorea *Dios.*

HERKÖMMLICHER NAME: Yamswurzel, *Dioscorea villosa*
KLASSIFIKATION: Pflanzenreich: Dioscoreaceae
ZUBEREITUNG: Tinktur aus der frischen Wurzel

Leitsymptome

- Mittel bei Schmerzen und Spasmen
- Blähungskolik
- Verdauungsschwäche
- Flatulenz
- Rumpelnde Geräusche im Abdomen
- Rückenschmerzen
- Steife Gelenke
- Schwache Hufe

Modalitäten

SCHLIMMER/VERSCHLIMMERT DURCH: Abends, nachts, Hinlegen, Aufkrümmen des Rückens
BESSER/GEBESSERT DURCH: Umhergehen, Strecken, im Freien

Wechselwirkungen

MAN DENKE AUCH AN: Colocynthis, Bryonia, Nux vomica, Chamomilla, Belladonna, Magnesium phosphoricum

Hauptindikationen beim Pferd

- Blähungskolik

Drosera *Dros.*

HERKÖMMLICHER NAME: Sonnentau, *Drosera rotundifolia*

KLASSIFIKATION: Pflanzenreich: Droseraceae

ZUBEREITUNG: Tinktur aus der frischen Pflanze

Leitsymptome

- Hauptwirkungsbereich sind die Atemwege
- Beziehungen zum lymphatischen System, den serösen Häuten, langen Röhrenknochen und Wirbeln
- Krampfartiger, trockener Husten
- Rasch aufeinanderfolgende Hustenanfälle
- Würgen und erschwerte Atmung während der Hustenanfälle
- Gelber Katarrh
- Kehlkopfentzündung
- Empfindlicher Kehlkopf – Palpation löst Husten aus
- Entzündung der Pleura
- Asthmatische Symptome
- Schmerzen im Hüftgelenk

Modalitäten

SCHLIMMER/VERSCHLIMMERT DURCH: Gegen Abend, nach Mitternacht, Hinlegen, Wärme

BESSER/GEBESSERT DURCH: Im Freien, langsames Spazierengehen

Wechselwirkungen

WIRKT GUT ZUSAMMEN MIT: Nux vomica, Calcium carbonicum, Pulsatilla, Carbo vegetabilis, Sulphur

Hauptindikationen beim Pferd

- Krampfartiger, trockener Husten
- „Bellender" Husten
- Trockener, rezidivierender Husten
- Pleuritis
- Pneumonie
- Tracheitis
- Laryngitis
- Auflösung von Narbengewebe

Dulcamara *Dulc.*

HERKÖMMLICHER NAME: Bittersüßer Nachtschatten, Solanum dulcamara

KLASSIFIKATION: Pflanzenreich: Solanaceae

ZUBEREITUNG: Tinktur aus den frischen grünen Stängeln und Blättern vor der Blüte

Leitsymptome

- Wirkt auf die Haut, Drüsen, Schleimhäute und den Verdauungstrakt
- Rheuma-ähnliche Symptome
- Lähmung einzelner Teile
- Erkrankungen am Ende des Sommers mit heißen Tagen und kalten Nächten
- Probleme durch Feuchtigkeit
- Ekzem mit dicken, dunklen Krusten am Kopf
- Dicker, gelber Schleim aus der Nase oder den Augen
- Kolik, ausgelöst durch kaltes Wetter
- Schleimiger, grüner Kot
- Husten bei nasskaltem Wetter
- Übermäßige Schleimsekretion
- Husten nach Anstrengung
- Steifheit des Nackens und mittleren Rückens
- Paralyse
- Juckreiz der Haut bei nasskaltem Wetter
- Bläschenbildung
- Urtikaria
- Feuchte Ausschläge im Gesicht, im Genitalbereich und an den unteren Gliedmaßen
- Große, glatte Warzen, flache, glatte Warzen

Modalitäten

SCHLIMMER/VERSCHLIMMERT DURCH: Kaltes, feuchtes, nasses Wetter, nachts, Frühherbst

BESSER/GEBESSERT DURCH: Herumgehen, Wärme

Wechselwirkungen

WIRKT GUT ZUSAMMEN MIT: Barium carbonicum, Bryonia, Calcium carbonicum, Lycopodium, Sepia, Rhus toxicodendron

UNVERTRÄGLICH MIT: Belladonna, Lachesis

MAN DENKE AUCH AN: Rhus toxicodendron, Calcium carbonicum, Kalium carbonicum, Silicea

Hauptindikationen beim Pferd

- Erkrankungen durch nasses, feuchtes, kaltes Wetter und Durchnässung
- Erkrankungen im Frühherbst
- Steifheit im Wechsel mit Hautsymptomen
- Steifheit schlimmer bei feuchtem Wetter, v. a. im Herbst
- Rückenschmerzen schlimmer bei feuchtem Wetter
- Regenfäule
- Räude (symptomatisch)
- Große, flache, glatte Warzen
- Kolik, ausgelöst durch feuchtkaltes Wetter oder Nasswerden
- Feuchte Hautausschläge
- Hauterkrankungen mit dicken, gelben oder braunen Krusten
- Mauke
- Ohrplaques

Echinacea *Echi.*

HERKÖMMLICHER NAME: Sonnenhut, *Echinacea angustifolia*

KLASSIFIKATION: Pflanzenreich: Asteraceae (Compositae)

ZUBEREITUNG: Tinktur aus der ganzen frischen Pflanze

Leitsymptome

- Infektionen
- Toxämie
- Septische Zustände, Septikämie
- Gangrän
- Postpartales Fieber mit fauliger Absonderung
- Schlangenbisse
- Insektenstiche
- Halsgeschwüre
- Allgemeine Schwäche und Schläfrigkeit

Modalitäten

SCHLIMMER/VERSCHLIMMERT DURCH: Abends

BESSER/GEBESSERT DURCH: Ruhe

Wechselwirkungen

MAN DENKE AUCH AN: Baptisia, Cenchris contortrix, Arnica, Lachesis, Hepar sulphuris, Calendula

Hauptindikationen beim Pferd

- Unterstützung des Immunsystems
- Toxämie und Septikämie
- Virale und bakterielle Infektionen
- Infizierte Wunden
- Hautinfektionen
- Gangrän
- Metritis
- Pyometra
- Insektenstiche und Schlangenbisse
- Equine ME (postvirales Syndrom)
- Morbus Cushing (Unterstützung des Immunsystems)

Elaterium *Elat.*

HERKÖMMLICHER NAME: Springgurke, *Ecballium elaterium*

KLASSIFIKATION: Pflanzenreich: Cucurbitaceae

ZUBEREITUNG: Tinktur aus der unreifen Frucht

Leitsymptome

- Heftiger, wässriger, herausspritzender Durchfall
- Herausschießende Diarrhö
- Explosionsartige Diarrhö
- Fördert die Eröffnung von Abszessen
- Entzieht vollgesogenen Geweben Flüssigkeit
- Knötchen im Bereich der Gelenke

Modalitäten

SCHLIMMER/VERSCHLIMMERT DURCH: Feuchtes Wetter, Stehen unter feuchten Bedingungen

BESSER/GEBESSERT DURCH: Keine bekannt

Wechselwirkungen

MAN DENKE AUCH AN: Croton tiglium, Gambogia

Hauptindikationen beim Pferd

- Explosionsartige, heftige, wässrige, herausspritzende Diarrhö
- Grüne, schaumige Diarrhö
- Equine Rotavirus-Infektion
- Urtikarielle Hautveränderungen

Equisetum *Equis-h.*

HERKÖMMLICHER NAME: Winterschachtelhalm, *Equisetum hyemale*
KLASSIFIKATION: Pflanzenreich: Farne: Equisetaceae
ZUBEREITUNG: Tinktur aus der frischen kleingehackten und zermusten Pflanze

Leitsymptome

- Hauptwirkungsbereich ist die Harnblase
- Schwieriger Harnabsatz
- Urintröpfeln, Inkontinenz
- Unfreiwilliger Harnabsatz
- Harndrang mit Schmerzen am Ende des Urinierens
- Schmerzen in den Nieren und dem unteren Rücken (Lendengegend)
- Albumin, Schleim und Sediment im Urin

Modalitäten

SCHLIMMER/VERSCHLIMMERT DURCH: Rechte Seite, Bewegung, Berührung, Druck
BESSER/GEBESSERT DURCH: Nachmittags, Ruhe

Wechselwirkungen

WIRKT GUT ZUSAMMEN MIT: Silicea
MAN DENKE AUCH AN: Cantharis, Hydrangea, Apis, Nux vomica, Sarsaparilla

Hauptindikationen beim Pferd

- Chronische Zystitis
- Nephritis
- Inkontinenz

Erechthites *Erech.*

HERKÖMMLICHER NAME: *Erechthites hieracifolia*
KLASSIFIKATION: Pflanzenreich: Asteraceae (Compositae)
ZUBEREITUNG: Tinktur aus der ganzen frischen Pflanze

Leitsymptome

- Ein Mittel für Hämorrhagien in allen Bereichen, v. a. aber der Lunge
- Epistaxis (Nasenbluten)
- Rascher Puls

Modalitäten – Keine bekannt

Wechselwirkungen

MAN DENKE AUCH AN: Erigeron, Millefolium, Phosphorus, Ipecacuanha, Ficus

Hauptindikationen beim Pferd

- EIPH mit schnellem Herzschlag und klopfendem Puls

Erigeron *Erig.*

HERKÖMMLICHER NAME: Kanadische Dürrwurz, *Erigeron canadense*
KLASSIFIKATION: Pflanzenreich: Asteraceae (Compositae)
ZUBEREITUNG: Tinktur aus der frischen blühenden Pflanze

Leitsymptome

- Ein Mittel bei Hämorrhagien und Kongestion
- Hämorrhagie mit hellrotem Blut, das im Schwall herauskommt
- Affinität zu Blase und Uterus
- Uterusvorfall

Modalitäten

SCHLIMMER/VERSCHLIMMERT DURCH: Bewegung, regnerisches Wetter
BESSER/GEBESSERT DURCH: Ruhe

Wechselwirkungen

MAN DENKE AUCH AN: Ipecacuanha, Arnica, Hamamelis, Millefolium, Sabina, Secale, Ustilago

Hauptindikationen beim Pferd

- Hämorrhagien mit hellrotem Blut
- Anhaltende Blutung aus der Blase

- Blutung aus dem Uterus
- Blutung aus dem Nabelstumpf bei Fohlen

Eucalyptus globulus *Eucal.*

HERKÖMMLICHER NAME: Blaugummibaum, Fieberbaum

KLASSIFIKATION: Pflanzenreich: Myrtaceae

ZUBEREITUNG: Tinktur aus den frischen Blättern

Leitsymptome

- Wirkt bei katarrhalischen Zuständen
- Virale Atemwegsinfektionen
- Verstopfte Nase
- Chronischer Katarrh, mukopurulenter Katarrh
- Asthma-ähnliche Symptome
- Dicker, weißer Schleim
- Bronchitis
- Emphysem
- Rezidivierendes Fieber
- Erschöpfungszustand und Toxämie
- Verdauungsträgheit
- Flatulenz
- Akute Diarrhö
- Blutige Diarrhö
- Akute Nephritis mit Eiter im Urin
- Hämaturie (Blut im Urin)
- Knötchenartige Schwellungen im Bereich der Metakarpal- und Metatarsalgelenke

Modalitäten – Keine bekannt

Wechselwirkungen

MAN DENKE AUCH AN: Hydrastis, Kalium sulphuricum, Antimonium tartaricum

Hauptindikationen beim Pferd

- Infektionen der oberen und unteren Atemwege mit starkem eitrigem Katarrh
- Equine Adenovirus- oder Rhinovirus-Infektion
- Akute Nephritis (Nierenversagen)
- Pyelonephritis

Eupatorium perfoliatum *Eup-per.*

HERKÖMMLICHER NAME: Durchwachsener Wasserhanf

KLASSIFIKATION: Pflanzenreich: Asteracea (Compositae)

ZUBEREITUNG: Tinktur aus der ganzen Pflanze

Leitsymptome

- Hauptmittel bei Knochenschmerzen einschließlich Frakturen
- Wirkt weiterhin auf den Verdauungstrakt, die Leber und oberen Atemwege
- Schmerzen im Kopf und in den Augen
- Virale Atemwegsinfektionen
- Chronischer Husten mit lockerem Schleim
- Fieber, auch rezidivierendes oder intermittierendes
- Rückenschmerzen
- Gliederschmerzen
- Wunde Gelenke
- Entzündung von knötchenartigen Gelenkschwellungen
- Aufgedunsene Gelenke
- Grünliche Diarrhö

Modalitäten

SCHLIMMER/VERSCHLIMMERT DURCH: 19-21 Uhr

BESSER/GEBESSERT DURCH: Aufstallung

Wechselwirkungen

WIRKT GUT ZUSAMMEN MIT: Natrium muriaticum, Sepia

MAN DENKE AUCH AN: Bryonia, Arnica, Chelidonium, Symphytum, Pyrogenium, Natrium muriaticum, Nux vomica

Hauptindikationen beim Pferd

- Equine Influenza
- Knochenschmerzen
- Epiphysitis
- Periostitis des Röhrbeins
- Gelenkschmerzen
- Synovitis
- Fesselgelenkgalle

Euphrasia *Euphr.*

HERKÖMMLICHER NAME: Augentrost, *Euphrasia officinalis*
KLASSIFIKATION: Pflanzenreich: Scrophulariaceae
ZUBEREITUNG: Tinktur aus der ganzen Pflanze

Leitsymptome

- Die Hauptwirkung betrifft die Augen, v. a. die Konjunktiven
- Reichlicher Tränenfluss (Lachrymation)
- Katarrh der Augen und Nase
- Scharfer Tränenfluss
- Ständiges Tränen der Augen
- Dicke Absonderung, die die Haut entzündet
- Schwellung der Lider
- Klebriger Schleim klebt an der Hornhaut
- Hornhauttrübung
- Ptose
- Milder Nasenausfluss
- Flüssige Absonderung aus der Nase mit Husten

Modalitäten

SCHLIMMER/VERSCHLIMMERT DURCH: Abends, im Stall, Wärme, Licht
BESSER/GEBESSERT DURCH: Im Dunkeln

Wechselwirkungen

WIRKT GUT ZUSAMMEN MIT: Aconitum, Calcium carbonicum, Lycopodium, Mercurius solubilis, Phosphorus, Pulsatilla, Rhus toxicodendron, Silicea, Sulphur
MAN DENKE AUCH AN: Allium cepa, Arsenicum album, Gelsemium, Sabadilla, Kalium bichromicum

Hauptindikationen beim Pferd

- Konjunktivitis im Allgemeinen
- Katarrhalische Konjunktivitis
- Hornhautgeschwüre
- Hornhauttrübung
- Blepharitis
- Iritis
- Tränende Augen
- Verklebte Augenlider
- Rhinitis
- Musca-Infektion (um die Augen)

Fagopyrum *Fago.*

HERKÖMMLICHER NAME: Buchweizen, *Fagopyrum esculentum*
KLASSIFIKATION: Pflanzenreich: Polygonaceae
ZUBEREITUNG: Tinktur aus der ganzen reifen Pflanze

Leitsymptome

- Juckreiz der Haut
- Erythem (Hautrötung)
- Rote Hautflecken, geschwollene Hautstellen
- Jucken der Augen und Ohren
- Juckreiz im Bereich der Vulva
- Gelbe Absonderung aus dem Uterus
- Jucken der unteren Gliedmaßen

Modalitäten

SCHLIMMER/VERSCHLIMMERT DURCH: Nachmittags (15–18 Uhr), in hellem Sonnenlicht, Reiben oder Kratzen, Wärme, Reiten
BESSER/GEBESSERT DURCH: Anwendung von kaltem Wasser, kühle Luft

Wechselwirkungen

MAN DENKE AUCH AN: Rhus toxicodendron, Bovista, Urtica urens

Hauptindikationen beim Pferd

- Sommerekzem
- Kopfschütteln
- Unspezifische Dermatitis und Ekzem
- Hautallergien
- Photosensibilisierung

Ferrum metallicum *Ferr.*

HERKÖMMLICHER NAME: Eisen
KLASSIFIKATION: Mineralreich: Metalle: Eisengruppe
ZUBEREITUNG: Trituration

Leitsymptome

- Passt zu jüngeren Tieren
- Anämie
- Hämorrhagie
- Blasse Schleimhäute
- Muskelschwäche
- Leiseste Geräusche irritieren
- Übermäßiger oder schlechter Appetit
- Trockener Kot
- Abort
- Scheiden- oder Rektumvorfall
- Trockener, krampfartiger Husten mit erschwerter Atmung
- Lungenblutung

Modalitäten

SCHLIMMER/VERSCHLIMMERT DURCH: Schwitzen, starke Anstrengung, kaltes Wetter, Mitternacht
BESSER/GEBESSERT DURCH: Sanftes, langsames Reiten

Wechselwirkungen

WIRKT GUT ZUSAMMEN MIT: Alumina, China, Aconitum, Arnica, Lycopodium, Mercurius solubilis, Phosphorus

Hauptindikationen beim Pferd

- Anämie durch Knochenmarkssuppression oder Eisenmangel
- Hämorrhagie mit Blut, das leicht gerinnt und dunkle Klumpen enthält
- EIPH
- Rekonvaleszenz nach autoimmunbedingter hämolytischer Anämie
- Equine ME (postvirales Syndrom)
- Equine infektiöse Anämie
- Hochgradige Überempfindlichkeit gegenüber Geräuschen
- Scheiden- oder Rektumvorfall

Ferrum phosphoricum *Ferr-p.*

HERKÖMMLICHER NAME: Eisenphosphat
KLASSIFIKATION: Mineralreich: Metalle: Eisengruppe
ZUBEREITUNG: Trituration

Leitsymptome

- Wichtiges Fiebermittel, v. a. bevor der Katarrh oder Schleim auftritt
- Nervöse, empfindsame Tiere
- Atemwegsprobleme
- Atemwegsinfektionen bei jungen Tieren
- Anämie
- Hämorrhagie mit hellrotem Blut
- Üble Folgen von Überhitzung in der Sonne
- Hyperämie oder Kongestion der Retina
- Epistaxis (Nasenbluten)
- Entzündung im hinteren Bereich des Halses
- Geschwürbildung im Hals
- Laryngitis
- Peritonitis im Frühstadium
- Inkontinenz, v. a. beim Husten
- Bluthusten
- Steifheit des Nackens und Schulterbereiches

Modalitäten

SCHLIMMER/VERSCHLIMMERT DURCH: Nachts, 4–6 Uhr, Berührung oder Erschütterung, Herumlaufen, rechte Seite
BESSER/GEBESSERT DURCH: Ruhe

Wechselwirkungen

WIRKT GUT ZUSAMMEN MIT: Calcium phosphoricum, Kalium muriaticum, Natrium muriaticum
MAN DENKE AUCH AN: Aconitum (kräftigerer Puls, der Patient ist ruhelos oder ängstlich), Belladonna (höheres Fieber), Gelsemium (mit Schwäche)

Hauptindikationen beim Pferd

- Frühstadium vieler Fieberformen oder Infektionen
- Frühstadium vieler Atemwegsinfektionen, bevor der Katarrh oder Schleim auftritt

- Frühstadium aller Atemwegsinfektionen, bei denen sich die Symptome im Vergleich zu Aconitum langsamer entwickeln
- Laryngitis, Pharyngitis, Bronchitis, Pneumonie
- Druse (Frühstadium)
- Starke Blutung mit hellrotem Blut, das leicht gerinnt
- Hitzschlag
- EIPH

Ficus religiosa *Fic-r.*

HERKÖMMLICHER NAME: Bodhi-Baum, Götzenfeigenbaum, Ashwathya
KLASSIFIKATION: Pflanzenreich: Moraceae
ZUBEREITUNG: Tinktur aus den frischen Blättern

Leitsymptome

- Hämorrhagien verschiedenster Art
- Erschwerte Atmung
- Bluthusten
- Warfarin-Vergiftung

Modalitäten – Keine bekannt

Wechselwirkungen

MAN DENKE AUCH AN: Millefolium, Phosphorus, Erigeron, Ipecacuanha

Hauptindikationen beim Pferd

- Zur Vorbeugung von EIPH bei anfälligen Pferden

Filix mas *Fil.*

HERKÖMMLICHER NAME: Wurmfarn, *Dryopteris filix-mas*
KLASSIFIKATION: Pflanzenreich: Filices
ZUBEREITUNG: Tinktur aus der frischen Wurzel

Leitsymptome

- Ein Wurmmittel

Modalitäten – Keine bekannt

Wechselwirkungen

MAN DENKE AUCH AN: Cina, Granatum, Kamala

Hauptindikationen beim Pferd

- Bandwürmer und dadurch bedingte Symptome

Fluoricum acidum *Fl-ac.*

HERKÖMMLICHER NAME: Flusssäure, Fluorwasserstoffsäure
KLASSIFIKATION: Mineralreich: Fluorgruppe
ZUBEREITUNG: Destillation aus reinem feingemahlenem Flussspat mit Schwefelsäure und anschließende Trituration des dadurch gewonnenen Pulvers

Leitsymptome

- Wirkt auf die tiefer liegenden Gewebe des Körpers und führt zu Ulzeration und Destruktion
- Erkrankungen älterer Tiere
- Erweiterte Blutgefäße
- Zahnverfall
- Alopezie
- Chronischer Nasenkatarrh
- Fisteln, auch Zahnfisteln
- Schwellung des Skrotums
- Nymphomanie
- Entzündung der Fessel-, Kron- und Hufgelenke
- Schwache Hufe
- Schmerzen unter den Hufen
- Knochenschwäche oder -nekrose
- Pigmentierte Hautgewächse
- Abszesse
- Schwache Kapillargefäße und Venen

Modalitäten

SCHLIMMER/VERSCHLIMMERT DURCH: Wärme, morgens
BESSER/GEBESSERT DURCH: Kälte, sanftes Training

Wechselwirkungen

WIRKT GUT ZUSAMMEN MIT: Silicea, Sulphur, Nitricum acidum, Graphites

MAN DENKE AUCH AN: Calcium fluoratum, Calcium phosphoricum, Nitricum acidum, Pulsatilla, Sulphuricum acidum

Hauptindikationen beim Pferd

- Brüchige, splitternde oder schwache Hufe
- Chronische Laminitis
- Ostitis des Hufbeins
- Hohle Wand
- Hufgelenkschale
- Exostosen
- Schwache oder nekrotische Knochen, v. a. des Kiefers und der langen Röhrenknochen
- Fisteln, v. a. der Zähne, des Rektums und Tränenkanals
- Chronische Zahnabszesse
- Chronische Kavernen- oder Fistelbildung
- Schlechte Zähne (mangelhafter Zahnschmelz)
- Arthritis/DJD der Fessel-, Kron- oder Hufgelenke mit Zerstörung der Knochen
- Alopezie (Haarausfall) v. a. am Kopf
- Pigmentierte, glatte Sarkoide
- Melanome
- Narbengewebe

Folliculinum *Foll.*

HERKÖMMLICHER NAME: Östrogen
KLASSIFIKATION: Tierreich: Säugetiere: Mensch: Sarkoden
ZUBEREITUNG: Aus menschlichem Eierstocksgewebe

Leitsymptome

- Vorrangig ein weibliches Mittel
- Ängstliches Naturell
- Furcht vor dem Alleinsein
- Verwirrung
- Stimmungsschwankungen
- Neigung zu Panik
- Änderungen des Verhaltens vor der Rosse
- Hormonelles Ungleichgewicht
- Mangelhafte Spermienzahlen
- Wird als „erdendes" Mittel für Stuten angesehen

Modalitäten

SCHLIMMER/VERSCHLIMMERT DURCH: Hitze, Lärm, Berührung, Ruhe
BESSER/GEBESSERT DURCH: Frische Luft

Wechselwirkungen

MAN DENKE AUCH AN: Sepia, Pulsatilla, Carcinosinum, Lachesis, Apis, Staphisagria

Hauptindikationen beim Pferd

- Fruchtbarkeitsprobleme
- Fördert einen regelmäßigen Zyklus, auch nach der Behandlung mit synthetischen Hormonen
- Reguliert oder bringt den Zyklus ins Gleichgewicht (C7)
- Förderung des Zyklus (Tiefpotenz D4), wenn keine Zyklen vorliegen
- Verlangsamt den Zyklus (C9), wenn die Rosse zu häufig einsetzt
- Ovarialzysten
- Niedrige Spermienzahlen beim Hengst
- Equine ME (postvirales Syndrom)
- Mangelhafte Bindung an das Fohlen
- Stutenhaftes Verhalten, Nymphomanie
- Verhaltensprobleme nach schwerem Trauma oder Misshandlung

Formica rufa *Form.*

HERKÖMMLICHER NAME: Rote Waldameise
KLASSIFIKATION: Tierreich: Insekten
ZUBEREITUNG: Aus zerquetschten lebenden Insekten

Leitsymptome

- Die Hauptwirkung betrifft die Gelenke
- Arthritis und Steifheit
- Schmerzen verursachen Unruhe
- Plötzliche Steifheit
- Kontrahierte Gelenke

- Schwäche der Hinterhand
- Hüftschmerzen
- Chronische Nephritis
- Blut und Albumin im Urin
- Rote brennende und juckende Haut
- Nesselsucht
- Lupus
- Polypen

Modalitäten

SCHLIMMER/VERSCHLIMMERT DURCH: Kälte, Feuchtigkeit, Bewegung, rechte Seite
BESSER/GEBESSERT DURCH: Wärme, Reiben, Druck auf die betroffene Stelle, Fellpflege

Wechselwirkungen

WIRKT GUT ZUSAMMEN MIT: Chamomilla
MAN DENKE AUCH AN: Dulcamara, Bryonia, Arsenicum album, Urtica urens

Hauptindikationen beim Pferd

- Arthritis/DJD, v. a. bei Beteiligung der Hinterhand
- Plötzlich einsetzende Steifheit der Gelenke
- Wandernde Lahmheit
- Steifheit, die zu Schwäche der Hinterhand führt
- Hautausschläge mit Juckreiz
- Juckende und brennende Hautstellen
- Sommerekzem

Fraxinus americana *Frax.*

HERKÖMMLICHER NAME: Weißesche
KLASSIFIKATION: Pflanzenreich: Oleaceae
ZUBEREITUNG: Tinktur aus der Rinde

Leitsymptome

- Die Wirkung konzentriert sich auf die weiblichen Geschlechtsorgane, v. a. den Uterus
- Vergrößerung des Uterus
- Prolaps des Uterus
- Wässrige Absonderung aus dem Uterus

Modalitäten – Keine bekannt

Wechselwirkungen

MAN DENKE AUCH AN: Sepia, Lilium tigrinum, Secale

Hauptindikationen beim Pferd

- Als Tonikum für die Gebärmutter, v. a nach einem Vorfall
- Pyometra

Gambogia *Gamb.*

HERKÖMMLICHER NAME: Gummiharz, Gummi gutti
KLASSIFIKATION: Pflanzenreich: Clusiaceae (Guttiferae)
ZUBEREITUNG: Tinktur aus dem Harz

Leitsymptome

- Wirkt auf den Verdauungsapparat
- Plötzliche Diarrhö mit gewaltsamer Entleerung
- Pressen nach dem Absatz von durchfälligem Kot
- Wässrige Diarrhö

Modalitäten

SCHLIMMER/VERSCHLIMMERT DURCH: Abends, nachts
BESSER/GEBESSERT DURCH: Bewegung

Wechselwirkungen

MAN DENKE AUCH AN: Aloe, Croton tiglium, Podophyllum

Hauptindikationen beim Pferd

- Wässrige, gewaltsame Diarrhö
- Plötzliche, akute, wässrige Diarrhö mit vorhergehendem Pressen
- Equine Rotavirus-Infektion

Gelsemium *Gels.*

HERKÖMMLICHER NAME: Falscher Jasmin, *Gelsemium sempervirens*
KLASSIFIKATION: Pflanzenreich: Loganiaceae: Polychrest
ZUBEREITUNG: Tinktur aus der Wurzelrinde

Leitsymptome

- Hauptwirkungsbereich ist das Nervensystem
- Paralyse
- Abgestumpftheit
- Zittern
- Apathie
- Schwere
- Furcht, Schreck
- Folgen von Aufregung
- Influenza
- Schwere der Augenlider
- Ptose
- Unempfindlichkeit der Pupillen gegenüber Licht
- Tiefreichende Augenentzündung
- Netzhautablösung
- Glaukom
- Zucken der Gesichtsmuskeln und Augenlider
- Schluckprobleme
- Paralyse der Halsmuskeln
- Durstlosigkeit
- Diarrhö durch Aufregung oder Schreck
- Partielle Paralyse des Afterschließmuskels
- Reichlicher wässriger Urin
- Partielle Paralyse der Blase
- Langsame Atmung
- Langsamer Puls bei älteren Tieren
- Rückenschmerzen v. a. im Lenden- und Kreuzbeinbereich
- Nackenschmerzen
- Leichte Ermüdung schon bei der geringsten Anstrengung
- Zittern der Gliedmaßen
- Muskelschwäche
- Inkoordination, Ataxie
- Langsamer Fieberbeginn mit Schaudern

Modalitäten

SCHLIMMER/VERSCHLIMMERT DURCH: Bewegung, die geringste Anstrengung, feuchtes Wetter, Nebel, vor einem Gewitter, Aufregung oder Schreck, 10 Uhr

BESSER/GEBESSERT DURCH: Im Freien, kalte Luft, Schwitzen, Harnabsatz

Wechselwirkungen

WIRKT GUT ZUSAMMEN MIT: Argentum nitricum, Sepia, Apis, Cactus, Caulophyllum, Ipecacuanha

MAN DENKE AUCH AN: Phosphorus, Conium, Curare, Causticum, Belladonna, Ferrum phosphoricum, Aconitum, Baptisia

Hauptindikationen beim Pferd

- Langsam einsetzendes Fieber mit Schwäche und Schaudern
- Fieber mit begleitender Lethargie oder Depression
- Erwartungsangst, „nervös"
- Erwartungsangstbedingte Diarrhö oder dünner Kot, Diarrhö durch Schreck, Schock, emotionale Erregung
- Folgen von Schock, Furcht oder Schreck
- Pferdegrippe und ihre Folgen
- Virale Infektionen mit Beteiligung des Nervensystems oder mit neurologischen Zeichen
- EHV-1, Afrikanische Pferdepest, Equine protozoäre Myeloenzephalitis
- Postvirales Syndrom
- Radialis-, Fazialis- und Obturatorlähmung
- Paralyse im Anschluss an eine Krankheit
- Ptose
- Femoralislähmung, v. a. bei partieller Paralyse der Schultermuskeln
- Kehlkopfpfeifen, halbseitige Kehlkopflähmung
- Schwäche oder Inkoordination der Hinterhand, Ataxie
- Wobbler-Syndrom
- Paralyse der Hinterhand

- Paralyse der Blase
- Zittern der Gliedmaßen
- Partielle oder vollständige obere Fixation der Patella
- Luxation der Patella
- Botulismus beim Fohlen
- Graskrankheit
- Mekoniumverhaltung
- Kopfschütteln
- Hitzschlag

Glonoinum *Glon.*

HERKÖMMLICHER NAME: Nitroglyzerin
KLASSIFIKATION: Mineralreich: Organische Bestandteile
ZUBEREITUNG: Lösung in Alkohol

Leitsymptome

- Lethargie
- Verwirrung
- Kongestion des Gehirns durch übermäßige Hitze oder Kälte, zerebrale Kongestion
- Konvulsionen
- Meningitis
- Neuralgie im Bereich des Kopfes und Gesichts
- Seekrankheit

Modalitäten

SCHLIMMER/VERSCHLIMMERT DURCH: Hitze der Sonne oder des Feuers, linke Seite
BESSER/GEBESSERT DURCH: Kühle Luft

Wechselwirkungen

WIRKT GUT ZUSAMMEN MIT: Belladonna
MAN DENKE AUCH AN: Belladonna, Opium, Stramonium, Lachesis

Hauptindikationen beim Pferd

- Hitzschlag
- Erkrankungen, die durch Reisen in einem warmen geschlossenen Raum verursacht werden
- Folgen von oder Erkrankungen durch Reisen per Schiff
- Kopfschütteln (bei übermäßiger Hitze)

Gossypium *Goss.*

HERKÖMMLICHER NAME: Baumwollstaude, *Gossypium herbaceum*
KLASSIFIKATION: Pflanzenreich: Malvaceae
ZUBEREITUNG: Tinktur aus der frischen inneren Wurzelrinde

Leitsymptome

- Gestörte Funktion der Gebärmutter, gestörte Trächtigkeit
- Abort
- Unregelmäßiger Zyklus
- Intermittierende Ovarialschmerzen
- Nachgeburtsverhaltung

Modalitäten

SCHLIMMER/VERSCHLIMMERT DURCH: Bewegung
BESSER/GEBESSERT DURCH: Ruhe

Wechselwirkungen

MAN DENKE AUCH AN: Lilium tigrinum, Sabina, Secale, Pulsatilla, Ustilago

Hauptindikationen beim Pferd

- Unregelmäßiger Zyklus
- Ovarialschmerzen, die periodisch kommen und gehen

Granatum *Gran.*

HERKÖMMLICHER NAME: Granatapfelbaum, *Punica granatum*
KLASSIFIKATION: Pflanzenreich: Lythraceae (Granateae)
ZUBEREITUNG: Tinktur oder Trituration der Wurzel oder Rinde

Leitsymptome

- Wirkt wurmaustreibend bei Bandwürmern
- Schwache Verdauung
- Verlust der körperlichen Kondition

Modalitäten – Keine bekannt

Wechselwirkungen

MAN DENKE AUCH AN: Cina, Teucrium marum

Hauptindikationen beim Pferd

- In Kombination mit anderen Mitteln, um Bandwürmer abzutreiben

Graphites *Graph.*

(siehe Konstitutionsmittel)

Gratiola *Grat.*

HERKÖMMLICHER NAME: Gottesgnadenkraut, Hedge hyssop, *Gratiola officinalis*
KLASSIFIKATION: Pflanzenreich: Scrophulariaceae
ZUBEREITUNG: Tinktur aus der frischen Pflanze vor der Blüte

Leitsymptome

- Vor allem bei Stuten geeignet
- Nymphomanie
- Die Hauptwirkung betrifft den Verdauungstrakt
- Auftreibung des Abdomens
- Kolik nach der Fütterung oder nachts
- Grüne, wässrige Diarrhö mit gewaltsamer Entleerung

Modalitäten

SCHLIMMER/VERSCHLIMMERT DURCH: Trinken von großen Mengen Wasser
BESSER/GEBESSERT DURCH: Keine bekannt

Wechselwirkungen

MAN DENKE AUCH AN: Gambogia, Lycopodium, Magnesium phosphoricum, Nux vomica

Hauptindikationen beim Pferd

- Nymphomanie
- Milde Kolik nach dem Trinken von übermäßig viel Wasser
- Equine Rotavirus-Infektion

Guajacum *Guaj.*

HERKÖMMLICHER NAME: Pockenholz, *Guajacum officinale*
KLASSIFIKATION: Pflanzenreich: Zygophyllaceae
ZUBEREITUNG: Tinktur aus dem Gummiharz

Leitsymptome

- Ein kleineres Gelenkmittel
- Zusätzliche Wirkung auf das Bindegewebe
- Arthritis und rheumatische Symptome
- Kontraktion der Gliedmaßen
- Fast unbewegliche Gelenke
- Geschwollene Gelenke mit Unverträglichkeit von Druck und vermehrter Wärme
- Steifheit des Nackens und Schulterbereichs
- Übler Körpergeruch
- Fördert die Eiterung von Abszessen
- Erweiterte Pupillen
- Gasansammlung in den Gedärmen

Modalitäten

SCHLIMMER/VERSCHLIMMERT DURCH: Bewegung, Hitze, nasskaltes Wetter, Druck, Berührung, 18-4 Uhr
BESSER/GEBESSERT DURCH: Keine bekannt

Wechselwirkungen

WIRKT GUT ZUSAMMEN MIT: Sepia, Mercurius solubilis, Sulphur, Causticum, Calcium carbonicum
MAN DENKE AUCH AN: Rhus toxicodendron, Bryonia, Colocynthis, Rhododendron, Ledum

Hauptindikationen beim Pferd

- Steife Gelenke, v. a. bei Fibrosierung
- Gelenke mit einem sehr eingeschränkten Bewegungsradius
- Steifheit der Schulterregion
- Arthritische Gelenke mit kontrahierten Muskeln oder Sehnen

Gunpowder *Gunp.*

HERKÖMMLICHER NAME: Schwarzpulver
KLASSIFIKATION: Mineralreich: Karbongruppe
ZUBEREITUNG: Trituration

Leitsymptome

- Erkrankungen mit Sepsis
- Abszesse

- Bisswunden
- Infizierte Schnitte
- Blutvergiftung
- Osteomyelitis

Modalitäten – Keine bekannt

Wechselwirkungen

WIRKT GUT ZUSAMMEN MIT: Hepar sulphuris, Thuja, Silicea

Hauptindikationen beim Pferd

- Septische Hautinfektionen
- Septische Wunden
- Eiterung
- Myiasis
- Wunden, die nicht heilen wollen
- Prophylaktischer Einsatz, um Wundinfektionen vorzubeugen
- Abszesse
- Osteomyelitis
- Splitter mit Sekundärinfektionen

Hamamelis *Ham.*

HERKÖMMLICHER NAME: Virginische Zaubernuss, Hexenhasel, *Hamamelis virginiana*
KLASSIFIKATION: Pflanzenreich: Hamamelidaceae
ZUBEREITUNG: Tinktur aus der frischen Rinde und den Zweigen

Leitsymptome

- Affinität zum venösen Kreislauf
- Erschlaffung und Stauung der Venen
- Kongestion und passive Hämorrhagie
- Wundheit nach Quetschung
- Schwäche durch Blutverlust
- Trauma am Auge
- Blutunterlaufene Augen mit entzündeten Blutgefäßen
- Nasenbluten (Epistaxis)
- Blut im Urin (Hämaturie)
- Kongestion der Ovarien mit Schmerzen
- Uterine Hämorrhagie mit Wundheit des Abdomens
- Orchitis, Hodenschmerzen
- Aushusten von Blut (Hämoptyse)
- Schmerzen der Halswirbel
- Hochgradige Schmerzen im unteren Rücken
- Wund schmerzende Muskeln und Gelenke
- Phlebitis (Venenentzündung)
- Traumatische Gewebeentzündung
- Mechanische Verletzungen
- Ekchymosen

Modalitäten

SCHLIMMER/VERSCHLIMMERT DURCH: Warme feuchte Luft, Anstrengung, im Freien
BESSER/GEBESSERT DURCH: Keine bekannt

Wechselwirkungen

WIRKT GUT ZUSAMMEN MIT: Ferrum metallicum, Fluoricum acidum, Arnica
MAN DENKE AUCH AN: Arnica, Bellis perennis, Calendula, Sulphuricum acidum

Hauptindikationen beim Pferd

- Langsame, anhaltende Blutung mit dunklem passivem Blut
- Hämatome
- Quetschungen, auch tiefreichende
- Sohlenquetschung
- Akute oder schwere Sehnenverletzungen, Zerrungen oder Rupturen
- Muskelverletzungen
- Ruptur des Peroneus tertius
- Blutung aus dem Rektum
- Folgen von Verletzungen weicher Gewebe, v. a. der Muskeln, Trauma
- Augenverletzungen
- Zur Beschleunigung der Resorption von intraokulären Gerinnseln
- Phlebitis

- Verbrennungen
- Ekchymotische Hämorrhagien, Purpura haemorrhagica
- Muskelschmerzen
- Azoturie, Kreuzverschlag
- EIPH
- Passives Nasenbluten
- Schmerzen im unteren Rücken
- Orchitis
- Varikozele

Hecla lava *Hecla*

HERKÖMMLICHER NAME: Vulkanasche vom Mount Hecla
KLASSIFIKATION: Mineralreich: Anorganische Bestandteile
ZUBEREITUNG: Trituration

Leitsymptome

- Hat eine deutliche Wirkung auf die Knochen
- Exostosen, Knochensporne, arthritische Knötchen
- Knöcherne Knötchen (kleine, harte Klumpen)
- Knochenschwäche
- Knochennekrose
- Tumoren, v. a. der Knochen
- Zahnabszesse
- Wirkt auf die Kieferknochen
- Greift die Lymphdrüsen an, v. a. im Nacken

Modalitäten – Keine bekannt

Wechselwirkungen

MAN DENKE AUCH AN: Silicea, Phosphorus, Kalium iodatum, Symphytum, Ruta, Mineral

Hauptindikationen beim Pferd

- Allgemein alle Erkrankungen der Knochen
- Exostosen
- Knochennekrose und –schwäche
- Knochentumore, Osteosarkom
- Periostitis
- Ostitis
- Vergrößerte, harte Lymphknoten, v. a. im Zervikalbereich
- Zahnabszess
- Zahnschmerzen, Neuralgie
- Chronische Gingivitis
- Arthritis
- Splitter
- Periostitis des Röhrbeins
- Periostitis des Fesselgelenks
- Sesamoiditis
- Schale
- Knochenspat
- Podotrochlose
- Ostitis des Hufbeins
- Hufknorpelverknöcherung
- Hufgelenkschale

Helleborus *Hell.*

HERKÖMMLICHER NAME: Christrose, Schneerose, Schwarze Nieswurz, *Helleborus niger*
KLASSIFIKATION: Pflanzenreich: Ranunculaceae
ZUBEREITUNG: Aus dem Saft der frischen Wurzel

Leitsymptome

- Greift das zentrale Nervensystem, den Verdauungstrakt und die Nieren an
- Trübung der Sinne, Gleichgültigkeit, Stupor
- Trance-ähnliche Erscheinung
- Zurückgezogen, in sich gekehrt
- Muskelschwäche
- Paralyse
- Manisches Verhalten
- Presst den Kopf gegen die Wand
- Nach oben verdrehte Augäpfel
- Erweiterte Pupillen
- Leerer Blick
- Übler Maulgeruch

- Zähneknirschen
- Salivation (Speichelfluss)
- Erweiterung der Blase
- Hydrothorax
- Wassersüchtige Schwellung der Haut
- Angioneurotisches Ödem

Modalitäten

SCHLIMMER/VERSCHLIMMERT DURCH: Vom Abend bis zum Morgen, 16-20 Uhr, kühle Luft, Anstrengung, Bewegung
BESSER/GEBESSERT DURCH: Warme Luft

Wechselwirkungen

WIRKT GUT ZUSAMMEN MIT: Zincum, Belladonna, Bryonia, Lycopodium, Nux vomica, Pulsatilla, Sulphur
MAN DENKE AUCH AN: Natrium sulphuricum, Arnica, Alumina, Bryonia, Phosphorus

Hauptindikationen beim Pferd

- Folgen von Gehirnerschütterung
- Hirnschaden
- Epilepsie
- Meningitis
- Aszites (Wassersucht)
- Hydrothorax (Flüssigkeit im Brustkorb)
- Neonatales Fehlanpassungssyndrom (NMS)
- Demenz
- Langsame Erholung nach einer Anästhesie
- Virale Infektionen mit neurologischen Symptomen

Helonias *Helon.*

HERKÖMMLICHER NAME: Falsche Einhornwurzel, *Helonias dioica*
KLASSIFIKATION: Pflanzenreich: Melanthaceae
ZUBEREITUNG: Tinktur aus der Wurzel

Leitsymptome

- Greift den Lumbosakralbereich an
- Uterusvorfall, v. a. nach Abort
- Abort
- Schmerzen im unteren Lendenbereich
- Kongestion der Nieren
- Schmerzen in der Nierengegend
- Diabetes mellitus und insipidus
- Traurigkeit
- Besser durch Arbeit
- Rosse zu häufig
- Schwellung des Euters mit Schmerzen und Empfindlichkeit
- Absonderung aus dem Uterus
- Juckreiz im Bereich der Vulva
- Albumin im Urin

Modalitäten

SCHLIMMER/VERSCHLIMMERT DURCH: Bewegung, Berührung
BESSER/GEBESSERT DURCH: Arbeit, Reiten

Wechselwirkungen

MAN DENKE AUCH AN: Lilium tigrinum, Sepia, Murex

Hauptindikationen beim Pferd

- Lumbosakralschmerzen
- Schmerzen im Nierenbereich
- Diabetes mellitus
- Diabetes insipidus
- Uterusvorfall
- Zyklusanomalien
- Unfruchtbarkeit
- Abort (Vorbeugung) und nachfolgende Probleme wie z. B. Erschöpfung
- Schmerzen im Euter

Hepar sulphuris *Hep.*

HERKÖMMLICHER NAME: Kalkartige Schwefelleber, Calcarea sulphurata Hahnemanni, Hepar sulphuris calcareum
KLASSIFIKATION: Mineralreich: Kalziumgruppe: Polychrest
ZUBEREITUNG: Trituration

Leitsymptome

- Eiterung (Infektion), die durch hohe Potenzen zum Stillstand gebracht, durch niedrige Potenzen gefördert wird
- Hochgradige Berührungsempfindlichkeit
- Die geringste Berührung ist schmerzhaft
- Niedrige Schmerzgrenze
- Katarrhalische und eitrige Entzündung von Schleimhäuten
- Eiterbildung
- Reizbarkeit
- Traurig und niedergeschlagen
- Überempfindlichkeit
- Spürt schnell die Kälte
- Hornhautgeschwüre
- Iritis mit Eiter in der vorderen Augenkammer
- Chemosis (Schwellung der Augenbindehaut)
- Reichliche Absonderung aus dem Auge
- Rote und entzündete Augen und Lider
- Ulzerierte Nase mit katarrhalischer Absonderung
- Niesen
- Halsschmerzen mit Eiterung
- Leberabszess
- Blasenschwäche, langsamer Harnabsatz
- Feuchter Ausschlag im Bereich des Skrotums und der Innenseite des Beines
- Blutige Absonderung aus dem Uterus
- Faulige Absonderung aus dem Uterus
- Trockener, heiserer Husten
- Rasselnder Husten, Würgen
- Giemen
- Hautausschläge, ungesunde Haut
- Unangenehmer Hautgeruch
- Hautabszesse
- Eitrige Hautausschläge
- Angioneurotisches Ödem
- Hautrisse an den unteren Gliedmaßen
- Rezidivierende oder chronische Urtikaria
- Leichtes Schwitzen

Modalitäten

SCHLIMMER/VERSCHLIMMERT DURCH: Berührung, trockenen, kalter Wind, kühle Luft, leiseste Zugluft, Liegen auf der schmerzhaften Seite
BESSER/GEBESSERT DURCH: Feuchtes Wetter, Wärme, nach der Fütterung

Wechselwirkungen

WIRKT GUT ZUSAMMEN MIT: Calendula, Aconitum, Arnica, Belladonna, Lachesis, Mercurius, Nitricum acidum, Silicea, Iodium
MAN DENKE AUCH AN: Graphites, Mercurius solubilis, Mezereum, Nitricum acidum, Nux vomica, Psorinum, Silicea

Hauptindikationen beim Pferd

- Eitrige Zustände mit hochgradiger Berührungsempfindlichkeit
- Eitrige Zustände einschließlich eitriger Wunden
- Abszesse einschließlich innerer Abszesse und Zahnabszesse
- Sinus- und Fistelbildung
- Eitrige Konjunktivitis mit Lichtempfindlichkeit
- Iritis mit Eiterbildung in der vorderen Augenkammer
- Katarrhalische Pneumonie
- Sinusitis
- Luftsackempyem
- Leberabszesse
- Schmerzhafte Hautabszesse
- Hufabszesse, Nageltritt
- Hautinfektionen, bakterielle Follikulitis, Zellulitis
- Mauke
- Myiasis
- Mastitis
- Sommerekzem

- Urtikaria
- Chronisches angioneurotisches Ödem
- Bursitis
- Septische Arthritis
- Erkrankungen der weißen Linie
- Strahlfäule, Hypertrophie des Hufhorns, Hufknorpelfistel, hohle Wand, Riss der weißen Linie, Hufabszess
- Ulzerative Lymphangitis
- Myositis (mit Eiter)
- Lymphadenitis
- Pyelonephritis
- Pyometra
- Koitalexanthem
- Nabelerkrankung
- Tyzzersche Krankheit
- Druse

Hippomanes *Hipp.*

HERKÖMMLICHER NAME: Mekoniumablagerung aus dem Fruchtwasser eines neugeborenen Pferdes
KLASSIFIKATION: Tierreich: Säugetiere: Sarkoden
ZUBEREITUNG: Trituration

Leitsymptome

- Plötzliche Schmerzen im Knie- (Karpal-) gelenk
- Schwäche der Fessel-, Kron- und Hufgelenke
- Unfreiwillige Bewegungen der unteren Gliedmaßen

Modalitäten – Keine bekannt

Wechselwirkungen

MAN DENKE AUCH AN: Causticum

Hauptindikationen beim Pferd

- Schmerzen und Steifheit im Knie- (Karpal-) gelenk
- Allgemeine Schwäche der unteren Gliedmaßen

Hippozaeninum *Hippoz.*

HERKÖMMLICHER NAME: Malleinum, Rotz-Nosode
KLASSIFIKATION: Tierreich: Säugetiere: Nosoden
ZUBEREITUNG: Trituration von Milchzucker, der mit dem Organismus angereichert ist

Leitsymptome

- Abszesse
- Pusteln
- Katarrhalische Erkrankungen
- Klebrige oder glänzende Absonderungen
- Faulige Absonderung aus der Nase
- Ulzeration der Nebenhöhlen
- Asthma
- Bronchitis bei alten Pferden
- Husten mit Atembeschwerden
- Übermäßige Schleimbildung führt zu Atembeschwerden
- Lymphatische Schwellungen
- Knötchen in der Haut

Modalitäten – Keine bekannt

Wechselwirkungen

MAN DENKE AUCH AN: Bacillinum, Kalium bichromicum

Hauptindikationen beim Pferd

- Mauke
- Faulig riechender Katarrh
- Luftsackempyem
- Chronische Brustprobleme bei älteren Pferden
- Rotz

Histaminum *Hist.*

HERKÖMMLICHER NAME: Histaminhydrochlorid
KLASSIFIKATION: Tierreich: Sarkoden
ZUBEREITUNG: Aus Histaminbichlorhydrat

Leitsymptome

- Allergiebedingte Probleme
- Allergische Reaktionen auf Impfungen

- Rote juckende Hautflecken
- Reizbarkeit, Ungeduld
- Juckreiz in Nase, Hals, Ohren, Vagina

Modalitäten

SCHLIMMER/VERSCHLIMMERT DURCH: Bewegung, Hitze
BESSER/GEBESSERT DURCH: Kalte Zugluft

Wechselwirkungen

MAN DENKE AUCH AN: Apis, Arsenicum album

Hauptindikationen beim Pferd

- Urtikaria
- Sommerekzem
- Hautjucken, Hautallergien
- Allergische Konjunktivitis
- Kopfschütteln, v. a. bei reizbaren Pferden
- Equine noduläre Hauterkrankung

Hydrangea *Hydrang.*

HERKÖMMLICHER NAME: Baumartige Hortensie, Hydrangea arborescens
KLASSIFIKATION: Pflanzenreich: Hydrangeaceae
ZUBEREITUNG: Tinktur aus den frischen Blättern und jungen Trieben

Leitsymptome

- Beeinflusst die Harnwege
- Besondere Wirkung auf die Blase
- Harngrieß
- Entzündung der Urethra
- Häufiger Harndrang
- Schleim im Urin
- Gesteigerter Durst

Modalitäten – Keine bekannt

Wechselwirkungen

MAN DENKE AUCH AN: Lycopodium, Berberis, Chimaphila, Urtica urens

Hauptindikationen beim Pferd

- Urolithiasis (Blasensteine, Harnsteine, Grieß)
- Harninkontinenz
- Harnträufeln
- Diabetes insipidus

Hydrastis *Hydr.*

HERKÖMMLICHER NAME: Kanadische Gelbwurz, Kanadisches Wasserkraut, Hydrastis canadensis
KLASSIFIKATION: Pflanzenreich: Ranunculaceae
ZUBEREITUNG: Tinktur aus der frischen Wurzel

Leitsymptome

- Wirkt auf die Schleimhäute
- Ein Mittel bei dickem, fadenziehendem, gelbem Katarrh
- Wirkt besonders bei älteren Tieren, v. a. wenn diese geschwächt sind
- Schwache Muskeln und Verdauung
- Abmagerung
- Wirkt auf die Leber
- Gelbsucht
- Krebs, v. a. wenn Schmerzen bestehen
- Sinusitis
- Dicke, infektiöse Absonderung aus der Nase
- Wässrige Absonderung aus der Nase, die die Nase wund macht
- Gelber, dicker Schleim im Halsbereich
- Trockener, rauer Husten
- Bronchialkatarrh mit dickem, gelbem Schleim
- Rückenschmerzen im unteren Lendenbereich
- Eitrige (infektiöse) Absonderung aus der Gebärmutter
- Verstopfung
- Ungesunde Haut

Modalitäten

SCHLIMMER/VERSCHLIMMERT DURCH: Nachts, rauen, trockenen Wind, im Freien
BESSER/GEBESSERT DURCH: Ruhe

Wechselwirkungen

MAN DENKE AUCH AN: Pulsatilla, Kalium bichromicum, Kalium sulphuricum, Antimonium crudum, Mercurius solubilis

Hauptindikationen beim Pferd

- Gelber, dicker Katarrh
- Sinusitis
- Rhinitis
- Chronische Bronchitis bei älteren Pferden
- Schwache Verdauung mit Entkräftung
- Magengeschwüre
- Gelbsucht
- Endometritis
- Pyometra
- Druse
- CEM

Hydrocyanicum acidum *Hydr-ac.*

HERKÖMMLICHER NAME: Blausäure, Zyanwasserstoff
KLASSIFIKATION: Mineralreich
ZUBEREITUNG: Aus der reinen Säure in 2%iger wässriger Lösung

Leitsymptome

- Epilepsie und Konvulsionen
- Spastisches Zusammenpressen der Kiefer
- Speichelfluss, Schaum am Maul
- Kollaps mit Atemstillstand
- Venöse Kongestion der Lunge
- Zyanose
- Paralyse
- Konstriktion des Kehlkopfes, Erstickungsgefühl
- Asthma
- Kolik

Modalitäten - Keine bekannt

Wechselwirkungen - Keine bekannt

Hauptindikationen beim Pferd

- Spätere Kolikstadien, wenn das Pferd kollabiert ist
- Atemversagen mit Zyanose oder Schaum am Maul
- Tetanus
- Epilepsie
- Vergiftung (symptomatische Behandlung)

Hydrophobinum

(siehe Lyssinum)

Hyoscyamus *Hyos.*

HERKÖMMLICHER NAME: Schwarzes Bilsenkraut, Hyoscyamus niger
KLASSIFIKATION: Pflanzenreich: Solanaceae
ZUBEREITUNG: Tinktur aus der frischen Pflanze

Leitsymptome

- Wirkt tief greifend auf das Nervensystem
- Zeichen von Aufregung und Manie
- Erregung
- Streitsüchtig
- Lautes Wiehern
- Eifersucht
- Misstrauen
- Nymphomanie
- Muskelzuckungen, Chorea
- Spasmen
- Krämpfe
- Stupor
- Epilepsie
- Meningitis
- Erweiterte Pupillen
- Strabismus
- Kolik mit Auftreibung des Abdomens
- Blasenlähmung
- Unfreiwilliger Harnabsatz

Modalitäten

SCHLIMMER/VERSCHLIMMERT DURCH: Nachts, während der Rosse, nach dem Fressen, Hinlegen, Berührung, Kälte und kalte Luft
BESSER/GEBESSERT DURCH: Wärme

Wechselwirkungen

WIRKT GUT ZUSAMMEN MIT: Belladonna, Pulsatilla, Stramonium, Phosphorus, Nux vomica, Opium, Rhus toxicodendron

MAN DENKE AUCH AN: Stramonium, Belladonna, Agaricus, Gelsemium, Magnesium phosphoricum

Hauptindikationen beim Pferd

- Blähungskolik
- Konvulsionen, Epilepsie
- Muskelspasmen
- Virusinfektionen, die durch neurologische Symptome charakterisiert sind
- Equine protozoäre Myeloenzephalitis
- Meningitis
- Eifersucht
- Aggression
- Misstrauen
- Stutenhaftes Verhalten mit ausgeprägter Aggression
- Nymphomanie
- Neonatales Fehlanpassungssyndrom
- Kopfschütteln
- Hahnentritt
- Tetanus

Hypericum *Hyper.*

HERKÖMMLICHER NAME: Johanniskraut, Hypericum perforatum
KLASSIFIKATION: Pflanzenreich: Clusiaceae (Guttiferae)
ZUBEREITUNG: Aus der ganzen frischen Pflanze

Leitsymptome

- Wichtiges Nervenmittel
- Nervenverletzungen, v. a. an den Gliedmaßenenden und dem Schweif
- Schädigung von Nervenendigungen
- Neuritis
- Übermäßige Schmerzen
- Lindert Schmerzen
- Stichwunden
- Spasmen nach Verletzungen
- Muskelzuckungen
- Muskelkrämpfe
- Verletzung oder Erschütterung der Wirbelsäule, v. im Bereich des Steißbeins
- Gehirnerschütterung
- Schmerzen im Beckenbereich
- Tetanus
- Asthma/COPD
- Folgen von Schock
- Zahnschmerzen
- Risswunden

Modalitäten

SCHLIMMER/VERSCHLIMMERT DURCH: Kalte und feuchte Luft, Nebel, Berührung
BESSER/GEBESSERT DURCH: Nachhintenbeugen des Kopfes

Wechselwirkungen

MAN DENKE AUCH AN: Aconitum, Arnica, Bellis perennis, Chamomilla, Staphisagria, Calendula, Ledum, Ruta, Rhus toxicodendron

Hauptindikationen beim Pferd

- Nerven- und Wirbelsäulenverletzungen im Allgemeinen
- Nervenlähmung nach Trauma
- Neuritis
- Postoperative Schmerzen, auch nach Zahnbehandlungen
- Zahnschmerzen
- Schmerzen durch Verletzungen und Frakturen
- Risswunden, Hautabschürfungen
- Schnittwunden
- Bisswunden, Insektenstiche
- Photosensibilisierung
- Stichwunden
- Nageltritt
- Quetschung der Sohle (mit Lahmheit)
- Laminitis
- Trauma
- Folgen von Schreck oder Schock
- Augenverletzungen

- Gehirnerschütterung und deren Folgen, einschließlich Epilepsie
- Riss der Hornhaut
- Cauda-equina-Neuritis
- Tetanus und Tetanusprophylaxe (in Kombination mit Ledum)
- Paralyse, auch spastische Paralyse
- Lumbosakralschmerzen und -empfindlichkeit
- COPD mit deutlicher Verschlechterung bei nebligem Wetter

Ichthyolum *Ichth.*

HERKÖMMLICHER NAME: Verschwefelter Ölschiefer aus Tirol, Ammoniumichthyolsulphonat
KLASSIFIKATION: Tierreich: Fische
ZUBEREITUNG: Aus einer Lösung fossiler Überreste von Fischen

Leitsymptome

- Wirkt auf die Haut und Schleimhäute
- Husten bei älteren Tieren
- Chronische Steifheit
- Quaddeln
- Hautjucken
- Schuppige Dermatitis

Modalitäten – Keine bekannt

Wechselwirkungen

MAN DENKE AUCH AN: Petroleum, Sulphur

Hauptindikationen beim Pferd

- Chronische Urtikaria
- Dermatitis
- Schuppige, juckende Haut, v. a. bei Beteiligung von Läusen
- Bronchitis bei älteren Pferden

Ignatia *Ign.*

HERKÖMMLICHER NAME: Ignatiusbohne, Ignatia amara
KLASSIFIKATION: Pflanzenreich: Loganiaceae: Polychrest
ZUBEREITUNG: Trituration der Samen

Leitsymptome

- Wichtiges Gemütsmittel
- Vorherrschend (aber nicht ausschließlich) weiblich
- Erhöhte Empfindlichkeit aller Sinne, Überempfindlichkeit
- Hysterie
- Nervöse Disposition
- Leicht erregt
- Anspannung
- Folgen von Kummer, Sorge und Schock
- Wechselhafte Stimmung
- Mangel an Emotion
- Traurigkeit
- Stilles Brüten
- Klonische Spasmen, Krämpfe
- Muskelzuckungen im Gesicht und an den Gliedmaßen
- Gliederzucken, Chorea, Tremor
- Mandelentzündung
- Verlangen nach unverdaulichen Dingen
- Rumpelnde Geräusche im Abdomen
- Kolik
- Rektumprolaps
- Schwieriger Kotabsatz
- Diarrhö durch Schreck
- Hautjucken
- Exkoriation der Haut an Maul und Vagina

Modalitäten

SCHLIMMER/VERSCHLIMMERT DURCH: Morgens, im Freien, nach der Fütterung
BESSER/GEBESSERT DURCH: Wechsel der Stellung, während der Fütterung

Wechselwirkungen

WIRKT GUT ZUSAMMEN MIT: Natrium muriaticum (chronisch), Arsenicum album, Belladonna, Calcium carbonicum, Lycopodium, Pulsatilla, Rhus toxicodendron, Sepia, Zincum
UNVERTRÄGLICH MIT: Nux vomica, Tabacum, Coffea

MAN DENKE AUCH AN: Kalium phosphoricum, Sepia, Zincum

Hauptindikationen beim Pferd

- Kummer, v. a. akuter Kummer
- Trennung von Mutterstute und Fohlen
- Gram
- Traurigkeit
- Heimweh
- Hysterisches Verhalten
- Ablehnung des Hengstes (aufgrund von hysterischem Verhalten)
- Launenhaftigkeit bei Stuten
- Eifersucht
- Zuckungen und Krämpfe der Gliedmaßen
- Epilepsie
- Hahnentritt
- Milde Kolik nach emotionalem Schock
- Stereotypes Verhalten oder Untugenden

Iodium *Iod.*

HERKÖMMLICHER NAME: Jod
KLASSIFIKATION: Mineralreich: Jodgruppe: Element
ZUBEREITUNG: Tinktur

Leitsymptome

- Wirkt v. a. auf den Stoffwechsel
- Erhöhter (schneller) Stoffwechsel
- Hyperthyreose
- Hypothyreose
- Ausgeprägte Hitzeunverträglichkeit
- Gewichtsverlust trotz gutem Appetit
- Hunger und Durst
- Frisst die ganze Zeit
- Erpicht darauf zu essen
- Schwäche
- Abmagerung, dünn und untergewichtig
- Wirkt auf die Drüsen, die Atemwege, das Bindegewebe und den Kreislauf
- Atrophie, Auszehrung, Austrocknung
- Ödem
- Ekchymosen
- Hämorrhagie
- Pneumonie mit trockenem Husten
- Brusthöhlenerguss
- Myokarditis
- Schnelle Herzfrequenz
- Angst und Unruhe
- Braucht Beschäftigung
- In Eile
- Erweiterte Pupillen
- Speichelfluss
- Pankreaserkrankungen
- Hodenatrophie
- Unregelmäßiger Zyklus
- Ovarialschmerzen
- Entzündete und schmerzhafte Gelenke
- Gelenkschmerzen schlimmer nachts
- Harte Knoten in der Haut

Modalitäten

SCHLIMMER/VERSCHLIMMERT DURCH: An warmen geschlossenen Orten, in Ruhe, rechte Seite, feuchtes oder nasses Wetter
BESSER/GEBESSERT DURCH: Beim Reiten, im Freien

Wechselwirkungen

WIRKT GUT ZUSAMMEN MIT: Lycopodium, Silicea, Phosphorus, Calcium carbonicum, Calcium phosphoricum, Mercurius solubilis, Pulsatilla
MAN DENKE AUCH AN: Tuberculinum, Abrotanum, Natrium muriaticum, Phosphorus, Spongia, Fluoricum acidum

Hauptindikationen beim Pferd

- Überaktive Pferde mit feurigem Naturell
- Plötzliche unerklärliche Episoden impulsiven Verhaltens
- Tiere, die sich nicht konzentrieren können
- Stereotypes Verhalten (braucht Beschäftigung)
- Allgemeine Schwäche und Auszehrung, v. a. bei gutem Appetit oder Diarrhö

- Diarrhö aufgrund von Malabsorption
- Muskelatrophie
- Verhärtete, indurierte Drüsen (Lymphknoten)
- Schrumpfen des Euters – Atrophie
- Ovarielle Dysfunktion
- Hodenatrophie, -degeneration
- Hydrozele
- Hautknoten – equine kollagene Nekrose/ noduläre Hauterkrankung
- Gealterte Haut mit Seborrhö
- Schlechte Fellqualität, trockenes, glanzloses Haar
- Pankreaserkrankungen und Diabetes

Ipecacuanha *Ip.*

HERKÖMMLICHER NAME: Brechwurzel, Cephaelis ipecacuanha
KLASSIFIKATION: Pflanzenreich: Rubiaceae
ZUBEREITUNG: Trituration der getrockneten Wurzel

Leitsymptome

- Reizt den Brustkorb und Magen
- Übelkeit und Erbrechen
- Hämorrhagie mit hellrotem Blut, das schwallweise auftritt
- Dysenterische Diarrhö mit Pressen
- Schleimiger, grüner Kot
- Uterine Hämorrhagie
- Atembeschwerden
- Konstriktion des Brustkorbs – Asthma
- Wiederholtes Niesen
- Heftiger Husten
- Mit Schleim gefüllter Brustkorb, ohne Erleichterung durch Husten
- Blubbernde Geräusche im Brustkorb
- Erstickender Husten
- Lungenblutung, Hämoptyse
- Steifes Ausstrecken des Körpers

Modalitäten

SCHLIMMER/VERSCHLIMMERT DURCH: Periodisch, feuchte warme Luft, Hinlegen, Berührung, Winter, Herumgehen
BESSER/GEBESSERT DURCH: Ruhe, im Freien

Wechselwirkungen

WIRKT GUT ZUSAMMEN MIT: Arsenicum album, Bryonia, Cuprum, Ignatia, Phosphorus, Antimonium tartaricum, Nux vomica, Sepia, Pulsatilla, China
MAN DENKE AUCH AN: Antimonium tartaricum, Kalium sulphuricum, Lobelia, Tabacum, Sanguinaria

Hauptindikationen beim Pferd

- Bronchitis, Bronchopneumonie
- Pneumonie
- Emphysem
- COPD, RAO
- Erschwerte Atmung, als würde man ersticken
- EIPH, Epistaxis (Nasenbluten)
- Hämorrhagie mit hellrotem Blut, die in plötzlichen Schüben auftritt
- Uterine Hämorrhagie
- Vaginale Blutung zwischen den Rossen
- Schleimige grüne Diarrhö
- Wässrige Diarrhö mit Stücken von Darmschleimhaut
- Kokzidiose

Iris versicolor *Iris*

HERKÖMMLICHER NAME: Bunte Schwertlilie
KLASSIFIKATION: Pflanzenreich: Iridaceae
ZUBEREITUNG: Tinktur der frischen Wurzel, die im Frühling gesammelt wird

Leitsymptome

- Wirkt auf die Drüsen
- Schilddrüse, Speicheldrüsen, Pankreas, Schleimhäute des Magen-Darm-Traktes
- Vermehrter Speichelfluss

- Schlechter Appetit
- Empfindlichkeit im Leberbereich
- Blähungskolik
- Wässrige Diarrhö
- Verstopfung
- Unregelmäßige ekzematöse Flecken mit Abschuppung

Modalitäten

SCHLIMMER/VERSCHLIMMERT DURCH: Abends, nachts, Ruhe
BESSER/GEBESSERT DURCH: Bewegung

Wechselwirkungen

MAN DENKE AUCH AN: Ipecacuanha, Podophyllum, Colchicum, Arsenicum album

Hauptindikationen beim Pferd

- Pankreaserkrankungen
- Diabetes mellitus
- Wässrige Diarrhö mit Bauchschmerzen
- Zur Anregung des Appetits nach Koliken

Jatropha *Jatr-c.*

HERKÖMMLICHER NAME: Purgiernuss, Jatropha curcas
KLASSIFIKATION: Pflanzenreich: Euphorbiaceae
ZUBEREITUNG: Tinktur oder Trituration der Samen

Leitsymptome

- Ein Durchfallmittel
- Plötzliche „dringende" Diarrhö
- Sehr wässrige, reichliche, gewaltsame Diarrhö
- Auftreibung des Abdomens mit gurgelnden Geräuschen (Borborygmen)
- Muskelkrämpfe
- Frösteln und Kühle des Körpers

Modalitäten

SCHLIMMER/VERSCHLIMMERT DURCH: Morgens, Herumgehen
BESSER/GEBESSERT DURCH: Keine bekannt

Wechselwirkungen

MAN DENKE AUCH AN: Camphora, Veratrum album, Gambogia, Croton tiglium, Aloe

Hauptindikationen beim Pferd

- Akute, reichliche, wässrige Diarrhö bei Fohlen
- Muskelkrämpfe durch Diarrhö
- Equine Rotavirus-Infektion

Juglans cinerea *Jug-c.*

HERKÖMMLICHER NAME: Butternuss
KLASSIFIKATION: Pflanzenreich: Juglandaceae
ZUBEREITUNG: Trituration des Marks

Leitsymptome

- Ekzem und Dermatitis im Bereich der unteren Gliedmaßen und des Kreuzbeins mit Reizung

Modalitäten

SCHLIMMER/VERSCHLIMMERT DURCH: Überhitzung
BESSER/GEBESSERT DURCH: Keine bekannt

Wechselwirkungen

MAN DENKE AUCH AN: Juglans regia

Hauptindikationen beim Pferd

- Ekzem und Dermatitis im Bereich der unteren Gliedmaßen und des Kreuzbeins mit Reizung

Juglans regia *Jug-r.*

HERKÖMMLICHER NAME: Walnuss
KLASSIFIKATION: Pflanzenreich: Juglandaceae
ZUBEREITUNG: Tinktur aus den Blättern und der Schale der grünen Früchte

Leitsymptome

- Ekzem und Dermatitis im Gesicht
- Jucken im Gesicht, Pusteln

Modalitäten – Keine bekannt

Wechselwirkungen

MAN DENKE AUCH AN: Rhus toxicodendron, Graphites, Juglans cinerea

Hauptindikationen beim Pferd

- Ekzem und Dermatitis im Gesichtsbereich

Kalium arsenicosum *Kali-ar.*

HERKÖMMLICHER NAME: Fowlersche Lösung, Kaliumarsenit
KLASSIFIKATION: Mineralreich: Kaliumsalz
ZUBEREITUNG: Aus arsenischer Säure und Kaliumkarbonat

Leitsymptome

- Wichtiges kleineres Hautmittel
- Unerträglicher Juckreiz
- Trockene, schuppige, schlecht aussehende Haut
- Abschälen der Haut
- Chronische Hautreizung
- Fissuren und Risse der Haut in den Gelenkbeugen
- Hautkrebs
- Bösartiger Krebs
- Knötchen unter der Haut

Modalitäten

SCHLIMMER/VERSCHLIMMERT DURCH: Ausgeprägt durch Wärme
BESSER/GEBESSERT DURCH: Kühleres Wetter

Wechselwirkungen

MAN DENKE AUCH AN: Arsenicum album

Hauptindikationen beim Pferd

- Sommerekzem (v. a. in Kombination mit Sulphur iodatum)
- Rissige Haut
- Schlecht aussehende, gealterte Haut bei geschwächten Pferden
- Sarkoide
- Equine noduläre Hauterkrankung

Kalium bichromicum *Kali-bi.*

HERKÖMMLICHER NAME: Kaliumbichromat
KLASSIFIKATION: Mineralreich: Kaliumsalz
ZUBEREITUNG: Lösung in destilliertem Wasser

Leitsymptome

- Hat eine spezielle Affinität zu den Schleimhäuten
- Die Wirkung konzentriert sich v. a. auf die Atemwege und den Verdauungstrakt
- Wirkt weiterhin auf die Knochen und das Fasergewebe
- Leberzirrhose
- Allgemeine Schwäche
- Katarrh v. a. der Atemwege: Nase, Pharynx, Larynx und Bronchien
- Fadenziehender, zäher, dicker, grünlicher, gelber Katarrh
- Fauliger Geruch aus der Nase
- Perforation des Nasenseptums
- Verstopfte Nase
- Heftiges Niesen
- Husten, Auswurf von dickem, gelbem Schleim
- Geschwollene Augenlider mit fadenziehender, gelber Absonderung
- Hornhautgeschwüre mit wenig oder keinen Schmerzen oder Photophobie
- Iritis
- Empfindliche Knochen am Kopf
- Roter und entzündeter Hals
- Geschwollene Parotisdrüsen
- Ulzeration des Magens oder der Därme
- Diarrhö mit Blut und Pressen
- Brennen in der Urethra
- Schleim im Urin
- Nierenkongestion, Nephritis
- Pyelitis, Urin enthält Eiter und Blut
- Geschwüre auf dem Penis
- Gelbe, dicke uterine Absonderung
- Wandernde Knochenschmerzen
- Schmerzen, Schwellung, Knacken und Steifheit
- Schwellung und Schmerzen in der Achillessehne
- Ausgestanzte Hautgeschwüre

Modalitäten

SCHLIMMER/VERSCHLIMMERT DURCH: Berührung, in Ruhe, heißes Wetter
BESSER/GEBESSERT DURCH: Im Freien, Wärme, Bewegung des betroffenen Körperteils

Wechselwirkungen

WIRKT GUT ZUSAMMEN MIT: Antimonium tartaricum, Arsenicum album, Phosphorus, Psorinum, Sepia
UNVERTRÄGLICH MIT: Calcium carbonicum
MAN DENKE AUCH AN: Hydrastis, Pulsatilla, Antimonum tartaricum, Ipecacuanha, Silicea, Hippozaenium

Hauptindikationen beim Pferd

- Erkrankungen der Atemwege, die durch Katarrh charakterisiert sind
- Rhinitis
- Sinusitis und Sinusempyem
- Luftsackempyem
- Bronchopneumonie
- Pneumonie
- Bellender Husten mit Bildung von dickem, gelbem, fadenziehendem Schleim
- Konjunktivitis mit Schwellung der Lider und dicker, gelber Absonderung
- Tiefe Hornhautgeschwüre mit minimalen Schmerzen, Fehlen von Photophobie (Lichtempfindlichkeit)
- Iritis
- Keratitis
- Tiefe Hautgeschwüre
- Magengeschwüre
- Lymphangitis
- Zellulitis
- Mauke
- Knochenschmerzen und Exostosen
- Dicke, gelbe Absonderung aus der Harnröhre
- Druse
- CEM

Kalium bromatum *Kali-br.*

HERKÖMMLICHER NAME: Kaliumbromid
KLASSIFIKATION: Mineralreich: Kaliumsalz
ZUBEREITUNG: Trituration

Leitsymptome

- Verlust der geistigen Fähigkeiten
- Gedächtnisschwäche
- Stumpfheit, Somnolenz
- Ruhelosigkeit, Delirium
- Psoriasis-ähnliche Hautveränderungen
- Konvulsionen, Epilepsie, v. a. bei Neumond
- Grüne, wässrige Diarrhö
- Impotenz
- Gesteigertes sexuelles Verlangen
- Zystische Eierstockstumore
- Pusteln im Gesicht
- Schlechte Koordination

Modalitäten

SCHLIMMER/VERSCHLIMMERT DURCH: Nachts, 2 Uhr, heißes Wetter, Sommer, Neumond
BESSER/GEBESSERT DURCH: Keine bekannt

Wechselwirkungen

MAN DENKE AUCH AN: Hyoscyamus, Stramonium, Zincum, Tarentula hispanica, Kalium carbonicum, Conium, Opium

Hauptindikationen beim Pferd

- Schwache Libido, Impotenz
- Nymphomanie
- Hypersexualität beim Hengst (Satyriasis)
- Fohlenseptikämie
- Bakterielle Follikulitis
- Hautzysten
- Ruhelosigkeit durch Sorgen
- Grüne, wässrige Diarrhö

Kalium carbonicum *Kali-c.*

HERKÖMMLICHER NAME: Kaliumkarbonat
KLASSIFIKATION: Mineralreich: Kaliumsalz: Polychrest
ZUBEREITUNG: Lösung in destilliertem Wasser

Leitsymptome

- Allgemeine Schwäche
- Unverträglichkeit von kaltem Wetter
- Fettleibigkeit
- Abort
- Abfohlen
- Rückenschmerzen und Schwäche
- Muskelzuckungen
- Reizbarkeit
- Launenhaftigkeit
- Dickköpfigkeit
- Schwellung der oberen Augenlider
- Dicke, fließende, gelbe Absonderung aus der Nase
- Verkrusteter Schleim an den Nüstern, Ulzeration der Nüstern
- Flatulenz
- Gelbsucht
- Auftreibung des Abdomens, Aszites
- Rektumprolaps
- Unfreiwilliger Harnabsatz beim Husten
- Erkrankungen nach dem Abfohlen
- Harter, trockener Husten, Bronchitis, wenig Auswurf
- Hydrothorax
- Schwäche der Hinterhand
- Schwere der Hinterhand
- Schmerzen in den Knie- oder Hüftgelenken
- Schmerzen in den Karpalgelenken
- Empfindlichkeit der Sohle
- Trockene Haut mit Haarausfall

Modalitäten

SCHLIMMER/VERSCHLIMMERT DURCH: Nach der Paarung, kaltes Wetter, 3 Uhr

BESSER/GEBESSERT DURCH: Warmes Wetter, Herumgehen, tagsüber

Wechselwirkungen

WIRKT GUT ZUSAMMEN MIT: Carbo vegetabilis, Nux vomica, Phosphorus, Sepia, Nitricum acidum, Natrium muriaticum, Fluoricum acidum, Arsenicum album, Arsenicum iodatum, Lycopodium, Sulphur

MAN DENKE AUCH AN: Causticum, Kalium bichromicum, Sepia, Apis, Phosphoricum acidum

Hauptindikationen beim Pferd

- Zur Unterstützung der Genesung nach einem Zustand allgemeiner Schwäche
- Allgemein bei Erkrankungen, die nach dem Abfohlen auftreten, v. a. Schwäche
- Abort (Vorbeugung)
- Unfruchtbarkeit bei der Stute
- Schmerzen im unteren Rücken mit Reizbarkeit und ungleichmäßigem Gang
- Schwere oder Schwäche der Hinterhand
- Unbestimmte Knie- oder Hüftschmerzen, die zu ungleichmäßigem Gang führen
- DJD des Kniegelenks, wenn Exostosen vorliegen
- Laminitis
- Hypothyreose
- Aszites
- Hydrothorax
- Harter, trockener, rasselnder Husten
- Akute Bronchopneumonie bei jungen Fohlen

Kalium chloratum *Kali-chl.*

HERKÖMMLICHER NAME: Kaliumchlorat

KLASSIFIKATION: Mineralreich: Kaliumsalz

ZUBEREITUNG: Lösung in destilliertem Wasser

Leitsymptome

- Hat eine destruktive Wirkung auf die Nieren
- Nephritis
- Hämaturie (Blut im Urin)
- Stomatitis, Ulzeration im Maul

- Speichelfluss
- Fazialislähmung
- Muskelzuckungen im Gesicht und an den Augen
- Diarrhö mit grünlichem Schleim
- Gelbsucht

Modalitäten – Keine bekannt

Wechselwirkungen

MAN DENKE AUCH AN: Kalium muriaticum, Kalium bichromicum, Causticum

Hauptindikationen beim Pferd

- Akute und chronische Nierenerkrankungen
- Fazialislähmung
- Ulzeration im Maul mit Speichelfluss
- Stomatitis
- Pferdepocken-Virus
- Vesikuläre Stomatitis

Kalium iodatum, Kali hydroiodicum *Kali-i.*

HERKÖMMLICHER NAME: Kaliumjodid
KLASSIFIKATION: Mineralreich: Kaliumsalz
ZUBEREITUNG: Lösung in destilliertem Wasser

Leitsymptome

- Wirkt auf das Fasergewebe
- Geschwollene Drüsen
- Purpura
- Wässrige, reizende (scharfe) Absonderung aus den Augen
- Tränenfluss
- Rote, injizierte, entzündete Konjunktiven
- Iritis
- Keratitis mit Chemosis (Entzündung der Hornhaut mit Schwellung der Konjunktiven)
- Dünne, wässrige Absonderung aus der Nase
- Niesen
- Harte (knöcherne) Zubildungen am Kopf und an den Augen
- Gesichtsneuralgie (Schmerzen)
- Lungenödem
- Grünlicher Auswurf
- Pneumonie (mit Hepatisation)
- Meningitis
- Hydrothorax
- Knochenschmerzen
- Verdickung des Periosts
- Kontraktion und Steifheit der Gelenke
- Kniegelenkerguss
- Purpurfarbene Flecken an den Beinen
- Knötchen der Haut mit ödematösen Schwellungen

Modalitäten

SCHLIMMER/VERSCHLIMMERT DURCH: Im warmen Stall, nachts
BESSER/GEBESSERT DURCH: Im Freien, Herumgehen

Wechselwirkungen

WIRKT GUT ZUSAMMEN MIT: Nitricum acidum, Mercurius solubilis
MAN DENKE AUCH AN: Iodium, Kalium carbonicum

Hauptindikationen beim Pferd

- Knöcherne Massen im Bereich des Kopfes und der Augen
- Knöcherne Tumoren
- Hochgradige Knochenschmerzen
- Gelenkschmerzen, v. a. wenn das Periost verdickt ist
- Kontraktion der Gelenke
- DJD des Kniegelenks
- Periostitis des Röhrbeins
- Knochenspat
- Iritis, periodische Augenentzündung
- Keratitis mit deutlicher Hornhauttrübung

- Pneumonie mit Lungenödem
- Brusthöhlenerguss
- Atemwegsinfektionen mit reizender, wässriger Absonderung aus der Nase
- Geschwollene Lymphknoten
- Arteriitis
- Hodendegeneration
- Equine noduläre Hauterkrankung
- EHV-1 (Konjunktivitis)
- EVA
- Pferdepocken-Vrus
- Equine virale papuläre Dermatitis
- Epizootische Lymphangitis

Kalium muriaticum *Kali-m.*

HERKÖMMLICHER NAME: Kaliumchlorid
KLASSIFIKATION: Mineralreich: Kaliumsalz
ZUBEREITUNG: Lösung in destilliertem Wasser

Leitsymptome

- Die Wirkung konzentriert sich v. a. auf katarrhalische Probleme
- Hustet dicken, klebrigen, weißen Schleim ab
- Spastischer Husten
- Schleimrasseln in den Bronchien
- Katarrh der Eustachischen Röhre
- Gräulich, weiße Sekrete auf den Schleimhäuten
- Geschwollene Drüsen
- Tonsillitis
- Hornhauttrübung
- Blutige Diarrhö mit Schleim
- Trockene, weiße, flockige Schuppen auf der Haut
- Fibrinöse Exsudation
- Gewebesalz

Modalitäten

SCHLIMMER/VERSCHLIMMERT DURCH: Bewegung
BESSER/GEBESSERT DURCH: Keine bekannt

Wechselwirkungen

WIRKT GUT ZUSAMMEN MIT: Calcium phosphoricum, Calcium fluoratum, Calcium sulphuricum, Ferrum phosphoricum
MAN DENKE AUCH AN: Kalium chloricum, Kalium bichromicum, Kalium carbonicum, Hydrastis, Pulsatilla, Bryonia

Hauptindikationen beim Pferd

- Chronische katarrhalische Probleme
- Abhusten von weißem, klebrigem Schleim
- Geschwollene Lymphknoten in Verbindung mit katarrhalischen Erkrankungen
- Katarrh der Luftsäcke oder Nebenhöhlen
- Luftsackempyem oder -tympanie
- Hornhauttrübung (wolkige)
- Anhaltende Schwellung chirurgischer Schnittwunden
- Übermäßiges Keuchen

Kalium phosphoricum *Kali-p.*

HERKÖMMLICHER NAME: Kaliumphosphat
KLASSIFIKATION: Mineralreich: Kaliumsalz
ZUBEREITUNG: Lösung in destilliertem Wasser

Leitsymptome

- Passt besser zu jüngeren Tieren
- Ein Nervenmittel
- Erschöpfung, Schwäche
- Angst
- Leichtes Aufschrecken
- Reizbarkeit
- Scheu
- Greift das sympathische Nervensystem an
- Geistige und physische Depression
- Herabhängen der Augenlider
- Stimmbandlähmung
- Faulige, stinkende Diarrhö, v. a. nach Stress
- Dysenterie-ähnliche Diarrhö
- Harninkontinenz
- Verspätetes Abfohlen (Wehenschwäche)

- Asthma
- Husten mit gelbem Schleim
- Kurzatmigkeit
- Gangrän

Modalitäten

SCHLIMMER/VERSCHLIMMERT DURCH: Sorgen, Aufregung, geistige und physische Anstrengung, kaltes Wetter, frühmorgens
BESSER/GEBESSERT DURCH: Wärme, Ruhe, Fütterung

Wechselwirkungen

MAN DENKE AUCH AN: Phosphorus, Phosphoricum acidum, andere Kaliumsalze

Hauptindikationen beim Pferd

- Erholung nach Zuständen allgemeiner Schwäche
- Abzehrung
- Erschöpfung während des Abfohlens
- COPD mit Abhusten von gelbem Schleim
- Erkrankungen durch lang dauernden emotionalen Stress
- Nervöse Erschöpfung
- Stimmbandlähmung

Kalium sulphuricum *Kali-s.*

HERKÖMMLICHER NAME: Kaliumsulfat
KLASSIFIKATION: Mineralreich: Kaliumsalz
ZUBEREITUNG: Trituration

Leitsymptome

- Beeinflusst spätere Entzündungsstadien
- Gelber Schleim und wässrige Absonderungen
- Husten mit gelbem, schleimigem Katarrh
- Verstopfung der Nase
- Entzündung der Nasengänge
- Schleimrasseln im Brustkorb
- Bronchitis
- Starke Abschuppung der Haut
- Schorfige Haut
- Papeln
- Seborrhö
- Nesselsucht
- Ringflechte
- Schleimige, gelbe Absonderung aus dem Präputium
- Orchitis

Modalitäten

SCHLIMMER/VERSCHLIMMERT DURCH: Abends, heiße Atmosphäre
BESSER/GEBESSERT DURCH: Kühle Luft, im Freien

Wechselwirkungen

WIRKT GUT ZUSAMMEN MIT: Calcium sulphuricum, Calcium carbonicum, Hepar sulphuris, Pulsatilla, Rhus toxicodendron, Sepia, Silicea, Sulphur
MAN DENKE AUCH AN: Pulsatilla, Kalium bichromicum, Hydrastis, Calcium sulphuricum

Hauptindikationen beim Pferd

- Bronchopneumonie
- Bronchitis
- Katarrhalischer Auswurf von gelbem Schleim
- Verstopfung der Nase mit gelbem Schleim
- Seborrhö (fettige Haut)
- Erkrankungen der Haut mit Seborrhö und Abschilferung, Schuppenbildung
- Juckende Hautausschläge mit Abschuppung
- Sommerekzem mit verdickten, schorfigen Stellen oder Abschuppung und fettiger Haut, Seborrhö
- Ringflechte

Kalmia latifolia *Kalm.*

HERKÖMMLICHER NAME: Berglorbeer, Amerikanischer Lorbeer
KLASSIFIKATION: Pflanzenreich: Ericaceae
ZUBEREITUNG: Tinktur aus den frischen Blättern zur Zeit der Blüte

Leitsymptome

- Man achte, ob ein langsamer, schwacher Puls in Verbindung mit einem steifen, staksigen Gang vorliegt. V. a. der Schulterbereich kann besonders steif sein, und es können auch Schmerzen im unteren Rücken bestehen.
- Hat eine deutliche Wirkung auf das Herz
- Schwacher, langsamer Puls
- Tachykardie
- Herzklopfen mit Fibrillation
- Kurzatmigkeit
- Rheumatische Symptome, Steifheit
- Rote, heiße, geschwollene Gelenke
- Wandernde Schmerzen in den Gliedmaßen
- Schießende Gelenkschmerzen
- Schmerzen im unteren Rücken
- Steifer Gang
- Schwäche und Zittern der Hinterhand
- Nephritis mit Albumin im Urin

Modalitäten

SCHLIMMER/VERSCHLIMMERT DURCH: Bewegung
BESSER/GEBESSERT DURCH: Futteraufnahme, bewölktes Wetter

Wechselwirkungen

WIRKT GUT ZUSAMMEN MIT: Nux vomica, Spigelia, Lithium carbonicum, Lycopodium, Pulsatilla
MAN DENKE AUCH AN: Tabacum, Pulsatilla, Cactus, Digitalis, Spigelia

Hauptindikationen beim Pferd

- Herzerkrankungen mit schwachem und langsamem Puls
- Endokarditis
- Steifheit und Schmerzen im unteren Rücken und Schulterbereich, v. a. nachts
- Steifheit, die die Stelle wechselt
- Staksiger oder allgemein steifer Gang
- Akut geschwollene, schmerzhafte Gelenke
- Gelenke, die „knacken“
- Afrikanische Pferdepest
- Borreliose

Kamala *Kam.*

HERKÖMMLICHER NAME: Croton coccineus
KLASSIFIKATION: Pflanzenreich: Euphorbiaceae
ZUBEREITUNG: Tinktur

Leitsymptome

- Ein Mittel bei Bandwürmern

Modalitäten – Keine bekannt

Wechselwirkungen

MAN DENKE AUCH AN: Cina, Granatum, Filix mas

Hauptindikationen beim Pferd

- In Kombination mit anderen Mitteln zur Wurmabtreibung

Kreosotum *Kreos.*

HERKÖMMLICHER NAME: Buchenholzteerdestillat
KLASSIFIKATION: Pflanzenreich
ZUBEREITUNG: Destillat des phenolhaltigen Holzteers in Spiritus rectificatus

Leitsymptome

- Starke Blutungen aus kleinen Wunden
- Ekchymosen
- Wund machende, übel riechende Absonderungen
- Ulzeration
- Krebs und damit verbundene Probleme
- Gangrän
- Schnelle Zersetzung von Flüssigkeiten
- Entzündung der Augenlider mit Rötung und Juckreiz
- Verfall, Abbröckeln der Zähne
- Schwammiges, blutendes Zahnfleisch
- Übler Maulgeruch
- Übel riechender Nasenkatarrh

- Chronischer Katarrh bei alten Pferden
- Auftreibung des Abdomens
- Dunkelbraune, faulige Diarrhö mit Blut
- Übel riechender Urin
- Hochgradiger Juckreiz im Bereich der Vulva
- Schwellung der Schamlippen
- Gelbe, grüne Absonderung aus der Gebärmutter
- Inkontinenz
- Abendlicher Husten mit fauligem Auswurf
- Hautjucken

Modalitäten

SCHLIMMER/VERSCHLIMMERT DURCH: Im Freien, Kälte, Ruhe, Hinlegen, nach der Rosse
BESSER/GEBESSERT DURCH: Wärme, Herumlaufen

Wechselwirkungen

WIRKT GUT ZUSAMMEN MIT: Sulphur, Arsenicum album, Calcium carbonicum, Kalium carbonicum, Lycopodium, Rhus toxicodendron, Sepia
UNVERTRÄGLICH MIT: Carbo vegetabilis, China
MAN DENKE AUCH AN: Carbo animalis, Graphites, Psorinum, Sepia, Tellurium

Hauptindikationen beim Pferd

- Strahlfäule
- Hufknorpelfistel
- Erkrankung der weißen Linie
- Sohlenabszess, unterminierte Sohle
- Pyometra
- CEM
- Dermatitis im Bereich der Vulva mit Schwellung der Labien
- Gangrän
- Hautgeschwüre
- Chronischer, faulig riechender Katarrh bei alten Pferden
- Anhaltende Blutungen aus kleinen Wunden
- Sarkoide und Melanome
- Zahnverfall

Lac caninum *Lac-c.*

HERKÖMMLICHER NAME: Hundemilch
KLASSIFIKATION: Tierreich: Säugetiere
ZUBEREITUNG: Aus der ganzen Milch

Leitsymptome

- Die Wirkung konzentriert sich auf den Halsbereich und die weiblichen Geschlechtsorgane
- Berührungsempfindlicher Hals
- Membranöse Beläge im hinteren Bereich der Zunge
- Schmerzhaftes Schlucken
- Geschwollene Drüsen
- Steifer Hals und Zunge
- Schmerzen, die von einer Seite zur anderen wechseln, wandernde Schmerzen
- Schmerzen in den Gliedmaßen und dem Rücken, die die Stelle wechseln
- Symptome, die von rechts nach links und wieder zurück wechseln
- Allgemeine Schwäche und Erschöpfung
- Mutlosigkeit
- Plötzliche Wutanfälle
- Soziale Tiere, mögen Gesellschaft
- Loyal
- Liebevoll
- Beschützen der Jungtiere, starkes Bedürfnis zu nähren
- Äußerst nervöse Stuten
- Mangel an Selbstvertrauen
- Bedürfnis zu gefallen
- Furcht vor Hunden
- Mastitis, Schmerzen schlimmer bei der geringsten Bewegung, Erschütterung oder Berührung
- Übermäßige Milchproduktion, gesteigerter Milchfluss
- Zum Trockenstellen
- Zu frühe Rossen

- Euter schmerzhaft und geschwollen
- Hautrisse an den Maulwinkeln und Nüstern
- Verstärkter Speichelfluss
- Kieferknacken

Modalitäten

SCHLIMMER/VERSCHLIMMERT DURCH: Nachts, kalter Wind, Bewegung, Berührung
BESSER/GEBESSERT DURCH: Wärme, Ruhe

Wechselwirkungen

MAN DENKE AUCH AN: Lachesis, Argentum nitricum, Pulsatilla, Lyssinum, Phosphorus

Hauptindikationen beim Pferd

- Mastitis, einschließlich traumatischer Mastitis
- Hemmung übermäßiger Milchbildung
- Nymphomanie
- Verhaltensprobleme
- Mangel an Selbstvertrauen
- Sanfte Stuten mit gelegentlichen Anfällen von Aggression
- Pharyngitis
- Wandernde Gelenkschmerzen, wechselnde Lahmheit
- Borreliose

Lachesis *Lach.*

(siehe Konstitutionsmittel)

Lachnanthes *Lachn.*

HERKÖMMLICHER NAME: Wollnarzisse, Lachnanthes tinctoria
KLASSIFIKATION: Pflanzenreich: Haemodoraceae
ZUBEREITUNG: Tinktur aus der ganzen Pflanze

Leitsymptome

- Symptome stehen mit dem Hals und Nacken in Verbindung
- Tortikollis (verdrehter Hals)
- Der Hals wird zu einer Seite gezogen
- Rheuma-ähnliche Symptome des Nackenbereiches
- Schmerzen und Steifheit des Nackens
- Leichtes Schwitzen

Modalitäten – Keine bekannt

Wechselwirkungen

MAN DENKE AUCH AN: Cicuta

Hauptindikationen beim Pferd

- Steifheit und Schmerzen im Nacken
- Tortikollis, steifer Nacken

Lacticum acidum *Lac-ac.*

HERKÖMMLICHER NAME: Milchsäure
KLASSIFIKATION: Tierreich: Säugetiere: Mensch
ZUBEREITUNG: Verdünnung

Leitsymptome

- Probleme mit dem Euter
- Rheuma-ähnliche Gelenkschmerzen
- Geschwollene Gelenke
- Muskelverletzungen
- Vermehrter Durst

Modalitäten

SCHLIMMER/VERSCHLIMMERT DURCH: Bewegung
BESSER/GEBESSERT DURCH: Keine bekannt

Wechselwirkungen

WIRKT GUT ZUSAMMEN MIT: Psorinum
MAN DENKE AUCH AN: Phosphoricum acidum, Aceticum acidum, Uranium nitricum, Lac caninum

Hauptindikationen beim Pferd

- Diabetes
- Schmerzen oder Empfindlichkeit des Euters
- Allgemeine Steifheit mit Verschlimmerung durch Bewegung
- Chronische Periostitis, Exostosen
- Schmerzhafte Muskelrisse

Lapis albus *Lap-a.*

HERKÖMMLICHER NAME: Kalziumfluorosilikat
KLASSIFIKATION: Mineralreich: Kalziumsalz
ZUBEREITUNG: Trituration

Leitsymptome
- Wirkt auf die Drüsen und das Bindegewebe
- Verhärtung des Eutergewebes
- Vergrößerte Lymphknoten (die bei Berührung eher nachgiebig als steinhart sind)
- Gesteigerter Appetit, Heißhunger
- Eitrige Ohrinfektionen
- Abszesse
- Krebs, speziell Karzinome
- Fibröse Tumoren, die bluten
- Fettige Massen, Lipome

Modalitäten - Keine bekannt

Wechselwirkungen
MAN DENKE AUCH AN: Silicea, Arsenicum iodatum, Calcium iodatum, Conium, Kalium iodatum

Hauptindikationen beim Pferd
- Chronisch vergrößerte Lymphknoten
- Harte Massen im Euter
- Melanome
- Sarkoide

Lathyrus *Lath.*
HERKÖMMLICHER NAME: Platterbse, Kichererbse, Lathyrus sativus
KLASSIFIKATION: Pflanzenreich: Fabiaceae (Leguminosae)
ZUBEREITUNG: Tinktur aus den Blüten oder grünen Hülsen

Leitsymptome
- Greift das Rückenmark an
- Gesteigerte Reflexe, die nicht koordiniert sind
- Paralyse der unteren Gliedmaßen
- Spastische Paralyse
- Langsame Genesung und Schwäche nach Virusinfektionen
- Schwache Nerven nach einer Krankheit
- Stolpernder, ungleichmäßiger Gang
- Spastischer Gang
- Die Beine erscheinen steif oder gestelzt
- Krämpfe in den Gliedmaßen
- Myelitis
- Muskelschwund an den unteren Gliedmaßen
- Steifheit der unteren Gliedmaßen
- Schleift die Zehen über den Boden
- Unfreiwilliger Harnabsatz
- Schluckschwierigkeiten
- Verstopfung, der Darm hat nur wenig Kraft, den Kot herauszuschieben

Modalitäten – Keine bekannt

Wechselwirkungen
MAN DENKE AUCH AN: Oxytropis, Secale, Phosphorus, Gelsemium, Conium, Causticum, Alumina, Strychninum

Hauptindikationen beim Pferd
- Kehlkopfpfeifen
- Paralyse der Hinterhand
- Spastische Paralyse
- Schwäche der Hinterhand
- Ataxie, ungleichmäßiger Gang
- Wobbler-Syndrom
- Radialislähmung, wenn es frühe Anzeichen für eine Erholung gibt
- Schlechte räumliche Vorstellungskraft
- Hahnentritt
- Zittern
- Kreuzverschlag, Verkrampfung der Muskeln der unteren Gliedmaßen
- Steifer Gang, Muskelsteife
- Schwäche nach Virusinfektionen, v. a. wenn die Nerven beteiligt sind
- Postvirale Paralyse
- Equine protozoäre Myeloenzephalitis
- Harninkontinenz
- Graskrankheit
- Verstopfung

Laurocerasus *Laur.*

HERKÖMMLICHER NAME: Kirschlorbeer
KLASSIFIKATION: Pflanzenreich: Rosaceae
ZUBEREITUNG: Tinktur aus den jungen Blättern

Leitsymptome

- Der Fokus liegt primär auf den Atemwegen und dem Herzen
- Asphyxie bei Jungtieren
- Ringen nach Luft
- Zyanose
- Atembeschwerden (Dyspnoe)
- Belastung bei körperlicher Anstrengung
- Kitzelhusten
- Herzgeräusche
- Schwacher Puls
- Verformte Hufe
- Schlechte Blutversorgung der Gliedmaßen und v. a. der Blättchenschicht
- Reaktionsmangel, herabgesetzte Vitalität

Modalitäten - Keine bekannt

Wechselwirkungen

WIRKT GUT ZUSAMMEN MIT: Belladonna, Phosphorus, Pulsatilla, Veratrum album
MAN DENKE AUCH AN: Digitalis, Antimonium tartaricum, Camphora, Secale, Ammonium carbonicum, Prunus spinosa

Hauptindikationen beim Pferd

- Pneumonie mit Zyanose und Dyspnoe bei jungen Fohlen
- Zur Wiederbelebung kollabierter oder geschwächter Tiere jeden Alters, v. a. aber Fohlen
- Anregung der Atmung bei neugeborenen Fohlen, Asphyxie
- Chronische Laminitis bei älteren Pferden, wenn die Hufe verformt sind
- Herzgeräusche mit Beteiligung, der Mitralklappe
- Schwacher Kreislauf, v. a. bei Zyanose der Schleimhäute

Lecithinum *Lec.*

HERKÖMMLICHER NAME: Lezithin
KLASSIFIKATION: Tierreich: Säugetiere
ZUBEREITUNG: Aus Eigelb und tierischem Hirngewebe

Leitsymptome

- Beeinflusst die Ernährung und das Blut
- Steigert die Anzahl der roten Blutkörperchen und den Hämoglobingehalt
- Steigert die Milchproduktion und verbessert die Qualität
- Rekonvaleszenz im Allgemeinen
- Schwäche, Energiemangel
- Gewichtsverlust

Modalitäten - Keine bekannt

Wechselwirkungen

MAN DENKE AUCH AN: Phosphoricum acidum, China

Hauptindikationen beim Pferd

- Anämie
- Schwäche
- Genesung nach einer Krankheit
- Mangelhafte Milchbildung oder -qualität

Ledum *Led.*

HERKÖMMLICHER NAME: Sumpfporst, Wilder Rosmarin, Ledum palustre
KLASSIFIKATION: Pflanzenreich: Ericaceae
ZUBEREITUNG: Aus der ganzen frischen Pflanze

Leitsymptome

- Wichtiges Pferdemittel
- Rheumatische und Gelenksymptome
- Muskelzuckungen, Tetanus
- Hautsymptome
- Pickelartige Ausschläge im Gesicht, Dermatitis mit Beteiligung des Gesichts
- Krustige Hautveränderungen im Bereich des Maules

- Juckreiz im Fesselbereich
- Antidot bei Insektenstichen
- Stichwunden aller Art
- Ekchymotische Hämorrhagien
- Lang dauernde Verfärbung der Haut nach Verletzungen
- Augenverletzungen, blutunterlaufene Augen, Prellung des Auges
- Hämorrhagie in das Auge oder die Augenlider
- Quetschungen
- Husten mit blutigem Schleim
- Atembeschwerden
- Bronchitis und Emphysem
- Schmerzen im Huf
- Schmerzen in den unteren Gliedmaßengelenken, Fessel-, Kron- und Hufgelenken
- Knacken der Gelenke
- Schwellung und Schwäche der Sprunggelenke

Modalitäten

SCHLIMMER/VERSCHLIMMERT DURCH: Nachts, Stallwärme, Wärme, Bewegung, abends, Eindecken

BESSER/GEBESSERT DURCH: Kaltes Wetter, kalte Anwendungen oder Abspritzen

Wechselwirkungen

WIRKT GUT ZUSAMMEN MIT: Aconitum, Arnica, Belladonna, Bryonia, Nux vomica, Pulsatilla, Sulphur

MAN DENKE AUCH AN: Arnica, Bellis perennis, Hamamelis, Ruta, Kalmia, Bryonia, Guajacum, Pulsatilla, Rhus toxicodendron

Hauptindikationen beim Pferd

- Augenverletzungen im Allgemeinen
- Blutungen in das Auge
- Hornhautabschürfungen
- Arthritis/DJD, v. a. der Sprung-, Fessel-, Kron- und Hufgelenke
- Probleme mit den Sprunggelenken/Verletzungen, v. a. Verrenkungen
- Knacken der Gelenke
- Laminitis, v. a. chronische traumatische Laminitis
- Podotrochlose
- Rezidivierende Bänderzerrungen
- Akute Sehnenverletzungen, Zerrungen oder Rupturen
- Chronische Synovitis
- Sprunggelenkgalle
- Knochenspat
- Hasenspat
- Verletzungen durch Greifen
- Nageltritt
- Fußsohlenhämatome
- Hufknorpelfistel
- Hautreaktionen auf Impfungen
- Quetschungen der Haut, Quetschwunden
- Quetschungen, v. a. der Sohle
- Stich- und Schusswunden, Schlangen- und Tierbisse, Insektenstiche
- Langsame Auflösung und Heilung von Quetschungen der Haut
- Folgen von Insektenstichen und Schlangenbissen
- Sommerekzem (Vorbeugung)
- Tetanus und Tetanusprävention (in Kombination mit Hypericum)
- Zecken und Reaktionen auf Zecken
- Equine noduläre Hauterkrankung
- Borreliose
- Läuse und damit verbundene Symptome
- Milben und damit verbundene Reizung im Bereich der unteren Gliedmaßen
- EIPH

Lemna minor *Lem-m.*

HERKÖMMLICHER NAME: Wasserlinse, Entengrütze

KLASSIFIKATION: Pflanzenreich: Lemnaceae

ZUBEREITUNG: Tinktur aus der ganzen frischen Pflanze

Leitsymptome

- Ein Mittel für Katarrh
- Fauliger Geruch aus der Nase
- Mukopurulente Absonderung
- Verstopfung der Nase
- Degenerative Veränderungen der nüstralen Membranen und Gewebe
- Nasenpolypen

Modalitäten

SCHLIMMER/VERSCHLIMMERT DURCH: Feuchtes Wetter, Regen
BESSER/GEBESSERT DURCH: Keine bekannt

Wechselwirkungen

WIRKT GUT ZUSAMMEN MIT: Calcium carbonicum, Mercurius solubilis, Psorinum
MAN DENKE AUCH AN: Teucrium marum, Thuja, Aurum, Kalium bichromicum, Symphytum

Hauptindikationen beim Pferd

- Chronischer faulig riechender Katarrh der Nase
- Chronische Rhinitis
- Luftsackempyem

Lespedeza *Lesp-c.*

HERKÖMMLICHER NAME: Lespedeza capitata
KLASSIFIKATION: Pflanzenreich: Fabiaceae (Leguminosae)
ZUBEREITUNG: Aus der ganzen Pflanze

Leitsymptome

- Wirkt auf die Nieren

Modalitäten - Keine bekannt

Wechselwirkungen - Keine bekannt

Hauptindikationen beim Pferd

- Nephritis, Nierenversagen, v. a. chronische Fälle

Liatris spicata *Liat.*

HERKÖMMLICHER NAME: Prachtscharte
KLASSIFIKATION: Pflanzenreich: Asteraceae (Compositae)
ZUBEREITUNG: Tinktur aus der pulverisierten frischen Wurzel

Leitsymptome

- Regt den Kreislauf an
- Aszites/Ödem infolge von Leber-, Nieren- oder Herzerkrankungen

Modalitäten - Keine bekannt

Wechselwirkungen - Keine bekannt

Hauptindikationen beim Pferd

- Ödeme infolge von Leber-, Nieren- oder Herzerkrankungen
- Angelaufene Beine

Lilium tigrinum *Lil-t.*

HERKÖMMLICHER NAME: Tigerlilie
KLASSIFIKATION: Pflanzenreich: Liliaceae
ZUBEREITUNG: Tinktur aus den frischen Stängeln, Blättern und Blüten

Leitsymptome

- Wirkt vorrangig auf die Beckenorgane
- Probleme im Zusammenhang mit dem Uterus und den Ovarien
- Depressiv und ängstlich
- Verschlimmerung durch Beruhigung
- Neigung auszuschlagen oder zu beißen
- Starkes sexuelles Verlangen, Nymphomanie
- Gibt nicht nach
- In Eile, zappelt herum, steht unter Druck
- Muss beschäftigt werden
- Wundheitsgefühl im Abdomen
- Häufiger Harnabsatz
- Häufiges Verlangen, Kot abzusetzen
- Diarrhö mit Schleim und Blut, Pressen
- Unregelmäßiger und schneller Puls
- Gestörter Zyklus, die Rossen folgen zu schnell aufeinander
- Vorfall und Kongestion des Uterus
- Ovarialschmerzen
- Braune, faulige uterine Absonderung
- Abort

- Unfruchtbarkeit
- Schwieriges Gehen auf unebenem Boden
- Rückenschmerzen

Modalitäten

SCHLIMMER/VERSCHLIMMERT DURCH: Zuspruch oder Zuwendung, 17-20 Uhr, Stallwärme
BESSER/GEBESSERT DURCH: Reiten, körperliche Anstrengung, im Freien

Wechselwirkungen

MAN DENKE AUCH AN: Murex, Sepia, Platinum, Palladium, Helonias, Pulsatilla, Lachesis

Hauptindikationen beim Pferd

- Stutenhaftes Verhalten
- Ängstliches und reizbares Verhalten
- Treten und Beißen
- Ovarialschmerzen und damit verbundene Rückenschmerzen
- Zystische Ovarien
- Häufiger Harnabsatz in Verbindung mit Problemen mit den Ovarien oder dem Uterus
- Uterusvorfall
- Pyometra
- Unfruchtbarkeit
- Abort
- Unregelmäßiger Zyklus
- Mangelhaftes mütterliches Verhalten

Lithium carbonicum *Lith-c.*

HERKÖMMLICHER NAME: Lithiumkarbonat
KLASSIFIKATION: Mineralreich: Lithiumsalz
ZUBEREITUNG: Trituration

Leitsymptome

- Wirkt auf das Herz und die Gelenke
- Magenschmerzen
- Abneigung gegen eng sitzendes Sattelzeug und Geschirr
- Pressen beim Harnabsatz
- Chronische Zystitis
- Herzschmerzen
- Allgemeine Steifheit
- Gelenkschmerzen und Steifheit, v. a. der unteren Gliedmaßen – Knie-, Sprung-, Fessel-, Kron- und Hufgelenke
- Harte Schwellungen im Bereich der Gelenke – Exostosen
- Juckreiz im Bereich der Gelenke
- Juckende Hautausschläge mit Abschuppung

Modalitäten

SCHLIMMER/VERSCHLIMMERT DURCH: Rechte Seite des Körpers, morgens
BESSER/GEBESSERT DURCH: Bewegung

Wechselwirkungen

MAN DENKE AUCH AN: Lycopodium, Benzoicum acidum, Calcium carbonicum, Ledum, Kalmia

Hauptindikationen beim Pferd

- Arthritis/DJD der Knie-, Sprung-, Fessel-, Kron- und Hufgelenke, wenn Exostosen vorliegen
- Knochenspat
- Knöcherne Exostosen
- Steifheit der Schulter- und Ellbogengelenke

Lobelia inflata *Lob.*

HERKÖMMLICHER NAME: Aufgeblasene Lobelie
KLASSIFIKATION: Pflanzenreich: Campanulaceae (Lobeliaceae)
ZUBEREITUNG: Tinktur aus der frischen blühenden Pflanze oder Trituration der getrockneten Blätter

Leitsymptome

- Wirkt als vasomotorisches Stimulans
- Behindert die Atmung
- Entspannung der Muskeln
- Müdigkeit
- Wirkung auf den Magen (Übelkeit und Erbrechen)
- Gesteigerte Sekretion von Magensäure
- Flatulenz
- Vermehrter Speichelfluss

- Asthma
- Dyspnoe (Atembeschwerden)
- Atembeschwerden nach der Fütterung
- Emphysem
- Unterdrückte Absonderungen
- Gelbsucht

Modalitäten

SCHLIMMER/VERSCHLIMMERT DURCH: Abends, nachts, kaltes Wetter, rechte Seite, beim Reiten
BESSER/GEBESSERT DURCH: Nachmittags, Wärme

Wechselwirkungen

MAN DENKE AUCH AN: Tabacum, Arsenicum album, Antimonium tartaricum, Ipecacuanha, Kalium arsenicosum

Hauptindikationen beim Pferd

- COPD, v. a. akute Fälle
- Akute spastische Konstriktion der Luftwege
- Giemen und Husten
- Langsame Genesung nach Grippe
- Magengeschwüre, Hyperazidität

Luna *Luna*

HERKÖMMLICHER NAME: Mondlicht
KLASSIFIKATION: Energie: Universelle Kraft: Himmelskörper
ZUBEREITUNG: Aus Milchzucker, der den Mondstrahlen ausgesetzt wurde

Leitsymptome

- Steht mit den weiblichen Geschlechtsorganen in Verbindung
- Unregelmäßiger Zyklus
- Mangelhafte Entwicklung des Euters
- Unfruchtbarkeit
- Ablehnung des Fohlens, Reizbarkeit
- Stutenhaftes Verhalten
- Trockene, abschilfernde Haut
- Mangelhafte Konzentration

Modalitäten

SCHLIMMER/VERSCHLIMMERT DURCH: Nach Schlaf
BESSER/GEBESSERT DURCH: Keine bekannt

Wechselwirkungen – Keine bekannt

Hauptindikationen beim Pferd

- Unregelmäßiger Zyklus
- Unfruchtbarkeit
- Stutenhaftes Verhalten
- Mangelhaftes mütterliches Verhalten
- Mangelhafte Konzentration

Lycopodium *Lyc.*

- (siehe Konstitutionsmittel)

Lycopus virginicus *Lycps-v.*

HERKÖMMLICHER NAME: Virginischer Wolfstrapp
KLASSIFIKATION: Pflanzenreich: Lamiaceae (Labiatae)
ZUBEREITUNG: Tinktur aus der frischen blühenden Pflanze

Leitsymptome

- Wirkt auf das Blut, das Herz und den Kreislauf
- Passive Hämorrhagie
- Senkt den Blutdruck
- Schneller Herzschlag
- Schwacher, unregelmäßiger Puls
- Zyanose
- Trockener Husten
- Blutstreifiger Auswurf
- Giemen
- Hyperthyreose
- Diabetes

Modalitäten – Keine bekannt

Wechselwirkungen

MAN DENKE AUCH AN: Kalmia, Spigelia, Crataegus, Cactus, Digitalis, Laurocerasus, Prunus spinosa

Hauptindikationen beim Pferd

- EIPH
- Schneller Herzschlag mit aussetzendem oder schwachem Puls

- Perikarditis
- Diabetes

Lyssinum, Hydrophobinum *Lyss.*

HERKÖMMLICHER NAME: Tollwutnosode
KLASSIFIKATION: Tierreich: Säugetiere: Nosoden
ZUBEREITUNG: Aus dem Speichel eines tollwütigen Hundes

Leitsymptome

- Ein Mittel für Verhaltensprobleme
- Furcht vor Wasser
- Manisches, wildes Verhalten
- Wut
- Gelegentliche Gewalttätigkeit (plötzliche Anfälle), aber hinterher tut es ihm leid
- Agoraphobie und Klaustrophobie
- Alle Sinne sind überempfindlich; Überreaktionen
- Speichelfluss
- Verlangen nach Salzlecksteinen
- Bisse und ihre Folgen
- Stumpfe, ölige (fettige) Haut und Haare
- Epilepsie

Modalitäten

SCHLIMMER/VERSCHLIMMERT DURCH: Lärm, Anblick von fließendem Wasser, glänzende Gegenstände, Reisen im Pferdetransporter
BESSER/GEBESSERT DURCH: Sanfte Massage

Wechselwirkungen

MAN DENKE AUCH AN: Stramonium, Belladonna, Hyoscyamus, Anacardium, Pulsatilla

Hauptindikationen beim Pferd

- Vielfältige Verhaltensprobleme
- Plötzliche Ausbrüche von Wut oder Zorn
- Pferde, die plötzlich beißen oder treten
- Manisches Verhalten
- Hysterisches Verhalten beim Transport
- Automutilation
- Zwanghaftes Verhalten
- Ausgesetzte Tiere
- Pferde, die misshandelt wurden
- Folgen von Kummer und Sorge
- Pferde, die über einen langen Zeitraum isoliert gehalten wurden
- Überreaktivität aufgrund überempfindlicher Sinne
- Überreaktion auf Geräusche, helles Licht oder glänzende Objekte
- Epileptische Anfälle, die durch helles Licht oder Wasser ausgelöst werden
- Kopfschütteln, v. a. bei sehr hellem Sonnenlicht
- Klaustrophobie
- Furcht vor Wasser
- Pferde, die schlecht zu verladen sind und schlecht reisen können
- Hunde- oder Schlangenbisse
- Tiere, denen es seit einer Verletzung oder Vergiftung niemals wieder richtig gut gegangen ist
- Priapismus

Magnesium carbonicum *Mag-c.*

HERKÖMMLICHER NAME: Magnesiumkarbonat
KLASSIFIKATION: Mineralreich: Magnesiumsalz
ZUBEREITUNG: Trituration

Leitsymptome

- Allgemeine Unfähigkeit, das Futter zu assimilieren
- Abmagerung, Unterernährung
- Herausspritzender, grüner Kot
- Überempfindlichkeit
- Ruhelosigkeit
- Trauriger Eindruck
- Leichtes Auffahren bei Berührung
- Friert schnell; muss eingedeckt werden
- Schmerzen, die von den Zähnen ausgehen

Modalitäten

SCHLIMMER/VERSCHLIMMERT DURCH: Temperaturveränderungen, kaltes Wetter, kalter Wind
BESSER/GEBESSERT DURCH: Warmes Wetter, im Freien

Wechselwirkungen

WIRKT GUT ZUSAMMEN MIT: Chamomilla, Causticum, Phosphorus, Pulsatilla, Sepia, Sulphur
MAN DENKE AUCH AN: Magnesium phosphoricum

Hauptindikationen beim Pferd

- Eignet sich v. a. für unterernährte Fohlen
- Fohlen mit Diarrhö, v. a. wenn sie noch bei der Mutterstute saugen
- Kümmerer infolge schwacher Verdauung
- Grüne, wässrige Diarrhö, v. a. wenn dabei Kolik auftritt
- Abgezehrte ältere Stuten
- Überempfindlichkeit, v. a. gegenüber plötzlichen Geräuschen, Schüssen
- Pferde, die leicht erschrecken

Magnesium phosphoricum *Mag-p.*

HERKÖMMLICHER NAME: Magnesiumphosphat
KLASSIFIKATION: Mineralreich: Magnesiumsalz
ZUBEREITUNG: Trituration

Leitsymptome

- Wichtiges krampflösendes Mittel
- Muskelkrämpfe
- Neuralgie
- Zahnschmerzen
- Verdauungsstörung
- Blähungskolik mit Besserung durch Aufkrümmen des Rückens
- Aufblähung des Abdomens
- Ständiger Abgang von Gas beim Herumgehen
- Tränenfluss
- Zucken der Augenlider
- Nystagmus
- Strabismus
- Ptose (Herabhängen der Augenlider)
- Ovarialschmerzen
- Asthma
- Spastischer Husten
- Unfreiwilliges Zittern der Vorderbeine
- Zuckungen
- Tetanische Spasmen
- Allgemeine Muskelschwäche

Modalitäten

SCHLIMMER/VERSCHLIMMERT DURCH: Rechte Seite, Kälte, Berührung, nachts
BESSER/GEBESSERT DURCH: Wärme, Aufkrümmen des Rückens, Druck, Massage oder Reiben

Wechselwirkungen

WIRKT GUT ZUSAMMEN MIT: Tuberculinum
MAN DENKE AUCH AN: Kalium phosphoricum, Colocynthis, Dioscorea, Zincum, Chamomilla, Magnesium carbonicum, Nux vomica

Hauptindikationen beim Pferd

- Blähungskolik mit hochgradigen Schmerzen
- Tympanische Kolik
- Kreuzverschlag
- Hahnentritt (minderschwere Fälle)
- Ptose
- Neuralgische Schmerzen, z. B. interkostale (Rippen-) Schmerzen
- Tetanus
- Krämpfe und Spasmen der Gliedmaßenmuskulatur
- Eklampsie, Hypokalzämie
- Zittern
- Vergiftungen mit Muskelzuckungen
- Urolithiasis

Magnesium sulphuricum *Mag-s.*

HERKÖMMLICHER NAME: Magnesiumsulfat
KLASSIFIKATION: Mineralreich: Magnesiumsalz
ZUBEREITUNG: Trituration

Leitsymptome
- Wirkt auf die Harnwege
- Unterbrochener, tröpfelnder Harnabsatz
- Urin mit Sediment
- Diabetes mit großem Durst
- Muskelkrämpfe

Modalitäten - Keine bekannt

Wechselwirkungen - Keine bekannt

Hauptindikationen beim Pferd
- Harninkontinenz mit unterbrochenem Harntröpfeln
- Muskelkrämpfe oder –spasmen

Malandrinum *Maland.*

HERKÖMMLICHER NAME: Nosode der Pferdemauke
KLASSIFIKATION: Tierreich: Säugetiere: Nosoden
ZUBEREITUNG: Trituration von Milchzucker, der mit dem Organismus angereichert ist

Leitsymptome
- Hilfreich bei Erkrankungen, die nach einer Impfung auftreten
- Trockene, raue Hautveränderungen mit Rissen und Abschuppung
- Fettige Haut
- Impetigo

Modalitäten - Keine bekannt

Wechselwirkungen
MAN DENKE AUCH AN: Thuja, Silicea, Graphites, Castor equi, Hippozaenium, Hippomanes

Hauptindikationen beim Pferd
- Folgen von Impfungen, Vakzinose
- Mauke
- Impetigo
- Übermäßig fettige Haut und Haare, Seborrhö
- Unterstützende oder vorbeugende Behandlung nach Entfernung eines Sarkoids, Melanoms oder einer anderen Zubildung auf der Haut

Mancinella *Manc.*

HERKÖMMLICHER NAME: Manzanilla, Hippomane mancinella
KLASSIFIKATION: Pflanzenreich: Euphorbiaceae
ZUBEREITUNG: Tinktur aus den Früchten, der Rinde und den Blättern

Leitsymptome
- Wirkt auf die Haut
- Hauterkrankungen, die durch Absonderung klebriger Sekrete charakterisiert sind
- Krustenbildung
- Bläschen
- Hochgradige Entzündung der Haut, Erythem (Rötung)
- Haarausfall
- Hautbläschen
- Pemphigus
- Pilzartige Gewächse auf der Haut

Modalitäten – Keine bekannt

Wechselwirkungen
MAN DENKE AUCH AN: Croton tiglium, Cantharis, Arsenicum album, Graphites, Malandrinum, Pulsatilla, Mercurius solubilis

Hauptindikationen beim Pferd
- Mauke
- Feuchtes Ekzem mit dicken, überlappenden Krusten
- Regenfäule
- Sarkoide – v. a. verruköse Arten

Manganum aceticum *Mang-act.*

HERKÖMMLICHER NAME: Manganazetat
KLASSIFIKATION: Mineralreich: Mangansalz
ZUBEREITUNG: Lösung in destilliertem Wasser

Leitsymptome
- Wirkt v. a. auf die roten Blutkörperchen und das Nervensystem sowie auf den Hals und Kehlkopf
- Zerstörung der roten Blutkörperchen

- Gesteigerte Reflexe
- Muskelzuckungen
- Muskelkrämpfe, steife Beine
- Stolpernder Gang
- Fällt nach vorne
- Progressive Paraplegie
- Fettige Degeneration der Leber
- Zellulitis
- Entzündung der Knochen und Gelenke
- Chronische Arthritis, berührungsempfindliche, geschwollene Gelenke
- Knochenschmerzen, Entzündung des Periosts
- Ansammlung von schwer löslichem Schleim in den Atemwegen
- Chronischer Katarrh
- Laryngitis
- Husten, schlimmer bei feuchtem Wetter
- Bluthusten
- Eiterung (Infektion) der Haut im Bereich der Gelenke

Modalitäten

SCHLIMMER/VERSCHLIMMERT DURCH: Kälte, nasses Wetter, Feuchtigkeit, Wetterwechsel, nachts
BESSER/GEBESSERT DURCH: Im Freien, nach dem Hinlegen

Wechselwirkungen

WIRKT GUT ZUSAMMEN MIT: Pulsatilla, Rhus toxicodendron, Sulphur
MAN DENKE AUCH AN: Conium, Asa foetida, Mercurius solubilis, Ferrum, TNT

Hauptindikationen beim Pferd

- Autoimmun-hämolytische Anämie beim Fohlen
- Anämie
- Babesiose
- Chronische Arthritis/DJD mit geschwollenen, schmerzhaften Gelenken, v. a. wenn dabei häufiges Stolpern auftritt
- Periostitis
- Knochenschmerzen
- Zellulitis
- Lymphangitis
- Hautverletzungen im Bereich der Gelenke
- Progressive Schwäche der Hinterhand
- Ansammlung von dickem katarrhalischem Schleim in den oberen Atemwegen; chronischer Husten
- Chronische Absonderungen aus der Nase

Medorrhinum *Med.*

HERKÖMMLICHER NAME: Trippernosode, Neisseria gonorrhoeae
KLASSIFIKATION: Tierreich: Säugetiere: Mensch: Nosoden
ZUBEREITUNG: Aus dem Organismus

Leitsymptome

- Angezeigt bei chronischen Erkrankungen
- Steht mit dem sykotischen Miasma in Verbindung
- Chronische rheumatoide Symptome; Steifheit
- Periostitis
- Dicker, gelber Katarrh
- Nervöses und ruheloses Naturell
- Vorsichtig (glaubt immer, dass jemand hinter ihm ist)
- Macht einen gehetzten Eindruck
- Braucht ständige Beschäftigung
- Gerissenheit
- Gierig und durstig
- Dünne, faulig riechende Absonderung aus dem Uterus
- Ovarialschmerzen
- Ovarialzysten
- Impotenz
- Urethritis
- Schwellung der Gelenke der unteren Gliedmaßen, Fessel-, Kron- und Hufgelenke
- Schmerzhafte Sohlen
- Hauttumore und andere Zubildungen

Modalitäten

SCHLIMMER/VERSCHLIMMERT DURCH: Von Sonnenaufgang bis Sonnenuntergang, Hitze
BESSER/GEBESSERT DURCH: Feuchtes Wetter, an der See

Wechselwirkungen

WIRKT GUT ZUSAMMEN MIT: Sulphur, Thuja, Pulsatilla
MAN DENKE AUCH AN: Anacardium, Barium carbonicum, Lachesis, Natrium muriaticum, Natrium sulphuricum, Nux vomica, Sulphur, Tuberculinum

Hauptindikationen beim Pferd

- Chronische Steifheit
- Chronische Laminitis
- Chronischer gelber Katarrh
- Ovarialzysten
- Pyometra, Endometritis
- CEM
- Impotenz beim Hengst
- Urethritis
- Smegma
- Ängste, v. a. vor der Dunkelheit
- Sehr misstrauische Tiere
- Mangel an Selbstvertrauen
- Sarkoide und Melanome

Medusa *Medus.*

HERKÖMMLICHER NAME: Ohrenqualle, Lappenqualle
KLASSIFIKATION: Tierreich: Cnidaria
ZUBEREITUNG: Tinktur

Leitsymptome

- Ödematöse Zustände
- Angioneurotisches Ödem
- Aufgedunsenheit der Gewebe
- Prickelndes Gefühl in der Haut
- Bläschenausschläge
- Nesselsucht
- Steigert die Milchproduktion

Modalitäten – Keine bekannt

Wechselwirkungen

MAN DENKE AUCH AN: Apis, Urtica urens, Murex

Hauptindikationen beim Pferd

- Ödematöse Hautreaktionen
- Ödeme, v. a. im Bereich des Gesichts und Kopfes
- Allergische Hautreaktionen
- Allergische Reaktionen auf Impfungen
- Insektenstiche
- Angelaufene oder geschwollene Beine
- Bursitis
- Hautjucken
- Purpura haemorrhagica
- Zur Steigerung der Milchproduktion bei der Stute, Agalaktie (Milchmangel)

Melilotus *Meli.*

HERKÖMMLICHER NAME: Steinklee, Melilotus officinalis
KLASSIFIKATION: Pflanzenreich: Fabiaceae (Leguminosae)
ZUBEREITUNG: Tinktur aus der ganzen frischen blühenden Pflanze

Leitsymptome

- Spezifisch bei Hämorrhagie und Kongestion
- Mangelhafte Blutgerinnung
- Hämorrhagie mit hellrotem Blut, v. a. aus Maul oder Nase
- Nasenbluten (Epistaxis)
- Lungenblutung; Hämoptyse
- Verstopfung
- Epilepsie infolge eines Schädeltraumas
- Ovarialschmerzen

Modalitäten

SCHLIMMER/VERSCHLIMMERT DURCH: Nasses Wetter, wechselhaftes Wetter, herannahender Sturm, Bewegung, 16 Uhr
BESSER/GEBESSERT DURCH: Ruhe

Wechselwirkungen

MAN DENKE AUCH AN: Ipecacuanha, Millefolium, Erigeron, Phosphorus

Hauptindikationen beim Pferd

- EIPH, bei der andere Mittel versagt haben
- Hämatome
- Subkutane Blutungen
- Warfarin-Vergiftung

Mercurius corrosivus *Merc-c.*

HERKÖMMLICHER NAME: Mercurius sublimatus corrosivus, Quecksilbersublimat, Quecksilber(II)chlorid
KLASSIFIKATION: Mineralreich: Quecksilbergruppe
ZUBEREITUNG: Trituration

Leitsymptome

- Hat eine destruktive Wirkung auf die Nieren
- Nephritis
- Entzündung der Urethra
- Schwellung des Penis
- Albumin im Urin
- Pressen beim Harnabsatz
- Absonderung aus der Harnröhre (dick und grün)
- Greift den unteren Darmtrakt an und verursacht Drängen (Tenesmus)
- Schleimiger, faulig riechender Kot
- Dysenterie
- Tiefe Hornhautgeschwüre
- Photophobie
- Gesteigerter Tränenfluss
- Iritis
- Retinitis
- Geschwollene ödematöse Lider, Wundheit der Lider
- Knochenschmerzen
- Vermehrte Salivation
- Zahnfleischentzündung
- Hochgradige Halsentzündung
- Schmerzhaftes Schlucken

Modalitäten

SCHLIMMER/VERSCHLIMMERT DURCH: Abends, nachts
BESSER/GEBESSERT DURCH: Ruhe

Wechselwirkungen

MAN DENKE AUCH AN: Aurum, Kalium iodatum, Lachesis, Nux vomica, Causticum

Hauptindikationen beim Pferd

- Iritis
- Tiefe Hornhautgeschwüre
- Keratitis
- Konjunktivitis mit wunden Lidern und grünlicher Absonderung, Photophobie
- Akute und chronische Nephritis, Nierenversagen
- Pyelonephritis
- Hochgradige Pharyngitis
- Paraphimose
- Urethritis
- Dysenterie-ähnliche Diarrhö mit starkem Pressen
- Kolitis X, Clostridien-Enterotoxämie
- Intussuszeption
- Periostitis

Mercurius cyanatus *Merc-cy.*

HERKÖMMLICHER NAME: Quecksilberzyanat
KLASSIFIKATION: Mineralreich: Quecksilbergruppe
ZUBEREITUNG: Trituration

Leitsymptome

- Hat eine ähnliche Wirkung wie Toxine, die von infektiösen Organismen gebildet werden
- Akute Infektionen
- Pneumonie

- Nephritis
- Hämorrhagie mit dunklem Blut
- Zyanose, drohendes Ersticken
- Muskelzuckungen
- Maulgeschwüre
- Vermehrte Salivation
- Schwellung der Speicheldrüsen
- Wunder, ulzerierter Hals, hochgradig entzündet, gerötet
- Nekrose (Zerfall) der Gewebe des Halses
- Faulige, schwarze Diarrhö, Pressen

Modalitäten - Keine bekannt

Wechselwirkungen

MAN DENKE AUCH AN: Causticum, Hepar sulphuris, Kalium bichromicum, Phytolacca, Echinacea, Lachesis, Gelsemium

Hauptindikationen beim Pferd

- Septische Zustände (Infektion), v. a. wenn der Hals und Rachen beteiligt sind
- Ulzeration von Maul, Hals und Zunge

Mercurius dulcis *Merc-d.*

HERKÖMMLICHER NAME: Kalomel, Quecksilber(I) chlorid
KLASSIFIKATION: Mineralreich: Quecksilbergruppe
ZUBEREITUNG: Trituration

Leitsymptome

- Entzündung des Gehörganges und der Eustachischen Röhre
- Peritonitis
- Meningitis
- Leberzirrhose
- Vermehrte Salivation
- Ulzeration des Halses
- Dunkelgrüne, wässrige Diarrhö mit Pressen
- Dysenterie
- Schwammige, schlecht aussehende Haut

Modalitäten - Keine bekannt

Wechselwirkungen

MAN DENKE AUCH AN: Kalium muriaticum, Kalium bichromicum, Mercurius solubilis, Mercurius corrosivus

Hauptindikationen beim Pferd

- Luftsackempyem
- Luftsacktympanie
- Peritonitis
- Katarrh
- Meningitis
- Faulige, grüne Diarrhö

Mercurius solubilis Hahnemanni, Mercurius vivus *Merc.*

HERKÖMMLICHER NAME: Quecksilber
KLASSIFIKATION: Mineralreich: Quecksilbergruppe: Polychrest
ZUBEREITUNG: Trituration

Leitsymptome

- Ein überaus wichtiges Mittel
- Greift alle Organe des Körpers an; hat eine destruktive Wirkung
- Affinität zu den Speicheldrüsen, Lymphknoten, Schleimhäuten und Knochen
- Faulige, ekelhafte Absonderungen
- Neigung zu Eiterung, Abszessbildung
- Grüner, dünner, blutstreifiger Eiter
- Schleimbildung der Schleimhäute
- Stomatitis
- Vermehrte Salivation
- Schwammiges Zahnfleisch, Blutung
- Übler Maulgeruch
- Leichtes Schwitzen
- Ölige, fettige Haut
- Feuchte, schweißbedeckte Haut
- Pusteln, gelb-braune, krustige Hautveränderungen

- Eiterung
- Flache Hautgeschwüre
- Juckreiz
- Zittern
- Exostosen
- Rote, geschwollene Augenlider mit fauliger, grünlicher (brennender) Absonderung
- Photophobie
- Iritis mit Eiter in der vorderen Augenkammer
- Dicke, gelbe Absonderung aus dem Ohr
- Raue und ulzerierte Nüstern
- Schwellung der Nasenknochen
- Gelb-grüne, faulig riechende Absonderung aus der Nase
- Häufiges Niesen im Sonnenschein
- Wunder Hals, muss beständig schlucken
- Ulzera in Hals und Maul
- Gesteigerter Durst
- Schwache Verdauung
- Gelbsucht
- Blutiger und schleimiger Kot
- Vergebliches Pressen, um Kot abzusetzen
- Pressen beim Harnabsatz
- Urethritis
- Ulzera auf dem Penis
- Ovarialschmerzen
- Grüne Absonderung aus der Vagina
- Husten mit gelbem, eitrigem Schleim
- Zittern der Gliedmaßen
- Gelenkschmerzen
- Gelenkschwellung
- Periostitis

Modalitäten

SCHLIMMER/VERSCHLIMMERT DURCH: Nachts (von Sonnenuntergang bis Sonnenaufgang), nasses, feuchtes Wetter, rechte Seite, Stallwärme oder Eindecken, Temperaturextreme
BESSER/GEBESSERT DURCH: Ruhe

Wechselwirkungen

WIRKT GUT ZUSAMMEN MIT: Aconitum, Hepar sulphuris, Lachesis, Sulphur, Arsenicum album, Belladonna, Calcium carbonicum, Lycopodium, Nitricum acidum, Phosphorus, Pulsatilla, Rhus toxicodendron, Sepia
UNVERTRÄGLICH MIT: Silicea
MAN DENKE AUCH AN: Belladonna, Hepar sulphuris, Pulsatilla, Nux vomica

Hauptindikationen beim Pferd

- Konjunktivitis, die durch eine grüne Absonderung und rote/wunde Augen charakterisiert ist
- Keratitis
- Iritis mit Eiter in der vorderen Augenkammer (Hypopyon)
- Hornhautulzera mit hochgradiger Photophobie
- Grünlich-gelber, fauliger Katarrh
- Sinusempyem
- Pharyngitis (mit Schwellung)
- Akute Bronchopneumonie
- Innerliche Geschwüre (v. a. in Maul und Hals) und äußerliche (Haut)
- Infizierte wunde Stellen im Bereich des Mauls
- Parotitis (rechtsseitig)
- Weiches, blutendes Zahnfleisch
- Zahnabszesse
- Lymphadenitis (vergrößerte Lympknoten)
- Urethritis mit ständigem Harndrang
- Akute Nephritis (Nierenversagen)
- Zystitis
- Grüne Absonderung aus dem Präputium
- Ulzeration von Penis und Präputium
- Orchitis
- Phimose und Paraphimose
- Smegma
- Koitalexanthem
- Dysenterie-ähnliche hochgradige Diarrhö mit Schleim und Pressen

- Knochendegeneration mit lokaler Schwellung
- Exostosen
- Zittern der Gliedmaßen
- Abszesse und Eiterung im Allgemeinen, wenn die Absonderung oder der Eiter grünlich ist
- Feuchte, klebrige Dermatitis
- Mauke
- Strahlfäule
- Ulzerative Lymphangitis
- Milben (symptomatische Behandlung)
- Vesikuläre Stomatitis
- Druse
- Potomac Pferdefieber
- Kokzidiose
- Quecksilbervergiftung
- Anämie durch toxinbedingte Knochenmarkssuppression
- Emotional instabile Pferde, die oft einen gehetzten Eindruck machen
- Pferde, die mehr Harn abzusetzen scheinen als sie an Flüssigkeit aufnehmen
- Übermäßiges Schwitzen

Mezereum *Mez.*

HERKÖMMLICHER NAME: Seidelbast, Daphne mezereum
KLASSIFIKATION: Pflanzenreich: Thymelaceae
ZUBEREITUNG: Tinktur aus der frischen Rinde vor der Blütezeit

Leitsymptome

- Greift v. a. die Haut und Knochen an
- Neuralgische Schmerzen, v. a. im Bereich des Gesichts
- Knochenschmerzen
- Hautsymptome, die nach einer Impfung auftreten
- Dicke, lederartige Krusten auf der Haut, unter denen sich Eiter bildet
- Ekzem mit heftigem Juckreiz
- Hautgeschwüre mit umgebender Rötung
- Verfall der Zahnwurzeln
- Magengeschwüre
- Rektumvorfall
- Konstriktion des Anus
- Hodenvergrößerung
- Hämaturie
- Nacken- und Rückenschmerzen
- Hüft- und Knieschmerzen
- Entzündung der langen Röhrenknochen
- Exostosen
- Erträgt keine Berührung

Modalitäten

SCHLIMMER/VERSCHLIMMERT DURCH: Bewegung, nachts, abends, Berührung, feuchtes Wetter
BESSER/GEBESSERT DURCH: Im Freien

Wechselwirkungen

WIRKT GUT ZUSAMMEN MIT: Mercurius solubilis, Calcium carbonicum, Causticum, Lycopodium, Nitricum acidum, Nux vomica, Phosphorus, Pulsatilla
MAN DENKE AUCH AN: Spigelia, Thuja, Arsenicum album, Mercurius solubilis

Hauptindikationen beim Pferd

- Zur Schmerzlinderung nach Augenoperationen
- Zahnschmerzen
- Knochenschmerzen
- Exostosen
- Periostitis
- Pityriasis
- Hautveränderungen mit dicken Krusten und Eiter darunter
- Hautveränderungen, die nach einer Impfung auftreten
- Mauke
- Regenfäule
- Hautgeschwüre
- Vakzinose (Impfreaktionen)

Millefolium *Mill.*

HERKÖMMLICHER NAME: Schafgarbe, Achillea millefolium
KLASSIFIKATION: Pflanzenreich: Asteraceae (Compositae)
ZUBEREITUNG: Tinktur aus der ganzen Pflanze

Leitsymptome

- Hellrote Blutung
- Verletzungen durch Sturz
- Muskelzerrungen
- Anhaltend hohe Temperatur
- Nasenbluten (Epistaxis)
- Hämaturie (Blut im Urin)
- Blutung aus dem Uterus
- Husten mit Auswurf von blutigem Schleim
- Lungenblutung (Hämoptyse)

Modalitäten

SCHLIMMER/VERSCHLIMMERT DURCH: Anstrengung
BESSER/GEBESSERT DURCH: Keine bekannt

Wechselwirkungen

MAN DENKE AUCH AN: Senecio, Hamamelis, Ipecacuanha, Aconitum, Arnica, Ledum

Hauptindikationen beim Pferd

- Hämorrhagie mit hellrotem Blut, grundsätzlich an jeder Stelle des Körpers
- Hämorrhagie nach Trauma
- Nasenbluten (Epistaxis)
- EIPH
- Hämaturie (Blut im Urin)
- Anhaltende Blutungen aus kleinen Hautwunden
- Warfarin-Vergiftung
- Uterine Hämorrhagie
- Schwere Muskelzerrungen
- Equine virale Arteriitis (EVA)
- Babesiose

Moschus *Mosch.*

HERKÖMMLICHER NAME: Duftstoff-Sekret vom Moschushirsch, Moschus moschiferus
KLASSIFIKATION: Tierreich: Säugetiere
ZUBEREITUNG: Trituration des Präputialfollikelsekrets

Leitsymptome

- Hilft bei hysterischem oder nervösem Verhalten
- Plötzliches Aufschrecken
- Angst
- Flatulenz mit Auftreibung des Abdomens
- Hypersexuelle männliche Pferde
- Nymphomanie
- Diabetes
- Konstriktion von Larynx und Trachea
- Atembeschwerden
- Asthma durch Angst

Modalitäten

SCHLIMMER/VERSCHLIMMERT DURCH: Kälte
BESSER/GEBESSERT DURCH: Im Freien

Wechselwirkungen

MAN DENKE AUCH AN: Nux moschata, Ignatia, Lilium tigrinum, Plumbum, Tarentula hispanica

Hauptindikationen beim Pferd

- Unkontrollierbares, hysterisches Verhalten
- Epilepsie, die durch Stress ausgelöst wird
- Plötzliches Aufschrecken, Aufspringen
- Hypersexualität beim Hengst
- Nymphomanie
- COPD, v. a. wenn Angst besteht
- Diabetes

Murex *Murx.*

HERKÖMMLICHER NAME: Purpurschnecke, Murex purpurea
KLASSIFIKATION: Tierreich: Mollusken: Gastropoden
ZUBEREITUNG: Trituration des getrockneten oder frischen Saftes

Leitsymptome
- Der Fokus liegt auf den weiblichen Geschlechtsorganen
- Leichte Erregung des sexuellen Verlangens
- Uterusschmerzen
- Unregelmäßiger Zyklus
- Uterusvorfall
- Chronische Pyometra
- Depressionen

Modalitäten
SCHLIMMER/VERSCHLIMMERT DURCH: Geringste Berührung, Anstrengung, nachts, nach Schlaf
BESSER/GEBESSERT DURCH: Vor der Rosse

Wechselwirkungen
MAN DENKE AUCH AN: Sepia, Lilium tigrinum, Platinum, Origanum, Secale, Pulsatilla

Hauptindikationen beim Pferd
- Nymphomanie, übermäßige sexuelle Erregung
- Uterusvorfall
- Unregelmäßiger Zyklus
- Stimulation der Ovulation
- Ovarialzysten
- Hypersexualität beim Hengst
- Kryptorchiden

Muriaticum acidum *Mur-ac.*
HERKÖMMLICHER NAME: Salzsäure
KLASSIFIKATION: Mineralreich: Muriaticumgruppe
ZUBEREITUNG: Lösung in destilliertem Wasser

Leitsymptome
- Greift das Blut an
- Sepsis mit hohem Fieber und Erschöpfung
- Schwäche, stolpernder Gang
- Zersetzung von Flüssigkeiten
- Hämorrhagie aus der Nase
- Lippen rau und rissig
- Zungenulzera
- Geschwollener und ödematöser Hals
- Juckreiz am Anus
- Juckende Hautausschläge
- Hautgeschwüre an den Gliedmaßen mit fauliger Absonderung

Modalitäten
SCHLIMMER/VERSCHLIMMERT DURCH: Feuchtes Wetter, vor Mitternacht, Ruhe
BESSER/GEBESSERT DURCH: Wärme

Wechselwirkungen
WIRKT GUT ZUSAMMEN MIT: Bryonia, Rhus toxicodendron, Mercurius solubilis, Pulsatilla, Sepia
MAN DENKE AUCH AN: Phosphoricum acidum, Arsenicum album, Baptisia, Gelsemium

Hauptindikationen beim Pferd
- Ulzerative Lymphangitis (unterstützt die Abheilung der Ulzera)
- Druckstellen, Dekubitus, Hautgeschwüre
- Ulzeration von Zunge, Maul und Lippen

Mygale lasiodora *Mygal.*
HERKÖMMLICHER NAME: Vogelspinne, Mygale lasiodora cubana
KLASSIFIKATION: Tierreich: Arachnidae
ZUBEREITUNG: Alkoholische Tinktur aus der lebenden Spinne

Leitsymptome
- Delirium
- Ruhelos und traurig
- Zucken der Gesichtsmuskeln
- Maul und Augen öffnen sich im Wechsel
- Der Kopf zuckt zu einer Seite hin
- Zähneknirschen
- Schwankender Gang
- Tremor und Zuckungen der Glieder
- Nachziehen der Beine beim Reiten
- Rote Streifen im Verlauf der Lymphgefäße
- Gesteigertes sexuelles Verlangen beim Hengst

Modalitäten

SCHLIMMER/VERSCHLIMMERT DURCH: Morgens, Futteraufnahme, Ruhe
BESSER/GEBESSERT DURCH: Keine bekannt

Wechselwirkungen

MAN DENKE AUCH AN: Agaricus, Ignatia, Stramonium, Tarentula hispanica

Hauptindikationen beim Pferd

- Vergiftungen, bei denen Zuckungen auftreten
- Chorea
- Entzündung der Lymphgefäße an den Gliedmaßen
- Lymphangitis
- Verhaltensprobleme, bei denen das Tier einen nervösen und erregbaren Eindruck macht

Myristica sebifera *Myris.*

HERKÖMMLICHER NAME: Talgmuskatnussbaum
KLASSIFIKATION: Pflanzenreich: Myristicaceae
ZUBEREITUNG: Trituration des Marks

Leitsymptome

- Hat antiseptische Eigenschaften
- Entzündung der Haut, des Periosts und Bindegewebes
- Infektionen nach Trauma
- Fisteln
- Infektionen des Hufes
- Als Alternative zu Silicea oder Hepar sulphuris

Modalitäten – Keine bekannt

Wechselwirkungen

MAN DENKE AUCH AN: Silicea, Calcium sulphuricum, Hepar sulphuris, Pyrogenium

Hauptindikationen beim Pferd

- Sepsis
- Eiternde Hautinfektionen, v. a. im Bereich der Gelenke
- Periostitis
- Zellulitis
- Hufabszesse
- Fistel- und Sinusbildung
- Erkrankungen der weißen Linie
- Hufknorpelfistel
- Strahlfäule
- Hohle Wand
- Hufabszess
- Hartnäckige Abszesse

Naja tripudians *Naja*

HERKÖMMLICHER NAME: Indische Kobra, Brillenschlange, Naja tripudians
KLASSIFIKATION: Tierreich: Reptilien: Schlangen: Elapidae
ZUBEREITUNG: Trituration von Milchzucker, der mit dem Gift gesättigt ist

Leitsymptome

- Trübsinniges Naturell, kann einen traurigen Eindruck machen
- Wechselhafte Laune
- Paralyse im Bereich der Augen, des Halses und der Lippen
- Ptose der Augenlider
- Starrender Blick
- Schmerzen im Kopf
- Ödem
- Dunkle, purpurfarben aussehende Wunden
- Salivation
- Herzprobleme
- Endokarditis
- Herzschädigung nach Infektion
- Niedriger Blutdruck
- Trockener Husten
- Linksseitige Ovarialschmerzen

Modalitäten

SCHLIMMER/VERSCHLIMMERT DURCH: Berührung, nachts, nach Schlaf, Anstrengung, Bewegung, Liegen auf der linken Seite
BESSER/GEBESSERT DURCH: Leichte Arbeit im Freien, Liegen auf der rechten Seite

Wechselwirkungen

MAN DENKE AUCH AN: Arsenicum album, Cactus, Lachesis, Spigelia, Digitalis, Crotalus horridus

Hauptindikationen beim Pferd

- Stichwunden mit livider, purpurner Farbe, aber nur geringgradiger Sepsis
- Ptose der Augenlider
- Herzklappenprobleme, v. a. wenn sie nach einer Infektion auftreten
- Akute und chronische Endokarditis
- Ödeme
- Angioneurotisches Ödem
- Linksseitige Ovarialschmerzen
- Jucken von Narbengewebe
- Trübsinniges, mürrisches Verhalten
- Furcht vor Regen

Naphthalinum *Naphtin.*

HERKÖMMLICHER NAME: Naphthalin
KLASSIFIKATION: Mineralreich
ZUBEREITUNG: Trituration

Leitsymptome

- Greift die Augen an
- Netzhautablösung
- Infiltration der Netzhaut, fleckförmige Ablagerungen in der Netzhaut
- Hornhauttrübung
- Katarakt
- Asthma, Dyspnoe
- Emphysem
- Bronchitis mit dickem Schleim
- Heftiges Niesen
- Pyelonephritis

Modalitäten

SCHLIMMER/VERSCHLIMMERT DURCH: Keine bekannt
BESSER/GEBESSERT DURCH: Im Freien

Wechselwirkungen

MAN DENKE AUCH AN: Arsenicum album, Sabadilla, Phosphorus, Drosera, Argentum nitricum

Hauptindikationen beim Pferd

- Akute Keratitis
- Hornhauttrübung und -narben
- Netzhautablösung und Degeneration
- Katarakt
- COPD mit Niesen, Atembeschwerden und dickem Schleim im Brustkorb
- Pyelonephritis

Natrium arsenicosum *Nat-ar.*

HERKÖMMLICHER NAME: Natriumarsenat
KLASSIFIKATION: Mineralreich: Natriumsalz
ZUBEREITUNG: Trituration

Leitsymptome

- Nasaler Katarrh mit dickem, gelbem, mildem Schleim
- Konjunktivitis mit grünem oder gelblichem Schleim
- Blepharitis
- Verklebte Augenlider
- Tränen der Augen bei Wind
- Ödem im Bereich der Augen
- Asthma
- Knacken der Kniegelenke

Modalitäten

SCHLIMMER/VERSCHLIMMERT DURCH: Wind, Bewegung, Anstrengung
BESSER/GEBESSERT DURCH: Keine bekannt

Wechselwirkungen

MAN DENKE AUCH AN: Kalium carbonicum, Apis, Arsenicum album, Natrium muriaticum, Natrium sulphuricum

Hauptindikationen beim Pferd

- Katarrhalische Konjunktivitis mit klebrigem Schleim und geschwollenen Lidern
- Verklebte Augen und Lider
- Blepharitis
- Tränende Augen, schlimmer bei Wind
- In späteren Stadien von Atemwegsinfektionen, um die Genesung zu unterstützen

Natrium carbonicum *Nat-c.*

HERKÖMMLICHER NAME: Natriumkarbonat, „Soda“
KLASSIFIKATION: Mineralreich: Natriumsalz
ZUBEREITUNG: Trituration

Leitsymptome

- Angst bei Gewitter
- Langsames Begriffsvermögen
- Probleme durch Sommerhitze
- Sonnenstich, Erschöpfung durch Hitze
- Folgen von Trinken von kaltem Wasser bei Erhitzung
- Verstopfung der Nase
- Katarrh
- Reichlicher Schleim im Hals
- Schwache Verdauung
- Diarrhö durch Milch
- Gelber, breiiger Durchfall
- Schwäche der Sprunggelenke
- Alte Zerrungen
- Leichtes Schwitzen

Modalitäten

SCHLIMMER/VERSCHLIMMERT DURCH: Ruhe, Sommerhitze, Sonne, geistige Anstrengung, Gewitter, Zugluft, Wetterwechsel
BESSER/GEBESSERT DURCH: Herumlaufen, Reiten

Wechselwirkungen

WIRKT GUT ZUSAMMEN MIT: Calcium carbonicum, Nux vomica, Pulsatilla, Sepia, Sulphur, Kalium sulphuricum
MAN DENKE AUCH AN: Kalium bichromicum, Natrium muriaticum, Lycopodium, Silicea, Staphisagria

Hauptindikationen beim Pferd

- Hitzschlag
- Erschöpfung durch Hitze
- Diarrhö bei Fohlen, v. a. durch Milch
- Angst bei Gewitter
- Kolik durch Trinken von kaltem Wasser in großen Mengen
- Schwache oder geschwollene Sprunggelenke
- Chronische Bänderzerrungen
- Gelenkluxationen und -subluxationen

Natrium muriaticum *Nat-m.*

(siehe Konstitutionsmittel)

Natrium phosphoricum *Nat-p.*

HERKÖMMLICHER NAME: Natriumhydrogenphosphat
KLASSIFIKATION: Mineralreich: Natriumsalz: Gewebesalz
ZUBEREITUNG: Trituration

Leitsymptome

- Edle Erscheinung, aber nervöse Persönlichkeit
- Beeinflusst die Flüssigkeitsverteilung
- Bestandteil der Intrazellularflüssigkeit
- Findet sich in den Blut-, Muskel-, Nerven- und Gehirnzellen
- Hilft beim Milchsäureabbau
- Erkrankungen infolge Milchsäureüberschusses
- Azidität
- Halsentzündung
- Kolik
- Knacken der Gelenke
- Synoviale Krepitation
- Rheumatische Steifheit
- Gelbsucht
- Gelbe, cremige Absonderung aus den Augen
- Schmutzig-gelbe Färbung des Augenweiß
- Dicker, gelber, übel riechender Schleim im Hals
- Juckreiz im Bereich der Sprunggelenke
- Quaddeln

Modalitäten

SCHLIMMER/VERSCHLIMMERT DURCH: Gewitter
BESSER/GEBESSERT DURCH: Keine bekannt

Wechselwirkungen

MAN DENKE AUCH AN: Calcium carbonicum, Urtica urens, Kalium carbonicum, Carcinosinum, Benzoicum acidum, Sulphur

Hauptindikationen beim Pferd

- Konjunktivitis mit cremiger, gelber Absonderung
- Knirschen und Knacken der Gelenke
- Hartnäckiger Katarrh/Schleim im Hals
- Prävention von Magengeschwüren
- Mögliche Prävention von Azoturie/Kreuzverschlag
- Tiere, die sich bei Gewitter aufregen

Natrium sulphuricum *Nat-s.*

HERKÖMMLICHER NAME: Natriumsulfat, Glaubersalz
KLASSIFIKATION: Mineralreich: Natriumsalz: Polychrest
ZUBEREITUNG: Trituration

Leitsymptome

- Ein Mittel für Leberprobleme
- Hepatitis, akut und chronisch
- Gelbsucht
- Schmerzhafte Lebergegend
- Krankheiten durch Leben unter feuchten Bedingungen
- Wird durch Regen und Wasser in jeglicher Form angegriffen
- Wird durch den Wechsel von trockenem zu nassem Wetter angegriffen
- Meningitis
- Kopfverletzungen, Stöße, Schläge, Erschütterung
- Dicker, gelber Katarrh
- Photophobie
- Gelbe Konjunktiven
- Kolik mit Gasbildung
- Flatulenz
- Gelbe Diarrhö mit Flatulenz
- Diabetes
- Gewächse auf dem Penis
- Dicke, grüne Absonderung aus dem Präputium
- Atembeschwerden bei feuchtem Wetter, Asthma
- Rasseln im Brustkorb
- Husten mit dickem, grünem Schleim
- Schmerzen in den Hüftgelenken
- Steifheit der Kniegelenke
- Gelenkknacken
- Warzen
- Sykotische Merkmale

Modalitäten

SCHLIMMER/VERSCHLIMMERT DURCH: Wechsel von trockenem zu nassem Wetter, 4–5 Uhr, feuchte Umgebung, nasses oder feuchtes Wetter, eng sitzendes Geschirr oder Sattelzeug, Ruhe
BESSER/GEBESSERT DURCH: Trockenes Wetter, Druck, Stellungswechsel, frische Luft

Wechselwirkungen

WIRKT GUT ZUSAMMEN MIT: Natrium muriaticum, Thuja, Belladonna, Arsenicum album, Calcium carbonicum, Calcium sulphuricum, Sepia, Sulphur, Pulsatilla
MAN DENKE AUCH AN: Natrium muriaticum, Sulphur, Nitricum acidum, Silicea, Mercurius solubilis, Nux vomica, Chelidonium, Pulsatilla, Aurum, Medorrhinum

Hauptindikationen beim Pferd

- Erkrankungen durch feuchtes Wetter oder feuchte Bedingungen
- Akute und chronische Hepatitis
- Gelbsucht
- Empfindlichkeit im Bereich der Leber
- Milde Blähungskolik

- Kopfverletzungen oder Stürze
- Folgen von Gehirnerschütterung einschließlich Epilepsie
- Meningitis
- COPD, RAO mit deutlicher Verschlechterung bei nassem, feuchtem Wetter
- Urethritis
- Warzen auf dem Penis
- Warzen im Analbereich oder an den Nüstern
- Allgemeine Steifheit bei feuchtem Wetter, bei der das Pferd ständig die Stellung wechseln muss
- Kronsaumentzündung

Nitricum acidum *Nit-ac.*

HERKÖMMLICHER NAME: Salpetersäure
KLASSIFIKATION: Mineralreich: Nitricumgruppe: Polychrest
ZUBEREITUNG: Lösung in destilliertem Wasser

Leitsymptome

- Rachsüchtige Natur, die nie vergibt
- Misstrauen
- Groll
- Starrsinn
- Boshaftigkeit
- Fühlt sich die ganze Zeit bedroht
- Überempfindlichkeit gegenüber Geräuschen
- Friert leicht, spürt die Kälte
- Wirkt v. a. an den Haut-Schleimhaut-Übergängen - Maul, Augen, Anus und Genitalbereich
- Sykose
- Raue, zerklüftete, blutende Warzen
- Blutende Hautgeschwüre mit dem Aussehen von rohem Fleisch
- Blasen und Geschwüre auf der Zunge, im Maul und Genitalbereich
- Übel riechende Absonderungen
- Kapilläre Blutungen
- Hornhautulzera
- Wunde, blutende Nüstern
- Chronischer, gelber Nasenkatarrh
- Weiches, schwammiges, blutendes Zahnfleisch
- Frisst unverdauliche Dinge wie z. B. Erde
- Schmerzen im Rektum nach dem Kotabsatz
- Darmblutung
- Übel riechender, dunkler Urin
- Uterine Hämorrhagie
- Geschwüre im Bereich der Vulva

Modalitäten

SCHLIMMER/VERSCHLIMMERT DURCH: Abends, nachts, kaltes Wetter, warmes Wetter, Berührung, Anstrengung
BESSER/GEBESSERT DURCH: Keine bekannt

Wechselwirkungen

WIRKT GUT ZUSAMMEN MIT: Calcium carbonicum, Pulsatilla, Sulphur, Thuja, Arsenicum album, Caladium, Lac caninum, Sepia
UNVERTRÄGLICH MIT: Lachesis, Natrium muriaticum
MAN DENKE AUCH AN: Agaricus, Arsenicum album, Kalium carbonicum, Kreosotum, Medorrhinum, Mercurius solubilis, Nux vomica

Hauptindikationen beim Pferd

- Überschießende Granulation, wildes Fleisch
- Sarkoide
- Melanome
- Blutende Warzen oder andere Hautgewächse
- Gestielte Warzen
- Blutende Gewächse an den Rändern der Augenlider
- Blutende Hautgeschwüre
- Pemphigus
- Maulgeschwüre
- Wundheit oder Dermatitis an den mukokutanen Übergängen
- Ulzera oder Gewächse auf dem Penis oder Präputium, v. a. wenn diese blumenkohlartig sind
- Hämorrhagie mit hellrotem Blut

- Kapilläre Hämorrhagie, v. a. nach Kürettage
- Hornhautgeschwüre mit drohender Perforation
- Musca-Infektion mit ulzerierter Haut im Bereich der Augen
- Ulzeration und Blasenbildung im Bereich des Maules, v. a. bei viraler Ursache
- Vesikuläre Stomatitis
- Vaginale Blutungen zwischen den Rossen
- Koitalexanthem
- CEM
- Phimose
- Übel riechendes Smegma
- Groll, Bösartigkeit oder übermäßiges Misstrauen

Nux moschata *Nux-m.*

HERKÖMMLICHER NAME: Muskatnuss, Myristica moschata
KLASSIFIKATION: Pflanzenreich: Myristicaceae
ZUBEREITUNG: Aus den pulverisierten Samen

Leitsymptome

- Ohnmacht aufgrund von Herzproblemen
- Trockenheit der Schleimhäute
- Verwirrtes Verhalten
- Darmlähmung
- Gasbedingte Auftreibung der Gedärme
- Unfähigkeit, leicht Kot abzusetzen
- Rosse in unterschiedlichen Zeitabständen
- Steifheit durch nasses und kaltes Wetter

Modalitäten

SCHLIMMER/VERSCHLIMMERT DURCH: Kaltes, nasses Wetter, Bewegung, Berührung, Rosse
BESSER/GEBESSERT DURCH: Warmes, trockenes Wetter, Eindecken

Wechselwirkungen

WIRKT GUT ZUSAMMEN MIT: Lycopodium, Nux vomica, Pulsatilla, Rhus toxicodendron, Stramonium, Antimonium tartaricum
MAN DENKE AUCH AN: Nux vomica, Pulsatilla, Rhus toxicodendron, Ignatia, Gelsemium

Hauptindikationen beim Pferd

- Milde Fälle von Graskrankheit
- Partielle Lähmung des Kolon
- Tympanische Kolik mit gasbedingter Auftreibung

Nux vomica *Nux-v.*

(siehe Konstitutionsmittel)

Oenanthe crocata *Oena.*

HERKÖMMLICHER NAME: Giftige Rebendolde
KLASSIFIKATION: Pflanzenreich: Apiaceae (Umbelliferae)
ZUBEREITUNG: Tinktur aus der frischen Wurzel zur Zeit der Blüte

Leitsymptome

- Epilepsie mit Verschlimmerung während der Rosse oder Trächtigkeit
- Eklampsie
- Konvulsionsartiges Zucken der Gesichtsmuskeln
- Erweiterung der Pupillen
- Schaum am Maul
- Kiefersperre
- Konvulsive Gliedmaßenbewegungen
- Opisthotonus

Modalitäten

SCHLIMMER/VERSCHLIMMERT DURCH: Wassertrinken
BESSER/GEBESSERT DURCH: Keine bekannt

Wechselwirkungen

MAN DENKE AUCH AN: Cicuta, Bufo, Causticum, Cuprum, Hyoscyamus

Hauptindikationen beim Pferd

- Tetanus
- Opisthotonus
- Epilepsie, v. a. wenn insbesondere die Gesichtsmuskeln zucken

Oleander *Olnd.*

HERKÖMMLICHER NAME: Rosenlorbeer, Nerium oleander
KLASSIFIKATION: Pflanzenreich; Apocynaceae
ZUBEREITUNG: Tinktur aus den Blättern

Leitsymptome

- Wirkt auf die Haut, das Herz und das Nervensystem
- Hautausschläge am Kopf
- Feuchtes Ekzem im Bereich der Ohren
- Hinterhandschwäche, Paralyse
- Empfindliche Haut
- Juckende Hautausschläge, die nässen und bluten

Modalitäten - Keine bekannt

Wechselwirkungen

WIRKT GUT ZUSAMMEN MIT: Lycopodium, Natrium muriaticum, Pulsatilla, Rhus toxicodendron, Sepia
MAN DENKE AUCH AN: Graphites, Mercurius solubilis, Psorinum, Sulphur, Petroleum

Hauptindikationen beim Pferd

- Läuse
- Feuchtes, klebriges Ekzem
- Gereizte, wunde Haut, Hautveränderungen durch Scheuern
- Mauke
- Dermatitis im Kopfbereich

Opium *Op.*

HERKÖMMLICHER NAME: Schlafmohn, Papaver somniferum
KLASSIFIKATION: Pflanzenreich: Papaveraceae
ZUBEREITUNG: Tinktur aus dem Milchsaft der unreifen Samenkapsel

Leitsymptome

- Unempfindlichkeit des Nervensystems
- Stupor und Betäubung
- Schläfrigkeit
- Erschlaffung
- Bewusstlosigkeit
- Koma
- Reaktionsmangel
- Stertoröse Atmung
- Schweißbedeckte Haut
- Pupillenkontraktion
- Ptose
- Zuckungen im Gesicht, v. a. im Bereich der Maulwinkel
- Lähmung der Zunge
- Aufgeblähtes, tympanisches Abdomen
- Kolik
- Hochgradige Verstopfung ohne Drang
- Spastisches Zurückhalten des Kotes im Kolon
- Verminderter Harnabsatz
- Harnretention
- Verlust der Blasenkontrolle, Blasenlähmung
- Unregelmäßiger Zyklus nach Schreck oder Unfall
- Puerperale Konvulsionen
- Opisthotonus, Aufkrümmen des Rückens
- Zuckungen der Gliedmaßen
- Zuckende Gliedmaßenbewegungen, als würden die Beugemuskeln überreagieren

Modalitäten

SCHLIMMER/VERSCHLIMMERT DURCH: Während und nach dem Schlaf, Hitze, Schwitzen, Furcht oder Schreck
BESSER/GEBESSERT DURCH: Herumgehen, kalte Luft

Wechselwirkungen

WIRKT GUT ZUSAMMEN MIT: Aconitum, Alumina, Belladonna, Bryonia, Hyoscyamus, Nux vomica, Nux moschata, Antimonium tartaricum, Phosphorus, Plumbum
MAN DENKE AUCH AN: Gelsemium, Apis, Belladonna, Nux moschata, Nux vomica, Arnica, Baptisia

Hauptindikationen beim Pferd

- Mangel an Reaktion auf angezeigte Mittel
- Erkrankungen durch Schock oder Schreck, selbst wenn das Ereignis schon weit zurückliegt
- Langsame Erholung nach einer Allgemeinanästhesie
- Koma
- Folgen von Gehirnerschütterung
- Tympanische Kolik
- Schwere Anschoppungskolik
- Stillstand des Darmes
- Graskrankheit
- Verstopfung; Retention des Kotes; Mangel an peristaltischen Bewegungen
- Intussuszeption
- Darmverlegung
- Mekoniumretention
- Harnretention
- Blasenlähmung
- Hahnentritt
- Zuckende Bewegungen
- Tetanus
- Epilepsie, v. a. wenn sie durch helles Licht ausgelöst wird
- Bleivergiftung
- Sonnenstich, Hitzschlag
- Botulismus beim Fohlen – spätere Stadien
- Neonatales Fehlanpassungssyndrom
- Afrikanische Pferdepest

Origanum *Orig.*

HERKÖMMLICHER NAME: Süßer Majoran, Origanum majorana
KLASSIFIKATION: Pflanzenreich: Lamiaceae (Labiatae)
ZUBEREITUNG: Tinktur aus der ganzen frischen Pflanze

Leitsymptome

- Gesteigerter Sexualtrieb
- Hysterisches Verhalten

Modalitäten - Keine bekannt

Wechselwirkungen

MAN DENKE AUCH AN: Platinum, Valeriana, Cantharis, Hyoscyamus, Murex, Ustilago

Hauptindikationen beim Pferd

- Nymphomanie
- Plötzliche Versuche davonzulaufen

Osmium metallicum *Osm.*

HERKÖMMLICHER NAME: Osmium
KLASSIFIKATION: Mineralreich: Metalle: Element
ZUBEREITUNG: Trituration des ausgefällten Metalls

Leitsymptome

- Wirkt auf die Atemwege
- Luftröhrenschmerzen
- Katarrh und Husten mit zähem, klebrigem Schleim
- Glaukom
- Augenschmerzen mit starkem Tränenfluss
- Konjunktivitis mit Photophobie
- Ekzeme an den unteren Gliedmaßen, juckende Ausschläge

Modalitäten – Keine bekannt

Wechselwirkungen

MAN DENKE AUCH AN: Iridium, Selenium, Tellurium, Thallium, Platinum, Palladium

Hauptindikationen beim Pferd

- Glaukom
- Konjunktivitis mit heftigem Tränenfluss und Photophobie

Oxalicum acidum *Ox-ac.*

HERKÖMMLICHER NAME: Oxalsäure
KLASSIFIKATION: Mineralreich
ZUBEREITUNG: Trituration

Leitsymptome

- Wirkt auf das Rückenmark
- Motorische Paralyse

- Schwäche der Gliedmaßen
- Myelitis
- Spastische Atembeschwerden
- Konstriktion von Kehlkopf und Brustkorb
- Stimmbandlähmung
- Dyspnoe
- Schmerzen in den Kniegelenken

Modalitäten

SCHLIMMER/VERSCHLIMMERT DURCH: Linke Seite, geringste Berührung, Anstrengung
BESSER/GEBESSERT DURCH: Nach dem Kotabsatz

Wechselwirkungen

MAN DENKE AUCH AN: Picricum acidum, Arsenicum album, Argentum metallicum, Causticum

Hauptindikationen beim Pferd

- Meningitis
- Myelitis
- Paralyse infolge von Myelitis
- Hinterhandlähmung oder –schwäche mit Ursprung im Rückenmark

Oxytropis *Oxyt.*

HERKÖMMLICHER NAME: Oxytropis lamberti
KLASSIFIKATION: Pflanzenreich: Fabiaceae (Leguminosae)
ZUBEREITUNG: Tinktur aus der frischen Pflanze

Leitsymptome

- Wirkt auf das Nervensystem
- Geht rückwärts
- Paralyse
- Stolpernder Gang
- Verlust der Koordination
- Erschlaffung der Schließmuskeln
- Verlust der Reflexe
- Pupillenkontraktion
- Lähmung der Augenmuskeln und –nerven

Modalitäten

SCHLIMMER/VERSCHLIMMERT DURCH: An abwechselnden Tagen
BESSER/GEBESSERT DURCH: Nach Ruhe

Wechselwirkungen

MAN DENKE AUCH AN: Lathyrus, Oxalicum acidum

Hauptindikationen beim Pferd

- Neurologische Probleme in Verbindung mit Koordination und Paralyse
- Nervenlähmung mit Verlust der Koordination, ungleichmäßigem Gang oder Stolpern
- Wobbler-Syndrom
- Cauda-equina-Neuritis
- Equine protozoäre Myeloenzephalitis
- Schwäche der Schließmuskeln

Palladium metallicum *Pall.*

HERKÖMMLICHER NAME: Palladium
KLASSIFIKATION: Mineralreich: Metalle
ZUBEREITUNG: Trituration

Leitsymptome

- Wirkt auf die weiblichen Geschlechtsorgane, v. a. die Ovarien
- Entzündung der Ovarien
- Schmerzen und Schwellung des rechten Ovars
- Uterusvorfall
- Beckenperitonitis
- Unregelmäßiger Zyklus
- Zystische Ovarien
- Leicht aufgebracht oder verstimmt
- Neigung auszuschlagen oder zu beißen
- Egoistisch

Modalitäten

SCHLIMMER/VERSCHLIMMERT DURCH: Lokalen Druck auf das Ovar
BESSER/GEBESSERT DURCH: Ruhe, Schlaf

Wechselwirkungen

WIRKT GUT ZUSAMMEN MIT: Platinum

MAN DENKE AUCH AN: Iridium, Osmium und Platinum (nahe Verwandte); Apis, Graphites, Podophyllum und Platinum (rechtes Ovar); Argentum metallicum, Lachesis, Lilium tigrinum, Cimicifuga und Sulphur (linkes Ovar)

Hauptindikationen beim Pferd

- Ovarielle Dysfunktion
- Zystische Ovarien, v. a. rechts
- Unregelmäßiger Zyklus
- Uterusvorfall
- Pyometra
- Mangelnde Libido bei der Stute
- Beschwerden durch verletzten Stolz

Paraffinum *Paraf.*

HERKÖMMLICHER NAME: Paraffin
KLASSIFIKATION: Mineralreich: Karbongruppe
ZUBEREITUNG: Trituration

Leitsymptome

- Greift den Darm, die Wirbelsäule und den Uterus an
- Schwere Verstopfung
- Chronische Verstopfung mit vergeblichem Drängen
- Milchige Absonderung aus dem Uterus
- Schmerzhafte Zitzen
- Wirbelsäulenschmerzen
- Verbrennungen

Modalitäten – Keine bekannt

Wechselwirkungen

MAN DENKE AUCH AN: Naphthalinum, Petroleum, Kreosotum, Sepia, Murex, Natrium muriaticum

Hauptindikationen beim Pferd

- Verstopfungen
- Darmverschluss
- Leichte Anschoppungskolik bei Fohlen
- Schmerzhafte Zitzen

Pareira brava *Pareir.*

HERKÖMMLICHER NAME: Grieswurz
KLASSIFIKATION: Pflanzenreich: Menispermaceae
ZUBEREITUNG: Aus der frischen Wurzel

Leitsymptome

- Wirkt auf die Harnwege
- Nierenschmerzen
- Dunkler Urin, der Blut und Schleim enthält
- Anhaltender Drang
- Harntröpfeln nach dem Urinieren
- Schmerzhafte und erweiterte Blase
- Entzündung der Urethra

Modalitäten – Keine bekannt

Wechselwirkungen

MAN DENKE AUCH AN: Hydrangea, Berberis, Sarsaparilla, Causticum, Chimaphila

Hauptindikationen beim Pferd

- Harnröhrensteine – symptomatische Behandlung
- Urethritis

Petroleum *Petr.*

HERKÖMMLICHER NAME: Steinöl
KLASSIFIKATION: Mineralreich: Karbongruppe
ZUBEREITUNG: Trituration und Tinktur

Leitsymptome

- Wirkt auf die Haut, v. a. die Talg- und Schweißdrüsen
- Stellenweise klebriges, feuchtes Ekzem am Kopf und im Bereich der Ohren
- Rissige, raue, lederartige oder aufgesprungene, schmutzig aussehende Haut
- Dicke, grüne Krusten auf der Haut
- Rote, raue, leicht blutende Haut
- Reibt die Haut, bis sie blutet
- Eiterung der Haut
- Streng riechender Schweiß

- Intertrigo
- Druckstellen
- Ekzem an den Lidrändern
- Trockene, schorfige Haut im Bereich der Augen
- Rissige Haut im Bereich der Augen
- Blepharitis
- Katarrh
- Ulzerierte und rissige Nüstern
- Wundheit des Genitalbereiches
- Juckende, wunde Zitzen
- Verschlimmerung der Symptome im Winter
- Erkrankungen nach Transport
- Lang dauernde Magen- und Lungenprobleme
- Chronische, wässrige Diarrhö
- Trockener Husten (nur nachts)
- Chronische Zerrungen
- Steifheit der Kniegelenke
- Gelenkknacken
- Gieriges Naturell
- Reizbares Naturell

Modalitäten

SCHLIMMER/VERSCHLIMMERT DURCH: Feuchtigkeit, vor und bei Gewitter, Reisen in Fahrzeugen, Winter
BESSER/GEBESSERT DURCH: Warme Luft, trockenes Wetter

Wechselwirkungen

WIRKT GUT ZUSAMMEN MIT: Sepia, Calcium carbonicum, Lycopodium, Nux vomica, Pulsatilla, Silicea, Sulphur
MAN DENKE AUCH AN: Calcium carbonicum, Graphites, Mezereum, Psorinum, Rhus toxicodendron, Sepia, Sulphur

Hauptindikationen beim Pferd

- Mauke
- Sommerekzem
- Verdickte, ledrige, schwarze Hautstellen
- Hyperkeratose
- Hautrisse
- Wunde Zitzen
- Läuse (symptomatische Behandlung)
- Chronisches Ekzem mit rissigen oder rauen Hautstellen
- Druckstellen
- Ekzem der Ohrmuscheln
- Feuchtes oder klebriges Ekzem oder Dermatitis mit Beteiligung des Gesichts oder der Maulwinkel
- Ekzem der Augenlider und Lidränder
- Hautausschläge und Wundheit im Bereich des Kronsaums
- Ausleitung von Hautgiften (in Verbindung mit Berberis)
- Chronische Magen- und Lungenprobleme
- Chronische Diarrhö
- Erkrankungen durch Reisen/Transport, v. a. auf See
- Chronische Sehnenzerrungen
- Gelenkknacken
- Gelenkluxation oder -subluxation
- Langsam heilende Verletzungen
- Eiternde Wunden oder Verletzungen

Phosphoricum acidum *Ph-ac.*

HERKÖMMLICHER NAME: Phosphorsäure
KLASSIFIKATION: Mineralreich
ZUBEREITUNG: Verdünnung in destilliertem Wasser

Leitsymptome

- Hauptmittel bei Erschöpfungszuständen
- Nervöse oder emotionale Erschöpfung
- Lustlosigkeit, Apathie, Gleichgültigkeit
- Nachwirkungen akuter Erkrankungen
- Kummer
- Unverträglichkeit von Lärm
- Flüssigkeitsverlust, Exsikkose

- Schwächende Diarrhö
- Wässrige Diarrhö, unfreiwilliger Absatz mit Gas
- Diabetes
- Häufiger Harnabsatz, v. a. nachts
- Entzündung des Periosts
- Erweiterung der Därme mit Gasansammlung
- Mangel an Sexualkraft beim Hengst
- Skrotalekzem
- Schwellung des Präputiums
- Gewächse auf dem Penis
- Erschöpfung der säugenden Stute
- Gliedmaßenschwäche
- Schmerzen in den Gelenken, Knochen, dem Periost
- Leichtes Stolpern
- Haarausfall
- Hautgeschwüre mit Eiter

Modalitäten

SCHLIMMER/VERSCHLIMMERT DURCH: Berührung, abends, nachts, Flüssigkeitsverlust, Wind, Schnee, Anstrengung, sexuelle Exzesse
BESSER/GEBESSERT DURCH: Kurzer Schlaf, Gehen

Wechselwirkungen

WIRKT GUT ZUSAMMEN MIT: China, Nux vomica, Rhus toxicodendron, Arsenicum album, Causticum, Lycopodium, Pulsatilla, Sepia, Sulphur, Calcium phosphoricum, Ferrum phosphoricum, Kalium phosphoricum, Natrium phosphoricum
MAN DENKE AUCH AN: Ignatia, China, Natrium muriaticum

Hauptindikationen beim Pferd

- Erschöpfungszustände aller Art
- Austrocknung und Flüssigkeitsverlust
- Nervöse oder emotionale Erschöpfung
- Folgen von Kummer oder Schock
- Gram
- „Heimweh“
- Diabetes mellitus
- Schmerzlose, wässrige Diarrhö, die zu Austrocknung führt
- Gewächse auf dem Präputium oder Penis
- Impotenz
- Osteomyelitis
- Periostitis des Röhrbeins bei jungen Pferden im Training
- Hufgelenkschale (akute Fälle)
- Urolithiasis
- Durch Schwäche bedingte Alopezie
- Postvirales Syndrom, Equine ME
- Folgen von Hitzschlag

Phosphorus *Phos.*

(siehe Konstitutionsmittel)

Physostigma *Phys.*

HERKÖMMLICHER NAME: Kalabarbohne, Physostigma venenosum
KLASSIFIKATION: Pflanzenreich: Fabiaceae (Leguminosae)
ZUBEREITUNG: Trituration der Bohne

Leitsymptome

- Greift das Nervensystem und die Augen an
- Kontraktion der Pupillen
- Zucken der Augenmuskeln
- Glaukom
- Heftiger Tränenfluss
- Spasmen der Gesichtsmuskeln
- Schmerzen oberhalb der Augen
- Zerebrospinale Meningitis
- Spinalreizung
- Tetanus-ähnliche Starre
- Tetanische Konvulsionen
- Muskelkrämpfe
- Ataxie
- Schwacher Puls
- Verstärkter Herzschlag

Modalitäten

SCHLIMMER/VERSCHLIMMERT DURCH: Bewegung, Reiten, Wetterwechsel
BESSER/GEBESSERT DURCH: Kühle Luft

Wechselwirkungen

MAN DENKE AUCH AN: Lathyrus, Oxytropis, Strychninum, Conium, Gelsemium, Ruta

Hauptindikationen beim Pferd

- Glaukom
- Augenverletzungen
- Ataxie
- Chorea
- Progressiver Muskelschwund der Hinterhand
- Paralyse der Hinterhand
- Tetanus – Prävention

Phytolacca *Phyt.*

HERKÖMMLICHER NAME: Kermesbeere, Phytolacca decandra
KLASSIFIKATION: Pflanzenreich: Phytolaccaceae
ZUBEREITUNG: Tinktur aus der Wurzel, den reifen Beeren oder den frischen Blättern

Leitsymptome

- Steht mit dem syphilitischen Miasma in Verbindung (anti-syphilitisch)
- Wichtiges Mittel für die Drüsen, bei Ruhelosigkeit, Erschöpfung und Wundheit
- Schwellung der Drüsen mit vermehrter Wärme und Entzündung
- Verhärtung und Induration von Drüsen
- Wirkt auf das Faser-, Knochen- und Narbengewebe, die Muskelscheiden und Faszien
- Knochenschmerzen
- Chronische rheumatische Symptome
- Halsentzündung mit dunklem oder blaurotem Aussehen
- Schmerzen an der Zungenwurzel
- Geschwollene Mandeln, v. a. rechts
- Absonderung von dickem, gelbem Schleim
- Schluckschwierigkeiten
- Pharyngitis
- Parotisschwellung, Parotitis
- Tetanus
- Opisthotonus
- Verzögerte Zahnung
- Zahnprobleme, Zahnfleischbluten, Blasen im Maul, Speichelfluss, Kieferklemme
- Gesteigerter Tränenfluss
- Mastitis mit hochgradiger Berührungsempfindlichkeit, der betroffene Bereich fühlt sich hart an
- Mammatumore
- Milchdrüsenabszess
- Rissige und ulzerierte Zitzen
- Gesteigerter Milchfluss
- Rechtsseitige Ovarialschmerzen
- Hodenschwellung
- Trockener, hackender Husten
- Rückenschmerzen im Lendenbereich
- Schmerzen in der rechten Schulter, Steifheit
- Trockene, faltige, juckende Haut, Pusteln
- Warzen und andere pigmentierte Zubildungen

Modalitäten

SCHLIMMER/VERSCHLIMMERT DURCH: Nasswerden, Regen, feuchtkaltes Wetter, nachts, rechte Seite, Bewegung
BESSER/GEBESSERT DURCH: Trockenes Wetter, Wärme, Ruhe

Wechselwirkungen

WIRKT GUT ZUSAMMEN MIT: Silicea, Symphytum
MAN DENKE AUCH AN: Bryonia, Lac caninum, Calcium carbonicum, Rhus toxicodendron, Kalium iodatum

Hauptindikationen beim Pferd

- Nackensteife
- Verhärtete oder vergrößerte Lymphknoten, Lymphadenitis
- Pharyngitis

- Halsentzündung
- Parotitis
- Glossitis (Entzündung der Zunge)
- Schluckschwierigkeiten
- Adenovirus, Rhinovirus-Infektionen
- Druse
- Mastitis
- Milchdrüsenabszess
- Harte Gebilde in den Milchdrüsen
- Rissige, schmerzhafte oder wunde Zitzen
- Laktationsstörungen
- Schmerzen, Erkrankungen der Knochen
- Periostitis
- Bänder- oder Sehnenverletzungen im Bereich des Ansatzes am Periost
- Zerrungen des distalen Sesambeinbandes
- Erkrankungen in Zusammenhang mit dem Zahndurchbruch
- Warzen
- Kleinere pigmentierte Sarkoide

Picricum acidum *Pic-ac.*

HERKÖMMLICHER NAME: Pikrinsäure, Trinitrophenol
KLASSIFIKATION: Mineralreich: Karbongruppe
ZUBEREITUNG: Lösung in Spiritus rectificatus

Leitsymptome

- Degeneration des Rückenmarks
- Paralyse
- Erschöpfung und Schwäche
- Demenz
- Rückenschmerzen
- Muskelschwäche
- Müdigkeit und Schwere der Gliedmaßen
- Myelitis
- Urämie mit geringem Harnabgang
- Nephritis
- Sexuelle Erregung
- Satyriasis, gesteigertes sexuelles Verlangen
- Anämie
- Chronische Konjunktivitis mit reichlicher, dicker, gelber Absonderung

Modalitäten

SCHLIMMER/VERSCHLIMMERT DURCH: Geringste Anstrengung, geistige Anstrengung, nach Schlaf, nasses Wetter, heißes Wetter
BESSER/GEBESSERT DURCH: Kalte Luft, kaltes Wasser

Wechselwirkungen

MAN DENKE AUCH AN: Oxalicum acidum, Gelsemium, Phosphorus, Silicea, Conium, Ustilago, Murex, Phosphoricum acidum

Hauptindikationen beim Pferd

- Lokomotorische Ataxie, Schwäche der Hinterhand
- Degeneration des Rückenmarks
- Myelitis
- Paralyse mit plötzlichem Beginn
- Cauda-equina-Neuritis
- Equine protozoäre Myeloenzephalitis
- Schwäche und Senilität bei alten Pferden
- Satyriasis (hypersexuelles Verhalten beim männlichen Tier)

Pilocarpus microphyllus *Jab.*

HERKÖMMLICHER NAME: Jaborandi, Pilocarpus jaborandi, Pilocarpin
KLASSIFIKATION: Pflanzenreich: Rutaceae
ZUBEREITUNG: Lösung des Alkaloids in destilliertem Wasser

Leitsymptome

- Drüsenstimulans
- Löst Schwitzen aus
- Verstärkter Speichelfluss
- Verstärkter Tränenfluss
- Verstärkte bronchiale Sekretion
- Husten mit Atembeschwerden
- Lungenödem
- Verengung der Pupillen
- Starrender Blick

Modalitäten – Keine bekannt

Wechselwirkungen – Keine bekannt

Hauptindikationen beim Pferd

- Übermäßiges Schwitzen
- Flüssigkeit (Ödem) in der Lunge
- Schleimhautentzündung der Bronchien mit dünnem, wässrigem Schleim
- Speichelfluss und Parotitis

Pix liquida *Pix*

HERKÖMMLICHER NAME: Kiefernholzteer
KLASSIFIKATION: Pflanzenreich
ZUBEREITUNG: Tinktur durch Destillation des Holzes

Leitsymptome

- Wirkt auf die Schleimhäute und Haut
- Bronchiale Reizung nach einer Virusinfektion
- Schuppige, juckende Hautausschläge
- Rissige Haut, blutet beim Reiben
- Alopezie, Haarausfall

Modalitäten – Keine bekannt

Wechselwirkungen

MAN DENKE AUCH AN: Petroleum, Kreosotum

Hauptindikationen beim Pferd

- Mauke
- Dermatitis im Bereich und oberhalb der Fesseln und des Kronsaums
- Chronisches Sommerekzem
- Hautveränderungen, die durch heftigen Juckreiz mit Abschuppung und rissiger Haut charakterisiert sind
- Die Haut blutet beim Kratzen
- Alopezie mit Hautreizung
- Chronische Bronchitis
- Hartnäckiger Husten infolge einer Infektion mit einem Virus der Atemwege

Platinum metallicum *Plat.*

HERKÖMMLICHER NAME: Platin
KLASSIFIKATION: Mineralreich: Metalle: Element
ZUBEREITUNG: Trituration

Leitsymptome

- Vorrangig ein weibliches Mittel
- V. a. kastanienbraune Pferde
- Arrogant, stolz, egozentrisch, distanziert, hochtrabend
- Verächtlich
- Destruktiv
- Impuls zu verletzen oder zu töten
- Nymphomanie
- Hysterisches Verhalten
- Depression
- Ovarialschmerzen
- Unregelmäßiger Zyklus
- Juckreiz im Bereich der Vulva
- Taubheitsgefühl in den Gliedmaßen
- Syphilitische Tendenz

Modalitäten

SCHLIMMER/VERSCHLIMMERT DURCH: Abends, nachts, Herumstehen, Berührung, Stallwärme
BESSER/GEBESSERT DURCH: Im Freien bei leichten Ausritten

Wechselwirkungen

WIRKT GUT ZUSAMMEN MIT: Palladium, Belladonna, Ignatia, Lycopodium, Pulsatilla, Rhus toxicodendron, Sepia
MAN DENKE AUCH AN: Anacardium, Cuprum, Gratiola, Ignatia, Lillium tigrinum, Medorrhinum, Nux vomica, Plumbum, Stannum

Hauptindikationen beim Pferd

- Ablehnung des Fohlens
- Mangelndes mütterliches Verhalten
- Nymphomanie, stutenhaftes Verhalten
- Hochmütiges, arrogantes Verhalten
- Stuten mit der Neigung zu beißen oder zu treten

- Verdruss (Unzufriedenheit), verächtliches Naturell
- Angst wegen Kleinigkeiten
- „Verrückte“ Anwandlungen
- Unregelmäßiger Zyklus
- Zystische Ovarien
- Ablehnung des Hengstes beim Paarungsakt
- Spermienmangel

Plumbum metallicum *Plb.*

HERKÖMMLICHER NAME: Blei
KLASSIFIKATION: Mineralreich: Metalle: Bleigruppe: Element
ZUBEREITUNG: Trituration

Leitsymptome

- Wichtiges Mittel bei Lähmungen und Erkrankungen des Nervensystems im Allgemeinen
- Symptome erscheinen langsam und sind progressiv
- Neuritis
- Anämie, blasse Schleimhäute
- Gelbsucht
- Delirium
- Depression, Gedächtnisschwäche
- Koma
- Konvulsionen
- Konstriktion der Pupillen
- Glaukom
- Neuritis des Sehnerven
- Muskelatrophie, Muskelschwund
- Ataxie
- Paralyse und Schwäche der Hinterhand
- Paralyse einzelner Muskeln
- Lähmung der Zunge
- Krämpfe
- Muskelzuckungen, Kribbeln, Taubheit, Tremor
- Abmagerung
- Sklerose
- Akute und chronische Nephritis
- Pressen beim Harnabsatz
- Schwere Kolik mit Aufkrümmen des Rückens, um die Schmerzen zu lindern
- Verschluss oder Anschoppung des Darms
- Intussuszeption
- Hernie
- Bauchschmerzen mit hochgezogenem Abdomen
- Verstopfung mit hartem Kot und Drang, Kot abzusetzen
- Konstriktion des Anus
- Verlust der Sexualkraft beim Hengst
- Verhärtung der Milchdrüsen
- Abort

Modalitäten

SCHLIMMER/VERSCHLIMMERT DURCH: Nachts, Bewegung, Berührung
BESSER/GEBESSERT DURCH: Massage, Reiben, harten Druck, Training, Ruhe, Aufkrümmen des Rückens, Ausstrecken der Gliedmaßen

Wechselwirkungen

WIRKT GUT ZUSAMMEN MIT: Arsenicum album, Belladonna, Lycopodium, Mercurius solubilis, Phosphorus, Pulsatilla, Silicea, Sulphur, Rhus toxicodendron, Thallium
MAN DENKE AUCH AN: Opium, Nux vomica, Phosphorus, Picricum acidum, Alumina, Platinum, Zincum

Hauptindikationen beim Pferd

- Paralyse verschiedener Bereiche oder einzelner Muskeln
- Funktionsverlust der Nerven
- Radialislähmung, Fazialislähmung
- Femoralislähmung mit Muskelschwund
- Paralyse der Unterschenkel
- Myelitis
- Muskelschwund, –schwäche oder –paralyse der Hinterhand
- Ataxie, Schwäche der Hinterhand

- Cauda-equina-Neuritis
- Anschoppungskolik
- Darmverschluss
- Graskrankheit
- Schluckprobleme, Paralyse des Halses
- Verstopfung
- Akute und chronische Nierenerkrankung, Nephritis
- Anämie durch Knochenmarkssuppression
- Anämie durch Vergiftung oder Nierenerkrankung
- Depression des Knochenmarks
- Gelbsucht
- Epilepsie
- Abmagerung und Schwäche
- Infektionen mit neurologischen Symptomen, Enzephalitis
- Dourine
- Equine protozoäre Myeloenzephalitis
- EHV-1 – neurologische Symptome

Podophyllum *Podo.*

HERKÖMMLICHER NAME: Maiapfel, Podophyllum peltatum
KLASSIFIKATION: Pflanzenreich: Berberidaceae oder Ranunculaceae
ZUBEREITUNG: Aus der ganzen frischen Pflanze, der Wurzel oder der reifen Frucht

Leitsymptome

- Wirkt auf den Verdauungstrakt und die Leber
- Gastroenteritis mit kolikartigen Schmerzen
- Reichlicher wässriger Kot mit geleeartigem Schleim
- Übel riechende Diarrhö
- Grüne, wässrige Diarrhö, kommt ohne Anstrengung im Schwall heraus
- Lang dauernde Diarrhö, v. a. morgens
- Rektumprolaps
- Wechsel von Durchfall und Verstopfung
- Gelbsucht
- Rollen des Kopfes von einer Seite zur anderen
- Zähneknirschen
- Gesteigerter Durst auf große Mengen
- Auftreibung des Abdomens
- Rechtsseitige Ovarialschmerzen
- Uterusvorfall

Modalitäten

SCHLIMMER/VERSCHLIMMERT DURCH: Berührung, Bewegung, morgens, v. a. frühmorgens, heißes Wetter
BESSER/GEBESSERT DURCH: Reiben, Ruhe, frische Luft

Wechselwirkungen

WIRKT GUT ZUSAMMEN MIT: Ipecacuanha, Nux vomica, Calcium carbonicum, Sulphur, Natrium muriaticum, Calcium sulphuricum
MAN DENKE AUCH AN: Sulphur, Natrium sulphuricum, Chamomilla, Veratrum album, Aloe, Arsenicum album, Gambogia

Hauptindikationen beim Pferd

- Diarrhö v. a. bei Fohlen
- Ernährungsbedingte Diarrhö
- Diarrhö mit kolikartigen Schmerzen oder Zähneknirschen
- Reichliche wässrige, grüne Diarrhö
- Chronische Diarrhö
- Equine Rotavirus-Infektion
- Uterusvorfall nach dem Abfohlen
- Rektumprolaps

Prunus spinosa *Prun.*

HERKÖMMLICHER NAME: Schwarzdorn, Schlehe
KLASSIFIKATION: Pflanzenreich: Rosaceae
ZUBEREITUNG: Tinktur aus den Knospen vor der Blüte

Leitsymptome

- Wirkt auf die Harnwege und den Kopfbereich
- Neuralgische Kopfschmerzen

- Chorioiditis
- Aszites, Ödem
- Zerrungen
- Schneller, heftiger Herzschlag
- Pressen beim Harnabsatz
- Braucht lange, um Harn abzusetzen

Modalitäten

SCHLIMMER/VERSCHLIMMERT DURCH: Berührung, Druck, Bewegung, nachts
BESSER/GEBESSERT DURCH: Ruhe

Wechselwirkungen

MAN DENKE AUCH AN: Crataegus, Laurocerasus

Hauptindikationen beim Pferd

- Schwellung, Ödem der unteren Gliedmaßen
- Sehnen- oder Bänderzerrungen
- Glaukom
- Trübung des Kammerwassers

Psorinum *Psor.*

HERKÖMMLICHER NAME: Krätze, Krätzebläschen
KLASSIFIKATION: Tierreich: Nosoden
ZUBEREITUNG: Trituration

Leitsymptome

- Wichtiges Mittel bei Hauterkrankungen
- Erkrankungen in Zusammenhang mit dem psorischen Miasma
- Sehr empfindlich gegenüber kaltem Wetter, spürt schnell die Kälte, der „frostige Sulphur"
- Schmutzige, übel riechende, schmuddelige Haut
- Trockenes, verfilztes Haarkleid, glanzlos, rau
- Heftiger Juckreiz, schlimmer durch Eindecken
- Hautausschläge in den Gelenkbeugen, krustige Ausschläge
- Übermäßige Sekretion von Fett, seborrhoische Haut und Haarkleid
- Hautausschläge im Bereich der Hufe
- Leichtes Schwitzen
- Klebriges, nässendes Ekzem auf dem Kopf
- Übel riechende Absonderungen
- Schwächezustände
- Schwäche nach einer akuten Krankheit
- Reaktionsmangel; geschwächtes Immunsystem oder wenn andere Mittel versagen
- Traurig und depressiv
- Immer hungrig
- Verklebte Augen, Blepharitis
- Chronische Konjunktivitis
- Risse und Krusten an den Maulwinkeln
- Rotes, raues, klebriges Ekzem mit Reizung im Bereich der Ohren
- Faulig riechender Speichel
- Chronischer Katarrh
- Klebriger Schleim im Hals
- Faulig riechender Kot mit Schleim und Blut
- Geschwollenes und schmerzhaftes Euter
- Atembeschwerden mit trockenem, hartem Husten

Modalitäten

SCHLIMMER/VERSCHLIMMERT DURCH: Wetterwechsel, starker Sonnenschein, kaltes Wetter, kalte Zugluft, Reiten
BESSER/GEBESSERT DURCH: Hitze, Wärme, Eindecken (außer Hautsymptome)

Wechselwirkungen

WIRKT GUT ZUSAMMEN MIT: Sulphur, Bacillinum (akut), Sepia, Tuberculinum
UNVERTRÄGLICH MIT: Lachesis, Conium
MAN DENKE AUCH AN: Sulphur, Natrium muriaticum, Lycopodium, Graphites, Calcium carbonicum, Petroleum

Hauptindikationen beim Pferd

- Erkrankungen in Zusammenhang mit dem psorischen Miasma
- Fälle, die nicht auf angezeigte Mittel ansprechen oder sich nur kurzzeitig bessern
- Hoffnungslose Fälle

- Chronische Hautprobleme, Ekzem, Dermatitis
- Trockenes, glanzloses, stumpfes Haarkleid und Haut, v. a. mit muffigem Geruch
- Fettige, ölige, seborrhoische Haut, Seborrhö
- Heftiger Juckreiz, Sommerekzem
- Rezidivierende Urtikaria
- Mauke und andere Hauterkrankungen, auch im Bereich des Hufes und Kronsaums
- Feuchte, klebrige Hautausschläge
- Schlechte Hufqualität, rissige, trockene, abschilfernde Hufe
- Parasitär bedingte Hauterkrankungen, Läuse, Milben
- Ringflechte
- Schwäche
- Zur Unterstützung der Genesung nach einer akuten Krankheit
- Chronischer Katarrh mit fauligem Geruch
- Chronische Konjunktivitis, Blepharitis
- Hartnäckige Hornhautgeschwüre
- Smegma (konstitutioneller Gebrauch)
- Postvirales Syndrom, Equine ME

Ptelea *Ptel.*

HERKÖMMLICHER NAME: Lederbaum, Hopfenbaum, Ptelea trifoliata
KLASSIFIKATION: Pflanzenreich: Rutaceae
ZUBEREITUNG: Tinktur aus der Rinde oder Wurzel

Leitsymptome

- Wirkt auf den Magen und die Leber
- Übermäßiger Speichelfluss
- Leberschwellung mit Empfindlichkeit bei der Palpation

Modalitäten

SCHLIMMER/VERSCHLIMMERT DURCH: Liegen auf der linken Seite, wenn nicht aufgestallt, nach Schlaf, nachmittags
BESSER/GEBESSERT DURCH: Morgens, abends

Wechselwirkungen

MAN DENKE AUCH AN: Nux vomica, Chelidonium, Mercurius solubilis

Hauptindikationen beim Pferd

- Hepatitis
- Gelbsucht
- Kongestion der Leber
- Als Mittel zur Leberdrainage, um Toxine auszuleiten

Pulsatilla *Puls.*

(siehe Konstitutionsmittel)

Pyrogenium *Pyrog.*

HERKÖMMLICHER NAME: Sepsin, Pyrexin, Putrescinum, Faules Fleisch
KLASSIFIKATION: Tierreich
ZUBEREITUNG: Verdünnung von zersetztem Rindfleisch in Wasser, das zwei bis drei Wochen in der Sonne stehen gelassen wird

Leitsymptome

- Fieber und Sepsis, septische Infektionen
- Lokalisierte oder systemische Sepsis
- Infizierte, vereiterte Wunden
- Übel riechende Absonderungen
- Angst, Unruhe; muss in Bewegung bleiben, um die Symptome zu lindern
- Schwarze, faulig riechende Diarrhö
- Verstopfung mit Untätigkeit des Darmes
- Herzklopfen
- Abnorm schneller Puls, nicht in Übereinstimmung mit der Körpertemperatur
- Fadenförmiger, schwacher Puls

Modalitäten

SCHLIMMER/VERSCHLIMMERT DURCH: Kälte, feuchtes Wetter
BESSER/GEBESSERT DURCH: Wärme, Strecken, Umhergehen

Wechselwirkungen

WIRKT GUT ZUSAMMEN MIT: Bryonia, Arsenicum album, Lachesis, Rhus toxicodendron
MAN DENKE AUCH AN: Echinacea, Carbo vegetabilis, Lachesis, Baptisia, Arsenicum album, Rhus toxicodendron, Opium, Plumbum, Tarentula cubensis, Anthracinum

Hauptindikationen beim Pferd

- Septikämie, Toxämie, Sepsis mit Fieber, starkem Schwitzen und Schaudern
- Hohes Fieber, wenn andere Mittel versagen
- Hohes Fieber mit Sepsis
- Hartnäckige Fälle, in denen angezeigte Mittel versagen
- Septische Fieber mit Schwitzen und hoher Temperatur
- Schwere Fälle von Lymphangitis
- Infizierte, septische Wunden, v. a. im Bereich der Gliedmaßen
- Infizierte Wunden, die aus der kleinsten Verletzung entstehen
- Faulig riechende Wunden
- Rezidivierende Sepsis oder Abszessbildung einer Wunde
- Fisteln, v. a. mit Knochenbeteiligung
- Peritonitis
- Postpartale Metritis
- Pyometra, toxische Metritis
- Pneumonie
- Abortfolgen
- Nachgeburtsverhaltung
- Schwere, faulige Diarrhö, die ohne Anstrengung erfolgt
- Schwere Diarrhö oder Enteritis mit Septikämie, Kolitis X
- Anschoppung des Darmes
- Graskrankheit
- Chronische Hautgeschwüre
- Nabelerkrankungen
- Septische Arthritis
- Hufknorpelfistel
- Sohlenabszess, unterminierte Sohle
- Laminitis mit septischem Hintergrund
- Infizierte Insektenstiche
- Nephritis, Pyelonephritis
- Abszesse mit Fieber
- Myositis
- Equine Influenza
- Fohlenseptikämie

Quercus robur *Querc.*

HERKÖMMLICHER NAME: Stieleiche
KLASSIFIKATION: Pflanzenreich: Corylaceae
ZUBEREITUNG: Tinktur aus den Eicheln

Leitsymptome

- Hilfreich bei Erkrankungen der Milz
- Aszites
- Gedunsenheit der unteren Augenlider
- Fauliger Atem

Modalitäten – Keine bekannt

Wechselwirkungen – Keine bekannt

Hauptindikationen beim Pferd

- Morbus Cushing
- Milzvergrößerung

Radium bromatum *Rad-br.*

HERKÖMMLICHER NAME: Radiumbromid
KLASSIFIKATION: Mineralreich
ZUBEREITUNG: Trituration

Leitsymptome

- Schwäche und Erschöpfung
- Greift die Gelenke an
- Hochgradige Gelenkschmerzen, v. a. im Knie- und Sprunggelenk
- Schmerzen in den Fessel-, Kron- und Hufgelenken
- Rheuma-ähnliche Symptome

- Wundheitsschmerz in den Muskeln
- Schwache Hufe
- Hautgeschwüre, Zubildungen auf der Haut
- Depressiv, reizbar
- Krampfartige Schmerzen in den Gedärmen mit Rumpeln und Aufgasung
- Nephritis
- Nackenschmerzen, v. a. im Bereich der Halswirbel mit Verschlimmerung durch Tiefhalten des Kopfes
- Schmerzen im Lenden- und Kreuzbeinbereich mit Erleichterung durch Bewegung
- Kleine Pickel auf der Haut, juckende Dermatitis

Modalitäten

SCHLIMMER/VERSCHLIMMERT DURCH: Beim ersten Aufstehen, Deckenwärme, nachts, frühe Morgenstunden

BESSER/GEBESSERT DURCH: Fortgesetzte Bewegung, im Freien, Druck

Wechselwirkungen

WIRKT GUT ZUSAMMEN MIT: Rhus toxicodendron

MAN DENKE AUCH AN: Rhus toxicodendron, Sepia, Uranium nitricum, Arsenicum album

Hauptindikationen beim Pferd

- Arthritis, DJD, v.a. der Knie und unteren Gliedmaßen – Fessel-, Kron- und Hufgelenke, Metakarpal- und Metatarsalgelenke, mit Linderung der Symptome durch Bewegung
- Chronische Gelenkschmerzen, v. a. mit Unruhe
- Sarkoide (v. a. pigmentierte)
- Melanome
- Nach Radiotherapie (Bestrahlung), unterstützende Behandlung

Rhododendron *Rhod.*

HERKÖMMLICHER NAME: Goldgelbe Alpenrose, Gichtrose, Rhododendron chrysanthum

KLASSIFIKATION: Pflanzenreich: Ericaceae

ZUBEREITUNG: Tinktur aus den frischen Blättern

Leitsymptome

- Arthritische und rheumatische Symptome
- Geschwollene Gelenke
- Steifer Nacken
- Schmerzen in den Schultern, Vorderbeinen und Karpalgelenken
- Knochenschmerzen
- Schlimmer vor einem Sturm
- Zahnschmerzen
- Geschwollene Hoden

Modalitäten

SCHLIMMER/VERSCHLIMMERT DURCH: Vor einem Sturm, Gewitter, nachts, gegen Morgen, Berührung, Ruhe, raues Wetter, Ostwind, nasskaltes Wetter

BESSER/GEBESSERT DURCH: Wärme, Fütterung, nach Abflauen des Sturmes, zu Beginn der Bewegung, Eindecken

Wechselwirkungen

MAN DENKE AUCH AN: Dulcamara, Rhus toxicodendron, Natrium sulphuricum, Ruta

Hauptindikationen beim Pferd

- Geschwollene, steife Gelenke, allgemeine Steifheit
- Steifheit im Bereich des Nackens und der Schultern
- Borreliose
- Orchitis
- Hydrozele
- Furcht vor Gewitter

Rhus toxicodendron *Rhus-t.*

HERKÖMMLICHER NAME: Echter Giftsumach, Toxicodendron quercifolium

KLASSIFIKATION: Pflanzenreich: Anacardaceae: Polychrest

ZUBEREITUNG: Tinktur aus den frischen Blättern, die unmittelbar vor der Blüte gesammelt werden

Leitsymptome

- Hauptwirkungsbereiche: Haut und Fasergewebe einschließlich der Sehnen, Sehnenscheiden und Bänder, ebenso wie Gelenke, Genitalbereich, Drüsen, Schleimhäute, Nerven und Rückenmark
- Schmerzen und Steifheit sind typischerweise besser bei Bewegung und Wärme, schlimmer durch Ruhe und nasses, feuchtes oder kaltes Wetter
- Ruhelosigkeit, muss in Bewegung bleiben, um die Schmerzen oder Steifheit zu lindern
- Schlimmer zu Beginn der Bewegung, aber besser durch fortgesetzte Bewegung
- Geistige Erstarrung, Traurigkeit
- Furcht vor dem, was passieren könnte, Ungeduld
- Leicht verärgert
- Erkrankungen durch Überanstrengung oder Durchnässung
- Erkrankungen durch Schreck
- Sepsis, Septikämie, Zellulitis
- Hochgradige Unruhe
- Besserung durch Lage-/Stellungswechsel
- Nächtliche Anspannung
- Geschwollene, rote, ödematöse Augen, Zellulitis im Bereich der Augen
- Verklebte Augenlider
- Pustuläre Entzündung
- Photophobie mit Absonderung von gelbem Eiter
- Iritis
- Augenverletzungen
- Hornhautulzeration
- Gefäßeinsprossung in die Kornea
- Wunde und geschwürige Nase
- Niesen nach Nasswerden
- Geschwollenes Gesicht, Parotitis
- Gesichtsneuralgie (Schmerzen)
- Geschwollene Drüsen
- Geschwürige Maulwinkel
- Bauchschmerzen, Kolik mit Besserung durch Aufkrümmen des Rückens
- Auftreibung des Abdomens
- Blutige Diarrhö mit Schleim, Dysenterie
- Blutiger Urin
- Heftiger Juckreiz und Schwellung des Skrotums
- Geschwollene Vulva mit Juckreiz
- Uterusvorfall
- Hodenentzündung (Orchitis)
- Trockener Husten
- Lungenblutung mit hellrotem Blut nach Anstrengung
- Herzvergrößerung
- Rückenschmerzen, Steifheit mit Verschlimmerung durch Ruhe, Besserung bei Bewegung
- Geschwollene, entzündete Gelenke
- Steife Beine, beinahe wie gelähmt, durch kaltes Wetter
- Heftiger Juckreiz der Haut
- Rote und geschwollene Haut, Bläschen, Urtikaria, Pemphigus, Abschuppung

Modalitäten

SCHLIMMER/VERSCHLIMMERT DURCH: Nasses, kaltes Wetter, Wetterwechsel, Herbst, Winter, feuchter Stall, zu Beginn der Bewegung, nach Ruhe, Überanstrengung, vor einem Sturm, nach Mitternacht, bewölkte Tage, abends, nachts

BESSER/GEBESSERT DURCH: Fortgesetzte Bewegung, Hitze, Wärme, Reiben oder Massage, frische Luft, Eindecken

Wechselwirkungen

WIRKT GUT ZUSAMMEN MIT: Belladonna, Bryonia, Calcium carbonicum (chronisch), Calcium fluoratum, Calcium phosphoricum, Causticum, Conium, Graphites, Nux vomica, Lycopodium, Magnesium carbonicum, Medorrhinum, Phosphorus, Pulsatilla, Sepia, Sulphur, Tuberculinum

UNVERTRÄGLICH MIT: Apis

MAN DENKE AUCH AN: Arnica, Apis, Bryonia, Dulcamara, Causticum, Calcium carbonicum, Ruta

Hauptindikationen beim Pferd

- Arthritis, DJD, Lahmheit, Steifheit, bei Übereinstimmung der Modalitäten
- Verletzungen der Sehnen, Sehnenscheiden und Bänder, Zerrungen
- Muskelverletzungen, Zerrungen oder Zerreißungen, v. a. größerer Muskeln
- Myositis
- Rücken- und Nackenschmerzen, steifer Nacken
- Knochenschmerzen
- Bursitis
- Karpitis
- Zerrungen des Aufhängebandes des Fesselträgers
- Knochenspat
- Hasenspat
- Bursitis der Spatsehne
- Kreuzverschlag, Azoturie
- Erkrankungen durch Nasswerden, Feuchtigkeit, Überanstrengung
- Ruhelosigkeit aufgrund von Schmerzen, Unfähigkeit, lange an einer Stelle zu verharren
- Allergische Konjunktivitis
- Zellulitis der Orbita
- Iritis
- Periodische Augenentzündung
- Musca-Infektion
- Konjunktivitis mit geschwollenen Augenlidern und gelber, gummiartiger Absonderung
- Korneaulzeration
- Parotitis
- EIPH
- Zellulitis
- Hautjucken, Urtikaria
- Allergische Hauterkrankungen, Ausschläge, Erythem, (Rötung), Bläschenausschläge
- Folgen von Insektenstichen oder -bissen
- Sommerekzem
- Regenfäule
- Hyperkeratose
- Photosensibilisierung
- Mauke
- Pemphigus
- Milben (symptomatische Behandlung)
- Orchitis
- Skrotalekzem, Dermatitis
- Koitalexanthem
- Smegma mit lokaler Reizung
- Dermatitis, Vulvaekzem
- Ekzem der Ohrmuscheln
- Ulzeration der Maulwinkel
- Lymphangitis
- Wässrig-schleimige Diarrhö
- Septikämie, Besserung der Symptome durch Schwitzen
- Verlust des Gleichgewichts, v. a. beim ersten Aufstehen
- Zungenulzera
- Kolik nach Durchnässung
- Gelbe, breiige Diarrhö
- Equine virale Arteriitis
- EHV-1, Frühstadien

Rhus venenata *Rhus-v.*

HERKÖMMLICHER NAME: Giftesche, Toxicodendron vernix
KLASSIFIKATION: Pflanzenreich: Anacardiaceae
ZUBEREITUNG: Tinktur aus den frischen Blättern oder Stängeln

Leitsymptome

- Juckreiz der Haut
- Bläschen
- Hautentzündung mit dunkelroter Farbe

Modalitäten

SCHLIMMER/VERSCHLIMMERT DURCH: Heißes Wetter, morgens
BESSER/GEBESSERT DURCH: Keine bekannt

Wechselwirkungen

WIRKT GUT ZUSAMMEN MIT: Rhus toxicodendron

Hauptindikationen beim Pferd

- Allergische Hautreaktionen
- Hochgradig gerötete, entzündete, gereizte Haut
- Ekzem mit Bläschenbildung

Rumex crispus *Rumx.*

HERKÖMMLICHER NAME: Krauser Ampfer
KLASSIFIKATION: Pflanzenreich: Polygonaceae
ZUBEREITUNG: Tinktur aus der frischen Wurzel

Leitsymptome

- Trockener Kitzelhusten
- Berührung des Halses löst Husten aus
- Einatmen von kalter Luft löst Husten aus
- Essen löst Husten aus
- Laryngitis mit trockenem Husten
- Reichliche schleimige Absonderung aus der Nase
- Schleim in der Trachea
- Heftiger Juckreiz der Haut, v. a. an den unteren Gliedmaßen
- Urtikaria
- Erweiterte Lymphgefäße
- Chronische Entzündung des Magens
- Braune, wässrige Diarrhö
- Reizung des Anus

Modalitäten

SCHLIMMER/VERSCHLIMMERT DURCH: Abends, nachts, Einatmen von kalter Luft, linke Seite des Brustkorbes, nicht zugedeckt sein, Berührung, Temperaturveränderung, Hinlegen, beim Gehen
BESSER/GEBESSERT DURCH: Wärme, Hitze

Wechselwirkungen

MAN DENKE AUCH AN: Bryonia, Sticta, Spongia, Phosphorus

Hauptindikationen beim Pferd

- Trockener, störender Husten, ausgelöst durch kalte Luft oder Berührung des Kehlkopfes
- Trockener, krampfartiger Husten
- Kehlkopfkatarrh
- Bronchialkatarrh
- Katarrh der Nase, mit dünner Absonderung und nervösem Kitzelhusten
- Dermatitis der unteren Gliedmaßen
- Erweiterte Lymphgefäße

Ruta graveolens *Ruta*

HERKÖMMLICHER NAME: Gartenraute, Kreuzraute, Weinraute
KLASSIFIKATION: Pflanzenreich: Rutaceae
ZUBEREITUNG: Tinktur aus der ganzen Pflanze

Leitsymptome

- Spezifische Wirkung auf Knochen, Knorpel, Sehnen und Sehnenscheiden
- Knochenverletzungen
- Quetschungen
- Affinität zu den kleineren Gelenken
- Exostosen
- Sehnenzerrungen, Verrenkungen oder Verletzungen
- Sehnenkontraktur
- Rückenschmerzen mit Linderung durch Druck
- Hinterhandschwäche, die Beine geben plötzlich nach
- Steifheit und Schmerzen in den unteren Gliedmaßen mit Linderung durch Bewegung
- Augenmuskelschwäche
- Schwierigkeiten beim Kotabsatz, Pressen
- Rektumprolaps
- Ruhelosigkeit

Modalitäten

SCHLIMMER/VERSCHLIMMERT DURCH: Ruhe, bei der ersten Bewegung, Überanstrengung, kaltes, feuchtes, nasses Wetter, Bergaufgehen, nachts
BESSER/GEBESSERT DURCH: Fortgesetzte Bewegung, Wärme, Massage

Wechselwirkungen

WIRKT GUT ZUSAMMEN MIT: Calcium phosphoricum, Arnica, Symphytum, Calcium carbonicum, Causticum, Lycopodium, Pulsatilla, Sulphur, Silicea
MAN DENKE AUCH AN: Arnica, Rhus toxicodendron, Hekla lava, Silicea, Causticum

Hauptindikationen beim Pferd

- Arthritis, DJD, v. a. der Sprung-, Knie-, Fessel-, Kron- und Hufgelenke
- Zerrungen und Verrenkungen, Desmitis
- Sehnenzerrungen und -verletzungen, Tendinitis v. a. der Beugesehnen
- Sehnenschwäche
- Bänderzerrungen, Verletzungen, Entzündungen und Risse
- Synovitis, v. a. chronische
- Verletzungen des Aufhängebandes des Fesselträgers
- Verletzungen des oberen und unteren Unterstützungsbandes/Desmitis
- Sesamoiditis
- Zerrungen des distalen Sesambeinbandes
- Konstriktion des palmaren Fesselringbandes
- Ruptur des Musculus peroneus tertius
- Karpitis
- Karpaltunnelsyndrom
- Knöcherne Zubildungen, Exostosen
- Knochenspat
- Osteochondrose (OCD)
- Chondromalazie der Patella
- Meniskusrisse
- Quetschungen, Trauma des Periosts, Periostitis
- Splitter
- Periostitis des Röhrbeins
- Periostitis des Fesselgelenks
- Podotrochlose
- Ostitis des Hufbeins
- Hufknorpelverknöcherung
- Hufgelenkschale
- Frakturen, Prävention des Nicht-Zusammenheilens von Frakturen
- Dislokationen, Luxationen und Subluxationen
- Knorpelverletzungen
- Bursitis
- Bursitis der Spatsehne
- Trochanterbursitis
- Piephacke
- Ellbogenbeule (wenn der Knochen gequetscht ist)
- Hasenspat
- Rückenschmerzen nach spinaler Manipulation wie z. B. Osteopathie
- Rückenschwäche, Schmerzen im unteren Rücken

Sabadilla *Sabad.*

HERKÖMMLICHER NAME: Mexikanisches Läusekraut, Sabadilla officinalis
KLASSIFIKATION: Pflanzenreich: Melanthaceae
ZUBEREITUNG: Tinktur aus den Samen

Leitsymptome

- Wirkt auf die Nasenschleimhaut
- Wässrige, dünne, reizende Absonderung aus der Nase mit heftigem Niesen
- Entzündung der Augenlider
- Vermehrter Tränenfluss
- Halsschmerzen mit zähem Schleim
- Ständiges Bedürfnis zu schlucken
- Durstlosigkeit
- Entzündung unter dem Huf
- Deformierte, verdickte Hufe

- Trockene Haut
- Nervöses, schüchternes Naturell, leicht erschreckt, erregt

Modalitäten

SCHLIMMER/VERSCHLIMMERT DURCH: Vollmond, kaltes Wetter, kalte Luft, Trinken von kaltem Wasser, Hinlegen
BESSER/GEBESSERT DURCH: Eindecken, Wärme

Wechselwirkungen

WIRKT GUT ZUSAMMEN MIT: Sepia, Bryonia, Arsenicum album, Mercurius solubilis, Nux vomica, Thuja, Pulsatilla
MAN DENKE AUCH AN: Allium cepa, Arsenicum album, Euphrasia, Pulsatilla, Sanguinaria, Urtica urens

Hauptindikationen beim Pferd

- Allergisch bedingte Atemwegsprobleme, die durch wiederholtes Niesen und eine wässrige Absonderung aus der Nase charakterisiert sind
- Allergisch bedingte Konjunktivitis mit roten Augen und wässriger Absonderung
- Rhinitis
- Kopfschütteln
- Milde Fälle von COPD
- Katarrh des Halses
- Chronische Laminitis bei schlechter Hufqualität

Sabal serrulata *Sabal.*

HERKÖMMLICHER NAME: Sägepalme
KLASSIFIKATION: Pflanzenreich: Arecaceae (Palmaceae)
ZUBEREITUNG: Tinktur aus den frischen reifen Beeren und Samen

Leitsymptome

- Wirkt auf die Geschlechtsorgane und Harnwege
- Sexuelle Schwäche
- Verlust der Sexualkraft
- Prostatavergrößerung (beim Pferd eher unwahrscheinlich)
- Epididymitis
- Unterentwickelte Milchdrüsen
- Schrumpfen der Milchdrüsen
- Schmerzhafte und geschwollene Ovarien
- Häufiges nächtliches Verlangen, Harn abzusetzen
- Harninkontinenz
- Blasensphinkterschwäche
- Chronische Bronchitis

Modalitäten

SCHLIMMER/VERSCHLIMMERT DURCH: Frühmorgens, Bewegung
BESSER/GEBESSERT DURCH: Nach dem Schlaf

Wechselwirkungen

MAN DENKE AUCH AN: Mercurius solubilis, Apis, Conium, Calcium carbonicum, Solidago, Digitalis

Hauptindikationen beim Pferd

- Mangelhafte Libido
- Mangelhaft entwickeltes Euter
- Ovarialschmerzen
- Hodendegeneration

Sabina *Sabin.*

HERKÖMMLICHER NAME: Sadebaum, Stinkwacholder, Juniperis sabina
KLASSIFIKATION: Pflanzenreich: Cupressaceae
ZUBEREITUNG: Tinktur aus den frischen jungen Zweigspitzen

Leitsymptome

- Wirkt auf den Uterus sowie die serösen und fibrösen Membranen
- Schmerzen im Beckenbereich vom Kreuzbein bis zum Schambein
- Schmerzen im unteren Rücken
- Arthritische Gelenkschmerzen
- Hämorrhagie mit flüssigem Blut, das gerinnt
- Abort
- Gesteigertes sexuelles Verlangen
- Faulige uterine Absonderung

- Nachgeburtsverhaltung
- Entzündung von Ovarien und Uterus nach Abort
- Unverträglichkeit von Musik
- Tympanische Auftreibung des Abdomens
- Verstopfung
- Blutiger Urin mit Harndrang
- Entzündung der Blase und Urethra
- Eiterartige Absonderung aus dem Präputium
- Warzenartige Gewächse auf dem Penis
- Schmerzhaftes Präputium
- Juckende Warzen
- Überschießende Granulation
- Schwarze Hautstellen

Modalitäten

SCHLIMMER/VERSCHLIMMERT DURCH: Berührung, Druck, Herumgehen, warme Luft, nachts, Musik
BESSER/GEBESSERT DURCH: Im Freien, Kälte

Wechselwirkungen

WIRKT GUT ZUSAMMEN MIT: Thuja, Arsenicum album, Belladonna, Rhus toxicodendron, Spongia
MAN DENKE AUCH AN: Hamamelis, Thuja, Nitricum acidum, Secale, Caulophyllum, Millefolium, Platinum, Crocus, Sepia

Hauptindikationen beim Pferd

- Unfruchtbarkeit bei der Stute
- Drohender Abort
- Abortfolgen
- Nachgeburtsverhaltung
- Endometritis, Pyometra
- CEM
- Nymphomanie
- Hämorrhagie mit flüssigem Blut, das gerinnt
- Uterusblutungen
- Postpartale Hämorrhagie
- Vaginalblutungen zwischen den Rossen
- Fehlender Tonus der Gebärmutter
- Phimose
- Gewächse auf dem Penis
- Smegma
- Warzen, v. a. solche, die jucken und bluten
- Sarkoide
- Melanome
- Hautzysten
- Überschießende Granulation

Salicylicum acidum *Sal-ac.*

HERKÖMMLICHER NAME: Salicylsäure
KLASSIFIKATION: Mineralreich
ZUBEREITUNG: Trituration

Leitsymptome

- Rheuma-ähnliche Steifheit
- Schwellung des Kniegelenks
- Akuter Rheumatismus
- Knochenerweichung und -nekrose
- Schwäche nach viralen Atemwegsinfektionen
- Blut im Urin
- Retinablutungen
- Heiße und brennende Haut
- Urtikaria
- Purpura

Modalitäten

SCHLIMMER/VERSCHLIMMERT DURCH: Berührung, Bewegung, nachts, kalte Luft
BESSER/GEBESSERT DURCH: Warme Anwendungen, trockene Hitze

Wechselwirkungen

MAN DENKE AUCH AN: Phosphorus

Hauptindikationen beim Pferd

- Gelenksteifheit
- Geschwollene, schmerzhafte Gelenke, v. a. die Knie- und Ellbogengelenke
- Arthritis, v. a. der Karpal-, Knie-, Sprung-, und Ellbogengelenke
- Purpura haemorrhagica

Sambucus nigra *Samb.*

HERKÖMMLICHER NAME: Schwarzer Holunder
KLASSIFIKATION: Pflanzenreich: Caprifoliaceae
ZUBEREITUNG: Tinktur aus den frischen Blättern und Blüten

Leitsymptome

- Die Hauptwirkung zielt auf die Atemwege
- Dicker Schleim im Kehlkopf
- Erstickender Husten oder lockerer Husten mit Schleim
- Asthmatische Symptome
- Angelaufene Beine
- Häufiger Harnabsatz
- Akute Nephritis
- Schwitzen

Modalitäten

SCHLIMMER/VERSCHLIMMERT DURCH: Ruhe, Bewegung, Mitternacht und danach, trockene, kalte Luft
BESSER/GEBESSERT DURCH: Eindecken

Wechselwirkungen

WIRKT GUT ZUSAMMEN MIT: Belladonna, Conium, Nux vomica, Phosphorus, Rhus toxicodendron, Sepia
MAN DENKE AUCH AN: Kalium carbonicum, Kalium sulphuricum, Lachesis, Lycopodium, Nux vomica

Hauptindikationen beim Pferd

- COPD mit dickem, zähem Katarrh und mühsamer Atmung
- Fohlen mit Atemwegsinfektionen

Sanguinaria *Sang.*

HERKÖMMLICHER NAME: Kanadische Blutwurzel, Sanguinaria canadensis
KLASSIFIKATION: Pflanzenreich: Papaveraceae
ZUBEREITUNG: Tinktur aus der frischen Wurzel

Leitsymptome

- Wirkt auf die Schleimhäute
- Trockene Schleimhäute, geschwollen und heiß
- Vorrangig ein rechtsseitiges Mittel
- Greift den Kreislauf an und führt zu Kongestion und Rötung
- Neuralgische Kopfschmerzen
- Übel riechende, gelbe Absonderung aus der Nase
- Blutstreifiger Katarrh
- Nüstrale Polypen
- Chronische Rhinitis
- Polypen auf den Ohren
- Geschwollener Hals
- Ulzeration von Maul und Hals
- Kehlkopfödem
- Husten mit dickem, klebrigem Schleim
- Spastischer Husten
- Chronischer hackender Husten
- Hochgradige Atembeschwerden
- Konstriktion des Brustkorbs
- Pneumonie
- Asthma
- Vermehrter Durst
- Kälteempfindlichkeit
- Steifheit der rechten Schulter
- Brennende Empfindung in den Füßen
- Rotfleckige, juckende Hautausschläge

Modalitäten

SCHLIMMER/VERSCHLIMMERT DURCH: Rechte Seite des Körpers, Bewegung, Berührung, kalte Luft, feuchtes Wetter
BESSER/GEBESSERT DURCH: Schlaf, Liegen auf der linken Seite

Wechselwirkungen

WIRKT GUT ZUSAMMEN MIT: Antimonium tartaricum, Phosphorus, Sarsaparilla
MAN DENKE AUCH AN: Opium, Chelidonium, Kalium sulphuricum, Sabadilla, Sulphur

Hauptindikationen beim Pferd

- Spastischer Husten nach Virusinfektionen
- Schwere COPD mit hochgradigen Atembeschwerden

- Akute rechtsseitige Pneumonie
- Chronische allergische Rhinitis
- Hämoptyse
- Schmerzen im Bereich der rechten Schulter
- Schmerzen im Bereich der unteren Halswirbelsäule
- Bursitis des Schultergelenks
- Ohren- und Nasenpolypen

Sanicula *Sanic.*

HERKÖMMLICHER NAME: Sanicula aqua, Wasser der Sanicula-Quelle in Illinois, USA
KLASSIFIKATION: Mineralreich: Wasser
ZUBEREITUNG: Trituration des durch Verdampfung gewonnenen Salzes

Leitsymptome

- Folgen von Abwärtsbewegung oder Erschütterung
- Wundheit der Haut im Bereich von Anus und Damm
- Kein Drang, Kot abzusetzen, bis sich eine große Menge Kot im Rektum angesammelt hat, worauf dieser aber nur teilweise ausgeschieden wird
- Übel riechende Hautveränderungen an den Füßen
- Schmutzig braune, fettige Haut
- Ekzem mit Fissuren
- Dicker, gelber Eiter
- Abneigung dagegen, berührt oder angesehen zu werden

Modalitäten

SCHLIMMER/VERSCHLIMMERT DURCH: Bewegung, Berührung, Reisen, Abwärtsgehen
BESSER/GEBESSERT DURCH: Ruhe, frische Luft, Wärme

Wechselwirkungen

MAN DENKE AUCH AN: Borax, Natrium muriaticum, Calcium carbonicum, Chamomilla, Silicea, Sulphur, Tuberculinum

Hauptindikationen beim Pferd

- Mauke
- Strahlfäule
- Seborrhö (mit üblem Geruch der Haut)
- Probleme beim Reisen (Reisekrankheit)
- Schwache Kolonmuskeln; Verstopfung
- Wundheit der Haut im Bereich von Anus und Damm
- Zerrungen
- Folgen von Erschütterung
- Lenden- und Kreuzbeinschmerzen
- Auszehrung
- Wo Silicea versagt

Sarsaparilla *Sars.*

HERKÖMMLICHER NAME: Sarsaparillwurzel, Smilax ornata, Sarsaparilla officinalis
KLASSIFIKATION: Pflanzenreich: Smilaceae
ZUBEREITUNG: Trituration und Tinktur aus der Wurzel

Leitsymptome

- Harnwegssymptome
- Blutiger Urin
- Harngrieß
- Schmerzen am Ende des Harnabsatzes
- Harntröpfeln beim Stillstehen
- Erweiterung und Schmerzhaftigkeit der Blase
- Pressen beim Harnabsatz
- Nierenschmerzen
- Skrotalekzem
- Kleine, eingezogene Zitzen
- Abmagerung, geschrumpfte Haut
- Juckende Hautausschläge
- Rissige Haut im Hufbereich
- Verdickte, verhärtete Haut
- Warzen
- Reißende Schmerzen in den Gliedmaßen
- Schmerzen in den kleinen Knochen der unteren Gliedmaßen
- Schmerzen unter den Hufen

Modalitäten

SCHLIMMER/VERSCHLIMMERT DURCH: Frühling, vor der Rosse, nach dem Harnabsatz, gegen Ende des Harnabsatzes, Bewegung, nasskaltes Wetter
BESSER/GEBESSERT DURCH: Ruhe, Wärme

Wechselwirkungen

WIRKT GUT ZUSAMMEN MIT: Hepar sulphuris, Phosphorus, Rhus toxicodendron, Sepia, Sulphur, Mercurius solubilis, Apis, Allium cepa
MAN DENKE AUCH AN: Berberis, Equisetum, Thuja, Causticum, Lycopodium, Cantharis

Hauptindikationen beim Pferd

- Chronische Laminitis
- Mauke mit tiefen Hautrissen und Lahmheit
- Harninkontinenz, Harntröpfeln im Stand
- Zystitis
- Urolithiasis, Blasengrieß
- Kleine Warzen mit lokalem Haarausfall
- Kleine juckende Hautausschläge mit Haarausfall
- Rissige Haut bei älteren Pferden
- Vakzinose

Scrophularia nodosa *Scroph-n.*

HERKÖMMLICHER NAME: Knotige Braunwurz
KLASSIFIKATION: Pflanzenreich: Scrophulariaceae
ZUBEREITUNG: Tinktur aus der ganzen frischen Pflanze

Leitsymptome

- Drüsenvergrößerung
- Ohrekzem
- Harte Knötchen im Euter
- Lupoide Ulzeration
- Hautgewächse

Modalitäten - Keine bekannt

Wechselwirkungen

MAN DENKE AUCH AN: Conium, Carcinosinum

Hauptindikationen beim Pferd

- Vergrößerte Lymphknoten, Lymphadenitis
- Harte knotige Gewebsmassen im Euter
- Ohrrandekzem
- Sarkoide

Scutellaria lateriflora *Scut.*

HERKÖMMLICHER NAME: Sumpf-Helmkraut, Seitenblütiges Helmkraut
KLASSIFIKATION: Pflanzenreich: Lamiaceae (Labiatae)
ZUBEREITUNG: Tinktur aus der frischen Pflanze

Leitsymptome

- Wirkt auf das zentrale Nervensystem
- Nervöse Ängste
- Chorea
- Muskelzuckungen, Tremor
- Nächtliche Unruhe

Modalitäten

SCHLIMMER/VERSCHLIMMERT DURCH: Überarbeitung
BESSER/GEBESSERT DURCH: Bewegung im Freien, Schlaf

Wechselwirkungen

MAN DENKE AUCH AN: Agaricus

Hauptindikationen beim Pferd

- Angst und Unruhe, v. a. nachts
- Erregung
- Angstbedingte Verhaltensprobleme
- Chorea (unfreiwillige Bewegungen)

Secale cornutum Sec.

HERKÖMMLICHER NAME: Mutterkorn, Claviceps purpurea
KLASSIFIKATION: Pflanzenreich: Fungi
ZUBEREITUNG: Aus dem frischen Pilz

Leitsymptome

- Verursacht Kontraktion glatter Muskeln
- Verminderung der Blutversorgung bestimmter Körperregionen, v. a. der unteren Gliedmaßen

- Kälte
- Petechiale Blutungen
- Gangrän
- Abmagerung
- Faltige Haut
- Variköse Geschwüre
- Hämorrhagie mit Aussickern von dünnem, wässrigem, schwarzem Blut
- Muskelzuckungen
- Epistaxis, Nasenbluten mit dunklem Blut
- Pupillenerweiterung
- Katarakt
- Eingefallene Augen
- Verzerrtes Gesicht
- Gefräßiger Appetit
- Vermehrter Durst
- Blutiger, grüner Kot
- Unfreiwilliger Kotabsatz
- Blasenlähmung, Harnverhaltung
- Harninkontinenz
- Braune Absonderung aus dem Uterus
- Aussickern von dunklem Blut aus dem Uterus zwischen den Rossen
- Abort
- Metritis
- Ungenügende Milchbildung
- Spinale Reizung
- Ataxie, Zittern, stolpernder Gang
- Krampfartige Bewegungen
- Heftige Krämpfe
- Myelitis
- Behinderte Zirkulation zu den Gliedmaßen
- Schmerzen unter den Hufen

Modalitäten

SCHLIMMER/VERSCHLIMMERT DURCH: Hitze, warmes Eindecken, Berührung, nachts, vor der Rosse

BESSER/GEBESSERT DURCH: Kälte, Abdecken, Massage, Ausstrecken der Beine, im Freien, nasse Anwendungen

Wechselwirkungen

WIRKT GUT ZUSAMMEN MIT: Arsenicum album, Aconitum, Belladonna, Mercurius solubilis, Pulsatilla, China, Thuja

MAN DENKE AUCH AN: Hamamelis, Erigeron, Ustilago, Ferrum metallicum, Lachesis, Phosphorus, Sabina

Hauptindikationen beim Pferd

- Laminitis, akut und chronisch
- Schlechte Hufqualität
- Podotrochlose
- Hufknorpelfistel
- Hypertrophie des Hufhorns
- Konstriktion des palmaren Fesselringbandes
- Kreuzverschlag
- Zittern
- Hämorrhagie mit dünnem, wässrigem, dunklem Blut
- Rezidivierende oder persistierende Hämatome
- Purpura
- Kleine Wunden, aus denen beständig dunkles Blut sickert
- Thrombose, Beckenthrombose
- Gangrän
- Hautgeschwüre
- Blasenlähmung
- Ataxie
- Myelitis
- Drohender Abort
- Blutungen nach dem Abfohlen
- Nachgeburtsverhaltung
- Endometritis, Pyometra, toxische Metritis
- Blutungen zwischen den Rossen
- Penisvorfall
- Druckstellen, Dekubitus
- Abmagerung, Auszehrung

Selenium *Sel.*

HERKÖMMLICHER NAME: Selen

KLASSIFIKATION: Mineralreich

ZUBEREITUNG: Trituration

Leitsymptome

- Schwäche nach lang dauernder Krankheit
- Folgen von Überanstrengung
- Traurigkeit
- Haarausfall, Alopezie
- Klarer Schleim
- Schmerzhaftigkeit der Leber
- Unfreiwilliges Harntröpfeln
- Verlust des Sexualtriebes
- Hydrozele
- Trockene, schuppige Haut
- Juckreiz im Bereich der Sprung-, Fessel-, Kron- und Hufgelenke
- Seborrhö

Modalitäten

SCHLIMMER/VERSCHLIMMERT DURCH: Berührung, Druck, Bewegung, nach Schlaf, geistige Anstrengung, Zugluft, im Freien, heißes Wetter, Sonne
BESSER/GEBESSERT DURCH: Ruhe

Wechselwirkungen

WIRKT GUT ZUSAMMEN MIT: Caladium, Natrium carbonicum, Staphisagria, Sepia, Nux vomica
UNVERTRÄGLICH MIT: China
MAN DENKE AUCH AN: Calendula, Natrium muriaticum, Phosphoricum acidum, Picricum acidum, Sulphur

Hauptindikationen beim Pferd

- Juckendes Ekzem an den unteren Gliedmaßen, v. a. im Bereich der Gelenke
- Alopezie, Haarausfall am Kopf oder den unteren Gliedmaßen
- Seborrhö, fettige Haut
- Mauke
- Räude (symptomatische Behandlung)
- Niedrige Anzahl von weißen Blutkörperchen
- Hydrozele
- Herabgesetzte Libido, Impotenz
- Folgen von Überanstrengung

Senecio aureus *Senec.*

HERKÖMMLICHER NAME: Goldenes Kreuzkraut
KLASSIFIKATION: Pflanzenreich: Asteraceae (Compositae)
ZUBEREITUNG: Tinktur aus der blühenden Pflanze

Leitsymptome

- Nephritis
- Blutiger Urin mit Schleim
- Nierenschmerzen
- Schmerzen im unteren Rücken im Bereich der Nieren
- Uterusvorfall
- Unregelmäßiger Zyklus

Modalitäten

SCHLIMMER/VERSCHLIMMERT DURCH: Nachmittags
BESSER/GEBESSERT DURCH: Beginn der Rosse

Wechselwirkungen

MAN DENKE AUCH AN: Caulophyllum, Sepia

Hauptindikationen beim Pferd

- Anöstrus bei jungen Stuten
- Unfruchtbarkeit
- Vergiftung mit Jakobskreuzkraut
- Akute Nephritis

Senega *Seneg.*

HERKÖMMLICHER NAME: Virginisches Milchkraut, Klapperschlangenwurzel, Polygala senega
KLASSIFIKATION: Pflanzenreich: Polygalaceae
ZUBEREITUNG: Tinktur aus der getrockneten Wurzel

Leitsymptome

- Vorrangig ein Mittel bei Katarrh/Schleim
- Respiratorischer Katarrh
- Kehlkopf-, Luftröhren- und Bronchialkatarrh
- Rasseln im Brustkorb
- Katarrhalische Halsentzündung
- Husten, der mit Niesen endet
- Wässriger Schleim aus der Nase

- Wiederholtes Husten, um zähen, klebrigen Schleim hochzubringen
- Exsudation der Pleura
- Hydrothorax
- Partielle Stimmbandlähmung
- Blepharitis mit verkrusteten, trockenen Augenlidern
- Die Augen erscheinen trocken
- Muskuläre Schwäche der Augen, Sehschwäche
- Fördert die Absorption von Linsenfragmenten
- Hornhauttrübung
- Fazialislähmung
- Schleim im Urin

Modalitäten

SCHLIMMER/VERSCHLIMMERT DURCH: Morgens, nachts, in Ruhe, Berührung, Stallwärme
BESSER/GEBESSERT DURCH: Bewegung im Freien, Schwitzen

Wechselwirkungen

WIRKT GUT ZUSAMMEN MIT: Calcium carbonicum, Phosphorus, Lycopodium, Sulphur
MAN DENKE AUCH AN: Ammonium carbonicum, Calcium carbonicum, Phosphorus, Spongia, Coccus cacti, Kalium bichromicum, Bryonia, Causticum

Hauptindikationen beim Pferd

- Chronischer Katarrh, v. a. bei älteren Pferden
- Chronischer Husten bei älteren Pferden
- Wiederholtes Husten, um zähen, klebrigen, viskösen Schleim zu lösen
- Chronische Bronchitis mit Kurzatmigkeit
- COPD
- Chronische Pneumonie
- Pleuritis
- Hydrothorax
- Katarrhalische Konjunktivitis, Blepharitis
- Trübung der Hornhaut mit katarrhalischer Absonderung
- Fazialislähmung (linksseitig)

Sepia *Sep.*

(siehe Konstitutionsmittel)

Silicea *Sil.*

(siehe Konstitutionsmittel)

Solanum nigrum, *Sol-ni.*

HERKÖMMLICHER NAME: Schwarzer Nachtschatten
KLASSIFIKATION: Pflanzenreich: Solanaceae
ZUBEREITUNG: Tinktur aus der frischen Pflanze

Leitsymptome

- Manie
- Tetanische Krämpfe
- Steifheit des ganzen Körpers
- Meningitis
- Wiederholte Dilatation und Kontraktion der Pupillen
- Hydrozephalus

Modalitäten

SCHLIMMER/VERSCHLIMMERT DURCH: Berührung, Bewegung, Bewegen des Kopfes, Licht, helles Sonnenlicht, morgens
BESSER/GEBESSERT DURCH: Keine bekannt

Wechselwirkungen

MAN DENKE AUCH AN: Belladonna

Hauptindikationen beim Pferd

- Manisches Verhalten
- Epilepsie
- Konvulsionen während des Fiebers
- Meningitis
- Tetanus

Sol *Sol*

HERKÖMMLICHER NAME: Sonnenlicht
KLASSIFIKATION: Energie: Universelle Kraft: Stellarkörper
ZUBEREITUNG: Aus Milchzucker, der dem konzentrierten Sonnenlicht ausgesetzt wurde

Leitsymptome
- Kopfschmerzen, v. a. durch Sonnenschein
- Lichtbedingtes Kopfschütteln
- Empfindlichkeit gegenüber Sonnenlicht
- Anspruchsvolles Naturell, Ungeduld

Modalitäten – Keine bekannt

Wechselwirkungen
MAN DENKE AUCH AN: Glonoinum, Belladonna

Hauptindikationen beim Pferd
- Lichtbedingtes Kopfschütteln
- Photosensibilisierung
- Sonnenbrand
- Sonnenstich

Solidago virgaurea Solid.
HERKÖMMLICHER NAME: Goldrute
KLASSIFIKATION: Pflanzenreich: Asteraceae (Compositae)
ZUBEREITUNG: Tinktur aus der ganzen frischen Pflanze oder den Blüten

Leitsymptome
- Nierenkongestion/-schmerzen
- Nierenversagen
- Schwierigkeiten beim Harnabsatz
- Urin mit Blut, Sediment und Schleim
- Klarer, übel riechender Urin
- Rückenschmerzen im Bereich der Nieren
- Wiederholtes Niesen mit flüssigem Schleim
- Bronchitis mit blutstreifigem Katarrh
- Rötung der Augen mit wässriger Absonderung

Modalitäten – Keine bekannt

Wechselwirkungen
MAN DENKE AUCH AN: Hydrangea, Berberis

Hauptindikationen beim Pferd
- Nierenversagen, v. a. wenn dabei Rückenschmerzen bestehen
- Drainage von Nierentoxinen
- Rückenschmerzen im Bereich der Nieren
- Schwierigkeiten beim Harnabsatz
- Urolithiasis
- Zystitis
- Kopfschütteln

Spigelia *Spig.*
HERKÖMMLICHER NAME: Wurmkraut, Spigelia anthelmia
KLASSIFIKATION: Pflanzenreich: Loganiaceae
ZUBEREITUNG: Tinktur aus der getrockeneten Pflanze

Leitsymptome
- Wirkt auf das Nervensystem, Herz, Fasergewebe und die Augen
- Schmerzen (Neuralgie) des fünften Kranialnerven
- Kopfschmerzen (hochgradige) über dem Auge, in der Stirn und im Gesicht
- Der Fokus liegt auf der Halswirbelsäule und den Nerven
- Pupillenerweiterung
- Photophobie
- Tief sitzende Augenschmerzen
- Chronischer Katarrh
- Herzklopfen
- Schwacher, unregelmäßiger Puls
- Atembeschwerden, Kurzatmigkeit
- Perikarditis
- Furcht vor Nadeln
- Niedrige Schmerzschwelle

Modalitäten
SCHLIMMER/VERSCHLIMMERT DURCH: Berührung, Lärm, Drehen, Bewegung, Erschütterung, Gehirnerschütterung, kaltes, feuchtes Wetter, Zugluft
BESSER/GEBESSERT DURCH: Ruhe, Wärme

Wechselwirkungen

WIRKT GUT ZUSAMMEN MIT: Spongia, Arnica, Digitalis, Kalmia

MAN DENKE AUCH AN: Cactus, Cimicifuga, Arnica, Naja, Spongia, Aconitum, Cedron

Hauptindikationen beim Pferd

- Kopfschütteln
- Augenschmerzen, wie von einem Fremdkörper
- Glaukom
- Neuralgische Schmerzen
- Perikarditis
- Bursitis, linksseitig
- Schmerzen im linken Schultergelenk
- Furcht vor Impfungen/Nadeln

Spongia tosta *Spong.*

HERKÖMMLICHER NAME: Meeresschwamm

KLASSIFIKATION: Tierreich: Meerestiere: Coelenterata

ZUBEREITUNG: Lösung in Alkohol

Leitsymptome

- Wirkt auf die Atemwege
- Trockenheit der Luftwege
- Brennen im Kehlkopf
- Berührungsempfindlichkeit des Kehlkopfes
- Trockener, bellender, harter Husten mit Besserung nach dem Essen oder Trinken
- Hartnäckiger, trockener Husten
- Schwierige, mühsame Atmung, Dyspnoe mit Angst
- Bronchialkatarrh
- Giemen
- Asthmatischer Husten
- Reichlicher Auswurf mit Erstickungssymptomen
- Schleimige oder wässrige Absonderung aus den Augen
- Schneller Herzschlag mit Herzklopfen
- Herzklappenschäden
- Herzvergrößerung
- Erschöpfung nach der geringsten Anstrengung
- Geschwollene Drüsen, v. a. die Halslymphknoten
- Geschwollene Schilddrüse
- Schwellung der Hoden und Samenleiter

Modalitäten

SCHLIMMER/VERSCHLIMMERT DURCH: Bergaufgehen, Anstrengung, vor Mitternacht, im Schlaf, trockener, kalter Wind, Palpation des Kehlkopfes

BESSER/GEBESSERT DURCH: Bergabgehen, Wärme, Essen oder Trinken

Wechselwirkungen

WIRKT GUT ZUSAMMEN MIT: Aconitum, Hepar sulphuris, Spigelia

MAN DENKE AUCH AN: Iodium, Lachesis, Naja, Kalmia, Spigelia, Rumex, Phosphorus, Lycopus, Ledum, Kalium sulphuricum, Hepar sulphuris, Coccus cacti

Hauptindikationen beim Pferd

- Harter, trockener, bellender Husten, ausgelöst durch Palpation des Kehlkopfes
- Husten mit Atembeschwerden
- Laryngitis
- COPD mit Giemen und dickem Schleim in den Luftwegen
- Verhärtete (indurierte), vergrößerte Lymphknoten
- Herzvergrößerung
- Herzklappenveränderungen, Herzgeräusche, wenn keine Anstrengung möglich ist
- Atembeschwerden aufgrund von Herzproblemen
- Perikarditis und nachfolgende Symptome
- Orchitis
- Epididymitis

Squilla maritima *Squil.*

HERKÖMMLICHER NAME: Meerzwiebel

KLASSIFIKATION: Pflanzenreich: Liliaceae

ZUBEREITUNG: Aus der getrockneten Knolle

Leitsymptome
- Wirkt auf die Atemwege und das Herz
- Bronchopneumonie
- Chronische Bronchitis
- Dyspnoe, Atembeschwerden
- Kurzer, trockener Husten
- Erschöpfender Husten mit Schleimrasseln im Brustkorb
- Niesen mit Husten
- Unfreiwilliger Harnabsatz beim Husten
- Wässrige Absonderung aus der Nase
- Herzstimulans
- Absatz von wässrigem Urin in großen Mengen

Modalitäten
SCHLIMMER/VERSCHLIMMERT DURCH: Bewegung
BESSER/GEBESSERT DURCH: Ruhe

Wechselwirkungen
WIRKT GUT ZUSAMMEN MIT: Antimonium crudum, Arsenicum album, Ignatia, Nux vomica, Rhus toxicodendron, Silicea
MAN DENKE AUCH AN: Kalium carbonicum, Bryonia, Digitalis, Arsenicum album, Causticum, Pulsatilla

Hauptindikationen beim Pferd
- Bronchopneumonie
- Trockener Husten mit dickem, klebrigem Schleim
- Chronische Bronchitis bei älteren Pferden
- Pleuritis
- Um klebrigen Schleim zu lösen
- Zur Unterstützung des Herzens
- Strahlfäule

Stannum metallicum *Stann.*
HERKÖMMLICHER NAME: Zinn
KLASSIFIKATION: Mineralreich: Metalle
ZUBEREITUNG: Trituration des reinen Metalls

Leitsymptome
- Wirkt auf die Atemwege und das Nervensystem
- Traurig und erschöpft
- Allgemeine Erschöpfung, Schwäche bereits durch die geringste Anstrengung
- Chronische Bronchitis mit mukopurulenter Absonderung
- Dicker, klebriger Schleim im Hals, schwer auszuräuspern
- Abhusten von grünem oder zitronenfarbenem Schleim
- Gewaltsamer Husten
- Heftiger trockener Husten (durch Reizung ausgelöst)
- Lähmende Schwäche
- Spasmen
- Spastische Zuckungen
- Schwellung der Sprunggelenke
- Plötzliches Nachgeben der Beine
- Frühzeitige Rosse
- Depression vor der Rosse
- Vaginale Absonderung mit Schwäche

Modalitäten
SCHLIMMER/VERSCHLIMMERT DURCH: Abends bis Mitternacht, 4–5 Uhr, Berührung, Ruhe, Hinlegen (v. a. auf die rechte Seite), Gebrauch der Stimmbänder
BESSER/GEBESSERT DURCH: Im Freien, Hinlegen, nach dem Husten, Auswurf, harter Druck, Herumgehen

Wechselwirkungen
WIRKT GUT ZUSAMMEN MIT: Pulsatilla, Causticum, Calcium carbonicum, Phosphorus, Selenium, Sulphur, Bacillinum
MAN DENKE AUCH AN: Bacillinum, Tuberculinum, Causticum, Senega

Hauptindikationen beim Pferd
- Husten mit Auswurf von grünem oder gelbem Schleim
- Husten mit Schwäche
- Husten oder Schwäche nach equiner Influenza
- Afrikanische Pferdepest (respiratorische Form)

- Neuritis, die durch Stolpern charakterisiert ist
- Schwäche der Hinterhand
- Epilepsie

Staphisagria *Staph.*

HERKÖMMLICHER NAME: Rittersporn, Delphinium staphisagria
KLASSIFIKATION: Pflanzenreich: Ranunculaceae: Polychrest
ZUBEREITUNG: Trituration der Samen

Leitsymptome

- Reizbar, ungestüm
- Zornig, aggressiv
- Extrem empfindlich
- Schätzt die Einsamkeit
- Korneaverletzungen
- Wirkt auf die Zähne und das Periost
- Schlechte (bröcklige) Zähne
- Zahnfleischerkrankungen, Zahnfleischbluten
- Kolik
- Bauchschmerzen
- Zystitis
- Harndrang
- Reizung der Urethra
- Ekzem mit dicken Krusten und Juckreiz, der die Stelle wechselt
- Warzen
- Exostosen in Verbindung mit arthritischen Gelenken
- Entzündung der Kron- oder Hufgelenke

Modalitäten

SCHLIMMER/VERSCHLIMMERT DURCH: Ärger, Entrüstung, Kummer, Flüssigkeitsverlust, Austrocknung, sexuelle Exzesse, Berühren des betroffenen Bereichs, Trinken von kaltem Wasser, Neumond
BESSER/GEBESSERT DURCH: Wärme, Ruhe, nach der morgendlichen Fütterung

Wechselwirkungen

WIRKT GUT ZUSAMMEN MIT: Causticum, Colocynthis, Nux vomica, Pulsatilla, Rhus toxicodendron, Sulphur
MAN DENKE AUCH AN: Ignatia, Phosphoricum acidum, Nux vomica, Chamomilla, Thuja, Calendula, Pulsatilla, Natrium muriaticum, Silicea

Hauptindikationen beim Pferd

- Ärger, Reizbarkeit, aufbrausendes Temperament
- Kummer mit Groll
- Erregung
- Entrüstung
- Heftige Ausbrüche
- Erkrankungen nach physischer oder geistiger Beleidigung oder unterdrücktem Ärger
- Nymphomanie
- Abneigung gegen das andere Geschlecht
- Kryptorchismus
- Gewebsschädigung, v. a. Schnitte, Zerreißungen und Verletzungen durch scharfe Gegenstände
- Zerreißung oder Dehnung von Schließmuskeln
- Nach Operationen an den Schließmuskeln
- Postoperative Bauchschmerzen
- Zur Förderung der Abheilung von chirurgischen Schnitten, Schnittwunden
- Komplizierte/offene Frakturen
- Schmerzen nach Zahnextraktion
- Schmerzen nach Operationen im Bauchraum
- Blähungs- oder tympanische Kolik durch Ärger, Reizbarkeit, Groll, Frustration
- Akute Zystitis, v. a. nach Eingriffen
- Zur Linderung der Beschwerden nach Blasenoperationen
- Traumatische Urethritis
- Augenverletzungen
- Hornhautabschürfungen, -verletzungen

- Blepharitis
- Zubildungen an den Augenlidern
- Kleine noduläre Sarkoide
- Warzen und andere blumenkohlähnliche Gewächse, von trockener Beschaffenheit und Erscheinung
- Ekzem mit dicken Krusten, v. a. am Kopf, den Ohren und am Körper
- Sommerekzem mit heftigem Juckreiz
- Räude
- Zur Verminderung der Folgen/Heftigkeit von Insektenstichen
- Ringflechte

Sticta *Stict.*

HERKÖMMLICHER NAME: Lungenflechte, Sticta pulmonaria
KLASSIFIKATION: Pflanzenreich: Lobariaceae (Lichen)
ZUBEREITUNG: Tinktur

Leitsymptome

- Der Fokus liegt auf den Atemwegen und Gelenken
- Wiederholtes Niesen
- Bronchialkatarrh
- Trockener, hackender Husten
- Tracheitis (Entzündung der Trachea)
- Kitzelhusten
- Schleimlösend
- Wässrige Absonderung aus der Nase mit lokaler Abschuppung
- Nackensteife
- Schmerzen in der rechten Schulter
- Geschwollene Gelenke mit starken Schmerzen oder vermehrter Wärme
- Knieschmerzen

Modalitäten

SCHLIMMER/VERSCHLIMMERT DURCH: Plötzliche Temperaturveränderungen, Berührung, Bewegung, je weiter der Tag fortschreitet, nachts (Husten), Husten (führt zu noch mehr Husten), Hinlegen
BESSER/GEBESSERT DURCH: Im Freien, Fließen von Absonderungen

Wechselwirkungen

MAN DENKE AUCH AN: Bacillinum, Drosera, Nux vomica, Kalium bichromicum, Lemna minor, Teucrium marum, Thuja

Hauptindikationen beim Pferd

- Tracheitis
- Trockener, hackender Husten mit abendlicher oder nächtlicher Verschlimmerung
- Postviraler Husten
- Allergisch bedingte Niesanfälle
- Knieschmerzen
- Schmerzen in der rechten Schulter
- Nackenschmerzen

Stramonium *Stram.*

HERKÖMMLICHER NAME: Stechapfel, *Datura stramonium*
KLASSIFIKATION: Pflanzenreich: Solanaceae
ZUBEREITUNG: Tinktur aus der frischen blühenden Pflanze und den Früchten

Leitsymptome

- Wirkt vornehmlich auf das Gehirn, das zentrale Nervensystem und das Kleinhirn
- Stolpernder, ungleichmäßiger Gang
- Tendenz, nach vorne zu fallen
- Rhythmische, anmutige Gliedmaßenbewegungen
- Vokalisation
- Sieht „Gespenster" oder „Geister"
- Rasche Stimmungsschwankungen
- Delirium
- Hochgradige Erregung
- Entsetzen
- Verlangen zu entfliehen

- Gewalttätigkeit
- Verabscheut Einsamkeit und Dunkelheit, hat Furcht vor dem Alleinsein
- Helles Licht, glitzernde Gegenstände oder Wasser lösen Krämpfe aus
- Pupillenerweiterung
- Starrer Blick, Augen weit geöffnet
- Wilder Blick
- Strabismus
- Tröpfelnder Speichelfluss
- Schluckschwierigkeiten aufgrund von Spasmen
- Kauende Kieferbewegung
- Vermehrter Durst
- Epilepsie und Konvulsionen
- Chorea, Spasmen
- Zittern
- Sehnenzucken
- Vermehrtes Schwitzen
- Uterusblutungen

Modalitäten

SCHLIMMER/VERSCHLIMMERT DURCH: In einem dunklen Raum, Alleinsein, helle, glänzende Gegenstände, nach Schlaf, Schlucken, Berührung, Bewegung, Wind, Kälte, abends, nachts, Sonne, Trinken von kaltem Wasser

BESSER/GEBESSERT DURCH: Wärme, Gesellschaft, Tageslicht

Wechselwirkungen

WIRKT GUT ZUSAMMEN MIT: Belladonna, Cuprum, Aconitum, Bryonia, Hyoscyamus, Nux vomica

MAN DENKE AUCH AN: Belladonna, Lachesis, Agaricus, Cuprum, Zincum, Hyoscyamus, Nux vomica, Lyssinum, Magnesium carbonicum (chronisch), Anacardium, Opium

Hauptindikationen beim Pferd

- Wild und erregbar, unkontrollierbares Verhalten
- Zorn, Gewalttätigkeit
- Aggression
- Anfallsweises Delirium
- Furcht vor der Dunkelheit oder dem Alleinsein
- Furcht vor allem Neuen oder Ungewöhnlichen
- Plötzliche Stimmungsschwankungen
- Reaktionen auf helle, glänzende Gegenstände oder Wasser
- Konvulsionen, Epilepsie
- Tief sitzende Folgen von vergangenem Trauma oder Schock
- Folgen von Trennung bei der Geburt
- Muskel- oder Sehnenkrämpfe
- Isoliertes Zucken einzelner Muskeln oder Sehnen
- Chorea
- Meningitis
- Kopfverletzungen
- Speiseröhrenkrampf
- Erstickungsanfälle bei starker Erregung
- Nymphomanie
- Hitzschlag
- Tetanus
- Equine protozoäre Myeloenzephalitis
- Botulismus beim Fohlen
- Fohlenseptikämie
- Lichtbedingtes Kopfschütteln
- Erregungsbedingte Probleme beim Verladen

Strontium carbonicum *Stront-c.*

HERKÖMMLICHER NAME: Strontiumkarbonat
KLASSIFIKATION: Mineralreich: Metalle
ZUBEREITUNG: Trituration

Leitsymptome

- Rheuma-ähnliche Schmerzen
- Chronische Zerrungen

- Blutungsfolgen
- Knochenprobleme
- Schock
- Neuritis
- Brennen und Rötung der Augen
- Nächtliche Diarrhö mit Pressen
- Schwellung des Sprunggelenks
- Schmerzen in der rechten Schulter
- Chronische Spasmen
- Hochgradige Kälteempfindlichkeit

Modalitäten

SCHLIMMER/VERSCHLIMMERT DURCH: Berührung, Reiben, Reiten, erste Bewegung, abends, nachts, frühmorgens (2–3 Uhr), Wetterwechsel
BESSER/GEBESSERT DURCH: Wärme, Eindecken

Wechselwirkungen

MAN DENKE AUCH AN: Barium carbonicum, Arnica, Ruta, Silicea, Carbo vegetabilis

Hauptindikationen beim Pferd

- Zerrung des Sprunggelenks
- Schwellung des Sprunggelenks
- Verletzungen des Fesselgelenks
- Chronische Sehnenzerrungen oder Verletzungen der Bänder
- Hasenspat
- Gelenkluxationen oder -subluxationen
- Zittern
- Folgen von chronischen Blutungen
- Postoperatives Aussickern von Blut
- Operationsfolgen (Schock, Kälte, langsame Genesung)
- Knochenschwäche (v. a. der Femur)

Strophanthus hispidus *Stroph-h.*

HERKÖMMLICHER NAME: Strophantus gratus, Strophantus kombé
KLASSIFIKATION: Pflanzenreich: Apocynaceae
ZUBEREITUNG: Tinktur aus den Samen

Leitsymptome

- Wirkt auf das Herz, senkt die Pulsfrequenz, steigert die Systole
- Aszites
- Ödem
- Herzklappenschäden
- Schwäche durch Blutverlust
- Atembeschwerden, Lungenkongestion
- Quaddeln
- Vermehrter Harnabsatz

Modalitäten – Keine bekannt

Wechselwirkungen – Keine bekannt

Hauptindikationen beim Pferd

- Als Herztonikum bei älteren Pferden
- Zur Unterstützung des Herzens bei Krankheiten wie Equiner infektiöser Anämie
- Zur Senkung der Pulsfrequenz
- Bei schwachem oder unregelmäßigem Puls
- Herzschwäche
- Myokarditis
- Herzklappenschwäche
- Angelaufene Beine bei schlechter Zirkulation
- Ödem und Aszites
- Lungenkongestion
- Schwäche durch Blutverlust
- Chronische Urtikaria (Nesselsucht)

Strychninum *Stry.*

HERKÖMMLICHER NAME: Strychnin (ein Alkaloid von Nux vomica)
KLASSIFIKATION: Pflanzenreich: Loganiaceae
ZUBEREITUNG: Trituration

Leitsymptome

- Stimuliert die motorischen Bereiche des Rückenmarks
- Gesteigerte Reflexe
- Erregbarkeit des Rückenmarks

- Geschärfte Sinne
- Muskelspasmen
- Krämpfe
- Zuckungen und Zittern
- Beschleunigte Atmung
- Steife Muskeln im Gesicht und Nacken
- Opisthotonus
- Tetanus
- Pupillenerweiterung
- Zucken der Augenlider
- Schluckschwierigkeiten, Kehlkopfkrampf
- Bauchschmerzen
- Unfreiwilliger Kotabsatz während der Krämpfe
- Hartnäckige Verstopfung
- Nymphomanie
- Steifheit der Nackenmuskeln
- Steifheit des Rückens

Modalitäten

SCHLIMMER/VERSCHLIMMERT DURCH: Geringste Berührung, Geräusch oder Bewegung, Fütterung
BESSER/GEBESSERT DURCH: Hinlegen

Wechselwirkungen

MAN DENKE AUCH AN: Nux vomica, Cicuta, Arnica, Hypericum, Ledum, Stramonium

Hauptindikationen beim Pferd

- Hahnentritt
- Zittern
- Tetanus, v. a. im Frühstadium
- Zuckungen und Zittern, v. a. wenn es heftig ist
- Opisthotonus
- Chorea
- Hochgradige Verstopfung
- Nackenschmerzen, Steifheit, Spasmen der Nacken- und Rückenmuskeln
- Nymphomanie
- Vergiftungen – symptomatische Behandlung
- Virusinfektionen, die durch neurologische Symptome charakterisiert sind

Sulphur *Sulph.*

(siehe Konstitutionsmittel)

Sulphur iodatum *Sul-i.*

HERKÖMMLICHER NAME: Schwefeljodid
KLASSIFIKATION: Mineralreich: Schwefelgruppe
ZUBEREITUNG: Trituration

Leitsymptome

- Zur Unterstützung der Genesung nach Druse
- Bei schweren Hautproblemen, die nur langsam abheilen
- Klebriges, feuchtes Ekzem
- Hautausschläge im Gesicht und an den Lippen

Modalitäten – Keine bekannt

Wechselwirkungen – Keine bekannt

Hauptindikationen beim Pferd

- Hartnäckige Hautinfektionen
- Nässende, feuchte Dermatitis
- Pusteln und Furunkel
- Ekzem oder Dermatitis im Gesicht und an den Lippen

Sulphuricum acidum *Sul-ac.*

HERKÖMMLICHER NAME: Schwefelsäure, Vitriol
KLASSIFIKATION: Mineralreich: Schwefelgruppe
ZUBEREITUNG: Verdünnung in destilliertem Wasser

Leitsymptome

- Allgemeine Erschöpfung
- Schwäche
- Zittern, Zucken der Gliedmaßen, Krämpfe
- In Eile, ungeduldig
- Gangrän
- Quetschungen
- Ekchymotische Hämorrhagien
- Purpura haemorrhagica
- Intraokuläre Hämorrhagie

- Hämorrhagien mit dunklem, schwarzem Blut
- Bakterielle Hautinfektionen
- Chemosis (hochgradige Schwellung) der Konjunktiva
- Zahnfleischbluten
- Nässende Absonderung aus dem Rektum

Modalitäten

SCHLIMMER/VERSCHLIMMERT DURCH: Übermäßige Hitze oder Kälte, später Vormittag, abends, Berührung, im Freien
BESSER/GEBESSERT DURCH: Wärme, Ruhe

Wechselwirkungen

WIRKT GUT ZUSAMMEN MIT: Pulsatilla, Arnica, Bellis perennis
MAN DENKE AUCH AN: Arnica, Calendula, Ledum, Sepia, Calcium carbonicum, Phosphorus, Ruta, Conium

Hauptindikationen beim Pferd

- Folgen von Verletzungen der Haut und Augen
- Mechanische Verletzungen
- Zerrungen, Quetschungen (v. a. tiefe Quetschungen), Stürze, Trauma
- Quetschung der Sohle
- Fußsohlenhämatom
- Hautabschürfungen
- Gehirnerschütterung
- Quetschungen mit stark verfärbter, bläulicher Haut
- Ekchymotische Hämorrhagien
- Purpura haemorrhagica
- Hämorrhagien mit dunklem, schwarzem Blut aus jeder Körperöffnung
- Reabsorption von intraokulären Blutungen nach Augenverletzungen
- Gangrän
- Staphylokokken- und Streptokokkeninfektionen der Haut, v. a. wenn die Haut eine bläuliche Farbe annimmt
- Langsam heilende Wunden
- Narbengewebe, das sich infiziert und nicht heilt
- Postoperative Probleme
- Bleivergiftung

Symphytum *Symph.*

HERKÖMMLICHER NAME: Beinwell, *Symphytum officinale*
KLASSIFIKATION: Pflanzenreich: Boraginaceae
ZUBEREITUNG: Tinktur aus der frischen Pflanze

Leitsymptome

- Wirkt auf die Knochen und fördert die Heilung von Frakturen
- Penetrierende Wunden der Knochen und des Periosts
- Sehnenverletzungen
- Allgemeine Wirkung auf die Gelenke
- Schmerzen im Kniegelenk
- Augenverletzungen, v. a. Schläge
- Stimuliert das Wachstum von Epithelgewebe auf ulzerierten Oberflächen

Modalitäten

SCHLIMMER/VERSCHLIMMERT DURCH: Berührung
BESSER/GEBESSERT DURCH: Keine bekannt

Wechselwirkungen

WIRKT GUT ZUSAMMEN MIT: Arnica
MAN DENKE AUCH AN: Calcium phosphoricum, Arnica, Calendula, Silicea, Ledum, Ruta, Rhus toxicodendron, Hypericum

Hauptindikationen beim Pferd

- Zur Unterstützung der Heilung von Frakturen
- Nicht-heilende Frakturen
- Verletzungen von Knochen und Gelenken
- Verletzungen des Periosts, Periostitis, Exostosen
- Splitter
- Periostitis des Röhrbeins
- Ostitis des Hufbeins

- Chondromalazie der Patella
- Meniskusrisse
- Bei degenerativen Gelenkerkrankungen (DJD), Arthritis zur Unterstützung anderer Mittel
- Stellungsfehler bei Fohlen
- Verletzungen von Sehnen und Bändern, Zerrungen
- Augenverletzungen, v. a. durch stumpfe Gegenstände
- Langsam heilende Wunden
- Zur Unterstützung der Abheilung von Schleimhäuten

Syphilinum *Syph.*

HERKÖMMLICHER NAME: Syphilis-Nosode, Luesinum, Treponema pallidum
KLASSIFIKATION: Tierreich: Säugetiere: Mensch: Nosoden
ZUBEREITUNG: Attenuierung

Leitsymptome

- Greift die Knochen, Schleimhäute und Nerven an
- Gewebezerstörung
- Wandernde Schmerzen
- Chronische Hautausschläge
- Abszesse und rezidivierende Abszesse
- Pemphigus
- Ulzeration von Schleimhäuten
- Ulzeration von Maul, Nase, Haut und Geschlechtsorganen
- Entzündung der Kornea
- Abschürfung der Hornhaut
- Photophobie
- Iritis
- Gesteigerte Tränenproduktion
- Lidschwellung
- Ptose (Herabhängen der Augenlider)
- Zahnverfall am Zahnfleischsaum
- Progressive Zerstörung der Nasenknochen (Ozäna)
- Knochenerkrankungen
- Schmerzen im Schultergelenk
- Harte, knotige Muskeln
- Reichliche wässrige uterine Absonderung
- Chronische COPD mit Giemen und Rasseln
- Harter, trockener Husten mit nächtlicher Verschlimmerung
- Berührungsempfindlichkeit der Trachea (Luftröhre)
- Abmagerung

Modalitäten

SCHLIMMER/VERSCHLIMMERT DURCH: Berührung, Bewegung, nachts, feuchtes Wetter, Temperaturextreme, am Meer
BESSER/GEBESSERT DURCH: Keine bekannt

Wechselwirkungen

MAN DENKE AUCH AN: Aurum, Asa foetida, Kalium iodatum, Mercurius solubilis, Nitricum acidum, Abrotanum, Iodium, Rhus toxicodendron

Hauptindikationen beim Pferd

- Rezidivierende Abszesse, v. a. tiefe Abszesse
- Chronische Rhinitis mit Zerstörung der Knochen und fauliger, dicker Absonderung aus der Nase
- Knochenerkrankungen mit Knochendegeneration/-schwäche
- Schwere, nicht zu beeinflussende Fälle von COPD, v. a. solche mit Verschlimmerung bei warmem Wetter
- Kornealulzeration oder -abrasion
- Iritis
- Periodische Augenentzündung
- Allgemeine Steifheit, schlimmer bei feuchtem Wetter
- Chronische oder hartnäckige vaginale Absonderungen
- CEM
- Borreliose

- Zwanghaftes Verhalten, Stereotypien
- Gewalttätiges Verhalten bei Widerspruch

Syzygium jambolanum *Syzyg.*

HERKÖMMLICHER NAME: Rosenapfel, Jambulbaum
KLASSIFIKATION: Pflanzenreich: Myrtaceae
ZUBEREITUNG: Trituration der Samen

Leitsymptome

- Wirkt auf die Bauchspeicheldrüse
- Diabetes mellitus
- Vermehrter Durst, Abmagerung

Modalitäten – Keine bekannt

Wechselwirkungen

MAN DENKE AUCH AN: Uranium nitricum, Phosphoricum acidum, Phosphorus

Hauptindikationen beim Pferd

- Diabetes mellitus
- Morbus Cushing

Tabacum *Tab.*

HERKÖMMLICHER NAME: Tabak, Nicotiana tabacum
KLASSIFIKATION: Pflanzenreich: Solanaceae
ZUBEREITUNG: Tinktur aus den frischen Blättern, die gesammelt werden, bevor sich die Blüten entwickelt haben

Leitsymptome

- Reisekrankheit
- Schwitzen in Verbindung mit Reisen
- Gesteigerte Peristaltik
- Diarrhö, wässrig und plötzlich
- Atrophie des Sehnerven, Sehschwäche

Modalitäten

SCHLIMMER/VERSCHLIMMERT DURCH: Reisen aller Art, abends, extreme Hitze und Kälte, Eindecken beim Reisen
BESSER/GEBESSERT DURCH: Im Freien, Abdecken, in Ruhe, langsames Herumgehen

Wechselwirkungen

WIRKT GUT ZUSAMMEN MIT: Opium, Carbo vegetabilis
MAN DENKE AUCH AN: Petroleum, Cocculus, Gelsemium

Hauptindikationen beim Pferd

- Erkrankungen aufgrund von Reisen
- Erregung, Schwitzen
- Starker Durchfall

Taraxacum *Tarax.*

HERKÖMMLICHER NAME: Löwenzahn, *Taraxacum officinale*
KLASSIFIKATION: Pflanzenreich: Asteraceae (Compositae)
ZUBEREITUNG: Tinktur aus der ganzen Pflanze, bevor sie voll aufgeblüht ist

Leitsymptome

- Vorrangig ein Lebermittel
- Gelbsucht
- Aufgegastes Abdomen
- Schwäche
- Knieschmerzen mit Linderung durch lokalen Druck
- Ruhelose Beine

Modalitäten

SCHLIMMER/VERSCHLIMMERT DURCH: Nachts, Ruhe
BESSER/GEBESSERT DURCH: Berührung, Bewegung, im Freien

Wechselwirkungen

MAN DENKE AUCH AN: Chelidonium, Carduus, Nux vomica, Phosphorus, Ptelea

Hauptindikationen beim Pferd

- Zur Behandlung von Lebererkrankungen
- Zur Drainage von Lebertoxinen

Tarentula cubensis *Tarent-c.*

HERKÖMMLICHER NAME: Kubanische Tarantel
KLASSIFIKATION: Tierreich: Arachnidae
ZUBEREITUNG: Tinktur aus den Spinnen

Leitsymptome

- Toxische und septische Erkrankungen
- Hochgradige Entzündung mit Schmerzen und erheblicher Schwellung
- Purpurne oder blau-schwarze Verfärbung betroffener Bereiche
- Gangrän
- Abszesse, v. a. schmerzhafte
- Juckreiz im Genitalbereich
- Flecken und Pickel auf der Haut
- Hautgeschwüre

Modalitäten

SCHLIMMER/VERSCHLIMMERT DURCH: Nachts
BESSER/GEBESSERT DURCH: Keine bekannt

Wechselwirkungen

MAN DENKE AUCH AN: Pyrogenium, Echinacea, Arsenicum album, Crotalus horridus, Anthracinum, Belladonna, Apis, Hepar sulphuris

Hauptindikationen beim Pferd

- Septikämie, Sepsis
- Toxämie
- Schmerzhafte akute Abszesse mit Verfärbung der Haut
- Entzündungen mit Verfärbung der Haut
- Bakterielle Hautinfektionen mit offensichtlichem Unbehagen
- Gangrän
- Myiasis
- Ekzem oder Dermatitis im Genitalbereich
- Schlangenbisse
- Lymphangitis

Tarentula hispanica *Tarent.*

HERKÖMMLICHER NAME: Tarantel
KLASSIFIKATION: Tierreich: Arachnidae
ZUBEREITUNG: Tinktur aus den Spinnen

Leitsymptome

- Wirkt auf das Nervensystem
- Überempfindlichkeit
- Hysterisches Verhalten
- Aufgedreht „wie eine Sprungfeder"
- Extreme Unruhe
- Anhaltender Erregungszustand
- Epilepsie
- Sexuelle Erregung
- Plötzliche Stimmungsschwankungen
- Listiges, geheimnistuerisches Naturell
- Destruktive Impulse
- Abneigung gegen Gesellschaft, möchte aber jemanden ganz in der Nähe haben
- Empfindlichkeit gegenüber Musik
- Zuckungen und Krämpfe der Gliedmaßen, Chorea
- Schwäche der Gliedmaßen

Modalitäten

SCHLIMMER/VERSCHLIMMERT DURCH: Bewegung, Lärm, Berührung, helles Licht, laute Geräusche, nachts, nach Schlaf
BESSER/GEBESSERT DURCH: Im Freien, Musik, Reiben der betroffenen Stelle, warmes Wasser

Wechselwirkungen

MAN DENKE AUCH AN: Agaricus, Arsenicum album, Cuprum, Magnesium phosphoricum, Mygale, Stramonium, Belladonna

Hauptindikationen beim Pferd

- Erregungszustände und Hysterie
- Extreme Erregung und Unruhe
- Anhaltende Erregung
- Plötzliche Stimmungsschwankungen
- Verschlagenheit
- Andere Verhaltensprobleme; destruktives Verhalten
- Furcht davor, eingeschlossen zu werden oder in eine Falle zu geraten

- Gesteigerte Sexualität beim Hengst
- Nymphomanie
- Muskelzuckungen, Chorea bei erregbaren Tieren
- Kreuzverschlag bei erregbaren Pferden

Tellurium metallicum *Tell.*

HERKÖMMLICHER NAME: Tellur
KLASSIFIKATION: Mineralreich: Element
ZUBEREITUNG: Trituration des präzipitierten Elements

Leitsymptome

- Greift die Haut und Wirbelsäule an
- Übel riechende Absonderungen
- Schmerzen im Bereich des Kreuzbeins
- Schmerzen im mittleren Bereich der Wirbelsäule
- Verzerrung und Zuckungen der linken Gesichtshälfte
- Entzündete, verdickte Augenlider
- Konjunktivitis
- Katarakt nach anderen Augenproblemen/-läsionen
- Unterstützt die Reabsorption von Infiltrationen im Auge
- Ekzem im Bereich der Ohren
- Wässrige Absonderung aus der Nase
- Sehnenkontraktion
- Juckreiz an den unteren Gliedmaßen
- Ringflechte
- Kreisförmige, fleckige Dermatitis

Modalitäten

SCHLIMMER/VERSCHLIMMERT DURCH: In Ruhe, nachts, morgens, kaltes Wetter, Reibung/Reiben, Scheuern, Berührung
BESSER/GEBESSERT DURCH: Keine bekannt

Wechselwirkungen

MAN DENKE AUCH AN: Bacillinum, Sepia, Natrium muriaticum, Selenium, Graphites, Rhus toxicodendron

Hauptindikationen beim Pferd

- Ringflechte, v. a. an Stellen, wo Reibung besteht
- Ekzem oder Dermatitis im Bereich der Ohren und Ohrmuscheln
- Hautveränderungen an den unteren Gliedmaßen
- Kreisförmige, fleckenförmige Dermatitis oder Ekzem
- Equine virale papuläre Dermatitis
- Chronisch entzündete, verdickte Augenlider
- Entropion
- Katarakt nach Augenproblemen
- Schmerzen im Bereich des Kreuzbeins

Terebinthina *Ter.*

HERKÖMMLICHER NAME: Terpentinöl
KLASSIFIKATION: Pflanzenreich: Pinaceae
ZUBEREITUNG: Lösung in Spiritus rectificatus

Leitsymptome

- Wirkt auf Schleimhautblutungen
- Der Fokus liegt auf den Harnwegen
- Entzündung der Nieren mit Hämorrhagie
- Akutes Nierenversagen
- Urämie
- Pressen beim Absatz von blutigem Urin (Hämaturie)
- Urethritis
- Rückenschmerzen im Bereich der Nieren
- Stomatitis
- Auftreibung des Abdomens
- Wässrige, grüne Diarrhö mit Blut
- Darmblutung
- Hämorrhagische Gastroenteritis
- Metritis
- Pusteln, Bläschen
- Erythem
- Urtikaria
- Purpura haemorrhagica

Modalitäten
SCHLIMMER/VERSCHLIMMERT DURCH: Berührung, Druck, Liegen auf der linken Seite, feuchter Stall, 1–3 Uhr
BESSER/GEBESSERT DURCH: Gehen im Freien, Bewegung

Wechselwirkungen
WIRKT GUT ZUSAMMEN MIT: Antimonium tartaricum, Mercurius solubilis, Mercurius corrosivus
MAN DENKE AUCH AN: Apis, Cantharis, Mercurius solubilis, Mercurius corrosivus

Hauptindikationen beim Pferd
- Zystitis mit Blut und Pressen beim Harnabsatz
- Akutes Nierenversagen
- Pyelonephritis
- Urämie
- Akute Leptospirose
- Hämorrhagische Diarrhö
- Purpura haemorrhagica

Teucrium marum verum *Teucr.*
HERKÖMMLICHER NAME: Katzenkraut
KLASSIFIKATION: Pflanzenreich: Lamiaceae (Labiatae)
ZUBEREITUNG: Tinktur aus der ganzen frischen Pflanze

Leitsymptome
- Chronischer Katarrh der Nase, Niesen
- Verstopfung der Nase
- Nasenpolypen
- Trockener Kitzelhusten mit Schleimbildung
- Schmerzen im verhornten Teil des Fußes
- Infektion des Horns
- Anale Reizung, Juckreiz
- Spulwürmer
- Trockene Haut

Modalitäten
SCHLIMMER/VERSCHLIMMERT DURCH: Berührung, abends, Wärme, feuchtes Wetter
BESSER/GEBESSERT DURCH: Herumgehen

Wechselwirkungen
WIRKT GUT ZUSAMMEN MIT: China, Pulsatilla, Silicea

Hauptindikationen beim Pferd
- Chronischer Katarrh der Nase mit Verstopfung der Nase
- Chronische Laminitis mit Ablösung der Hufwand, Abszess oder Riss der weißen Linie
- Reizung oder Juckreiz am Anus
- Abtreibung von Spulwürmern

Thallium metallicum *Thal.*
HERKÖMMLICHER NAME: Thallium
KLASSIFIKATION: Mineralreich: Metalle
ZUBEREITUNG: Trituration

Leitsymptome
- Greift die endokrinen Drüsen an, v. a. die Schilddrüse und die Nebennieren
- Muskelschwund
- Tremor, Zittern
- Ataxie
- Paralyse der Hinterhand
- Haarausfall (Alopezie) nach akuten Krankheiten
- Polyneuritis
- Chronische Myelitis

Modalitäten – Keine bekannt

Wechselwirkungen
MAN DENKE AUCH AN: Plumbum, Phosphorus

Hauptindikationen beim Pferd
- Zur Förderung des Haarwachstums
- Alopezie
- Equine virale papuläre Dermatitis

- Neurologische Schwäche der Hinterhand
- Paralyse der Hinterhand
- Zittern der Hinterhand
- Neuritis mit Schwäche der Hinterhand
- Ataxie (unkoordinierte Bewegungen)
- Myelitis, v. a. chronische Fälle

Theridion *Ther.*

HERKÖMMLICHER NAME: Orangenspinne, *Theridion curassavicum*
KLASSIFIKATION: Tierreich: Arachnidae
ZUBEREITUNG: Tinktur aus der lebenden Spinne

Leitsymptome

- Geräuschempfindlichkeit
- Unruhe
- Reisekrankheit
- Knochenerkrankungen

Modalitäten

SCHLIMMER/VERSCHLIMMERT DURCH: Berührung, Reisen per Auto oder Schiff, das geringste Geräusch, Bewegung, nachts, Kälte, linke Seite
BESSER/GEBESSERT DURCH: Wärme

Wechselwirkungen

WIRKT GUT ZUSAMMEN MIT: Sulphur, Calcium carbonicum, Lycopodium
MAN DENKE AUCH AN: Phosphorus, Borax, Cocculus, Tabacum, Petroleum

Hauptindikationen beim Pferd

- Extreme Angst/Empfindlichkeit bei Geräuschen
- Empfindlichkeit bei Erschütterungen/Vibrationen
- Pferde, die schlecht im Anhänger reisen
- Folgen von Reisen, v. a. auf See
- Knochendegeneration, wenn andere Mittel versagen

Thiosinaminum *Thiosin.*

HERKÖMMLICHER NAME: Allylthioharnstoff, Rhodallin, ein Derivat aus Senfsamenöl
KLASSIFIKATION: Pflanzenreich: Brassicaceae (Cruciferae)
ZUBEREITUNG: Trituration der Kristalle

Leitsymptome

- Auflösung von Narbengewebe
- Strikturen
- Adhäsionen
- Tumoren
- Vergrößerte Lymphknoten
- Lupus
- Ektropion (Auswärtsrollen der Augenlider)
- Hornhauttrübung
- Katarakt

Modalitäten – Keine bekannt

Wechselwirkungen

MAN DENKE AUCH AN: Silicea, Graphites

Hauptindikationen beim Pferd

- Zur Behandlung/Beseitigung von Narbengewebe, Verklebungen
- Strikturen
- Blockade oder Verlegung des Tränen-Nasen-Kanals
- Auflösung von Blutgerinnseln
- Chronisch vergrößerte Lymphknoten
- Gutartige Hautgewächse, Knötchen, Sarkoide
- Equine noduläre Hauterkrankung
- Alopezie
- Fibrotische Myopathie
- Hornhauttrübung
- Katarakt
- Lupus
- Ektropion

Thlaspi bursa pastoris *Thlas.*

HERKÖMMLICHER NAME: Hirtentäschelkraut, *Capsella bursa pastoris*
KLASSIFIKATION: Pflanzenreich: Brassicaceae (Cruciferae)

ZUBEREITUNG: Tinktur aus der frischen blühenden Pflanze

Leitsymptome
- Ein Mittel bei Blutungen und Blasenproblemen
- Uterusblutungen
- Epistaxis (Nasenbluten)
- Dunkle, übel riechende uterine Absonderung
- Häufiger Harnabsatz
- Chronische Zystitis
- Blut im Urin
- Harngrieß
- Hoher Phosphatgehalt des Urins
- Urethritis

Modalitäten - Keine bekannt

Wechselwirkungen
MAN DENKE AUCH AN: Urtica urens, Hydrangea, Lycopodium, Sarsaparilla, Millefolium, Trillium, Sabina, Secale

Hauptindikationen beim Pferd
- Uterusblutungen
- Blutungen nach Abort
- Metritis mit fauliger, blutiger Absonderung
- Epistaxis
- Akute und chronische Zystitis
- Blutiger Urin (Hämaturie)
- Akute Urethritis
- Harngrieß, Steine, Sediment
- Schwierigkeiten beim Harnabsatz
- Kurzzeitige Erleichterung bei einer partiellen Verlegung der Harnröhre durch Steine
- Harnröhrensteine

Thuja occidentalis *Thuj.*
HERKÖMMLICHER NAME: Lebensbaum
KLASSIFIKATION: Pflanzenreich: Cupressaceae: Polychrest
ZUBEREITUNG: Tinktur aus den frischen grünen Zweigen

Leitsymptome
- Wichtiges anti-sykotisches Mittel
- Überreaktion, Hyperaktivität
- Unflexibilität, Starre
- Hauptmittel für unerwünschte Nebenwirkungen von Impfungen
- Breit wirkendes Mittel, v. a. im Hinblick auf die Haut
- Warzen, Gewächse, Polypen, Tumoren und blutende Zubildungen auf der Haut und den Schleimhäuten
- Reißende Schmerzen in Muskeln und Gelenken mit Verschlimmerung durch Ruhe und Feuchtigkeit und Besserung bei trockenem Wetter
- Erkrankungen mit Verschlimmerung durch Mondlicht
- Erschöpfung und Abmagerung
- Linksseitige Symptome
- Kälteempfindlich
- Emotionale Empfindlichkeit
- Iritis
- Verklebte Augenlider mit klebriger Absonderung
- Zubildungen auf den Augenlidern
- Entzündung der Sklera
- Chronischer Katarrh der Nase mit dickem, grünem Schleim
- Ulzeration der Innenseite der Nüstern
- Verfall der Zähne am Übergang zum Zahnfleisch
- Chronische, wässrige Diarrhö mit gewaltsamer Entleerung
- Flatulenz und Auftreibung des Abdomens
- Rumpeln im Abdomen, Kolik
- Entzündung und Schwellung der Urethra
- Häufiger Harnabsatz
- Entzündung des Präputiums mit Absonderung
- Hochgradige Empfindlichkeit im Bereich der Vagina

- Dicke, grünliche uterine Absonderung
- Entzündung der Ovarien, schlimmer links
- Merkwürdiger Gang, als könnten die Gliedmaßen nicht gebeugt werden
- Muskelzuckungen, Schwäche und Zittern
- Brüchiges, rissiges Horn mit stellenweiser Aufweichung
- Trockene, schuppige Haut
- Trockener, hackender Husten

Modalitäten

SCHLIMMER/VERSCHLIMMERT DURCH: Nachts, Eindecken, 3 Uhr, 15 Uhr, frühmorgens, kalte, feuchte Luft, regnerisches oder stürmisches Wetter, Wasser, nach Impfung, linke Seite, Berührung, Bewegung (außer Gelenksymptome), Sonne, helles Licht
BESSER/GEBESSERT DURCH: Trockenes Wetter, Druck, Massage, Schwitzen

Wechselwirkungen

WIRKT GUT ZUSAMMEN MIT: Arsenicum album, Natrium sulphuricum, Silicea, Sabina, Medorrhinum, Nitricum acidum, Mercurius solubilis, Sulphur, Calcium carbonicum, Ignatia, Lycopodium, Pulsatilla
MAN DENKE AUCH AN: Nitricum acidum, Medorrhinum, Lycopodium, Sepia, Natrium sulphuricum, Antimonium tartaricum, Rhus toxicodendron

Hauptindikationen beim Pferd

- Unerwünschte Nebenwirkungen von Impfungen, Vakzinose
- Erkrankungen nach einer Impfung
- Überreaktion in jeder medizinischen Situation (d. h. durch Medikamente oder bei Symptomen), auch psychisch (mit Verhaltensänderungen)
- Zwanghaftes Verhalten
- Abneigung gegen Gesellschaft, meidet Fremde
- Unflexibilität, Tiere, die unfähig sind, sich leicht an Veränderungen anzupassen
- Warzen, Melanome, Sarkoide, Hautgewächse, Knötchen, blutende Zubildungen, Zysten
- Zubildungen an den Augenlidern
- Keratitis mit geringgradiger Hornhauttrübung
- Ranula
- Wildes Fleisch, überschießende Granulation
- Ovarialzysten
- CEM
- Hodenatrophie
- Smegma
- Warzen auf Penis oder Präputium
- Allgemeine Steifheit, schlimmer bei feuchtem Wetter, besser bei Bewegung
- Hochgradige Schmerzen im unteren Rücken
- Gestelzter Gang (als wären die Beine aus Holz)
- Sprunggelenkgalle
- Hypertrophie des Hufhorns
- Brüchige Hufe infolge chronischer Laminitis
- Cauda-equina-Neuritis (v. a. nach einer Impfung)
- Chronischer Katarrh der Nase mit wunden Nüstern
- Luftsackinfektionen, Empyem
- Sinusitis, Sinusempyem
- Absonderungen aus der Urethra und Vagina
- Chronische, nicht zu beeinflussende Hauterkrankungen
- Mauke
- Sommerekzem
- Regenfäule
- Vitiligo
- Pemphigus
- Schlechtes, trockenes oder brüchiges Haarkleid
- Hartnäckige Fälle von Ringflechte
- Prävention von Tetanus
- Borreliose
- Morbus Cushing

Thyreoidinum *Thyr.*

HERKÖMMLICHER NAME: Schilddrüse (Schaf oder Rind)
KLASSIFIKATION: Tierreich: Sarkoden
ZUBEREITUNG: Trituration einer frischen Schilddrüse vom Schaf

Leitsymptome

- Anämie
- Abmagerung
- Muskelschwäche
- Schwitzen
- Tachykardie
- Langsame Heilung von Frakturen
- Fettleibigkeit
- Gewichtsverlust trotz Hunger
- Reizbarkeit
- Beinödeme
- Trockener Husten
- Trockene, abschilfernde Haut
- Lupus
- Hodenhochstand

Modalitäten

SCHLIMMER/VERSCHLIMMERT DURCH: Anstrengung, Kälte
BESSER/GEBESSERT DURCH: Ruhe

Wechselwirkungen

MAN DENKE AUCH AN: Spongia, Calcium carbonicum, Natrium muriaticum, Iodium

Hauptindikationen beim Pferd

- Alopezie
- Morbus Cushing
- Fettleibigkeit
- Abmagerung und Schwäche bei gutem Appetit
- Kryptorchiden (ermöglicht evtl. den Hodenabstieg)

Titanium metallicum *Titan.*

HERKÖMMLICHER NAME: Titan
KLASSIFIKATION: Mineralreich: Metalle
ZUBEREITUNG: Trituration

Leitsymptome

- Lupus
- Hauterkrankungen
- Sehschwäche
- Vorzeitige Ejakulation

Modalitäten - Keine bekannt

Wechselwirkungen - Keine bekannt

Hauptindikationen beim Pferd

- Vorzeitige Ejakulation beim Hengst

Trillium pendulum *Tril-p.*

HERKÖMMLICHER NAME: Amerikanische Waldlilie, Drillingspflanze, Frauenblume
KLASSIFIKATION: Pflanzenreich: Liliaceae
ZUBEREITUNG: Tinktur aus der frischen Wurzel

Leitsymptome

- Blutungen
- Uterine Blutungen mit hellrotem Blut, schlimmer bei der geringsten Bewegung
- Epistaxis (Nasenbluten)
- Bluthusten
- Abort
- Chronische Diarrhö mit Schleim und Blut

Modalitäten

SCHLIMMER/VERSCHLIMMERT DURCH: Bewegung
BESSER/GEBESSERT DURCH: Keine bekannt

Wechselwirkungen

WIRKT GUT ZUSAMMEN MIT: Calcium phosphoricum
MAN DENKE AUCH AN: Hamamelis, Secale, Ustilago, Sanguinaria, Ipecacuanha, Millefolium, Sabina

Hauptindikationen beim Pferd

- Uterine Blutungen mit hellrotem Blut
- Drohender Abort, dem eine blutige Absonderung vorausgeht
- EIPH

- Epistaxis
- Warfarin-Vergiftung

TNT, Trinitrotoluenum *Trinit.*

HERKÖMMLICHER NAME: TNT, Trinitrotoluol (Sprengstoff)
KLASSIFIKATION: Mineralreich
ZUBEREITUNG: Trituration (vorsichtige)

Leitsymptome

- Hat eine destruktive Wirkung auf die roten Blutkörperchen und führt dadurch zu Anämie und Gelbsucht
- Verändert das Hämoglobin, sodass es den Sauerstoff nicht mehr so gut transportieren kann
- Kurzatmigkeit, Ohnmacht, Erschöpfung, Muskelkrämpfe, Zyanose
- Tachykardie, Bradykardie, aussetzender Puls
- Abneigung gegen Gesellschaft
- Apathie, Delirium, Konvulsionen
- Dermatitis mit Rötung (Erythem) der Haut
- Subkutane Blutungen

Modalitäten – Keine bekannt

Wechselwirkungen

MAN DENKE AUCH AN: Phosphorus, Arsenicum album, Plumbum, Manganum aceticum, Chininum sulphuricum, Lycopodium

Hauptindikationen beim Pferd

- Autoimmun-hämolytische Anämie bei neugeborenen Fohlen
- Anämie mit Gelbsucht
- Equine infektiöse Anämie
- Babesiose

Triticum repens *Tritic.*

HERKÖMMLICHER NAME: Quecke, Agropyron repens
KLASSIFIKATION: Pflanzenreich: Poaceae (Gramineae)
ZUBEREITUNG: Tinktur aus der frischen Pflanze

Leitsymptome

- Blasenreizung
- Häufiger, schwieriger Harnabsatz
- Pyelonephritis (Eiter in den Nieren und im Urin)
- Harninkontinenz
- Unerwünschte Nebenwirkungen von Impfungen

Modalitäten - Keine bekannt

Wechselwirkungen

MAN DENKE AUCH AN: Thuja

Hauptindikationen beim Pferd

- Harninkontinenz
- Pyelonephritis
- Unerwünschte Nebenwirkungen von Impfungen

Tuberculinum *Tub.*

(siehe Konstitutionsmittel)

Tylophora indica *Tyl-i.*

HERKÖMMLICHER NAME: Indische Ipecacuanha
KLASSIFIKATION: Pflanzenreich: Apocyanaceae
ZUBEREITUNG: Urtinktur

Leitsymptome

- Arthritis (DJD)

Modalitäten

SCHLIMMER/VERSCHLIMMERT DURCH: Kaltes Wetter, Anstrengung
BESSER/GEBESSERT DURCH: Keine bekannt

Wechselwirkungen

MAN DENKE AUCH AN: Calcium fluoratum, Hekla lava, Ruta, Rhus toxicodendron

Hauptindikationen beim Pferd

- Lahmheit infolge arthritischer Veränderungen der Fessel-, Kron- und Hufgelenke

Uranium nitricum *Uran-n.*

HERKÖMMLICHER NAME: Urannitrat
KLASSIFIKATION: Mineralreich
ZUBEREITUNG: Trituration

Leitsymptome

- Vermehrter Harnabsatz
- Übermäßiger Durst
- Harninkontinenz
- Gefräßiger Appetit
- Glukose im Urin
- Nephritis
- Brennen in der Urethra
- Leberdegeneration
- Flüssigkeitsretention
- Hochgradige Abmagerung, Erschöpfung
- Magen- und Zwölffingerdarmgeschwüre
- Aufblähung des Abdomens

Modalitäten - Keine bekannt

Wechselwirkungen - Keine bekannt

Hauptindikationen beim Pferd

- Diabetes mellitus
- Diabetes insipidus
- Magengeschwüre, auch bei Fohlen

Urtica urens *Urt-u.*

HERKÖMMLICHER NAME: Kleine Brennessel
KLASSIFIKATION: Pflanzenreich: Urticaceae
ZUBEREITUNG: Tinktur aus der frischen blühenden Pflanze

Leitsymptome

- Urtikaria, Quaddeln, juckende Flecken
- Heftiger Juckreiz
- Erythem
- Verbrennungen und Verbrühungen
- Schwellung des Skrotums
- Juckreiz im Bereich der Vulva
- Harngrieß, Urolithiasis, Blasensteine
- Rheuma-ähnliche Steifheit
- Neuritis
- Diarrhö mit großen Mengen Schleim
- Wirkt auf die Milchbildung
- Hochgradige Schwellung des Euters (mit Milch)
- Uterusblutungen

Modalitäten

SCHLIMMER/VERSCHLIMMERT DURCH: Kalte Luft, Wasser, kühle, feuchte Luft, große Anstrengung, nach Schlaf
BESSER/GEBESSERT DURCH: Ruhe

Wechselwirkungen

MAN DENKE AUCH AN: Natrium muriaticum, Apis, Medusa, Rhus toxicodendron, Formica rufa, Lycopodium, Pulsatilla

Hauptindikationen beim Pferd

- Urtikaria, Quaddeln
- Ödem allergischen Ursprungs
- Angioneurotisches Ödem
- Starke Hautreizung, Juckreiz
- Erythem (Hautrötung)
- Dermatitis und Ekzem mit starker Reizung
- Reizung von Skrotum und Vulva
- Verbrennungen und Verbrühungen
- Photosensibilisierung
- Equine noduläre Hauterkrankung
- Insektenbisse oder –stiche
- Harnsteine, Grieß, Urolithiasis, Behandlung und Prävention
- Vermindert in tiefer Potenz den Milchfluss (D6)
- Agalaktie (Milchmangel); steigert in hoher Potenz die Milchbildung (C200)
- Euterschwellung (mit Milch)
- Uterusblutung mit hellrotem Blut
- Dourine

Ustilago maydis *Ust.*

HERKÖMMLICHER NAME: Maisbrand
KLASSIFIKATION: Pflanzenreich: Fungi
ZUBEREITUNG: Trituration

Leitsymptome

- Hämorrhagie
- Uterusblutung mit hellrotem Blut und Klumpen
- Gebärmutterprobleme, Vergrößerung
- Postpartale Hämorrhagie
- Aussickern von dunklem, klumpigem Blut
- Hypersexualität
- Ovarialschmerzen und –schwellung
- Orchitis
- Muskelschwäche
- Muskelkontraktionen
- Alopezie, trockene Haut

Modalitäten

SCHLIMMER/VERSCHLIMMERT DURCH: Berührung, lokaler Druck (im Bereich der Ovarien), Reisen
BESSER/GEBESSERT DURCH: Keine bekannt

Wechselwirkungen

MAN DENKE AUCH AN: Secale, Sepia, Lilium tigrinum, Lachesis, Caulophyllum, Hamamelis, Millefolium, Elaps

Hauptindikationen beim Pferd

- Uterusblutung mit hellrotem Blut
- Postpartale Hämorrhagie mit Verschlimmerung bei der geringsten Bewegung
- Hypersexualität beim Hengst
- Kryptorchiden
- Linksseitige Ovarialschmerzen
- Nymphomanie
- Vaginale Blutung zwischen den Rossen
- Mukopurulente, dunkle Absonderungen aus dem Uterus
- Alopezie (Haarausfall)

Uva ursi *Uva*

HERKÖMMLICHER NAME: Bärentraube, *Arctostaphylos uva ursi*
KLASSIFIKATION: Pflanzenreich: Ericaceae
ZUBEREITUNG: Aus den frischen Blättern

Leitsymptome

- Wirkt auf die Harnwege
- Zystitis mit Blut im Urin
- Schmerzhafter Harnabsatz
- Urin enthält Blut, Eiter und Schleim
- Chronische Blasenentzündung
- Pyelonephritis

Modalitäten – Keine bekannt

Wechselwirkungen – Keine bekannt

Hauptindikationen beim Pferd

- Pyelonephritis

Valeriana *Valer.*

HERKÖMMLICHER NAME: Baldrian, *Valeriana officinalis*
KLASSIFIKATION: Pflanzenreich: Valerianaceae
ZUBEREITUNG: Tinktur aus der frischen Wurzel

Leitsymptome

- Verhaltensprobleme
- Überempfindlichkeit, hysterisches Verhalten
- Reizbarkeit
- Aufgeblähtes, aufgetriebenes Abdomen
- Wässrige Diarrhö
- Kolik nach der Fütterung, krampfartige Schmerzen
- Durch Angst ausgelöstes Asthma
- Zucken der Gliedmaßen

Modalitäten

SCHLIMMER/VERSCHLIMMERT DURCH: Mittags, vor Mitternacht, im Freien
BESSER/GEBESSERT DURCH: Nach Schlaf oder Ruhe, nach der Fütterung

Wechselwirkungen

MAN DENKE AUCH AN: Ignatia, Nux vomica, Aconitum, Lac caninum, Zincum

Hauptindikationen beim Pferd

- Verhaltensprobleme
- Reizbarkeit, aufbrausendes Temperament
- Überempfindlichkeit, hysterisches Verhalten
- Angst
- Durch Angst ausgelöste COPD
- Krampf- oder Blähungskolik durch Stress

Vanadium *Vanad.*

HERKÖMMLICHER NAME: Vanadium
KLASSIFIKATION: Mineralreich: Metalle
ZUBEREITUNG: Trituration

Leitsymptome

- Auszehrung und Abmagerung
- Anämie
- Hebt den Hämoglobinspiegel
- Stimuliert das Immunsystem
- Verdauungstonikum
- Degeneration der Blutgefäße

Modalitäten - Keine bekannt

Wechselwirkungen

MAN DENKE AUCH AN: Phosphorus, Arsenicum album, China, Phosphoricum acidum

Hauptindikationen beim Pferd

- Abmagerung und Schwäche
- Schlechter Appetit, zur Steigerung des Appetits
- Anämie
- Zur Stimulation des Immunsystems durch Anregung der weißen Blutkörperchen
- Niedrige Zellzahl der weißen/roten Blutkörperchen
- Equine ME, postvirales Syndrom

Veratrum album *Verat.*

HERKÖMMLICHER NAME: Weiße Nieswurz
KLASSIFIKATION: Pflanzenreich: Melanthiaceae (Liliaceae)
ZUBEREITUNG: Tinktur aus der frischen Wurzel, die im frühen Juni gewonnen wird

Leitsymptome

- Die Symptome sind im Allgemeinen sehr ausgeprägt und treten plötzlich auf
- Kollaps, der Körper fühlt sich sehr kalt an, eisige Kälte, Hinfälligkeit
- Zyanose (Blaufärbung der Lippen und Schleimhäute)
- Extreme Schwäche
- Schneller, schwacher, unregelmäßiger Puls
- Muskelkrämpfe
- Stupor, Gleichgültigkeit
- Nach oben verdrehte Augen
- Eingesunkene Augen
- Bei Berührung eiskalte Haut
- Manisches Verhalten
- Schmerzen, die ins Delirium führen, Vokalisation
- Gesteigerter Durst
- Bauchschmerzen, Spasmen, Kolik
- Wässrige Diarrhö mit gewaltsamer Entleerung
- Verstopfung mit Pressen, mangelnde Peristaltik
- Schleimrasseln im Brustkorb
- Bronchien voller Schleim
- Chronische Bronchitis

Modalitäten

SCHLIMMER/VERSCHLIMMERT DURCH: Nachts, nasskaltes Wetter, Berührung, Bewegung, feuchtes Wetter, Wetterwechsel
BESSER/GEBESSERT DURCH: Wärme, Ruhe

Wechselwirkungen

WIRKT GUT ZUSAMMEN MIT: Arnica, Arsenicum album, Carbo vegetabilis
MAN DENKE AUCH AN: China, Phosphoricum acidum, Arsenicum album, Camphora

Hauptindikationen beim Pferd

- Operationsbedingter Schock, Kollaps, kalte Haut, langsame Erholung
- Schwerer Schock
- Schwere, akute wässrige Diarrhö mit Kollaps, Kotabsatz, Schwäche und Schock bei Fohlen
- Akute Salmonellose
- Kolitis X, Clostridien-Enterotoxämie
- Dehydratation
- Erschöpfung
- Schwere Kolik mit Kollaps und Kreislaufschwäche
- Verstopfung mit Pressen, zu Kollaps oder Erschöpfung führend
- Als Herztonikum, wenn Zyanose und Kollaps vorliegen
- Chronische Bronchitis bei älteren Pferden
- Verhaltensprobleme; destruktives, aggressives Verhalten mit Treten oder Beißen
- Koprophagie (Kotfressen) bei Fohlen

Veratrum viride *Verat-v.*

HERKÖMMLICHER NAME: Grüne Nieswurz, Amerikanische Nieswurz
KLASSIFIKATION: Pflanzenreich: Melanthaceae
ZUBEREITUNG: Tinktur aus der frischen Wurzel

Leitsymptome

- Blutdruckabfall
- Lungenkongestion mit schwerer Pneumonie
- Zuckungen und Konvulsionen
- Hinfälligkeit
- Folgen von Sonnenstich
- Pneumonie
- Gehirnkongestion
- Pupillendilatation
- Meningitis
- Zuckungen der Gesichtsmuskeln
- Speiseröhrenkrampf
- Postpartales Fieber
- Muskel- und Gelenkschmerzen
- Durst

Modalitäten

SCHLIMMER/VERSCHLIMMERT DURCH: Morgens
BESSER/GEBESSERT DURCH: Massage, Reiben, Essen

Wechselwirkungen

MAN DENKE AUCH AN: Belladonna, Baptisia, Gelsemium, Aconitum, Glonoinum

Hauptindikationen beim Pferd

- Bronchitis
- Schwere Pneumonie
- Toxische Metritis
- Akute Laminitis, v. a. toxische Laminitis
- Meningitis
- Sonnenstich
- Ersticken

Verbascum *Verb.*

HERKÖMMLICHER NAME: Großblumige Königskerze, Wollblume, Verbascum thapsiforme
KLASSIFIKATION: Pflanzenreich: Scrophulariaceae
ZUBEREITUNG: Tinktur aus der frischen Frucht

Leitsymptome

- Wirkt auf die Atemwege und den fünften Kranialnerven (Trigeminus)
- Gesichtsschmerzen (Neuralgie)
- Katarrh mit nächtlichem Husten
- Beständiges Harntröpfeln
- Steife Gelenke der unteren Gliedmaßen

Modalitäten

SCHLIMMER/VERSCHLIMMERT DURCH: Temperaturwechsel, Niesen, Essen, linke Seite, Berührung, Druck
BESSER/GEBESSERT DURCH: Sanfte Bewegung

Wechselwirkungen

MAN DENKE AUCH AN: Spigelia, Magnesium phosphoricum, Causticum

Hauptindikationen beim Pferd

- Neuralgische Schmerzen im Kieferbereich, v. a. des Gelenks
- Linksseitige Gesichtsschmerzen
- Kopfschütteln
- Chronisches Harntröpfeln

Vespa crabro *Vesp.*

HERKÖMMLICHER NAME: Hornisse
KLASSIFIKATION: Tierreich: Insekten
ZUBEREITUNG: Tinktur aus den lebenden Insekten

Leitsymptome

- Wirkt auf die Haut und die weiblichen Geschlechtsorgane
- Geschwollene Konjunktiven (Chemosis)
- Schwellung im Bereich des Maules und Halses
- Erythem
- Heftiges Hautjucken
- Nesseln, Quaddeln, Ödem
- Linksseitige Ovarialschmerzen

Modalitäten

SCHLIMMER/VERSCHLIMMERT DURCH: Bewegung, Fütterung
BESSER/GEBESSERT DURCH: Kalte Anwendungen

Wechselwirkungen

MAN DENKE AUCH AN: Apis, Medusa, Bovista, Urtica urens

Hauptindikationen beim Pferd

- Allergische Hautreaktionen
- Akute allergische Konjunktivitis mit Chemosis
- Quaddeln, Schwellungen
- Angioneurotisches Ödem
- Folgen von Insektenstichen
- Juckreiz und Rötung der Haut
- Linksseitige Ovarialschmerzen, zystische Ovarien
- Phimose, Paraphimose

Viburnum opulus *Vib.*

HERKÖMMLICHER NAME: Schneeball
KLASSIFIKATION: Pflanzenreich: Caprifoliaceae
ZUBEREITUNG: Tinktur aus der frischen Pflanze

Leitsymptome

- Muskelkrämpfe und krampfartige Schmerzen
- Der Fokus liegt auf den weiblichen Geschlechtsorganen
- Kolikartige Schmerzen in den Beckenorganen
- Abortprophylaxe
- Kongestion der Ovarien
- Schmerzen oder Unbehagen im Beckenbereich
- Schmerzen im unteren Rücken
- Wund machende uterine Absonderung
- Empfindlichkeit im Nabelbereich

Modalitäten

SCHLIMMER/VERSCHLIMMERT DURCH: Plötzliche Bewegung oder Erschütterung, Bewegung, nachts, Kälte, vor der Rosse
BESSER/GEBESSERT DURCH: Druck, Ruhe, im Freien

Wechselwirkungen

MAN DENKE AUCH AN: Caulophyllum, Chamomilla, Sepia, Secale, Cimicifuga, Lilium tigrinum, Lachesis

Hauptindikationen beim Pferd
- Schmerzen im unteren Rücken kurz vor und während der Rosse
- Kolik während der Rosse
- Ovarialschmerzen oder Unbehagen
- Allgemeines muskuläres Unbehagen bei Stuten während der Rosse
- Abortprophylaxe

Vinca minor *Vinc.*
HERKÖMMLICHER NAME: Immergrün
KLASSIFIKATION: Pflanzenreich: Apocynaceae
ZUBEREITUNG: Aus der ganzen frischen Pflanze

Leitsymptome
- Hautprobleme
- Feuchtes Ekzem auf dem Kopf mit verfilzten Haaren
- Ausschläge auf der Nase
- Rote, wunde, juckende Hautstellen, schlimmer durch Reiben
- Hochgradige Berührungsempfindlichkeit der Haut
- Pusteln
- Passive uterine Hämorrhagie

Modalitäten - Keine bekannt

Wechselwirkungen
MAN DENKE AUCH AN: Mercurius solubilis, Oleander, Staphisagria, Graphites

Hauptindikationen beim Pferd
- Feuchte, klebrige Dermatitis oder Ekzem
- Empfindliche, rote, entzündete Hautstellen, v. a. wenn diese durch Reiben entstanden sind
- Mauke
- Regenfäule
- Seborrhö

Viola tricolor *Viol-t.*
HERKÖMMLICHER NAME: Stiefmütterchen, Dreifaltigkeitsblume
KLASSIFIKATION: Pflanzenreich: Violaceae
ZUBEREITUNG: Tinktur aus der frischen blühenden Pflanze

Leitsymptome
- Impetigo
- Hochgradiger Juckreiz
- Hautausschläge im Kopfbereich
- Dicke Krusten, die gelben Eiter absondern
- Sykose

Modalitäten
SCHLIMMER/VERSCHLIMMERT DURCH: Nachts, Winter
BESSER/GEBESSERT DURCH: Keine bekannt

Wechselwirkungen
WIRKT GUT ZUSAMMEN MIT: Pulsatilla, Rhus toxicodendron, Sepia, Staphisagria, Vinca minor, Mercurius solubilis, Oleander
MAN DENKE AUCH AN: Rhus toxicodendron

Hauptindikationen beim Pferd
- Mauke mit dicken Krusten und Eiter
- Ekzem oder Dermatitis im Kopfbereich
- Trockene, schuppige Hautveränderungen mit gelber Exsudation
- Hautausschläge mit dicken, harten, rissigen Krusten
- Bakterielle Follikulitis

Vipera, *Vip.*
HERKÖMMLICHER NAME: Kreuzotter, Vipera berus
KLASSIFIKATION: Tierreich: Reptilien: Schlangen: Viperidae
ZUBEREITUNG: Aus dem Gift

Leitsymptome
- Venenentzündung mit hochgradiger Schwellung
- Akute Phlebitis

- Lebervergrößerung, Gelbsucht
- Hämaturie (Blut im Urin)

Modalitäten

SCHLIMMER/VERSCHLIMMERT DURCH: Berührung
BESSER/GEBESSERT DURCH: Keine bekannt

Wechselwirkungen

MAN DENKE AUCH AN: Bothrops, Apis, Bufo, Crotalus horridus

Hauptindikationen beim Pferd

- Akute Lymphangitis, v. a. mit deutlicher Schwellung
- Beckenthrombose
- Schlangenbisse

Viscum album *Visc.*

HERKÖMMLICHER NAME: Mistel[11]
KLASSIFIKATION: Pflanzenreich: Loranthaceae
ZUBEREITUNG: Tinktur aus den reifen Beeren, zerquetschten Blättern oder der ganzen Pflanze

Leitsymptome

- Chronische Metritis
- Linksseitige Ovarialschmerzen
- Nachgeburtsverhaltung
- Herzvergrößerung
- Klappenschäden
- Kleiner und schwacher Puls
- Epilepsie, Petit Mal
- Chorea
- Zur Krebstherapie[11]

Modalitäten

SCHLIMMER/VERSCHLIMMERT DURCH: Winter, kaltes, stürmisches Wetter, Bewegung
BESSER/GEBESSERT DURCH: Keine bekannt

Wechselwirkungen

MAN DENKE AUCH AN: Belladonna, Stramonium, Plumbum

Hauptindikationen beim Pferd

- Petit Mal
- Muskelzuckungen, Chorea
- Herzvergrößerung in Verbindung mit Klappenerkrankungen
- Sarkoide, Melanome und andere Zubildungen, Krebs

Wyethia *Wye.*

HERKÖMMLICHER NAME: Wyethia helenoides
KLASSIFIKATION: Pflanzenreich: Asteraceae (Compositae)
ZUBEREITUNG: Tinktur aus der Wurzel

Leitsymptome

- Pharyngitis (Rachenentzündung)
- Schluckprobleme
- Sehr trockenes Maul
- Jucken in der Nase
- Trockener, hackender Husten
- COPD

Modalitäten

SCHLIMMER/VERSCHLIMMERT DURCH: Ausritte, Anstrengung, nachmittags
BESSER/GEBESSERT DURCH: Keine bekannt

Wechselwirkungen

MAN DENKE AUCH AN: Sanguinaria, Rumex, Sticta

Hauptindikationen beim Pferd

- COPD, wenn starker Juckreiz oder Reiben der Nase ein hervorstechendes Merkmal ist
- Trockener, hackender Husten mit Entzündung des Halses und Schluckproblemen
- Pharyngitis
- Kopfschütteln

Xanthoxylum *Xan.*

HERKÖMMLICHER NAME: Zahnwehholz, Eschenblättriges Gelbholz, *Xanthoxylum americanum, Xanthoxylum fraxineum*
KLASSIFIKATION: Pflanzenreich: Rutaceae
ZUBEREITUNG: Tinktur aus der frischen Rinde

Leitsymptome
- Wirkt auf das Nervensystem und die Schleimhäute
- Paralyse
- Rheuma-ähnliche Steifheit
- Kolik durch Überfressen
- Ovarialschmerzen, schlimmer links
- Schmerzen, die nach unten in die Beine und in den Rücken ausstrahlen
- Linksseitige Paralyse aufgrund von Wirbelsäulenproblemen
- Schlechte kapilläre Zirkulation

Modalitäten
SCHLIMMER/VERSCHLIMMERT DURCH: 4 Uhr morgens
BESSER/GEBESSERT DURCH: Ruhe

Wechselwirkungen
MAN DENKE AUCH AN: Cimicifuga, Plumbum, Lachesis, Hypericum

Hauptindikationen beim Pferd
- Nerven- oder Wirbelsäulenverletzungen
- Linksseitige Hinterhandlähmung oder –schwäche
- Linksseitige Ovarialschmerzen und damit zusammenhängende Rückenschmerzen
- Chronische Laminitis

Zincum metallicum *Zinc.*
HERKÖMMLICHER NAME: Zink
KLASSIFIKATION: Mineralreich: Metalle: Zinkgruppe
ZUBEREITUNG: Trituration des Metalls

Leitsymptome
- Ausgeprägte Wirkung auf das Nervensystem
- Die Gewebe sind schneller abgenutzt als wieder aufgebaut
- Tiere, die zu hart arbeiten mussten
- Verminderte Vitalität
- Depression
- Gedächtnisschwäche
- Geräuschempfindlichkeit, leichtes Aufschrecken
- Oft freundliches Naturell
- Stimmungsschwankungen
- Nachgiebigkeit
- Wirbelsäulenprobleme
- Zuckungen, Chorea, Zittern
- Konvulsionen, Epilepsie
- Rollt den Kopf von einer Seite auf die andere
- Presst den Kopf gegen die Wand
- Ptose
- Augenrollen
- Konjunktivitis
- Juckreiz und Wundheit der Lider
- Tränenmangel
- Risse an den Maulwinkeln
- Lockere Zähne, Zahnfleischbluten
- Gierig, frisst sehr schnell
- Kolik mit rumpelnden Geräuschen
- Auftreibung des Abdomens, Blähungskolik
- Unfreiwilliger Harnabsatz beim Gehen
- Verstopfung mit kleinem und hartem Kot
- Hodenschwellung
- Linksseitige Ovarialschmerzen mit ausgeprägter Unruhe
- Nymphomanie
- Schmerzhaftes Euter, wunde Zitzen
- Krampfartiger Husten, schlimmer durch Essen
- Blutstreifiger Auswurf
- Asthma mit Bronchitis, gelindert durch Abhusten von Schleim
- Rückenschmerzen (im Lendenbereich), reagiert auf die leiseste Berührung
- Brennende Hitze entlang der Wirbelsäule
- Hinterhandschwäche
- Kann die Füße nicht still halten

- Empfindlichkeit/Unbehagen im Bereich der Sohle/des Strahls
- Juckreiz im Bereich der Schenkel, Knie und unteren Beine
- Anämie, Zerstörung der roten Blutkörperchen

Modalitäten

SCHLIMMER/VERSCHLIMMERT DURCH: Während der Rosse, Berührung, Druck, Reiben, Kratzen, beim Reiten, Anstrengung, Ruhe, 17–19 Uhr, Überhitzung, warmer Stall, Unterdrückung von Absonderungen

BESSER/GEBESSERT DURCH: Während der Fütterung, Herauskommen von Absonderungen oder Hautausschlägen, nach der Rosse

Wechselwirkungen

WIRKT GUT ZUSAMMEN MIT: Sepia, Sulphur, Pulsatilla, Ignatia, Belladonna, Calcium phosphoricum

UNVERTRÄGLICH MIT: Nux vomica, Chamomilla

MAN DENKE AUCH AN: Plumbum, Pulsatilla, Lycopodium, Argentum nitricum, Phosphorus, Agaricus

Hauptindikationen beim Pferd

- Erkrankungen des Nervensystems
- Erregte, nervöse Pferde
- Mangel an motorischer Kontrolle
- Paralyse mit Muskelzittern
- Virusinfektionen, die durch neurologische Symptome charakterisiert sind
- Equine protozoäre Myeloenzephalitis
- Symptomatische Behandlung von Vergiftungen
- Zittern, Zuckungen, Spasmen, Chorea
- Zittern
- Unruhe, Schwäche
- Folgen von Gehirnerschütterung
- Epilepsie, Krampfanfälle, Konvulsionen, v. a. Petit Mal
- Meningitis
- Verlust des Gleichgewichts mit der Neigung, nach links zu fallen
- Neonatales Fehlanpassungssyndrom bei Fohlen
- Geräuschüberempfindlichkeit
- Depression, Mangel an Vitalität, Vergesslichkeit
- Folgen von Überarbeitung
- Ptose, Herabhängen des unteren Augenlides
- Trockene, entzündete Kornea, trockenes Auge (mangelnde Tränenproduktion)
- Konjunktivitis mit roten, entzündeten Lidern
- Blähungskolik, v. a. rezidivierende Fälle
- Verstopfung
- Kolik durch Überfressen
- Graskrankheit
- Schmerzen im Lendenbereich mit hochgradiger Berührungsempfindlichkeit
- Knacken der Gelenke
- Osteochondrose, OCD
- Linksseitige Ovarialschmerzen, oft mit Nymphomanie
- Anämie
- Autoimmun-hämolytische Anämie bei Fohlen
- Agalaktie (Milchmangel)
- Postvirales Syndrom, Equine ME

Kleinere und selten verwendete Arzneien

Das folgende Kapitel enthält kurze Hinweise zu kleineren Mitteln, die gelegentlich bei der Behandlung von Pferden eingesetzt werden.

Ammonium phosphoricum *Am-p.*

HERKÖMMLICHER NAME: Ammoniumphosphat
KLASSIFIKATION: Mineralreich

Hauptindikationen beim Pferd

- Fazialislähmung

Anilinum *Anil.*

HERKÖMMLICHER NAME: Anilin, Amidobenzol, ein Kohlenteerprodukt
KLASSIFIKATION: Mineralreich: Karbongruppe

Hauptindikationen beim Pferd

- Hämaturie (Blut im Urin)
- Tumoren der Harnwege

Arsenicum hydrogenisatum *Ars-h.*

HERKÖMMLICHER NAME: Arsenwasserstoff
KLASSIFIKATION: Mineralreich

Hauptindikationen beim Pferd

- Koitalexanthem

Arum triphyllum *Arum-t.*

HERKÖMMLICHER NAME: Dreiblättriger Aronsstab, Jack in the Pulpit
KLASSIFIKATION: Pflanzenreich: Araceae

Hauptindikationen beim Pferd

- Kopfschütteln

Astacus *Astac.*

HERKÖMMLICHER NAME: Flusskrebs, *Astacas fluviatilis*
KLASSIFIKATION: Tierreich: Krustentiere

Hauptindikationen beim Pferd

- Urtikaria
- Heftiger Juckreiz am ganzen Körper

Atropinum *Atro-pur.*

HERKÖMMLICHER NAME: Atropin
KLASSIFIKATION: Pflanzenreich: Solanaceae

Hauptindikationen beim Pferd

- Magengeschwüre

Bambusa arundinacea *Bamb-a.*

HERKÖMMLICHER NAME: Bambus
KLASSIFIKATION: Pflanzenreich: Poaceae

Hauptindikationen beim Pferd

- Arthritis, Degenerative Gelenkerkrankung (DJD)
- OCD

Cadmium sulphuratum *Cadm-s.*

HERKÖMMLICHER NAME: Schwefelsaures Cadmium
KLASSIFIKATION: Mineralreich

Hauptindikationen beim Pferd

- Fazialislähmung
- Hornhauttrübung
- Würgen, Konstriktion des Ösophagus
- Nasenpolypen

Cajuputum *Caj.*

HERKÖMMLICHER NAME: Weißer Teebaum, Cajeput-Öl

KLASSIFIKATION: Pflanzenreich: Myrtaceae

Hauptindikationen beim Pferd

- Würgen
- Speiseröhrenkrampf

Calcium silicatum *Calc-sil.*

HERKÖMMLICHER NAME: Kalziumsilikat

KLASSIFIKATION: Mineralreich

Hauptindikationen beim Pferd

- Epizootische Lymphangitis

Caltha palustris *Calth.*

HERKÖMMLICHER NAME: Sumpfdotterblume

KLASSIFIKATION: Pflanzenreich: Ranunculaceae

Hauptindikationen beim Pferd

- Pemphigus, v. a. im Bereich des Kronsaums

Chelone *Chelo.*

HERKÖMMLICHER NAME: Kahle Schildblume, *Chelone glabra*

KLASSIFIKATION: Pflanzenreich: Scrofulariaceae

Hauptindikationen beim Pferd

- Würmer

Chrysarobinum *Chrysar.*

HERKÖMMLICHER NAME: Goapulver, *Andira araroba*

KLASSIFIKATION: Pflanzenreich: Asteracea (Compositae)

Hauptindikationen beim Pferd

- Ringflechte

Cortisonum *Cortiso.*

HERKÖMMLICHER NAME: Hydrocortison, ein Steroid

KLASSIFIKATION: Tierreich: Sarkoden

Hauptindikationen beim Pferd

- Morbus Cushing

Cundurango *Cund.*

HERKÖMMLICHER NAME: Condor-Pflanze, Marsdenia cundurango

KLASSIFIKATION: Pflanzenreich: Asclepladaceae

Hauptindikationen beim Pferd

- Würgen
- Ekzem mit ausgeprägten Rissen an den Maulwinkeln
- Ekzem an den Haut-Schleimhaut-Übergängen
- Lupus
- Ulzerierte Melanome

Cystisus laburnum *Cyt-l.*

HERKÖMMLICHER NAME: Goldregen, *Cystisus laburnum*

KLASSIFIKATION: Pflanzenreich: Fabacae

Hauptindikationen beim Pferd

- Meningitis

Dolichos pruriens *Dol.*

HERKÖMMLICHER NAME: Juckbohne, *Mucuna pruriens*

KLASSIFIKATION: Pflanzenreich: Fabiaceae (Leguminosae)

Hauptindikationen beim Pferd

- Hochgradiger Juckreiz der Haut
- Hochgradiges Sommerekzem, v. a. im Bereich der Mähne und des Widerrists

Elaps corallinus *Elaps*

HERKÖMMLICHER NAME: Korallenschlange

KLASSIFIKATION: Tierreich: Reptilien: Schlangen

Hauptindikationen beim Pferd

- Speiseröhrenkrampf, Würgen
- Schwarze Absonderungen, Blutungen mit dunklem, schwarzem Blut

- Lichtbedingtes Kopfschütteln beim hellem Licht
- Jucken der Ohren
- Übel riechende und voluminöse Absonderung einer schwarzen Substanz aus den Ohren
- Chronische Laminitis
- Furcht vor Regen

Eupionum *Eupi.*

HERKÖMMLICHER NAME: Eupion, Holzteerdestillat
KLASSIFIKATION: Pflanzenreich: Hydrokarbon

Hauptindikationen beim Pferd

- Schwitzen bei der geringsten Anstrengung, übermäßiges Schwitzen
- Hochgradige Schmerzen im unteren Rücken

Haiknorpel

HERKÖMMLICHER NAME: Getrockneter Haiknorpel
KLASSIFIKATION: Tierreich: Sarkoden

Hauptindikationen beim Pferd

- OCD
- Osteochrondrose
- Degenerative Gelenkerkrankung (DJD), Arthritis

Homarus *Hom.*

HERKÖMMLICHER NAME: Verdauungssaft des Hummers
KLASSIFIKATION: Tierreich: Krustentiere

Hauptindikationen beim Pferd

- Knochenspat

Hydrocotyle asiatica *Hydrc.*

HERKÖMMLICHER NAME: Indischer Wassernabel, *Centella asiatica*
KLASSIFIKATION: Pflanzenreich: Apiaceae (Umbelliferae)

Hauptindikationen beim Pferd

- Hyperkeratose, Verdickung der Haut mit hochgradiger Abschuppung
- Unerträgliches Hautjucken mit Verdickung und starker Abschuppung
- Sommerekzem
- Lupus

Insulinum

HERKÖMMLICHER NAME: Insulin
KLASSIFIKATION: Tierreich: Hormone: Sarkoden

Hauptindikationen beim Pferd

- Diabetes mellitus
- Morbus Cushing

Luteinisierendes Hormon-Releasing-Hormon

HERKÖMMLICHER NAME: LHRH
KLASSIFIKATION: Tierreich: Hormone: Sarkoden

Hauptindikationen beim Pferd

- Unfruchtbarkeit mit normalem Zyklus

Mercurius sulphuricus *Merc-sul.*

HERKÖMMLICHER NAME: Quecksilbersulfat
KLASSIFIKATION: Mineralreich: Quecksilbergruppe

Hauptindikationen beim Pferd

- Hydrothorax
- Chronische Hepatitis
- Hochgradige wässrige Diarrhö

Mineral, Vermiculite *Vermic.*

HERKÖMMLICHER NAME: Vermiculite
KLASSIFIKATION: Mineralreich

Hauptindikationen beim Pferd

- Knochenspat (als D6)
- Schale
- Exostosen, Knochensporn

Ocimum canum *Oci.*

HERKÖMMLICHER NAME: Kampferbasilikum
KLASSIFIKATION: Pflanzenreich: Lamiaceae (Labiatae)

Hauptindikationen beim Pferd

- Pyelonephritis
- Nierenschmerzen
- Harngrieß, Urolithiasis

Onosmodium virginianum *Onos.*

HERKÖMMLICHER NAME: Falscher Steinsamen
KLASSIFIKATION: Boraginaceae

Hauptindikationen beim Pferd

- Zerrungen
- Erweiterung der Blutgefäße der Netzhaut
- Fehleinschätzung von Entfernungen oder Sprüngen
- Schlechte Koordination der Hinterbeine
- Equine protozoäre Myeloenzephalitis, EPM

Ornithogalum umbellatum *Orni.*

HERKÖMMLICHER NAME: Doldenmilchstern
KLASSIFIKATION: Pflanzenreich: Hyacinthaceae

Hauptindikationen beim Pferd

- Magengeschwüre

Osteoarthritis-Nosode

HERKÖMMLICHER NAME: Arthritischer Knochen
KLASSIFIKATION: Tierreich: Nosoden

Hauptindikationen beim Pferd

- Arthritis, DJD

Passiflora incarnata *Passi.*

HERKÖMMLICHER NAME: Passionsblume
KLASSIFIKATION: Pflanzenreich: Passifloraceae

Hauptindikationen beim Pferd

- Tetanus
- Hysterisches Verhalten

Progesteronum

HERKÖMMLICHER NAME: Progesteron
KLASSIFIKATION: Tierreich: Hormone: Sarkoden

Hauptindikationen beim Pferd

- Unfruchtbarkeit mit normalem Zyklus

Ranunculus bulbosus *Ran-b.*

HERKÖMMLICHER NAME: Knolliger Hahnenfuß
KLASSIFIKATION: Pflanzenreich: Ranunculaceae

Hauptindikationen beim Pferd

- Bläschen oder Blasen auf der Haut mit starkem Juckreiz, v. a. im Bereich der Nase
- Schmerzen in der Schulter und im unteren Halsbereich
- Sarkoide
- Harte warzenartige Hautgewächse
- Verklebungen nach Pleuritis

Ranunculus scleratus *Ran-s.*

HERKÖMMLICHER NAME: Gletscher-Hahnenfuß
KLASSIFIKATION: Pflanzenreich: Ranunculaceae

Hauptindikationen beim Pferd

- Pemphigus

Raphanus sativus *Raph.*

HERKÖMMLICHER NAME: Schwarzer Gartenrettich
KLASSIFIKATION: Pflanzenreich: Brassicaceae (Cruciferae)

Hauptindikationen beim Pferd

- Tympanische Kolik
- Zur postoperativen Vorbeugung der intestinalen Gasbildung

Salvia officinalis *Salv.*

HERKÖMMLICHER NAME: Salbei
KLASSIFIKATION: Pflanzenreich: Laminaceae (Labiatae)

Hauptindikationen beim Pferd

- Übermäßiges Schwitzen

Santoninum *Santin.*

HERKÖMMLICHER NAME: Santonin
KLASSIFIKATION: Pflanzenreich: Asteraceae (Compositae)

Hauptindikationen beim Pferd

- Würmer

Staphylokokken-Nosode

HERKÖMMLICHER NAME: Staphylokokken
KLASSIFIKATION: Nosoden

Hauptindikationen beim Pferd

- Hautinfektionen
- Bakterielle Follikulitis

Stillingia silvatica *Still.*

HERKÖMMLICHER NAME: Stillingie
KLASSIFIKATION: Pflanzenreich: Euphorbiaceae

Hauptindikationen beim Pferd

- Knochenschmerzen, v. a. im Bereich der unteren Gliedmaßen und des Rückens

Succinum *Succ.*

HERKÖMMLICHER NAME: Bernstein
KLASSIFIKATION: Pflanzenreich

Hauptindikationen beim Pferd

- Furcht vor geschlossenen Räumen
- Vertragen das Reisen schlecht

Tetanus-Nosode, Tetanotoxinum *Tetox.*

HERKÖMMLICHER NAME: Tetanus
KLASSIFIKATION: Tierreich: Nosoden

Hauptindikationen beim Pferd

- Tetanus (zur Unterstützung anderer Mittel)

Upas tieuté *Upa.*

HERKÖMMLICHER NAME: *Strychnos tieuté*
KLASSIFIKATION: Pflanzenreich: Loganiaceae

Hauptindikationen beim Pferd

- Tetanus
- Tonische Spasmen

Viola odorata *Viol-o.*

HERKÖMMLICHER NAME: März-Veilchen
KLASSIFIKATION: Pflanzenreich: Violaceae

Hauptindikationen beim Pferd

- Karpaltunnelsyndrom
- Gedächtnisschwäche

Die Darmnosoden

Der Begriff „Nosode“ entstammt der griechischen Bezeichnung für Krankheit, steht heute aber für ein Arzneimittel, das aus Krankheitsmaterial hergestellt wird, sei es aus infektiösem Gewebe oder den entsprechenden Organismen, bei denen es sich häufig um Bakterien oder Viren handelt. In der Veterinärhomöopathie werden zahlreiche Nosoden eingesetzt, wobei die Darmnosoden eine kleine Gruppe von Mitteln darstellen, die homöopathisch aus Bakterien zubereitet werden, welche gewöhnlich im Darm zu finden sind. Ein Grossteil der Entwicklung der Darmnosoden geht auf die Arbeit von Dr. Edward Bach in den 1920ern zurück; es handelt sich um denselben Dr. Bach, der zehn Jahre später die Blütenmittel entwickelte. Ein schottischer Arzt namens John Paterson und seine Frau setzten die Arbeit mit den Darmnosoden in den 1930ern, 40ern und 50ern weiter fort und konnten weitere Beobachtungen und Indikationen hinzufügen.

Darm und Bakterien

Die Bakterien, welche die Gruppe der Darmnosoden bilden, wurden ursprünglich aus dem Stuhl chronisch kranker menschlicher Patienten kultiviert, obwohl die Bakterien auch bei gesunden Menschen zu finden waren. Chronische Krankheiten scheinen Patienten solcherart zu „stressen“, dass sich die Zusammensetzung der Bakterien im Darm verändert. Dies führt dazu, dass sich eine größere Anzahl von ganz bestimmten Bakterien im Darm und Stuhl findet. Welche Organismen sich besonders vermehren, hängt von der Symptomatik des Patienten ab; Patienten mit ähnlichen Krankheitsbildern haben meist abnorm hohe Zahlen derselben Bakterien im Stuhl. Da es einen Zusammenhang zwischen den Krankheitssymptomen und den Darmbakterien gibt, kann man die jeweiligen Bakterien in homöopathisch aufbereiteter Form zur Behandlung der entsprechenden Symptomatik einsetzen.

Obwohl diese Arzneien, die gemeinhin als Darmnosoden bekannt sind, ursprünglich aus Bakterien aus menschlichen Stuhlproben hergestellt wurden[12], sind die entsprechenden Symptombilder auch deutlich bei Tieren, einschließlich Pferden, zu erkennen. Das bedeutet, dass wir diese Mittel mit großem Vorteil nutzen können, wenn die entsprechende Symptomatik vorliegt. Außerdem besteht bei jeder Darmnosode eine Verbindung zu einer Gruppe assoziierter Arzneien.

Verwendung der Darmnosoden

Es gibt bestimmte Situationen, in denen Darmnosoden eingesetzt werden können, insbesondere wenn eine klare Symptomatik vorliegt, die mit einer Nosode korrespondiert, und gleichzeitig kein anderes Mittel eindeutig angezeigt ist. Die Symptomatik sollte sowohl geistige als auch körperliche Symptome umfassen. Weiterhin können sie eingesetzt werden:

- Wenn ein Fall nicht auf die bisherige Behandlung anspricht
- Wenn mehrere Mittel in Frage kommen. Fallen diese Mittel alle in eine Gruppe, die mit einer bestimmten Nosode assoziiert ist, hat man eine Indikation für diese Darmnosode
- Wenn ein Tier bereits über einen längeren Zeitraum mit einer ganzen Reihe von Arzneien mit mehr oder weniger Erfolg behandelt wurde

Potenzwahl

Im Allgemeinen sollte die C30 zweimal täglich über mehrere Tage verabreicht werden, wobei die genaue Zeitdauer anhand der Veränderung der Symptome ermittelt wird. Da es sich um tief wirkende Mittel handelt, sollten sie nicht zu häufig wiederholt und auch nicht hintereinander eingesetzt werden, ohne dass jeweils mehrere Wochen dazwischen liegen. Höhere Potenzen können unter professioneller Anleitung verwendet werden, wenn die Gemütssymptome der Arznei exakt mit jenen des Patienten übereinstimmen. Hier kann die C200 oder 1M verabreicht werden, wobei nur einige wenige Gaben über maximal vier oder fünf Tage gegeben und frühestens nach zwei oder drei Monaten wiederholt werden.

Spezielle Darmnosoden und ihre Symptomatik

Von den ca. 11 Darmnosoden können die nachfolgend aufgeführten bei Pferden eingesetzt werden. Die assoziierten Mittel sind entsprechend ihrer Wertigkeit genannt. **Fettgedruckte** Mittel haben die engste Verbindung zu der Nosode. *Kursivdruck* weist auf eine etwas weniger enge Verbindung und Normaldruck auf den schwächsten Zusammenhang hin.

Morgan oder Morgan-Bach

Leitsymptome: Kongestion

Diese Nosode (die in zwei Untergruppen unterteilt wird) hat eine Affinität zur Haut und den Schleimhäuten des Verdauungstraktes, der Harnwege und Geschlechtsorgane. Sie hat auch eine Wirkung auf die Leber.

(i) Morgan-Pure

Der Fokus dieser Arznei richtet sich auf die Haut. Entsprechende Symptome sind Juckreiz, verdickte und rissige Haut (wie bei Mauke), raue, rote, ekzematöse Stellen, nässende Ekzeme und Abschuppung. Alle Hautsymptome verschlimmern sich bei Hitze. Weitere Merkmale sind Gemütssymptome wie Reizbarkeit, Furcht vor Menschenmengen und Angst beim Alleinsein. Ist der Verdauungsapparat betroffen, kann Morgan bei Symptomen wie Darmträgheit (Verstopfung), Leberschmerzen, Leberkongestion und Gelbsucht hilfreich sein. Es besteht eine spezifische Wirkung auf den Bewegungsapparat. Morgan ist in Fällen angezeigt, wo arthritische Veränderungen der Wirbelsäule und Kreuzdarmbeingelenke vorliegen, sowie bei Schulterschmerzen (mit Linderung durch Bewegung), Schmerzen und Schwellung der Karpal- und Fesselgelenke, Arthritis und Schwellung der Kniegelenke mit Krepitation (knirschende Geräusche im Gelenk) und bei akuter Laminitis mit ausgeprägter Hitze und starken Schmerzen in den Vorderbeinen.

Assoziierte Mittel

Sulphur, *Psorinum, Medorrhinum, Graphites,* Calcium carbonicum, Calcium sulphuricum, Petroleum, Sepia, Tuberculinum

(ii) Morgan-Gaertner

Der Wirkungsschwerpunkt liegt hier auf den Harnwegen und dem Verdauungsapparat. Die Verhaltenssymptome umfassen Reizbarkeit, aufbrausendes Temperament, Ungeduld und nervöse Anspannung. Es kann auch Furcht vor Menschenmengen und Fremden bestehen. Das Leitsymptom im Hinblick auf die Verdauung ist Blähungskolik, v. a. wenn das Kolon deutlich aufgetrieben ist. Morgan-Gaertner kann auch grundsätzlich bei Blähungen, Verdauungsträgheit und Verstopfung mit trockenem Kot von Nutzen sein, ebenso wie bei Nierenschmerzen, Pyelonephritis und Zystitis.

Assoziierte Mittel

Lycopodium, *Lachesis,* Chelidonium, Helleborus, Hepar sulphuris, Sanguinaria

Proteus-Bach

Leitsymptome: Nervensystem

Die Wirkung von Proteus richtet sich v. a. auf ein Ungleichgewicht innerhalb des peripheren und zentralen Nervensystems und deckt Symptome wie Spasmen, Krämpfe und Epilepsie ab. Auch Erkrankungen, die sich aufgrund von lang dauerndem Stress oder Belastungen entwickeln, können von dieser Arznei profitieren; dabei ist ein wichtiges Leitsymptom, dass die Symptome plötzlich erscheinen. Es deckt Verhaltensprobleme wie z. B. ein hitziges, explosives Naturell und plötzliche impulsive Ausbrüche mit Zorn und Treten oder Beißen ab. Pferde, die Proteus brauchen, machen oft einen nervösen Eindruck. Ihr autonomes Nervensystem arbeitet auf Hochtouren, daher befinden sie sich stets in nervöser Anspannung und sind bereit loszustürmen. Dabei zeigen sie Anzeichen von Furcht oder ängstlicher Erregung, erscheinen manchmal aber auch sehr starrsinnig. Sie sind oft Einzelgänger und gehen keine enge Bindung mit anderen Pferden ein.

Neben den verhaltensspezifischen Indikationen ist Proteus auch bei Kreuzverschlag, Epilepsie, Hahnentritt, Zittern, Magengeschwüren durch lang dauernden Stress (wenn die Symptome plötzlich ohne Vorwarnung auftreten) und behandlungsresistenten Fällen von Tetanus angezeigt. Chronisch verdickte Beugesehnen können ebenfalls von dieser Arznei profitieren, wenn diese über längere Zeit gegeben wird. In diesem Zusammenhang kann sie sich auch bei der Behandlung von fibrotischer Myopathie, Kurbe und Striktur des palmaren Fesselringbandes als hilfreich erweisen. Weiterhin kann Proteus auch bei Pferden angezeigt sein, die übermäßig empfindlich auf ultraviolettes Licht reagieren, was darauf schließen lässt, dass Proteus in Fällen von Photosensibilität und Sonnenbrand nützlich sein kann. Im Hinblick auf die Haut ist Proteus auch ein Hauptmittel bei der Behandlung von angioneurotischem Ödem und Ekzemen an den Haut-Schleimhaut-Übergängen, wie z. B. an den Lippen und der Vulva. Proteus hat eine Verbindung zu den Nebennieren und Nieren ebenso wie zum Chlorid-Ion, weswegen es mit etlichen Vertretern der Chloridgruppe von Arzneien in Zusammenhang steht – den Muriaticums.

Assoziierte Mittel

Natrium muriaticum, Apis, Borax, Cuprum, Ignatia, Secale, Acidum muriaticum, Ammonium muriaticum, Barium muriaticum, Calcium muriaticum, Kalium muriaticum, Magnesium muriaticum.

Gaertner-Bach

Leitsymptome: Ernährung und Verdauung

Die auffälligsten Merkmale bei Tieren, die dieses Mittel brauchen, sind Abmagerung bzw. Mangelernährung und ungenügend entwickelte Muskeln aufgrund von mangelhafter Ernährung oder Verdauungsproblemen. Sie erscheinen lang und schlaksig und sind von schwächlicher Gestalt, auch wenn sie einen aufgetriebenen Bauch haben können. Es handelt sich um aufgeweckte, empfindsame und intelligente Tiere, die aber unruhig sein können. Sie müssen immer wissen, was um sie herum vorgeht. Von Zeit zu Zeit neigen sie zu Erregungszuständen, sind aber stets bemüht, ihr Bestes zu geben. Sie bevorzugen Gesellschaft und werden es, wenn möglich, immer vermeiden, allein zu sein.

Die Indikationen für Gaertner-Bach umfassen Abmagerung jedweder Genese, sofern das Verdauungssystem daran beteiligt ist; dies kann von ungenügender Fütterung, Verdauungsschwäche, chronischem Durchfall oder hochgradiger Verwurmung bis hin zu chronischer Salmonellose reichen. Gaertner ist eines der Mittel, die nach dem Einsatz von Antibiotika in Erwägung zu ziehen sind, wenn die Verdauung dadurch in Unordnung geraten ist und sich nicht wieder normalisiert hat.

Assoziierte Mittel

Phosphorus, Silicea, Mercurius solubilis, Calcium fluoratum, Calcium phosphoricum, Kalium phosphoricum, Natrium phosphoricum, Pulsatilla, Zincum phosphoricum

Dysentery Co. Bach (Dys-Co.)

Leitsymptome: Nervensystem, Herz, Verdauung

Das Wirkungsspektrum von Dysentery Co. deckt nervöse Symptome wie Erwartungsangst, spezifische Ängste (z. B. vor bestimmten Gegenständen, Menschen oder Orten), irrationale Ängste, Ungeduld, Unruhe, Unsicherheit, Scheu und Mangel an Selbstvertrauen ab. Lärm verschlimmert alle Probleme und es besteht die Neigung, leicht nervös zu werden und vor angst-

machenden Ereignissen weichen oder flüssigen Kot abzusetzen.
leicht nervös zu werden und vor angstmachenden Ereignissen weichen oder flüssigen Kot abzusetzen.

Dys-Co. ist ein Hauptmittel (zusammen mit Lycopodium) für Erwartungsangst, und es wird die Anspannung lindern, die sich vor jedem wichtigen Ereignis aufbaut. Auch bei Pferden, die sich schlecht verladen lassen, kann es hilfreich sein. Spezifische Indikationen, die nicht verhaltensbedingt sind, umfassen Magengeschwüre, wobei sich die Symptome allmählich über einen längeren Zeitraum entwickeln, Rückenschmerzen (mit Besserung bei Bewegung), Neigung zu Blähungskoliken (ausgelöst durch nervöse Anspannung), Herzarrhythmien, Mauke, wenn Graphites versagt, und chronische Laminitis mit deutlichen Rillen oder Rissen in den Hufen, wenn die Ursache in einer mangelhaften Versorgung der Lamellen liegt.

Assoziierte Mittel
Arsenicum album, Argentum nitricum, Kalmia, Anacardium, Tuberculinum, Veratrum album

Sycotic Co. Paterson
Leitsymptome: Reizbarkeit, Haut, Schleimhäute
Die Verhaltenssymptome von Sycotic Co. ähneln in vielerlei Hinsicht jenen von Gaertner, allerdings sind die Ängste eines Pferde, das Sycotic Co. braucht, versteckter. Diese Tiere sind fast immer fett, was in direktem Gegensatz zu solchen Pferden steht, die Gaertner benötigen. Weiterhin sind sie leicht reizbar oder angespannt, und sie können ohne Vorwarnung ausschlagen oder beißen.

Jede Erkrankung, die mit einem gelben, grünen, dicken Katarrh einhergeht, kann auf Sycotic Co. ansprechen, was darauf schließen lässt, dass dieses Mittel bei chronischer Rhinitis, Infektionen der Nebenhöhlen und Erkrankungen der Luftsäcke, bei denen andere Arzneien versagen, hilfreich sein kann. Auch Fälle von COPD können ansprechen, wenn sie von Giemen und Husten mit dickem, gelblichen Schleim begleitet sind. In behandlungsresistenten Fällen von Influenza kann man ebenfalls Sycotic Co. geben, um eine schnelle Genesung zu unterstützen. Sycotic Co. zeigt auffallende Hautsymptome, und es ist bei der Behandlung von Warzen, Sarkoiden und Melanomen ebenso wie bei allergischen Hautproblemen (z. B. Sommerekzem) angezeigt, wenn andere Mittel wie z. B. Rhus toxicodendron keine Wirkung gezeigt haben. Daneben kann es auch bei Mauke hilfreich sein (v. a. wenn diese mit sehr tiefen Hautrissen einhergeht), wenn diese nicht vollständig abheilt, ebenso wie in Fällen von equiner nodulärer Hauterkrankung (allergische Kollagennekrose), wenn die Knötchen sich nicht zurückbilden.

Weitere Indikationen für dieses Mittel sind Schmerzen im Lumbosakral- und Kreuzdarmbeinbereich, die sich durch Bewegung und Wärme bessern, DJD der Fesselgelenke der Vorderbeine und chronische Synovitis mit Auftreibung der betroffenen Gelenke. Sycotic Co. ist auch in Fällen von hartnäckiger Harnröhrenabsonderung (Urethritis) bei Wallachen oder Hengsten nützlich, wenn andere Mittel keinen Erfolg gezeigt haben.

Assoziierte Mittel
Thuja, Medorrhinum, Nitricum acidum, Antimonium tartaricum, Natrium sulphuricum, Rhus toxicodendron, Bacillinum, Kalium bichromicum, Hydrastis, Lycopodium, Sepia

Die Gewebesalze

Die zwölf biochemischen Gewebesalze, die manchmal auch als Zell- oder Mineralsalze bezeichnet werden, wurden erstmalig von Dr. Schüssler entdeckt. Es handelt sich dabei um Mineralstoffe, die sich auch im Körper finden und für die normale Funktion der Zellen bzw. des Körpers benötigt werden. Sie unterstützen den Körper sowohl in physischer als auch struktureller Hinsicht. Ein Ungleichgewicht dieser Mineralstoffe kann zu Gesundheitsproblemen oder Krankheiten führen, bei denen die Einnahme der Gewebesalze zur Wiederherstellung des körperlichen Gleichgewichts hilfreich sein kann.

Die Gewebesalze werden therapeutisch in niedrigen Potenzen (D6) verschrieben und entweder einzeln oder in Kombination eingesetzt. Dieselben Arzneien werden oft in höheren Potenzen für andere Probleme verschiedenster Art verwendet, wie ein Blick in die Materia medica zeigt. Der Hauptunterschied liegt in ihrer Wirkungsweise. Die Gewebesalze wirken in gleichartiger/homogener Weise auf der Ebene der Ernährung/Substituierung, im Gegensatz zu der heterogenen bzw. breiter gefächerten energetischen Wirkung der meisten homöopathischen Arzneien.
Dosierung: *Die normale Dosis beträgt vier bis acht Tabletten (in Abhängigkeit von der Größe des Pferdes) dreimal täglich*

Calcium fluoratum D6, Kalziumfluorit
Leitsymptom: Elastizität

Funktion

- Unterstützt das elastische und Bindegewebe der Haut, Muskeln und Blutgefäße. Es ist ein Bestandteil des Zahnschmelzes und der Knochen.

Indikationen

- Zur Wiederherstellung der Gewebselastizität
- Muskelschwäche
- Mangelhafter Zahnschmelz
- Hautrisse
- Verletzungen von Bändern und Sehnen
- Synovitis
- Zur Stärkung der Knochen
- Chronische Gelenkentzündungen
- Chronische Nebenhöhlenprobleme
- Verlangsamter Kreislauf
- Chronische Laminitis
- Darmanschoppung durch Muskelschwäche

Calcium phosphoricum D6, Kalziumphosphat
Leitsymptom: Ernährung

Funktion

- Unterstützt die Bildung neuer Blutzellen
- Findet sich in Knochen, Zähnen, Bindegewebe und den Verdauungssäften
- Wachstumsfördernd

Indikationen

- Knochenschwäche
- Frakturen
- Muskelkrämpfe
- Erschöpfung
- Schwäche
- Bei mangelhafter Assimilation der Nahrung oder schlechtem Ernährungszustand
- Als Tonikum nach Darmoperationen
- Anämie (in Kombination mit Ferrum phosphoricum)

Calcium sulphuricum D6, Kalziumsulfat
Leitsymptom: Blutreinigung

Funktion

- Zur Blutreinigung. Unterstützt die Leber bei der Beseitigung oder Ausscheidung von Abfallstoffen.

Indikationen

- Allgemein bei den meisten Hautproblemen, bei denen eine Infektion vorliegt
- Abszesse
- Geschwüre im Maul
- Langsam oder schlecht heilende Wunden
- Katarrh (in Kombination mit Kalium chloratum)
- Wirkt gut in Kombination mit Kalium chloratum und Natrium sulphuricum

Ferrum phosphoricum D6, Eisenphosphat
Leitsymptom: Erste Hilfe

Funktion

- Transportiert Sauerstoff und stärkt die Wände der Blutgefäße.

Indikationen

- Atemwegsinfektionen einschließlich Pferdeinfluenza
- Hämorrhagie
- Anämie
- Fieber, v. a. mit hoher Temperatur und schnellem Puls
- Vermindert die Intensität des Fiebers
- Pharyngitis oder Laryngitis
- Frühe Entzündungsstadien
- Muskelverletzungen, Zerrungen und Verrenkungen
- Schlechter Appetit
- Folgen von Insektenstichen
- Schlechtes Fell, glanzlos
- Fördert die Aufnahme und Assimilation von Eisen

Kalium chloratum D6, Kaliumchlorid
Leitsymptom: Blutauffrischer und Drüsentonikum

Funktion

- Blutauffrischer und Drüsentonikum

Indikationen

- Atemwegsprobleme einschließlich Husten und Pferdeinfluenza
- Katarrh und Giemen
- Bronchitis
- Weiße Absonderungen
- Geschwollene Lymphknoten
- Kann im Wechsel mit Ferrum phosphoricum gegeben werden
- Wirkt gut zusammen mit Calcium sulphuricum, um das Blut von Toxinen zu reinigen

Kalium phosphoricum D6, Kaliumphosphat
Leitsymptom: Nervensystem

Funktion

- Unterstützt das Nervensystem, kommt in Gehirnzellen und Nervengewebe vor

Indikationen

- Stress, Angst
- Geistige und körperliche Erschöpfung
- Gedächtnisschwäche und mangelnde Konzentration
- Mutlosigkeit und Reizbarkeit

Kalium sulphuricum D6, Kaliumsulfat
Leitsymptom: Haut

Funktion

- Versorgt die Zellen und Gewebe des Körpers mit Sauerstoff
- Unterstützt die Gesunderhaltung der schleimhautauskleidenden Zellen und der Hautzellen

Indikationen

- Probleme mit der Haut, den Haaren, dem Fell und den Hufen
- Katarrh
- Klebrige Absonderungen, v. a. wenn sie gelblich oder grün sind
- Wandernde Lahmheiten
- Ringflechte

- Schuppen, Abschilfern der Haut
- Kann zusammen mit Silicea eingesetzt werden, um brüchige Hufe zu behandeln, und wenn das Fell und Haarkleid schlecht oder spärlich ist

Magnesium phosphoricum D6, Magnesiumphosphat
Leitsymptom: Nerven und Schmerzen

Funktion
- Krampflösend, gewährleistet die Funktionsfähigkeit der Muskeln
- Bestandteil der Knochen, Zähne, Nerven und Blutzellen

Indikationen
- Krämpfe, Kreuzverschlag, Azoturie (in Kombination mit Natrium chloratum und Calcium fluoratum)
- Rückenschmerzen bei rossigen Stuten
- Spasmen
- Paralyse
- Linderung scharfer Schmerzen
- Flatulenz und Blähungskolik
- Niedrige Energie
- Nervenschmerzen
- Urolithiasis (Blasensteine oder -grieß)

Natrium chloratum D6, Natriumchlorid, Kochsalz
Leitsymptom: Wasser- und Flüssigkeitsregulation

Funktion
- Reguliert den Wasserhaushalt
- Sorgt für die Befeuchtung der Körpergewebe

Indikationen
- Trockenheit oder überschießende Feuchtigkeit in allen Bereichen des Körpers
- Trockene, juckende Haut, Sommerekzem
- Wässriger Katarrh, Rhinitis mit wässriger Absonderung aus der Nase
- Erschöpfung
- Aszites, Ödem, Wasserretention
- Trockener Kot
- Abmagerung

Natrium phosphoricum D6, Natriumphosphat
Leitsymptom: Verdauung und Azidität

Funktion
- Neutralisiert Säuren im Körper
- Unterstützt die Assimilation von Fettsäuren
- Unterstützt die Regulation der Leberfunktion

Indikationen
- Magengeschwüre
- Kolik
- Gelenkschmerzen und Steifheit
- Gelenkschwellung
- Hyperlipämie
- Gelbsucht

Natrium sulphuricum D6, Natriumsulfat
Leitsymptom: Wasser-/Flüssigkeitsregulation

Funktion
- Ausscheidung von überschüssigem Wasser und Unterstützung der Lebergesundheit

Indikationen
- Aszites
- Pferdeinfluenza
- Leberprobleme einschließlich Gelbsucht
- Hepatitis
- Verdauungsstörungen
- Steifheit der Gelenke

Silicea D6, Siliziumdioxid
Leitsymptom: Zusammenhalt und Stärke der Gewebe

Funktion

- Reinigungs- und Entgiftungsmittel
- Vorkommen in: Blut, Haut, Hufen, Haaren, Knochen, Bindegewebe und Schleimhäuten

Indikationen

- Abszesse, Sinus- und Fistelbildung
- Austreibung von Fremdmaterial aus dem Körper
- Alle Arten von Hauterkrankungen mit Eiterbildung
- Rissige, brüchige, beschädigte Hufe

Warnhinweis

Da eine der Wirkungen von Silicea darin besteht, Fremdkörper aus dem Körper zu treiben, sollte dieses Mittel bei Tieren mit Implantaten wie Knochenplatten oder –schrauben nicht über längere Zeit eingesetzt werden.

Hilfreiche Kombinationen für chronische Erkrankungen

Kolik-Kombination: **Calcium phosphoricum, Magnesium phosphoricum, Natrium sulphuricum**

Husten-Kombination: **Ferrum phosphoricum, Kalium chloratum, Natrium chloratum**

Kombination für schlechtes Fell und Hufe: **Kalium sulphuricum, Natrium chloratum, Silicea**

Kombination für Hautprobleme: **Kalium chloratum, Kalium sulphuricum, Silicea**

Kombination für Schwäche: **Calcium phosphoricum, Kalium phosphoricum, Ferrum phosphoricum**

Kombination für Kopfschütteln: **Magnesium phosphoricum, Natrium chloratum, Silicea**

ANHANG

Glossar und andere homöopathische Begriffe

Ähnlichkeitsprinzip

Prinzip, dessen Grundlage *Similia Similibus Curentur* ist, besagt, dass ein Stoff verwendet werden kann, um Erkrankungen zu behandeln, deren Symptome mit jenen übereinstimmen, die bei der Einnahme dieses Stoffes durch einen gesunden Menschen auftreten.

Akute Krankheit

Eine Krankheit, die sehr schnell auftritt, aber nur kurze Zeit andauert. Es gibt mehrere Möglichkeiten des Ausgangs: spontane Erholung, Genesung mithilfe einer Behandlung oder fehlende Erholung mit Todesfolge.

Akutmittel

Ein Mittel, das zur Behandlung akuter Symptome oder in einer Notfallsituation eingesetzt wird, im Gegensatz zu einem chronischen Mittel, das verwendet wird, um ein lang dauerndes Problem zu behandeln. Akute Mittel haben oft eine kürzere Wirkungsdauer und müssen daher möglicherweise öfter wiederholt werden. Es besteht ein enger Zusammenhang zwischen einigen akuten und chronischen Mitteln, z. B. zwischen Apis und Natrium muriaticum. Hinweise zu solchen Beziehungen finden sich manchmal in der Materia medica.

Allgemeinsymptome

Symptome, die sich auf den Patienten als Ganzes beziehen, im Gegensatz zu einem bestimmten Bereich oder System. Gewöhnlich die Reaktion des Patienten (als Ganzes) auf Faktoren wie Temperatur, Wetter, Jahreszeit, Tageszeit, Speisen und externe Reize.

Allopathie

Ein medizinisches System, das therapeutische Stoffe einsetzt, die hinsichtlich ihrer Wirkung in keiner direkten Beziehung zu der Krankheit oder deren Symptomen stehen.

Antipathie

Ein medizinisches System, das therapeutische Stoffe zur Behandlung von Krankheiten einsetzt, die in ihrer Wirkung in direktem Gegensatz zu den Auswirkungen der zugrunde liegenden Krankheit stehen. Ein Beispiel ist der Einsatz von Abführmitteln bei der Behandlung einer Anschoppungskolik.

Antipathisch

In Verbindung mit der Antipathie, antagonistisch oder im Gegensatz zu den Krankheitssymptomen.

Antipsorisch

Ein Begriff, der sich auf ein homöopathisches Mittel bezieht, das bei der Behandlung von klinischen Symptomen eingesetzt wird, die mit dem psorischen Miasma in Verbindung gebracht werden.

Antisykotisch

Ein Begriff, der sich auf ein homöopathisches Mittel bezieht, das bei der Behandlung von klinischen Symptomen eingesetzt wird, die mit dem sykotischen Miasma in Verbindung stehen.

Antisyphilitisch
Ein Begriff, der sich auf ein homöopathisches Mittel bezieht, das bei der Behandlung von klinischen Symptomen eingesetzt wird, die mit dem syphilitischen Miasma in Verbindung gebracht werden.

Arznei
Ein allgemeinüblicher Begriff, der sich auf ein homöopathisches Mittel bezieht.

Arzneimittelbild
Fasst die charakteristischen Merkmale einer Arznei detailliert in der Materia medica zusammen, wobei alle bekannten Gemüts-, Allgemein- und Lokalsymptome sowie die Modalitäten und andere wichtige Punkte in Zusammenhang mit der Arznei aufgeführt werden.

Autonosode
Eine Nosode, die (homöopathisch) aus Krankheitsmaterial des Patienten hergestellt wird. Ein Beispiel wäre Eiter aus einem Abszess oder Schleim einer Absonderung aus der Nase.

Besserung
Eine Verbesserung oder Verminderung der Schwere der Symptome des Patienten. Dies kann durch die erfolgreiche Verabreichung einer Arznei oder andere Faktoren bedingt sein, wie z. B. Änderung der Außentemperatur, Wechsel der Jahreszeit, Kot- oder Harnabsatz oder ein Wechsel der Körperstellung oder -haltung.

C-Potenz
Eine Abkürzung für die Potenzen der Centesimalreihe; wird manchmal auch „CH“ geschrieben.

Centesimalpotenz
Homöopathische Zubereitung (Arzneimittel), die durch Verdünnung im Verhältnis von 1:100 hergestellt wird. Dabei wird, genauer ausgedrückt, 1 Teil der vorherigen Verdünnungsstufe zu 99 Tropfen des Verdünnungsmittels hinzugefügt. Die Anzahl der Verdünnungsschritte bestimmt die Potenz und wird durch eine Zahl bezeichnet, die dem Buchstaben „C“, der die Centesimalreihe kennzeichnet, hintenangestellt wird. So ist beispielsweise die Potenz C30 eine Verdünnung im Verhältnis 1:100, die 30-mal hintereinander ausgeführt wird, wobei jede Stufe verschüttelt wird; sie entspricht einer Verdünnung von $1:10^{60}$ bzw. einer Konzentration von 10^{-60}. Das „C“ wird manchmal ausgelassen, sodass z. B. Arnica 30 dasselbe ist wie Arnica C30. In den englischsprachigen Ländern wird das „C“ oft durch ein kleines „c“ oder „cH“ ersetzt, das dann hinter die Zahl gestellt wird, sodass Arnica 30 (C30) der Bezeichnung Arnica 30c oder 30cH entspräche.

China, Chinarinde
Eine Quelle für Chinin, das zur Behandlung von Malaria eingesetzt wird. Hahnemann nahm wiederholte Dosen davon ein, woraufhin er Symptome entwickelte, die jenen der Krankheit ähnelten. Dieses Experiment bildete die Grundlage für die Formulierung seines Ähnlichkeitsprinzips – Ähnliches werde durch Ähnliches geheilt.

Chronische Krankheit
Eine Krankheit, die langsam fortschreitet und dauerhaft besteht. Die Symptome können ohne Phasen der Besserung chronifizieren oder auch aus einer Reihe von rezidivierenden akuten Episoden bestehen.

Chronisches Mittel
Ein Mittel, das eingesetzt wird, um lang dauernde Krankheiten zu behandeln, im Gegensatz zu dem verwandten Akutmittel, das verwendet wird, um Symptome zu behandeln, die plötzlich bei demselben Patienten auftreten.

Darmnosoden

Eine Gruppe homöopathischer Arzneien, die aus Bakterienkulturen aus dem Stuhl (menschlicher) Patienten hergestellt werden, die bestimmte Krankheitsmerkmale aufweisen, welche sich durch die Gabe bestimmter homöopathischer Arzneien gebessert hatten. Es handelt sich zwar um eigenständige Arzneimittel, sie können aber auch verwendet werden, um die Wirkung der Mittel in ihrer eigenen medizinischen Gruppe zu unterstützen.

D-Potenz

Eine übliche Abkürzung für die Potenzen der Dezimalreihe. In manchen Ländern wird statt des „D" der Buchstabe „x" oder „X" verwendet.

Dezimalpotenz

Homöopathische Zubereitung (Arzneimittel), die durch Verdünnung im Verhältnis von 1:10 hergestellt wird. Dabei wird, genauer ausgedrückt, 1 Teil der vorherigen Verdünnungsstufe zu 9 Tropfen des Verdünnungsmittels hinzugefügt. Die Anzahl der Verdünnungsschritte bestimmt die Potenz und wird durch eine Zahl bezeichnet, die dem Buchstaben „D", der die Dezimalreihe kennzeichnet, hintenangestellt wird. So ist beispielsweise die Potenz D6 eine Verdünnung im Verhältnis 1:10, die 6-mal hintereinander ausgeführt wird, wobei jede Stufe verschüttelt wird; sie entspricht einer Verdünnung von 1:1.000.000 bzw. einer Konzentration von 10^{-6}. In den englischsprachigen Ländern wird das „D" oft durch ein „x" oder „X" ersetzt, das dann hinter die Zahl gestellt wird, sodass z. B. Urtica urens D6 Urtica urens 6x entspräche.

Doktrin

Prinzipien, die in ihrer Gesamtheit die Grundlage für Lehre und praktische Anwendung eines medizinischen Systems wie z. B. der Homöopathie bilden.

Drainagemittel

Ein Mittel, das gewöhnlich in tiefer Potenz über einen Zeitraum von mehreren Wochen verabreicht wird, um ein bestimmtes Organsystem zu entgiften. So ist z. B. Petroleum ein Drainagemittel, das zur Entgiftung der Haut eingesetzt wird.

Dynamisierung

Der Prozess, bei dem die medizinische Aktivität oder medizinische Kraft einer homöopathischen Arznei entfaltet wird. Dies beinhaltet die Reihenverdünnung und Verschüttelung von löslichen Substanzen sowie die anfängliche Trituration (Verreibung) unlöslicher Substanzen, damit diese löslich werden und anschließend ebenfalls der Reihenverdünnung und Verschüttelung unterzogen werden können.

Eigentümliche Symptome

Damit sind Symptome gemeint, die auch als „selten" und „sonderlich" bezeichnet werden, also ungewöhnlich oder unüblich sind. Solche individuellen Symptome sind bei der Bestimmung der richtigen Arznei von außerordentlichem Nutzen, da sie oft auf ein bestimmtes Mittel hinweisen.

Exazerbation

Bezeichnet eine Verschlimmerung der Symptome des Patienten bzw. eine Zunahme der Schwere der Krankheitszeichen.

Feindlich

Dies bezieht sich auf eine homöopathische Arznei, die die Wirkung eines anderen Mittels stört, dieses aber nicht direkt antidotiert.

Gemütssymptome

Psychische Symptome eines Patienten, die sich auf die eigentliche Erkrankung (das Problem) beziehen können, wie z. B. Angst beim Reisen im Transporter, Furcht vor plötzlichen Geräuschen etc., oder auf das Tier im Allgemeinen, beispielsweise, dass es erregbar, eifersüchtig, starrsinnig, scheu etc. ist.

Hahnemann

Christian Friedrich Samuel Hahnemann (1755–1843). Deutscher Arzt und Begründer der Homöopathie. Formulierte das Ähnlichkeitsprinzip und veröffentlichte es 1796. Autor des *Organon*, das 1810 veröffentlicht wurde, und der *Reinen Arzneimittellehre*, die zwischen 1811 und 1821 veröffentlicht wurde.

Heringsche Regel

Eine Regel, die von dem deutschen Arzt Constantin Hering (1800–1880) formuliert wurde und sich auf die Richtung bezieht, in der die Symptome sich bessern oder verschwinden (die Heilungsrichtung), während sich der Zustand des Patienten bessert. Sie besagt im Wesentlichen, dass sich die Symptome in den folgenden Richtungen bessern bzw. auflösen:

- Von oben nach unten
- Von innen nach außen
- Von tiefer liegenden zu oberflächlicheren Organen
- Von der Gemütsebene zur Körperebene
- Von wichtigen zu weniger wichtigen Organen
- Von jüngeren Symptomen zu älteren Symptomen, d. h., dass die Symptome in der umgekehrten Reihenfolge ihres Auftretens verschwinden

Hippokrates

Philosoph und griechischer Arzt (460–377 v. Chr.). Der „Vater der Medizin". Er stellte fest, dass Krankheiten durch Arzneien geheilt werden konnten, die dieselben Symptome auslösten.

Homöopathische Arznei

Ein Medikament, das nach homöopathischen Prinzipien hergestellt und dem Patienten in einer speziellen Verabreichungsform und bestimmten Potenz verordnet wird.

Homöopathie

Ein medizinisches System, das sich auf dem von Samuel Hahnemann entwickelten Ähnlichkeitsprinzip „Ähnliches heilt Ähnliches" begründet. Die Anwendung von Substanzen, deren Wirkung auf gesunde Menschen mit den Krankheitssymptomen eines individuellen Patienten übereinstimmt.

Isopathie

Die Behandlung von Krankheiten mit Arzneien, die entweder aus dem eigentlichen Krankheitserreger (z. B. dem Bakterium E. coli oder Allergenen wie Rapspollen) oder einem im Rahmen der Krankheit produzierten Stoff hergestellt werden (z. B. Durchfall oder Eiter).

Klinisches Bild

Eine Sammlung von Symptomen, die im Rahmen einer Krankheit auftreten und die Lokal-, Allgemein- und Gemütssymptome eines individuellen Patienten umfassen.

Kompatibilität

Bezieht sich auf homöopathische Arzneien, die in Kombination eingesetzt werden können, sich allerdings weder positiv noch nachteilig beeinflussen.

Konkomitante Symptome

Symptome, die im Rahmen einer Krankheit mit anderen Symptomen in Zusammenhang stehen, z. B. Reizbarkeit bei Stuten an den Tagen vor dem Einsetzen der Rosse oder Schwitzen in Verbindung mit Schmerzen.

Konstitutionelle Verschreibung

Die Anwendung einer Arznei, die entsprechend der Konstitution des Patienten verordnet wird, im Vergleich zur Verschreibung allein auf die klinischen Symptome hin.

Konstitutionsmittel

Ein Mittel, das dem Patienten als Ganzes entspricht und sowohl seine psychischen als auch seine physischen Charakteristika umfasst. Das, was Konstitutionsmittel tatsächlich abdecken, ist mehr, als man auf den ersten Blick glauben mag: vererbte Merkmale, die Folgen von bestimmten Ereignissen im Leben des Patienten oder auch die Reaktion auf externe Reize, der Lebenswandel, die Ernährung und die Umgebung, im Gegensatz zu den sichtbaren Krankheitssymptomen, die aufzeigen, wie der Körper auf die Krankheit reagiert.

Krankheit

Im Wesentlichen bedeutet Krankheit eine Störung, die sich auf einen oder mehrere der folgenden Bereiche bezieht: die Körpergewebe, einzelne Organe und ihre Funktion sowie auf physiologische Systeme auf anatomischer, zellulärer oder biochemischer Ebene. Krankheit kann auch als Störung des Gleichgewichts zwischen der Lebenskraft und dem Körper angesehen werden.

Laktose

Milchzucker, der zur Herstellung von Tabletten oder Pulvern einer homöopathischen Arznei verwendet wird. Laktose dient auch als Trägerstoff bei der Verreibung unlöslicher Substanzen.

Lebenskraft

Die Energie, die dem lebenden Organismus das Leben verleiht. Es handelt sich dabei um ein Konzept, das in vielen unterschiedlichen Kulturen auf der ganzen Welt unter einer Vielzahl von Bezeichnungen Anerkennung findet, wie z. B. das Qi in der chinesischen Medizin oder Prana in der indischen Medizin.

LM-Potenz

Die Bezeichnung „LM" leitet sich von dem lateinischen L (50) und M (1000) ab und bezieht sich auf eine Potenzenskala mit einem Verdünnungsfaktor von 1:50.000. LM-Potenzen sind bei manchen Patienten von besonderem Nutzen, da sie selten Verschlimmerungen hervorrufen und sehr tief wirken. Sie werden gewöhnlich in flüssiger Form verabreicht. Die C 3-Potenz der Arznei dient als Grundlage für die erste Verdünnungsstufe der LM-Potenzen.

Lokalsymptom

Ein Symptom, das sich auf ein bestimmtes Organ, System oder einen Körperteil bezieht.

Materia medica

Ein homöopathisches Lehrbuch, das die therapeutischen Einzelheiten zu den Arzneien enthält, mit Angaben zu ihrer Quelle, Pathologie (Symptomen) mit Bezug zu den einzelnen Körpersystemen, den Modalitäten und Charakteristika des Patienten sowie ihren Beziehungen (Wechselwirkungen) zu anderen Arzneien. Das Wissen wird aus Prüfungen und der klinischen Erfahrung in der Praxis zusammengetragen.

M-Potenz

M bezeichnet die Millesimal-Potenz und steht für Verdünnungen im Verhältnis von 1:1.000 bzw. 1 Teil der vorherigen Potenz mit 999 Teilen des Lösungsmittels. Sie werden normalerweise nach einer speziellen Methode hergestellt, bei der die C 3-Potenz der Arznei als Grundlage für die erste Verdünnungsstufe dient.

Miasma

Dieser Begriff wurde ursprünglich von Hahnemann geprägt, um einen Ansteckungsstoff zu kennzeichnen, meinte aber im weiteren Sinne auch schädliche Dämpfe oder eine schädliche Atmosphäre. In seiner speziellen Bedeutung ist ein Miasma die ererbte Neigung eines Individuums oder einer Familie, auf bestimmte Weise zu erkranken oder eine bestimmte Krankheitsanfälligkeit zu entwickeln. Hahnemann sah diese Merkmale als die Folge der Vererbung der Auswirkungen der folgenden drei Krankheiten an:

- Krätze – Psora – Mangel
- Gonorrhö – Sykose – überschießende Reaktion

- Syphilis – Zusammenbruch oder Zerstörung
- Können diese Merkmale identifiziert werden, so können spezielle Arzneien verordnet werden.

Modalität
Ein Faktor, der ein Symptom in Bezug auf die Schwere, den Grad oder die Intensität verändert. Dazu zählen Faktoren wie die Umgebungstemperatur, das Wetter, die Jahreszeit, die Auswirkungen bestimmter Nahrungsmittel oder Aktivitäten wie z. B. Essen, Harnabsatz, aber auch Emotionen, Bewegung, Druck, Massage, die Zyklusphase und die Mondphase.

Nosode
Eine homöopathische Arznei, die aus Krankheitsmaterial hergestellt wird. Dies können Bakterien, Viren, erkranktes Gewebe, Eiter, Schleim oder jede andere Form von Absonderung sein, die im Rahmen der Erkrankung auftritt. Nosoden werden sowohl zur Vorbeugung als auch zur Behandlung von Krankheiten eingesetzt.

Organaffinität
Die Neigung bestimmter Arzneien, auf spezielle Organe einzuwirken bzw. diese zu beeinflussen. So wirkt z. B. Solidago auf die Nieren, Chelidonium auf die Leber und Crataegus auf das Herz.

Organon
Das Werk, das zwischen 1810 und 1842 in sechs Auflagen von Hahnemann veröffentlicht wurde und in dem er die Prinzipien der Homöopathie darlegt.

Pflanzenmedizin
Diese wird oft mit der Homöopathie verwechselt, da beide medizinischen Systeme pflanzliche Ausgangsmaterialien einsetzen. Die oft auch als Phytotherapie bezeichnete Pflanzenmedizin setzt arzneiliche Pflanzen in Form alkoholischer Extrakte (nicht zu verwechseln mit Urtinkturen), Tees, Abkochungen oder getrockneter Zubereitungen ein.

Polychrest
Bezeichnet ein homöopathisches Mittel mit einem breitem Wirkungsspektrum, das auf alle oder fast alle Teile des Körpers wirkt. Polychreste haben eine Vielzahl klinischer Einsatzgebiete und können zur Behandlung sowohl akuter als auch chronischer Krankheiten verwendet werden. Viele von ihnen dienen als Konstitutionsmittel.

Potenz
Bezeichnet die „Stärke" bzw. den Grad der arzneilichen „Kraft" einer homöopathischen Arznei, die durch den Vorgang der Potenzierung erreicht wird.

Potenzenskala
Wird verwendet, um die Höhe der Potenz einer homöopathischen Arznei anzugeben. Dabei erfolgt meist die nachstehende grobe Unterteilung:

- **Tiefe Potenz** Potenzen unter C12 bzw. D 24
- **Mittlere Potenz** Potenzen zwischen C12 und C30
- **Hochpotenz** Potenzen oberhalb der C30

Potenzierung
Dieser Begriff bezieht sich auf den von Hahnemann entwickelten Prozess, durch den die arzneiliche Kraft einer Potenz oder Arznei freigesetzt oder gesteigert wird. Potenzierung umfasst sowohl die Reihenverdünnung als auch die Verschüttelung. Dynamisierung bedeutet dasselbe wie Potenzierung.

Prüfung
Die Verabreichung von materiellen Dosen, Urtinkturen oder Potenzen einer Arznei an freiwillige, gesunde Prüfer, um ihre medizinischen Wirkungen zu ermitteln, die in der Materia medica zusammengetragen werden. Eine weitere Bedeutung ist die Verabreichung einer Arznei an einen Patienten, die aufgrund einer homöopathischen Überdosierung zum Auftreten von Symptomen führt, die für diese Arznei in der Materia medica aufgeführt sind.

Psorisches Miasma oder Psora
Eines der drei chronischen Miasmen. Die Symptome bzw. die Empfänglichkeit dafür stehen in Zusammenhang mit einem Krankheitsbild, das ursprünglich mit einem Juckreiz der Haut in Verbindung gebracht wurde, heute aber eher einem Reaktionsmangel des Körpers zugeschrieben wird.

Reihenverdünnung
Ein Vorgang im Rahmen der Potenzierung einer homöopathischen Arznei, der eine Reihe gleichartiger Verdünnungsschritte mit Verschüttelung oder Verreibung jeder Stufe umfasst.

Rekapitulation
Das zeitweilige Wiederauftreten oder Wiederaufflackern alter Symptome, oftmals solcher, die durch eine konventionelle Behandlung unterdrückt wurden. Wird in der Regel als ein gutes Zeichen für den Fortschritt in einem Fall gewertet.

Repertorium
Ein Nachschlagewerk für Symptome und die ihnen entsprechenden Arzneien, die einer Graduierung unterzogen werden, um die Stärke der Verbindung zwischen der Arznei und den Symptomen darzustellen. Eine Arznei mit einer starken Verbindung zu einem Symptom wird im Allgemeinen in **Fettdruck** dargestellt. Ist die Beziehung weniger ausgeprägt, wird die Arznei in *Kursivdruck* aufgeführt, wohingegen die Mittel mit der schwächsten Verbindung in Normaldruck gelistet werden.

Repertorisation
Der Vorgang, bei dem ein Repertorium herangezogen wird, um einen Fall zu analysieren und die bestmögliche Arznei zu bestimmen, die bei einem Abgleich mit der Materia medica dem klinischen Bild des Patienten am meisten entspricht.

Rubrik
Ein Symptom im Repertorium (mit, soweit von Bedeutung, entsprechenden Details und Kategorien) mit einer Auflistung von Arzneien bestimmter Wertigkeit, deren Arzneimittelbild dieses Symptom enthält.

Sarkode
Eine homöopathische Arznei, die aus gesundem Gewebe oder einem bestimmten Organ hergestellt wird.

Schichten der Krankheit
Dies bezieht sich auf Krankheitsmuster bei chronischen Krankheiten, die übereinander liegen, wobei jedes für sich ein eigenes Symptomenbild hat. Eine homöopathische Behandlung kann diese Schichten nacheinander auflösen und so die jeweils darunter liegende Schicht freilegen.

Similia similibus curentur
Ein lateinischer Ausdruck, der „Ähnliches möge Ähnliches heilen" bedeutet und das Grundprinzip der Homöopathie beschreibt.

Simillimum
Eine Bezeichnung für die Arznei, deren Symptomatik bzw. deren Arzneimittelbild den klinischen Symptomen des Patienten am meisten entspricht.

Sukrose (Rohrzucker)
Zucker, der bei der Herstellung von homöopathischen Arzneien verwendet wird.

Sykotisches Miasma oder Sykose
Eines der drei chronischen Miasmen. Die Symptome bzw. die Empfänglichkeit dafür stehen in Zusammenhang mit einem Krankheitsbild, das ursprünglich mit der Gonorrhö und Feigwarzen in Verbindung gebracht wurde, heute aber eher einer Überaktivität oder Überreaktion des Körpers zugeschrieben wird.

Symptom
Ein Zeichen der Reaktion des Patienten auf eine Krankheit, das sich von den Zeichen unterscheidet, die im gesunden Zustand sichtbar sind. Meint auch die Krankheitszeichen, die von dem

Patienten geschildert oder von anderen bzw. dem Homöopathen beobachtet werden.

Symptomenbild
Eine Gruppe von Merkmalen, die zusammengehören und die Krankheit eines bestimmten Patienten beschreiben. Synonym mit dem klinischen Bild.

Syphilitisches Miasma oder Syphilis
Eines der drei chronischen Miasmen. Die Symptome bzw. die Empfänglichkeit dafür stehen in Zusammenhang mit einem Krankheitsbild, das ursprünglich mit der Geschlechtskrankheit Syphilis in Verbindung gebracht wurde und durch Zerstörung, Zusammenbruch oder Versagen der Struktur oder Funktion des Körpers charakterisiert ist.

Tinktur
Eine flüssige Zubereitung aus einem Lösungsmittel (gewöhnlich Alkohol und Wasser in einem bestimmten Verhältnis), das pflanzliche Stoffe enthält und zur medizinischen Anwendung vorgesehen ist. Tinkturen können homöopathische Urtinkturen sein, die als Grundlage für die Herstellung von Arzneien dienen, oder aber auch Pflanzentinkturen, eine Dosierungsform, die von Pflanzenheilkundigen verwendet wird.

Trituration
Verdünnung einer festen oder unlöslichen Substanz durch Verreibung; der erste Schritt bei der Herstellung und Potenzierung einer homöopathischen Arznei aus einem solchen Stoff. Laktose dient als Trägerstoff, bis ein Stadium erreicht ist, in dem die Verreibung wasserlöslich ist und der Herstellungsprozess durch Verschüttelung fortgesetzt werden kann.

Unterdrückung
Die Behandlung eines Symptoms oder einer Erkrankung durch palliative Maßnahmen mithilfe konventioneller Medikamente, sodass es zwar zur Linderung, aber nicht zur Heilung kommt. Dies kann dazu führen, dass die Krankheit im Verborgenen bleibt oder später in Form einer schwerwiegenderen oder tiefer liegenden Erkrankung wieder zum Vorschein kommt. Unterdrückung kann die homöopathische Behandlung eines Patienten komplexer gestalten.

Urtinktur
Diese durch eine Wasser- und Ethanolextraktion gewonnene Lösung eines Grundstoffes stellt das Ausgangsmaterial für die Herstellung der meisten Arzneien dar. Die genaue Extraktionsmethode hängt von der Art des Ausgangsstoffes ab. Urtinkturen werden oft mit dem Symbol ø gekennzeichnet, im englischsprachigen Raum findet manchmal auch die Bezeichnung mt (mother tincture) Verwendung.

Vakzinose
Ein Begriff, der sich auf Symptome bezieht, die aufgrund einer unerwünschten Reaktion auf eine Impfung auftreten, bzw. auf chronische Gesundheitsprobleme, die auf eine Impfung zurückzuführen sind.

Verabreichungsformen
Diese sind die Möglichkeiten, wie Arzneien einem Patienten verabreicht werden können. Die meisten Arzneien werden auf eine der nachfolgend aufgeführten Weisen gegeben:

- **Tabletten** – Laktose als Trägerstoff – bikonvex, weiß, hart
- **Tabletten** – Laktose als Trägerstoff – weich (pulvrig) und krümelig
- **Pillen und Globuli** – Sukrose als Trägerstoff – kleine harte Kügelchen – in unterschiedlicher Größe
- **Grobe Granuli** – Sukrose als Trägerstoff – ähnelt Zucker, rieselnd
- **Pulver** – Laktose als Trägerstoff – einzeln in weißes Papier verpackt
- **Flüssige Verdünnung** – auf Wasser- und Alkoholbasis
- **Urtinktur** – ein starker Wasser- und Alkoholextrakt einer Arznei, gekennzeichnet durch das Symbol ø

Verdünnung

Ein Vorgang oder Stadium im Rahmen der Herstellung von homöopathischen Arzneien, bei dem die Konzentration einer Substanz durch Hinzufügen eines Lösungsmittels, normalerweise eines Wasser- und Alkoholgemisches, vermindert wird. Dies erfolgt durch die Zugabe einer bestimmten Menge des Lösungsmittels entweder zu der Ausgangslösung der Arznei oder zu der vorherigen Verdünnungsstufe, worauf die Verschüttelung erfolgt. Auf diese Weise werden verschiedene Potenzenreihen hergestellt. Der Begriff „Verdünnung" bezieht sich gewöhnlich auf Flüssigkeiten, aber bei unlöslichen Stoffen erfolgen die ersten Verdünnungsschritte durch Verreibung mit Laktose als Trägerstoff.

Verschlimmerung

Eine Zunahme der Schwere bzw. eine Verschlechterung der Symptome. Im homöopathischen Sprachgebrauch eine kurzzeitige Verschlimmerung im Anschluss an eine homöopathische Verschreibung, die gewöhnlich eine günstige Reaktion auf die Arznei anzeigt.

Verschüttelung

Ein Schritt im Rahmen der Potenzierung einer Arznei, bei dem jede Verdünnungsstufe heftig geschüttelt (und gegen eine harte Oberfläche geschlagen) wird.

Anmerkungen

1 Allopathische verordnete Medikamente stehen in keiner direkten Beziehung zu den Symptomen des Patienten. Ein gutes Beispiel sind Antibiotika.

2 Antipathische Medikamente wirken entgegengesetzt zu den Symptomen des Patienten. So wird beispielsweise Kaolin bei der Behandlung von Durchfall eingesetzt.

3 Die Avogadrosche Zahl entspricht ungefähr $6{,}022 \times 10^{23}$ und stellt die Anzahl von Molekülen in einem Mol dar, das (in der Chemie) das Molekulargewicht eines Stoffes in Gramm ist.

4 In vielen homöopathischen Büchern werden diese Wechselwirkungen aufgelistet, wobei es zwischen den Autoren manchmal zu gewissen Meinungsverschiedenheiten hinsichtlich der Beziehung von bestimmten Arzneien kommt.

5 Werden oft nacheinander verwendet: Sulphur zuerst, dann Calcium carbonicum gefolgt von Lycopodium.

6 Nux vomica und Pulsatilla werden als gegensätzliche Mittel betrachtet.

7 Es gibt zahlreiche Tuberkuline. Dieses wird am häufigsten bei der Behandlung von Pferden verschrieben.

8 Anzeigepflichtige Tierseuchen. In Deutschland sind die folgenden Erkrankungen des Pferdes anzeigepflichtig: Afrikanische Pferdepest, Ansteckende Blutarmut der Einhufer, Beschälseuche der Pferde (Dourine), Infektion mit dem West-Nil-Virus, Pferdeenzephalomyelitis (alle Formen), Rotz und Stomatitis vesicularis.

9 Außer gegen Influenza und Tetanus kann auch gegen die folgenden Krankheiten der Pferde geimpft werden: Östliche Equine Enzephalitis (EEE), Westliche Equine Enzephalitis (WEE), Venezuelanische Equine Enzephalitis (VEE), Potomac Pferdefieber, Tollwut, West-Nil-Virus, Druse, Rotavirus, EHV-1 und 4, Botulismus und Equine Virale Arteriitis.

10 Es wird eine ausführliche Materia medica empfohlen, die auch Angaben zu den Wechselwirkungen der einzelnen Arzneien enthält. Allerdings gibt es zwischen den einzelnen Autoren dahingehend oft Unterschiede. Der Neue Clarke ist eines der geeignetsten Bücher zu diesem Thema.

11 Die Mistel kann sowohl in Form homöopathischer Potenzen wie auch als anthroposophische Zubereitung (Iscador der Firma Weleda) bei der Behandlung von Krebs eingesetzt werden.

12 Spezielle nicht-Laktose-fermentierende Bakterien, die nicht in der Lage sind, Milchzucker als Energiequelle zu nutzen.

Literaturempfehlungen

Allgemeine Einführung

Vithoulkas G., *Die Praxis homöopathischen Heilens*, Urban & Fischer 2005

Philosophie und Prinzipien

Hahnemann C. F. S., *Die chronischen Krankheiten,* Narayana 2008

Hahnemann C. F. S., *Organon der Heilkunst, Nachdruck der 6. Auflage von 1921,* Narayana 2008

Kent J. T., *Gesamte homöopathische Arzneimittellehre.* Narayana 2007

Köhler G., *Lehrbuch der Homöopathie, Bd. 1 und 2,* Hippokrates 2008, 2009

Sankaran R., *Das geistige Prinzip der Homöopathie, 3. Aufl.*, Homoeopathic Medical Publishers (2003)

Repertorien

Boger C. M., *Bönninghausens Charakteristika und Repertorium*, Narayana 2010

Kent J. T., *Repertorium der homöopathischen Arzneimittel,* Narayana 2008

Murphy R., *Klinisches Repertorium der Homöopathie*, Narayana 2008

Schroyens F. (Hrsg.), *Synthesis Edition 2009*, Hahnemann Insititut 2009

Materia medica

Allen H. C., *Leitsymptome und Nosoden,* Narayana, 2008

Boericke W., *Handbuch der homöopathischen Arzneimittellehre,* Narayana, 2010

Clarke J. H., *Der neue Clarke,* Hahnemann Institut 2005

Coulter C., *Portraits homöopathischer Arzneimittel,* Bd. 1-3, Haug 2002, 2004, 2008

Millemann, J. *(Hrsg.), Materia Medica der homöopathischen Veterinärmedizin,* Bd. 1 und 2, Sonntag 2005, 2007

Murphy Robin, *Klinische Materia Medica,* Narayana 2009

Phatak S. R., *Homöopathische Arzneimittellehre,* Urban & Fischer 2009

Tyler M. L., *Homöopathische Arzneimittellehre,* Urban & Fischer 2007

Tyler M. L., *Wichtige Krankheitszustände und ihre homöopathischen Mittel,* Narayana 2004

Klinische Bücher – rein homöopathisch

Nur Pferde

Rakow M., *Unsere Pferde – gesund durch Homöopathie,* Sonntag 2005

Andere Tierarten

Andresen, P., *George MacLeod´s homöopathische Behandlung der Schweinekrankheiten,* Sonntag 1990

Day C., *Homöopathie in der Kleintierpraxis,* Sonntag 2004

Day C., *Gesunde Rinderbestände durch Homöopathie,* Sonntag 2008

MacLeod G., *Homöopathische Behandlung der Rinderkrankheiten, 5. Aufl.*, Sonntag

Saxton J. G. G. und Gregory P., *Lehrbuch der Veterinärhomöopathie*, Sonntag 2006

Westerhuis, A., *Homöopathie für Hunde*, Mens-Sana 2000

Wolff H. G., *Unsere Hunde – gesund durch Homöopathie,* Sonntag 2002

Wolff H. G., *Unsere Katze – gesund durch Homöopathie,* Sonntag 2005

Klinische Bücher – Diverse Therapieverfahren

Henne A., *Blutegeltherapie bei Tieren,* Narayana 2010

Saxton J., *Die Darmnosoden in der homöopathischen Praxis,* Narayana 2009

Schoen A. und Wynn S. G., *Naturheilverfahren in der Tiermedizin,* Urban & Fischer 2005

Wynn S. G. und Marsden S., Leitfaden *Naturheilverfahren in der Kleintierpraxis,* Urban & Fischer 2005

Nützliche Adressen

Bezugsquellen – Homöopathische Arzneimittel

Hersteller Deutschland/Österreich

Deutsche Homöopathie Union (DHU)
Postfach 410280
76227 Karlsruhe
Webseite: www.dhu.de

Gudjons GmbH
Höfatsweg 21
86391 Stadtbergen
Webseite: www.gudjons.de

Dr. Reckeweg
Berliner Ring 32
64625 Bensheim
www.reckeweg.de

Remedia Homöopathie Manufaktur
Hauptstr. 4
A-7000 Eisenstadt
Webseite: www.remedia.at

Spagyros GmbH
Königstr. 10
78628 Rottweil
Webseite: www.spagyros.de

Staufen-Pharma
Bahnhofstr. 35
73033 Göppingen
Webseite: www.staufen-pharma.de

Kontakte

Homöopathische Tierärzte

Deutschland

Gesellschaft für ganzheitliche Tiermedizin (GGTM)
Mooswaldstr. 7
79227 Schallstadt
Webseite: www.ggtm.de

International

International Association for Veterinary Homoeopathy
Webseite: www.iavh.at

Stichwortverzeichnis

Arzneimittelverzeichnis

Marion Fünfrocken

Arbeitsbuch Tierhomöopathie

Über 50 Fälle zum Selbstlösen

232 Seiten, geb., € 34.-

Homöopathie ist auch bei Tieren eine bewährte und sanfte Heilmethode. Die erfahrene Tierheilpraktikerin Marion Fünfrocken gibt in ihrem Leitfaden praktische Hilfestellung für angehende Tierhomöopathen und interessierte Laien, wie man am besten zum passenden homöopathischen Mittel kommt.

Anhand von über 50 eindrucksvollen Fallbeispielen zeigt sie das praktische Vorgehen bei der Mittelfindung. Die Fälle werden detailliert beschrieben – häufig auch mit Fotos – und man wird ermuntert, selbst die möglichen Ursachen, die wichtigsten Symptome, die passenden Repertoriumsrubriken und anschließend das richtige Mittel zu finden.

Die Auflösung kann man am Ende des Buches nachlesen – verbunden mit einer ausführlichen und nachvollziehbaren Begründung der Mittelwahl und dem Heilungsverlauf.

Neben den Fällen gibt das Werk auch wertvolle Tipps zur Fallaufnahme, der Wertung von Symptomen, der passenden Potenzwahl, der Beurteilung des Heilungsverlaufs, der symbolischen Bedeutung von Krankheiten sowie zur Beziehung zum Tierhalter.

Anke Henne

Blutegeltherapie bei Tieren

Methodik, Indikationen und Fallbeispiele

6. Erweiterte Auflage 2019

144 Seiten, geb., € 29.-

Die Blutegeltherapie beim Menschen ist eine etablierte Behandlung, die durch zahlreiche Studien belegt ist.

Erstmals beschreibt in diesem Werk die erfahrene Tierheilpraktikerin Anke Henne die Anwendung von Blutegeln beim Tier. Sie gibt eine systematische, leicht nachvollziehbare Anleitung und beschreibt eindrückliche Heilungserfolge bei schweren, oft chronischen Erkrankungen.

Neben einer ausführlichen Einführung zur Biologie und Wirkweise werden Haltung und Handhabung des Blutegels erläutert. Detailliert werden Anamnese und Aufklärung, das Anlegen des Blutegels sowie Nachsorge, mögliche Nebenwirkungen und Kontraindikationen dargestellt.

Im Hauptteil des Buches werden verschiedenste Anwendungsmöglichkeiten beim Tier besprochen. Dies umfasst die Behandlung von Arthrosen, Abszessen, Hämatomen, Gallen und Piephacken, der Operationsnachsorge bis zur Hufrollenentzündung, Spondylose und Sehnenscheidenentzündung. Besonders bewährt hat sich die Therapie bei der sonst oft therapieresistenten Hufrehe des Pferdes. Zum Einsatz kommen Blutegel u.a. bei Hund und Katze, beim Pferd und beim Schwein.

Das Buch ist reich bebildert, die Anwendung wird praxisnah anhand vieler Fallbeispiele erläutert - ein vielversprechendes Grundlagenwerk.

John Saxton

Die Darmnosoden in der homöopathischen Praxis

Mit Fallbeispielen bei Mensch und Tier

4. erweiterte Auflage 2017

228 Seiten, geb., € 34.-

Das umfassendste Werk über die Darmnosoden von einem der erfahrensten Homöopathen Englands. Die als Darmnosoden bekannte Gruppe von Enterobakterien umfasst elf Arzneimittel, die sowohl im Hinblick auf ihre Herkunft als auch auf ihre therapeutischen Möglichkeiten einzigartig sind. Obgleich es einige Indikationen für Akutfälle gibt, erweisen sie sich doch als besonders hilfreich bei der miasmatischen Behandlung chronischer Krankheiten.

Die 3. Auflage wurde von John Saxton vollständig überarbeitet und erweitert. So ist beispielsweise der Gegenüberstellung von Darmnosoden und Probiotika ein eigener Abschnitt gewidmet und die Listen der assoziierten Arzneien wurden ergänzt. Die miasmatischen Beziehungen der Darmnosoden wurden um die Tuberkulinie und das Krebsmiasma erweitert. Die Darmnosode Bacillus No. 10 hat aufgrund ihrer zunehmenden Bedeutung in der Praxis ein eigenes Kapitel erhalten und wurde somit aus der Gruppe der „kleineren“, d. h. weniger häufig angezeigten Darmnosoden herausgenommen. Fünf neue spannende Fallbeispiele zeigen weitere Facetten dieser Arzneigruppe.

Gilberte Favre

Homöopathie für Schafe

Ein praktisches Handbuch zur Behandlung der wichtigsten Krankheiten und Verletzungen

328 Seiten, geb., € 39.-

Ein praktischer Ratgeber, der ausführlich die häufigsten Erkrankungen und Verletzungen bei Schafen und deren homöopathische Behandlung erläutert. Es ist das erste Werk seiner Art, das dieses Thema so ausführlich und kompetent abhandelt.

Gilberte Favre verfügt über langjährige Erfahrung in der homöopathischen Behandlung von Schafen. Im vorliegenden Werk gibt sie ihr reichhaltiges Wissen auf diesem Gebiet weiter.

Von Aggressivität, Ängstlichkeit und Dauerblöken über Kriebelmücken, Husten und Atemnot, Unfruchtbarkeit, wiederholte Aborte und Mastitis bis zu Darmpech der Lämmer, Lahmheit und Beschwerdem nach schimmligem Futter – die Autorin erläutert detailliert die gesamte Bandbreite von typischen Erkrankungen der Schafe und deren homöopathische Therapie. Zusätzlich gibt sie wertvolle naturheilkundliche Hinweise, die sich in der Praxis bei Schafen bewährt haben. Als Hilfestellung zur passenden Mittelwahl beschreibt sie außerdem das Wesen der Schafe, ihre Konstitutionstypen und das Interpretieren ihrer Körpersprache.

Das Werk überzeugt durch seine Detailliertheit und Praxistauglichkeit. Immer wieder zeigt sich die große Erfahrung der Autorin bei den einzelnen klinischen Hinweisen, welche in dieser Fülle einzigartig sind. Das Buch ist für Schafhalter und Therapeuten gleichermaßen ein Muss.

Christiane Maute

Homöopathie für Pflanzen - Der Klassiker in der 15. Auflage

Der praktische Leitfaden für Zimmer-, Balkon- und Gartenpflanzen
Mit Ergänzungen von Cornelia Maute. Neue Dosierungstabelle zum Herausnehmen

244 Seiten, geb., € 28.-

Das Buch wurde über 76.000 mal verkauft und in viele Sprachen übersetzt. Es ist ein handlicher Ratgeber über die häufigsten Pflanzenerkrankungen, Schädlinge und Verletzungen und deren homöopathische Behandlung. Christiane Maute® ist eine der Vorreiterinnen, die seit vielen Jahren bei ihren Nutz- und Zierpflanzen Homöopathie einsetzt.

Vicki Mathison

Homöopathische Mittelbilder für Tiere

Die 60 wichtigsten Mittel für Tiere in Wort und Bild

136 Seiten, geb., € 39.-

60 homöopathische Mittel für Tiere dargestellt mit köstlichen Karikaturen und treffenden Leitsymptomen – selten hat das Studium von Arzneimittelbildern so viel Spaß gemacht.

Die neuseeländische Tierhomöopathin Vicki Mathison vereint in diesem Werk künstlerisches Können mit tiefer Feinfühligkeit für das Wesen der Tiere und das passende Mittel.

„Gibt es eine bessere Art zu lernen, als die Essenz eines Mittels mit einer Karikatur zu erfassen? Vicki Mathison versteht den Geist des Pferdes, wie nur ein Pferdenarr es kann, der schon aus den winzigsten Anzeichen Wesen und Stimmung des Pferdes herauszuspüren vermag. Auch Hunde und andere Tiere haben einen großen Platz in ihrem Herzen. Deren Possen fängt sie in Karikaturen ein, durch die man das Tier deutlich erkennen kann.“
Deborah Collins

Francis Hunter

Homöopathie für Tiere

Natürliche Hilfe für alle Haustiere bei den wichtigsten Beschwerden

432 Seiten, geb., € 34.-

Ein umfassender Ratgeber eines erfahrenen homöopathischen Praktikers. Francis Hunter ist einer der führenden Tierärzte für Homöopathie in England.

In diesem Werk beschreibt er sehr praxisnah die wichtigsten Beschwerden und deren homöopathische Behandlung. Dabei geht er auf alle Haustiere und deren typische Probleme ein – von Verletzungen und Husten bei Pferden, Euterentzündung bei Kühen, Fußfäule bei Schafen, Durchfall bei Ziegen, Abszessen bei Schweinen bis hin zu Hüftfehlbildungen bei Hunden, Blasenentzündung bei Katzen, Parasiten bei Vögeln und Chinchillas, Pilzbefall bei Fischen und vielem mehr.

Rosina Sonnenschmidt

Haustiere und Ziervögel ganzheitlich behandeln

Mit Homöopathie, Bach-Blüten, Farb- und Klangtherapie

228 Seiten, geb., € 39.-

Ob für Vogel, Hund, Katze, Meerschweinchen, Hase oder Koi, hier findet jeder Tierhalter bewährte Rezepturen mit Homöopathie und Bach-Blüten, um seinem Heimtier etwas Gutes zu tun, wenn es sich mal nicht wohl fühlt.

Tiere reagieren auch positiv auf Farben und Klänge. Der Ratgeber gibt viele Anweisungen, wie man auf einfache Weise Farblicht- und Klangtherapie durchführen kann, eine Sterbebegleitung gestaltet und seine sensitive Tier-Kommunikation schult.

Bewährte Indikationen: Stressbelastung, Unfruchtbarkeit, Sterbebegleitung, Hautprobleme, Immunschwäche, Kommunikationsprobleme, Aggression, Alter, Notfall, Jungenaufzucht u. v. a.

Die international bekannte Autorin hat Pionierarbeit auf dem Gebiet der ganzheitlichen Tiertherapie, hier besonders der tropischen Vögel geleistet. Sie leitete 10 Jahre lang die von ihr lizenzierte Ausbildung in Tier-Kinesiologie für Tierärzte und war Gastdozentin auf internationalen Veterinärkongressen in Amerika, Kanada, Hawaii, Großbritannien, Österreich und Deutschland.

Peter Gregory

Praxisbuch Tierhomöopathie

Grundlagen, Miasmen, Fallaufnahme und Mittelbilder

568 Seiten, geb., € 69.-

Peter Gregory zählt zu den erfahrensten homöopathisch arbeitenden Tierärzten Großbritanniens. Sein besonderes Engagement gilt dabei der homöopathischen Ausbildung.

Dieses Werk gibt eine fundierte Einführung in die veterinärhomöopathische Praxis. Dabei sind die Erklärungen äußerst originell und basieren auf der großen Erfahrung Gregorys. So schildert er die Miasmen aus einem neuen Blickwinkel und erklärt, warum z.B. Jagdhunde tuberkulinisch sind.

Besonders wertvoll ist der große Materia-Medica-Teil, der fast die Hälfte des Buches ausmacht. Dabei geht er über die in der Tierhomöopathie oft noch üblichen Mitteleinzelbeschreibungen hinaus und erklärt viele der Polychreste anhand ihrer Familienzugehörigkeit. So vermittelt er z.B. das Mittelbild Sepia in Bezug auf die Meeresmittel sowie Pulsatilla und die Hahnenfußgewächse. Die Mittelbilder sind originell und durch die Beziehung zur Mittelfamilie leichter zu verstehen und zu verinnerlichen.

Weitere Themen sind u.a. die Konstitution, Fallaufnahme mit Übungen zur Entwicklung der Achtsamkeit, Erst- und Folgeverschreibungen, Potenzwahl, Supervision, Betreuung von sterbenden Tieren und die Zukunft der Tierhomöopathie. Ein erfrischend neuer Leitfaden, der kaum einen Wunsch offen lässt.

Richard H. Pitcairn / Wendy F. Jensen

Das große Repertorium der Tierheilkunde

752 Seiten, geb., € 118.-

Endlich gibt es das erste Repertorium ausschließlich für Veterinäre. Von den mehr als 110 Repertorien, die in den letzten beiden Jahrhunderten herausgegeben wurden, ist dies das erste, das mit großer Sorgfalt speziell für die Verwendung in der Tierearztpraxis zusammengestellt wurde. Bis jetzt mussten Tierärzte und Tierheilpraktiker, die mit Hahnemanns Homöopathie arbeiteten, die Repertorien für Menschen verwenden: den Kent, Bönninghausens Therapeutisches Taschenbuch, Bogers Ausgabe von Bönninghausens Repertorium, das Synthesis usw. Für Menschen sind das hervorragende Repertorien – für Veterinäre jedoch stellen sie aus zwei Gründen eine Herausforderung dar:

1. Sie enthalten eine ungeheure Informationsfülle, wie Empfindungen, Schmerzarten und dessen spezifische Lokalisierung, die nur Menschen mitteilen können.
2. Einige der häufigsten nichtmenschlichen Tiererkrankungen sind in den bisherigen Repertorien entweder nur in äußerster Kürze präsent oder fehlen vollständig.

Dieses Werk, das erste seiner Art, wird die praktische Arbeit jedes homöopathischen Tierarztes befriedigender und erfolgreicher gestalten.

Richard H. Pitcairn / Susan Pitcairn

Natürliche Gesundheit für Hund und Katze

Mit Homöopathie und Naturheilkunde

616 Seiten, geb., € 39.-

Dieser Leitfaden liefert eine unglaubliche Fülle an wertvollen Hinweisen zur Gesunderhaltung von Haustieren in ihren unterschiedlichen Lebensphasen. Die englische Ausgabe ist mit über 500.000 verkauften Exemplaren bereits ein Bestseller.

Richard Pitcairn ist der wohl bekannteste homöopathische Tierarzt in den USA. Auf 600 Seiten gibt er wichtige Empfehlungen zur homöopathischen Behandlung und zu naturheilkundlichen Maßnahmen bei den häufigsten Erkrankungen von Hund und Katze.

Die Gesundheit fängt bereits beim Tierfutter an. Kritisch hinterfragt Dr. Pitcairn dessen Zusammensetzung und gibt einfache Rezepte für selbstgemachte Tiernahrung sowie spezielle Hinweise für kranke Tiere.

Dr. Pitcairn gibt Antworten auf viele Fragen: Wie wähle ich ein gesundes Tier? Wie pflege ich ein krankes Tier? Wie erfolgt die Sterbebegleitung?

Ein Ratgeber, der sowohl Tierhaltern als auch Therapeuten eine unglaubliche Fülle an wertvollen Tipps gibt.

Gertrud Pysall

Was Pferde wollen

Motiva Training - Über den artspezifischen und intelligenten Umgang mit dem Pferd

272 Seiten, geb., € 34.-

Dieses Buch ist nicht nur für alle Pferdefreunde eine Offenbarung, sondern auch für die Menschen, die schon immer eine unerklärliche Sehnsucht nach Pferden oder Reiten verspürten. In jahrelanger Arbeit erforschte Gertrud Pysall das Wesen und die Verhaltensweisen von domestizierten Pferden, deren Umgang mit Menschen und die Reaktionen auf das Leben in Stallungen anstatt in freier Wildbahn. Sie gibt jedem Leser wertvolle Hilfen an die Hand, zu einem harmonischen und friedlichen Miteinander zu finden.

Die Schwierigkeiten im Umgang mit Pferden lassen sich nicht alleine durch die Liebe zu ihnen lösen. Dieses Buch schafft ein Bewusstsein für die Bedürfnisse der Pferde. Es macht das Pferd nicht zum Täter, sondern weist den Weg zum respektvollen Umgang.

In diesem Werk sind erstmalig die sozialen Regeln der Pferde dargestellt. Dies umfasst ca. 130 „Vokabeln“ der Pferde und auch etwa 40 notwendige Kommunikationsgesten für Menschen. Durch ihren Gebrauch wird der Mensch zu einem anerkannten Sozialpartner des Pferdes. Er schafft damit die Grundvoraussetzung für Pferde, sich für ein Vertrauensverhältnis zum Menschen zu entscheiden.

Die 2. erweiterte und verbesserte Auflage mit neuem übersichtlichen Layout wurde um weitere Pferde-Vokabeln, viele Fotos zur Erläuterung der Motiva-Einheiten und Vokabeln sowie um ein neues Fallbeispiel ergänzt.

Christiane Krüger

Das Katzen-Homöopathie-Buch

Ein Handbuch für Therapeuten und Tierbesitzer

856 Seiten, geb., € 79.-

Die bekannte Tierärztin und Heilpraktikerin Christiane Krüger stellt in diesem Werk die homöopathische Behandlung einer Fülle von Erkrankungen und Verletzungen der Katze anschaulich, lebendig und umfassend dar.

Sie schöpft dabei aus einem Schatz von mehr als 30 Jahren Erfahrung in der homöopathischen Therapie von Mensch und Tier und gibt ihr Wissen auf stets humorvolle und einprägsame Weise weiter.

Durch zahlreiche Fallbeispiele und entsprechendes Bildmaterial werden die verschiedenen katzentypischen Konstitutionstypen zum Leben erweckt. Die profunden Kenntnisse der Grundlagen der Homöopathie sowie der homöopathischen Materia medica von Frau Krüger tun ihr Übriges, um dieses Werk zu einem umfassenden Handbuch zu machen.

Homöopathie
Naturheilkunde
Ernährung
Fitness & Sport
Akupunktur
Mensch & Tier

In unserem Webshop

www.unimedica.de

finden Sie nahezu alle deutschen Bücher – und eine umfangreiche Auswahl an englischen Werken – zu Homöopathie, Naturheilkunde und gesunder Lebensweise. Zu jedem Titel gibt es aussagekräftige Leseproben.

Außerdem stehen Ihnen ein großes Sortiment ausgewählter Naturkost-Produkte sowie Nahrungsergänzungsmittel unserer Eigenmarke „Unimedica“ und viele Superfoods zur Verfügung.

Unimedica

Blumenplatz 2 • D-79400 Kandern • Tel: +49 7626 974970-0 • Fax: +49 7626 974970-9

info@unimedica.de